本书实例欣赏

Premiere Pro CC

参见第4章

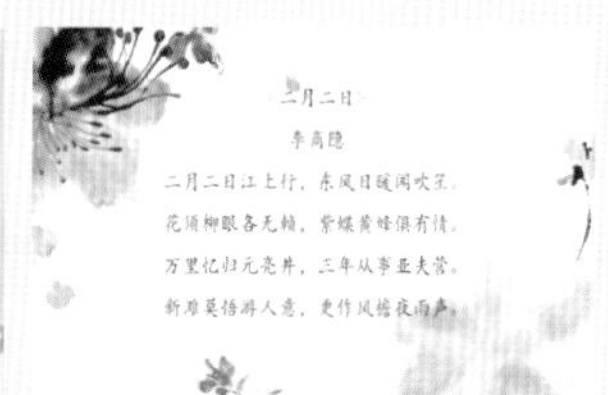

参见第6章

参见第7章

参见第8章

本书实例欣赏

Premiere Pro CC

参见第5章

本书实例欣赏

Premiere Pro CC

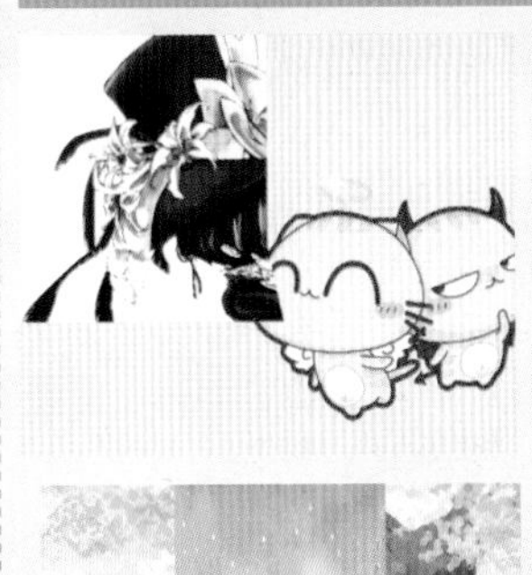

参见第5章

参见第7章

本书实例欣赏

Premiere Pro CC

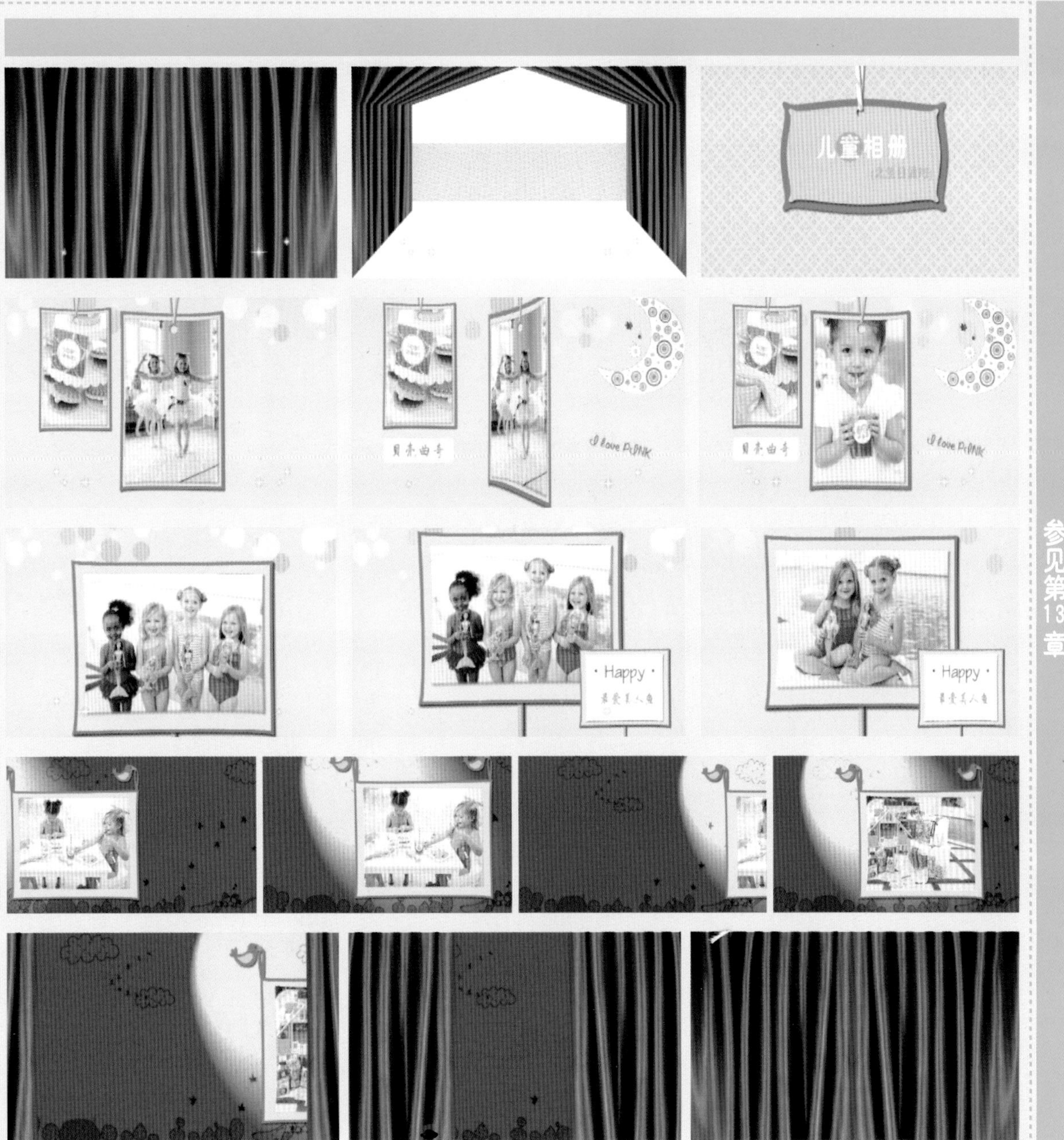

参见第13章

本书实例欣赏

Premiere Pro CC

参见第14章

本书实例欣赏

Premiere Pro CC

参见第15章

本书实例欣赏

Premiere Pro CC

参见第16章

完全学习手册

李红萍/编著

Premiere Pro CC 完全实战技术手册

清华大学出版社
北京

内容简介

本书系统、全面地讲解了视频编辑软件 Premiere Pro CC 的基本知识和软件的使用方法与技巧。全书共分 16 章，前 11 章按照视频编辑的流程，详细讲解了 Premiere 的视频编辑基础、工作环境、基本操作、素材剪辑、转场特效、字幕制作、视频滤镜、运动特效、音频效果、素材采集与影片输出、叠加与抠像等核心技术，最后 5 章通过 5 个综合实例进行实战演练，使读者能够融会贯通前面所学知识，进而积累经验，最终成为 Premiere 的视频编辑高手。

本书配套 DVD 光盘包含全书相关实例的素材及项目文件，还有超过 800 分钟的高清语音视频教学。通过这样书盘结合学习能够成倍提高学习兴趣和效率。

本书可作为各大学、专科院校和培训学校相关专业的 Premiere Pro CC 视频编辑教材，也可作为广大视频编辑爱好者、影视动画制作者、影视编辑从业人员的自学教程。

图书在版编目(CIP)数据

Premiere Pro CC 完全实战技术手册 / 李红萍　编著. -- 北京：清华大学出版社，2015（2018.6重印）
（完全学习手册）

ISBN 978-7-302-39535-5

Ⅰ. ①P…　Ⅱ. ①李…　Ⅲ. ①视频编辑软件－技术手册　Ⅳ. ①TN94-62

中国版本图书馆CIP数据核字(2015)第039329号

责任编辑：陈绿春
封面设计：潘国文
责任校对：徐俊伟
责任印制：宋　林

出版发行：清华大学出版社
　　网　　址：http://www.tup.com.cn，http://www.wqbook.com
　　地　　址：北京清华大学学研大厦A座　　邮　　编：100084
　　社 总 机：010-62770175　　邮　　购：010-62786544
　　投稿与读者服务：010-62776969，c-service@tup.tsinghua.edu.cn
　　质 量 反 馈：010-62772015，zhiliang@tup.tsinghua.edu.cn
印 刷 者：清华大学印刷厂
装 订 者：北京市密云县京文制本装订厂
经　　销：全国新华书店
开　　本：188mm×260mm　　印　张：30.25　　插　页：4　　字　数：874千字
　　　　（附DVD 2 张）
版　　次：2015年6月第1版　　印　次：2018年6月第4次印刷
印　　数：5401～6600
定　　价：79.00元

产品编号：055423-01

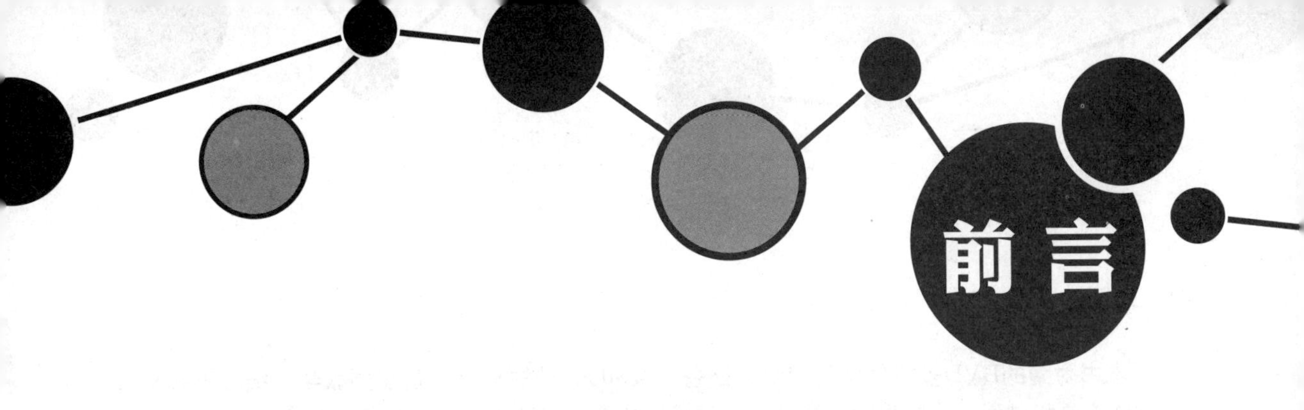

关于Premiere Pro CC

Premiere Pro CC是Adobe公司推出的一款非常优秀的视频编辑软件，它以编辑方式简便实用、对素材格式支持广泛、高效的元数据流程等优势得到众多视频编辑工作者和爱好者的青睐。

本书内容安排

本书是一本全面、系统、准确地讲解Premiere Pro CC 视频编辑的专业教材，详细介绍了Premiere Pro CC软件的基础知识和使用方法，内容完善，实例典型，精解了Premiere的各项核心技术。

全书共分为16章，第1章和第2章主要介绍了视频编辑的基础知识和Premiere Pro CC的工作环境；第3章和第4章主要介绍了Premiere Pro CC的基本操作和素材剪辑基础；第5章详细介绍了视频特效的应用及制作方法；第6章主要介绍了字幕的制作方法；第7～9章详细介绍了视频滤镜和音频特效应用，以及运动效果的实现与使用；第10章重点介绍了视音频素材的采集与最终电影的输出；第11章着重介绍了叠加与抠像的应用与制作方法；第12～16章介绍了软件功能的综合运用。本书主要以“理论知识讲解”+“实例应用讲解”的形式进行教学，这样能让初学者更容易吸收书上的内容，让有一定基础的读者更有效率地掌握重点和难点，从而快速提升视频编辑制作的技能。

本书编写特色

本书具有以下特色。

理论与实例结合 技巧原理细心解说	本书将理论知识都融入案例中，以案例的形式进行讲解，案例经典实用，包含了相应工具和功能的使用方法和技巧。
50多个应用实例 视频编辑技能速提升	本书的每小节和每章节后面都配有一个经典的案例，是章节所学知识的综合运用，具有重要的参考价值，读者可以边做边学，从新手快速成长为视频编辑高手。
多种风格类型 行业应用全面接触	本书涉及的实例类型包括电子贺卡、儿童相册、婚礼视频、香港旅游和影视预告片等，读者可以从中积累相关经验，快速适应行业制作要求。
高清视频讲解 学习效率轻松翻倍	本书配套光盘收录了长达800分钟的教学高清语音视频，可以使读者在家享受专家课堂式的讲解，成倍提高学习兴趣和效率。

本书光盘内容

本书附赠的DVD多媒体学习光盘，配备了共800分钟的高清语音视频教学，细心讲解相关实例的制作方法和过程。这些生动、详细的讲解可以成倍提高读者的学习兴趣和效率。

本书创作团队

本书由李红萍编著，参加编写的还包括：陈志民、陈运炳、李红艺、李红术、陈云香、陈文香、陈军云、彭斌全、林小群、刘清平、钟睦、江凡、张洁、刘里锋、朱海涛、廖博、喻文明、易盛、陈晶、黄柯、黄华、陈文轶、杨少波、杨芳、刘有良、张小雪、李雨旦、何辉、梅文、陈萍等。

由于作者水平有限，书中错误、疏漏之处在所难免。在感谢您选择本书的同时，也希望您能够把对本书的意见和建议告诉我们。

售后服务邮箱:lushanbook@qq.com

编　者

Premiere Pro CC完全实战技术手册

目录 CONTENTS

第1章 视频编辑基础

第2章 熟悉Premiere Pro CC的工作环境

第3章 Premiere Pro CC的基本操作

第4章 素材剪辑基础

第5章 转场特效

第6章 字幕效果的制作与应用

第7章 视频效果

第8章 运动特效

第9章 音频效果的应用

第10章 素材采集

第11章 叠加与抠像

第12章 综合实例——电子贺卡

第13章　综合实例——儿童相册

第14章　综合实例——婚礼视频

第15章　综合实例——香港旅游

第16章　综合实例——影视预告片

第1章 视频编辑基础

本章主要介绍视频编辑的基础知识，包括视音频及图像的基础知识、非线性编辑、视频采集、影视编辑中常用的蒙太奇手法以及镜头衔接的技巧与原则等内容。

本章重点

◎ 非线性编辑
◎ 视频基础
◎ 图像基础
◎ 蒙太奇
◎ 音频基础

Premiere Pro CC
完全实战技术手册

1.1 影视制作中视频、音频与常用图像基础

在影视制作中会用到视频、音频及图像等素材。下面来具体了解这些素材的基本概念。

1.1.1 视频基础

下面介绍什么是视频，视频的传播方式，以及数字视频的相关知识。

1. 视频的概念

人眼在观察景物时，光信号传入大脑神经，需经过一段短暂的时间，光的作用结束后，视觉形象并不立即消失，这种残留的视觉称“后像”，视觉的这一现象则被称为“视觉暂留”。

根据视觉暂留原理，当连续的图像变化超过每秒24帧以上时，人眼就无法辨别单幅的静态画面，看上去是平滑的视觉效果，这样连续的画面叫作视频，这些单独的静态图像就称为帧，而这些静态图像在单位时间内切换显示的速度，就是帧速率（也称为帧频），单位为帧/秒（fps）。帧速率决定了视频播放的平滑程度，帧速率越高，动画效果越顺畅；反之就会有阻塞、卡顿的现象。

视频，又称视像、视讯、录影、录像、动态图像、影音，即泛指一系列静态影像以电信号方式加以捕捉、记录、处理、储存、传送与再现的各种技术。

2. 电视制式

由于各国对电视影像制定的标准不同，其制式也有所不同。常用的制式有PAL、NTSC、SECAM 3种。

◎ PAL制式

PAL（Phase Alternating Line，逐行倒像制式）为逐行倒像正交平衡调幅制，主要在英国、中国、澳大利亚、新西兰和欧洲大部分国家被采用。这种制式的帧频是25fps，每帧625行312线，奇场在前，偶场在后，采用隔行扫描方式，标准的数字化PAL电视标准分辨率为720×576，24比特的色彩位深，画面比例为4：3。PAL制式对相位失真不敏感，图像彩色误差较小，与黑白电视的兼容也好，但PAL制式的编码器和解码器都比NTSC制式复杂，信号处理也较麻烦，接收机的造价也高。

◎ NTSC制式

NTSC（Nation Television Systems Committee，美国国家电视系统委员会制式）为正交平衡调幅制，主要在美国、加拿大、日本、大部分中美和南美地区被采用。这种制式的帧频约为30fps（实际为29.7fps），偶场在前，奇场在后，标准的数字化NTSC电视标准分辨率为720×480，24比特的色彩位深，画面比例为4：3或16：9。NTSC制式的特点是虽然解决了彩色电视和黑白电视广播相互兼容的问题，但是存在相位容易失真、色彩不太稳定的缺点。

◎ SECAM制式

SECAM（Sequential Coleur Avec Memoire，顺序传送彩色信号与存储）为行轮换调频制，主要在法国、俄罗斯和中东等地区被采用。这种制式的帧频为25fps，隔行扫描，画面比例为4：3，分辨率为720×576，约40万像素，亮度带宽为6.0MHz；彩色副载波为4.25MHz；色度带宽为1.0MHz(U)，1.0MHz(V)；声音载波为6.5MHz。SECAM制式的特点是不怕干扰，彩色效果好，但兼容性差。

3. 视频的色彩系统

色彩是人的眼睛对于不同频率的光线的不同感受。“色彩空间”源于西方的“Color Space”，又称作“色域”。在色彩学中，人们建立了多种色彩模型，以一维、二维、三维甚至四维空间坐标来表示某一色彩，遮罩坐标系统所能定义的色彩范围即色彩空间。常用的色彩模型有RGB、HSV、HIS、LAB、CMY等。

◎ RGB模型

RGB模型通常采用图1-1所示的单位立方体来表示。在立方体的主对角线上，各原色的强度相等，产生由暗到明的白色，也就是不同的

灰度值。(0，0，0)为黑色，(1，1，1)为白色。正方体的其他6个角点分别为红、黄、绿、青、蓝和品红。

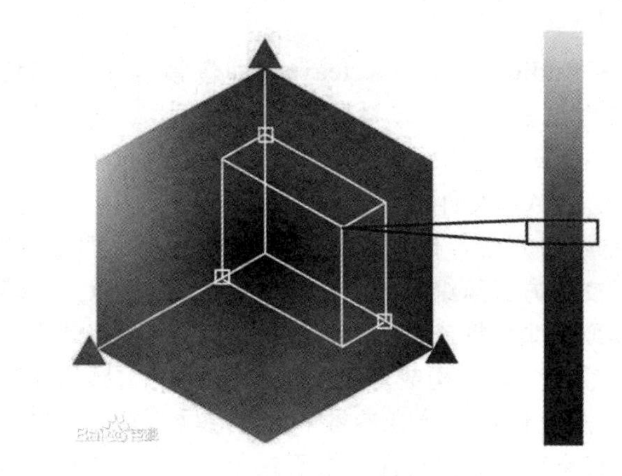

图1-1 RGB模型

◎ HSV模型

HSV模型中的每一种颜色都是由色调(Hue，简称H)、饱和度(Saturation，简称S)和色明度(Value，简称V)来表示的。HSV模型对应于圆柱坐标系中的一个圆锥形子集，圆锥的顶面对应于V=1。它包含RGB模型中的R=1，G=1，B=1三个面，所代表的颜色较亮。色调H由绕V轴的旋转角给定。红色对应于角度0°，绿色对应于角度120°，蓝色对应于角度240°。在HSV颜色模型中，每一种颜色和它的补色相差180°。饱和度S取值为从0到1，所以圆锥顶面的半径为1，如图1-2所示。

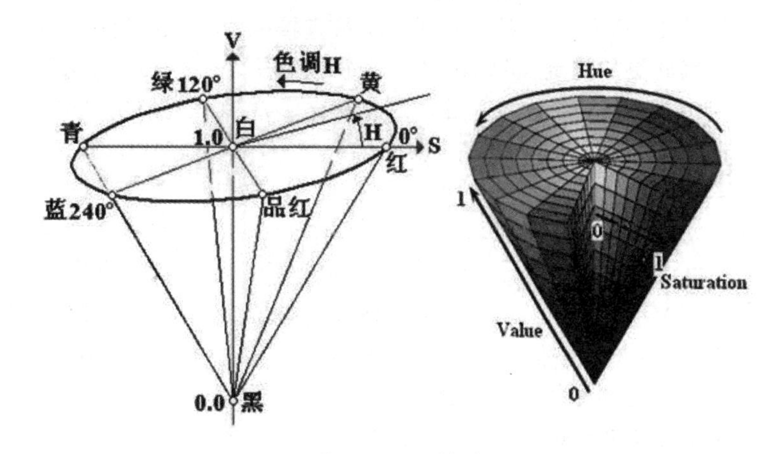

图1-2 HSV模型

◎ 色彩深度

色彩深度在计算机图形学领域表示在位图或者视频帧缓冲区中储存1个像素的颜色所用的位数，它也称为位/像素(bpp)。色彩深度越高，画面的色彩表现力越强。计算机通常使用8位/通道(R、G、B)来存储和传送色彩信息，即24位，如果加上一条Alpha通道，可以达到32位。通常色彩深度可以设为4bit、8bit、16bit、24bit。

4. 视频的常见格式

◎ 3GP

3GP是一种3G流媒体的视频编码格式，主要是为了配合3G网络的高传输速度而开发的，也是目前手机中最为常见的一种视频格式。目前，市面上一些安装有Realplay播放器的智能手机可直接播放后缀为rm的文件，这样一来，在智能手机中欣赏一些rm格式的短片自然不是什么难事。然而，大部分手机并不支持rm格式的短片，若要在这些手机上实现短片播放则必须采用一种名为3GP的视频格式。目前有许多具备摄像功能的手机，拍出来的短片文件其实都是以3GP为后缀的。

◎ ASF

ASF是Advanced Streaming format(高级流格式)的缩写。ASF就是MICROSOFT为了和现在的Real player竞争而发展出来的一种可以直接在网上观看视频节目的文件压缩格式。由于它使用了MPEG4的压缩算法，所以压缩率和图像的质量都很不错。因为ASF是以一个可以在网上即时观赏的视频流格式存在的，所以它的图像质量比VCD差一点点并不奇怪，但比同是视频流格式的RAM格式的效果要好。微软的“子弟”有它特有的优势，最明显的优势就是各类软件对它的支持方面就无人能敌。

◎ AVI

AVI——Audio Video Interleave，即音频视频交叉存取格式。1992年初Microsoft公司推出了AVI技术及其应用软件VFW（Video for Windows）。在AVI文件中，运动图像和伴音数据是以交织的方式存储，并独立于硬件设备。这种按交替方式组织音频和视像数据的方式可使得读取视频数据流时能更有效地从存储媒介得到连续的信息。构成一个AVI文件的主要参数包括视像参数、伴音参数和压缩参数等。AVI具有非常好的扩充性。由于这个规范是由微软制定的，因此微软全系列的软件包括编程工具VB、VC都对其提供了最直接的支持，因此更加奠定了AVI在PC上的视频霸主地位。由于AVI本身的开放性，因此获得了众多编码技术研发商的支持，不同的编码使得AVI不断被完善，现在几乎所有运行在PC上的通用视频编辑系统都是以支持AVI为主的。

◎ FLV

FLV格式是FLASH VIDEO格式的简称。随着Flash MX的推出，Macromedia公司开发了属于自己的流媒体视频格式——FLV格式。FLV流媒体格式是一种新的视频格式，由于它形成的文件极小、加载速度也极快，这就使得通过网络观看视频文件成为可能，FLV视频格式的出现有效地解决了视频文件导入Flash后，使导出的SWF格式文件体积庞大，不能在网络上很好地使用等缺点，FLV是在sorenson公司的压缩算法的基础上开发出来的。sorenson公司也为MOV格式提供算法。FLV格式不仅可以轻松地导入Flash中，导入几百帧的影片就用一两秒钟；同时也可以通过RTMP协议从Flashcom服务器上流式播出，因此目前国内外主流的视频网站都使用这种格式的视频。

◎ MOV

MOV格式是美国Apple公司开发的一种视频格式。MOV视频格式具有很高的压缩比率和较完美的视频清晰度，其最大的特点还是跨平台性，不仅能支持MacOS，同样也能支持Windows系列操作系统。在所有视频格式当中，也许MOV格式是最不知名的。MOV格式的文件由QuickTime来播放。在Windows一枝独大的今天，从Apple移植过来的MOV格式自然受到排挤。它具有跨平台、存储空间要求小的技术特点，而采用了有损压缩方式的MOV格式文件，画面效果较AVI格式要稍微好一些。目前为止，MOV格式共有4个版本，其中以4.0版本的压缩率最好。这种编码支持16位图像深度的帧内压缩和帧间压缩，帧率达到每秒10帧以上。现在有些非编软件也可以对MOV格式进行处理，包括ADOBE公司的专业级多媒体视频处理软件After Effect和Premiere。

MPEG（Moving Picture Export Group）是1988年联合成立的一个专家组，它的工作是开发满足各种应用的运动图像及其伴音的压缩、解压缩和编码描述的国际标准。到2004年为止，开发和正在开发的MPEG标准有MPEG-1、MPEG-2、MPEG-4、MPEG-7和MPEG-21。MPEG系列国际标准已经成为影像最大的多媒体技术标准，对数字电视、视听消费电子产品、多媒体通信等信息产业中的重要产品将产生深远的影响。

◎ RMVB

RMVB格式是由RM视频格式升级而延伸出的新型视频格式，RMVB视频格式的先进之处在于它打破了原先RM格式使用的平均压缩采样的方式，在保证平均压缩比的基础上更加合理地利用比特率资源，也就是说对于静止和动作场面少的画面场景采用较低编码速率，从而留出更多的带宽空间，这些带宽会在出现快速运动的画面场景时被利用掉。这就在保证了静止画面质量的前提下，大幅地提高了运动图像的画面质量，从而在图像质量和文件大小之间达到了平衡。同时，与DVDrip格式相比，RMVB视频格式也有着较明显的优势，一部大小为700MB左右的DVD影片，如将其转录成同样品质的RMVB格式影片，其文件大小最多也就400MB左右。不仅如此，RMVB视频格式还具有内置字幕和无须外挂插件支持等优点。

◎ WMV

WMV格式（Windows Media Video）是微软推出的一种采用独立编码方式并且可以直接在网上实时观看视频节目的文件压缩格式。WMV视频格式的主要优点有：本地或网络回放、可扩充的媒体类型、可伸缩的媒体类型、多语言支持、环境独立性、丰富的流间关系以及扩展性等。

◎ SWF

SWF是Macromedia公司的动画设计软件Flash的专用格式，是一种支持矢量和点阵图形的动画文件格式，它被广泛应用于网页设计、动画制作等领域，SWF文件通常也被称为Flash文件。用普通IE就可以打开，用鼠标右键单击SWF文件，选择“打开方式”选项，选择“用IE打开”选项即可。如你的IE未安装支持SWF文件的插件，第一次播放的时候，会提示安装。或者安装专门的FLASH播放器，如flashplayer。

1.1.2 音频基础

下面介绍什么是音频，音频有哪些属性以及音频的常见格式。

1. 音频的概念

人类所能听到的声音都能称之为声音，而音频只是储存在计算机里的声音。声音被录制下来后，可以用计算机硬盘文件的方式储存下来。反过来，我们也可以把储存下来的音频文件用一定的音频程序来播放，还原以前的录音。音频是指一个用来表示声音强弱的数据序列，由模拟声音经采样、量化和编码后得到。

2. 音频的格式

数字音频的编码方式也就是数字音频格式。不同的数字音频设备一般对应不同的音频格式文件。音频的常见格式有CD、WAV、MP3、MIDI、WMA、RealAudio、VQF、MP4、AAC等格式。

◎ CD

CD格式的音频是音质比较高的音频格式。标准CD格式是44.1K的采样频率，其速率为88K/秒，16位量化位数。因为CD音轨可以说是近似无损的，因此它的声音基本上是忠于原声的。注意：不能直接地复制CD格式的*.cda文件到硬盘上播放，需要使用抓音轨软件把CD格式的文件转换成WAV格式的文件。

◎ WAV

WAV格式是微软公司开发的一种声音文件格式，用于保存Windows平台的音频信息资源，被Windows平台及其应用程序所支持。WAV格式支持MSADPCM、CCITT A LAW等多种压缩算法，支持多种音频位数、采样频率和声道，标准格式的WAV文件和CD格式一样，也是44.1K的采样频率，速率为88K/秒，16位量化位数。尽管其音色出众，但在压缩后的文件体积过大，相对于其他音频格式而言是一个缺点。WAV格式也是目前PC机上广为流行的声音文件格式，几乎所有的音频编辑软件都能识别WAV格式。

◎ MP3

MP3格式（Moving Picture Experts Group Audio Layer III，动态影像专家压缩标准音频层面3，简称MP3）利用人耳对高频声音信号不敏感的特性，将时域波形信号转换成频域信号，并划分成多个频段，对不同的频段使用不同的压缩率，对高频加大压缩比（甚至忽略信号），对低频信号使用小压缩比以保证信号不失真。这样一来就相当于抛弃人耳基本听不到的高频声音，只保留能听到的低频部分，从而将声音用1：10甚至1：12的压缩率压缩，所以其具有文件小、音质好的特点。由于这种压缩方式的全称是MPEG Audio Player3，所以人们把它简称为MP3。

◎ MIDI

MIDI（Musical Instrument Digital Interface）格式又称为乐器数字接口。MIDI允许数字合成器和其他设备交换数据。MID文件格式由MIDI继承而来，并不是一段录制好的声音，而是记录声音的信息，然后再告诉声卡如何再现音乐的一组指令。这样一个MIDI文件，1分钟大约5～10KB。MID文件主要用于原始乐器作品、流行歌曲的业余表演、游戏音轨以及电子贺卡等。

◎ WMA

WMA格式（Windows Media Audio）是微软公司推出的与MP3格式齐名的一种新的音频格式。由于WMA在压缩比和音质方面都超过了MP3，更是远胜于RA（Real Audio），即使在较低的采样频率下也能产生较好的音质。WMA 7之后的WMA支持证书加密，所以未经许可（即未获得许可证书），即使是非法拷贝到本地，也是无法收听的。

◎ RealAudio

RealAudio（简称RA）是一种可以在网络上实时传送和播放的音乐文件的音频格式的流媒体技术。RA文件压缩比例高，可以随网络带宽的不同而改变声音质量，适合在网络传输速度较低的互联网上使用。此类文件格式有以下几个主要形式：RA（RealAudio）、RM（RealMedia，RealAudio G2）、RMX（RealAudio Secured），这些格式统称为“Real”。

◎ VQF

VQF格式是雅马哈公司开发的音频格式，它的核心是减少数据流量但保持音质的方法来达到更高的压缩比，VQF的音频压缩率比标准的MPEG音频压缩率高出近一倍，可以达到18:1左右甚至更高的压缩率。在音频压缩率方面，MP3和RA都不是VQF的对手。在相同情况下，压缩后VQF的文件体积比MP3小30%～50%，更便利于网上传播，同时音质极佳，接近CD音质（16位44.1kHz立体声）。可以说它在技术上也是很先进的，但是由于宣传不力，这种格式难有用武之地。*.vqf可以用雅马哈的播放器播放，同时雅马哈也提供从*.wav文件转换到*.vqf文件的软件。

◎ AAC

AAC（Advanced Audio Coding）实际上是高级音频编码的缩写，AAC是由Fraunhofer IIS-A、杜比和AT&T共同开发的一种音频格式，它是MPEG-2规范的一部分。AAC所采用的运算法则与MP3的运算法则有所不同，AAC通过结合其他的功能来提高编码效率。它还同时支持多达48个音轨、15个低频音轨、更多种采样率和比特率、多种语言的兼容能力、更高的解码效率。总之，AAC可以在比MP3文件体积缩小30%的前提下提供更好的音质，被手机界称为“21世纪数据压缩方式”。

1.1.3 常用图像基础

1. 图像的概念

图像是客观对象的一种相似性的、生动性的描述或写真，是人类社会活动中最常用的信息载体。它包括：纸介质上的、底片或照片上的、电视、投影仪或计算机屏幕上的。根据记录方式的不同图像可分为两大类：模拟图像和数字图像。模拟图像可以通过某种物理量（如光、电等）的强弱变化来记录图像的亮度信息，例如模拟电视图像；而数字图像则是用计算机存储的数据来记录图像上各点的亮度信息。

图像用数字任意描述像素点、强度和颜色。描述信息文件存储量较大，所描述对象在缩放过程中会损失细节或产生锯齿。在显示方面它是将对象以一定的分辨率分辨以后将每个点的色彩信息以数字化方式呈现，可直接快速在屏幕上显示。分辨率和灰度是影响显示的主要参数。图像适用于表现含有大量细节（如明暗变化、场景复杂、轮廓色彩丰富）的对象，如照片、绘图等。通过图像软件可进行复杂图像的处理以得到更清晰的图像或产生特殊的效果。

2. 图像的格式

在计算机中常用的存储格式有：BMP、TIFF、EPS、JPEG、GIF、PSD、PDF等格式。

◎ BMP

BMP格式是Windows中的标准图像文件格式，它以独立于设备的方法描述位图。各种常用的图形图像软件都可以对该格式的图像文件进行编辑和处理。

◎ TIFF

TIFF格式是常用的位图图像格式，TIFF位图可具有任何大小的尺寸和分辨率。建议用于打印、印刷输出的图像存储为该格式。

◎ JPEG

JPEG格式是一种高效的压缩格式，可对图像进行大幅度的压缩，从而最大限度地节约网络资源，提高传输速度，因此用于网络传输的图像一般存储为该格式。

◎ GIF

GIF格式可在各种图像处理软件中通用，是经过压缩的文件格式，因此其占用空间一般较小，适合于网络传输，一般常用于存储动画效果图片。

◎ PSD

PSD格式是在Photoshop软件中使用的一种标准图像文件格式，可以保留图像的图层信息、通道蒙版信息等，从而便于后续修改和特效制作。一般在Photoshop中制作和处理的图像建议存储为该格式，以最大限度地保存数据信息，待制作完成后再转换成其他图像文件格式以便进行后续的排版、拼版和输出工作。

◎ PDF

PDF格式又称可移植（或可携带）文件格式，具有跨平台的特性，它包括对专业的制版和印刷生产有效的控制信息，可以作为印前领域通用的文件格式。

1.2 非线性编辑

非线性编辑是对于传统上以时间顺序进行线性编辑而言的。

1.2.1 初识非线性编辑

传统的线性编辑操作不方便，工作效率也很低，并且录像带是易受损的物理介质，在反复操作后，画面质量也变得越来越差。由此非线性编辑产生，该方式克服了线性编辑的缺点，提高了视频编辑的工作效率。

1．非线性编辑简介

非线性编辑，是指剪切、复制或粘贴素材无须在素材的存储介质上重新安排。非线性编辑借助计算机来进行数字化制作，几乎所有的工作都在计算机里完成，不再需要过多的外部设备。另外，对素材的调用也是瞬间实现的，不用反反复复在磁带上寻找，突破了单一的时间顺序编辑限制，可以按各种顺序排列，具有快捷简便、随机的特性。

非线性编辑在编辑方式上呈非线性的特点，能够很容易地改变镜头顺序，而这些改动并不影响已编辑好的素材。非线性编辑中的“线”指的是时间，而不是信号线。

2．非线性编辑基本流程

任何非线性编辑的工作流程都可以简单地分为输入、编辑、输出3个步骤。当然对于不同软件功能的差异，其工作流程还可以进一步细化。以Premiere为例，其工作流程主要分成如下的5个步骤。

◎ **素材采集与输入**

采集就是利用Premiere软件，将模拟视频、音频信号转换成数字信号并存储到计算机中，或者将外部的数字视频存储到计算机中，使之成为可以处理的素材。输入主要是把其他软件处理过的图像、声音等素材导入到Premiere中。

◎ **素材编辑**

素材编辑就是设置素材的入点与出点以选择需要的部分，然后按时间顺序组接不同素材的过程。

◎ **特技处理**

对于视频素材，特技处理包括转场、特效、合成叠加。对于音频素材，特技处理包括转场、特效。令人震撼的画面效果就是在这一过程中产生的。而非线性编辑软件功能的强弱，往往也是体现在这方面的。配合某些硬件，Premiere还能够实现特技播放。

◎ **字幕制作**

字幕是节目中非常重要的部分，它包括文字和图形两个方面。在Premiere中制作字幕很方便，几乎没有无法实现的效果，并且还有大量的模板可供选择。

◎ **输出和生成**

当节目编辑完成后，就可以输出回录到录像带上，也可以生成视频文件以发布到网上，还可以刻录成VCD和DVD等。

1.2.2 非线性编辑系统构成

非线性编辑系统是计算机技术和电视数字化技术的结晶。它使电视制作的设备由分散到简约，制作速度和画面效果均有很大提高。非线性编辑的实现，软件和硬件的支持缺一不可，这就组成了非线性编辑的系统构成。

1．硬件构成

从硬件上看，一个非线性编辑系统由计算机、视频卡或IEEE1394卡、声卡、硬盘、显示器、CPU、非线性编辑板卡（如特技加卡）以及外围设备构成。

◎ **视频卡**

视频卡也叫视频采集卡，是非线性编辑系统的核心部件。一台普通计算机加上视频卡和编辑软件就能构成一个基本的非线性编辑系统。它的性能指标从根本上决定着非线性编辑系统质量的好坏。视频卡用来采集和输出模拟视频，也就是承担A/D和D/A的实时转换。现在许多的视频卡已不再是单纯的视频处理器件，它们集视音频信号的实时采集、压缩、解压缩、回放于一体。一块卡就能完成视音频信号处理的全部过程，具有很高的性能价格比，其中IEEE1394卡是一种最常见的视频卡，如图1-3所示。

图1-3 IEEE1394卡

◎ **声卡**

声卡也叫音频卡，是多媒体技术中最基本的组成部分，是实现声波/数字信号相互转换的一种硬件。它的基本功能是把来自话筒、磁带、光盘的原始声音信号加以转换，输出到耳机、扬声器等声响设备，或通过音乐设备数字接口（MIDI）使乐器发出美妙的声音。

◎ **硬盘**

在影片的编辑过程中要处理大量的图像和声音文件，这些文件对硬盘空间的需求很大。如果从摄像机中采集最高质量的影片素材，一般来说不到50秒的素材就要占用1GB的空间。一部90分钟的影片，需要多少硬盘空间可想而知，所以我们采集素材一般都是经过压缩的，同时读出和写入的量都很大。总的说来，对硬盘的要求是容量越大越好，速度越快越好。

◎ **显示器**

显示器是用户直接观看编辑效果好坏的“眼睛”。一台高分辨率、大尺寸的显示器是十分必要的，当然，更需要色彩的高保真显示。在市面上，显示器主要有CRT显示器（学名为阴极射线显像管）和LCD显示器（也叫液晶显示器）。在显示效果上，CRT显示器明显要比LCD显示器好得多。

◎ CPU

CPU是整套系统中最重要的部件，好的CPU要配好的主板和大内存才能发挥它的最大功效。推荐使用I7级别以上或同等的AMD CPU，以提高处理的速度。同时要配置4GB以上的大内存。

◎ **非线性编辑板卡**

非线性编辑板卡是决定影片质量好坏的重要因素。一般影片的质量是指达到某种播放要求，也就是说影片的分辨率大小。

2. 软件构成

一套完整的PC非线性编辑系统还应该有编辑软件。有些软件是与硬件配套使用的，这里就不过多介绍了。编辑软件由非线性编辑软件以及二维动画软件、三维动画软件、图像处理软件和音频处理软件等软件构成。下面介绍几种常用的非线性编辑软件。

◎ Vegas Video

Vegas是PC平台上用于视频编辑、音频制作、合成、字幕和编码的专业产品。它具有漂亮直观的界面和功能强大的音视频制作工具，为DV视频、音频录制、编辑和混合、流媒体内容作品和环绕声制作提供完整的集成的解决方法。

Vegas4.0为专业的多媒体制作树立一个新的标准，应用高质量切换、过滤器、片头字幕滚动和文本动画；创建复杂的合成，关键帧轨迹运动和动态全景/局部裁剪，具有不受限制的音轨和非常卓越的灵活性。利用高效计算机和大的内存，Vegas4.0从时间线提供特技和切换的实时预览，而不必渲染。使用3轮原色和合成色校正滤波器完成先进的颜色校正和场景匹配。使用新的视频示波器精确观看图像信号电平，包括波形、矢量显示、视频RGB值（RGB Parade）和频率曲线监视器。

◎ Final Cut Pro

Final Cut Pro是苹果公司开发的一款专业视频非线性编辑软件，这个视频剪辑软件由Premiere创始人Randy Ubillos设计，充分利用了PowerPC G4处理器中的“极速引擎”（Velocity Engine）处理核心，提供全新功能。该软件的界面设计相当友好，按钮位置得当，具有漂亮的3D感觉，拥有标准的项目窗口及大小可变的双监视器窗口，它运用Avid系统中含有的三点编辑功能，在preferences菜单中进行所有的DV预置之后，采集视频速度快，用软件控制摄像机，可批量采集。时间线简洁容易浏览，程序的设计者选择邻接的编辑方式，剪辑是首尾相连放置的，切换是通过在编辑点上双击指定的，并使用控制句柄来控制效果的长度以及入和出。特技调色板具有很多切换，这些切换是可自定义的，它使Final Cut Pro优于只提供少许平凡运行特技的其他的套装软件。Final Cut Pro是一款较佳的编辑软件，具有像Adobe After Effects高端合成程序包中的合成特性。

◎ Adobe Premiere

Adobe公司推出的基于非线性编辑设备的视频编辑软件Premiere，在影视制作领域取得了巨大的成功。其被广泛地应用于电视台、广告制作、电影剪辑等领域，成为PC和MAC平台上应用最为广泛的视频编辑软件。Premiere为Windows平台和其他跨平台的DV和所有网页影像提供了全新的支持。同时它可以与其他Adobe软件紧密集成，组成完整的视频设计解决方案。Edit Original（编辑原稿）命令可以再次编辑置入的图形或图像。另外用户可以在轨道中添加、移动、删除和编辑关键帧，这对于控制高级的二维动画游刃有余。将Premiere与Adobe公司的After Effects配合使用，更能使二者发挥最大功能。

◎ Corel Video Studio（会声会影）

会声会影是完全针对家庭娱乐、个人纪录片制作使用的简便型编辑软件。会声会影采用目前最流行的“在线操作指南”的步骤引导方式来处理各项视频、图像素材，它一共分为开始→捕获→故事板→效果→覆叠→标题→音频→完成等8大步骤，并将操作方法与相关的配合注意事项以帮助文件的形式显示出来，故称之为“会声会影指南”。该指南可以帮助用户快速地学习每一个流程的操作方法。

会声会影提供了12类114个转场效果，可以用拖曳的方式应用这些转场效果，每个效果都可以做进一步的控制，不只是一般的“傻瓜功能”。另外还可让我们在影片中加入字幕、旁白或动态标题的文字功能。会声会影的输出方式也是多种多样的，它可输出传统的多媒体电影文件，例如AVI、FLC动画、MPEG电影文件，也可将制作完成的视频嵌入贺卡，生成一个可执行文件（.exe）。通过内置的Internet发送功能，可以将视频通过电子邮件发送出去或者自动将它作为网页发布。如果具有相关的视频捕获卡还可将MPEG电影文件转录到家用录像带上。

◎ EDIUS

EDIUS非线性编辑软件专为广播和后期制作环境而设计，特别针对新闻记者、无带化视频的制播和存储。EDIUS拥有完善的基于文件的工作流程，提供了实时、多轨道、多格式混编、合成、色键、字幕和时间线输出功能。除了标准的EDIUS系列格式，该软件还支持Infinity™ JPEG 2000、DVCPRO、P2、VariCam、Ikegami GigaFlash、MXF、XDCAM和XDCAM EX视频素材，同时支持所有DV、HDV摄像机和录像机。

◎ Sony Vegas Movie Studio

Sony Vegas是一个专业影像编辑软件，现在被制作成为Vegas Movie Studio，是专业版的简化而高效的版本。它将成为PC上最佳的入门级视频编辑软件。媲美Premiere，挑战After Effects。剪辑、特效、合成、Streaming一气呵成。结合高效率的操作界面与多功能的优异特性，让用户更简易地创造丰富的影像。Vegas是一款整合影像编辑与声音编辑的软件，其中无限制的视轨与音轨，更是其他影音软件所没有的特性。还提供了视讯合成、进阶编码、转场特效、修剪、及动画控制等功能。不论是专业人士还是个人用户，都可因其简易的操作界面而轻松上手。

1.2.3 视频采集基础

视频拍摄好之后，要将其转移到计算机上储存或编辑，就需要进行视频采集。

1．视频采集简介

所谓的视频采集，就是将模拟摄像机、录像机、LD视盘机、电视机输出的视频信号，通过专用的模拟、数字转换设备转换为二进制数字信号的过程。视频采集就是把模拟视频转换成数字视频并按数字视频文件的格式保存下来。

视频采集卡是视频采集工作中的主要设备，它分为家用和专业两个级别。家用级视频采集卡只能做到视频采集和初步的硬件级压缩。专业级视频采集卡不仅可以进行视频采集，还可以实现硬件级的视频压缩和视频编辑。

2．安装1394卡

IEEE1394是IEEE标准化组织制定的一项具有视频数据传输速度的串行接口标准。同USB接口一样，1394也支持外设热插拔，同时可为外设提供电源，省去了外设自带的电源，还支持同步数据传输。1394卡的安装步骤如下：

01 首先关闭计算机电源，打开机箱，将视频采集卡安装在一个空的PCI插槽上。

02 从视频采集卡包装盒中取出螺丝，将视频采集卡用螺丝固定在机箱上。

03 将摄像头的信号线连接到视频采集卡上。

04 至此，完成了视频采集卡的硬件安装。

此外，还需要进行软件安装。安装视频采集卡使用的驱动程序、MPEG编码器、解码器等。具体步骤如下：

01 安装DirectX 9.0或以上版本。许多视频采集卡都要求安装DirectX才能够使用。

02 安装并注册MPEG编码器、解码器。

03 将视频采集卡的安装盘放入光驱程序。

04 选择T1000 1394采集卡驱动程序。

05 依次选择“安装驱动程序”、“安装SDK开发包”、“安装应用程序、客户端、服务器端”。

06 重新启动计算机，完成软件的安装。

07 至此，1394卡安装完成了。

1.3 蒙太奇

蒙太奇是一种剪辑手法，在各大影视作品中都会看到该手法的应用。蒙太奇艺术从诞生至今，一直处于逐渐成熟、并继续创作发展的状态之中。下面来认识蒙太奇。

1.3.1 蒙太奇的概念

蒙太奇是法文montage的音译，原为装配、剪切之意。在电影的创作中，电影艺术家先把全篇所要表现的内容分成许多不同的镜头进行分别拍摄，然后再按照原先规定的创作构思，把这些镜头有机地组接起来，产生平行、连贯、悬念、对比、暗示、联想等作用，形成各个有组织的片段和场面，直至一部完整的影片。这种按导演的创作构思组接镜头的方法就是蒙太奇。

我们可以把蒙太奇表现方式分为两大类：叙述性蒙太奇和表现性蒙太奇。

1.3.2 叙述性蒙太奇

叙述性蒙太奇是通过一个个画面来讲述动作、交代情节、演示故事。叙述性蒙太奇有连续式、平行式、交叉式、复现式4种基本形式。

1．连续式

连续式蒙太奇沿着一条单一的情节线索，按照事件的逻辑顺序，有节奏地连续叙事。这种叙事自然流畅、朴实平顺，但由于缺乏时空与场面的变换，无法直接展示同时发生的情节，难以突出各条情节线之间的对列关系，不利于概括，易有拖沓冗长、平铺直叙之感。因此，在一部影片中绝少单独使用，多与平行、交叉蒙太奇一起使用，相辅相成。

2．平行式

在影片故事发展过程中，通过两件或三件内容性质上相同，而在表现形式上不尽相同的事，同时异地并列进行，而又互相呼应、联系，起着彼此促进、互相刺激的作用，这种方式就是平行蒙太奇。平行式蒙太奇不重在时间的因素，而重在几条线索的平行发展，靠内在的悬念把各条线的戏剧动作紧紧地接在一起。采用迅速交替的手段，造成悬念和逐渐强化的紧张气氛，使观众在极短的时间内，看到两个情节的发展，最后又结合在一起。

3．交叉式

交叉式蒙太奇，即两个以上具有同时性的动作或场景交替出现。它是由平行蒙太奇发展而来的，但更强调同时性、密切的因果关系及迅速频繁的交替表现，因而能使动作和场景产生互相影响、互相加强的作用。这种剪辑技巧极易引起悬念，造成紧张激烈的气氛，加强矛盾冲突的尖锐性，是掌握观众情绪的有力手法。惊险片、恐怖片和战争片常用此手法造成追逐和惊险的场面。

4. 复现式

复现式蒙太奇，即前面出现过的镜头或场面，在关键时刻反复出现，造成强调、对比、呼应、渲染等艺术效果。在影视作品中，各种构成元素，如人物、景物、动作、场面、物件、语言、音乐、音响等，都可以通过精心构思反复出现，以期产生独特的寓意和印象。

1.3.3 表现性蒙太奇

表现性蒙太奇（也称对列蒙太奇）不是为了叙事，而是为了某种艺术表现的需要。它不是以事件发展顺序为依据的镜头组合，而是通过不同内容镜头的队列，来暗示、来比喻，来表达一个原来不曾有的新含义，一种比人们所看到的表面现象更深刻、更富有哲理的主题。表现性蒙太奇在很大程度上是为了表达某种思想或某种情绪意境，造成一种情感的冲击力。

表现式蒙太奇有对比式、隐喻式、心理式和累积式4种形式。

1. 对比式

对比式蒙太奇，即把两种思想内容截然相反的镜头并开在一起，利用它们之间的冲突造成强烈的对比，以表达某种寓意、情绪或思想。

2. 隐喻式

隐喻式蒙太奇是一种独特的影视比喻，它是通过镜头的队列将两个不同性质的事物间的某种相类似的特征突现出来，以此喻彼，刺激观众的感受。隐喻式蒙太奇的特点是巨大的概括力和简洁的表现手法相结合，具有强烈的情绪感染力和造型表现力。

3. 心理式

心理式蒙太奇，即通过镜头的组接展示人物的心理活动，如表现人物的闪念、回忆、梦境、幻觉、幻想、甚至潜意识的活动。它是人物心理的造型表现，其特点是片断性和跳跃性，主观色彩强烈。

4. 累积式

累积式蒙太奇，即把一连串性质相近的同类镜头组接在一起，造成视觉的累积效果。累积式蒙太奇也可用于叙事，也可成为叙述性蒙太奇的一种形式。

1.4 镜头衔接的技巧与原则

镜头衔接不是镜头的简单组合，而是一次艺术的再加工。良好的镜头组接，可以使影视作品产生更好的视觉效果和艺术感染力。

1.4.1 镜头衔接技巧

无技巧组接就是通常所说的“切”，是指不用任何电子特技，而是直接用镜头的自然过渡来连接镜头或者段落的方法。

常用的组接技巧有以下几种。

1. 淡出淡入

淡出是指上一段落最后一个镜头的画面逐渐隐去直至黑场。淡入是指下一段落第一个镜头的画面逐渐显现直至正常的亮度。这种技巧可以给人一种间歇感，适用于自然段落的转换。

2. 叠化

叠化是指前一个镜头的画面和后一个镜头的画面相叠加，前一个镜头的画面逐渐隐去，后一个镜头的画面逐渐显现的过程，两个画面有一段过渡时间。叠化特技主要有以下几种功能：一是用于时间的转换，表示时间的消逝；二是用于空间的转换，表示空间已发生变化；三是用叠化表现梦境、想像、回忆等插叙、回叙场合；四是表现景物的变幻莫测、琳琅满目、目不暇接效果。

3. 划像

划像可分为划出与划入。前一画面从某一方向退出荧屏称为划出，下一个画面从某一方向进入荧屏称为划入。划出与划入的形式是多种多样的，根据画面进、出荧屏的方向不同，可分为横划、竖划、对角线划等形式。划像一般用于两个内容意义差别较大的镜头的组接。

4．键控

键控分黑白键控和色度键控两种。

★ 黑白键控又分内键与外键。内键控可以在原有彩色画面上叠加字幕、几何图形等；外键控可以通过特殊图案重新安排两个画面的空间分布，把某些内容安排在适当位置，形成对比性显示。

★ 色度键控常用在新闻片或文艺片中，可以把人物嵌入奇特的背景中，构成一种虚设的画面，以此增强艺术感染力。

1.4.2 镜头衔接原则

影片中镜头的前后顺序并不是杂乱无章的，视频编辑工作者会根据剧情需要，选择不同的组接方式。镜头组接的总原则是：合乎逻辑、内容连贯、衔接巧妙。具体分为以下几点。

1．符合观众的思想方式和影视表现规律

镜头的组接不能随意，必须要符合生活的规律和观众思维的逻辑。因此，影视节目要表达的主题与中心思想一定要明确，这样才能根据观众的心理要求即思维逻辑来考虑选用哪些镜头，以及怎样将它们有机地组合在一起。

2．遵循镜头调度的轴线规律

所谓的“轴线规律”是指拍摄的画面是否有“跳轴”现象。在拍摄的时候，如果拍摄机的位置始终在主体运动轴线的同一侧，那么构成画面的运动方向、放置方向都是一致的，否则称为“跳轴”。“跳轴”的画面一般情况下是无法组接的。在进行组接时，遵循镜头调度的轴线规律拍摄的镜头，能使镜头中的主体物的位置、运动方向保持一致，合乎人们观察事物的规律，否则就会出现方向性混乱的问题。

3．景别的过渡要自然、合理

表现同一主体的两个相邻镜头组接时要遵守以下原则：

★ 两个镜头的景别要有明显变化，不能把同机位、同景别的镜头相接。因为同一环境里的同一对象，机位不变，景别又相同，两镜头相接后会产生主体的跳动。

★ 景别相差不大时，必须改变摄像机的机位，否则也会产生明显跳动，好像一个连续镜头从中截去一段。

★ 对不同主体的镜头组接时，同景别或不同景别的镜头都可以组接。

4．镜头组接要遵循“动接动”、“静接静”的规律

如果画面中同一主体或不同主体的动作是连贯的，可以动作接动作，达到顺畅、简洁过渡的目的，我们将此种情况简称为“动接动”。如果两个画面中的主体运动是不连贯的，或者它们中间有停顿时，那么对这两个镜头的组接，必须在前一个画面主体做完一个完整动作停下来后，再接上一个从静止到运动的镜头，这就是“静接静”。“静接静”组接时，前一个镜头结尾停止的片刻叫作“落幅”，后一镜头运动前静止的片刻叫作“起幅”。起幅与落幅时间间隔大约为一、二秒钟。运动镜头和固定镜头组接，同样需要遵循这个规律。如一个固定镜头要接一个摇镜头，则摇镜头开始时要有起幅；相反一个摇镜头接一个固定镜头，那么摇镜头要有落幅，否则画面就会给人一种跳动的视觉感。有时为了实现某种特殊效果，也有“静接动”或“动接静”的镜头。

5．光线、色调的过渡要自然

在组接镜头时，还应该注意相邻镜头的光线与色调不能相差太大，否则也会导致镜头组接的突然，使人感到不连贯、不流畅。

1.5 本章小结

本章介绍了视频编辑相关的基础知识，还介绍了影视领域的蒙太奇手法的技巧与原则。这些内容为今后学习视频编辑打下了良好的基础。

第2章 熟悉Premiere Pro CC的工作环境

要学好Premiere Pro CC软件，必须先熟悉Premiere Pro CC的工作环境。本章主要介绍关于Premiere Pro CC软件的一些基础知识，软件的安装及配置要求、Premiere Pro CC的工作界面等内容。

本章重点

◎ 系统配置要求
◎ “效果”面板
◎ “时间轴”面板
◎ “效果控件”面板
◎ “节目监视器”面板
◎ “编辑”菜单
◎ “标记”菜单
◎ “项目”面板
◎ “历史记录”面板
◎ “源监视器”面板
◎ “音频剪辑混合器”面板
◎ “文件”菜单
◎ “剪辑”菜单
◎ “字幕”菜单

Premiere Pro CC

完全实战技术手册

2.1 Premiere Pro简介

Adobe Premiere Pro是目前最流行的非线性编辑软件，也是一个功能强大的实时视频和音频编辑工具，是视频爱好者们使用最多的视频编辑软件之一。它作为功能强大的多媒体视频、音频编辑软件，应用范围不胜枚举，制作效果美不胜收，足以协助用户更加高效地工作。Adobe Premiere Pro以其合理化的界面和通用高端工具，兼顾了广大视频用户的不同需求。Adobe Premiere Pro是一个创新的非线性视频编辑应用程序。

2.2 Premiere Pro CC的配置要求

最新的Premiere Pro CC与之前的版本相比，其工作体验更加完善，功能进一步创新，同时也提高了对电脑系统的运行环境的要求。以下介绍Premiere Pro CC在不同操作系统上的配置要求。

2.2.1 Windows版本

★ 英特尔®酷睿™2双核以上或AMD羿龙®II以上处理器。
★ Microsoft®Windows®7带有Service Pack 1（64位）或Windows 8（64位）。
★ 4GB的RAM（建议使用8GB）。
★ 4GB的可用硬盘空间用于安装（无法安装在可移动闪存存储设备，在安装过程中需要额外的可用空间）。
★ 需要额外的磁盘空间来预览文件和其他工作档案（建议使用10GB）。
★ 1280×800屏幕。
★ 7200 RPM或更快的硬盘驱动器。
★ 声卡兼容ASIO协议或Microsoft Windows驱动程序模型。
★ QuickTime的功能所需的QuickTime 7.6.6软件。
★ 可选：Adobe认证的GPU卡的GPU加速性能。
★ 互联网连接，并登记所必需的激活所需的软件，会员验证和访问在线服务。

2.2.2 Mac OS X版本

★ 多核英特尔处理器。
★ Mac OS X的10.7版或10.8版，4GB的RAM（建议使用8GB）。
★ 4GB的可用硬盘空间用于安装需要额外的磁盘空间预览文件和其他工作档案（建议使用10GB）。
★ 1280×800屏幕。
★ 7200转硬盘驱动器。
★ QuickTime的功能所需的QuickTime 7.6.6软件。
★ 可选：Adobe认证的GPU卡的GPU加速性能。
★ 互联网连接，并登记所必需的激活所需的软件，会员验证，访问在线服务。

2.3 启动与进入Adobe Premiere Pro CC

下载安装好Adobe Premiere Pro CC后，双击程序图标，启动Adobe Premiere Pro CC软件，进入Adobe Premiere Pro CC的操作界面。或者单击鼠标右键，执行“打开”命令，启动Adobe Premiere Pro CC，启动后进入欢迎界面，如图2-1所示。

下面对欢迎界面中的各个选项进行介绍。

★ 打开最近项目：用于打开最近使用过的项目文件。

★ 新建项目：用于新建项目文件。
★ 了解：用于打开软件官网，进入Adobe Premiere Pro帮助页面。

图2-1 启动Adobe Premiere Pro CC

2.4 Premiere Pro CC面板详解

初次进入Adobe Premiere Pro CC，你所看到的界面是Premiere Pro CC的默认工作界面。其中的“项目”面板、“源监视器”面板、“节目监视器”面板以及“序列”面板，都是在视频编辑中最常用到的基本工作面板。

2.4.1 “项目”面板

“项目”面板用于存放创建的序列和素材，可以对素材执行插入到序列、复制、删除等操作，还可以预览素材、查看素材详细属性等，如图2-2所示。

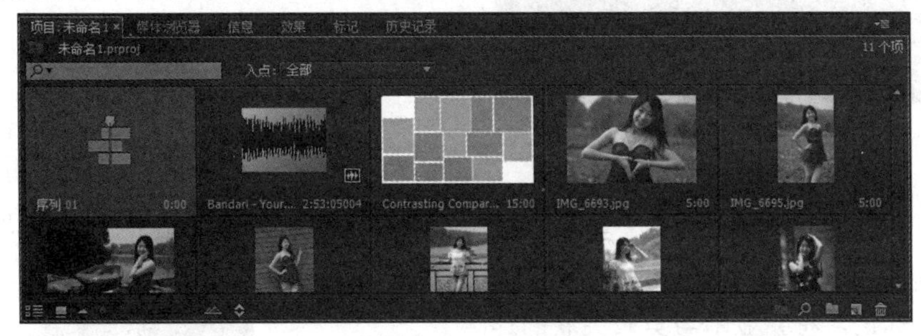

图2-2 “项目”面板

2.4.2 “媒体浏览器”面板

“媒体浏览器”面板用于快速浏览计算机中的其他素材，可以对素材进行导入到项目、在源监视器中预览等操作，如图2-3所示。

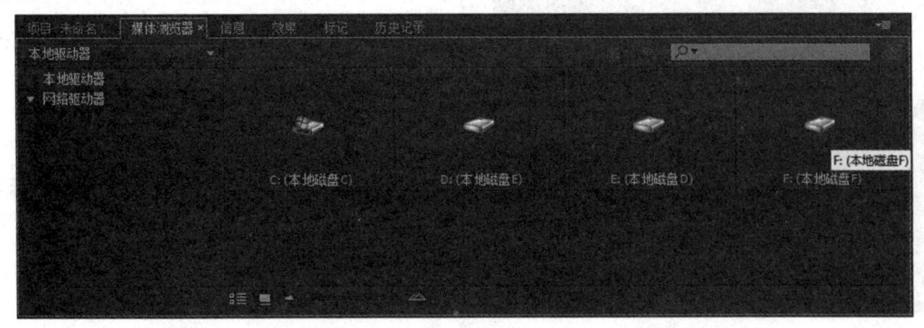

图2-3 “媒体浏览器”面板

2.4.3 “信息”面板

“信息”面板用于查看所选素材以及当前序列的详细属性，如图2-4所示。

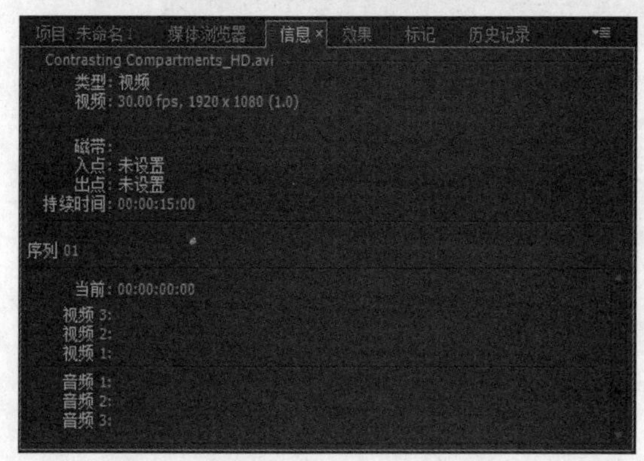

图2-4 “信息”面板

2.4.4 “效果”面板

“效果”面板中展示了软件所能提供的所有效果，包括预设、音频特效、音频过渡、视频效果、视频过渡和Lumetri Looks，如图2-5所示。

图2-5 “效果”面板

2.4.5 “标记”面板

打开“标记”面板可查看打开的剪辑或序列中的所有标记，将会显示与剪辑关联的详细信息，例如彩色编码的标记、入点、出点以及注释。通过单击“标记”面板中的剪辑缩览图，将播放指示器移动至相应标记的位置。如图2-6所示。

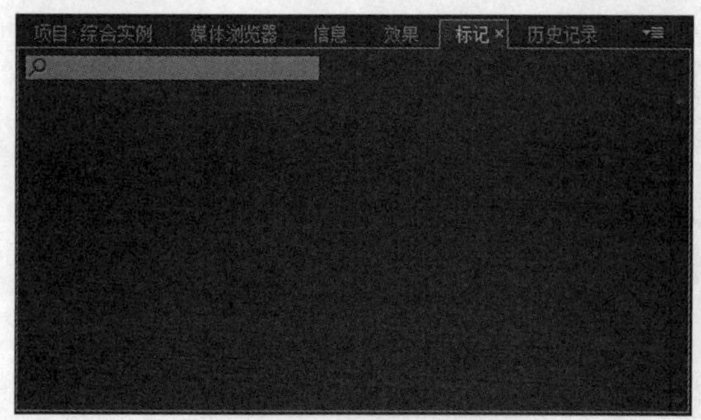

图2-6 “标记”面板

2.4.6 “历史记录”面板

“历史记录”面板用于记录历史操作，可以删除一项或多项历史操作，也可以将删除过的操作还原。在“历史记录”面板中，可以选择并删除其中的某个动作，但其后的动作也将一并删除；不可以选择或者删除其中任意不相邻的动作。如图2-7所示。

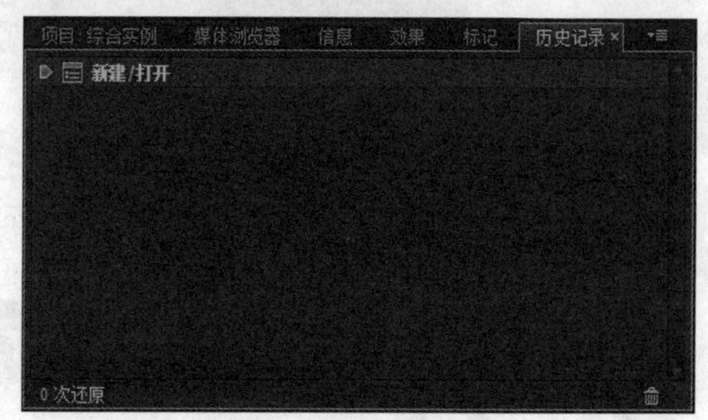

图2-7 “历史记录”面板

提示

在编辑过程中，按Ctrl+Z快捷键可以撤销当前动作，按Ctrl+Shift+Z快捷组合键可以恢复为“历史记录”面板中当前动作的下一步。

2.4.7 “工具”面板

“工具”面板中的每个图标都是常用工具的快捷方式，如选择工具、轨道选择工具、切刀工具等，如图2-8所示。

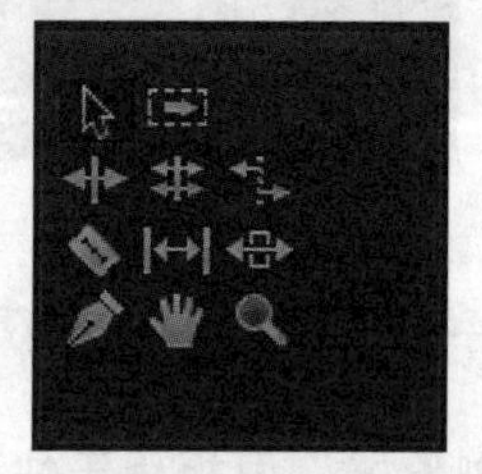

图2-8 “工具”面板

2.4.8 “时间轴”面板

“时间轴”面板左边是轨道状态区，里面显示了轨道名称和轨道控制符号等，右边是轨道编辑区，可以排列和放置剪辑素材，如图2-9所示。

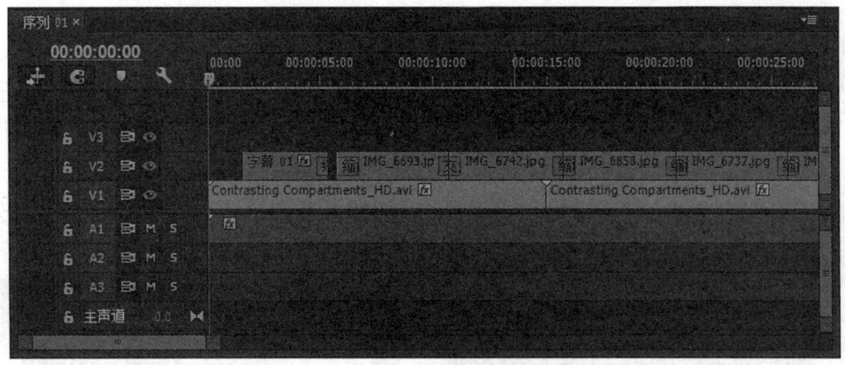

图2-9 “时间轴”面板

提示

“时间轴”面板就是“序列”面板。当项目中没有序列时，窗口左上角的文字显示为“时间轴”；当项目中创建了序列之后，窗口左上角的文字就显示为“序列01”、“序列02”等信息。

2.4.9 “源监视器”面板

在“源监视器”面板中可回放各个剪辑。在源监视器中，可准备要添加至序列的剪辑。设置入点和出点，并指定剪辑的源轨道（音频或视频）。也可插入剪辑标记以及将剪辑添加至“时间轴”面板上的序列中，如图2-10所示。

图2-10 “源监视器”面板

2.4.10 “效果控件”面板

“效果控件”面板显示了素材的固定效果，包括运动、不透明度和时间重映射3种效果，也可以自定义从效果文件夹中添加的效果，如图2-11所示。

图2-11 “效果控件”面板

2.4.11 “音频剪辑混合器”面板

在“音频剪辑混合器”面板中，可在听取音频轨道和查看视频轨道时调整设置。每条音频轨道混合器轨道均对应于活动序列时间轴中的某个轨道，并会在音频控制台布局中显示时间轴音频轨道。通过双击轨道名称可将其重命名。还可使用音频轨道混合器直接将音频录制到序列的轨道中，如图2-12所示。

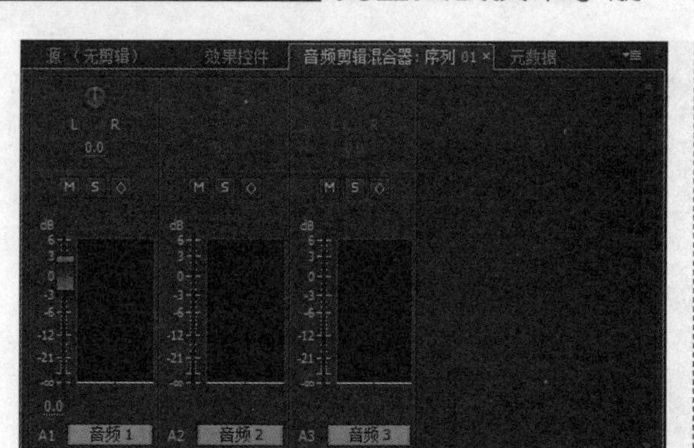

图2-12 “音频剪辑混合器”面板

2.4.12 “元数据”面板

“元数据”面板显示选定资源的剪辑实例元数据和XMP文件元数据。“剪辑”标题下的字段显示的是剪辑实例元数据，即与在“项目”面板或序列中选择的剪辑有关的信息。剪辑实例元数据存储在Premiere Pro项目文件中，而不是该剪辑所指向的文件中。“文件”和“语音分析”标题下的字段显示XMP元数据，使用“语音搜索”，用户可以将剪辑中读出的文字转录为文本，然后通过搜索该文本查找某个特定文字在剪辑中读出的位置，如图2-13所示。

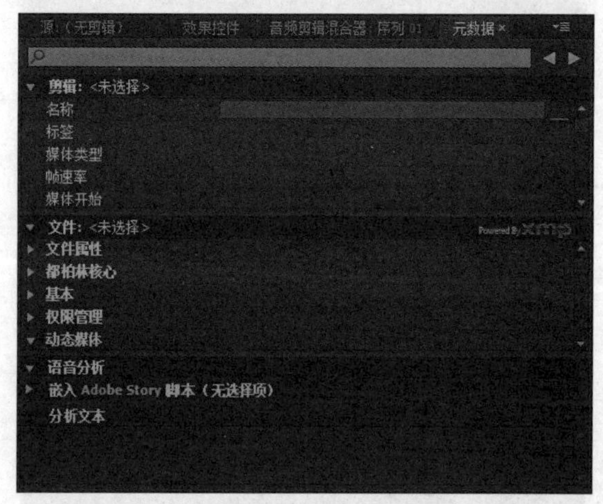

图2-13 “元数据”面板

2.4.13 “节目监视器”面板

“节目监视器”面板可回放正在组合的剪辑的序列。回放的序列就是“时间轴”面板中的活动序列。用户可以设置序列标记并指定序列的入点和出点。序列的入点和出点用于定义序列中添加或移除帧的位置，如图2-14所示。

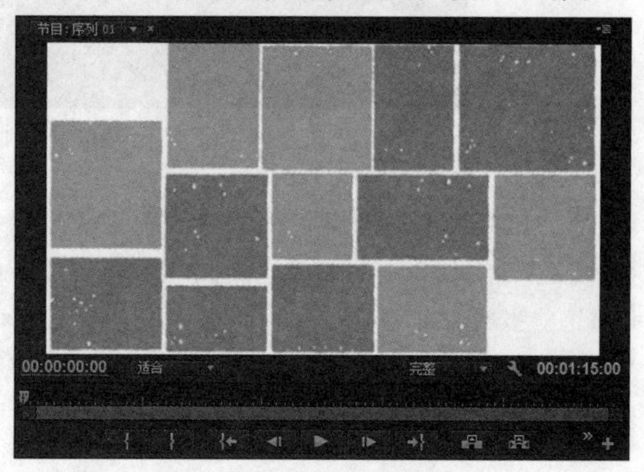

图2-14 “节目监视器”面板

2.4.14 “参考监视器”面板

“参考监视器”的作用类似于辅助节目监视器，可以使用参考监视器并排比较序列的不同帧，或使用不同的查看模式查看序列的相同帧，如图2-15所示。

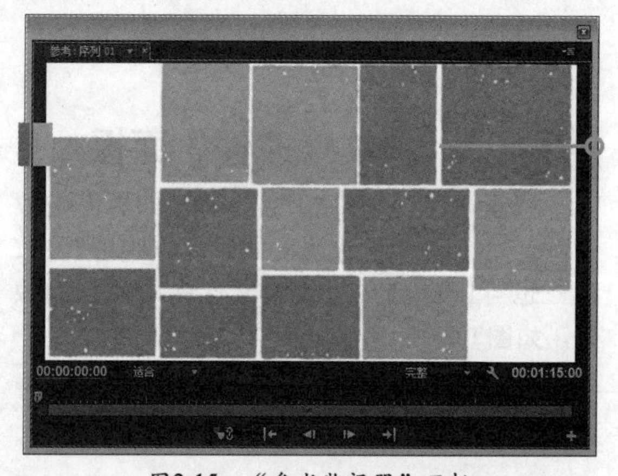

图2-15 “参考监视器”面板

2.5 菜单介绍

Premiere Pro CC菜单栏包含了8个菜单：“文件”、“编辑”、“剪辑”、“序列”、“标记”、“字幕”、“窗口”和“帮助”，如图2-16所示。下面介绍各个菜单中的内容。

Adobe Premiere Pro - F:\Premiere Pro CC 完全学习手册\源文件\第12章 综合实例

文件(F) 编辑(E) 剪辑(C) 序列(S) 标记(M) 字幕(T) 窗口(W) 帮助(H)

图2-16 菜单栏

2.5.1 “文件”菜单

“文件”菜单主要用于对项目文件的管理，如新建、打开、保存、导出等，另外还可用于采集外部视频素材，如图2-17所示。

图2-17 “文件”菜单列表

下面对“文件”菜单下的子菜单进行一一介绍。

★ 新建：用于创建一个新的项目、序列、文件夹、脱机文件、字幕、彩条、通用倒计时片头等。
★ 打开项目：用于打开已经存在的项目。
★ 打开最近使用的内容：用于打开最近编辑过的10个项目。
★ 在Adobe Bridge中浏览：可以查看Photoshop（psd）等Adobe软件的文件。
★ 关闭项目：用于关闭当前打开的项目，但不退出软件。
★ 关闭：用于关闭当前选择的面板。
★ 保存：用于保存当前项目。
★ 另存为：用于将当前项目重命名保存，同时进入新文件的编辑环境中。
★ 保存副本：用于为当前项目存储一个副本，存储副本后仍处于原文件的编辑环境中。
★ 还原：用于将最近一次编辑的文件或者项目恢复原状，即返回到上次保存过的项目状态。
★ 同步设置：用于让用户将常规首选项、键盘快捷键、预设和库同步到Creative Cloud。
★ 捕捉：用于通过外部的捕获设备获得视频/音频素材以采集素材。
★ 批量捕捉：用于通过外部的捕获设备批量地捕获视频/音频素材以及批量采集素材。
★ Adobe动态链接：新建一个连接到Premiere Pro项目的Encore合成或链接到After Effects。
★ Adobe Story：可让用户导入在Adobe Story中创建的脚本以及关联元数据。
★ Adobe Anywhere：用户可以使用本地或远程网络同时访问、流处理以及使用远程存储的媒体。
★ 发送到Adobe SpeedGrade：将素材发送到Adobe SpeedGrade中，可以对颜色应用高级颜色分级功能。
★ 从媒体浏览器导入：用于将从媒体浏览器选择的文件输入到项目面板中。
★ 导入：用于将硬盘上的多媒体文件输入到“项目”面板中。
★ 导入批处理列表：将批量列表导入“项目”面板中。
★ 导入最近使用的文件：用于直接将最近编辑过的素材输入到“项目”面板中，不弹出导入对话框，方便用户更快更准地输入素材。
★ 导出：用于将工作区域栏范围中的内容输出成视频。
★ 获取属性：用于获取文件的属性或者选择内容的属性，它包括两个选项：一个是文件，一个是选择。
★ 在Adobe Bridge中显示：在Adobe Bridge中打开一个文件的信息。
★ 项目设置：包括常规和暂存盘，用于设置视频影片、时间基准和时间显示，显示视频和音频设置，提供了用于采集音频和视频的设置及路径。
★ 项目管理：打开“项目管理器”，可以创建项目的修整版本。
★ 退出：退出Premiere系统，关闭程序。

2.5.2 “编辑”菜单

“编辑”菜单中主要包括了一些常用的基本编辑功能，如撤销、重做、复制、粘贴、查找等。另外还包括了Premiere中特有的影视编辑功能，如波纹删除、编辑源素材、标签等，如图2-18所示。

图2-18 “编辑”菜单列表

下面对“编辑”菜单的子菜单进行一一介绍。

★ 撤销：撤销上一步操作。
★ 重做：该命令与撤销是相对的，它只有在使用了“撤销”命令之后才被激活，可以取消撤销操作。
★ 剪切：用于将选中的内容剪切掉，然后粘贴到指定的位置。
★ 复制：用于将选中的内容复制一份，然后粘贴到指定的位置。
★ 粘贴：与“剪切”命令和“粘贴”命令配合使用，用于将复制或剪切的内容粘贴到指定的位置。
★ 粘贴插入：用于将复制或剪切的内容在指定位置以插入的方式进行粘贴。
★ 粘贴属性：用于将其他素材片段上的一些属性粘贴到选中的素材片段上，这些属性包括一些过渡特效和设置的一些运动效果等。
★ 清除：用于删除选中的内容。
★ 波纹删除：用于删除选定素材且不让轨道中留下空白间隙。
★ 重复：用于复制“项目”面板中的素材。只有在选中“项目”面板中的素材时，该命令才可用。
★ 全选：用于选择当前面板中的全部内容。
★ 选择所有匹配项：用于选择“时间轴”面板中的多个源自同一个素材的素材片段。
★ 取消全选：用于取消所有选择状态。
★ 查找：用于在“项目”面板中查找定位素材。
★ 查找脸部：用于在“项目”面板中查找多个素材。
★ 标签：用于改变“时间轴”面板中素材片段的颜色。
★ 移除未使用资源：用于快速删除“项目”面板中未使用的素材。
★ 编辑原始：用于将选中的素材在外部程序软件中进行编辑，如Photoshop等软件。
★ 在Adobe Audition中编辑：将音频文件导入Adobe Audition中进行编辑。
★ 在Adobe Photoshop中编辑：将图片素材导入Adobe Photoshop中进行编辑。
★ 快捷键：用于指定键盘快捷键。
★ 首选项：用于设置Premiere系统的一些基本参数，包括综合、音频、音频硬件、自动存盘、采集、设备管理、同步设置、字幕等。

2.5.3 “剪辑”菜单

“剪辑”菜单主要用于对“项目”面板和“时间轴”面板中的各种素材进行编辑处理，如图2-19所示。

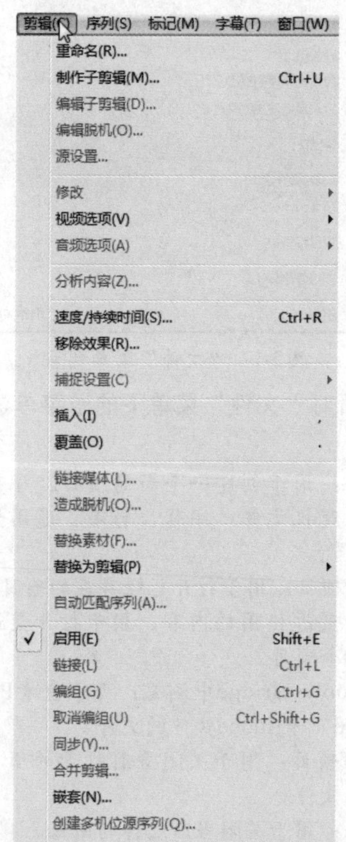

图2-19 “剪辑”菜单列表

下面对“剪辑”菜单的子菜单进行一一介绍。

★ 重命名：用于对“项目”面板中的素材和“时间轴”面板中的素材片段进行重新命名。

- ★ 制作子剪辑：根据在“源监视器”面板中编辑的素材创建附加素材。
- ★ 编辑子剪辑：编辑附加素材的入点和出点。
- ★ 编辑脱机：进行脱机编辑素材。
- ★ 源设置：对素材源对象进行设置。
- ★ 修改：用于修改音频的声道或者时间码，还可以查看或修改素材的信息。
- ★ 视频选项：用于设置帧定格、场选项、帧混合或者缩放为帧大小。
- ★ 音频选项：用于设置音频增益、拆分为单声道、渲染和替换或者提取音频。
- ★ 分析内容：用于分析“时间轴”中的语音内容。
- ★ 速度/持续时间：设置速度或持续时间。
- ★ 移除效果：可以清除对素材使用的各种特效。
- ★ 捕捉设置：可以设置捕捉素材的相关参数。
- ★ 插入：将素材插入到“时间轴”中的当前时间指示处。
- ★ 覆盖：将素材放置在当前时间指示处，覆盖已有的素材片段。
- ★ 链接媒体：用于帮助用户查找并重新链接文件。
- ★ 造成脱机：使素材脱机，使之在项目中不可用。
- ★ 替换素材：使用磁盘上的文件替换时间轴中的素材。
- ★ 替换为剪辑：用“源监视器”中编辑的素材或者素材库中的素材替换在“时间轴”中已选中的素材片段。
- ★ 自动匹配序列：快速组合剪辑或将剪辑添加到现有序列中。
- ★ 启用：激活或禁用“时间轴”中的素材。禁用的素材不会显示在“节目监视器”中，也不能被导出。
- ★ 链接：链接不同轨道的素材，方便一起编辑。
- ★ 编组：将“时间轴”上的素材放在一组以便进行整体操作。
- ★ 取消编组：取消素材的编组。
- ★ 同步：根据素材的起点、终点或时间码在时间轴上排列素材。
- ★ 合并剪辑：将“时间轴”上的一段视频和音频合并为一个剪辑并添加到素材库中，并不影响“时间轴”上原来的编辑状态。
- ★ 嵌套：可以将源序列编辑到其他序列中，同时保持原始源剪辑和轨道布局完整。
- ★ 创建多机位源序列：将具有通用入点/出点或重叠时间码的剪辑合并为一个多机位序列。
- ★ 多机位：会在“节目监视器”中显示多机位编辑界面。用户可以从使用多个摄像机从不同角度拍摄的剪辑中或从特定场景的不同镜头中创建立即可编辑的序列。

2.5.4 “序列”菜单

“序列”菜单中可以渲染并查看素材，也能更改“时间轴”面板中的视频和音频轨道数，如图2-20所示。

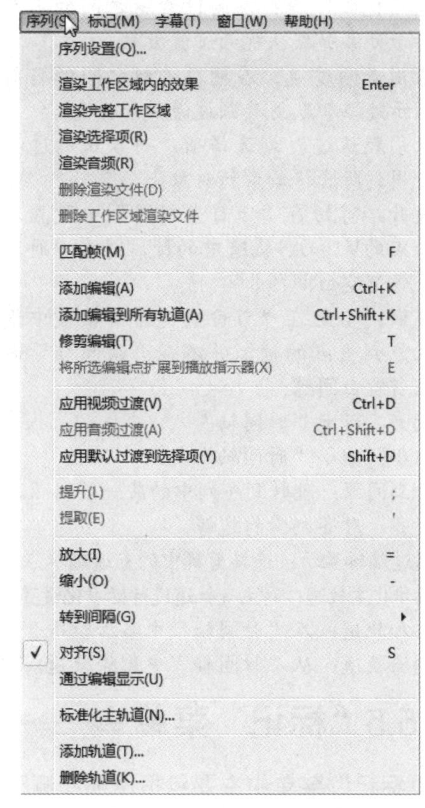

图2-20 “序列”菜单列表

下面对“序列”菜单的子菜单进行一一介绍。

- ★ 序列设置：可以打开“序列设置”对话框，对序列参数进行设置。
- ★ 渲染工作区域内的效果：渲染工作区域内的效果，创建工作区预览并将预览文件保存在磁盘上。
- ★ 渲染完整工作区域：渲染整个工作区域并将预览文件保存在磁盘上。
- ★ 渲染选择项：渲染“时间轴”上选择的部分素材并将预览文件保存在磁盘上。
- ★ 渲染音频：只渲染工作区域的音频文件。
- ★ 删除渲染文件：删除磁盘上的渲染文件。
- ★ 删除工作区域渲染文件：删除工作区域内的渲染文件。
- ★ 匹配帧：匹配“源监视器”和“节目监视器”中的帧。
- ★ 添加编辑：拆分剪辑，相当于剃刀工具。
- ★ 添加编辑到所有轨道：拆分时间指示处的所有轨道上的剪辑。

★ 修剪编辑：对已编入序列的剪辑入点和出点进行调整。

★ 将所选编辑点扩展到播放指示器：将最接近播放指示器的选定编辑点移动到播放指示器的位置，与滚动编辑的作用非常相似。

★ 应用视频过渡：在两段素材之间的当前时间指示处添加默认视频过渡效果。

★ 应用音频过渡：在两段素材之间的当前时间指示处添加默认音频过渡效果。

★ 应用默认过渡到选择项：将默认的过渡效果应用到所选择的素材对象上。

★ 提升：剪切在“节目监视器”中设置入点到出点的V1和A1轨道中的帧，并在“时间轴”上保留空白间隙。

★ 提取：剪切在“节目监视器”面板中设置了入点到出点的帧，并不在“时间轴”面板上保留空白间隙。

★ 放大：放大“时间轴”。

★ 缩小：缩小“时间轴”。

★ 转到间隙：跳转到序列中的某一段间隙。

★ 对齐：对齐到素材边缘。

★ 通过编辑显示：连接剪辑中的直通编辑点。

★ 标准化主轨道：对主音轨道进行标准化设置。

★ 添加轨道：在“时间轴”中添加轨道。

★ 删除轨道：从“时间轴”中删除轨道。

2.5.5 “标记”菜单

“标记”菜单中主要包括添加和删除各类标记点，以及标记点的选择，如图2-21所示。

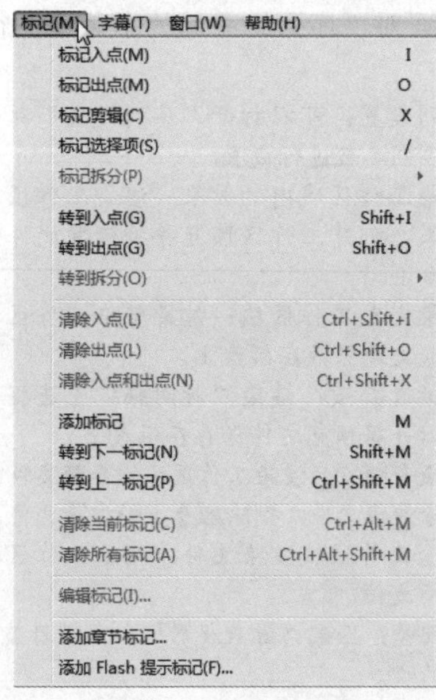

图2-21 “标记”菜单列表

下面对“标记”菜单的子菜单进行一一介绍。

★ 标记入点：在时间指示处添加入点标记。

★ 标记出点：在时间指示处添加出点标记。

★ 标记剪辑：设置与剪辑入点和出点匹配的序列入点和出点。

★ 标记选择项：设置序列入点和出点并与选择项的入点和出点匹配。

★ 清除入点：清除素材的入点。

★ 清除出点：清除素材的出点。

★ 清除入点和出点：清除素材的入点和出点。

★ 添加标记：在子菜单的指定处设置一个标记。

★ 转到下一个标记：跳转到素材的下一个标记。

★ 转到上一个标记：跳转到素材的上一个标记。

★ 清除当前标记：清除素材上的指定标记。

★ 清除所有标记：清除素材上的所有标记。

★ 编辑标记：编辑当前标记的时间以及类型等。

★ 添加章节标记：为素材添加章节标记。

★ 添加Flash提示标记：为素材添加Flash提示点标记。

2.5.6 “字幕”菜单

“字幕”菜单中包含了与字幕相关的一系列命令，如新建字幕、字体、颜色、大小、方向和排列等。字幕菜单命令能够更改在字幕设计中创建的文字和图形，如图2-22所示。

图2-22 “字幕”菜单列表

下面对“字幕”菜单中的子菜单进行一一介绍。

★ 新建字幕：用于新建字幕文件，字幕类型有静态字幕、滚动字幕和游动字幕。

★ 字体：用于设置字幕的字体。

★ 大小：用于设置字幕的大小。

★ 文字对齐：用于设置字幕的对齐方式，有靠左、居中和靠右3种对齐方式。

★ 方向：用于设置文字的横排或者竖排。
★ 自动换行：用于打开或关闭文字自动换行。
★ 制表位：在文字中设置跳格。
★ 模板：用于选择使用和创建字幕模板。
★ 滚动/游动选项：用于创建和控制动画字幕。
★ 图形：用于在字幕中插入图片，还可以修改图片大小。
★ 变换：提供视觉转换命令，有位置、比例、旋转和不透明度4种。
★ 选择：用于选择不同对象。
★ 排列：子菜单中包含了移到最前、前移、移到最后和后移4种移动方式。
★ 位置：快速放置文字位置，有水平居中、垂直居中和下方三分之一处3种命令。
★ 对齐对象：用于对齐一个字幕文件中的多个对象。
★ 分布对象：在子菜单中提供了在屏幕上分布或分散选定对象的命令。
★ 视图：包括查看字幕和动作安全区域、文字基线、跳格标记和视频等命令。

2.5.7 “窗口”菜单

“窗口”菜单中包含了Premiere Pro CC的所有窗口和面板，可以随意打开或关闭任意面板，也可以恢复到默认面板，如图2-23所示。

下面对“窗口”菜单中的子菜单进行一一介绍。

★ 工作区：在子菜单中，可以选择需要的工作区布局进行切换，以及对工作区进行重置或管理。
★ 扩展：在子菜单中，可以打开Premiere Pro的扩展程序，列入默认的Adobe Exchange在线资源下载与信息查询辅助程序。
★ 最大化框架：切换当前关注面板的最大化显示状态。
★ 音频剪辑效果编辑器：用于打开或关闭音频剪辑效果编辑器面板。
★ 音频轨道效果编辑器：用于打开或关闭音频轨道效果编辑器面板。
★ Adobe Story：用于启动Adobe Story程序的登录界面，在其中输入用户的Adobe ID并进行联网登录。
★ 事件：用于打开或关闭事件面板，查看或管理影片序列中设置的事件动作。
★ 信息：用于打开或关闭信息面板，查看当前所选素材剪辑的属性、序列中当前时间指针的位置等信息。
★ 修剪监视器：用于打开或关闭“修剪监视器”面板。

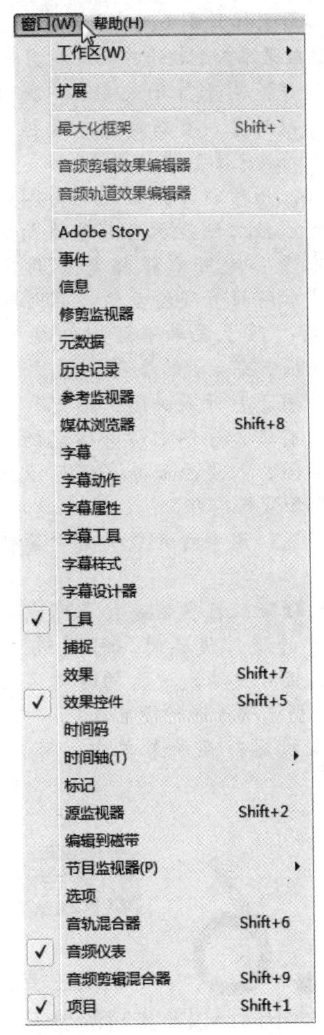

图2-23 “窗口”菜单列表

★ 元数据：用于打开或关闭“元数据”面板，可以对所选素材剪辑、采集捕捉的磁带视频、嵌入的Adobe Story脚本等内容进行详细的数据查看和添加注释等。
★ 历史记录：用于打开或关闭“历史记录”面板，查看完成的操作记录，或根据需要返回到之前某一步骤的编辑状态。
★ 参考监视器：用于打开或关闭“参考监视器”面板，在其中可以选择显示影片当前位置的色彩通道变化。
★ 媒体浏览器：用于打开或关闭“媒体浏览器”面板，查看本地硬盘或网络驱动器中的素材资源，并可以将需要的素材文件导入到项目中。
★ 字幕：用于打开或关闭“字幕”面板。
★ 字幕动作/属性/工具/样式/设计器：用于打开“字幕设计器”面板并激活“动作/属性/工具/样式”面板，可以方便快速地对当前序列中所选中的字幕剪辑进行需要的编辑。
★ 工具：用于激活“工具”面板。
★ 捕捉：用于打开或关闭“捕捉”面板。

★ 效果：用于打开或关闭“效果”面板，可以将需要的效果添加到轨道中的素材剪辑上。

★ 效果控件：用于打开或关闭“效果控件”面板，可以对素材剪辑的基本属性以及添加到素材上的效果参数进行设置。

★ 时间码：用于打开或关闭“时间码”浮动面板，可以独立地显示当前工作面板中的时间指针位置；也可以根据需要调整面板的大小，更加醒目直观地查看当前时间位置。

★ 时间轴：在子菜单中可以切换当前“时间轴”面板中要显示的序列。

★ 标记：用于打开或关闭“标记”面板，可以查看当前工作序列中所有标记的时间位置、持续时间、入点画面等，还可以根据需要为标记添加注释内容。

★ 源监视器：用于打开或关闭“源监视器”面板。

★ 编辑到磁带：在电脑连接了可以将硬盘输出到磁带的硬件设备时，可通过“编辑到磁带”面板对要输出硬盘的时间区间、写入磁带的类型选项等进行设置。

★ 节目监视器：在子菜单中，可以切换当前“节目监视器”面板中要显示的序列。

★ 选项：通过“选项”面板，可以快速地将当前工作区切换到需要的布局模式。

2.5.8 “帮助”菜单

“帮助”菜单包含程序应用的帮助命令、支持中心和产品改进计划等命令，如图2-24所示。选择“帮助”菜单中的“Adobe Premiere Pro帮助”命令，可以载入主帮助屏幕，然后可在其中选择或搜索某个主题进行学习。

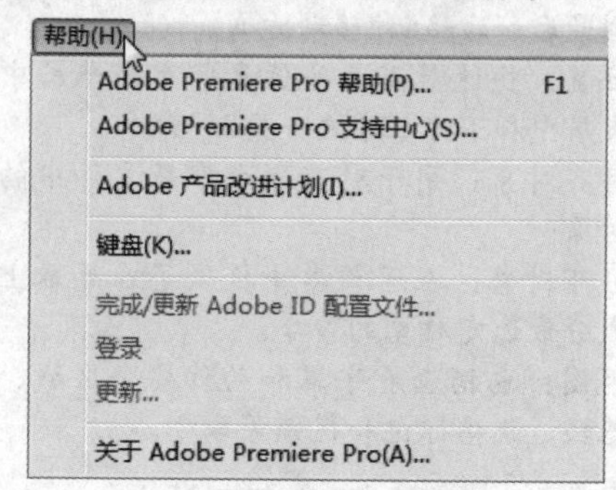

图2-24 “帮助”菜单列表

2.6 本章小结

本章主要介绍了Premiere Pro CC的配置要求，包括Windows系统和MAC系统的不同，以及支持的显卡类型。还介绍了Premiere Pro CC的工作面板和菜单栏的主要作用。让读者能够了解Premiere Pro CC的工作环境，方便上手。

第3章 Premiere Pro CC的基本操作

在使用Premiere Pro CC软件编辑视频时，应该先了解该软件的工作流程。在Premiere Pro CC中进行影视编辑的基本工作流程是：新建项目和序列→导入素材→编辑素材→视音频特效处理→添加字幕→输出影片。本章讲述制作一个完整影片所需要的工作流程，并在结尾以一个实例来带领读者进行一次独立的影片编辑工作实践，使读者对Premiere Pro CC的工作流程加以学习和体验。

本章重点

- ◎ 设置项目属性参数
- ◎ 保存项目文件
- ◎ 导入素材
- ◎ 编辑素材
- ◎ 添加视频切换效果
- ◎ 添加音频切换效果
- ◎ 输出影片

本章效果欣赏

3.1 影片编辑项目的基本操作

Premiere编辑影片项目的基本操作包括创建项目、导入素材、编辑素材、添加视音频特效和输出影片等。下面介绍影片编辑项目的基本操作。

3.1.1 创建影片编辑项目

Premiere Pro CC能够创建作品，能够管理作品资源，还能够创建和存储字幕、切换效果和特效。因此，工作的文件不仅仅是一份作品，而是一个项目。在Premiere Pro中编辑影片的工作流程的第一步是新建项目，具体操作如下。

视频文件：DVD\视频\第3章\3.1.1创建影片编辑项目.mp4
源文件位置：DVD\源文件\第3章\3.1.1

01 启动Premiere Pro CC，双击桌面上的Adobe Premiere Pro CC图标，如图3-1所示。

图3-1　双击Adobe Premiere Pro CC图标

02 进入Premiere Pro的欢迎页面，单击“新建项目”按钮，新建一个项目文件，如图3-2所示。

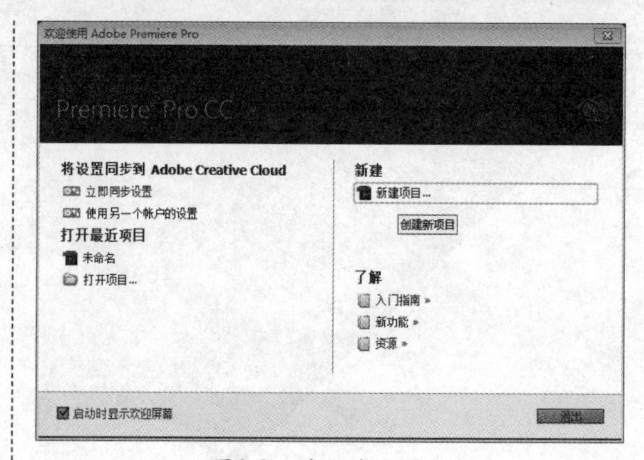

图3-2　进入欢迎页面

03 弹出“新建项目”对话框，设置项目名称及存储位置，如图3-3所示。

04 单击“位置”选项栏后面的“浏览”按钮，可以在打开的对话框中设置保存项目文件的位置，如图3-4所示。单击“选择文件夹”按钮。

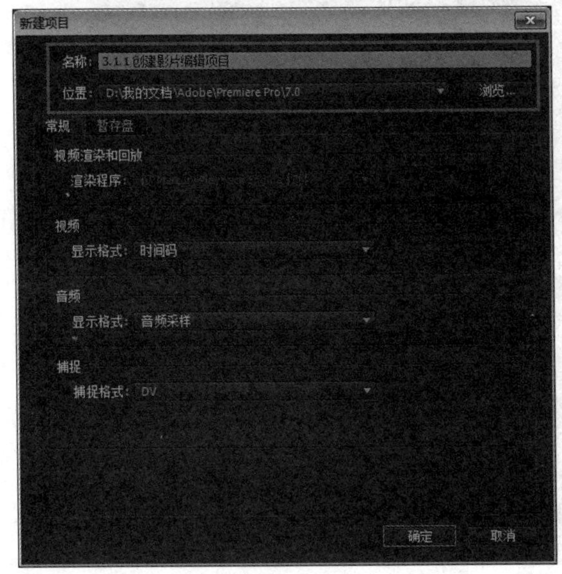

图3-3　设置项目名称及存储位置

图3-4　设置项目保存位置

05 执行“文件”|“新建”|“序列”命令来新建序列，如图3-5所示。

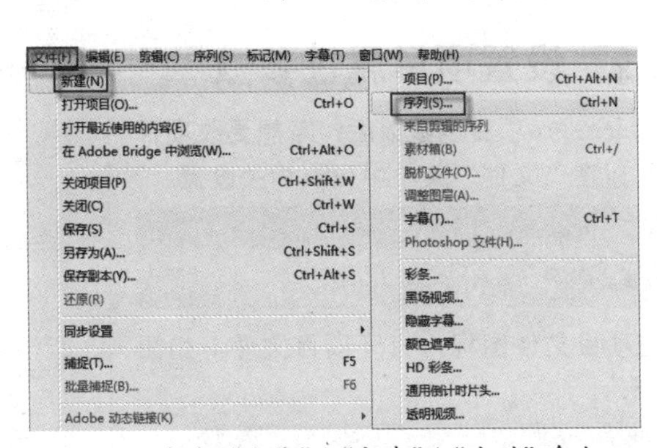

图3-5　执行“文件”|“新建”|“序列”命令

06 弹出“新建序列”对话框，选择适合的预设，单击“确定”按钮，如图3-6所示。

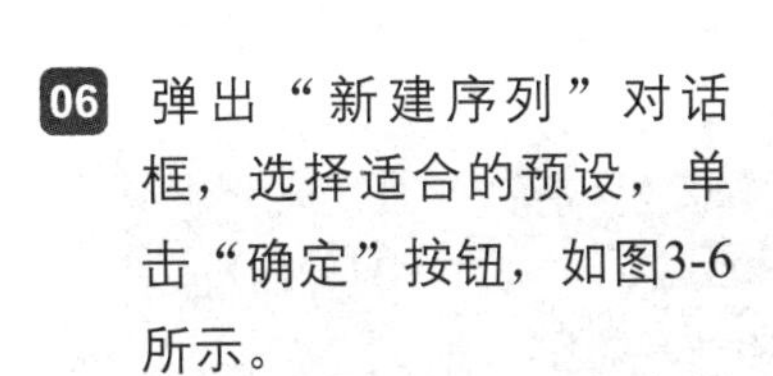

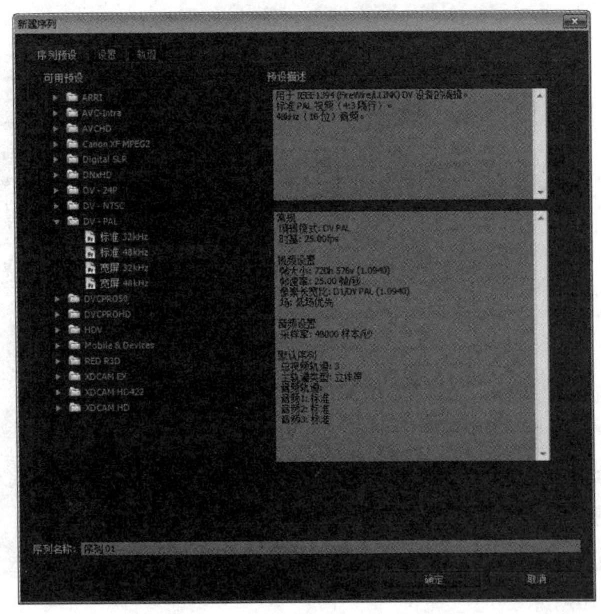

图3-6　单击“确定”按钮

07 进入Premiere Pro CC默认的工作界面，这样就新建了一个项目，如图3-7所示。

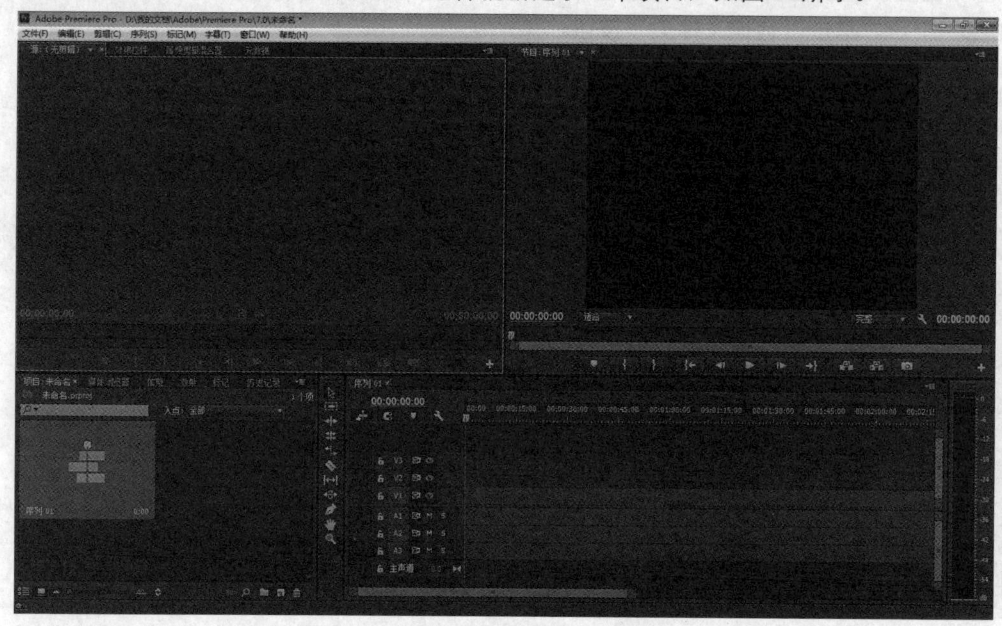

图3-7　新建项目

3.1.2　设置项目属性参数

Premiere Pro项目创建以后，若想更改项目属性，可以在“文件”菜单中更改相关设置。

视频文件：DVD\视频\第3章\3.1.2 设置项目属性参数.mp4
源文件位置：DVD\源文件\第3章\3.1.2

01 双击项目文件图标，打开项目文件，如图3-8所示。

图3-8　打开项目

02 执行“文件”|“项目设置”|“常规”命令，如图3-9所示。

03 弹出“项目设置”|“常规”对话框，设置视频和音频显示格式、动作与字幕安全区域，单击“确定”按钮来完成设置，如图3-10所示。

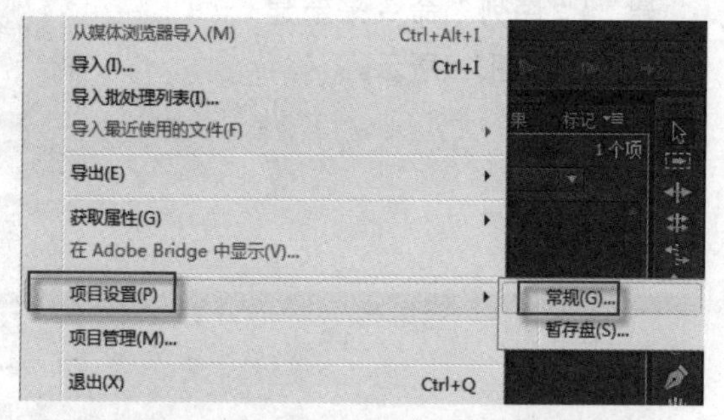

图3-9　执行“文件”|“项目设置”|“常规”命令

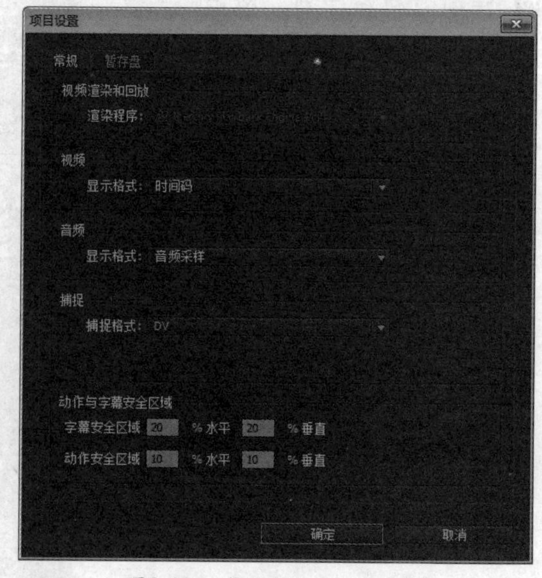

图3-10　“项目设置”对话框

04 执行“文件”|“项目设置”|“暂存盘”命令，如图3-11所示。

05 弹出“项目设置”对话框，设置视频、音频的存储路径，如图3-12所示。

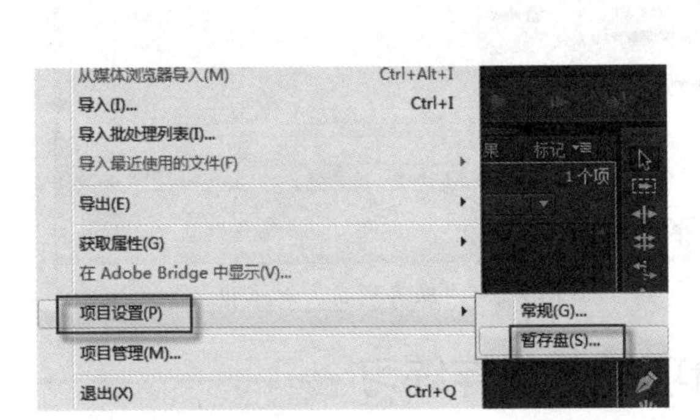

图3-11 执行“文件”|“项目设置”|“暂存盘”命令

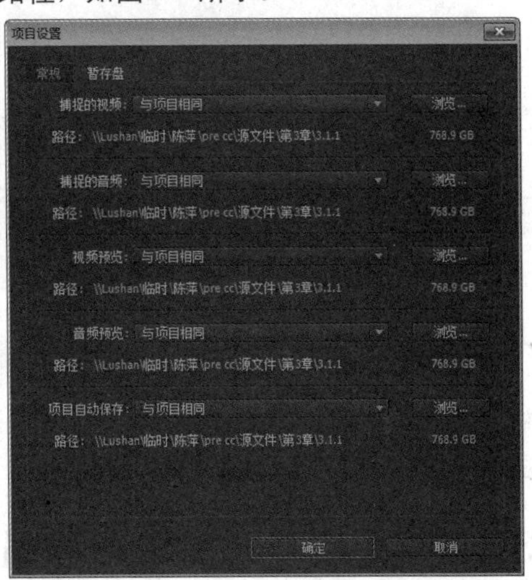

图3-12 “项目设置”对话框

06 单击“确定”按钮，完成设置。

3.1.3 保存项目文件

编辑一个项目过程中，免不了要发生关闭程序后再打开的情况，这就必须要保存项目。在Premiere Pro CC中保存项目有如下几种方式。

方法一：执行“文件”|“保存”命令，保存项目文件，如图3-13所示。

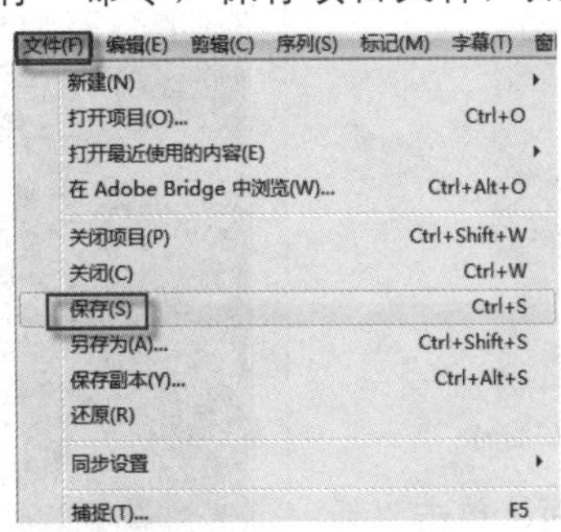

图3-13 执行“文件”|“保存”命令

方法二：执行“文件”|“另存为”命令，如图3-14所示。弹出“保存项目”对话框，设置项目名称及存储位置，单击“确定”按钮，如图3-15所示，保存项目。

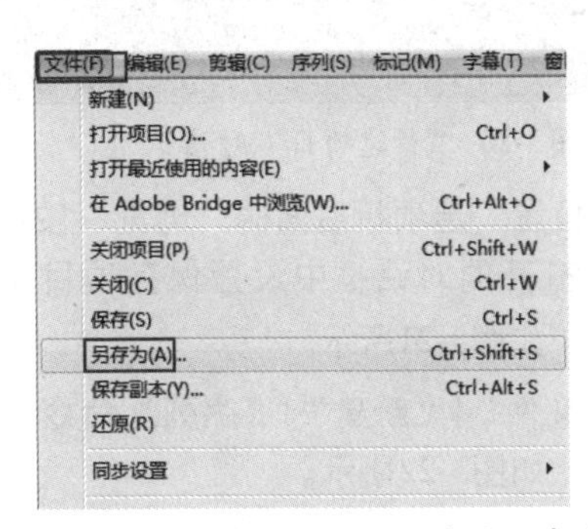

图3-14 执行“文件”|“另存为”命令

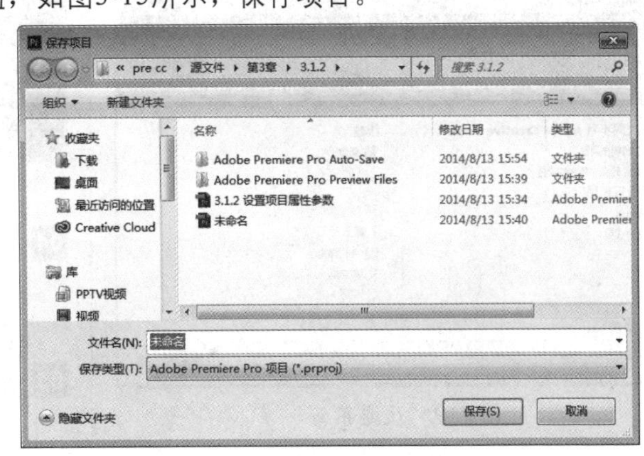

图3-15 “保存项目”对话框

方法三：执行“文件”|“保存副本”命令，如图3-16所示。弹出“保存项目”对话框，设置项目名称及存储位置，单击“确定”按钮，如图3-17所示，为项目保存副本。

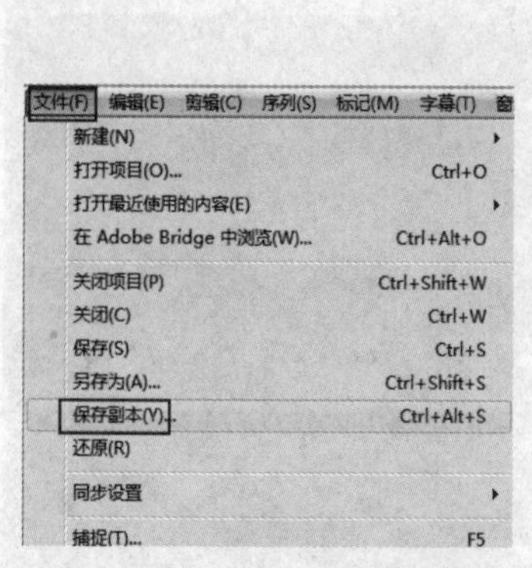

图3-16 执行“文件”|“保存副本”命令

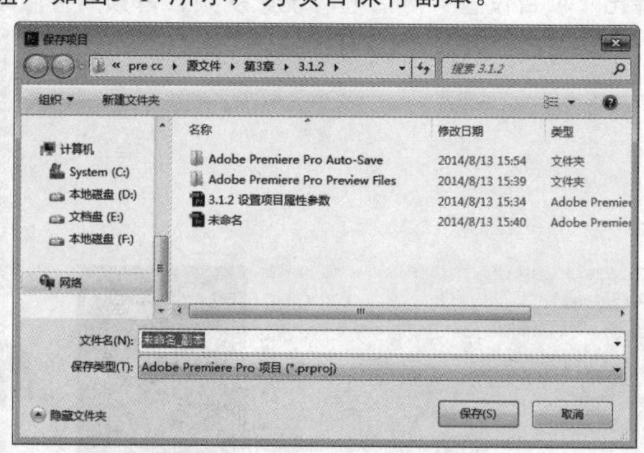

图3-17 “保存项目”对话框

3.1.4 实战——创建影片编辑项目并保存练习

制作符合要求的影视作品，首先创建一个符合要求的项目文件，然后对项目文件的各个选项进行设置，这是编辑工作的基本操作。下面以实例来详细讲解如何创建影片、编辑项目并保存。

视频位置：DVD\视频\第3章\3.1.4 实战——创建影片编辑项目并保存练习.mp4

源文件位置：DVD\源文件\第3章\3.1.4

01 双击桌面上的Adobe Premiere Pro CC图标，启动Premiere Pro CC，如图3-18所示。

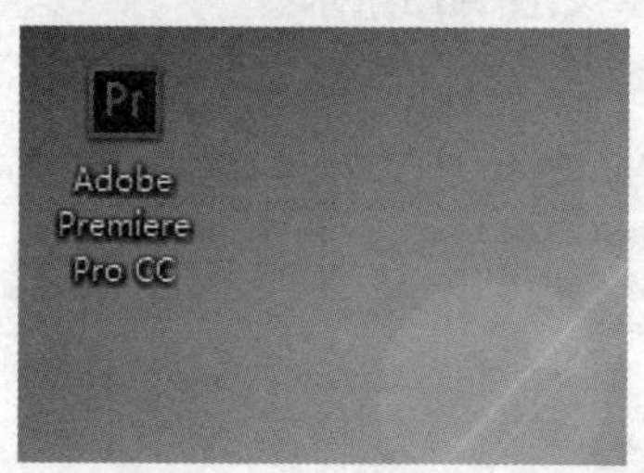

图3-18 Adobe Premiere Pro CC图标

02 进入Premiere Pro CC的欢迎界面，单击“新建项目”按钮，新建一个项目文件，如图3-19所示。

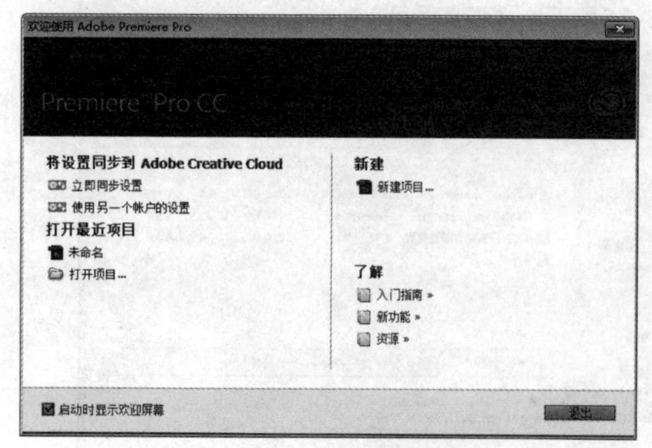

图3-19 欢迎界面

03 弹出“新建项目”对话框，设置项目名称及存储位置，如图3-20所示。

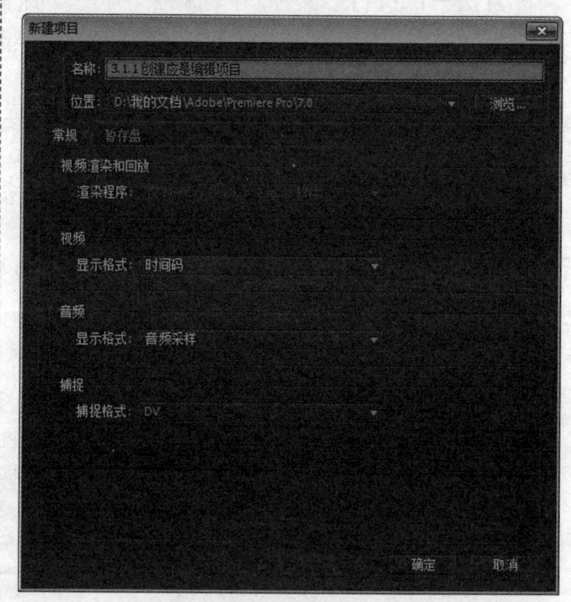

图3-20 “新建项目”对话框

04 单击“位置”选项栏后面的“浏览”按钮，可以在打开的对话框中设置保存项目文件的位置，如图3-21所示。

05 执行“文件”|“新建”|“序列”命令，新建序列，如图3-22所示。

图3-21 设置项目的保存位置

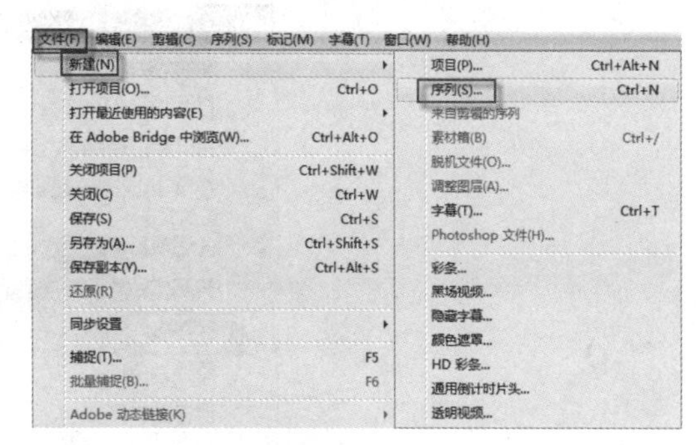

图3-22 执行“文件”|“新建”|“序列”命令

06 弹出“新建序列”对话框，选择适合的预设，单击“确定”按钮，如图3-23所示。

图3-23 “新建序列”对话框

07 进入Premiere Pro CC默认的工作界面，这样就新建了一个项目，如图3-24所示。

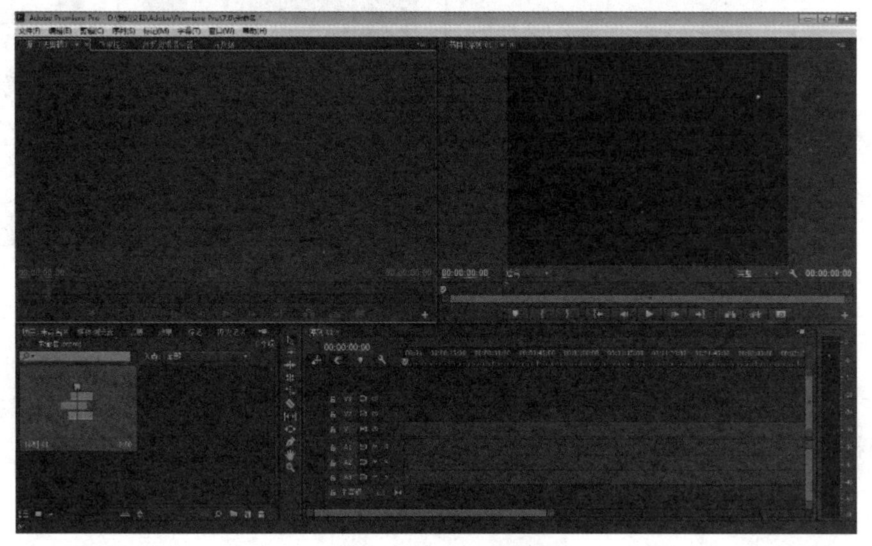

图3-24 默认工作界面

08 执行“文件”|“保存”命令，保存项目文件，如图3-25所示。

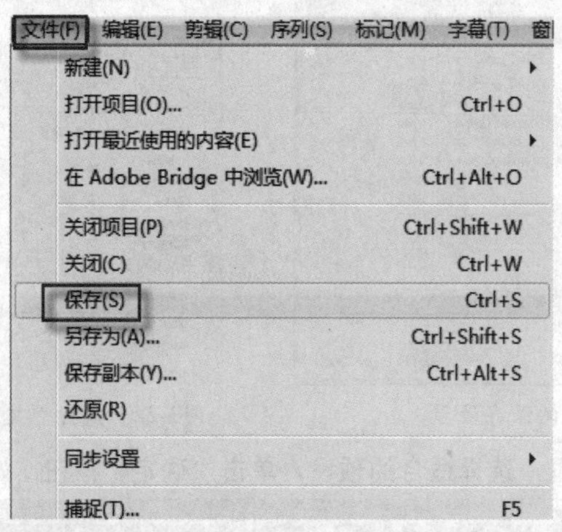

图3-25 执行“文件”|“保存”命令

3.2 导入素材文件

Premiere Pro CC支持图像、音频、视频、序列和PSD图层文件等多种类型和文件格式的素材导入，对它们的导入方法大致相同。

3.2.1 导入素材

以导入图像素材为例，介绍导入素材的方法。

方法一：执行“文件”|“导入”命令，或者在“项目”面板的空白位置单击鼠标右键并执行“导入”命令，在弹出的“导入”对话框中选择需要的素材，然后单击“打开”按钮，如图3-26所示，即可将选择的素材导入到“项目”面板中，如图3-27所示。

图3-26 “导入”对话框

图3-27 导入“项目”面板

方法二：打开“媒体浏览器”面板，打开素材所在的文件夹，选择一个或多个素材，单击鼠标右键，执行“导入”命令，即可将需要的素材导入到“项目”面板中，如图3-28所示。

方法三：打开素材所在文件夹，选中要导入的一个或多个素材，按住鼠标左键并将其拖到“项目”面板中，然后松开鼠标，即可将素材导入到“项目”面板中，如图3-29所示。

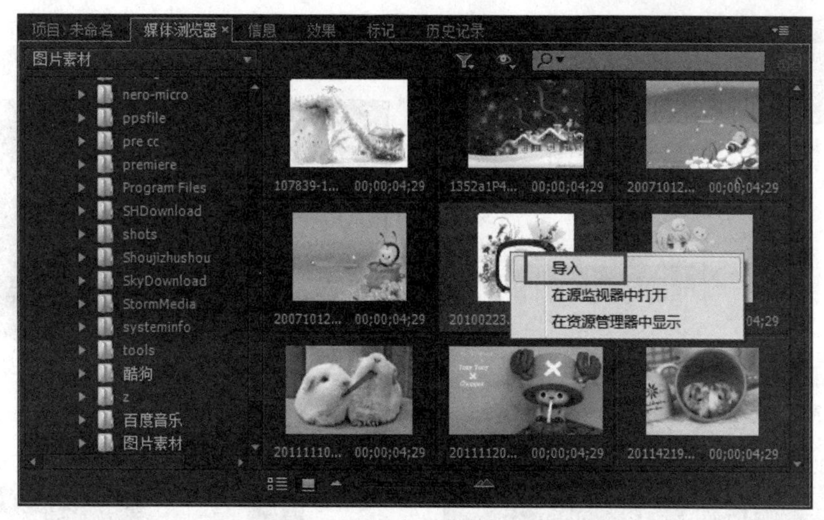

图3-28 “媒体浏览器”面板

图3-29 拖入素材

提示

序列文件是带有统一编号的图像文件。导入序列文件时，需要在“导入”对话框中勾选“序列”复选项；如果只需要导入序列文件中的某张图片，则直接选择该图片，然后单击“打开”按钮即可。

3.2.2 实战——导入一个PSD文件图层

在Premiere Pro CC中导入PSD图层文件，可以合并图层或者分离图层，在分离图层中又可以选择导入单个图层或者多个图层，其功能很强大。

视频位置：DVD\视频\第3章\3.2.2实战——导入一个PSD文件图层.mp4

源文件位置：DVD\源文件\第3章\3.2.2

01 启动Premiere Pro CC软件，在欢迎界面上单击“新建项目”按钮，如图3-30所示。

02 弹出“新建项目”对话框，设置项目名称以及项目存储位置，单击“确定”按钮，新建项目，如图3-31所示。

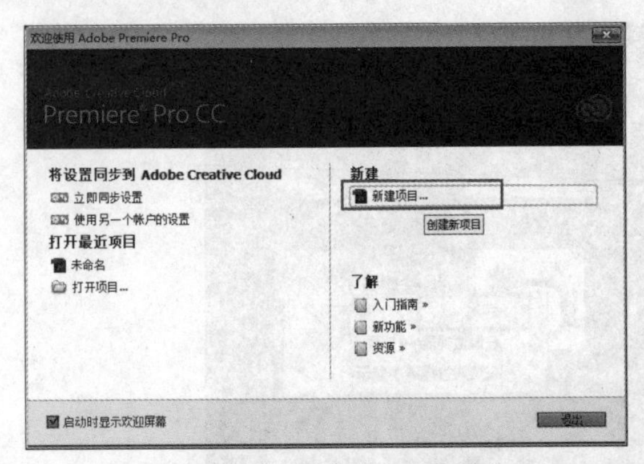

图3-30　单击“新建项目”按钮

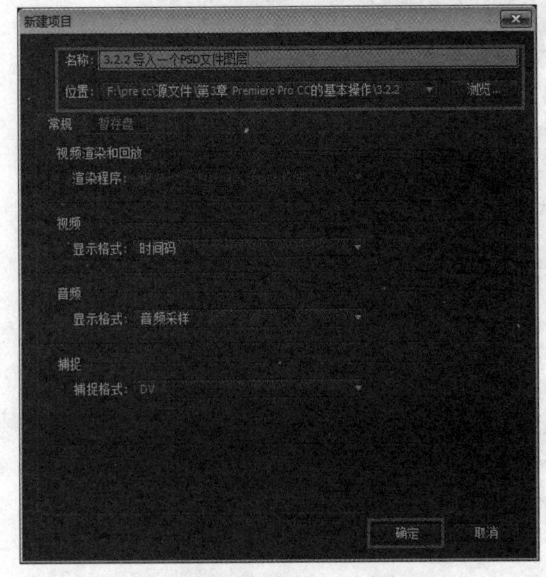

图3-31　“新建项目”对话框

03 执行“文件”|“新建”|“序列”命令，弹出“新建序列”对话框，设置序列名称，单击“确定”按钮，新建序列，如图3-32所示。

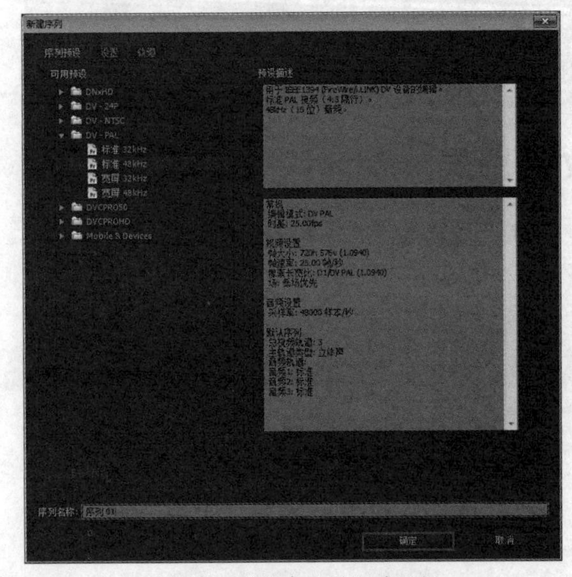

图3-32　“新建序列”对话框

04 打开“媒体浏览器”窗口，打开素材所在的文件夹，如图3-33所示。

图3-33　“媒体浏览器”窗口

05 选中要导入的PSD文件素材，单击鼠标右键并执行“导入”命令，如图3-34所示。

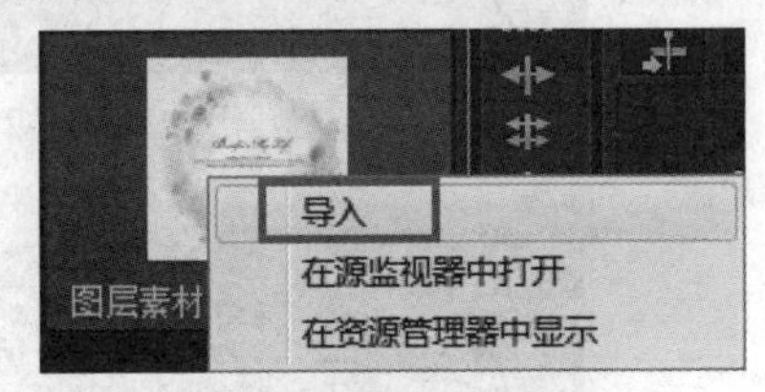

图3-34　执行“导入”命令

06 弹出“导入分层文件：图层素材”对话框，如图3-35所示。

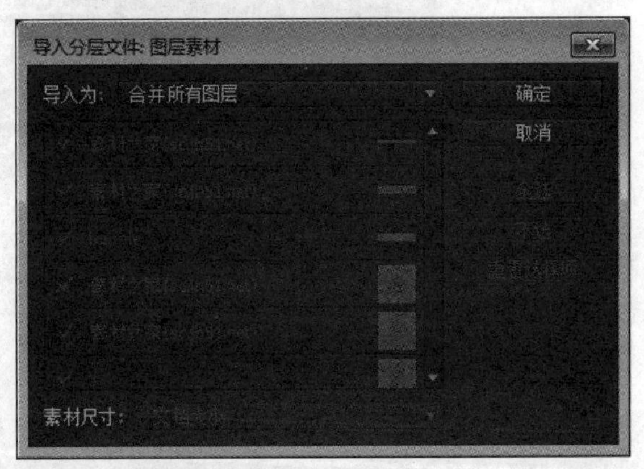

图3-35　弹出对话框

07 单击“导入为”选项后的下拉列表，选择“各个图层”选项，如图3-36所示。

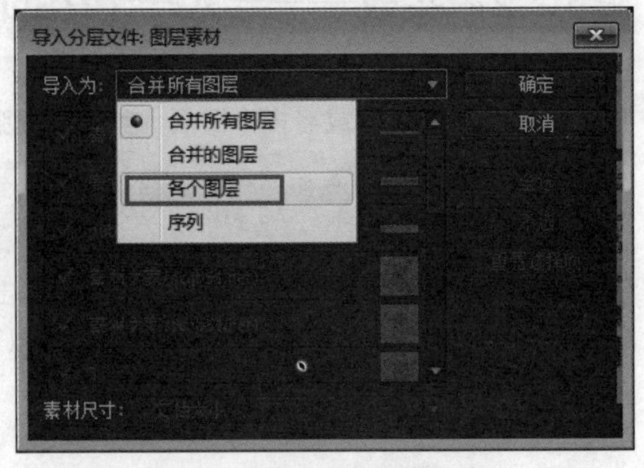

图3-36　选择“各个图层”选项

提示

在导入图层文件的对话框中，选择“合并所有图层”选项，所有图层会被合并为一个整体；选择“合并的图层”选项，所选择的几个图层合并成一个整体；选择“各个图层”选项，所选择的图层将全部导入并且保留各自图层的独立性；选择“序列”选项，所选择的图层将全部导入并保留各自图层的独立性。

08 选择需要的图层，单击“确定”按钮，即可将图层素材导入到“项目”面板，如图3-37所示。

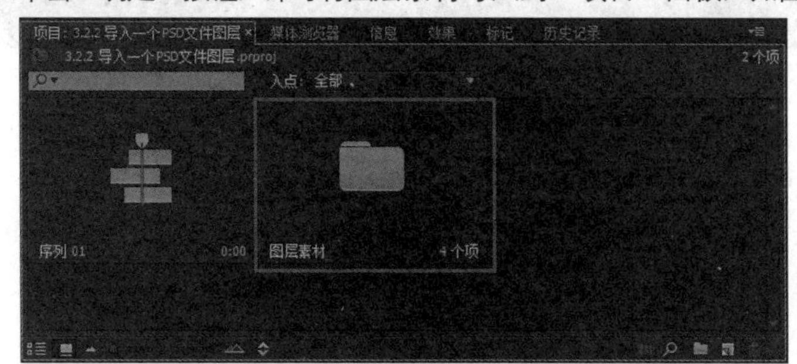

图3-37 导入图层素材面板

09 打开“项目”面板，即可看到导入的图层文件素材成为了一个素材箱，双击该素材箱即可看到各个图层素材，如图3-38所示。

10 关闭素材箱，执行“文件”|“保存”命令，保存该项目，如图3-39所示。

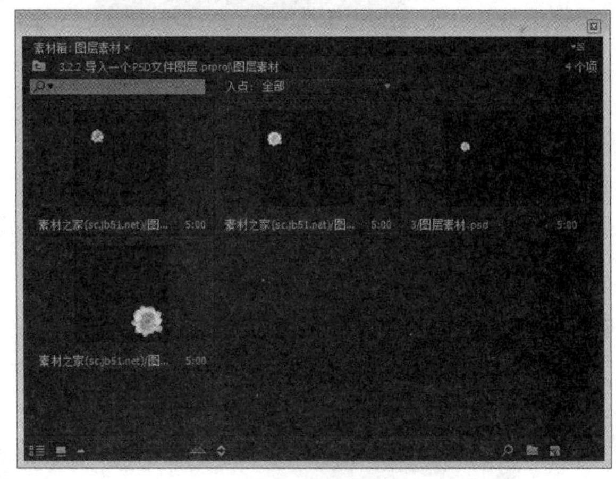

图3-38 图层素材

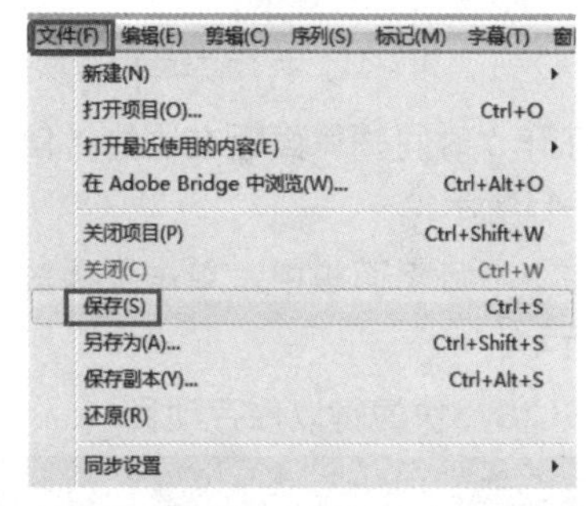

图3-39 保存项目

3.3 编辑素材文件

要将“项目”面板中的素材添加到“时间轴”面板，只需单击“项目”面板的素材，然后将它们拖动到“时间轴”的相应轨道上即可。将素材拖入“时间轴”面板后，需要对素材进行修改编辑以达到符合视频编辑的要求，比如控制素材的播放速度、持续时间等。

下面用实例来讲解如何调整素材的持续时间。

视频位置：DVD\视频\第3章\3.3编辑素材文件.mp4
源文件位置：DVD\源文件\第3章\3.3

01 打开项目文件，在“项目”面板中选择素材，将其拖到“时间轴”面板中的视频轨道上，如图3-40所示。

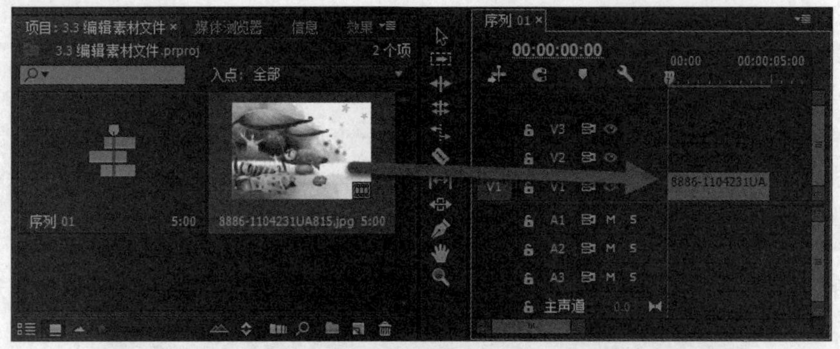

图3-40　拖入素材

02 选择“时间轴”面板中的素材，单击鼠标右键，在弹出的快捷菜单中执行“速度/持续时间”命令，如图3-41所示。

03 在弹出的“剪辑速度/持续时间”对话框中，将持续时间调整为“00:00:10:00”（即10秒），单击“确定”按钮，完成持续时间的更改，如图3-42所示。

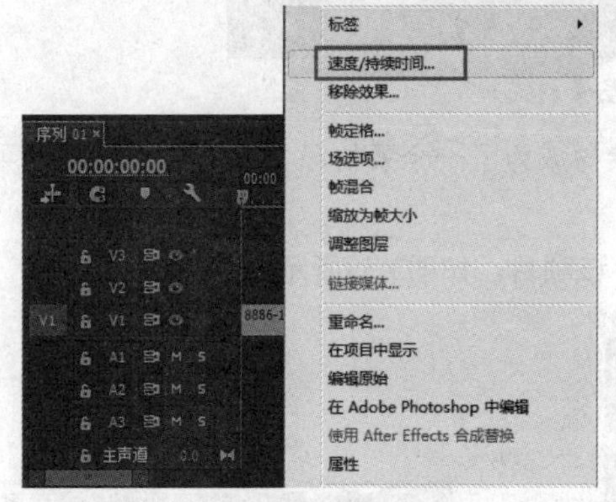

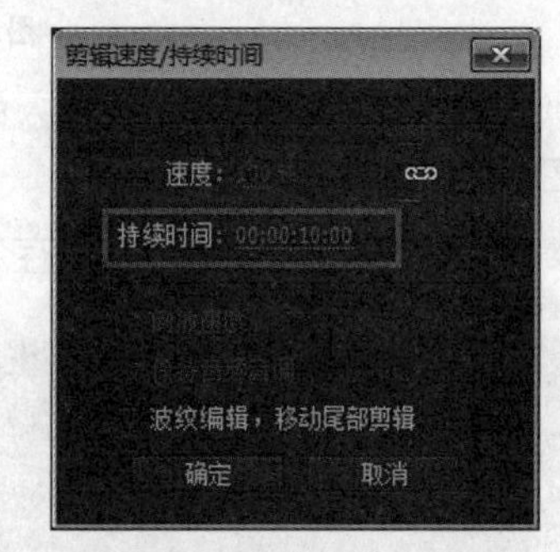

图3-41　执行“速度/持续时间”命令　　　　图3-42　更改持续时间

04 打开“时间轴”面板左边的“信息”面板，此时可以看到该素材的持续时间变成了10秒，如图3-43所示。

05 在“节目”面板中，单击“播放-停止切换”按钮，预览更改持续时间后的效果，如图3-44所示。

06 按Ctrl+S快捷键以保存项目。

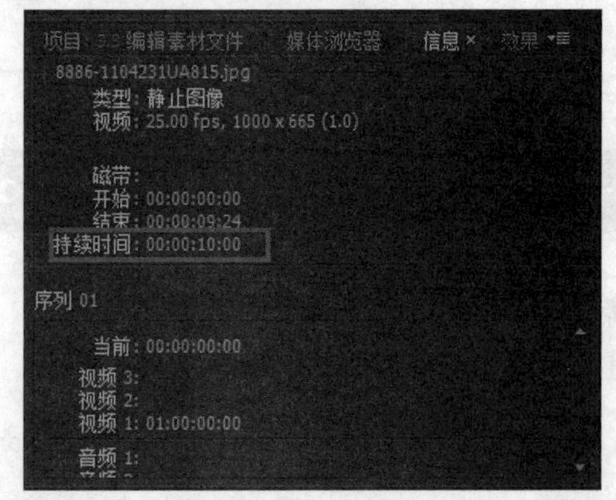

图3-43　“信息”面板　　　　图3-44　预览效果

按空格键可以快速实现对当前序列的预览。

3.4 添加视音频特效

在序列中的素材剪辑之间添加过渡效果可以使素材间的播放切换更加流畅、自然。为“时间轴”面板中的两个相邻素材添加过渡效果，可以在“效果”面板中展开该类型的文件夹，然后将相应的过渡效果拖动到“时间轴”面板中的两相邻素材之间即可。

3.4.1 添加视频切换效果

下面以实例来介绍为视频添加切换效果的操作。

视频位置：DVD\视频\第3章\3.4.1 添加视频切换效果.mp4

源文件位置：DVD\源文件\第3章\3.4.1

01 执行“窗口”|“效果”命令，打开“效果”面板，单击“视频过渡”文件夹前的三角形按钮▶将其展开，如图3-45所示。

02 单击“3D运动”文件夹前的三角形按钮▶将其展开，如图3-46所示。

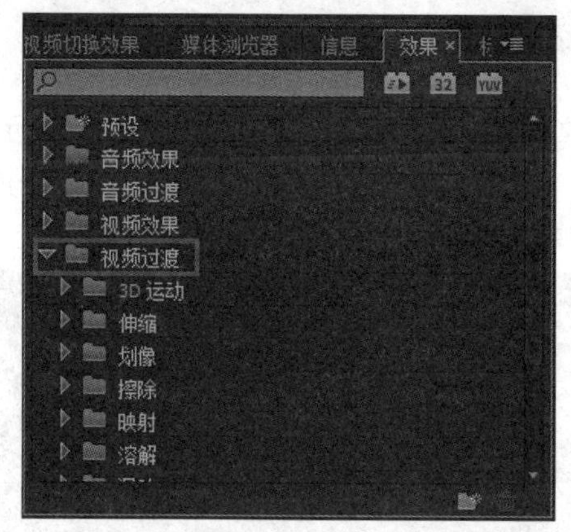

图3-45 “视频过渡”文件夹

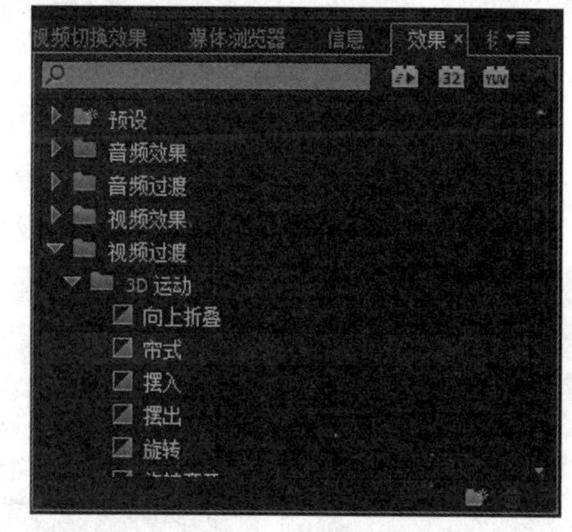

图3-46 “3D运动”文件夹

03 选择“帘式”效果，将其拖到“时间轴”面板的“绚丽的花丛中01.mov”和“绚丽繁花02.mov”素材之间，释放鼠标即可添加过渡效果到相应的位置，如图3-47所示。

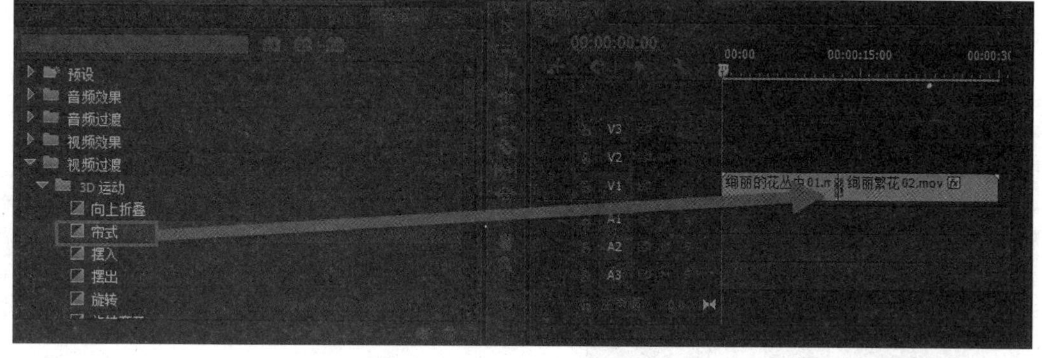

图3-47 添加“帘式”过渡效果

04 弹出提示对话框，单击“确定”按钮。选择要添加到视频之间的过渡效果，打开“效果控件”面板，单击“对齐”后面的倒三角按钮，打开下拉列表，选择“中心切入”选项，如图3-48所示。

05 按空格键，预览添加切换效果后的素材，如图3-49所示。

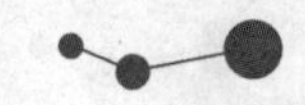

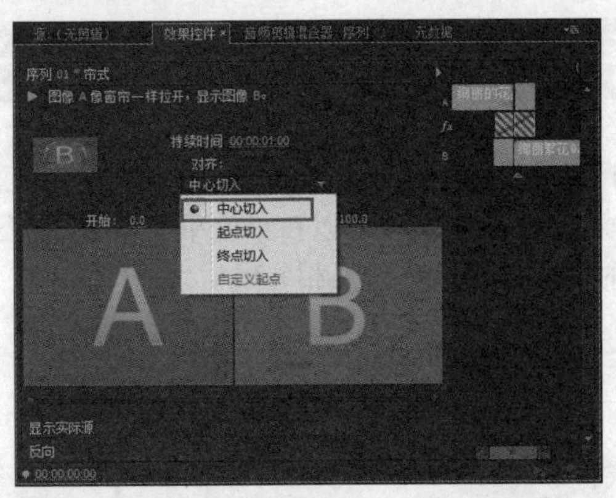

图3-48　选择对齐方式

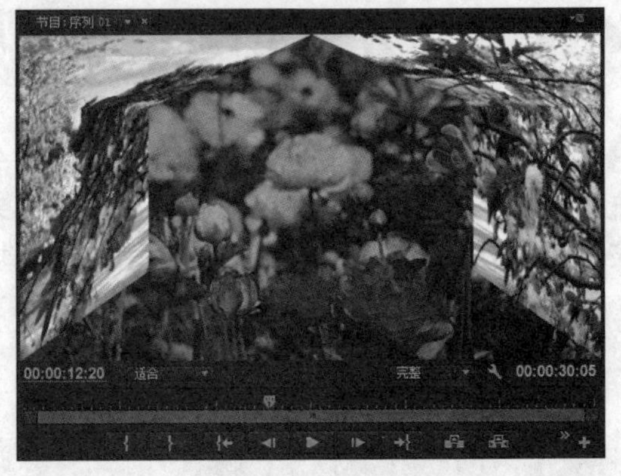

图3-49　预览效果

3.4.2　添加音频切换效果

下面以实例来介绍为音频添加切换效果的操作。

视频位置：DVD\视频\第3章\3.4.2 添加音频切换效果.mp4
源文件位置：DVD\源文件\第3章\3.4.2

01 打开项目文件，打开“效果”面板，单击“音频过渡”文件夹前面的小三角按钮▶，如图3-50所示。

02 单击“交叉淡化”文件夹前面的小三角按钮▶，选择“恒定功率”效果，按住鼠标左键，将其拖到时间轴中的两个音频素材之间（两段音频有重复的帧），如图3-51所示。

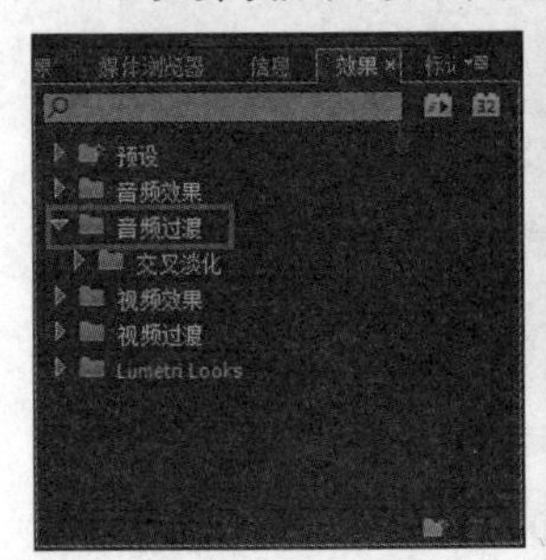

图3-50　“音频过渡”文件夹

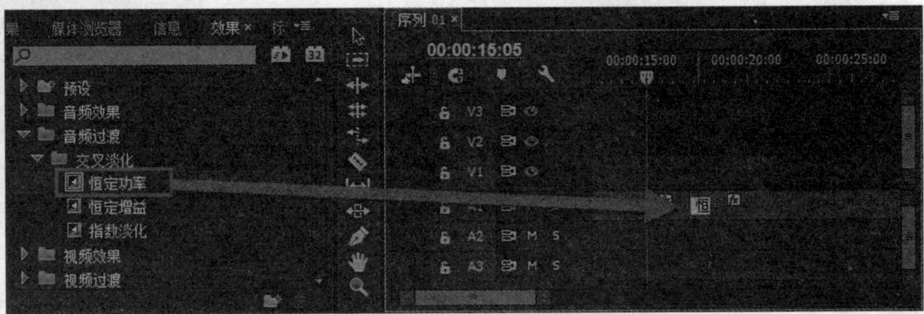

图3-51　添加效果

03 选择时间轴中的“恒定功率”效果，进入“效果控件”面板，单击“对齐”后面的下拉列表，在展开的列表中选择“中心切入”选项，如图3-52所示。

04 按空格键试听切换效果。

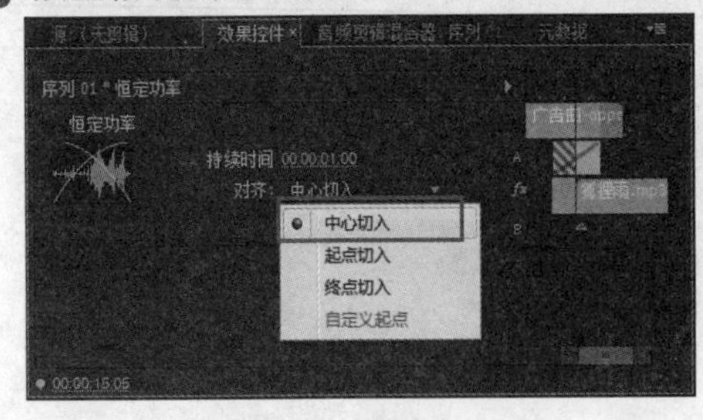

图3-52　选择对齐方式

提示

若两个相邻音频素材没有重复的帧，则不能选择对齐方式，只能将效果放在某段音频的开始或结束处。

3.4.3　实战——为素材添加声音和视频特效

下面以实例来介绍为素材添加声音和视频特效的操作。

视频位置：DVD\视频\第3章\3.4.3 实战——为素材添加声音和视频特效.mp4
源文件位置：DVD\源文件\第3章\3.4.3

01 启动Premiere Pro CC，在欢迎界面上单击“新建项目”按钮，如图3-53所示。

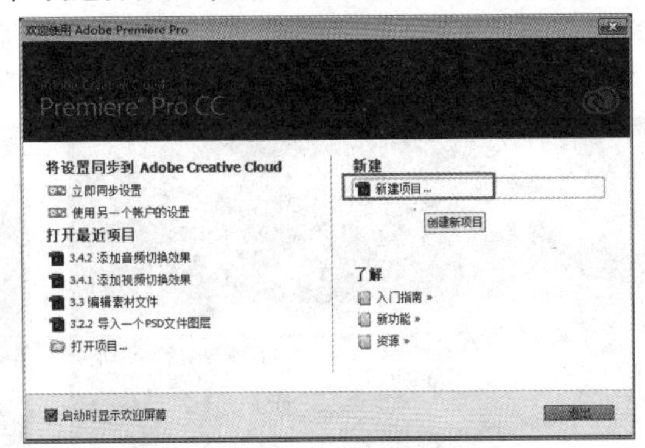

图3-53 单击“新建项目”按钮

02 弹出“新建项目”对话框，设置项目名称以及项目存储位置，然后单击“确定”按钮，完成设置，如图3-54所示。执行“文件”|“新建”|“序列”命令，弹出“新建序列”对话框，选择适合的序列预设，单击“确定”按钮，新建序列，如图3-55所示。

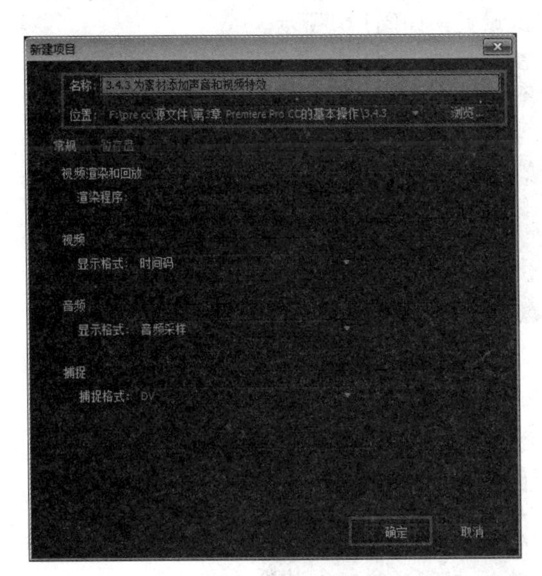

图3-54 “新建项目”对话框

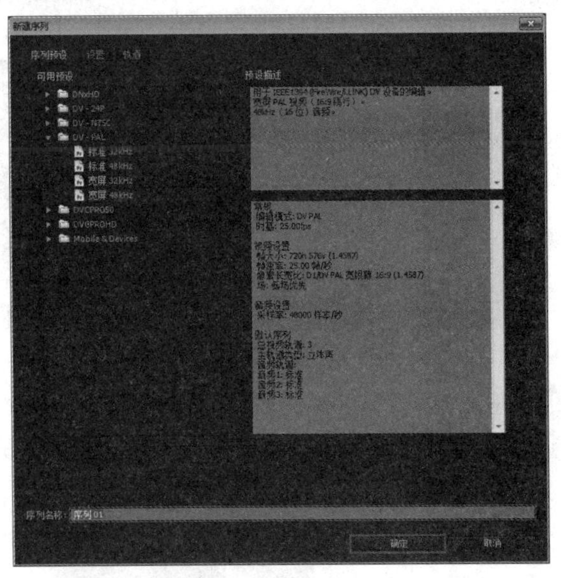

图3-55 新建序列

03 在“项目”面板中，单击鼠标右键，执行“导入”命令，如图3-56所示。

04 弹出“导入”对话框，选择需要导入的素材，单击“打开”按钮，如图3-57所示，将素材导入“项目”面板中。

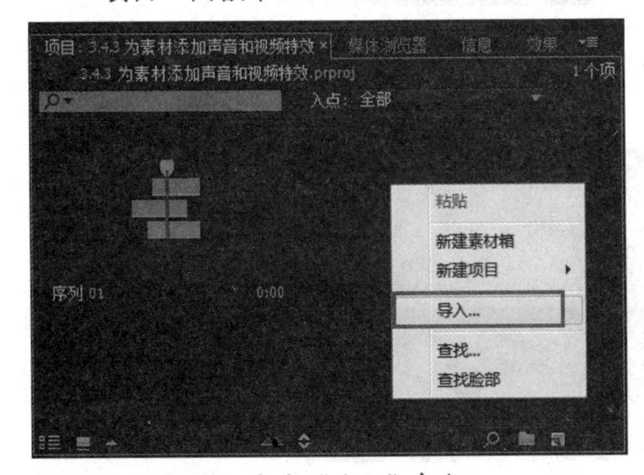

图3-56 执行“导入”命令

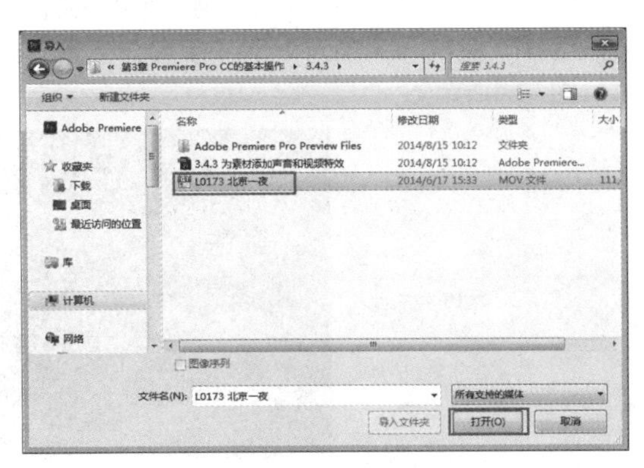

图3-57 导入素材

05 选择“项目”面板中的素材，将其拖到“时间轴”中，如图3-58所示。

06 打开“效果”面板，单击“音频过渡”文件夹前面的小三角按钮▶，展开“音频过渡”文件夹，单击“交叉淡化”文件夹前的小三角按钮，展开该文件夹，如图3-59所示。

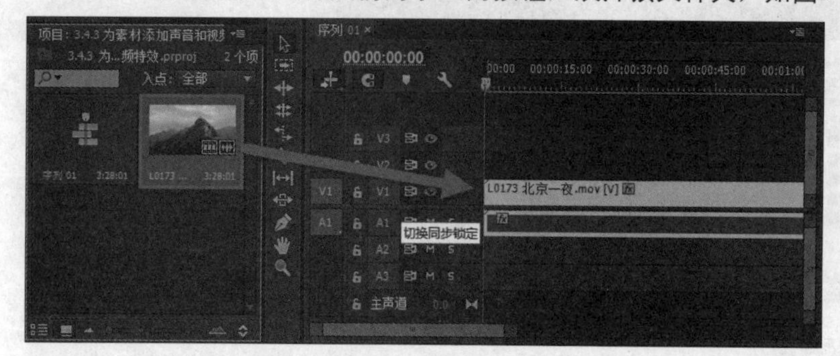

图3-58 拖入素材

图3-59 展开“交叉淡化”文件夹

07 选择“恒定功率”效果，将其拖到时间轴中的音频素材的开始位置，如图3-60所示。

08 双击已添加到素材上的“恒定功率”效果，弹出“设置过渡持续时间”对话框，设置持续时间为00:00:02:00（即2秒），单击“确定”按钮，完成设置，如图3-61所示。

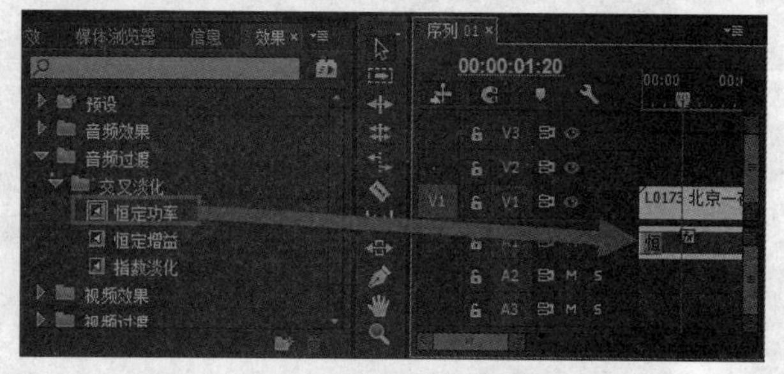

图3-60 添加“恒定功率”特效

图3-61 “设置过渡持续时间”对话框

09 进入“效果”面板，展开“视频过渡”文件夹，如图3-62所示。

10 单击“溶解”文件夹前的小三角按钮▶，展开“溶解”文件夹，如图3-63所示。

图3-62 展开“视频过渡”文件夹

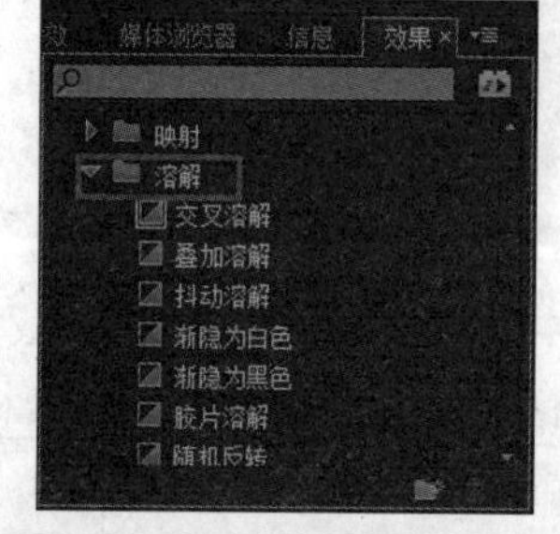

图3-63 展开“溶解”文件夹

11 选择“溶解”文件夹下的“渐隐为黑色”效果，将其拖到时间轴中的视频素材的开始位置，如图3-64所示。

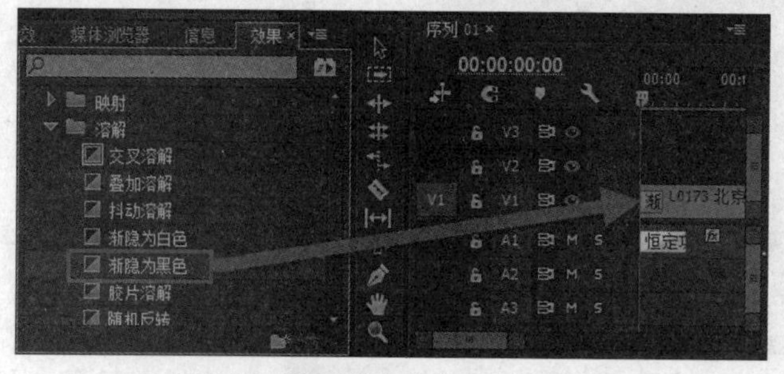

图3-64 添加“渐隐为黑色”特效

12 按空格键，预览添加特效后的效果，如图3-65所示。

图3-65 预览效果

3.5 输出影片

影片编辑完成后，就可以对影片进行输出了。通过Premiere Pro CC自带的输出功能，可以将影片输出为各种格式，也可以将其刻录成光盘，还可以分享到网上与朋友共同观看。下面将介绍影片的输出流程及技巧。

3.5.1 影片输出类型

Premiere Pro CC提供了多种输出选择，可以将影片输出为各种不同的类型来满足不同的需要，也可以与其他编辑软件进行数据交换。

在菜单栏中执行“文件”|“导出”命令，在弹出的子菜单中包含了Premiere Pro CC所支持的输出类型，如图3-66所示。

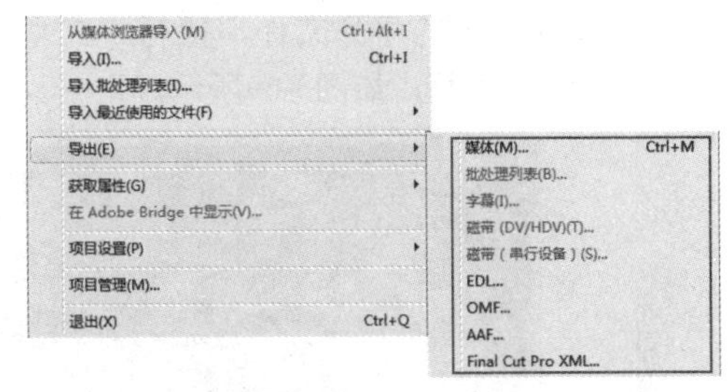

图3-66 Premiere Pro CC支持的输出类型

下面对各项输出类型进行简单介绍。

★ 媒体（M）：选择该菜单，将弹出“导出设置”对话框，如图3-67所示，在该对话框中可以进行各种格式的媒体输出。

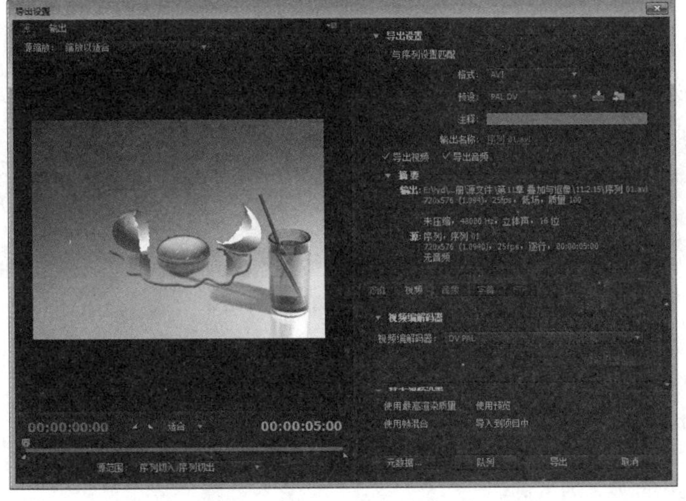

图3-67 “导出设置”对话框

★ 批处理列表（B）：当文件中有多个输出项目时，就可以对它们进行批量输出。

★ 字幕（T）：用于单独输出在Premiere Pro CC软件中创建的字幕文件。

★ 磁带（DV/HDV）（T）：该选项可以将完成的影片直接输出到专业录像设备的磁带上。

★ EDL（编辑决策列表）：选择该选项，将弹出“EDL导出设置”对话框，如图3-68所示。在其中进行设置，可以输出一个描述剪辑过程的数据文件。这个文件可以被导入到其他的编辑软件中进行编辑。

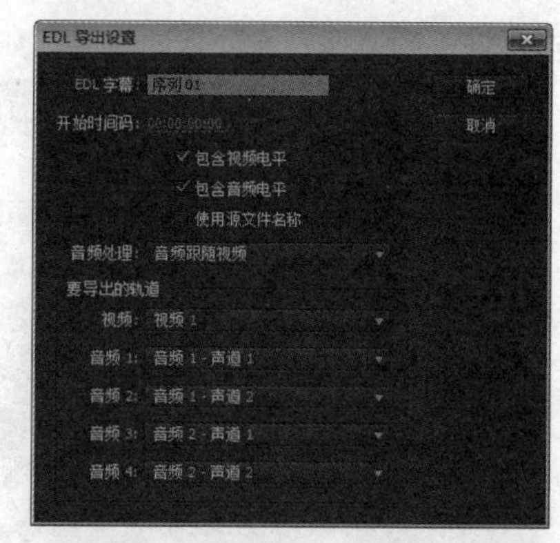

图3-68 “EDL导出设置”对话框

★ OMF（公开媒体框架）：可以将序列中所有激活的音频轨道输出为OMF格式，再导入其他软件中继续编辑润色。

★ AAF（高级制作格式）：将影片输出为AAF格式，该格式可以支持多平台多系统的编辑软件，是一种高级制作格式。

★ Final Cut Pro XML（Final Cut Pro交换文件）：用于将剪辑数据转移到苹果平台的Final Cut Pro剪辑软件上并在其中继续进行编辑。

3.5.2 输出参数设置

决定影片质量的因素有很多，例如编辑所使用的图形压缩类型。输出的帧速率以及播放影片的计算机系统速度等。在输出影片之前，需要在导出设置面板中对影片的质量进行参数设置，不同的参数设置，输出来的影片效果也会有较大差别。

选择需要输出的序列文件，执行“文件”|“导出”|“媒体”命令或者按Ctrl+M快捷键，弹出“导出设置”对话框，如图3-69所示。

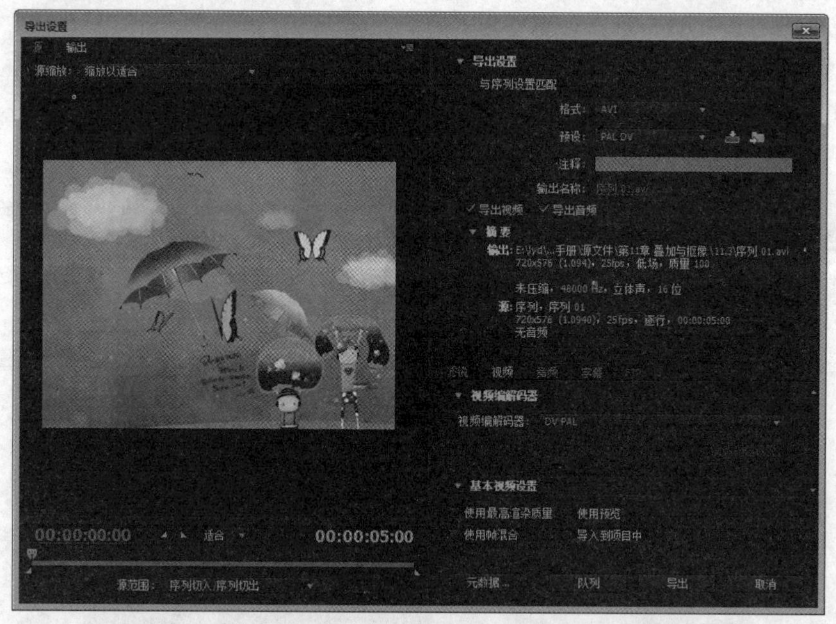

图3-69 “导出设置”对话框

下面对“导出设置”对话框的各个参数进行简单介绍。

★ 与序列设置匹配：勾选该复选项，将输出设置匹配到序列的参数设置。

★ 格式：从右侧的下拉列表中可以选择影片输出的格式。

★ 预设：用于设置输出影片的制式，一般选择PAL DV制式。

★ 输出名称：设置输出影片的名称。

★ 导出视频：一般是默认勾选状态，如果取消勾选该复选项，则表示不输出该影片的图像画面。
★ 导出音频：一般是默认勾选状态，如果取消勾选该复选项，则表示不输出该影片的声音。
★ 摘要：在该选项对话框中显示输出路径、名称、尺寸、质量等信息。
★ 视频（选项卡）：主要用于设置输出视频的编码器和质量、尺寸、帧速率、长宽比等基本参数。
★ 音频（选项卡）：主要用于设置输出音频的编码器、采样率、声道、样本大小等参数。
★ 使用最高渲染质量：勾选该复选项，将使用软件默认的最高质量参数进行影片输出。
★ 导出：单击该按钮，开始进行影片输出。
★ 源范围：用于设置导出全部素材或“时间轴”中指定的工作区域。

3.5.3 输出单帧图像

在Premiere Pro CC中，可以选择影片序列的任意一帧，将其输出为一张静态图片。下面将介绍输出单帧图像的操作步骤。

01 打开Premiere Pro CC项目文件，在“节目监视器”面板中将“时间轴”指针移到00:00:05:08位置，如图3-70所示。

02 在菜单栏中执行“文件”|“导出”|“媒体”命令，如图3-71所示。

图3-70　选择帧

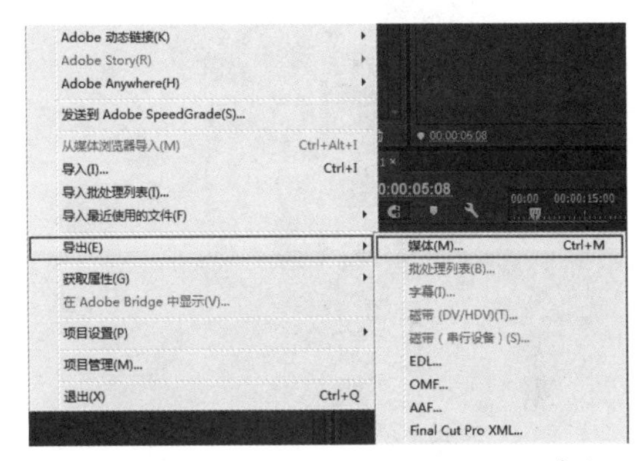

图3-71　执行“文件”|“导出”|“媒体”命令

03 在弹出的“导出设置”对话框中设置格式为“JPEG”，如图3-72所示。单击“输出名称”右侧的文字，弹出“另存为”对话框，为其指定名称及存储路径。

04 在“视频”选项卡上取消选中“导出为序列”复选项，如图3-73所示。

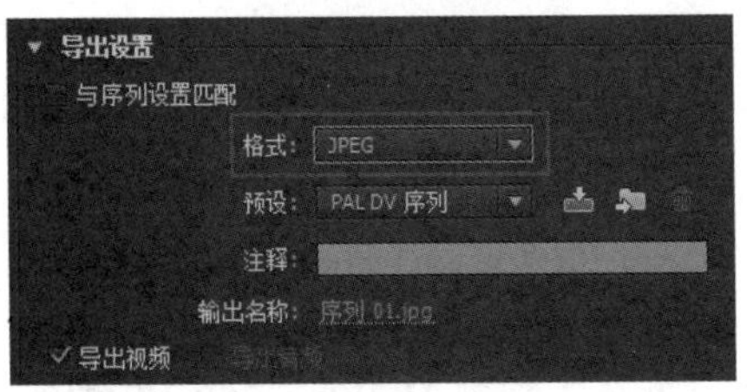

图3-72　设置文件输出格式

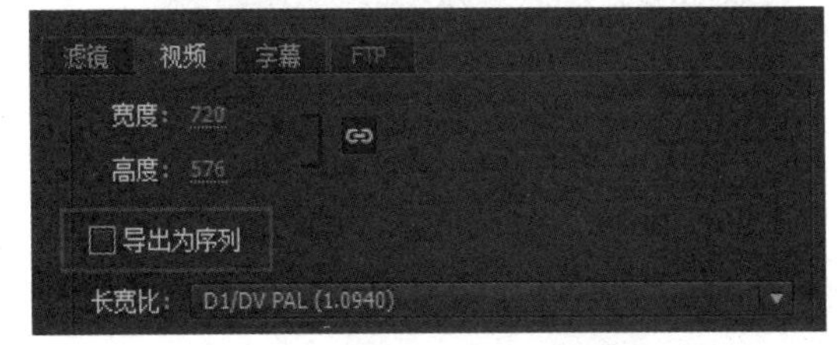

图3-73　取消勾选“导出为序列”复选项

文件格式的设置应当根据制作需求而定，在设置文件格式后还可以对选择的预设参数进行修改。

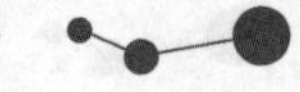

3.5.4 输出序列文件

Premiere Pro CC可以将编辑完成的影片输出为一组带有序列号的序列图片，下面将介绍输出序列图片的操作步骤。

01 打开Premiere Pro CC项目文件，选择需要输出的序列，然后在菜单栏中执行“文件”|“导出”|“媒体”命令，弹出“导出设置”对话框。

02 单击“输出名称”右侧的文字，弹出“另存为”对话框，为其指定名称及存储路径。

03 在格式的下拉列表中选择“JPEG”类型，也可以选择“PNG”、“TIFF”等文件类型，如图3-74所示。

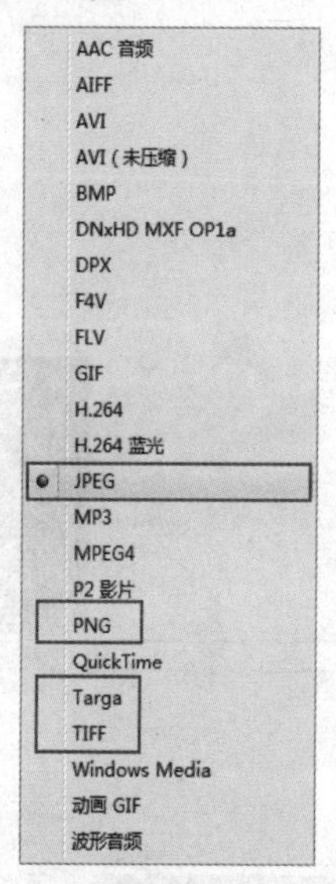

图3-74 设置文件类型

04 在“视频”选项卡上勾选“导出为序列”复选项，如图3-75所示。

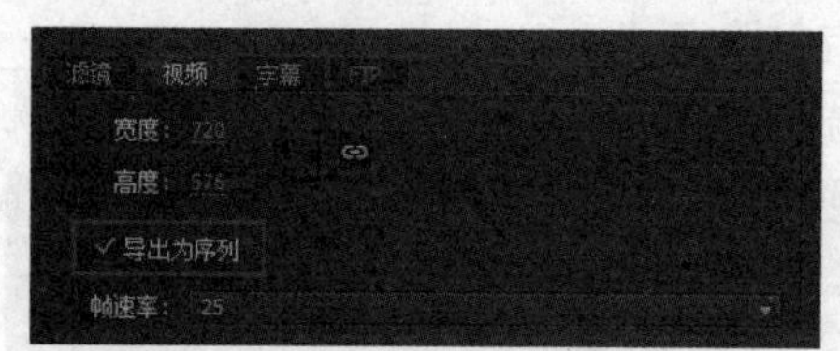

图3-75 勾选“导出为序列”复选项

3.5.5 输出EDL文件

EDL（Editorial Determination List，编辑决策列表）是一个表格形式的列表，由时间码值形式的电影剪辑数据组成。EDL文件是在编辑时由很多编辑系统自动生成的并可保存到磁盘中。在Premiere Pro CC中，EDL文件包含了项目中的各种编辑信息，包括项目所使用的素材所在的磁带名称、编号、素材文件的长度、项目中所用的特效及转场等。

EDL编辑方式在电视节目的编辑工作中经常被采用，一般是先将素材采集成画质较差的文件，对这个文件进行剪辑，在剪辑完成后再将整个剪辑过程输出成EDL文件，并将素材重新采样成画质较高的文件，导入EDL文件并输出最终影片。

在菜单栏中执行“文件”|“导出”|“EDL”命令，弹出“EDL导出设置”对话框，如图3-76所示。

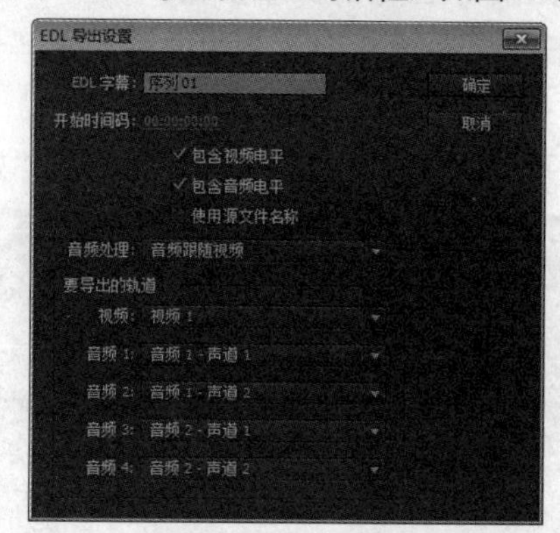

图3-76 “EDL导出设置”对话框

下面简单介绍“EDL导出设置”对话框中的各项参数。

★ EDL字幕：用于设置EDL文件第一行的标题。
★ 开始时间码：设置所要输出序列中第一个编辑的起始时间码。
★ 包含视频电平：在EDL中包含视频等级注释。
★ 包含音频电平：在EDL中包含音频等级注释。
★ 使用源文件名称：勾选该复选项，将使用源文件名称进行输出。
★ 音频处理：用于设置音频的处理方式，从右侧的下拉列表中可以选择“音频跟随视频”、“分离音频”、“结尾音频”3种方式。
★ 要导出的轨道：用于指定所要导出的轨道信息。

在各项参数设置完成后，单击“确定”按钮即可将当前序列中被选择的轨道剪辑数据导出为EDL文件。

3.5.6 输出AVI格式影片

AVI英文全称为Audio Video Interleave，即音频视频交错格式。是一种将语音和影像同步组合在一起的文件格式。这种视频格式的优点是图像质量好，可以在多个平台使用，其缺点就是文件占用内存太大。该文件格式是目前比较主流的格式，经常在一些游戏、教育软件的片头、多媒体光盘中用到。下面将介绍如何在Premiere Pro CC中输出AVI格式的影片。

01 打开Premiere Pro CC项目文件，选择需要输出的序列，然后在菜单栏中执行“文件”|“导出”|“媒体”命令，弹出“导出设置”对话框。

02 在“导出设置”对话框中单击“格式”选项的文件类型下拉按钮，选择“AVI”选项，如图3-77所示。

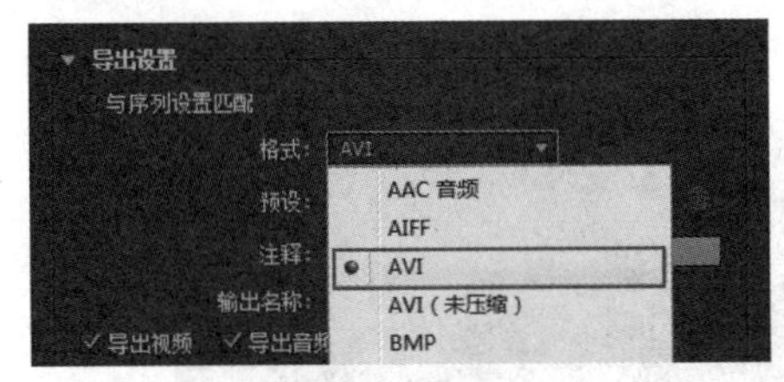

图3-77 设置文件输出格式

03 单击“输出名称”右侧的文字，弹出“另存为”对话框，为其指定名称及存储路径，最后单击“导出”按钮，如图3-78所示。

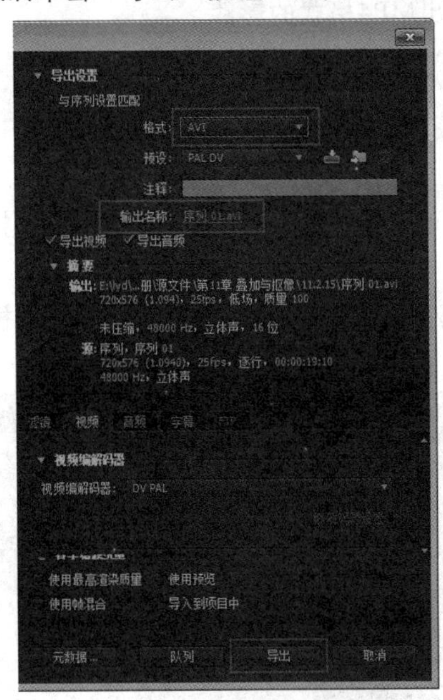

图3-78 设置输出的名称及路径

04 开始输出影片，同时弹出正在渲染提示框，在该提示框中可以看到输出进度和剩余时间等信息，如图3-79所示。

图3-79 正在渲染提示框

提示

在输出视频文件时，可以设置输出文件画面的大小。需要注意，输出文件不能比原始文件大。

3.5.7 输出Windows Media格式影片

Windows Media是微软公司开发的一款媒体播放软件，它可以播放多种格式的视频文件，例如ASF、MPEG-1、MPEG-2、WAV、AVI、MIDI、VOD、AU、MP3和Quick Time等文件。下面将介绍如何在Premiere Pro CC中输出Windows Media格式的影片。

01 打开Premiere Pro CC项目文件，选择需要输出的序列，然后在菜单栏中执行“文件”|“导出”|“媒体”命令，弹出“导出设置”对话框。

02 在“导出设置”对话框中单击“格式”选项的文件类型下拉按钮，选择“Windows Media”选项，如图3-80所示。

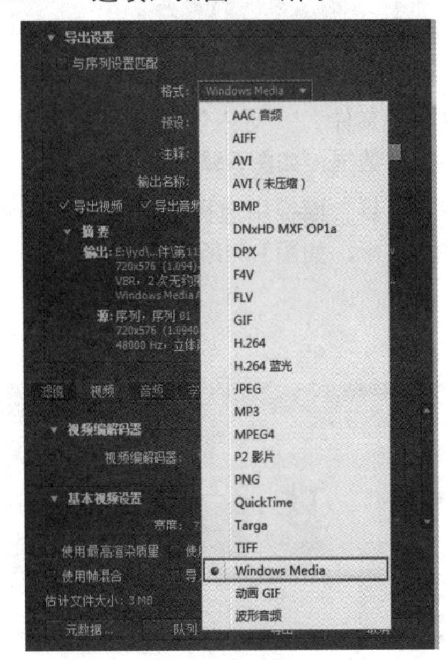

图3-80 设置文件输出格式

03 单击“输出名称”右侧的文字，弹出“另存为”对话框，为其指定名称及存储路径，最后单击“导出”按钮，如图3-81所示。

04 开始输出影片，同时弹出正在渲染提示框，在该提示框中可以看到输出进度和剩余时间等信息，如图3-82所示。

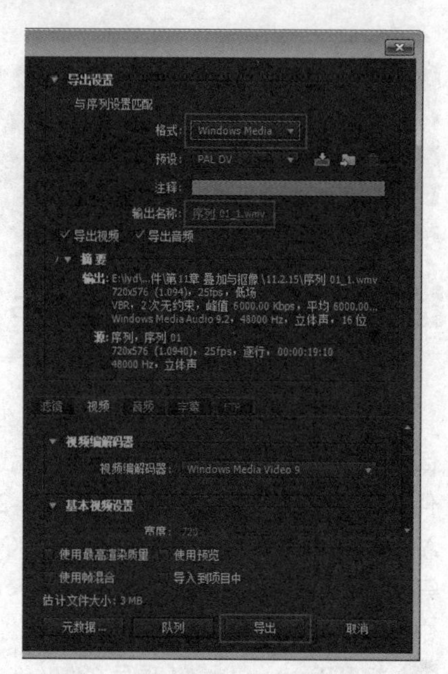

图3-81 设置输出名称及路径

图3-82 正在渲染提示框

3.5.8 实战——输出MP4格式的影片

下面用实例来具体介绍如何在Premiere Pro CC中输出MP4格式的影片。

视频位置：DVD\视频\第3章\3.5.8实战——输出MP4格式的影片.mp4

源文件位置：DVD\源文件\第3章\3.5.8

01 启动Premiere Pro CC，新建项目，新建序列。

02 执行“文件”|“导入”命令，弹出“导入”对话框，选择要导入的素材，单击“打开”按钮，关闭对话框，如图3-83所示。

03 在“项目”面板中选择“视频.mp4”素材，按住鼠标左键，将其拖入“节目监视器”面板中，释放鼠标，如图3-84所示。

图3-83 “导入”对话框

图3-84 将素材拖入“节目监视器”面板

04 选择“视频.mp4”素材，在“效果控件”面板取消勾选“等比缩放”复选项，然后设置素材的“缩放宽度”参数为111，具体参数设置及在“节目监视器”面板中的对应效果如图3-85所示。

图3-85 设置“缩放宽度”参数

05 按住Alt键并单击素材“视频.mp4”的音频1轨道，然后按Delete键将其删除，如图3-86所示。

06 将“项目”面板中的“音频.mp4”素材拖入到音频1轨道中，如图3-87所示。

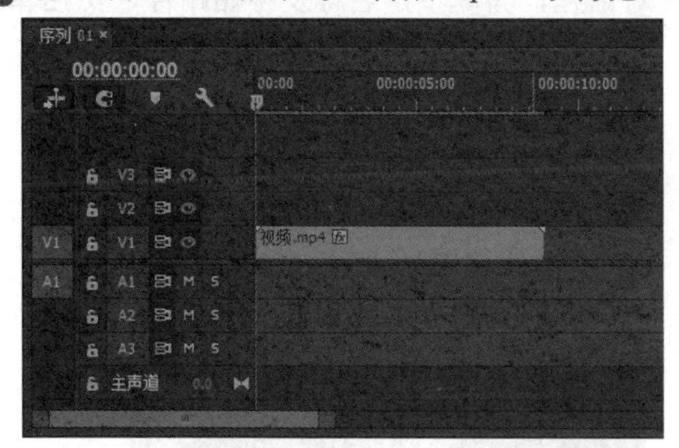

图3-86 删除“视频.mp4”素材的音频

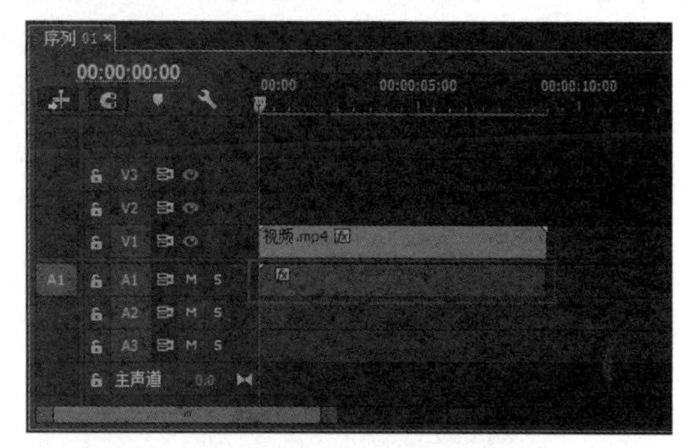

图3-87 将“音频.mp4”素材拖入音频1轨道

07 在菜单栏中执行“文件”|“导出”|“媒体”命令，弹出“导出设置”对话框，如图3-88所示。

图3-88 “导出设置”对话框

08 在“导出设置”对话框中单击“格式”选项的文件类型下拉按钮，选择“MPEG4”选项，然后单击“源缩放”选项的文件类型下拉按钮，选择“缩放以填充”选项，如图3-89所示。

图3-89 设置格式及源缩放

09 单击“输出名称”右侧的文字，弹出“另存为”对话框，为其指定名称及存储路径，然后单击“保存”按钮，如图3-90所示。

10 切换至“多路复用器”选项卡，在“多路复用器”下拉列表中选择“MP4”选项，如图3-91所示。

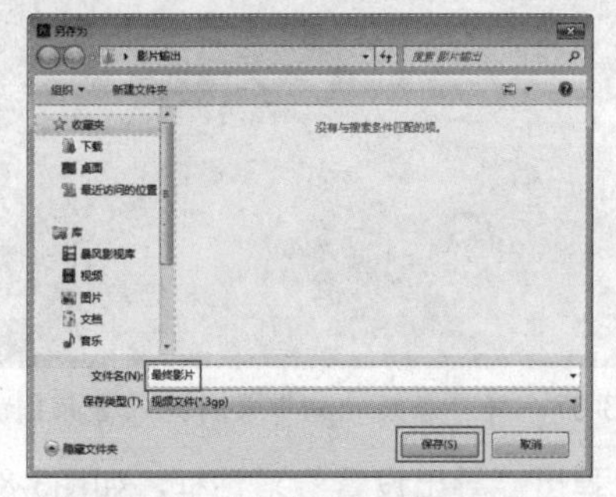

图3-90 “另存为”对话框

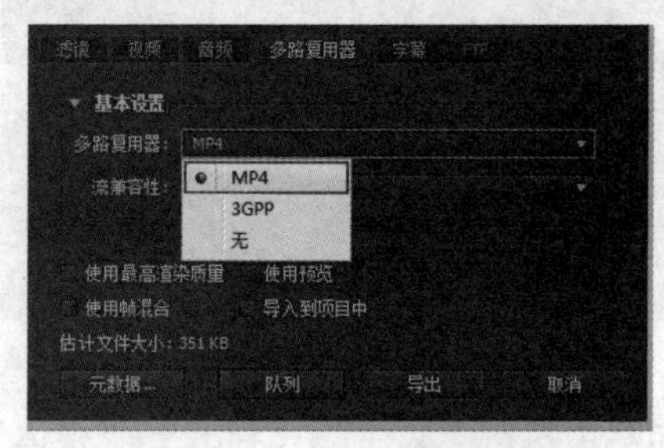

图3-91 “多路复用器”选项卡

11 切换至“视频”选项卡，在该选项卡中设置“帧速率”为25，“长宽比”为D1/DV PAL（1.0940），“电视标准”为PAL，如图3-92所示。

12 设置完成后单击“导出”按钮，影片开始输出，同时弹出正在渲染提示框，在该提示框中可以看到输出进度和剩余时间等信息，如图3-93所示

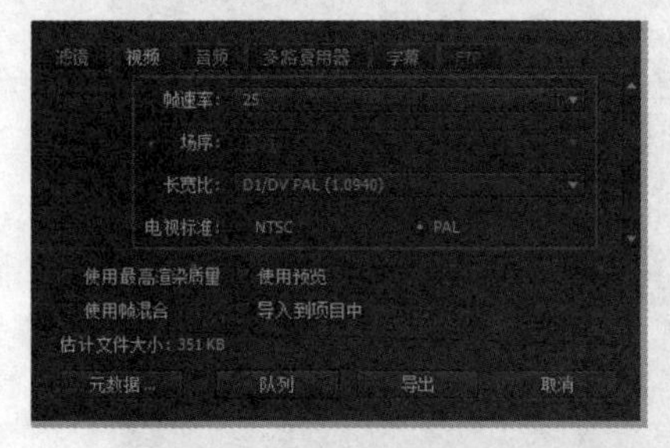

图3-92 “视频”选项卡

图3-93 正在渲染提示框

3.6 综合实例——云之美

下面用具体实例来介绍PremierePro CC的工作流程。

视频位置：DVD\视频\第3章\3.6 综合实例——云之美.mp4

源文件位置：DVD\源文件\第3章\3.6

01 启动Premiere Pro CC软件，在欢迎界面上单击“新建项目”按钮，如图3-94所示。

02 弹出“新建项目”对话框，设置项目名称和项目存储位置，单击“确定”按钮，关闭对话框，如图3-95所示。

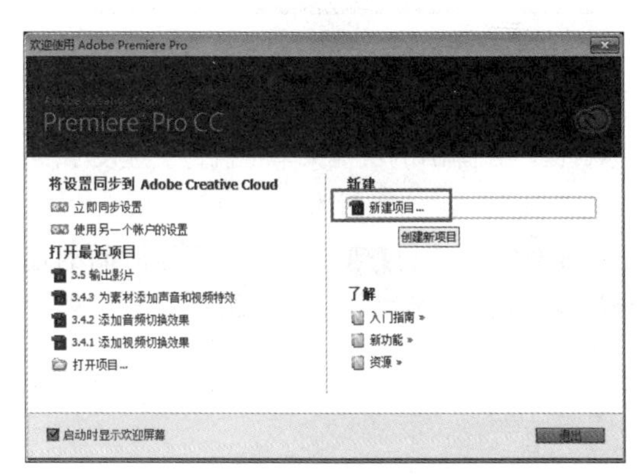

图3-94 单击“新建项目”选项

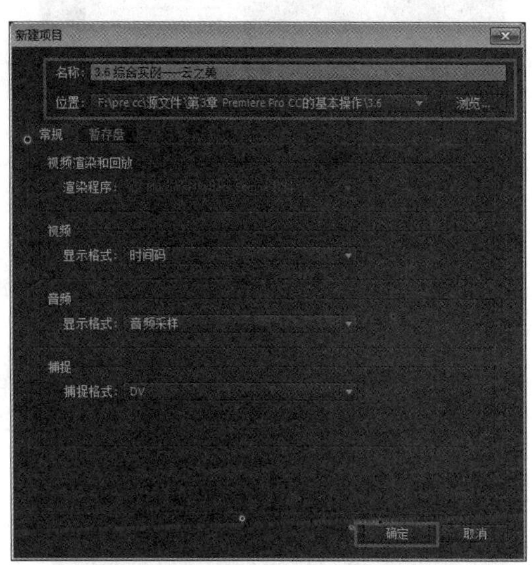

图3-95 “新建项目”对话框

03 在“项目”面板中，单击鼠标右键，执行“新建项目”|“序列”命令，如图3-96所示。

04 弹出“新建序列”对话框，选择合适的序列预设，单击“确定”按钮，关闭对话框，如图3-97所示。

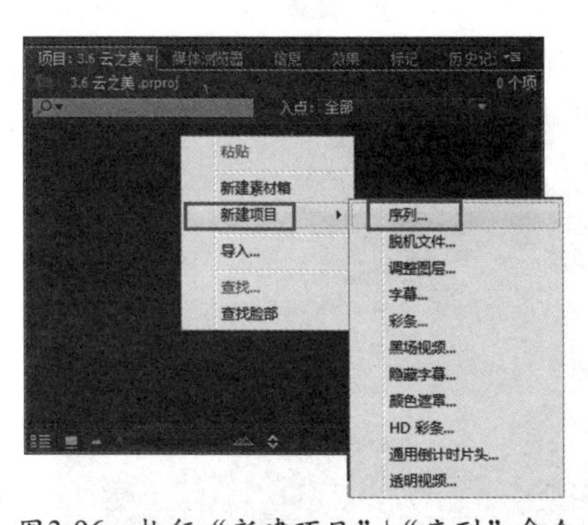

图3-96 执行“新建项目”|“序列”命令

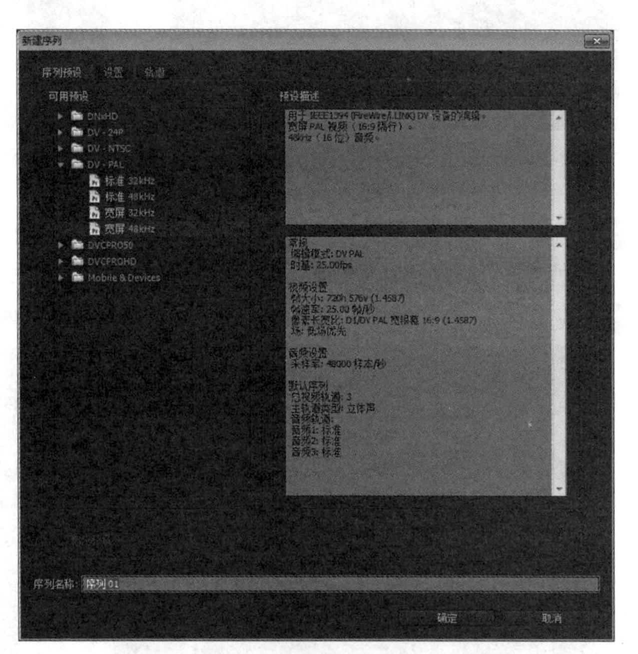

图3-97 “新建序列”对话框

05 在“项目”面板中单击鼠标右键，执行“导入”命令，如图3-98所示。

06 弹出“导入”对话框，打开素材所在的文件夹，选择要导入的素材，单击“打开”按钮，导入素材，如图3-99所示。

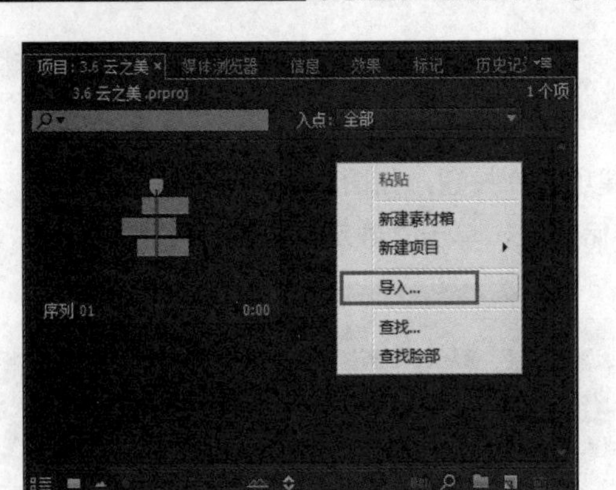

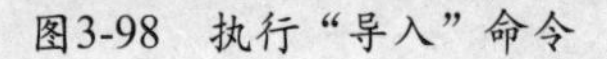
图3-98 执行“导入”命令

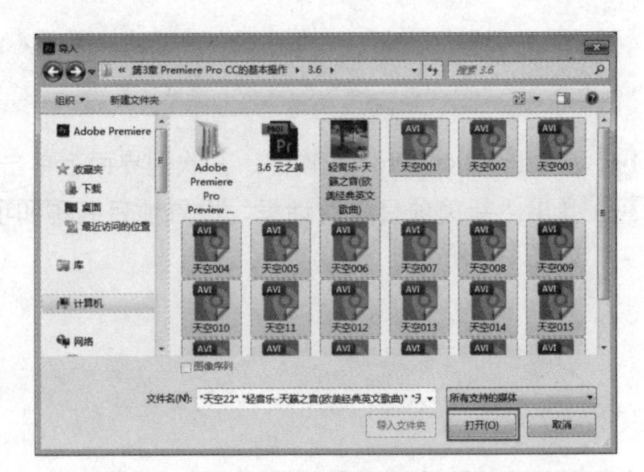

图3-99 “导入”对话框

07 进入“项目”面板，可以看到已导入的素材，如图3-100所示。

08 选择“项目”面板中的“天空001.avi”文件，单击鼠标右键，在弹出的快捷菜单中执行“速度/持续时间”命令，如图3-101所示。

09 弹出“剪辑速度/持续时间”对话框，单击“速度”后面的连接符，断开速度与时间的连接关系，然后修改持续时间为00:00:05:28（即约6秒），单击“确定”按钮，完成设置，如图3-102所示。

图3-100 已导入的素材

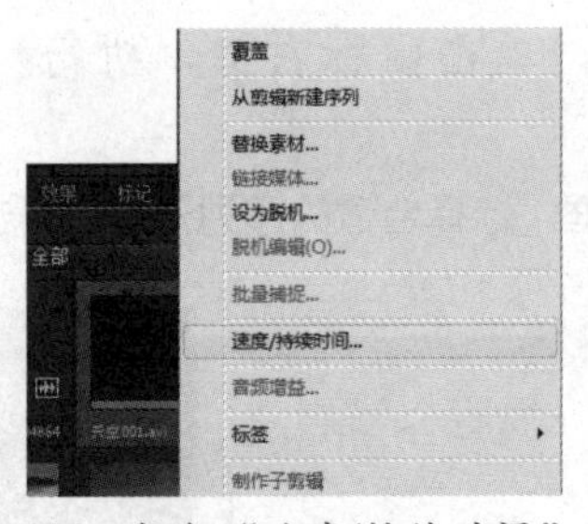

图3-101 执行“速度/持续时间”命令

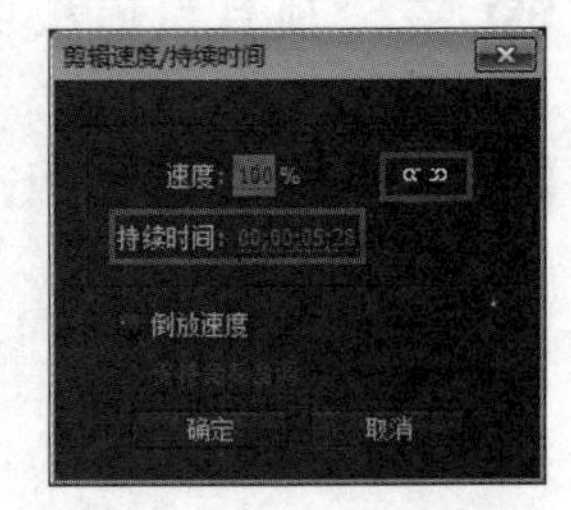

图3-102 设置持续时间参数

10 用标记入点和出点的方式设置素材的持续时间。选择“项目”面板中的“天空003.avi”文件，将其拖到“源监视器”面板，设置时间为00:00:00:00，然后单击“标记入点”按钮，如图3-103所示。

11 设置时间为00:00:06:00，然后单击“标记出点”按钮，即剪辑了前6秒的素材，如图3-104所示。

图3-103 标记入点

图3-104 标记出点

12 选择以上任意一种方式，将所有的视频素材都剪辑为6秒的素材剪辑。

13 在“项目”面板中，按住Shift键，选择所有视频素材，然后按住鼠标左键，将选中的素材拖入

"时间轴"的轨道上，松开鼠标即将素材添加到时间轴中，如图3-105所示。

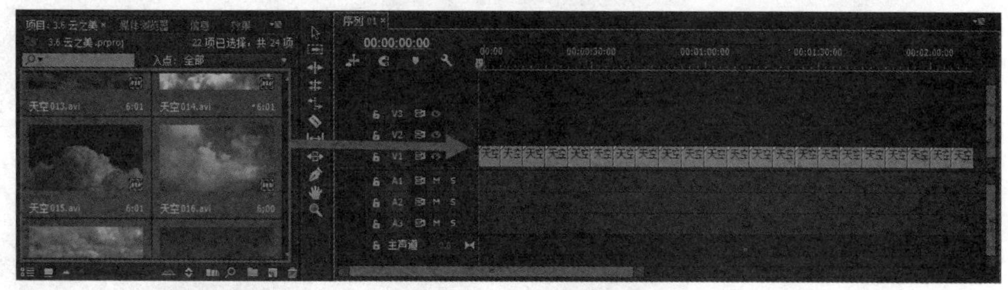

图3-105　添加视频素材

14 选择"项目"面板中的"轻音乐-天籁之音（欧洲经典）.mp3"文件，将其拖入"时间轴"的音频轨道上，如图3-106所示。

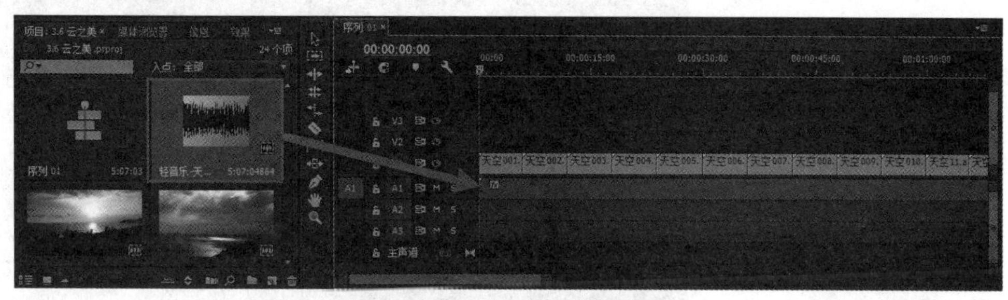

图3-106　添加音频素材

15 预览视频效果，按照一定的规律来不断调整素材的顺序，最终的素材顺序如图3-107所示。

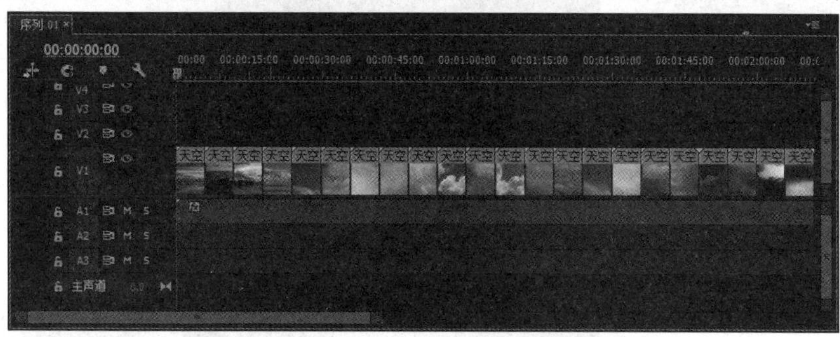

图3-107　调整素材顺序

16 打开"效果"面板，单击"视频过渡"文件夹前的小三角按钮以展开文件夹，如图3-108所示。

17 单击"溶解"文件夹前的小三角按钮，选择该文件夹下的"交叉溶解"效果，如图3-109所示。

图3-108　展开"视频过渡"文件夹

图3-109　选择"交叉溶解"效果

18 按住鼠标左键，将“交叉溶解”效果拖到“时间轴”中的“天空003.avi”素材和“天空001.avi”素材之间，如图3-110所示。

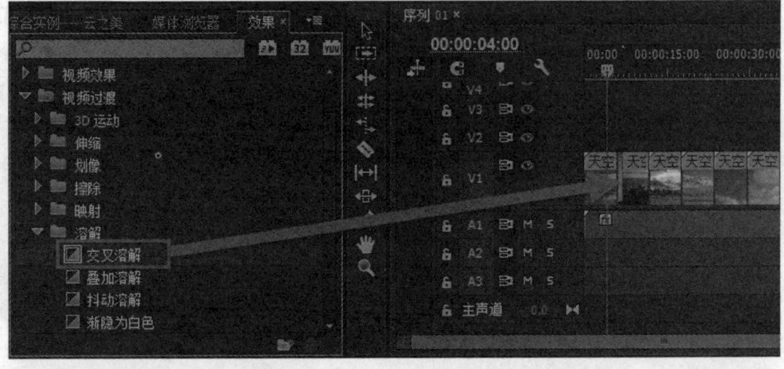

图3-110　添加“交叉溶解”特效

19 选择“溶解”文件夹下的“叠加溶解”效果，将其拖到“时间轴”中的“天空005.avi”素材和“天空004.avi”素材之间，如图3-111所示。

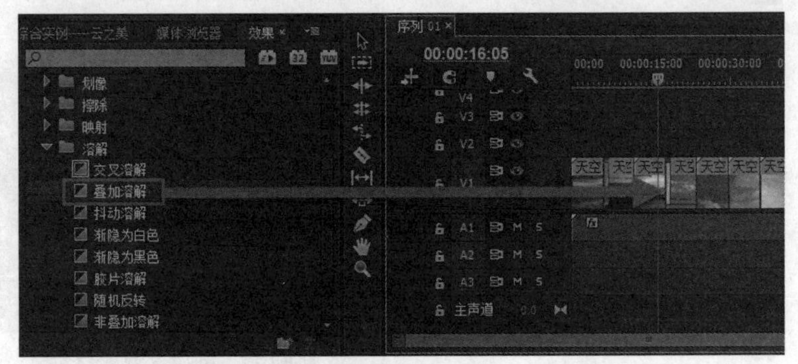

图3-111　添加“叠加溶解”特效

20 展开“视频过渡”文件夹下的“擦除”文件夹，选择“渐变擦除”效果，如图3-112所示。

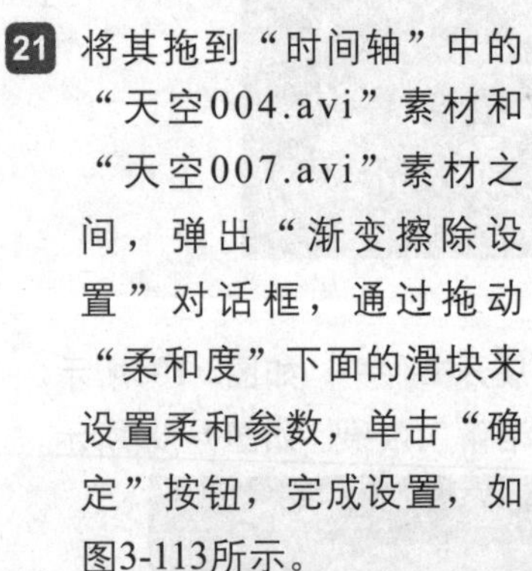

21 将其拖到“时间轴”中的“天空004.avi”素材和“天空007.avi”素材之间，弹出“渐变擦除设置”对话框，通过拖动“柔和度”下面的滑块来设置柔和参数，单击“确定”按钮，完成设置，如图3-113所示。

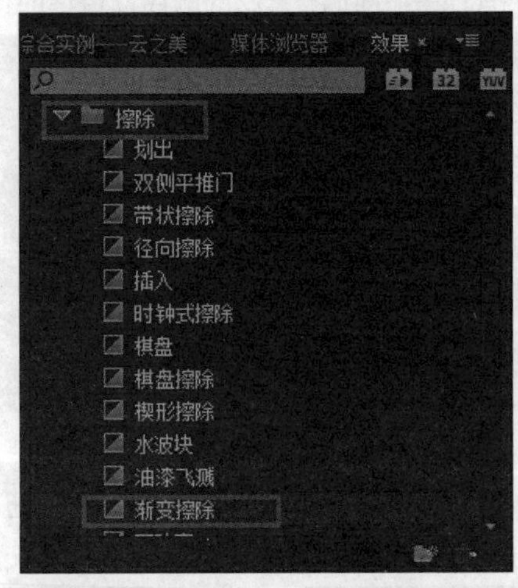

图3-112　选择“渐变擦除”效果

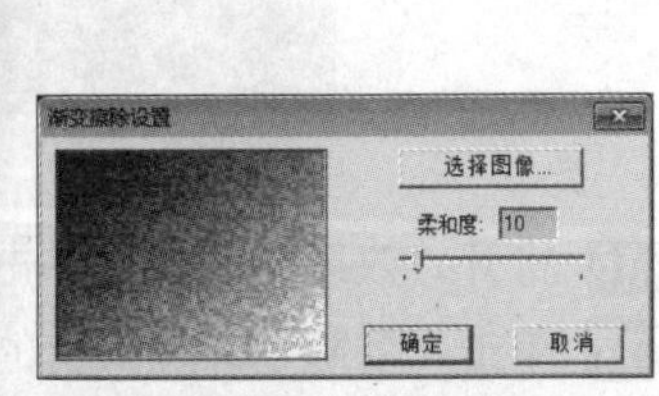

图3-113　设置“柔和度”参数

22 用同样的方法，添加“渐变擦除”效果到视频轨中的“天空007.avi”素材和“天空21.avi”素材之间、“天空21.avi”素材和“天空19.avi”素材之间，如图3-114所示。

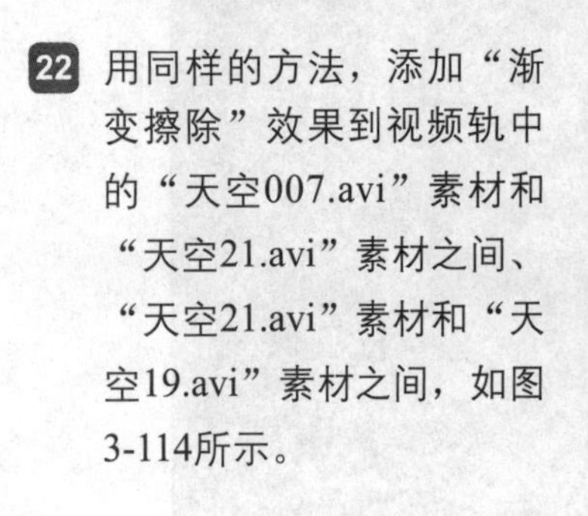

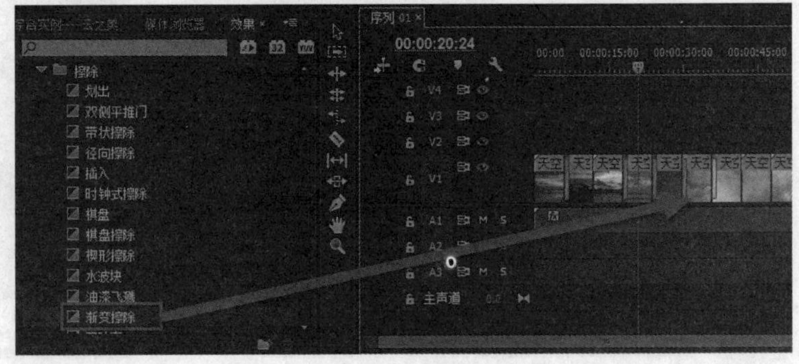

图3-114　添加特效

23 选择“滑动”文件夹下的“带状滑动”效果，将其拖到视频轨中的“天空19.avi”素材和“天空008.avi”素材之间，如图3-115所示。

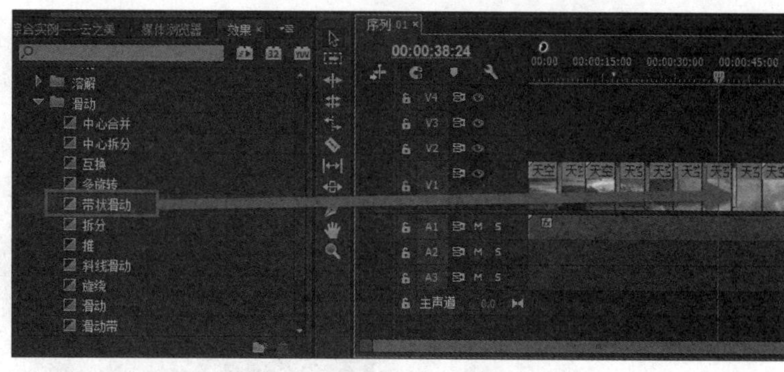

图3-115　添加“带状滑动”特效

24 选择“滑动”文件夹下的“滑动”效果，将其拖到视频轨中的“天空008.avi”素材和“天空009.avi”素材之间，如图3-116所示。

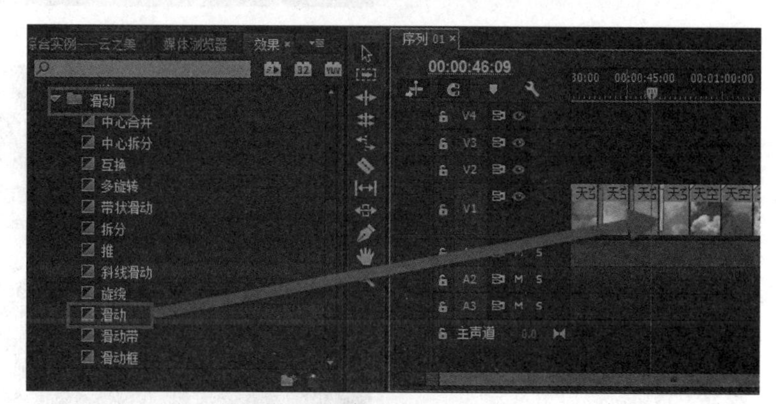

图3-116　添加“滑动”特效一

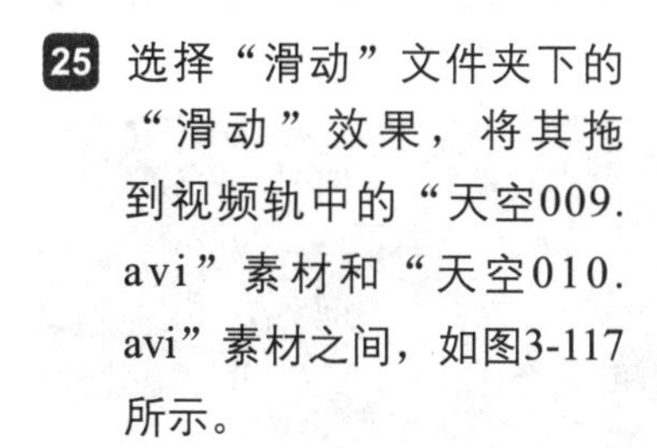

25 选择“滑动”文件夹下的“滑动”效果，将其拖到视频轨中的“天空009.avi”素材和“天空010.avi”素材之间，如图3-117所示。

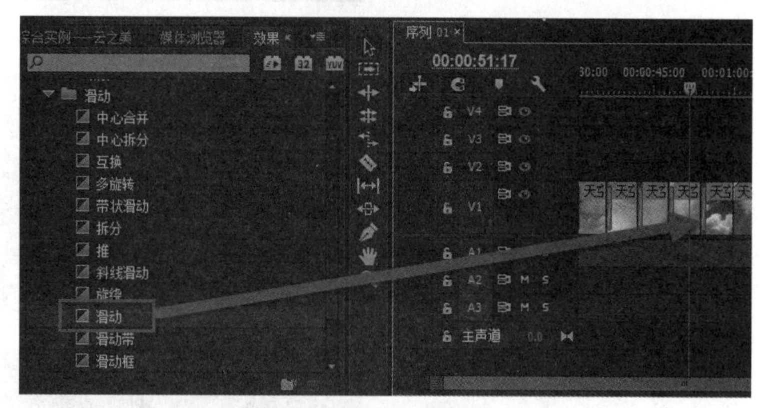

图3-117　添加“滑动”特效二

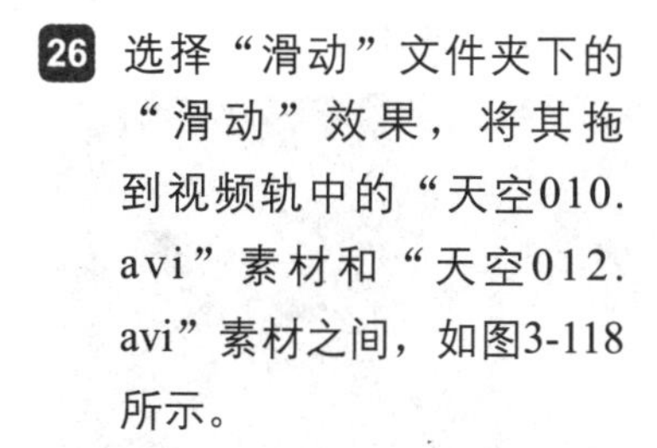

26 选择“滑动”文件夹下的“滑动”效果，将其拖到视频轨中的“天空010.avi”素材和“天空012.avi”素材之间，如图3-118所示。

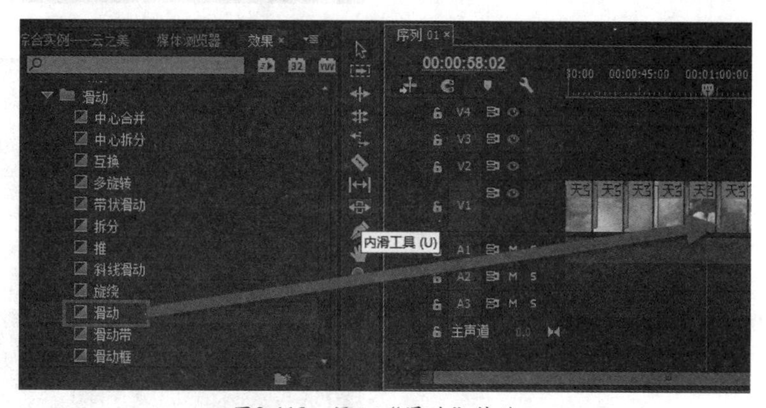

图3-118　添加“滑动”特效三

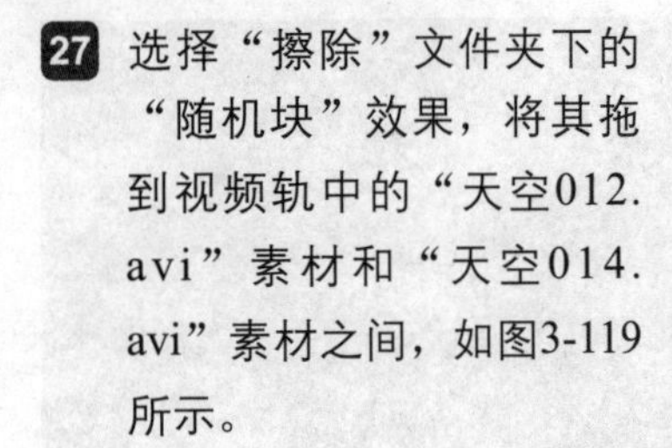

27 选择“擦除”文件夹下的“随机块”效果，将其拖到视频轨中的“天空012.avi”素材和“天空014.avi”素材之间，如图3-119所示。

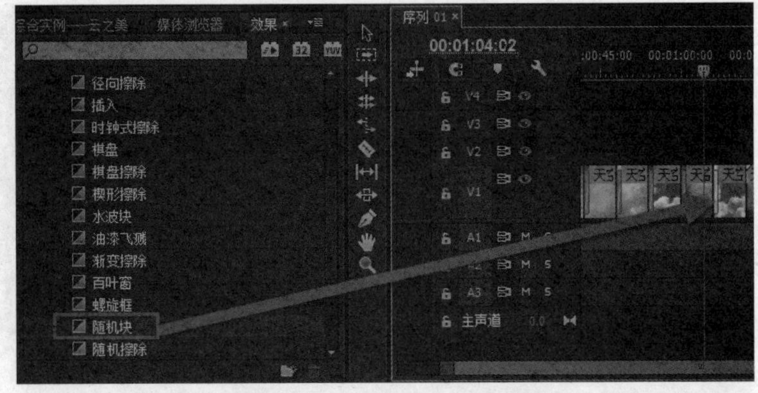

图3-119 添加“随机块”特效

28 选择“擦除”文件夹下的“棋盘”效果，将其拖到视频轨中的“天空014.avi”素材和“天空016.avi”素材之间，如图3-120所示。

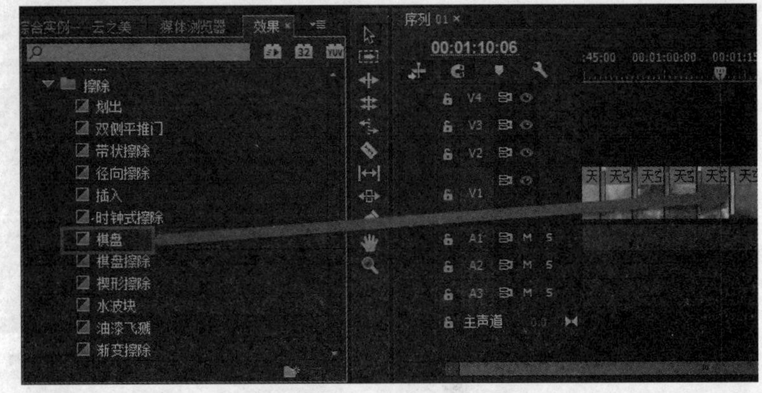

图3-120 添加“棋盘”特效

29 选择“擦除”文件夹下的“棋盘擦除”效果，将其拖到视频轨中的“天空016.avi”素材和“天空17.avi”素材之间，如图3-121所示。

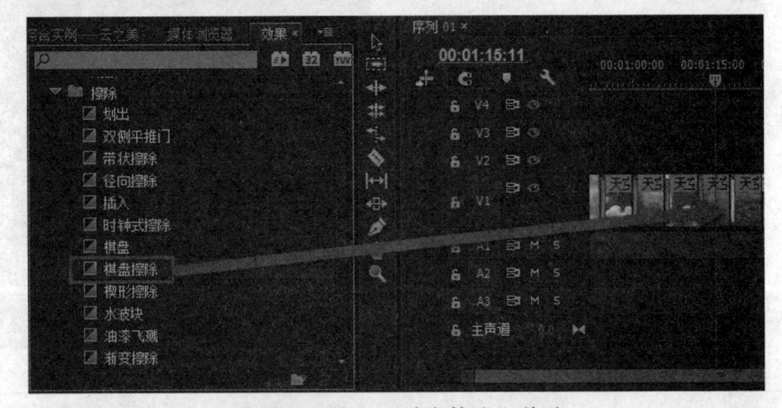

图3-121 添加“棋盘擦除”特效

30 选择“页面剥落”文件夹下的“卷走”效果，将其拖到视频轨中的“天空17.avi”素材和“天空18.avi”素材之间，如图3-122所示。

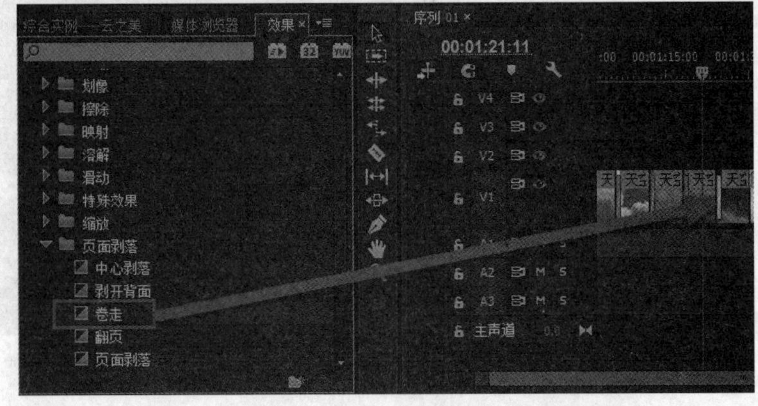

图3-122 添加“卷走”特效一

31 选择“页面剥落”文件夹下的“卷走”效果，将其拖到视频轨中的“天空18.avi”素材和“天空20.avi”素材之间，如图3-123所示。

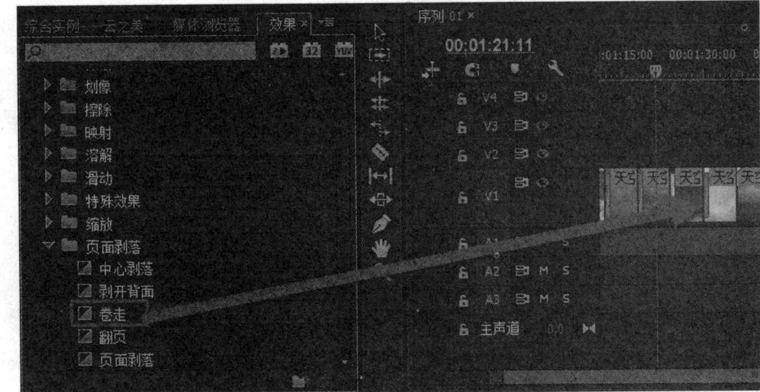

图3-123　添加“卷走”特效二

32 选择“擦除”文件夹下的“带状擦除”效果，将其拖到视频轨中的“天空20.avi”素材和“天空002.avi”素材之间，如图3-124所示。

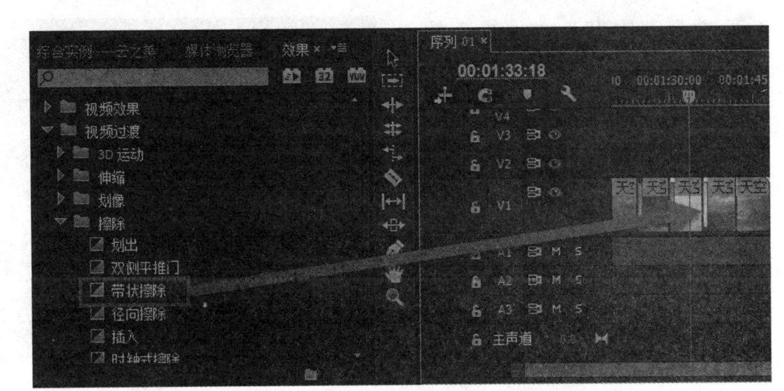

图3-124　添加“带状擦除”特效一

33 选择“擦除”文件夹下的“带状擦除”效果，将其拖到视频轨中的“天空002.avi”素材和“天空11.avi”素材之间，如图3-125所示。

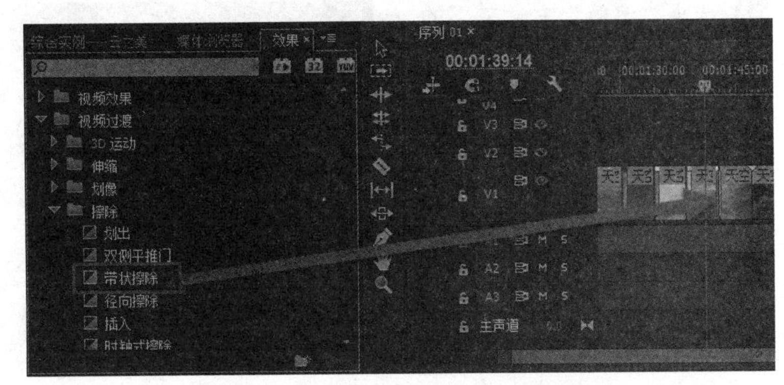

图3-125　添加“带状擦除”特效二

34 选择“溶解”文件夹下的“交叉溶解”效果，将其拖到视频轨中的“天空11.avi”素材和“天空015.avi”素材之间，如图3-126所示。

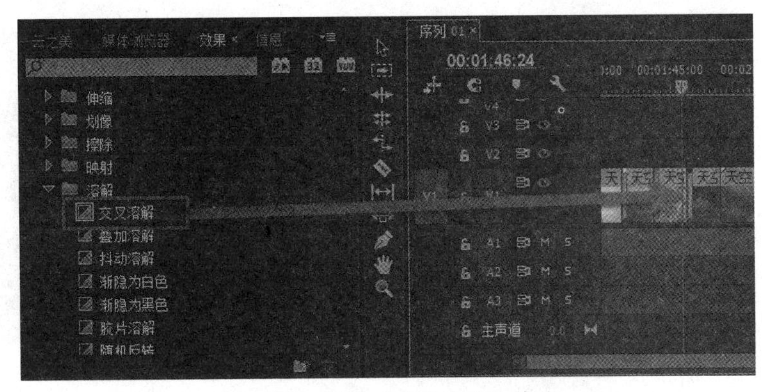

图3-126　添加“交叉溶解”特效

35 选择“溶解”文件夹下的“叠加溶解”效果，将其拖到视频轨中的“天空015.avi”素材和“天空013.avi”素材之间，如图3127所示。

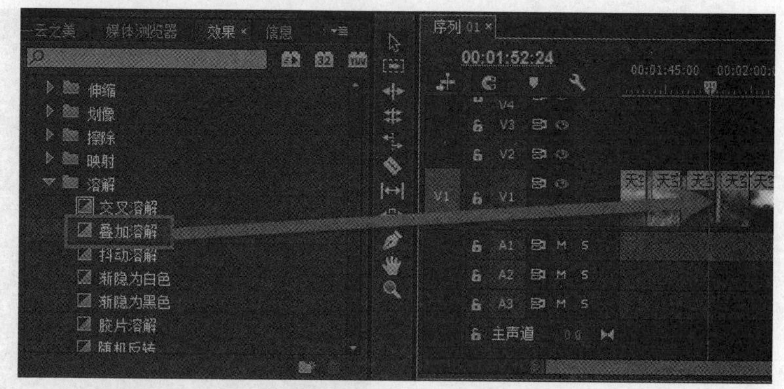

图3-127　添加“叠加溶解”特效

36 选择“溶解”文件夹下的“抖动溶解”效果，将其拖到视频轨中的“天空013.avi”素材和“天空22.avi”素材之间，如图3-128所示。

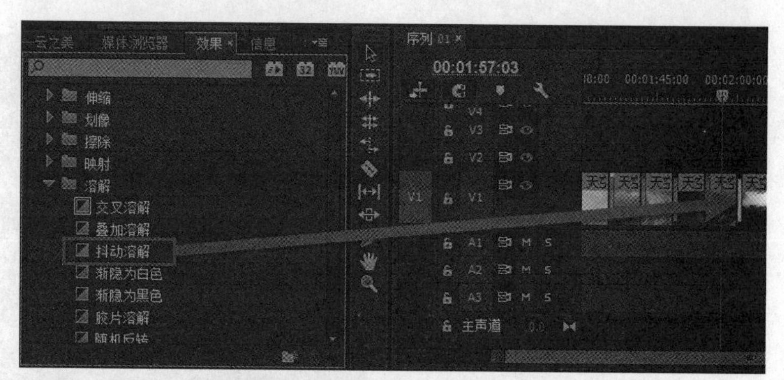

图3-128　添加“抖动溶解”特效

37 选择“溶解”文件夹下的“渐隐为黑色”效果，将其拖到视频轨中的“天空22.avi”素材和“天空006.avi”素材之间，如图3-129所示。

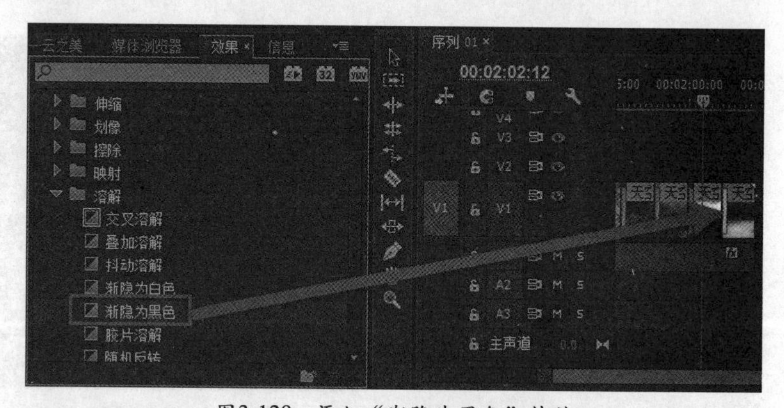

图3-129　添加“渐隐为黑色”特效

38 单击“音频过渡”文件夹前的小三角按钮以展开该文件夹。单击“交叉淡化”文件夹前的小三角按钮，选择该文件夹下的“指数淡化”效果，将其拖到“时间轴”中的音频素材的结束处，如图3-130所示。

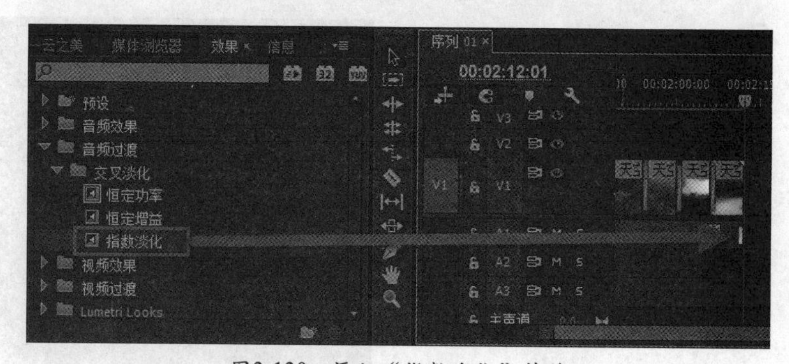

图3-130　添加“指数淡化”特效

39 双击已添加到素材上的“指数淡化”效果，弹出“设置过渡持续时间”对话框，设置过渡持续时间为3秒，单击“确定”按钮，完成设置，如图3-131所示。

40 选择视频轨道中的最后一个素材剪辑，执行“剪辑”|“速度/持续时间”命令，如图3-132所示。

41 弹出“剪辑速度/持续时间”对话框，勾选“倒放速度”复选项，单击“确定”按钮，完成设置，如图3-133所示。

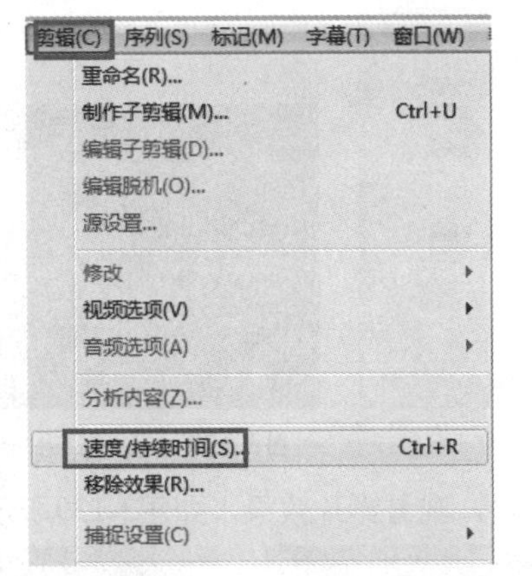

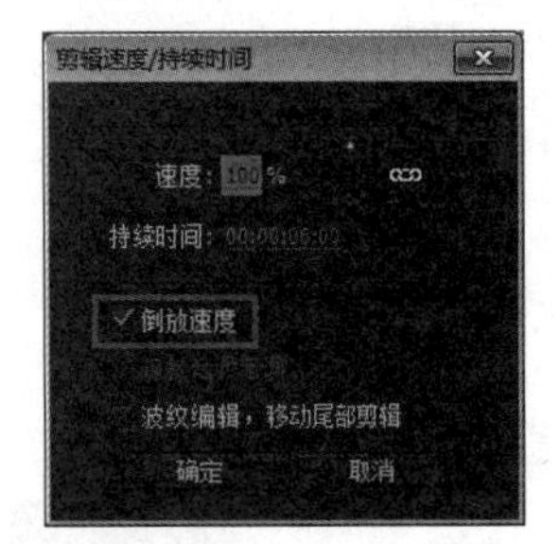

图3-131 设置过渡持续时间　　图3-132 “速度/持续时间”命令　图3-133 选中“倒放速度”复选项

42 按回车键渲染项目，渲染完成后预览影片效果，如图3-134所示。

图3-134 预览影片效果

43 如果预览后觉得满意了，就可以输出影片了。执行“文件”|“导出”|“媒体”命令，弹出“导出设置”对话框，如图3-135所示。

图3-135 “导出设置”对话框

44 单击“输出名称”后面的名称，弹出“另存为”对话框，设置输出的名称及存储位置，单击“确定”按钮，完成设置，如图3-136所示。

45 单击“导出设置”对话框中的“导出”按钮，如图3-137所示。

46 弹出“编码”对话框，显示当前编码进度条，如图3-138所示。

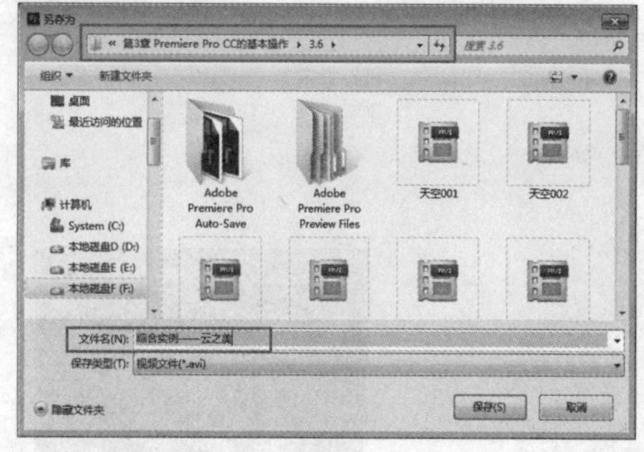

图3-136 “另存为”对话框

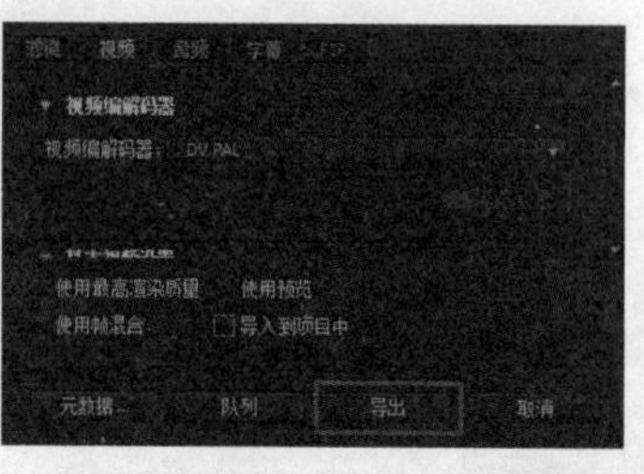

图3-137 单击“导出”按钮

图3-138 编码进度

47 导出完成后，打开输出的影片，观看影片效果，如图3-139所示。

图3-139 观看影片

3.7 本章小结

本章首先介绍了Premiere Pro CC的工作流程，包括创建影片、导入素材、编辑素材、添加视音频特效和输出影片等内容。然后用多个实例让读者更快熟悉和学习Premiere Pro CC的工作流程，对在Premiere Pro CC中进行各类主要编辑工作的操作方法进行学习和体验。

第4章 素材剪辑基础

对素材的编辑是确定影片内容的主要操作，需要熟练掌握对各类素材剪辑的编辑技能。用户可以在“源监视器”面板中编辑某个素材的入点和出点，也可以在“时间轴”面板中编辑。本章将介绍素材剪辑的基本操作和分离素材的，以及使用Premiere Pro CC创建新片头等操作。

本章重点

◎ 在“源监视器”面板中播放素材
◎ 设置标记点
◎ 群组
◎ 切割素材
◎ 提升和提取编辑
◎ 通用倒计时片头
◎ 颜色遮罩
◎ 黑场
◎ 添加、删除轨道
◎ 调整素材的播放速度
◎ 嵌套素材
◎ 插入和覆盖编辑
◎ 分离和链接素材
◎ 彩条
◎ 透明视频

Premiere Pro CC
完全实战技术手册

本章效果欣赏

4.1 素材剪辑的基本操作

素材剪辑的基本操作包括播放素材、切割素材、添加或删除轨道、插入和覆盖素材、提升和提取操作等。

4.1.1 在“源监视器”面板中播放素材

在将素材放入视频序列之前，可以使用“源监视器”面板来预览和修整素材，“源监视器”面板如图4-1所示。要使用源监视器预览素材，只要将“项目”面板中的素材拖入“源监视器”面板，然后单击“播放-停止切换”按钮即可。

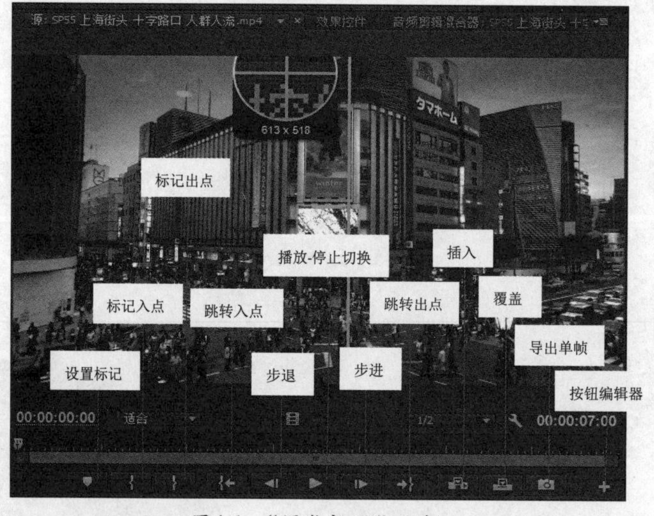

图4-1 “源监视器”面板

4.1.2 添加与删除轨道

Premiere Pro CC软件支持视频轨道、音频轨道和音频子混合轨道各103个，能完全满足影视编辑的需要。下面介绍如何添加和删除轨道。

视频位置：DVD\视频\第4章\4.1.2 添加、删除轨道.mp4

源文件位置：DVD\源文件\第4章\4.1.2

01 启动Premiere Pro CC，新建项目，新建序列。轨道分布情况如图4-2所示。

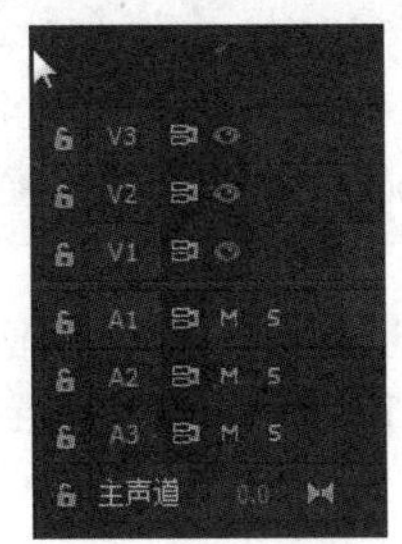

图4-2 轨道分布

02 在轨道编辑区的空白区域单击鼠标右键，执行“添加轨道”命令，如图4-3所示。

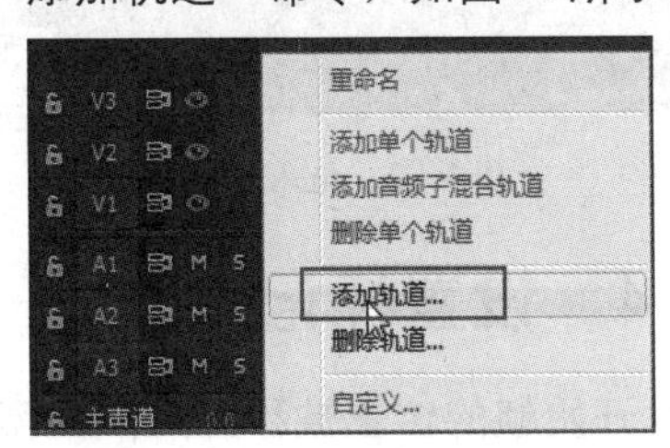

图4-3 执行“添加轨道”命令

03 弹出“添加轨道”对话框，在其中可以添加视频轨道、音频轨道和音频子混合轨道。单击“添加”后的数字“1”，出现输入框，输入数字“2”，单击“确定”按钮，如图4-4所示，即添加了2条视频轨。

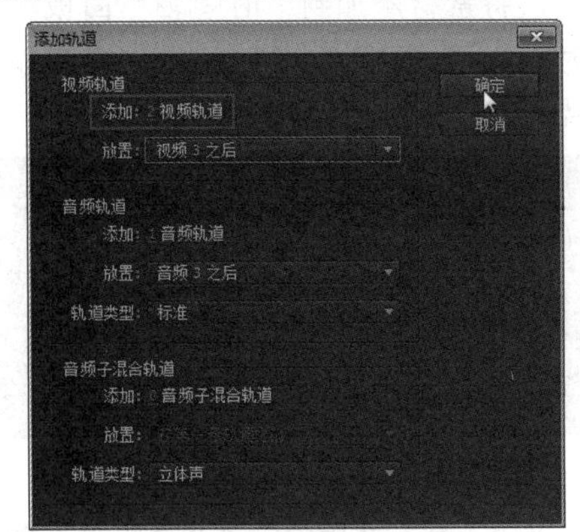

图4-4 修改视频轨道

04 在轨道编辑区的空白区域，单击鼠标右键，执行“删除轨道”命令，如图4-5所示。

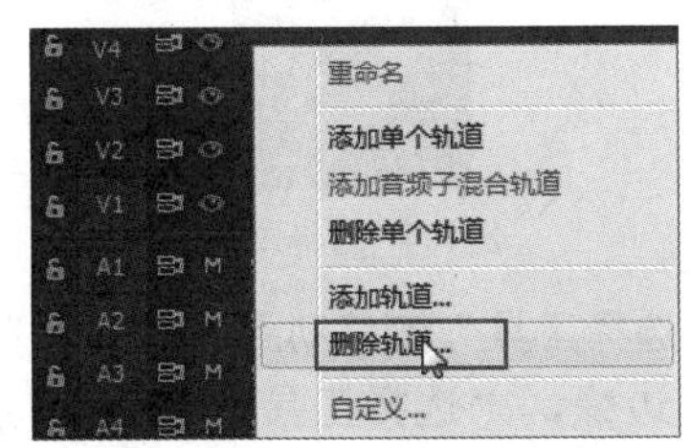

图4-5 执行“删除轨道”命令

05 弹出“删除轨道”对话框，勾选“删除音频轨道”复选项，单击“确定”按钮，关闭对话框，如图4-6所示。

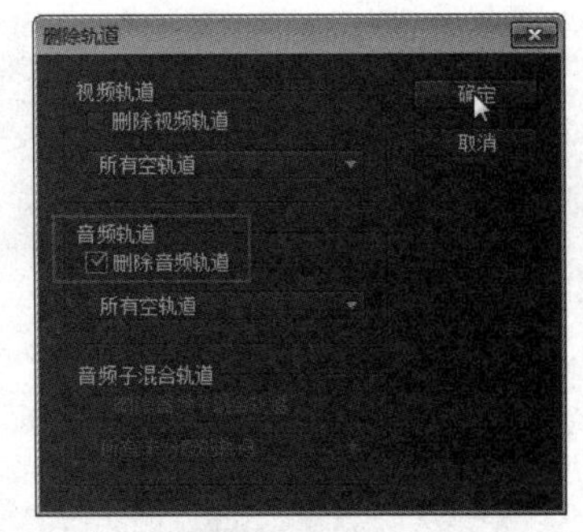

图4-6 勾选“删除音频轨道”复选项

06 查看此时的轨道分布情况，如图4-7所示。

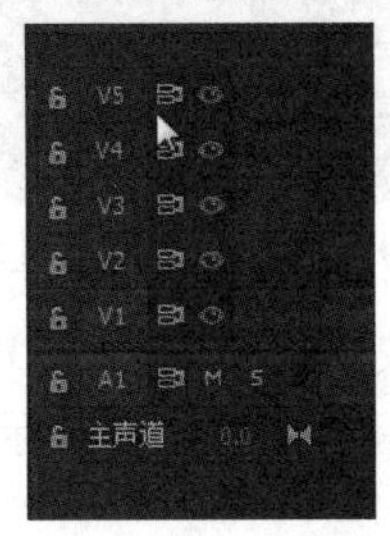

图4-7 轨道分布情况

4.1.3 剪辑素材文件

将素材应用到项目中，剪辑素材的操作是不可或缺的。

视频位置：DVD\视频\第4章\4.1.3剪辑素材文件.mp4
源文件位置：DVD\源文件\第4章\4.1.3

01 启动Premiere Pro CC，新建项目，新建序列。

02 执行“文件”|“导入”命令，弹出“导入”对话框，选择要导入的素材，单击“打开”按钮，如图4-8所示。

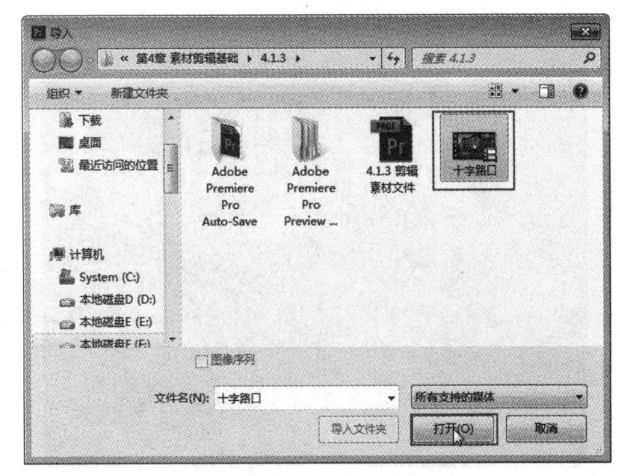

图4-8 单击“打开”按钮

03 在“项目”面板中选择素材，按住鼠标左键，将其拖入“源监视器”面板中，然后释放鼠标，如图4-9所示。

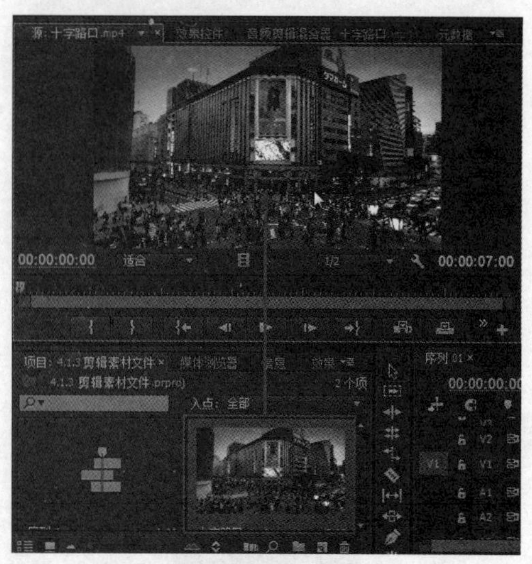

图4-9　将素材拖入源监视器

04 将时间滑块放置在00:00:00:00位置，单击“标记入点”按钮，标记入点，如图4-10所示。

图4-10　标记入点

05 将时间滑块放置在00:00:03:04位置，单击“标记出点”按钮，标记出点，如图4-11所示。

图4-11　标记出点

提示

用户在对素材设置入点和出点时所做的改变，仅影响剪辑后的素材文件的显示，不会影响磁盘上源素材本身的设置。

06 将素材从“项目”面板中拖入“时间轴”中，如图4-12所示，即可看到素材的播放时间由原来的7秒变成了现在的3秒左右。

图4-12　拖入素材

4.1.4　设置标记点

素材开始帧的位置被称为入点，素材结束帧的位置被称为出点。下面介绍如何使用选择工具设置入点和出点。

视频位置：DVD\视频\第4章\4.1.4 设置标记点.mp4

源文件位置：DVD\源文件\第4章\4.1.4

01 打开项目文件，在“项目”面板中导入素材，将素材添加到“时间轴”面板中，将时间指示器移动到“时间轴”中想作为影片起始位置的地方，如图4-13所示。

图4-13　拖入素材并指示起始位置

02 单击“工具”面板中的“选择工具”，如图4-14所示。

图4-14　选择工具

03 将“选择工具”移动到“时间轴”中素材的左边缘，“选择工具”将会变成一个向右的边缘图标，如图4-15所示。

图4-15　边缘图标

04 单击素材边缘，并将它拖动到时间指示器的位置，即可设置素材的入点。在单击并拖动素材时，一个时间码读数会显示在该素材旁边，显示编辑更改，如图4-16所示。

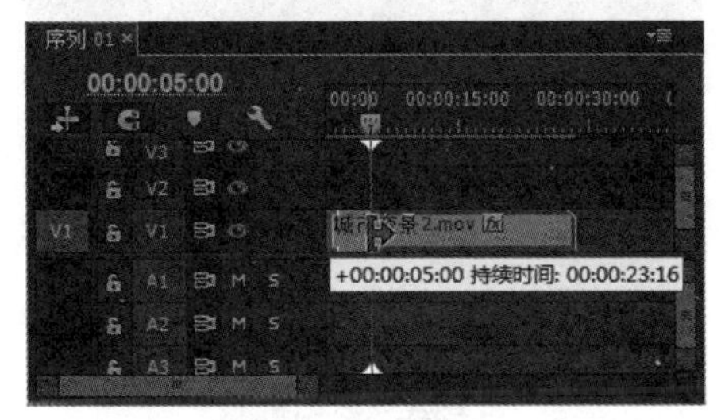

图4-16　设置入点

05 将“选择工具”移动到“时间轴”中素材的右边缘，此时选择工具变为一个向左的边缘图标，如图4-17所示。

图4-17　边缘图标

06 单击素材边缘并将它拖动到想作为素材结束点的地方，即可设置素材的出点。在单击并拖动素材时，一个时间码读数会显示在该素材的旁边，显示编辑更改，如图4-18所示。

图4-18　设置出点

4.1.5　调整素材的播放速度

因为影片的需要，有时需要将素材快放或慢放以增加画面表现力，这时就要调整素材的播放速度了。下面将介绍调整素材播放速度的操作方法。

调整素材的播放速度会改变原始素材的帧数，这会影响影片素材的运动质量和音频素材的声音质量。比如，设置一个影片的播放速度为50%，影片产生慢动作效果；设置影片的速度为200%，将会产生快进效果。

视频位置：DVD\视频\第4章\4.1.5 调整素材的播放速度.mp4
源文件位置：DVD\源文件\第4章\4.1.5

01 打开项目文件，导入素材，将素材拖入时间轴中，如图4-19所示。

图4-19　拖入素材

02 选择时间轴中的素材，单击鼠标右键，执行“速度/持续时间”命令，如图4-20所示。

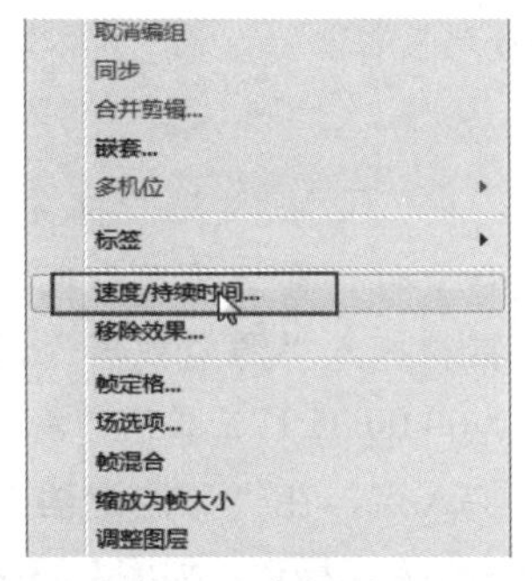

图4-20　执行“速度/持续时间”命令

03 弹出“剪辑速度/持续时间”对话框，在“速度”后的输入框中输入200，单击“确定”按钮，完成设置，如图4-21所示。加快播放速度后，素材的持续时间就相应减少了。

图4-21　设置参数

04 按空格键预览调整播放速度后的效果，如图4-22所示。

图4-22　预览效果

4.1.6　实战——为素材设置标记

下面是用实例来详细介绍为素材设置标记的操作。

视频位置：DVD\视频\第4章\4.1.6实战——为素材设置标记.mp4

源文件位置：DVD\源文件\第4章\4.1.6

01 打开项目文件，在“项目”面板中导入素材，将素材拖入“源监视器”面板中。设置时间为00:00:05:17，单击“标记入点”按钮以添加入点，在“源监视器”下方会同时出现一个入点标记，如图4-23所示。

02 设置时间为00:00:30:10，单击“标记出点”按钮以添加出点，在“源监视器”下方会同时出现一个出点标记，如图4-24所示。

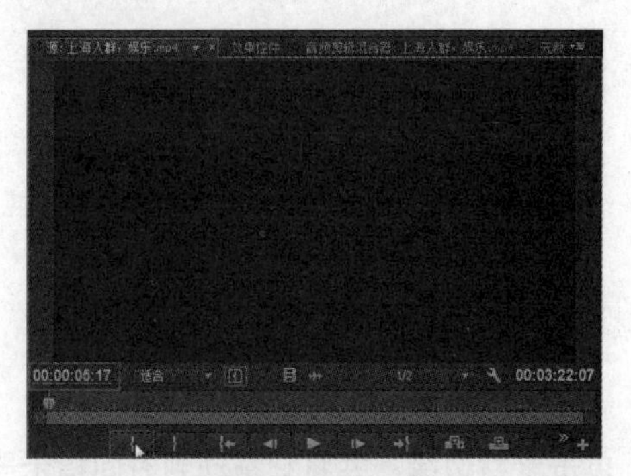

图4-23　标记入点

图4-24　标记出点

> **提示**
>
> 标记入点的快捷键为I键；标记出点的快捷键为O键。

03 将素材从“源监视器”面板拖到“时间轴”中，如图4-25所示。

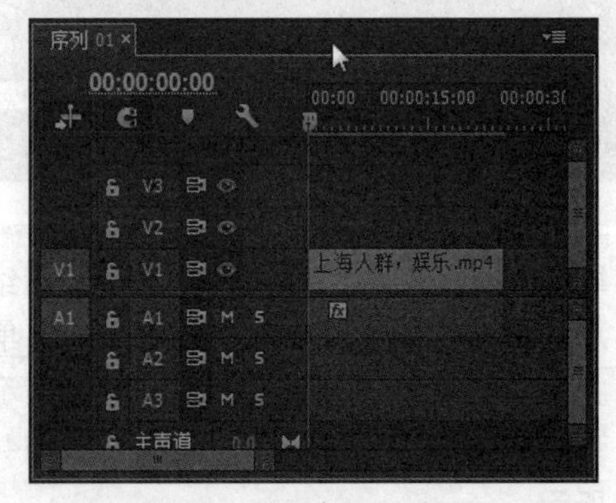

图4-25　添加素材到时间轴

04 这段素材有链接的音频文件，需要将音频文件删除。选择“时间轴”中的素材，单击鼠标右键，在弹出的菜单中执行“取消链接”命令，解除视频和音频之间的链接，如图4-26所示。

05 选择取消链接后的音频文件，执行“编辑”|“清除”命令，清除音频文件，如图4-27所示。

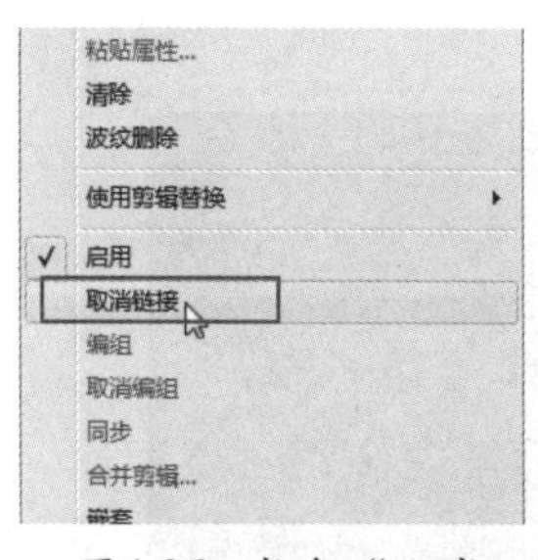

图4-26 执行“取消链接”命令

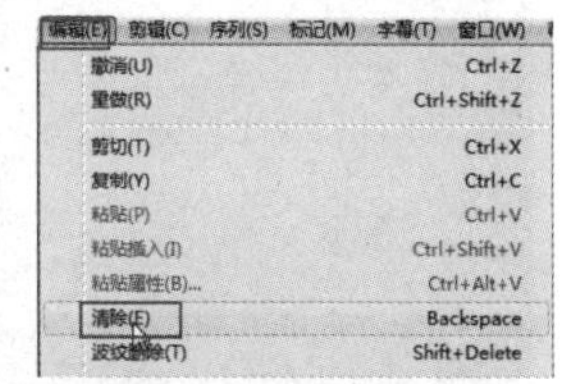

图4-27 执行“编辑”|“清除”命令

06 在“源监视器”面板中设置时间为00:00:39:20，单击“标记入点”按钮以添加入点，在“源监视器”下方会同时出现一个入点标记，如图4-28所示。

图4-28 添加入点标记

07 在“源监视器”面板中设置时间为00:00:46:17，单击“标记出点”按钮以添加出点，在源监视器下方会同时出现一个出点标记，如图4-29所示。

图4-29 添加出点标记

08 将“源监视器”面板中的素材拖到“时间轴”中，放置在第一个素材相应的位置，如图4-30所示。

09 选择“时间轴”中的音频素材，单击鼠标右键，执行“取消链接”命令，解除视频和音频的链接关系，如图4-31所示。

10 选择“时间轴”中的音频素材，单击鼠标右键，执行“清除”命令，清除音频素材，如图4-32所示。

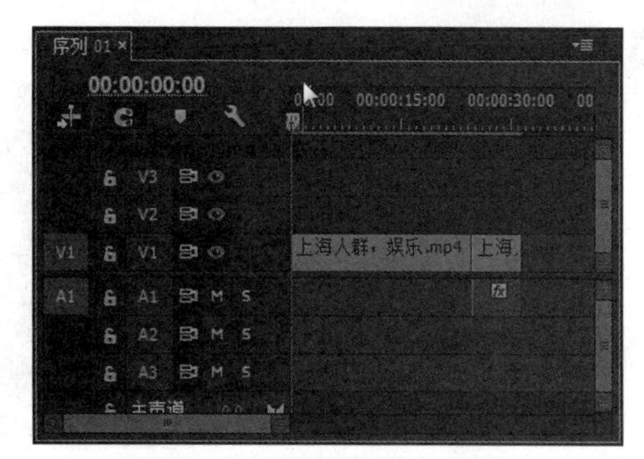

图4-30 添加素材至时间轴

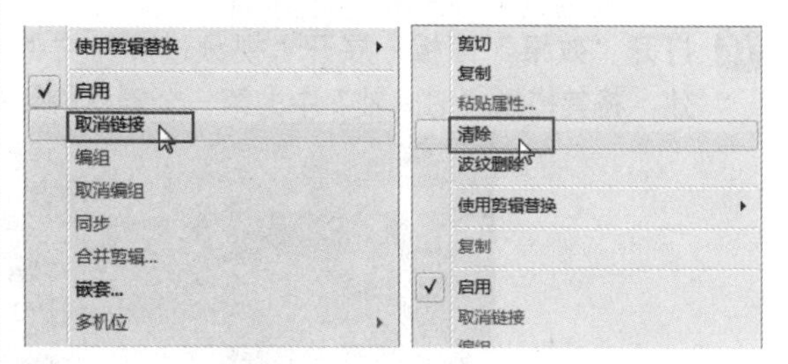

图4-31 执行“取消链接”命令

图4-32 执行“清除”命令

11 在“源监视器”面板中设置时间为00:01:33:16，单击“标记入点”按钮，添加入点标记，如图4-33所示。

图4-33 标记入点

12 设置时间为00:01:49:22，单击“标记出点”按钮，添加出点标记，如图4-34所示。

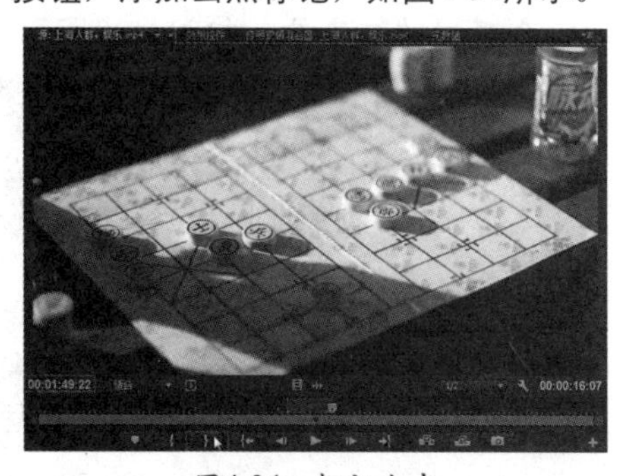

图4-34 标记出点

13 将素材从“源监视器”面板拖到“时间轴”中并与前一个素材剪辑相邻，如图4-35所示。

14 用同样的方法，取消视音频链接并清除音频素材，如图4-36所示。

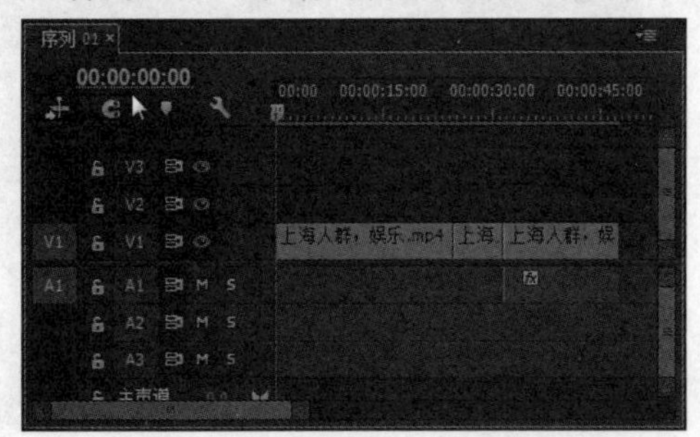

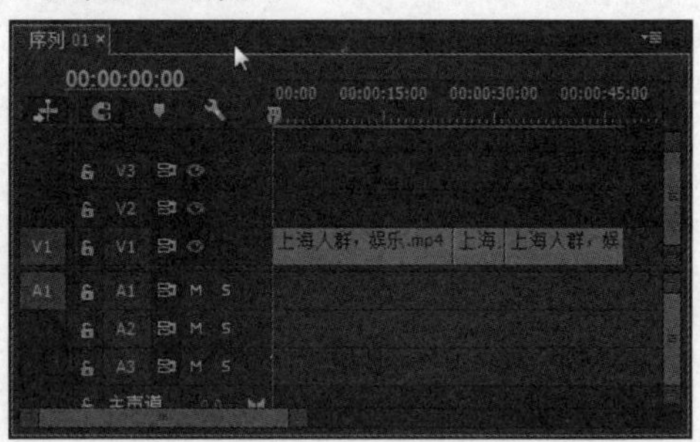

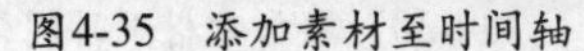
图4-35 添加素材至时间轴

图4-36 清除音频

15 打开“效果”面板，展开“视频过渡”文件夹，再展开“溶解”文件夹，选择“交叉溶解”特效，将其拖到“时间轴”中的第一个素材剪辑和第二个素材剪辑之间，中心对齐，如图4-37所示。

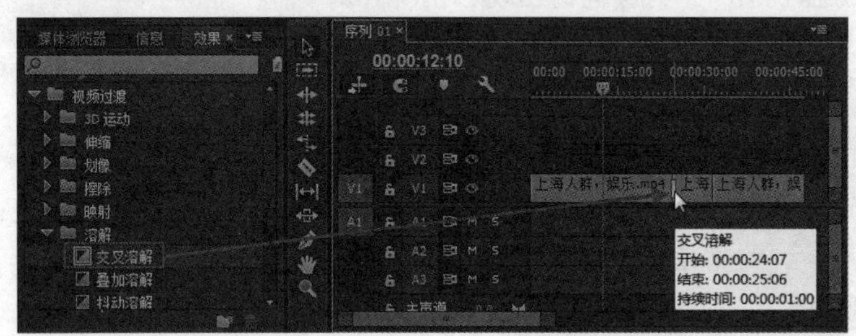

图4-37 添加“交叉溶解”特效

16 在“效果”面板中选择“溶解”文件夹下的“胶片溶解”特效，将其拖到视频轨中的第二个素材剪辑和第三个素材剪辑之间，中心对齐，如图4-38所示。

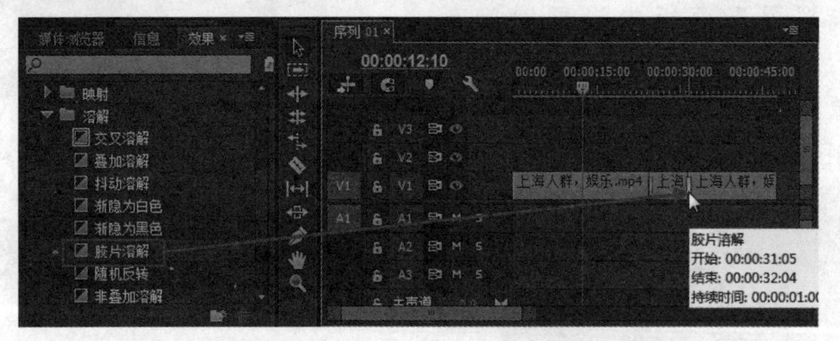

图4-38 添加“胶片溶解”特效

17 在“效果”面板中选择“溶解”文件夹下的“渐隐为黑色”特效，将其拖到时间轴中的最后一个素材的结束处，如图4-39所示。

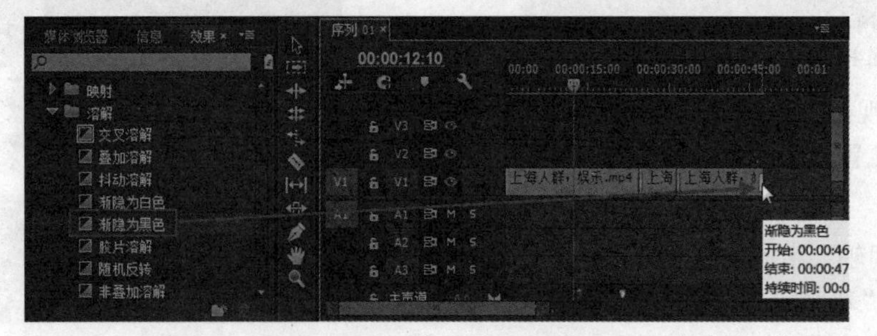

图4-39 添加“渐隐为黑色”特效

在“时间轴”面板的时间线上单击鼠标右键，在弹出的快捷菜单中可以设置、访问或清除序列标记。

18 按空格键预览效果，如图4-40所示。

图4-40 预览效果

4.2 分离素材

分离素材的方法有很多，包括切割素材，提升和提取编辑，插入和覆盖编辑等。下面具体介绍分离素材的操作。

4.2.1 切割素材

“工具”面板中的“剃刀工具”可以快速剪辑素材，下面介绍具体的操作方法。

视频位置：DVD\视频\第4章\4.2.1切割素材.mp4
源文件位置：DVD\源文件\第4章\4.2.1

01 打开项目文件，将素材添加到“时间轴”中，如图4-41所示。

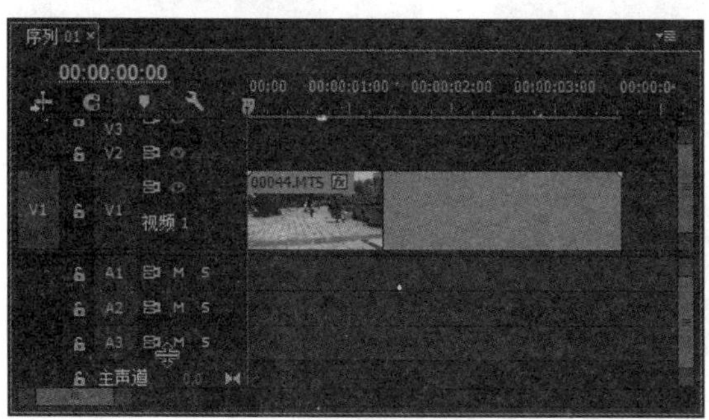

图4-41 拖入素材

02 将时间指示器移动到想要切割的帧上。在“工具”面板中选择“剃刀工具”，如图4-42所示。

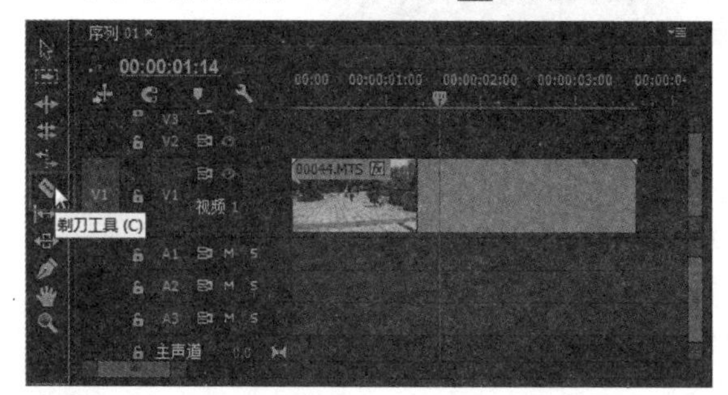

图4-42 选择“剃刀工具”

03 单击时间指示器中所选择的帧，即可切割目标轨道上的素材，如图4-43所示。

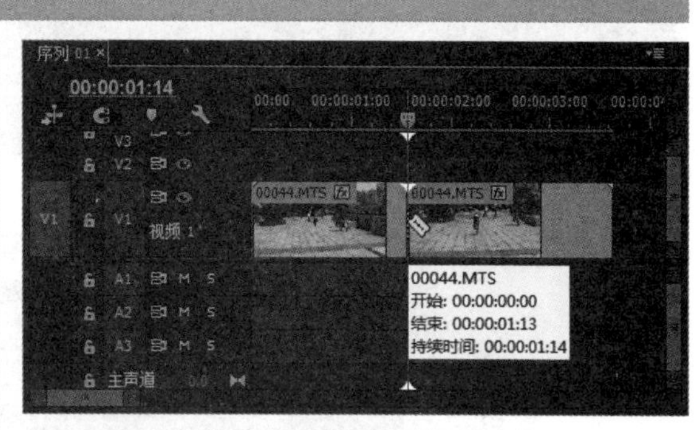

图4-43 用剃刀工具切割素材

如果要将多个轨道上的素材在同一位置进行切割，则按住Shift键，这时会显示多重刀片，轨道上未锁定的素材都在该位置被分割为两段。

4.2.2 插入和覆盖编辑

插入编辑是指在时间指示器位置添加素材，时间指示器后面的素材向后移动。而覆盖编辑是指在时间指示器位置添加素材，重复部分被覆盖了，并不会向后移动。

视频位置：DVD\视频\第4章\4.2.2插入和覆盖编辑.mp4
源文件位置：DVD\源文件\第4章\4.2.2

01 打开项目文件，将时间指示器放置在合适的位置，如图4-44所示。

02 将“项目”面板中的“0022.jpg”素材拖入“源监视器”面板，单击“源监视器”面板下方的“插入”按钮，如图4-45所示。

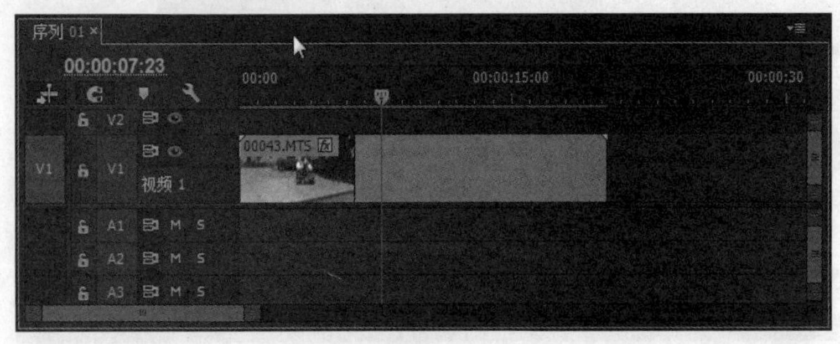

图4-44 选择入点

图4-45 插入素材

03 即可在时间指示器位置插入素材，如图4-46所示。可以看到序列的出点向后移动了5秒。

04 保持时间指示器位置不变，将“项目”面板中的“0023.jpg”素材拖入“源监视器”面板，单击“源监视器”面板下方的“覆盖”按钮，如图4-47所示。

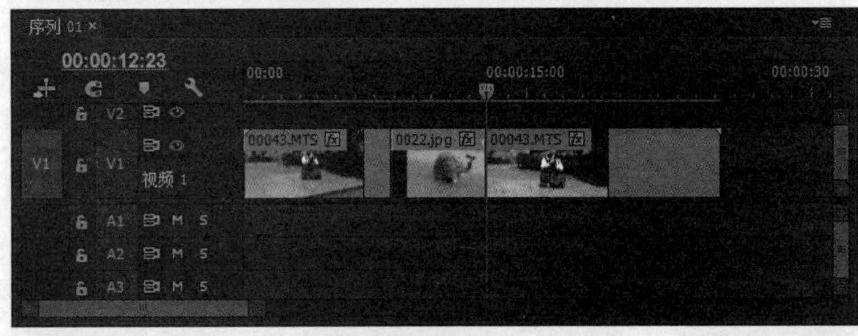

图4-46 插入结果

图4-47 单击“覆盖”按钮

05 即可在时间指示器位置添加素材，如图4-48所示。可以看到序列长度并没有发生变化。

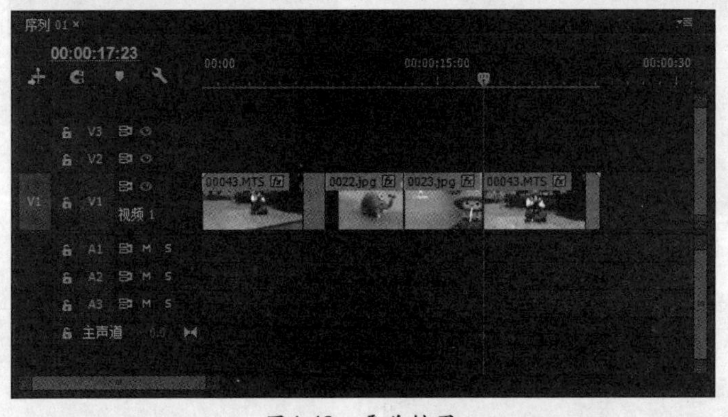

图4-48 覆盖结果

4.2.3 提升和提取编辑

通过执行序列的“提升”或“提取”命令，可以使序列标记从“时间轴”中轻松移除素材片段。在执行“提升”编辑时，从“时间轴”提升出一个片段，然后在已删除素材的地方留下一段空白区域。在执行“提取”操作时，将移除素材的一部分，然后素材后面的帧会前移，补上删除部分的空缺，因此不会有空白区域。

视频位置：DVD\视频\第4章\4.2.3提升和提取编辑.mp4

源文件位置：DVD\源文件\第4章\4.2.3

01 打开项目文件，将时间指针放置在00:00:03:10位置，按“I”键以标记入点，如图4-49所示。

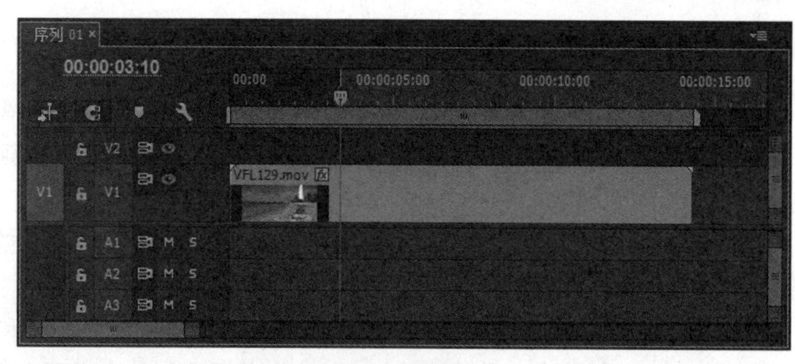

图4-49　标记入点

02 将时间指针放置在00:00:10:00位置，按“O”键以标记出点，如图4-50所示。

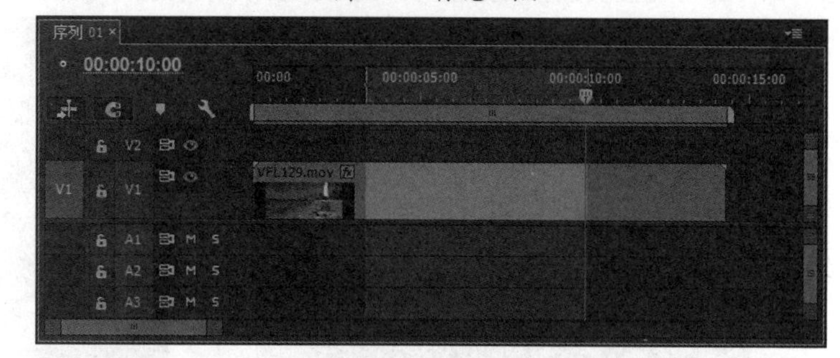

图4-50　标记出点

03 执行“序列”|“提升”命令或者单击“节目监视器”中的“提升”按钮，即可完成提升编辑的操作，如图4-51所示，此时视频轨中留下了一段空白区域。

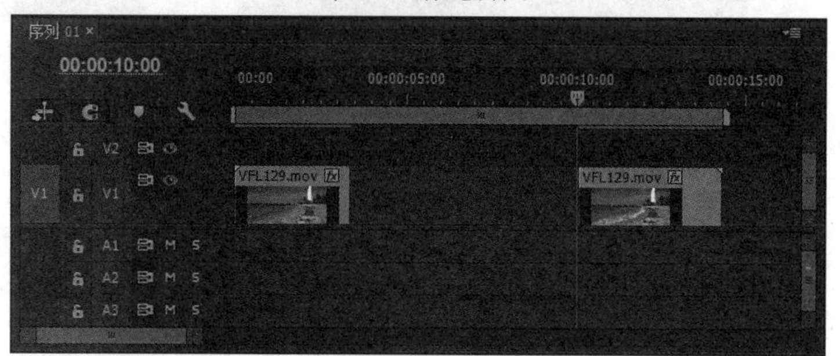

图4-51　提升编辑

04 执行“编辑”|“撤销”命令可以撤销上一步操作，使素材回到未执行“提升”操作前的状态，如图4-52所示。

图4-52　撤销操作

05 执行“序列”|“提取”命令或单击“节目监视器”面板中的“提取”按钮，即可完成提取编辑的操作，如图4-53所示。此时从入点到出点之间的素材都已被移除，并且出点之后的素材向前移动，没有留下空白。

图4-53　提取操作

4.2.4 分离和链接素材

在Premiere Pro CC中处理带有音频的视频文件时，有时需要把视频和音频分离开后进行不同的处理，这就需要用到分离操作。而某些单独的视频和音频需要同时编辑时，就需要将它们链接起来以便于操作。

要将链接的视音频分离开，只需要执行“剪辑”|“取消链接”命令即可分离视频和音频，此时视频素材的命名后少了“[V]”字符，如图4-54所示。

若要将视频和音频链接起来，只需要同时选择要链接的视频和音频素材，然后执行“剪辑”|“链接”命令即可链接视频和音频素材，此时的视频素材的命名后加了“[V]”字符，如图4-55所示。

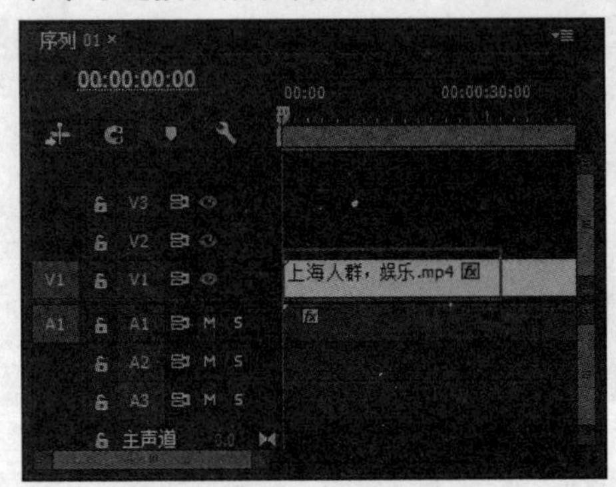

图4-54 分离操作

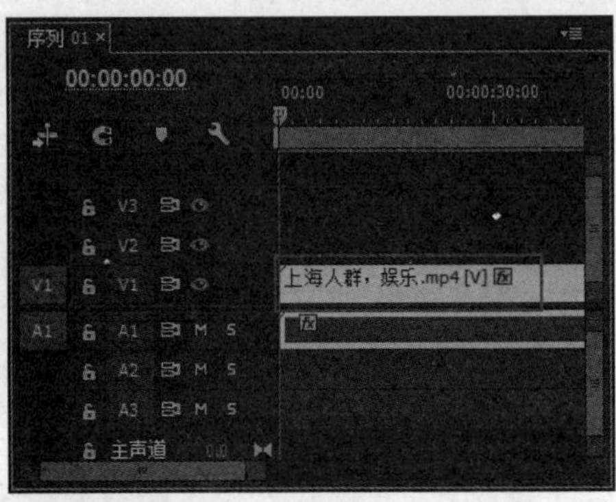

图4-55 链接操作

4.2.5 实战——在素材中间插入新的素材

下面是在素材中插入新的素材的操作实战。

视频位置：DVD\视频\第4章\4.2.5实战——在素材中间插入新的素材.mp4

源文件位置：DVD\源文件\第4章\4.2.5

01 启动Premiere Pro CC，新建项目，新建序列，如图4-56所示。

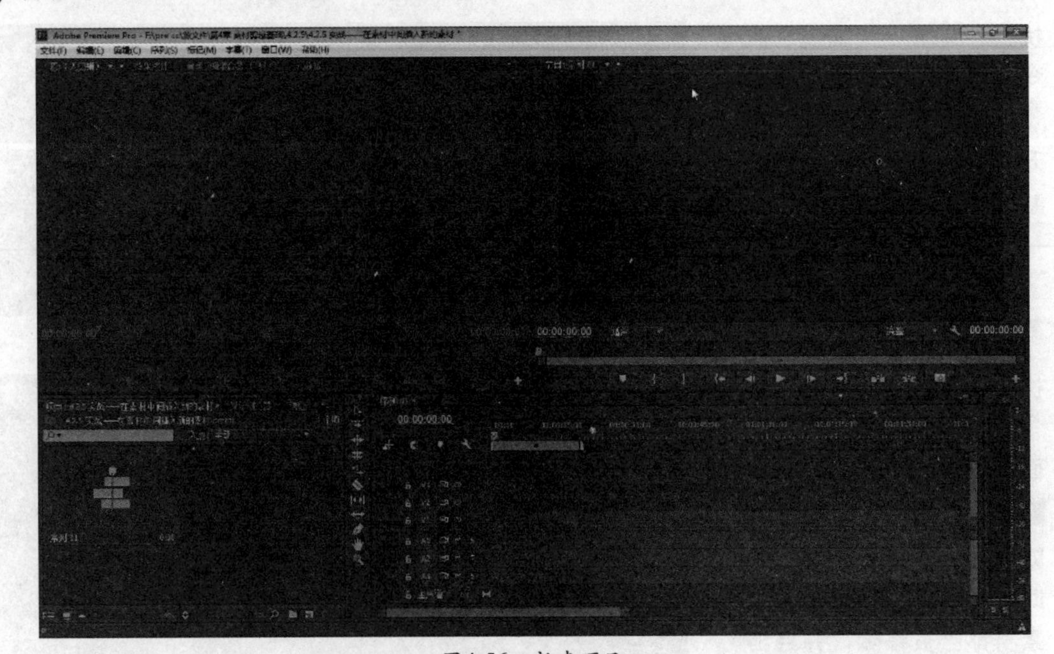

图4-56 新建项目

02 在“项目”面板中单击鼠标右键，执行“导入”命令，如图4-57所示。

03 弹出“导入”对话框，选择需要导入的素材，单击“打开”按钮，导入素材，如图4-58所示。

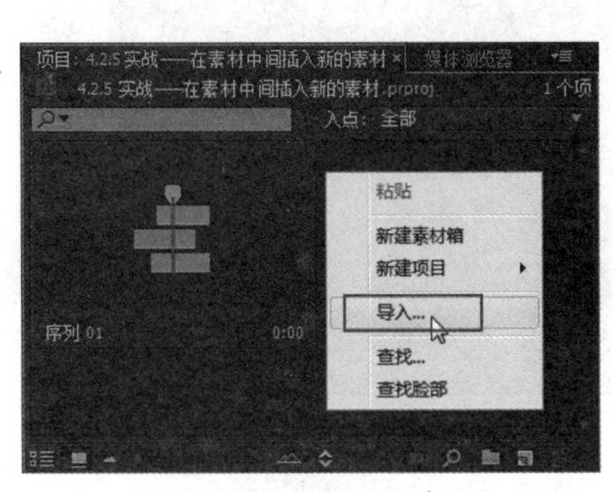

图4-57 执行“导入”命令

图4-58 单击“打开”按钮

04 在“项目”面板中选择“001.mp4”素材，将其拖到视频轨中，并将时间指针移动到合适的位置00:00:04:13，如图4-59所示。

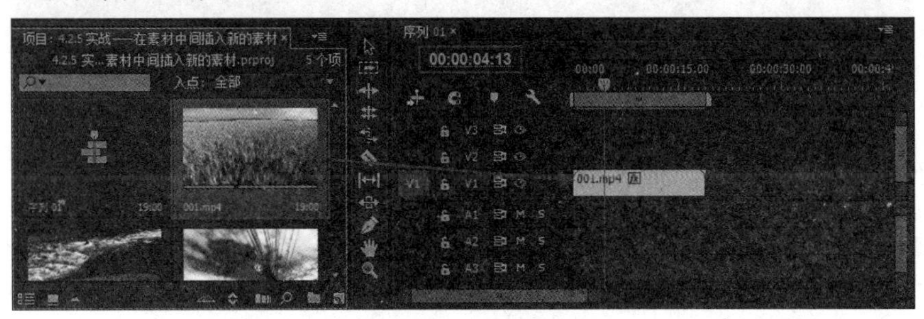

图4-59 拖入素材

05 选择视频轨中的“001.mp4”素材，打开“效果控件”面板，设置“缩放”参数为60，如图4-60所示。

06 在“项目”面板中选择“002.mp4”素材，将其拖入“源监视器”面板中来查看素材，然后单击“源监视器”面板下方的“覆盖”按钮，如图4-61所示。

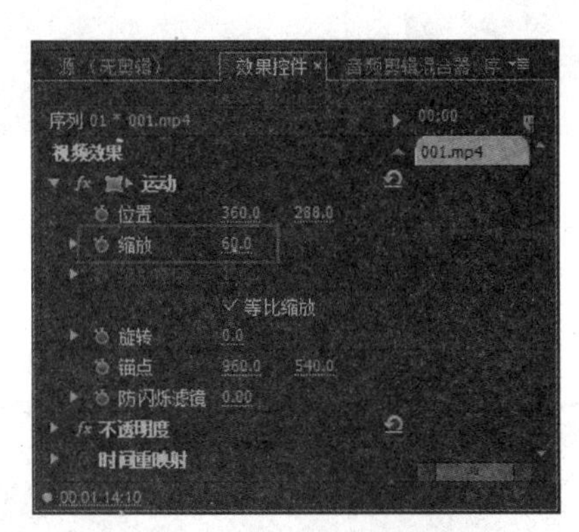

图4-60 设置“缩放”参数

图4-61 覆盖编辑

07 此时“002.mp4”素材就添加到了视频轨中，如图4-62所示。

08 选择视频轨中的“002.mp4”素材，进入“效果控件”面板，设置“缩放”参数为60，如图4-63所示。

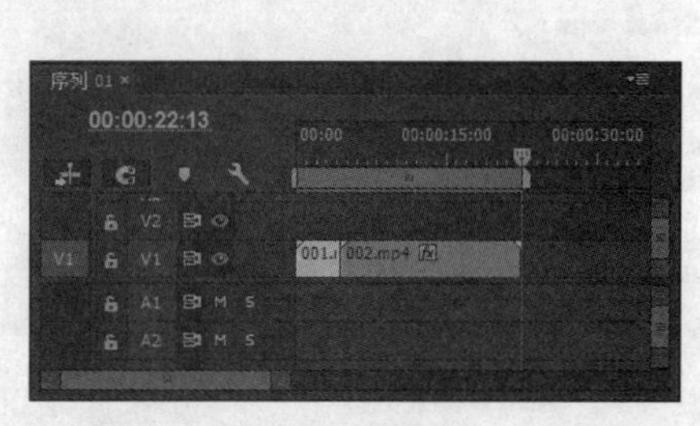

图4-62 时间轴

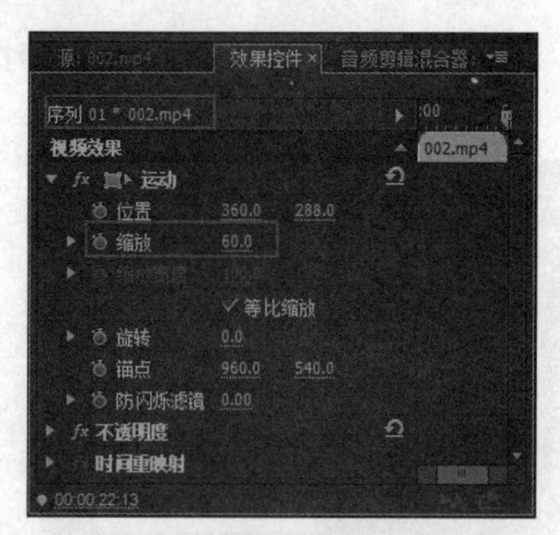

图4-63 设置“缩放”参数

09 在“项目”面板中选择“003.mp4”素材，将其拖到视频轨中，如图4-64所示。

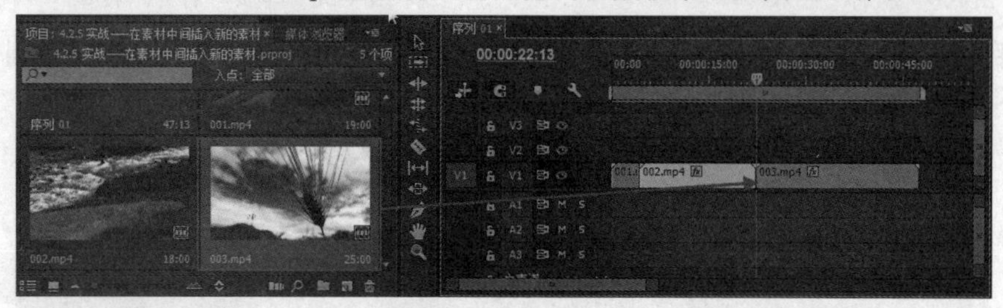

图4-64 拖入素材

10 选择视频轨中的“003.mp4”素材，进入“效果控件”面板，设置“缩放”参数为60，如图4-65所示。

11 在“节目监视器”面板中设置时间为00:00:37:13，单击“标记入点”按钮，标记序列入点，如图4-66所示。

12 设置时间为00:00:43:04，单击“标记出点”按钮，标记序列出点，如图4-67所示。

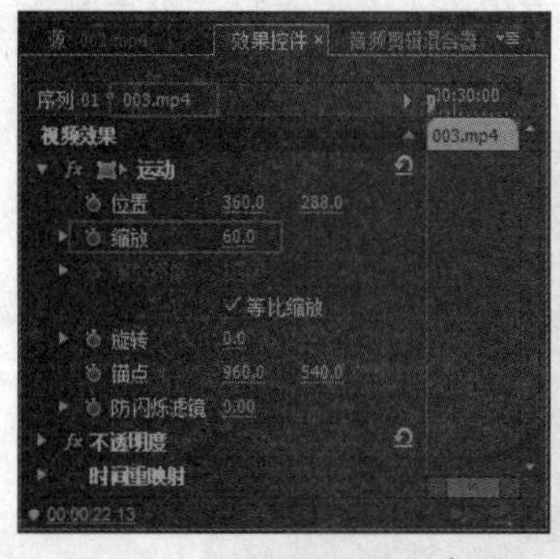

图4-65 设置“缩放”参数

图4-66 标记入点

图4-67 标记出点

13 单击“节目监视器”面板下方的“提取”按钮，如图4-68所示。

14 此时在视频轨中“003.mp4”素材中间提取了一段素材且不留空白，如图4-69所示。

图4-68 单击“提取”按钮

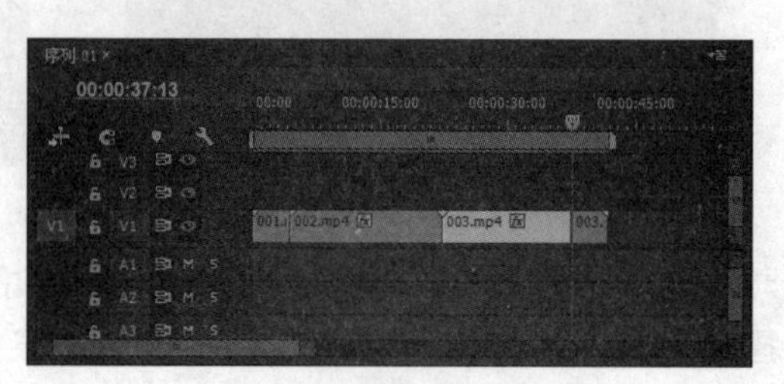

图4-69 提取编辑的结果

15 在“项目”面板中选择“004.mp4”素材，将其拖入“源监视器”面板中来查看素材，如图4-70所示。

图4-70 将素材拖入源监视器

16 在“源监视器”面板中设置时间为00:00:11:10，单击“标记入点”按钮，添加入点标记，如图4-71所示。

图4-71 标记入点

17 设置时间为00:00:38:11，单击“添加出点”按钮，添加出点标记，如图4-72所示。

图4-72 标记出点

18 单击“源监视器”面板下方的“插入”按钮，在视频轨中插入入点和出点之间的素材，如图4-73所示。

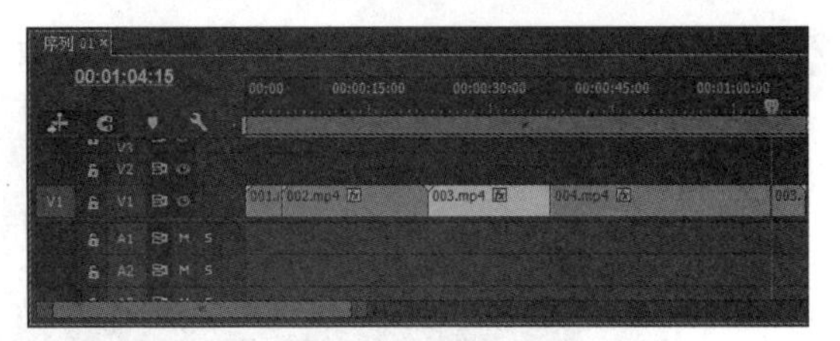

图4-73 插入编辑

19 选择视频轨中的“004.mp4”素材，进入“效果控件”面板，设置“缩放”参数为60，如图4-74所示。

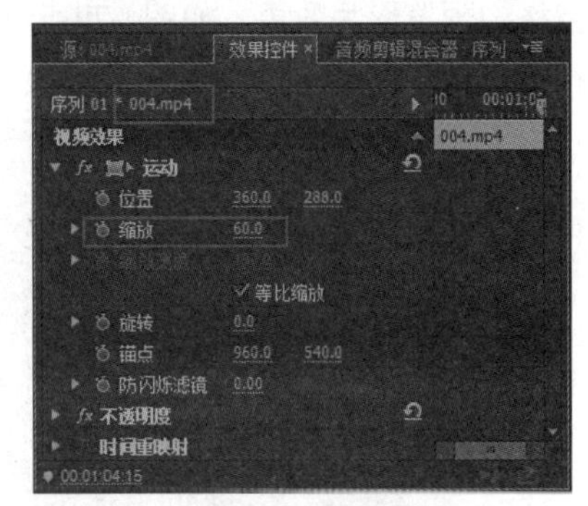

图4-74 设置“缩放”参数

20 在“项目”面板中选择“001.mp4”素材，将其拖到视频轨中，将鼠标放置在素材左边缘，使鼠标变为边缘图标，如图4-75所示。

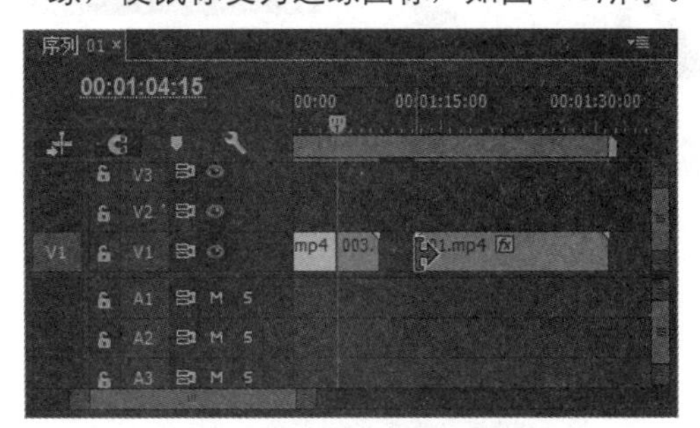

图4-75 添加素材

21 按住鼠标左键，向右拖动到合适的位置，如图4-76所示。

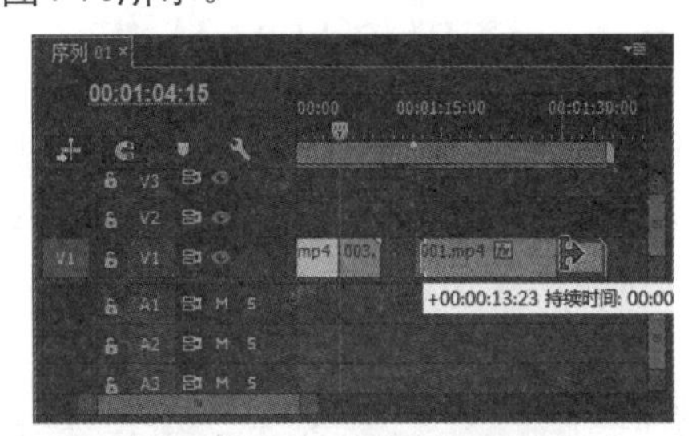

图4-76 向右拖动鼠标

22 释放鼠标即可剪辑素材，将剩下的素材部分移动到与前一段素材相邻，如图4-77所示。

23 打开“效果控件”面板，设置“缩放”参数为60，如图4-78所示。

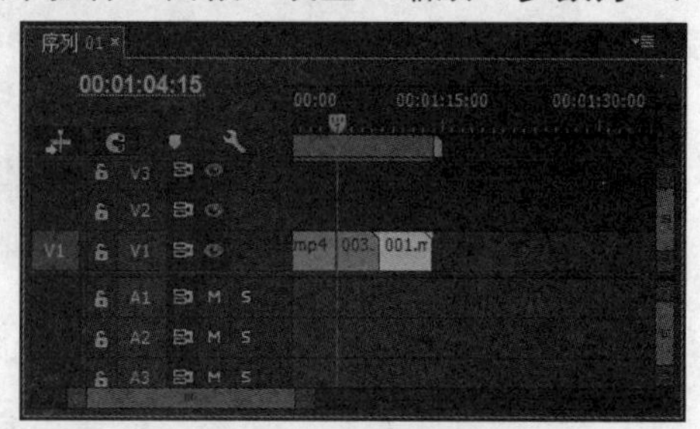

图4-77　剪辑并移动素材

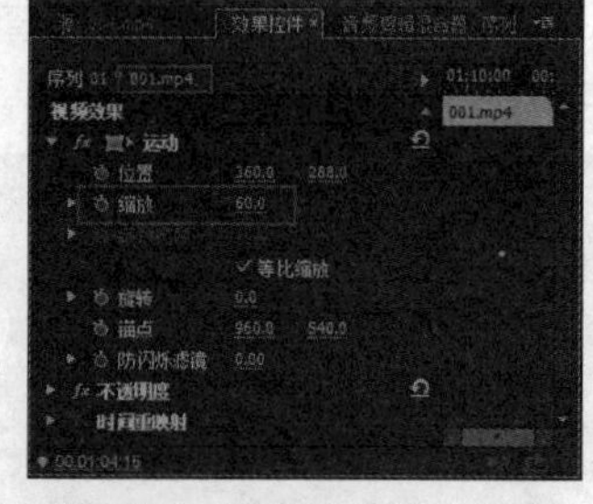

图4-78　设置“缩放”参数

24 按空格键预览影片效果，如图4-79所示。

25 执行“文件”|“保存”命令，保存项目。

图4-79　预览效果

4.3 使用Premiere Pro CC创建新元素

在“文件”菜单的“新建”子菜单中，执行彩条、黑场视频、隐藏字幕、颜色遮罩、HD彩条等命令能快速创建新的实用素材，如图4-80所示。

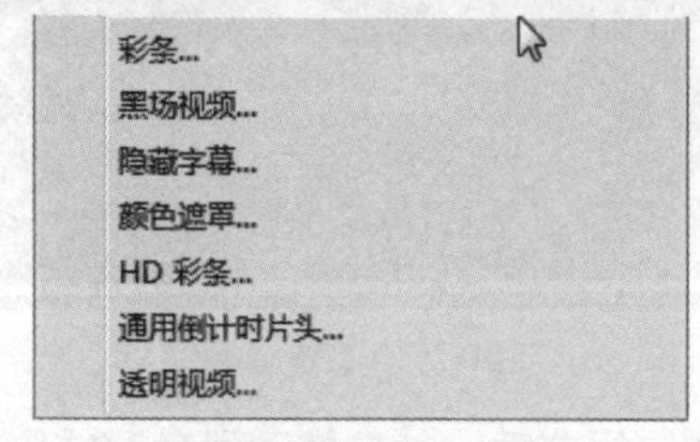

图4-80　“新建”子菜单

4.3.1 通用倒计时片头

通用倒计时片头是一段倒计时的视频素材，常用于影片的开头。在Premiere Pro CC中可以快速创建倒计时片头，还可以调整其中的参数并使之更适合于影片。

视频位置：DVD\视频\第4章\4.3.1 通用倒计时片头.mp4

源文件位置：DVD\源文件\第4章\4.3.1

01 启动Premiere Pro CC，新建项目，新建序列。执行“文件”|“新建”|“通用倒计时片头”命令，如图4-81所示。

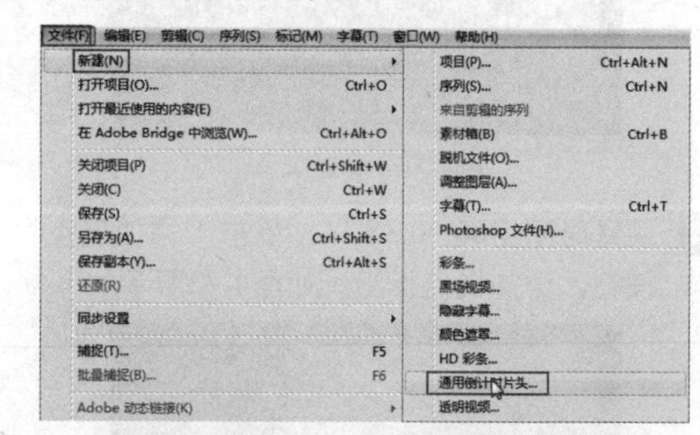

图4-81　执行“通用倒计时片头”命令

02 弹出“新建通用倒计时片头”对话框，使用默认的设置，单击“确定”按钮，如图4-82所示。

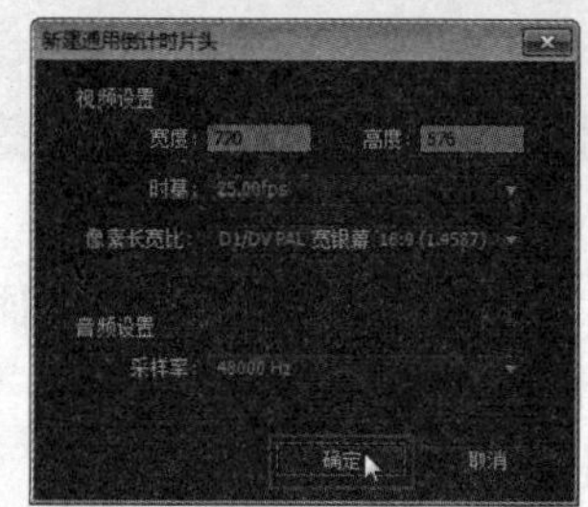

图4-82　“新建通用倒计时片头”对话框

03 弹出“通用倒计时设置”对话框，单击“数字颜色”后的色块，如图4-83所示。

04 弹出“拾色器”对话框，在其中选择相应的颜色，单击“确定”按钮，完成设置，如图4-84所示。

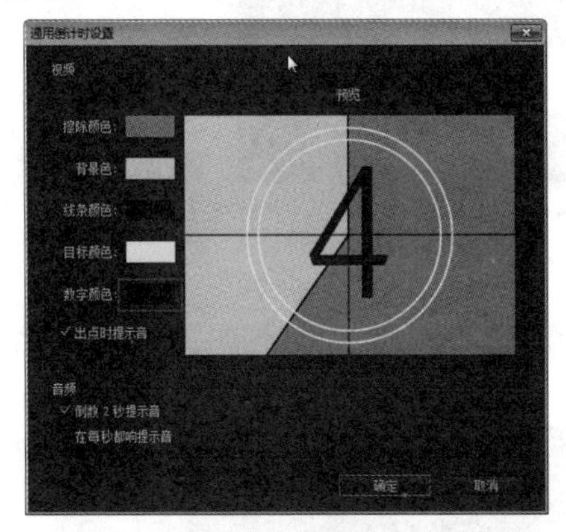

图4-83　单击“数字颜色”后的色块

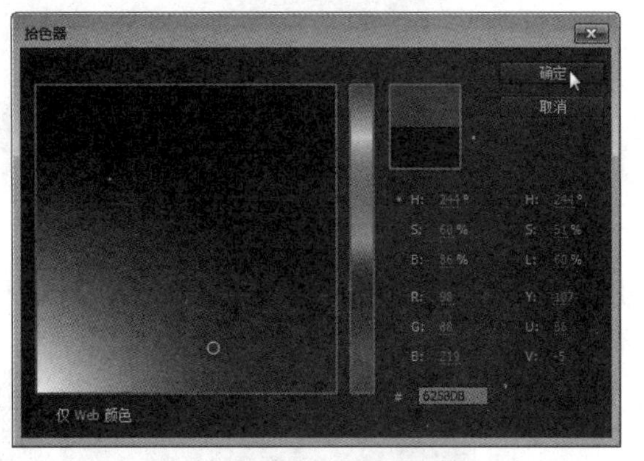

图4-84　选择颜色

提示

在“通用倒计时片头设置”对话框中，可以根据制作需要设置倒计时片头原色的颜色。另外还可以更改声音的相关设置。

05 单击“确定”按钮，关闭对话框。此时可以看到“项目”面板中增加了“通用倒计时片头”素材，将其拖入到时间轴中，如图4-85所示。

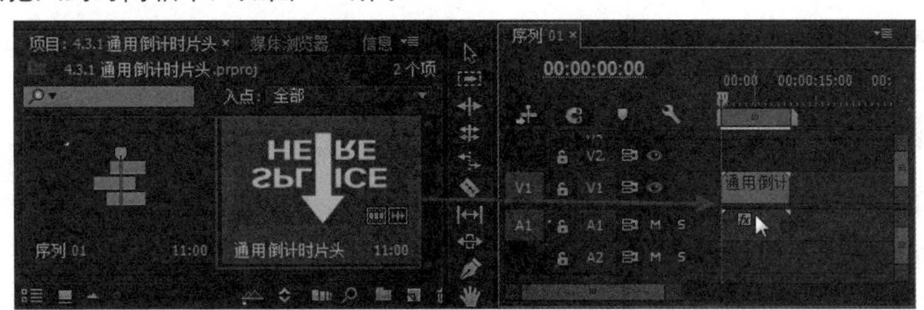

图4-85　添加素材至时间轴

06 按空格键预览通用倒计时片头的效果，如图4-86所示。

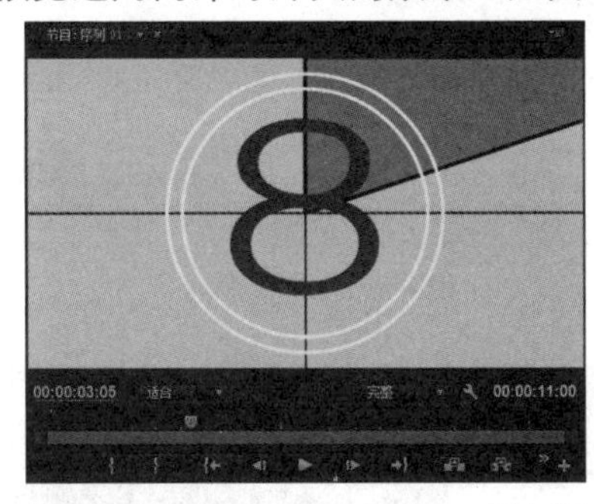

图4-86　预览效果

4.3.2 彩条和黑场

1．彩条

彩条是一段带音频的彩条视频图像，也就是电视机上在正式播放节目之前显示的彩虹条，多用于颜色的校对，其音频是持续的“嘟”的音调，如图4-87所示。

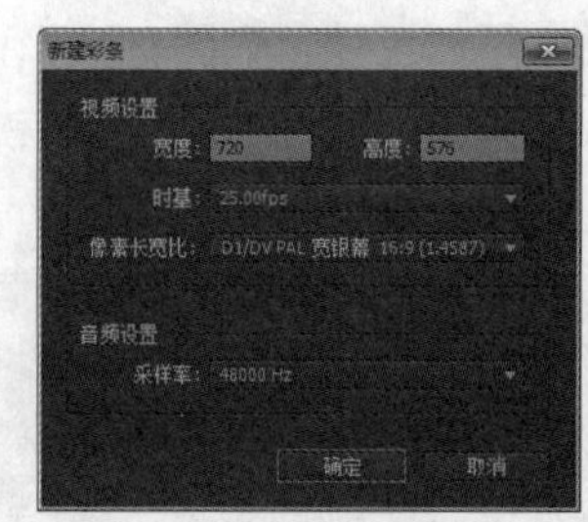

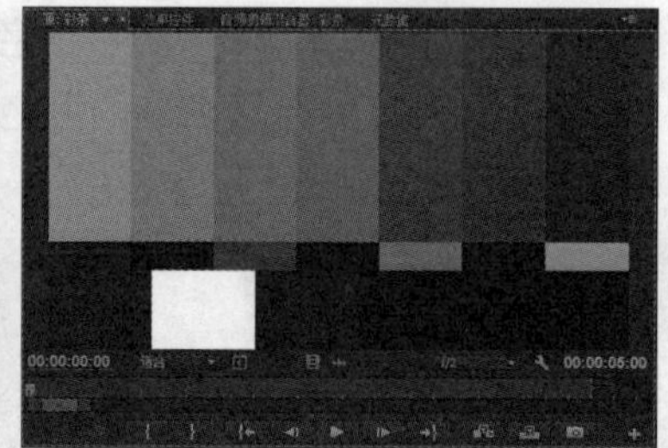

图4-87　新建彩条

2. 黑场

黑场视频是一段黑屏画面的视频素材，该视频多用于转场。默认的时间长度与默认的静止图像持续时间相同，如图4-88所示。

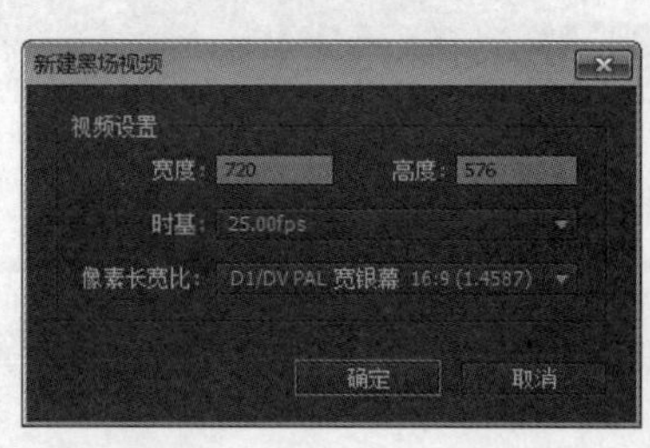

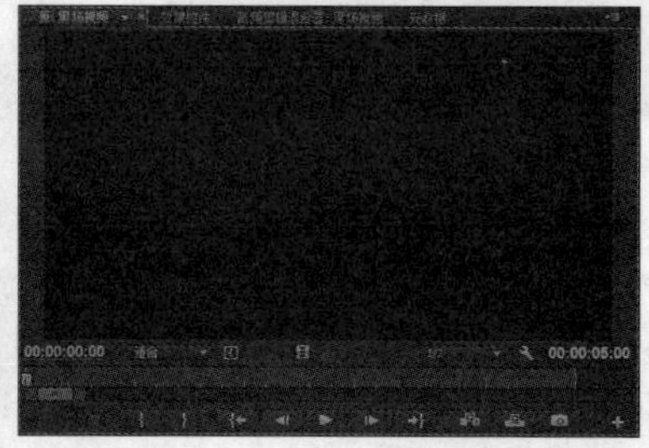

图4-88　新建黑场视频

4.3.3　颜色遮罩

颜色遮罩相当于一个单一颜色的图像素材，可以用于背景色彩图像，或通过其设置不透明度参数及图像混合模式，对下层视频轨道中的图像应用色彩调整效果。

视频位置：DVD\视频\第4章\4.3.3 颜色遮罩.mp4
源文件位置：DVD\源文件\第4章\4.3.3

01 启动Premiere Pro CC，新建项目，新建序列。执行“文件”|“导入”命令，在弹出的对话框中选择需要的素材，单击“确定”按钮，导入素材，如图4-89所示。

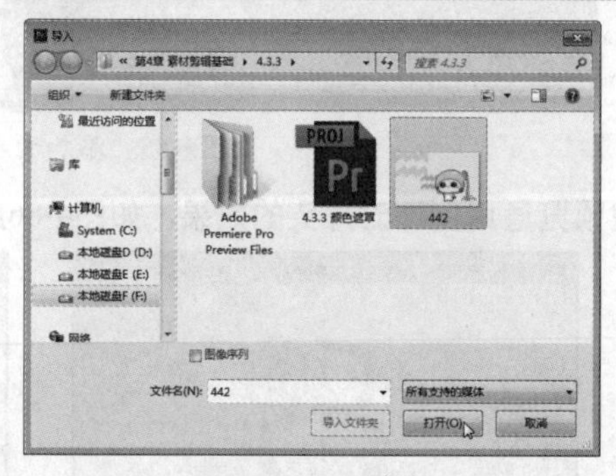

图4-89　导入素材

02 将素材拖到视频轨中，如图4-90所示。

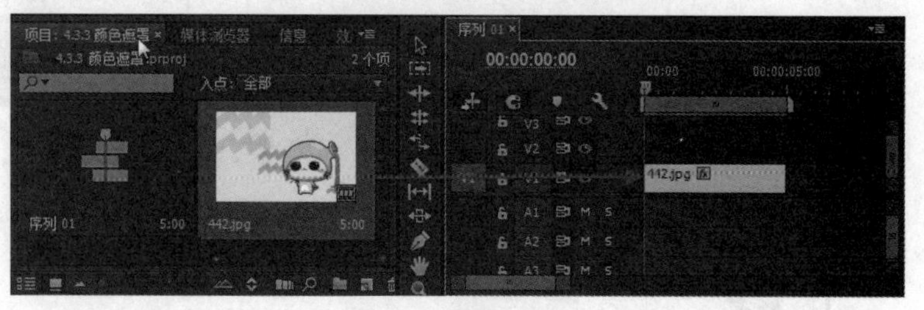

图4-90　拖入素材

03 选择视频轨中的素材图像，进入“效果控件”面板，设置“缩放”参数为65，如图4-91所示。

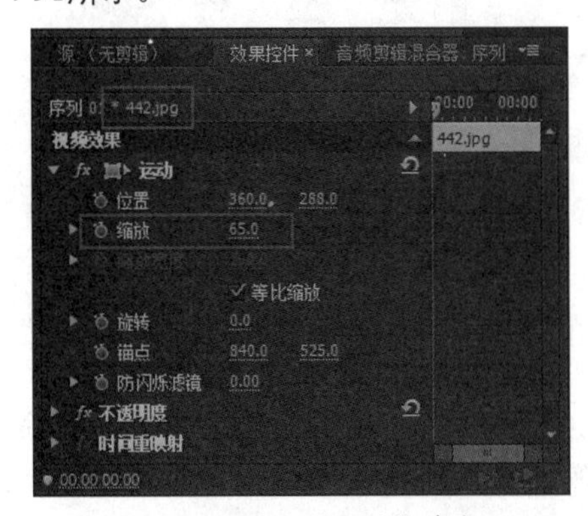

图4-91 设置“缩放”参数

04 在“项目”面板中单击“新建项”按钮，在弹出的列表中执行“颜色遮罩”命令，如图4-92所示。

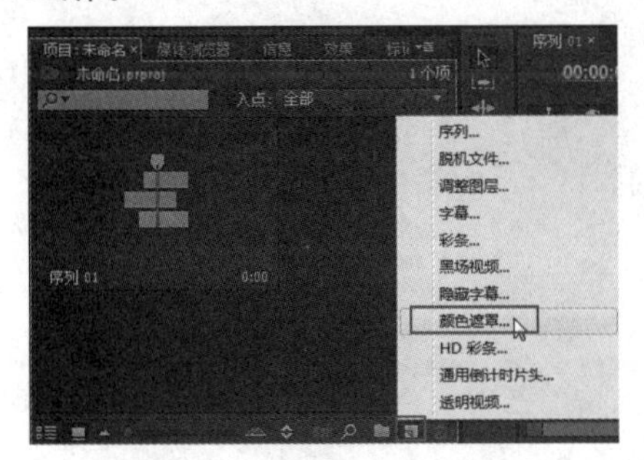

图4-92 执行“颜色遮罩”命令

05 弹出“新建颜色遮罩”对话框，单击“确定”按钮，如图4-93所示。

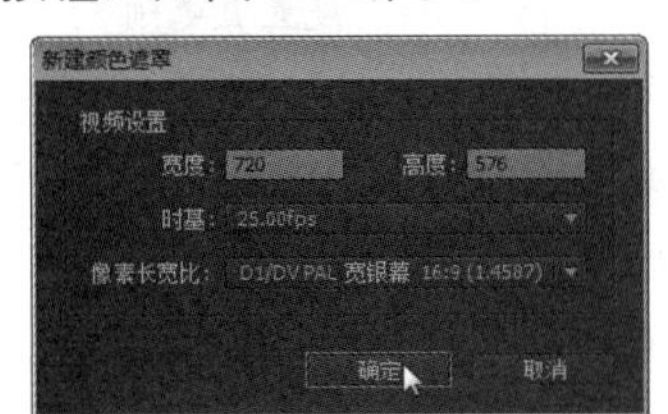

图4-93 “新建颜色遮罩”对话框

06 弹出“拾色器”对话框，在其中设置参数，单击“确定”按钮，如图4-94所示，完成设置。

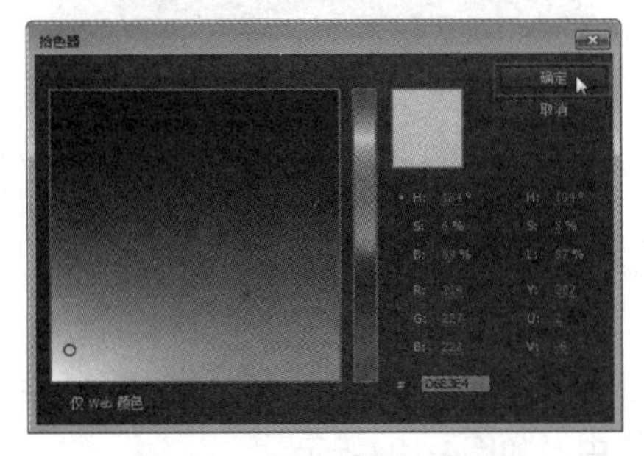

图4-94 “拾色器”对话框

07 弹出“选择名称”对话框，设置素材名称，单击“确定”按钮，如图4-95所示。

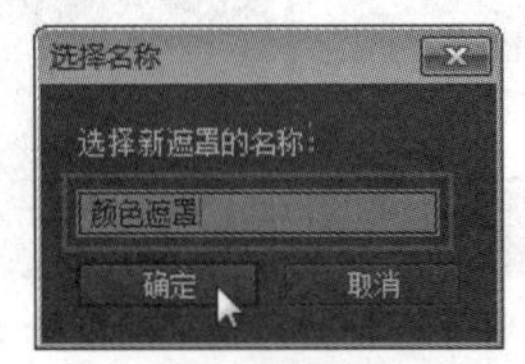

图4-95 “选择名称”对话框

08 将“项目”面板中的“颜色遮罩”素材拖到视频轨中，如图4-96所示。

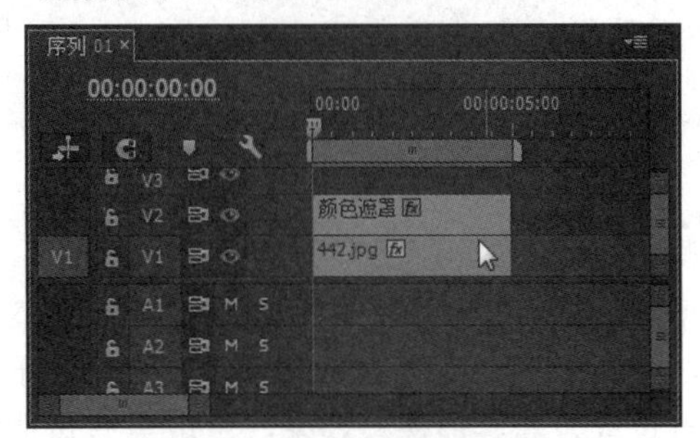

图4-96 添加素材至视频轨

09 选择视频轨中的“颜色遮罩”素材，进入“效果控件”面板，展开“不透明度”效果，单击“混合模式”后的倒三角按钮，如图4-97所示。

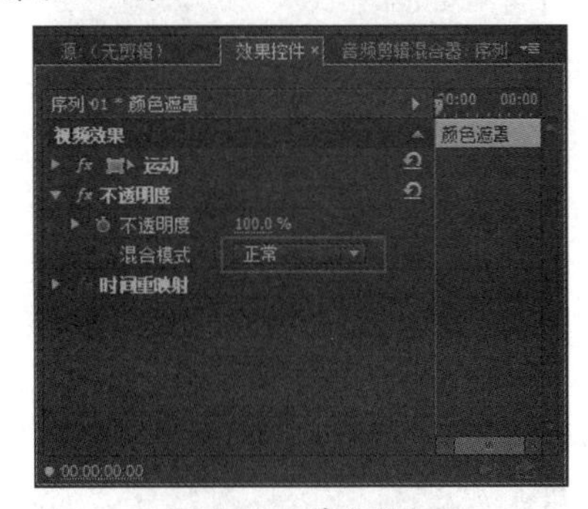

图4-97 单击按钮

10 在弹出的下拉列表中选择“差值”选项，如图4-98所示。

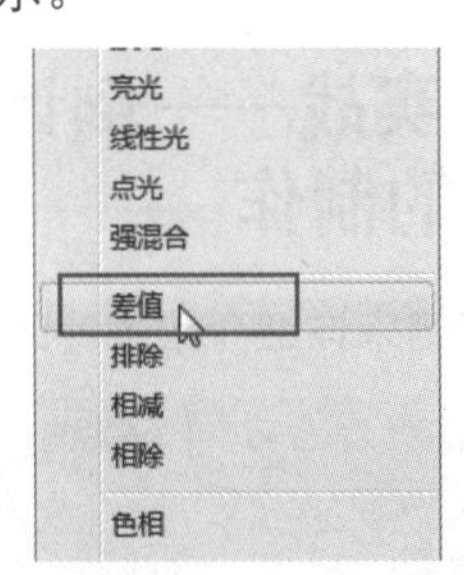

图4-98 选择“差值”选项

11 查看图像素材添加颜色遮罩的前后效果，如图4-99所示。

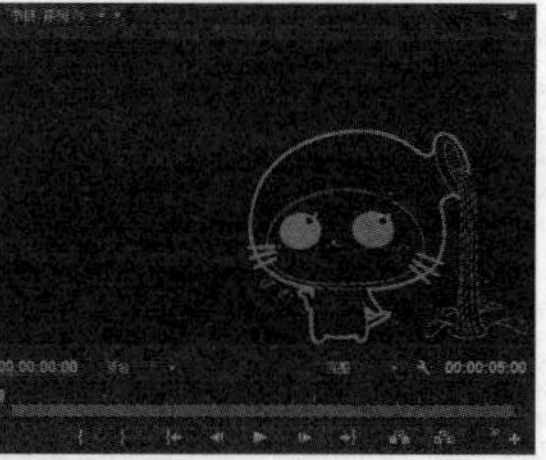

图4-99　添加颜色遮罩的前后效果

用户可以在“项目”面板或“时间轴”面板中双击颜色遮罩，这样可以随时打开“拾色器”对话框来修改颜色。

4.3.4　透明视频

透明视频是一个不含音频的透明画面的视频，相当于一个透明的图像文件。它可用于时间占位或为其添加视频效果，生成具有透明背景的图像内容，或者编辑需要的动画效果，如图4-100所示。

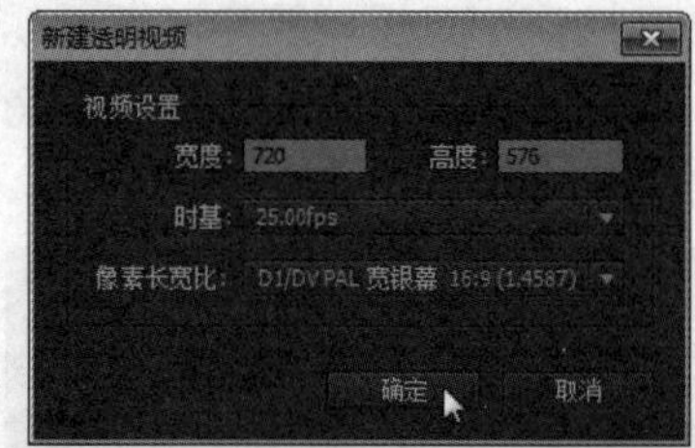

图4-100　新建透明视频

4.3.5　实战——倒计时片头的制作

下面用实例来详细介绍倒计时片头的制作。

视频位置：DVD\视频\第4章\4.3.5实战——倒计时片头的制作.mp4

源文件位置：DVD\源文件\第4章\4.3.5

01 启动Premiere Pro CC，新建项目，新建序列，导入素材，如图4-101所示。

图4-101　导入素材

02 执行“编辑”|“首选项”|“常规”命令，弹出“首选项”对话框，设置“静止图像默认持续时间”参数为25帧，单击“确定”按钮，完成设置，如图4-102所示。

图4-102　设置首选项

03 执行“文件”|“新建”|“彩条”命令，弹出“新建彩条”对话框，单击“确定”按钮，如图4-103所示，在“项目”面板中创建了“彩条”素材。

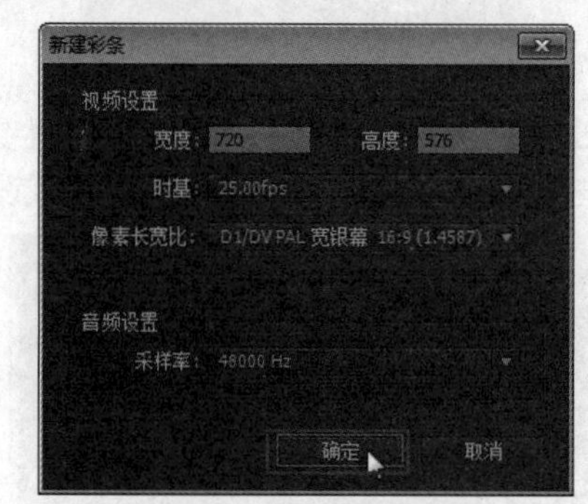

图4-103　新建彩条视频

04 将“项目”面板中的“彩条”素材拖到视频轨中，如图4-104所示。

05 在“项目”面板中选择“07.jpg”素材，将其拖到视频轨中，设置持续时间为8秒，如图4-105所示，在“效果控件”面板中设置“缩放”参数为110。

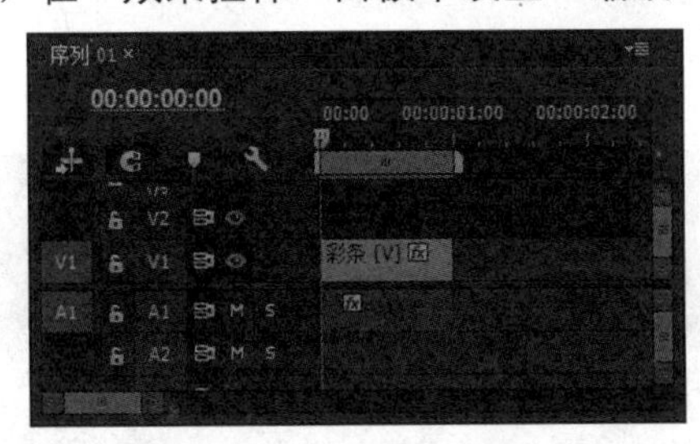
图4-104 拖入彩条素材

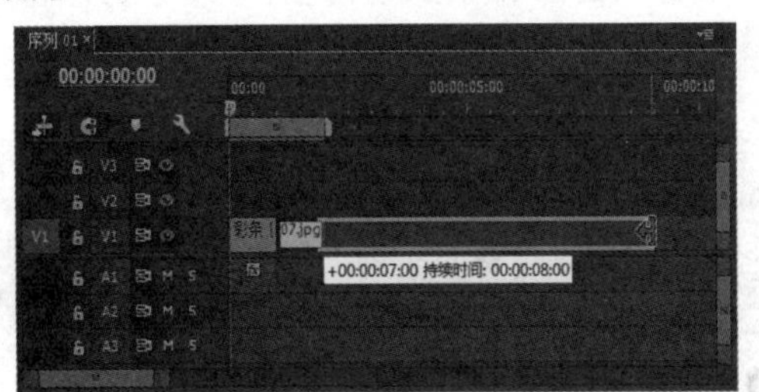
图4-105 设置素材持续时间

06 执行“文件”|“新建”|“字幕”命令，弹出“新建字幕”对话框，单击“确定”按钮，如图4-106所示。

07 弹出“字幕编辑器”对话框，在其中输入数字“8”，设置字体、大小、颜色、位置及阴影等，如图4-107所示，单击右上角的“关闭”按钮来关闭对话框。

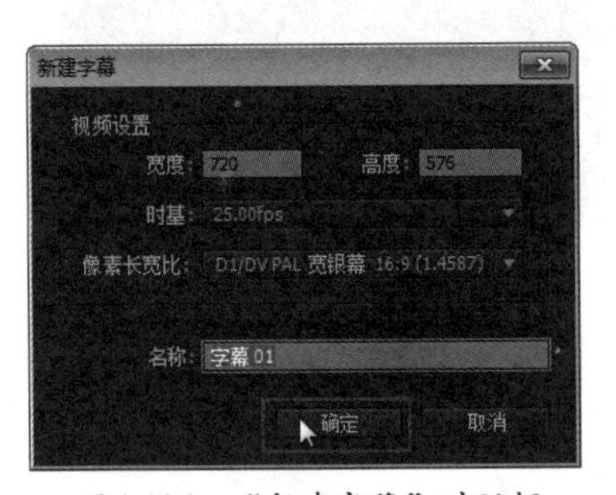

图4-106 “新建字幕”对话框

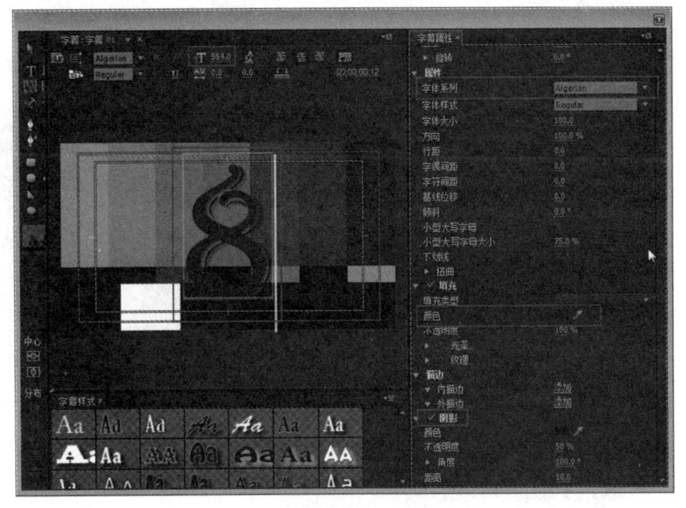
图4-107 编辑字幕

08 选择“项目”面板的“字幕01”，单击鼠标右键，执行“复制”命令，如图4-108所示，重复操作7次。

09 双击“项目”面板中的一个“字幕01 副本”素材，弹出“字幕编辑器”对话框，将数字“8”改为“7”，其他参数设置不变，单击右上角的“关闭”按钮，完成设置，如图4-109所示。

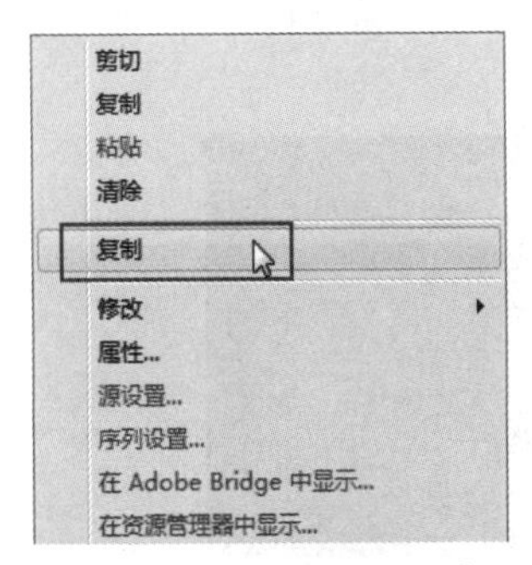

图4-108 执行“复制”命令

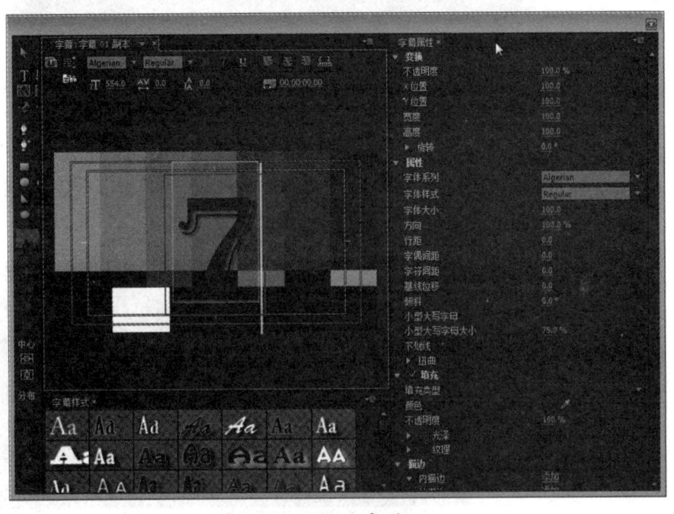
图4-109 修改字幕一

10 用同样的方法，将其他6个“字幕01 副本”素材分别改为6、5、4、3、2、1，如图4-110所示。

11 在“项目”面板中，按倒序选择字幕素材，将其拖到视频轨2中，如图4-111所示。

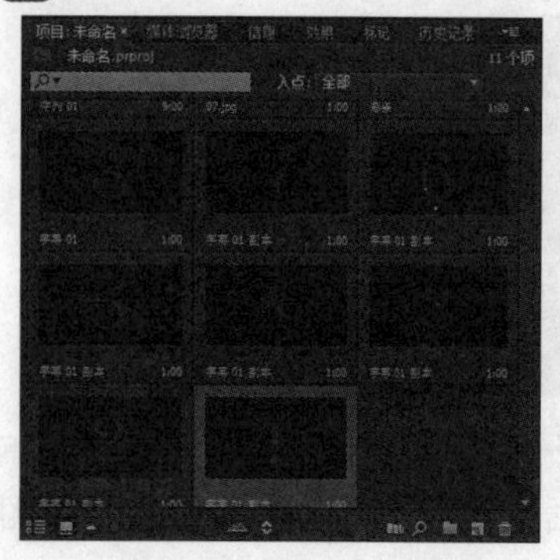

图4-110　修改字幕二

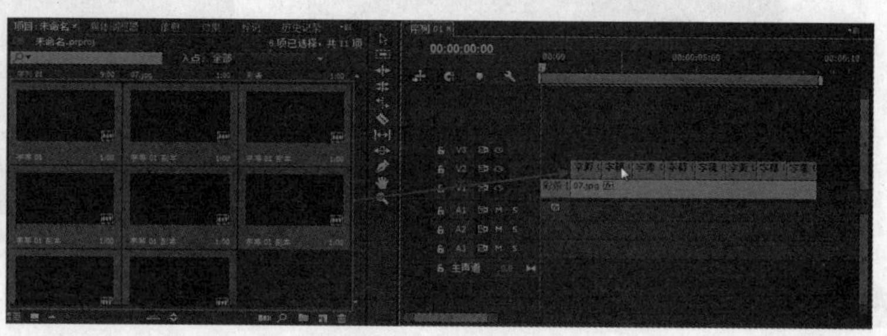

图4-111　拖入字幕

12 用“选择工具”单击“字幕01”素材，当鼠标变成边缘图标后，按住鼠标左键并向右拖动，移动10帧，如图4-112所示，释放鼠标即可切割素材。

13 用同样的方法，将最后一个字幕素材增加10帧，结果如图4-113所示。

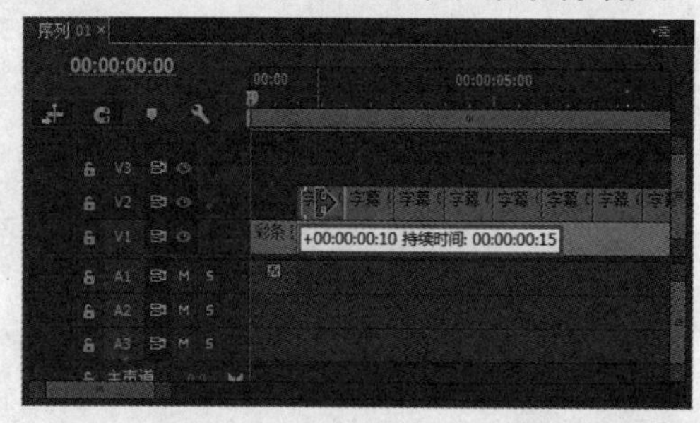

图4-112　切割素材

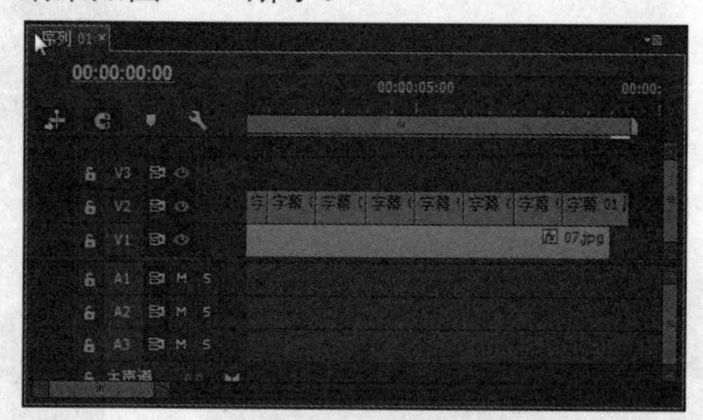

图4-113　编辑素材

14 选择“时间轴”中的所有字幕素材，向左移动至对齐下层的图像素材，如图4-114所示。

15 打开“效果”面板，展开“视频过渡”文件夹，选择“擦除”文件夹下的“时钟式擦除”特效，如图4-115所示。

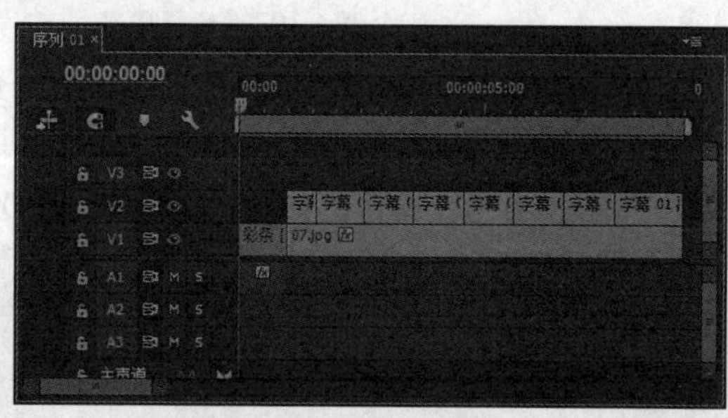

图4-114　对齐素材

图4-115　选择特效

16 按住鼠标左键，将“时钟式擦除”特效拖到第一个字幕素材和第二个字幕素材之间，释放鼠标即可为素材添加特效，如图4-116所示。

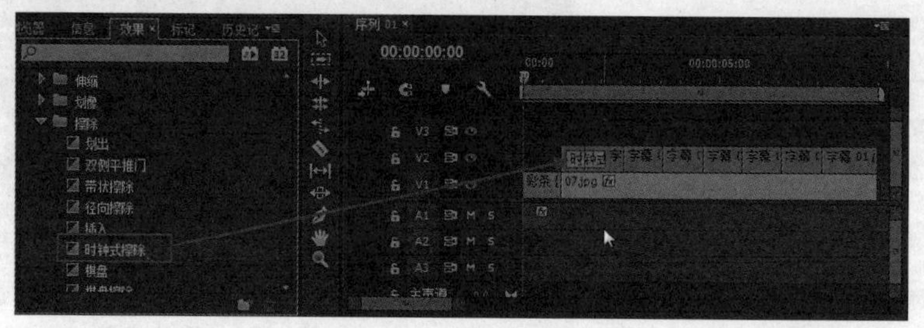

图4-116　添加特效

17 用同样的方法将“时钟式擦除”特效添加到其他所有字幕素材之间，如图4-117所示。

18 双击时间轴中的第一个“时钟式擦除”特效，弹出“设置过渡持续时间”对话框，设置持续时间参数为00:00:00:20（即20帧），单击“确定”按钮，完成设置，如图4-118所示。

图4-117 添加特效结果

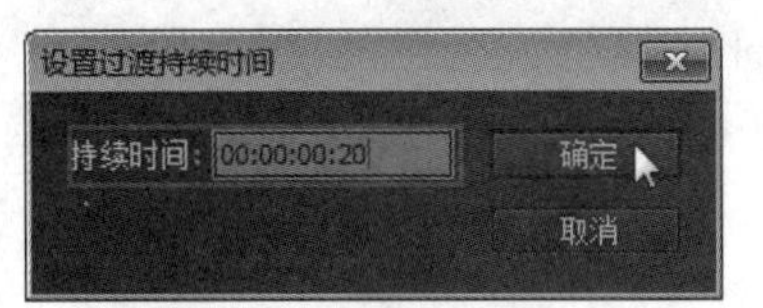

图4-118 设置持续时间

19 用同样的方法，将“时间轴”中的所有“时钟式擦除”特效的持续时间设置为20帧，结果如图4-119所示。

20 选择“时间轴”中的“时钟式擦除”特效，进入“效果控件”面板，设置“边框宽度”参数为1，“边框颜色”为■，如图4-120所示，用同样的方法，修改其他所有特效。

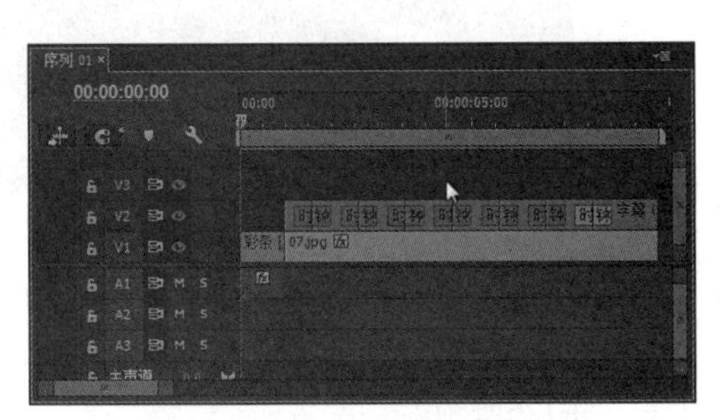
图4-119 设置过渡持续时间

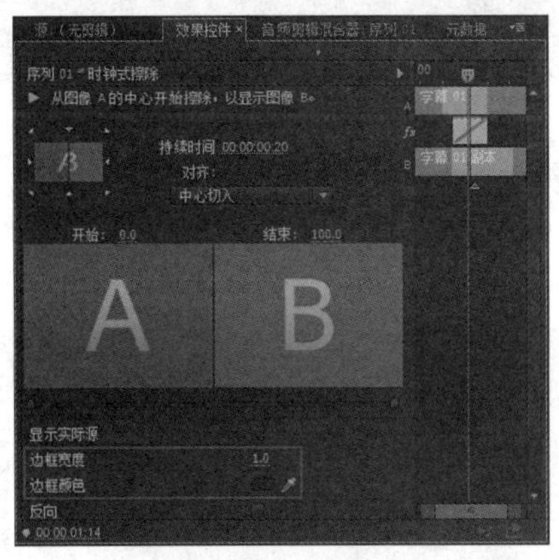

图4-120 设置特效参数

21 按回车键渲染项目，渲染完成后预览倒计时片头的效果，如图4-121所示。

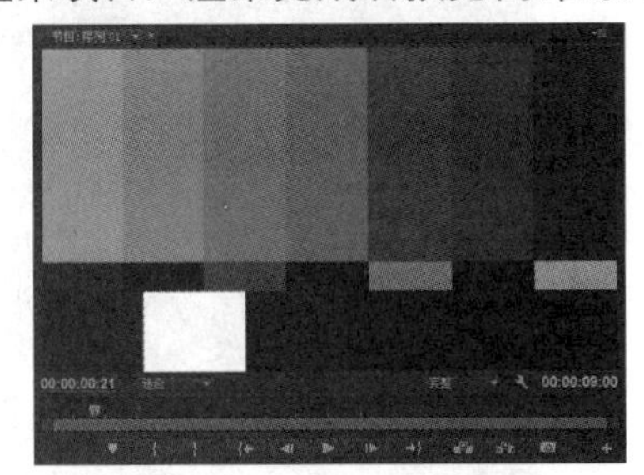

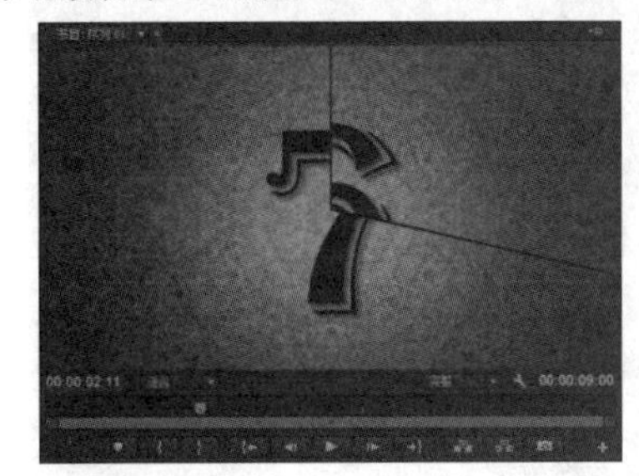
图4-121 预览倒计时片头效果

4.4 综合实例——动物世界的剪辑练习

本节将通过实例——动物世界的剪辑练习来熟悉剪辑操作以及将剪辑的片段放入“序列”面板进行排列和组合操作。

视频位置：DVD\视频\第4章\4.4 综合实例——动物世界的剪辑练习.mp4

源文件位置：DVD\源文件\第4章\4.4

01 启动Premiere Pro CC，在欢迎界面上单击“新建项目”按钮，弹出“新建项目”对话框，设置项目名称及项目存储位置，单击“确定”按钮，如图4-122所示。

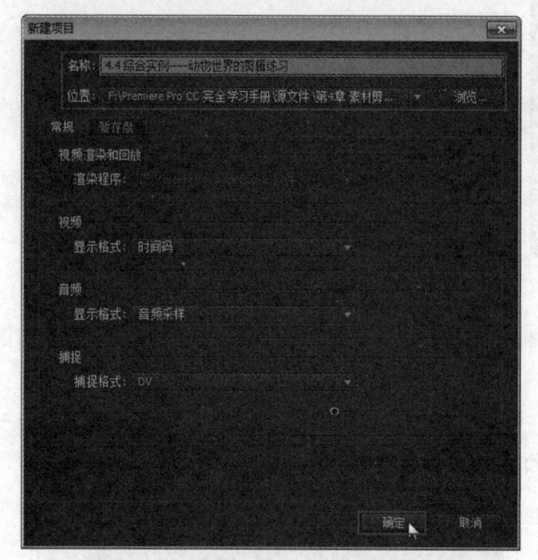

图4-122 新建项目

02 执行“文件”|“新建”|“序列”命令，弹出“新建序列”对话框，单击“确定”按钮，如图4-123所示。

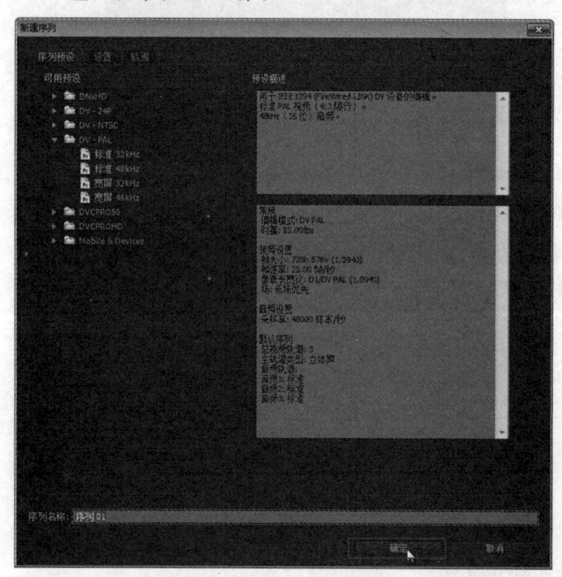

图4-123 新建序列

03 执行“文件”|“导入”命令，弹出“导入”对话框，选择需要导入的素材，单击“打开”按钮，如图4-124所示。

04 在“项目”面板中选择“09.mov”素材，将其拖到“源监视器”面板中，设置播放指示器位置为00:00:00:00，单击“标记入点”按钮，添加入点标记，如图4-125所示。

图4-124 导入素材

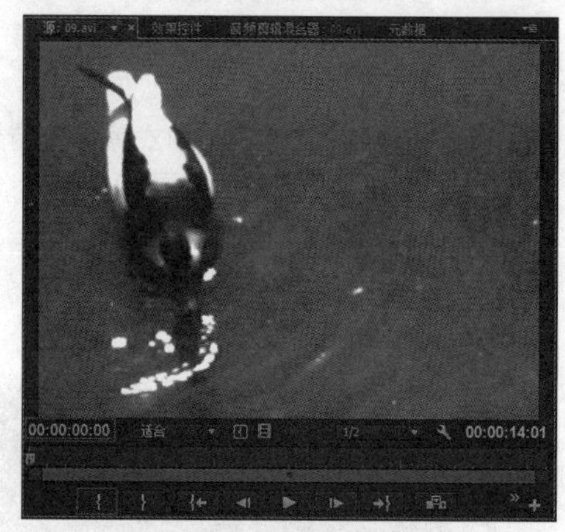

图4-125 标记入点

05 设置播放指示器位置为00:00:05:00，单击“标记出点”按钮，添加出点标记，如图4-126所示。

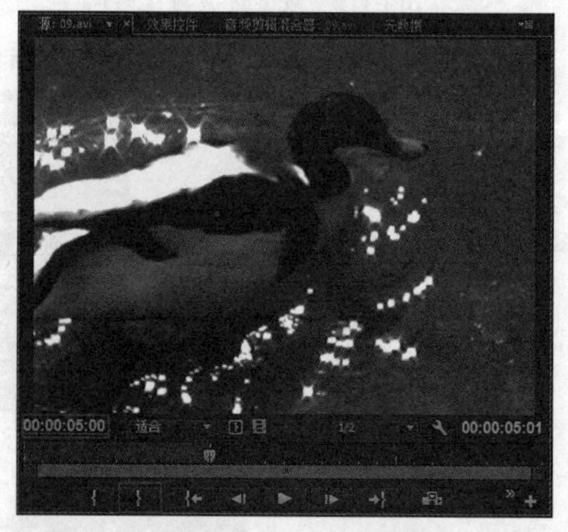

图4-126 标记出点

06 单击“源监视器”面板下方的“插入”按钮，将素材剪辑添加到视频轨中，如图4-127所示。

07 在“项目”面板中选择“05.mov”素材，将其拖到“源监视器”面板中，设置播放指示器位置为00:00:00:20，单击“标记入点”按钮，添加入点标记，如图4-128所示。

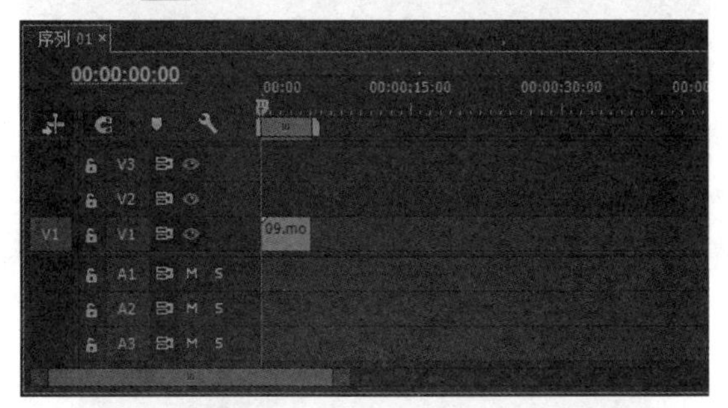

图4-127 插入视频轨中

图4-128 标记入点

08 设置播放指示器位置为00:00:09:08，单击“标记出点”按钮，添加出点标记，如图4-129所示。

图4-129 标记出点

09 单击“源监视器”面板下方的“插入”按钮，将素材剪辑添加到视频轨中，如图4-130所示。

10 在“项目”面板中选择“06.mov”素材，将其拖到“源监视器”面板中，设置播放指示器位置为00:00:00:00，单击“标记入点”按钮，添加入点标记，如图4-131所示。

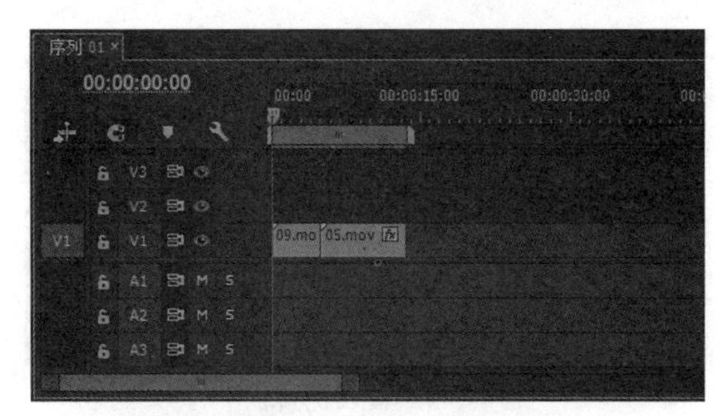

图4-130 插入插入视频轨中

图4-131 标记入点

11 设置播放指示器位置为00:00:05:00，单击“标记出点”按钮，添加出点标记，如图4-132所示。

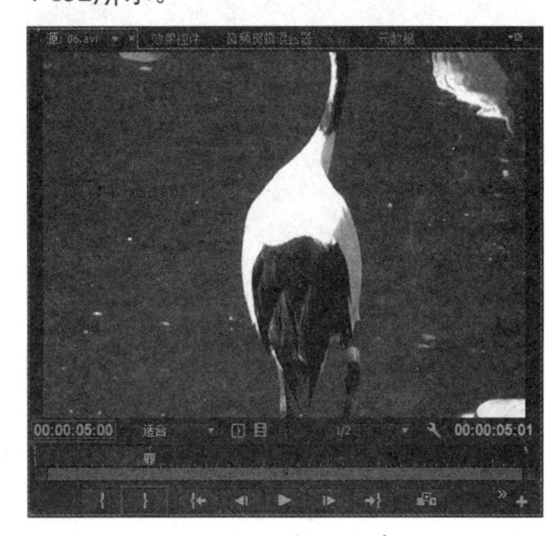

图4-132 标记出点

12 单击“源监视器”面板下方的“插入”按钮，将素材剪辑添加到视频轨中，如图4-133所示。

13 在“项目”面板中选择“01.mov”素材，将其拖到“源监视器”面板中，设置播放指示器位置为00:00:00:00，单击“标记入点”按钮，添加入点标记，如图4-134所示。

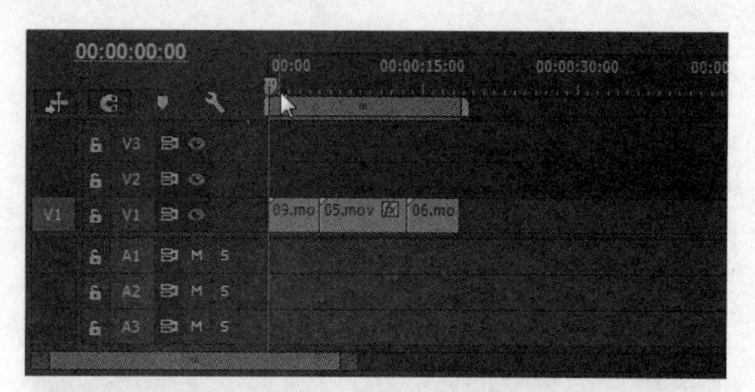

图4-133　插入视频轨中

图4-134　标记入点

14 设置播放指示器位置为00:00:08:13，单击“标记出点”按钮，添加出点标记，如图4-135所示。

图4-135　标记出点

15 单击“源监视器”面板下方的“插入”按钮，将素材剪辑添加到视频轨中，如图4-136所示。

16 在“项目”面板中选择“02.mov”素材，将其拖到“源监视器”面板中，设置播放指示器位置为00:00:05:06，单击“标记入点”按钮，添加入点标记，如图4-137所示。

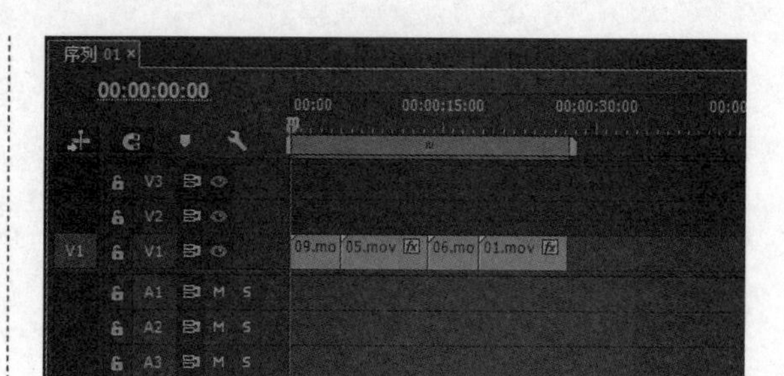

图4-136　插入视频轨中

图4-137　标记入点

17 设置播放指示器位置为00:00:10:10，单击“标记出点”按钮，添加出点标记，如图4-138所示。

图4-138　标记出点

18 单击“源监视器”面板下方的“插入”按钮，将素材剪辑添加到视频轨中，如图4-139所示。

19 在“项目”面板中选择“07.mov”素材，将其拖到“源监视器”面板中，设置播放指示器位置为00:00:00:00，单击“标记入点”按钮，添加入点标记，如图4-140所示。

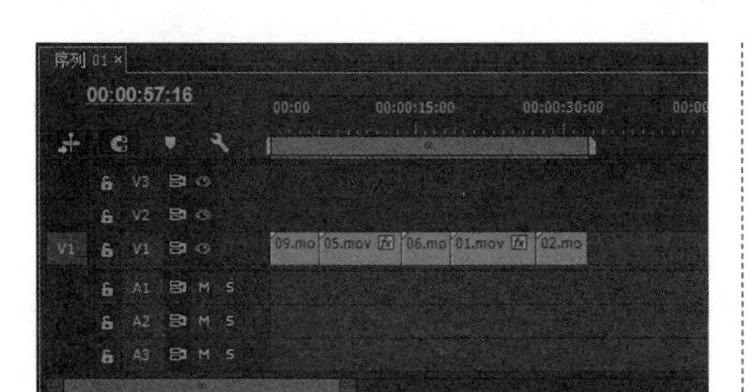

图4-139 插入视频轨中

图4-140 标记入点

20 设置播放指示器位置为00:00:05:00，单击“标记出点”按钮，添加出点标记，如图4-141所示。

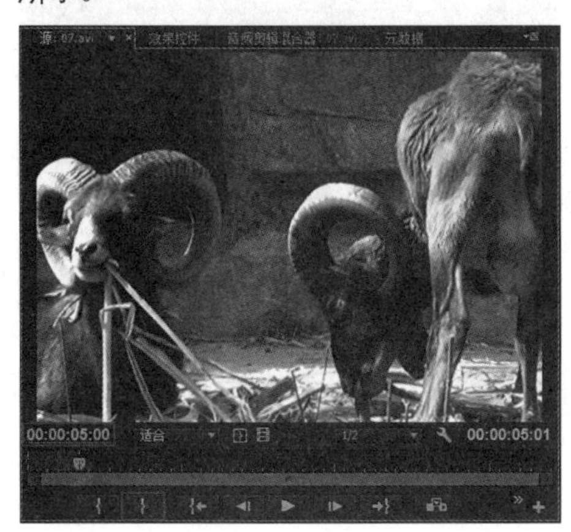

图4-141 标记出点

21 单击“源监视器”面板下方的“插入”按钮，将素材剪辑添加到视频轨中，如图4-142所示。

22 在“项目”面板中选择“03.mov”素材，将其拖到“源监视器”面板中，设置播放指示器位置为00:00:08:20，单击“标记入点”按钮，添加入点标记，如图4-143所示。

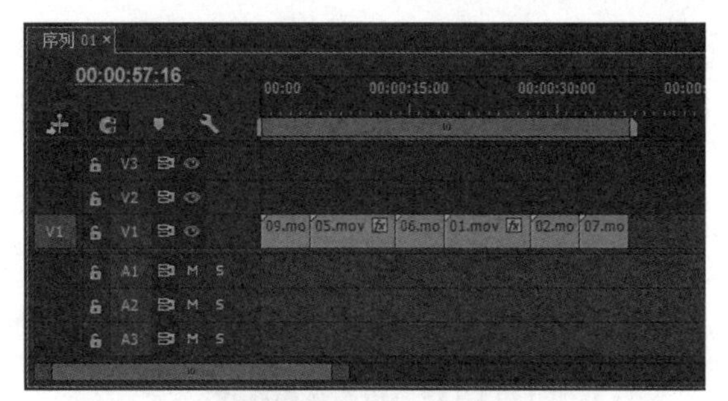

图4-142 插入视频轨中

图4-143 标记入点

23 设置播放指示器位置为00:00:12:21，单击“标记出点”按钮，添加出点标记，如图4-144所示。

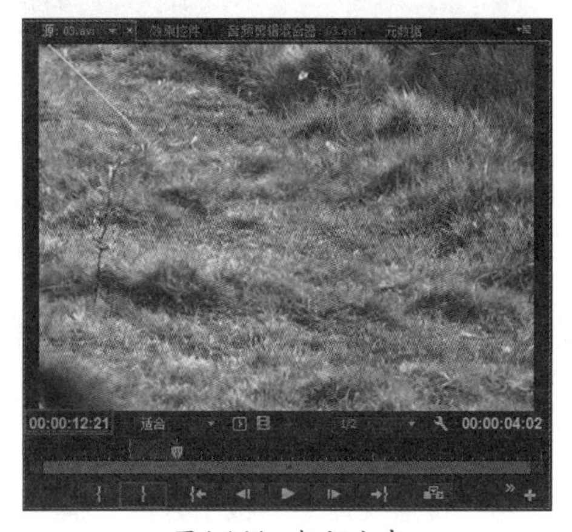

图4-144 标记出点

24 单击“源监视器”面板下方的“插入”按钮，将素材剪辑添加到视频轨中，如图4-145所示。

25 在“项目”面板中选择“04.mov”素材，将其拖到“源监视器”面板中，设置播放指示器位置为00:00:05:24，单击“标记入点”按钮，添加入点标记，如图4-146所示。

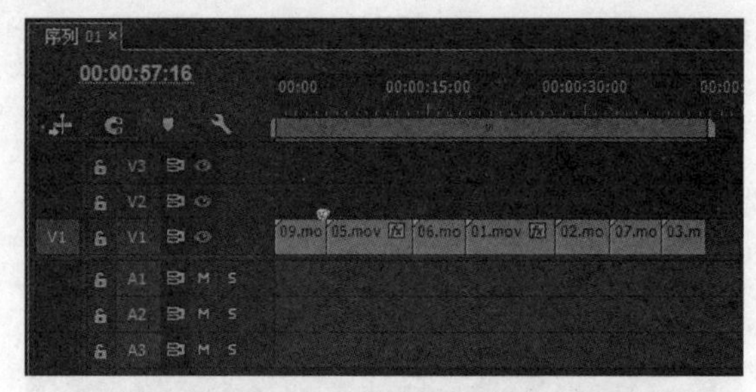

图4-145　插入视频轨中

图4-146　标记入点

26 设置播放指示器位置为00:00:14:00，单击“标记出点”按钮，如图4-147所示。

图4-147　标记入点

27 单击“源监视器”面板下方的“插入”按钮，将素材剪辑添加到视频轨中，如图4-148所示。

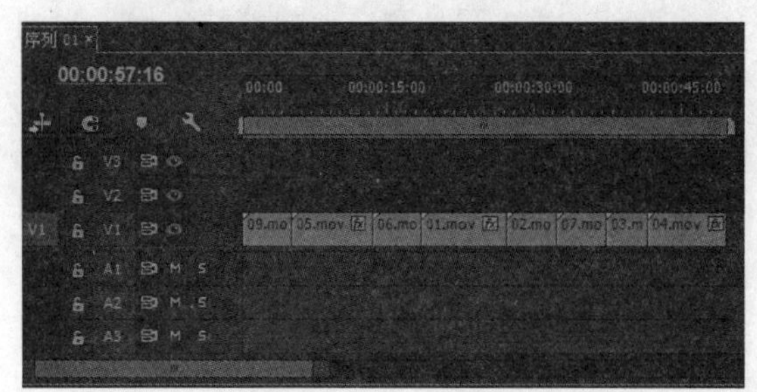

图4-148　插入视频轨中

28 在“项目”面板中选择“08.mov”素材，将其拖到“源监视器”面板中，设置播放指示器位置为00:00:00:00，单击“标记入点”按钮，添加入点标记，如图4-149所示。

图4-149　标记入点

29 设置播放指示器位置为00:00:08:00，单击“标记出点”按钮，添加出点标记，如图4-150所示。

图4-150　标记出点

30 单击“源监视器”面板下方的“插入”按钮，将素材剪辑添加到视频轨中，如图4-151所示。

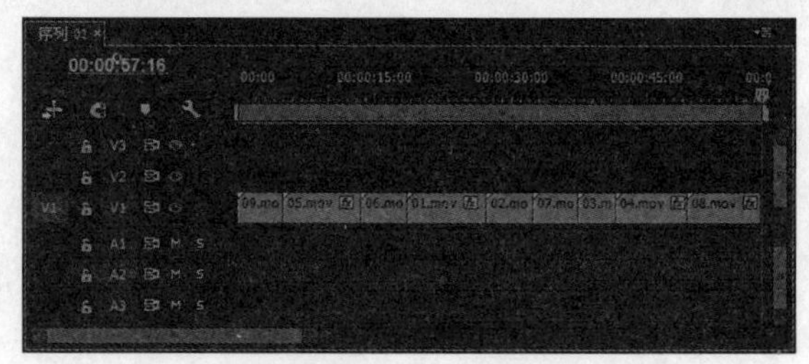

图4-151　插入视频轨中

31 单击“节目监视器”面板中的“播放-停止切换”按钮来预览影片效果，如图4-152所示。

图4-152　预览效果

4.5 本章小结

本章主要介绍了素材剪辑的基础操作，包括剪辑素材、分离素材、插入、覆盖、提升、提取和链接素材等操作。在编辑影片中，灵活地运用“提升”和“提取”操作，可以大大节省操作时间，提高工作效率。

第5章 转场特效

过渡效果在电影中叫作转场或镜头切换，它标志着一段视频的结束，另一端视频紧接着开始。在相邻场景(即相邻素材)之间采用一定的技巧如划像、叠变、卷页等，实现场景或情节之间的平滑过渡，或达到丰富画面以吸引观众的目的，这样的技巧就是转场。

使用各种转场，可以使影片衔接得更加自然或更加有趣。制作出令人赏心悦目的过渡效果能够大大增加影视作品的艺术感染力。

本章重点

◎ 添加视频转场特效

◎ 熟悉转场类型

◎ 调整转场特效的参数

Premiere Pro CC

完全实战技术手册

本章效果欣赏

5.1 使用转场特效

转场特效应用于相邻素材之间，也可以应用于同一段素材的开始与结尾。Premiere Pro CC中的视频转场特效都存放在“效果”面板中的“视频过渡”文件夹下，该文件中共有10个分组，如图5-1所示。

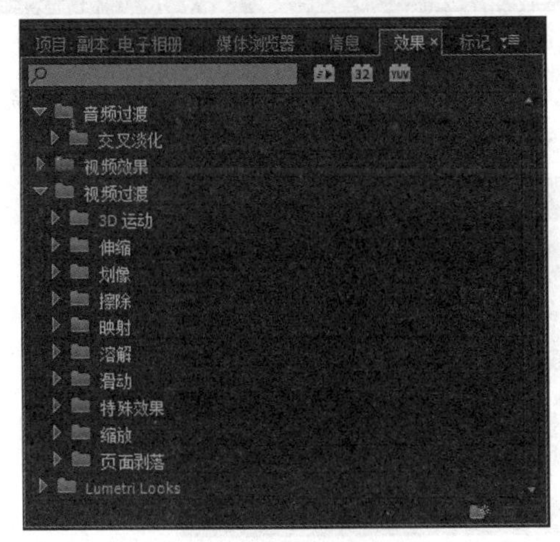

图5-1　转场特效

5.1.1 如何添加视频转场特效

视频转场特效在影视作品中应用十分频繁，转场效果可以使场景之间衔接自然，还可以丰富观众的视觉效果。

视频文件：DVD\视频\第5章\5.1.1 如何添加视频转场特效.mp4

源文件位置：DVD\源文件\第5章

01 启动Premiere Pro CC软件，在欢迎界面中单击“新建项目”按钮，弹出“新建项目”对话框，设置项目名称及存储位置，单击“确定”按钮，如图5-2所示。

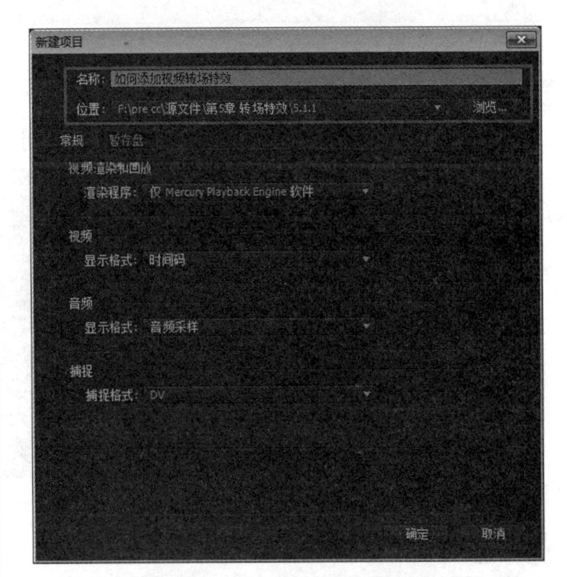

图5-2　“新建项目”对话框

02 执行“文件”|“新建”|“序列”命令，弹出“新建序列”对话框，这里选择默认设置，单击“确定”按钮完成设置，如图5-3所示。

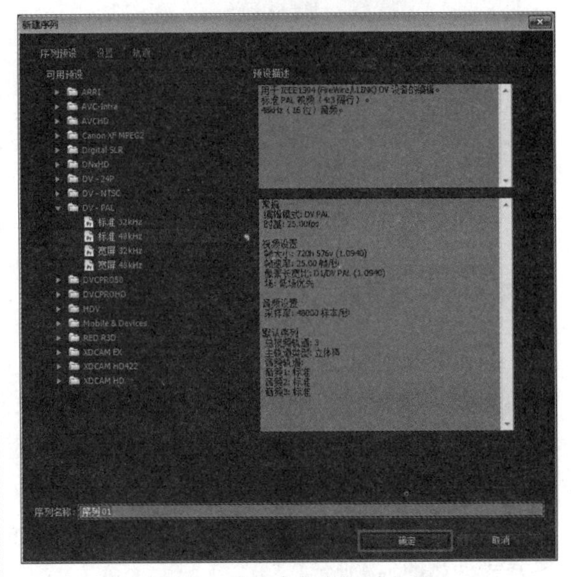

图5-3　“新建序列”对话框

03 进入Premiere Pro CC操作界面，执行“文件”|“导入”命令，弹出“导入”对话框，选择需要的素材文件，单击“打开”按钮，如图5-4所示。

04 在“项目”面板中选择已导入的图片素材，按住鼠标左键将其拖到“时间轴”面板的V1轨道中，如图5-5所示。

图5-4 选择素材

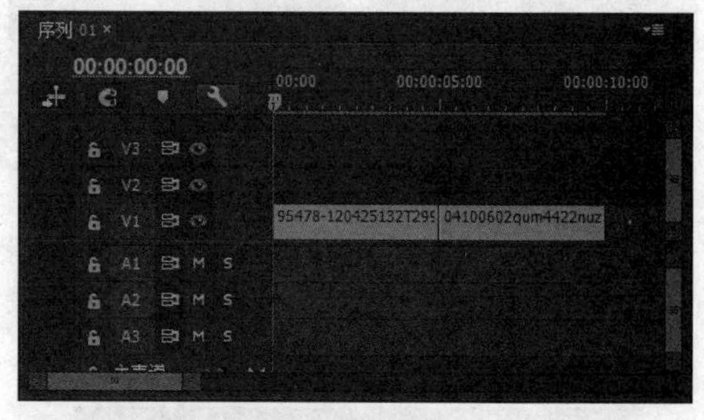

图5-5 添加素材

05 在“效果”面板中，展开“视频过渡”文件夹，选择“伸缩”文件夹下的“交叉伸展”转场，按住鼠标左键，将该转场拖到两段素材之间，如图5-6所示。

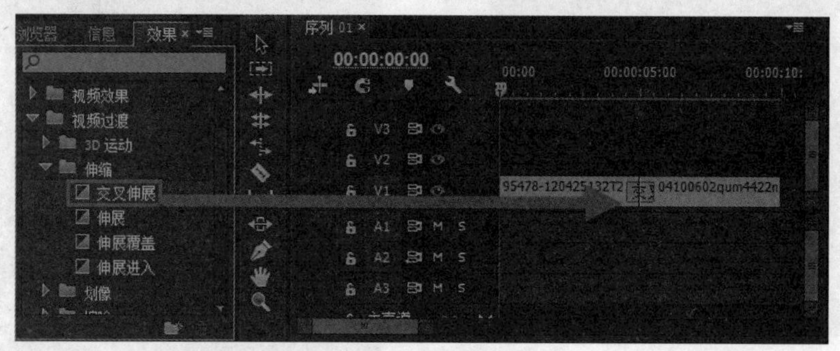

图5-6 添加转场特效

06 按空格键预览转场效果，如图5-7所示。

图5-7 转场特效

5.1.2 视频转场特效参数调整

应用转场特效之后，还可以对转场特效进行编辑，使之更适合影片需要。调整视频转场特效的参数可以在时间轴中完成，也可以在“效果控件”面板中编辑。前提是必须在时间轴中选中转场效果，然后才能对其进行编辑。

1. 调整转场特效的作用区域

在“效果控件”面板中可以调整转场特效的作用区域，在“对齐”下拉列表中提供了4种对齐方式，如图5-8所示。

下面对选项中的对齐方式进行详细解释。

★ 中心切入：转场特效添加在相邻素材的中间位置。
★ 起点切入：转场特效添加在第二个素材的开始位置。
★ 终点切入：转场特效添加在第一个素材的结束位置。
★ 自定义起点：通过鼠标拖动转场特效来自定义转场的起始位置。

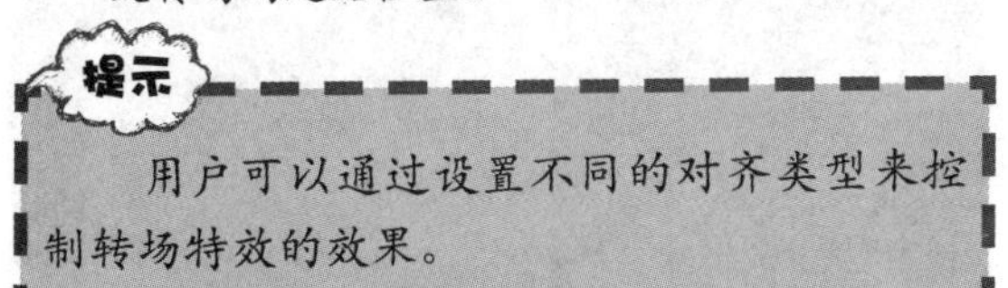
提示

用户可以通过设置不同的对齐类型来控制转场特效的效果。

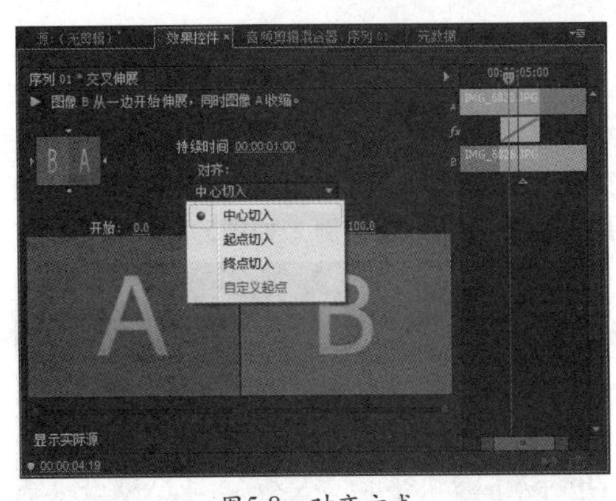

图5-8 对齐方式

2. 调整转场特效的持续时间

转场特效的持续时间是可以自定义调整的。

视频文件：DVD\视频\第5章\5.1.2 调整转场特效的持续时间.mp4
源文件位置：DVD\源文件\第5章\5.1.2

01 打开项目文件，单击“时间轴”中的“翻转”转场，打开“效果控件”面板，如图5-9所示。

02 单击“持续时间”后的时间数字，进入编辑状态，输入00:00:02:00，按Enter键结束编辑，如图5-10所示。

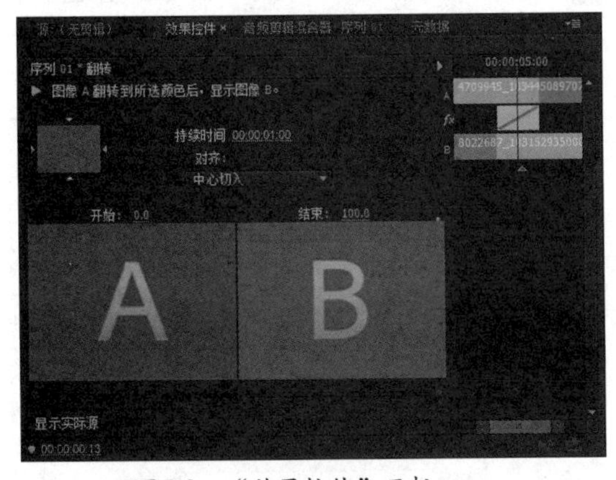

图5-9 “效果控件”面板

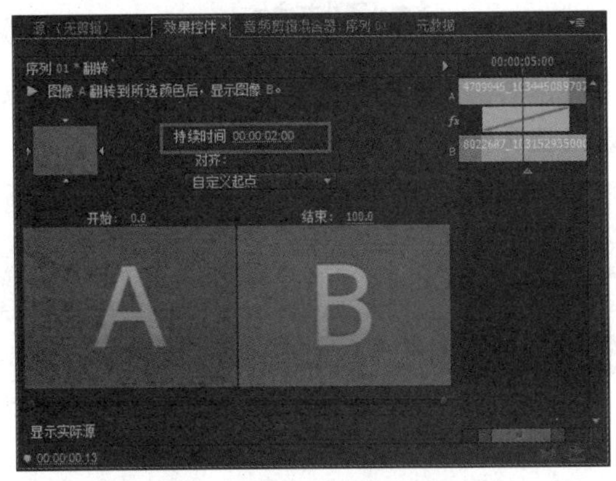

图5-10 设置持续时间

03 按空格键预览调整转场特效持续时间后的效果，如图5-11所示。

图5-11 预览效果

提示

双击时间轴中的转场特效可以在弹出的对话框中直接调整持续时间。

3．调整其他参数

“效果控件”面板可以调整转场特效的持续时间、对齐方式、开始和结束的数值、边框宽度、边框颜色、反向以及消除锯齿品质等参数，以“门”特效为例，如图5-12所示。

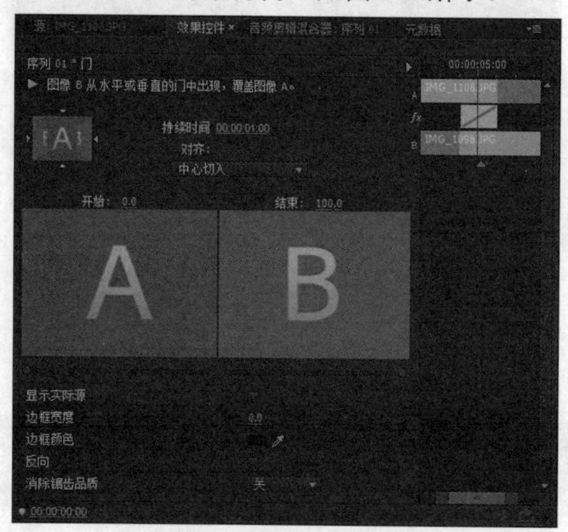

图5-12　调整其他参数

5.1.3　实战——为视频添加转场特效

用实例来详细介绍怎样为视频添加转场特效以及调整转场特效的参数。

视频文件：DVD\视频\第5章\5.1.3 实战——为视频添加转场特效.mp4

源文件位置：DVD\源文件\第5章\5.1.3

01 启动Premiere Pro CC软件，在欢迎界面中，单击“新建项目”按钮，设置项目名称以及存储位置，如图5-13所示。

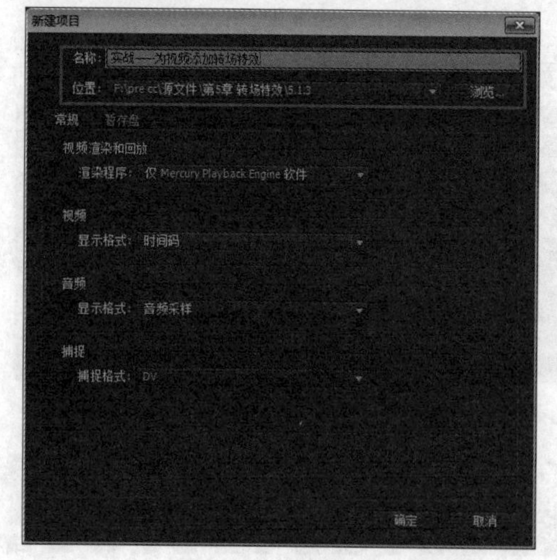

图5-13　新建项目

02 单击“确定”按钮，进入Premiere Pro CC操作界面，按Ctrl+N快捷键新建序列，弹出对话框，保持默认设置，单击“确定”按钮，完成序列创建，如图5-14所示。

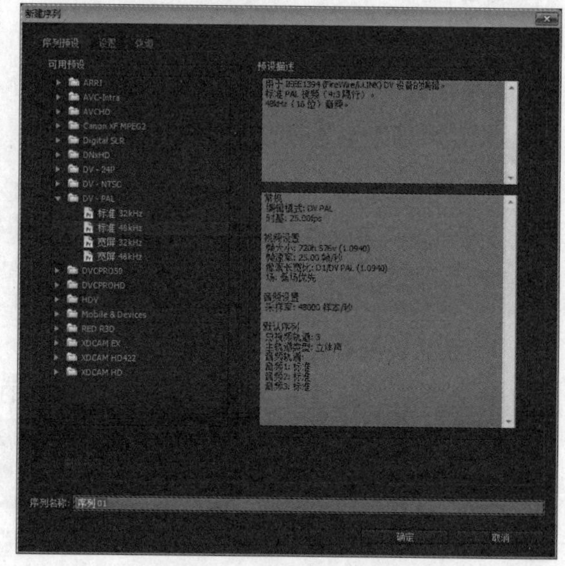

图5-14　新建序列

03 执行“文件”|“导入”命令，弹出“导入”对话框，选择需要的素材，单击“打开”按钮，导入素材，如图5-15所示。

图5-15　导入素材

04 将素材拖到V1轨道中，如图5-16所示。

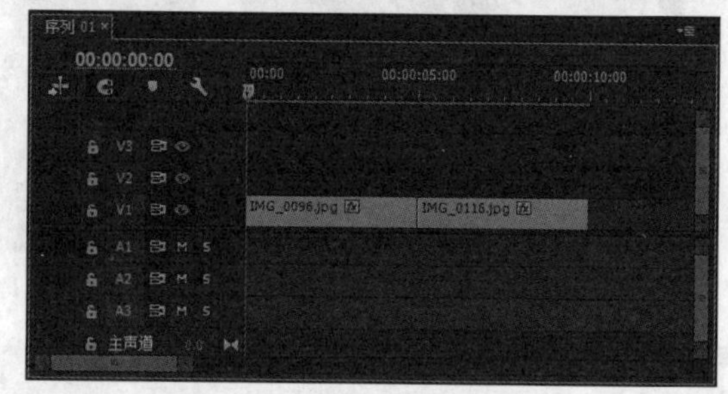

图5-16　添加素材至时间轴

05 打开“效果”面板，打开“视频过渡”文件夹，选择“溶解”文件夹中的“交叉溶解”特效，单击鼠标左键，将其拖到时间轴中的两个素材之间，如图5-17所示。

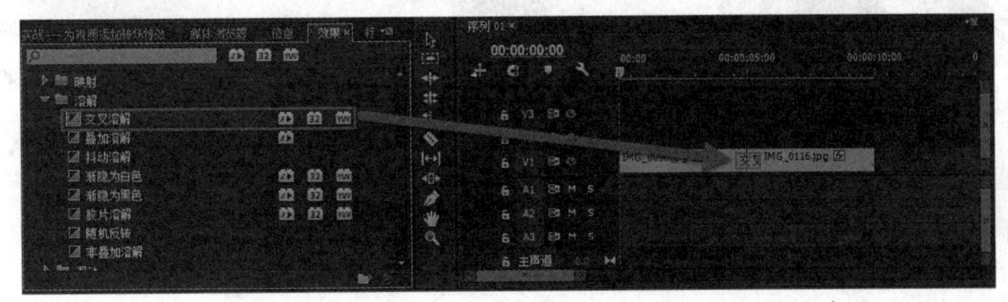

图5-17　添加转场特效

06 选择转场特效，打开“效果控件”面板，单击“开始”后的数值，修改参数为25，如图5-18所示。

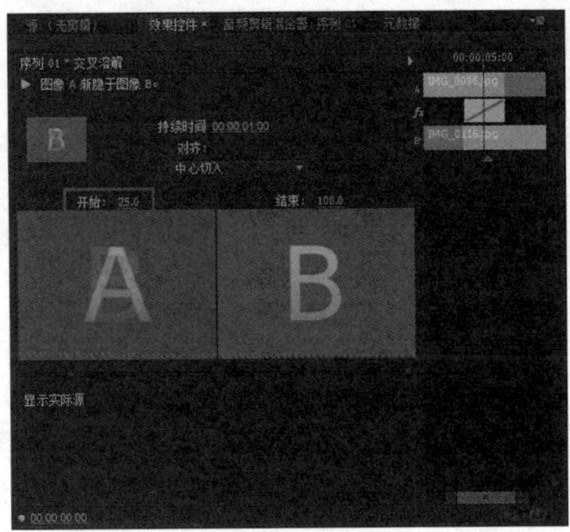

图5-18　修改参数

07 按空格键预览添加转场后的视频效果，如图5-19所示。

 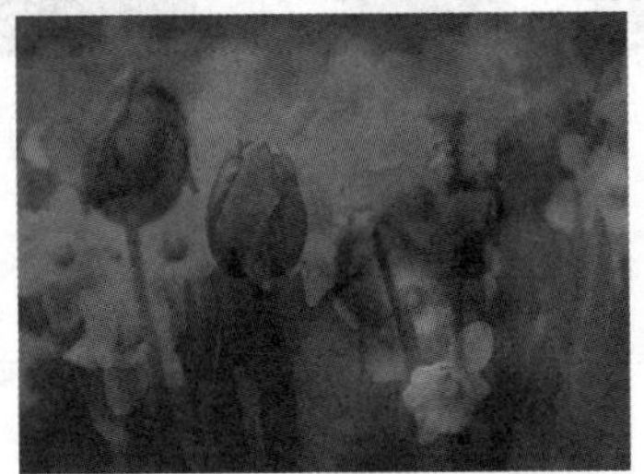 

图5-19　预览最终效果

5.2 转场特效的类型

Premiere Pro CC中提供了很多种典型的转场特效，如“3D运动”、“溶解”和“映射”等。

5.2.1 “3D运动”特效组

“3D运动”特效组的效果主要体现场景的层次感，从二维空间到三维空间的视觉效果。该组中包含了10种三维运动的视频转场特效。

1. 向上折叠

“向上折叠”转场特效是将第一段素材的场景像折纸一样向上翻折，越折越小，从而切换到下一个场景。在“效果控件”面板中，选择“反向”复选项可以修改翻折的方向。效果如图5-20所示。

图5-20 “向上折叠”转场特效

2. 帘式

“帘式”转场特效是将第一个场景从中心分开，像拉开窗帘一样显现出第二个场景。效果如图5-21所示。

图5-21 “帘式”转场特效

3. 摆入

“摆入”转场特效是第二个场景以屏幕的某一边为轴，旋转着从后方进入屏幕，将第一个场景遮盖住的效果。在“效果控件”面板中，可以设置两个场景的边框宽度和边框颜色。效果如图5-22所示。

图5-22 “摆入”转场特效

4. 摆出

“摆出”转场特效是第二个场景以屏幕的某一边为轴，旋转着从前方进入屏幕，将第一个场景遮盖住的效果。在“效果控件”面板中，可以设置两个场景的边框宽度和边框颜色。效果如图5-23所示。

图5-23 “摆出”转场特效

5. 旋转

“旋转”转场特效是第二个场景以屏幕中心为轴进行旋转，从而将第一个场景遮盖住的效果。在“效果控件”面板中，可以设置两个场景的边框宽度和边框颜色。效果如图5-24所示。

图5-24 “旋转”转场特效

6. 旋转离开

“旋转离开”转场特效是第二个场景以屏幕中心为轴进行旋转，从而将第一个场景遮盖住的效果。与“旋转”转场特效相比，“旋转离开”转场特效中的第二个场景在旋转时有透视效果。效果如图5-25所示。

图5-25 “旋转离开”转场特效

7. 立方体旋转

“立方体旋转”转场特效是将两个场景作为立方体的两面，以旋转的方式实现前后场景的切换。“立方体旋转”转场特效可以选择从左至右、从上至下、从右至左或从下至上的过渡效果。效果如图5-26所示。

图5-26 “立方体旋转”转场特效

8. 筋斗过渡

“筋斗过渡”转场特效是第一个场景以屏幕中心为轴，边旋转边变小，从而显示出第二个场景的效果。在“效果控件”面板中，拖动滑块将增加场景边框宽度，若想更改边框颜色，单击边框颜色后的色块即可选择颜色。效果如图5-27所示。

图5-27 “筋斗过渡”转场特效

9. 翻转

“翻转”转场特效是将两个场景当作一张纸的两面，通过翻转纸张的方式来实现两个场景之间的转换。单击“效果控制”面板中的“自定义”按钮可以设置不同的带和背景颜色。效果如图5-28所示。

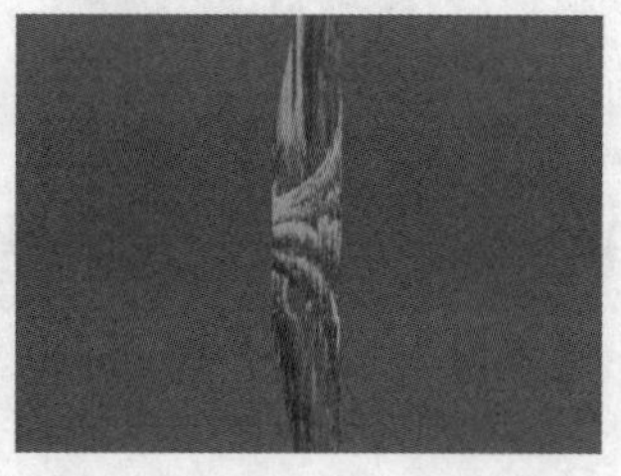

图5-28 “翻转”转场特效

10. 门

“门”转场特效是将第二个场景以关门的方式遮盖住第一个场景，从而显示出来的效果。在“效果控件”面板中可以设置边框宽度、边框颜色以及转场的方向等。效果如图5-29所示。

图5-29 “门”转场特效

5.2.2 “伸缩”特效组

“伸缩”特效主要是通过素材的变形来实现场景的转换。“伸缩”特效组包括4种拉伸效果的视频转场特效。

1. 交叉伸展

“交叉伸展”转场特效可以使一个场景从一个边伸展进入，另一个场景从另一边收缩消失。伸展的方向是可以调整的。效果如图5-30所示。

图5-30 “交叉伸展”转场特效

2. 伸展

“伸展”转场特效是第二个场景从屏幕的一边伸展开来，将第一个场景逐渐遮盖住的效果。效果如图5-31所示。

图5-31 “伸展”转场特效

3．伸展覆盖

“伸展覆盖”转场特效是第二个场景在画面中心线放大伸展进入画面并逐渐覆盖第一个场景的效果。效果如图5-32所示。

图5-32 “伸展覆盖”转场特效

4．伸展进入

“伸展进入”转场特效是第二个场景横向拉伸后进入屏幕，并结合了叠化效果，逐渐遮盖住第一个场景的效果。效果如图5-33所示。

图5-33 “伸展进入”转场特效

5.2.3 “划像”特效组

“划像”特效组包括7种视频转场特效。

1．交叉划像

“交叉划像”转场特效是第二个场景以十字形在画面中心出现，然后由小变大并逐渐遮盖住第一个场景的效果。效果如图5-34所示。

图5-34 “交叉划像”转场特效

2．划像形状

“划像形状”转场特效是第二个场景以菱形在画面中心出现，然后由小变大并逐渐遮盖住第一个场景的效果。在“效果控件”面板中，划像的形状还可以设置为椭圆，图形的个数也可以设置为多个。效果如图5-35所示。

图5-35 “划像形状”转场特效

3．圆划像

“圆划像”转场特效是第二个场景以圆形在画面中心出现，然后由小变大并逐渐遮盖住第一个场景的效果。效果如图5-36所示。

图5-36 “圆划像”转场特效

4．星形划像

“星形划像”转场特效是第二个场景以五角星形在画面中心出现，然后由小变大并逐渐遮盖住第一个场景的效果。效果如图5-37所示。

图5-37 “星形划像”转场特效

5．点划像

“点划像”转场特效是第二个场景以X形状在画面中心出现，然后由大变小并逐渐遮盖住第一个场景的效果。效果如图5-38所示。

图5-38 “点划像”转场特效

6．盒型划像

“盒型划像”转场特效是第二个场景以矩形在画面中心出现，然后由小变大并逐渐遮盖住第一个场景的效果。如有要求，也可以设置为收缩。效果如图5-39所示。

图5-39 “盒型划像”转场特效

7．菱形划像

“菱形划像”转场特效是第二个场景以菱形在画面中心出现，然后由小变大并逐渐遮盖住第一个场景的效果。效果如图5-40所示。

图5-40 “菱形划像”转场特效

5.2.4 “擦除”特效组

“擦除”特效是通过两个场景的相互擦除来实现场景转换的。“擦除”特效组共有17种擦除方式的视频转场特效。

1. 划出

“划出”转场特效是第二个场景从屏幕一侧逐渐展开，从而遮盖住第二个场景的效果。效果如图5-41所示。

图5-41 “划出”转场特效

2. 双侧平推门

“双侧平推门”转场特效是第一个场景像两扇门一样被拉开，逐渐显示出第二个场景的效果。效果如图5-42所示。

图5-42 “双侧平推门”转场特效

3. 带状擦除

“带状擦除”转场特效是第二个场景在水平方向以条状形式进入画面，逐渐覆盖第一个场景的效果。效果如图5-43所示。

图5-43 “带状擦除”转场特效

4. 径向擦除

“径向擦除”转场特效是第二个场景从第一个场景的一角扫入画面，并逐渐覆盖的效果。效果如图5-44所示。

图5-44 “径向擦除”转场特效

5．插入

“插入”转场特效是第二个场景以矩形的形式从第一个场景的一角斜插进入画面，并逐渐覆盖第一个场景的效果。效果如图5-45所示。

图5-45 “插入”转场特效

6．时钟式擦除

“时钟式擦除”转场特效是第二个场景以时钟放置方式逐渐覆盖第一个场景的效果。效果如图5-46所示。

图5-46 “时钟式擦除”转场特效

7．棋盘

“棋盘”转场特效是第二个场景分成若干个小方块以棋盘的方式出现，并逐渐布满整个画面，从而遮盖住第一个场景的效果。效果如图5-47所示。

图5-47 “棋盘”转场特效

8．棋盘擦除

“棋盘擦除”转场特效是第二个场景以方格形式逐渐将第一个场景擦除的效果。效果如图5-48所示。

图5-48 “棋盘擦除”转场特效

9．楔形擦除

“楔形擦除”转场特效是第二个场景在屏幕中心以扇形展开的方式逐渐覆盖第一个场景的效果。效果如图5-49所示。

图5-49 “楔形擦除”转场特效

10．水波块

“水波块”转场特效是第二个场景以块状从屏幕一角按“Z”字形逐行扫入画面，并逐渐覆盖第一个场景的效果。效果如图5-50所示。

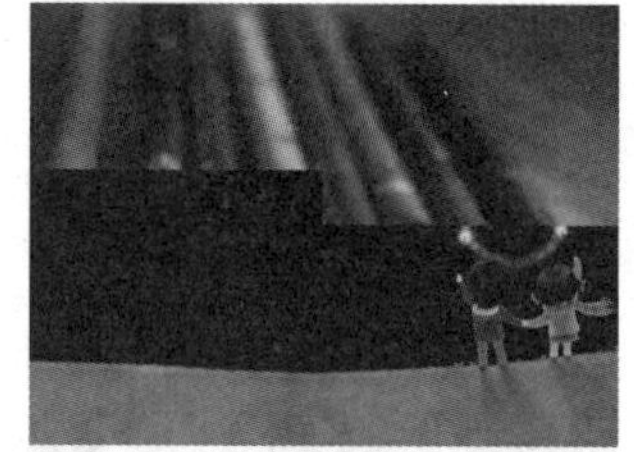
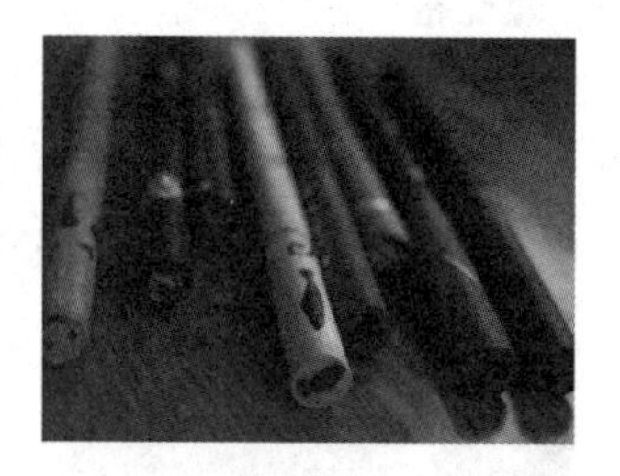

图5-50 “水波块”转场特效

11．油漆飞溅

“油漆飞溅”转场特效是第二个场景以墨点的形状飞溅到画面并覆盖第一个场景的效果。效果如图5-51所示。

图5-51 “油漆飞溅”转场特效

12．渐变擦除

“渐变擦除”转场特效是用一张灰度图像制作渐变切换。在渐变转换中，第二个场景充满灰度图像的黑色区域，然后通过每一个灰度级开始显现进行转换，直到白色区域变得完全透明。效果如图5-52所示。

图5-52 “渐变擦除”转场特效

在应用“渐变擦除”特效时，可以设置过渡图片。通过这一设置可以控制画面过渡的效果。

13．百叶窗

“百叶窗”转场特效是第二个场景以百叶窗的形式逐渐显示并覆盖第一个场景的效果。效果如图5-53所示。

图5-53 “百叶窗”转场特效

14．螺旋框

“螺旋框”转场特效是第二个场景以螺旋块状旋转显示并逐渐覆盖第一个场景的效果。效果如图5-54所示。

图5-54 “螺旋框”转场特效

15．随机块

“随机块”转场特效是第二个场景以随机块状的形式出现在画面中并逐渐覆盖第一个场景的效果。效果如图5-55所示。

图5-55 “随机块”转场特效

16．随机擦除

“随机擦除”转场特效是第二个场景以小方块的形式从第一个场景的一边随机扫走第一个场景的效果。效果如图5-56所示。

  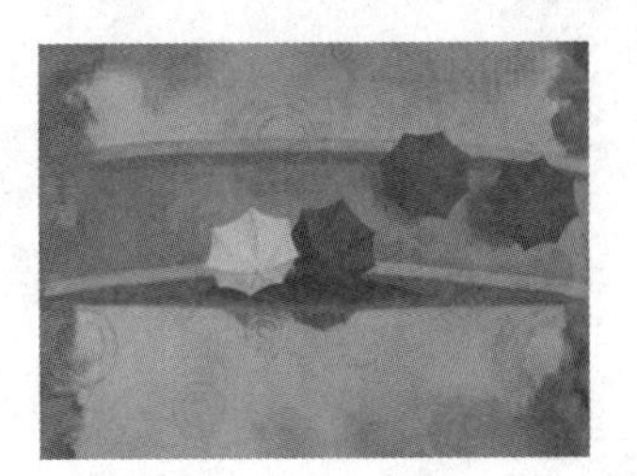

图5-56 “随机擦除”转场特效

17. 风车

“风车”转场特效是第二个场景以风车的形式逐渐旋转显示并覆盖第一个场景的效果。效果如图5-57所示。

图5-57 “风车”转场特效

5.2.5 “映射”特效组

“映射”转场特效主要是通过混色原理和通道叠加来实现两个场景之间的转换的。Premiere Pro CC软件中的“映射”特效组包括两种以映射方式过渡的视频转场特效。

1. 通道映射

“通道映射”转场特效是在两个场景中选择不同的颜色通道并映射到输出画面上的效果。这里是第一个场景的蓝色通道映射到第二个场景的红色通道，第一个场景的绿色通道映射到第二个场景的绿色通道，第一个场景的红色通道映射到第二个场景的蓝色通道，“通道映射设置”对话框如图5-58所示，转场效果如图5-59所示。

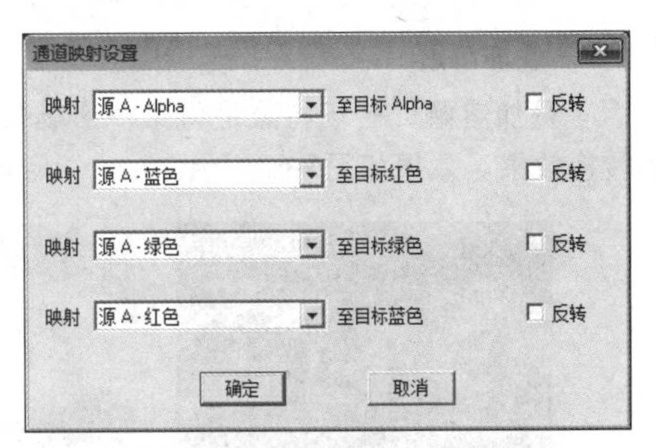

图5-58 “通道映射设置”对话框

图5-59 “通道映射”转场特效

2. 明亮度映射

“明亮度映射”转场特效是将第一个场景的亮度映射到第二个场景，然后显示出第二个场景的效果。效果如图5-60所示。

图5-60 “明亮度映射”转场特效

5.2.6 “溶解”特效组

“溶解”转场特效是第一个素材逐渐淡入到第二个素材的效果。它是视频编辑中最常用的一种转场特效，表现事物之间的缓慢过渡或变化。Premiere Pro CC中提供了8种以溶解方式转场的视频转场特效。

1．交叉溶解

“交叉溶解”转场特效是在第一个场景淡出的同时，第二个场景淡入的效果。效果如图5-61所示。

 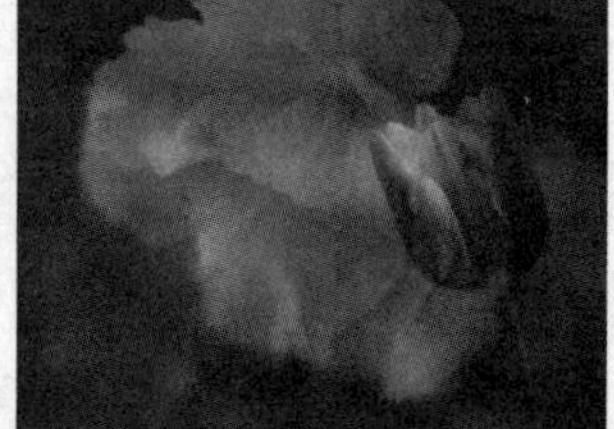 

图5-61 “交叉溶解”转场特效

2．叠加溶解

“叠加溶解”转场特效是将第一个场景作为文理贴图映像给第二个场景，实现高亮度叠化的转换效果。效果如图5-62所示。

图5-62 “叠加溶解”转场特效

3．抖动溶解

“抖动溶解”转场特效是在第一个场景以细小的颗粒状逐渐淡出画面的同时，第二个场景以细小的颗粒状逐渐淡入画面的效果。效果如图5-63所示。

图5-63 “抖动溶解”转场特效

4．渐隐为白色

“渐隐为白色”转场特效是第一个场景逐渐淡化到白色场景，然后从白色场景淡化到第二个场景的效果。效果如图5-64所示。

图5-64 “渐隐为白色”转场特效

5．渐隐为黑色

“渐隐为黑色”转场特效是第一个场景逐渐淡化到黑色场景，然后从黑色场景淡化到第二个场景的效果。效果如图5-65所示。

图5-65 “渐隐为黑色”转场特效

6．胶片溶解

“胶片溶解”转场特效是使第一个场景产生胶片朦胧的效果并转换至第二个场景的效果。效果如图5-66所示。

图5-66 “胶片溶解”转场特效

7．随机反转

“随机反转”转场特效是第一个场景以随机块的形式反转色彩，在反转后的画面中，第二个场景也以随机块的形式逐渐显示，直到完全覆盖第一个场景的效果。效果如图5-67所示。

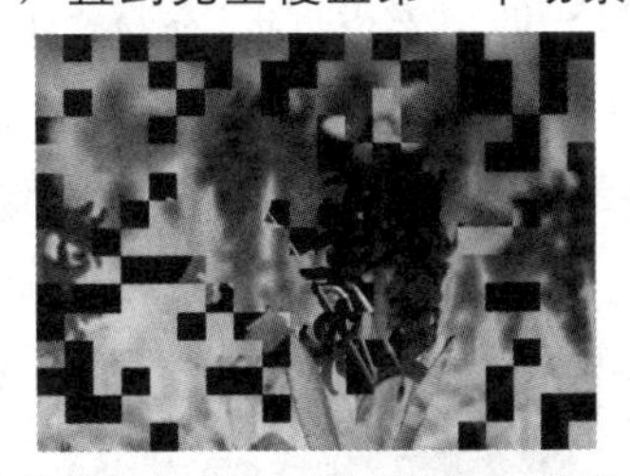

图5-67 “随机反转”转场特效

通过对“随机反转设置”对话框中的参数进行设置，可以制作出不同的过渡效果。

8. 非叠加溶解

“非叠加溶解”转场特效是将第二个场景中亮度较高的部分直接叠加到第一个场景中，从而逐渐显示出第二个场景的效果。效果如图5-68所示。

图5-68 “非叠加溶解”转场特效

5.2.7 “滑动”特效组

“滑动”特效是用场景的滑动来转换到相邻场景的。“滑动”特效组中包括了12种以场景滑动方式切换场景的视频转场特效。

1. 中心合并

“中心合并”转场特效是第一个场景在画面中心以十字形逐渐向中心收缩，最终显示出第二个场景的效果。效果如图5-69所示。

图5-69 “中心合并”转场特效

2. 中心拆分

“中心拆分”转场特效是将第一个场景分成四块，逐渐从画面的四个角滑动出去，从而显示出第二个场景的效果。效果如图5-70所示。

图5-70 “中心拆分”转场特效

3. 互换

“互换”转场特效是将第二个场景从后方翻转到第一个场景前，从而覆盖住第一个场景的效果。效果如图5-71所示。

 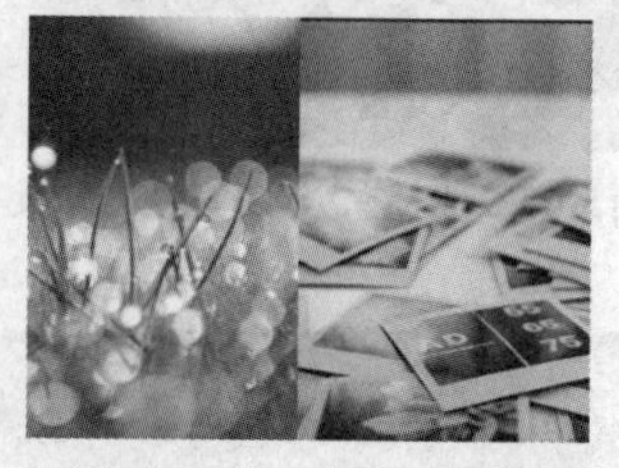 

图5-71 “互换”转场特效

4. 多旋转

“多旋转”转场特效是第二个场景以多个方块，由小变大，旋转着进入画面，从而覆盖住第一个场景的效果。效果如图5-72所示。

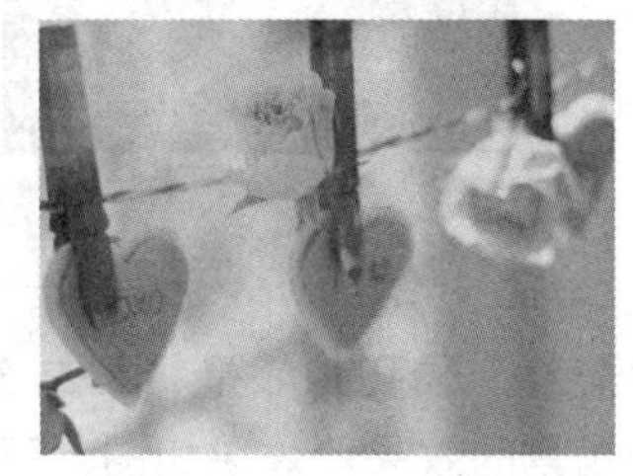

图5-72 “多旋转”转场特效

5. 带状滑动

“带状滑动”转场特效是第二个场景以条状形式从两侧滑入画面，直至覆盖住第一个场景的效果。效果如图5-73所示。

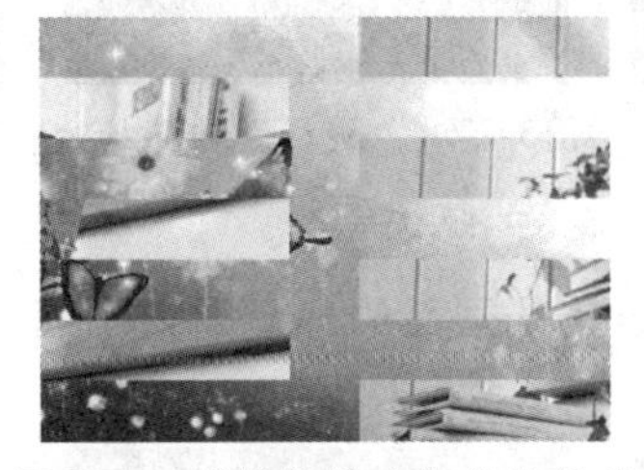

图5-73 “带状滑动”转场特效

6. 拆分

“拆分”转场特效是将第一个场景分成两块并从两侧滑出，从而显示出第二个场景的效果。效果如图5-74所示。

图5-74 “拆分”转场特效

7. 推

“推”转场特效是第二个场景从画面的一侧将第一个场景推出画面的效果。效果如图5-75所示。

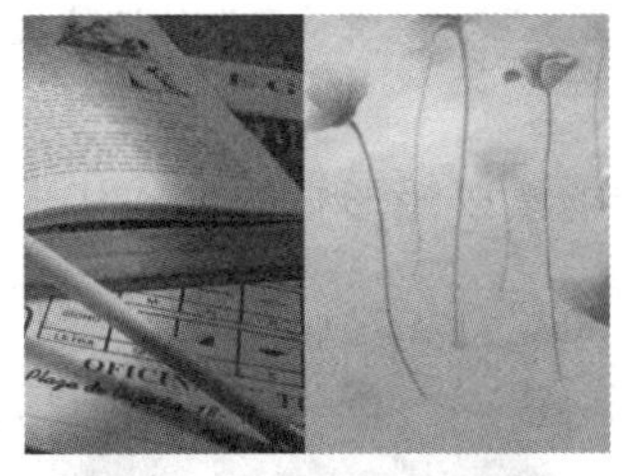

图5-75 “推”转场特效

8. 斜线滑动

“斜线滑动”转场特效是第二个场景以斜条纹的形式从第一个场景的一角滑入画面，直至完全覆盖第一个场景的效果。效果如图5-76所示。

图5-76 “斜线滑动”转场特效

9．旋绕

“旋绕”转场特效是将第二个场景分割成多个方块，从画面中心旋转并放大，直至覆盖住第一个场景的效果。效果如图5-77所示。

图5-77 “旋绕”转场特效

10．滑动

“滑动”转场特效是第二个场景从画面的一侧滑入画面，从而覆盖住第一个场景的效果。效果如图5-78所示。

图5-78 “滑动”转场特效

11．滑动带

“滑动带”转场特效是第二个场景以百叶窗的形式通过很多垂直线条的翻转覆盖住第一个场景的效果。效果如图5-79所示。

图5-79 “滑动条”转场特效

12．滑动框

“滑动框”转场特效是第二个场景以矩形框的形式从画面一侧滑入画面，从而覆盖住第一个场景的效果。效果如图5-80所示。

图5-80 “滑动框”转场特效

5.2.8 “特殊效果”特效组

“特殊效果”特效组中的转场是各种转场的混合体。“特殊效果”特效组包括3种视频转场特效。

1．三维

“三维”转场特效是将第一个场景的红色、蓝色映射到第二个场景中的效果。效果如图5-81所示。

图5-81 “三维”转场特效

2．纹理化

“纹理化”转场特效是将第一个场景作为纹理贴图映射给第二个场景，然后覆盖第一个场景的效果。效果如图5-82所示。

图5-82 “纹理化”转场特效

3．置换

“置换”转场特效是用第二个场景的RGB通道替换给第一个场景的效果。效果如图5-83所示。

图5-83 “置换”转场特效

5.2.9 “缩放”特效组

“缩放”特效组中的转场都是以场景的缩放来实现场景之间的转换。“缩放”特效组包括4种视频转场特效。

1．交叉缩放

“交叉缩放”转场特效是先将第一个场景放大到最大，然后切换到第二个场景的最大化，最后将第二个场景缩放到适合大小的效果。效果如图5-84所示。

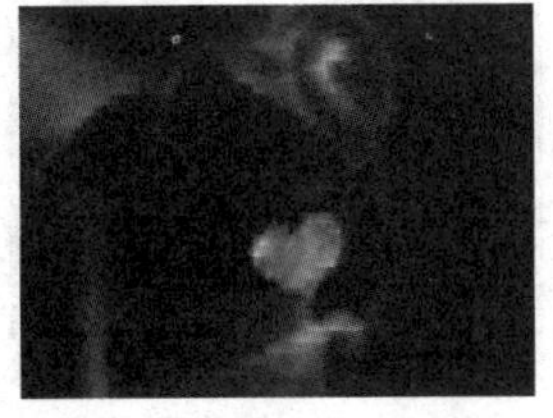

图5-84 “交叉缩放”转场特效

2．缩放

“缩放”转场特效是第二个场景从第一个场景的中心处放大至覆盖第一个场景的效果。效果如图5-85所示。

图5-85　“缩放”转场特效

3．缩放框

“缩放框”转场特效是将第二个场景分割成很多个方块，这些平均分布在画面中并逐渐放大，直至覆盖住第一个场景的效果。效果如图5-86所示。

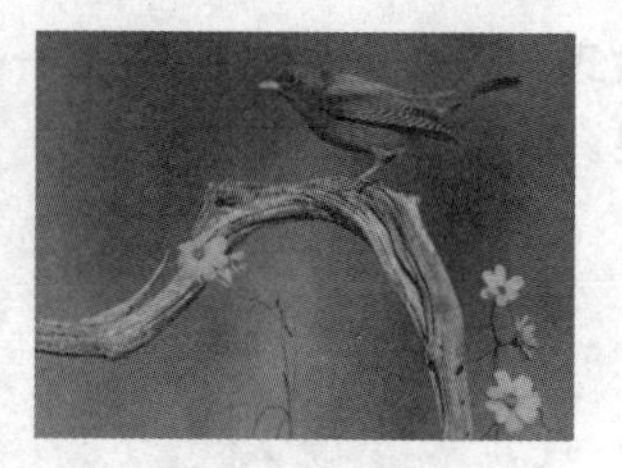

图5-86　“缩放框”转场特效

4．缩放轨迹

“缩放轨迹”转场特效是第一个场景逐渐向中心缩小并带有拖尾消失，然后逐渐显示出后方的第二个场景的效果。效果如图5-87所示。

图5-87　“缩放轨迹”转场特效

5.2.10　“页面剥落”特效组

“页面剥落”特效组的转场模仿翻开书页，打开下一页画面的动作。“页面剥落”特效组中包含了5种视频转场特效。

1．中心剥落

“中心剥落”转场特效是将第一个场景从中心分割成四个部分并向四角卷起，最后露出后面的第二个场景的效果。效果如图5-88所示。

图5-88　“中心剥落”转场特效

2．剥开背面

“剥开背面”转场特效是将第一个场景从中心分割成四块并依次向对角卷起，最后露出后面的第二个场景的效果。效果如图5-89所示。

图5-89 “剥开背面”转场特效

3．卷走

“卷走”转场特效是将第一个场景像卷画卷一样从画面一侧卷到另一侧，直至显示出第二个转场的效果。效果如图5-90所示。

图5-90 “卷走”转场特效

4．翻页

“翻页”转场特效是将第一个场景从一角卷起，卷起后的背面会显示出第一个场景，从而露出第二个场景的效果。效果如图5-91所示。

图5-91 “翻页”转场特效

5．页面剥落

“页面剥落”转场特效是将第一个场景像翻页一样从一角卷起，显示出第二个场景的效果。效果如图5-92所示。

图5-92 “页面剥落”转场特效

5.2.11 实战——繁花似锦

下面以实例来详细讲解各转场特效以及如何使用转场。

视频文件：DVD\视频\第5章\5.2.11 实战——繁花似锦.mp4

源文件位置：DVD\源文件\第5章\5.2.11

01 启动Premiere Pro CC软件，单击“新建项目”按钮，弹出“新建项目”对话框，设置项目名称和项目存储位置，单击“确定”按钮关闭对话框，如图5-93所示。

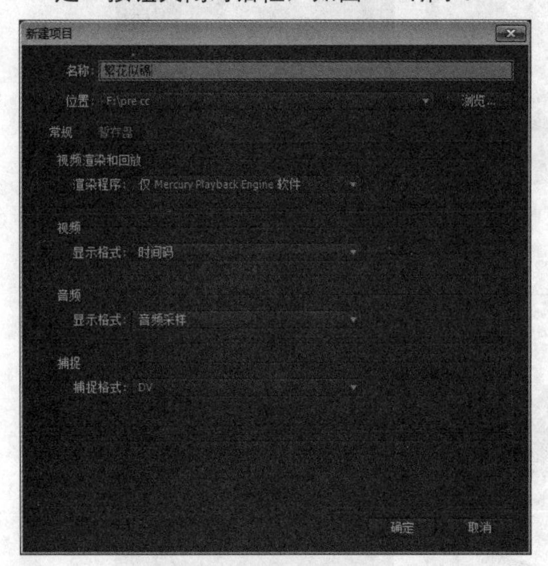

图5-93　新建项目

02 执行“文件”|“新建”|“序列”命令，弹出“新建序列”对话框，单击“确定”按钮，如图5-94所示。

图5-94　新建序列

03 在“项目”面板中，单击鼠标右键，执行“导入”命令，弹出“导入”对话框，选择需要的素材，单击“打开”按钮，导入素材，如图5-95所示。

04 选择素材中的“背景.jpg”文件，将其拖到V1轨中的00:00:00:00处，如图5-96所示。

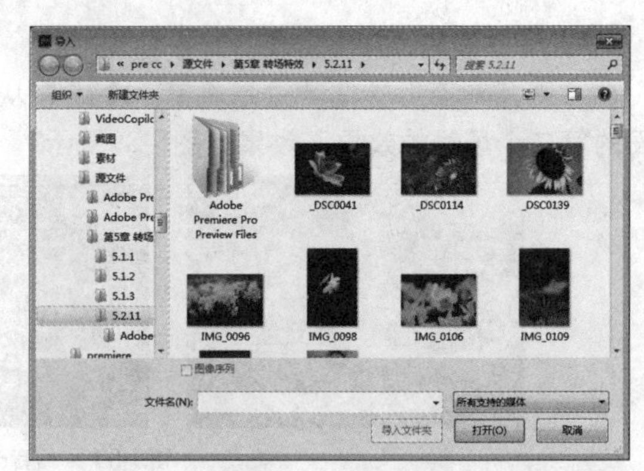

图5-95　导入素材

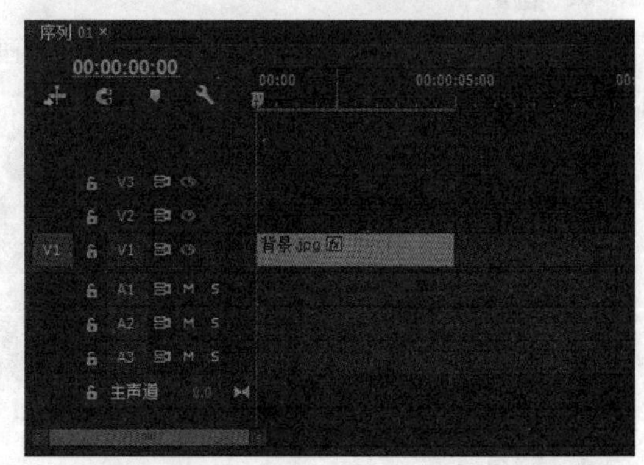

图5-96　添加素材至序列

05 选择“背景.jpg”文件，打开“效果控件”面板，在00:00:00:00位置添加关键帧，设置“缩放”参数为200，如图5-97所示。

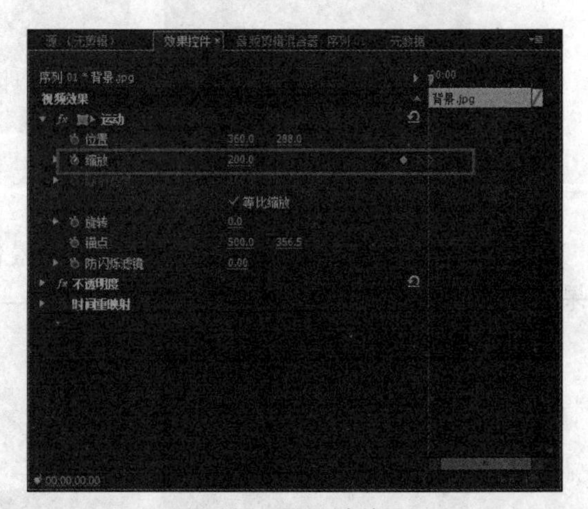

图5-97　添加关键帧

06 在00:00:03:04位置添加关键帧，设置“缩放”参数为105，如图5-98所示。

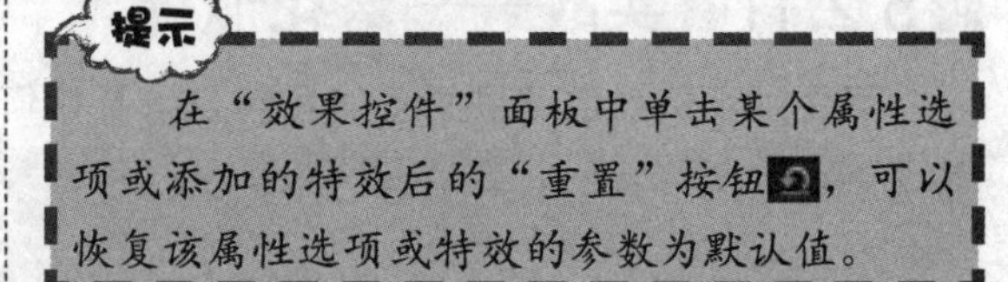
提示

在“效果控件”面板中单击某个属性选项或添加的特效后的“重置”按钮，可以恢复该属性选项或特效的参数为默认值。

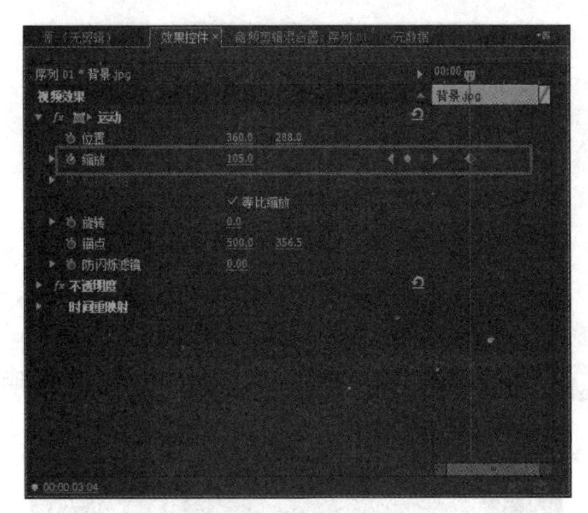

图5-98　添加关键帧

07 选择素材库中的“花开.mov”文件，将其添加到V2轨中的00:00:03:18位置，并调整它的“缩放”“位置”参数为334.0、249.0，参数为50，如图5-99所示。

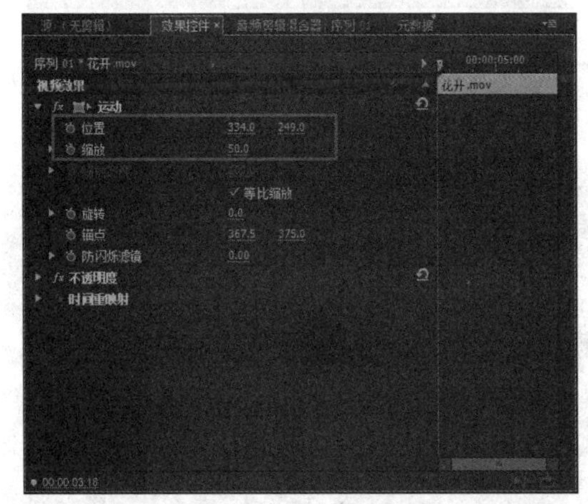

图5-99　调整“位置”及“缩放”参数

08 打开“效果”面板，选择“视频效果”文件夹，单击“变换”文件夹中的“水平翻转”效果，将其拖到“花开.mov”文件上，如图5-100所示。

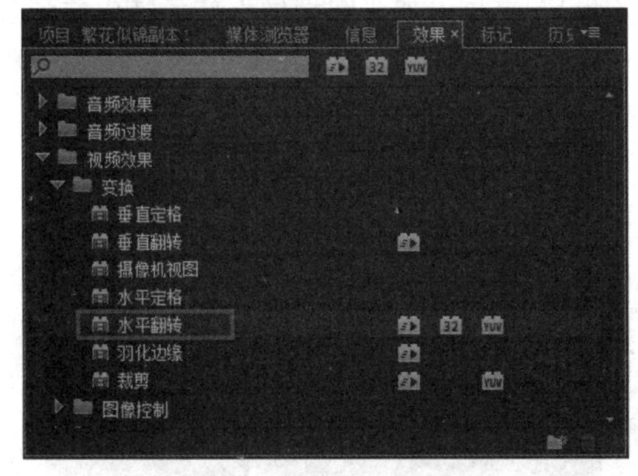

图5-100　添加水平翻转效果

09 选择“花开.mov”文件，单击鼠标右键，执行“复制”命令，然后将其粘贴到原文件后，如图5-101所示。

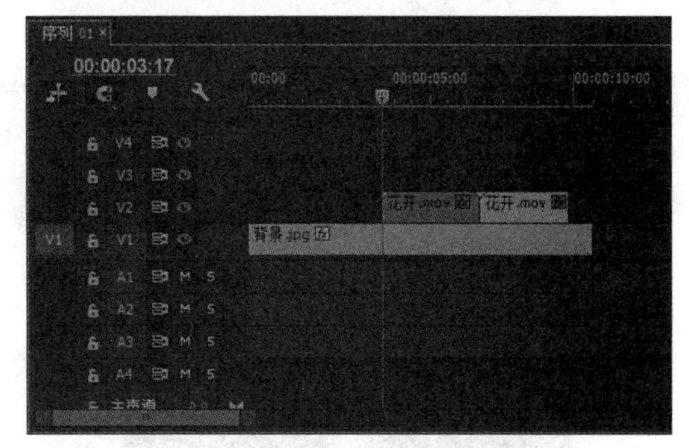

图5-101　粘贴文件

10 选择粘贴的文件，单击鼠标右键，在弹出的快捷菜单中执行“帧定格”命令，如图5-102所示。

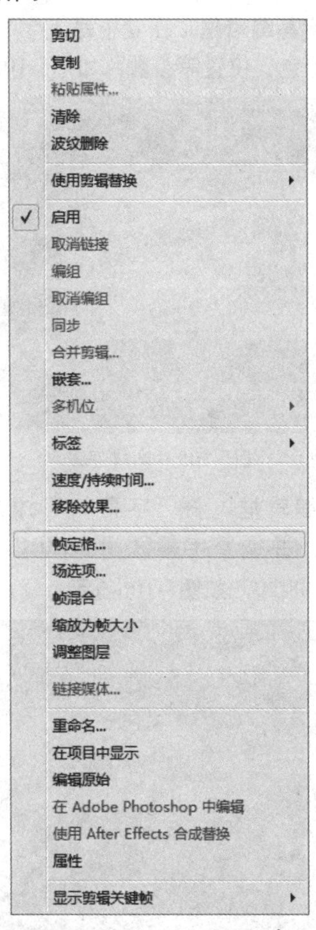

图5-102　执行“帧定格”命令

11 弹出“帧定格选项”对话框，单击“定格位置”后的倒三角按钮，选择“出点”选择，单击“确定”按钮，关闭对话框，如图5-103所示。

图5-103 帧定格选项

12 执行“字幕”|“新建字幕”|“默认静态字幕”命令，弹出“新建字幕”对话框，单击“确定”按钮，如图5-104所示。

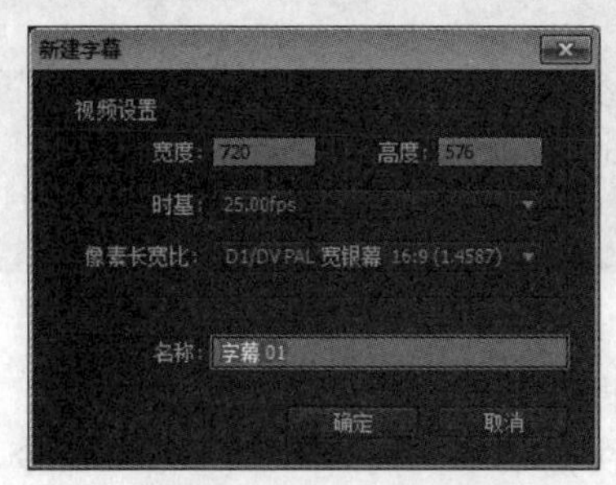

图5-104 新建字幕

13 弹出字幕编辑框，在其中输入字幕，设置字体、颜色、位置等参数，如图5-105所示。

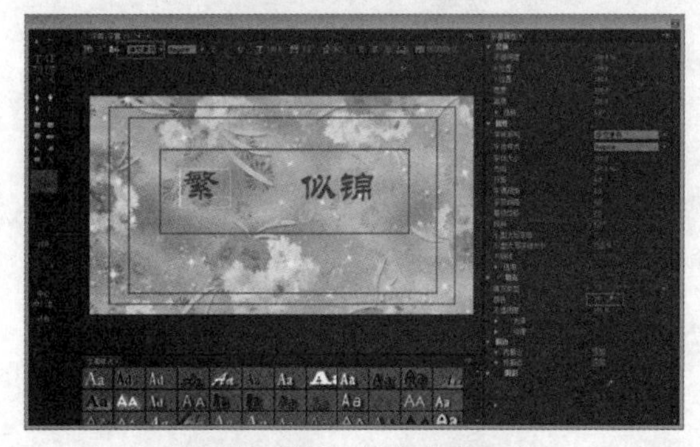

图5-105 编辑字幕

14 关闭编辑框，将“字幕01”添加在V3轨道中，并调整字幕区间为00:00:02:04至00:00:08:20，如图5-106所示。

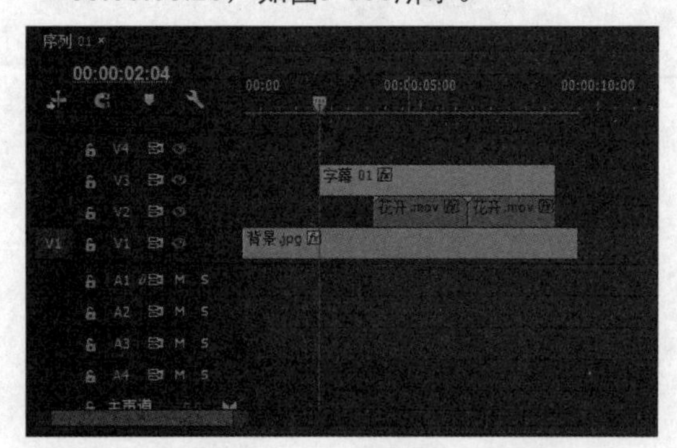

图5-106 调整区间

15 单击“字幕01”素材，打开“效果控件”面板，在00:00:02:04位置添加关键帧，设置“不透明度”的参数为0，如图5-107所示。

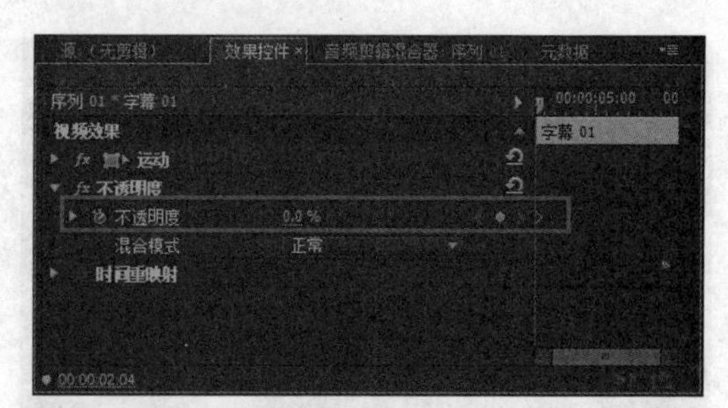

图5-107 添加关键帧

16 在00:00:02:04位置添加关键帧，设置不透明度参数为0，如图5-108所示。

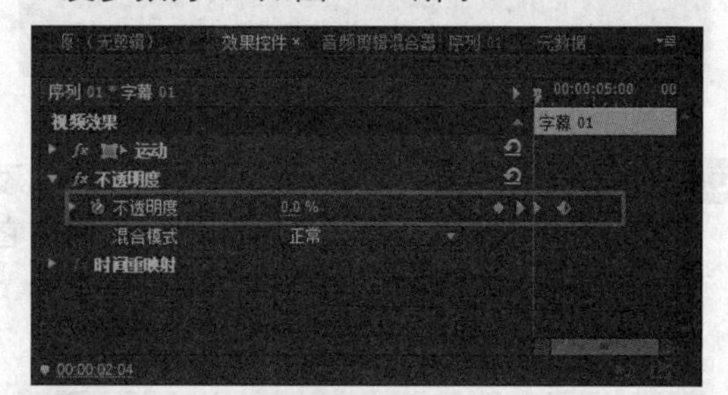

图5-108 设置参数

17 再次新建字幕，在弹出的字幕编辑框中输入字幕并调整参数，如图5-109所示。

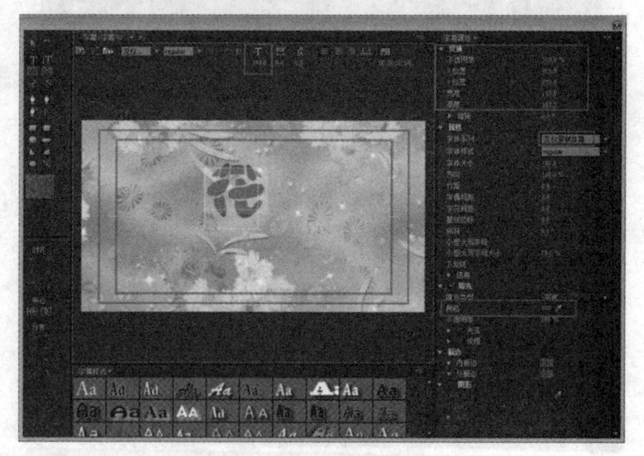

图5-109 编辑字幕

18 将“字幕02”素材添加到V4轨道中，调整区间为00:00:05:07至00:00:08:20。为“字幕02”素材添加“圆划像”转场特效并调整持续时间为2秒，如图5-110所示。

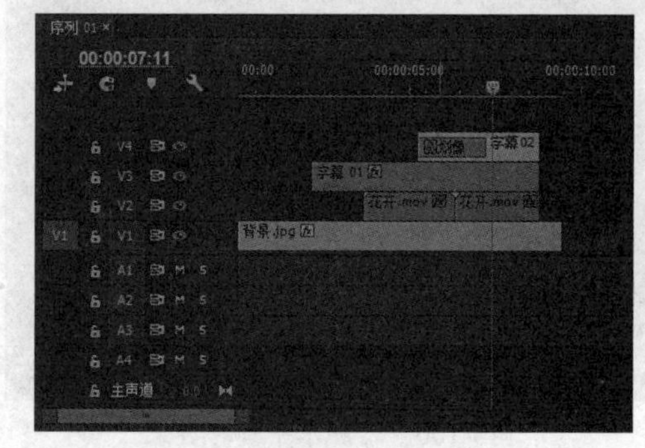

图5-10 添加“圆划像”转场

19 按Enter键渲染项目，渲染完成后预览片头效果，如图5-111所示。

图5-111　预览片头效果

20 在“背景.jpg”文件后添加29个素材图片并将它们各自的持续时间均调整为3秒，如图5-112所示。

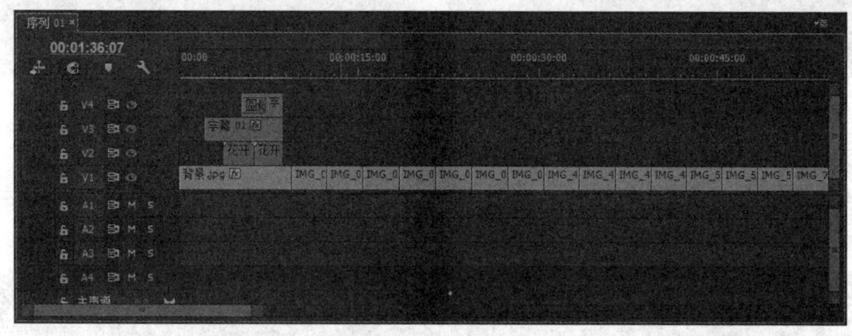

图5-112　添加素材

21 选择“IMG_0129.jpg”文件，在00:00:10:00位置添加关键帧，设置“位置”参数为360、288，“缩放”参数为25，在00:00:10:00位置添加关键帧，设置“位置”参数为200、417，“缩放”参数为35，如图5-113所示。

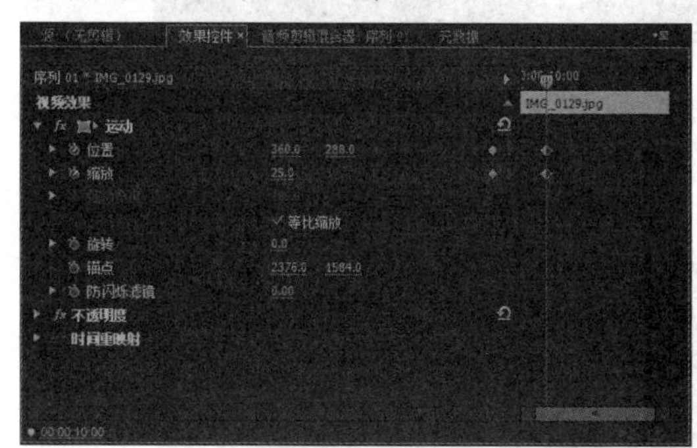
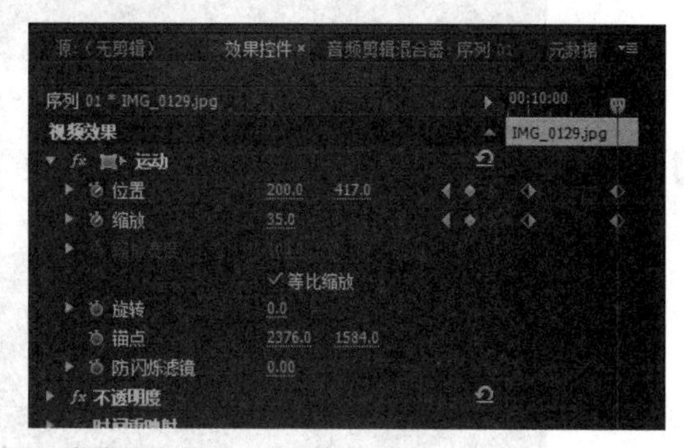

图5-113　添加关键帧

22 选择“IMG_0661.jpg”文件，在00:00:13:00位置添加关键帧，设置“缩放”参数为35，在00:00:15:00位置添加关键帧，设置“缩放”参数为25，如图5-114所示。

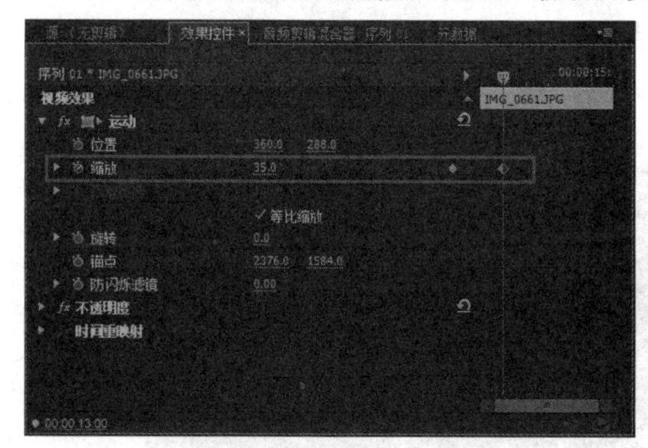
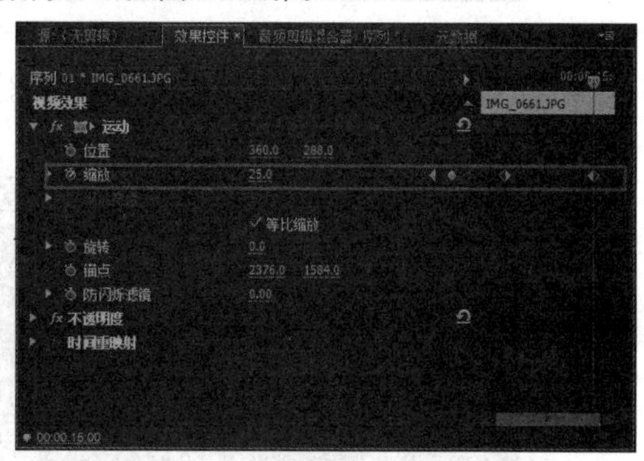

图5-114　添加关键帧

23 选择“IMG_0658.jpg”文件，在00:00:16:00位置添加关键帧，设置“缩放”参数为25，在00:00:18:00位置添加关键帧，设置“缩放”参数为35，如图5-115所示。

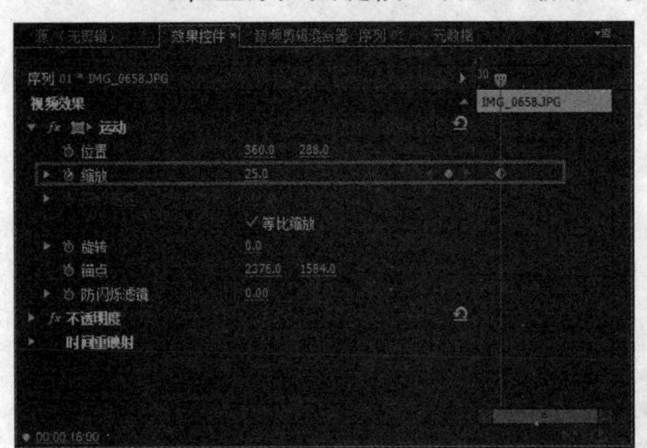

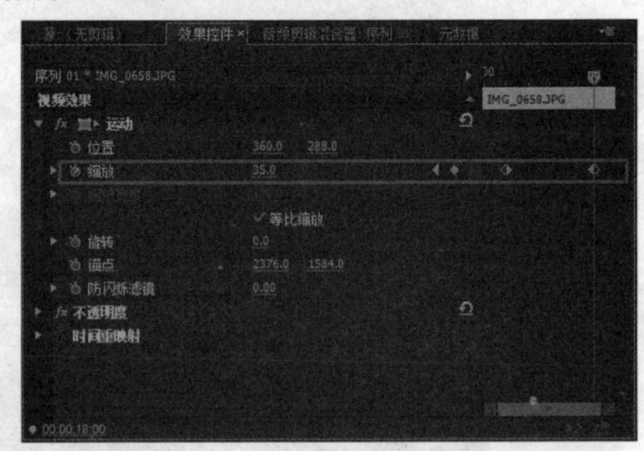

图5-115 添加关键帧

24 用同样的方式为所有素材设置参数，增加动画效果。

25 打开“效果”面板，打开视频过渡文件夹，选择“3D运动”文件夹下的“帘式”转场特效，将其拖到“背景.jpg”和“IMG_0129.jpg”文件之间，如图5-116所示。

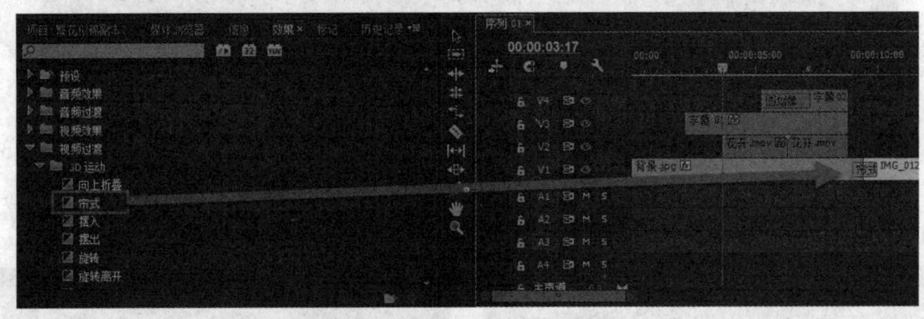

图5-116 添加“帘式转场”特效

26 选择“3D运动”文件夹下的“向上折叠”转场特效，将其拖到“IMG_0129.jpg”和“IMG_0661.jpg”文件之间，如图5-117所示。

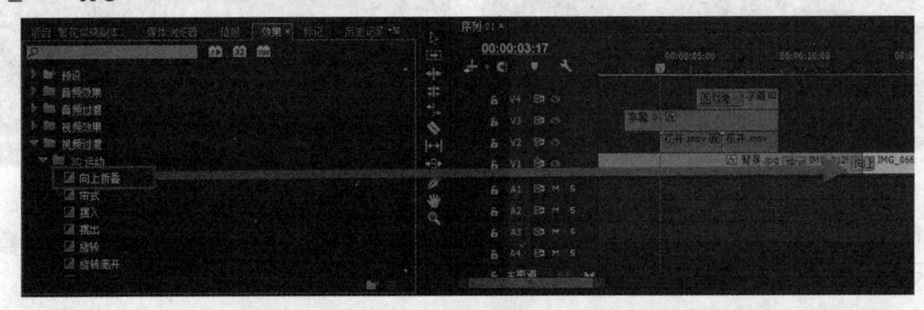

图5-117 添加“向上折叠”转场特效

27 选择“3D运动”文件夹下的“摆出”转场特效，将其拖到“IMG_0661.jpg”和“IMG_0658.jpg”文件之间，如图5-118所示。

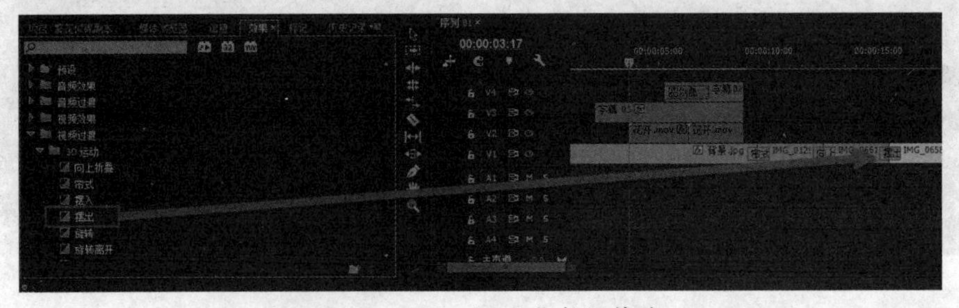

图5-118 添加“摆出”转场特效

28 用同样的方法在所有素材之间添加转场，如图5-119所示。

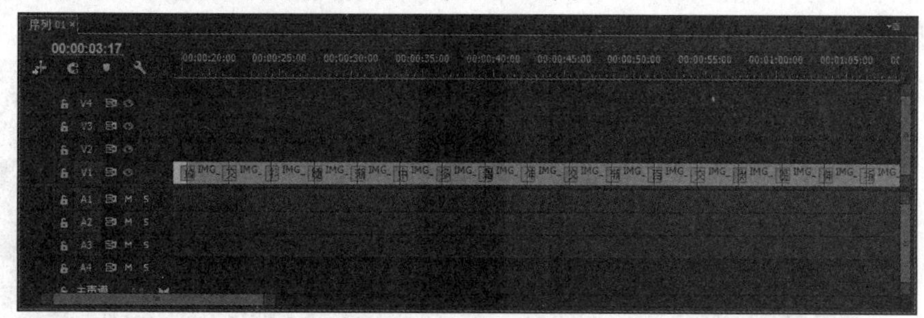

图5-119 添加转场

29 按Enter键渲染项目，渲染完成后预览添加转场后的效果，如图5-120所示。

图5-120 预览效果

30 执行“字幕”|“新建字幕”|“默认静态字幕”命令，弹出“新建字幕”对话框，单击“确定”按钮，如图5-121所示。

31 弹出字幕编辑框，在其中输入字幕，修改字体、颜色、位置、大小及添加边框等参数，如图5-122所示。

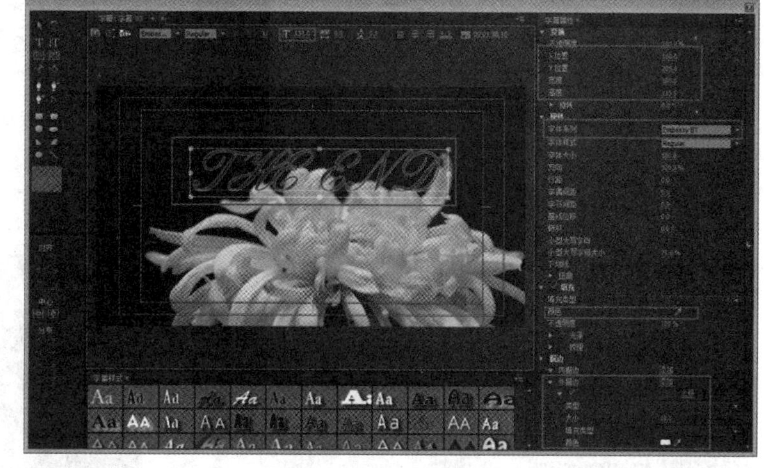

图5-121 新建字幕　　图5-122 编辑字幕

32 关闭字幕编辑框，将“字幕03”文件拖到V2轨道的00:01:36:11位置，设置区间长度是3秒，并在文件的开始位置添加“卷走”转场特效，将V1轨道上的最后一个素材的出点修改到“字幕03”的出点位置，如图5-123所示。

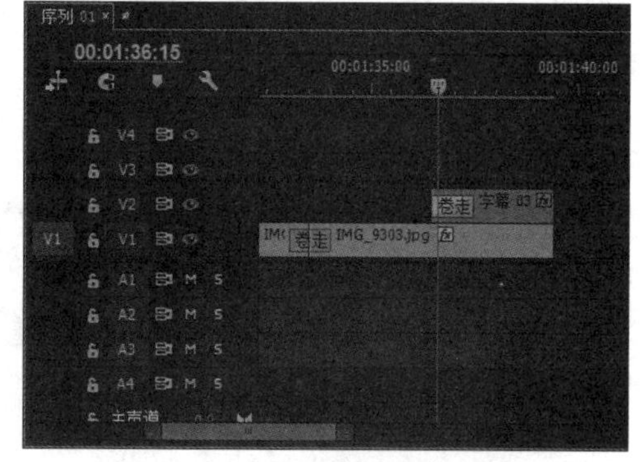

图5-123 为字幕添加转场

33 在素材库中选择“纯音乐-Kissing Bird.mp3”文件，将其拖到A1轨道的00:00:00:00位置，并把超出素材的部分剪切掉。如图5-124所示。

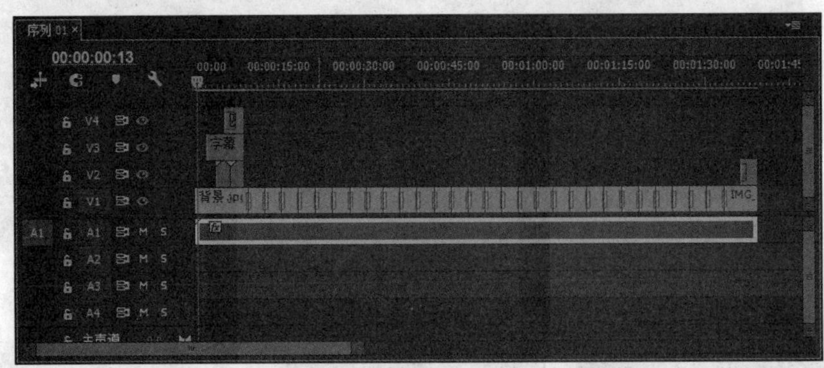

图5-124 添加音乐

34 按Enter键渲染项目，渲染完成后预览片尾效果，如图5-125所示。

图5-125 预览效果

5.3 综合实例——魅力写真

本节将以实例来具体介绍如何添加转场以及各转场的效果。

视频文件：DVD\视频\第5章\5.3 综合实例——魅力写真.mp4

源文件位置：DVD\源文件\第5章\5.3

01 启动Premiere Pro CC软件，在欢迎界中单击“新建项目”按钮，如图5-126所示。

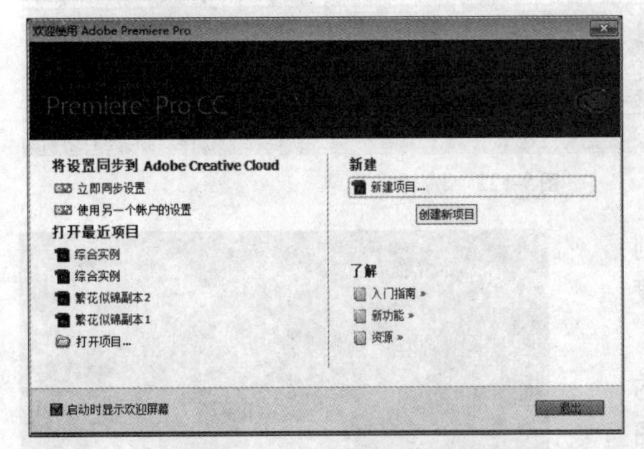

图5-126 单击“新建项目”按钮

02 弹出“新建项目”对话框，设置项目名称和项目存储地址，单击“确定”按钮，关闭对话框，如图5-127所示。

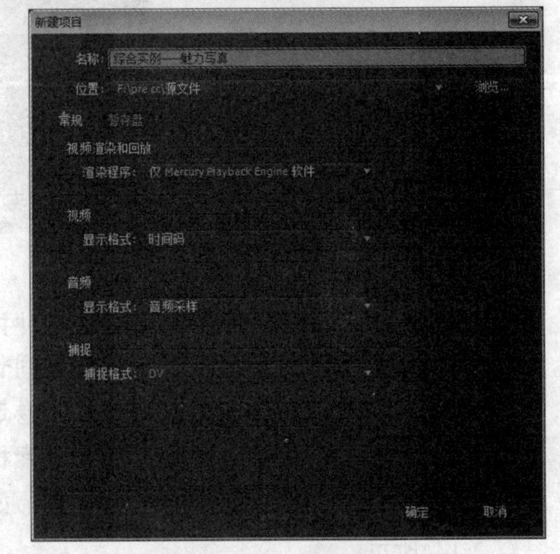

图5-127 新建项目

03 执行“文件”|“新建”|“序列”命令，弹出“新建序列”对话框，单击“确定”按钮，关闭对话框，如图5-128所示。

04 进入“项目”面板，单击鼠标右键，执行“导入”命令，弹出“导入”对话框，选择需要导入的素材，单击“打开”按钮，如图5-129所示。

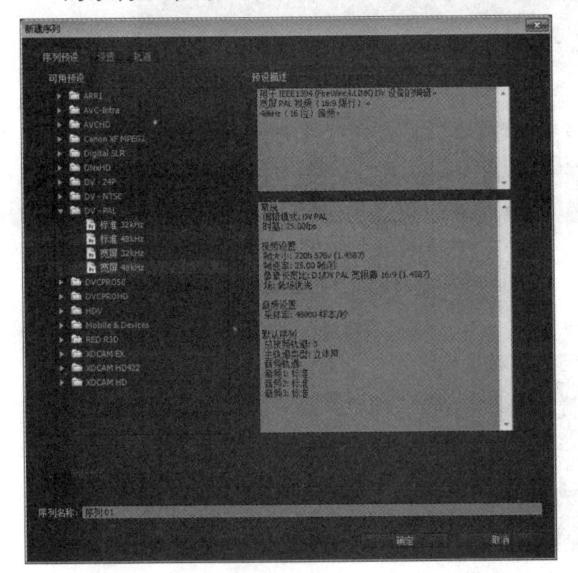

图5-128 新建序列 图5-129 导入素材

05 在素材库中选择“Contrasting Compartments HD.avi”文件，将其添加到V1轨道的00:00:00:00位置，打开“效果控件”面板，设置“缩放”参数为55，如图5-130所示。

06 选择轨道中的素材，按Ctrl+C快捷键复制文件，将其粘贴在原文件之后，重复操作4次，如图5-131所示。

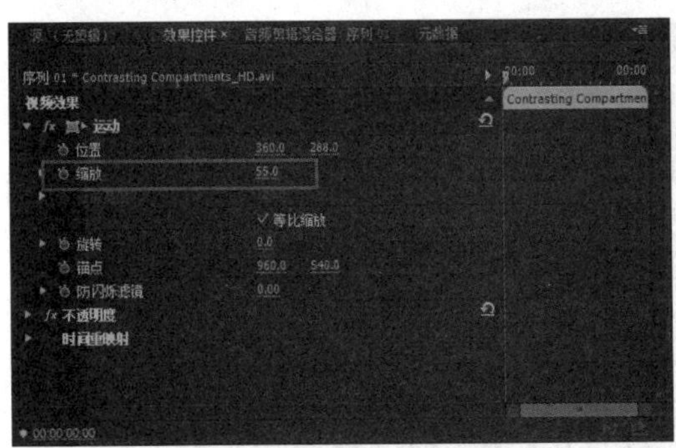

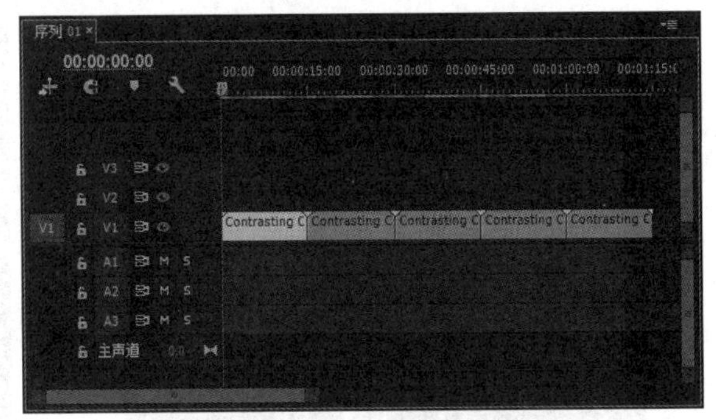

图5-130 设置“缩放”参数 图5-131 复制素材

07 执行“字幕”|“新建”|“默认静态字幕”命令，弹出“新建字幕”对话框，单击“确定”按钮，如图5-132所示。

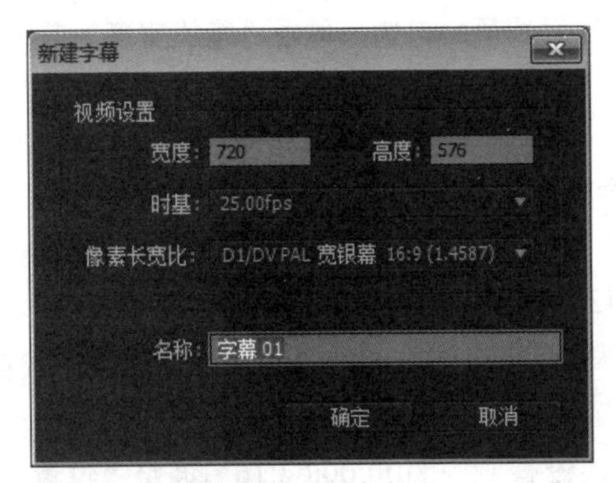

图5-132 新建字幕

08 弹出“字幕编辑框”，在其中输入字幕并调整字体、颜色、大小等参数，如图5-133所示。

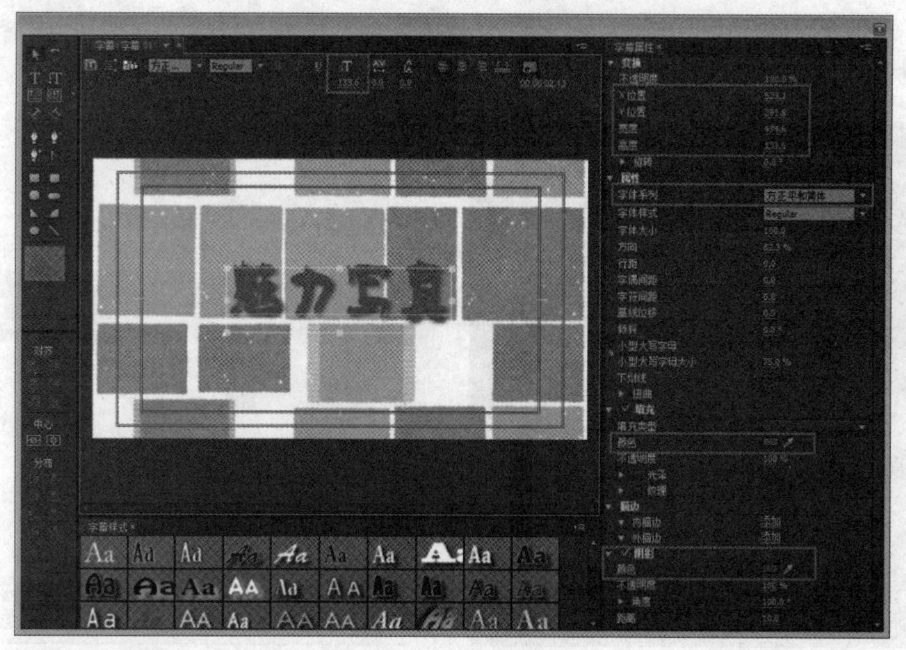

图5-133 编辑字幕幕

09 选择素材库中新建的“字幕01”，将其拖到“时间轴”面板的V2轨道上，并设置开始时间为00:00:01:15，结束时间为00:00:05:08，如图5-134所示。

10 单击拖入的字幕，进入“效果控件”面板，设置时间为00:00:01:15，添加关键帧，调整“位置”参数为875、288，如图5-135所示。

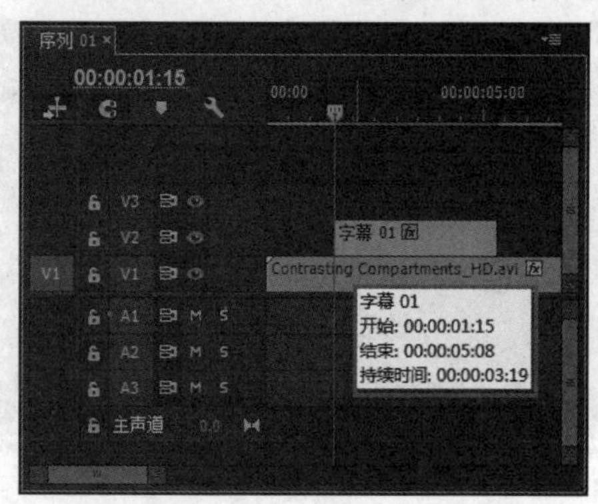

图5-134 调整区间

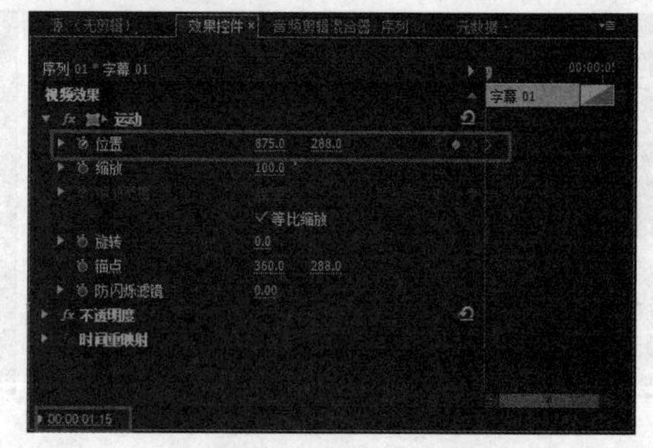

图5-135 设置第一处关键帧

11 在“效果控件”面板中，设置时间为00:00:02:00，添加关键帧，调整“位置”参数为350、288，取消对“等比缩放”复选项的勾选，单击“缩放宽度”前的“切换动画”按钮，添加关键帧，如图5-136所示。

12 在“效果控件”面板中，设置时间为00:00:02:04，调整“位置”参数为258、288，“缩放宽度”参数为40，系统将会自动添加关键帧，如图5-137所示。

13 在“效果控件”面板中，设置时间为00:00:02:08，调整“位置”参数为365、288，“缩放宽度”参数为110，如图5-138所示。

14 在“效果控件”面板中，设置时间为00:00:02:12，调整“位置”参数为288、288，“缩放宽度”参数为60，如图5-139所示。

15 在“效果控件”面板中，设置时间为00:00:02:16，调整“位置”参数为350、288，“缩放宽度”参数为100，如图5-140所示。

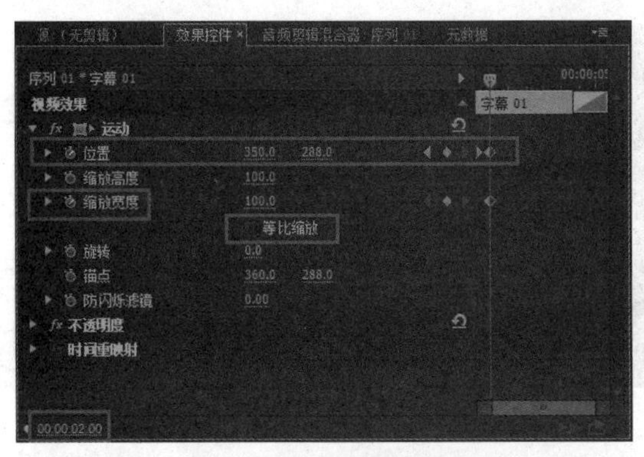

图5-136 设置第二处关键帧

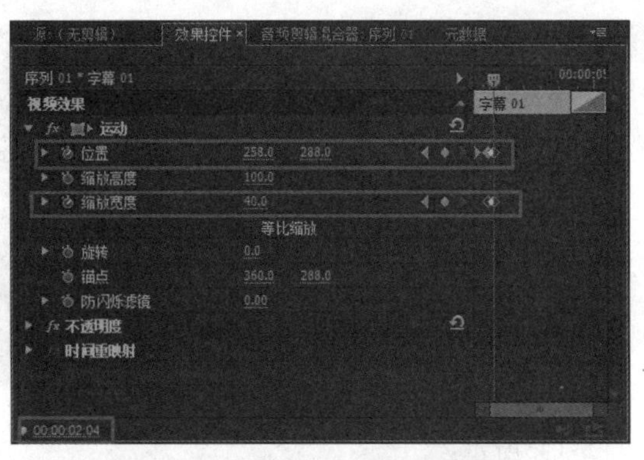

图5-137 设置第三处关键帧

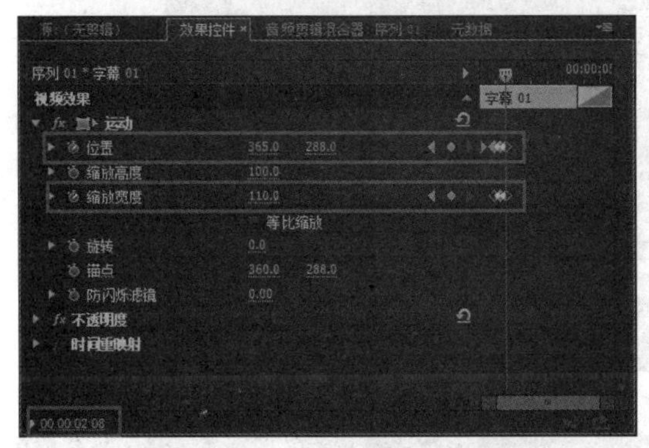

图5-138 设置第四处关键帧

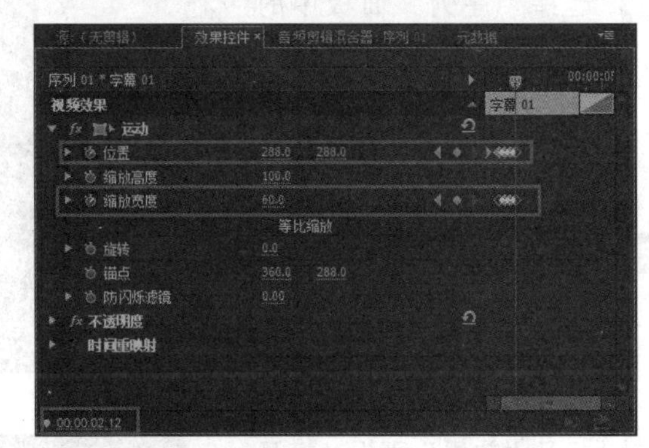

图5-139 设置第五处关键帧

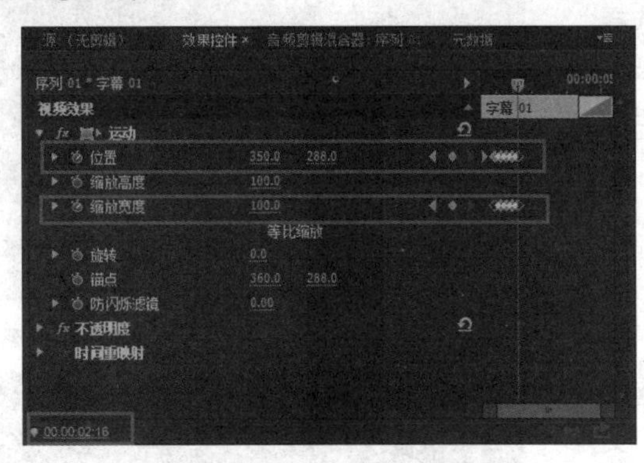

图5-140 设置第六处关键帧

16 打开“效果”面板，打开“视频过渡”文件夹，选择“缩放”文件夹下的“缩放”转场特效，将其拖到“字幕01”的结束位置，如图5-141所示。

17 双击“字幕01”上的“缩放”转场特效，弹出“设置过渡持续时间”对话框，设置持续时间为00:00:00:13，如图5-142所示。

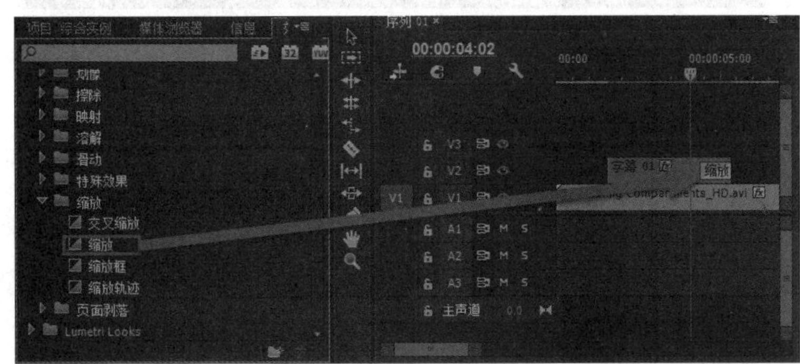

图5-141 添加“缩放”转场

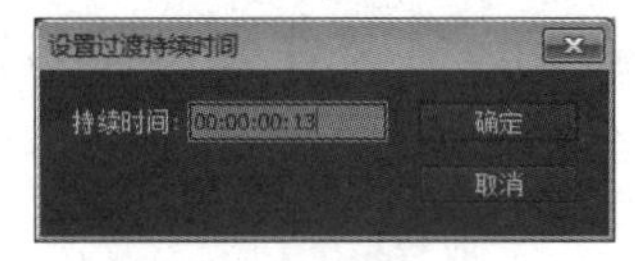

图5-142 设置过渡持续时间

18 在素材库中选择“6693.jpg”、“6742.jpg”、“6858.jpg”、“6737.jpg”和“6852.jpg”文件，依次将其拖到V2轨道中并使之连续排列，然后设置第一个文件的开始时间为00:00:05:18，如图5-143所示。

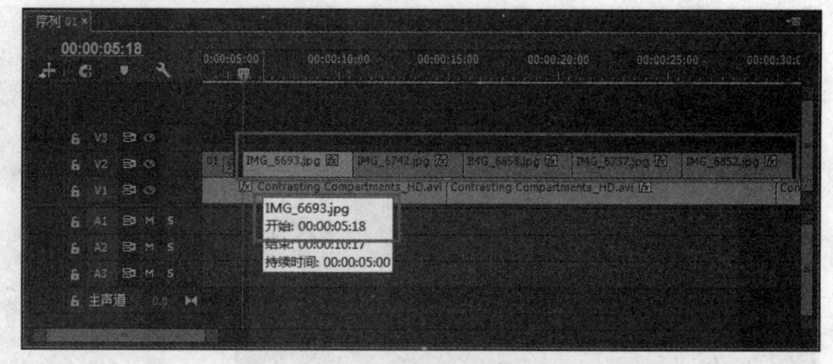

图5-143　拖入素材

19 选择“序列”面板中的“6693.jpg”文件，进入“效果控件”面板，将“缩放”参数设置为30，如图5-144所示。

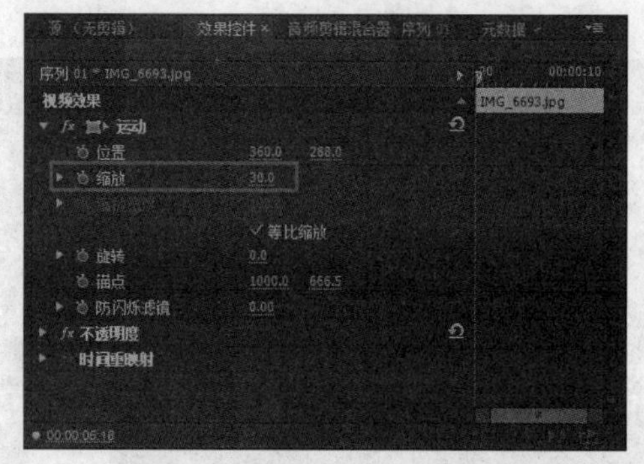

图5-144　调整“缩放”参数

20 用上述方法，分别将另外4个图片素材的“缩放”参数调整为30。

21 打开“效果”面板，打开“视频过渡”文件夹，选择“缩放”文件夹中的“缩放”转场特效，将其拖到“序列”面板中的“6693.jpg”文件的开始位置，如图5-145所示。

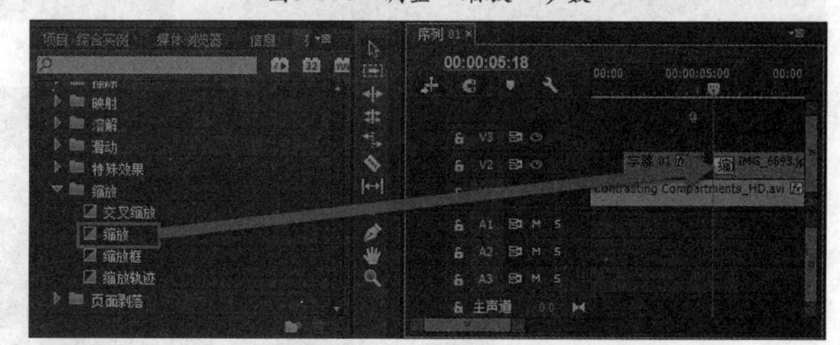

图5-145　添加“缩放”转场

22 进入“效果”面板，选择“缩放”文件夹中的“交叉缩放”转场，将其拖到“6693.jpg”和“6742.jpg”文件之间，如图5-146所示。

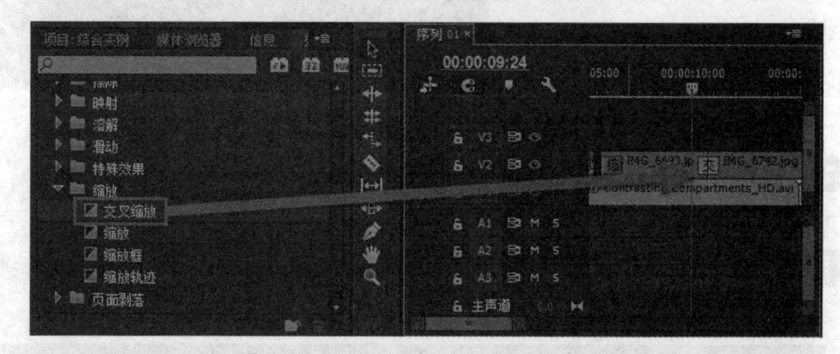

图5-146　添加“交叉缩放”转场

23 进入“效果”面板，选择“缩放”文件夹中的“缩放”转场，将其拖到“6742.jpg”和“6858.jpg”文件之间，如图5-147所示。

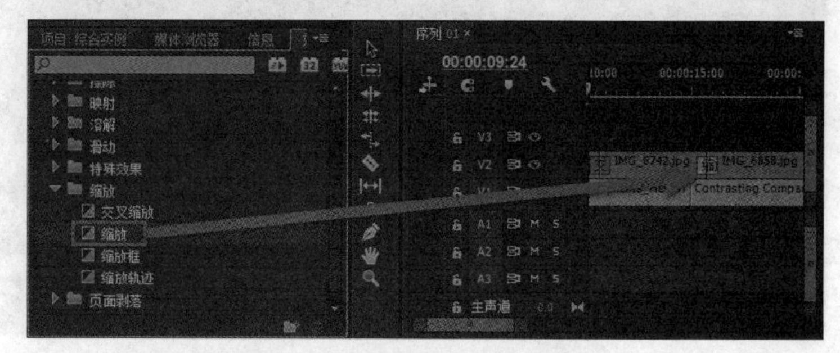

图5-147　添加“缩放”转场

24 进入“效果”面板，选择“缩放”文件夹中的“缩放”转场，将其拖到“6858.jpg”和“6737.jpg”文件之间，如图5-148所示。

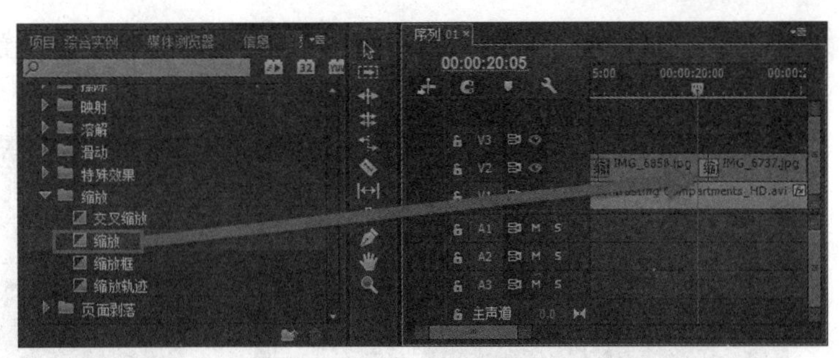

图5-148 添加“缩放”转场

25 进入“效果”面板，选择“缩放”文件夹中的“缩放”转场，将其拖到“6737.jpg”和“6852.jpg”文件之间，如图5-149所示。

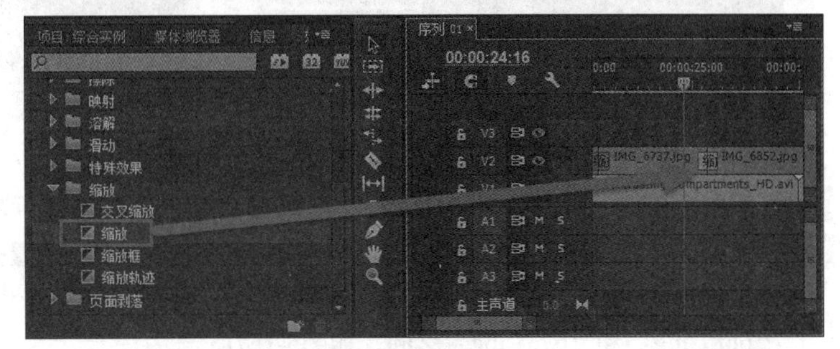

图5-149 添加转场

26 在素材库中选择“6681.jpg”文件，将其拖到V1轨道的00:00:30:18位置，打开“效果控件”面板，设置“缩放”参数为25，如图5-150所示。

27 在“效果控件”面板中，设置时间为00:00:33:01，单击“位置”前的“切换动画”按钮，添加关键帧，如图5-151所示。

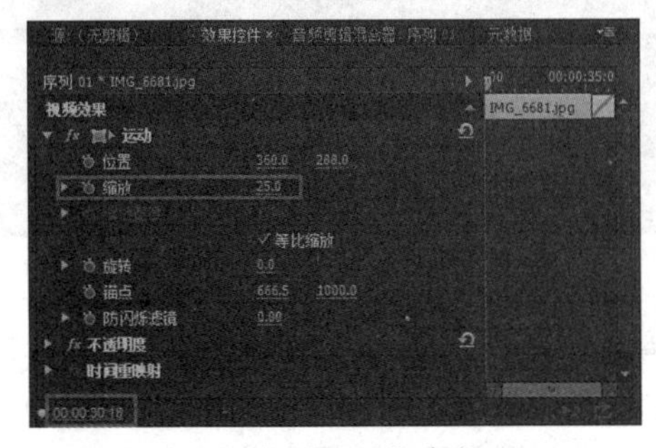

图5-150 调整“缩放”参数

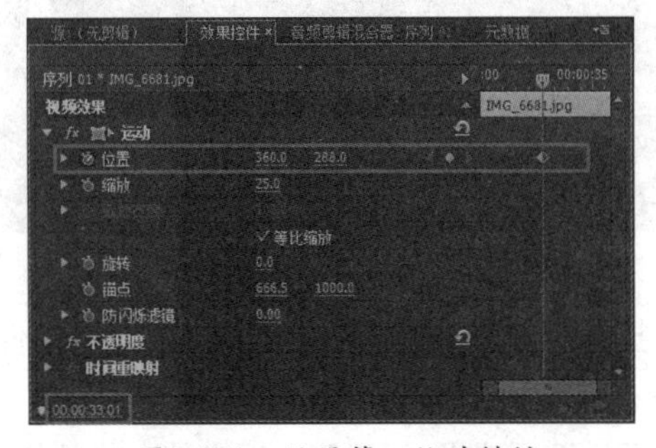

图5-151 设置第一处关键帧

28 在“效果控件”面板中，设置时间为00:00:34:06，调整“位置”参数为209、288，如图5-152所示。

29 打开“效果”面板，打开“视频过渡”文件夹，选择“页面剥落”文件夹中的“页面剥落”转场，将其拖到“6852.jpg”和“6681.jpg”之间，如图5-153所示。

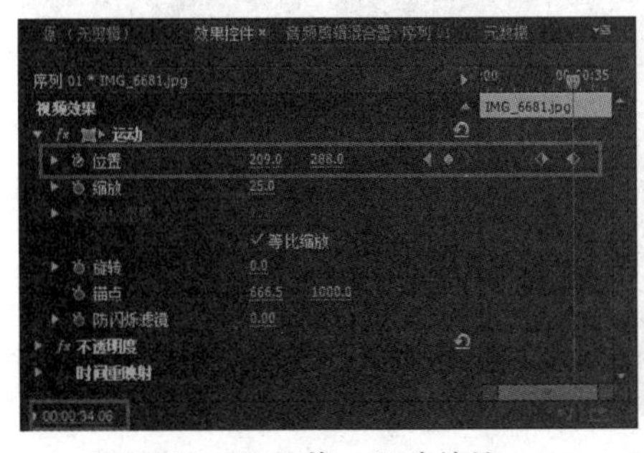

图5-152 设置第二处关键帧

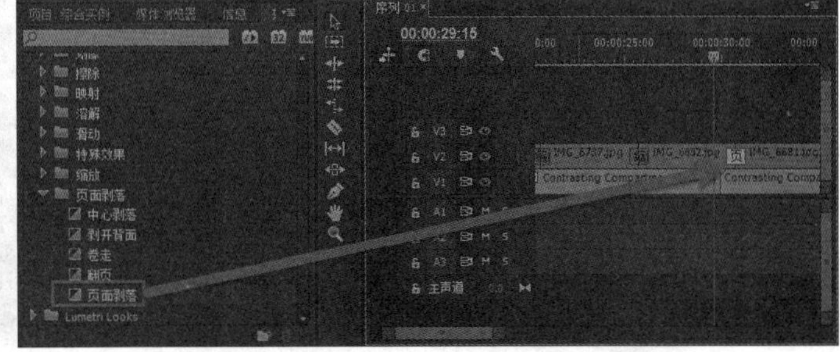

图5-153 添加“页面剥落”转场

30 在素材库中选择“6692.jpg”文件，将其拖到V3轨道中并设置开始时间为00:00:33:01，设置“缩放”参数为25，如图5-154所示。

31 打开“效果控件”面板，设置时间为00:00:33:01，单击“位置”左侧的“切换动画”按钮，设置“位置”参数为835、288，如图5-155所示。

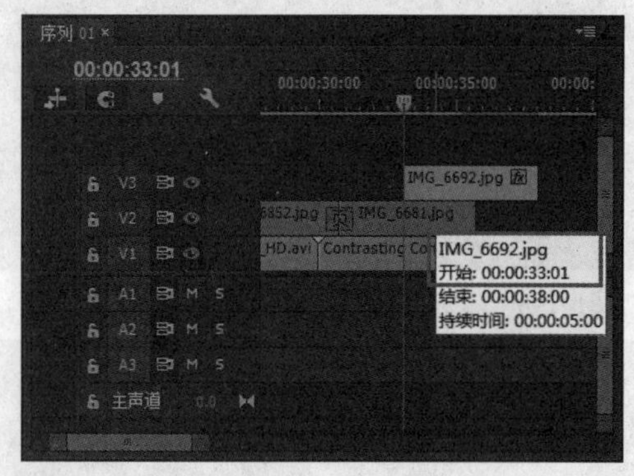

图5-154　拖入素材

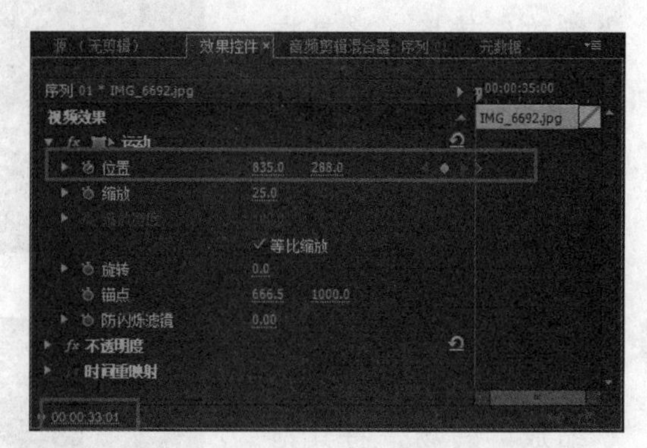

图5-155　添加第一处关键帧

32 在“效果控件”面板中，设置时间为00:00:34:06，设置“位置”参数为518、288，如图5-156所示。

33 在素材库中选择“6731.jpg”文件，将其拖到V2轨道中，设置开始时间为00:00:35:18。打开“效果”面板，打开“视频过渡”文件夹，选择“溶解”文件夹中的“交叉溶解”转场，将其拖到“6681.jpg”和“6731.jpg”之间，如图5-157所示。

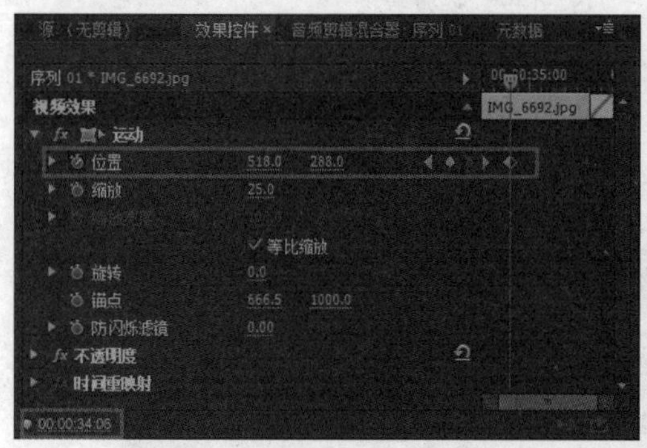

图5-156　设置第二处关键帧

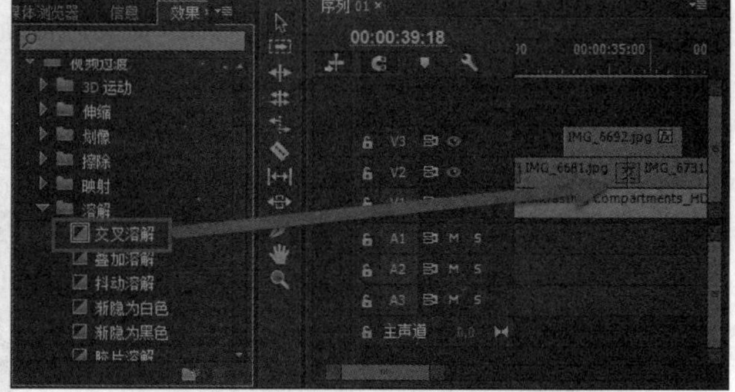

图5-157　添加“交叉溶解”转场

34 选择“时间轴”面板中的“6731.jpg”文件，设置“位置”参数为209、288，“缩放”参数为25，如图5-158所示。

35 在素材库中选择“6695.jpg”文件，将其拖到V3轨道中，设置开始时间为00:00:38:01。打开“效果”面板，打开“视频过渡”文件夹，选择“溶解文件夹”中的“抖动溶解”转场，将其拖到“6692.jpg”和“6695.jpg”文件之间，如图5-159所示。

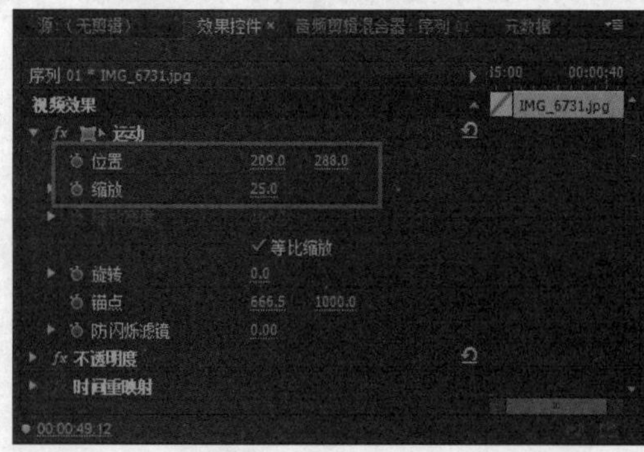

图5-158　设置“位置”及“缩放”参数

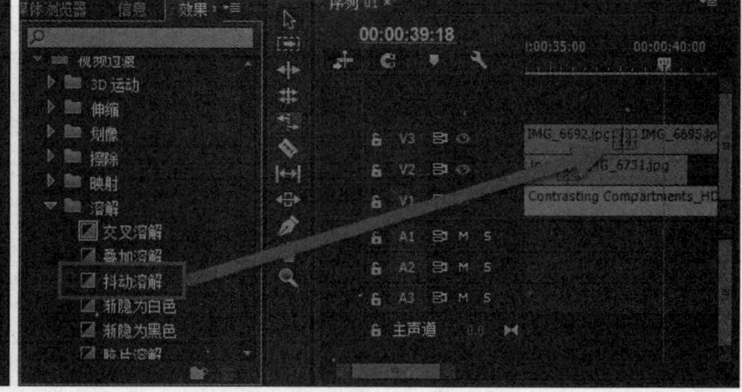

图5-159　添加“抖动溶解”转场

36 选择“时间轴”面板中的“6695.jpg”文件，打开“效果控件”面板，设置“位置”参数为518、288，“缩放”参数为25，如图5-160所示。

37 在素材库中选择“6868.jpg”文件，将其拖到V2轨道中，设置开始时间为00:00:40:18。打开“效果”面板，打开“视频过渡”文件夹，选择“溶解”文件夹中的“交叉溶解”转场，将其拖到“6731.jpg”和“6868.jpg”文件之间，如图5-161所示。

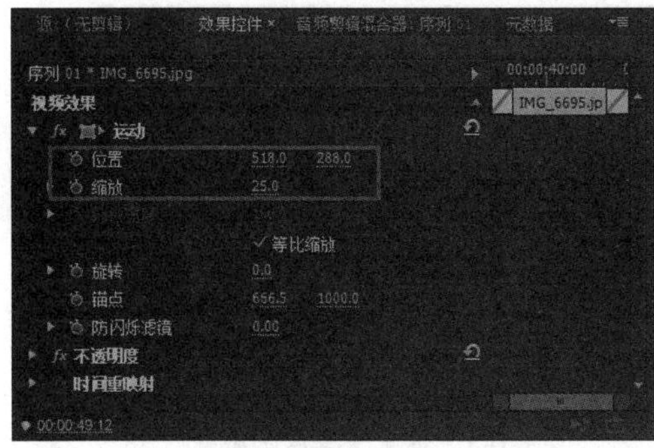

图5-160 修改参数

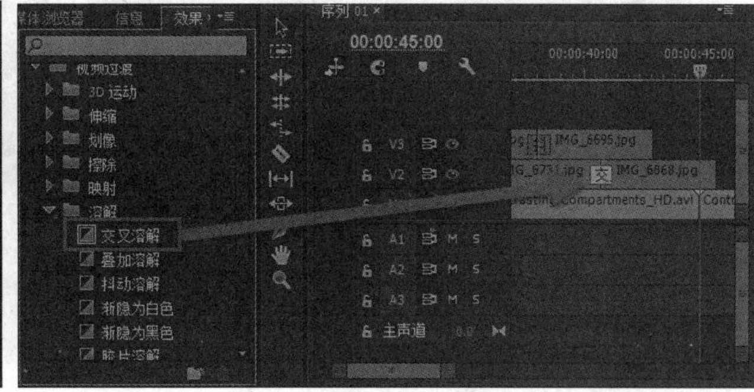

图5-161 添加“交叉溶解”转场

38 选择“时间轴”面板中的“6868.jpg”文件，打开“效果控件”面板，设置“位置”参数为209、288，“缩放”参数为25，如图5-162所示。

39 在素材库中选择“6912.jpg”文件，将其拖到V3轨道中并设置区间为00:00:43:01至00:00:48:21。打开“效果”面板，打开“视频过渡”文件夹，选择“溶解”文件夹中的“抖动溶解”转场，将其拖到“6695.jpg”和“6912.jpg”文件之间，如图5-163所示。

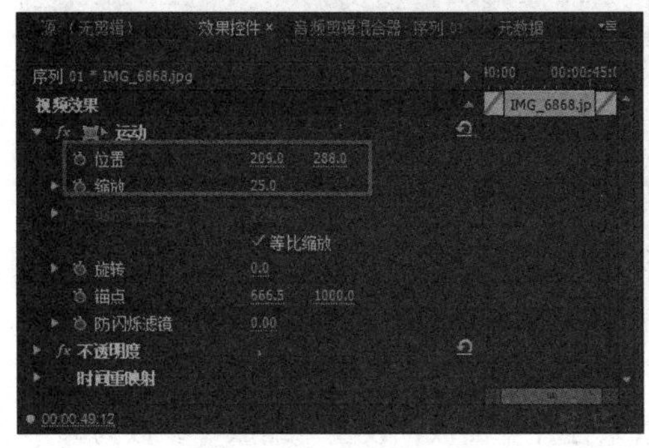

图5-162 修改参数

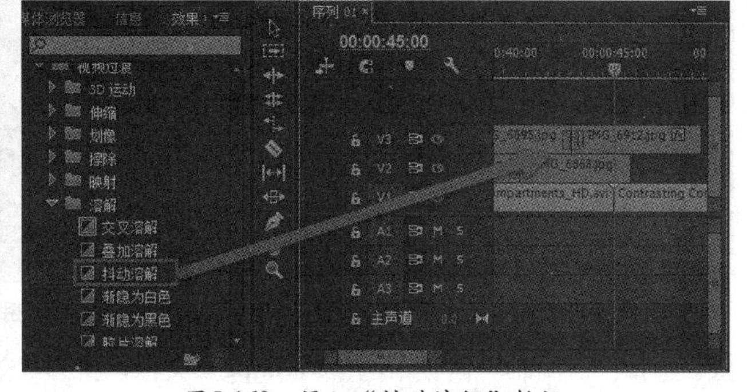

图5-163 添加“抖动溶解”转场

40 在“效果”面板中，打开“视频过渡”文件夹，选择“滑动”文件夹中的“推”转场，将其拖到“6912.jpg”文件的结束处，如图5-164所示。

41 选择“时间轴”面板中的“6912.jpg”文件，打开“效果控件”面板，设置“位置”参数为518、288，“缩放”参数为25，如图5-165所示。

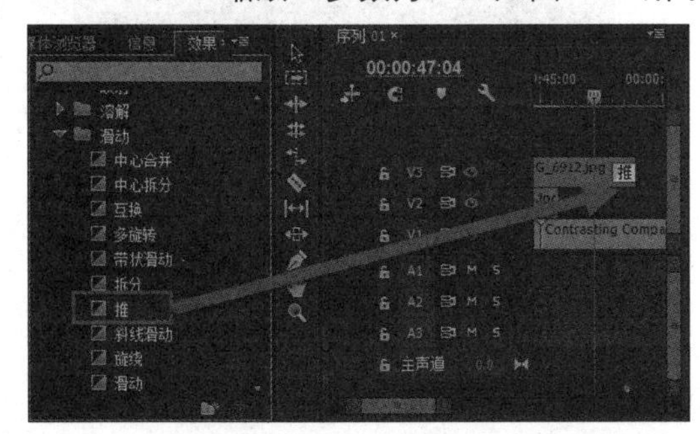

图5-164 添加“推”转场

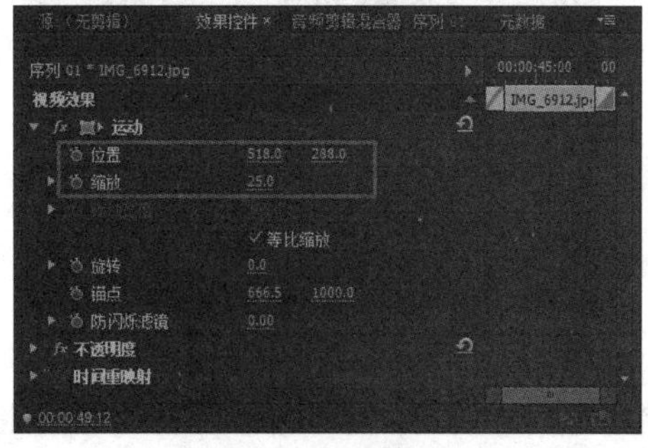

图5-165 修改参数

42 在素材库中选择“6978.jpg”文件，将其拖到V2轨道中，设置开始时间为00:00:45:18。打开“效果”面板，打开“视频过渡”文件夹，选择“溶解”文件夹中的“交叉溶解”转场，将其拖到“6868.jpg”和“6978.jpg”文件之间，如图5-166所示。

43 选择“时间轴”面板中的“6978.jpg”文件，打开“效果控件”面板，设置时间为00:00:49:12，单击“位置”和“缩放”前的“切换动画”按钮，设置“位置”参数为209、288，“缩放”参数为25，如图5-167所示。

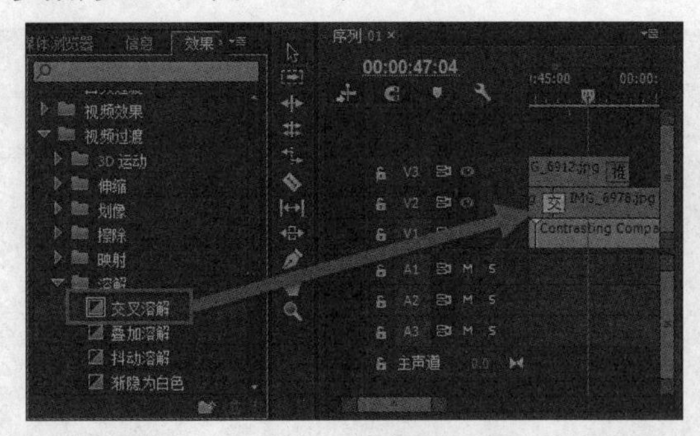

图5-166 添加“交叉溶解”转场

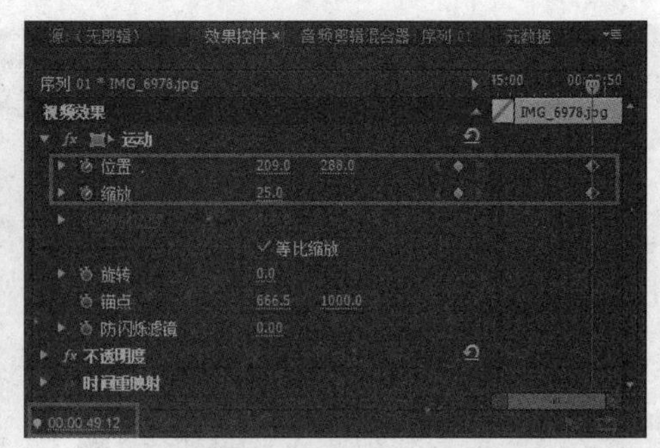

图5-167 设置第一处关键帧

44 设置时间为00:00:50:06，设置“位置”参数为360、288，“缩放”参数为35，如图5-168所示。

45 在素材库中选择“6996.jpg”文件，将其拖到V2轨道中并设置开始时间为00:00:50:18。打开“效果”面板，打开“视频过渡”文件夹，选择“缩放”文件夹中的“交叉缩放”转场，将其拖到“6978.jpg”和“6996.jpg”文件之间，如图5-169所示。

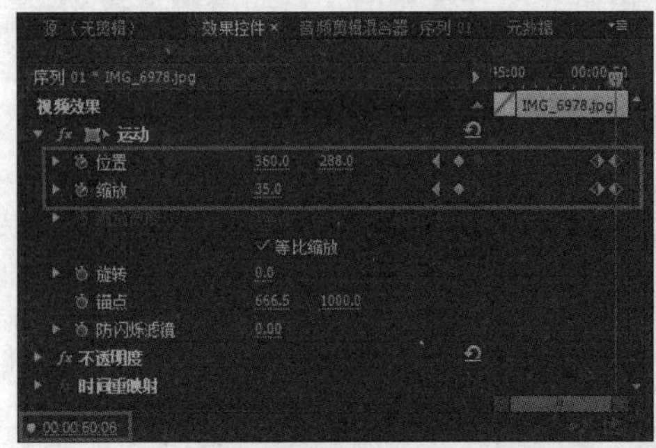

图5-168 设置第二处关键帧

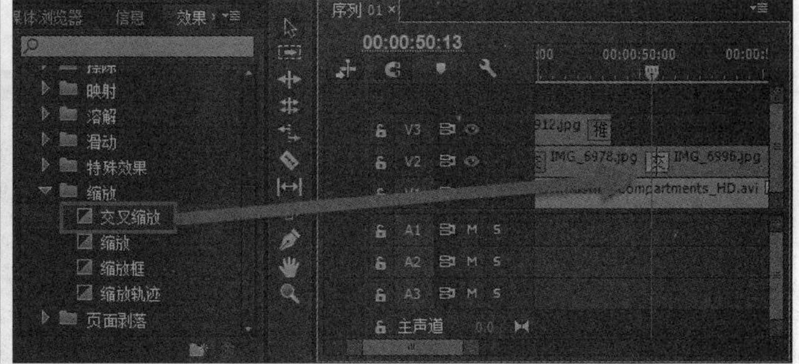

图5-169 添加“交叉缩放”转场

46 选择“时间轴”面板中的“6996.jpg”文件，打开“效果控件”面板，设置“缩放”参数为80，然后设置时间为00:00:51:05，单击“位置”前的“切换动画”按钮，设置“位置”参数为360、288，如图5-170所示。

47 设置时间为00:00:55:06，设置“位置”参数为360、687，如图5-171所示。

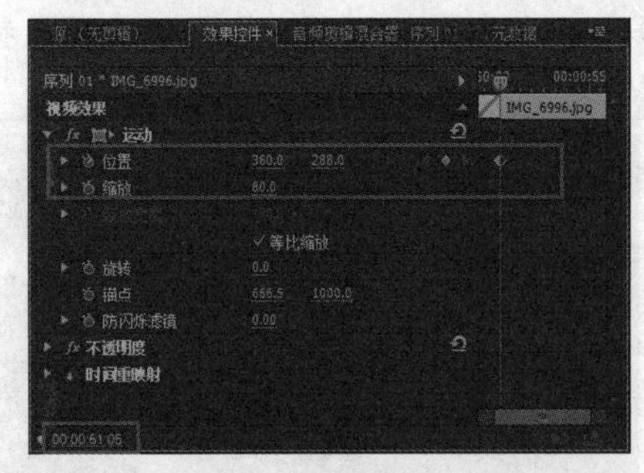

图5-170 修改参数及添加关键帧

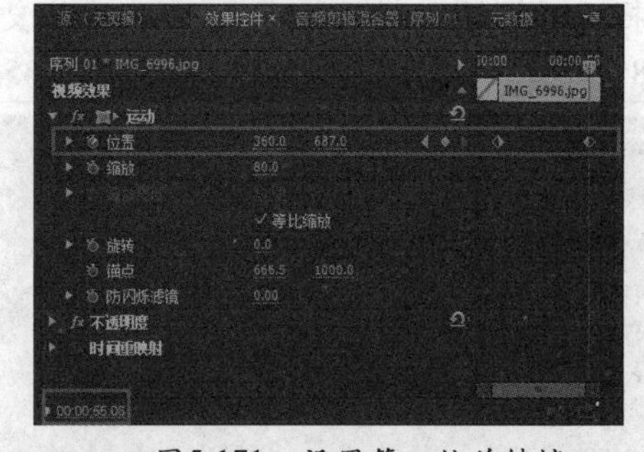

图5-171 设置第二处关键帧

48 在素材库中选择“6998.jpg”文件，将其拖到V2轨道中并设置开始时间为00:00:55:18。打开“效果”面板，打开“视频过渡”文件夹，选择“划像”文件夹中的“圆划像”转场，将其拖到“6996.jpg”和“6998.jpg”文件之间，如图5-172所示。

49 选择“时间轴”面板中的“6998.jpg”文件，打开“效果控件”面板，设置时间为00:00:55:18，设置“缩放”参数为50，如图5-173所示。

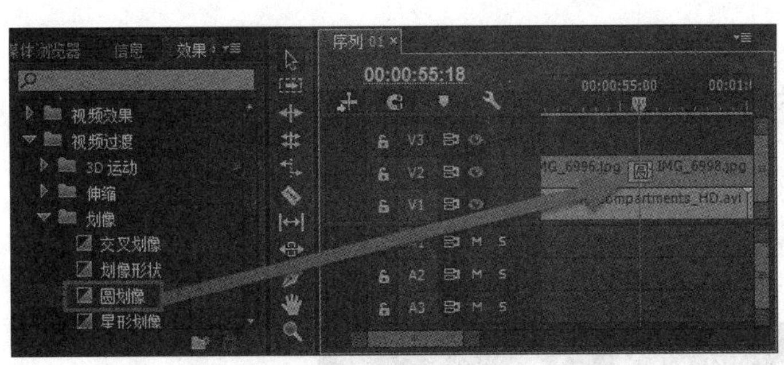

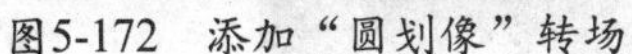
图5-172　添加“圆划像”转场

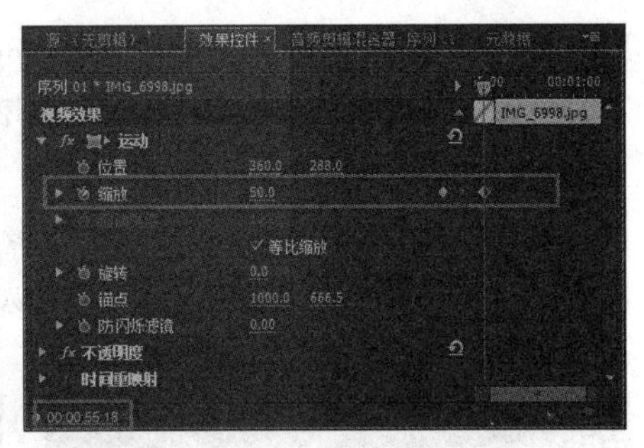

图5-173　设置第一处关键帧

50 设置时间为00:00:59:14，设置“缩放”参数为80，如图5-174所示。

51 在素材库中选择“6931.jpg”文件，将其拖到V2轨道中并设置开始时间为00:01:00:18，打开“效果”面板，打开“视频过渡”文件夹，选择“划像”文件夹中的“交叉划像”转场，将其拖到“6998.jpg”和“6931.jpg”文件之间，如图5-175所示。

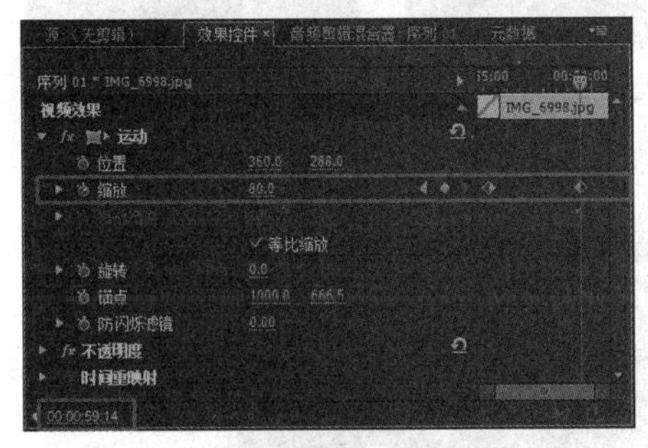

图5-174　设置第二处关键帧

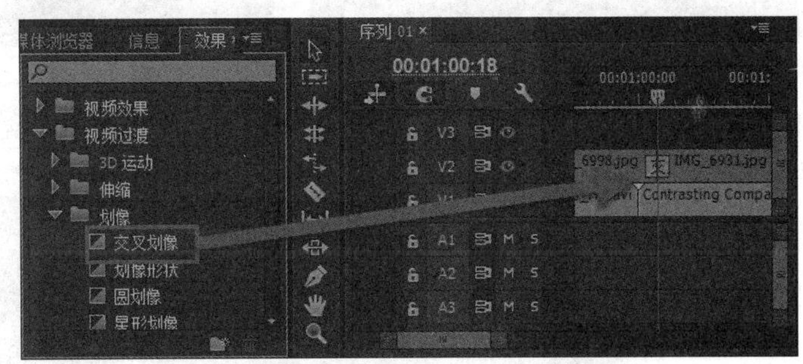

图5-175　添加“交叉划像”转场

52 选择“时间轴”面板中的“6931.jpg”文件，打开“效果控件”面板，设置时间为00:01:00:18，单击“缩放”前的“切换动画”按钮，添加关键帧，如图5-176所示。

53 设置时间为00:01:03:24，设置“缩放”参数为60，如图5-177所示。

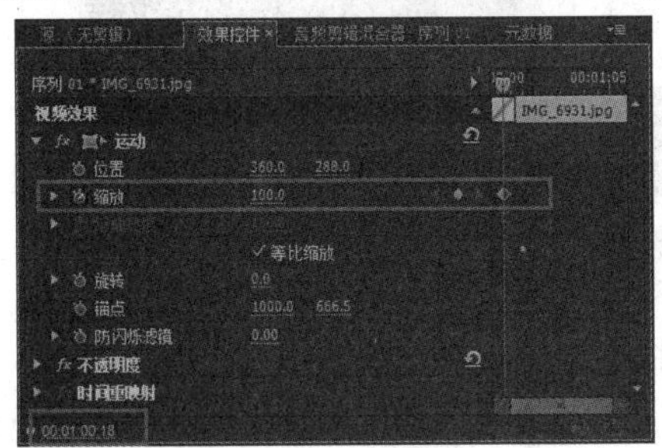

图5-176　添加关键帧

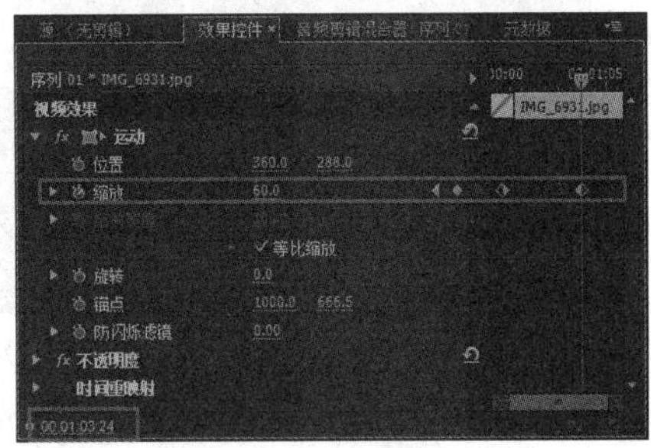

图5-177　设置第二处关键帧

54 在素材库中选择“6841.jpg”文件，将其拖到V2轨道中并设置开始时间为00:01:05:18，打开“效果”面板，打开“视频过渡”文件夹，选择“划像”文件夹中的“星形划像”转场，将其拖到“6931.jpg”和“6841.jpg”文件之间，如图5-178所示。

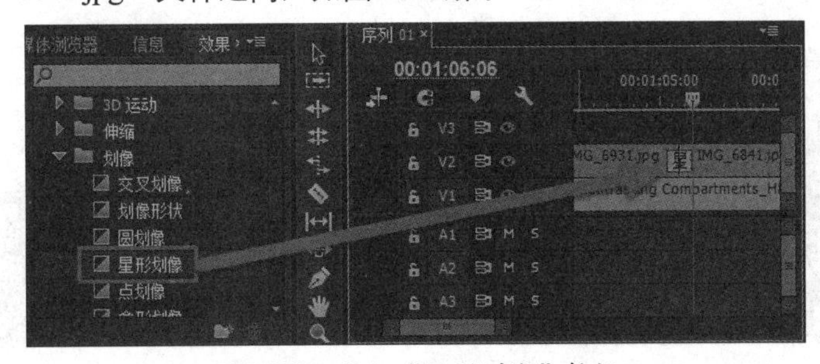

图5-178　添加“星形划像”转场

55 选择“时间轴”面板中的“6841.jpg”文件，打开“效果控件”面板，设置时间为00:01:06:06，单击“位置”和“缩放”前的“切换动画”按钮，设置“位置”参数为360、638，“缩放”参数为80，如图5-179所示。

56 设置时间为00:01:09:05，设置“位置”参数为360、884，“缩放”参数为100，如图5-180所示。

57 执行“字幕”|“新建字幕”|“默认静态字幕”命令，弹出“新建字幕”对话框，单击“确定”按钮，如图5-181所示。

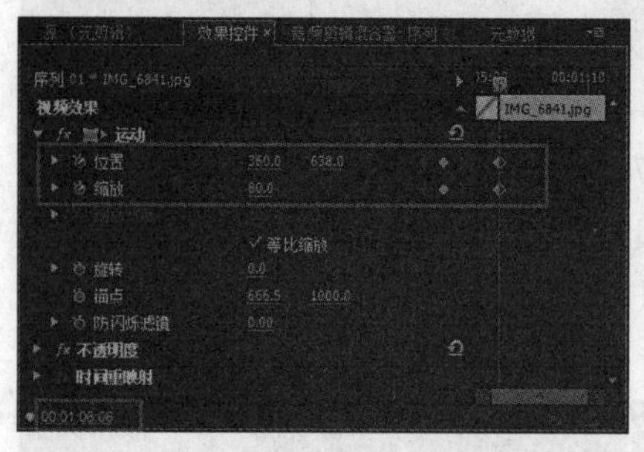

图5-179 设置第一处关键帧

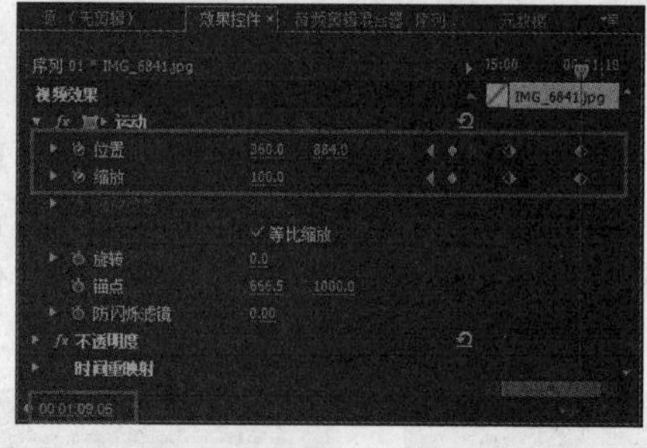

图5-180 设置第二处关键帧

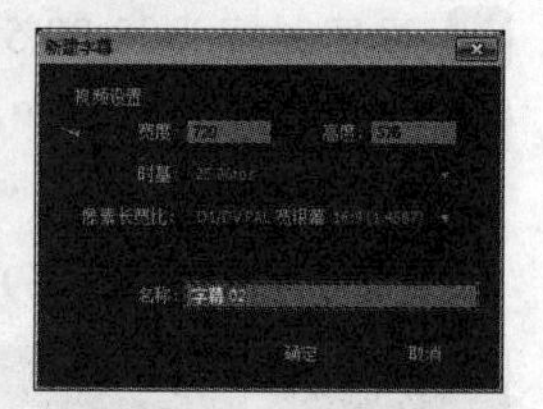

图5-181 新建字幕

58 弹出“字幕”编辑框，在其中输入字幕，设置字体、颜色、大小及阴影等参数，如图5-182所示。

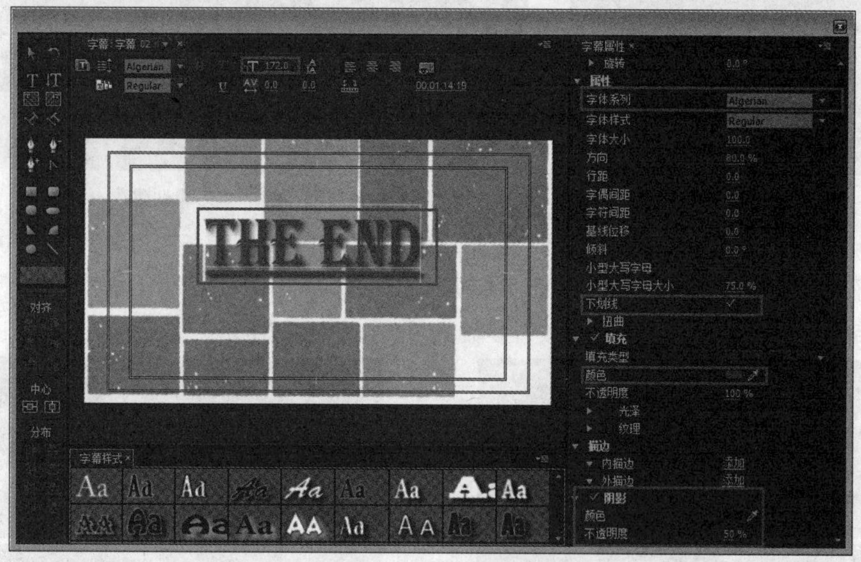

图5-182 编辑字幕

59 在素材库中选择“字幕02”，将其拖到V2轨道中并设置区间为00:01:10:18至00:01:14:24。打开“效果”面板，打开“视频过渡”文件夹，选择“页面剥落”文件夹中的“页面剥落”转场，将其拖到“6841.jpg”和“字幕02”素材之间，如图5-183所示。

60 选择拖入的“页面剥落”转场，双击鼠标左键，弹出“设置过渡持续时间”对话框，设置持续时间为2秒，单击“确定”按钮，如图5-184所示。

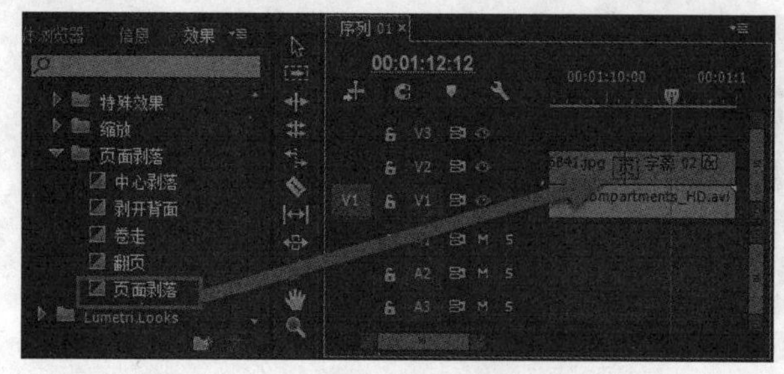

图5-183 添加“页面剥落”转场

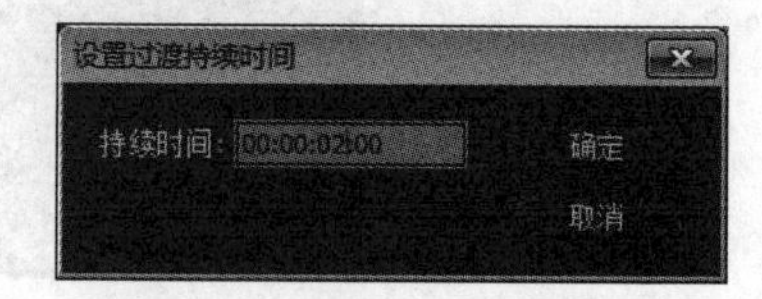

图5-184 设置转场持续时间

61 在素材库中选择“Your Smile.mp3”文件，将其拖到A1轨道中并设置开始时间为00:00:00:00，用“剃刀工具”将超出视频长度的部分音频剪掉并删除，如图5-185所示。

62 打开“效果”面板，打开“音频过渡”文件夹，选择“交叉淡化”文件夹中的“恒定功率”音频转场，将其拖到“Your Smile.mp3”的结束位置，如图5-186所示。

图5-185　添加音频及剪掉多余部分

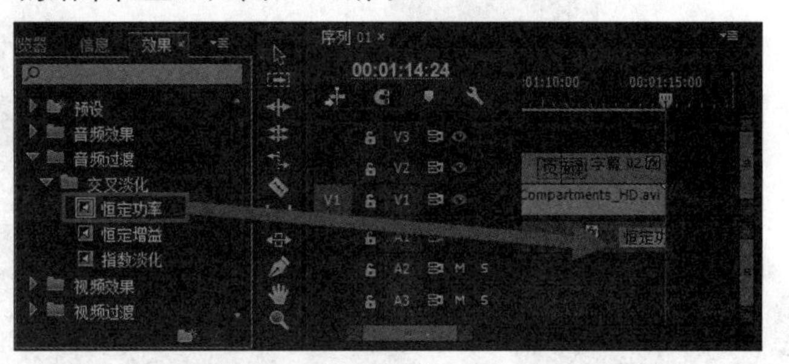

图5-186　添加音频转场

63 按回车键渲染影片，渲染完成后预览最终效果，如图5-187所示。

图5-187　预览最终效果

5.4 本章小结

本章主要介绍了视频转场特效的添加与应用以及各个转场特效的特点，并通过多个实例来使读者熟练掌握转场特效的应用。这些特效可以节省用户制作镜头过渡效果的时间，能够极大地提高用户的工作效率。在编辑影片时，用户可以非常方便地在两个视频素材衔接处添加转场特效，使影片的过渡自然、有吸引力。

第6章 字幕效果的制作与应用

使用文字效果是影视编辑处理软件中的一项基本功能，字幕处理除了可以帮助影片更完整地展现相关内容信息外，还可以起到美化画面、表现创意的作用。Premiere Pro CC的字幕设计提供制作视频作品所需的所有字幕特性，而且无需脱离Premiere Pro环境就能够实现。字幕设计器提供了各种文字编辑、属性设置以及绘图功能供设计人员进行字幕的编辑。

本章重点

- ◎ 新建字幕
- ◎ 静态字幕
- ◎ 滚动字幕
- ◎ 游动字幕
- ◎ 字幕样式
- ◎ 运动设置与动画实现

本章效果欣赏

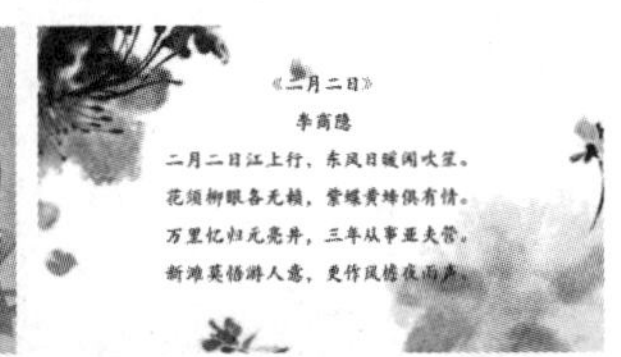

6.1 创建字幕素材

在Premiere Pro CC中，可以通过创建字幕剪辑制作需要添加到影片画面中的文字信息。

6.1.1 新建字幕

Premiere Pro CC中创建字幕有多种方式。

1. 通过“文件”菜单创建字幕

启动Premiere Pro CC，执行“文件”|“新建”|“字幕”命令，如图6-1所示。弹出“新建字幕”对话框，设置字幕名称，单击“确定”按钮，如图6-2所示，即可打开一个新的“字幕编辑器”面板，在该面板中就可以编辑字幕了。

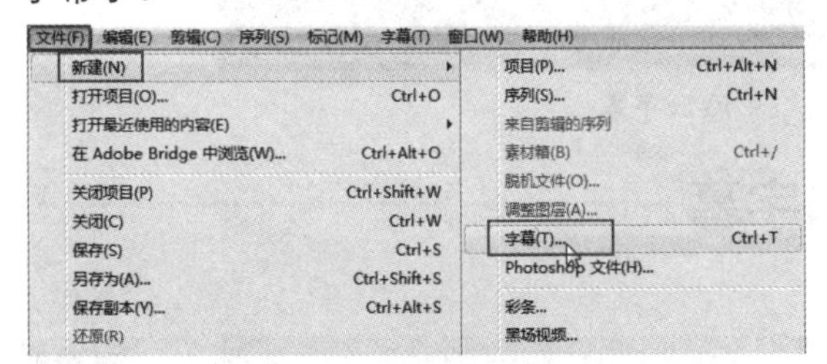

图6-1 执行“文件”|“新建”|“字幕”命令

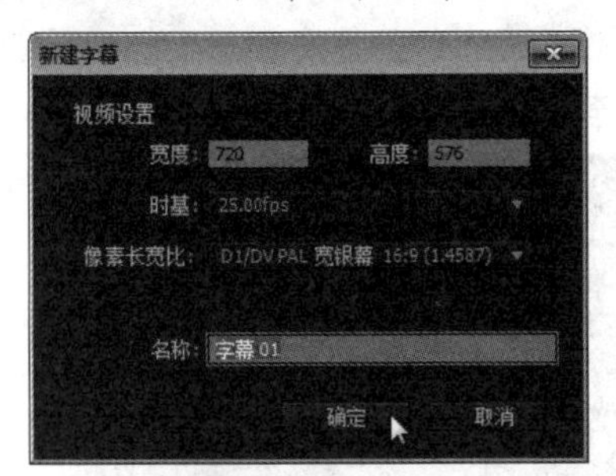

图6-2 新建字幕

2. 通过“字幕”菜单创建字幕

启动Premiere Pro CC，执行“字幕”|“新建字幕”|“默认静态字幕”命令，如图6-3所示。弹出“新建字幕”对话框，设置字幕名称，单击“确定”按钮，即可打开一个新的“字幕编辑器”面板。

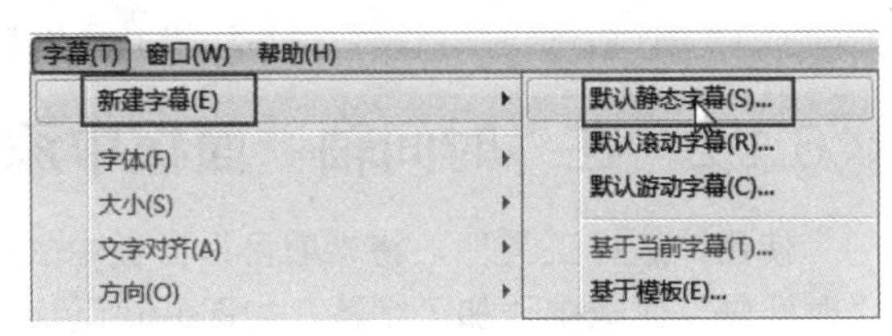

图6-3 执行“字幕”|“新建字幕”|“默认静态字幕”命令

3. 通过“新建项”按钮创建字幕

启动Premiere Pro CC，单击“项目”面板右下角的“新建项”按钮，在弹出的列表中选择“字幕”选项，如图6-4所示。弹出“新建字幕”对话框，设置字幕名称，单击“确定”按钮，即可创建需要的字幕文件。

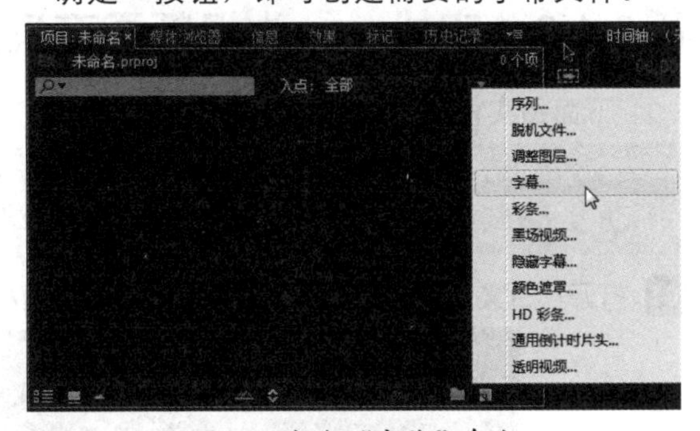

图6-4 执行“字幕”命令

4. 在“项目”面板中创建字幕

启动Premiere Pro CC，在“项目”面板中单击鼠标右键，执行“新建项目”|“字幕”命令，如图6-5所示，即可打开“新建字幕”对话框，在其中即可创建需要的字幕文件。

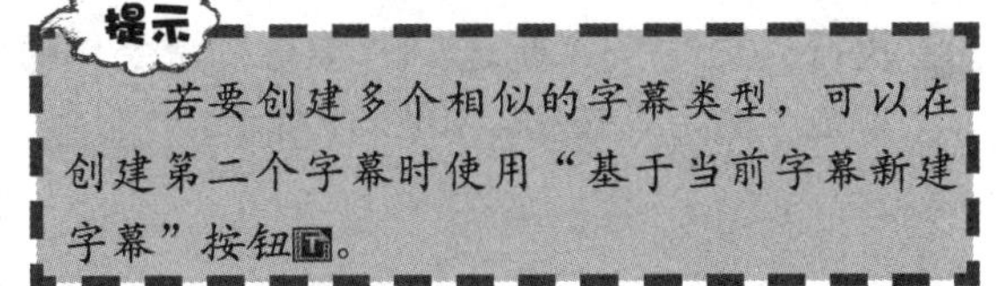

提示

若要创建多个相似的字幕类型，可以在创建第二个字幕时使用“基于当前字幕新建字幕”按钮。

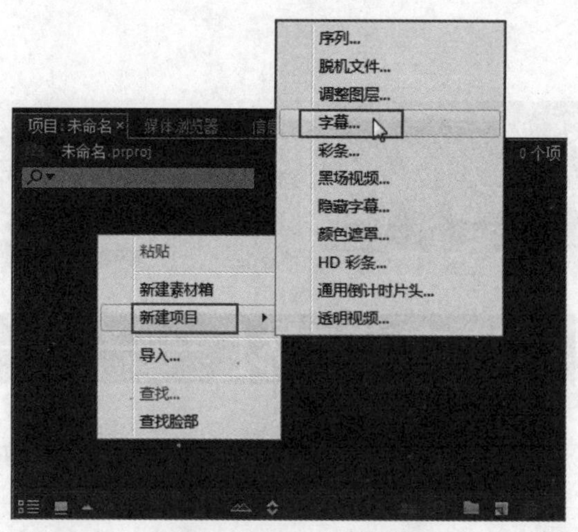

图6-5　执行“新建项目”|“字幕”命令

6.1.2　在“时间轴”面板中添加字幕

使用“选择工具”，将“项目”面板中的字幕文件拖到“时间轴”面板的视频轨中，就在“时间轴”面板中添加了字幕，如图6-6所示。

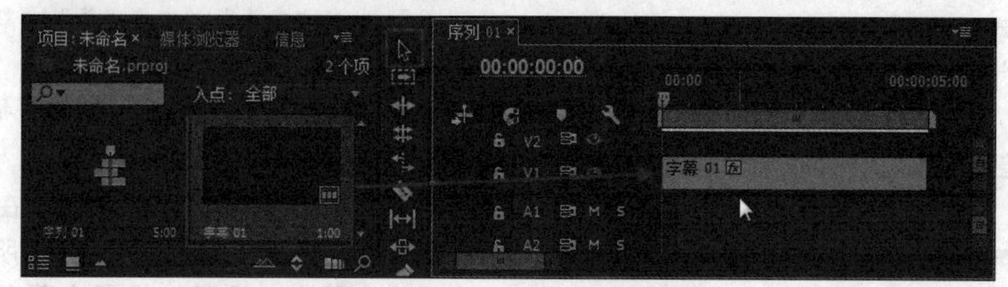

图6-6　在“时间轴”中添加字幕

6.1.3　实战——为视频画面添加字幕

下面用实例来具体介绍字幕的添加操作。

视频位置：DVD\视频\第6章\6.1.3 实战——为视频添加字幕.mp4

源文件位置：DVD\源文件\第6章\6.1.3

01 打开项目文件，在“项目”面板中选择图像素材，将其拖到“时间轴”中，如图6-7所示。

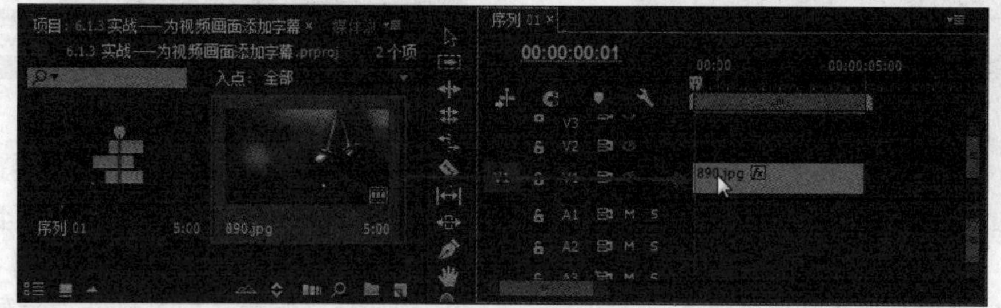

图6-7　添加图像素材

02 选择“时间轴”中的素材，打开“效果控件”面板，设置“缩放”参数为55，如图6-8所示。

03 执行“文件”|“新建”|“字幕”命令，弹出“新建字幕”对话框，设置视频宽度和高度，单击“确定”按钮，如图6-9所示。

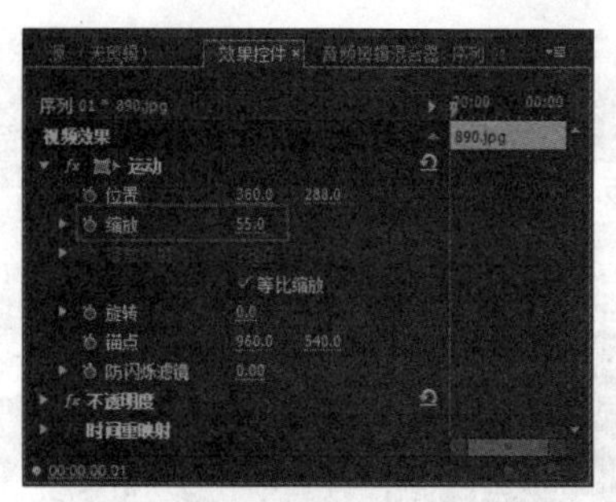

图6-8 设置“缩放”参数

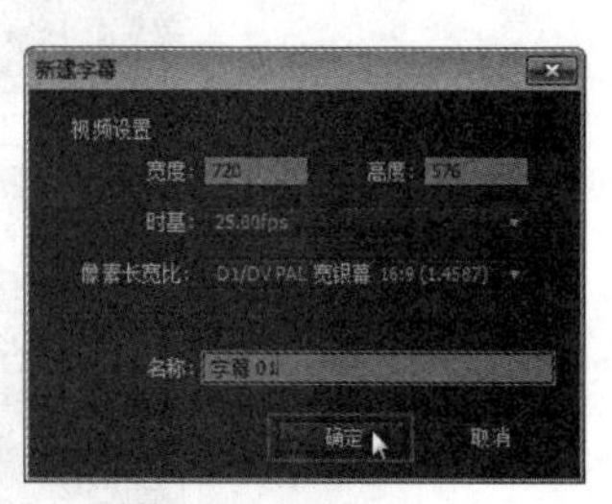

图6-9 新建字幕

04 弹出“字幕编辑器”，在其中输入字幕，设置字体、颜色参数，调整字幕的位置，如图6-10所示。设置完成后，单击右上角的“关闭”按钮☒。

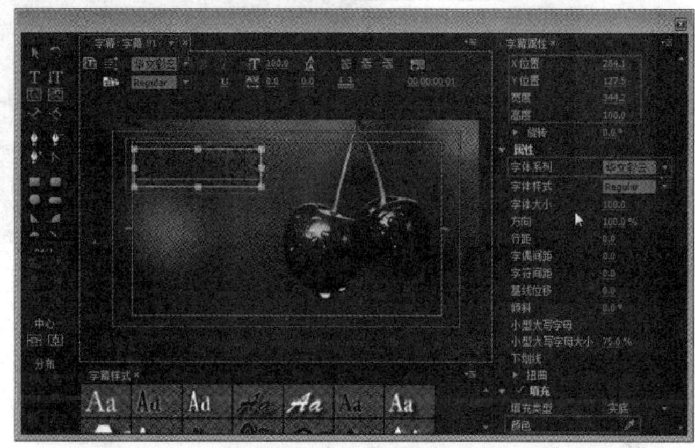

图6-10 输入并编辑字幕

05 在“项目”面板中选择字幕素材，将其拖到时间轴中，如图6-11所示。

图6-11 添加字幕素材

06 预览添加字幕前后的视频效果对比，如图6-12、图6-13所示。

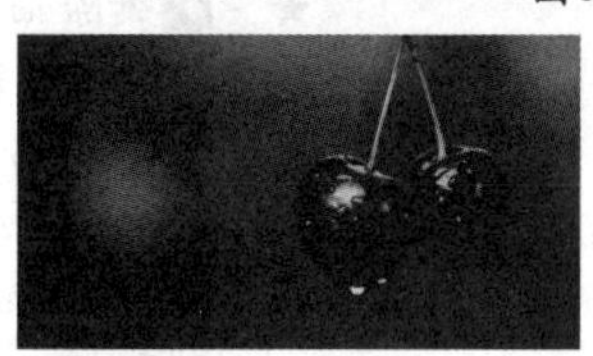

图6-12 原图像

图6-13 添加字幕的图像

新建字幕时，可以设置字幕的“宽”、“高”、“纵横比”等参数，一般情况下使用默认设置。

6.2 字幕编辑基本知识要点

本节简单介绍“字幕”面板和“字幕”菜单的内容和作用，这样可以方便读者更好地利用Premiere Pro CC这个工具来进行影视后期的编辑与处理操作。

6.2.1 “字幕”面板简介

执行“创建字幕”命令后，即可打开“字幕编辑器”对话框，如图6-14所示。

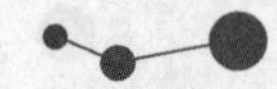

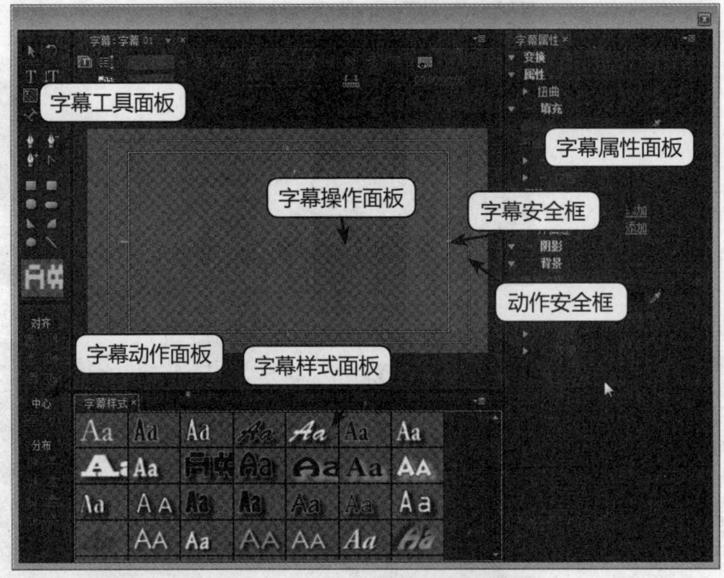

图6-14 “字幕编辑器”对话框

1. “字幕工具”面板

“字幕工具”面板中的工具可以用来在“字幕编辑”面板中创建字幕文本，绘制简单几何图形，还可以定义文本的样式，如图6-15所示。

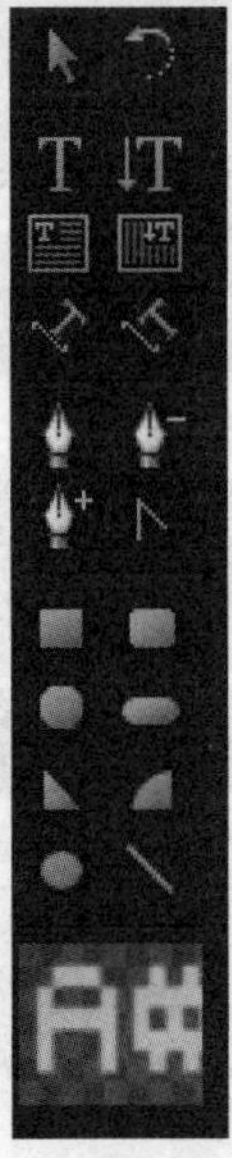

图6-15 字幕工具面板

下面对面板中的工具进行一一介绍。

★ 选择工具：用于在字幕编辑器中选择、移动、缩放文字对象或图像对象，配合Shift键使用，可以同时选择多个对象。

★ 旋转工具：用于对文本或图形对象进行旋转操作。

★ 文字工具：用于在“字幕编辑”面板中输入水平方向的文字。

★ 垂直文字工具：用于在“字幕编辑”面板中输入垂直方向的文字。

★ 区域文字工具：用于在“字幕编辑”面板中输入水平方向的多行文本。

★ 垂直区域文字工具：用于在“字幕编辑”面板中输入垂直方向的多行文本。

★ 路径文字：使用该工具可以创建出沿路径弯曲且平行于路径的文本。

★ 垂直路径文字：使用该工具可以创建出沿路径弯曲且垂直于路径的文本。

★ 钢笔工具：用于绘制和调整路径曲线。

★ 添加锚点工具：用于在所选曲线路径或文本路径上增加锚点。

★ 删除锚点工具：用于删除曲线路径和文本路径上的锚点。

★ 转换锚点工具：使用该工具单击路径上的锚点，可以调整锚点。

★ 矩形工具：用于在“字幕编辑”面板中绘制矩形，按住Shift键，同时单击该工具并拖动鼠标，可以绘制正方形。

★ 圆角矩形工具：用于在“字幕编辑”面板中绘制圆角矩形，绘制方法和矩形工具一样。

★ 切角矩形工具：用于在“字幕编辑”面板中绘制切角矩形。

★ 圆边矩形工具：用于在“字幕编辑”面板中绘制边角为圆形的矩形。

★ 楔形工具：用于在“字幕编辑”面板中绘制三角形。

★ 弧形工具：用于在“字幕编辑”面板中绘制弧形。

★ 椭圆形工具：用于在“字幕编辑”面板中绘制椭圆形。

★ 直线工具：用于在“字幕编辑”面板中绘制直线。

在编辑图形时，如果按住Shift键，可以保持图形的长宽比；按住Alt键，可以从图形的中心位置绘制。

提示

使用“钢笔工具”创建图形时，路径上的控制点越多，图形的形状越精细，但过多的控制点不利于修改。建议控制点的数量在不影响效果的情况下要尽可能减少。

2．“字幕动作”面板

“字幕动作”面板主要用于对单个对象或者多个对象进行对齐、排列和分布的调整，如图6-16所示。

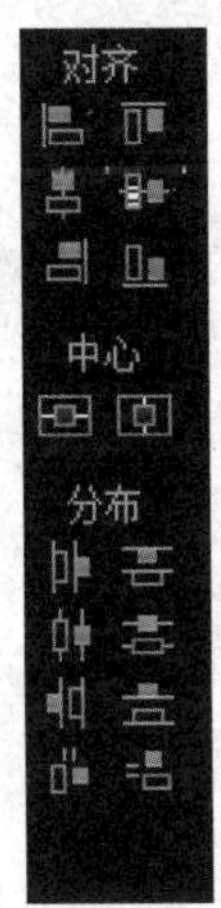

图6-16　字幕动作面板

在“对齐”选项组中可以对多个对象进行排列位置的对齐调整。

下面对面板中的工具进行一一介绍。

★ 水平靠左：使所选对象在水平方向上靠左边对齐。

★ 垂直靠上：使所选对象在垂直方向上靠顶部对齐。

★ 水平居中：使所选对象在水平方向上居中对齐。

★ 垂直居中：使所选对象在垂直方向上居中对齐。

★ 水平靠右：使所选对象在水平方向上靠右边对齐。

★ 垂直靠下：使所选对象在垂直方向上靠底部对齐。

在“中心”选项组中可以调整对象的位置。

★ 垂直居中：移动对象使其垂直居中。

★ 水平居中：移动对象使其水平居中。

在“分布”选项组中可以使选中的对象按一定的方式进行分布。

★ 水平靠左：对多个对象进行水平方向上的左对齐分布，并且每个对象左边缘之间的间距相同。

★ 垂直靠上：对多个对象进行垂直方向上的顶部对齐分布，并且每个对象上边缘之间的间距相同。

★ 水平居中：对多个对象进行水平方向上的居中均匀对齐分布。

★ 垂直居中：对多个对象进行垂直方向上的居中均匀对齐分布。

★ 水平靠右：对多个对象进行水平方向上的右对齐分布，并且每个对象右边缘之间的间距相同。

★ 垂直靠下：对多个对象进行垂直方向上的底部对齐分布，并且每个对象下边缘之间的间距相同。

★ 水平等距间隔：对多个对象进行水平方向上的均匀分布对齐。

★ 垂直等距间隔：对多个对象进行垂直方向上的均匀分布对齐。

3．“字幕操作”面板

“字幕操作”面板包括效果设置按钮区域和“字幕编辑”面板，，如图6-17所示。

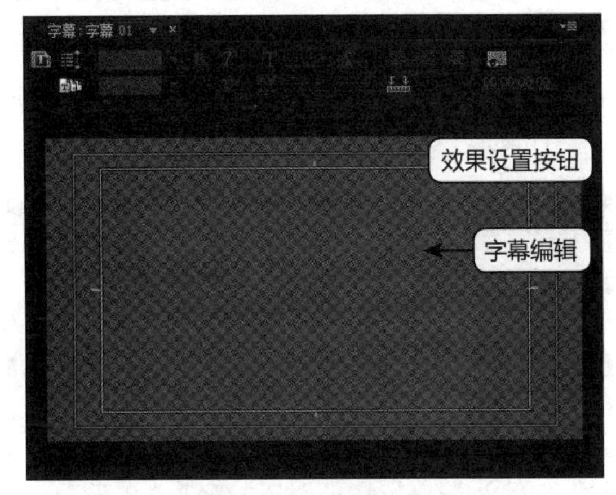

图6-17　“字幕操作”面板

效果设置按钮用于新建字幕、设置字幕动画类型、设置文本字体、字号、字体样式、对齐方式等常用的字幕文本编辑。下面对这些按钮进行一一介绍。

★ 基于当前字幕创建新字幕：用于创建新字幕，且新字幕中将保留与当前字幕面板相同的内容，以便在当前字幕内容的基础上编辑新的字幕效果。

★ 滚动/游动选项：用于对字幕的类型和运动方式进行设置。

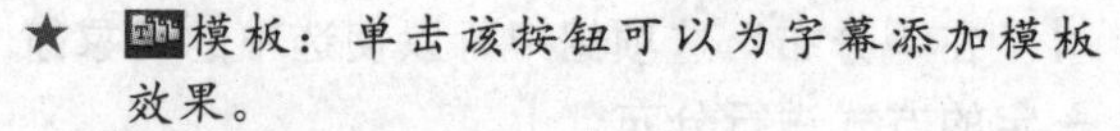

★ 模板：单击该按钮可以为字幕添加模板效果。

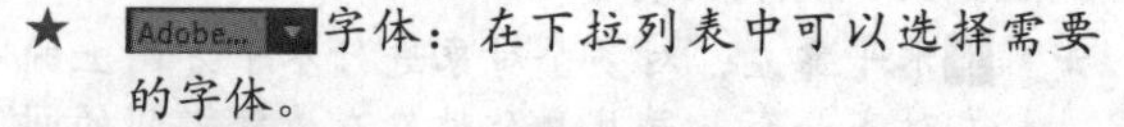

★ Adobe... 字体：在下拉列表中可以选择需要的字体。

★ Regular 样式：在下拉列表中可以选择需要的文本样式。

★ 粗体：单击该按钮可以将所选文本对象设置为粗体。

★ 斜体：单击该按钮可以将所选文本对象设置为斜体。

★ 下划线：单击该按钮可以将所选文本对象设置为下划线。

★ 大小：在该选项的文字按钮上按住鼠标左键并左右拖动，或直接单击并输入数值，可以设置字号。

★ 字偶间距：通过调整文字按钮或直接单击并输入数值，可以设置文本字符间距。

★ 行距：通过调整文字按钮或直接单击并输入数值，可以设置文本段落中文字行之间的间距。

★ 靠左：单击该按钮可以将所选文本段落对象设置为靠左对齐。

★ 居中：单击该按钮可以将所选文本段落对象设置为居中对齐。

★ 右侧：单击该按钮可以将所选文本段落对象设置为靠右对齐。

★ 显示背景视频：用于在字幕编辑区域中显示合成序列中当前时间指针所在位置的图像。

★ 制表位：用于对所选段落文本的制表位进行设置，对段落文本进行排列的格式化处理。

提示

“字幕编辑”面板是对字幕内容进行编辑操作的主要区域，在其中可以实时预览当前的编辑效果。其中有两个实线框，外部线框是运动安全框，内部是字幕安全框。如果文字或图形在动作安全框外，那么它们可能不会在某些NTSC制式的显示器或电视中显示出来，即使显示了，也会出现模糊或变形的情况。

4．“字幕样式”面板

“字幕样式”面板在“字幕编辑器”的底部，可以直接选择应用或通过“菜单”命令应用一个样式中的部分内容，还可以自定义新的字幕样式或导入外部样式文件。字幕样式是编辑好了的字体、填充色、描边以及投影等效果的预设样式，如图6-18所示。

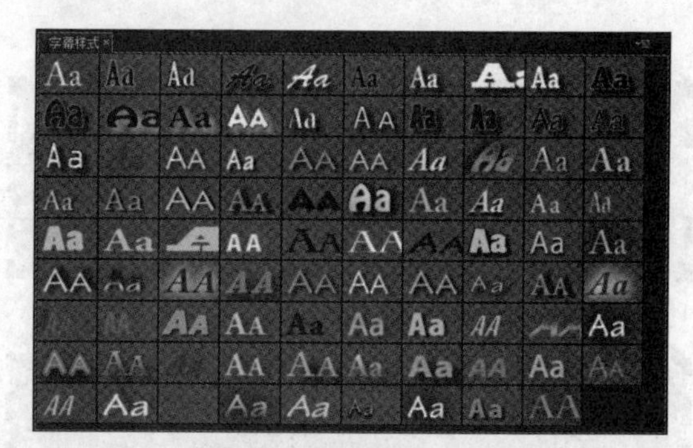

图6-18 “字幕样式”面板

5．“字幕属性”面板

“字幕属性”面板中的选项可以用来对字幕文本进行多种效果和属性的设置，包括变换效果设置、字体属性设置、文本外观设置等，如图6-19所示。

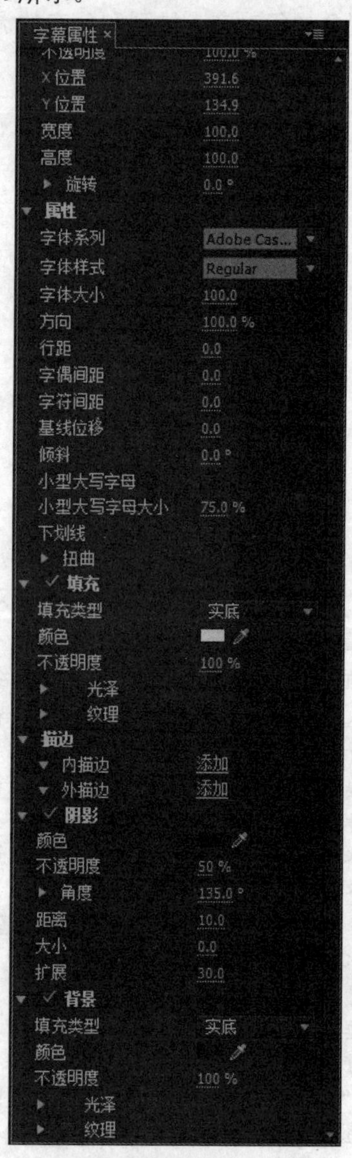

图6-19 “字幕属性”面板

在“变换”选项组中可以调整文本对象的位置、大小、不透明度及旋转角度，如图6-20所示。

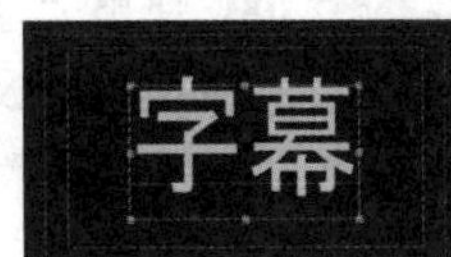

图6-20 变换

在“属性”选项组中可以设置文本对象的字体、字体样式、字体大小、字符间距、行距、倾斜、字母大写方式、下划线、字符扭曲等属性，如图6-21所示。

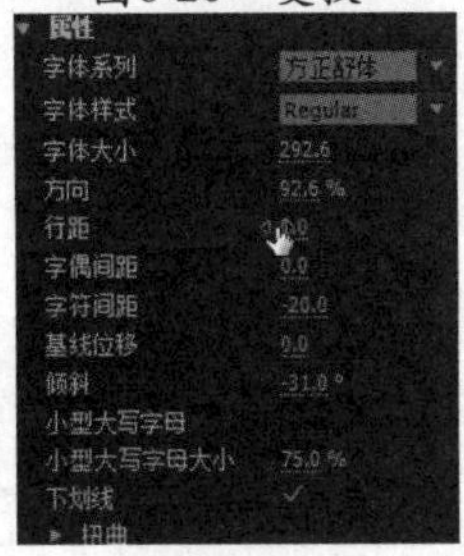

图6-21 属性

在“填充”选项组中可以设置文本对象的填充样式、填充色、光泽、填充纹理等效果，如图6-22所示。

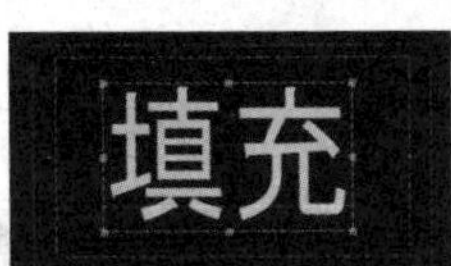

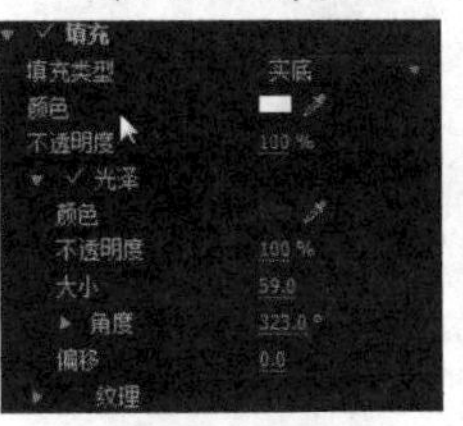

图6-22 填充

对文本对象的轮廓边缘描边，包括内描边和外描边两种方式，还可以根据需要为文本添加多层描边效果，如图6-23所示。

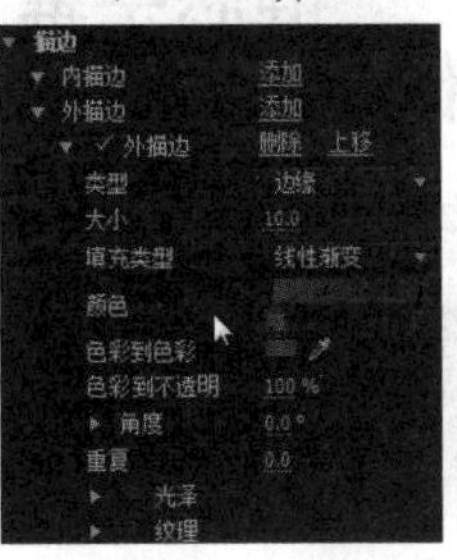

图6-23 描边

添加描边效果时，若设置填充类型为“消除”，可制作出透明标题的效果。

在“阴影”选项组中可以为字幕文本设置阴影效果。添加“阴影”效果后，可以对阴影的颜色、不透明度、角度、距离、大小、扩展等进行设置，如图6-24所示。

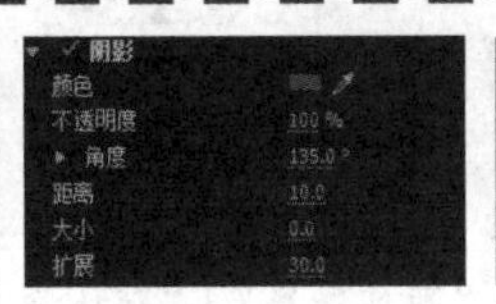

图6-24 阴影

提示

在设置“阴影”参数时，通过设置“角度”、“大小”、“不透明度”等属性可制作出不同的阴影效果。

在“背景”选项组中可以为文本设置背景填充效果，如图6-25所示。

图6-25 背景

6.2.2 “字幕”菜单简介

“字幕”菜单用于修改文字和图形对象的视觉属性，包括字体、大小、文字对齐方式、方向、位置等，如图6-26所示。

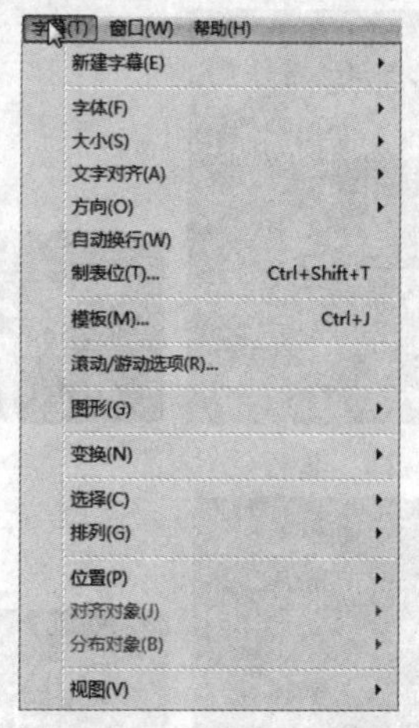

图6-26 “字幕”菜单

6.2.3 实战——静态字幕的制作

下面用实例来具体介绍静态字幕的制作。

视频位置：DVD\视频\第6章\6.2.3 实战——静态字幕的制作.mp4

源文件位置：DVD\源文件\第6章\6.2.3

01 启动Premiere Pro CC，新建项目，新建序列。执行“字幕”|“新建字幕”|“默认静态字幕”命令，如图6-27所示。

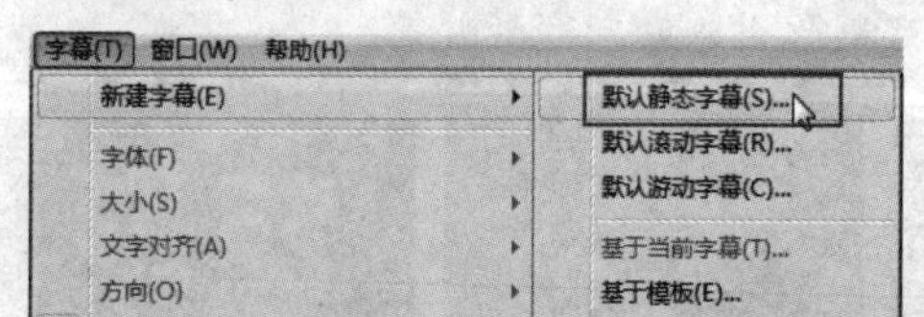

图6-27 执行“字幕”|“新建字幕”|“默认静态字幕”命令

02 弹出“新建字幕”对话框，设置字幕尺寸和名称，单击“确定”按钮，如图6-28所示。

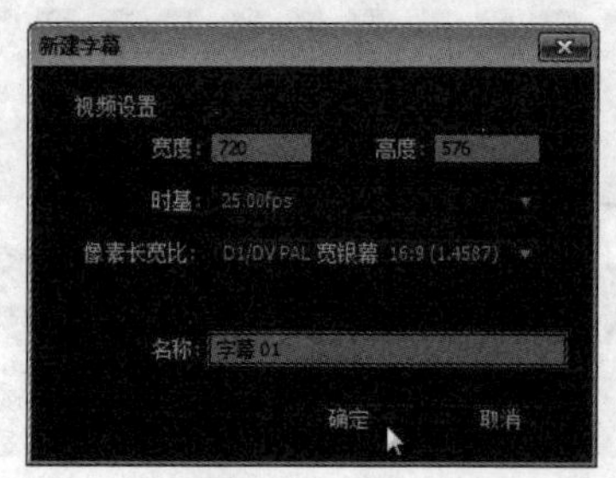

图6-28 新建字幕

03 弹出“字幕编辑器”对话框，在“字幕工具”面板选择“文字工具”T，然后在“字幕编辑”面板中单击鼠标，输入文本“金属字体”，如图6-29所示。

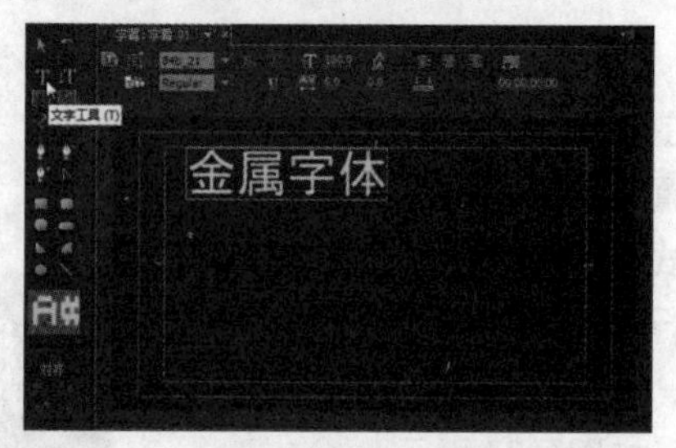

图6-29 输入文本

04 单击“字幕工具”面板的“选择工具”，将“选择工具”放在文本框的边缘，当鼠标变成双向箭头时，拖动鼠标来设置文本大小，如图6-30所示。

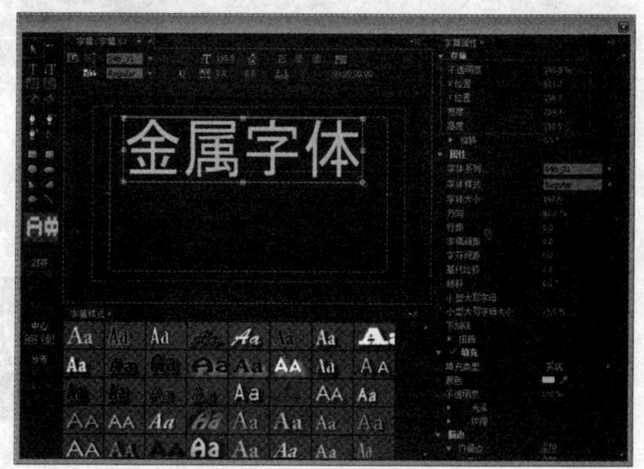

图6-30 设置文本大小

05 单击效果设置按钮区域的“字体”按钮，在下拉列表中选择“黑体”字体，如图6-31所示。

06 在“字幕动作”面板中，单击“中心”下的“垂直居中”按钮，使文本移动到垂直方向上居中的位置，如图6-32所示。

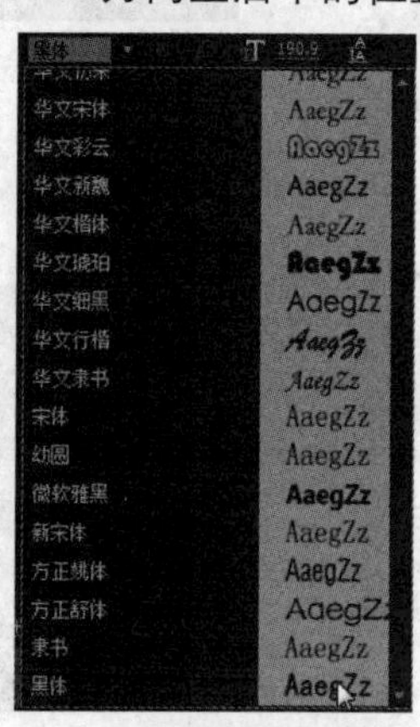

图6-31 设置字体

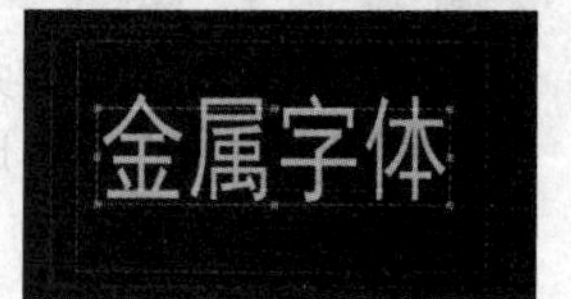

图6-32 垂直居中

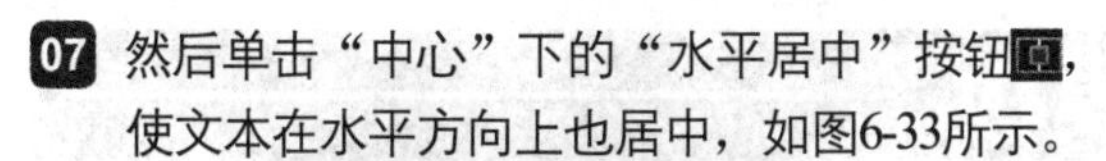

07 然后单击“中心”下的“水平居中”按钮，使文本在水平方向上也居中，如图6-33所示。

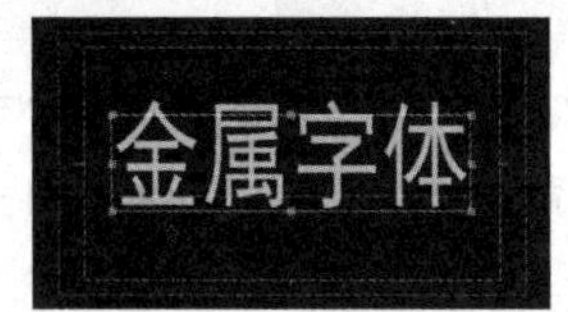

图6-33 水平居中

08 单击“填充颜色”后的色块，在弹出的“拾色器”中选择合适的颜色，单击“确定”按钮，如图6-34所示。

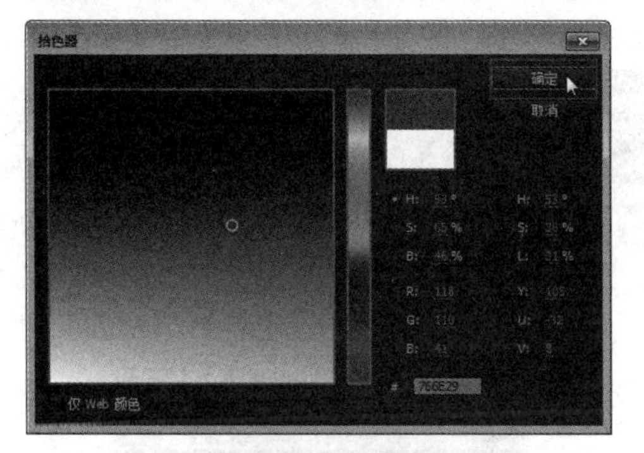

图6-34 选择颜色

09 在“字幕属性”面板中，单击“外描边”后面的“添加”按钮，并设置大小为3，如图6-35所示。

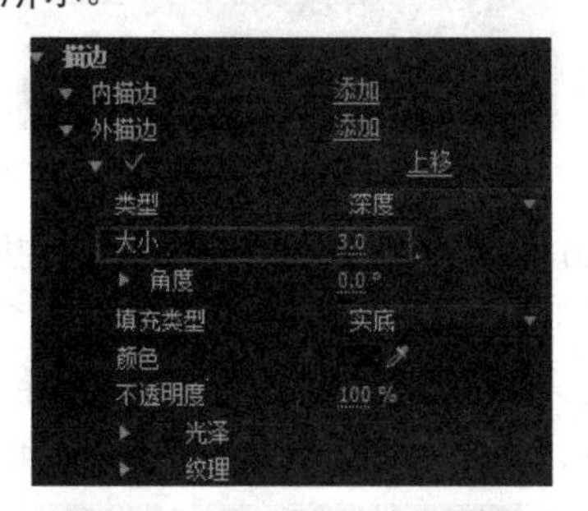

图6-35 “外描边”参数设置

10 勾选“阴影”复选项，为字幕添加阴影效果，然后单击“颜色”后的色块，如图6-36所示。

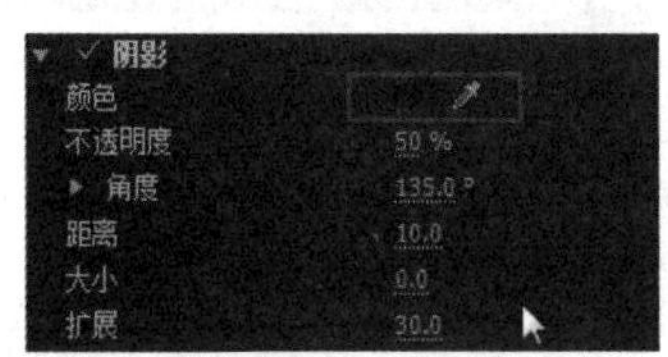

图6-36 单击色块

11 在弹出的“拾色器”对话框中选择合适的颜色，单击“确定”按钮，完成设置，如图6-37所示。

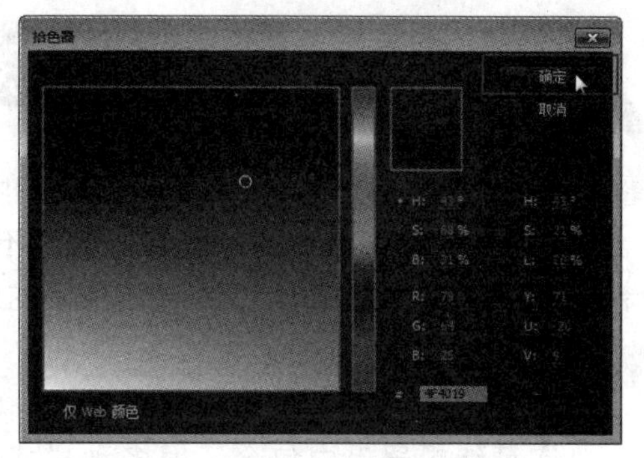

图6-37 选择颜色

12 设置阴影中的“不透明度”参数为100，“距离”参数为6，如图6-38所示。

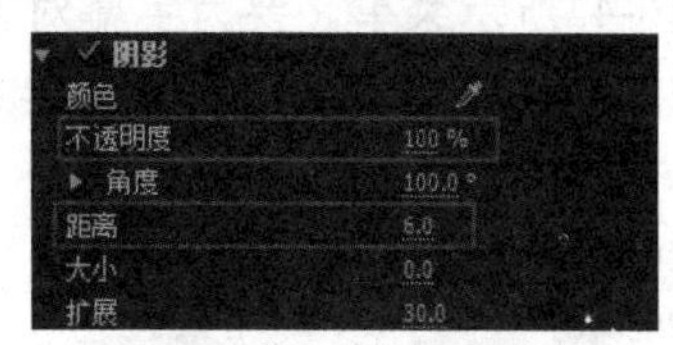

图6-38 设置阴影参数

13 在“字幕属性”面板中，勾选“填充”下的“光泽”复选项，单击“光泽”前的倒三角按钮，设置“大小”参数为93，“角度”参数为328°，如图6-39所示。

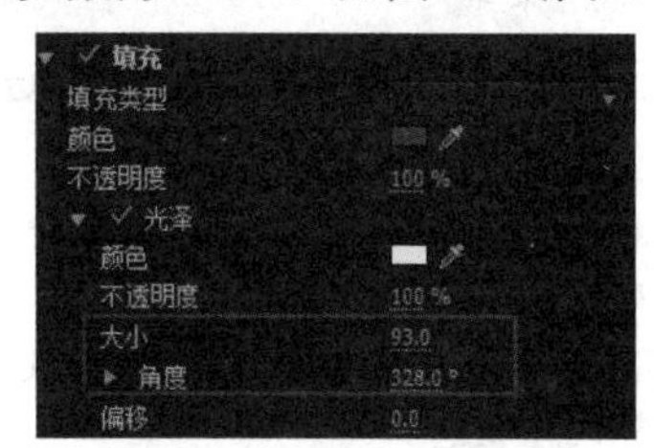

图6-39 设置光泽参数

14 关闭“字幕编辑器”，将字幕文件添加到“时间轴”中，如图6-40所示。

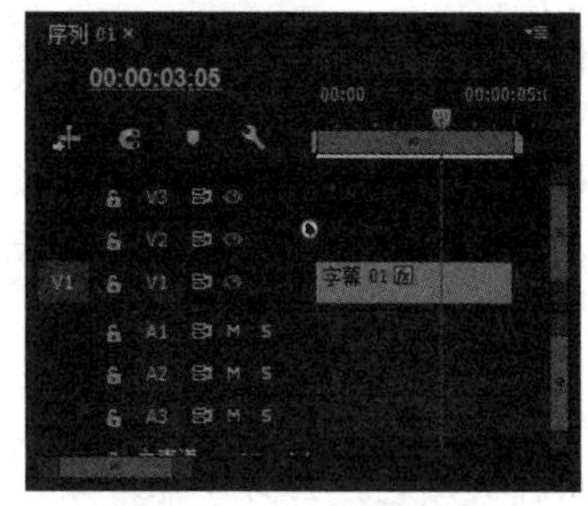

图6-40 添加到时间轴

15 预览字幕效果，如图6-41所示。

图6-41 预览效果

6.3 字幕样式和模板

Premiere Pro CC中预设了很多种字幕样式，使用这些样式可以大大简化创作流程。而字幕模板与字幕样式有所不同，字幕模板是背景图片、几何形状和占位文字的组合，使用模板可以很快地创建自己需要的图片主题。

6.3.1 字幕样式

"字幕编辑器"中包含了很多种样式类型，在样式库的空白区域单击鼠标右键，弹出图6-42所示菜单，在样式上单击鼠标右键，则弹出图6-43所示菜单。要为字幕对象应用样式，只需选中相应的文字，再单击样式库中的某个样式，即可为对象添加该样式。

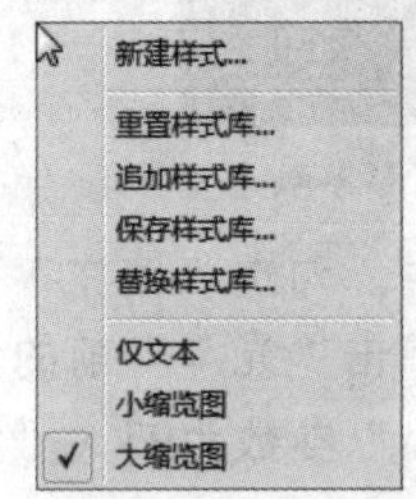

图6-42 样式库菜单一

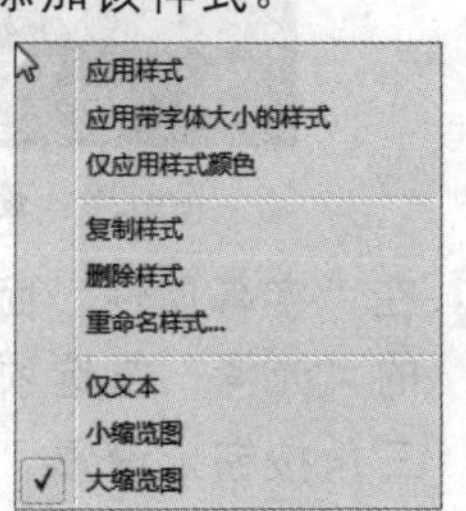

图6-43 样式库菜单二

下面对下拉菜单中的各选项进行一一介绍。

- ★ 新建样式：将用户自定义的字幕样式添加到样式库中，以便重复使用。
- ★ 重置样式库：将样式库中的样式恢复到默认字幕样式库状态。
- ★ 追加样式库：将保存的字幕样式添加到"字幕样式"面板中。
- ★ 保存样式库：将当前面板中的样式保存为样式库文件。
- ★ 替换样式库：用所选样式库中的样式替换当前的样式。
- ★ 应用样式：选择"字幕编辑"面板中的字幕对象，然后选择字幕样式库中需要的样式即可为对象应用该样式。
- ★ 应用带字体大小的样式：为对象应用该样式，并应用该样式的字体大小属性。
- ★ 仅应用样式颜色：只为字幕对象应用该样式的颜色属性。
- ★ 复制样式：将选择的样式复制一份。
- ★ 删除样式：将选中的样式删除。
- ★ 重命名样式：将选中的样式进行重新命名。

6.3.2 字幕模板

通常情况下，电视节目的制作中，经常要用到固定的栏目标题和新闻字幕，如果每次都重新设置其样式则比较麻烦。而应用字幕模板则可以解决该问题，提高工作效率。

这里用实例讲解Premiere Pro CC中字幕模板的制作、保存和调用的操作方法。

视频位置：DVD\视频\第6章\6.3.2 字幕模板.mp4
源文件位置：DVD\源文件\第6章\6.3.2

01 启动Premiere Pro CC，执行"字幕"|"新建字幕"|"默认静态字幕"命令，弹出"新建字幕"对话框，设置字幕名称及尺寸，单击"确定"按钮，如图6-44所示。

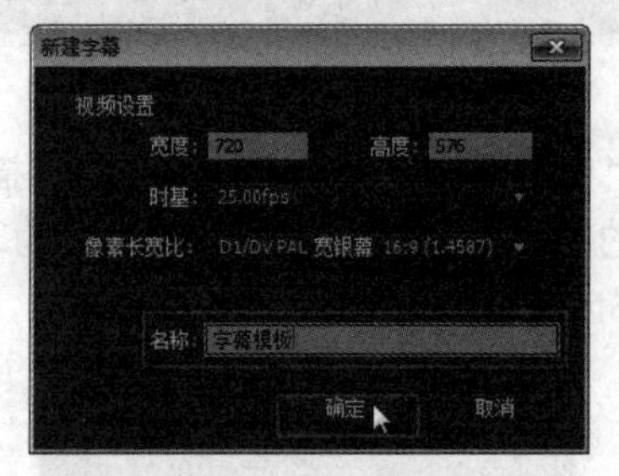

图6-44 新建字幕

02 弹出"字幕编辑器"对话框，执行"字幕"|"图形"|"插入图形"命令，弹出"导入图形"对话框，选择需要导入的图形文件，单击"打开"按钮，如图6-45所示。

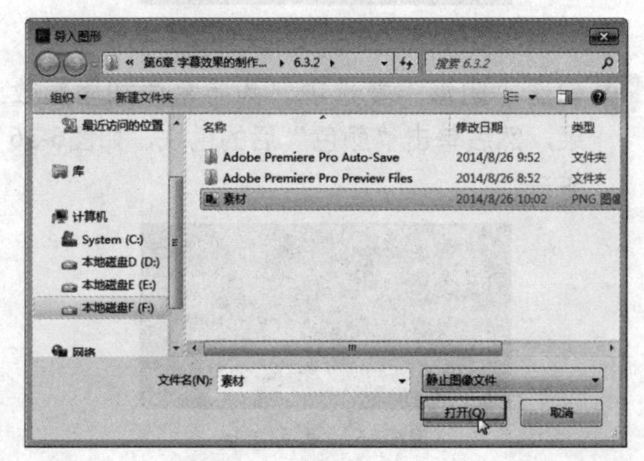

图6-45 单击"打开"按钮

03 导入图形后，单击"字幕编辑器"中的"选择工具"，移动图形的位置，如图6-46所示。

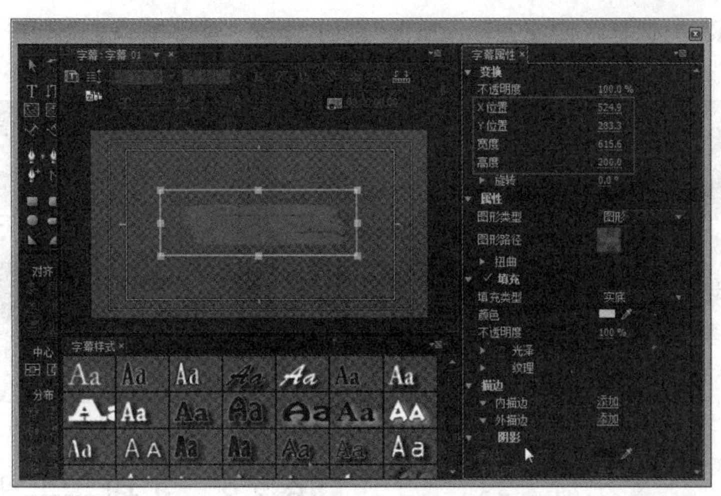

图6-46 移动图形

04 选择“文字工具”，在“字幕编辑”面板中单击鼠标，当面板中有光标闪烁时，输入文本“字幕模板”，如图6-47所示。

05 选择文本，在“字幕属性”面板中，单击的“字体系列”后的三角按钮，在展开的下拉列表中选择“华文行楷”字体，如图6-48所示。

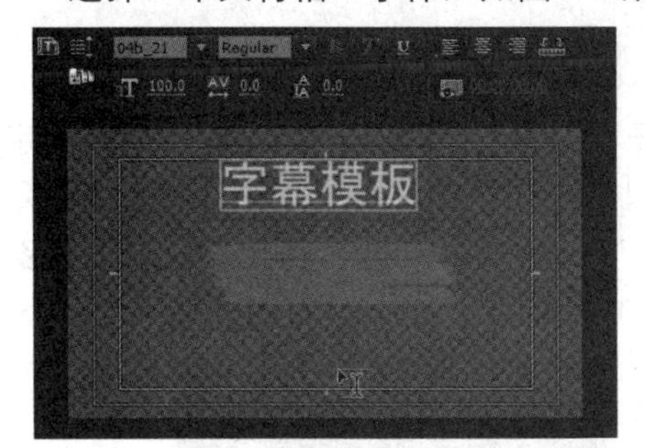

图6-47 输入文本

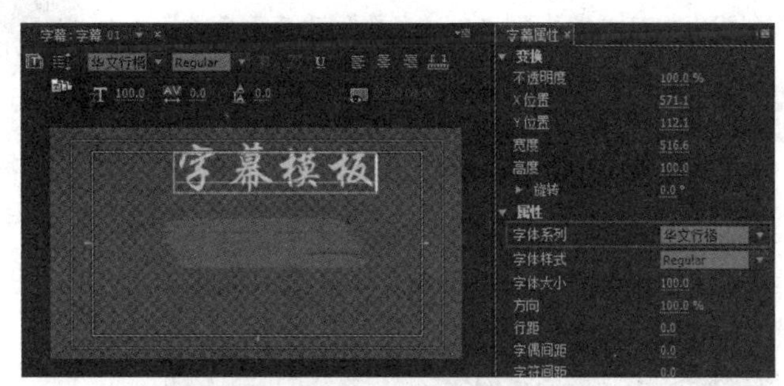

图6-48 设置字体

06 使用“选择工具”选择字幕，移动位置。将光标放在字幕边框的四角处，当光标显示为双向箭头时，按住鼠标左键并拖动鼠标，缩小字幕大小，如图6-49所示。

图6-49 移动并缩小字幕

07 单击“字幕编辑”面板上方的“模板”按钮，弹出“模板”对话框，单击对话框右边的三角按钮，在弹出的下拉列表中选择“导入当前字幕为模板”选项，如图6-50所示。

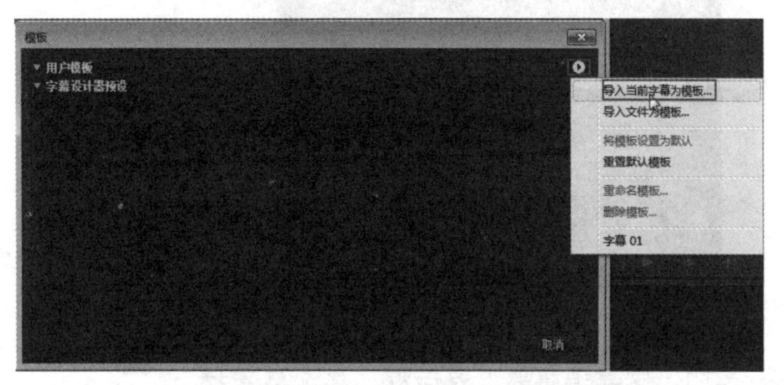

图6-50 选择“导入当前字幕为模板”选项

08 弹出“另存为”对话框，设置名称，如图6-51所示。

图6-51 设置名称

09 单击“确定”按钮，关闭对话框。执行“字幕”|“新建字幕”|“基于模板”命令，如图6-52所示。

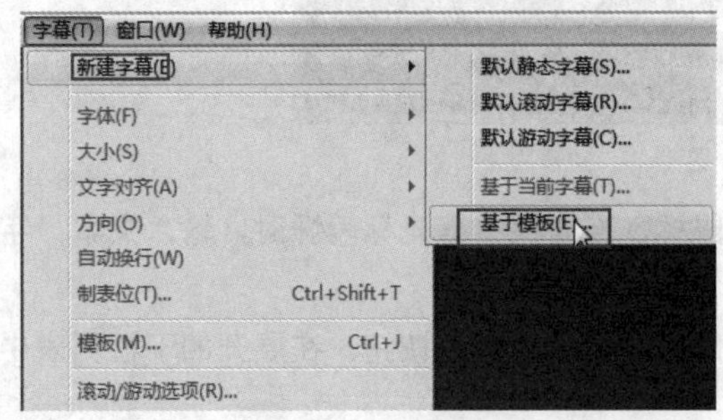

图6-52 执行“字幕”|“新建字幕”|“基于模板”命令

10 弹出“模板”对话框，设置字幕名称，单击“确定”按钮，如图6-53所示。

图6-53 选择模板

11 弹出“字幕编辑器”对话框，选择“文字工具”，选中“字幕模板”文本，输入新字幕“艺术画廊”，如图6-54所示。

图6-54 输入新字幕

12 关闭“字幕编辑器”对话框，将字幕素材拖入“源监视器”中并预览效果，如图6-55所示。

图6-55 预览效果

6.3.3 实战——为字幕添加合适的样式

下面用实例具体介绍为字幕添加样式的操作。

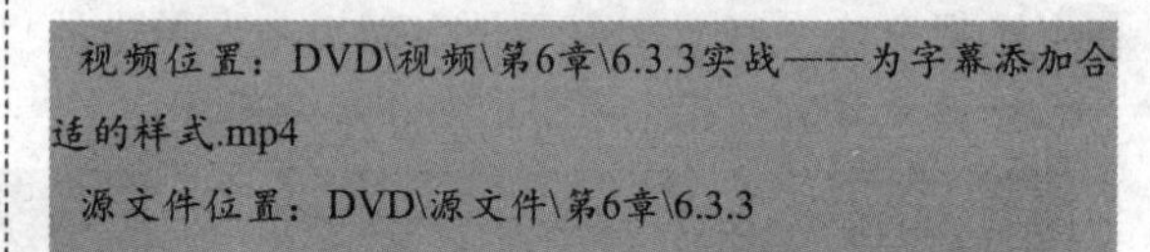
视频位置：DVD\视频\第6章\6.3.3实战——为字幕添加合适的样式.mp4

源文件位置：DVD\源文件\第6章\6.3.3

01 打开项目文件，执行“字幕”|“新建字幕”|“默认静态字幕”命令，弹出“新建字幕”对话框，单击“确定”按钮，如图6-56所示。

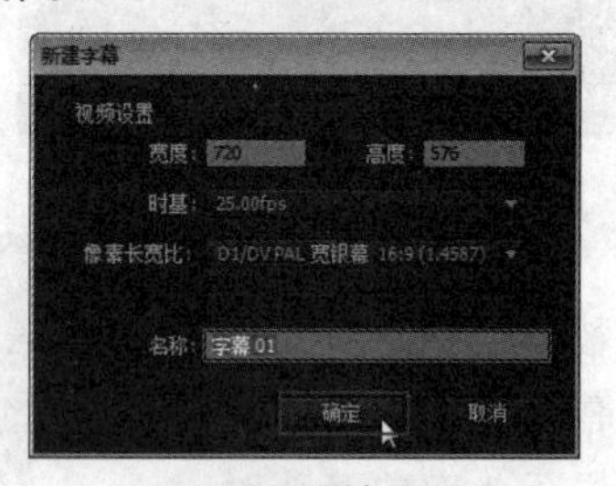

图6-56 新建字幕

02 弹出“字幕编辑器”对话框，在“字幕工具”面板中选择“文字工具”，如图6-57所示。

图6-57 选择“文字工具”

03 单击“字幕编辑”面板，当光标闪烁时输入字幕，如图6-58所示。

04 在“字幕样式”面板中，选择合适的样式，如图6-59所示，单击该样式即可将该样式应用到字幕上。

图6-58 输入字幕

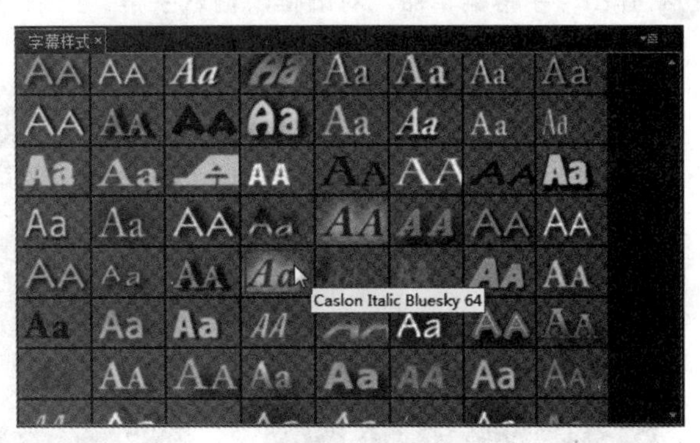

图6-59 选择样式

05 使用“选择工具”修改字幕的位置及大小，如图6-60所示，关闭“字幕编辑器”对话框。

图6-60 调整位置及大小

06 将“项目”面板中的字幕文件拖到“时间轴”中，如图6-61所示。

07 预览添加字幕后的视频效果，如图6-62所示。

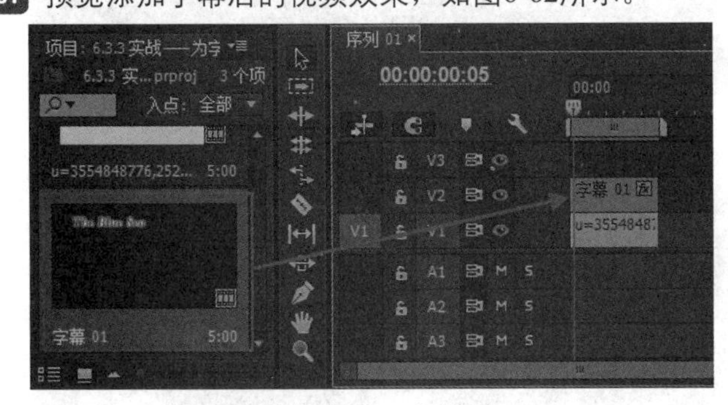

图6-61 将字幕添加到时间轴

图6-62 预览效果

6.4 字幕效果修饰

本节主要通过实例的制作来介绍对字幕效果修饰的操作。

视频位置：DVD\视频\第6章\6.4字幕效果修饰.mp4

源文件位置：DVD\源文件\第6章\6.4

01 打开项目文件，执行“字幕”|“新建字幕”|“默认静态字幕”命令，弹出“新建字幕”对话框，单击“确定”按钮，如图6-63所示。

02 弹出“字幕编辑器”对话框，输入字幕“童话世界”，设置字体为“方正胖头鱼简体”类型，选择填充为“四色渐变”类型，并设置相应颜色，如图6-64所示。

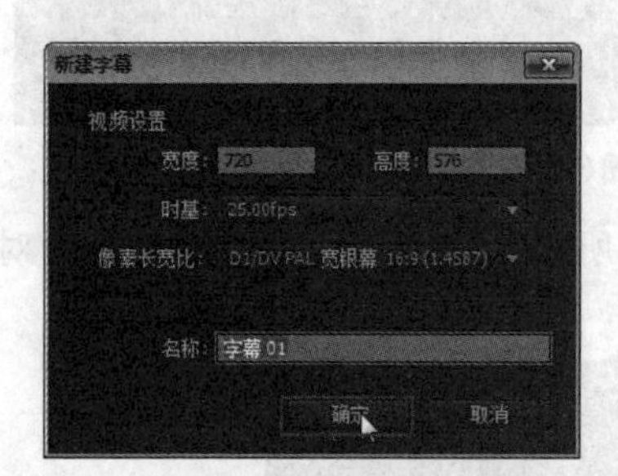

图6-63　新建字幕

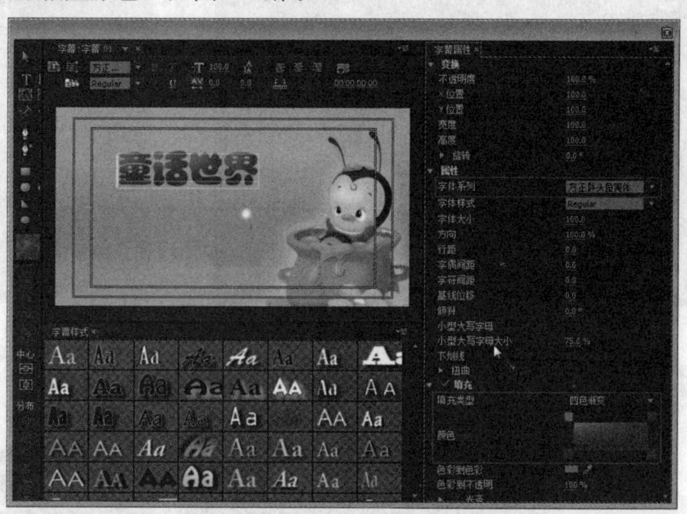

图6-64　设置文本字体及颜色

03 勾选“字幕属性”面板中的“阴影”复选项。单击“颜色”后的色块，选择“白色”类型，设置“不透明度”参数为100，“角度”参数为0，“距离”参数为0，“大小”参数为20，如图6-65所示。

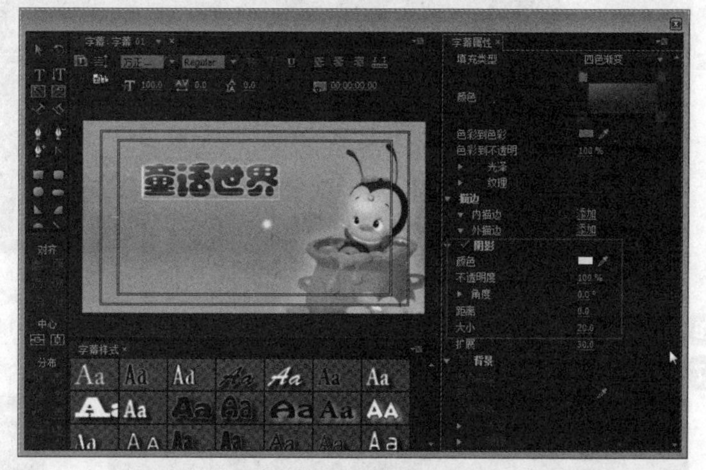

图6-65　设置阴影参数

04 使用“选择工具”调整文字大小和位置，如图6-66所示，关闭对话框。

图6-66　调整位置及大小

05 此时字幕文件自动保存在“项目”面板中，将“项目”面板中的字幕文件添加到“时间轴”中，如图6-67所示。

06 预览添加字幕后的效果，如图6-68所示。

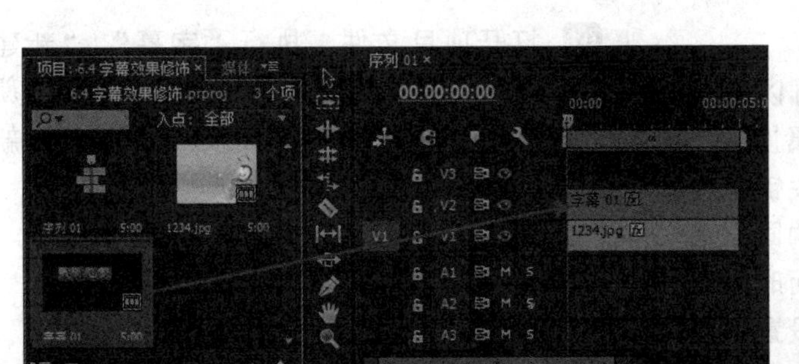

图6-67　添加字幕文件到时间轴

图6-68　预览效果

6.5 运动设置与动画实现

在Premiere Pro CC中，可以通过调整文字的位置、缩放比例和旋转角度等为文字设置动画。

6.5.1 “滚动/游动选项”对话框简介

Premiere制作的字幕不仅有静态效果，还有运动效果的设置。单击“字幕编辑器”对话框中的“滚动/游动选项”按钮，即可打开“滚动/游动选项”对话框，如图6-69所示。

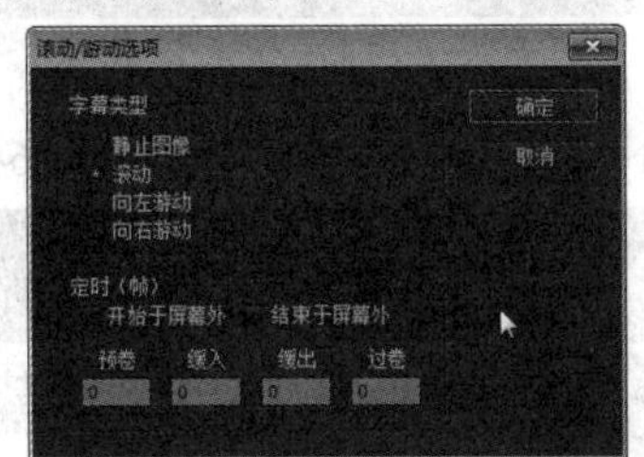

图6-69　“滚动/游动选项“对话框

下面对“滚动/游动选项”对话框中的参数进行一一介绍。

★　静止图像：字幕在画面中是静止不动的，这是字幕的默认设置。

★　滚动：字幕在画面中是由下至上的滚动显示。

★　向左游动：字幕在画面中是从右至左的游动显示。

★　向右游动：字幕在画面中是从左至右的游动显示。

★　开始于屏幕外：勾选该复选项，字幕开始时从屏幕外进入画面。

★　结束于屏幕外：勾选该复选项，字幕结束时从画面中移动到画面外。

★　预卷：方框中的数值表示经过多少帧后字幕开始运动。该功能只有在没有勾选“开始于屏幕外”复选项时才能使用。

★　缓入：方框中的数值表示字幕开始运动后，多少帧内的运动速度是由慢到快的。

★　缓出：方框中的数值表示字幕结束运动前，多少帧内的运动速度是由快到慢的。

★　过卷：方框中的数值表示字幕结束前的多少帧内字幕是静止的，且静止画面是结束前多少帧的帧定格画面。

6.5.2 设置动画的基本原理

1．运动设置

将素材拖入“时间轴”后，打开“效果控件”面板，“运动”效果的设置界面如图6-70所示。

下面对“运动”效果中各选项进行一一介绍。

★　位置：设置对象在屏幕中的位置坐标。

★　缩放：设置对象的缩小或放大。

★　旋转：设置对象的旋转角度。

★　锚点：设置对象的旋转或移动控制点。

★　防闪烁滤镜：用于消除视频中的闪烁现象。

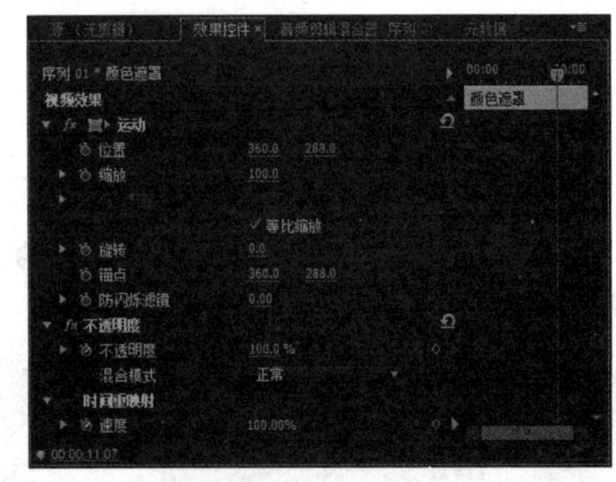

图6-70　运动设置

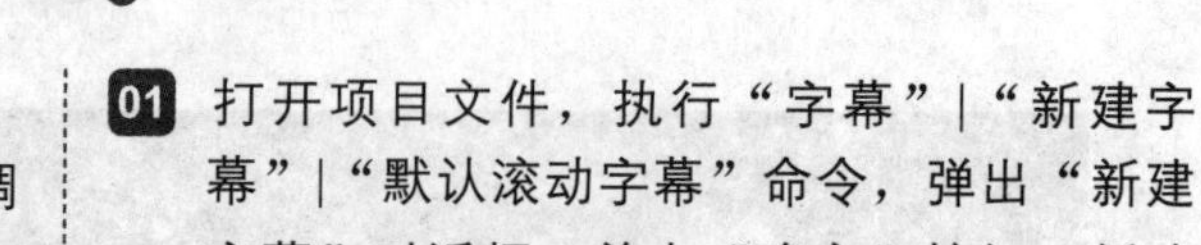

2．设置动画的基本原理

在Premiere Pro CC中，用户可以通过调整文字的位置、缩放和旋转角度等属性为文字设置动画。其运动的实现都是基于关键帧的概念。所谓关键帧，即对不同时间点的同一对象的同种属性设置不同的属性参数，而时间点之间的变化由计算机来完成。例如：设置两处关键帧，在第一处设置对象的“缩放”参数为20，如图6-71所示；在第二处设置对象的“缩放”参数为80，如图6-72所示。计算机通过给定的关键帧可以计算出对象在两时间点之间的缩放变化过程。一般来说，为对象设置的关键帧越多，所产生的运动变化越复杂，计算机的计算时间也就越长。

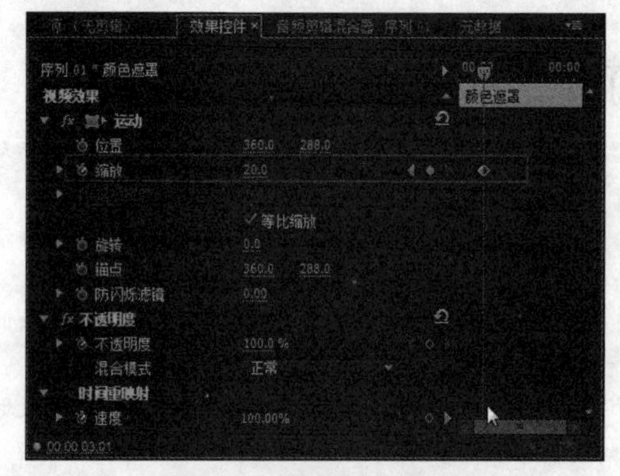

图6-71　设置第一处关键帧

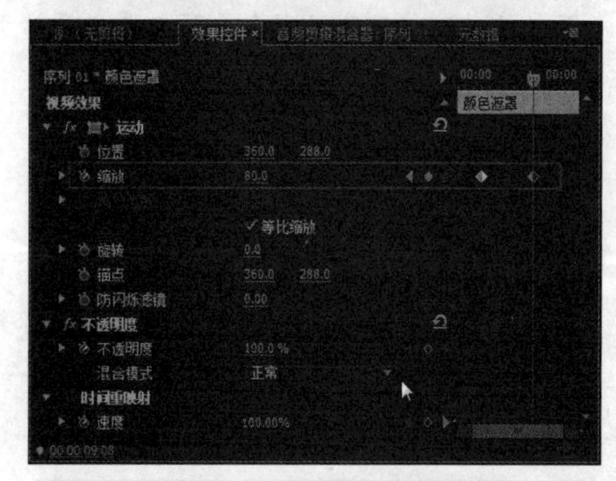

图6-72　设置第二处关键帧

6.5.3　实战——制作滚动字幕

本小节通过实例制作来具体介绍制作滚动字幕的操作。

视频位置：DVD\视频\第6章\6.5.3实战——制作滚动字幕.mp4

源文件位置：DVD\源文件\第6章\6.5.3

01 打开项目文件，执行“字幕”|“新建字幕”|“默认滚动字幕”命令，弹出“新建字幕”对话框，单击“确定”按钮，新建字幕，如图6-73所示。

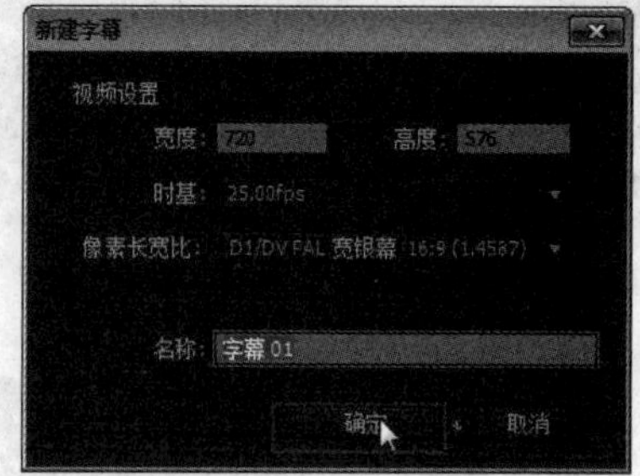

图6-73　新建字幕

02 打开文本文档，复制内容。进入Premiere软件，选择“文字工具”，单击“字幕编辑”面板，然后在“字幕属性”面板中将填充颜色设置为黑色，如图6-74所示。

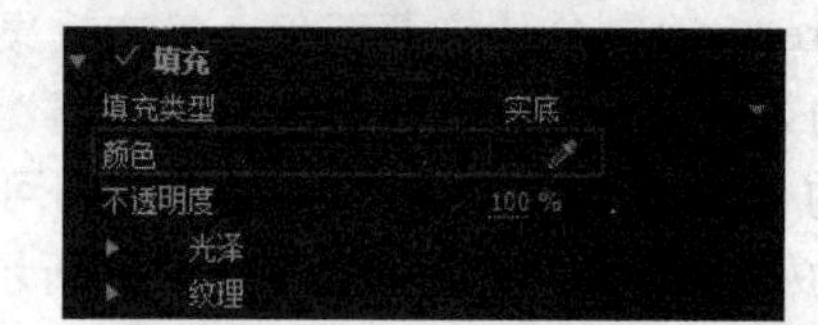

图6-74　设置填充颜色

03 按Ctrl+V快捷键粘贴文本，结果如图6-75所示。

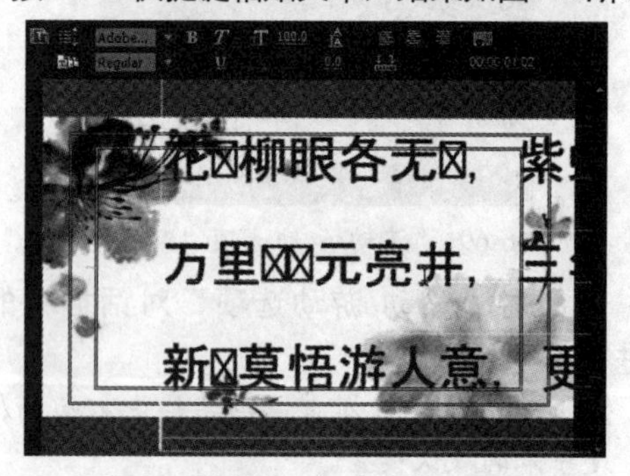

图6-75　粘贴文本

04 设置字体为“华文楷体”，字体大小参数为“30”，单击“字幕编辑”面板上方的“居中”按钮，单击“字幕动作”面板中的“中心”类别中的“垂直居中”按钮和“水平居中”按钮，如图6-76所示。

提示

创建的部分文字不能正常显示，是由于当前的字体类型不支持该文字的显示，替换为合适的字体类型后即可正常显示。

图6-76　设置字幕参数

05 单击“字幕编辑”面板上方的“滚动/游动选项”按钮，如图6-77所示。

06 弹出“滚动/游动选项”对话框，勾选“开始于屏幕外”复选项，在“过卷”下的方框中填入数值“125”，单击“确定”按钮，完成设置，如图6-78所示。

图6-77　单击“滚动/游动选项”按钮

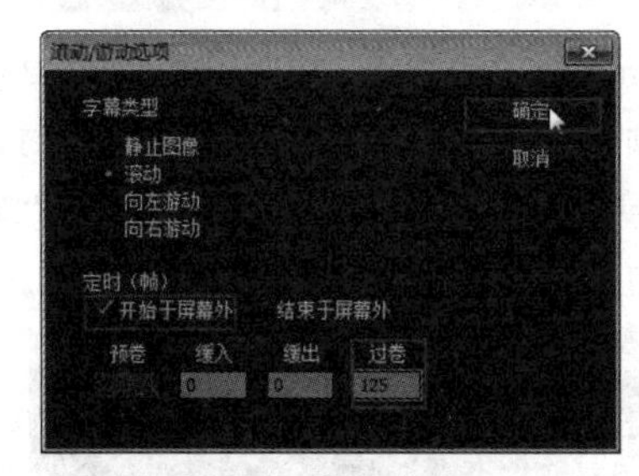

图6-78　设置参数

07 关闭“字幕编辑器”，将“项目”面板中的字幕文件拖到“时间轴”中，如图6-79所示。

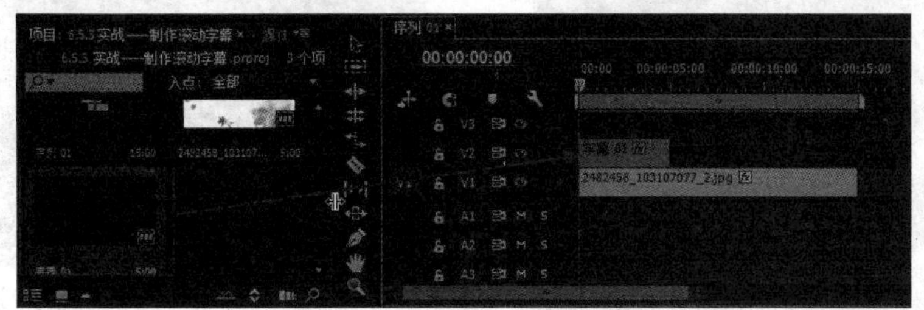

图6-79　将字幕拖入“时间轴”

08 选择“时间轴”中的字幕文件，单击鼠标右键，执行“速度/持续时间”命令，弹出“速度/持续时间”对话框，设置持续时间为15秒，单击“确定”按钮，如图6-80所示。

09 完成设置后，字幕文件与下层视频轨中的文件对齐，如图6-81所示。

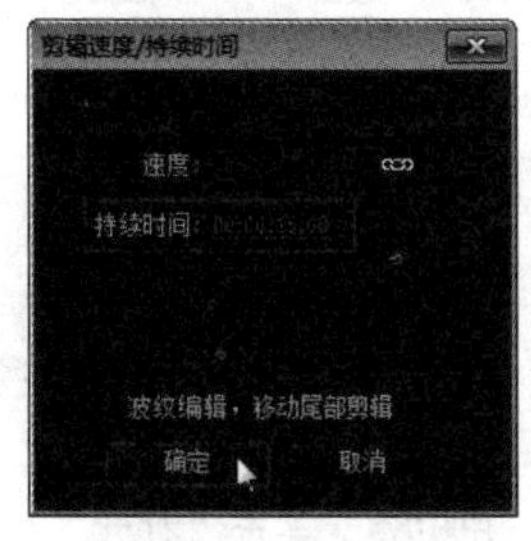

图6-80　设置持续时间

图6-81　字幕与背景对齐

10 按空格键预览滚动字幕的效果，如图6-82所示。

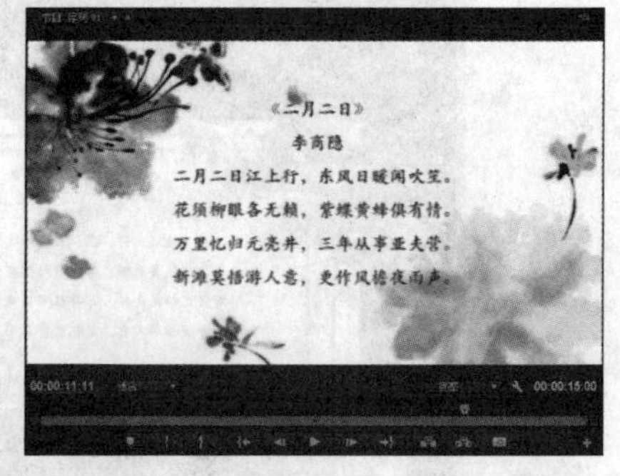

图6-82　预览效果

6.6 综合实例——制作带卷展效果的字幕

下面通过一个实例介绍带卷展效果的字幕的编辑方法。

视频位置：DVD\视频\第6章\6.6综合实例.mp4
源文件位置：DVD\源文件\第6章\6.6

01 启动Premiere Pro CC，在欢迎界面中单击“新建项目”按钮，弹出“新建项目”对话框，设置名称及项目存储位置，单击“确定”按钮，完成新建项目，如图6-83所示。

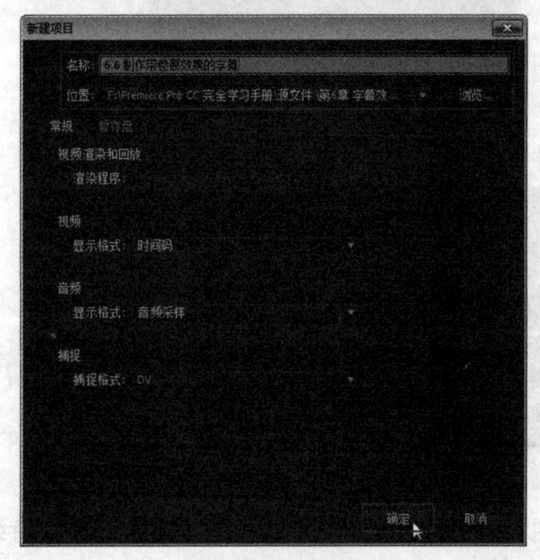

图6-83　新建项目

02 执行“文件”|“新建”|“序列”命令，弹出“新建序列”对话框，选择合适的预设，单击“确定”按钮，新建序列，如图6-84所示。

03 执行“文件”|“导入”命令，弹出“导入”对话框，打开素材所在文件夹，选择需要的素材，单击“打开”按钮，如图6-85所示。

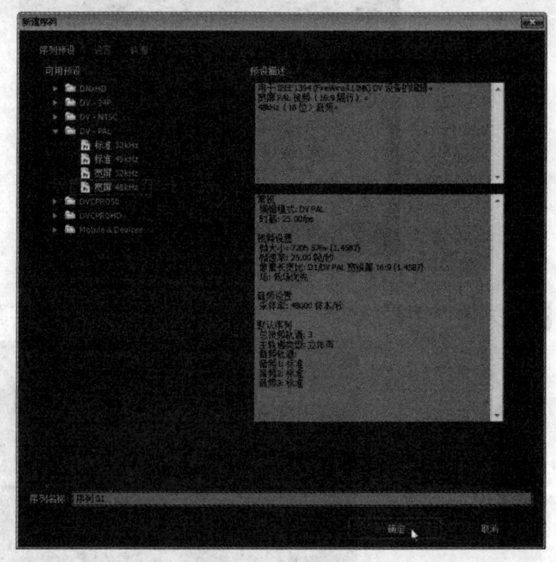

图6-84　新建序列

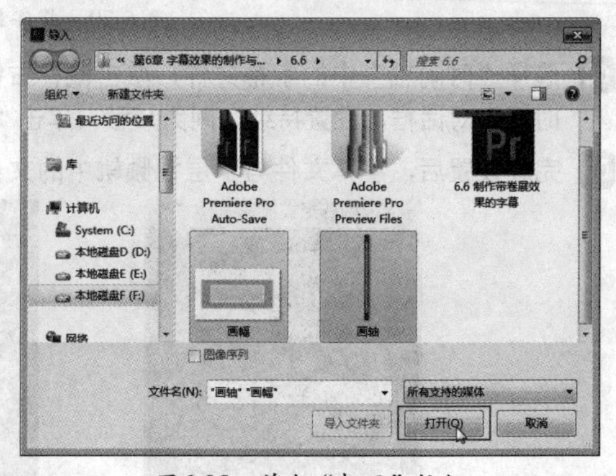

图6-85　单击“打开”按钮

04 在轨道控制区单击鼠标右键，执行“添加轨道”命令。弹出“添加轨道”对话框，选择视频轨道，添加3个视频轨，单击“确定”按钮，完成设置，如图6-86所示。

05 执行“文件”|“新建”|“颜色遮罩”命令，弹出“新建颜色遮罩”对话框，单击“确定”按钮，如图6-87所示。

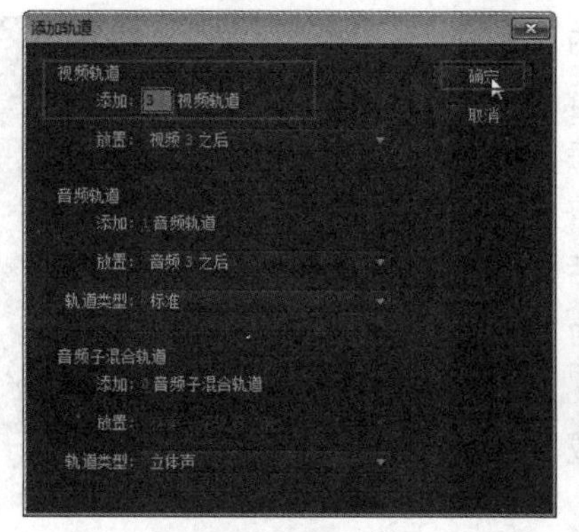

图6-86 添加轨道

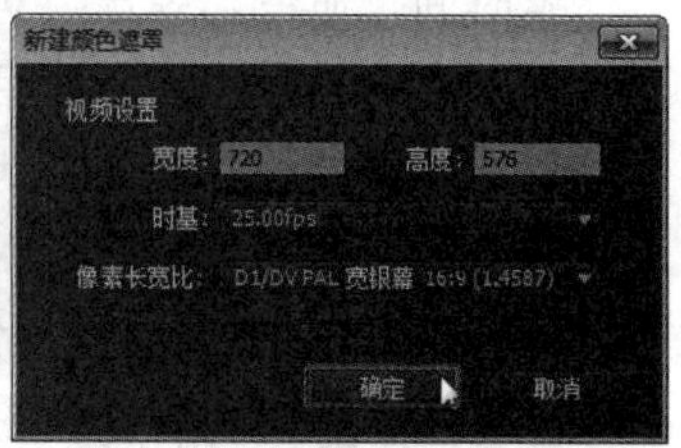

图6-87 单击“确定”按钮

06 弹出“拾色器”对话框，在色彩区域选择白色，单击“确定”按钮，如图6-88所示。

07 弹出“选择名称”对话框，设置素材名称，单击“确定”按钮，完成设置，如图6-89所示。

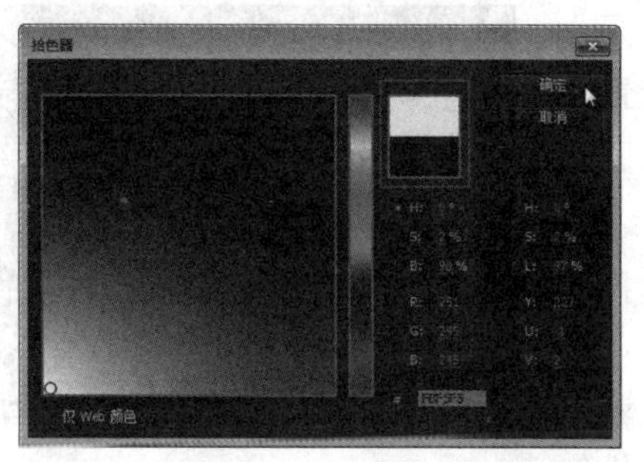

图6-88 选择颜色

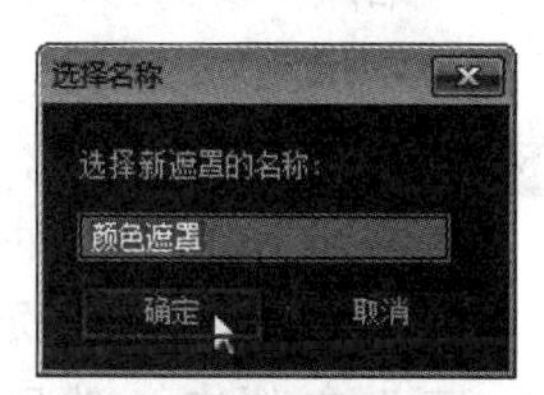

图6-89 设置素材名称

08 在“项目”面板中，选择“颜色遮罩”文件，将其拖到“时间轴”面板中，如图6-90所示。

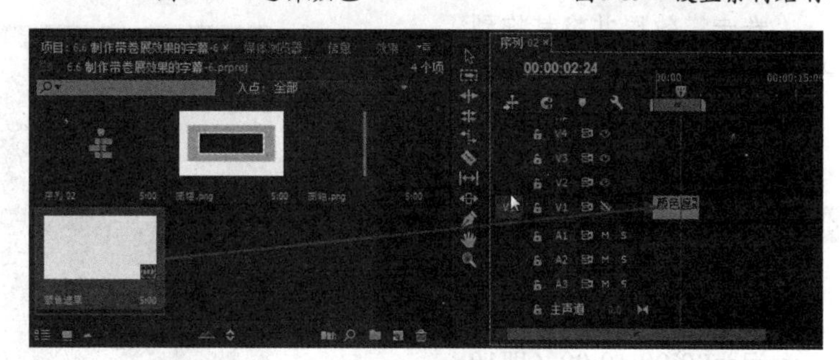

图6-90 拖入素材

09 选择“时间轴”面板中的“颜色遮罩”素材，单击鼠标右键，执行“速度/持续时间”命令，弹出“剪辑速度/持续时间”对话框，设置持续时间参数为00:00:15:00（即15秒），单击“确定”按钮，完成设置，如图6-91所示。

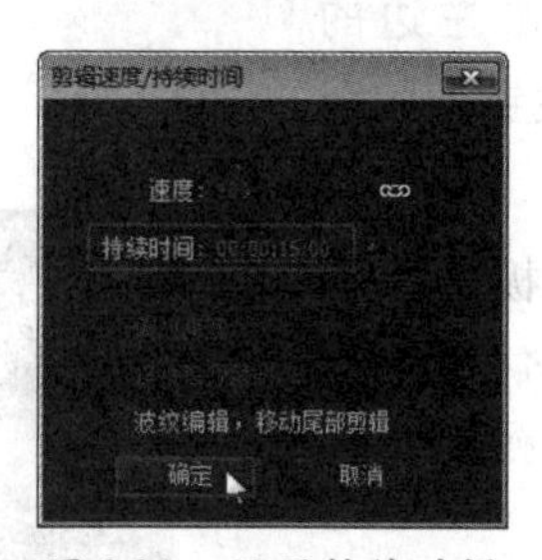

图6-91 设置持续时间

10 在“项目”面板中选择“画幅.png”文件，将其拖到时间轴中，如图6-92所示。

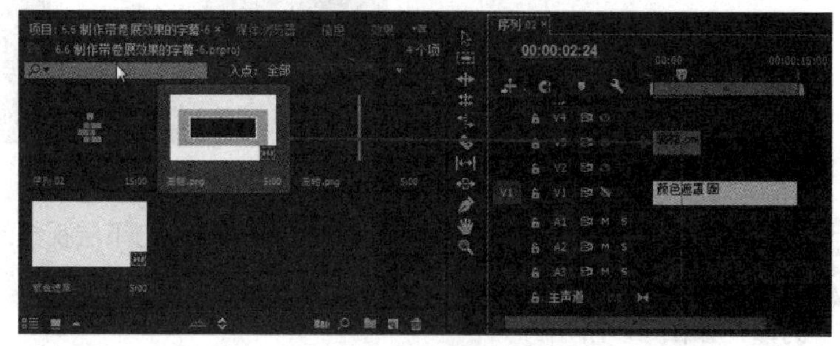

图6-92 拖入素材

11 选择“时间轴”面板中的“画幅.png”素材，单击鼠标右键，执行“速度/持续时间”命令，弹出“剪辑速度/持续时间”对话框，设置持续时间参数为00:00:15:00（即15秒），单击“确定”按钮，完成设置，如图6-93所示。

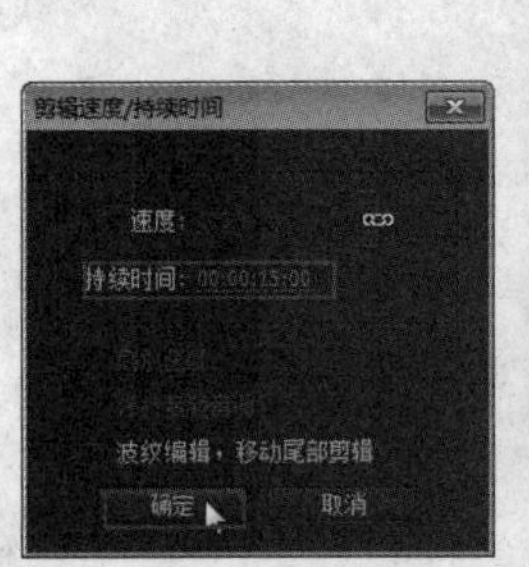

图6-93　设置持续

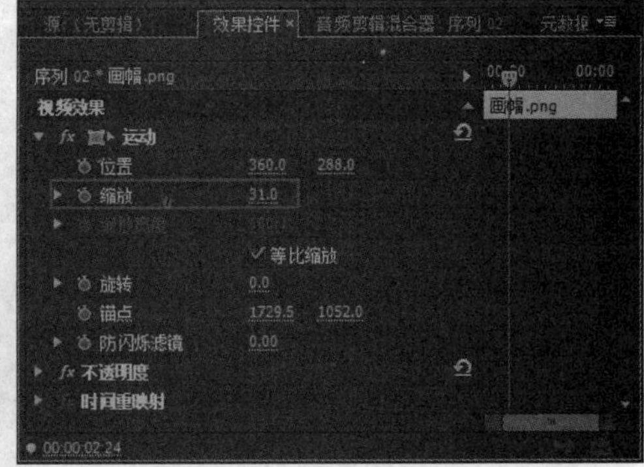

图6-94　设置“缩放”参数

12 选择“时间轴”面板中的“画幅.png”素材，打开“效果控件”面板，设置“缩放”参数为31，如图6-94所示。

13 打开“效果”面板，选择“视频过渡”文件夹，展开菜单中的“页面剥落”文件夹，然后选择“卷走”效果并将其拖到“时间轴”面板的“画幅.png”素材的开始位置，如图6-95所示。

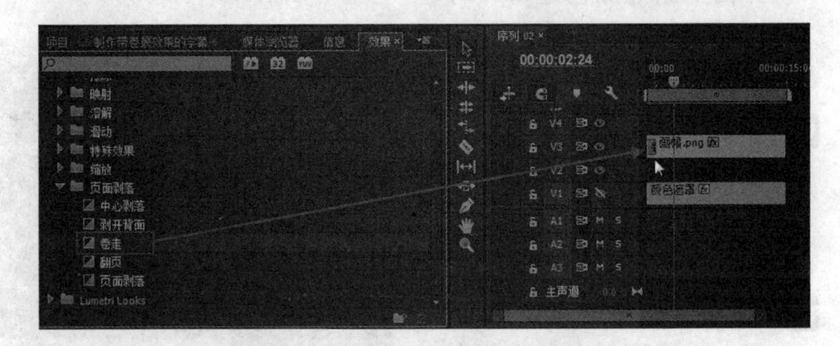

图6-95　添加“卷走”效果

14 选择添加到素材上的“卷走”效果，打开“效果控件”面板，设置过渡持续时间为00:00:10:00（即10秒），然后单击左边的“自东向西”按钮，如图6-96所示。

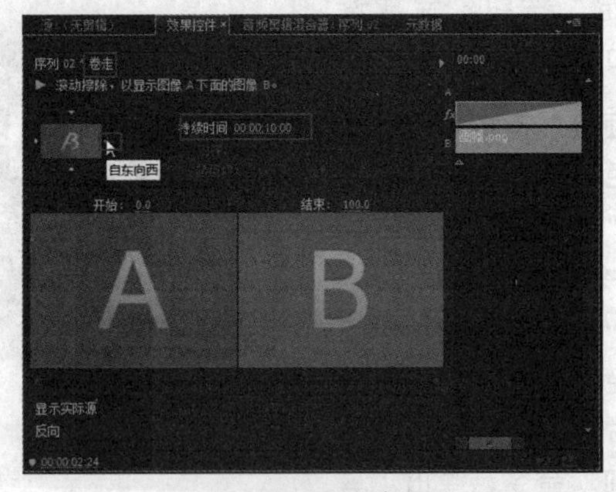

图6-96　设置效果

15 在“项目”面板中选择“画轴.png”素材，将其拖到视频轨4和视频轨5中，如图6-97所示。

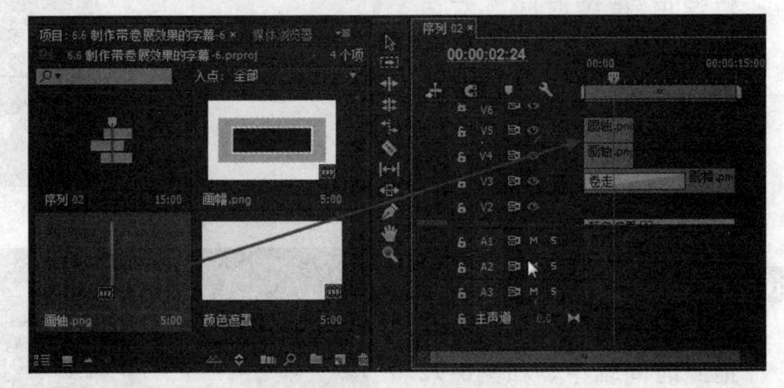

图6-97　拖入素材

16 将“时间轴”面板中的“画轴.png”素材剪辑的出点与下层视频的出点对齐，结果如图6-98所示。

17 选择V5轨道中的素材，打开“效果控件”面板，设置“位置”参数为670、288，“缩放”参数为31，如图6-99所示。

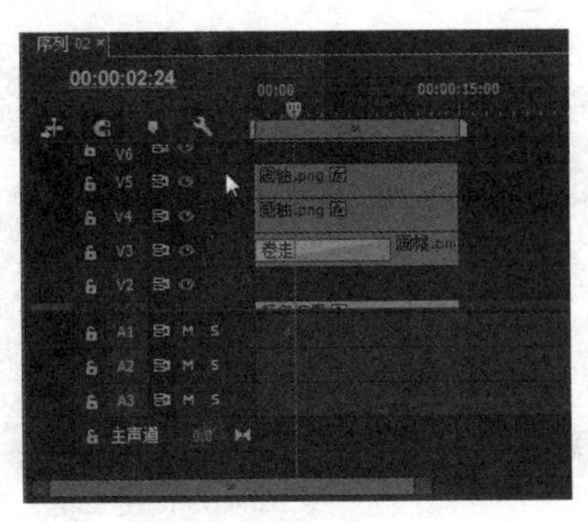

图6-98　对齐素材

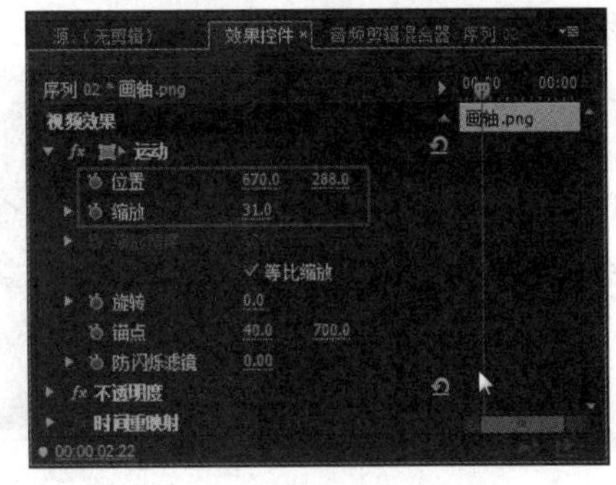

图6-99　设置“位置”及“缩放”参数

18 选择V4轨道中的素材，进入“效果控件”面板，设置“缩放”参数为31，设置时间为00:00:00:24，单击“位置”前的“切换动画”按钮，设置“位置”参数为651、288，如图6-100所示。

19 设置时间为00:00:09:07，设置“位置”参数为61、288，系统自动添加关键帧，如图6-101所示。

20 按Ctrl+T快捷键，弹出“新建字幕”对话框，单击“确定”按钮，完成新建字幕，如图6-102所示。

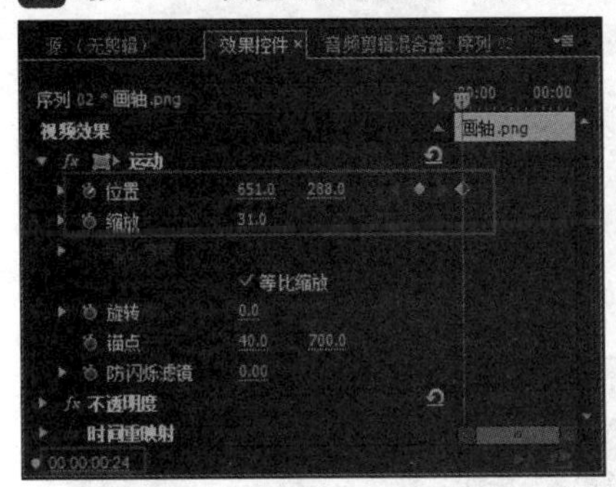

图6-100　设置第一处关键帧

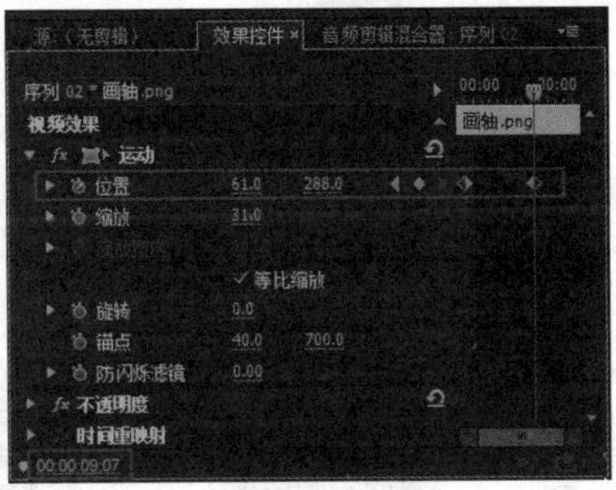

图6-101　设置第二处关键帧

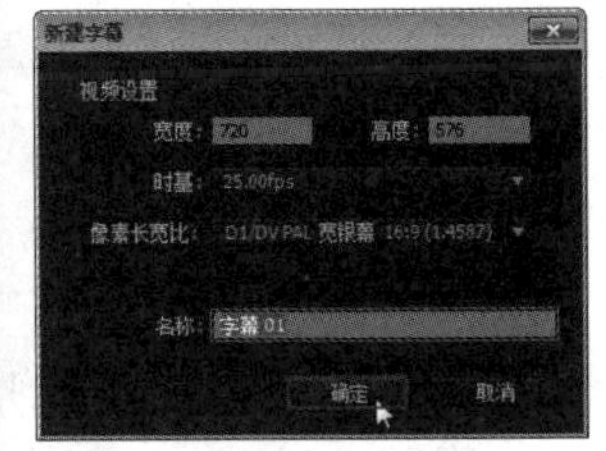

图6-102　新建字幕01

21 弹出“字幕编辑器”对话框。打开文件夹中的文本文档，复制其中的内容，切换到Premiere Pro CC界面，在“字幕编辑器”对话框中单击“垂直文字工具”按钮，单击“字幕编辑”面板中的某一处，当光标处于闪烁状态时，按Ctrl+V快捷键粘贴文本内容，如图6-103所示。

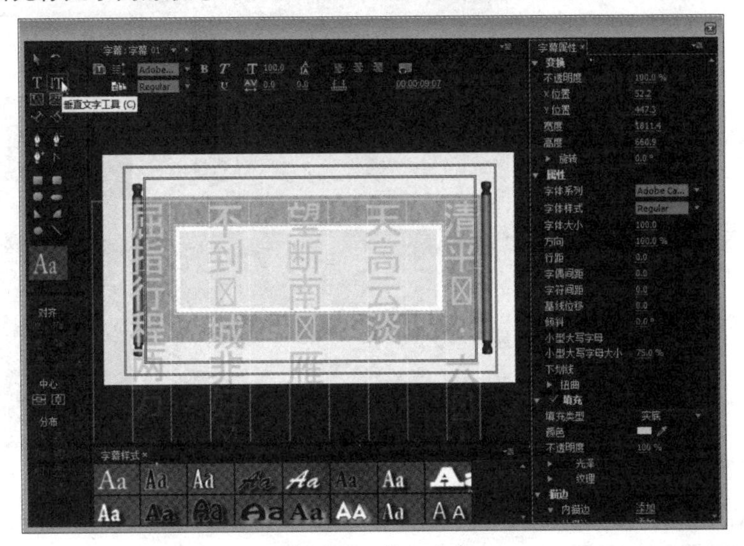

图6-103　输入文本

22 在“字幕属性”面板中设置“字体系列”和“字体大小”参数为25，如图6-104所示。

23 单击填充颜色后的色块，在弹出的“拾色器”对话框中选择黑色，单击“确定”按钮，如图6-105所示。

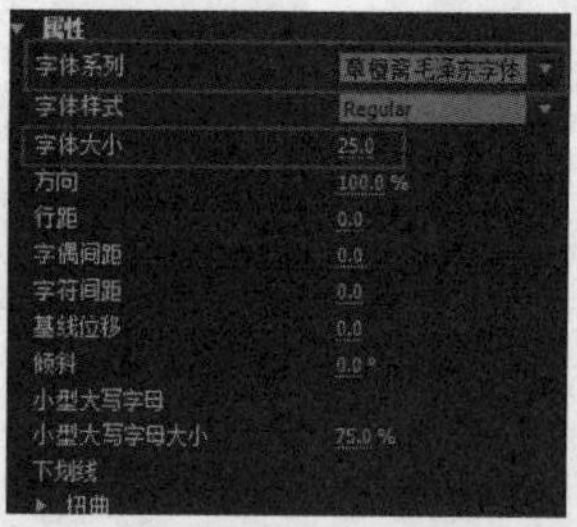

图6-104　设置字体及大小 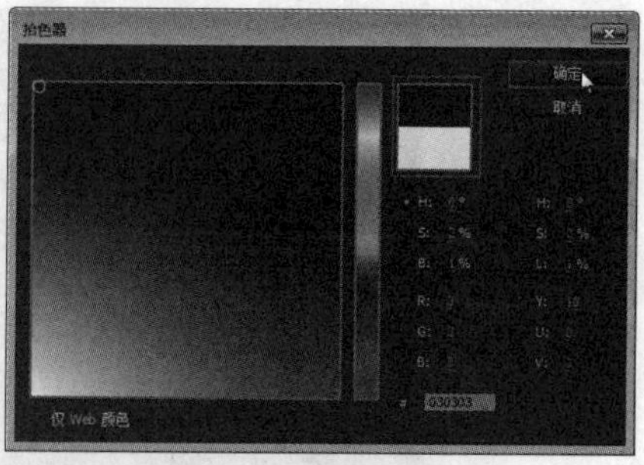　　图6-105　设置填充颜色

24 在“字幕工具”面板单击“选择工具”按钮，然后选择文本并将其移动到合适的位置，结果如图6-106所示。

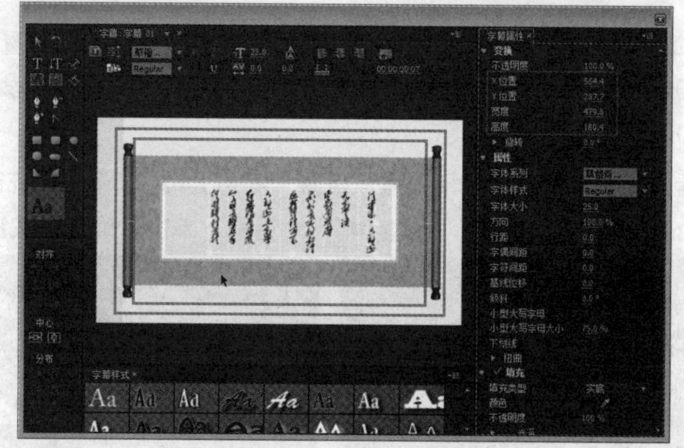

图6-106　移动文本位置

25 关闭“字幕编辑器”，选择“项目”面板中的“字幕01”文件，将其拖到“时间轴”面板的V2轨道中，并将字幕素材的持续时间调整为15秒，如图6-107所示。

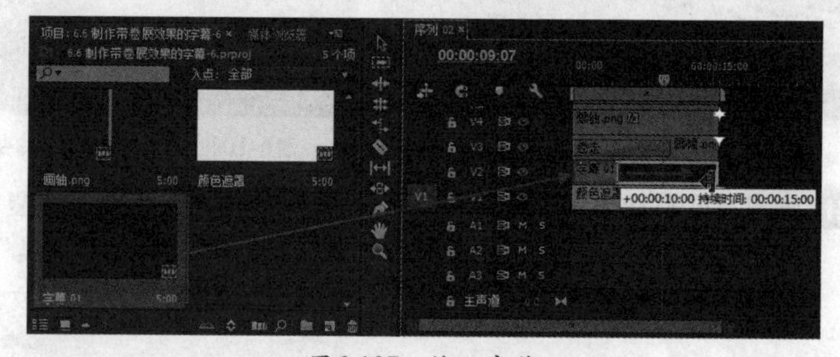

图6-107　拖入字幕

26 打开“效果”面板，选择“视频过渡”文件夹，选择“擦除”文件夹下的“划出”效果，将其拖到时间轴中的“字幕01”文件的开始位置，如图6-108所示。

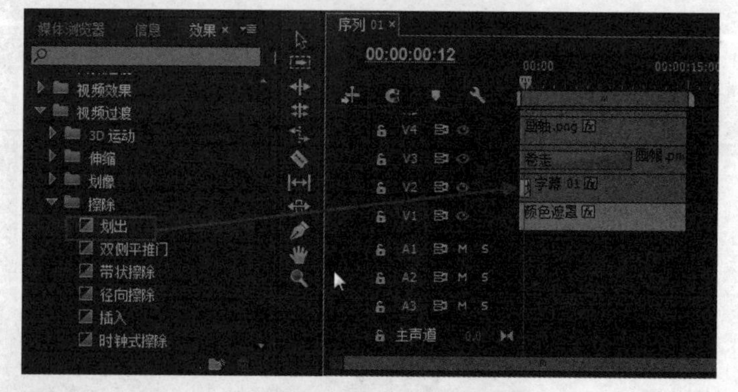

图6-108　添加“划出”效果

27 选择“时间轴”中的“划出”效果，打开“效果控件”面板，设置持续时间为10秒，勾选“反向”复选项，如图6-109所示。

提示

为静态字幕添加运动的转场特效可制作出具有动态运动效果的字幕。

28 按Ctrl+T快捷键以新建字幕，弹出“新建字幕”对话框，单击“确定”按钮，如图6-110所示。

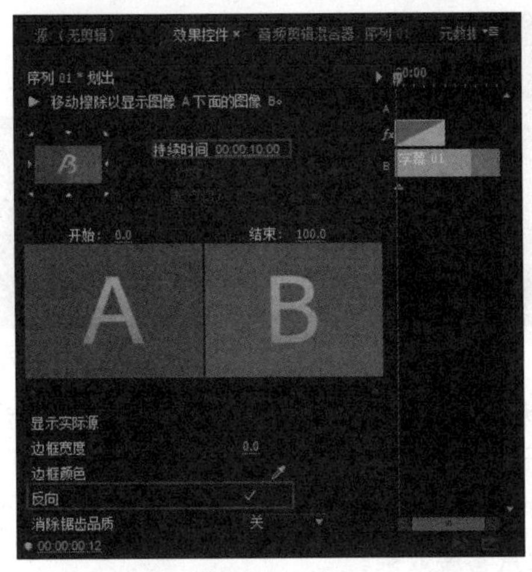

图6-109 设置转场属性

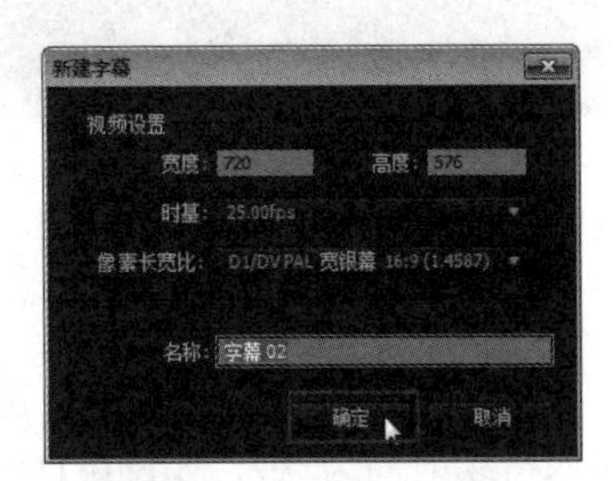

图6-110 新建字幕 02

29 弹出“字幕编辑器”对话框，单击“垂直文字工具”按钮，在“字幕编辑”面板的某处点击一下，输入字幕“毛泽东”，如图6-111所示。

30 设置文本的字体为“草檀斋毛泽东字体”类型，“字体大小”参数为30，如图6-112所示。

31 设置填充颜色为黑色，如图6-113所示。

图6-111 输入字幕

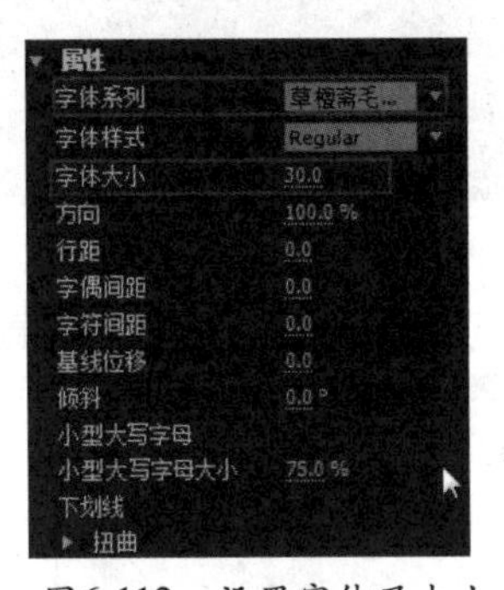

图6-112 设置字体及大小

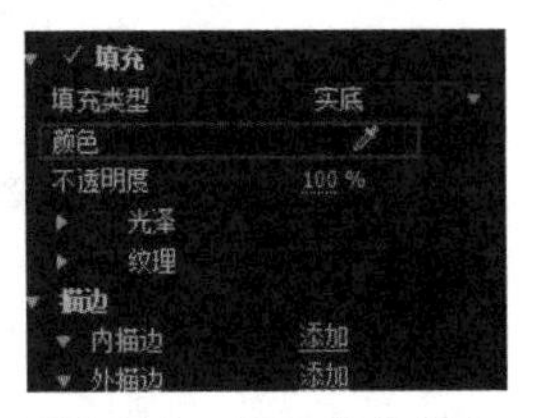

图6-113 设置填充颜色

32 单击“选择工具”按钮，移动字幕到合适的位置，结果如图6-114所示。

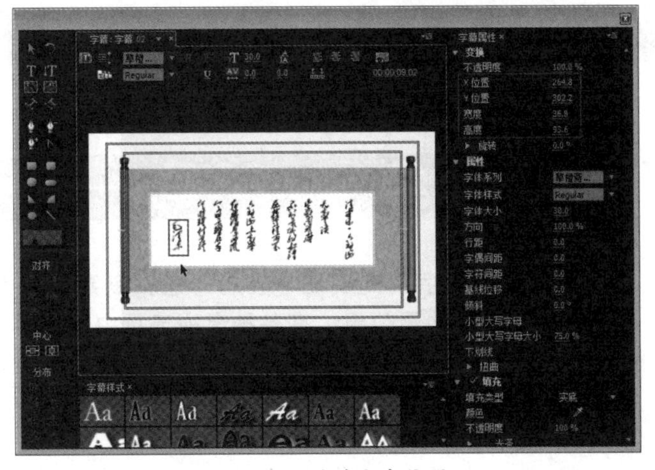

图6-114 移动文本位置

33 选择“项目”面板中的“字幕02”文件，将其拖到“时间轴”面板中，如图6-115所示。

34 设置“字幕02”素材的入点为00:00:09:00，结果如图6-116所示。

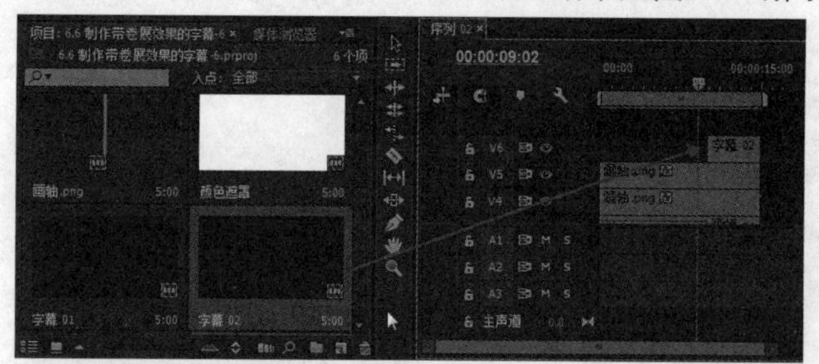

图6-115　拖入字幕素材

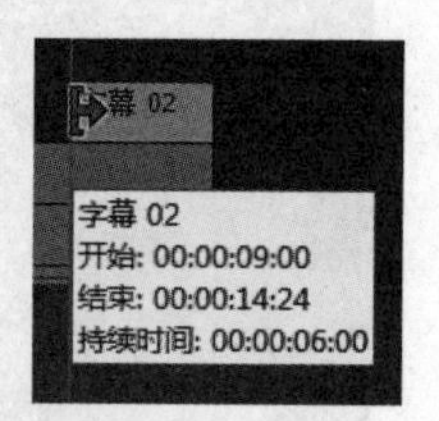

图6-116　设置入点

35 打开“效果”面板，打开“视频过渡”文件夹，选择“页面剥落”文件夹中的“卷走”选项，将其拖到“时间轴”中的“字幕02”素材的开始位置，如图6-117所示。

36 单击“字幕02”素材上的“卷走”选项，打开“效果控件”面板，单击“自北向南”按钮，设置过渡的持续时间为2秒，如图6-118所示，设置卷展效果。

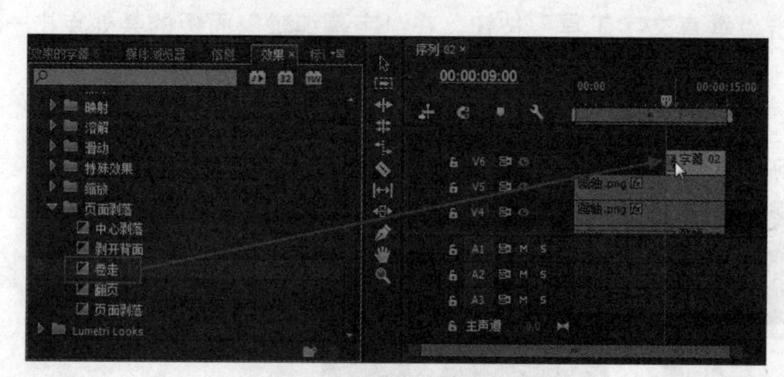

图6-117　添加效果

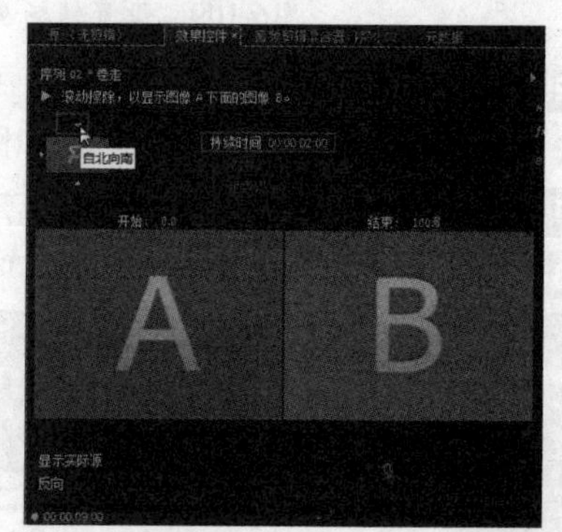

图6-118　设置效果属性

37 按回车键渲染项目。渲染完成后，预览带卷展效果的字幕，如图6-119所示。

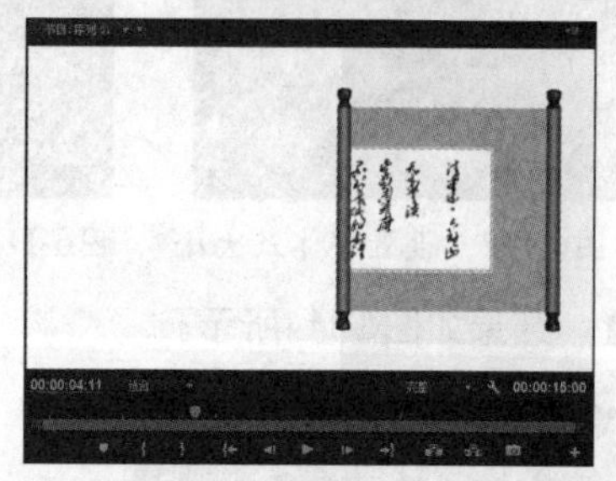

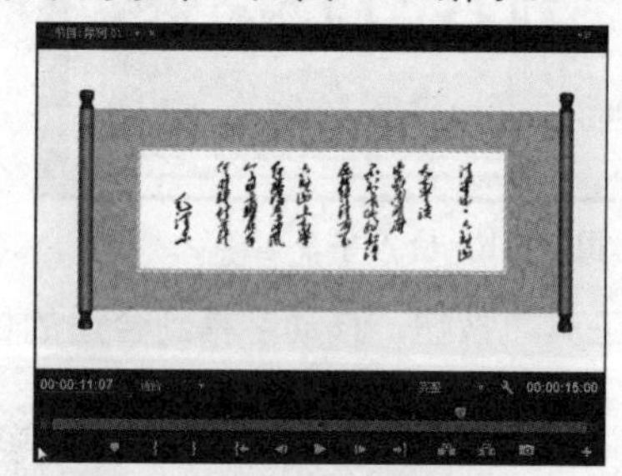

图6-119　预览效果

6.7 本章小结

本章介绍了字幕的创建与应用，包括创建字幕素材、静态字幕的制作、滚动字幕的制作以及为字幕设置动画效果。在各种影视节目中，字幕是不可缺少的。熟练掌握编辑字幕的技能能够帮助读者制作出更好的影视作品。

第7章 视频效果

Adobe Premiere Pro CC中提供了大量的视频特效。这些视频特效用于对视频画面的效果进行再处理，从而使得画面更加有艺术感或者更适合于主题。通过应用视频特效，可以使图像产生扭曲、模糊、变色、构造以及其他的一些视频效果。

本章重点

◎ 添加视频效果
◎ 熟悉视频效果
◎ 文字雨效果
◎ 使用关键帧控制效果
◎ 熟练效果操作

本章效果展示

7.1 基本知识要点

下面是视频效果相关基本知识的介绍，包括视频效果和关键帧。

7.1.1 视频效果概述

Adobe Premiere Pro CC中提供了大量的视频效果，应用这些可以改变或增强视频画面的效果。通过应用视频特效，可以使得图像产生扭曲、模糊、变色、构造以及其他的一些视频效果。

除了Premiere提供的这些视频特效外，用户还可以自己创建视频特效的效果，然后保存在“预设”文件夹中以供以后使用。用户还可以增加类似Adobe Photoshop标准格式的第三方插件，这些插件在通常情况下放置在Adobe Premiere Pro CC中的Plug-ins目录中。

7.1.2 关键帧概述

关键帧是Adobe Premiere Pro CC中极为重要的概念，通常使用的视频效果都要设置几个关键帧。每个关键帧的设置都要包含视频特效的所有参数值，最终将这些参数值应用到视频片段的一个特定的时间段中。

使用关键帧设置过滤效果时，要设置多个关键帧的参数值，通过这些关键帧来控制一定时间范围的视频剪辑，从而也就实现了控制视频特效的目的。

在应用视频特效时，Premiere会自动在两关键帧之间设置线性变化的参数，从而可以获得流畅的画面播放效果，这个过程叫插补。通常情况下，只需在一个片段上设置几个关键帧就可以控制整个片段的视频特效了。

7.1.3 实战——为视频素材添加视频特效

下面通过实例来介绍为视频素材添加视频特效的操作。

视频位置：DVD\视频\第7章\7.1.3 实战——为视频素材添加视频特效.mp4
源文件位置：DVD\源文件\第7章\7.1.3

01 打开项目文件，打开“效果”面板，单击“视频效果”文件夹以展开该文件夹，如图7-1所示。

02 选择“图像控制”文件夹，选择“黑白”效果，如图7-2所示。

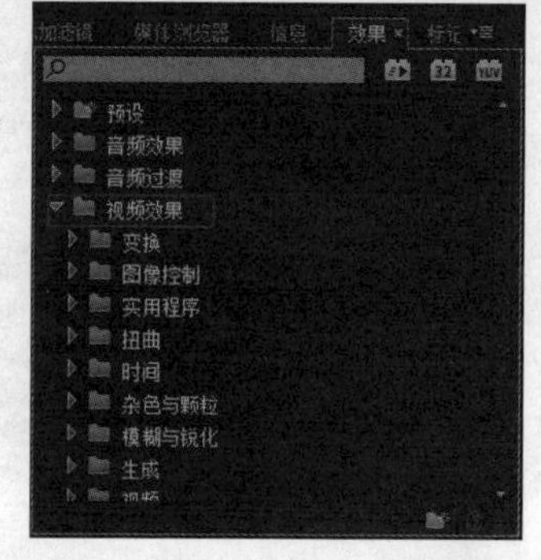

图7-1 展开“视频效果”文件夹

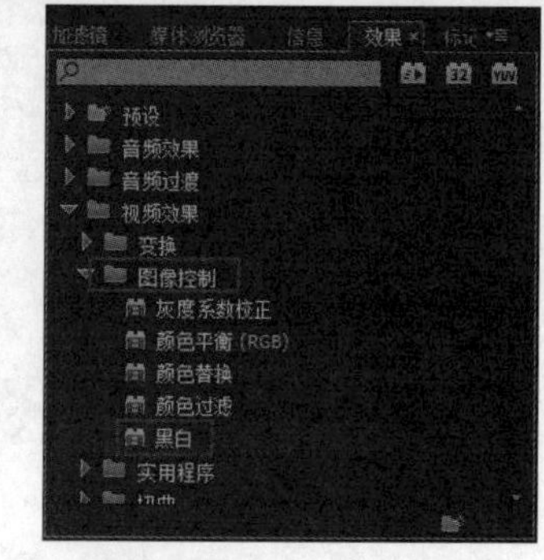

图7-2 选择“黑白”效果

03 将选中的“黑白”效果拖到时间轴中的素材上，如图7-3所示。

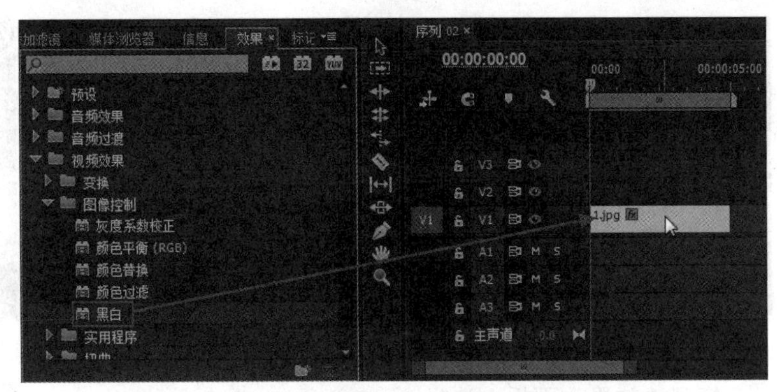

图7-3　添加视频效果

04 预览素材效果，图7-4所示为添加视频特效的前后对比效果。

图7-4　添加视频特效的前后对比效果

7.2 使用视频效果

本节将介绍如何使用视频效果。视频特效技术对影片质量起着决定性的作用。巧妙地为影片添加各式各样的视频特效，可以使影片具有很强的视觉感染力。

7.2.1　应用和控制过滤效果

为素材添加视频效果的操作很简单，只需从“效果”面板中拖出一个视频效果到“时间轴”面板的素材上即可。如果素材片段处于被选择状态，也可以拖动特效到该素材的“效果控件”面板。

7.2.2　使用关键帧控制效果

在设置动画时，将很多张图片按照一定的顺序排列起来，然后按照一定的速度显示就形成了动画。在Premiere中，形成动画的每张图片就相当于其中的一个帧，因此帧是构成动画的核心元素。

为了设置动画效果的属性，必须激活属性的关键帧。任何支持关键帧的效果属性都有“切换动画”按钮，单击该按钮可插入一个动画关键帧。插入动画关键帧后，就可以将其添加和调整至素材所需要的属性。

7.2.3　实战——飘落的枫叶

下面通过实例来具体介绍如何使用视频效果。

视频位置：DVD\视频\第7章\7.2.3 实战——飘落的枫叶.mp4
源文件位置：DVD\源文件\第7章\7.2.3

01 打开项目文件，在“项目”面板中选择“枫叶.mov”素材，将其拖到视频轨V2中，如图7-5所示。

02 选择视频轨中的“枫叶.mov”素材，打开“效果控件”面板，设置“位置”参数为246、393，“缩放”参数为150，如图7-6所示。

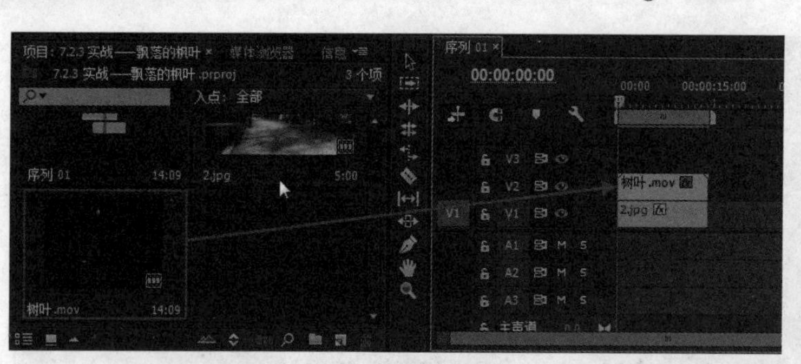

图7-5　拖入素材

图7-6　设置“位置”及“缩放”参数

03 打开“效果”面板，选择“视频效果”文件夹，然后选择“图像控制”文件夹，如图7-7所示。

04 选择该文件夹下的“颜色平衡（RGB）”效果，将其拖到视频轨中的“枫叶.mov”素材上。打开“效果控件”面板，设置“颜色平衡”中的“红色”参数为75，如图7-8所示。

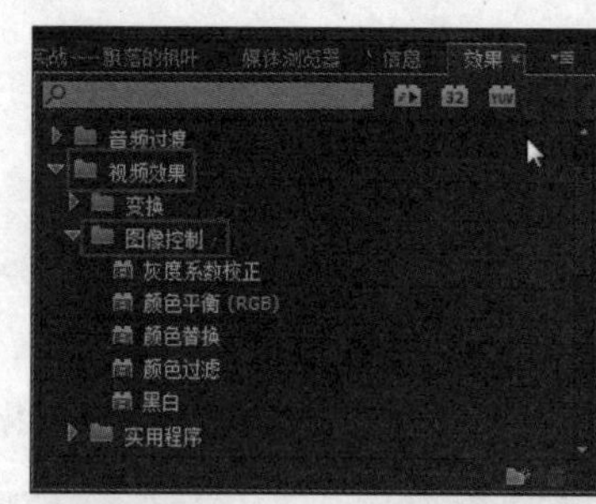

图7-7　选择“图像控制”文件夹

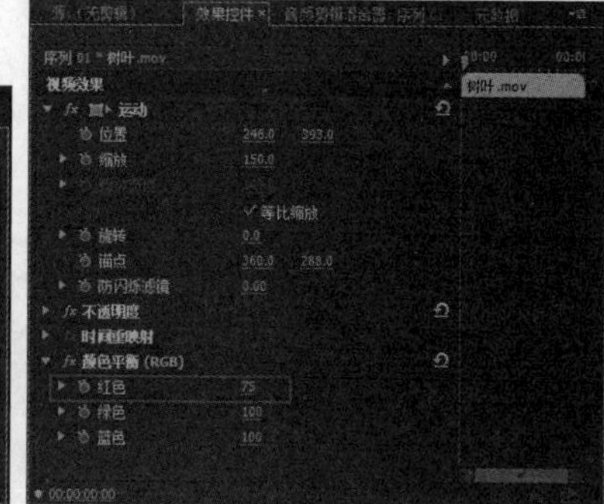

图7-8　设置效果参数

05 进入“效果”面板，选择“变换”文件夹，选择该文件夹下的“水平翻转”效果，将其拖到视频轨中的“枫叶.mov”素材上，如图7-9所示。

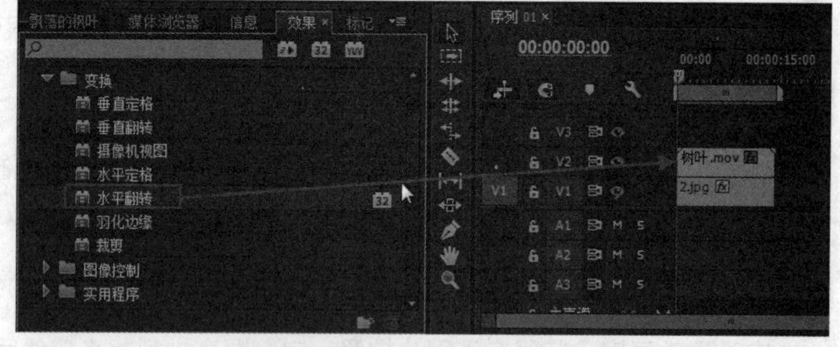

图7-9　添加“水平翻转”效果

06 按空格键渲染项目，渲染完成后预览最终效果，如图7-10所示。

图7-10　预览效果

7.3 Premiere Pro CC视频效果详解

Premiere Pro CC的“效果”面板中提供了120多种视频特效，这些特效分为16大类。下面分别介绍这些视频特效的应用效果。

7.3.1 变换效果

在“效果”面板的展开“变换”文件夹，其中的效果可以使图像产生二维或三维的空间变化。该文件夹包含了7个效果，如图7-11所示。

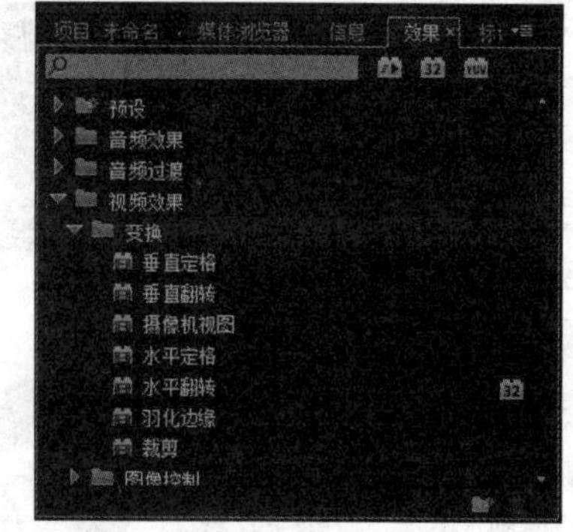

图7-11 “变换”文件夹

1. 垂直定格

“垂直定格”特效可以使某个画面产生向上滚动的效果，如图7-12所示。

图7-12 “垂直定格”特效

2. 垂直翻转

“垂直翻转”特效可以使画面沿水平中心翻转180°，效果如图7-13所示。

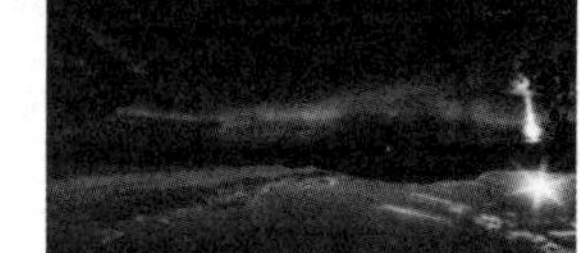

图7-13 “垂直翻转”特效

3. 摄像机视图

“摄像机视图”特效是模仿摄像机的视角范围，用来表现不同角度拍摄的效果，如图7-14所示。

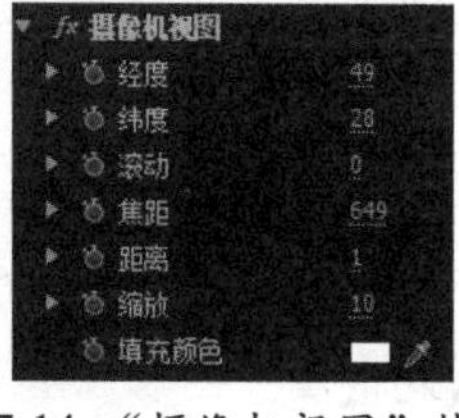

图7-14 “摄像机视图”特效

4. 水平定格

“水平定格特效”可以使画面产生在垂直方向上倾斜的效果。图像的倾斜程度可以通过设置“偏移”选项的数值来实现，效果如图7-15所示。

图7-15 “水平定格”特效

5. 水平翻转

“水平翻转”特效是将画面沿垂直中心翻转180°的效果，如图7-16所示。

图7-16 “水平翻转”特效

6. 羽化边缘

“羽化边缘”特效是在画面周围产生像素羽化的效果，可以通过设置“数量”选项的数值来控制边缘羽化的程度，效果如图7-17所示。

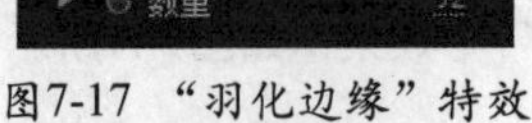

图7-17 “羽化边缘”特效

7. 裁剪

“裁剪”特效用于对素材进行裁剪边缘，修改素材的尺寸，效果如图7-18所示。

图7-18 “裁剪”特效

7.3.2 图像控制效果

“图像控制”文件夹中的效果主要用于调整图像的颜色，该文件夹包含了5种效果，如图7-19所示。

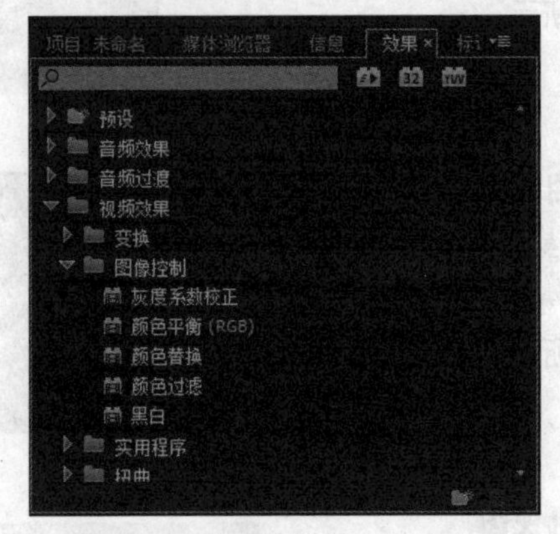

图7-19 “图像控制”文件夹

1. 灰度系数校正

“灰度系数校正”特效是在不改变图像高亮区域和低亮区域的情况下使图像变亮或者变暗的效果，如图7-20所示。

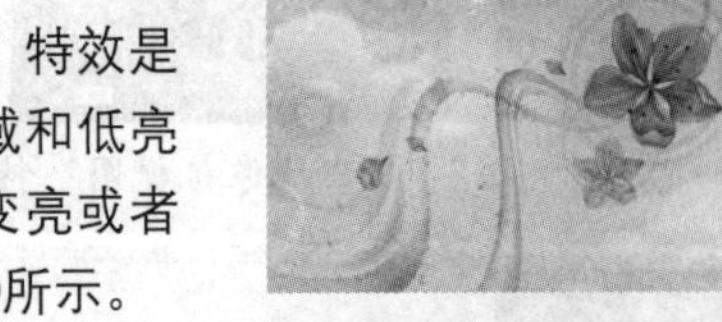

图7-20 “灰度系数校正”特效

2. 颜色平衡

“颜色平衡”特效是按RGB值来调整视频的颜色，校正或者改变图像色彩的效果，如图7-21所示。

图7-21 “颜色平衡”特效

3. 颜色替换

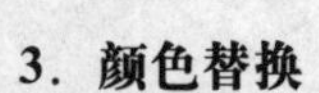

“颜色替换”特效是在不改变灰度的情况下，将选中的色彩以及与之有一定相似度的色彩都用一种新的颜色代替的效果，如图7-22所示。

图7-22 “颜色替换”特效

4. 颜色过滤

"颜色过渡"特效是将图像中没有选中的颜色区域变成灰度色，选中的色彩区域保持不变的效果，如图7-23所示。

图7-23 "颜色过滤"特效

5. 黑白

"黑白"特效是将彩色图像直接转换成灰度图像的效果，如图7-24所示。

图7-24 "黑白"特效

7.3.3 实用程序效果

"实用程序"文件夹中只有"Cineon转换器"一种效果，用于对图像的色相、亮度等进行快速的调整，如图7-25所示。

图7-25 "Cineon转换器"特效

7.3.4 扭曲效果

"扭曲"文件夹中的特效用于对图形进行几何变形，该文件夹包含13种扭曲类视频效果，如图7-26所示。

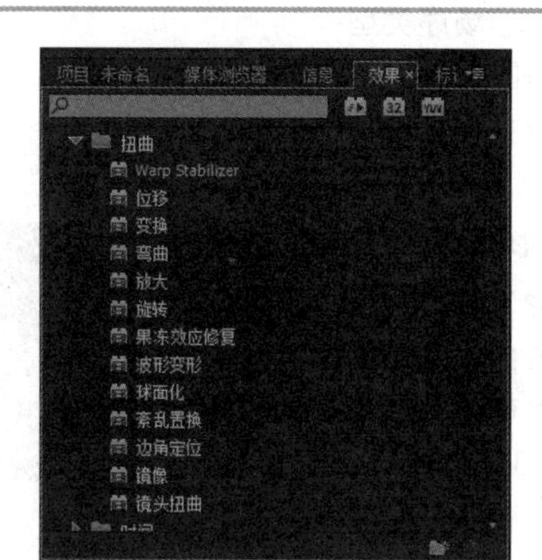

图7-26 "扭曲"文件夹

1. Warp Stabilizer

"Warp Stabilizer（抖动稳定）"特效用于对视频画面由于拍摄时的抖动造成的不稳定进行修复处理，减轻画面播放时的抖动问题的效果。

2. 位移

"位移"特效是通过设置图像位置的偏移量对图像进行水平或垂直方向上的位移，而移出的图像会在对面方向上显示，如图7-27所示。

图7-27 "位移"特效

3. 变换

"变换"特效是对图像的位置、缩放、透明度、倾斜度等进行综合设置的效果，如图7-28所示。

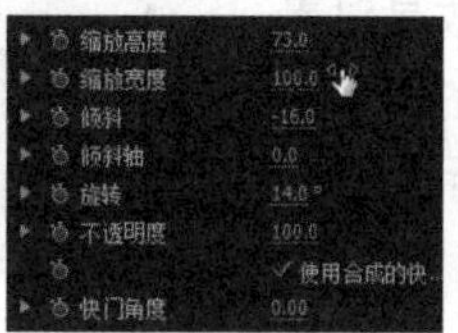

图7-28 "变换"特效

4．弯曲

“弯曲”特效是使视频画面在水平或者垂直方向上产生弯曲变形的效果，如图7-29所示。

图7-29 “弯曲”特效

5．放大

“放大”特效是放大图像中指定区域的效果，如图7-30所示。

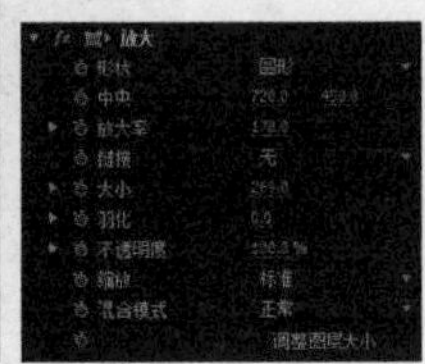

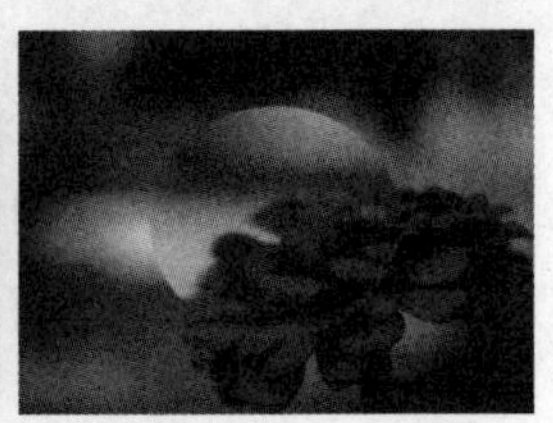

图7-30 “放大”特效

6．旋转

“旋转”特效是使图像产生沿中心轴旋转的效果，如图7-31所示。

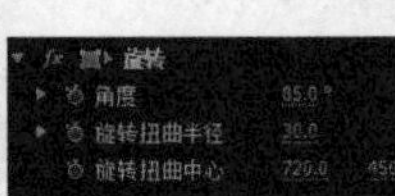

图7-31 “旋转”特效

7．果冻效应修复

“果冻效应修复”特效用于设置视频素材的场序类型，从而得到需要的匹配效果，或者达到降低各行扫描视频素材的画面闪烁的效果。

8．波形变形

“波形变形”特效是设置波纹的形状、方向及宽度的效果，其效果和“弯曲”特效类似，效果如图7-32所示。

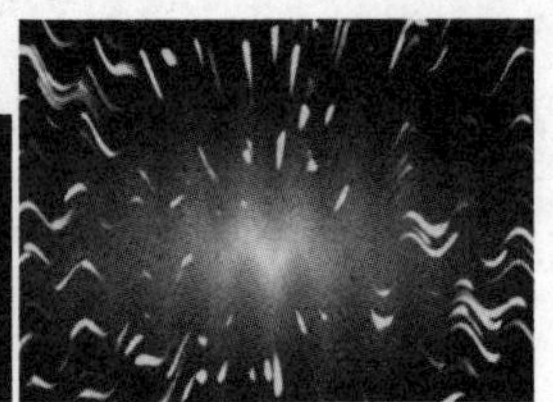

图7-32 “波形变形”特效

9．球面化

“球面化”特效是使画面中产生球面变形的效果，如图7-33所示。

图7-33 “球面化”特效

10．紊乱置换

“紊乱置换”特效是对素材图像进行多种方式的扭曲变形的效果，如图7-34所示。

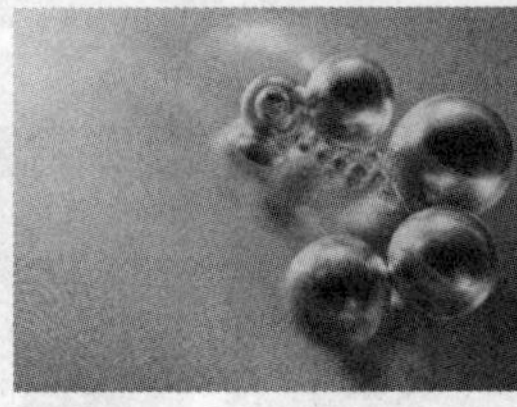

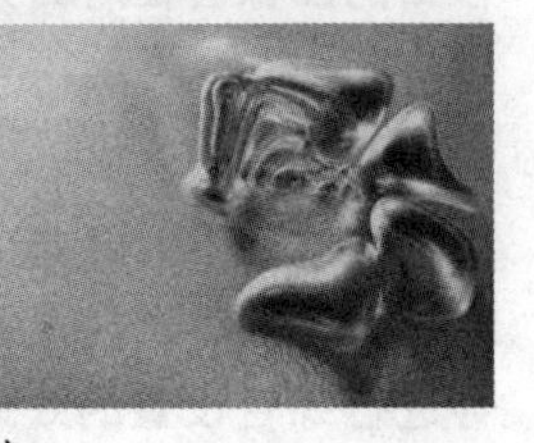

图7-34 “紊乱置换”特效

11. 边角定位

“边角定位”特效是通过设置参数重新定位图像的4个顶点位置，从而得到变形的效果，如图7-35所示。

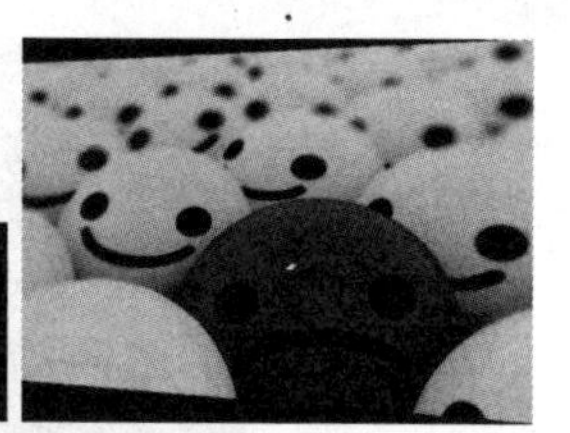

图7-35 “边角定位”特效

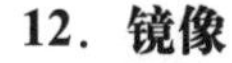

12. 镜像

“镜像”特效是使图像沿指定角度的射线进行反射，从而形成镜像的效果，如图7-36所示。

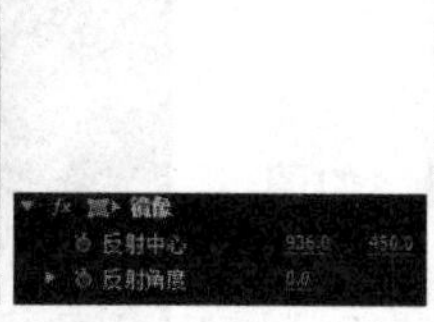

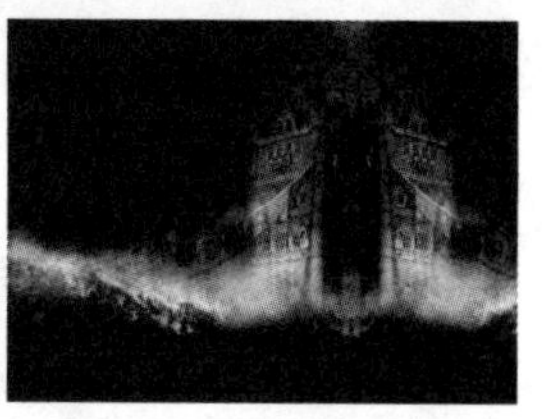

图7-36 “镜像”特效

13. 镜头扭曲

“镜头扭曲”特效是将图像的四角进行弯折，从而出现镜头扭曲的效果，如图7-37所示。

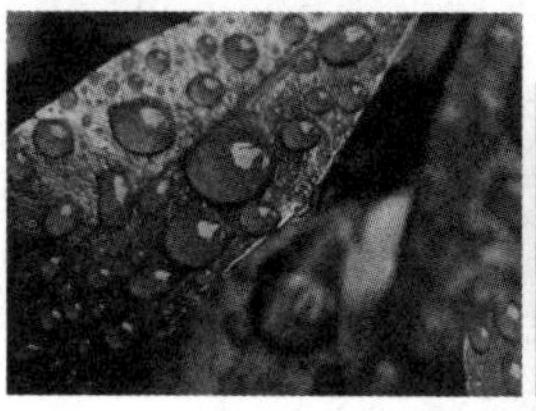
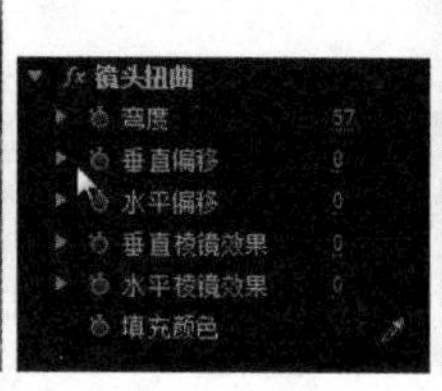

图7-37 “镜头扭曲”特效

7.3.5 时间效果

“时间”文件夹中的特效用于对动态素材的时间特性进行控制。该文件夹中包含了两个效果，如图7-38所示。

1. 抽帧时间

“抽帧时间”特效是为动态素材制定一个帧速率，使得素材以跳帧播放并产生动画效果。

2. 残影

“残影”特效是将一个素材中很多不同的时间帧混合，可以产生视觉回声或者飞奔的动感效果。

7.3.6 杂色与颗粒效果

“杂色与颗粒”文件夹中的特效用于对画面进行柔和处理，在图像上添加杂色或者去除图像上的噪点。该文件夹中包含了6种特效，如图7-39所示。

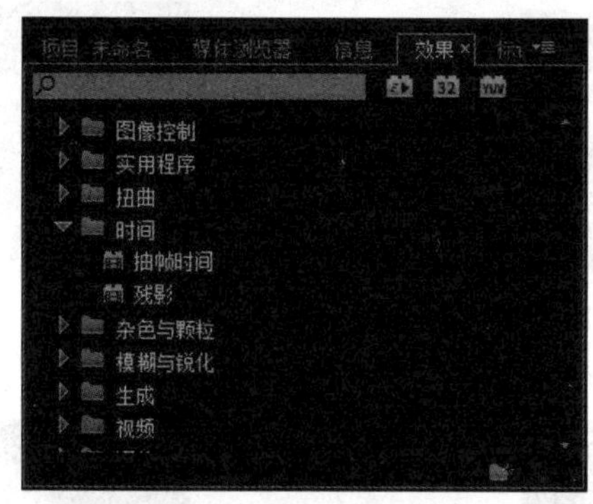

图7-38 “时间”文件夹

图7-39 “杂色与颗粒”文件夹

1. 中间值

“中间值”特效是将图像中的像素都用它周围像素的RGB平均值来代替，减轻图像上的杂色和噪点的效果，如图7-40所示。

图7-40 “中间值”特效

2．杂色

“杂色”特效是在画面中添加模拟噪点的效果，如图7-41所示。

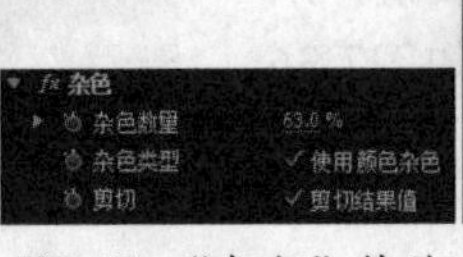

图7-41 “杂色”特效

提示

若取消对“使用颜色杂色”复选项的勾选，则产生的噪点为黑白色。通过设置不同时间的“杂色数量”参数值，可以模拟不定的干扰效果。

3．杂色Alpha

“杂色Alpha”特效是在图像的Alpha通道中生成杂色的效果，如图7-42所示。

图7-42 “杂色Alpha”特效

4．杂色HLS

“杂色HLS”特效是在图像中生成杂色效果后，对杂色噪点的亮度、色调和饱和度进行设置，效果如图7-43所示。

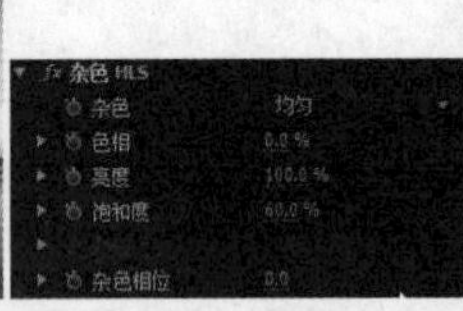

图7-43 “杂色HLS”特效

5．杂色HLS自动

“杂色HLS自动”特效与“杂色HLS”特效相似，只是单独具有一个“杂色动画速度”选项，通过设置该选项可以使不同杂色噪点以不同速度运动，效果如图7-44所示。

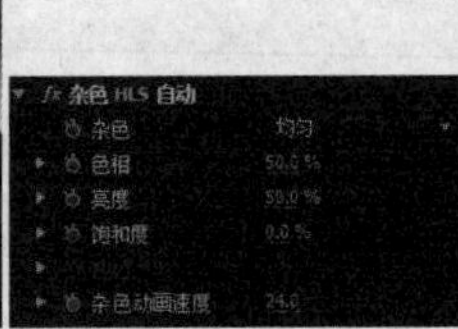

图7-44 “杂色HLS自动”特效

6．蒙尘与划痕

“蒙尘与划痕”特效是在图像上生成类似灰尘的杂色噪点效果，如图7-45所示。

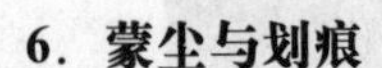

图7-45 “蒙尘与划痕”特效

7.3.7 模糊与锐化效果

“模糊与锐化”文件夹中的视频特效用于调整画面的模糊和锐化效果。该文件夹包含了10种视频效果，如图7-46所示。

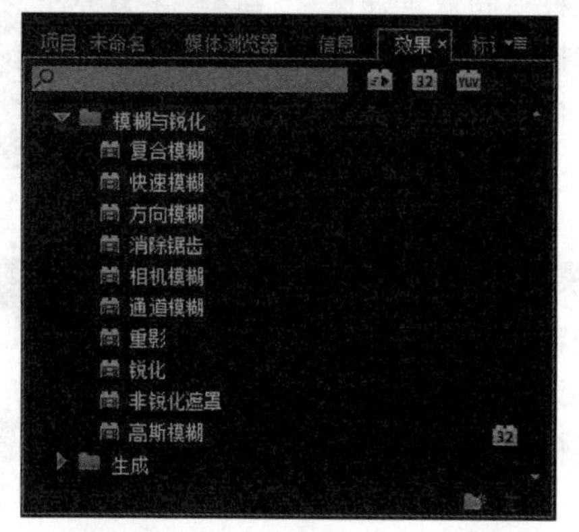

图7-46 “模糊与锐化”文件夹

1. 复合模糊

“复合模糊”特效是使素材产生柔和模糊的效果，如图7-47所示。

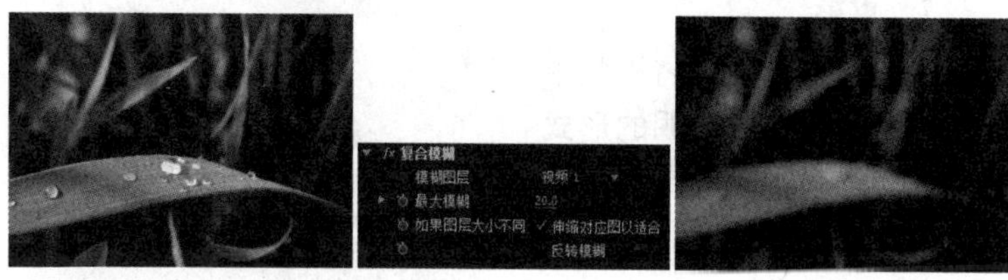

图7-47 “复合模糊”特效

2. 快速模糊

“快速模糊”特效是使素材生成特定方向的模糊效果，渲染速度非常快，如图7-48所示。

图7-48 “快速模糊”特效

3. 方向模糊

“方向模糊”特效是使图像按照指定方向模糊的效果，如图7-49所示。

图7-49 “方向模糊”特效

使用“方向模糊”特效可以制作出快速移动的效果。

4. 消除锯齿

“消除锯齿”特效是使图像中的色彩像素的边缘更加柔和的效果，如图7-50所示。

图7-50 “消除锯齿”特效

5．相机模糊

“相机模糊”特效是使图像产生类似拍摄时没有对准焦距的“虚焦”模糊的效果，如图7-51所示。

图7-51 “相机模糊”特效

6．通道模糊

“通道模糊”特效是对素材图像的红、绿、蓝或Alpha通道单独进行模糊的效果，如图7-52所示。

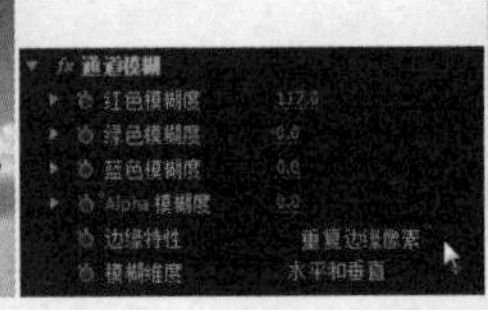

图7-52 “通道模糊”特效

7．重影

“重影”特效是将视频中前几帧的图像以半透明的形式覆盖在当前帧上，从而产生重影的效果，如图7-53所示。

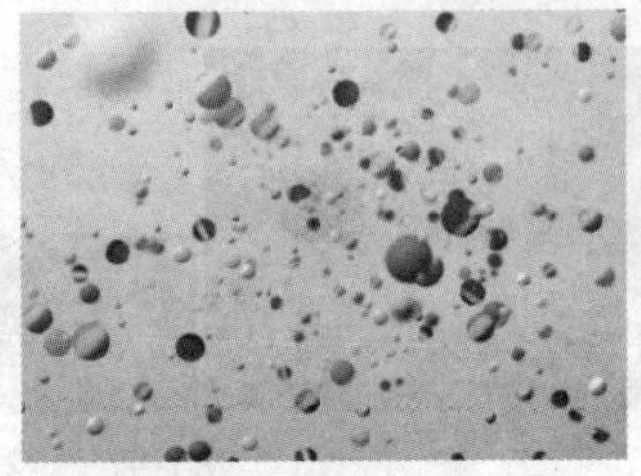

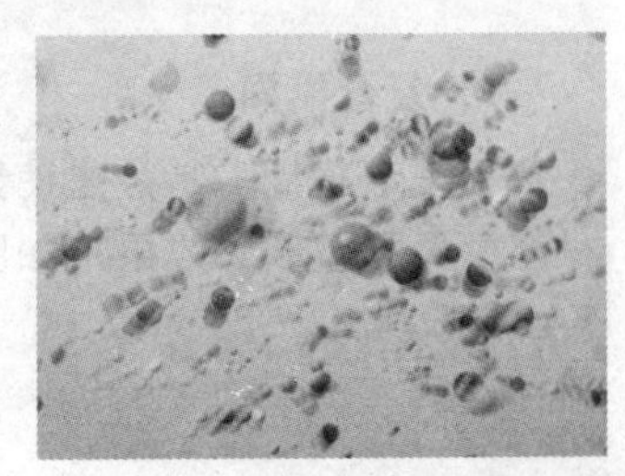

图7-53 “重影”特效

8．锐化

“锐化”特效是通过增强相邻像素间的对比度使图像变得更加清晰的效果，如图7-54所示。

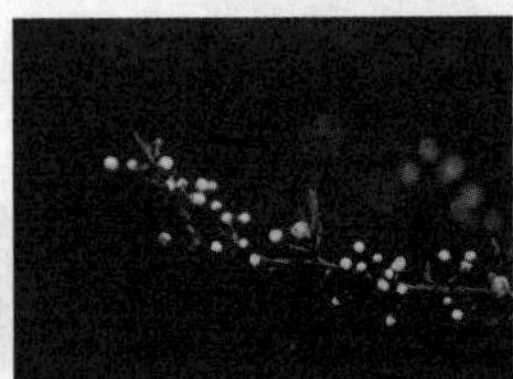

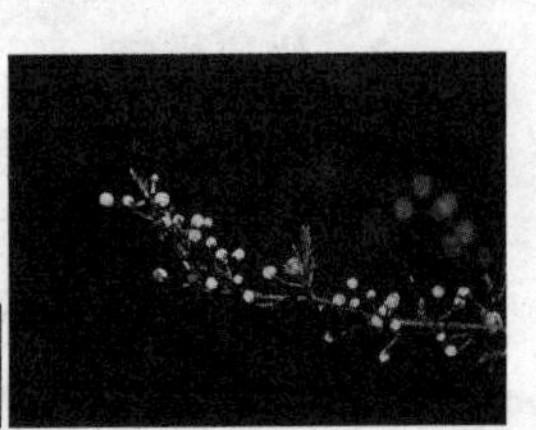

图7-54 “锐化”特效

提示

“锐化量”参数值越大，画面锐化强度越大，但是过渡锐化会使画面看起来生硬、杂乱，因此在使用该特效时要注意画面的效果。

9．非锐化遮罩

“非锐化遮罩”特效是调整图像的色彩锐化程度的效果，如图7-55所示。

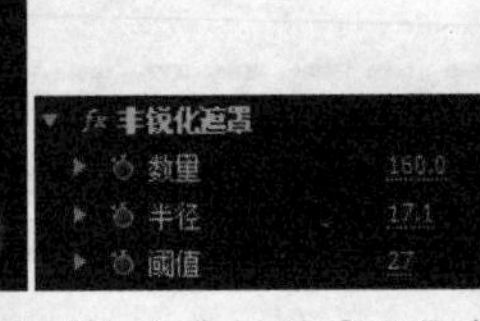

图7-55 “非锐化遮罩”特效

10．高斯模糊

“高斯模糊”特效是使图像产生不同程度的虚化的效果，如图7-56所示。

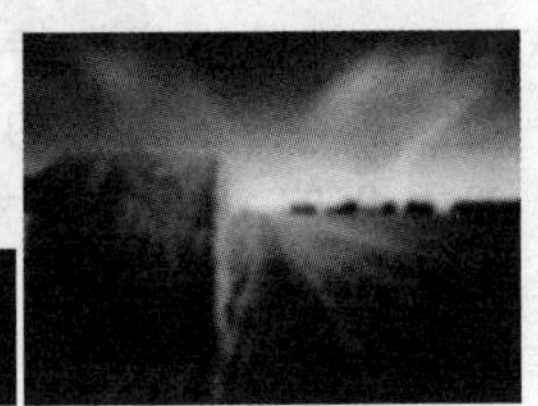

图7-56 “高斯模糊”特效

7.3.8 生成效果

“生成”文件夹中的特效主要用于对光和填充颜色的处理，从而使画面具有光感和动感。该文件夹中包含了12种视频效果，如图7-57所示。

1. 书写

“书写”特效是在图像上创建类似画笔书写的关键帧动画，效果如图7-58所示。

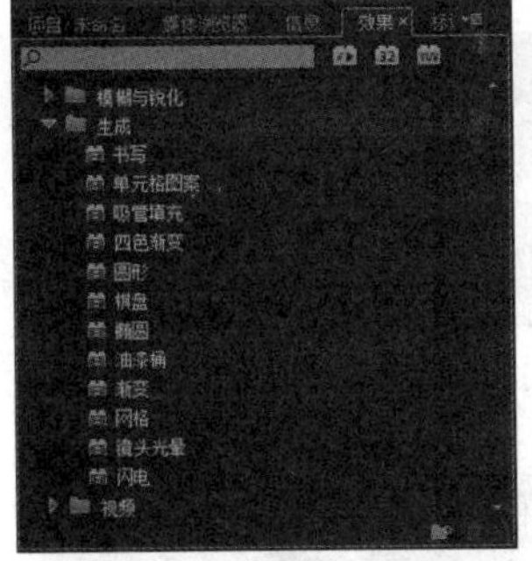

图7-57 “生成”文件夹

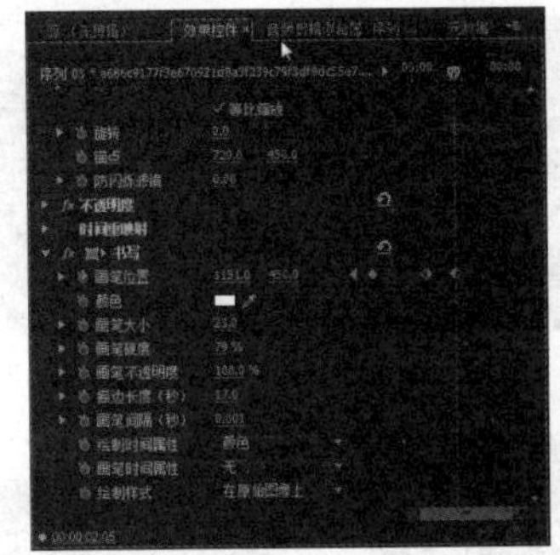

图7-58 “书写”特效

2. 单元格图案

“单元格图案”特效是在图像上模拟生成不规则单元格的效果，如图7-59所示。

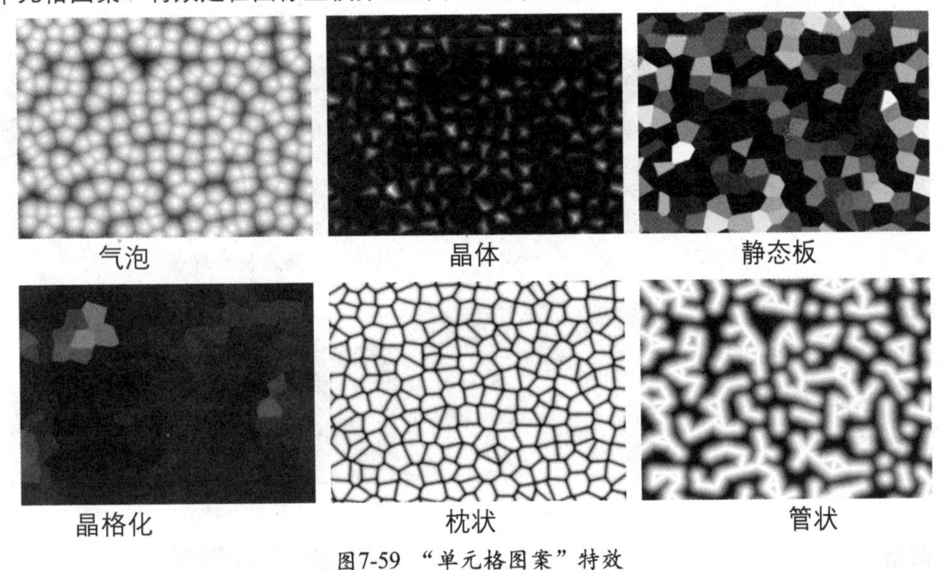

图7-59 “单元格图案”特效

3. 吸管填充

“吸管填充”特效是通过提取采样点的颜色来填充整个画面，从而得到整体画面的偏色效果，如图7-60所示。

图7-60 “吸管填充”特效

4. 四色渐变

“四色渐变”特效是通过设置4种相互渐变的颜色来填充图像的效果，如图7-61所示。

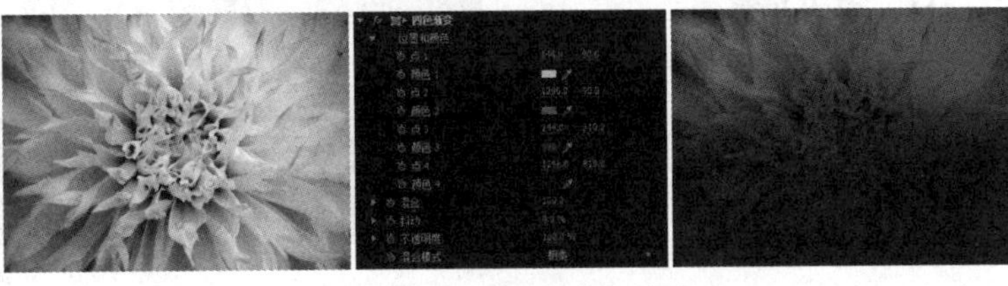

图7-61 “四色渐变”特效

5. 圆形

“圆形”特效是在图像上创建一个自定义的圆形或圆环图案的效果，如图7-62所示。

图7-62 “圆形”特效

6. 棋盘

“棋盘”特效是在图像上创建一种棋盘格图案的效果，如图7-63所示。

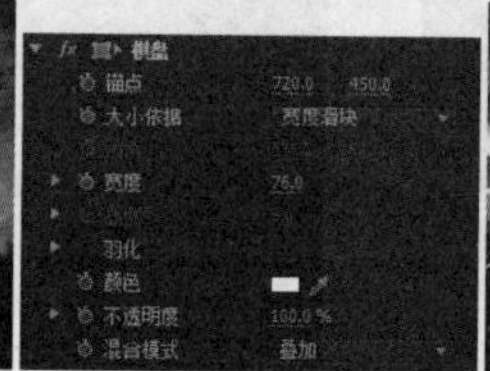

图7-63 “棋盘”特效

7. 椭圆

“椭圆”特效是在图像上创建一个椭圆形光圈图案的效果，如图7-64所示。

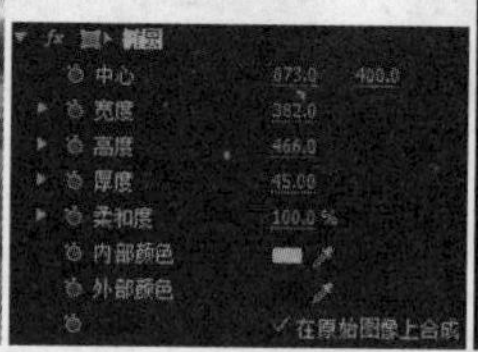

图7-64 “椭圆”特效

8. 油漆桶

“油漆桶”特效是将图像上指定区域的颜色用另外一种颜色来代替的效果，如图7-65所示。

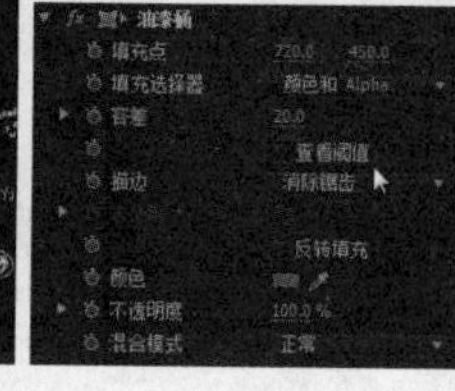

图7-65 “油漆桶”特效

9. 渐变

“渐变”特效是在图像上叠加一个双色渐变填充的蒙版的效果，如图7-66所示。

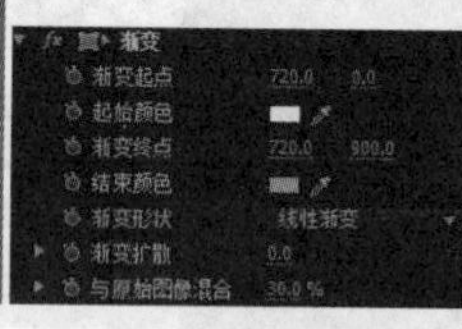

图7-66 “渐变”特效

10. 网格

“网格”特效是在图像上创建自定义网格的效果，如图7-67所示。

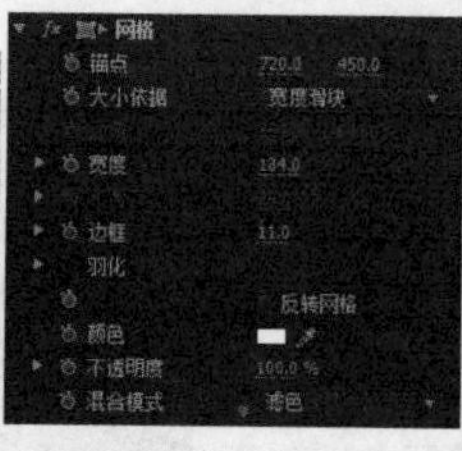
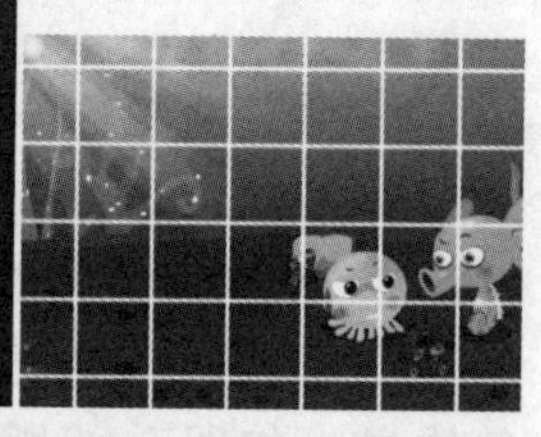

图7-67 “网格”特效

11. 镜头光晕

“镜头光晕”特效是在画面中模拟出相机镜头拍摄的强光折射效果，如图7-68所示。

图7-68 “镜头光晕”特效

12．闪电

“闪电”特效是在图像上产生类似闪电或火花的光电效果，如图7-69所示。

图7-69 “闪电”特效

7.3.9 视频效果

“视频”文件夹中的特效主要用于模拟视频信号的电子变动。该文件夹中包含两种效果，如图7-70所示。

1．剪辑名称

“剪辑名称”特效是在“节目监视器”面板中播放素材时，在屏幕中显示该素材剪辑的名称，效果如图7-71所示。

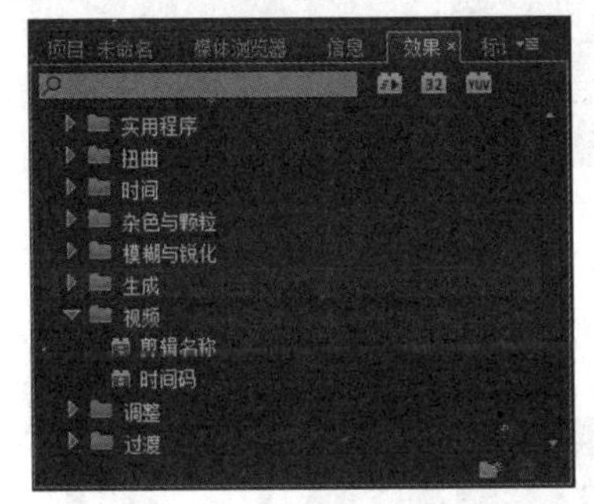

图7-70 “视频”文件夹

图7-71 “剪辑名称”特效

2．时间码

“时间码”特效是将时间码“录制”到影片中，以便在“节目监视器”中显示的效果，如图7-72所示。

图7-72 “时间码”特效

7.3.10 调整效果

在“调整”文件夹中的特效主要用于调整素材的颜色效果。该文件中包含9种调整效果的视频特效，如图7-73所示。

1．ProcAmp

“ProcAmp（调色）”特效可以调整视频的亮度、对比度、色相、饱和度以及分离百分比，效果如图7-74所示。

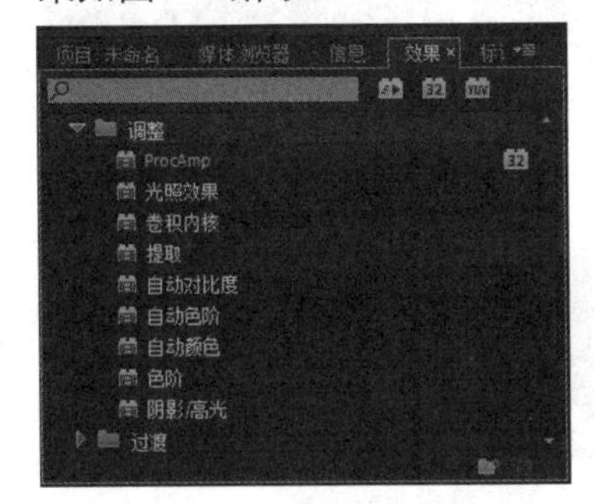

图7-73 “调整”文件夹

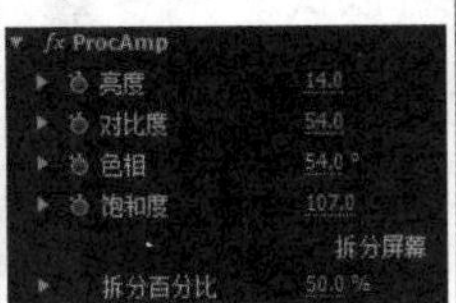

图7-74 “ProcAmp”特效

2．光照效果

“光照效果”特效是给图像添加照明的效果，如图7-75所示。

图7-75 “光照效果”特效

“光照效果”特效可以制作出多个灯光照射的效果，也可以制作出聚光灯照射的效果。

3．卷积内核

“卷积内核”特效是调整图像的亮度和清晰度的效果，如图7-76所示。

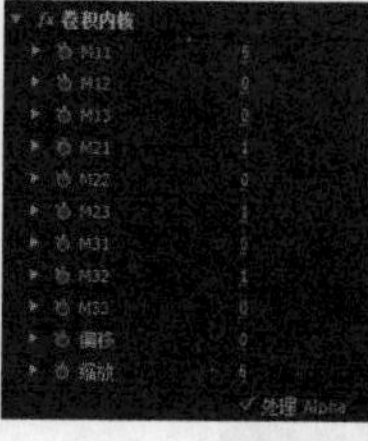

图7-76 “卷积内核”特效

4．提取

“提取”特效是将素材的颜色转换成黑白色的效果，如图7-77所示。

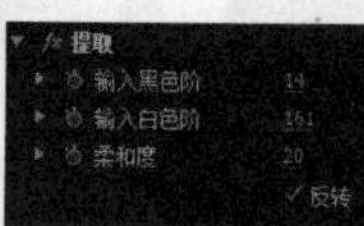

图7-77 “提取”特效

5．自动对比度

“自动对比度”特效可以快速校正素材颜色的对比度，效果如图7-78所示。

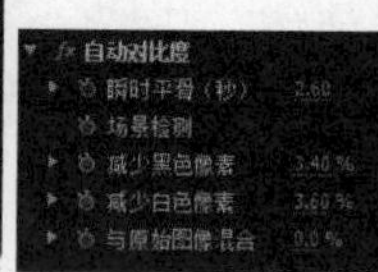

图7-78 “自动对比度”特效

6．自动色阶

“自动色阶”特效可以快速校正素材颜色的色阶亮度，效果如图7-79所示。

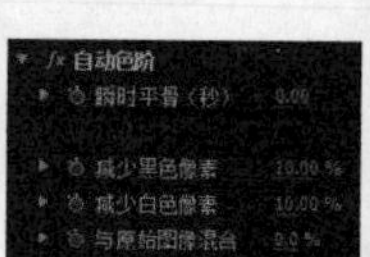

图7-79 “自动色阶”特效

7．自动颜色

“自动颜色”特效可以快速校正素材的颜色，效果如图7-80所示。

图7-80 “自动颜色”特效

8. 色阶

“色阶”特效是调整图像色阶的效果，如图7-81所示。

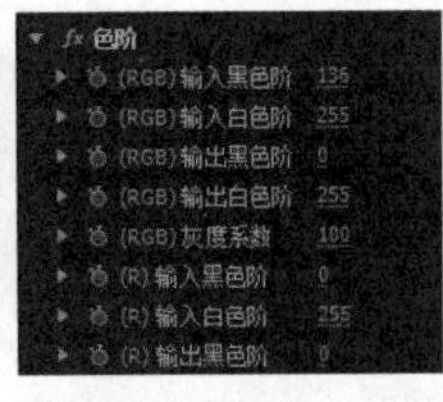

图7-81 “色阶”特效

9. 阴影/高光

“阴影/高光”特效是处理图像逆光的效果，如图7-82所示。

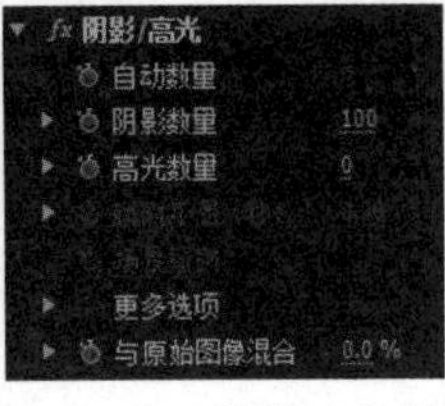

图7-82 “阴影/高光”特效

7.3.11 过渡效果

“过渡”文件夹中的特效与“效果”面板的“视频过渡”文件夹中的特效类似。不同的是，该文件夹中特效默认的持续时间长度是整个素材范围。该文件夹中包含了5种视频过渡效果，如图7-83所示。

1. 块溶解

“块溶解”特效是在图像上生成随机块，然后使素材消失在随机块中的效果，如图7-84所示。

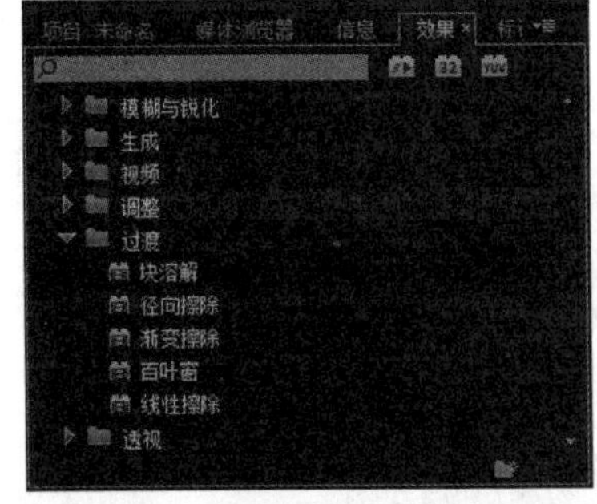

图7-83 “过渡”文件夹

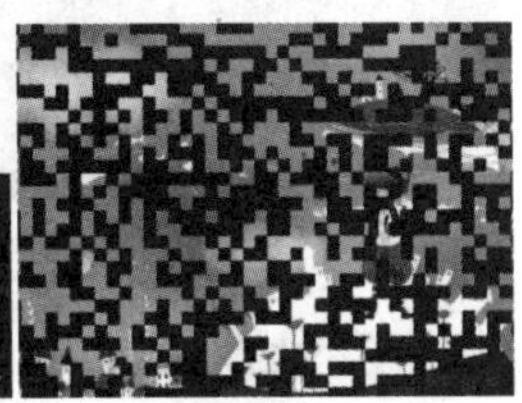

图7-84 “块溶解”特效

2. 径向擦除

“径向擦除”特效是以指定的点为中心，以旋转的方式逐渐将图像擦除的效果，如图7-85所示。

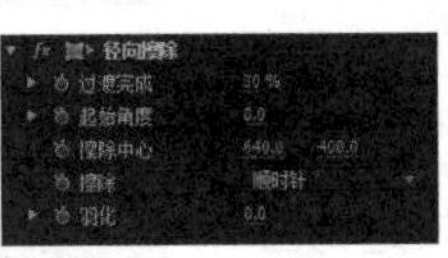

图7-85 “径向擦除”特效

3. 渐变擦除

“渐变擦除”特效是基于亮度值将两素材进行渐变切换的效果，如图7-86所示。

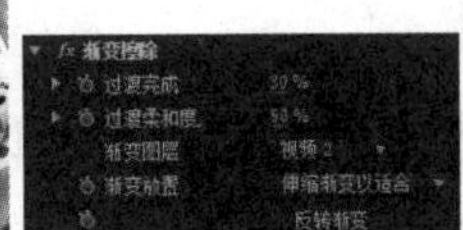

图7-86 “渐变擦除”特效

4. 百叶窗

“百叶窗”特效是用类似百叶窗的条纹蒙版逐渐遮挡住原素材并显示出新素材的效果，如图7-87所示。

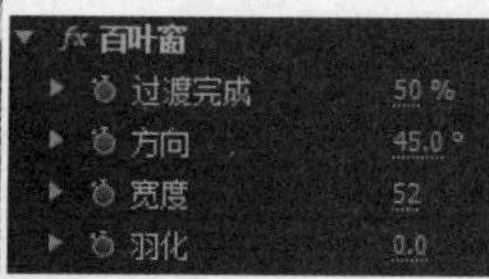

图7-87 “百叶窗”特效

5. 线性擦除

“线性擦除”特效是通过线条划动的方式来擦除原素材，同时显示出下方的新素材的效果，如图7-88所示。

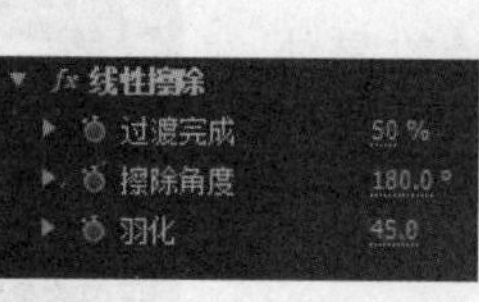

图7-88 “线性擦除”特效

7.3.12 透视效果

“透视”文件夹中的特效是给图像添加深度，使图像看起来有立体空间的效果，如图7-89所示。

1. 基本3D

“基本3D”特效是将图像放置在一个虚拟的3D空间中并给该图像创建旋转和倾斜效果，如图7-90所示。

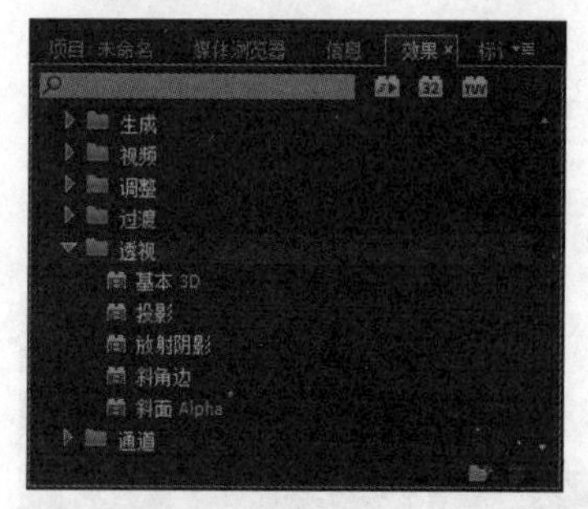

图7-89 “透视”文件夹

图7-90 “基本3D”特效

2. 投影

“投影”特效是为图像创建阴影效果，如图7-91所示。

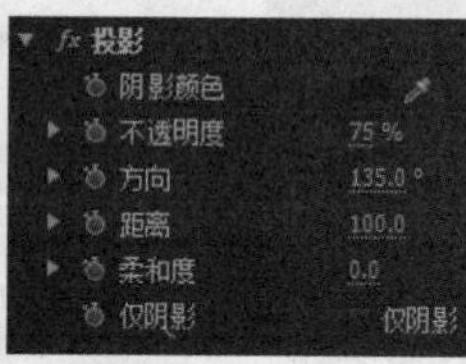

图7-91 “投影”特效

3. 放射阴影

“放射阴影”特效是为图像添加一个点光源，使阴影投射到下层素材上的效果，如图7-92所示。

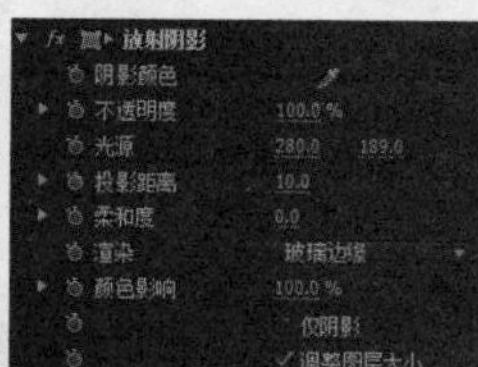

图7-92 “放射阴影”特效

4. 斜角边

“斜角边”特效是在图像四周产生立体斜边的效果，如图7-93所示。

5. 斜面Alpha

“斜面Alpha”特效可以使图像的Alpha通道倾斜，使二维图像看起来具有三维的立体效果，如图7-94所示。

图7-93 “斜角边”特效

图7-94 “斜面Alpha”特效

7.3.13 通道效果

“通道”文件夹中的特效是对素材的通道进行处理，达到调整图像颜色、色阶等颜色属性的效果。该文件夹中包含7种效果，如图7-95所示。

1. 反转

“反转”特效是将图像中的颜色反转成相应的互补色的效果，如图7-96所示。

图7-95 “通道”文件夹

图7-96 “反转”特效

2. 复合运算

“复合运算”特效是使用数学运算的方式创建图层的组合效果，如图7-97所示。

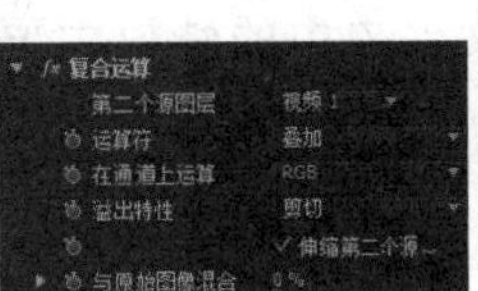

图7-97 “复合运算”特效

3. 混合

“混合”特效是将指定轨道的图像进行混合的效果，如图7-98所示。

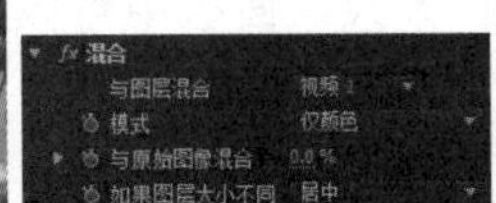

图7-98 “混合”特效

4．算术

“算术”特效是对图像的色彩通道进行算术运算后得到的效果，如图7-99所示。

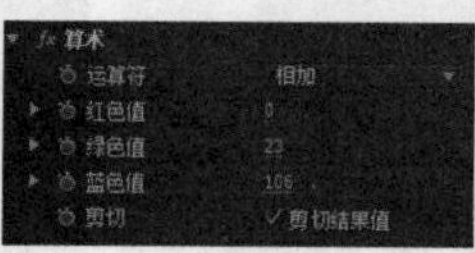

图7-99 “算术”特效

5．纯色合成

“纯色合成”特效可以将一种颜色覆盖在素材上，将它们以不同的方式混合，效果如图7-100所示。

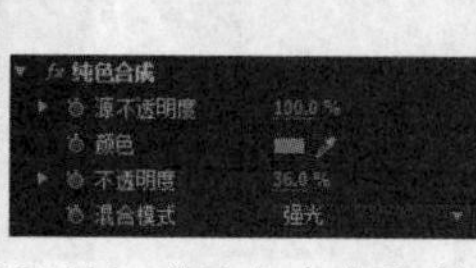

图7-100 “纯色合成”特效

6．计算

“计算”特效是通过混合指定的通道和各种混合模式的设置来调整图像颜色的效果，如图7-101所示。

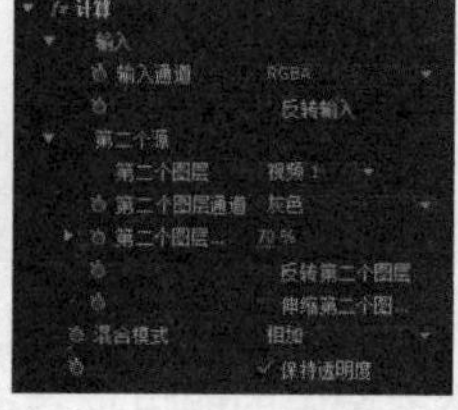

图7-101 “计算”特效

7．设置遮罩

“设置遮罩”特效是通过用当前层的Alpha通道取代指定层的Alpha通道，从而创建移动蒙版的效果，如图7-102所示。

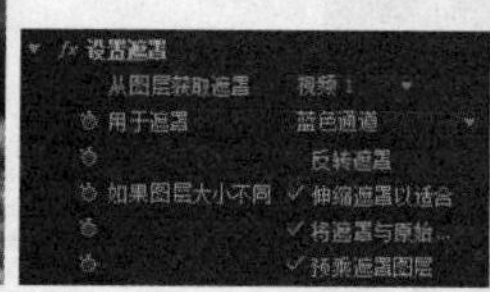

图7-102 “设置遮罩”特效

7.3.14 颜色校正效果

“颜色校正”文件夹中的特效主要用于对图像颜色的校正。该文件夹包含18种视频效果，如图7-103所示。

1．Lumetri

“Lumetri”特效是链接外部Lumetri Looks颜色分级引擎，对图像颜色进行校正的效果。Premiere Pro CC中预设了部分Lumetri Looks颜色分级引擎的特效，在“效果”面板中可以直接选择应用，效果如图7-104所示。

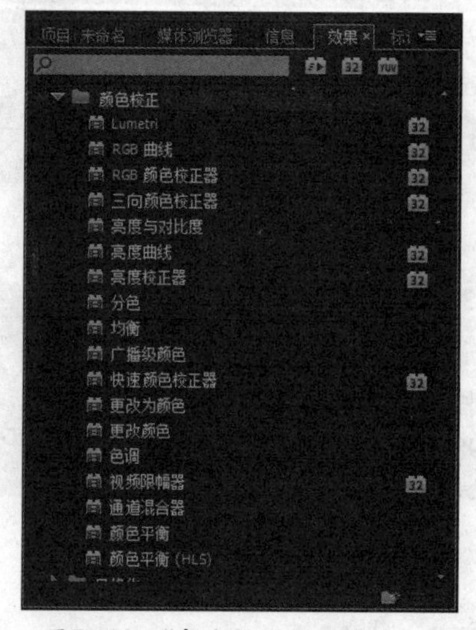

图7-103 “颜色校正”文件夹

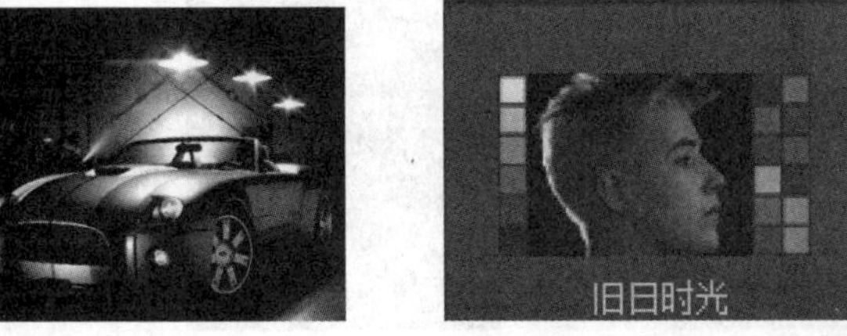

图7-104 “Lumetri”特效

2. RGB曲线

“RGB曲线”特效是通过调整红、绿、蓝通道和主通道的曲线来调节RGB色彩值的效果，如图7-105所示。

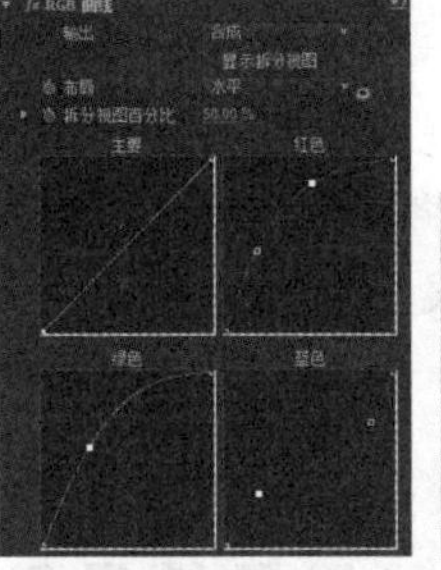

图7-105 “RGB曲线”特效

在设置“RGB曲线”特效的曲线参数时，在需要添加控制点的曲线位置单击鼠标左键即可完成添加。

3. RGB颜色校正器

“RGB颜色校正器”特效可以通过修改RGB参数来改变颜色和亮度，效果如图7-106所示。

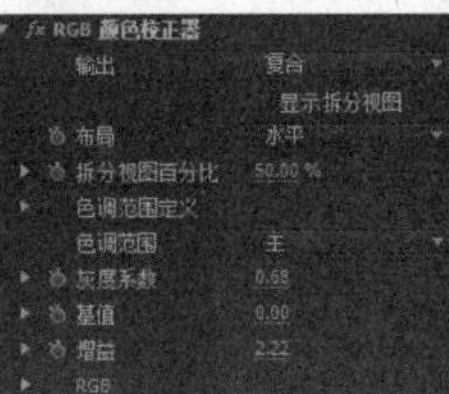

图7-106 “RGB颜色校正器”特效

4. 三向颜色校正器

“三向颜色校正器”特效是通过调整阴影、中间调和高光来调节颜色的效果，如图7-107所示。

图7-107 “三向颜色校正器”特效

5. 亮度与对比度

“亮度与对比度”特效是调节图像的亮度和对比度的效果，如图7-108所示。

图7-108 “亮度与对比度”特效

6. 亮度曲线

“亮度曲线”特效是通过调整亮度值的曲线来调节图像亮度值的效果，如图7-109所示。

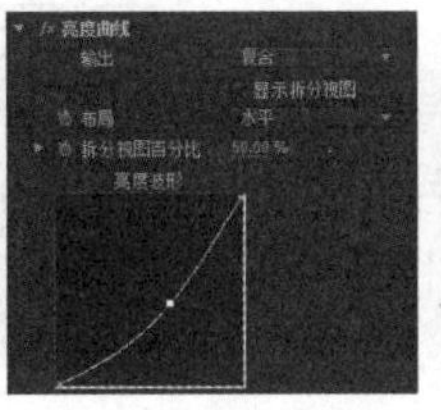

图7-109 “亮度曲线”特效

7．亮度校正器

“亮度校正器”特效是调整图像亮度的效果，如图7-110所示。

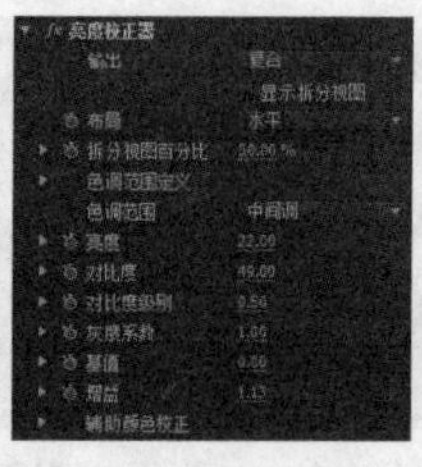

图7-110 “亮度校正器”特效

8．分色

“分色”特效是仅保留图像中的一种色彩并将其他色彩变为灰度色的效果，如图7-111所示。

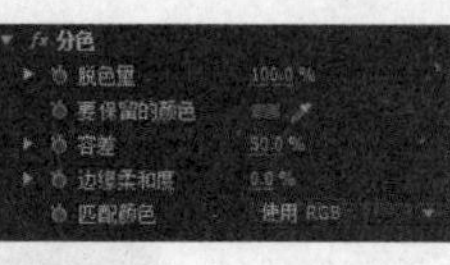

图7-111 “分色”特效

将“容差”参数值设置得更大一些，可以使制作的画面具有一定的色彩过渡效果。

9．均衡

“均衡”特效是对图像中的颜色值和亮度进行平均化处理的效果，如图7-112所示。

图7-112 “均衡”特效

10．广播级颜色

“广播级颜色”特效是通过校正颜色和亮度来使视频能在电视机中精确播放的效果，如图7-113所示。

图7-113 “广播级颜色”特效

11．快速颜色校正器

“快速颜色校正器”特效是可以快速调整颜色的效果，如图7-114所示。

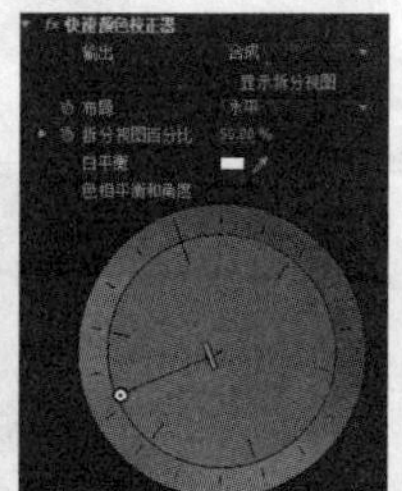

图7-114 “快速颜色校正器”特效

12．更改为颜色

“更改为颜色”特效是将图像中选定的一种颜色更改为其他颜色的效果，如图7-115所示。

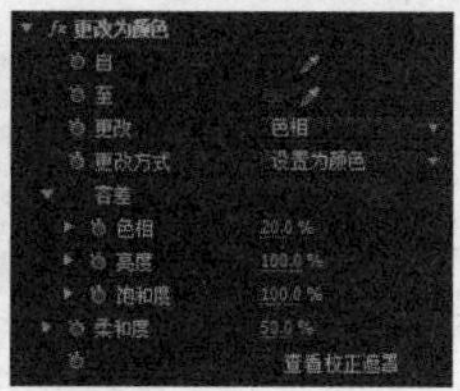

图7-115 “更改为颜色”特效

13．更改颜色

“更改颜色”特效通过选定图像中的某种颜色来更改它的色相、饱和度、亮度等属性，效果如图7-116所示。

图7-116 “更改颜色”特效

14．色调

“色调”特效是将图像中的黑白色映射成其他颜色的效果，如图7-117所示。

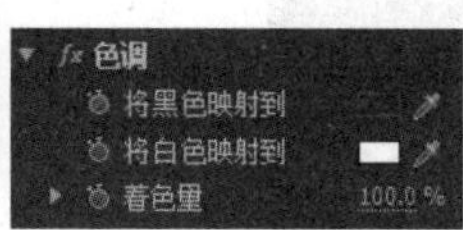

图7-117 “色调”特效

15．视频限幅器

“视频限幅器”特效可以为图像的色彩限定范围，效果如图7-118所示。

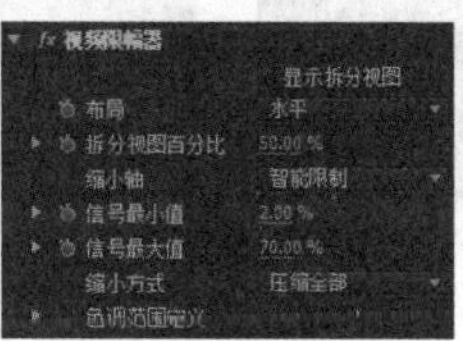

图7-118 “视频限幅器”特效

16．通道混合器

“通道混合器”特效通过将图像不同颜色通道进行混合以达到调整颜色的目的，效果如图7-119所示。

图7-119 “通道混合器”特效

17．颜色平衡

“颜色平衡”特效可以分别对不用颜色通道的阴影、中间调、高光范围进行调整，从而使图像颜色达到平衡，效果如图7-120所示。

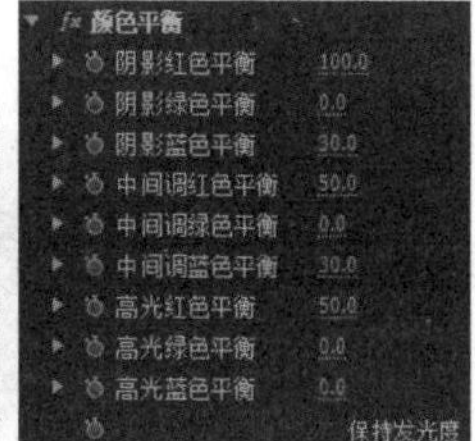

图7-120 “颜色平衡”特效

18．颜色平衡（HLS）

“颜色平衡（HLS）”特效可以分别对不用颜色通道的色相、亮度、饱和度进行调整，从而使图像颜色达到平衡，效果如图7-121所示。

图7-121 “颜色平衡（HLS）”特效

7.3.15 风格化效果

“风格化”文件夹中的特效主要用于对图像进行艺术化的处理，不会进行重大的扭曲。该文件夹中包含了13种视频效果，如图7-122所示。

1. Alpha发光

“Alpha发光”特效是在图像的Alpha通道中生成向外发光的效果，如图7-123所示。

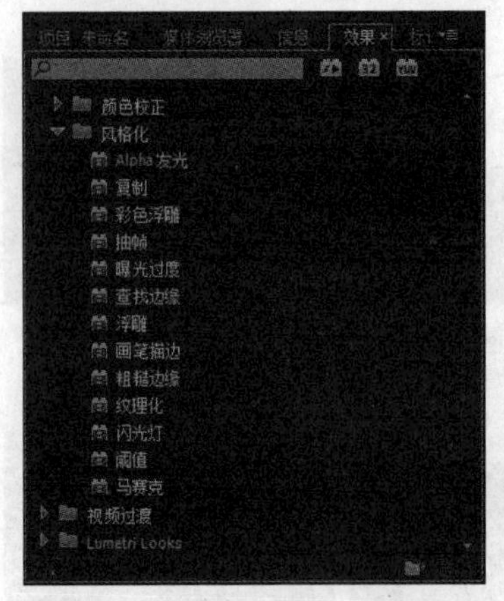

图7-122 “风格化”文件夹

图7-123 “Alpha发光”特效

2. 复制

“复制”特效可以在画面中将图像复制，效果如图7-124所示。

图7-124 “复制”特效

3. 彩色浮雕

“彩色浮雕”特效是将图像处理成浮雕且不移除图像颜色的效果，如图7-125所示。

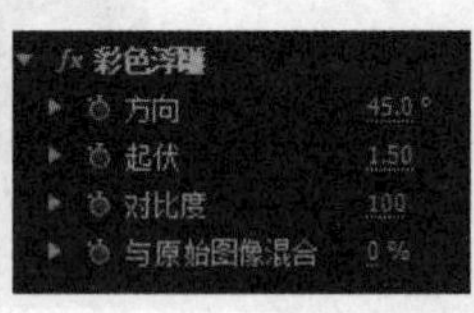

图7-125 “彩色浮雕”特效

4. 抽帧

“抽帧”特效是通过改变图像画面的色彩层次来改变图像颜色的效果，如图7-126所示。

图7-126 “抽帧”特效

5. 曝光过度

“曝光过度”特效是将图像调整为类似相机曝光过度的效果，如图7-127所示。

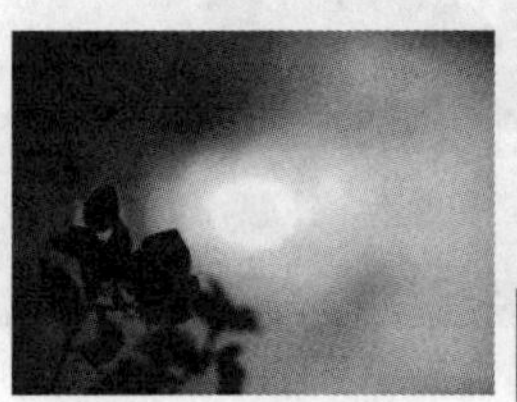
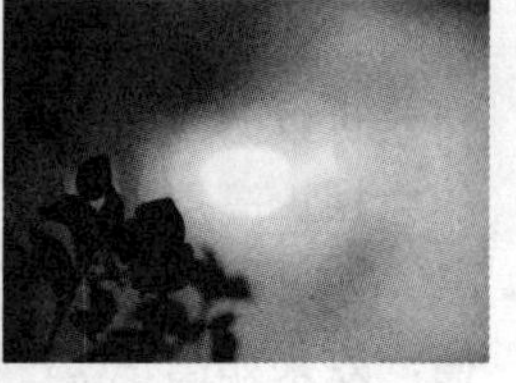

图7-127 “曝光过度”特效

6. 查找边缘

“查找边缘”特效通过查找对比度高的区域并用线条对其边缘进行勾勒，效果如图7-128所示。

图7-128 “查找边缘”特效

7. 浮雕

“浮雕”特效是使图像产生浮雕的效果，同时去除图像的颜色，如图7-129所示。

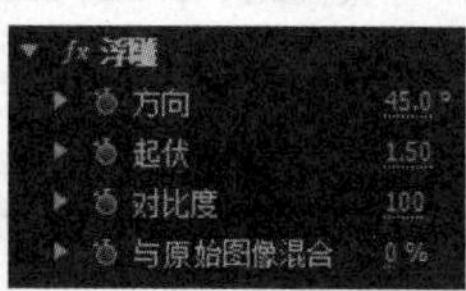

图7-129 “浮雕”特效

8. 画笔描边

“画笔描边”特效是模仿画笔绘图的效果，如图7-130所示。

图7-130 “画笔描边”特效

9. 粗糙边缘

“粗糙边缘”特效是使图像边缘粗糙化的效果，如图7-131所示。

图7-131 “粗糙边缘”特效

10. 纹理化

“纹理化”特效是在当前图层中创建指定图层的浮雕纹理的效果，如图7-132所示。

图7-132 “纹理化”特效

11. 闪光灯

“闪光灯”特效是在指定时间的帧画面中创建闪烁的效果，如图7-133所示。

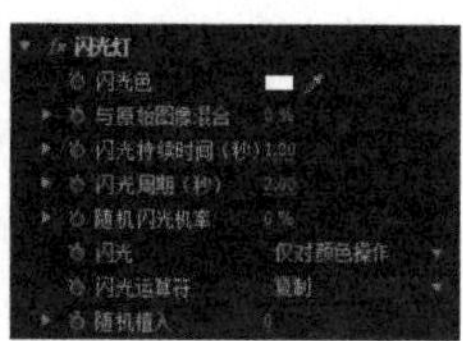

图7-133 “闪光灯”特效

12. 阈值

“阈值”特效是调整阈值以使图像变成黑白模式的效果，如图7-134所示。

图7-134 “阈值”特效

13．马赛克

“马赛克”特效是在画面上生成马赛克的效果，如图7-135所示。

图7-135 “马赛克”特效

7.3.16 实战——变形画面

下面通过实例来介绍视频效果的应用与操作。

视频位置：DVD\视频\第7章\7.3.16实战——变形画面.mp4
源文件位置：DVD\源文件\第7章\7.3.16

01 启动Premiere Pro CC，新建项目，新建序列。执行“文件”|“导入”命令，弹出“导入”对话框，选择需要导入的素材，单击“打开”按钮，如图7-136所示，将素材导入到“项目”面板中。

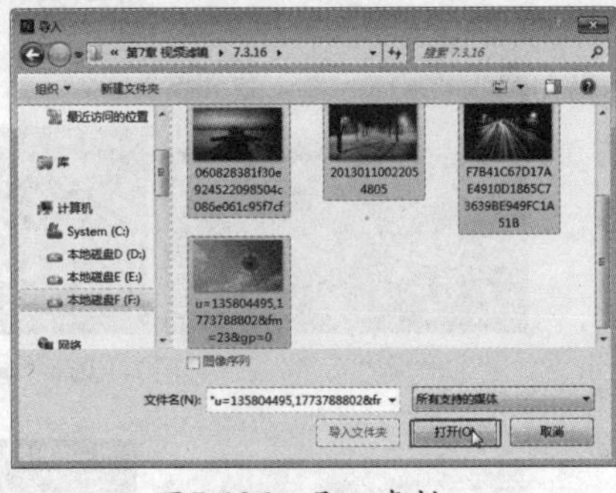

图7-136 导入素材

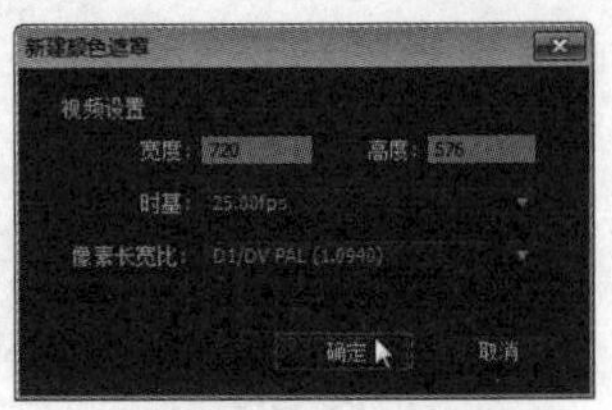

图7-137 新建颜色遮罩

02 执行“文件”|“新建”|“颜色遮罩”命令，弹出“新建颜色遮罩”对话框，单击“确定”按钮，如图7-137所示。

03 弹出“拾色器”对话框，选择颜色为白色，单击“确定”按钮，如图7-138所示。

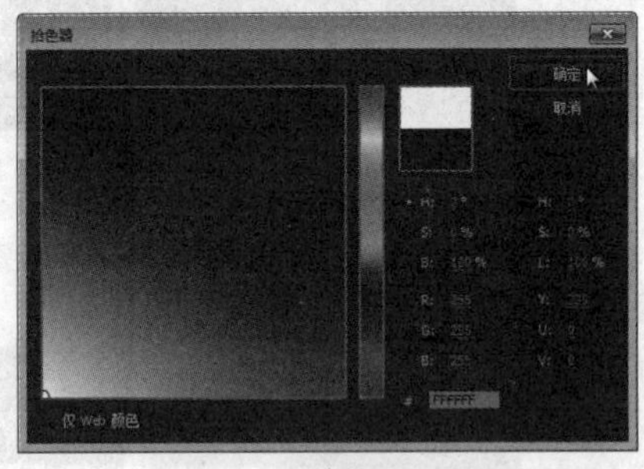

图7-138 选择颜色

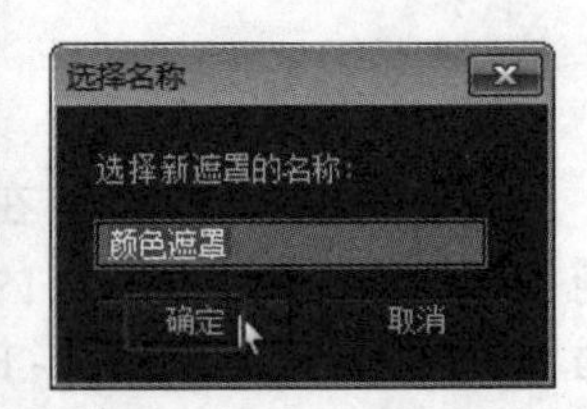

图7-139 选择名称

04 弹出“选择名称”对话框，设置素材名称，单击“确定”按钮，完成设置，如图7-139所示。

05 在“项目”面板中选择“颜色遮罩”素材，将其拖到“时间轴”中，如图7-140所示。

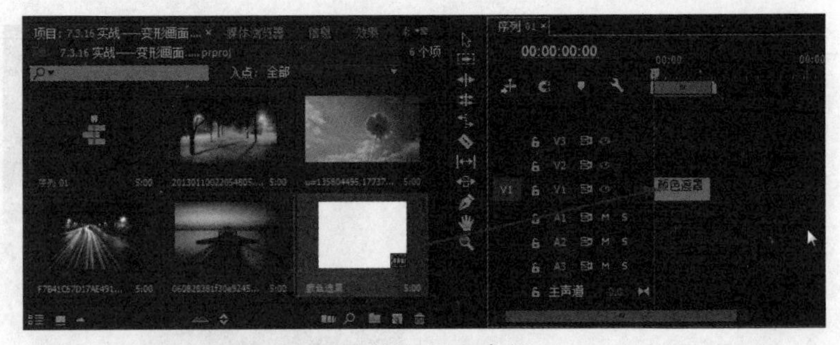

图7-140 拖入素材

06 选择“时间轴”的“颜色遮罩”素材，单击鼠标右键，执行“速度/持续时间”命令，弹出“剪辑速度/持续时间”对话框，设置持续时间为00:00:20:00（即20秒），单击“确定”按钮，完成设置，如图7-141所示。

07 在“项目”面板中选择“1.jpg”素材，将其拖到“时间轴”的V3轨道中，如图7-142所示。

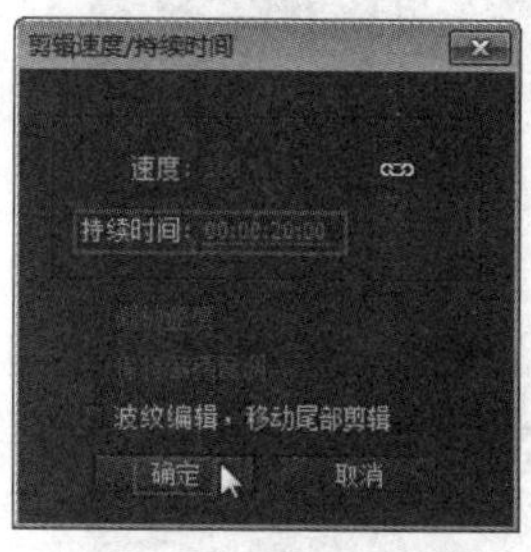
图7-141 设置持续时间

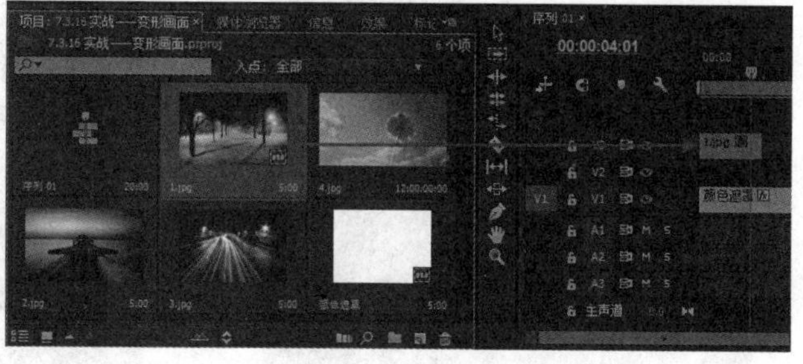
图7-142 拖入素材

08 打开“效果”面板，选择“视频效果”文件夹，选择“扭曲”文件夹，选择“球面化”特效，如图7-143所示。

09 将“球面化”特效添加到“时间轴”中的“1.jpg”素材上，打开“效果控件”面板，设置时间为00:00:00:00，单击“半径”前的“切换动画”按钮，如图7-144所示。

10 在“效果”面板中，选择“扭曲”文件夹中的“边角定位”特效，如图7-145所示。

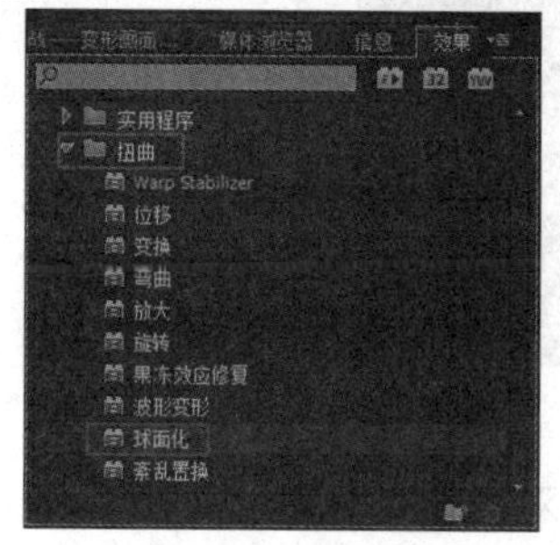
图7-143 “扭曲”文件夹

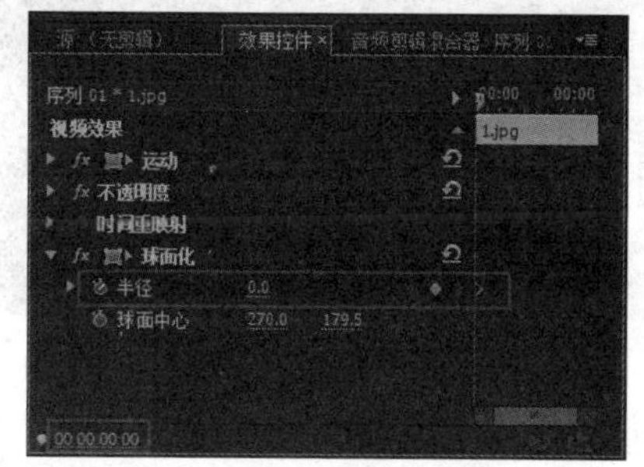
图7-144 添加关键帧

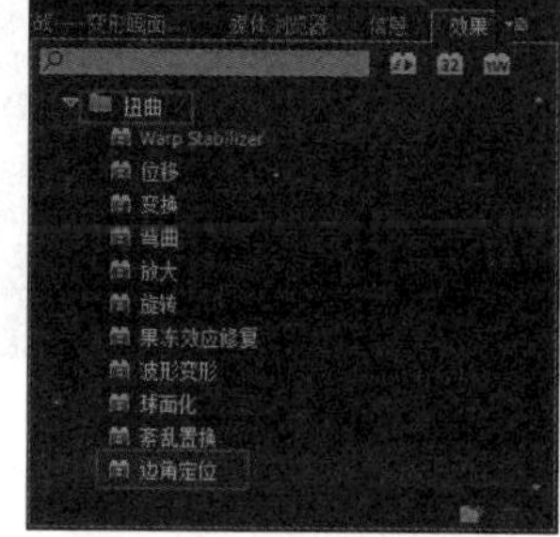
图7-145 选择“边角定位”特效

11 将上述特效添加到“时间轴”中的“1.jpg”素材上，打开“效果控件”面板，设置时间为00:00:02:00，激活“左上”、“右上”、“左下”、“右下”前的“切换动画”按钮，设置“球面化”特效中的“半径”参数为956，如图7-146所示。

12 在“效果控件”面板中，设置时间为00:00:03:00，设置“半径”参数为0，“左上”参数为-125、-109，“右上”参数为664、-109，“左下”参数为-125、470，“右下”参数为664、470，如图7-147所示。

13 打开“效果”面板，选择“视频效果”文件夹，选择“风格化”文件夹中的“纹理化”特效，如图7-148所示。

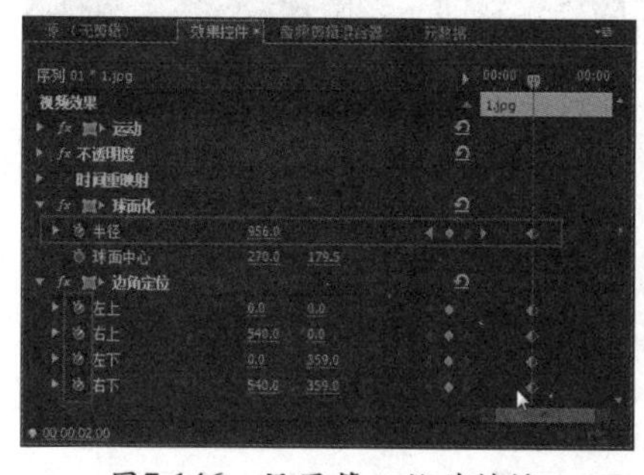
图7-146 设置第二处关键帧

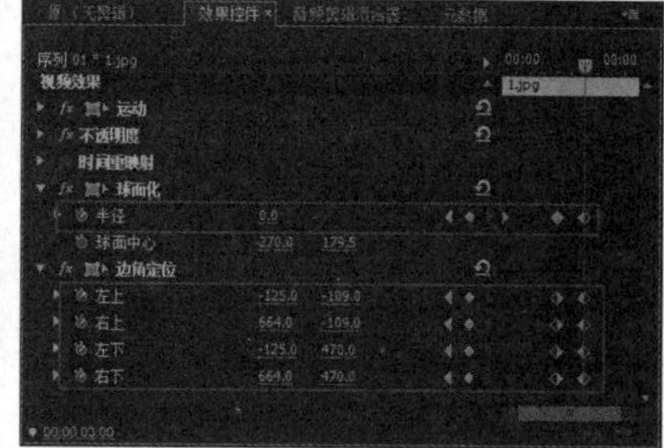
图7-147 设置第三处关键帧

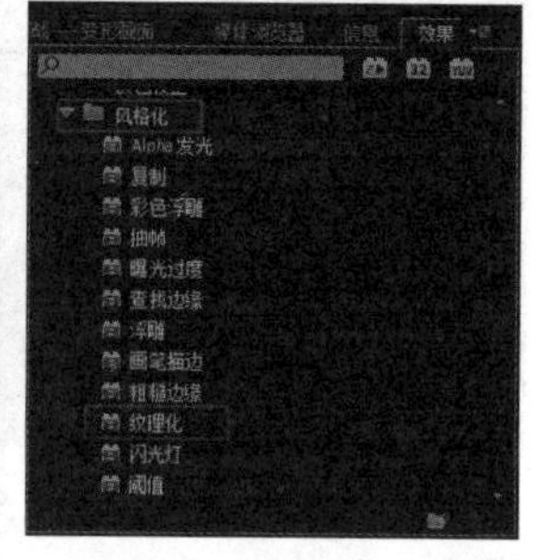
图7-148 选择“纹理化”特效

14 将“纹理化”特效添加到“时间轴”的“1.jpg”素材上，选择“1.jpg”素材，打开“效果控件”面板，选择纹理图层为“视频2”，选择纹理位置为“伸缩纹理以适合”，设置时间为00:00:04:00，激活“纹理对比度”前的“切换动画”按钮，设置“纹理对比度”参数为0，如图7-149所示。

15 设置时间为00:00:04:24，设置“纹理对比度”参数为2，如图7-150所示。

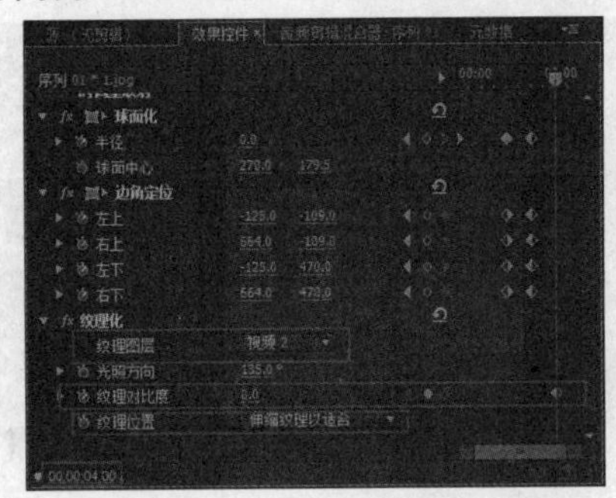

图7-149 添加关键帧

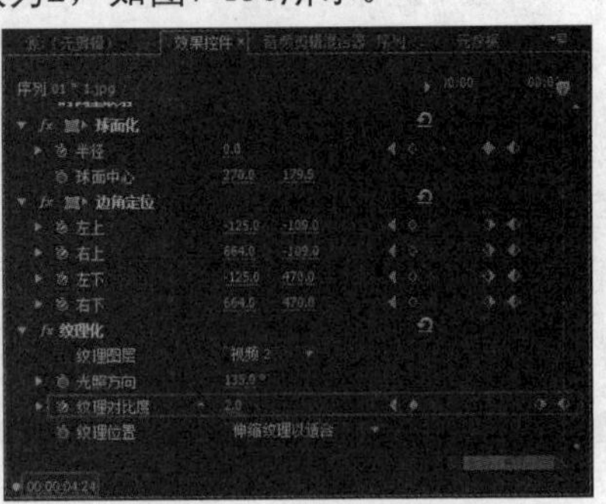

图7-150 设置参数

16 在“序列”面板中，将时间指针放置在00:00:04:00位置，将“项目”面板中的“2.jpg”、“3.jpg”、“4.jpg”素材，按“3-4-2”的顺序添加到“时间轴”中的V2轨道中，如图7-151所示。

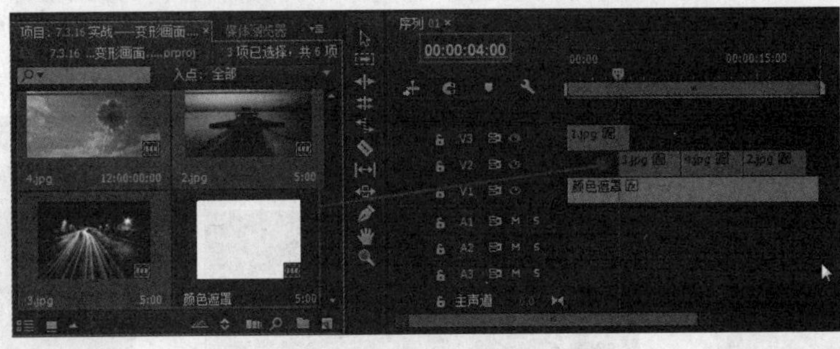

图7-151 拖入素材

17 选择“时间轴”中的“3.jpg”素材，打开“效果控件”面板，取消对“等比缩放”复选项的勾选，设置“缩放高度”参数为125，“缩放宽度”参数为115，如图7-152所示。

18 打开“效果”面板，选择“视频效果”文件夹，选择“生成”文件夹中的“网格”特效，如图7-153所示。

19 将“网格”特效添加到“时间轴”中的“3.jpg”素材上。选择“3.jpg”素材，打开“效果控件”面板，设置时间为00:00:08:02，设置“大小依据”为“宽度和高度滑块”类型，“宽度”参数为50，“高度”参数为50，“混合模式”为“滤色”类型。单击“边框”前的“切换动画”按钮，设置“边框”参数为0，如图7-154所示。

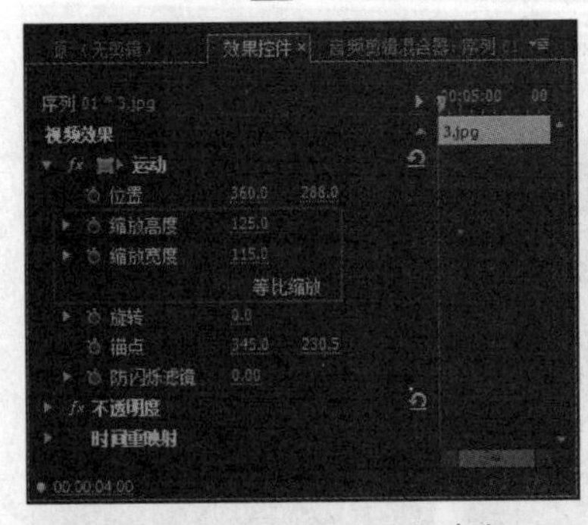

图7-152 设置“缩放”参数

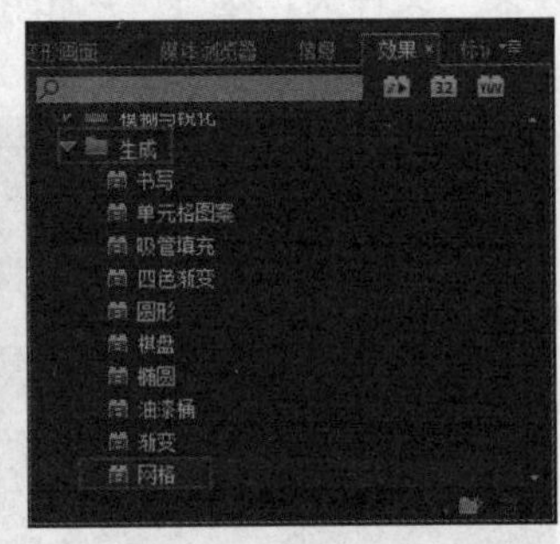

图7-153 选择“网格”特效

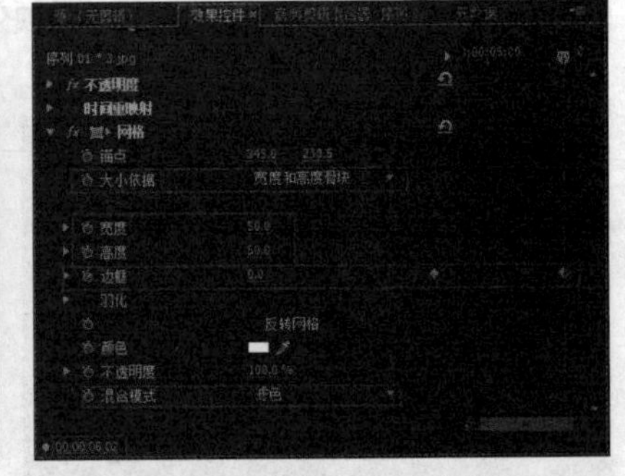

图7-154 设置第一处关键帧

20 在“效果控件”面板中，设置时间为00:00:08:24，设置“边框”参数为50，如图7-155所示。

21 打开“效果”面板，选择“视频效果”文件夹，选择“透视”文件夹，选择“基本3D”特效，如图7-156所示。

22 将“基本3D”特效添加到“时间轴”中的“4.jpg”素材上。选择该素材，打开“效果控件”面板，设置“缩放”参数为192。设置时间为00:00:09:00，激活“旋转”、“倾斜”、“与图像的距离”三者前的“切换动画”按钮，然后设置“旋转”参数为90，“倾斜”参数为90，“与图像的距离”参数为50，如图7-157所示。

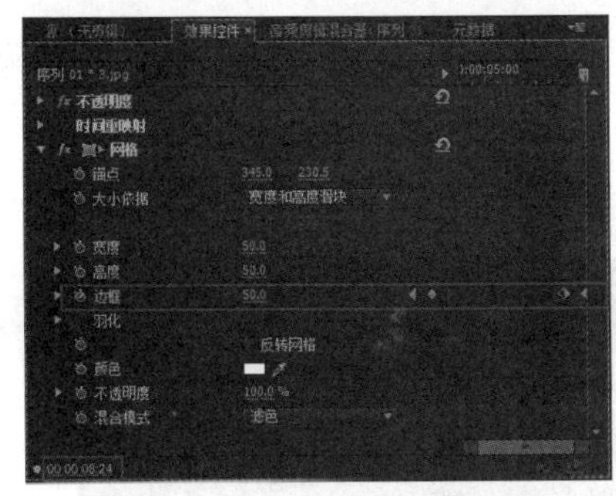
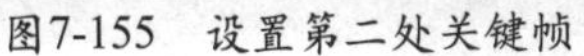
图7-155 设置第二处关键帧

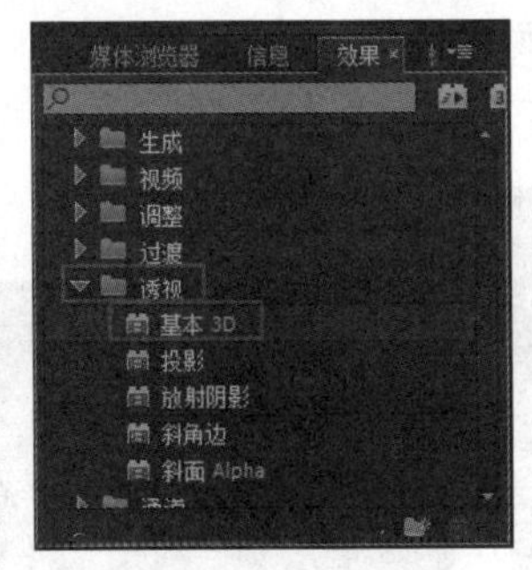

图7-156 选择特效

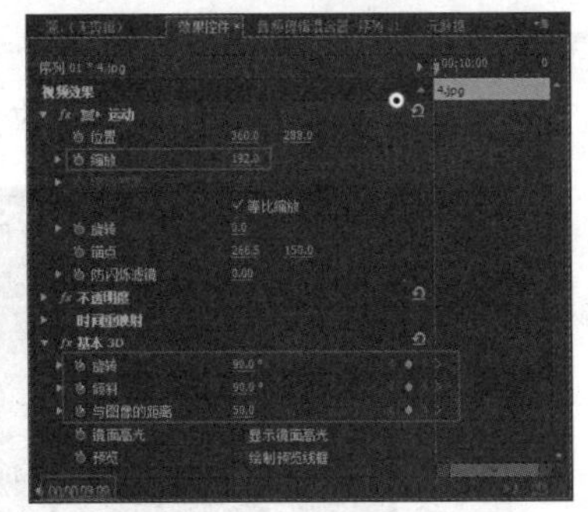
图7-157 设置参数

23 在“效果控件”面板中，设置时间为00:00:10:11，设置“旋转”参数为0，“倾斜”参数为0，如图7-158所示。

24 设置时间为00:00:11:01，设置“与图像的距离”参数为-20，如图7-159所示。

25 设置时间为00:00:13:10，单击“与图像的距离”后的“添加/移除关键帧”按钮来添加关键帧，如图7-160所示。

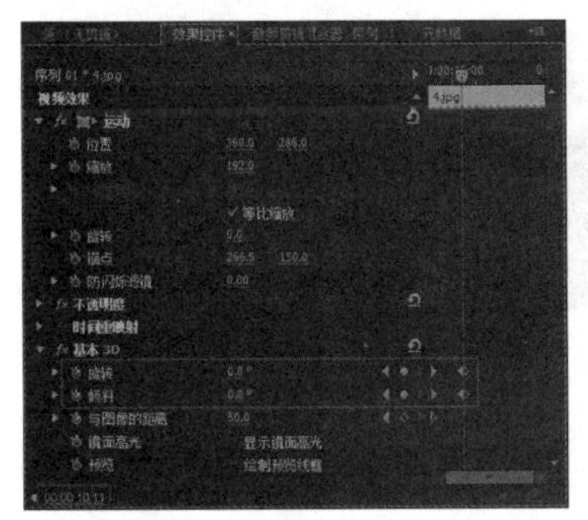
图7-158 设置第二处关键帧

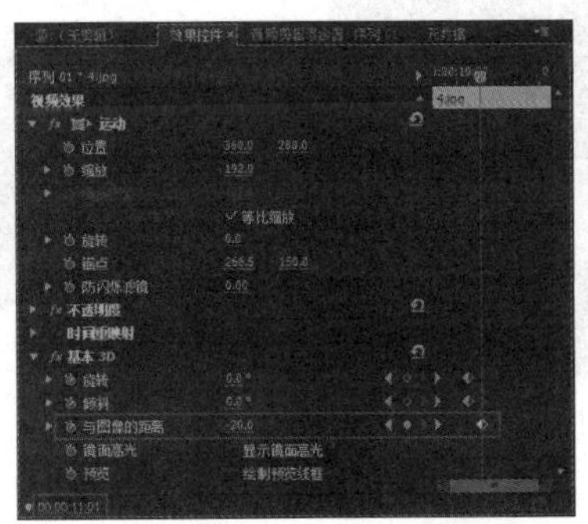
图7-159 设置第三处关键帧

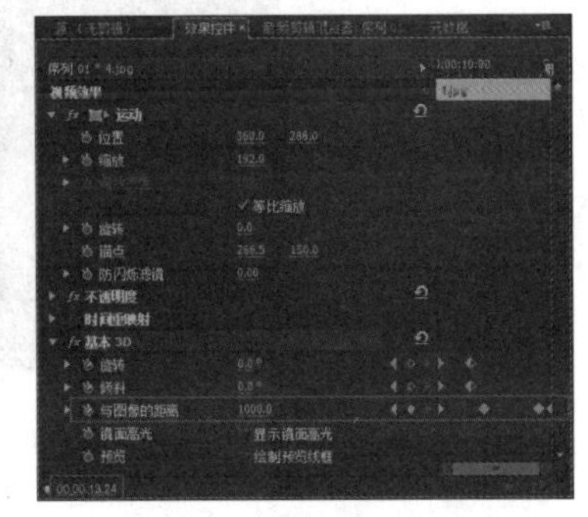
图7-160 设置第四处关键帧

26 设置时间为00:00:13:24，设置“与图像的距离”参数为-20，如图7-161所示。

27 打开“效果”面板，选择“视频效果”文件夹，选择“变化”文件夹中的“摄像机视图”特效，如图7-162所示。

28 将“摄像机视图”特效添加到时间轴中的“2.jpg”素材上。选择该素材，打开“效果控件”面板，设置时间为00:00:14:00，单击“缩放”前的“切换动画”按钮，设置缩放参数为0。单击“经度”前的“切换动画”按钮，设置“经度”参数为90。单击“纬度”前的“切换动画”按钮，设置“纬度”参数为90。如图7-163所示。

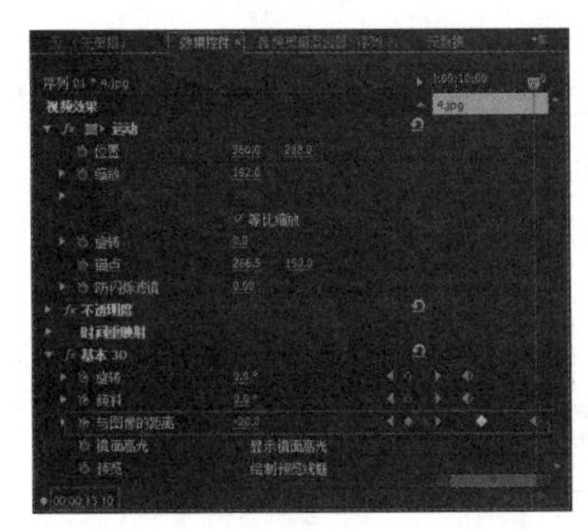
图7-161 设置第五处关键帧

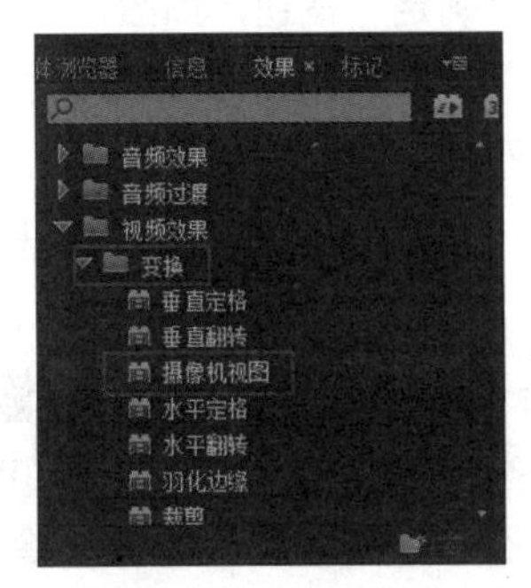

图7-162 选择特效

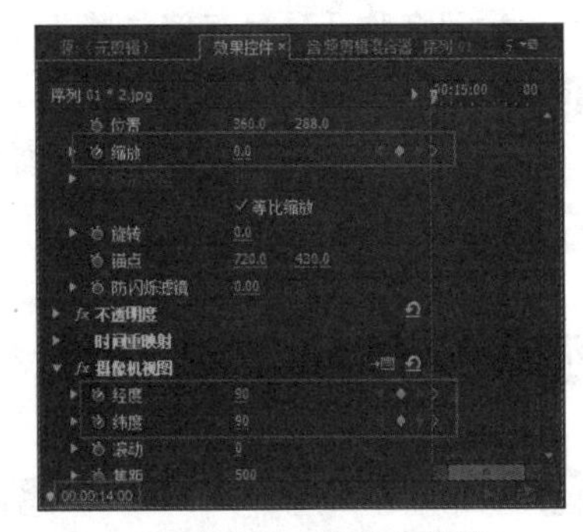
图7-163 设置关键帧

29 在“效果控件”面板中，设置时间为00:00:15:05，设置“缩放”参数为67，“经度”参数为0，“纬度”参数为0，如图7-164所示。

30 将鼠标放置在“时间轴”的“颜色遮罩”素材的右边缘，直到鼠标变成边缘图标，向左拖动鼠标，使该素材的持续时间更改为19秒，如图7-165所示。

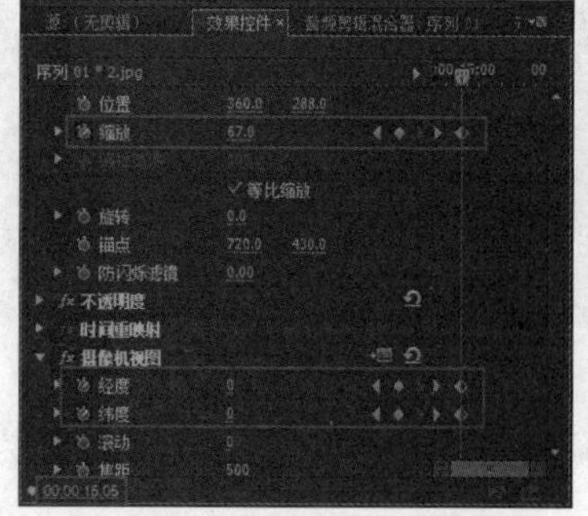

图7-164　设置第二处关键帧

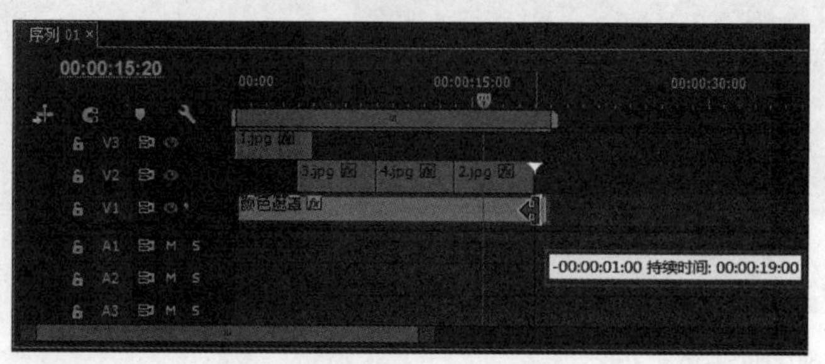

图7-165　切割素材

31 按回车键渲染项目，渲染完成后预览效果，如图7-166所示。

图7-166　预览效果

7.4 综合实例——文字雨

所谓文字雨，就是使文字产生像下雨一样的运动效果。本节将学习如何制作“文字雨”视频效果。

视频位置：DVD\视频\第7章\7.4综合实例——文字雨.mp4

源文件位置：DVD\源文件\第7章\7.4

01 启动Premiere Pro CC，在欢迎界面上单击“新建项目”按钮，弹出“新建项目”对话框，设置项目名称及项目存储位置，单击“确定”按钮，如图7-167所示。

02 执行“文件”|“新建”|“序列”命令，弹出“新建序列”对话框，选择合适的序列预设，单击“确定”按钮，完成设置，如图7-168所示。

03 执行“字幕”|“新建字幕”|“默认静态字幕”命令，弹出“新建字幕”对话框，单击“确定”按钮，如图7-169所示。

04 弹出“字幕编辑器”面板，单击“滚动/游动选项”按钮，弹出“滚动/游动选项”对话框，选择“滚动”单选项，勾选“结束与屏幕外”复选项，单击“确定”按钮，如图7-170所示。

05 单击“垂直文字工具”按钮，在“字幕编辑”面板中绘制一个大的文本框，随意输入字幕，设置适当的字体、字体大小、行距、间距，如图7-171所示。

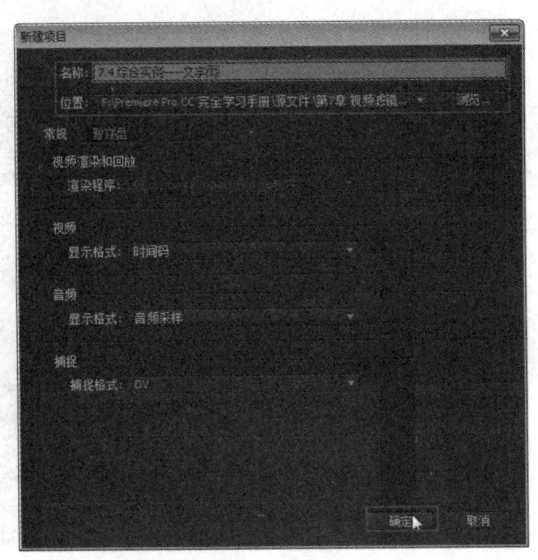

图7-167 新建项目

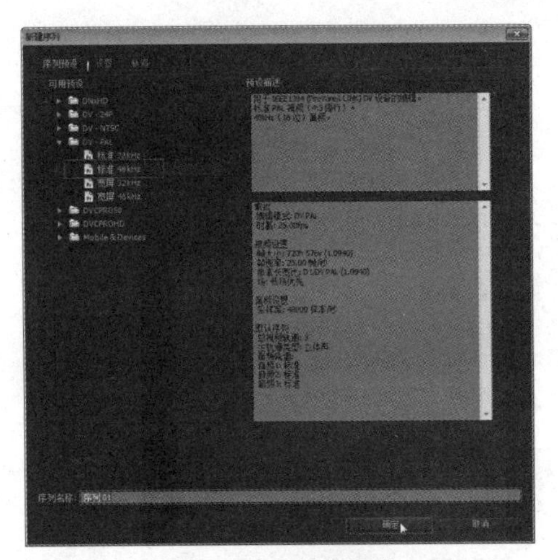

图7-168 新建序列

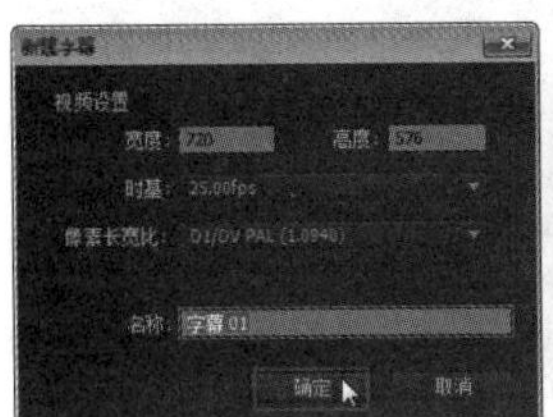

图7-169 新建字幕

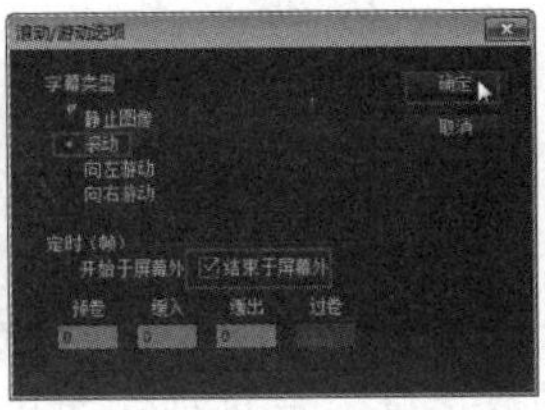

图7-170 “滚动/游动选项”对话框

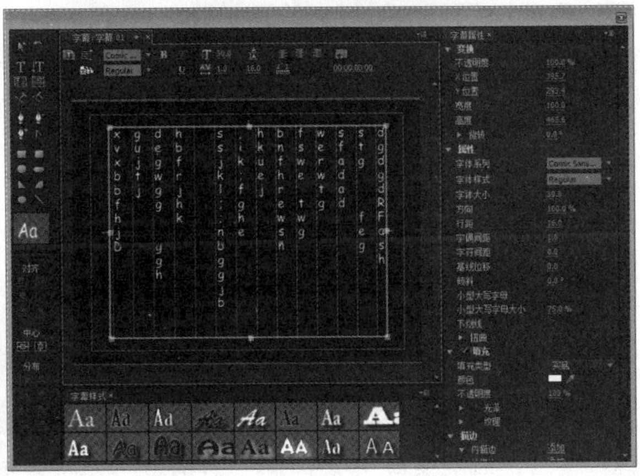

图7-171 编辑字幕

06 关闭“字幕编辑器”面板，在“项目”面板中选择“字幕01”素材，将其拖到“时间轴”中，如图7-172所示。

07 打开“效果”面板，选择“视频效果”文件夹，选择“时间”文件夹中的“残影”特效，如图7-173所示。

08 选择“时间轴”中的“字幕01”素材，打开“效果控件”面板，设置“残影时间（秒）”参数为0.1，“残影数量”参数为5，“起始强度”参数为1，“衰减”参数为0.7，如图7-174所示。

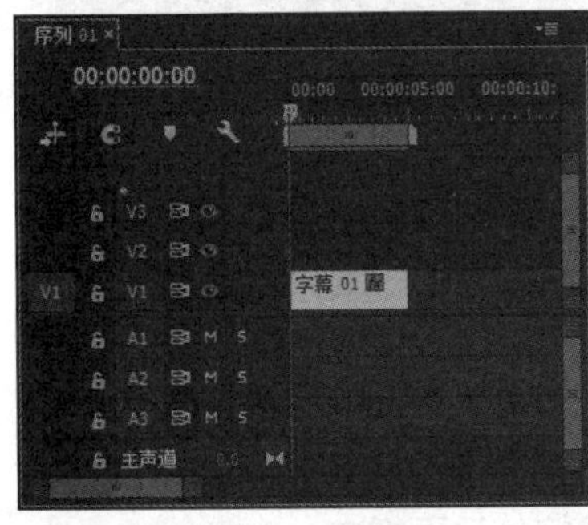

图7-172 拖入素材

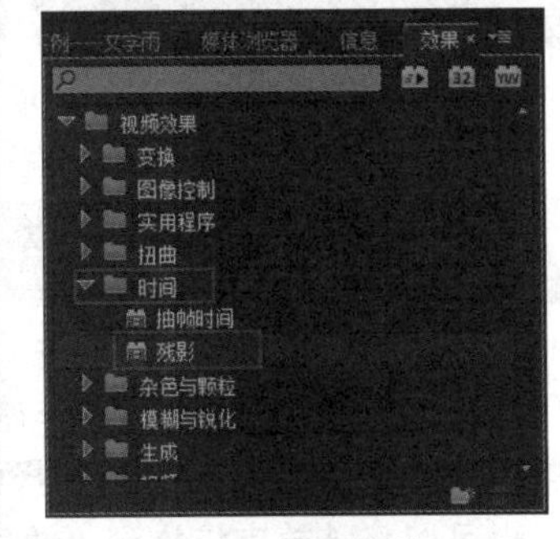

图7-173 添加特效

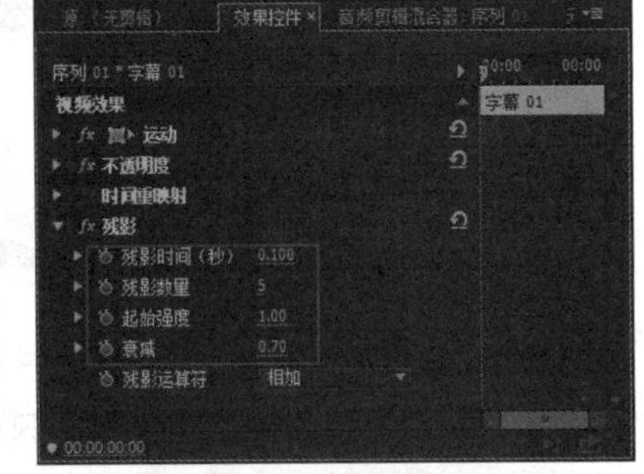

图7-174 设置特效参数

09 执行“文件”|“新建”|“序列”命令，如图7-175所示。

10 弹出“新建序列”对话框，单击“确定”按钮，如图7-176所示，创建第二个序列。

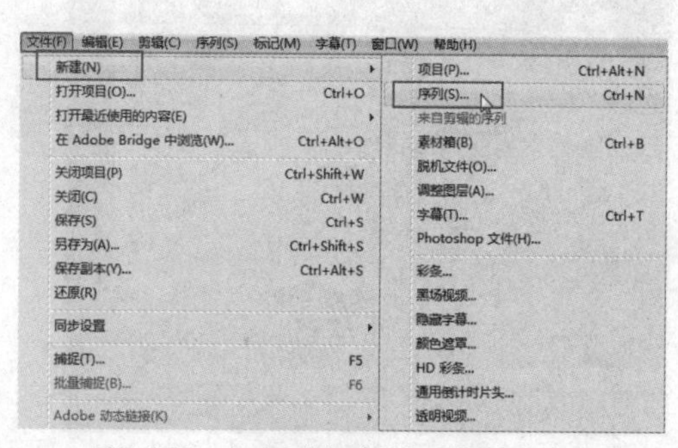

图7-175 执行“新建”|“序列”命令

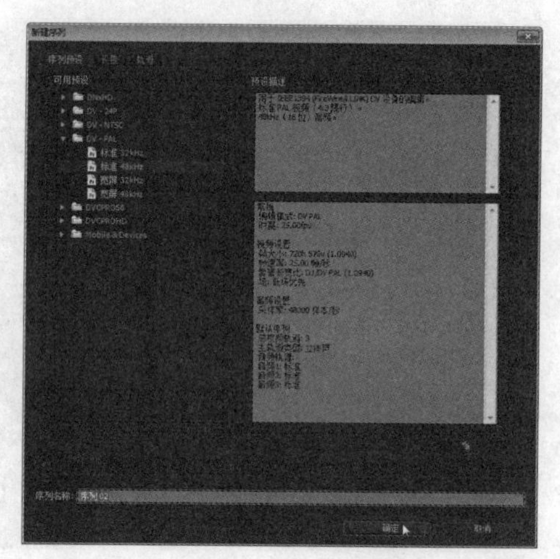

图7-176 新建序列

11 在“项目”面板中选择“序列01”，将其拖到“序列02”的视频轨中，如图7-177所示。

12 执行“剪辑”|“速度/持续时间”命令，如图7-178所示。

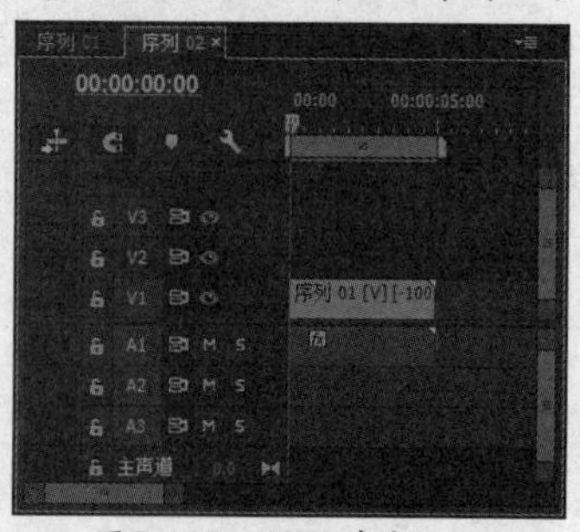

图7-177 添加素材

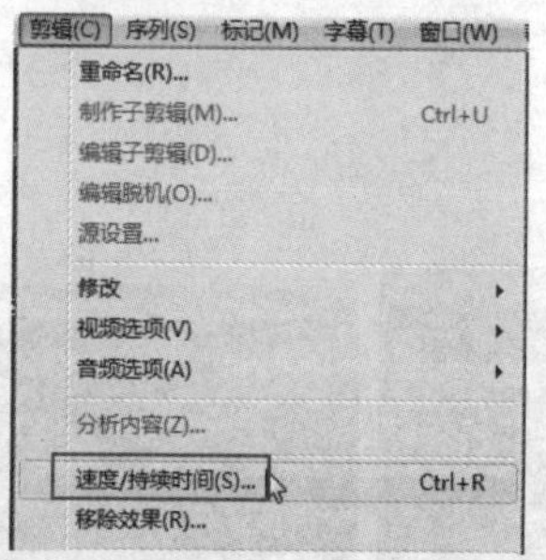

图7-178 执行“剪辑”|“速度/持续时间”命令

13 弹出“剪辑速度/持续时间”对话框，勾选“倒放速度”复选项，单击“确定”按钮，完成设置，如图7-179所示。

14 按回车键渲染项目，渲染完成后预览最终效果，如图7-180所示。

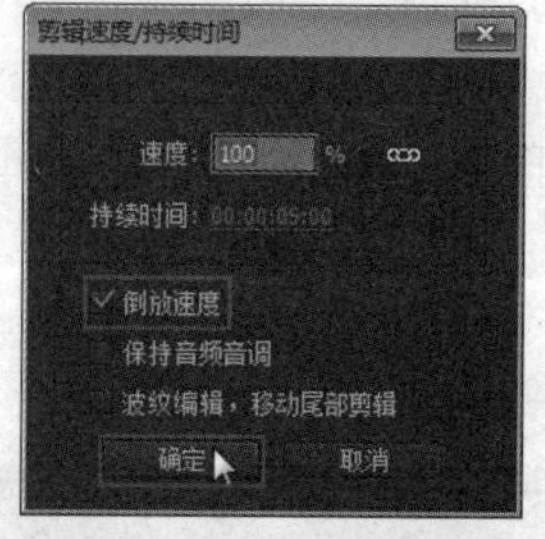

图7-179 勾选“倒放速度”复选项

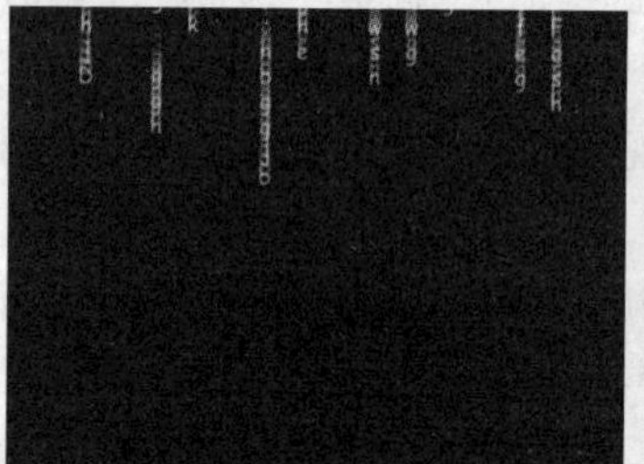

图7-180 预览效果

7.5 本章小结

本章主要介绍了各类视频效果的添加与应用。在Premiere Pro CC中，为素材添加视频效果的操作很简单，只需从“效果”面板中将所选择的特效拖到“时间轴”中的素材上即可。当素材区域处于选择状态时，也可以将特效直接拖到“效果控件”面板中。

第8章 运动特效

运动特效可以使静止的图片或者视频产生运动效果，是视频剪辑中常见的表现技巧。Premiere Pro CC可以为对象创建运动特效，从而改变对象的位置、缩放、旋转等属性，还可以为各个属性添加关键帧以产生运动动画。

本章重点

◎ 运动效果的使用
◎ 滑动遮罩

Premiere Pro CC
完全实战技术手册

本章效果欣赏

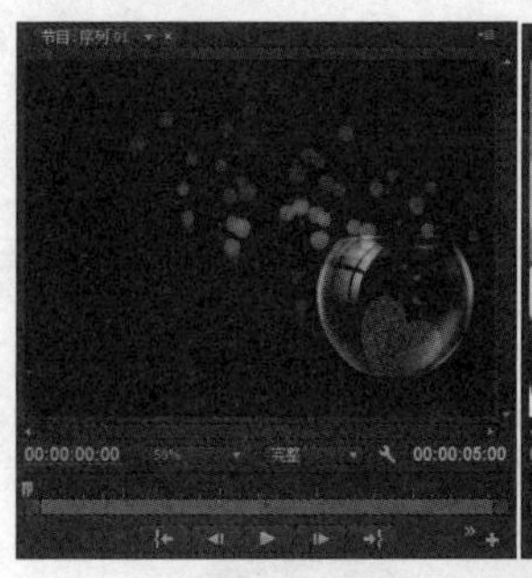

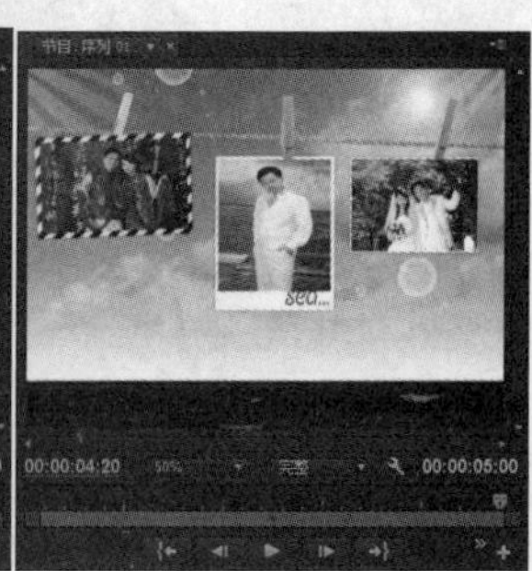

8.1 基本知识要点

在Premiere Pro CC中要想为对象添加运动特效，需要对运动的基本知识有所了解，只有这样才能理解运动特效中的各个属性。下面我们会对运动的基本知识进行详细介绍。

8.1.1 运动效果的概念

所谓运动效果就是对象在随时间的变化，其位置、大小、旋转角度等属性也在不断地改变，如图8-1所示，这种非静止的效果即称为运动效果。

图8-1 随时间变化的运动效果

8.1.2 添加运动效果

在Premiere Pro CC中可以对轨道中的素材添加运动效果，选中“时间轴”面板中的素材后，展开“效果控件”面板中的运动选项，可以看到Premiere Pro CC运动效果的相关参数，如图8-2所示。

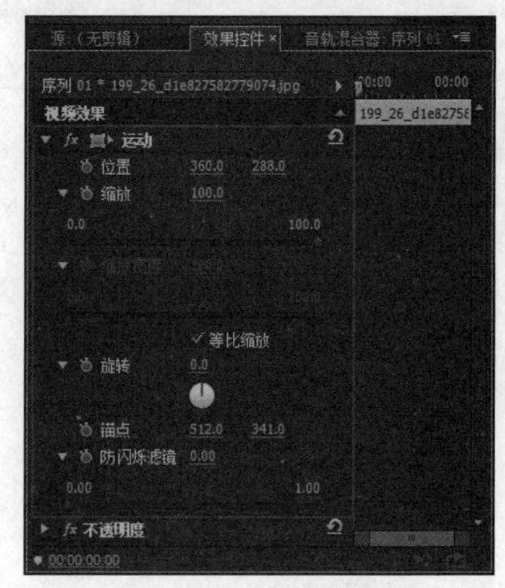

图8-2 运动效果参数

下面对运动效果的各项参数进行简单介绍。

★ 位置：可以通过调整素材的坐标来控制素材在画面中的位置，主要用来制作素材的位移动画。

★ 缩放：主要用于控制素材的尺寸大小，勾选“等比缩放”复选项会对素材的高、宽同时进行等比缩放。

★ 等比缩放：默认是勾选该复选项，当取消勾选该复选项时可以单独对素材的高度和宽度进行设置。

★ 旋转：用于设置素材在画面中的旋转角度。

★ 锚点：即素材的轴心点，素材的位置、旋转和缩放都是基于锚点来操作的。

★ 防闪烁滤镜：对处理的素材进行颜色的提取以减少或避免素材中画面闪烁的现象。

在Premiere Pro CC中主要是通过关键帧的概念对目标的运动、缩放和旋转等属性进行动画设置的。所有的运动效果都是在“效果控件”面板中的运动选项中设置的。下面将介绍为素材添加运动效果的基本操作步骤。

01 在“项目”面板中导入一张图片素材，然后将其拖曳到“时间轴”面板中的任意一个视频轨道中，如图8-3和图8-4所示。

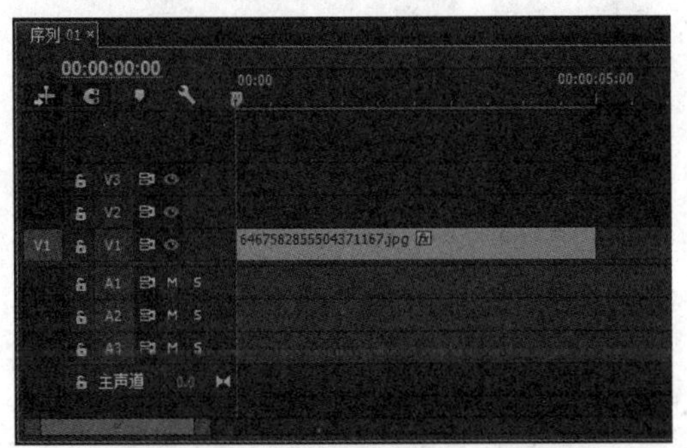

图8-3 拖拽素材至视频1轨道

图8-4 “节目监视器”面板预览效果

02 用鼠标选中“时间轴”面板中的素材，然后展开“效果控件”面板中的“运动”选项，如图8-5和图8-6所示。

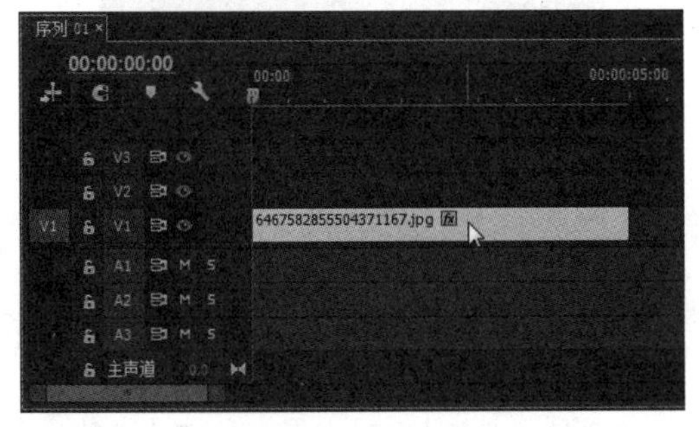

图8-5 选中素材

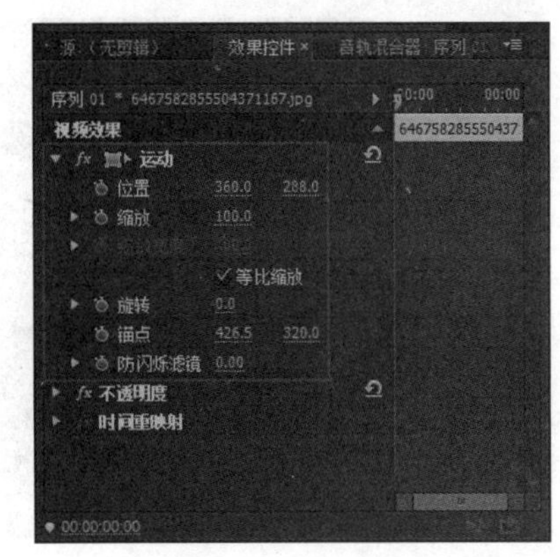

图8-6 “运动”选项

03 将时间指针移到00:00:00:00的位置，设置素材的“缩放”参数为40，然后单击“缩放”名称前的“切换动画”按钮来设置第一个关键帧，如图8-7所示。

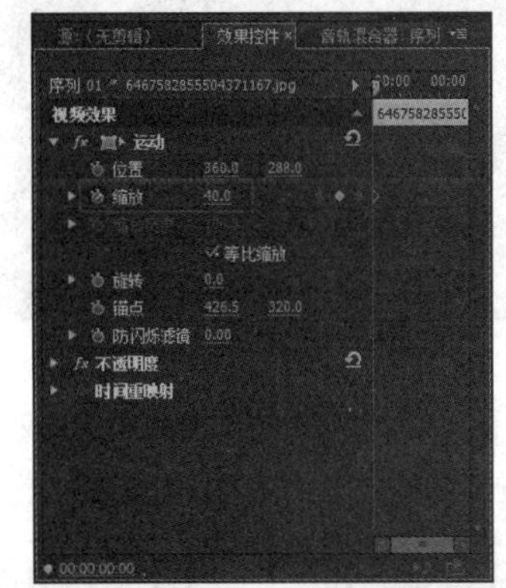

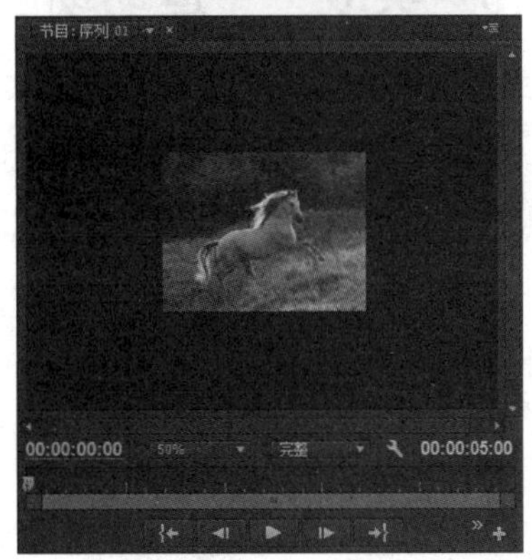

图8-7 设置第一个关键帧

04 将时间指针移到00:00:01:00的位置，设置素材的“缩放”参数为100，然后单击“缩放”名称前的“切换动画”按钮来设置第二个关键帧，如图8-8所示。

05 简单的运动动画已经制作完成，单击“节目监视器”面板中的“播放”按钮，可以看到当前素材已经产生了由小变大的运动效果，如图8-9所示。

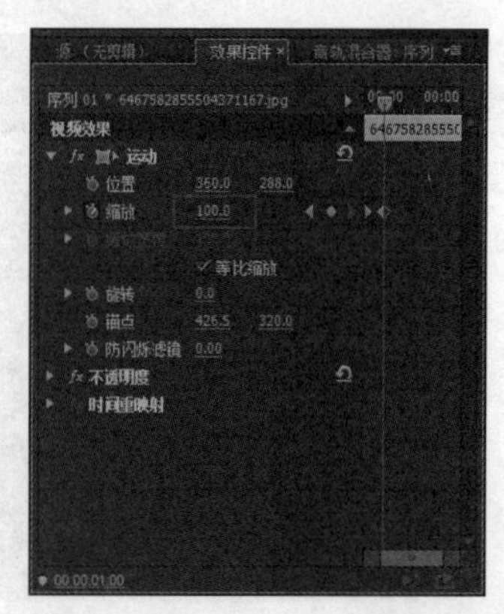

图8-8　设置第二个关键帧

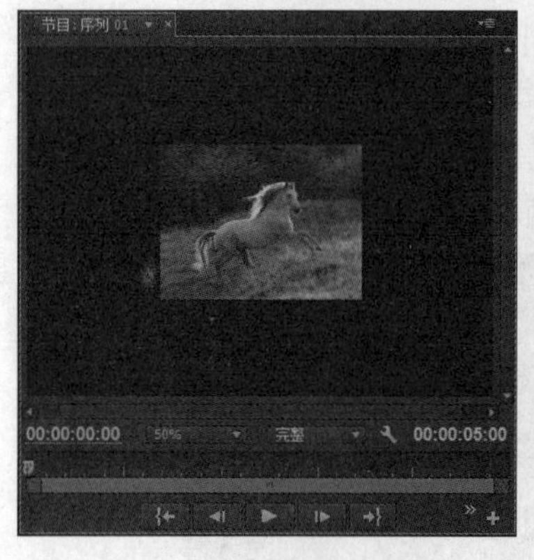

图8-9　动画效果

在设置运动效果的动画时，不仅可以对一个参数设置动画，还可以根据需要对多个参数同时设置动画关键帧，关键帧的多少也是因实际需要而定。

8.1.3　实战——运动动画效果的应用

下面用实例来具体介绍运动动画效果的应用。

视频位置：DVD\视频\第8章\8.1.3 实战——运动动画效果的应用.mp4

源文件位置：DVD\视频\第8章\8.1.3

01 启动Premiere Pro CC，新建项目，新建序列。

02 执行"文件"|"导入"命令，弹出"导入"对话框，选择要导入的素材，单击"打开"按钮，如图8-10所示。

图8-10　"导入"对话框

03 在"项目"面板中选择"背景.jpg"图片素材，按住鼠标左键将其拖入"节目监视器"面板中，释放鼠标，如图8-11所示。

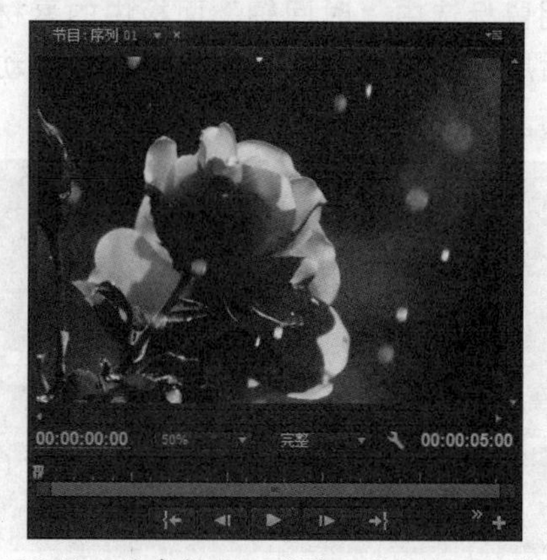

图8-11　将素材拖入"节目监视器"面板

04 选择“背景.jpg”图片素材，把时间指针移到00:00:02:00的位置，在“效果控件”面板中展开“运动”选项，设置“缩放”参数为54，“旋转”参数为0°，并单击“切换动画”按钮，为“缩放”和“旋转”参数设置一个关键帧，具体的参数设置及在“节目监视器”面板中的对应效果如图8-12和图8-13所示。

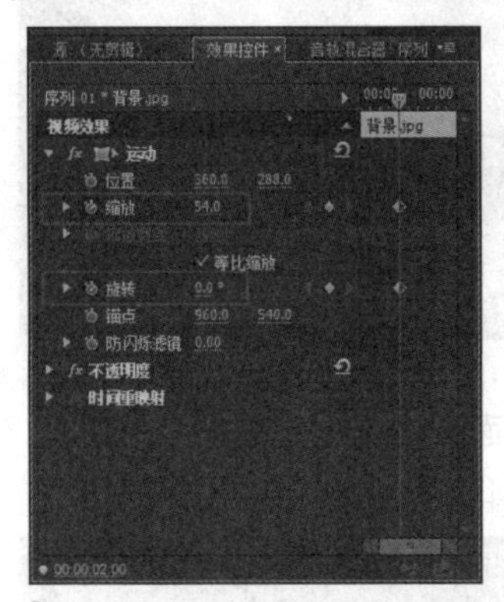

图8-12　参数设置

图8-13　“节目监视器”面板中的效果

05 把时间指针移到00:00:00:00的位置，在“效果控件”面板中设置“缩放”参数为0，“旋转”参数为45°，具体的参数设置及在“节目监视器”面板中的对应效果如图8-14和图8-15所示。

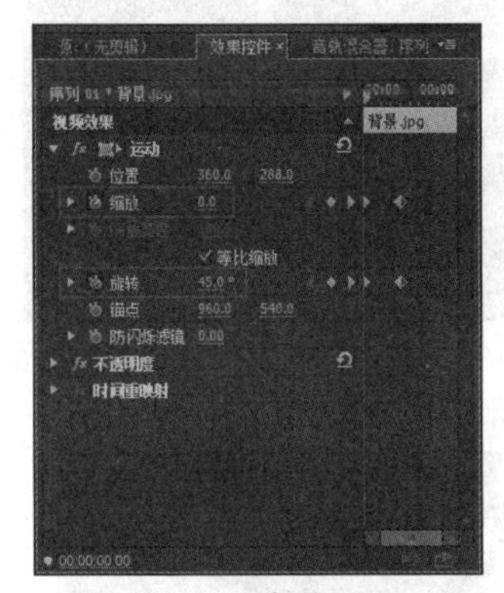

图8-14　参数设置

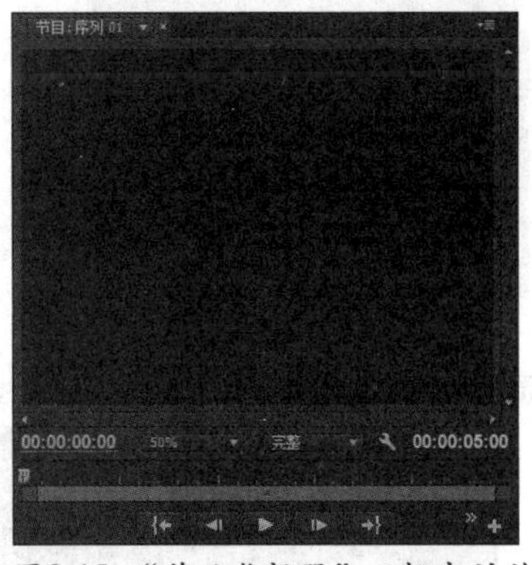

图8-15　“节目监视器”面板中的效果

06 在“项目”面板中，选择“花朵.png”图片素材，按住鼠标左键将其拖入视频2轨道中的00:00:00:00位置，释放鼠标，如图8-16所示。

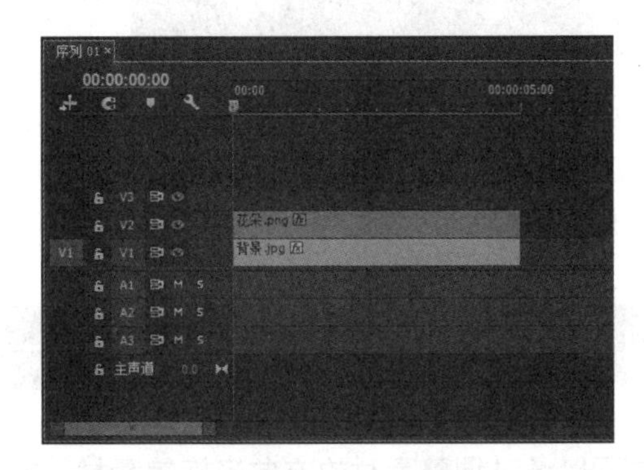

图8-16　将素材拖入视频2轨道

07 选择“花朵.png”图片素材，把时间指针移到00:00:03:05的位置，在“效果控件”面板中展开“运动”选项，设置“缩放”参数为38，“位置”参数为562、375，并单击“切换动画”按钮，为“位置”参数设置一个关键帧，具体的参数设置及在“节目监视器”面板中的对应效果如图8-17和图8-18所示。

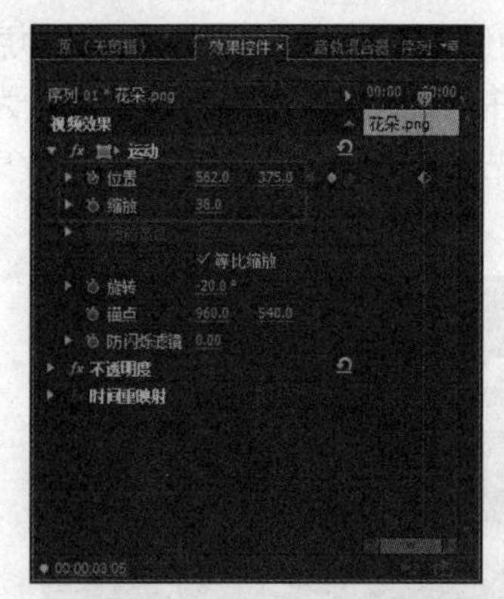

图8-17 参数设置

图8-18 “节目监视器”面板中的效果

08 把时间指针移到00:00:02:00的位置，在“效果控件”面板中设置“位置”参数为850、375，具体的参数设置及在“节目监视器”面板中的对应效果如图8-19和图8-20所示。

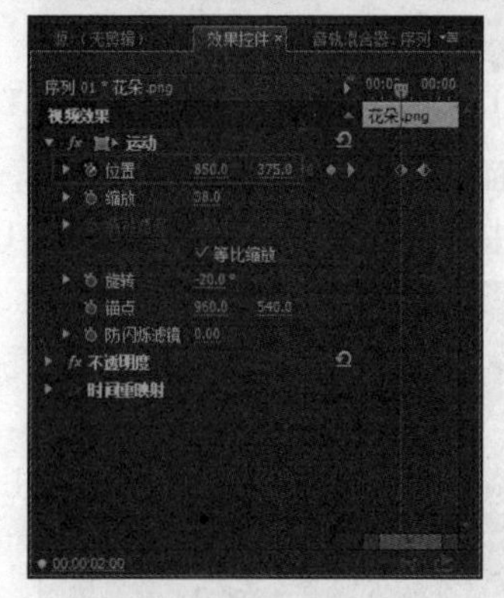

图8-19 参数设置

图8-20 “节目监视器”面板中的效果

09 按回车键渲染项目，渲染完成后预览效果，如图8-21所示。

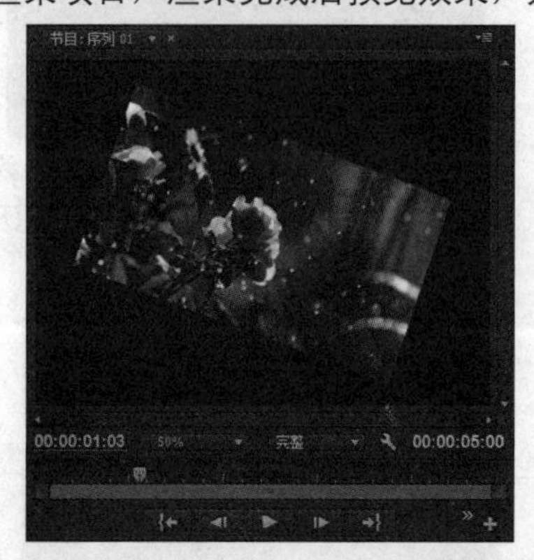

图8-21 预览效果

8.2 运动特效的使用

在Premiere Pro CC中可以通过调整素材的方向来旋转素材，或者通过调整素材的大小来制作素材的缩放动画。本节将介绍这些运动效果的使用技巧。

8.2.1 创建滑动遮罩

滑动遮罩是一种特效，它结合了运动和蒙版技术。通常，遮罩是在屏幕上移动某个形状。在遮罩内是一个图像，在遮罩外是背景图像。

创建一个移动遮罩效果，需要两个视频剪辑，其中一个用于作为背景使用，另外一个可以为其添加动画，使其在遮罩内滑动，还需要一个图像用于遮罩本身。下面将详细讲解创建滑动遮罩的操作方法。

01 启动Premiere Pro CC，新建项目，新建序列。

02 执行“文件”|“导入”命令，导入素材到“项目”面板，如图8-22所示。

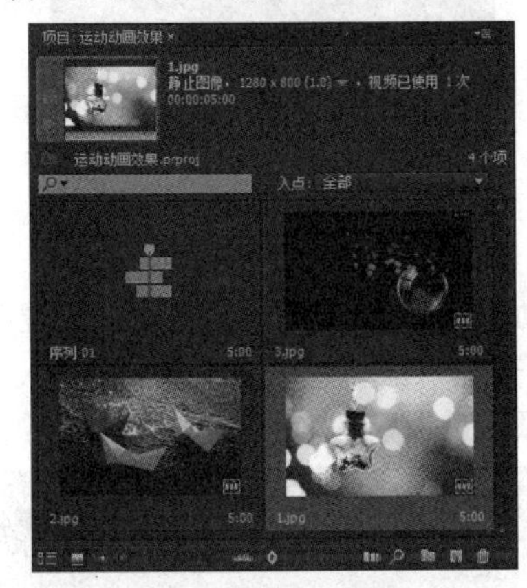

图8-22 导入素材

03 在“项目”面板中，选择要用作背景的图像“1.jpg”，按住鼠标左键，将其拖入视频1轨道中，然后拖动将要出现在遮罩中的图像“2.jpg”到视频2轨道中，如图8-23所示。

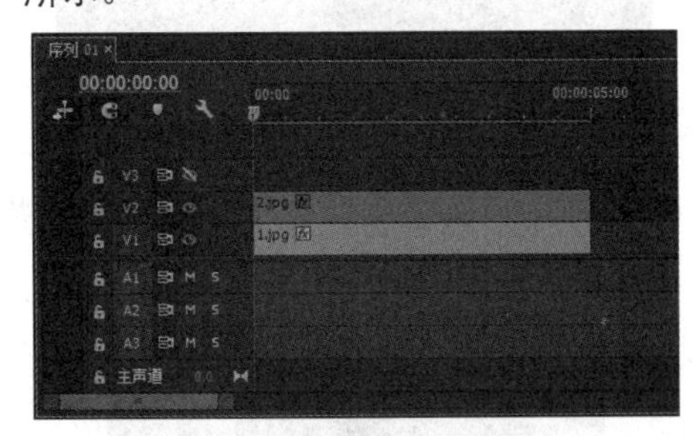

图8-23 将素材拖入视频轨道

04 在“项目”面板中，选择要用作遮罩的图像“3.jpg”，按住鼠标左键，将其拖入视频3轨道中，如图8-24所示。

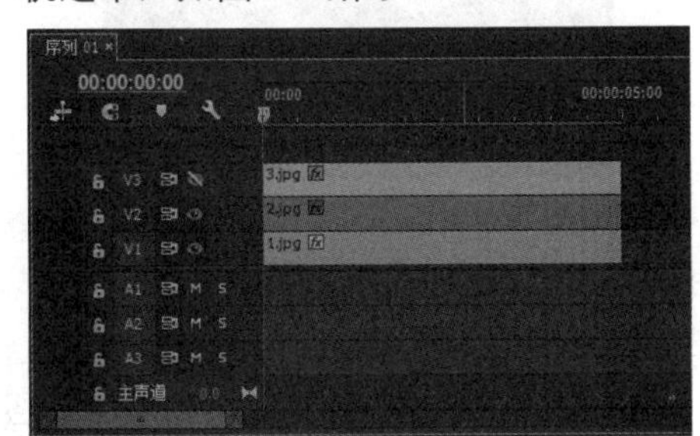

图8-24 将素材拖入视频3轨道

05 在“时间轴”面板依次选择各个轨道中的图像，分别调整图像至合适的缩放尺寸及位置，如图8-25所示。

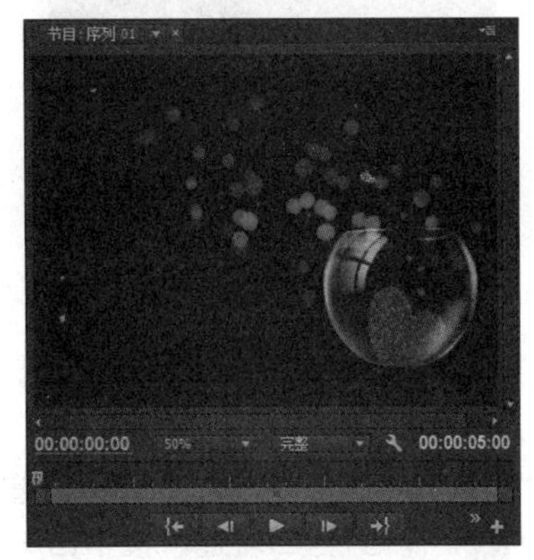

图8-25 调整素材缩放及位置

06 在“效果”面板中展开“视频效果”文件夹，再展开“键控”文件夹，选择“轨道遮罩键”特效，将其拖到视频轨2中的素材“2.jpg”上，如图8-26所示，接着在“效果控件”面板中设置“遮罩”参数为“视频3”如图8-27所示。

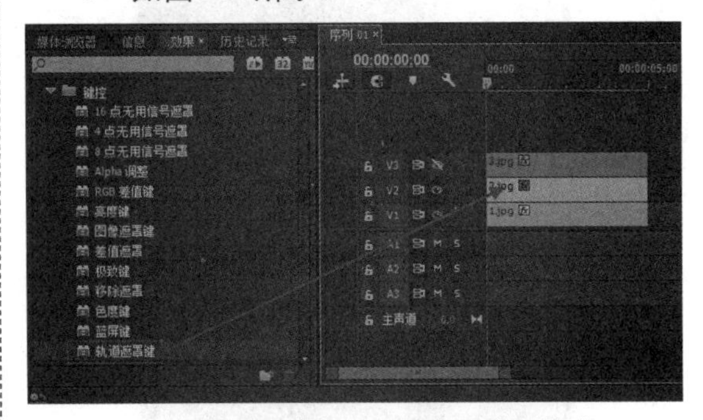

图8-26 赋予素材“轨道遮罩键”特效

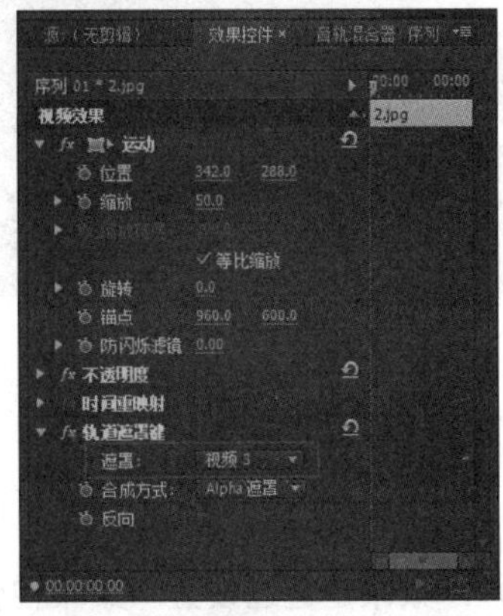

图8-27 设置“遮罩”参数

07 在“时间轴”面板中，选择视频3轨道中的图像“3.jpg”，为其创建一个由画面中心向右平移出镜的运动特效，如图8-28所示。

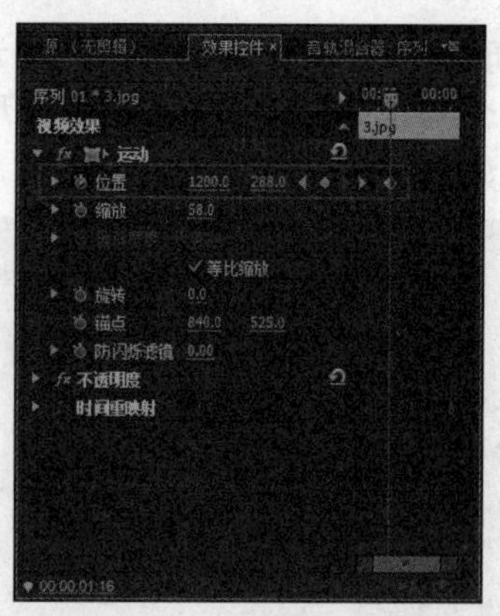

图8-28　创建运动特效

08 在“时间轴”面板，单击“切换轨道输出”图标，隐藏视频3轨道。按下回车键来渲染项目，渲染完成后预览效果，如图8-29所示。

图8-29　预览效果

8.2.2　缩放特效

“缩放”效果指的是将素材进行放大或缩小。“缩放”效果是通过设置“效果控件”面板中的“缩放”参数来实现的，如图8-30所示。

缩放参数中的数值以100为原始素材的尺寸，当该数值小于100时，对素材进行缩小处理；当该数值大于100时，则对素材进行放大处理。下面简单介绍缩放特效应用的一般操作步骤。

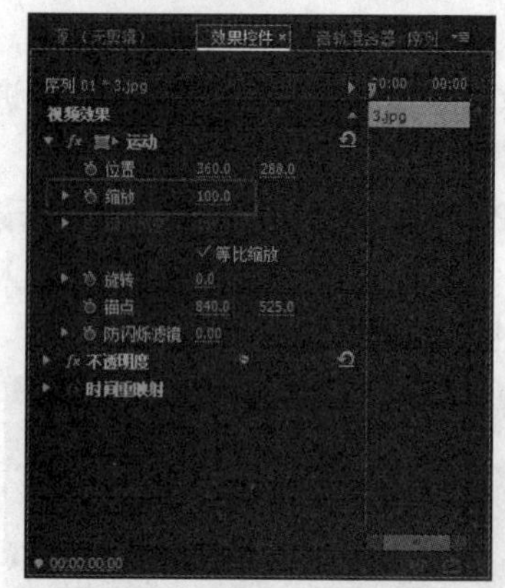

图8-30　“缩放”参数

01 启动Premiere Pro CC，新建项目，新建序列。

02 执行“文件”|“导入”命令，导入素材到“项目”面板，如图8-31所示。

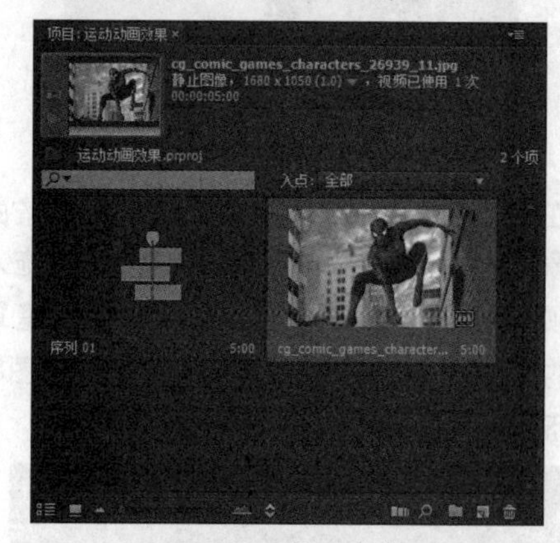

图8-31　导入素材

03 在“项目”面板中，选择素材并将其拖入“节目监视器”面板中，如图8-32所示。

图8-32　将素材拖入“节目监视器”面板

04 把时间指针移到00:00:00:00的位置，在“效果控件”面板中设置“缩放”参数，单击“切换动画”按钮为其设置第一个关键帧，如图8-33所示。

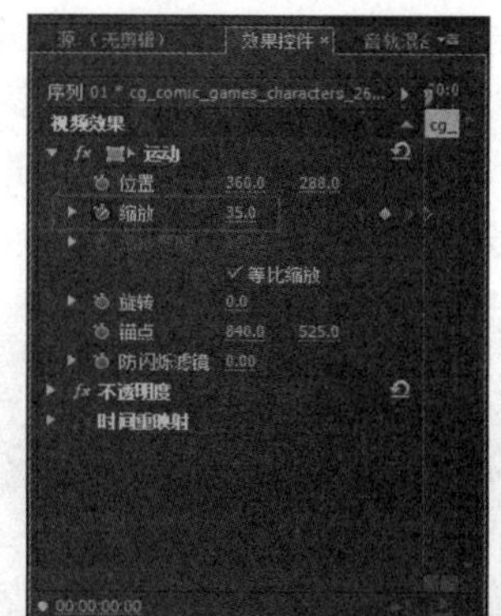

图8-33 设置第一个关键帧

05 把时间指针移到另外一个时间位置，在“效果控件”面板中改变“缩放”参数，此时Premiere会自动记录第二个关键帧，如图8-34所示。

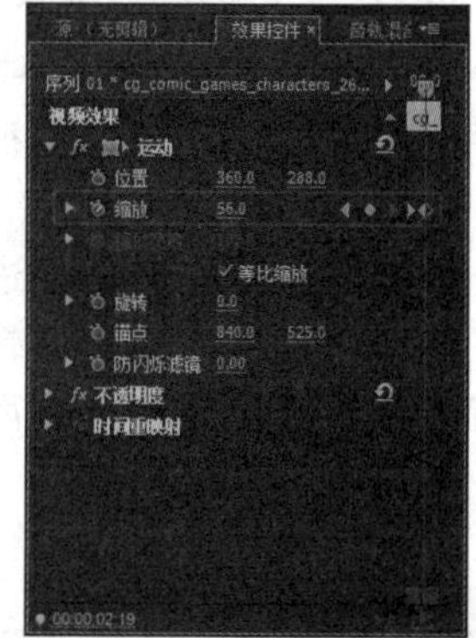

图8-34 设置第二个关键帧

我们也可以按照相同的方法，设置第三个、第四个……甚至更多的关键帧。当参数设置完成后，按回车键对运动效果进行渲染，然后就可以在“节目监视器”面板中预览最终效果。

8.2.3 旋转特效

“旋转”特效是指通过改变一段素材的角度使其产生旋转运动的效果。在Premiere中，该特效主要是通过设置“效果控件”面板中的“旋转”参数来实现的，如图8-35所示。

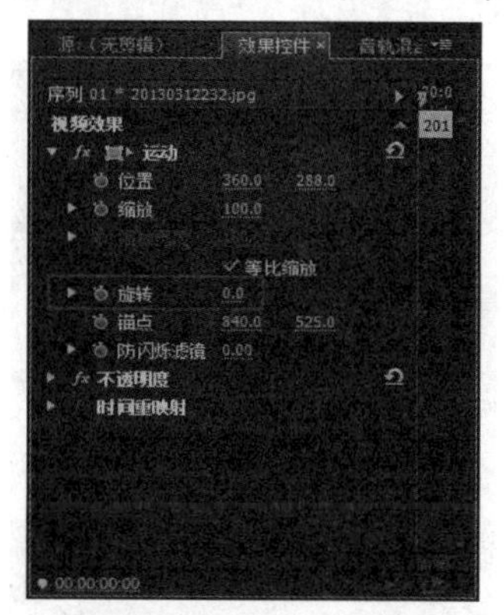

图8-35 “旋转”参数

下面简单介绍“旋转”特效应用的一般操作步骤。

01 启动Premiere Pro CC，新建项目，新建序列。

02 执行“文件”|“导入”命令，导入素材到“项目”面板，如图8-36所示。

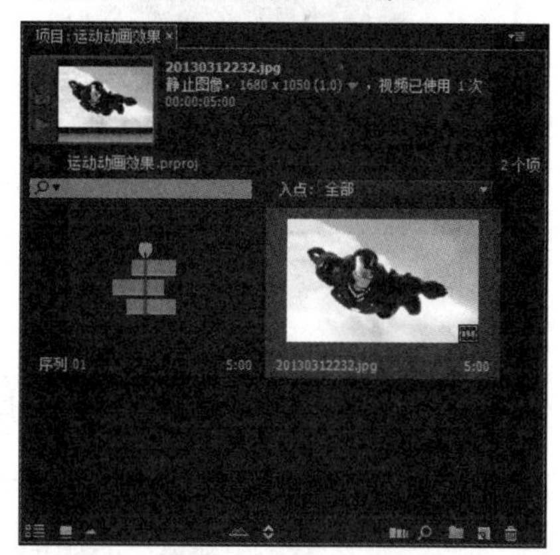

图8-36 导入素材

03 在“项目”面板中，选择素材并将其拖入“节目监视器”面板中，如图8-37所示。

04 把时间指针移到00:00:00:00的位置，在“效果控件”面板中设置合适的“缩放”和“旋转”参数，单击“切换动画”按钮为其设置第一个关键帧，如图8-38所示。

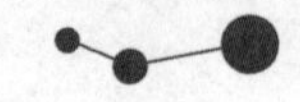

图8-37 将素材拖入“节目监视器”面板

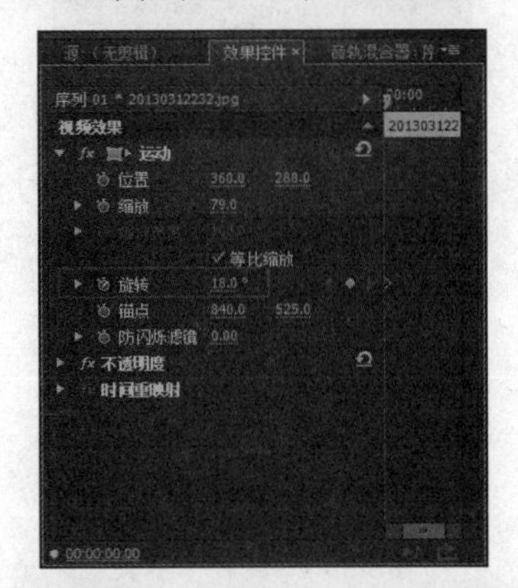

图8-38 设置第一个关键帧

05 把时间指针移到另外一个时间位置，在“效果控件”面板中改变“旋转”参数，此时Premiere会自动记录第二个关键帧，如图8-39所示。

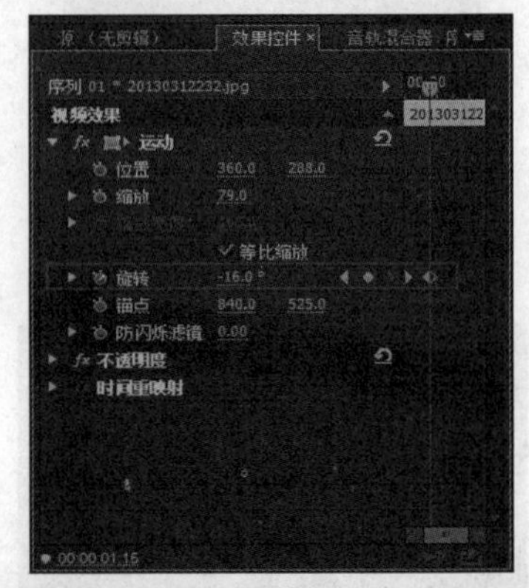

图8-39 设置第二个关键帧

参数设置完成，按回车键对运动效果进行渲染后，就可以在“节目监视器”面板中预览最终效果。同样也可以为“旋转”参数设置多个关键帧，对旋转角度进行精确控制。如果需要制作素材的骤然旋转效果，只需要添加两个关键帧，并且把这两个关键帧的时间间隔缩小即可。

8.2.4 实战——控制运动的缩放

下面用实例来具体介绍如何控制运动的缩放。

视频位置：DVD\视频\第8章\8.2.4 实战——控制运动的缩放.mp4

源文件位置：DVD\视频\第8章\8.2.4

01 启动Premiere Pro CC，新建项目，新建序列。

02 执行“文件”|“导入”命令，弹出“导入”对话框，选择要导入的素材，单击“打开”按钮，如图8-40所示。

03 在“项目”面板中，选择“背景.jpg”素材，按住鼠标左键，将其拖入“节目监视器”面板中，释放鼠标，如图8-41所示。

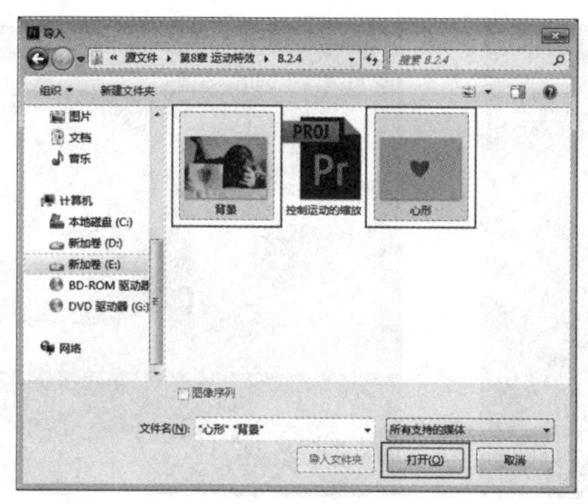
图8-40 “导入”对话框

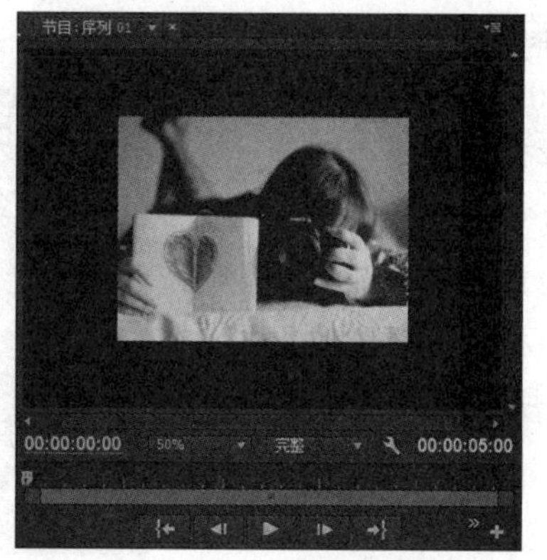
图8-41 将素材拖入“节目监视器”面板

04 把时间指针移到00:00:00:00位置，在“时间轴”面板选择“背景.jpg”素材，并在“效果控件”面板设置“缩放”参数为168，具体参数设置及在“节目监视器”面板中的对应效果如图8-42所示。

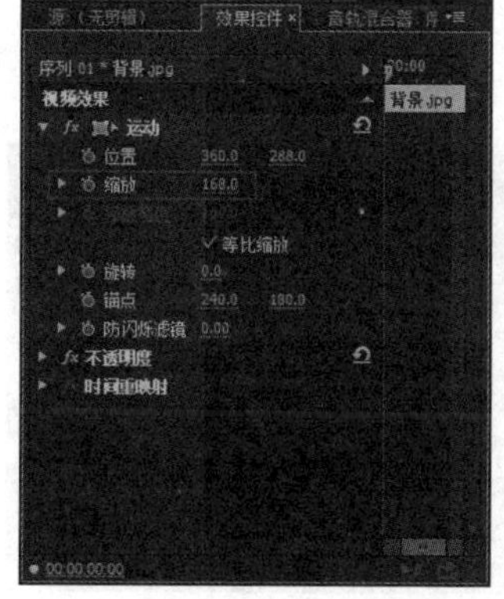

图8-42 设置缩放参数

05 在“效果”面板中展开“视频效果”文件夹，再展开“过渡”文件夹，选择“百叶窗”特效，将其拖到视频轨1中的“背景.jpg”素材上，如图8-43所示。

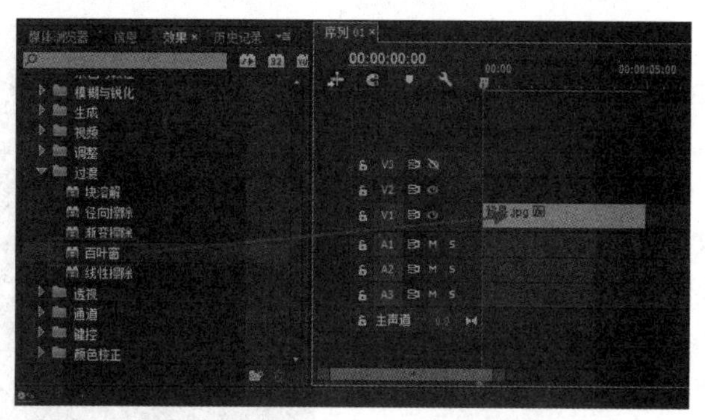
图8-43 赋予素材“百叶窗”特效

06 继续选择“背景.jpg”素材，在“效果控件”面板中设置“过渡完成”参数为100%，单击“切换动画”按钮以设置一个关键帧，具体参数设置及在“节目监视器”面板中的对应效果如图8-44所示。

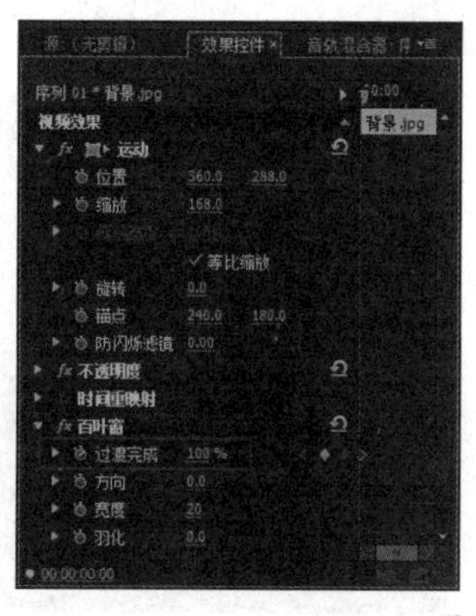
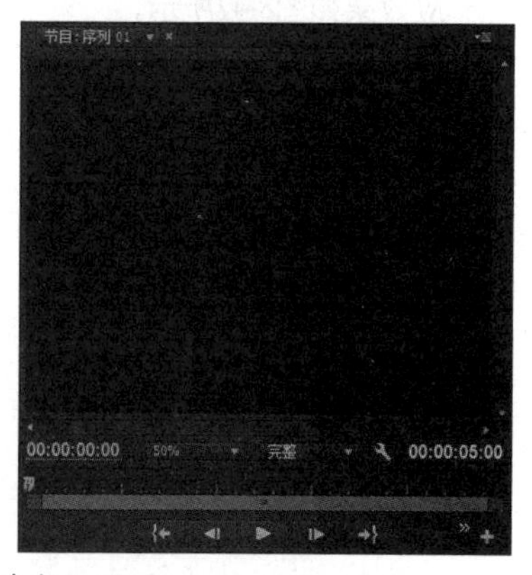
图8-44 参数设置

07 把时间指针移到00:00:01:06位置，在“效果控件”面板中设置“过渡完成”参数为0%，具体参数设置及在“节目监视器”面板中的对应效果如图8-45所示。

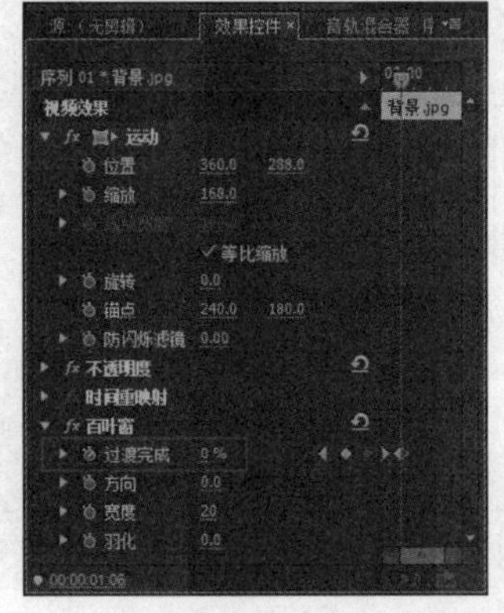

图8-45 参数设置

08 在“项目”面板中选择“心形.jpg”素材，按住鼠标左键，将其拖入视频2轨道中的00:00:01:06的位置，释放鼠标，如图8-46所示。

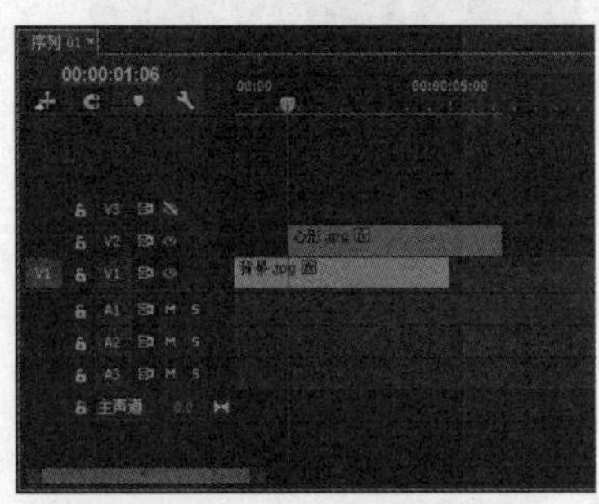

图8-46 将素材拖入视频2轨道

09 把时间指针移到00:00:01:06位置，在“时间轴”面板中选择“心形.jpg”素材，在“效果控件”面板设置“缩放”参数为485，单击“切换动画”按钮为“缩放”和“位置”各设置一个关键帧，具体的参数设置及在“节目监视器”面板中的对应效果如图8-47所示。

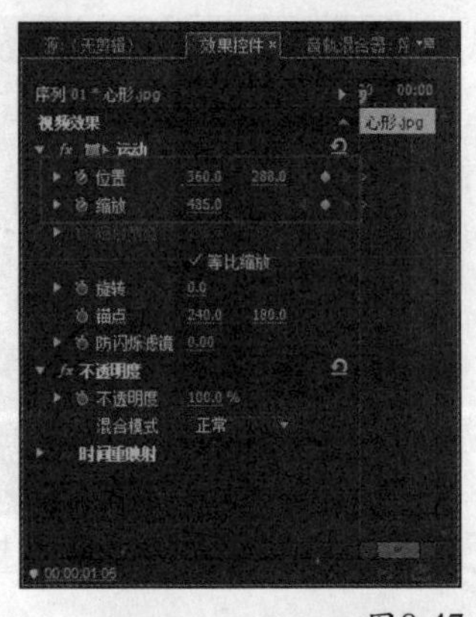
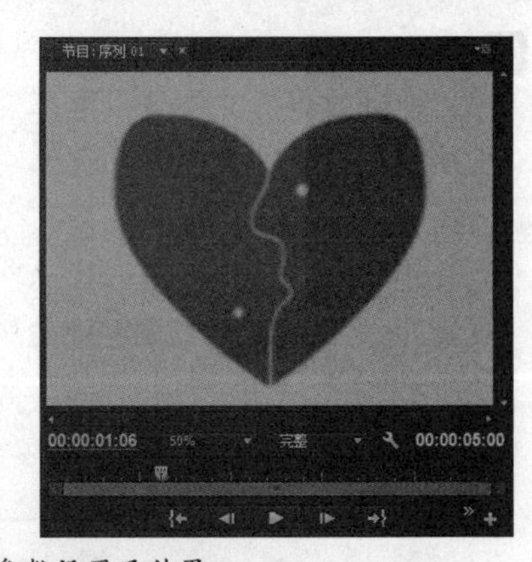

图8-47 参数设置及效果

10 在“效果”面板中展开“视频效果”文件夹，再展开“键控”文件夹，选择“颜色键”特效，将其拖到视频轨2中的素材“心形.jpg”上，如图8-48所示。

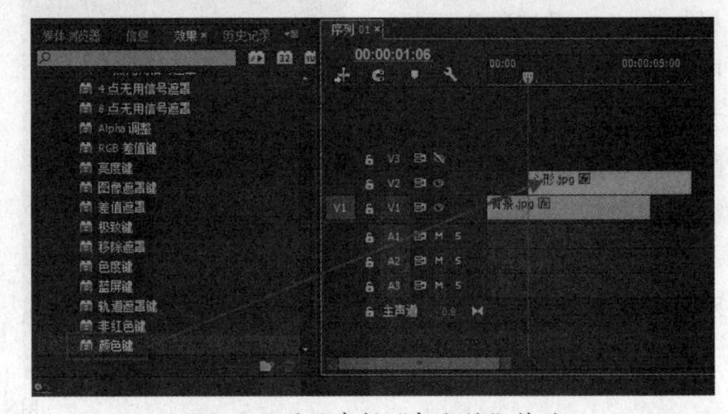

图8-48 赋予素材“颜色键”特效

11 选择“心形.jpg”素材，在“效果控件”面板中单击“主要颜色”右边的“吸管工具”图标以吸取画面中的粉红色背景，所吸取到的颜色值为（R：241，G：159，B：193），然后设置“颜色容差”为12，“边缘细化”为1，“羽化边缘”为1，具体的参数设置及在“节目监视器”面板中的对应效果如图8-49所示。

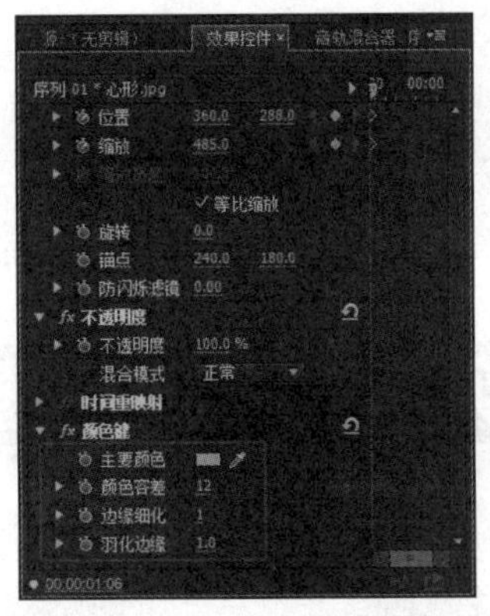
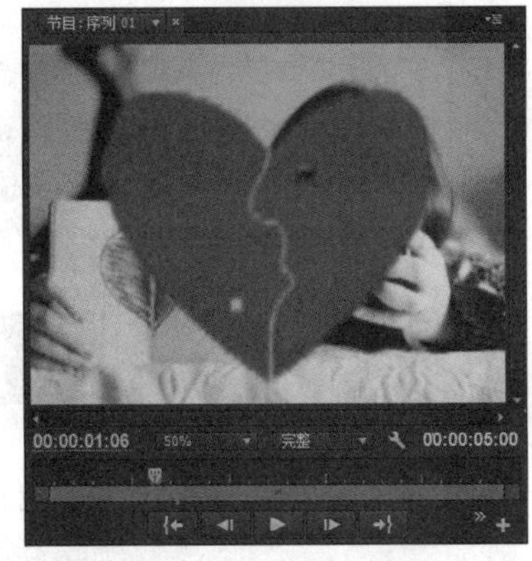

图8-49　参数设置及效果

12 把时间指针移到00:00:03:02位置，在“效果控件”面板设置“缩放”参数为186，“位置”参数为187、359，具体的参数设置及在“节目监视器”面板中的对应效果如图8-50所示。

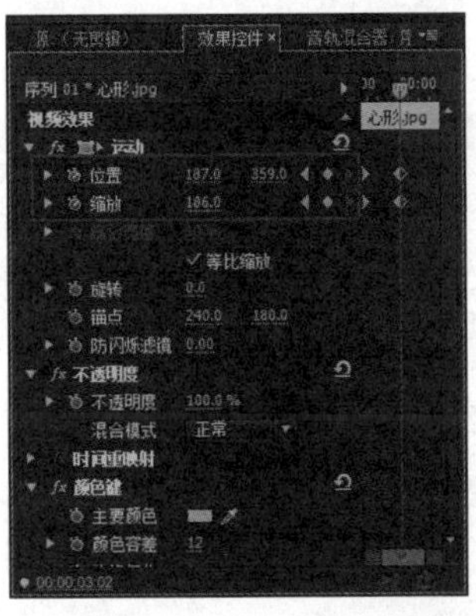

图8-50　参数设置及效果

13 把时间指针移到00:00:01:06位置，在“效果控件”面板设置“不透明度”参数为0%，接着把时间指针移到00:00:01:18位置，设置“不透明度”参数为80%，如图8-51所示。

14 使用“选择工具”，拖动“心形.jpg”剪辑的末端使之与视频1轨道中剪辑的末端对齐，如图8-52所示。

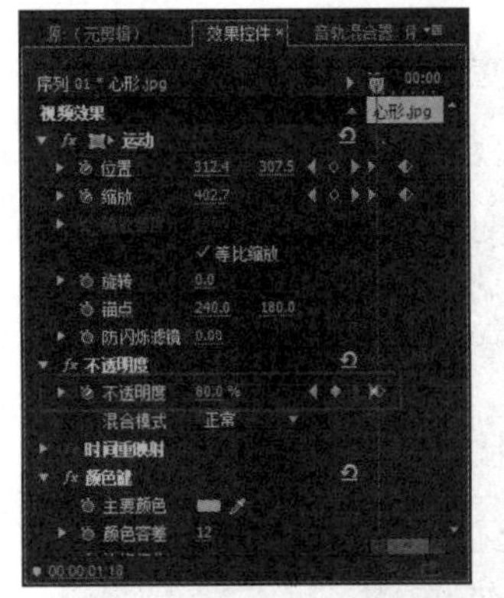

图8-51　设置“不透明度”参数

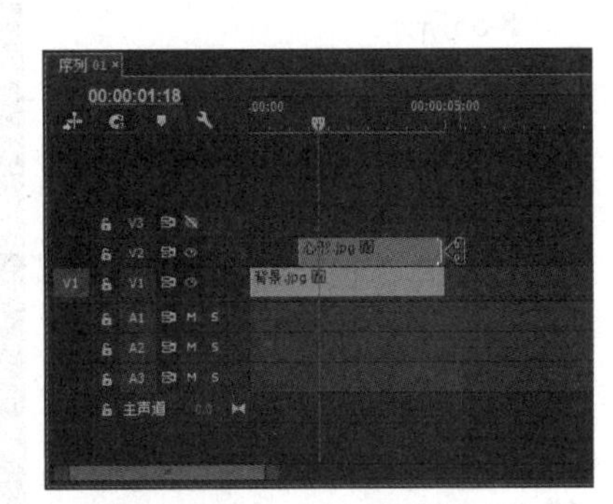

图8-52　对齐剪辑末端

15 按回车键渲染项目，渲染完成后预览效果，如图8-53所示。

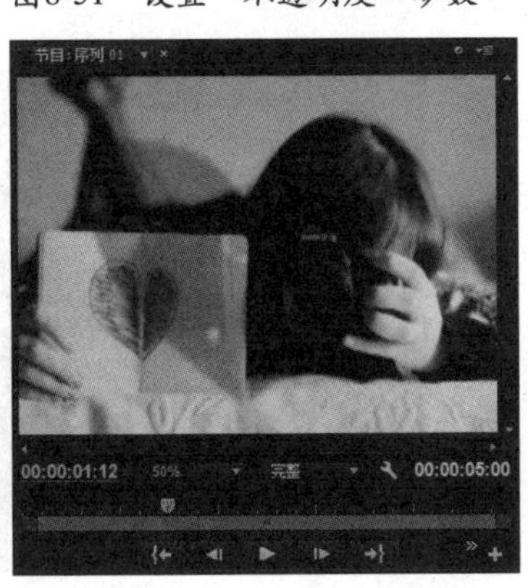

图8-53　预览效果

> 如果需要制作素材的骤然运动效果，只需添加两个关键帧，并且将这两个关键帧之间的距离缩小或者使这两个关键帧的数值差加大即可。

8.3 综合实例——创建图像的简单运动

下面用实例来具体介绍如何创建图像的简单运动效果。

视频位置：DVD\视频\第8章\8.3综合实例——创建图像的简单运动.mp4

源文件位置：DVD\视频\第8章\8.3

01 启动Premiere Pro CC，新建项目，新建序列。

02 执行“文件”|“导入”命令，弹出“导入”对话框，选择要导入的素材，单击“打开”按钮，如图8-54所示。

图8-54 “导入”对话框

03 执行“序列”|“添加轨道”命令，在弹出的“添加轨道”对话框中设置“添加1个视频轨道”和“0个音频轨道”，如图8-55所示。

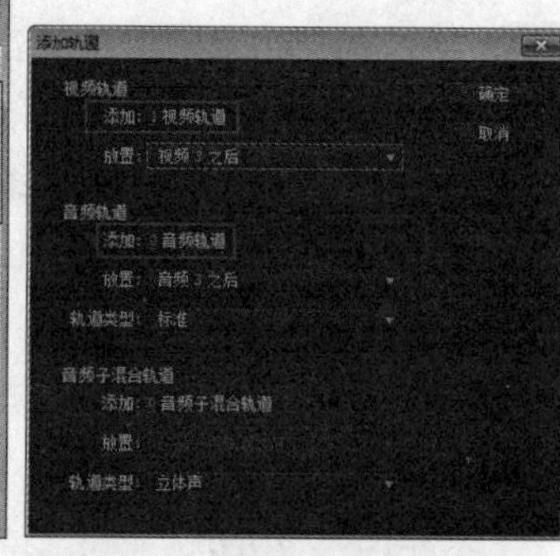

图8-55 “添加轨道”对话框

04 在“项目”面板中选择“1.png”素材，按住鼠标左键，将其拖入“节目监视器”面板中，并在“效果控件”面板中设置“缩放”参数为99，如图8-56所示。

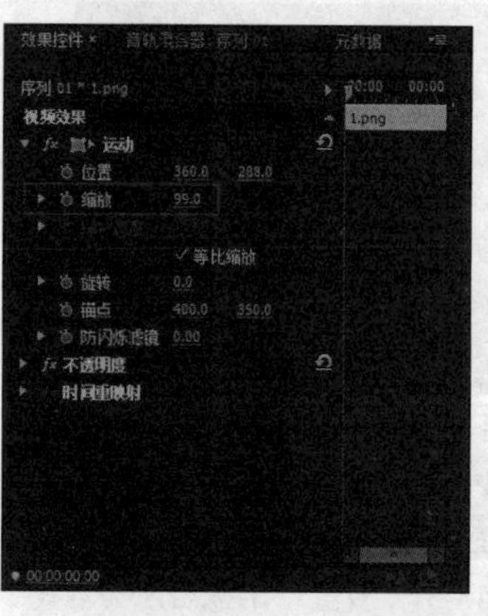

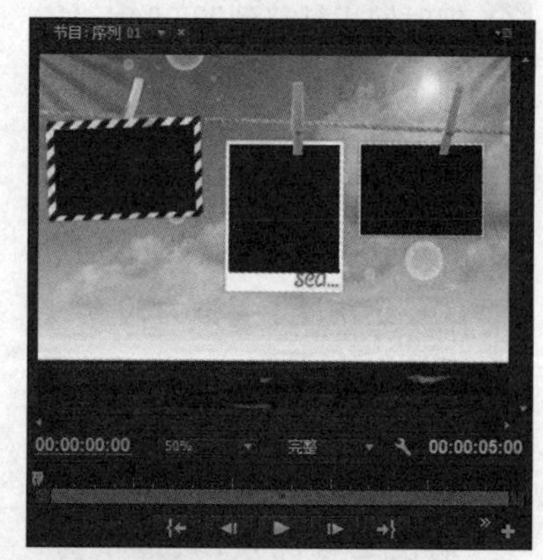

图8-56 参数设置及效果

05 在“效果”面板中展开“视频过渡”文件夹，再展开“伸缩”文件夹，选择“伸展进入”特效，将其拖到视频轨1中的“1. png”素材上，如图8-57所示。

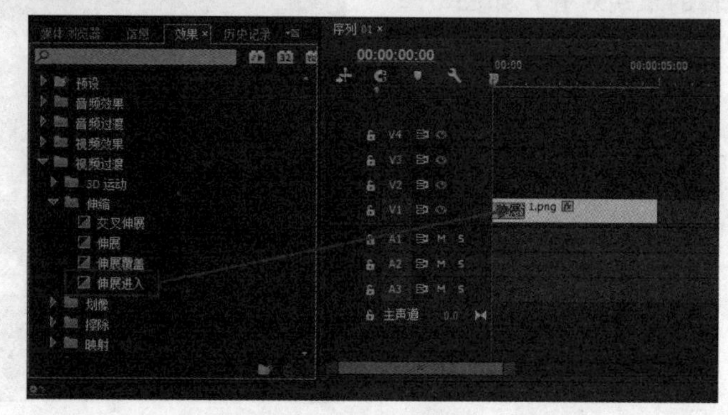

图8-57 赋予素材“伸展进入”特效

06 在“项目”面板中选择“2.jpg”素材，按住鼠标左键，将其拖入视频2轨道中，并在“效果控件”面板中设置位置参数为

130.7、187，取消勾选“等比缩放”复选项，并设置“缩放高度”参数为5.1，“缩放宽度”参数为5.7，“旋转”参数为-2.0，具体的参数设置及在“节目监视器”面板中的对应效果如图8-58所示。

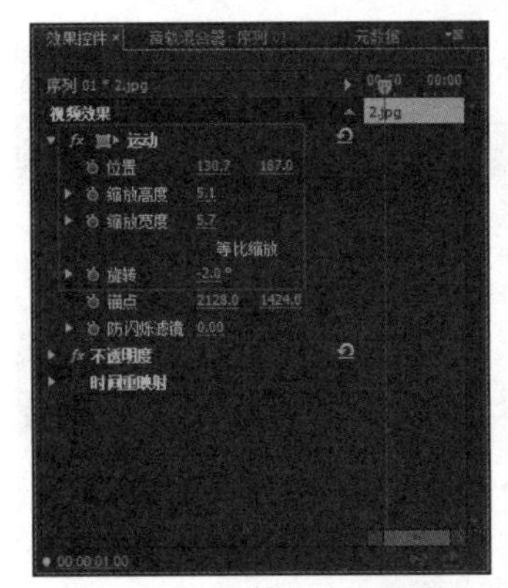
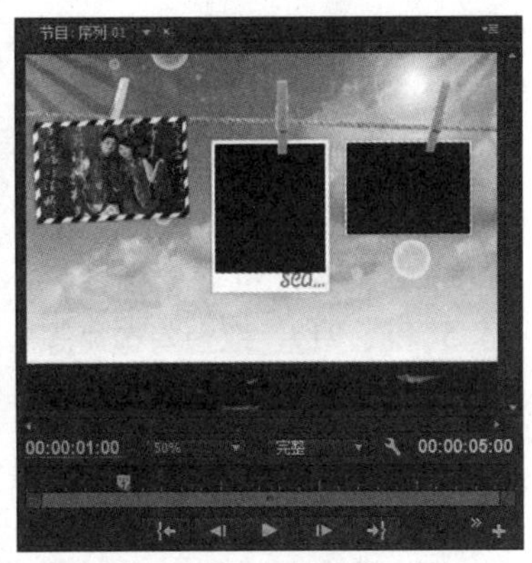

图8-58　参数设置及效果

07 把时间指针移到00:00:02:01位置，在“时间轴”面板中选择“2.jpg”素材，在“效果控件”面板单击“切换动画”按钮为“位置”参数设置一个关键帧，然后把时间指针移到00:00:01:10位置，设置“位置”参数为-120.3、187，具体的参数设置及在“节目监视器”面板中的对应效果如图8-59所示。

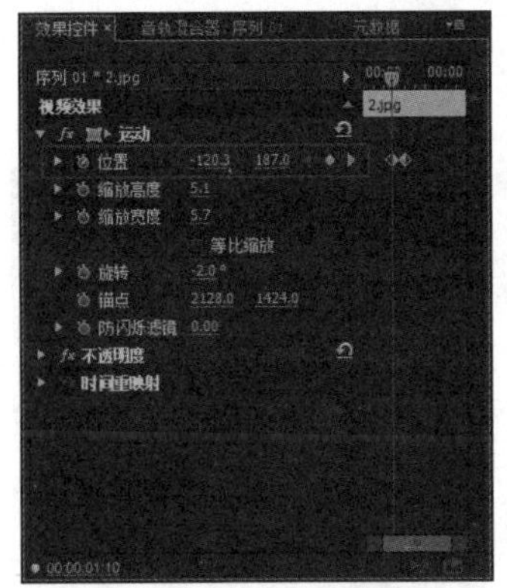

图8-59　参数设置及效果

08 在“项目”面板中选择“3.jpg”素材，按住鼠标左键，将其拖入视频3轨道中，并在“效果控件”面板中设置“位置”参数为372.8、250，取消勾选“等比缩放”复选项，并设置“缩放高度”参数为5，“缩放宽度”参数为6.5，“旋转”参数为0.0，具体的参数设置及在“节目监视器”面板中的对应效果如图8-60所示。

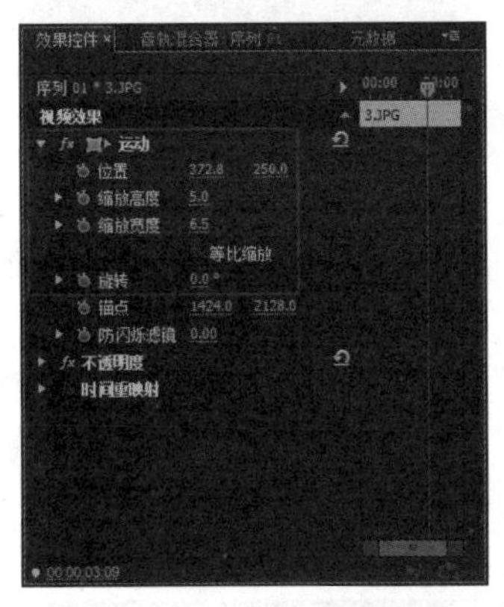
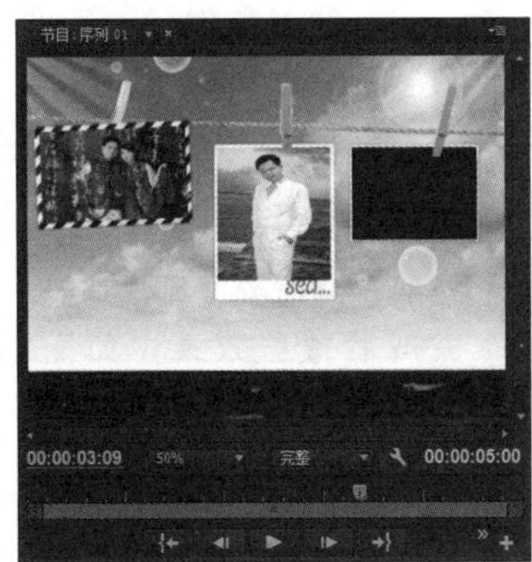

图8-60　参数设置及效果

09 把时间指针移到00:00:03:09位置，在“时间轴”面板中选择“3.jpg”素材，在“效果控件”面板单击“切换动画”按钮为“位置”和“旋转”参数分别设置一个关键帧，然后把时间指针移到00:00:02:11位置，设置“位置”参数为372.8、751，“旋转”参数为134，具体的参数设置及在“节目监视器”面板中的对应效果如图8-61所示。

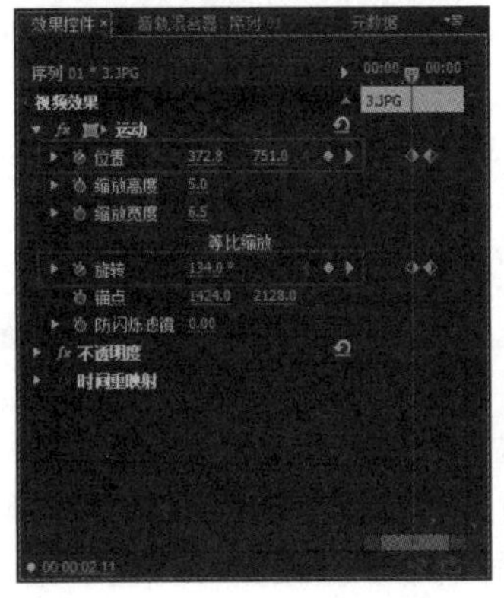
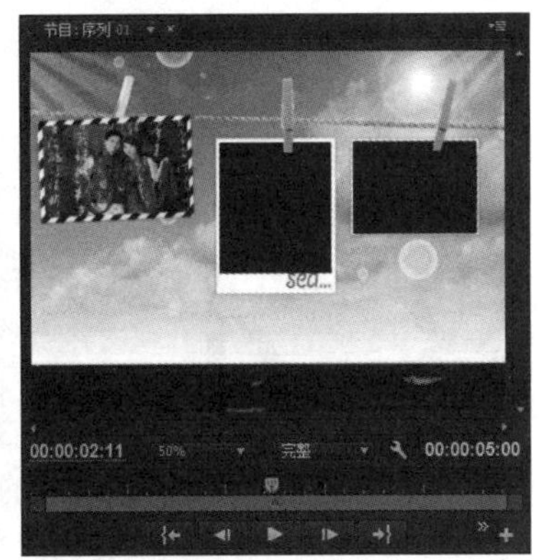

图8-61　参数设置及效果

10 在“项目”面板中选择“4.jpg”素材，按住鼠标左键，将其拖入视频4轨道中，并在“效果控件”面板中设置“位置”参数为584.8、219，取消勾选“等比缩放”复选项，设置“缩放高度”参数为5.2，“缩放宽度”参数为4.9，具体的参数设置及在“节目监视器”面板中的对应效果如图8-62所示。

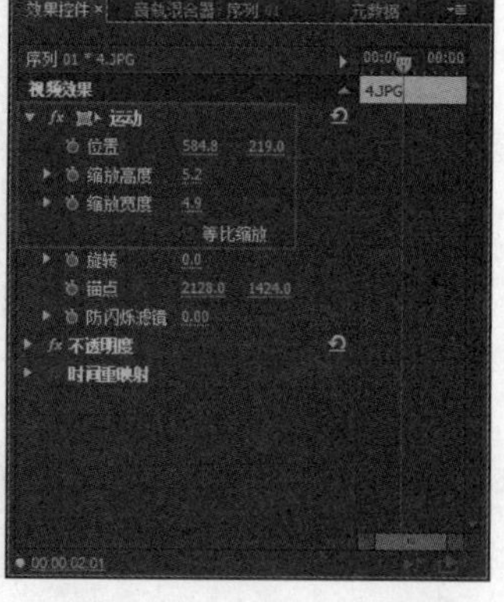
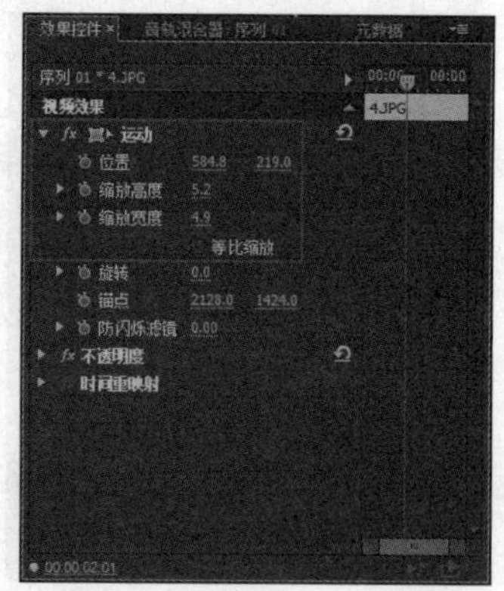

图8-62　参数设置及效果

11 把时间指针移到00:00:02:01位置，在“时间轴”面板中选择“4.jpg”素材，在“效果控件”面板单击“切换动画”按钮为“位置”参数设置一个关键帧，然后把时间指针移到00:00:01:10位置，设置“位置”参数为819.8、219，具体的参数设置及在“节目监视器”面板中的对应效果如图8-63所示。

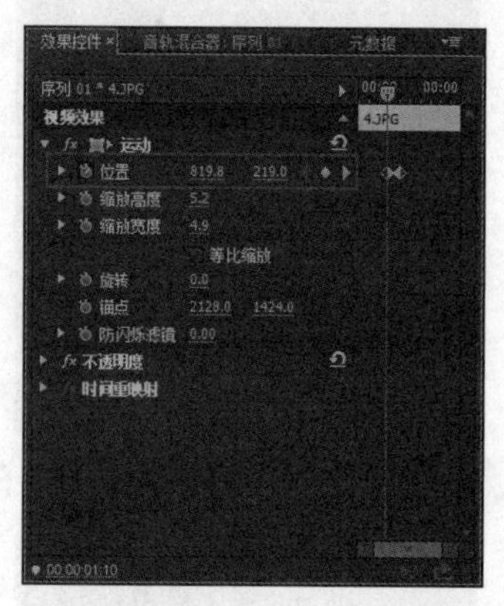
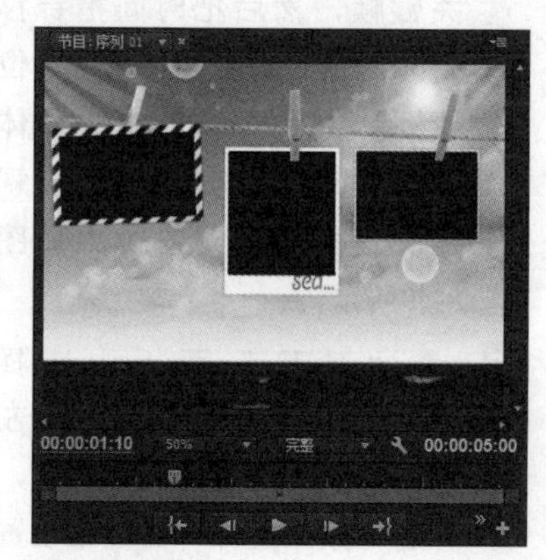

图8-63　参数设置及效果

12 按回车键渲染项目，渲染完成后预览效果，如图8-64所示。

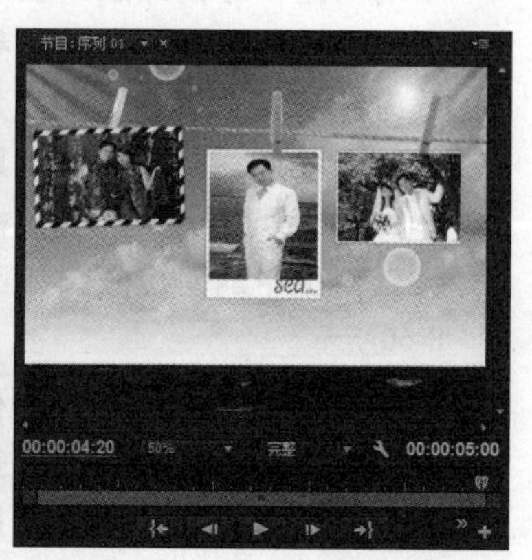

图8-64　预览效果

8.4 本章小结

本章主要对运动特效的相关知识进行了详细讲解，通过对本章的学习，可以利用Premiere Pro CC的运动参数项对图像或者视频剪辑创建运动效果。

Premiere Pro CC中主要有5种运动参数设置：位置、缩放、旋转、锚点和防闪烁滤镜。每种参数设置所对应的效果不同，也可以对各个参数设置进行关键帧动画制作。

第9章
音频效果的应用

一部完整的作品包括图像和声音。声音在影视作品中可以起到解释、烘托、渲染气氛和感染力、增强影片的表现力度等作用。前面我们讲到的都是影视作品中图像方面的效果处理，本章将讲解在Premiere Pro CC中音频效果的编辑与应用。

本章重点

◎ 更改音频的增益与速度

◎ 使用音轨混合器控制音量

◎ 交叉淡化效果

◎ 超重低音效果的制作

9.1 关于音频效果

Premiere Pro CC具有很强大的音频理解能力，通过使用图9-1所示的“音轨混合器”面板，可以很方便地编辑与控制声音。其最新的声道处理能力及实时录音功能、还包括音频素材和音频轨道的分离处理概念也使得在Premiere Pro CC中编辑音效变得更为轻松便捷。

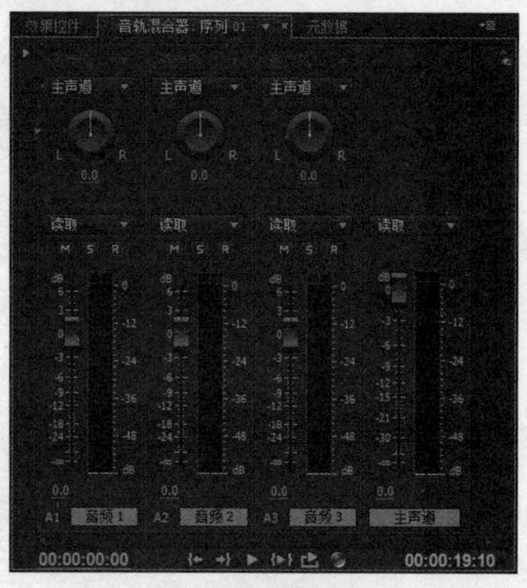

图9-1 “音轨混合器”面板

9.1.1 Premiere Pro CC对音频效果的处理方式

首先简要介绍一下Premiere Pro CC对音频效果的处理方式。在“音轨混合器”面板中可以看到音频轨道分为两个通道，即左（L）、右（R）声道。如果音频素材的声音所使用的是单声道，就可以在Premiere Pro CC中对其声道效果进行改变；如果音频素材使用的是双声道，则可以在两个声道之间实现音频特有的效果。另外在声音效果的处理上，Premiere Pro CC还提供了多种处理音频的特效，这些特效跟视频特效一样，不同的特效能够产生不同的效果，可以很方便地将其添加到音频素材上并能转化成帧，这样能够方便对其进行编辑与设置。

9.1.2 Premiere Pro CC处理音频的顺序

在Premiere Pro CC中处理音频的时候，需要讲究一定的顺序，比如按次序添加音频特效，Premiere会对序列中所应用的音频特效进行最先处理，在对这些音频特效处理完之后，再对“音轨混合器”面板的音频轨道中所添加的音效增益进行调整。可以按照以下的两种操作方法进行调整。

方法1：在“时间轴”面板选择素材，执行“剪辑”|“音频选项”|“音频增益”命令，如图9-2所示，然后在弹出的“音频增益”对话框中调整增益数值，如图9-3所示。

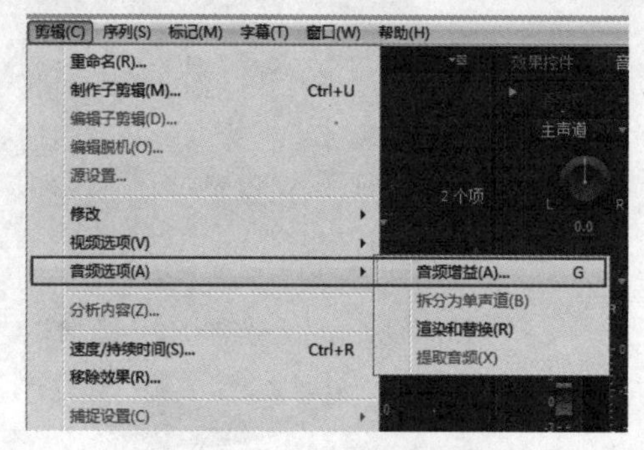

图9-2 执行“音频增益”命令

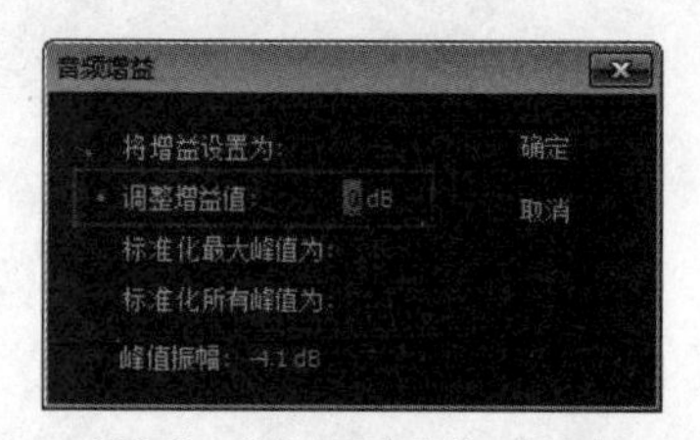

图9-3 “音频增益”对话框

方法2：在“时间轴”面板选择素材，单击鼠标右键，执行“音频增益”命令，如图9-4所示，然后在弹出的“音频增益”对话框中调整增益数值，如图9-5所示。

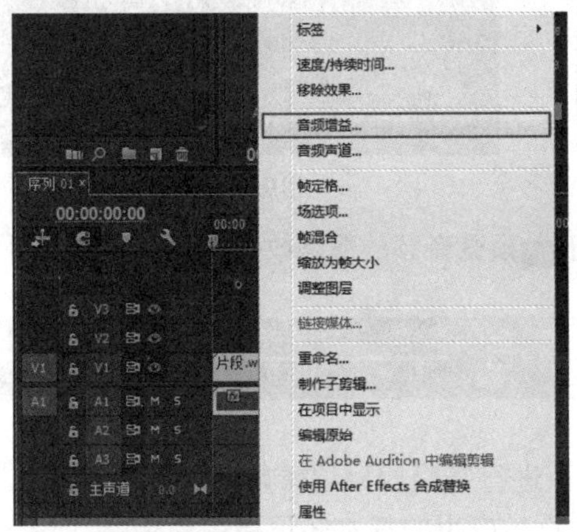

图9-4 执行“音频增益”命令

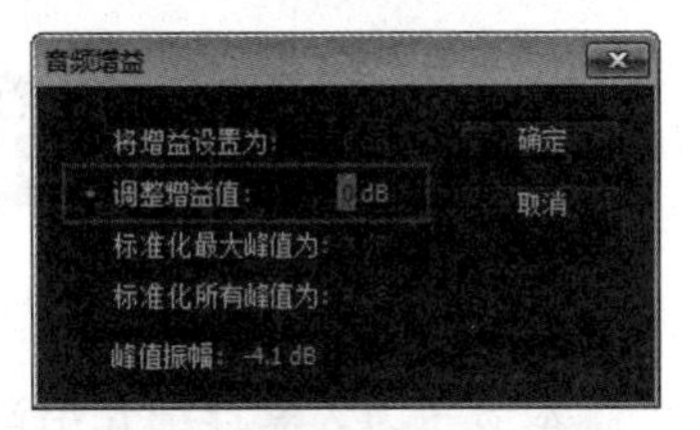

图9-5 “音频增益”对话框

“调整增益值”参数的范围为-96dB到96dB。

9.1.3 实战——调节影片的音频

下面用实例来具体介绍如何调节影片的音频。

视频位置：DVD\视频\第9章\9.1.3实战——调节影片的音频.mp4

源文件位置：DVD\源文件\第9章\9.1.3

01 启动Premiere Pro CC，打开项目文件，如图9-6和图9-7所示。

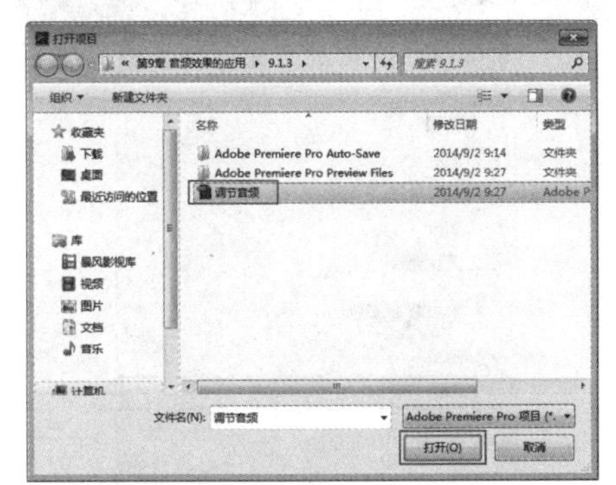

图9-6 打开项目文件

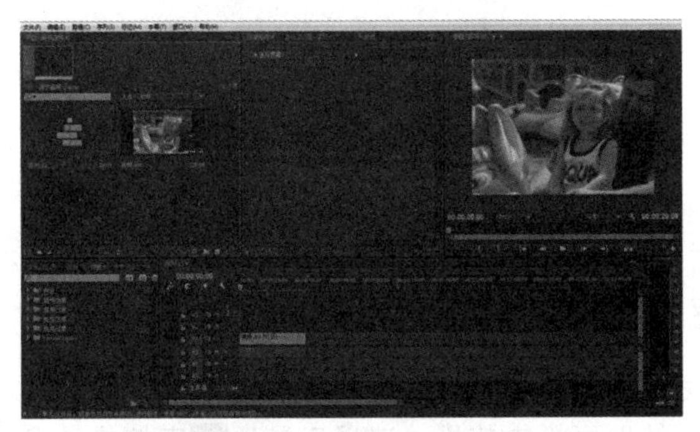

图9-7 项目文件界面

02 在“时间轴”面板选择“视频.avi”素材，执行“剪辑”|“音频选项”|“音频增益”命令，如图9-8所示，然后在弹出的“音频增益”对话框中设置“调整增益值”参数为5，单击“确定”按钮，如图9-9所示。

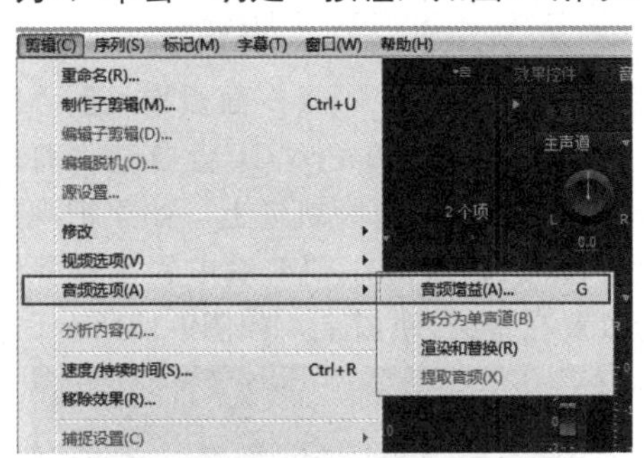

图9-8 执行“音频增益”菜单命令

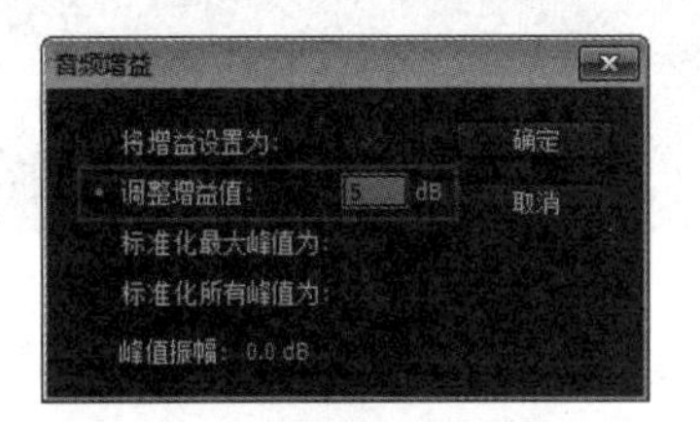

图9-9 “音频增益”对话框

03 选择“视频.avi”素材，在“效果控件”面板中展开“音频效果”参数，单击“级别”属性右侧的“添加关键帧”按钮，设置其参数为-280dB，如图9-10所示。

04 把时间指针移动到00:00:01:15位置，设置“级别”参数为0dB，如图9-11所示。

图9-10　参数设置

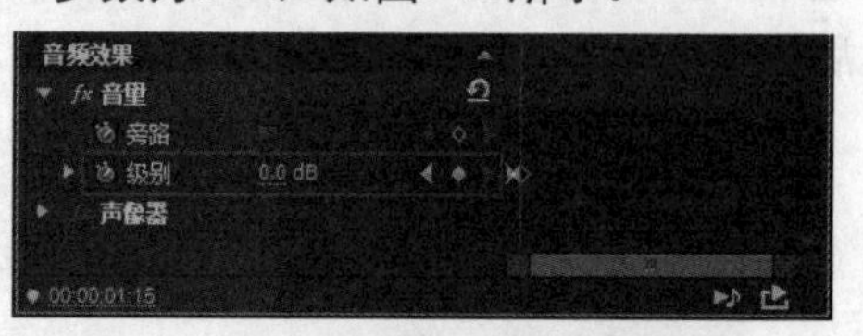

图9-11　参数设置

05 在“节目监视器”面板中单击“播放”按钮 预览音频的最终效果。

9.2 基本知识要点

在Premiere Pro CC中进行音频效果编辑前，首先得熟悉和了解音频相关的基本知识。本节将为大家详细介绍音频编辑与应用的基本知识要点。

9.2.1 音频轨道

在Premiere Pro CC的“时间轴”面板中有两种类型的轨道，即视频轨和音频轨。音频轨道位于视频轨道的下方，如图9-12所示。

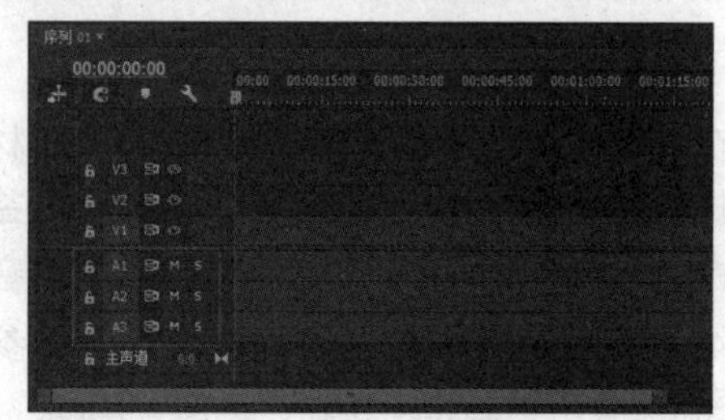

图9-12　音频轨

把视频剪辑从“项目”面板拖入到“时间轴”上时，Premiere Pro CC会自动将剪辑中的音频放到相应的音频轨道上，如果把视频剪辑放在视频1轨道上，则剪辑中的音频就会被自动放置在音频1轨道上，如图9-13所示。

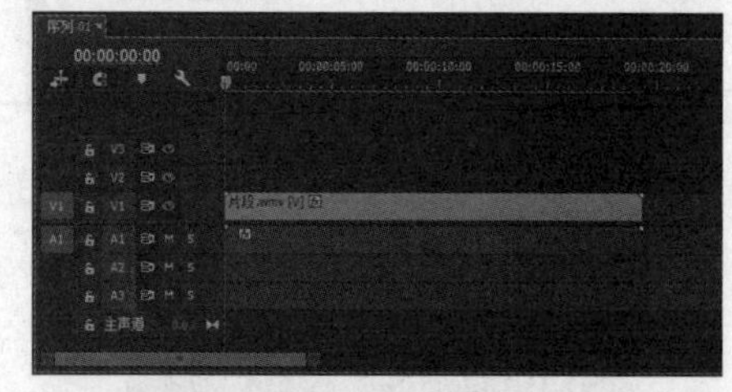

图9-13　拖入视频剪辑素材到“时间轴”面板

在Premiere Pro CC中处理音频的时候，使用“剃刀工具” 切割视频剪辑，则与该剪辑相连接的音频也同时被切割，如图9-14所示。选择视频剪辑素材，执行“剪辑”|“取消链接”命令，或者在视频剪辑素材上单击鼠标右键，执行“取消链接”命令，如图9-15所示，可以将剪辑中的视频和音频之间的链接断开。

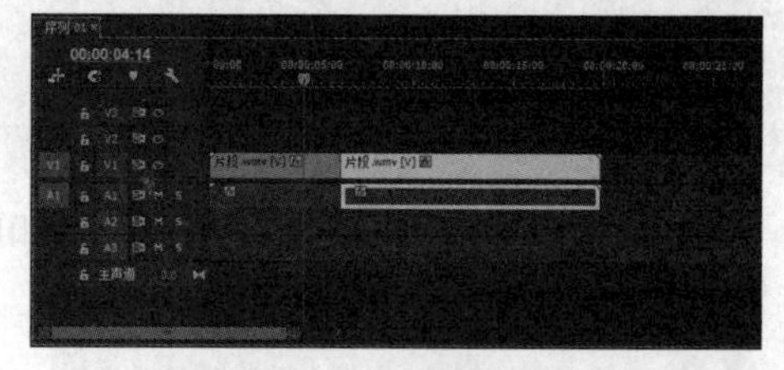

图9-14　对视频剪辑进行切割

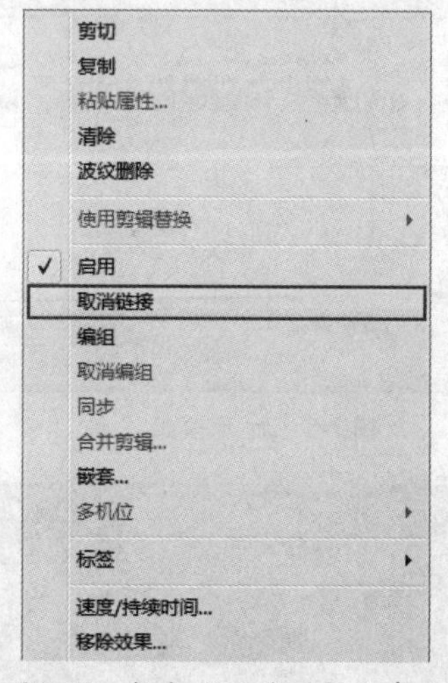

图9-15　执行“取消链接”命令

9.2.2 调整音频的持续时间和速度

音频的持续时间就是指从音频的入点到出点之间所持续时间，因此可以通过改变音频的入点或者出点位置来调整音频的持续时间。在“时间轴”面板中使用“选择工具” 直接拖动音频的边缘，可以改变音频轨道上音频素材的长度，还可以选择“时间轴”面板中的音频素材，单击鼠标右键，执行“速度/持续时间”命令，如图9-16所示。在弹出的“剪辑速度/持续时间”对话框中设置音频的持续时间，如图9-17所示。

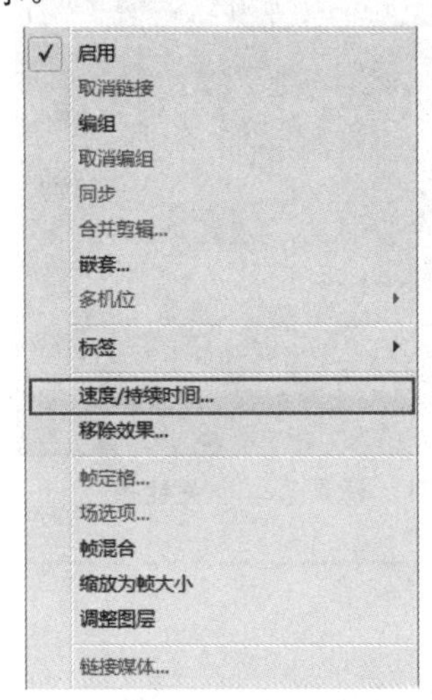

图9-16 执行“速度/持续时间”命令

图9-17 “剪辑速度/持续时间”对话框

可以在“剪辑速度/持续时间”对话框中通过设置音频素材的速度来改变音频的持续时间。改变音频的播放速度后会影响音频的播放效果，音调会因速度的变化而改变，同时播放速度变化了，播放时间也会随着改变，但是这种改变与单纯的改变音频素材的出、入点而改变持续时间是不同的。

9.2.3 音量的调节与关键帧技术

在对音频素材进行编辑时，有时候经常会遇到音频素材固有的音量过高或者过低的情况，此时我们就需要对素材的音量进行调节。调节素材的音量有多种方法，下面我们简单介绍两种调节音频素材音量的操作方法。

通过“音轨混合器”面板来调节音量。在“时间轴”面板中选择音频素材，然后在“音轨混合器”面板中拖动相应音频轨道的音量调节滑块，如图9-18所示。

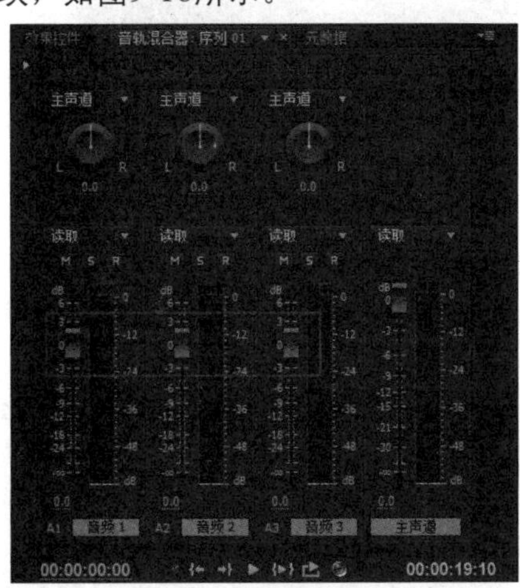

图9-18 音量调节滑块

每个音频轨道都有一个对应的音量调节滑块，通过上下拖动该滑块可以增加或降低对应音频轨道中音频素材的音量。滑块下方的数值栏中显示当前音量，用户也可以直接在数值栏中输入声音数值。

在“效果控件”面板中调节音量。选择音频素材，在“效果控件”面板中展开“音频效果”属性，然后通过设置“级别”参数值来调节所选音频素材的音量大小，如图9-19所示。

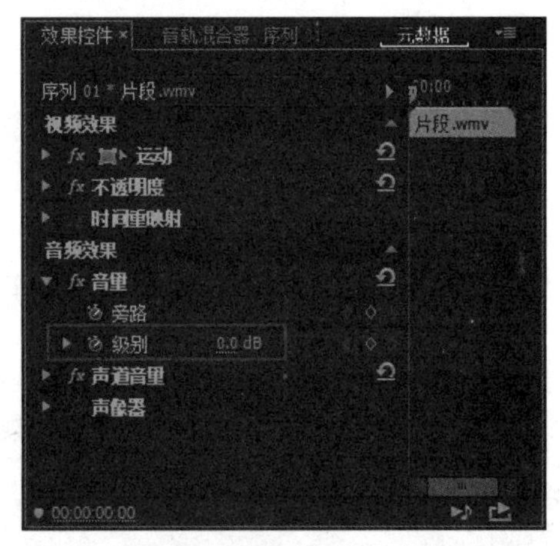

图9-19 设置“级别”参数

在“效果控件”面板中可以对所选择的音频素材参数设置关键帧，制作音频关键帧动画。单击“音频效果”属性右侧的“添加关键帧”按钮，如图9-20所示。接着把时间指针移到其他时间位置，设置音频属性参数，Premiere Pro CC会自动在该时间处添加一个关键帧，如图9-21所示。

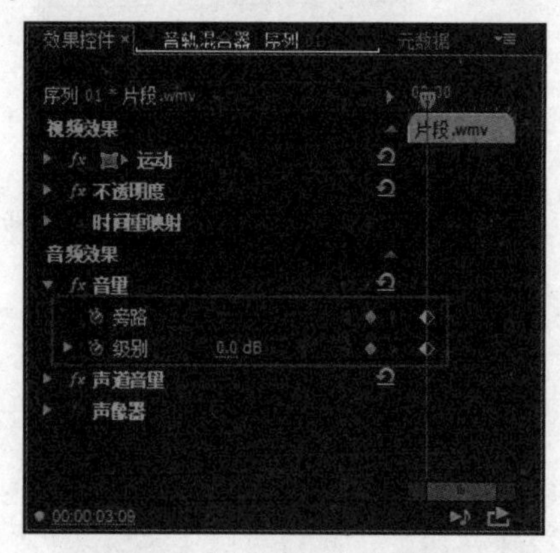

图9-20 设置第一个关键帧

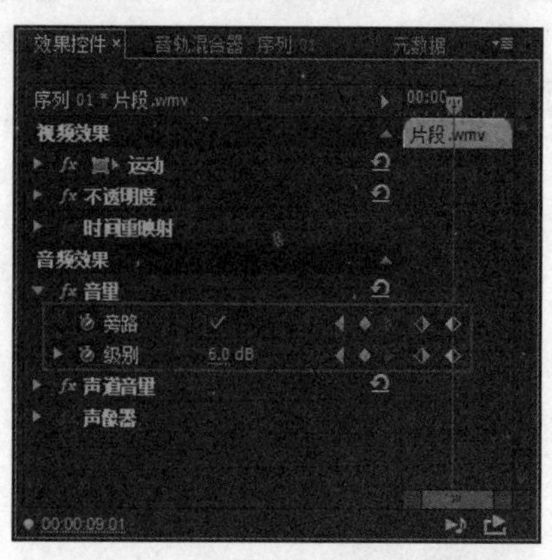

图9-21 设置第二个关键帧

9.2.4 实战——更改音频的增益与速度

下面用实例来具体介绍如何更改音频的增益与速度。

视频位置：DVD\视频\第9章\9.2.4实战——更改音频的增益与速度.mp4
源文件位置：DVD\源文件\第9章\9.2.4

01 启动Premiere Pro CC，新建项目，新建序列。

02 执行“文件”|“导入”命令，弹出“导入”对话框，选择要导入的素材，单击“打开”按钮，如图9-22所示。

03 在“项目”面板中选择“视频.mp4”素材，按住鼠标左键，将其拖入“节目监视器”面板中，释放鼠标，如图9-23所示。

图9-22 “导入”对话框

图9-23 将素材拖入“节目监视器”面板

04 在“时间轴”面板中选择素材“视频.mp4”，在“效果控件”面板设置素材的“缩放”参数为110，如图9-24所示。

05 选择素材“视频.mp4”，单击鼠标右键，执行“速度/持续时间”命令，如图9-25所示。在弹出的“剪辑速度/持续时间”对话框中设置音频的“速度”为85%，如图9-26所示。

在“剪辑速度\持续时间”对话框中设置“持续时间”参数，可以精确调整音频素材的速率。

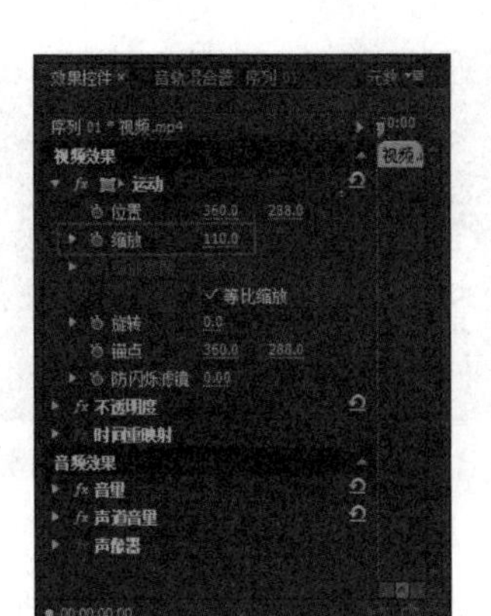

图9-24 设置“缩放”参数

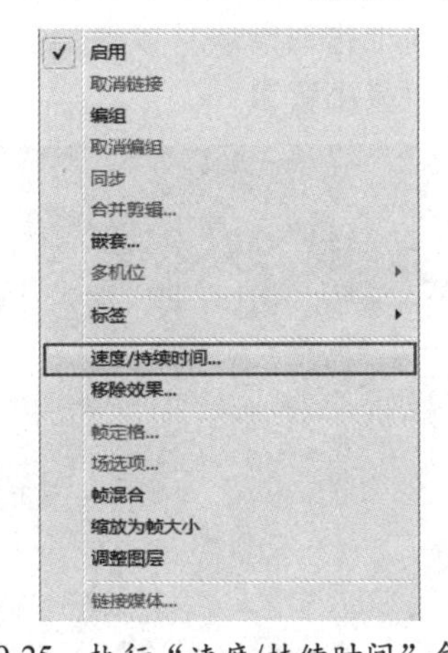

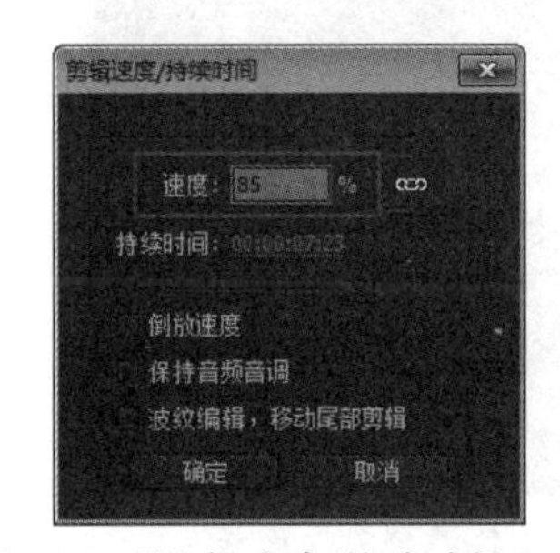

图9-25 执行“速度/持续时间”命令　图9-26 “剪辑速度/持续时间”对话框

06 继续选择素材“视频.mp4”，执行“剪辑”|“音频选项”|“音频增益”命令，如图9-27所示，在弹出的“音频增益”对话框中设置“调整增益值”参数为5，单击“确定”按钮，如图9-28所示。

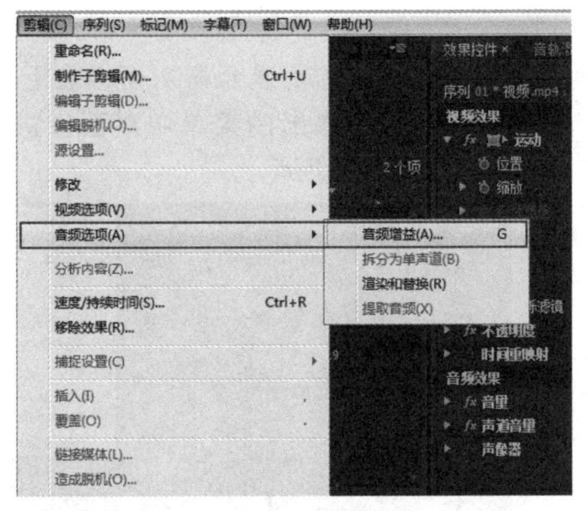

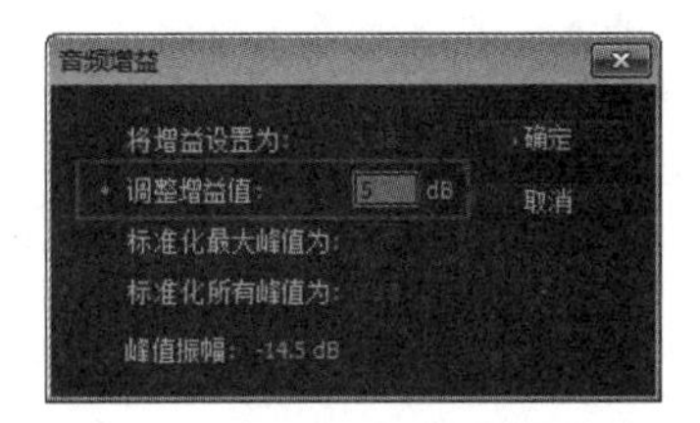

图9-27 执行“音频增益”命令　图9-28 “音频增益”对话框

9.3 使用音轨混合器

“音轨混合器”面板可以实时混合“时间轴”面板中各个轨道中的音频素材，还可以在该面板中选择相应的音频控制器进行调整，从而调节在“时间轴”面板中对应轨道中的音频素材。通过“音轨混合器”面板可以很方便地把控音频的声道、音量等属性。

9.3.1 认识“音轨混合器”面板

“音轨混合器”面板由若干个轨道音频控制器、主音频控制器和播放控制器组成，如图9-29所示。其中轨道音频控制器主要是用于调节“时间轴”面板中与其对应轨道上的音频。轨道音频控制器的数量跟“时间轴”面板中音频轨道的数量一致，轨道音频控制器由控制按钮、声道调节滑轮和音量调节滑块3部分组成。

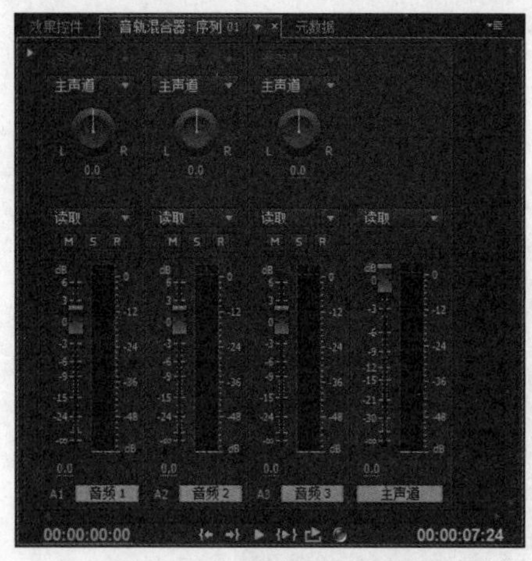

图9-29 “音轨混合器”面板

1. 控制按钮

轨道音频控制器的控制按钮主要用于控制音频调节器的状态，下面分别介绍各个按钮名称及其功能。

★ 静音轨道按钮M：主要用于设置轨道音频是否为静音状态，单击该按钮后，其颜色变为绿色，表示该音轨处于静音状态，再次单击该按钮，取消静音。

★ 独奏轨道按钮S：单击独奏轨道按钮，其颜色变为黄色，其他普通音频轨道将会自动被设置为静音模式。

★ 启用轨道以进行录制按钮R：单击启用轨道以进行录制按钮，其颜色变为红色，此时可以利用输入设备将声音录制到目标轨上，该按钮仅在单声道和立体声普通音频轨道中出现。

2. 声道调节滑轮

声道调节滑轮如图9-30所示，主要是用来实现音频素材的声道切换，当音频素材为双声道音频时，可以使用声道调节滑轮来调节播放声道。在滑轮上按住鼠标左键向左拖动滑轮，则输出左声道的音量增大，向右拖动滑轮则输出右声道的音量增大。

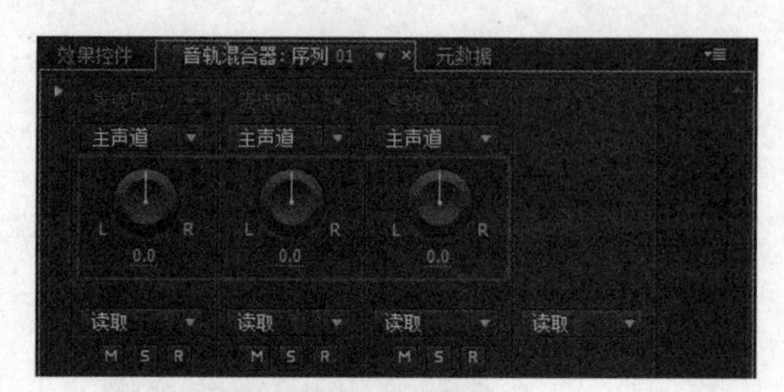

图9-30 声道调节滑轮

3. 音量调节滑块

音量调节滑块如图9-31所示，主要用于控制当前轨道音频素材的音量大小，按住鼠标左键向上拖动滑块可以增加音量，向下拖动滑块可以减小音量。

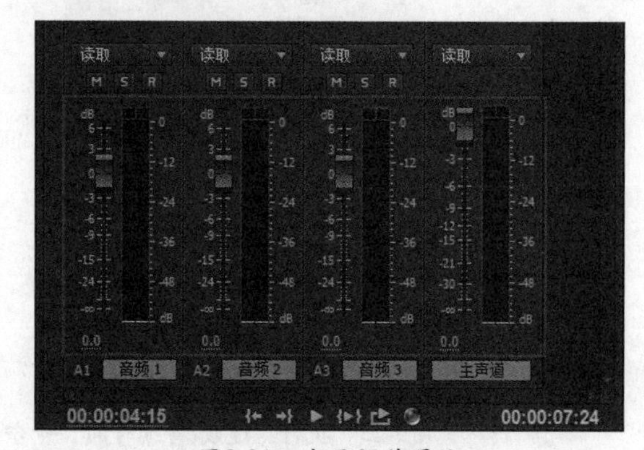

图9-31 音量调节滑块

9.3.2 设置“音轨混合器”面板

单击“音轨混合器”面板右上角的按钮，可以在弹出的菜单中对面板进行相关设置，如图9-32所示。

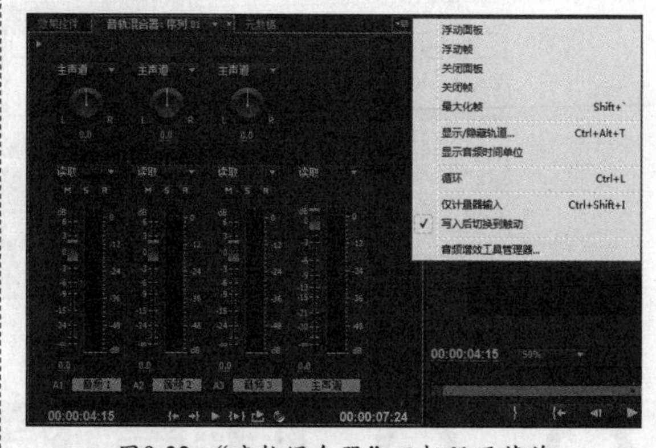

图9-32 “音轨混合器”面板设置菜单

1. 显示/隐藏轨道

该命令可以对“音轨混合器”面板中的轨道进行显示或者隐藏设置。执行该命令后会弹出一个对话框，如图9-33所示。在该对话框中选择所要显示或隐藏的轨道，然后单击“确定”按钮，即可在“音轨混合器”面板中显示或隐藏选定的轨道。

2．显示音频时间单位

该命令可以在“时间轴”面板上以音频单位进行显示，此时可以看到“时间轴”面板和“音轨混合器”面板中都是以音频单位进行显示的。

3．循环

选择该菜单命令，系统会自动循环播放音乐。

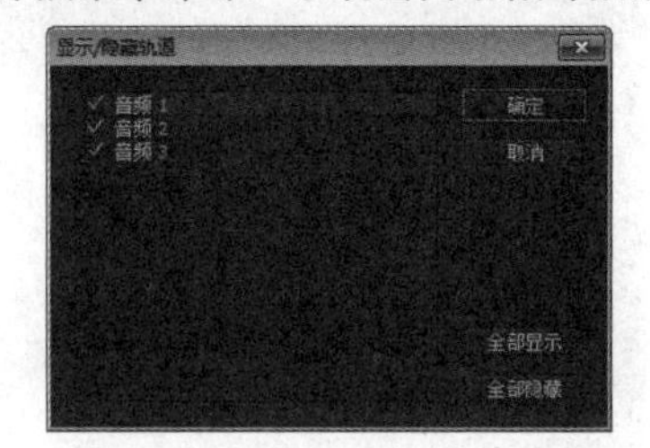

图9-33 “显示/隐藏轨道”对话框

9.3.3 实战——使用“音轨混合器”控制音频

下面用实例来具体介绍如何调节影片的音频。

视频位置：DVD\视频\第9章\9.3.3实战——使用“音轨混合器”控制音频.mp4

源文件位置：DVD\源文件\第9章\9.3.3

01 启动Premiere Pro CC，打开项目文件，如图9-34和图9-35所示。

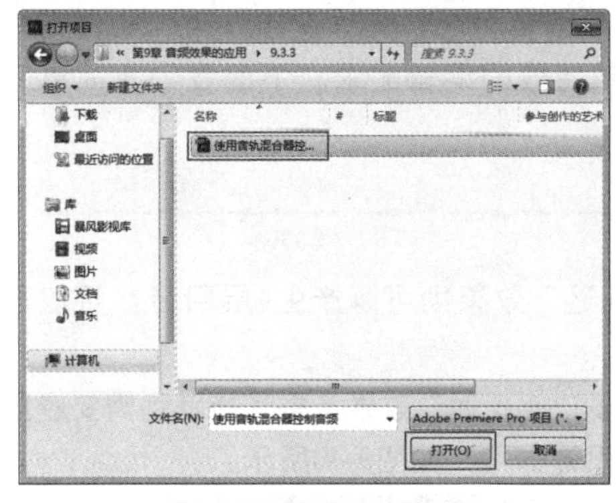

图9-34 打开项目文件

图9-35 项目文件界面

02 通过预览“时间轴”面板中的3段音频素材，发现第二段音频素材的音量过低，而第三段音频素材的音量过高。在“时间轴”面板选择音频2轨道中的音频素材，在“音轨混合器”面板中单击相应的音量调节滑块，如图9-36所示。然后按住鼠标左键并向上拖动到音量表中0的位置，如图9-37所示。

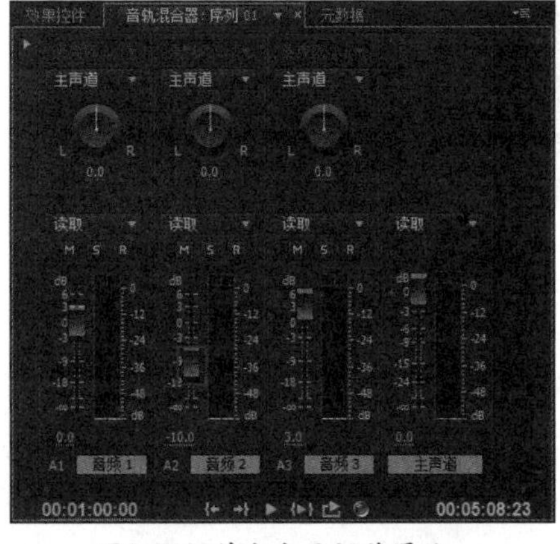

图9-36 单击音量调节滑块

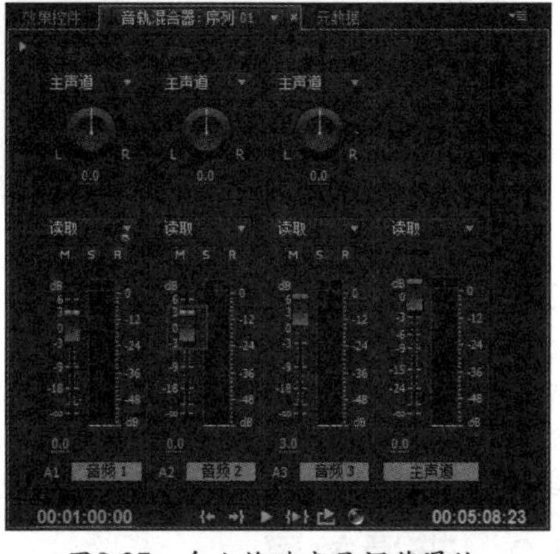

图9-37 向上拖动音量调节滑块

03 接着在“时间轴”面板选择音频3轨道中的音频素材，在“音轨混合器”面板中单击相应的音量调节滑块，如图9-38所示。然后按住鼠标左键并向下拖动到音量表中0的位置，如图9-39所示。

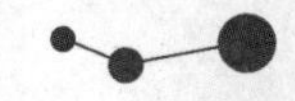

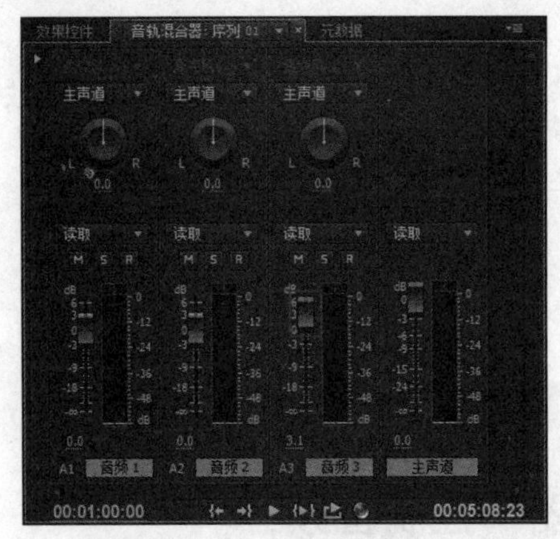

图9-38　单击音量调节滑块

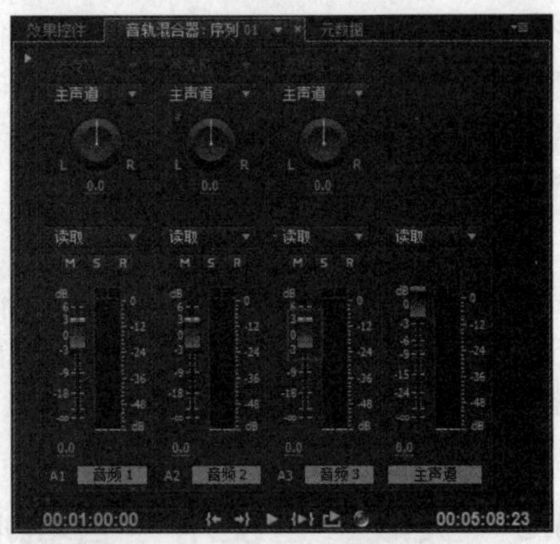

图9-39　向下拖动音量调节滑块

9.4 音频效果

Premiere Pro CC具有很强的音频编辑功能，其“音频效果”文件夹里提供了大量的音频效果，这些音频效果可以满足多种音频特效的编辑需求。下面我们将简单介绍一些常用的音频效果。

9.4.1　多功能延迟效果

延迟效果可以使音频剪辑产生回音效果，“多功能延迟”效果则可以产生4层回音，可以通过调节参数来控制每层回音发生的延迟时间与程度。

在“效果”面板选择“音频效果”文件夹，再选择“多功能延迟”效果，将其拖曳到需要应用该效果的音频素材上，并在“效果控件”面板对其进行参数设置即可，如图9-40所示。

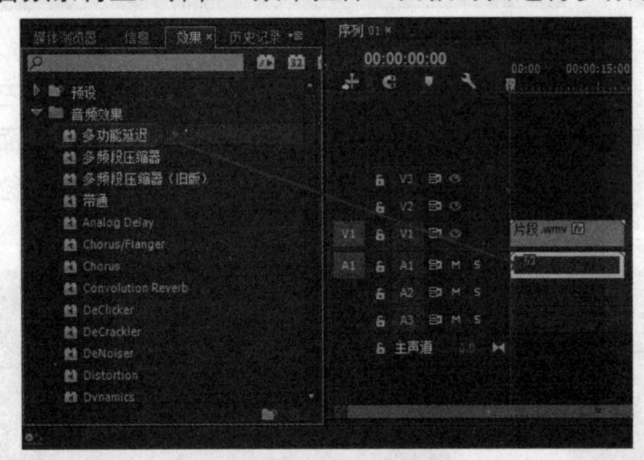

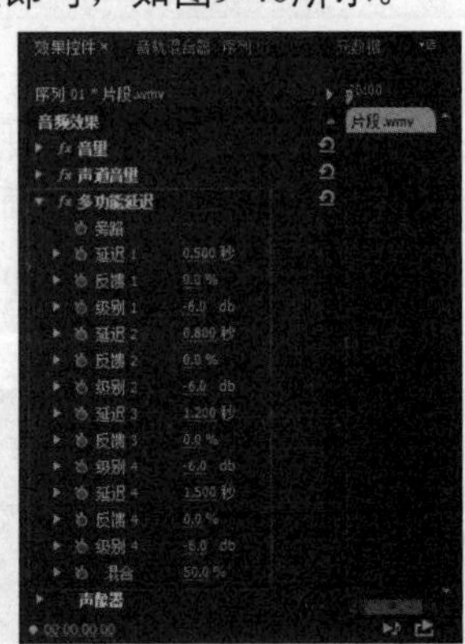

图9-40　赋予素材“多功能延迟”效果与参数设置

下面对“多功能延迟”效果的各项属性参数进行简单介绍。

★　延迟1/2/3/4：用于指定原始音频与回声之间的时间量。

★　反馈1/2/3/4：用于指定延迟信号的叠加程度以产生多重衰减回声的百分比。

★　级别1/2/3/4：用于设置每层的回声音量强度。

★　混合：用于控制延迟声音和原始音频的混合百分比。

9.4.2　带通效果

“带通”效果可以删除指定声音之外的范围或者波段的频率。在“效果”面板选择“音频效果”文件夹，再选择“带通”效果，将其拖曳到需要应用该效果的音频素材上，并在“效果控件”面板对其进行参数设置即可，如图9-41所示。

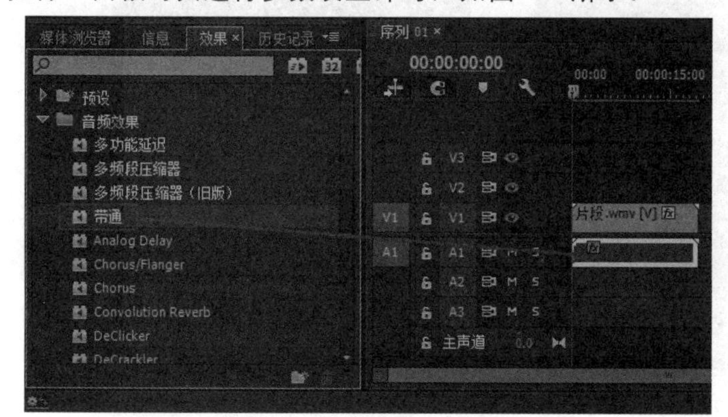

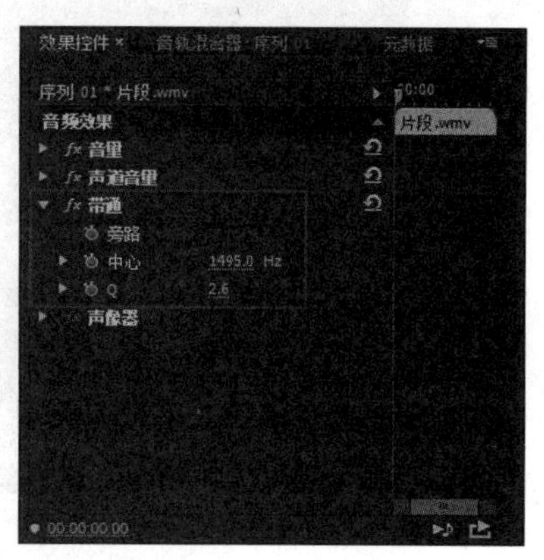

图9-41 赋予素材“带通”效果与参数设置

下面对“带通”效果的各项属性参数进行简单介绍。

★ 中心：用于设置频率范围的中心频率数值。

★ Q：用于设置波段频率的宽度。

9.4.3 Chorus（合唱）效果

“Chorus（合唱）”效果可以用来模拟一些同时被演奏出来的声音或者乐器音。可以运用合唱效果添加音轨或者添加立体声到单声道音频，也可以用它创建一些特殊的声音效果。

在“效果”面板选择“音频效果”文件夹，再选择“Chorus”效果，将其拖曳到需要应用该效果的音频素材上，并在“效果控件”面板对其进行参数设置即可，如图9-42所示。

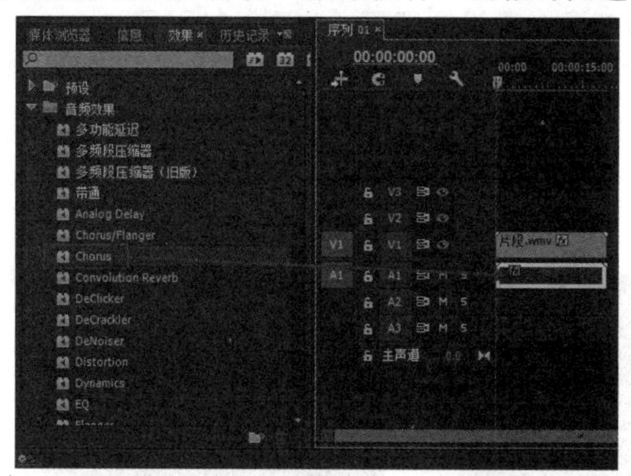

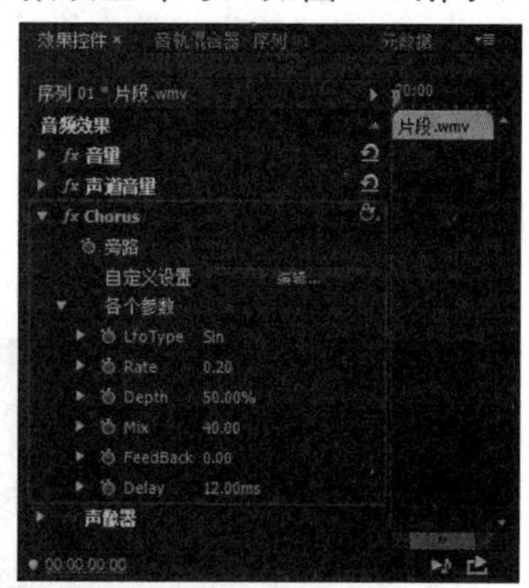

图9-42 赋予素材“Chorus”效果与参数设置

下面对“Chorus”效果的各项属性参数进行简单介绍。

★ Rate（加快）：可以让音频产生不自然的效果。

★ Depth（加深）：调节该参数可以使合唱的声音听起来更加自然、广阔。

★ Mix（混合）：用于设置混音效果。

★ FeedBack（回音）：用于设置音频的回音。

★ Delay（延迟）：用于设置音频的延时效果。

9.4.4 DeNoiser（降噪）效果

“DeNoiser（降噪）”效果主要用于自动探测音频中的噪声并将其消除。在“效果”面板中选择“音频效果”文件夹，再选择“DeNoiser”效果，将其拖曳到需要应用该效果的音频素材上，并在“效果控件”面板对其进行参数设置即可，如图9-43所示。

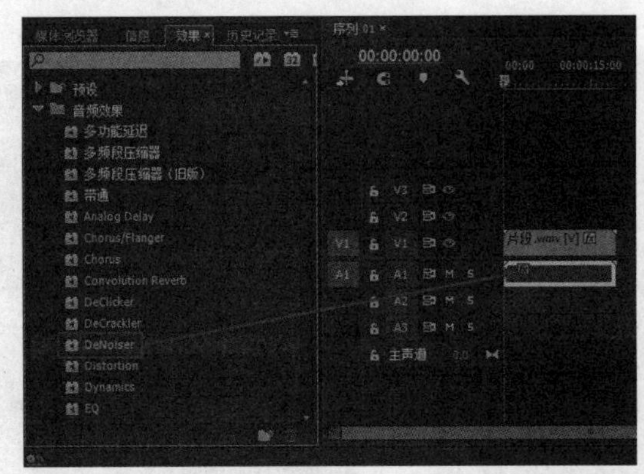

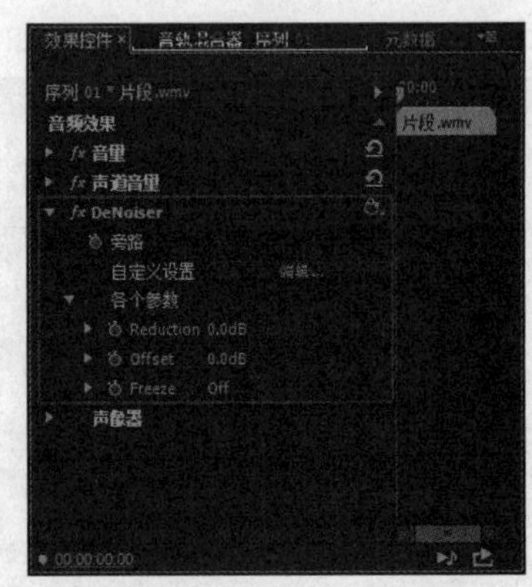

图9-43　赋予素材“DeNoiser”效果与参数设置

下面对“DeNoiser”效果的各项属性参数进行简单介绍。

★　Reduction（降低）：用于指定消除在-20~0dB范围内的噪声数量。

★　Offset（偏移）：设置自动消除噪声和用户指定基线的偏移量。当自动降噪不充分时，通过设置偏移来调整附加的降噪控制。

★　Freeze（冻结）：将噪声基线停止在当前值，使用这个控制可以确定素材消除的噪声量。

9.4.5　EQ（均衡）效果

“EQ（均衡）”效果类似一个多变量的均衡器，可以通过调整音频多个频段的频率、带宽以及电平来改变音频的音响效果，通常用于提升背景音乐的效果。

在“效果”面板选择“音频效果”文件夹，再选择“EQ”效果，将其拖曳到需要应用该效果的音频素材上，在“效果控件”面板对其进行参数设置即可，如图9-44所示。

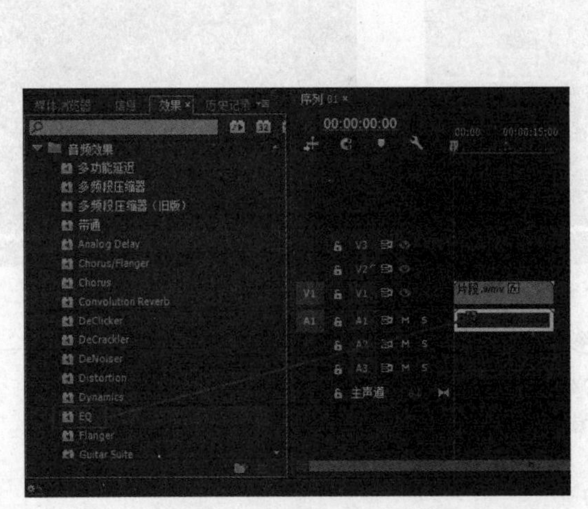

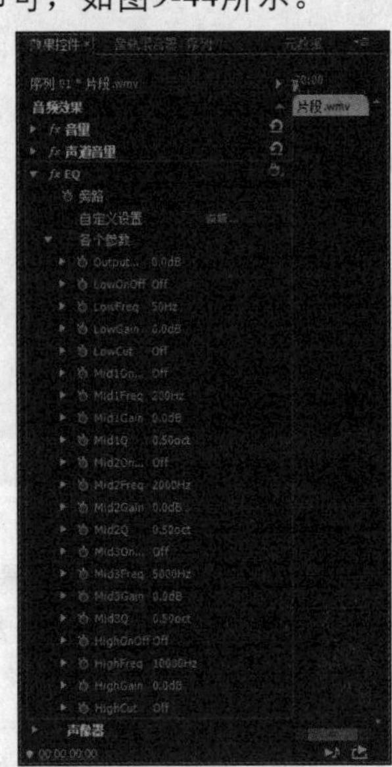

图9-44　赋予素材“EQ”效果与参数设置

下面对“EQ”效果的各项属性参数进行简单介绍。

★　Output：用于补偿应用过滤效果以后造成频率波段的增加或减少。

★　Low、Mid和High：用于设置用户的自定义滤波器。

★　Frequency：用于设置波段增大和减小的次数。

★　Gain：用于设置常量之上的频率。

★　Cut：用于设置从滤波器中过滤的高低波段。

★　Q：用于设置每一个滤波器波段的宽度。

9.4.6 Flanger效果

“Flanger”效果可以将时间推迟以制造一种古典的音乐气息。在“效果”面板中选择“音频效果”文件夹，再选择“Flanger”效果，将其拖曳到需要应用该效果的音频素材上，在“效果控件”面板对其进行参数设置即可，如图9-45所示。

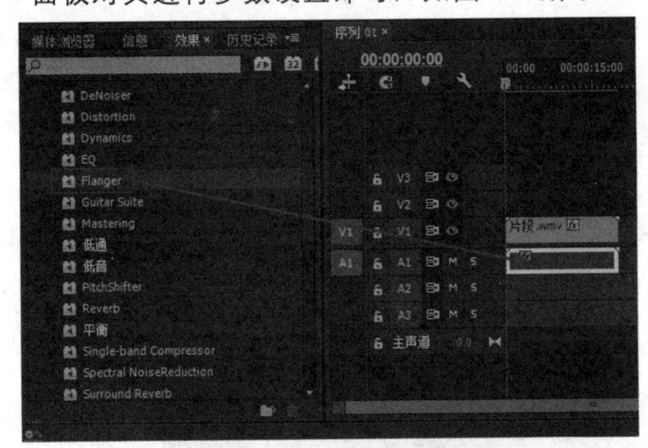
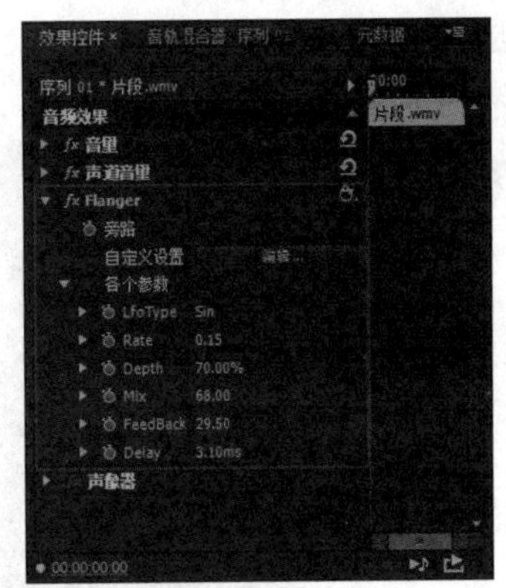

图9-45 赋予素材“Flanger”效果与参数设置

下面对“Flanger”效果的各项属性参数进行简单介绍。

★ Rate（加快）：用于设置低频率的速度。
★ Depth（加深）：用于调整波形的增益水平来控制效果的深度。
★ Mix（混合）：用于设置混音效果。
★ FeedBack（回音）：用于设置音频的回音。
★ Delay（延迟）：用于设置音频的延时效果。

9.4.7 低通/高通效果

“低通”效果用于删除高于指定频率界限的频率，使音频产生浑厚的低音音场效果；“高通”效果用于删除低于指定频率界限的频率，使音频产生清脆的高音音场效果。

在“效果”面板中选择“音频效果”文件夹，再分别将“低通”和“高通”效果拖曳到需要应用该效果的音频素材上，在“效果控件”面板对其进行参数设置即可，如图9-46所示。

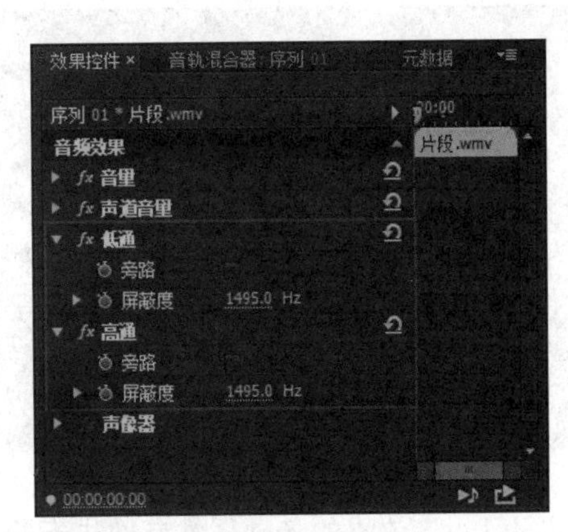

图9-46 赋予素材“低通”和“高通”效果与参数设置

“低通”和“高通”效果属性中都只有一个参数选项即“屏蔽度”，在“低通”中该选项用于设定可通过声音的最高频率。在“高通”中该选项则用于设定可通过声音的最低频率。

9.4.8 低音/高音效果

“低音”效果用于提升音频波形中低频部分的音量，使音频产生低音增强效果；“高音”效果用于提升音频波形中高频部分的音量，使音频产生高音增强效果。

在“效果”面板中选择“音频效果”文件夹，再分别将“低音”和“高音”效果拖曳到需要应用该效果的音频素材上，在“效果控件”面板对其进行参数设置即可，如图9-47所示。

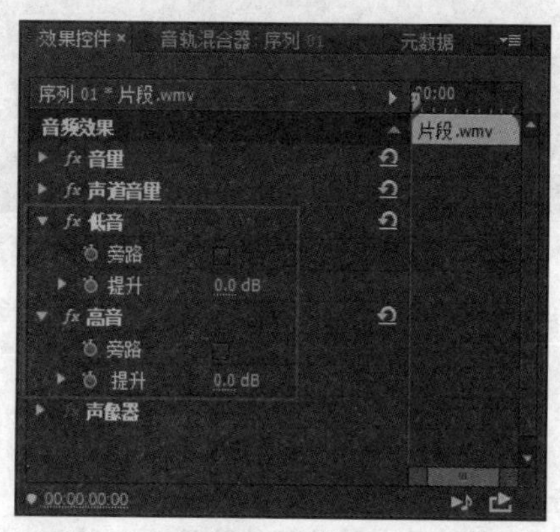

图9-47 赋予素材“低音”和“高音”效果与参数设置

“低音”和“高音”效果属性中都只有一个参数即“提升”，参数用于提升或降低低音/高音。

9.4.9 PitchShifter（变调）效果

“PitchShifter（变调）”效果用来调整音频的输入信号基调，使音频的波形产生扭曲的效果。该效果一般用于处理人物语音，改变音频素材播放的音色，可以模拟出一些机器人或卡通语音效果。

在“效果”面板中选择“音频效果”文件夹，再选择“PitchShifter”效果，将其拖曳到需要应用该效果的音频素材上，在“效果控件”面板对其进行参数设置即可，如图9-48所示。

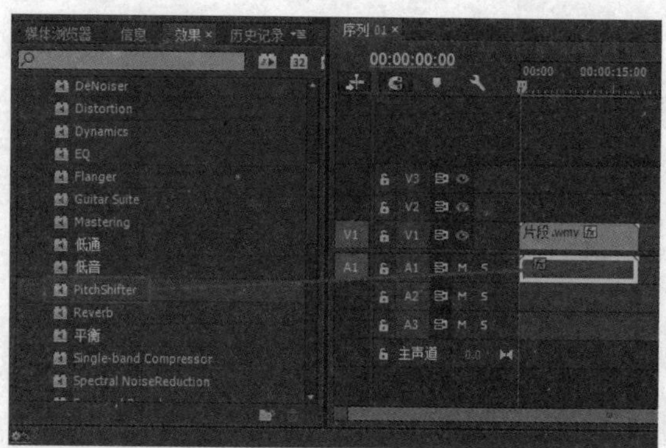

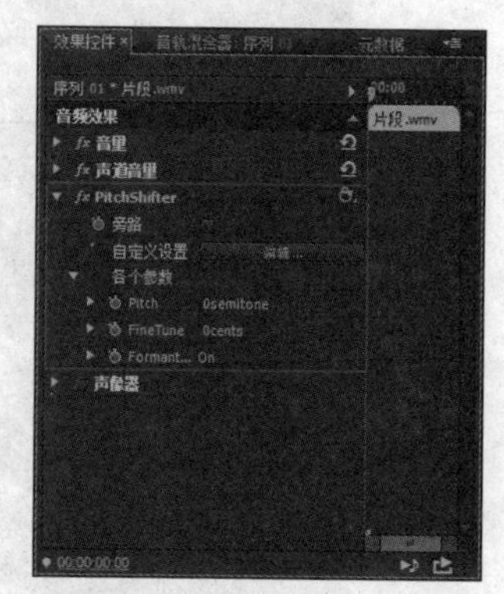

图9-48 赋予素材“PitchShifter”效果与参数设置

下面对“PitchShifter”效果的各项属性参数进行简单介绍。

★ Pitch（倾斜）：用于指定伴音过程中定调的变化。

★ Fine Tune（微调）：用于确定定调参数的半音格之间的微调。

★ Formant Preserve（共振保护）：用于保护音频素材的共振峰，使其不受影响。

9.4.10 Reverb（混响）效果

“Reverb（混响）”效果可以模拟房间内部的听觉效果，在“效果控件”面板中可以设置房间的大小，然后调整延迟、密度、衰减等参数。

在“效果”面板中选择“音频效果”文件夹，再选择“Reverb”效果，将其拖曳到需要应用该效果的音频素材上，在“效果控件”面板对其进行参数设置即可，如图9-49所示。

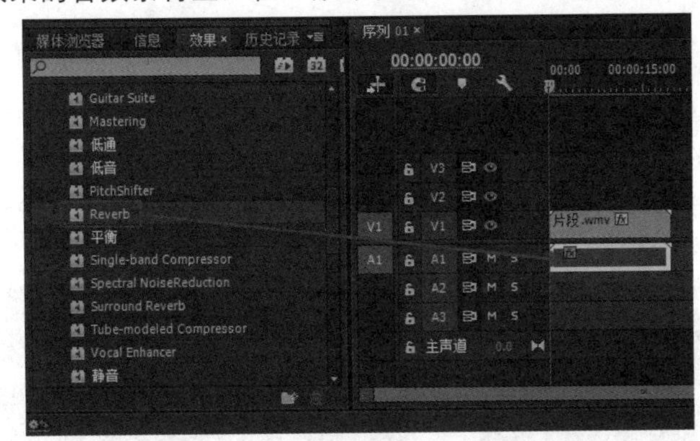

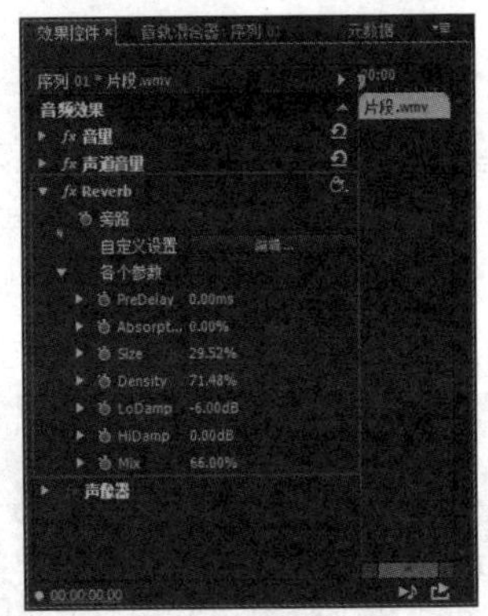

图9-49 赋予素材“Reverb”效果与参数设置

下面对“Reverb”效果的各项属性参数进行简单介绍。

★ PreDelay（预延迟）：用于设置信号与信号之间的时间。
★ Absorption（吸收）：用于指定声音被吸收的百分比。
★ Size（大小）：用于设置模拟房间的大小。
★ Density（密度）：用于指定回响声音拖尾效果的密度。
★ Lo Damp（低频衰减）：用于设置低频率时的衰减时间，低频率衰减可以防止发出“嗡嗡”的声音。
★ Hi Damp（高频衰减）：用于设置高频率时的衰减时间，高频率衰减可以使声音变柔和。
★ Mix（混合）：用于设置回响声音与原音频的混合程度。

9.4.11 消除齿音效果

“消除齿音”效果可以用于对人物语音音频的清晰化处理，一般用来消除人物对着麦克风说话时产生的齿音。在“效果”面板中选择“音频效果”文件夹，再选择“消除齿音”效果，将其拖曳到需要应用该效果的音频素材上，在“效果控件”面板对其进行参数设置即可，如图9-50所示。

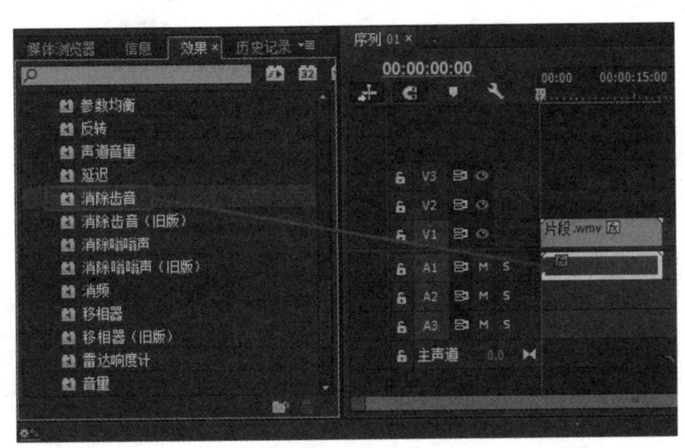

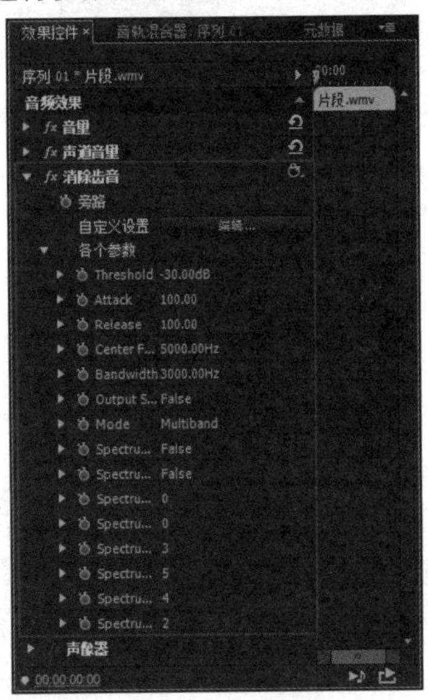

图9-50 赋予素材“消除齿音”效果与参数设置

在其参数设置中，可以根据语音的类型和具体情况选择对应的预设处理方式，对指定的频率范围进行限制，以便能高效地完成音频内容的优化处理。

可以在同一个音频轨道上添加多个音频特效并可以分别进行控制。

9.4.12 音量效果

“音量”效果是指渲染音量可以使用音量效果的音量来代替原始素材的音量，该特效可以为素材建立一个类似于封套的效果，在其中需要设定一个音频标准。

在“效果”面板中选择“音频效果”文件夹，再选择“音量”效果，将其拖曳到需要应用该效果的音频素材上，在“效果控件”面板对其进行参数设置即可，如图9-51所示。

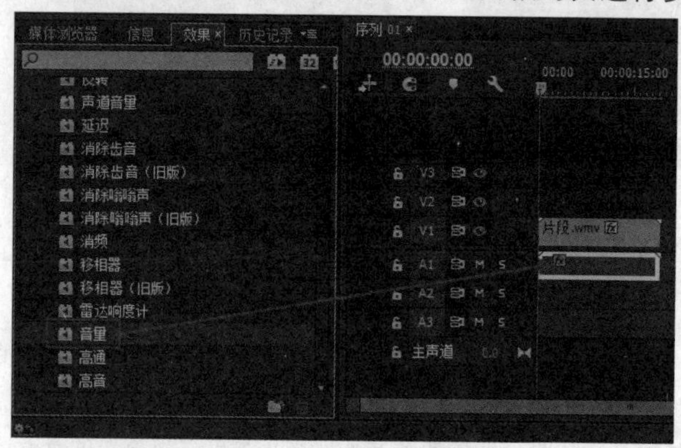

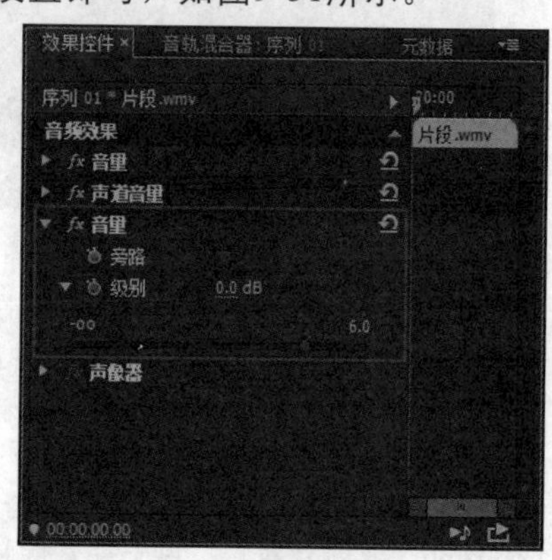

图9-51 赋予素材“音量”效果与参数设置

在“效果控件”面板中只包含一个“级别”参数，该参数用于设置音量的大小，正值表示提高音量，负值则相反。

9.4.13 实战——实现音乐的余音绕梁效果

下面用实例来具体介绍如何实现音乐的余音绕梁效果。

视频位置：DVD\视频\第9章\9.4.13 实战——实现音乐的余音绕梁效果.mp4

源文件位置：DVD\源文件\第9章\9.4.13

01 启动Premiere Pro CC，新建项目，新建序列。

02 执行“文件”|“导入”命令，弹出“导入”对话框，选择要导入的素材，单击“打开”按钮，如图9-52所示。

03 在“项目”面板中选择“风景.wmv”素材，按住鼠标左键，将其拖入“节目监视器”面板中，释放鼠标，如图9-53所示。

04 在“时间轴”面板中选择“风景.wmv”素材，然后单击鼠标右键，执行“取消链接”命令，如图9-54所示。选择音频1轨道中的音频，按Delete键将其删除，如图9-55所示。

图9-52 “导入”对话框

图9-53　将素材拖入“节目监视器”面板

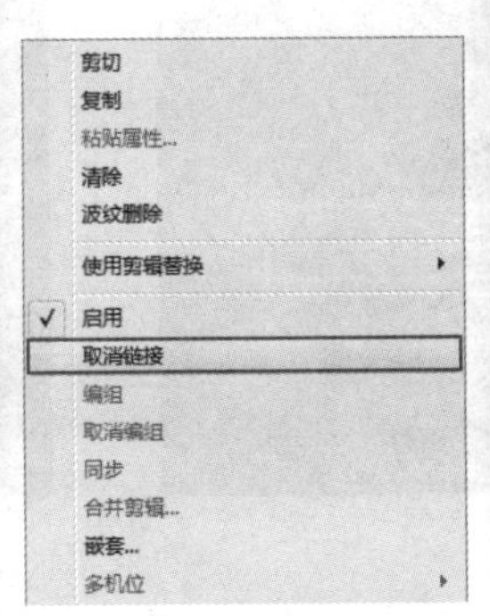

图9-54　执行“取消链接”命令

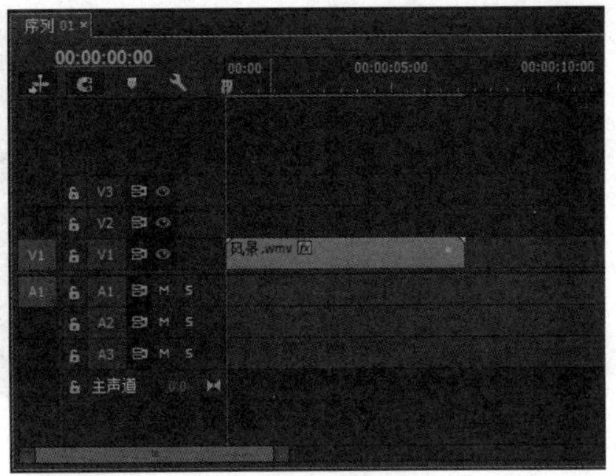

图9-55　删除音频

05 将“项目”面板中的“音频.mp4”素材拖入到音频1轨道中，如图9-56所示。

06 选择“风景.wmv”素材，单击鼠标右键，执行“速度/持续时间”命令，在弹出的“剪辑速度/持续时间”对话框中设置“持续时间”为00:00:08:24，如图9-57所示。

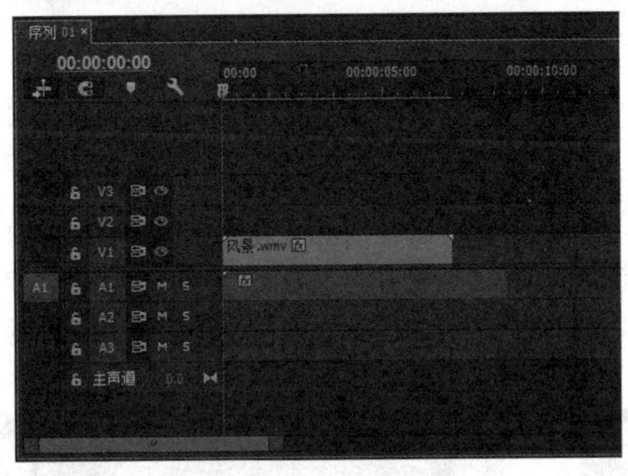

图9-56　拖入音频

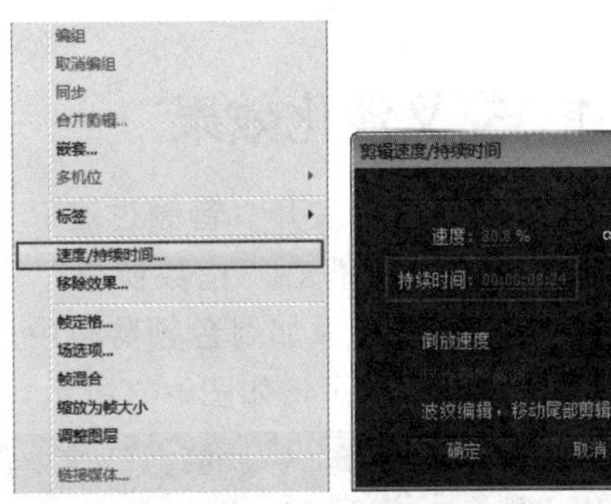

图9-57　设置持续时间

07 继续选择“风景.wmv”素材，在“效果控件”面板中取消勾选“等比缩放”复选项，设置“缩放高度”参数为108，“缩放宽度”参数为80，具体的参数设置及在“节目监视器”面板中的对应效果如图9-58所示。

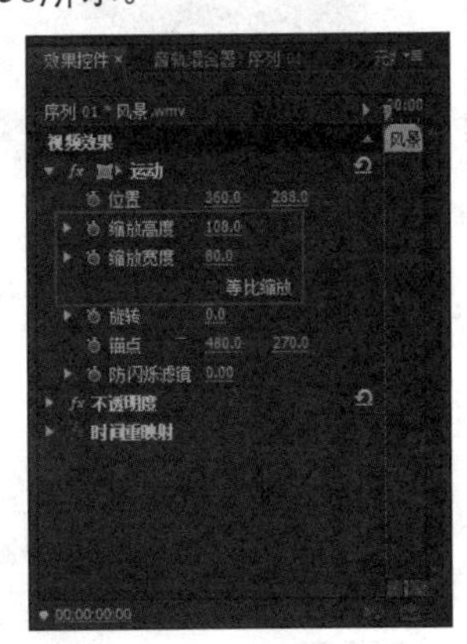

图9-58　设置缩放参数

08 在“效果”面板中展开“音频效果”文件夹，选择“延迟”效果并将其拖到音频1轨道中的音频素材上，如图9-59所示。

09 选择音频1轨道中的音频素材，在“效果控件”面板中设置“延迟”属性中的“延迟”参数为1.5秒，“反馈”参数为20%，“混合”参数为60%，如图9-60所示。

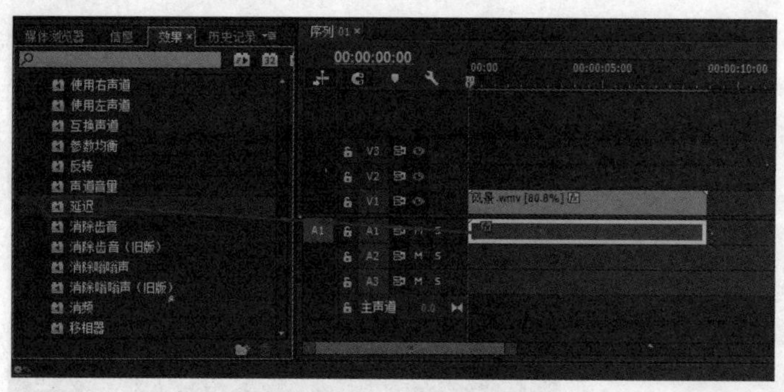

图9-59 赋予素材“延迟”效果

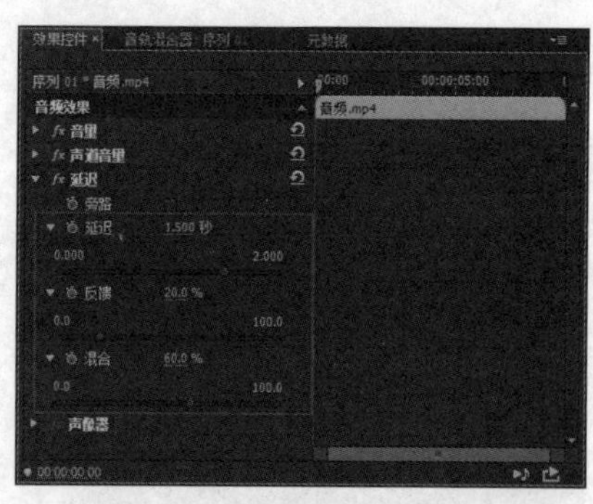

图9-60 “延迟”参数设置

9.5 音频过渡效果

音频过渡效果指的是通过在音频剪辑的头尾或两个相邻音频之间添加的一些音频过渡特效，该特效使音频产生淡入、淡出效果或者使音频与音频之间的衔接变得柔和自然。Premiere Pro CC为音频素材提供了简单的过渡效果，存放在“音频过渡”文件夹里。

9.5.1 交叉淡化效果

在“效果”面板中展开“音频过渡”文件夹，在其中的“交叉淡化”文件夹中提供了“恒定功率”、“恒定增益”、“指数淡化”3种音频过渡效果，它们的应用方法与添加视频过渡效果的方法相似，即将其添加到音频剪辑中后，在“效果控件”面板中设置好需要的持续时间、对齐方式等参数就可以了，如图9-61所示。

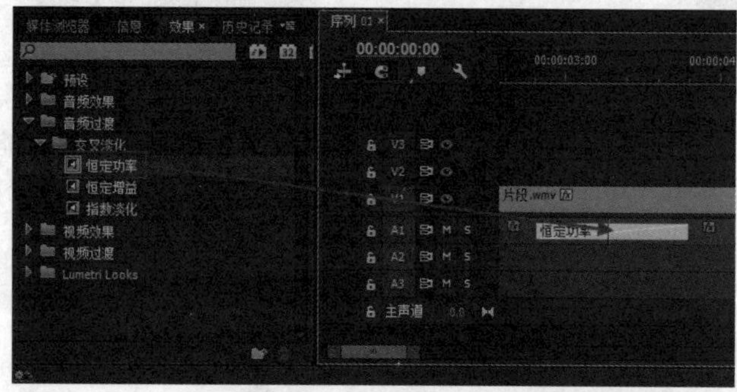

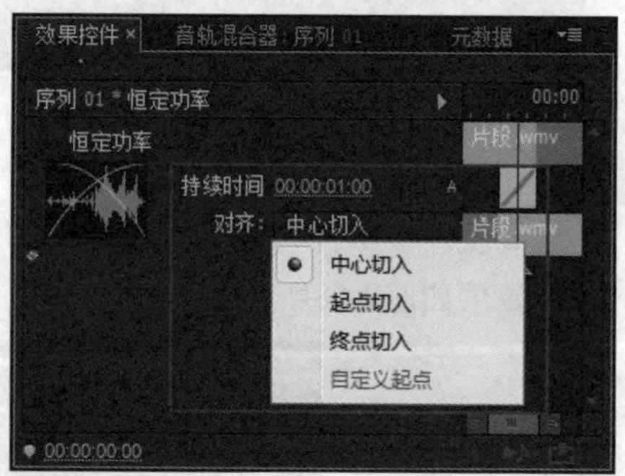

图9-61 添加音频过渡效果及参数设置

9.5.2 实战——实现音频的淡入淡出效果

下面用实例来具体介绍如何实现音频的淡入、淡出效果。

视频位置：DVD\视频\第9章\9.5.2实战——实现音频的淡入淡出效果.mp4

源文件位置：DVD\源文件\第9章\9.5.2

01 启动Premiere Pro CC，打开项目文件，如图9-62和图9-63所示。

02 在“效果”面板中展开“音频过渡”文件夹，再展开“交叉淡化”文件夹，选择“恒定增益”效果并将其拖到音频1轨道中的音频素材最左端，如图9-64所示。

03 在音频1轨道上选择“恒定增益”效果，然后打开“效果控件”面板，将“持续时间”设置为00:00:02:00，如图9-65所示。

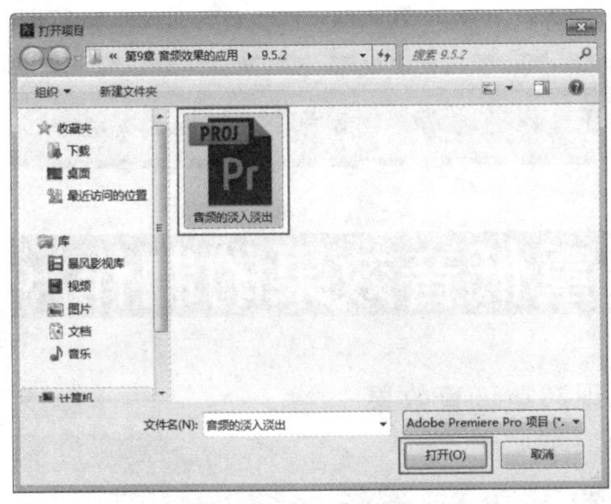

图9-62 打开项目文件

图9-63 项目文件界面

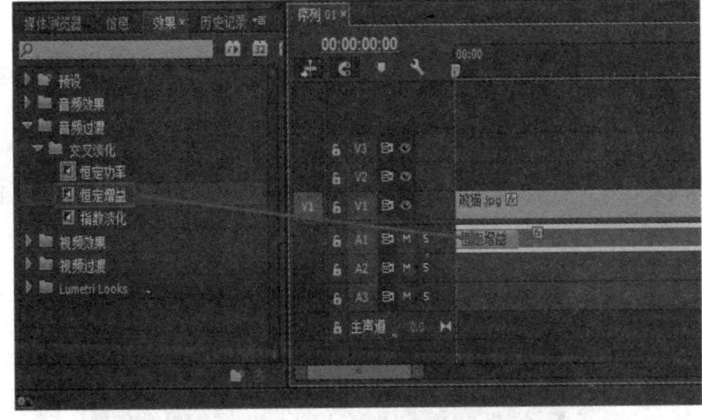

图9-64 赋予素材最左端“恒定增益”效果

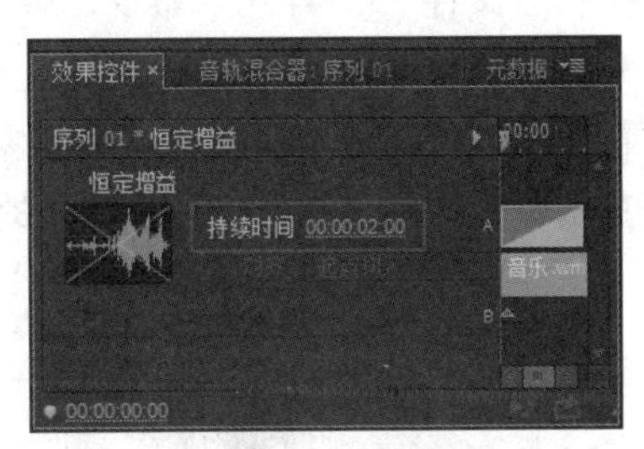

图9-65 设置持续时间

04 使用同样的方法将“恒定增益”效果拖到音频1轨道中的音频素材最右端，如图9-66所示。在音频1轨道上选择右端的“恒定增益”效果，然后打开“效果控件”面板，将“持续时间”设置为00:00:02:00，如图9-67所示。

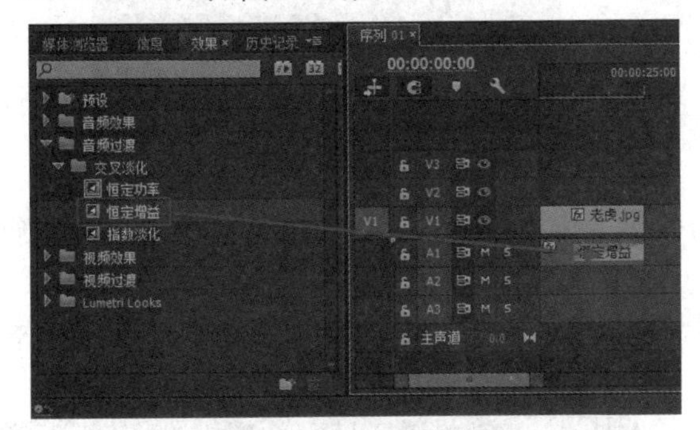

图9-66 赋予素材最右端“恒定增益”效果

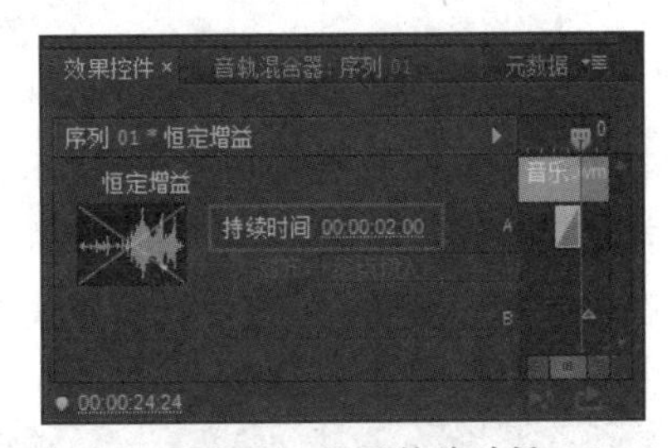

图9-67 设置持续时间

05 最终，在音频1轨道上的音频素材包含了两个音频过渡效果，一个位于开始处对音频进行淡入，另一个位于结束处对音频进行淡出，如图9-68所示。

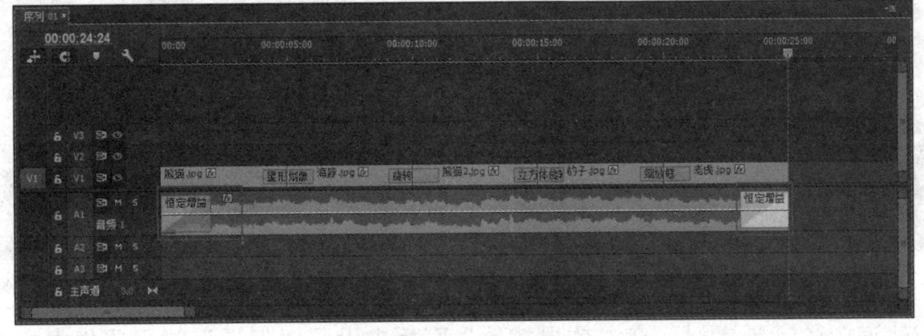

图9-68 音频过渡效果在音频素材上的位置

除了使用音频特效实现音频素材的淡入、淡出效果外，还可以通过添加“音量”关键帧来实现。

9.6 综合实例——超重低音效果的制作

下面用实例来具体介绍如何实现超重低音效果。

视频位置：DVD\视频\第9章\9.6综合实例——超重低音效果的制作.mp4

源文件位置：DVD\源文件\第9章\9.6

01 启动Premiere Pro CC，新建项目，新建序列。

02 执行“文件”|“导入”命令，弹出“导入”对话框，选择要导入的素材，单击“打开”按钮，如图9-69所示。

03 在“项目”面板中，选择“时尚家居.avi”素材，按住鼠标左键，将其拖入“节目监视器”面板中，释放鼠标，在00:00:07:18处的画面如图9-70所示。

图9-69 “导入”对话框

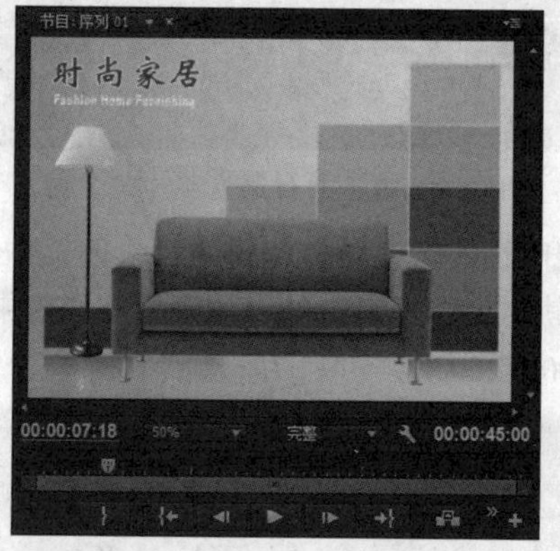

图9-70 将素材拖入“节目监视器”面板

04 在“时间轴”面板中按住Alt键不放，单击并向下拖动音频1轨道中的音频，对该音频进行复制，然后将其放置在音频2轨道上，如图9-71所示。

05 在“效果”面板中展开“音频效果”文件夹，选择“低通”效果，将其拖到音频2轨道中的音频素材上，如图9-72所示。

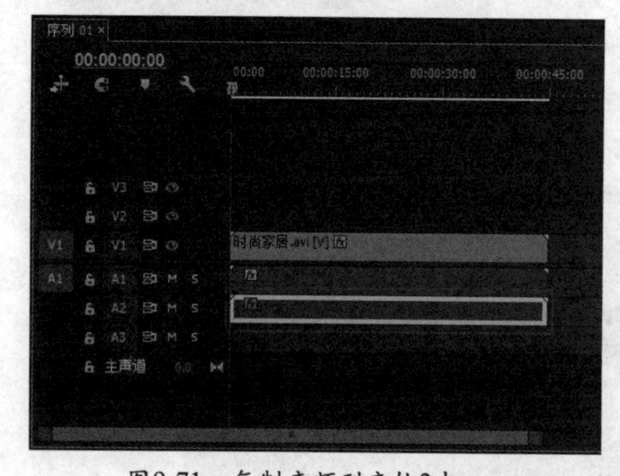

图9-71 复制音频到音轨2中

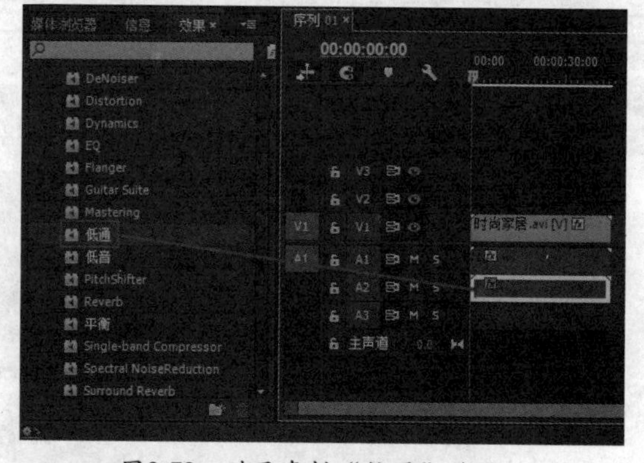

图9-72 赋予素材“低通”效果

06 选择音频2轨道中的音频素材，在“效果控件”面板中设置“低通”效果属性中的“屏蔽度”参数为1500 Hz，具体的参数设置如图9-73所示。

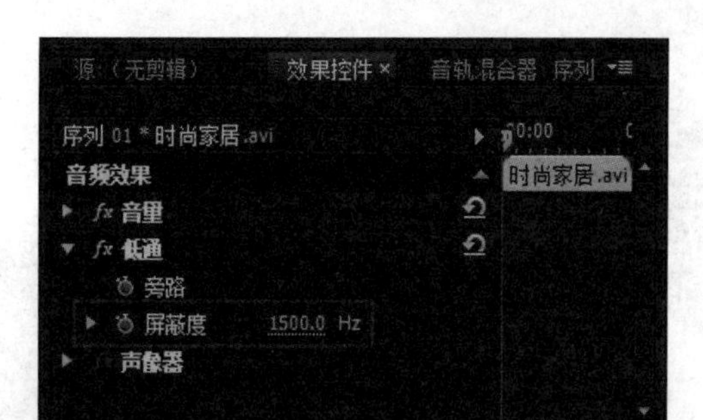

图9-73 “低通”参数设置

9.7 本章小结

本章主要学习了如何在Premiere Pro CC中为影视作品添加音频，如何对音频进行编辑和处理，及常用的一些音频效果、音频过渡效果等内容。

在“时间轴”面板中选择素材，执行“剪辑”|“音频选项”|“音频增益”命令，然后在弹出的“音频增益”对话框中可以对素材的音频增益进行调整。

选择“时间轴”面板中的音频素材，单击鼠标右键，执行“速度/持续时间”命令，在弹出的“剪辑速度/持续时间”对话框中可以调整剪辑的速度和持续时间。

“音轨混合器”面板是由若干个轨道音频控制器、主音频控制器和播放控制器组成组，可以实时混合“时间轴”面板中各个轨道中的音频素材，可以在该面板中选择相应的音频控制器进行调整，以调节它在“时间轴”面板中对应轨道中的音频素材，通过“音轨混合器”可以很方便地把控音频的声道、音量等属性。

Premiere Pro CC中的“音频效果”文件夹里提供了大量的音频效果，可以满足多种音频特效的编辑需求，另外在“音频过渡”文件夹里提供了“恒定功率”、“恒定增益”、“指数淡化”3种简单的音频过渡效果，应用它们可以使音频产生淡入、淡出效果或者使音频与音频之间的衔接变得柔和自然。

第10章 素材采集

从工作流程来看，素材采集是视频编辑的首要工作，视频素材的采集是具体编辑前的一个准备性工作。在使用Premiere进行项目制作时，视频素材的质量通常会影响最终作品的质量，所以如何采集素材是至关重要的一步，Premiere提供了非常高效可靠的采集选项。本章将主要来介绍下素材采集的方法。

本章重点

◎ 视频素材的采集

◎ 音频素材的压缩与专制

Premiere Pro CC

完全实战技术手册

10.1 视频素材的采集

Premiere Pro CC是一个音视频编辑软件，它所编辑的是一些已经存在的视频或音频素材。将原始视频素材输入到计算机硬盘中可以通过“外部视频输入”和“软件视频素材输入”两种方式进行。

（1）外部视频输入是指将摄像机、放像机及VCD机等设备中拍摄或录制的视频素材输入到计算机硬盘上。

（2）软件视频素材输入是指把一些由应用软件如3ds Max、Maya等制作的动画视频素材输入到计算机硬盘上。

10.1.1 关于数字视频

数字视频就是先用摄像机之类的视频捕捉设备将外界影像的颜色和亮度信息转变为电信号，再记录到储存介质。数字视频一般以每秒30帧的速度进行播放，电影播放的帧率是每秒24帧。数字视频的格式有很多种，包括MPEG-1、MPEG-2、DAC、AVI、RGB、YUV、复合视频和S-Video、NTSC、PAL和SECAM、Ultrascale等。

10.1.2 在Premiere Pro CC中进行视频采集

采集视频素材是指将DV录像带中的模拟视频信号采集、转换成数字视频文件的过程。首先得在计算机中安装好视频采集卡，接着将拍摄了影视内容的DV录像带正确安装到摄像机中，通过专用数据线将摄像机连接到计算机中预先安装的视频采集卡上并打开录像机，然后在Premiere Pro CC中执行“文件”|“捕捉”命令，进入“捕捉设置”面板，如图10-1所示。

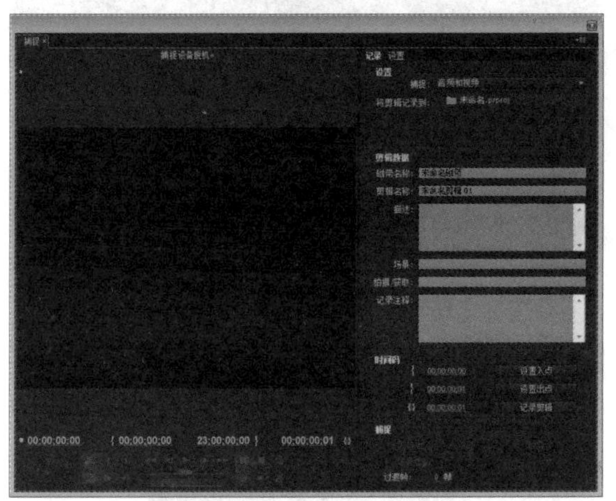

图10-1 “捕捉设置”面板中的“记录”选项卡

下面简单介绍下“捕捉设置”面板中“记录”选项卡的各项属性参数。

★ 记录：用于对捕捉生成的素材进行相关信息的设置。

★ 设置：单击该选项可以进入“设置”选项卡。

★ 捕捉：用于设置捕捉的内容，包括“音频”、“视频”、“音频和视频”3个选项。

★ 将剪辑记录到：显示捕捉得到的媒体文件在当前项目文件中的存放位置。

★ 剪辑数据：设置捕捉得到的媒体文件的名称、描述、场景、注释等信息。

★ 时间码：用于设置要从录像带中进行捕捉采集的时间范围，在设置好入点和出点后，单击“磁带”按钮，则捕捉整个磁带中的内容。

★ 场景检测：勾选该选项，可以自动按场景归类，分开采集。

★ 过渡帧：设置在指定的入点、出点范围之外采集的帧长度。

下面切换到“设置”选项卡，如图10-2所示，简单介绍下“设置”选项卡的各项属性参数。

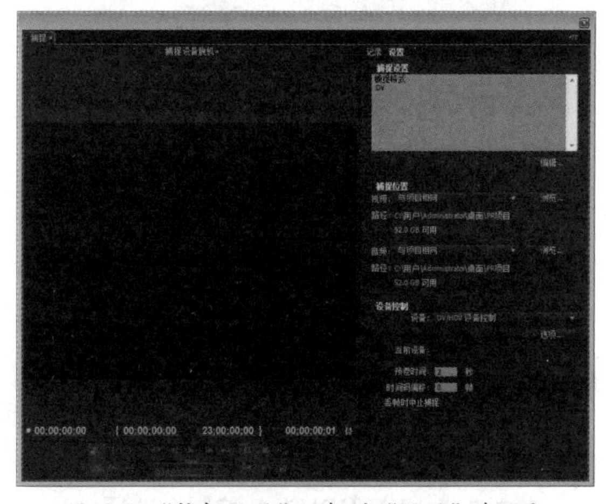

图10-2 “捕捉设置”面板的“设置”选项卡

★ 捕捉设置：用于设置当前要捕捉模拟视频的

格式，单击下面的“编辑”按钮，在弹出的对话框中，可以根据实际情况选择DV或HDV格式，如图10-3所示。

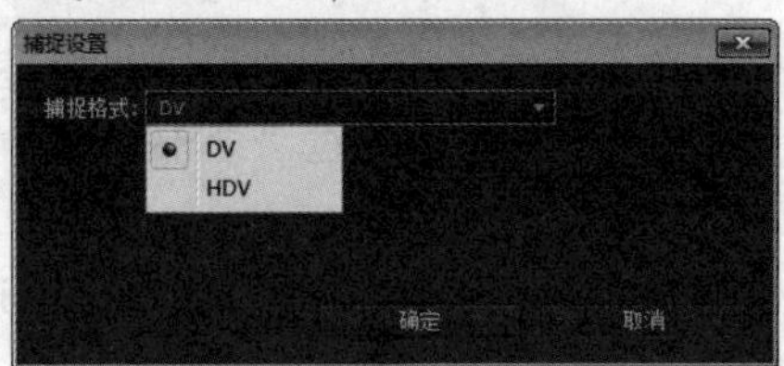

图10-3　设置“捕捉格式”

★　捕捉位置：用于设置捕捉获取的视频、音频文件在计算机中的存放位置。

★　设备控制：在“设备”下拉列表中选择“无”，则使用程序进行捕捉过程的控制；选择“DV/HDV设备控制”，则可以使用连接在计算机上的摄像机或其他相关设备进行捕捉控制。单击“选项”按钮，进入“DV/HDV设备控制”对话框，在其中可以设置设备的其他属性参数，如图10-4所示。

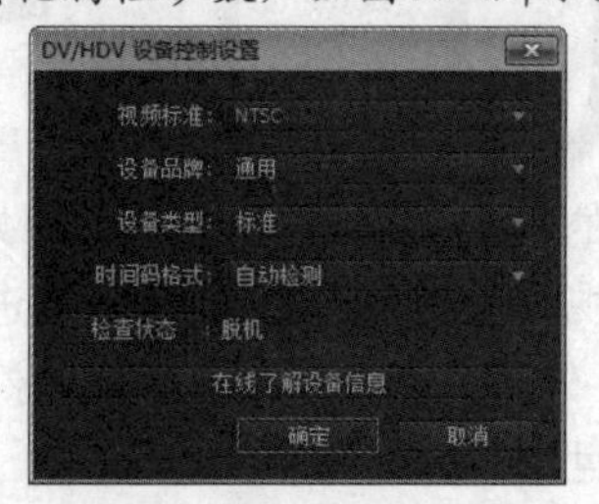

图10-4　“DV/HDV设备控制设置”对话框

★　预卷时间：用于设置DV设备中的录像带在执行捕捉采集前的运转时间。

★　时间码偏移：设置捕捉到的素材与录像带之间的时间码偏移补偿以降低采集误差，从而提高同步质量。

★　丢帧时终止捕捉：勾选该复选项，如果在捕捉时丢帧，则会自动停止捕捉。

10.1.3　实战——从DV采集素材

下面用实例来具体介绍如何从DV采集素材。

视频位置：DVD\视频\第10章\10.1.3实战——从DV采集素材.mp4

源文件位置：DVD\源文件\第10章\10.1.3

01 启动Premiere Pro CC，新建项目，新建序列。

02 执行“编辑”|“首选项”|“捕捉”命令，如图10-5所示。

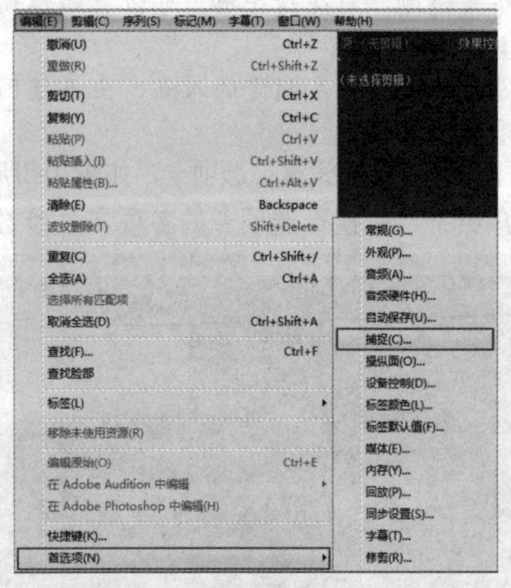

图10-5　执行“捕捉”命令

03 在弹出的“首选项”对话框中设置参数，如图10-6所示。

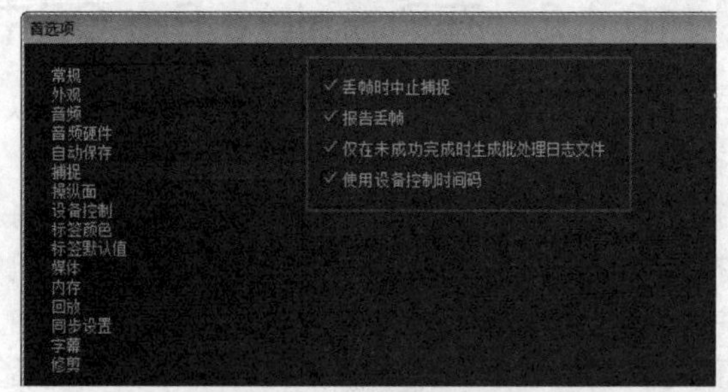

图10-6　“首选项”对话框

04 选择“设备控制”选项，从“设备”下拉列表中选择“DV/HDV设备控制”选项，如图10-7所示。

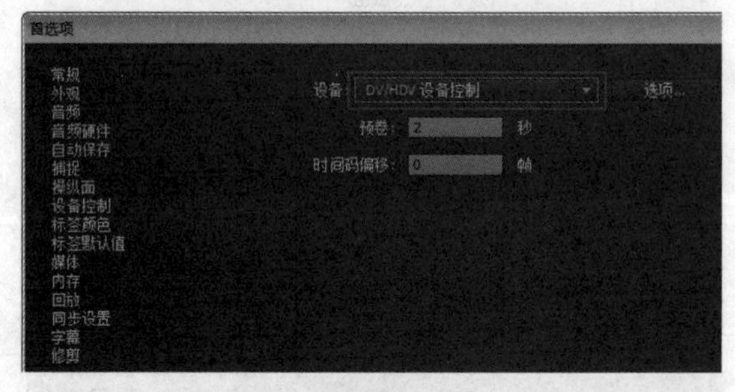

图10-7　“设备控制”面板

05 单击“选项”按钮，设置“视频标准”、“设备品牌”、“设备类型”、“时间码格式”等参数，如图10-8所示。

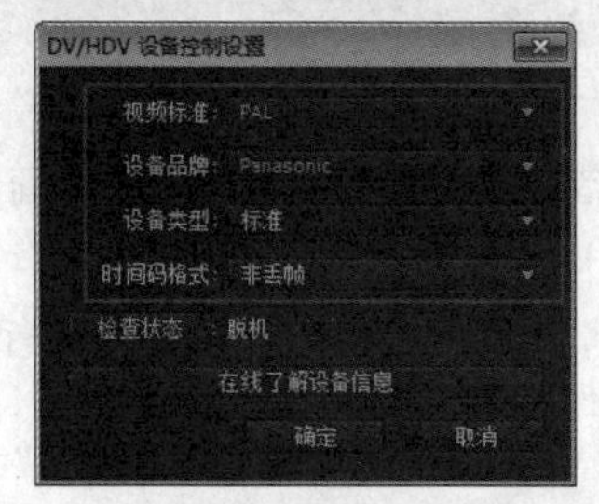

图10-8　“DV/HDV设备控制设置”参数

06 执行“文件”|“捕捉”命令，如图10-9所示。

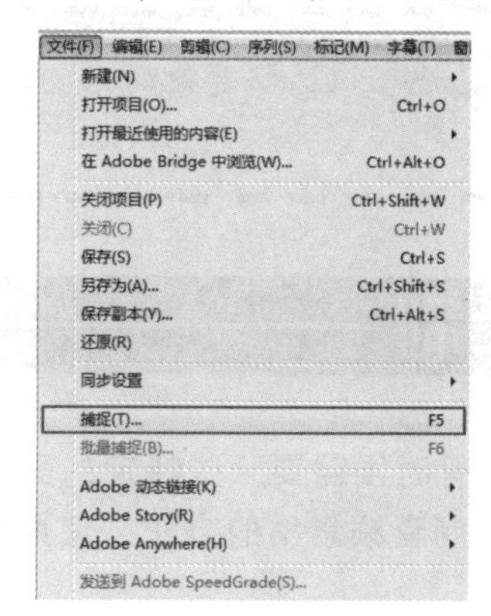

图10-9 执行“文件”|“捕捉”命令

07 执行“捕捉”命令后即可弹出图10-10所示“捕捉”面板。

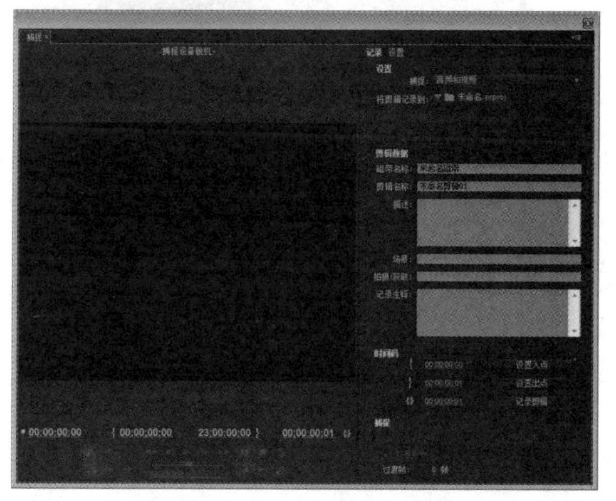

图10-10 “捕捉”面板

08 在“记录”选项卡中设置参数，如图10-11所示。

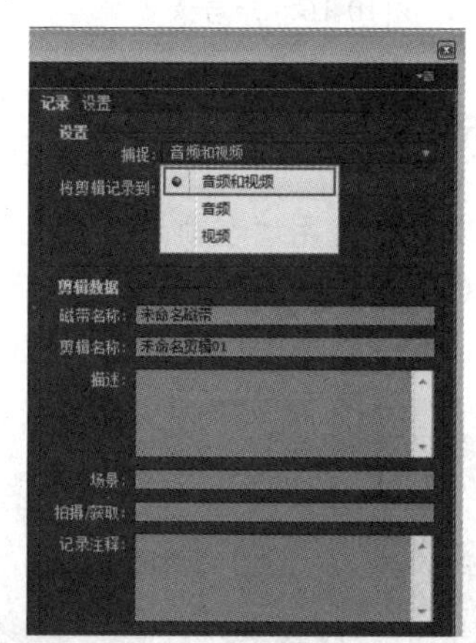

图10-11 捕捉内容参数设置

09 在“剪辑数据”选项组中设置“磁带名称”、“剪辑名称”等参数，如图10-12所示。

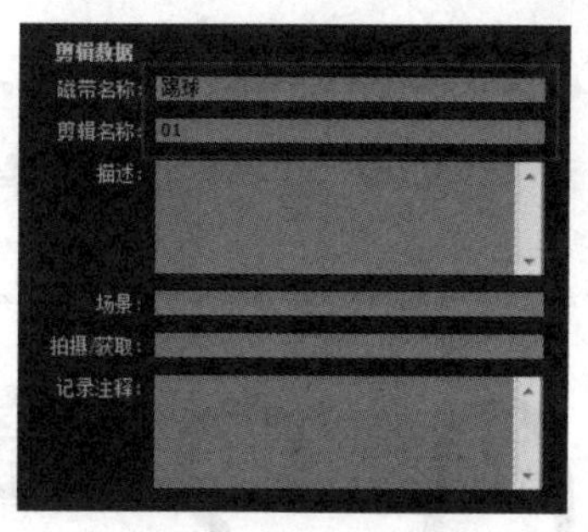

图10-12 剪辑数据参数

10 切换到“设置”选项卡，单击“编辑”按钮，在弹出的对话框中设置参数，如图10-13所示。

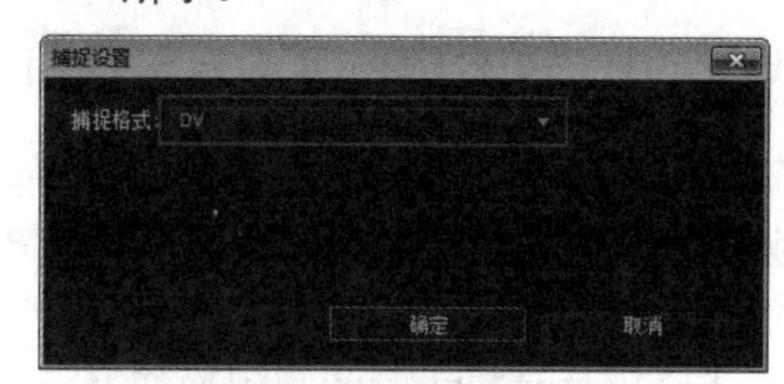

图10-13 “捕捉设置”对话框

11 在“设置”选项卡中的“捕捉位置”选项组中可查看素材的保存位置等参数，如图10-14所示。

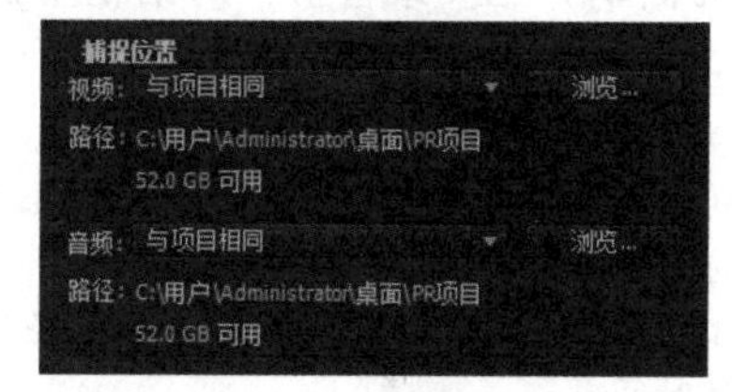

图10-14 查看参数

12 单击“捕捉”对话框中的“录制”按钮■，系统将播放的视频数据记录到电脑硬盘的指定位置，采集的视频在“项目”面板的显示效果如图10-15所示。

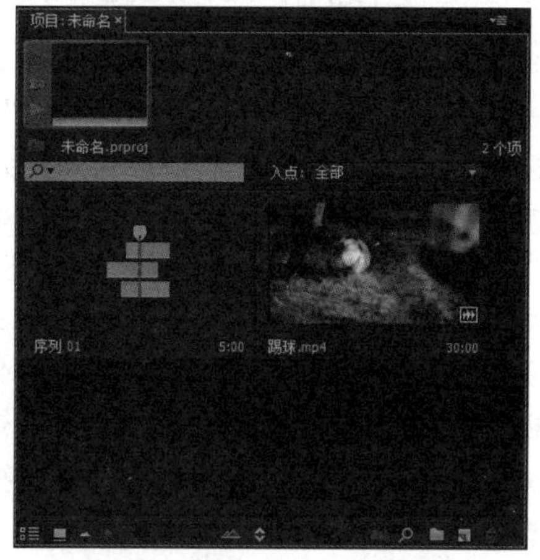

图10-15 “项目”面板显示采集视频

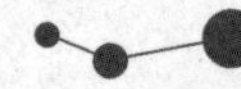

> **提示**
>
> 在“捕捉设置”对话框中，系统默认的采集格式为DV，还可以选择其他的采集格式，如HDV。

10.2 音频素材的录制

在进行影视编辑时，因为有时候需要一些特定的配音、独白或背景音乐，所以就需要录制音频素材。本节将介绍两种录制音频素材的方法：使用Windows录音机录制音频和使用Premiere Pro CC录制音频。

10.2.1 使用Windows录音机录制音频

在Windows操作系统中附带有一个可以录制音频的小软件——录音机，录音机录制的音频文件可以作为视频编辑中的音频素材使用，下面具体介绍录音机录制音频的操作方法。

单击任务栏中的“开始”按钮，执行“所有程序”|“附件”|“录音机”命令，打开“录音机”对话框，如图10-16所示。

下面简单介绍“录音机”对话框中的属性参数。

★ 开始录制(S)（开始录制按钮）：单击该按钮就开始录制音频，在录制完成后再次单击该按钮结束音频的录制。

★ 0:00:00（时间显示器）：用于显示已经录制音频的时间。

录制好的音频文件一般以.wav格式存在，可以将其导入到Premiere Pro CC或其他视频编辑软件中使用。

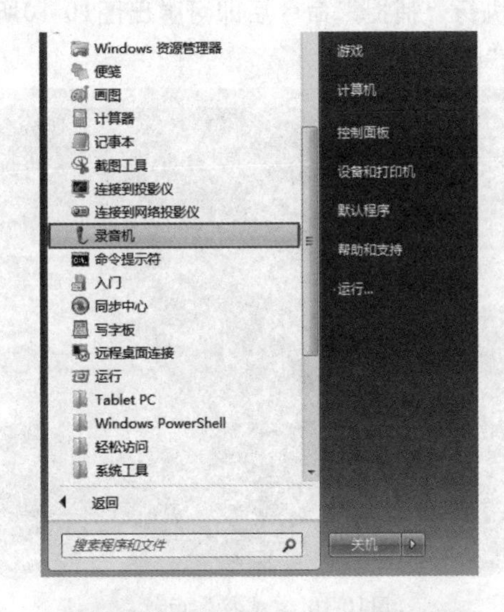

图10-16 开启录音机

10.2.2 使用Premiere Pro CC录制音频

Premiere Pro CC的“音轨混合器”也具有基本的录音棚功能。使用“音轨混合器”可以直接录制由声卡输入的任何声音。下面具体介绍使用Premiere Pro CC录制音频的操作方法。

01 启动Premiere Pro CC，新建项目，新建序列。

02 确认麦克风已经插入到声卡的麦克风插孔，执行“编辑”|“首选项”|“音频硬件”命令，在弹出的对话框中单击“ASIO设置”按钮，如图10-17所示。在弹出的“音频硬件设置”面板中选择“输入”选项卡，勾选“麦克风（VIA HD Audio）”复选项，单击“确定”按钮，如图10-18所示。

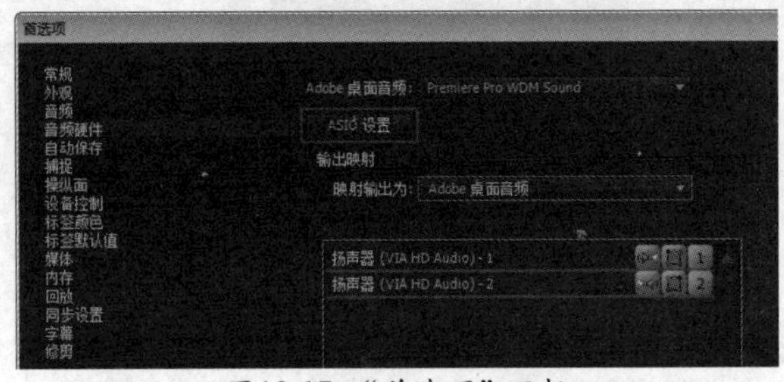

图10-17 “首选项”面板

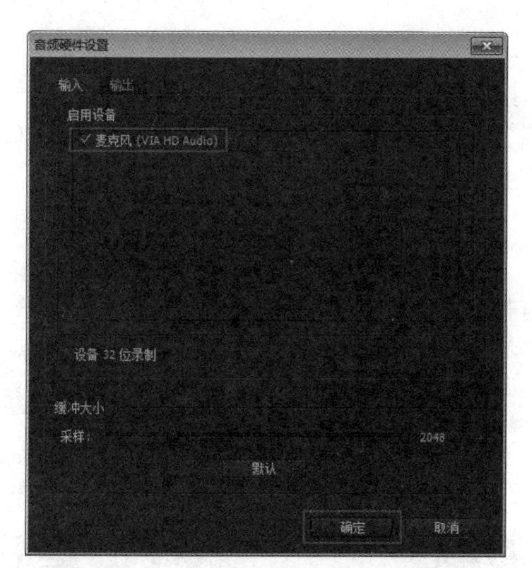

图10-18 “音频硬件设置”面板

03 执行“窗口”|“音轨混合器”命令，打开“音轨混合器”面板，如图10-19所示。

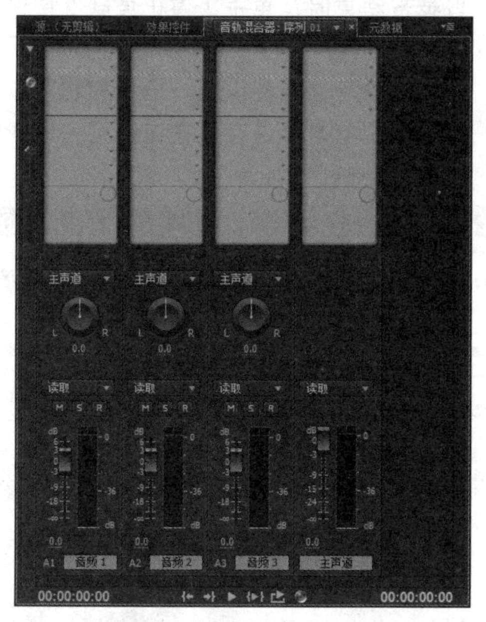

图10-19 “音轨混合器”面板

04 如果“时间轴”上有视频，并且想为视频录制叙述材料，则将“时间轴”移动到音频开始之前约5秒钟的位置。

05 在“音轨混合器”面板中单击所要录制轨道部分的“启用轨道以进行录制”按钮R，如图10-20所示，此时该按钮会变成红色。如果正在录制画外音叙述材料，那么可以在轨道中单击“独奏轨道”按钮S，使来自于其他音频轨道的输出变为静音，如图10-21所示。

06 单击“音轨混合器”面板底部的“录制”按钮，“录制”按钮就开始闪动。

图10-20 启用轨道以进行录制

图10-21 单击“独奏轨道”按钮

07 测试音频级别。在“音轨混合器”面板右上角单击按钮，选择“仅计量器输入”选项，此时面板菜单中会出现一个对号标记，代表已经执行该命令，如图10-22所示。

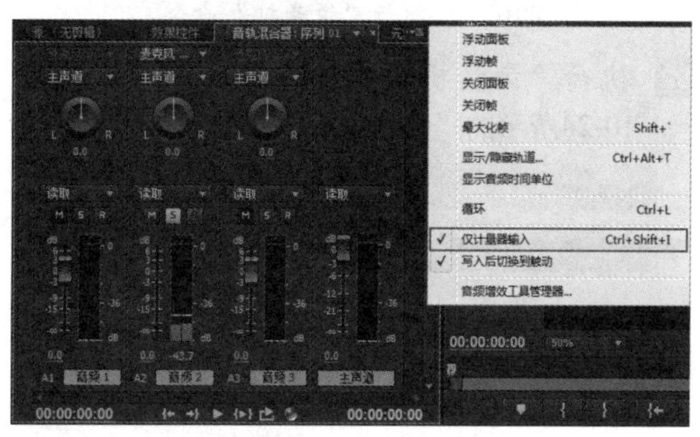

图10-22 激活仅计量器输入

08 对着麦克风开始录制话音。录制话音时，只要声音级别应接近0dB就不会进入红色区域。

09 调整麦克风或录制输入设备的音量。例如，可以在“声音和音频设备属性”的“音频”选项卡中更改录音级别。

10 单击“音轨混合器”面板底部的“播放—停止切换”按钮，开始录制话音。

11 播放录音机或开始对着麦克风讲话以录制叙述材料。

12 录制完成后，单击音轨混合器面板底部的“录制”按钮以结束录制。

录制完成的音频剪辑显示在被选中的音频轨道上和“项目”面板中。Premiere Pro CC会自动根据音频轨道编号或名字命名该剪辑，并在硬盘上该项目文件夹中添加这个音频文件。

10.2.3 实战——采集音频素材

下面用实例来具体介绍如何使用Windows系统自带的录音机采集音频素材。

视频位置：DVD\视频\第10章\10.2.3实战——采集音频素材.mp4

源文件位置：DVD\源文件\第10章\10.2.3

01 单击任务栏中的“开始”按钮，执行“所有程序”|“附件”|“录音机”命令，如图10-23所示。

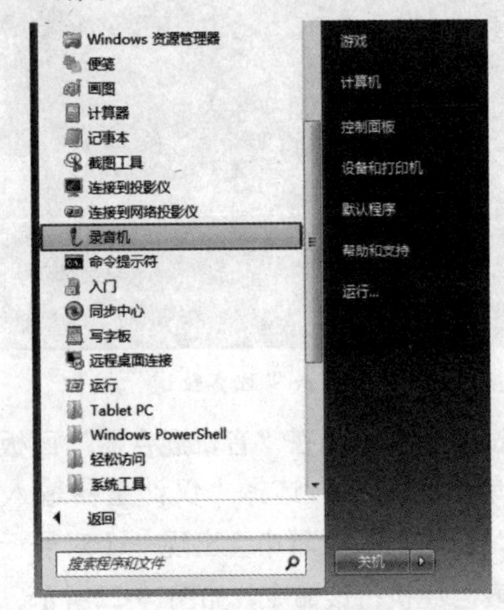

图10-23 执行“录音机”命令

02 执行“录音机”命令之后，即可打开图10-24所示的“录音机”对话框。

图10-24 “录音机”对话框

03 单击“录音机”对话框中的“开始录制”按钮，录音机将自动录制从麦克风中传来的声音信息，如图10-25所示。

图10-25 开始录音

04 当录音结束时，单击“停止录制”按钮，弹出“另存为”对话框，如图10-26所示，为录制的音频文件设置一个名称和存放路径，最后单击“保存”按钮即可完成音频的录制。

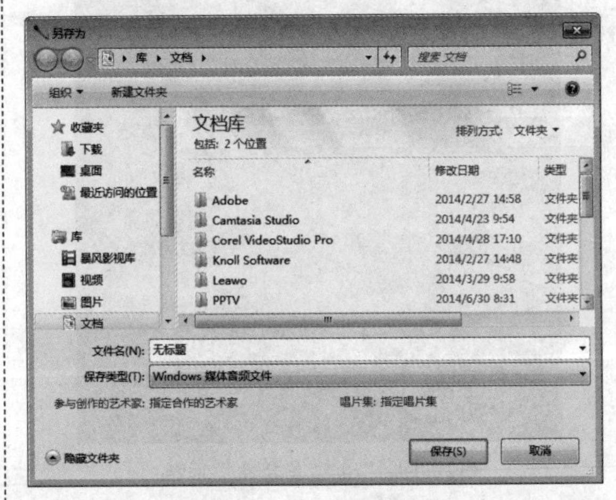

图10-26 保存录音文件

10.3 综合实例——音视频素材的压缩与转制

下面用实例来具体介绍如何在Premiere Pro CC中进行音视频素材的压缩与转制。

视频位置：DVD\视频\第10章\10.3综合实例——音视频素材的压缩与转制.mp4

源文件位置：DVD\源文件\第10章\10.3

01 启动Premiere Pro CC，新建项目，新建序列。

02 执行“文件”|“导入”命令，弹出“导入”对话框，选择要导入的素材，单击“打开”按钮，关闭对话框，如图10-27所示。

03 在“项目”面板中，选择“片段.wmv”素材，按住鼠标左键，将其拖入“节目监视器”面板中，释放鼠标，如图10-28所示。

图10-27 “导入”对话框

图10-28 将素材拖入“节目监视器”面板

04 执行“文件”|“导出”|“媒体”命令，弹出“导出设置”对话框，如图10-29所示。

图10-29 “导出设置”对话框

05 在“导出设置”对话框中单击“格式”选项的文件类型下拉按钮，选择“Quick Time”选项，如图10-30所示。

06 单击“预设”选项的下拉按钮，选择“PAL DV”选项，如图10-31所示。

07 切换到“视频”选项卡，在该选项卡中单击“视频编解码器”的下拉按钮，在弹出的下拉列表中选择图10-32所示编解码器。

08 在“视频”选项卡中设置“质量”为90，“帧速率”为25，如图10-33所示。

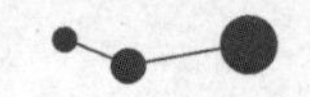

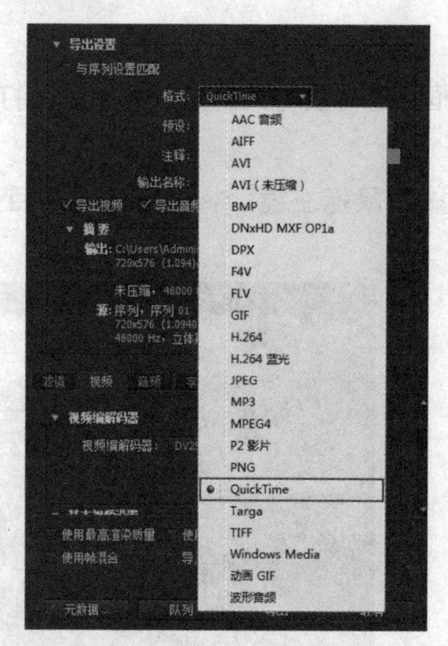

图10-30　选择“格式”类型

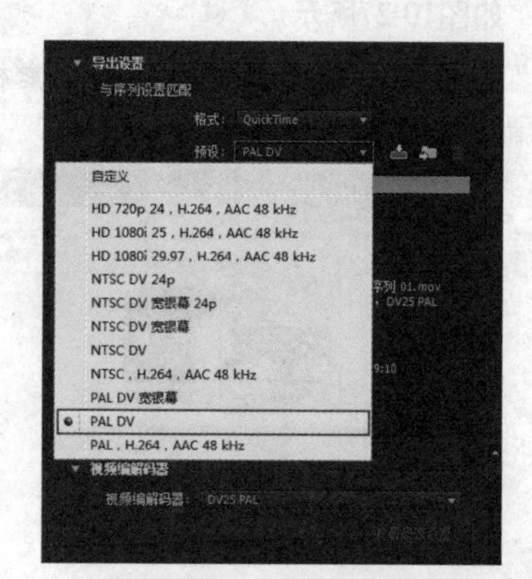

图10-31　选择预设类型

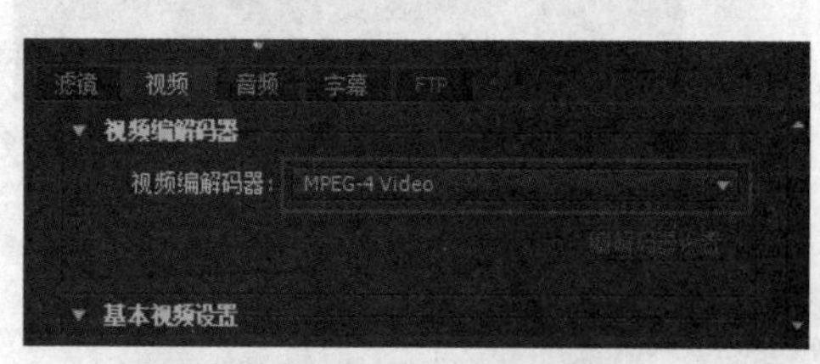

图10-32　设置视频编解码器

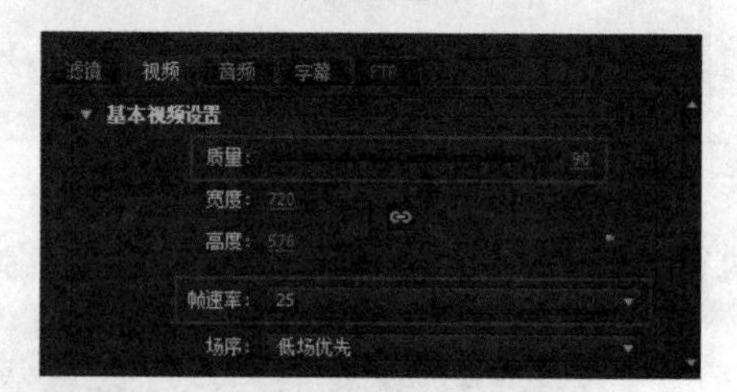

图10-33　设置质量与帧速率

09 单击“长宽比”选项的下拉按钮，在弹出的下拉列表中选择图10-34所示参数。

10 切换到“音频”选项卡，在选项卡中设置图10-35所示的“音频编码”参数，最后单击“导出”按钮开始输出影片，如图10-35所示。

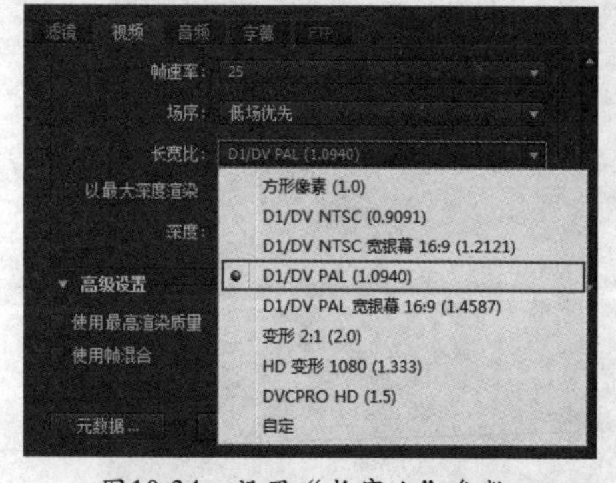

图10-34　设置“长宽比”参数

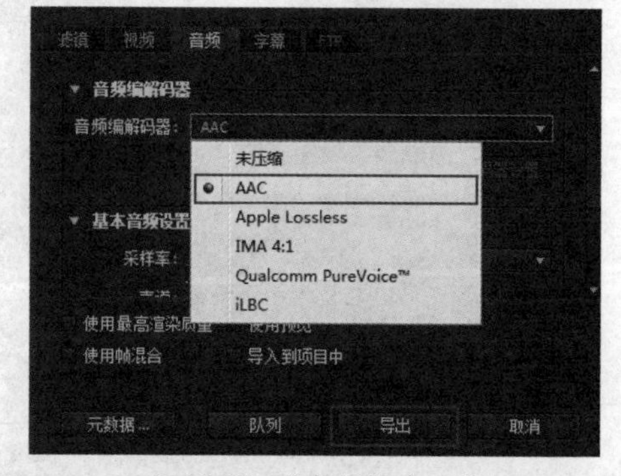

图10-35　“音频”选项卡

10.4 本章小结

本章主要学习了素材采集的相关知识，分别介绍了视频素材的采集方法和音频素材的录制方法。掌握好本章所学的知识点，有助于我们在采集素材时提高工作效率，把控好影片质量。

第11章 叠加与抠像

抠像作为一门实用且有效的特效手段，被广泛地运用于影视处理的很多领域。它可以使多种影片素材通过剪辑产生完美的画面合成效果。而叠加则是将多个素材混合在一起，从而产生各种特别的效果。两者有着必然的联系，本章将叠加与抠像技术放在一起来学习。

本章重点

◎ 键控抠像的基本操作
◎ 显示键控特效
◎ 应用键控抠像

11.1 叠加与抠像概述

11.1.1 叠加概述

在编辑视频时，有时候需要使两个或多个画面同时出现，就可以使用叠加的方式实现。Premiere Pro CC中“视频效果”的“键控”文件夹里提供了多种特效，可以帮助我们实现素材叠加的效果，素材叠加效果的应用如图11-1所示。

图11-1　叠加效果

11.1.2 抠像概述

一说到抠像，大家就会想起Photoshop，但是Photoshop的抠像功能只能对静态的图片有作用。对于视频素材的抠像，假如要求不是非常高的话，Premiere也能满足大部分人的需求。在Premiere中抠像主要是将不同的对象合成到一个场景中，可以对动态的视频素材进行抠像，也可以对静止的图片素材抠像。抠像特效的应用如图11-2所示。

图11-2　抠像效果

在进行抠像、叠加合成时至少需要在抠像层和背景层上下两个轨道上放置素材，并且抠像层要放在背景层的上面。当对上层的轨道中素材进行抠像后，位于下层的背景才会显示出来。

11.2 叠加方式与抠像技术

抠像是通过运用虚拟的方式将背景进行特殊透明叠加的一种技术，抠像又是影视合成中常用的背景透明方法，它通过去除指定区域的颜色，使其透明来完成和其他素材的合成效果。叠加方式与抠像技术是紧密相连的，叠加类特效主要用于处理抠像效果、对素材进行动态跟踪和叠加各种不同的素材，是影视编辑与制作中常用的视频特效。

11.2.1 键控抠像操作基础

选择抠像素材，在“视频效果”中“键控”文件夹里可以为其选择各种抠像特效，“键控”文件夹里一共有15种抠像类型，如图11-3所示。

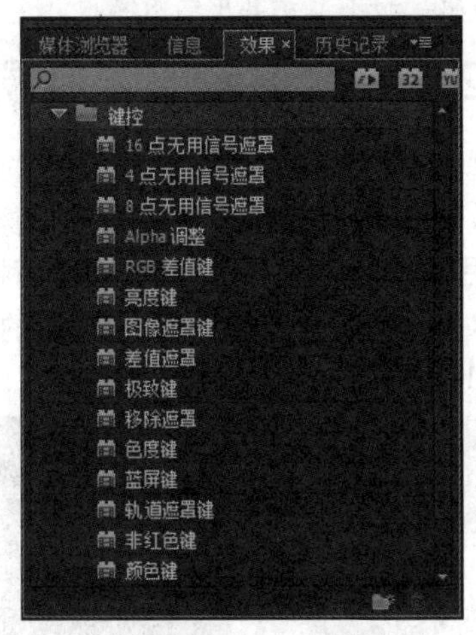

图11-3 “键控”文件夹

使用抠像选项的操作，也称为“键抠像”。在后面的各个小节中，将为大家介绍不同的键控选项的应用方法和技巧。

11.2.2 显示键控特效

显示键控特效的操作很简单，打开一个Premiere项目，执行“窗口”|“效果”命令，如图11-4所示。在“效果”面板中单击“视频效果”文件夹前面的小三角按钮▶，然后再找到“键控”文件夹，单击该文件夹前面的小三角按钮▶。

图11-4 执行“窗口”|“效果”命令

11.2.3 应用键控特效

在Premiere Pro CC中可以将“键控”特效赋予到轨道素材上，还可以在“时间轴”面板或者“效果控件”面板对特效添加关键帧。

“键控”特效的具体应用方法如下所述。

01 将素材导入到视频轨道上。在应用“键控”特效前，首先要确保有一个剪辑在视频1轨道上，另一个剪辑在视频2轨道上，如图11-5所示。

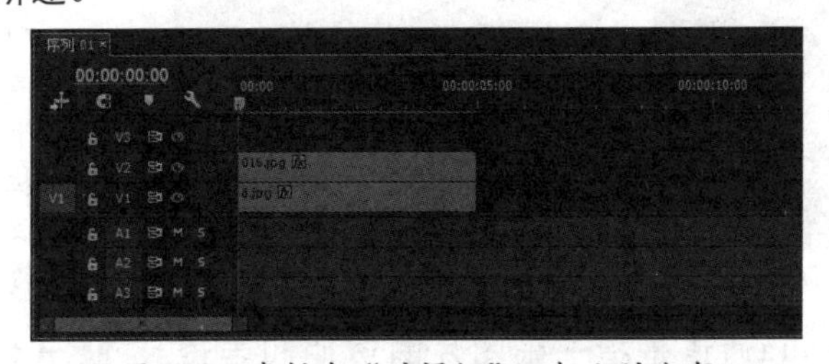

图11-5 素材在“时间轴”面板上的分布

02 从“键控”文件夹里选择一种键控特效，将其拖曳到所要赋予该特效的剪辑上，如图11-6所示。

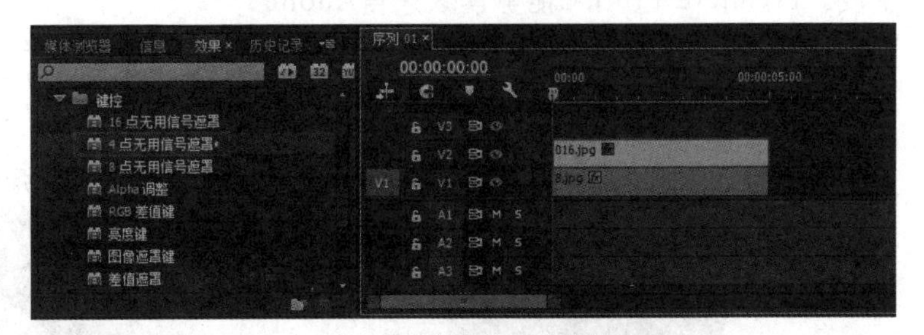

图11-6 为素材赋予特效

03 在“时间轴”面板选择被赋予键控特效的剪辑，接着在“效果控件”面板单击键控特效前的小三角按钮▶，显示该特效的效果属性，如图11-7所示。

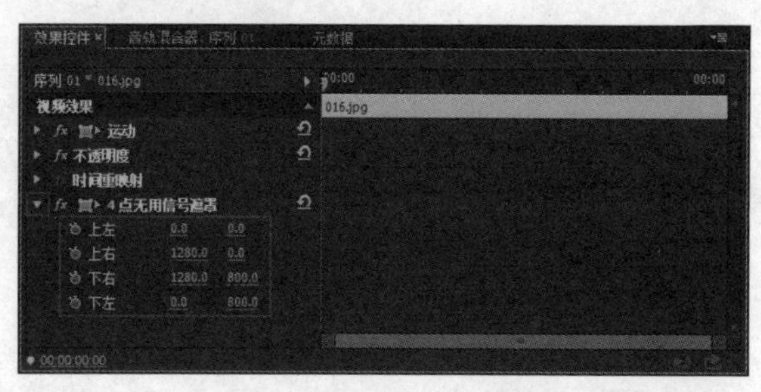

图11-7　特效的效果属性

04 单击效果属性前面的“切换动画”按钮，为该属性设置一个关键帧，根据需要设置属性参数。接着把时间指针移到新的时间位置并调整属性参数，此时“时间轴”面板上会自动添加一个关键帧，如图11-8所示。

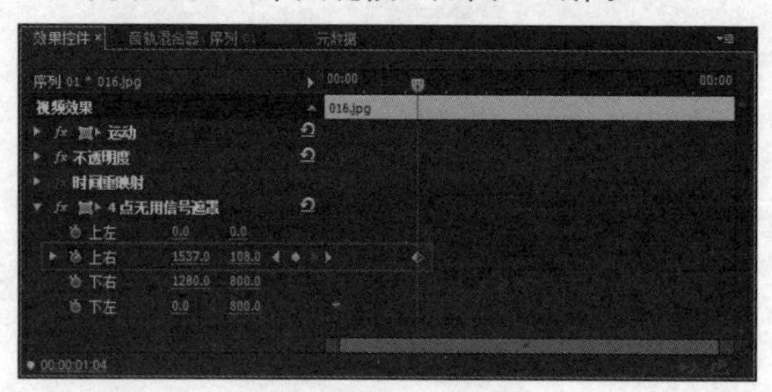

图11-8　设置关键帧

11.2.4　Alpha调整抠像

“Alpha调整”特效可以对包含Alpha通道的导入图像创建透明，其应用前后效果对比如图11-9所示。

图11-9　应用“Alpha调整”特效

Alpha通道是指一张图片的透明和半透明度。Premiere Pro CC能够读取来自Adobe Photoshop和3D图形软件等程序中的Alpha通道，还能够将Adobe Illustrator文件中的不透明区域转换成Alpha通道。

下面简单介绍“Alpha调整”特效的各项属性参数，如图11-10所示。

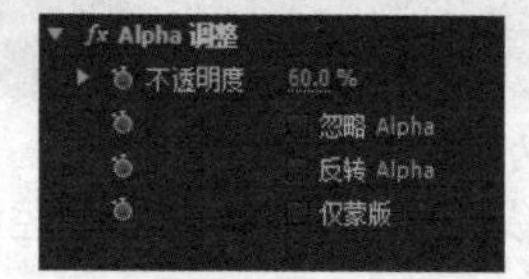

图11-10　“Alpha调整”特效的属性参数

★　不透明度：数值越小，图像越透明。
★　忽略Alpha：勾选该复选项，Premiere Pro CC会忽略Alpha通道。
★　反转Alpha：勾选该复选项会将Alpha通道进行反转。
★　仅蒙版：勾选该复选项，将只显示Alpha通道的蒙版，而不显示其中的图像。

11.2.5　RGB差值键抠像

“RGB差值键”特效是简易版的色度键控特效。当不需要抠像，或者当被抠像的图像出现在明亮背景之前时，可以使用这种抠像类型。“RGB差值键”特效应用前后的效果对比如图11-11所示。

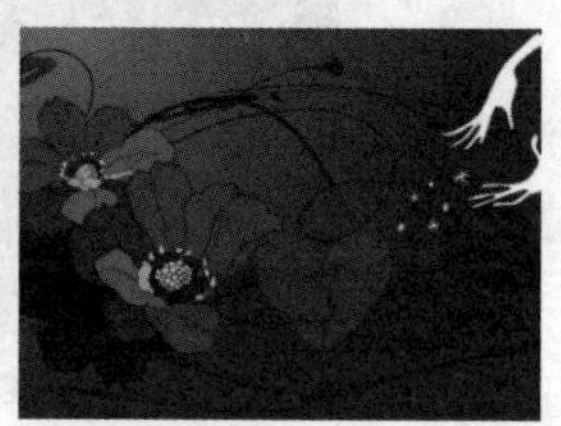

图11-11　应用“RGB差值键”特效

下面简单介绍“RGB差值键”特效的各项属性参数，如图11-12所示。

图11-12　“RGB差值键”特效的属性参数

★　颜色：用于吸取素材画面中被键出的颜色。
★　相似性：单击并进行左右拖动，可以增加或减少将变成透明的颜色范围。
★　平滑：用于设置图像的平滑度，从右侧的下拉列表中可以选择无、低、高3种程度。
★　仅蒙版：用于设置是否显示素材的Alpha通道。
★　投影：勾选该复选项可以为图像添加投影。

11.2.6　亮度键抠像

“亮度键”特效可以去除素材中较暗的图像区域，使用“阈值”和“屏蔽度”参数可以微调效果。“亮度键”特效应用前后效果的对比如图11-13所示。

图11-13　应用“亮度键”特效

下面简单介绍“亮度键”特效的各项属性参数，如图11-14所示。

图11-14 “亮度键”特效的属性参数

★ 阈值：单击并向右拖动，可以增加被去除的暗色值范围。

★ 屏蔽度：用于设置素材的屏蔽程度，该数值越大，图像越透明。

11.2.7 图像遮罩键抠像

“图像遮罩键”特效用于静态图像中，尤其对图形来创建透明。与遮罩黑色部分对应的图像区域是透明的，与遮罩白色区域对应的图像区域不透明，灰色区域创建混合效果。

在使用“图像遮罩键”特效时，需要在“效果控件”面板的特效属性中单击设置按钮■，为其指定一张遮罩图像，这张图像将决定最终显示效果。还可以使用素材的Alpha通道或亮度来创建复合效果。

下面简单介绍“图像遮罩键”特效的各项属性参数，如图11-15所示。

图11-15 “图像遮罩键”特效的属性参数

★ 合成使用：用于指定创建复合效果的遮罩方式，从右侧的下拉列表中可以选择Alpha遮罩和亮度遮罩。

★ 反向：勾选该复选项可以使遮罩反向。

11.2.8 差值遮罩抠像

“差值遮罩”特效可以去除两个素材中相匹配的图像区域。是否使用“差值遮罩”特效取决于项目中使用何种素材，如果项目中的背景是静态的且位于运动素材之上，就需要使用“差值遮罩”特效将图像区域从静态素材中去掉。“差值遮罩”特效应用前后效果的对比如图11-16所示。

下面简单介绍“差值遮罩”特效的各项属性参数，如图11-17所示。

★ 视图：用于设置显示视图的模式，从右侧下拉列表中可以选择最终输出、仅限源和仅限遮罩3种模式。

图11-16 应用“差值遮罩”特效

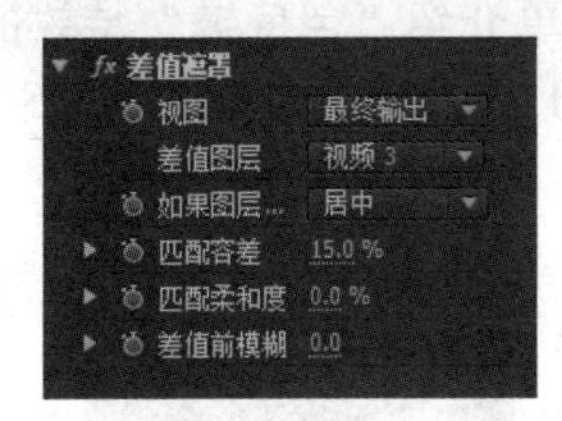

图11-17 “差值遮罩”特效的属性参数

★ 差值图层：用于指定以哪个视频轨道中的素材作为差值图层。

★ 如果图层：用于设置图层是否居中或者伸缩以适合。

★ 匹配容差：设置素材层的容差值使之与另一素材相匹配。

★ 匹配柔和度：用于设置素材的柔和程度。

★ 差值前模糊：用于设置素材的模糊程度，其数值越大，素材越模糊。

11.2.9 移除遮罩抠像

“移除遮罩”特效可以由Alpha通道创建透明区域，而这种Alpha通道是在红色、绿色、蓝色和Alpha共同作用下产生的。“移除遮罩”特效通常用来去除黑色或者白色背景，尤其对于处理纯白或者纯黑背景的图像非常有用。

下面简单介绍“移除遮罩”特效的各项属性参数，如图11-18所示。

图11-18 “移除遮罩”特效的属性参数

★ 遮罩类型：用于指定遮罩的类型，从右侧下拉列表中可以选择白色和黑色两种类型。

11.2.10 色度键抠像

“色度键”特效能够去除特定颜色或某一个颜色范围。这种抠像通常在作品制作前使用，这样可以在一个彩色背景上制作视频作品，使用“吸管工具”单击图像的背景区域来选择想要去除的颜色。“色度键”特效应用前后效果的对比如图11-19所示。

图11-19 应用“色度键”特效

下面简单介绍“色度键”特效的各项属性参数，如图11-20所示。

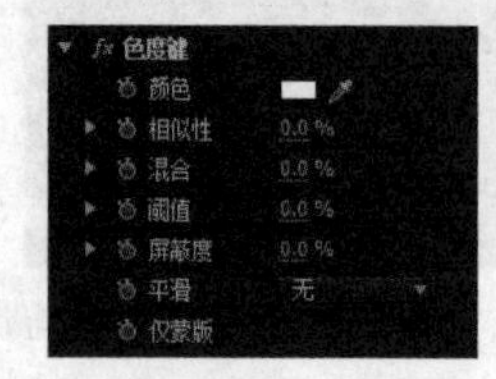

图11-20 “色度键”特效的属性参数

★ 颜色：用于吸取被键出的颜色。
★ 相似性：单击并进行左右拖动，可以增加或减少将变成透明颜色范围。
★ 混合：用于调节两个素材之间的混合程度。
★ 阈值：单击并进行向右拖动，可以使素材中保留更多的阴影区域，向左拖动则使阴影区域减少。
★ 屏蔽度：单击并向右拖动可以使素材中阴影区域变暗，向左拖动则变亮。
★ 平滑：用于设置锯齿消除程度，通过混合像素颜色来平滑边缘。从右侧的下拉列表中可以选择无、低和高3种消除锯齿程度。
★ 仅蒙版：勾选该复选项可以显示素材的Alpha通道。

11.2.11 蓝屏键抠像

“蓝屏键”特效是广播电视中经常会用到的抠像方式，该特效可以去除蓝色背景。“蓝屏键”特效应用前后效果的对比如图11-21所示。

图11-21 应用“蓝屏键”特效

下面简单介绍“蓝屏键”特效的各项属性参数，如图11-22所示。

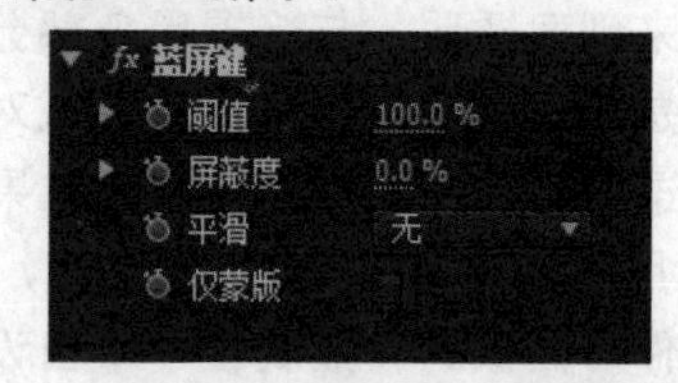

图11-22 “蓝屏键”特效的属性参数

★ 阈值：向左拖动会去除更多的绿色和蓝色区域。
★ 屏蔽度：用于微调键控的效果，其数值越大，图像越不透明。
★ 平滑：用于设置锯齿消除程度，通过混合像素颜色来平滑边缘。从右侧的下拉列表中可以选择无、低和高3种消除锯齿程度。
★ 仅蒙版：勾选该复选项可以显示素材的Alpha通道。

11.2.12 轨道遮罩键抠像

“轨道遮罩键”特效可以创建移动或滑动蒙版效果。蒙版设置通常在运动屏幕的黑白图像上，与蒙版上黑色相对应的图像区域为透明区域，与白色相对应的图像区域为不透明，在灰色区域创建混合效果，即呈半透明。

下面简单介绍“轨道遮罩键”特效的各项属性参数，如图11-23所示。

★ 遮罩：在右侧的下拉列表中可以为素材指定一个遮罩。
★ 合成方式：指定应用遮罩的方式，在右侧的下拉列表中可以选择Alpha遮罩和亮度遮罩两种方式。
★ 反向：勾选该复选项可以使遮罩反向。

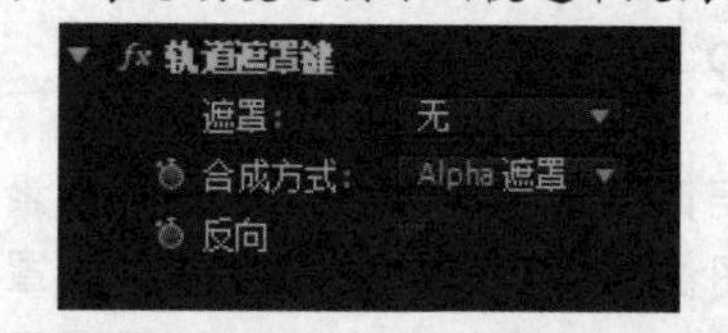

图11-23 “轨道遮罩键”特效的属性参数

11.2.13 非红色键抠像

“非红色键”特效同“蓝屏键”特效一样，也可以去除图像中蓝色和绿色背景，不过是同时完成。它包括两个混合滑块，可以混合两个轨道素材。“非红色键”特效应用前后效果的对比如图11-24所示。

下面简单介绍“非红色键”特效的各项属性参数，如图11-25所示。

★ 阈值：向左拖动会去除更多的绿色和蓝色区域。
★ 屏蔽度：用于微调键控的屏蔽程度。

图11-24　应用“非红色键”特效

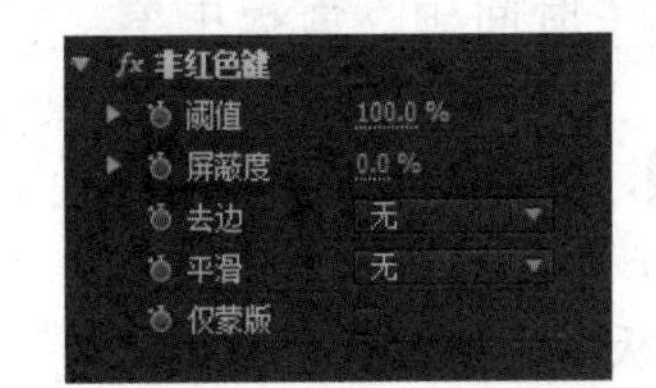

图11-25　“非红色键”特效的属性参数

★　去边：可以从右侧下拉列表中选择无、绿色和蓝色3种去边效果。

★　平滑：用于设置锯齿消除程度，通过混合像素颜色来平滑边缘。从右侧的下拉列表中可以选择无、低和高3种消除锯齿程度。

★　仅蒙版：勾选该复选项可以显示素材的Alpha通道。

11.2.14　颜色键抠像

“颜色键”特效可以去掉素材图像中所指定颜色的像素，这种特效只会影响素材的Alpha通道，其应用前后效果的对比如图11-26所示。

下面简单介绍“颜色键”特效的各项属性参数，如图11-27所示。

图11-26　应用“颜色键”特效

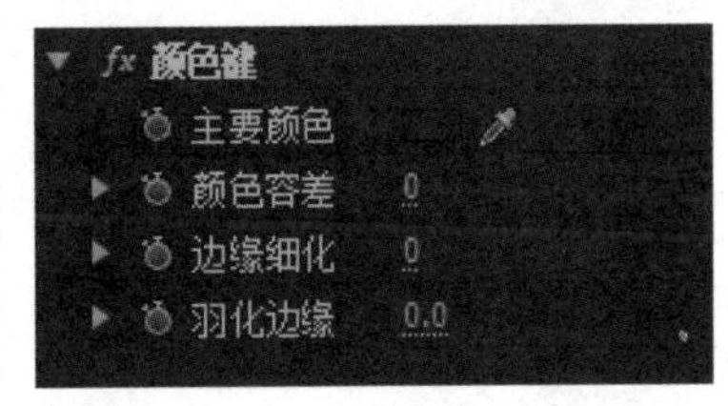

图11-27　“颜色键”特效的属性参数

★　主要颜色：用于吸取需要被键出的颜色。

★　颜色容差：用于设置素材的容差度，容差度越大，被键出的颜色区域越透明。

★　边缘细化：用于设置键出边缘的细化程度，其数值越小，边缘越粗糙。

★　羽化边缘：用于设置键出边缘的柔化程度，其数值越大，边缘越柔和。

11.2.15　实战——画面亮度抠像效果

下面用实例来具体介绍画面亮度抠像效果的应用。

视频位置：DVD\视频\第11章\11.2.15实战——画面亮度抠像效果.mp4

源文件位置：DVD\源文件\第11章\11.2.15

01 启动Premiere Pro CC，新建项目，新建序列。

02 执行“文件”|“导入”命令，弹出“导入”对话框，选择要导入的素材，单击“打开”按钮，如图11-28所示。

03 在“项目”面板中，选择“1.jpg”和“2.jpg”图片素材，按住鼠标左键，将其拖入“节目监视器”面板中，释放鼠标，然后再在“时间轴”面板中将素材“1.jpg”拖曳到视频轨2中，如图11-29所示。

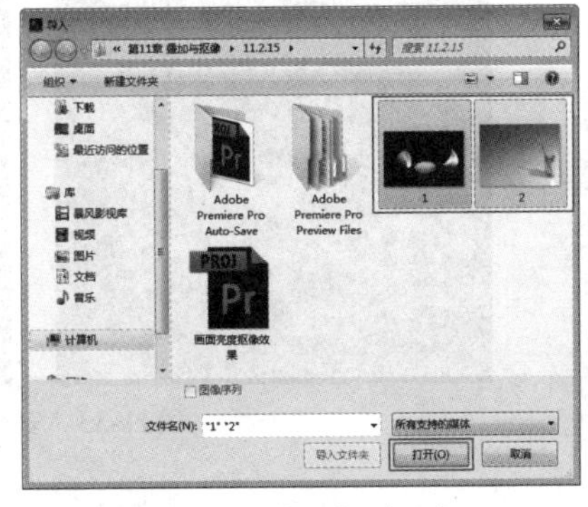

图11 28　“导入”对话框

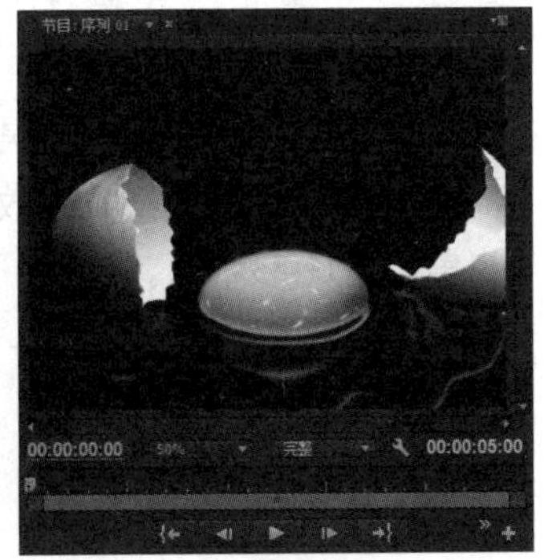

图11-29　将素材拖入“节目监视器”面板

04 在“时间轴”面板中单击“切换轨道输出”按钮，隐藏视频轨2中的素材，然后在“效果控件”面板中设置素材“2.jpg”的“缩放”参数为165，具体的参数设置及在“节目监视器”面板中的对应效果如图11-30所示。

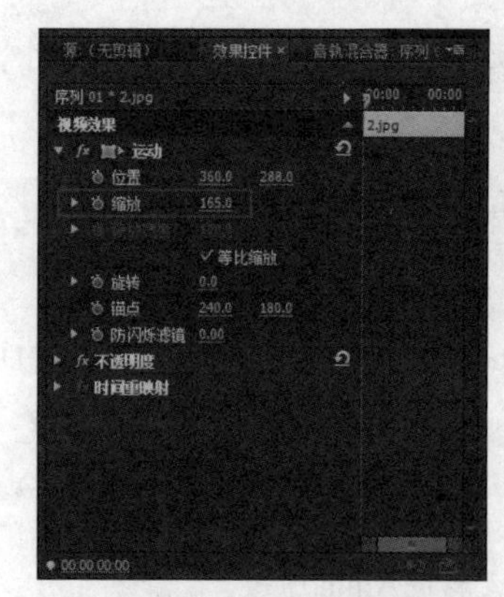
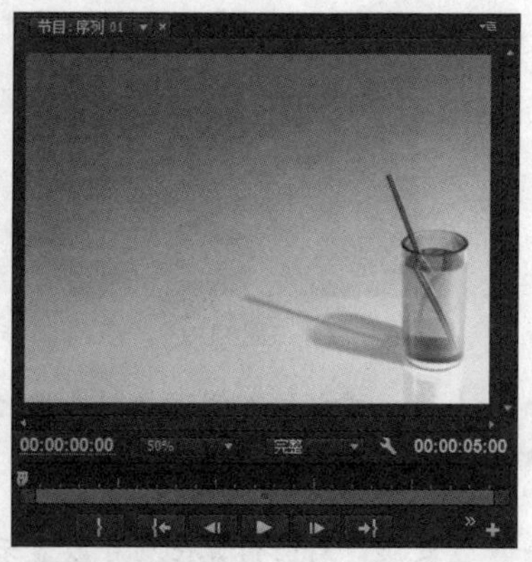

图11-30　设置“缩放”参数

05 在“时间轴”面板中单击“切换轨道输出”按钮，显示视频轨2中的素材，然后在“效果控件”面板设置素材“1.jpg”的“缩放”参数为50，如图11-31所示。

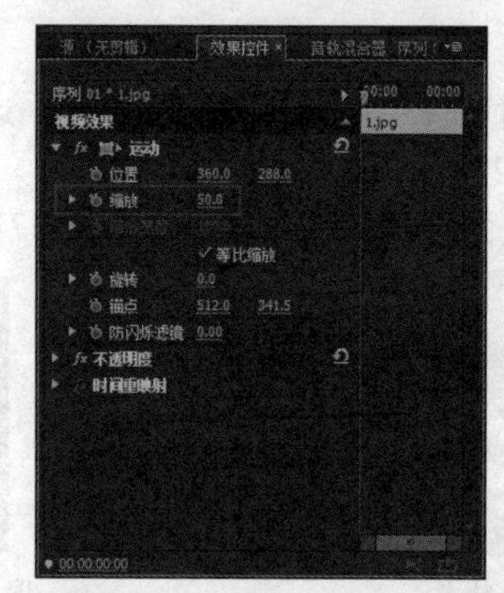
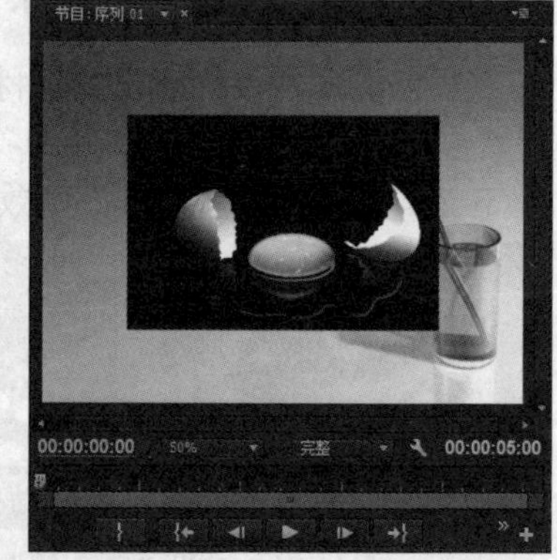

图11-31　设置“缩放”参数

06 在“效果”面板中展开“视频效果”文件夹，再展开“键控”文件夹，选择“亮度键”特效，将其拖到视频轨2中的素材“1.jpg”上，如图11-32所示。

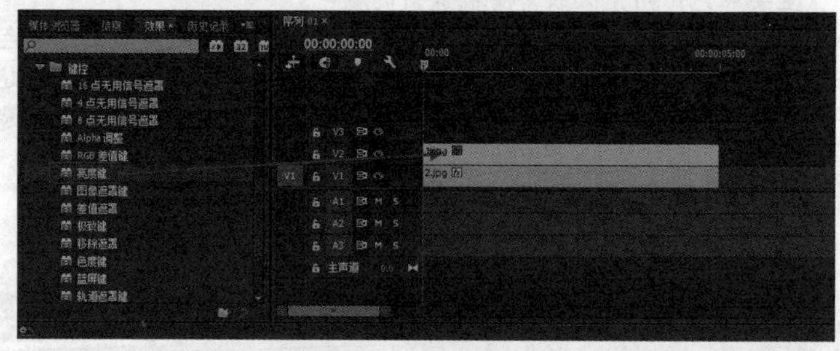

图11-32　赋予素材亮度键特效

07 选择素材“1.jpg”，在“效果控件”面板中设置“亮度键”特效属性中的“阈值”参数为50%，“屏蔽度”参数为0%，具体参数设置及最终实例效果如图11-33所示。

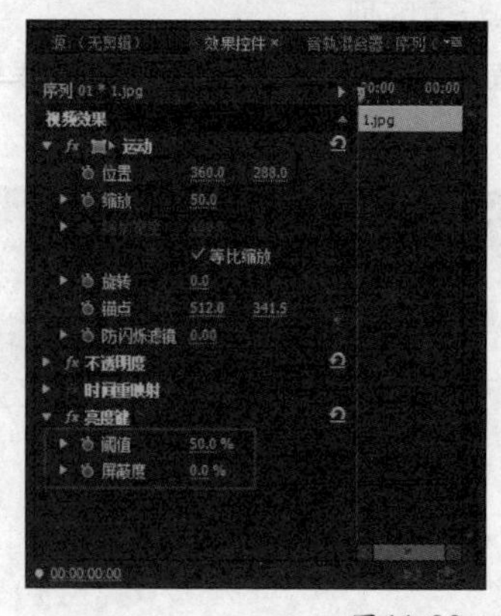

图11-33　最终参数及效果

11.3 综合实例——通过素材的色度进行抠像

下面通过综合实例来讲解如何利用素材的色度进行抠像。

视频位置：DVD\视频\第11章\11.3综合实例——通过素材的色度进行抠像.mp4
源文件位置：DVD\源文件\第11章\11.3

01 启动Premiere Pro CC，新建项目，新建序列。

02 执行“文件”|“导入”命令，弹出“导入”对话框，选择要导入的素材，单击“打开”按钮，如图11-34所示。

03 在“项目”面板中选择“2.jpg”图片素材，按住鼠标左键，将其拖入“节目监视器”面板中，释放鼠标，如图11-35所示。

图11-34 “导入”对话框

图11-35 将素材拖入“节目监视器”面板

04 在“效果控件”面板设置素材“2.jpg”的“缩放”参数为95，具体的参数设置及在“节目监视器”面板中的对应效果如图11-36所示。

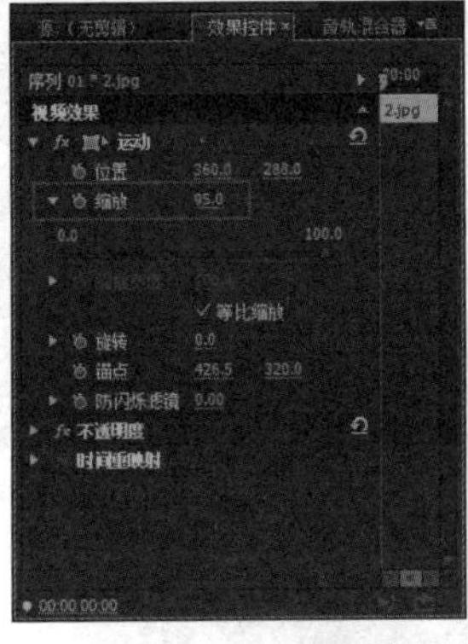

图11-36 设置“缩放”参数

05 在“时间轴”面板选择素材“2.jpg”，单击鼠标右键，执行“速度/持续时间”命令，然后在弹出的对话框中设置“持续时间”为00:00:05:00，如图11-37所示。

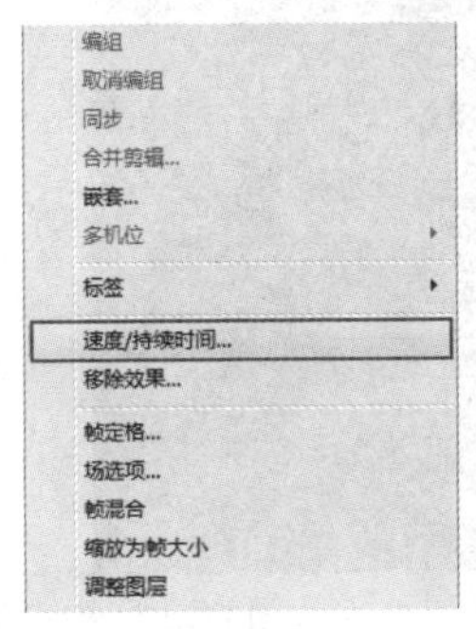

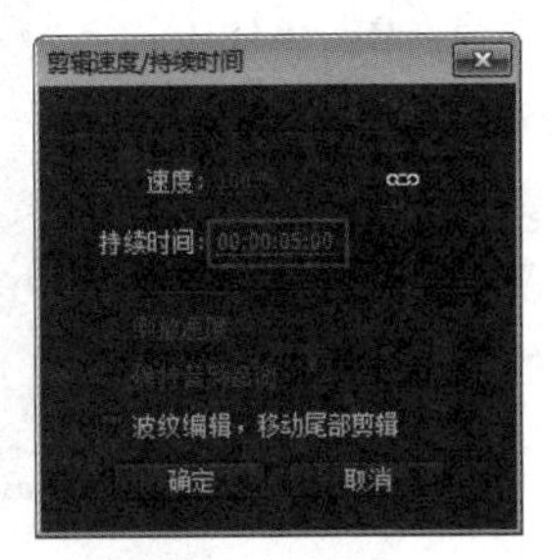

图11-37 设置持续时间

06 在“项目”面板中选择“1.jpg”图片素材，按住鼠标左键，将其拖入“时间轴”面板视频轨2中，释放鼠标，如图11-38所示。

07 “节目监视器”面板中的预览，效果如图11-39所示。

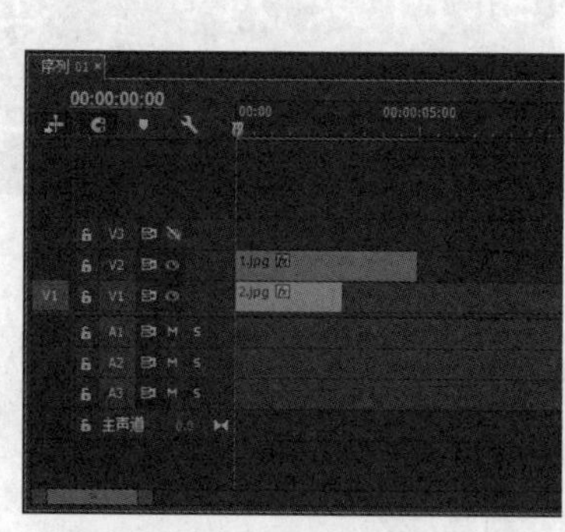

图11-38　将素材拖入视频轨2

图11-39　预览效果

08 选择“1.jpg”图片素材，在“效果控件”面板设置其“缩放”参数为47，具体的参数设置及在“节目监视器”面板中的预览效果如图11-40所示。

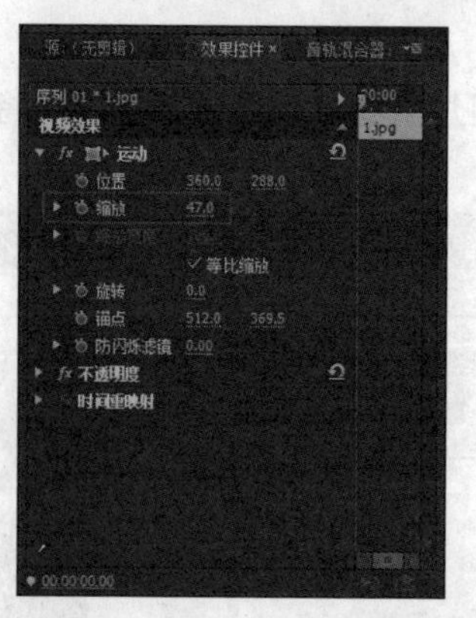

图11-40　设置“缩放”参数

09 在“效果”面板中展开“视频效果”文件夹，再展开“键控”文件夹，选择“色度键”特效，将其拖到视频轨2中的“1.jpg”素材上，如图11-41所示。

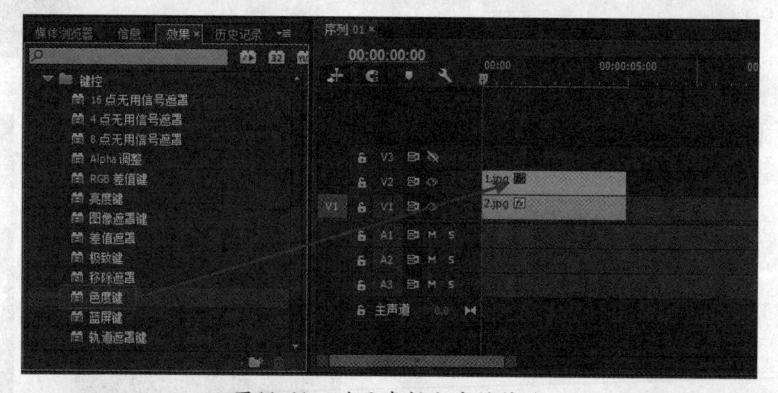

图11-41　赋予素材色度键特效

10 选择素材“1.jpg”，在“效果控件”面板中设置“色度键”特效属性中的“颜色”参数为（R：163，G：220，B：255），“相似性”参数为35%，具体的参数设置及在“节目监视器”面板中的预览效果如图11-42所示。

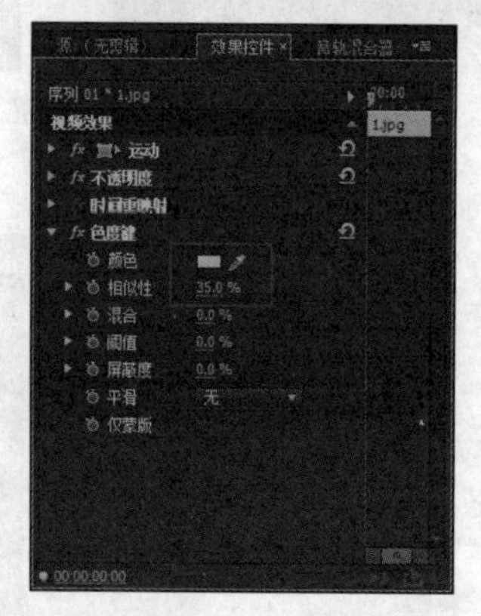

图11-42　“色度键”参数设置及效果

11 在“项目”面板中选择“3.jpg”图片素材，按住鼠标左键，将其拖入“时间轴”面板视频轨3中，释放鼠标，如图11-43所示。

12 在“节目监视器”面板中的预览，效果如图11-44所示。

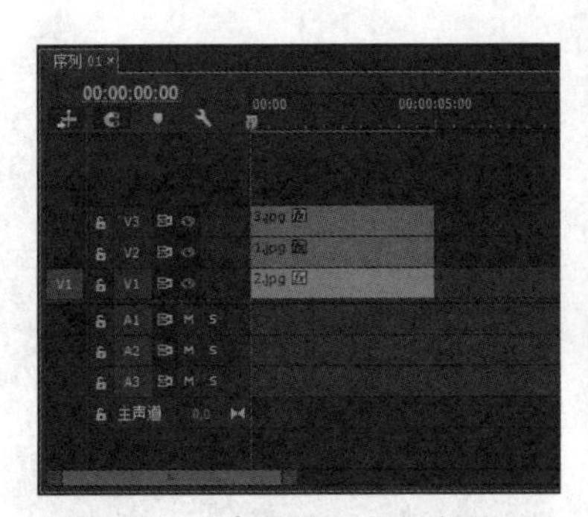

图11-43　将素材拖入视频轨3

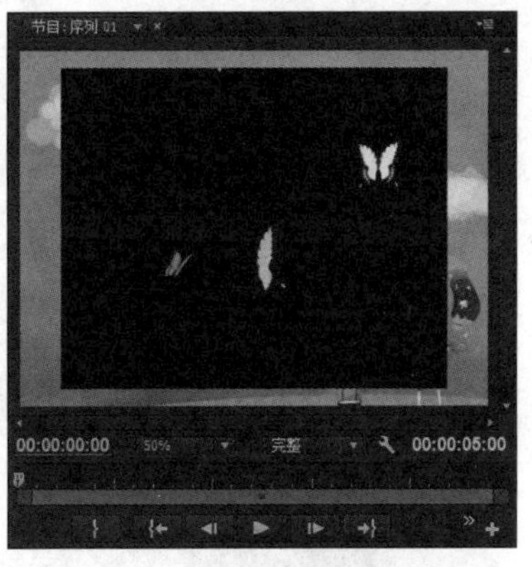

图11-44　预览效果

13 在“效果”面板中展开“视频效果”文件夹，再展开“键控”文件夹，选择“亮度键”特效，将其拖到视频轨3中的“3.jpg”素材上，如图11-45所示。

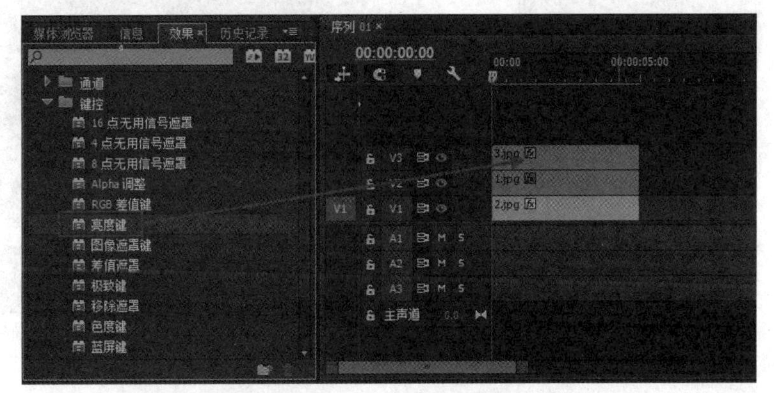

图11-45　赋予素材“亮度键”特效

14 选择素材“3.jpg”，在“效果控件”面板中设置“亮度键”特效属性中的“阈值”参数为26%，“屏蔽度”参数为12%，具体参数设置及最终实例效果如图11-46所示。

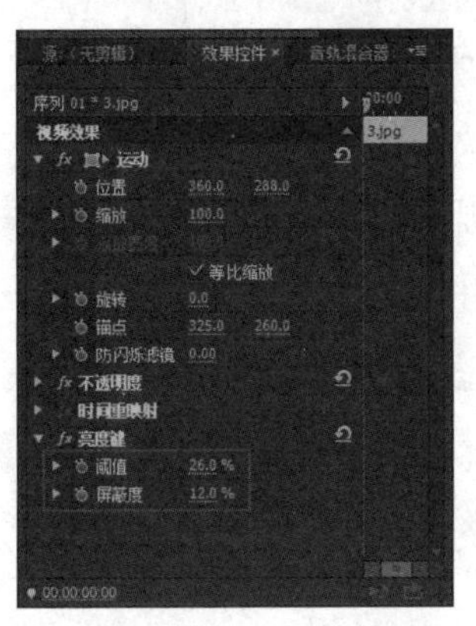

图11-46　设置参数及效果

11.4 本章小结

本章主要学习了叠加与抠像的应用原理及技巧，Premiere Pro CC提供了15种抠像特效，它们分别是16点无用信号遮罩、4点无用信号遮罩、8点无用信号遮罩、Alpha调整、RGB差值键、亮度键、图像遮罩键、差值遮罩、极致键、移除遮罩、色度键、蓝屏键、轨道遮罩键、非红色键、颜色键，熟练掌握每种抠像特效的运用，可以帮助我们在平常的项目制作中对各种不同的背景素材进行有效的抠像处理。

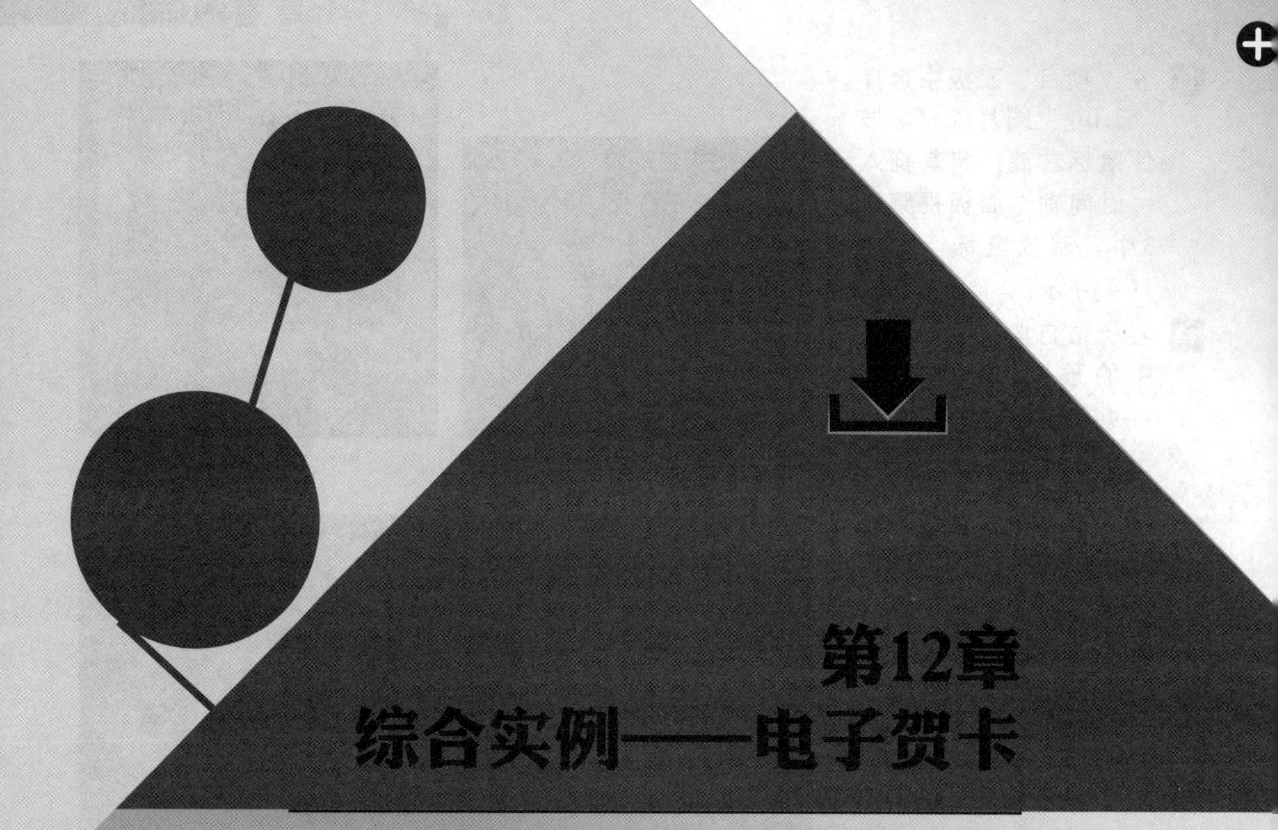

第12章 综合实例——电子贺卡

电子贺卡用于联络感情和互致问候。它之所以深受人们的喜爱，是因为它具有温馨的祝福语言，浓郁的民俗色彩，传统的东方韵味，古典与现代交融的魅力，既方便又实用，是促进和谐交流的重要手段。

本实例以一段带有中国传统风格的新年祝福电子贺卡为例，通过使用制作字幕。制作字幕的关键帧动画等方法，配以欢快喜庆的民乐，制作出传统喜庆与时尚相结合的电子贺卡。

本章重点

◎ 制作墨滴效果

◎ “4点无用信号遮罩”特效

◎ “8点无用信号遮罩”特效

本电子贺卡主题分为两部分，它们是“片头”和“祝福篇”，效果如下所示。

片头序列效果

祝福篇序列效果

12.1 片头制作

本章的电子贺卡将制作带有书卷展开效果的片头。下面将介绍制作片头的操作方法。

视频位置:DVD\视频\第12章\12.1 片头制作.mp4

01 打开Premiere Pro CC软件，在欢迎界面上单击“新建项目”按钮，如图12-1所示。

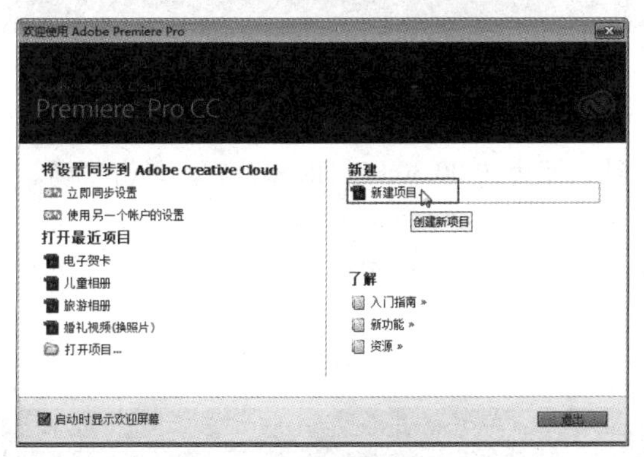

图12-1　单击“新建项目”按钮

02 在弹出的“新建项目”对话框中输入项目名称并设置项目存储位置，单击“确定”按钮，如图12-2所示。

03 执行“文件”|“新建”|“序列”命令，如图12-3所示。在弹出的“新建序列”对话框中，选择合适的序列预设，单击“确定”按钮，完成设置，如图12-4所示。

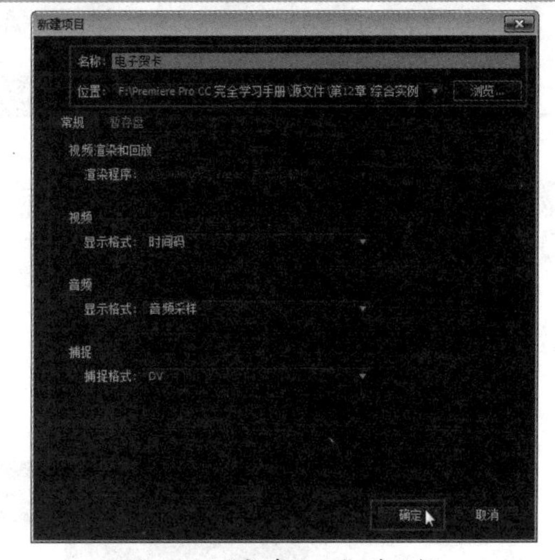

图12-2　“新建项目”对话框

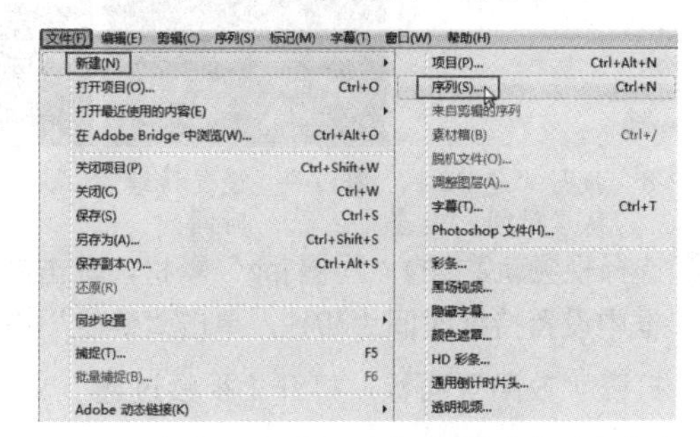

图12-3　执行“文件”|“新建”|“序列”命令

04 在“项目”面板中，单击鼠标右键并执行“导入”命令，如图12-5所示。

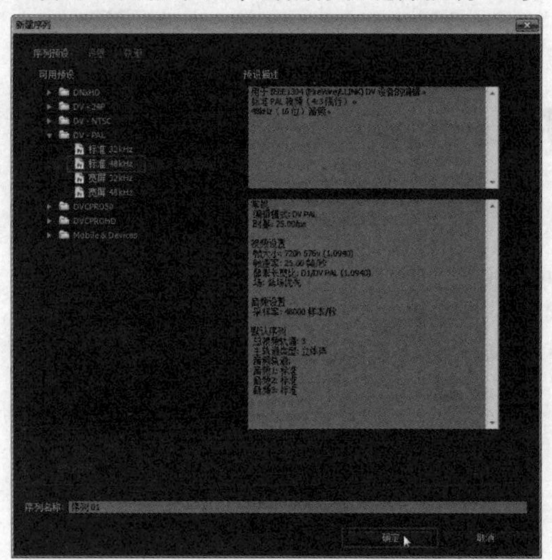

图12-4 “新建序列”对话框

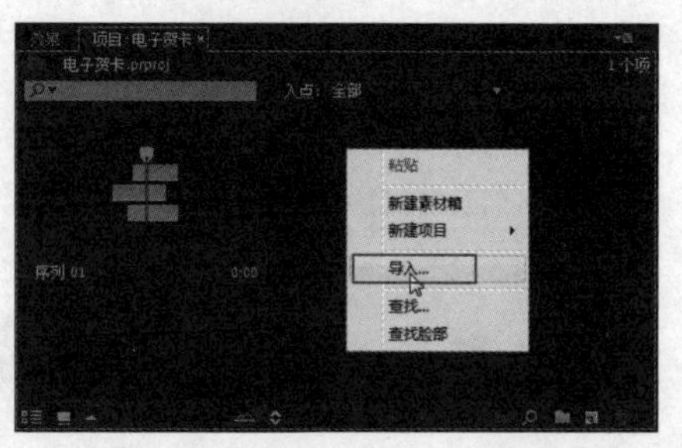

图12-5 执行“导入”命令

05 在弹出的“导入”对话框中选择需要的素材，单击“打开”按钮，导入素材，如图12-6所示。

06 选择“项目”面板中的“06.jpg”素材，将其拖到视频轨1上，如图12-7所示。

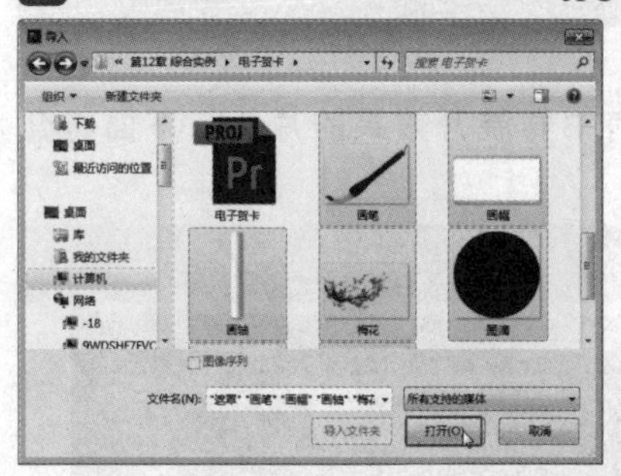

图12-6 导入素材

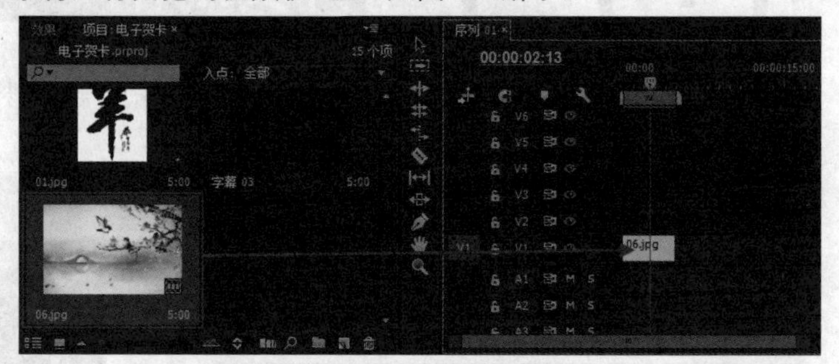

图12-7 拖入素材

07 选择视频轨上的“06.jpg”素材，单击鼠标右键并执行“速度/持续时间”命令，如图12-8所示。

08 在弹出的“剪辑速度/持续时间”对话框中设置持续时间为00:00:30:00（即30秒），单击“确定”按钮，完成设置，如图12-9所示。

09 在“项目”面板中选择“画幅.jpg”素材，将其拖到视频轨2上，如图12-10所示。

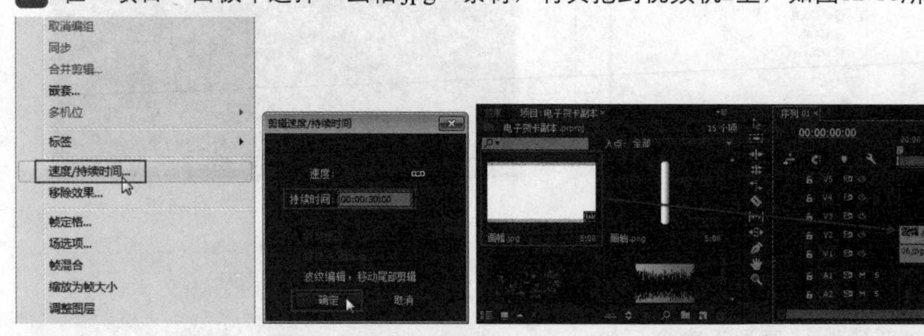

图12-8 执行“速度/持续时间”命令

图12-9 设置持续时间

图12-10 拖入素材

10 选择视频轨2上的“画幅.jpg”素材，单击鼠标右键并执行“速度/持续时间”命令，在弹出的对话框中设置持续时间为30秒，单击“确定”按钮，完成设置，如图12-11所示。

11 打开“效果”面板，打开“视频过渡”文件夹，单击“擦除”文件夹前的三角按钮，如图12-12所示。

图12-11　设置持续时间

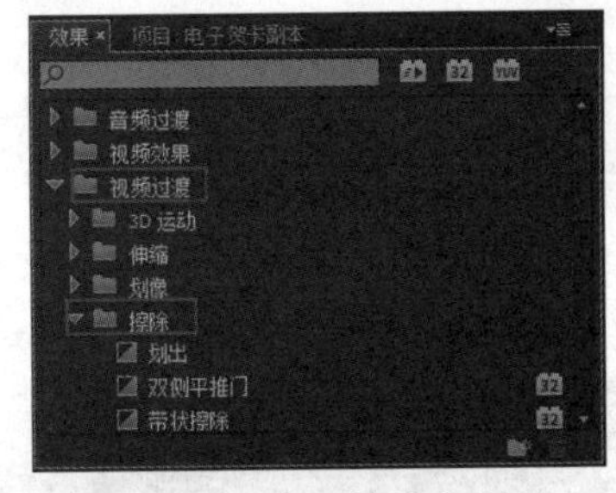

图12-12　展开效果文件夹

12 选择“擦除”文件夹下的“双侧平推门”特效，将其拖到视频轨中的“画幅.jpg”素材的开始位置，如图12-13所示。

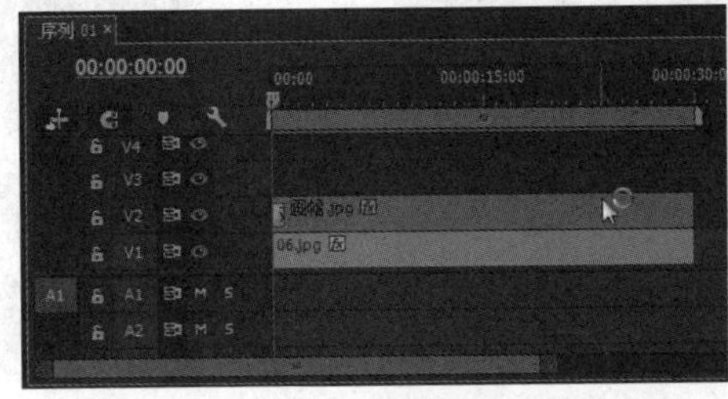

图12-13　添加“双侧平推门”特效　图12-14　设置过渡持续时间

13 双击素材上的“双侧平推门”特效，弹出“设置过度持续时间”对话框，设置持续时间为3秒，单击“确定”按钮，如图12-14所示。

14 在“项目”面板中选择“画轴.png”素材，将其分别拖到视频轨3和视频轨4上，如图12-15所示。

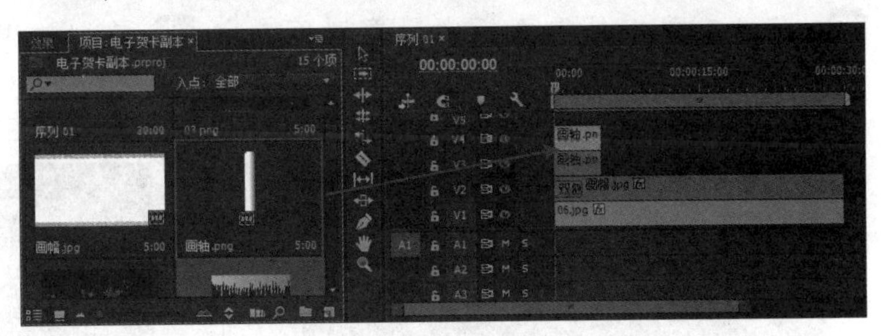

图12-15　拖入素材

15 将鼠标放置在视频轨3上的“画轴.png”素材的右侧，当鼠标变成边缘图标时，向右拖动鼠标，使素材持续时间变成30秒，如图12-16所示。

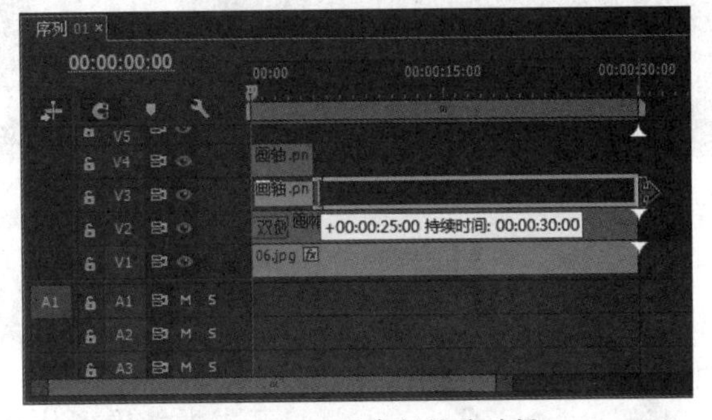

图12-16　设置素材持续时间

16 将鼠标放置在视频轨4上的“画轴.png”素材的右侧，当鼠标变成边缘图标时，向右拖动鼠标，使素材持续时间变成30秒，释放鼠标，如图12-17所示。

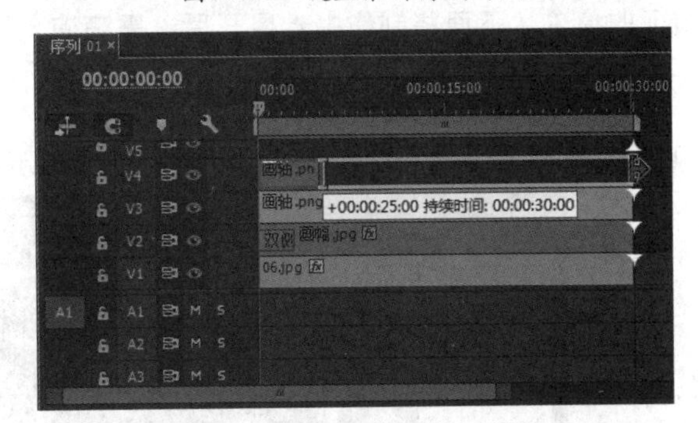

图12-17　设置素材持续时间

17 选择视频轨3上的“画轴.png”素材，进入“效果控件”面板，在时间为00:00:00:00的位置上单击“位置”前的“切换动画”按钮，设置“位置”参数为340、288，“缩放”参数为52，如图12-18所示。

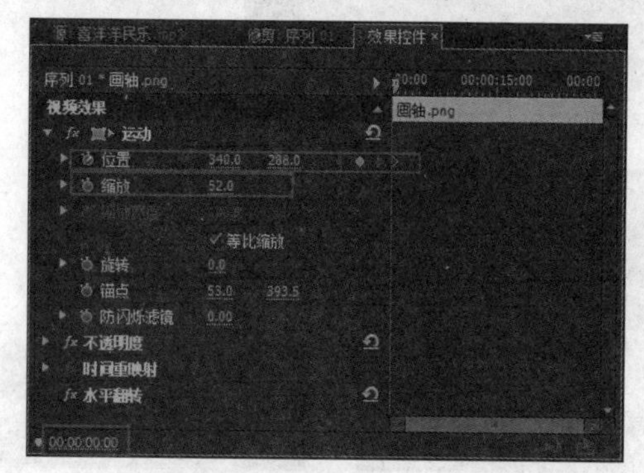

图12-18 添加第一处关键帧

18 在“效果控件”面板中设置时间为00:00:02:22，设置“位置”参数为45、288，如图12-19所示。

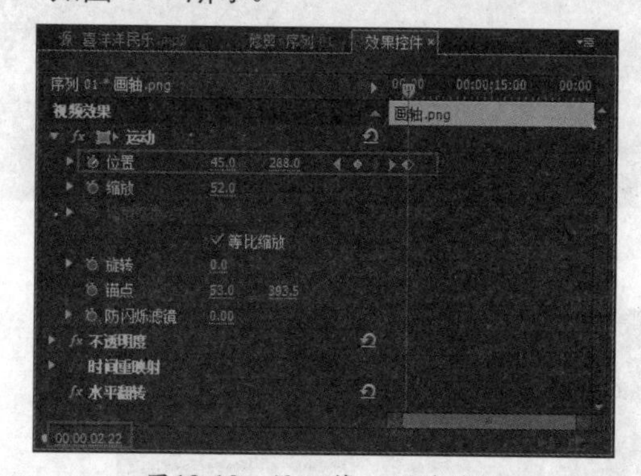

图12-19 添加第二处关键帧

19 选择视频轨4上的“画轴.png”素材，进入“效果控件”面板，在时间为00:00:00:00的位置上单击“位置”前的“切换动画”按钮，设置“位置”参数为380、288，“缩放”参数为52，如图12-20所示。

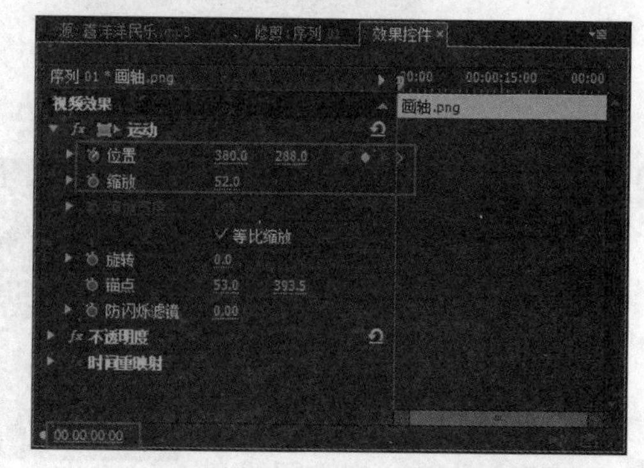

图12-20 添加第一处关键帧

20 在“效果控件”面板中，设置时间为00:00:02:22，设置“位置”参数为678、288，如图12-21所示。

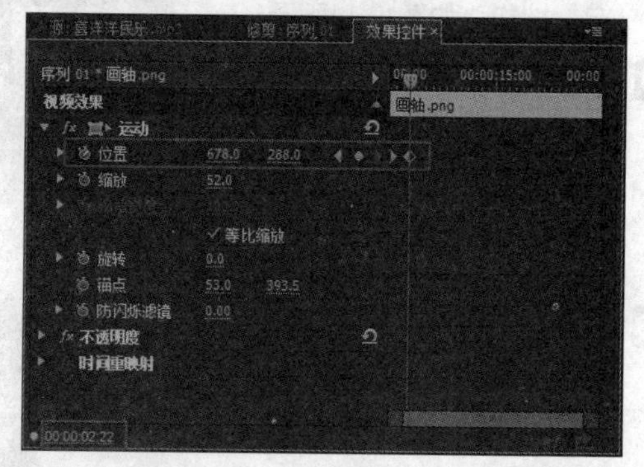

图12-21 添加第二处关键帧

12.2 墨滴效果的制作

打开书卷能看到什么？不论是文章、诗词，还是图画，必然是笔墨留下的痕迹。下面将制作书卷展开后，墨滴滴入画面的效果。

视频位置:DVD\视频\第12章\12.2墨滴效果的制作.mp4

01 在“项目”面板中选择“03.png”素材，将其拖到视频轨5上，如图12-22所示。

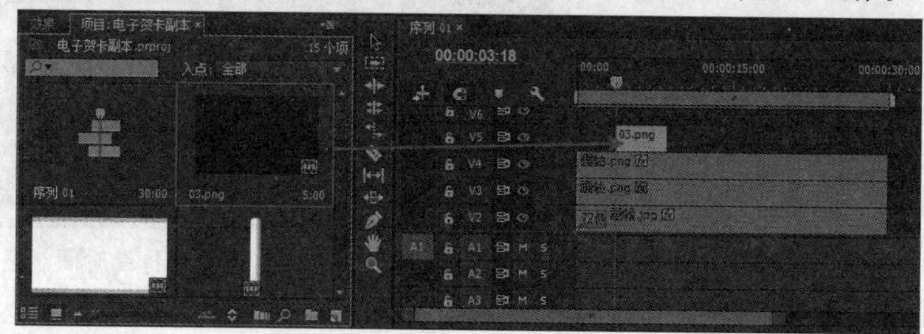

图12-22 拖入素材

02 选择刚拖入的素材，单击鼠标右键并执行“速度/持续时间”命令，弹出“剪辑速度/持续时间”对话框，设置持续时间为00:00:09:07，单击“确定”按钮，完成设置，如图12-23所示。

03 打开“效果”面板，选择“视频过渡”文件夹，打开“溶解”文件夹，如图12-24所示。

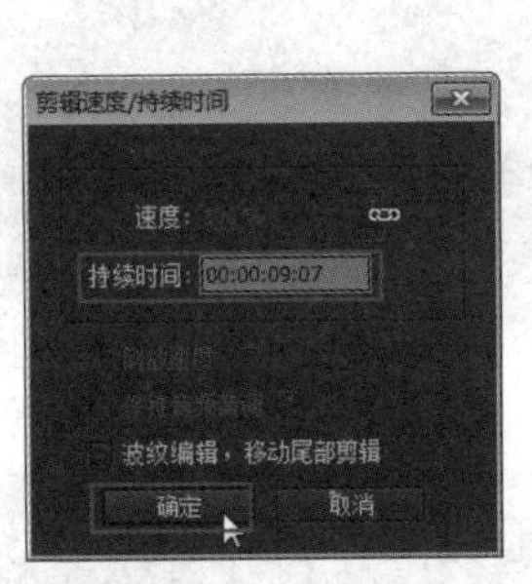

图12-23 设置持续时间

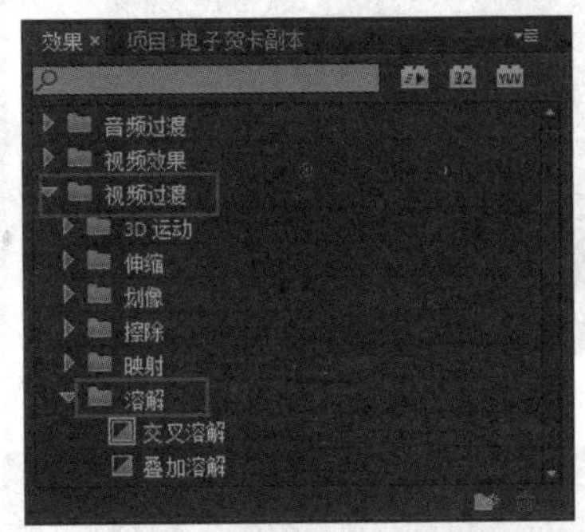

图12-24 打开效果文件夹

04 选择“溶解”文件夹下的“交叉溶解”特效，将其拖到“03.png”素材的结束位置，如图12-25所示。

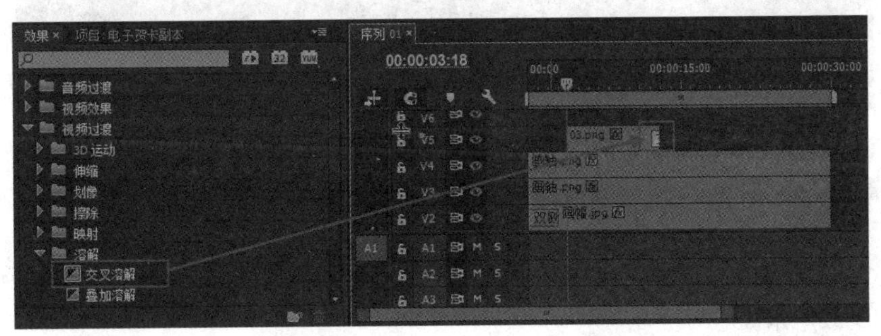

图12-25 添加“交叉溶解”特效

05 选择视频轨中的“03.png”素材，进入“效果控件”面板，在时间为00:00:05:19的位置单击“位置”前的“切换动画”按钮，设置“位置”参数为360、288，“缩放”参数为35，如图12-26所示。

06 在“效果控件”面板中设置时间为00:00:06:15，设置“位置”参数为254、288，如图12-27所示。

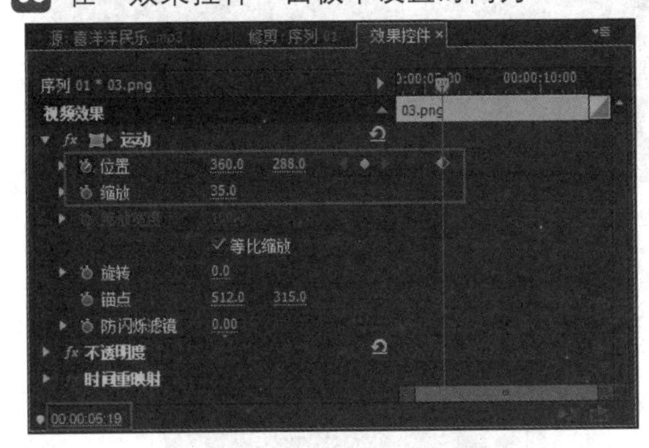

图12-26 添加第一处关键帧

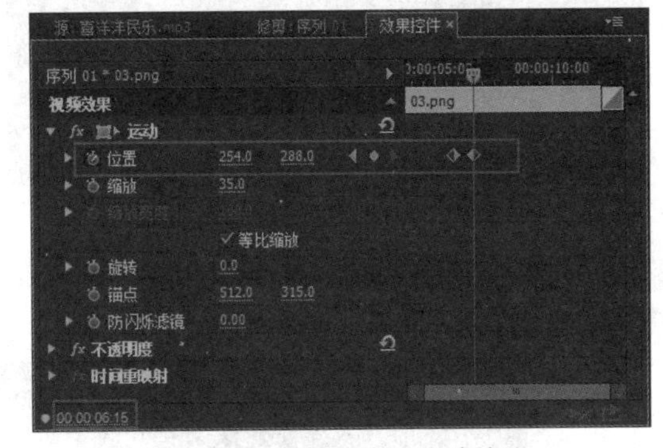

图12-27 添加第二处关键帧

07 在“效果控件”面板中设置时间为00:00:12:02，单击位置右侧的“添加/移除关键帧”按钮，如图12-28所示。

08 在“效果控件”面板中设置时间为00:00:13:00，设置“位置”参数为230、288，如图12-29所示。

09 在“项目”面板中选择“遮罩.png”素材并将其拖到视频轨6上，如图12-30所示。

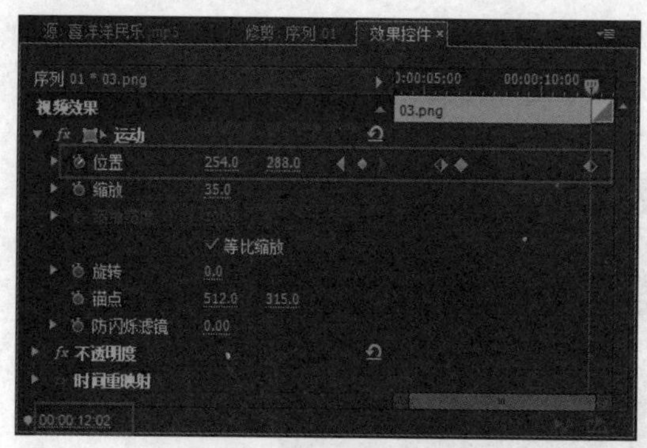

图12-28　添加第三处关键帧

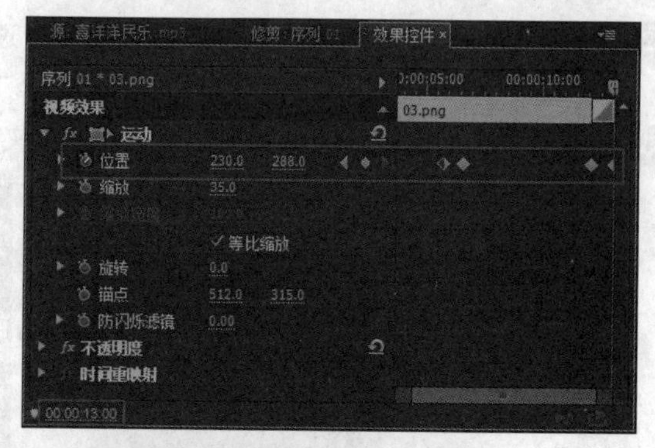

图12-29　添加第四处关键帧

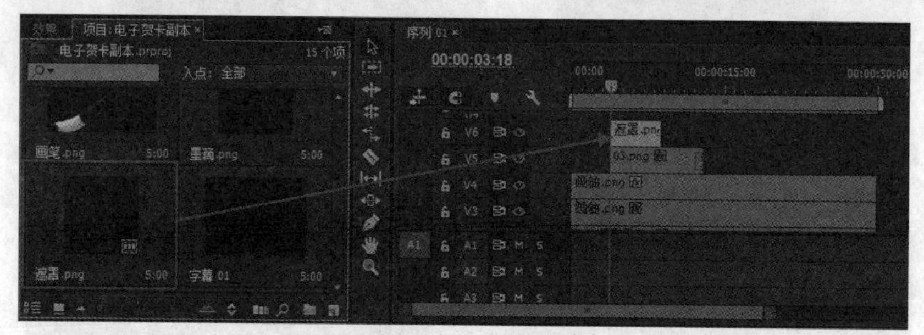

图12-30　拖入素材

10 将鼠标放置在“遮罩.png”素材的右侧，当鼠标变成边缘图标时，向右拖动鼠标，使素材的持续时间变成00:00:09:07，释放鼠标，如图12-31所示。

11 在时间为00:00:03:19的位置，单击“缩放”前的“切换动画”按钮，设置“缩放”参数为50，如图12-32所示。

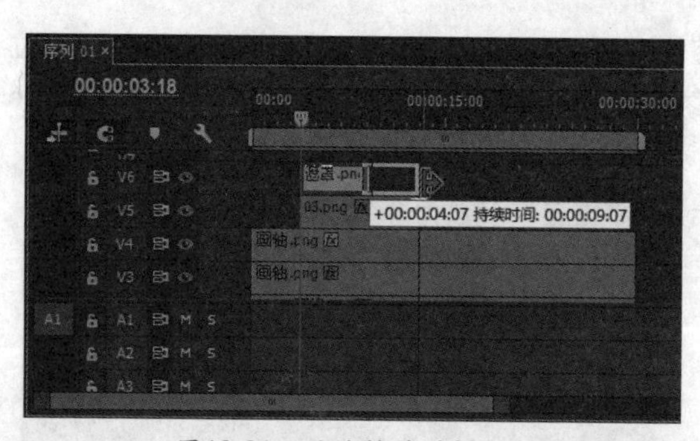

图12-31　更改持续时间

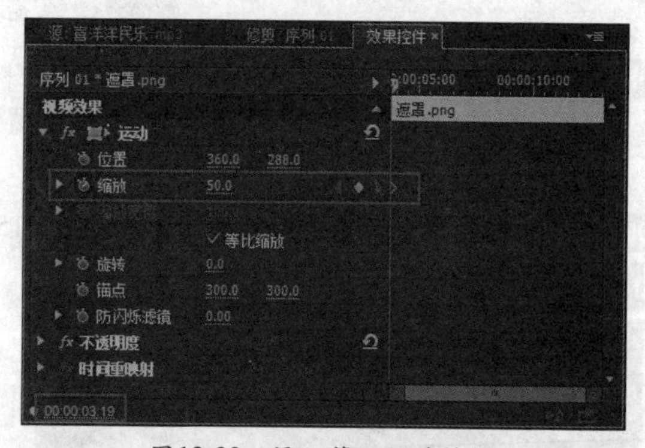

图12-32　添加第一处关键帧

12 在“效果控件”面板中，设置时间为00:00:05:10，设置“缩放”参数为600，如图12-33所示。

13 进入“效果”面板，展开“视频效果”文件夹，打开“键控”文件夹，如图12-34所示。

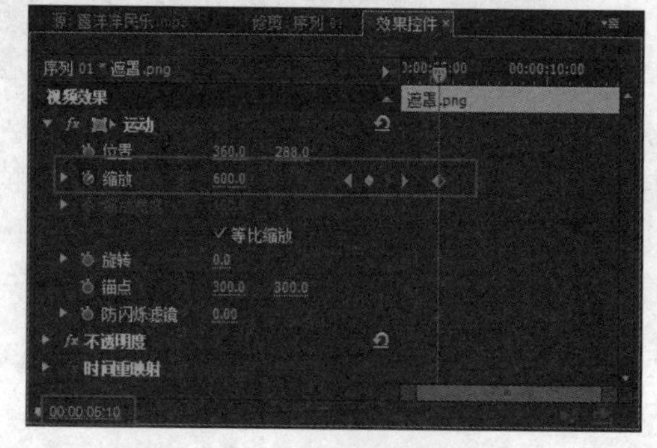

图12-33　添加第二处关键帧

图12-34　“键控”文件夹

14 选择“键控”文件夹下的“轨道遮罩键”特效，如图12-35所示。

15 将“轨道遮罩键”特效添加到“03.png”素材上，进入“效果控件”面板，单击“遮罩”后的三角按钮，在下拉列表中选择“视频6”选项，如图12-36所示。

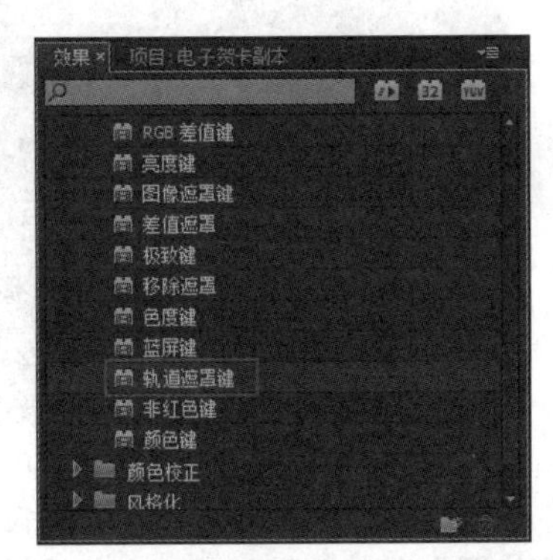

图12-35 选择“轨道遮罩键”特效

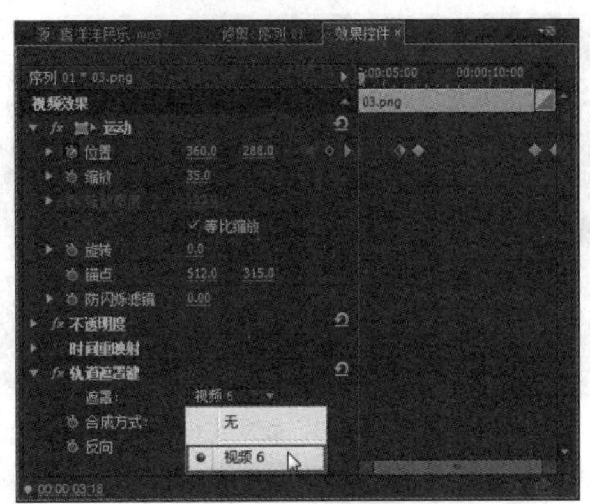

图12-36 设置特效

提示

运用“轨道遮罩键”特效使用其他轨道上的素材作为被叠加的底纹背景素材，跟Photoshop的蒙版意义一样，遮罩图像的白色区域使对象不透明，显示当前对象；黑色区域使对象透明，显示背景对象；灰度区域为半透明，混合背景对象。在使用中如果利用Photoshop创作“轨道遮罩键”所使用的图像，效果会更好。

16 在“项目”面板中选择“墨滴.png”素材，将其拖到视频轨7上，如图12-37所示。

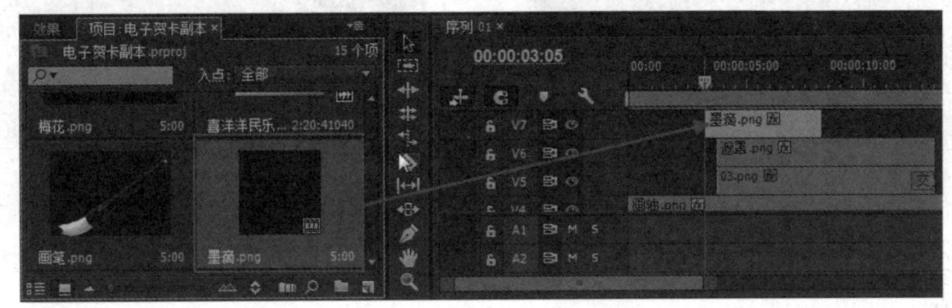

图12-37 拖入素材

17 选择视频轨上的“墨滴.png”素材，单击鼠标右键并执行“速度/持续时间”命令，如图12-38所示。

18 弹出“剪辑速度/持续时间”对话框，设置持续时间为00:00:00:22，单击“确定”按钮，完成设置，如图12-39所示。

19 打开“效果”面板，选择“视频过渡”文件夹，选择“溶解”文件夹，如图12-40所示。

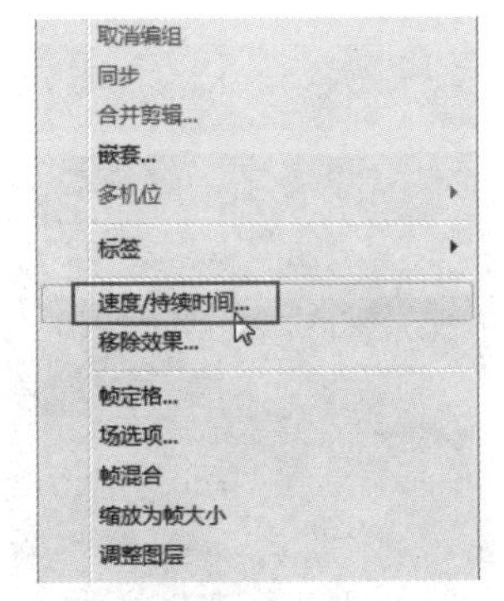

图12-38 执行“速度/持续命令

图12-39 设置持续时间时间”

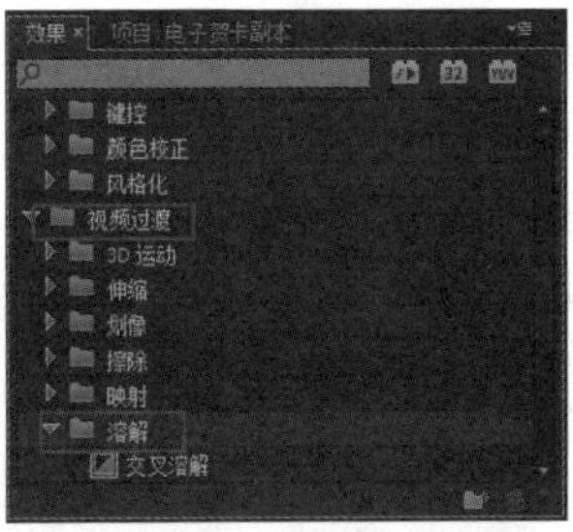

图12-40 “溶解”文件夹

20 选择“溶解”文件夹下的“胶片溶解”特效，将其添加到“墨滴.png”素材上，如图12-41所示。

21 选择素材上的“胶片溶解”特效，进入“效果控件”面板，设置持续时间为00:00:00:10，如图12-42所示。

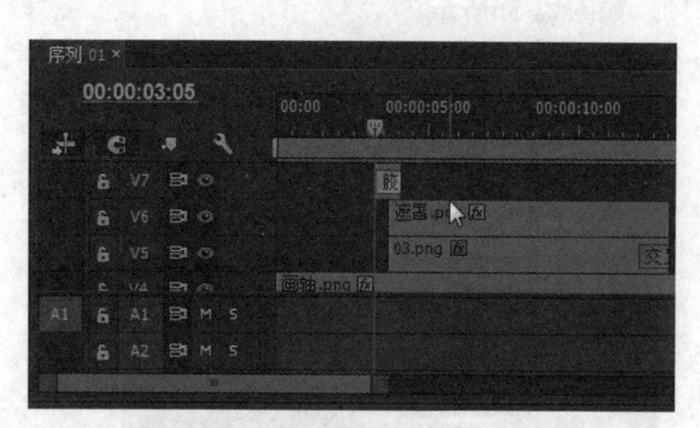

图12-41　添加“胶片溶解”特效

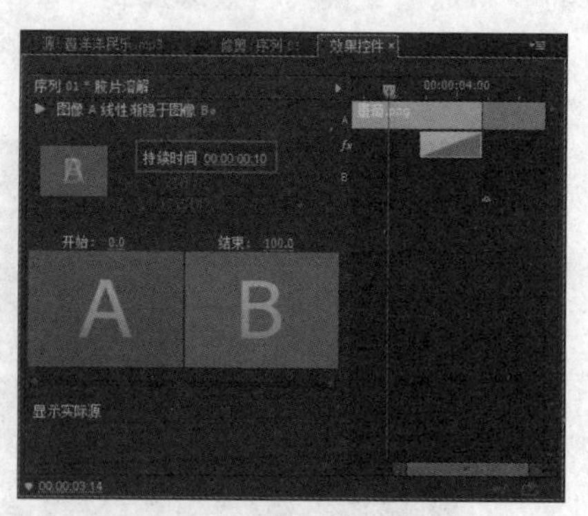

图12-42　设置过渡持续时间

22 选择视频轨上的“墨滴.png”素材，进入“效果控件”面板，在时间为00:00:03:07的位置，单击“位置”和“缩放”前的“切换动画”按钮，设置“位置”参数为360、119，“缩放”参数为0，如图12-43所示。

23 在“效果控件”面板中，设置时间为00:00:03:17，设置“位置”参数为360、288，“缩放”参数为40，如图12-44所示。

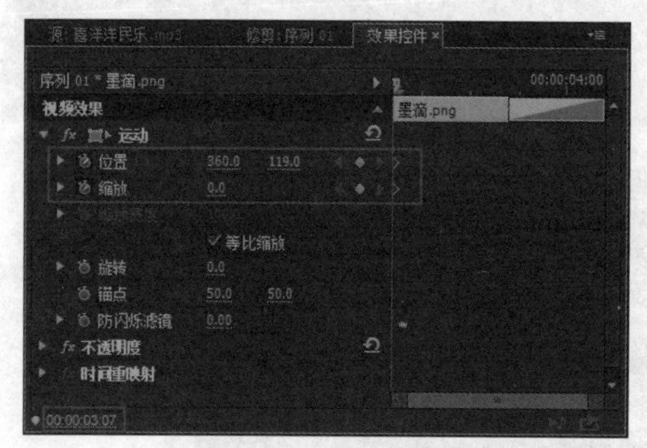

图12-43　添加第一处关键帧

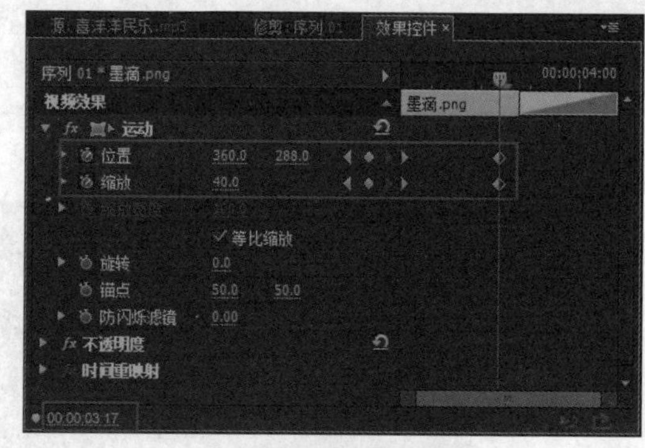

图12-44　添加第二处关键帧

12.3 键控效果

“4点无用信号遮罩”特效是通过在图像的4个角上安排控制点，通过对每个点的位置修改编辑遮罩形状来改变图像的显示形状。这里将应用该遮罩的特点来制作出用毛笔写出文字的效果。

视频位置:DVD\视频\第12章\12.3 键控效果.mp4

01 新建字幕。弹出“字幕设计器”对话框，输入文本，设置字体、大小、间距及行距等参数，如图12-45所示。

图12-45　设置字幕参数

02 关闭“字幕设计器”面板。在“项目”面板中选择“字幕01”素材，将其拖到视频轨8上，如图12-46所示。

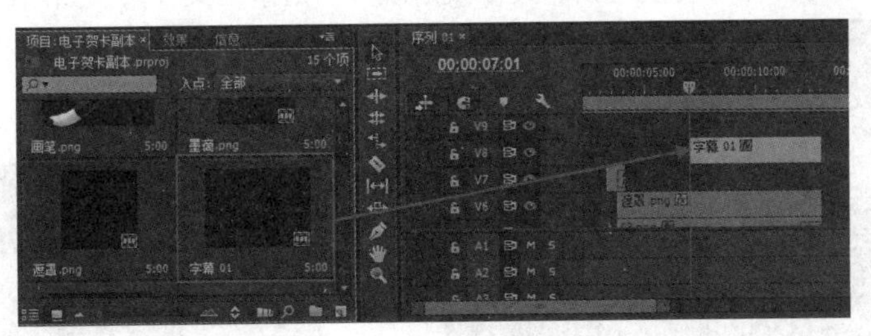

图12-46　拖入素材

03 打开“效果”面板，打开“视频效果”文件夹，展开“键控”文件夹，选择“4点无用信号遮罩”特效，如图12-47所示。

“4点无用信号遮罩”特效通过调整4个控制点的位置来控制被叠化视频的画面大小与形状。

04 将其添加到“字幕01”素材上，打开“效果控件”面板，设置“4点无用信号遮罩”特效的参数，“上左”为570、245.5，“上右”为602、245.5，“下右”为602、420，“下左”为570、420，如图12-48所示。

05 在时间为00:00:07:01的位置，单击“下右”和“下左”前的“切换动画”按钮，如图12-49所示。

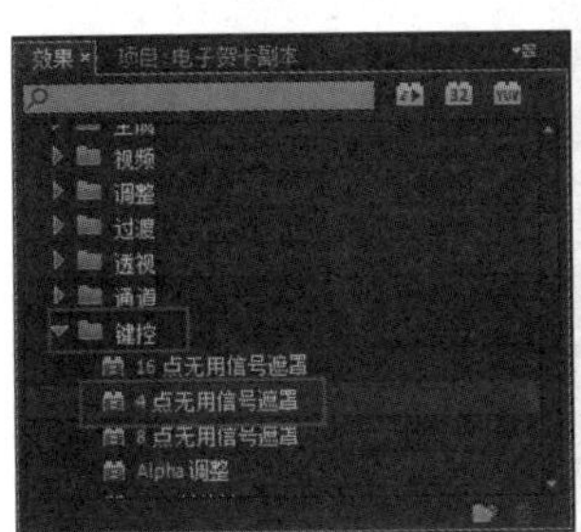

图12-47　选择“4点无用信号遮罩”特效

图12-48　设置特效参数

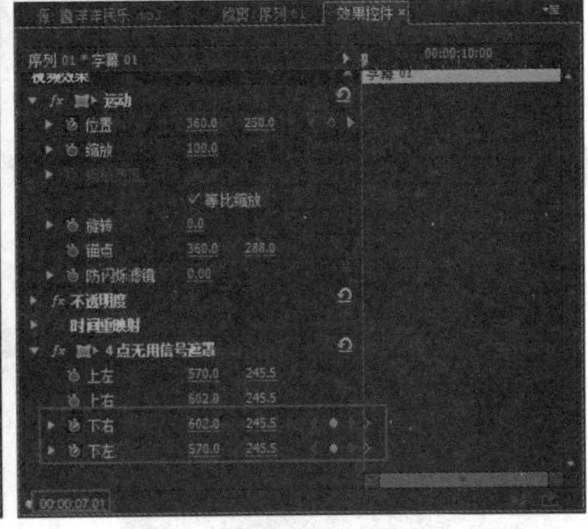

图12-49　添加第一处关键帧

06 在“效果控件”面板中，设置时间为00:00:08:11，设置“下右”参数为602、435，“下左”参数为570、435，如图12-50所示。

07 在时间为00:00:12:02的位置，单击“位置”前的“切换动画”按钮，如图12-51所示。

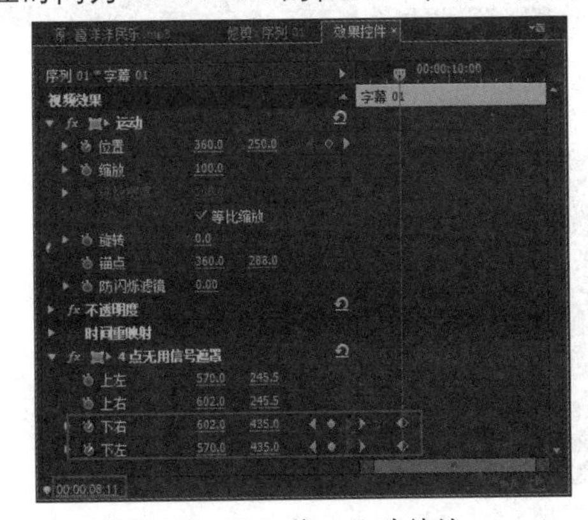

图12-50　添加第二处关键帧

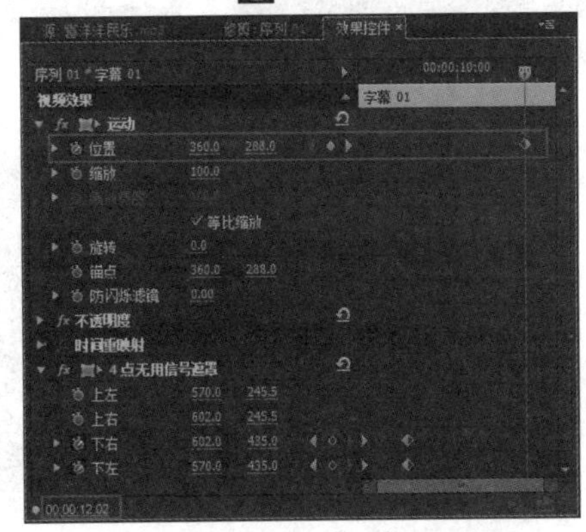

图12-51　添加第一处关键帧

08 在“效果控件”面板，设置时间为00:00:13:00，设置“位置”参数为360、266.7，如图12-52所示。

09 打开“效果”面板，打开“视频过渡”文件夹，展开“溶解”文件夹，如图12-53所示。

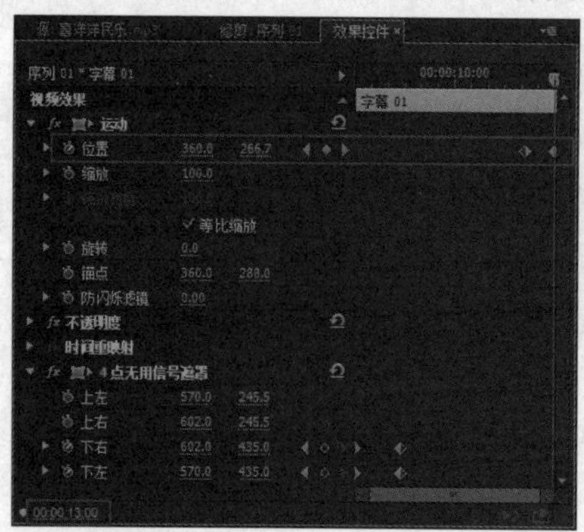

图12-52 添加第二处关键帧

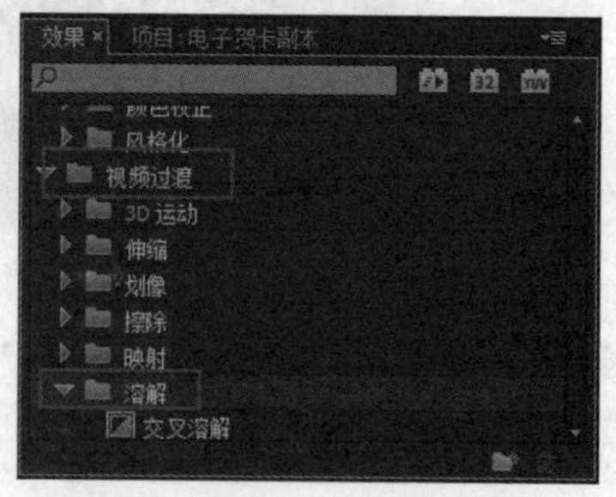

图12-53 选择“溶解”文件夹

10 选择“交叉溶解”特效，将其添加到“字幕01”素材的结束位置，如图12-54所示。

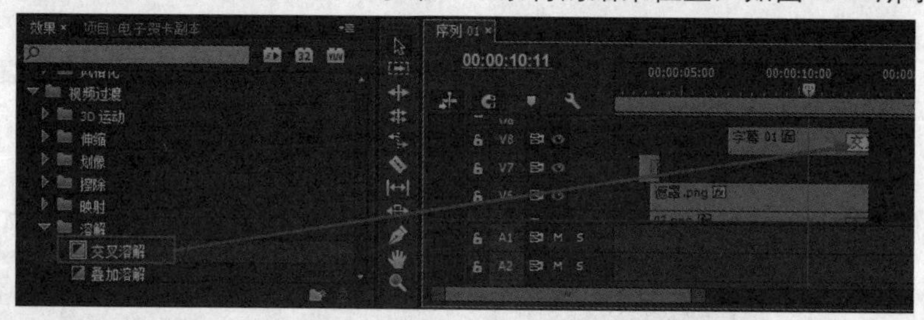

图12-54 添加“交叉溶解”特效

11 执行“字幕”|“新建字幕”|“默认静态字幕”命令，弹出“新建字幕”对话框，单击“确定”按钮，如图12-55所示。

12 弹出“字幕设计器”对话框，输入文本，设置字体、大小、间距及行距等参数，如图12-56所示。

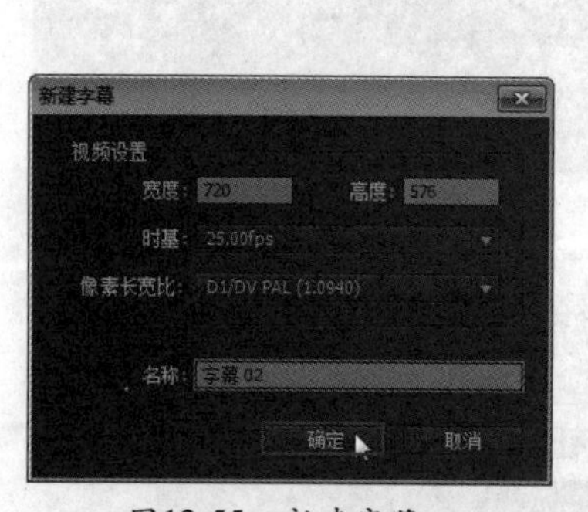

图12-55 新建字幕

图12-56 设置字幕参数

13 在“项目”面板中选择“字幕02”素材，将其拖到视频轨7上，如图12-57所示。

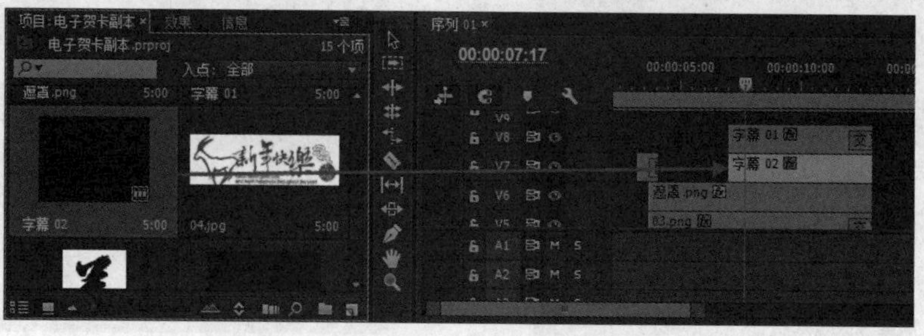

图12-57 拖入素材

14 将鼠标放置在“字幕02”素材的起始位置，当鼠标变成边缘图标时，向右拖动鼠标，使素材的持续时间变成00:00:04:07，释放鼠标，如图12-58所示。

图12-58 调整素材的持续时间

15 打开“效果”面板，展开“视频效果”文件夹，选择“键控”文件夹下的“4点无用信号遮罩”特效，将其添加到“字幕02”素材上，如图12-59所示。

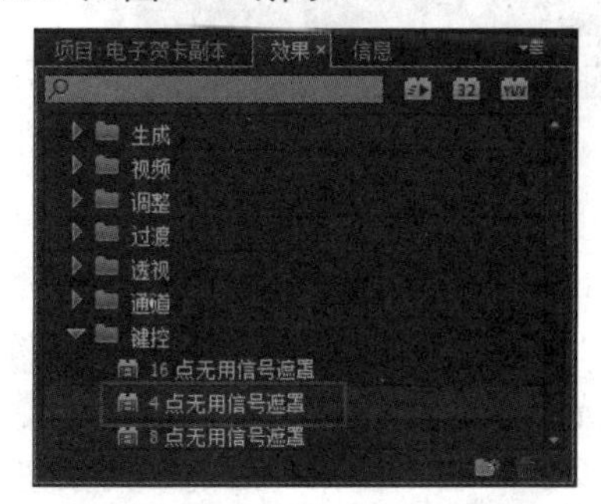

图12-59 选择“4点无用信号遮罩”特效

16 选择视频轨上的“字幕02”素材，打开“效果控件”面板，设置“上左”参数为500、160，“上右”参数为550、160，“下右”参数为550、160，“下左”参数为500、160。设置时间为00:00:08:19，单击“下左”和“下右”前的“切换动画”按钮，如图12-60所示。

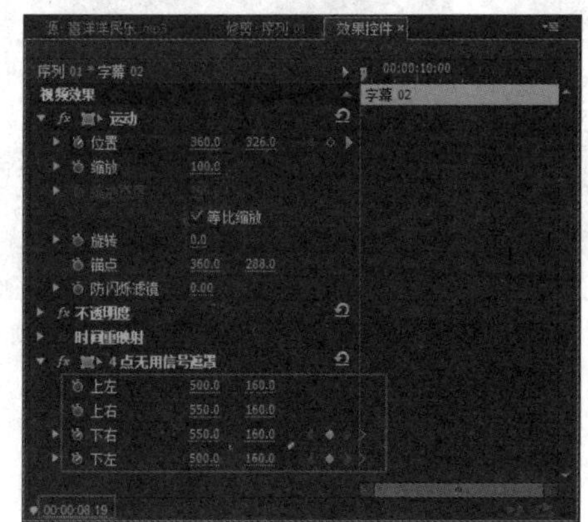

图12-60 添加第一处关键帧

17 设置时间为00:00:10:08，设置“下右”参数为550、340，“下左”参数为500、340，如图12-61所示。

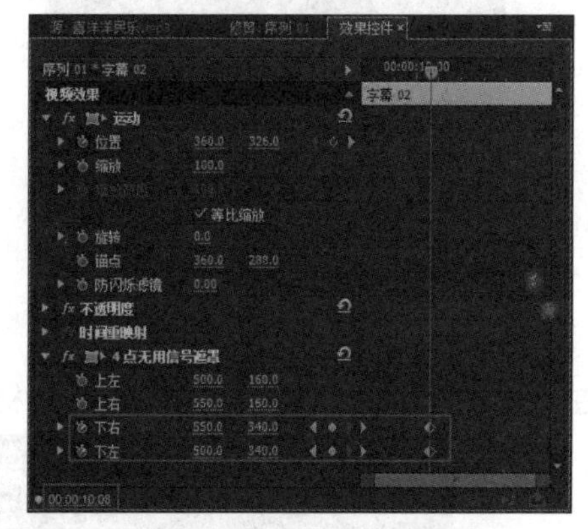

图12-61 添加第二处关键帧

18 在时间为00:00:12:02的位置，单击“位置”前的“切换动画”按钮，设置“位置”参数为360、288，如图12-62所示。

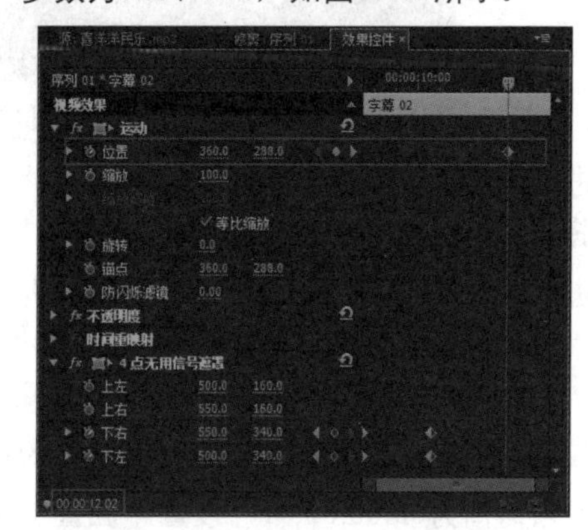

图12-62 添加第三处关键帧

19 设置时间为00:00:13:00，设置“位置”参数为360、309.3，如图12-63所示。

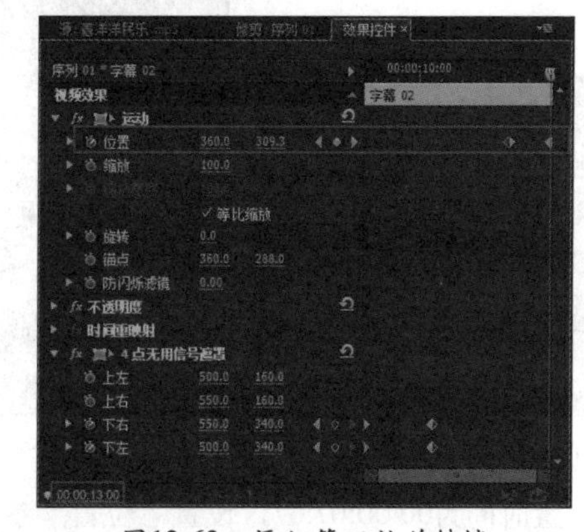

图12-63 添加第四处关键帧

20 进入“效果”面板，打开“视频过渡”文件夹，选择“溶解”文件夹下的“交叉溶解”特效，如图12-64所示。

21 将“交叉溶解”特效添加到“字幕02”素材的结束位置，如图12-65所示。

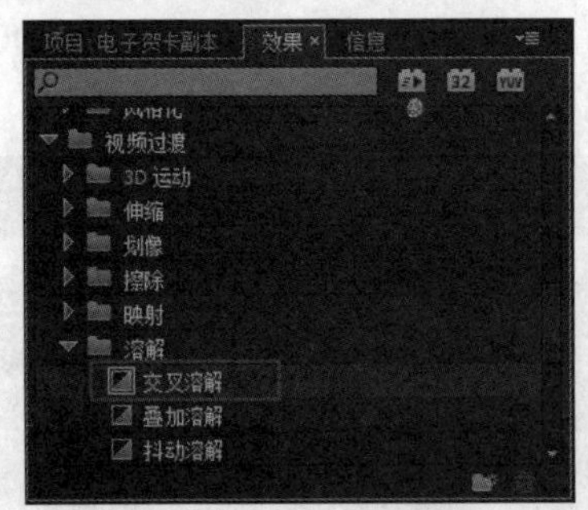

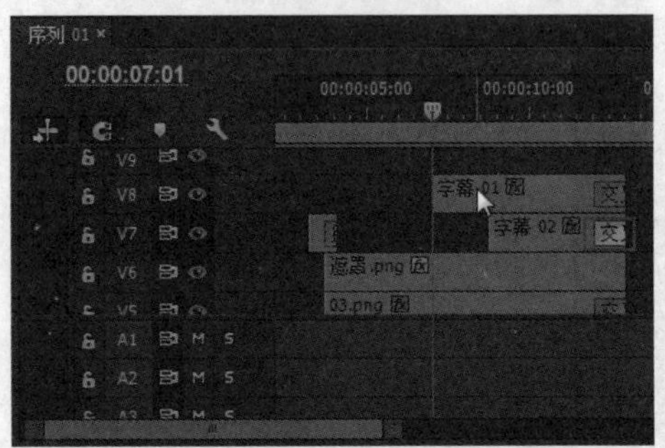

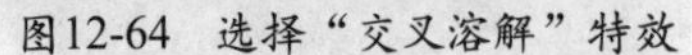

图12-64 选择“交叉溶解”特效　　图12-65 添加“交叉溶解”特效

22 在“项目”面板中选择“画笔.png”素材，将其拖到视频轨9上，如图12-66所示。

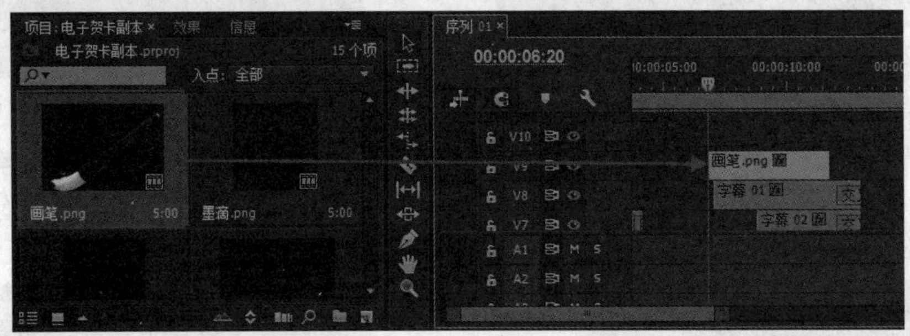

图12-66 拖入素材

23 进入“效果”面板，打开“视频效果”文件夹，选择“透视”文件夹下的“放射阴影”特效，将其添加到“画笔.png”素材上，如图12-67所示。

24 进入“效果控件”面板，设置时间为00:00:06:20，单击“位置”前的“切换动画”按钮，设置“位置”参数为848、174，“缩放”参数为50。单击“光源”前的“切换动画”按钮，设置“光源”参数为-108.3、28.5，“投影距离”参数为21。单击“渲染”后的三角按钮，在下拉列表中选择“常规”选项，如图12-68所示。

25 设置时间为00:00:07:01，设置“位置”参数为695、174，“光源”参数为-108.3、235.5，如图12-69所示。

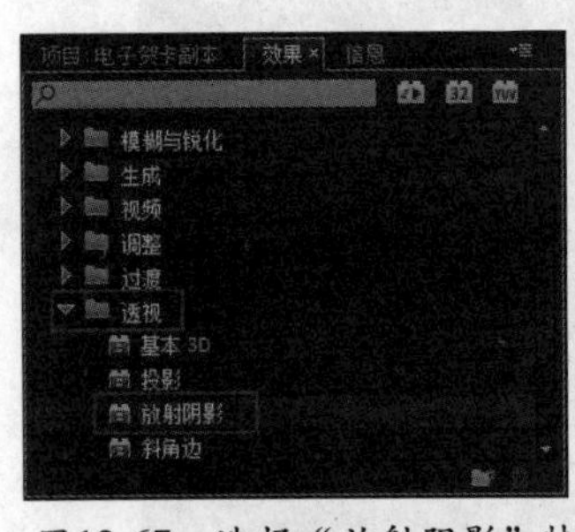

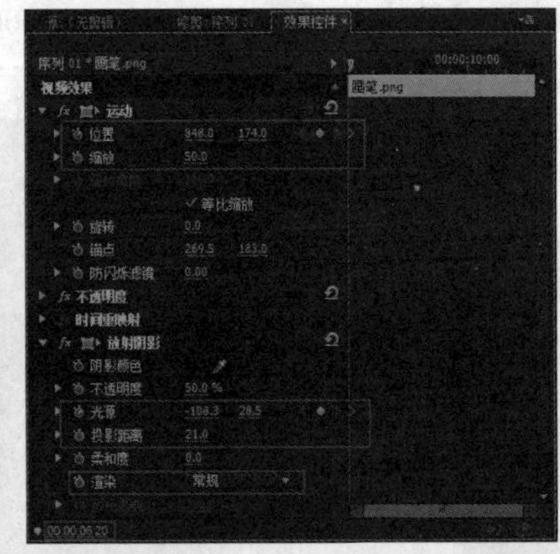

图12-67 选择“放射阴影”特效　　图12-68 添加第一处关键帧　　图12-69 添加第二处关键帧

26 设置时间为00:00:07:07，设置“位置”参数为704.3、203.7，如图12-70所示。

27 设置时间为00:00:07:14，设置“位置”参数为693.4、240.3，如图12-71所示。

28 设置时间为00:00:07:21，设置“位置”参数为706.8、277.8，如图12-72所示。

29 设置时间为00:00:08:04，设置“位置”参数为694、324.8，如图12-73所示。

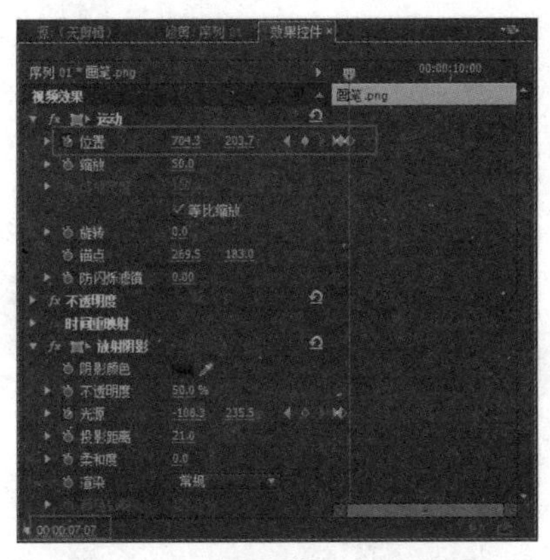

图12-70　添加第三处关键帧

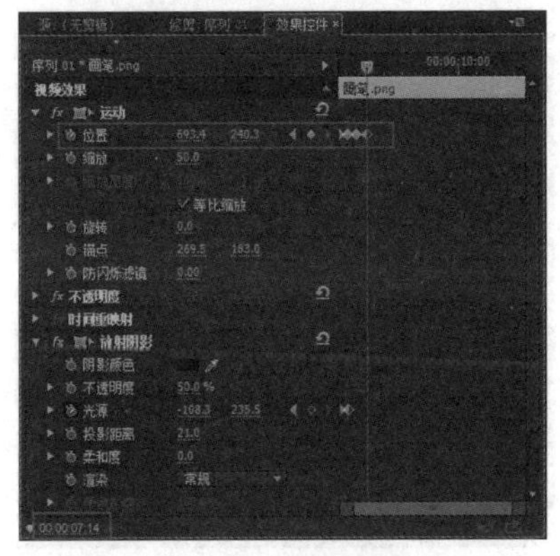

图12-71　添加第四处关键帧

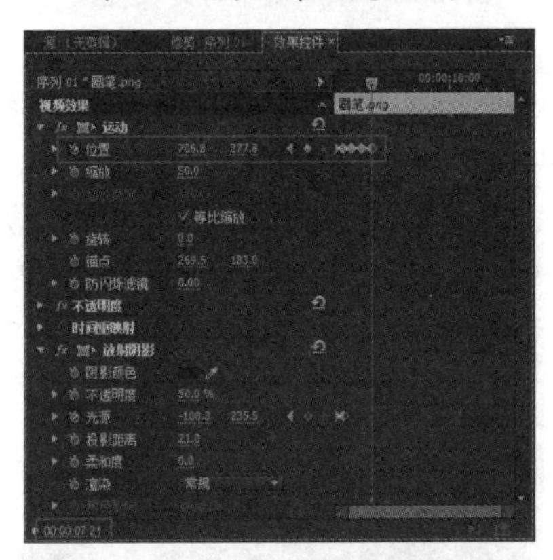

图12-72　添加第五处关键帧

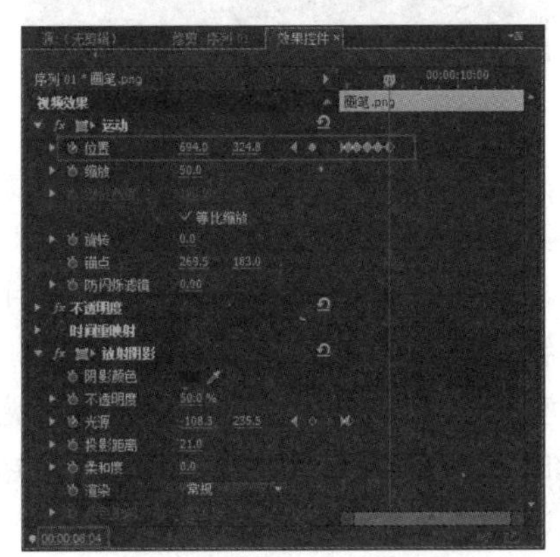

图12-73　添加第六处关键帧

30 设置时间为00:00:08:11，设置“位置”参数为695、350，单击“光源”后的“添加/移除关键帧”按钮◇，如图12-74所示。

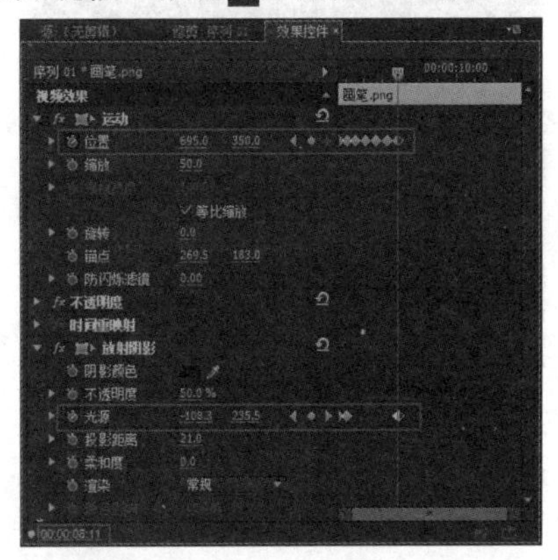

图12-74　添加第七处关键帧

31 设置时间为00:00:08:19，设置“位置”参数为635、90，“光源”参数为-108.3、254.5，如图12-75所示。

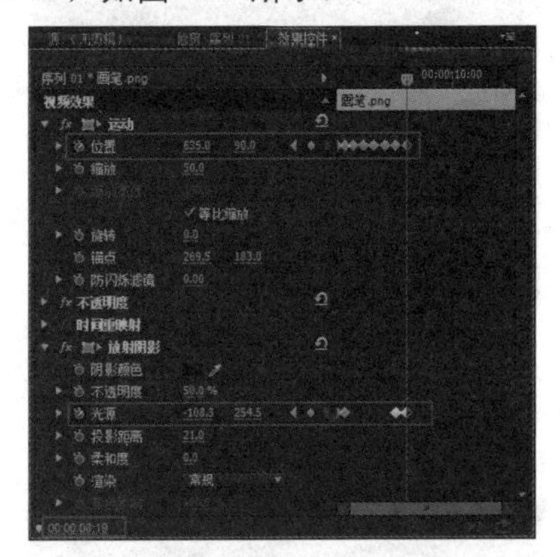

图12-75　添加第八处关键帧

32 设置时间为00:00:09:01，设置“位置”参数为649.3、119.1，如图12-76所示。

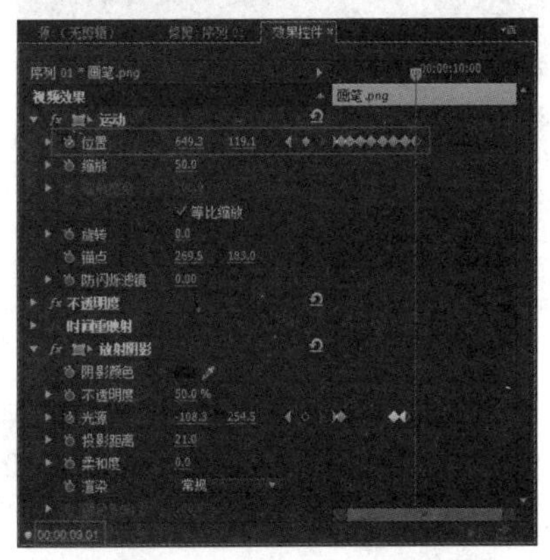

图12-76　添加第九处关键帧

33 设置时间为00:00:09:10，设置“位置”参数为635.4、161.1，如图12-77所示。

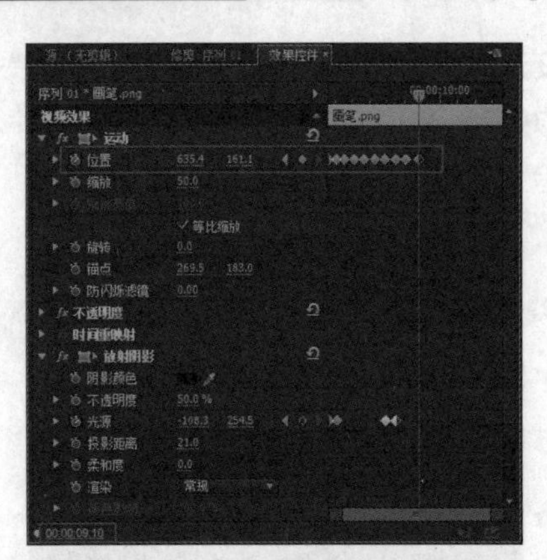

图12-77　添加第十处关键帧

34 设置时间为00:00:09:18，设置“位置”参数为649、198.5，如图12-78所示。

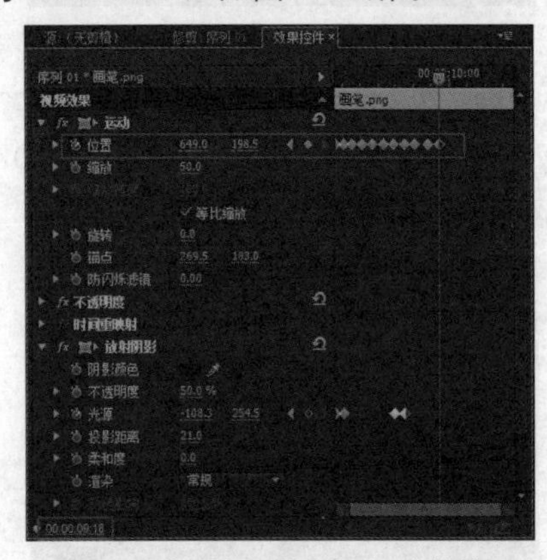

图12-78　添加第十一处关键帧

35 设置时间为00:00:10:00，设置“位置”参数为635、231.4，如图12-79所示。

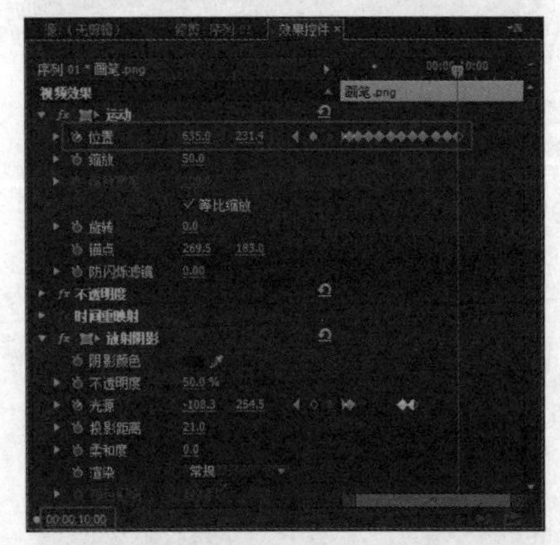

图12-79　添加第十二处关键帧

36 设置时间为00:00:10:08，设置“位置”参数为649、267，“光源”参数为-108.3、254.5，如图12-80所示。

37 设置时间为00:00:10:11，设置“光源”参数为-108.3、139.5，如图12-81所示。

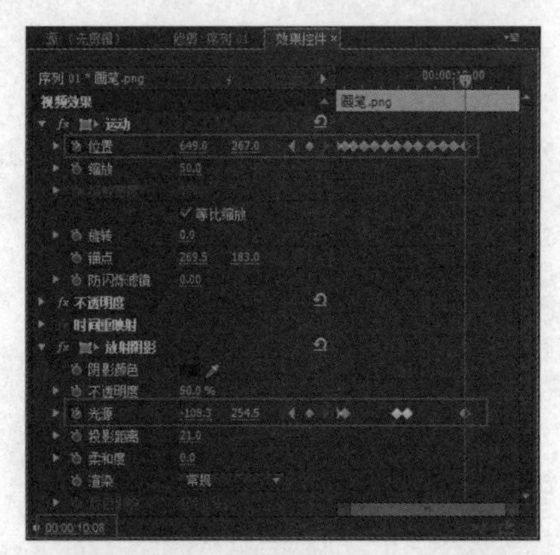

图12-80　添加第十三处关键帧

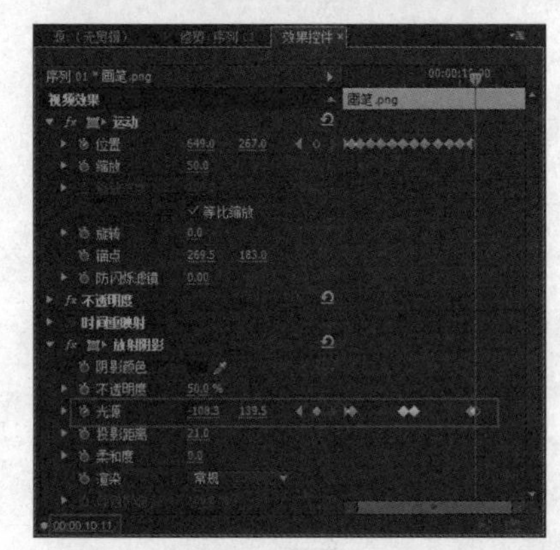

图12-81　添加第十四处关键帧

38 设置时间为00:00:10:22，设置“位置”参数为850、267，如图12-82所示。

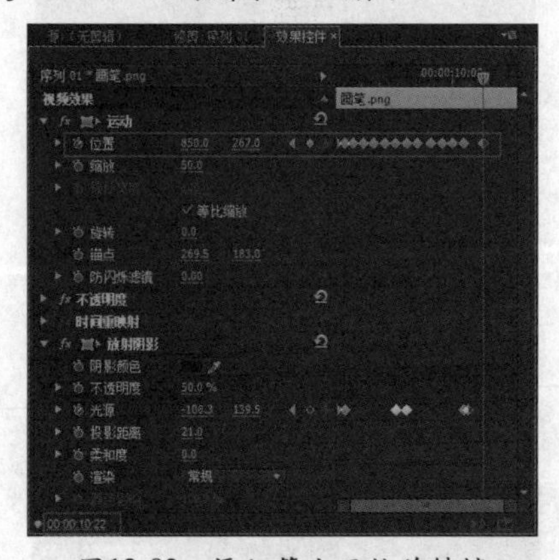

图12-82　添加第十五处关键帧

39 在“项目”面板中选择“梅花.png”素材，将其拖到视频轨10上，如图12-83所示。

40 在视频轨上的“梅花.png”素材上单击鼠标右键，执行“速度/持续时间”命令，弹出“剪辑速度/持续时间”对话框，设置“持续时间”为30秒，单击“确定”按钮，完成设置，如图12-84所示。

图12-83　拖入素材

图12-84　设置剪辑持续时间

41 进入“效果控件”面板，设置“位置”参数为-46.3、500，“缩放”参数为90。设置时间为00:00:00:00，单击“旋转”前的“切换动画”按钮，设置“旋转”参数为5°，如图12-85所示。

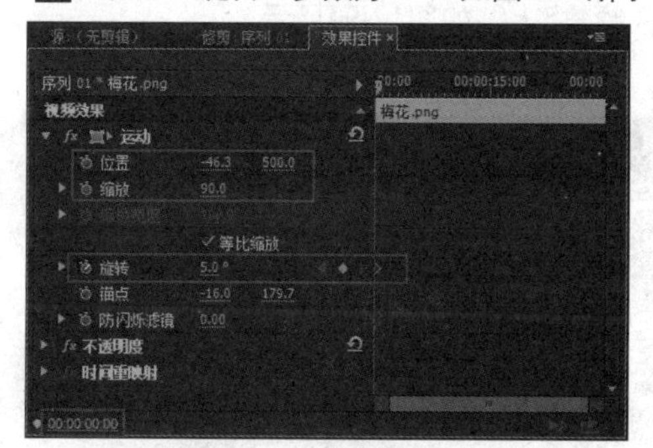

图12-85　添加第一处关键帧

42 设置时间为00:00:04:00，设置“旋转”参数为-5°，如图12-86所示。

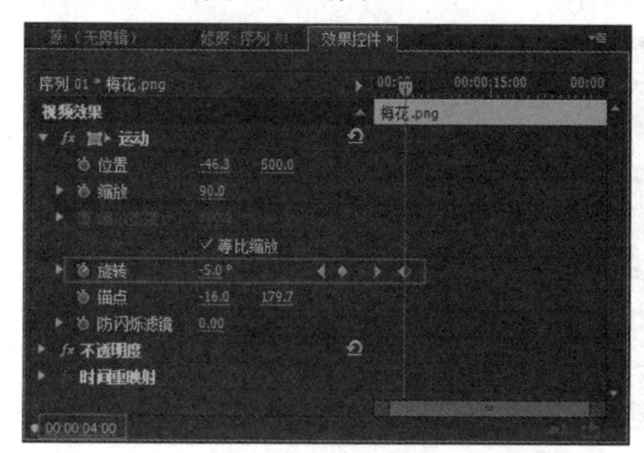

图12-86　添加第二处关键帧

43 设置时间为00:00:08:00，设置“旋转”参数为5°，如图12-87所示。

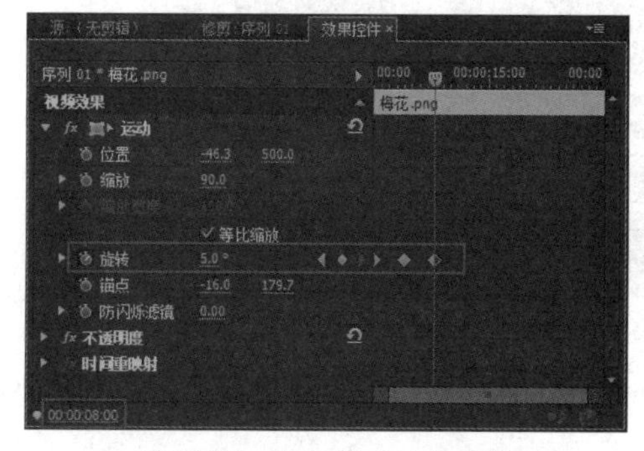

图12-87　添加第三处关键帧

44 设置时间为00:00:12:00，设置“旋转”参数为-5°，如图12-88所示。

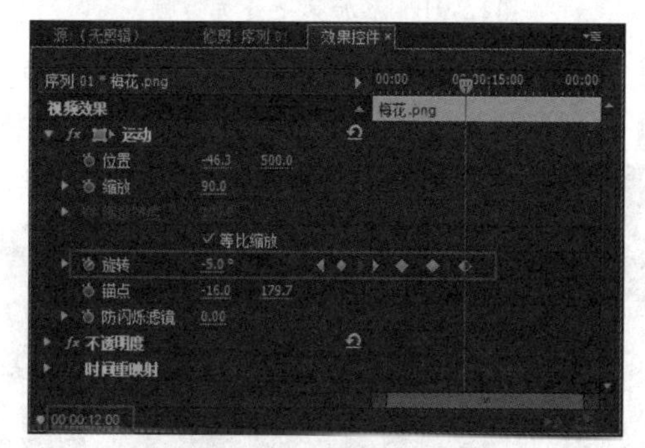

图12-88　添加第四处关键帧

45 设置时间为00:00:16:00，设置“旋转”参数为5°，如图12-89所示。

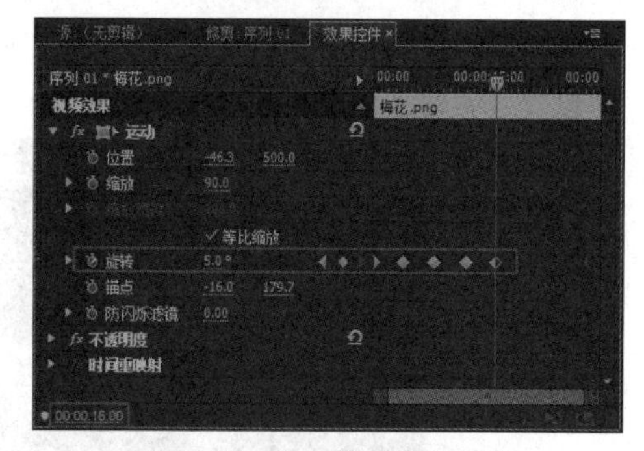

图12-89　添加第五处关键帧

46 设置时间为00:00:20:00，设置“旋转”参数为-5°，如图12-90所示。

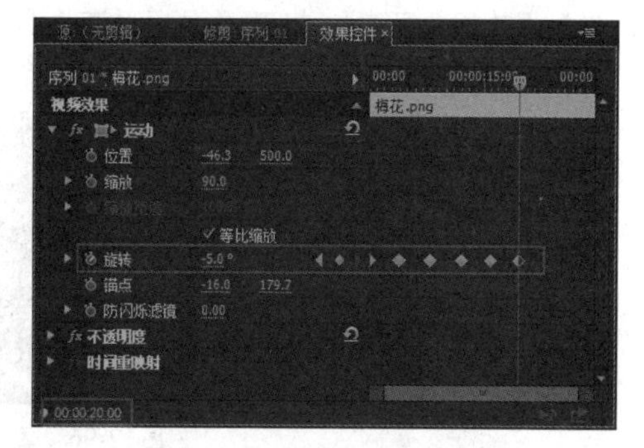

图12-90　添加第六处关键帧

47 设置时间为00:00:24:00，设置“旋转”参数为5°，如图12-91所示。

48 设置时间为00:00:28:00，设置“旋转”参数为-5°，如图12-92所示。

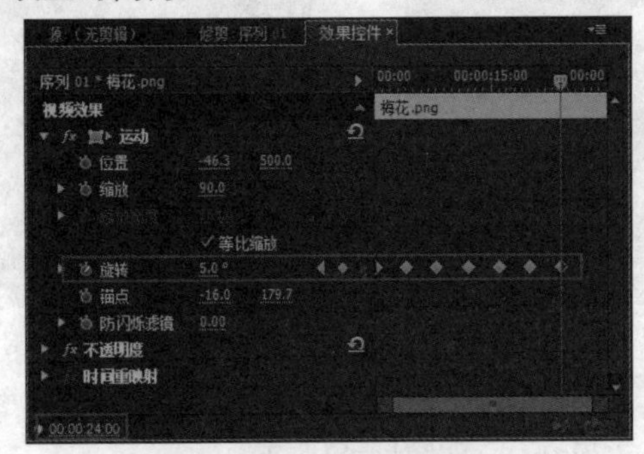

图12-91　添加第七处关键帧

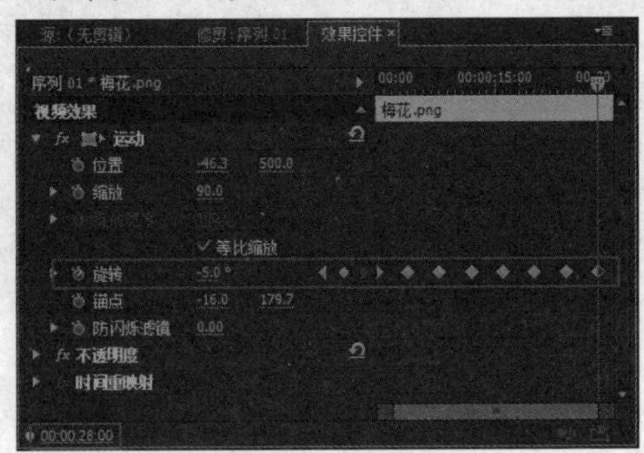

图12-92　添加第八处关键帧

49 设置时间为00:00:29:15，设置“旋转”参数为5°，如图12-93所示。

50 在“项目”面板中选择“01.jpg”素材，将其拖到视频轨5上，如图12-94所示。

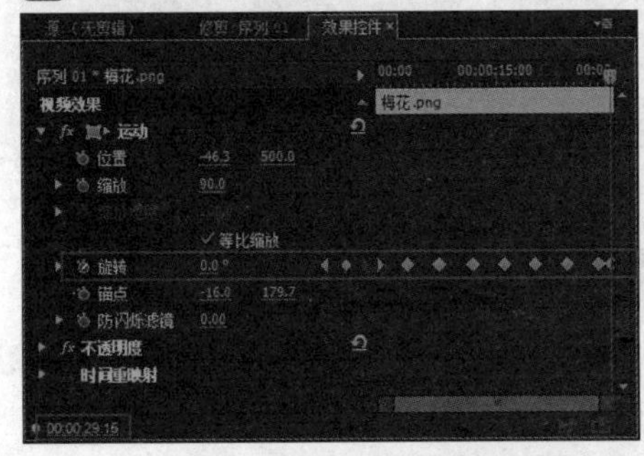

图12-93　添加第九处关键帧

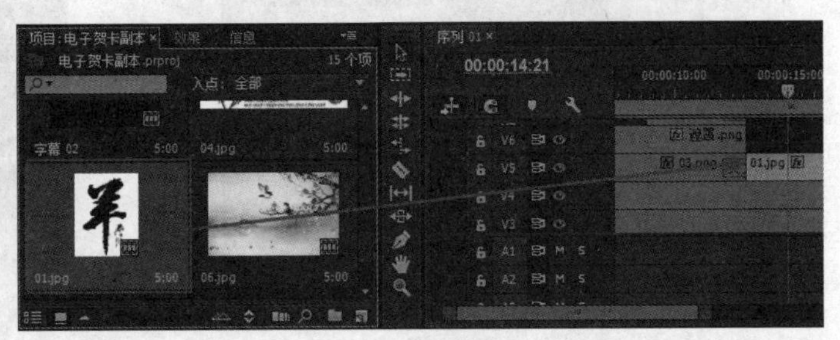

图12-94　拖入素材

51 将鼠标放置在“01.jpg”素材的右边缘，当鼠标变成边缘图标时，向右拖动鼠标，使素材的结束位置与项目结束位置对齐，释放鼠标，如图12-95所示。

图12-95　调整剪辑持续时间

52 进入“效果”面板，打开“视频过渡”文件夹，选择“溶解”文件夹下的“交叉溶解”特效，将其添加到“01.jpg”素材上，如图12-96所示。

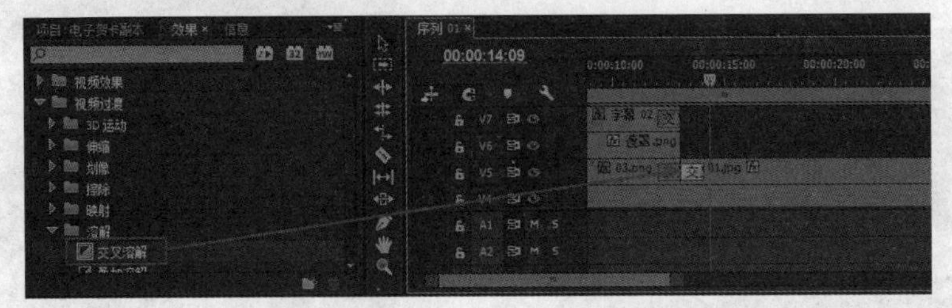

图12-96　添加“交叉溶解”特效

53 选择视频轨上的“01.jpg”素材，进入“效果控件”面板，设置“位置”参数为530、280，“缩放”参数为25，如图12-97所示。

54 执行“字幕”|“新建字幕”|“默认静态字幕”命令，弹出“新建字幕”对话框，单击“确定”按钮，如图12-98所示。

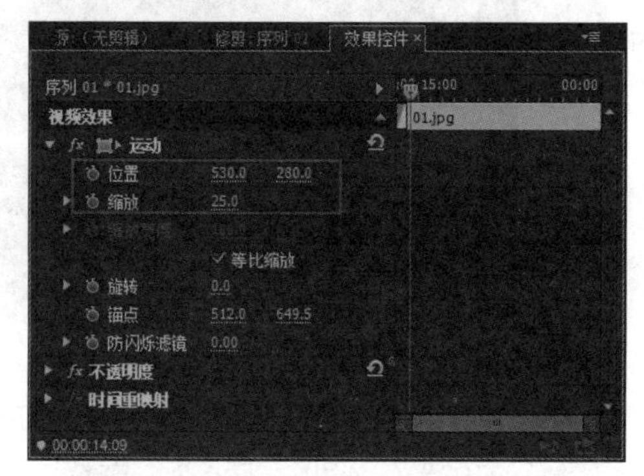

图12-97 设置“位置”及“缩放”参数

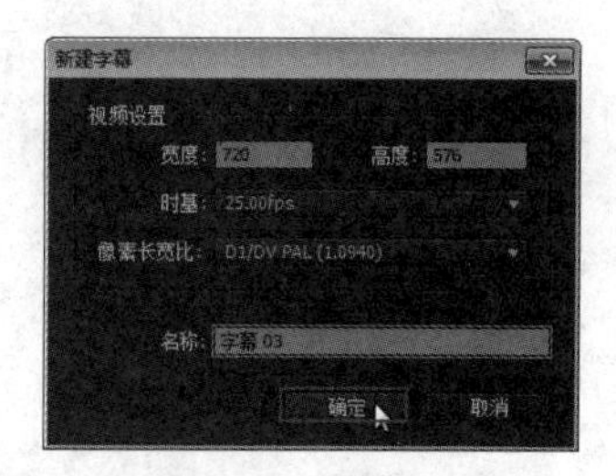

图12-98 新建字幕

55 弹出“字幕设计器”对话框，输入文本，设置字体、大小、间距及行距等参数，如图12-99所示。

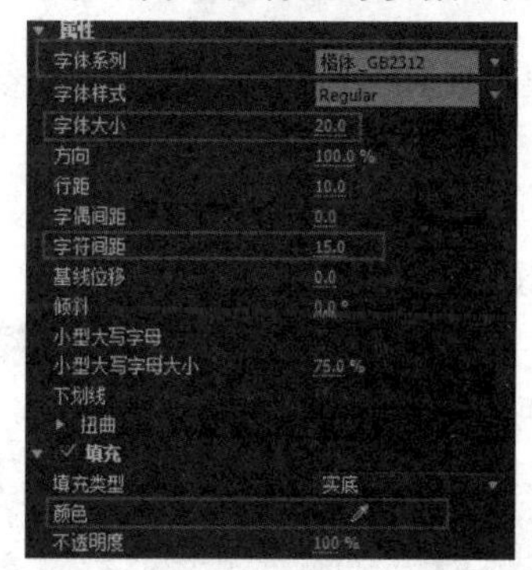

图12-99 设置字幕参数

56 关闭“字幕设计器”对话框。在“项目”面板中选择“字幕03”素材，将其拖到视频轨6上，如图12-100所示。

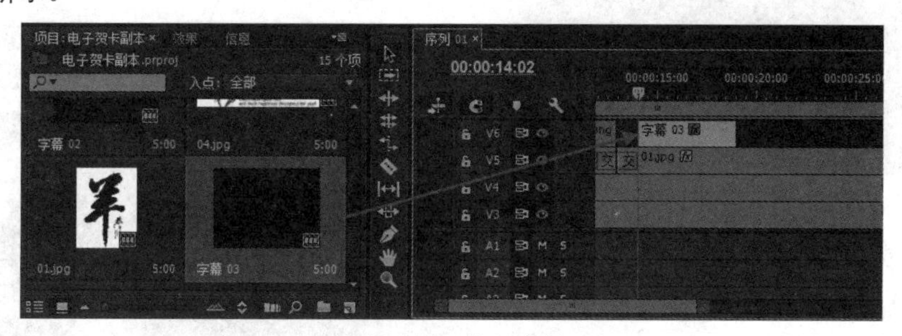

图12-100 拖入素材

57 将鼠标放置在“字幕03”素材的右边缘，当鼠标变成边缘图标时，向右拖动鼠标，使素材的结束位置与项目结束位置对齐，释放鼠标，如图12-101所示。

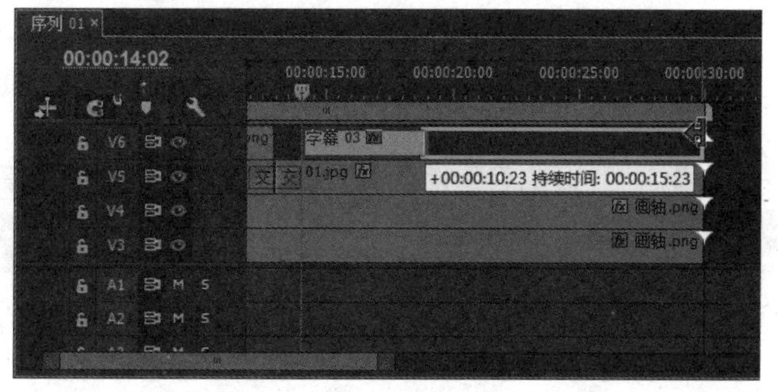

图12-101 调整剪辑持续时间

58 进入“效果”面板，打开“视频效果”文件夹，选择“键控”文件夹下的“4点无用信号遮罩”特效，将其添加到视频轨中的“字幕03”素材上，如图12-102所示。

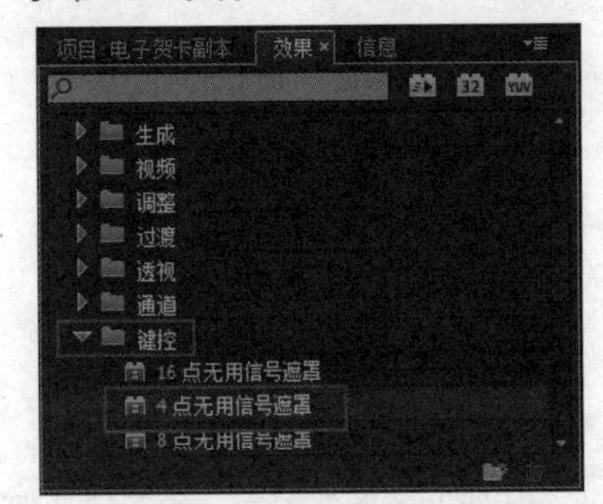

图12-102 添加“4点无用信号遮罩”特效

59 进入“效果控件”面板，设置“上左”参数为80、170，“上右”参数为655、170，“下右”参数为652.8、166.9，“下左”参数为80、170。设置时间为00:00:14:02，单击“下右”和“下左”前的“切换动画”按钮，如图12-103所示。

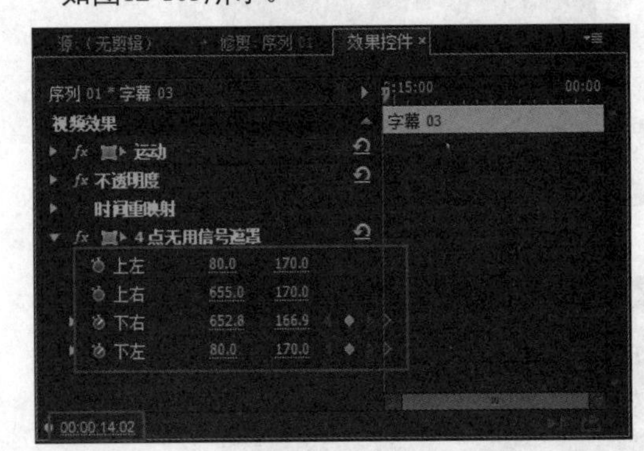

图12-103 添加第一处关键帧

60 设置时间为00:00:20:02，设置“下右”参数为654.1、387，“下左”参数为80、388.3，如图12-104所示。

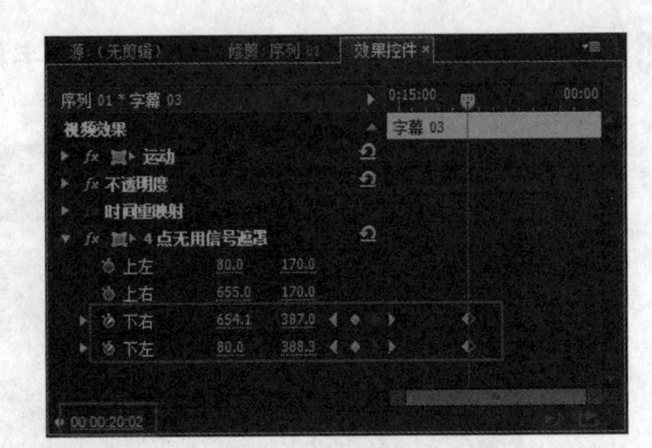

图12-104 添加第二处关键帧

61 设置时间为00:00:20:19，设置“下右”参数为654.2、490，“下左”参数为80、490，如图12-105所示。

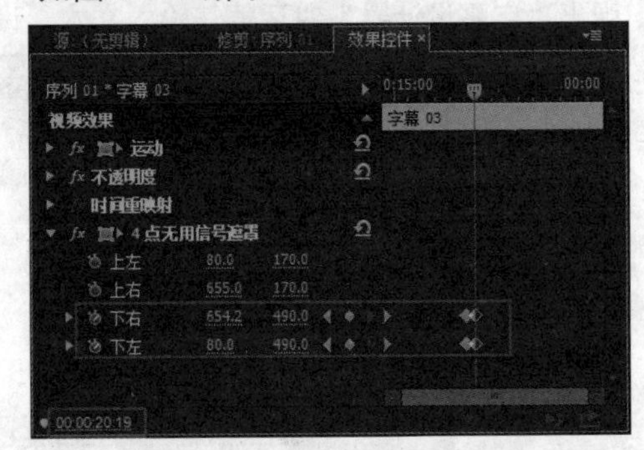

图12-105 添加第三处关键帧

62 设置时间为00:00:22:17，设置“下右”参数为655、540，“下左”参数为80、540，如图12-106所示。

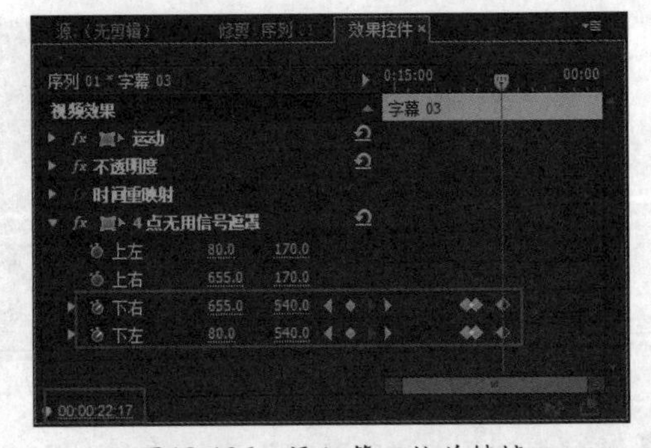

图12-106 添加第四处关键帧

12.4 添加背景音乐

好的音乐能起到烘托气氛的作用，背景音乐的作用更是如此。

视频位置:DVD\视频\第12章\12.4 添加背景音乐.mp4

01 在“项目”面板中选择“04.jpg”素材，将其拖到视频轨7上，如图12-107所示。

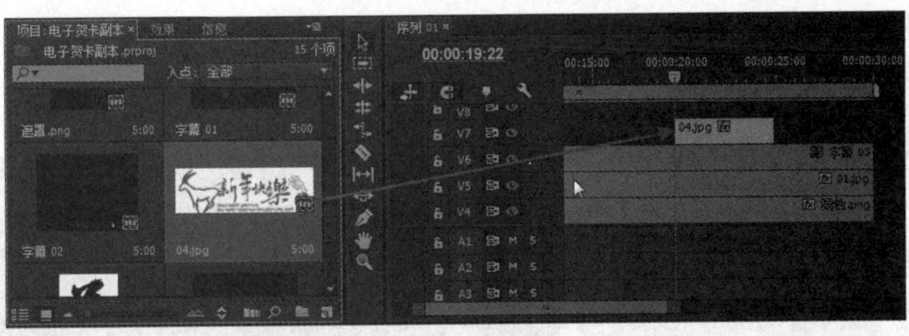

图12-107 拖入素材

02 将鼠标放置在“04.jpg”素材的右边缘，当鼠标变成边缘图标时，向右拖动鼠标，使素材的结束位置与项目结束位置对齐，释放鼠标，如图12-108所示。

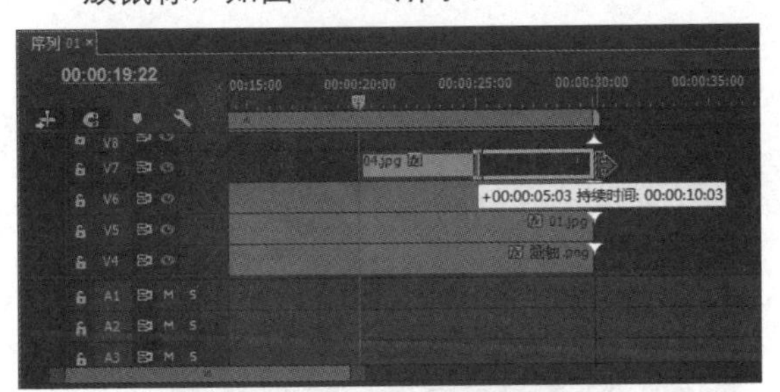

图12-108 调整剪辑持续时间

03 进入“效果控件”面板，设置“位置”参数为360、412，“缩放”参数为0。设置时间为00:00:19:22，单击“缩放”前的“切换动画”按钮，如图12-109所示。

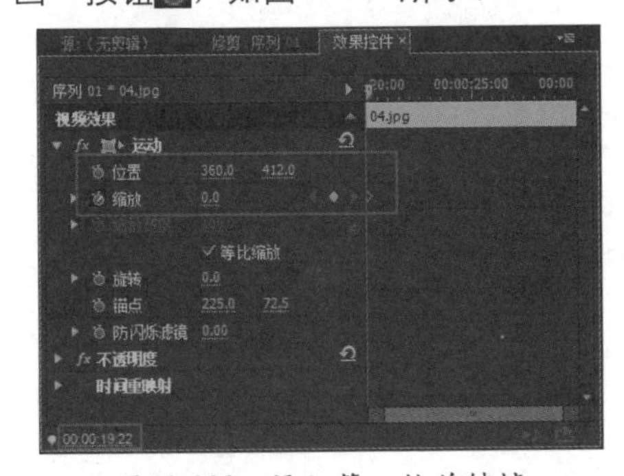

图12-109 添加第一处关键帧

04 设置时间为00:00:22:00，设置“缩放”参数为50，如图12-110所示。

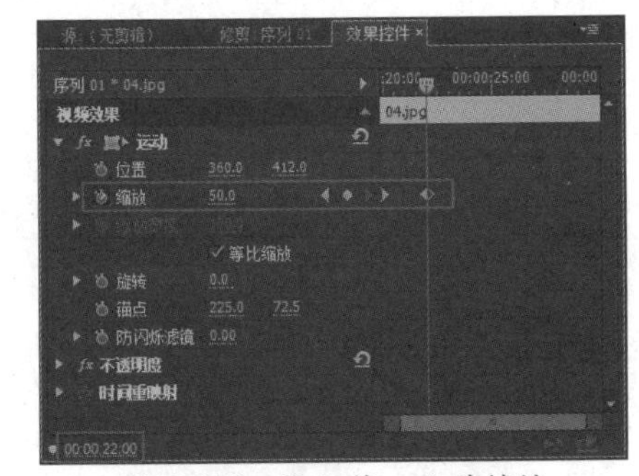

图12-110 添加第二处关键帧

05 在“项目”面板中选择“喜洋洋民乐.mp3”素材，将其拖到“源监视器”面板中，如图12-111所示。

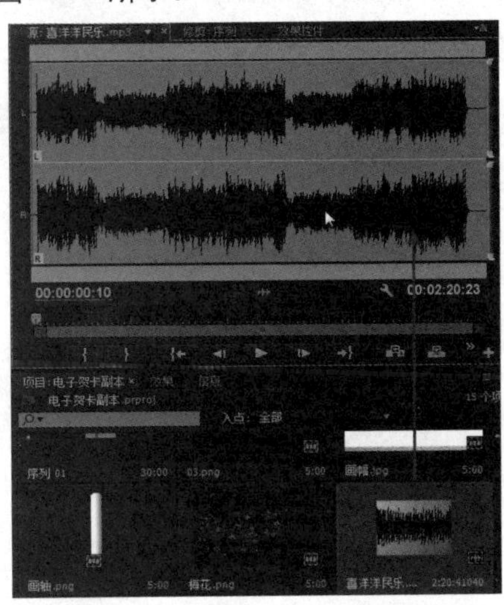

图12-111 将素材拖到“源监视器”面板

06 在“源监视器”面板中，设置时间为00:00:01:22，单击面板下方的“标记入点”按钮，如图12-112所示。

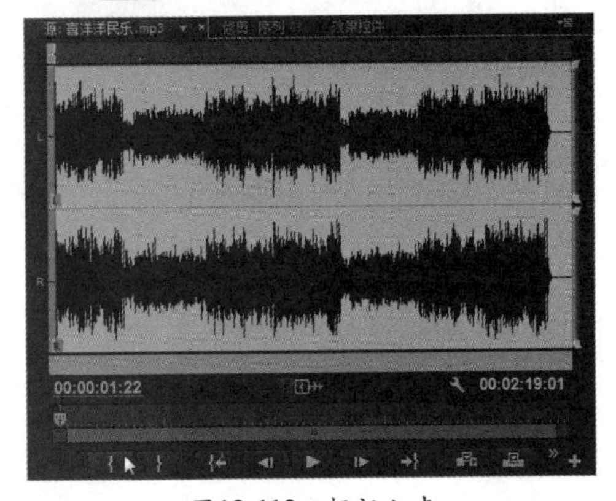

图12-112 标记入点

07 设置时间为00:00:31:22，单击面板下方的“标记出点”按钮，如图12-113所示。

08 在“源监视器”面板中，单击下方的“插入”按钮，将音频剪辑插入到音频轨中，如图12-114所示。

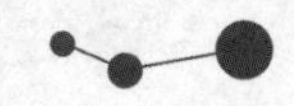

图12-113　标记出点

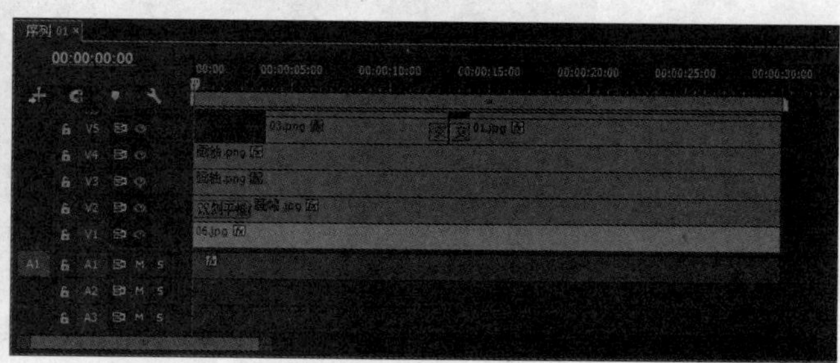

图12-114　插入音频

09 按空格键预览最终效果，如图12-115所示。

图12-115　效果预览

第13章 综合实例——儿童相册

电子相册是指可以在电脑上观赏的区别于CD/VCD的静止图片的特殊文档，其内容不局限于摄影照片，也可以包括各种艺术创作图片。电子相册具有传统相册无法比拟的优越性：图、文、声、像并茂的表现手法，随意修改编辑的功能，快速的检索方式，永不褪色的恒久保存特性，以及廉价复制分发的优越手段。

本例的儿童相册的制作，就是将静态的图像素材编辑处理，制作成一个动态的视频，然后通过使用视频特效和滤镜的修饰来体现活泼可爱的场景。

本章重点

◎ 制作出帘幕被拉开、关闭的效果
◎ “光照效果”的应用
◎ 预设特效

本实例的主题分为5个部分，它们是“片头”、“场景1～3”以及“片尾”，效果如下所示。

片头效果

场景1效果

场景2效果

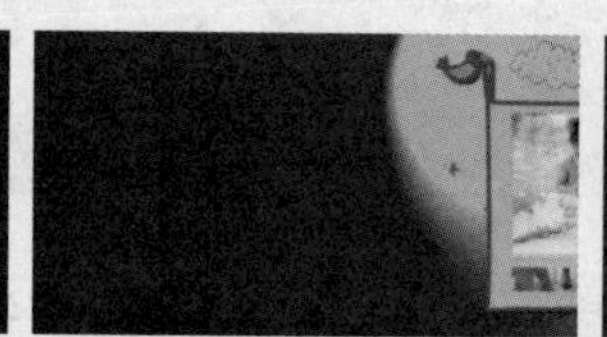
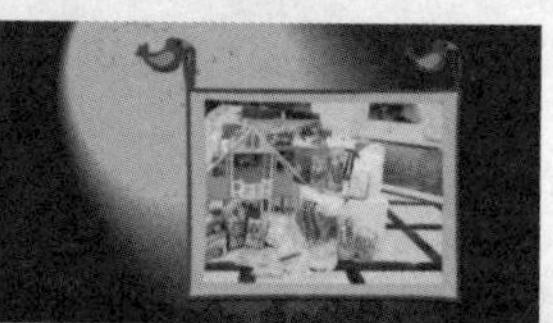

场景3效果

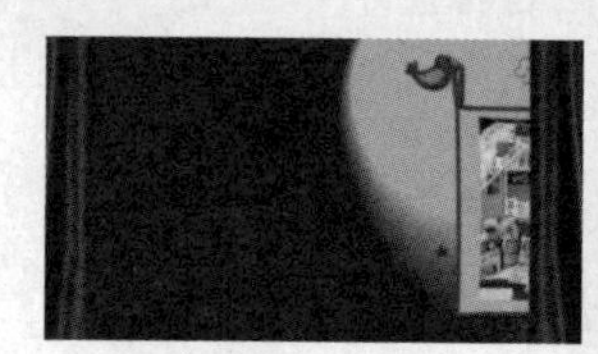

片尾效果

13.1 片头制作

本片头将模仿拉开舞台帷幕的动作，利用“帘”特效制作出帘幕拉开的效果。下面将介绍实现该效果的操作方法。

视频位置:DVD\视频\第13章\13.1 片头制作.mp4

01 打开Premiere Pro CC软件，在欢迎界面上单击“新建项目”按钮，如图13-1所示。

02 在弹出的“新建项目”对话框中，输入项目名称并设置项目存储位置，单击“确定”按钮，如图13-2所示。

03 执行“文件”|“新建”|“序列”命令，弹出“新建序列”对话框，选择合适的序列预设，单击“确定”按钮，如图13-3所示。

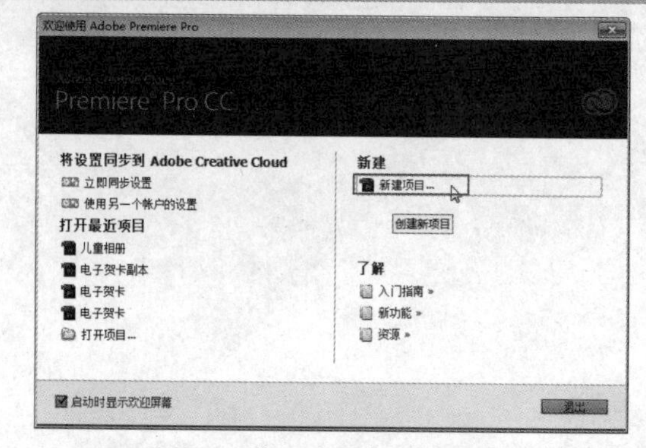

图13-1 单击“新建项目”按钮

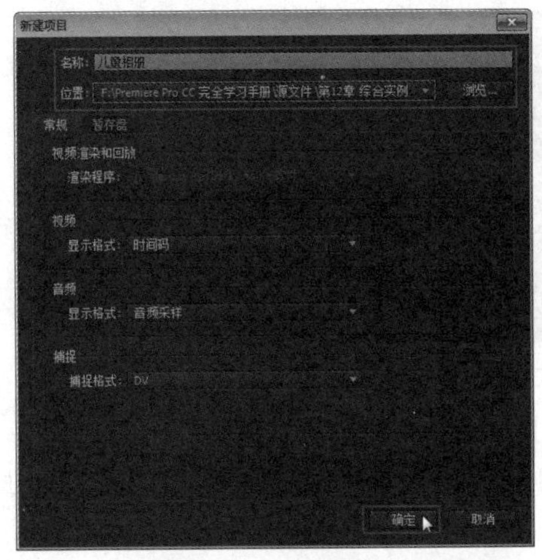

图13-2 新建项目

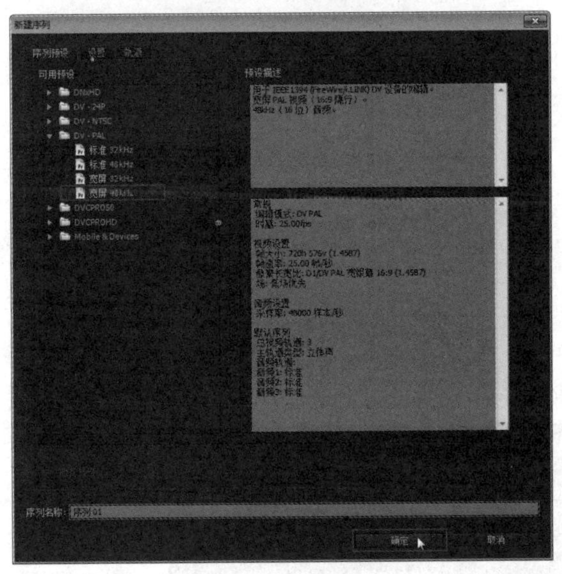

图13-3 新建序列

04 执行“文件”|“导入”命令，弹出“导入”对话框，选择需要的素材，单击“打开”命令，如图13-4所示。在导入PSD文件时，在弹出的对话框中需要选择“各个图层”选项。

图13-4 “导入”对话框

05 在“项目”面板中，单击右下角的“新建项”按钮并选择“颜色遮罩”选项，如图13-5所示。

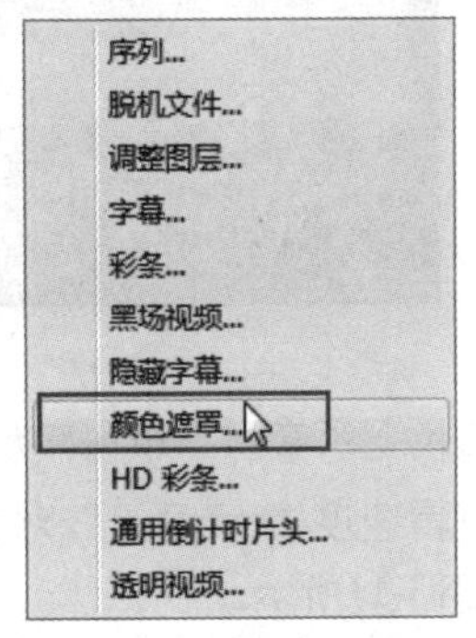

图13-5 选择“颜色遮罩”选项

06 弹出“新建颜色遮罩”对话框，单击“确定”按钮，如图13-6所示。

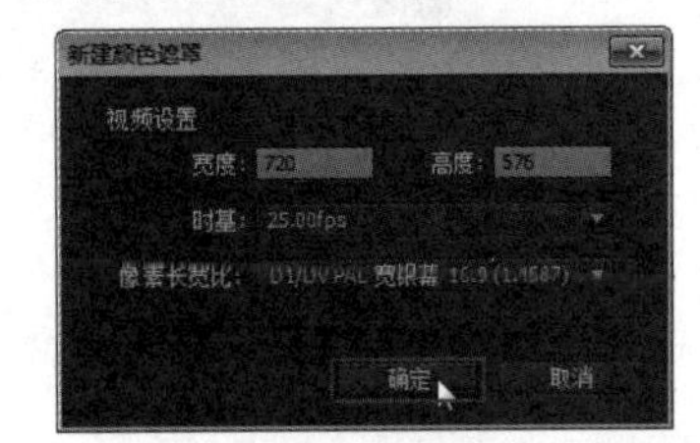

图13-6 “新建颜色遮罩”对话框

07 弹出“拾色器”对话框，选择合适的颜色，单击“确定”按钮，如图13-7所示。

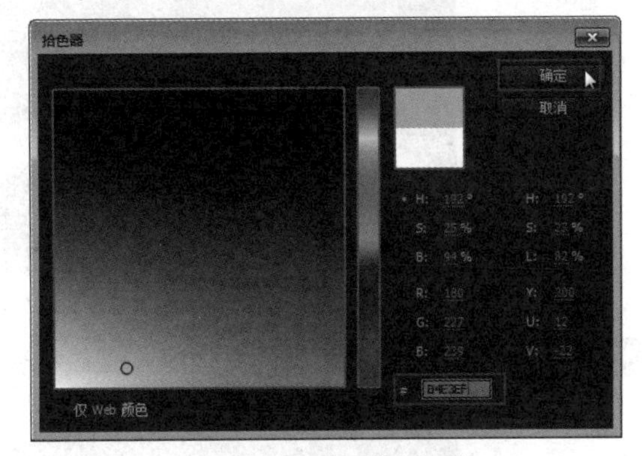

图13-7 “拾色器”对话框

08 弹出“选择名称”对话框，输入遮罩名称，单击“确定”按钮，完成设置，如图13-8所示。

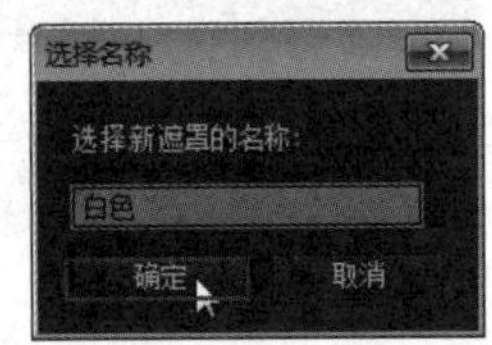

图13-8 “选择名称”对话框

09 在“项目”面板中选择素材，将其拖到视频轨1上，如图13-9所示。

图13-9　拖入素材

10 选择视频轨上的素材，单击鼠标右键并执行“速度/持续时间”命令，如图13-10所示。

11 弹出“剪辑速度/持续时间”对话框，设置持续时间为00:00:31:24，单击“确定”按钮，完成设置，如图13-11所示。

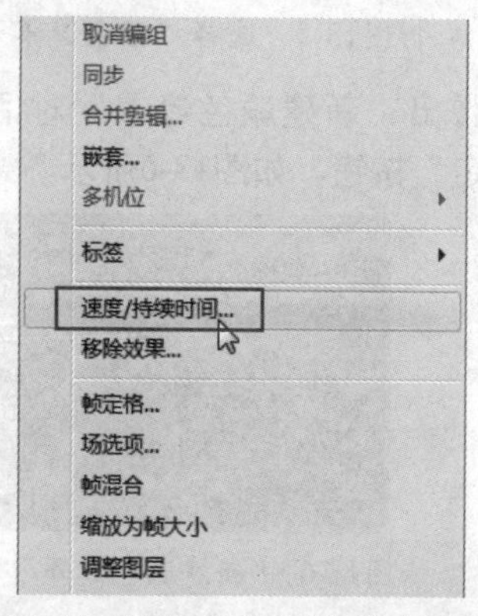

图13-10　执行“速度/持续时间”命令

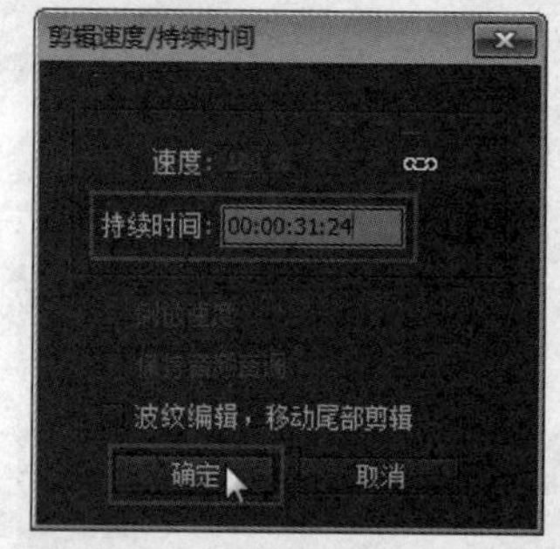

图13-11　设置剪辑持续时间

12 在“项目”面板中选择音频素材，将其拖到音频轨上，如图13-12所示。

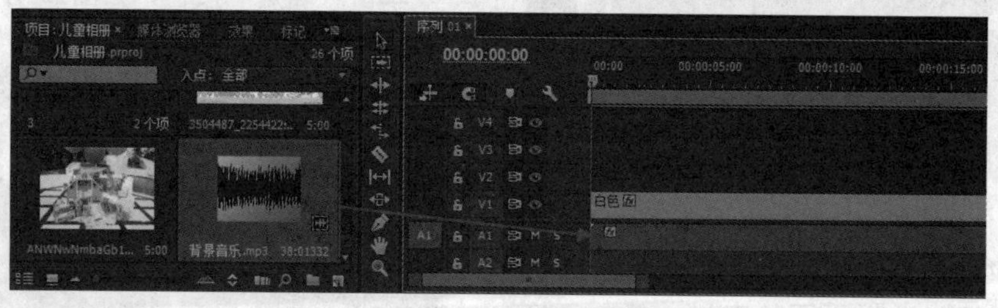

图13-12　拖入音频素材

13 将鼠标放置在音频素材的右边缘，当鼠标变成边缘图标时，向左拖动鼠标，使素材的结束位置与视频素材的结束位置对齐，释放鼠标，如图13-13所示。

图13-13　调整剪辑持续时间

拖曳视音频素材，不会使素材加快或减慢播放速度，而是增加或减少帧的数量。即使是增加帧的数量，也不能超过源素材的帧的数量。

14 在“项目”面板中选择素材，将其拖到视频轨4上，如图13-14所示。

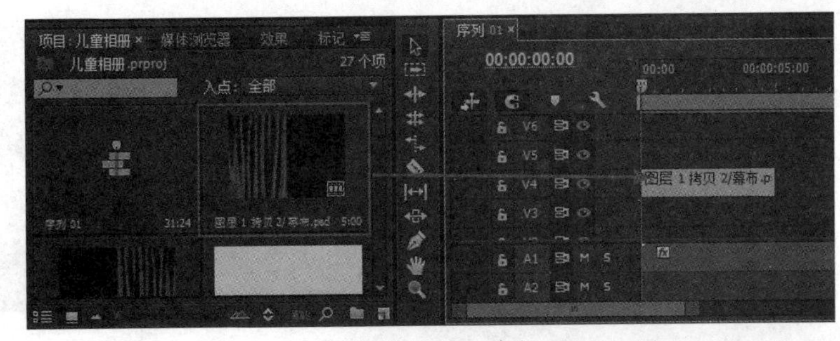

图13-14　拖入素材

15 选择视频轨上的素材，单击鼠标右键并执行“速度/持续时间”命令，弹出“剪辑速度/持续时间”对话框，设置持续时间为00:00:02:01，单击“确定”按钮，完成设置，如图13-15所示。

16 进入“效果控件”面板，设置“位置”参数为351.3、307，“缩放”参数为119.7，如图13-16所示。

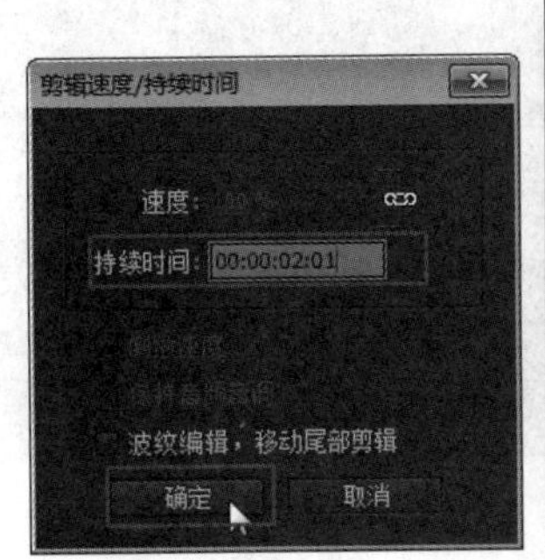

图13-15　调整剪辑持续时间

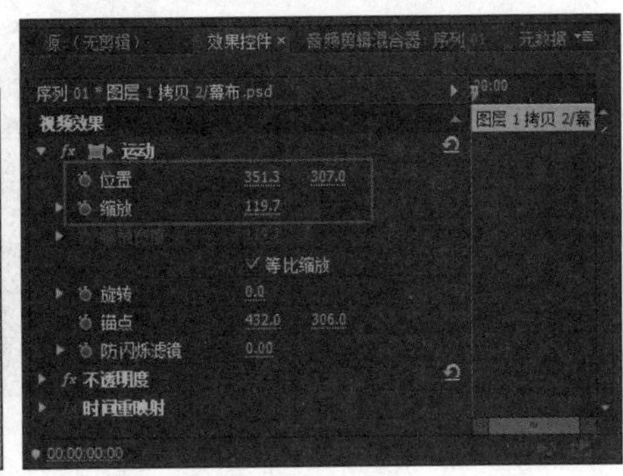

图13-16　设置“位置”及“缩放”参数

17 进入“效果”面板，打开“视频过渡”文件夹，选择“3D运动”文件夹下的“帘式”特效，将其添加到素材的结束位置，如图13-17所示。

图13-17　添加“帘式”特效

18 在“项目”面板中选择素材，将其拖到视频轨5上，如图13-18所示。

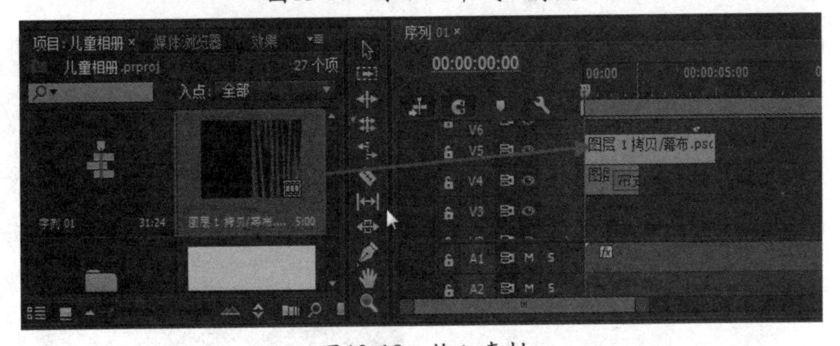

图13-18　拖入素材

19 选择视频轨上的素材，单击鼠标右键并执行“速度/持续时间”命令，弹出“剪辑速度/持续时间”命令，设置持续时间为00:00:02:01，单击“确定”按钮，完成设置，如图13-19所示。

20 进入“效果控件”面板，设置“位置”参数为351.3、300.7，“缩放”参数为124.8，如图13-20所示。

图13-19　调整剪辑持续时间

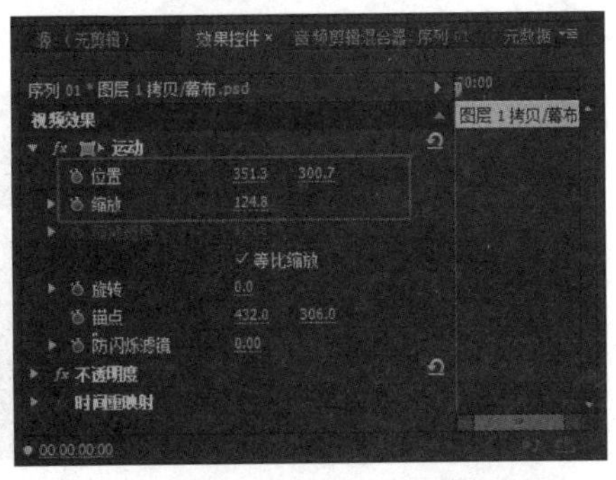

图13-20　设置“位置”及“缩放”参数

21 进入“效果”面板，打开“视频过渡”文件夹，选择“3D运动”文件夹下的“帘式”特效，将其添加到素材的结束位置，如图13-21所示。

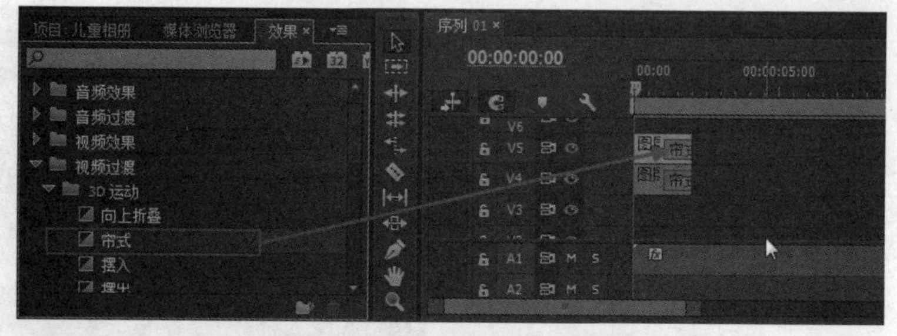
图13-21 添加“帘式”特效

22 在“项目”面板中选择素材，将其拖到视频轨3上，如图13-22所示。

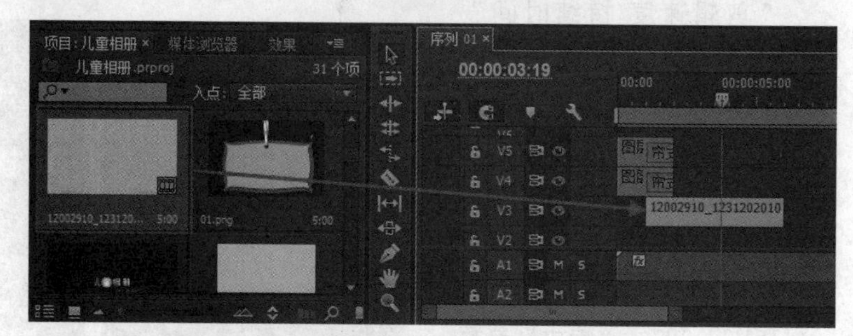
图13-22 拖入素材

23 选择视频轨3上的素材，进入“效果控件”面板，设置“缩放”参数为112.7，如图13-23所示。

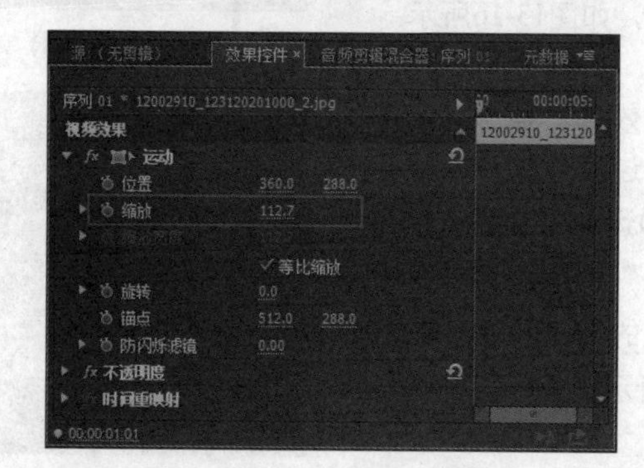
图13-23 设置“缩放”参数

24 进入“效果”面板，打开“视频过渡”文件夹，选择“3D运动”下的“翻转”特效，将其添加到素材的起始位置，如图13-24所示。

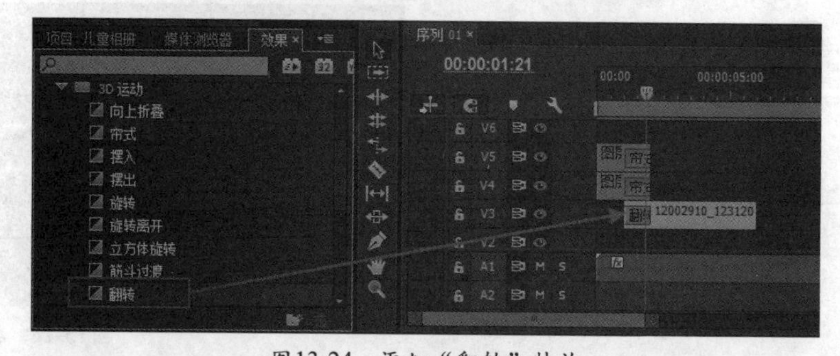
图13-24 添加“翻转”特效

25 在“项目”面板中选择素材，将其拖到视频轨4上，如图13-25所示。

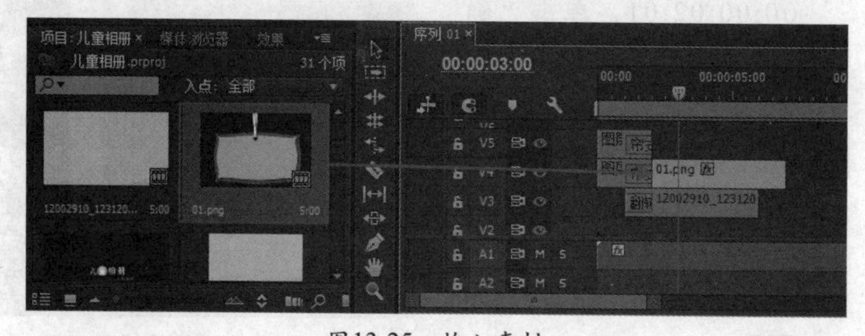
图13-25 拖入素材

26 选择视频轨上的素材，单击鼠标右键并执行“速度/持续时间”命令，设置持续时间为00:00:04:00，单击“确定”按钮，如图13-26所示。

图13-26 调整剪辑持续时间

27 进入“效果控件”面板，设置“位置”参数为360、-215。设置时间为00:00:02:01，单击“位置”前的“切换动画”按钮，如图13-27所示。

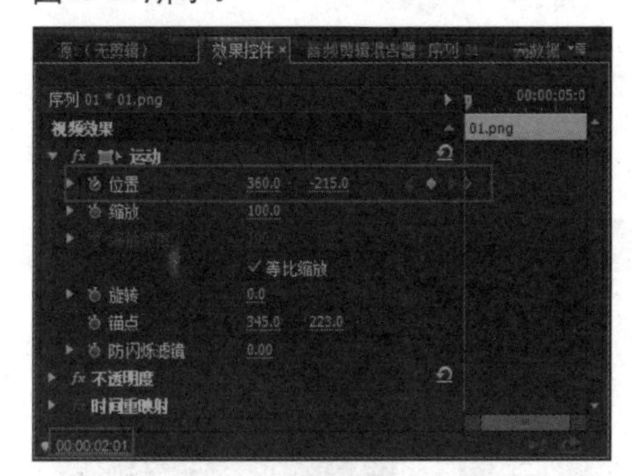

图13-27 添加第一处关键帧

28 设置时间为00:00:02:18，设置“位置”参数为360、190，如图13-28所示。

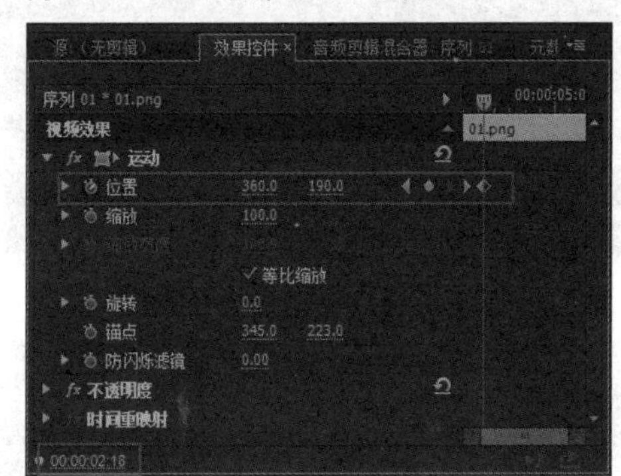

图13-28 添加第二处关键帧

29 设置时间为00:00:03:07，设置“位置”参数为360、180，如图13-29所示。

30 设置时间为00:00:03:19，设置“位置”参数为360、200，如图13-30所示。

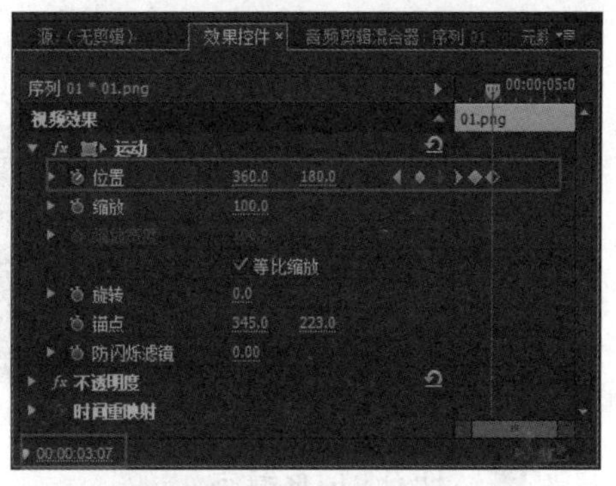

图13-29 添加第三处关键帧

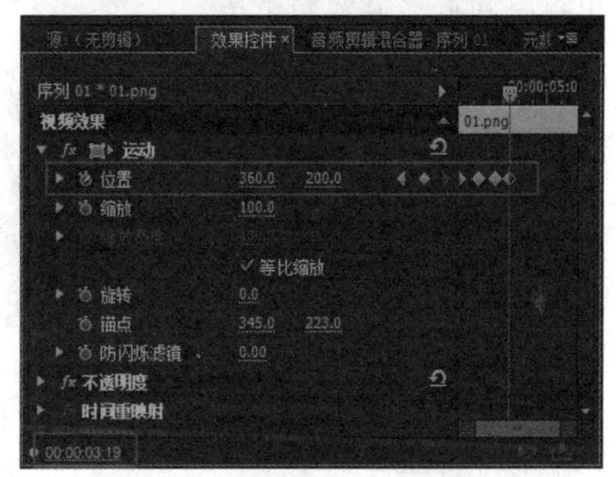

图13-30 添加第四处关键帧

31 将鼠标放置在“运动”效果上，单击鼠标右键并执行“保存预设”命令，如图13-31所示。

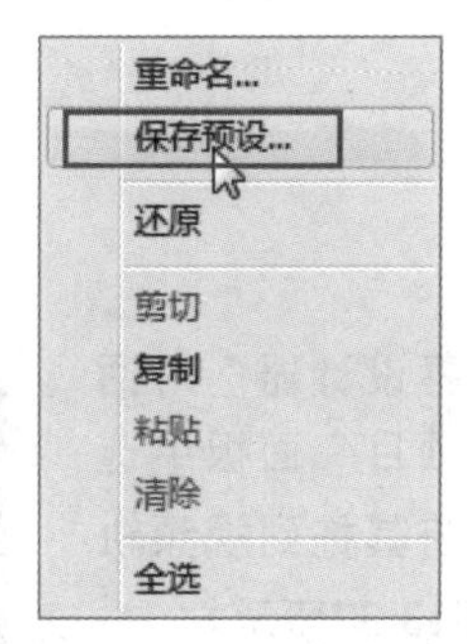

图13-31 执行“保存预设”命令

32 弹出“保存预设”对话框，单击“确定”按钮，如图13-32所示。

图13-32 “保存预设”对话框

33 执行“字幕”|“新建字幕”|“默认静态字幕”命令，弹出“新建字幕”对话框，设置字幕名称，单击“确定”按钮，如图13-33所示。

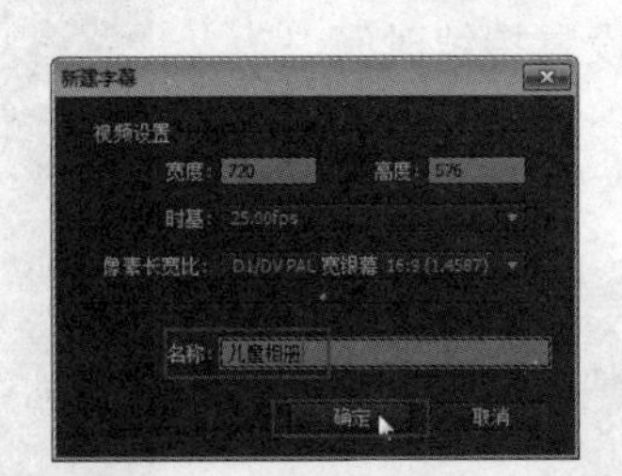

图13-33 “新建字幕”对话框

34 弹出“字幕设计器”对话框，选择“椭圆工具”，按住Shift键画出一个圆形，设置颜色为红色，如图13-34所示。

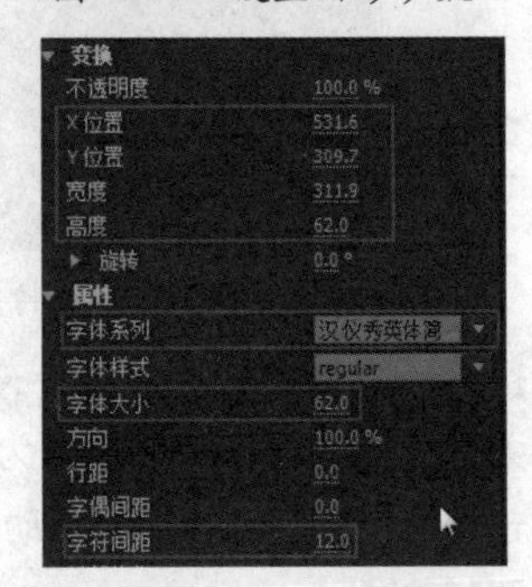

图13-34 设置圆形参数

35 选择“文字工具”，输入字幕“儿童相册”，设置颜色、字体、大小等参数，如图13-35所示。

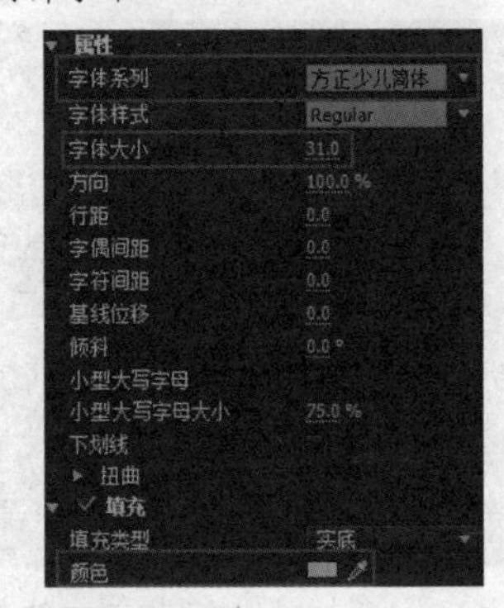

图13-35 编辑字幕

36 选择“文字工具”，输入字幕“之生日快乐”，设置颜色、字体、大小等参数，如图13-36所示。

图13-36 编辑字幕

37 关闭“字幕设计器”对话框。在“项目”面板中选择素材，将其拖到视频轨5上，如图13-37所示。

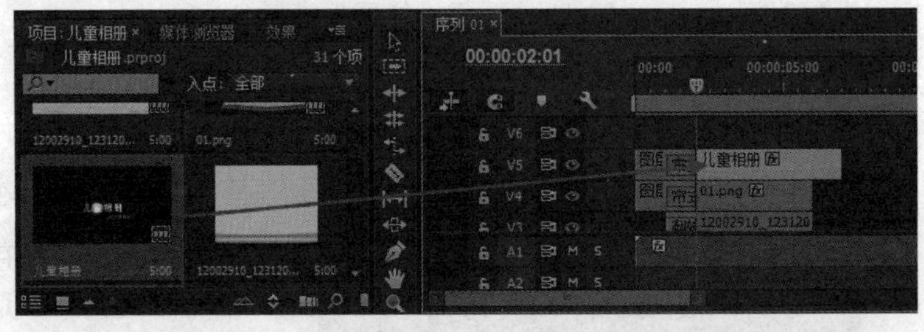

图13-37 拖入素材

38 选择视频轨5上的素材，单击鼠标右键并执行“速度/持续时间”命令，弹出“剪辑速度/持续时间”命令，设置持续时间为00:00:04:00，单击“确定”按钮，如图13-38所示。

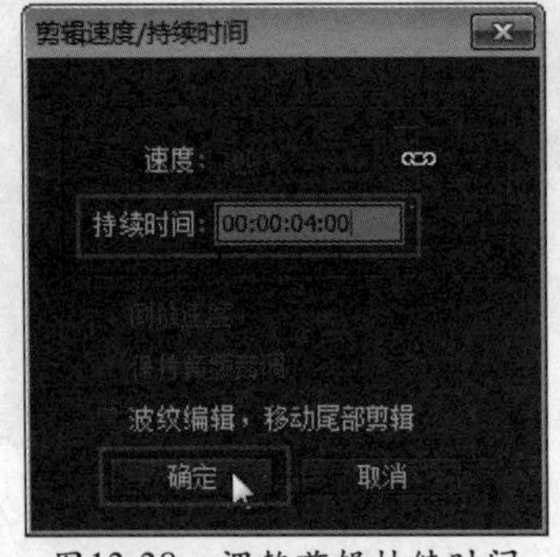

图13-38 调整剪辑持续时间

39 进入“效果”面板，打开“预设”文件夹，选择“运动预设”特效，将其添加到素材上，如图13-39所示。

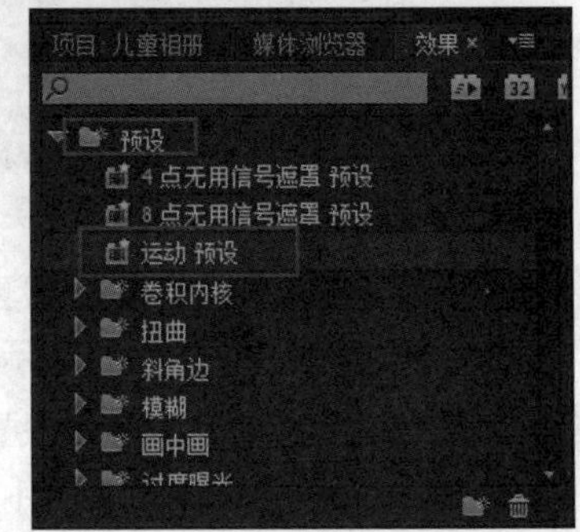

图13-39 添加预设特效

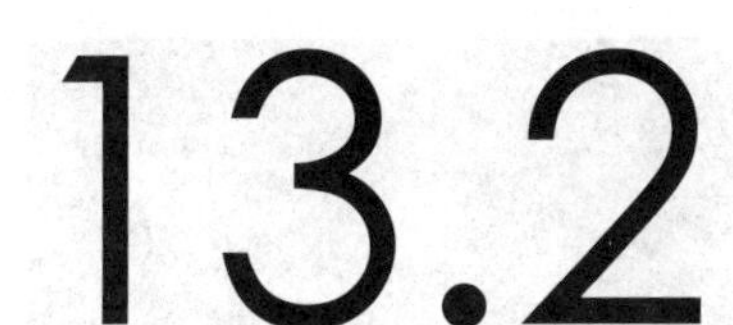

13.2 素材编辑

素材编辑是剪辑工作者不可或缺的能力。素材编辑包括修剪素材、添加字幕、为素材添加转场特效或视频特效等操作。

视频位置:DVD\视频\第13章\13.2 素材编辑.mp4

01 在“项目”面板中选择素材，将其拖到视频轨6上，如图13-40所示。

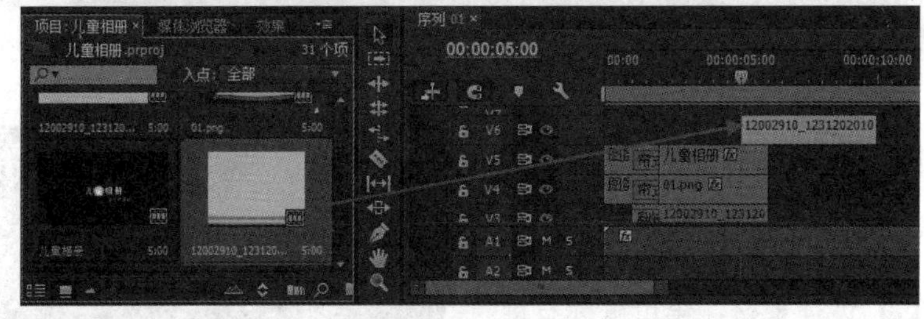

图13-40 拖入素材

02 将鼠标放置在素材的右边缘，当鼠标变成边缘图标时，向左拖动鼠标，到目标位置时释放鼠标，如图13-41所示。

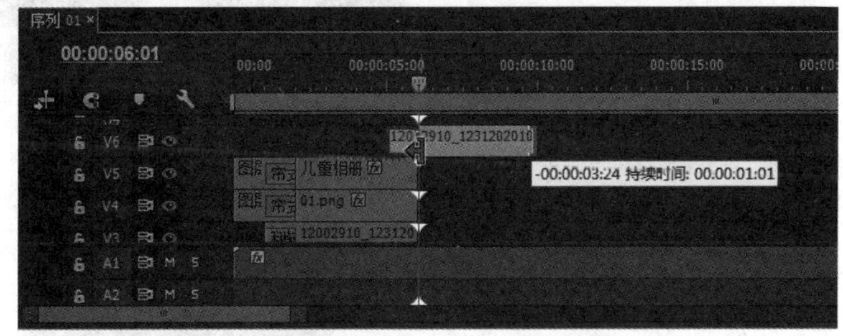

图13-41 调整剪辑持续时间

03 选择视频轨6上的素材，进入“效果控件”面板，设置“位置”参数为360、-293，“缩放”参数为112。设置时间为00:00:05:00，单击“位置”前的“切换动画”按钮，如图13-42所示。

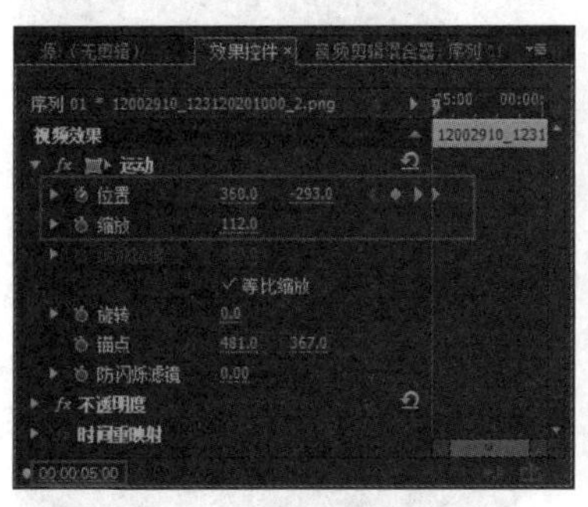

图13-42 添加第一处关键帧

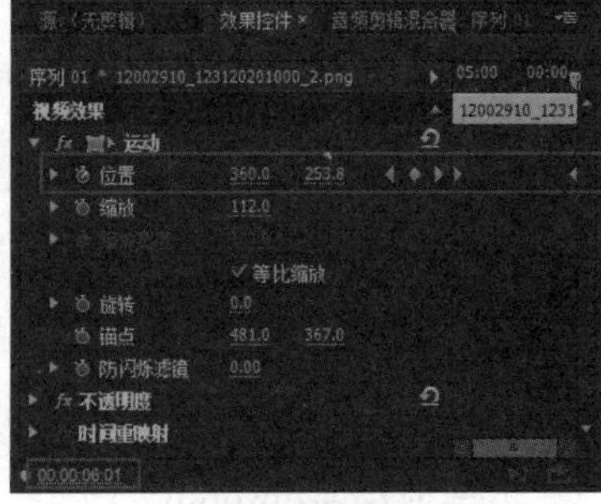

图13-43 添加第二处关键帧

04 设置时间为00:00:06:01，设置“位置”参数为360、253.8，如图13-43所示。

05 在“项目”面板中选择素材，将其拖到视频轨2上，如图13-44所示。

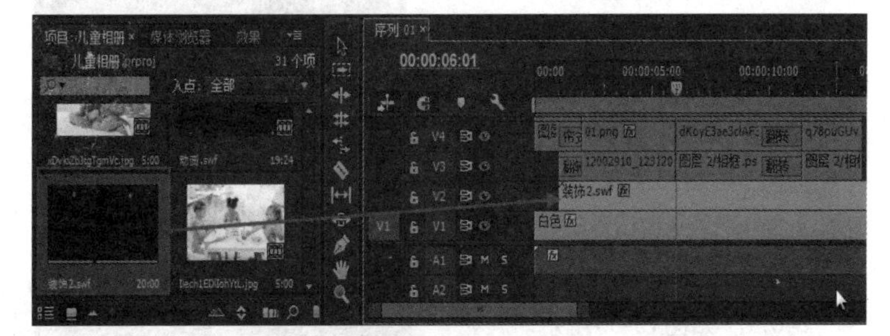

图13-44 拖入素材

06 将鼠标放置在素材的左边缘，当鼠标变成边缘图标时，向右拖动鼠标，到达位置后释放鼠标，如图13-45所示。

07 选择素材，进入“效果控件”面板，设置“缩放”参数为130，如图13-46所示。

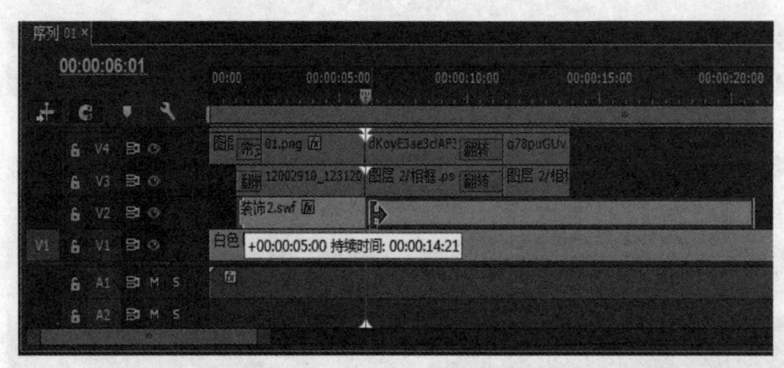

图13-45　调整剪辑持续时间

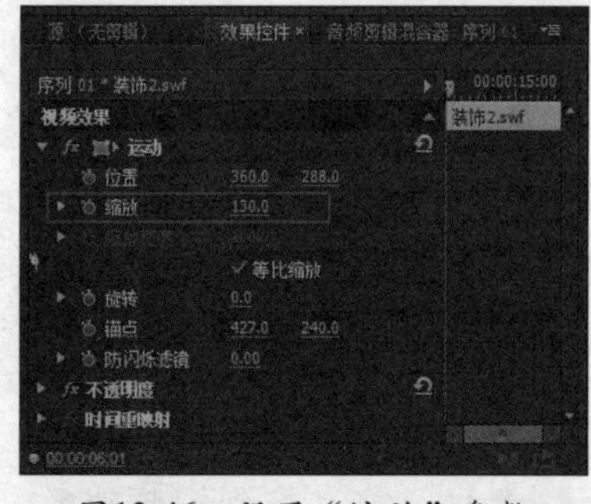

图13-46　设置“缩放”参数

08 在“项目”面板中选择素材，将其拖到视频轨3上，如图13-47所示。

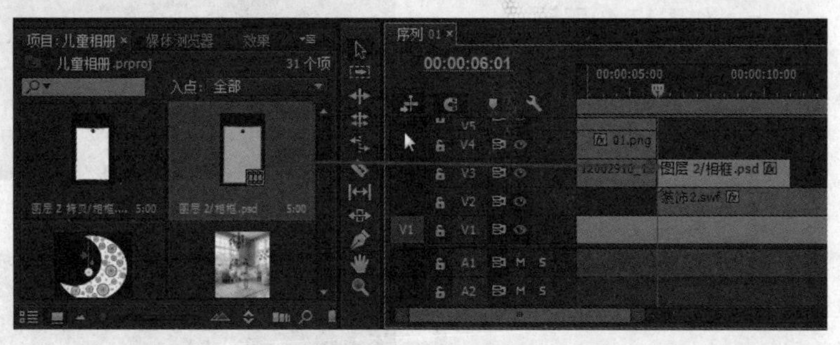

图13-47　拖入素材

09 选择素材，单击鼠标右键并执行“速度/持续时间”命令，弹出“剪辑速度/持续时间”对话框，设置持续时间为00:00:05:09，单击“确定”按钮，如图13-48所示。

10 进入“效果控件”面板，设置“位置”参数为359、-308，“缩放”参数为83。设置时间为00:00:06:01，单击“位置”前的“切换动画”按钮，如图13-49所示。

图13-48　设置剪辑持续时间

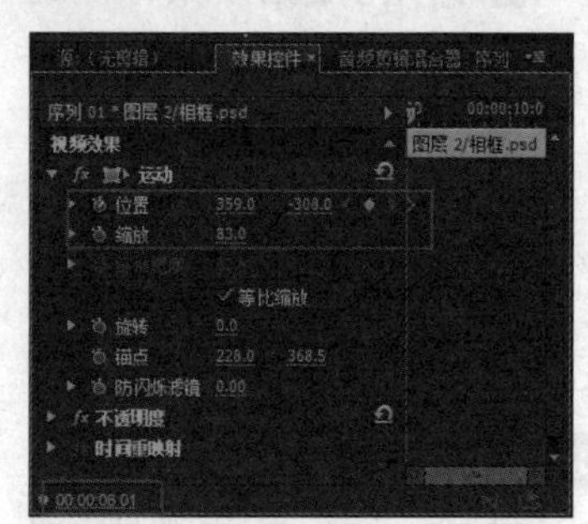

图13-49　添加第一处关键帧

11 设置时间为00:00:07:07，设置“位置”参数为359、256，如图13-50所示。

12 设置时间为00:00:07:17，设置“位置”参数为359、222，如图13-51所示。

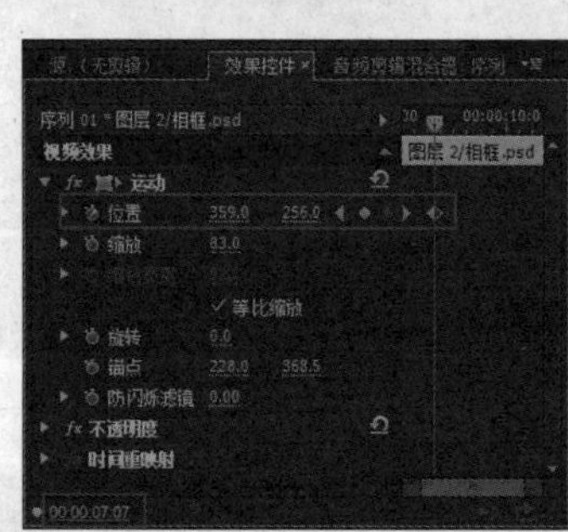

图13-50　添加第二处关键帧

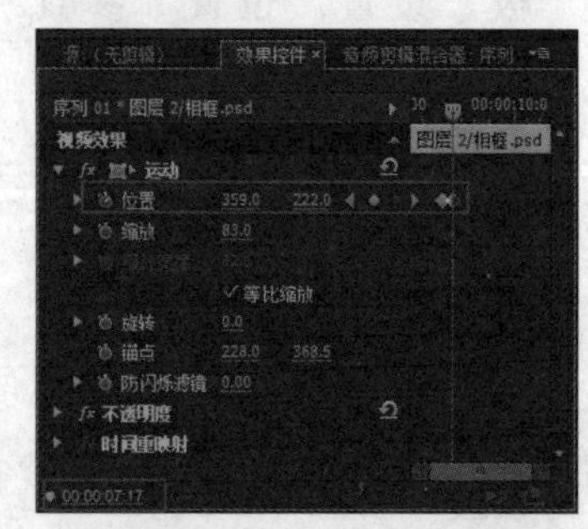

图13-51　添加第三处关键帧

13 设置时间为00:00:08:02，设置“位置”参数为359、248，如图13-52所示。

14 设置时间为00:00:08:12，设置“位置”参数为359、240.5，如图13-53所示。

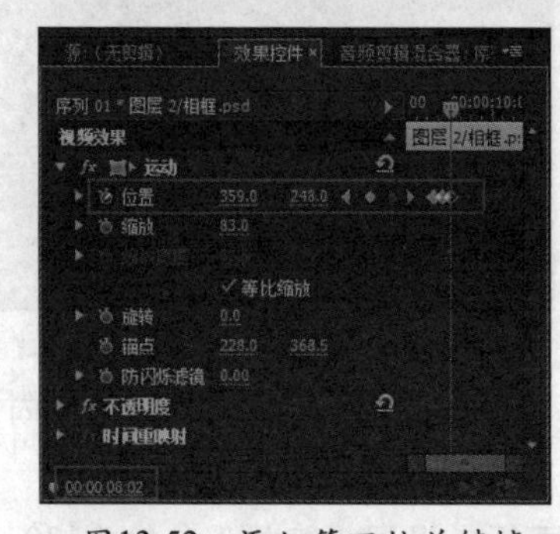

图13-52　添加第四处关键帧

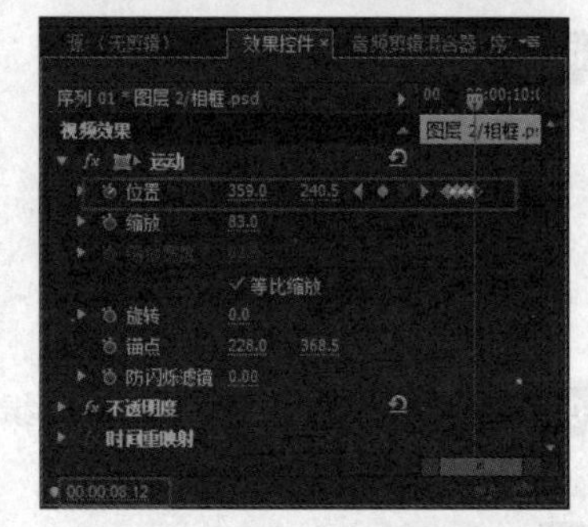

图13-53　添加第五处关键帧

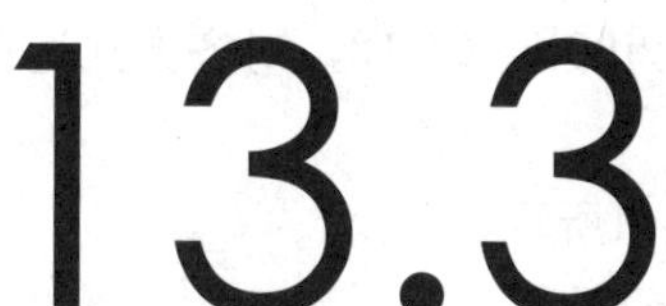

13.3 特效预设

Premiere中包括多个效果预设，它们是可应用于剪辑的通用、预配置的效果。不仅如此，用户也可以创建包含一种或多种效果的预设。创建某个效果预设后，该预设将出现在“效果”面板中的“我的预设”类别下。

视频位置:DVD\视频\第13章\13.3 特效预设.mp4

01 将鼠标放置在“运动”效果上，单击鼠标右键并执行“保存预设”命令，如图13-54所示。

02 弹出“保存预设”对话框，设置名称，单击“确定”按钮，如图13-55所示。

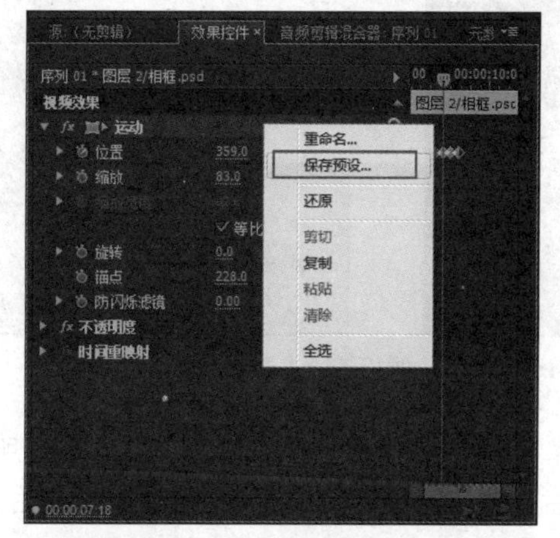

图13-54 执行“保存预设”命令

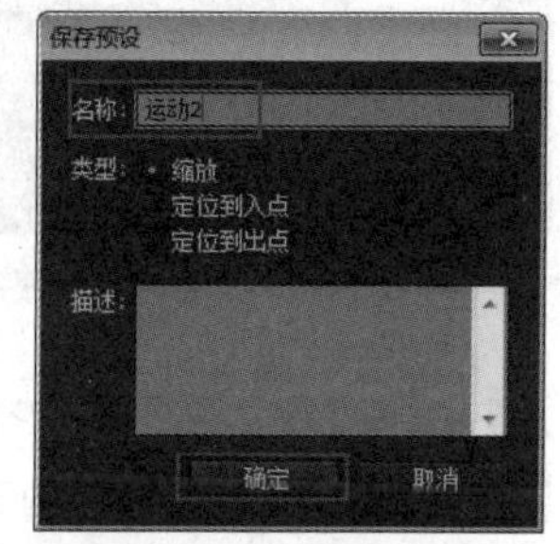

图13-55 “保存预设”对话框

03 在“项目”面板中选择素材，将其拖到视频轨3上，如图13-56所示。

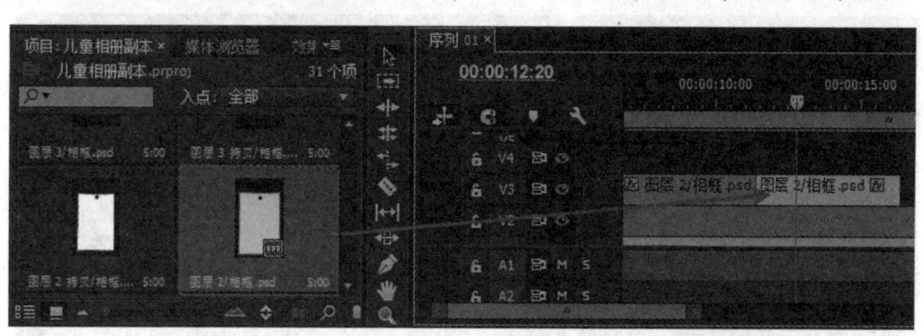

图13-56 拖入素材

04 选择视频轨上的素材，单击鼠标右键并执行“速度/持续时间”命令，弹出“剪辑速度/持续时间”对话框，设置持续时间为00:00:02:13，单击“确定”按钮，如图13-57所示。

05 打开“效果控件”面板，设置“位置”参数为359、240.5，“缩放”参数为83，如图13-58所示。

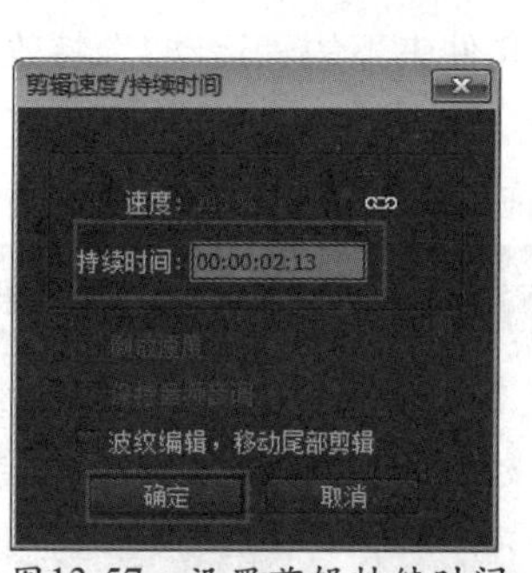

图13-57 设置剪辑持续时间

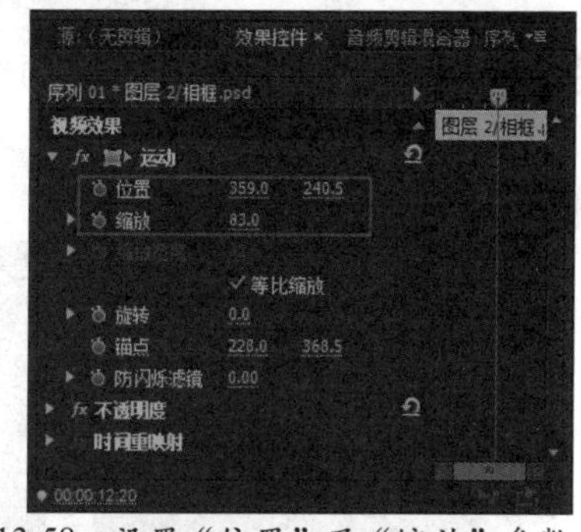

图13-58 设置“位置”及“缩放”参数

06 进入“效果”面板，打开“视频过渡”文件夹，选择“3D运动”文件夹下的“翻转”特效，将其添加到两素材之间，如图13-59所示。

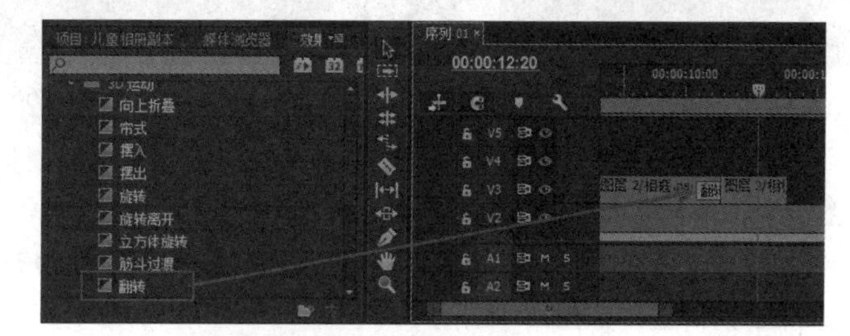

图13-59 添加“翻转”特效

07 选择添加的特效，进入“效果控件”面板，设置过渡持续时间为00:00:01:18，对齐方式选择“终点切入”选项，单击“自定义”按钮，如图13-60所示。

08 弹出“翻转设置”对话框，单击“填充颜色”后的色块，如图13-61所示。

09 弹出“拾色器”对话框，选择浅蓝色，单击“确定”按钮，如图13-62所示。

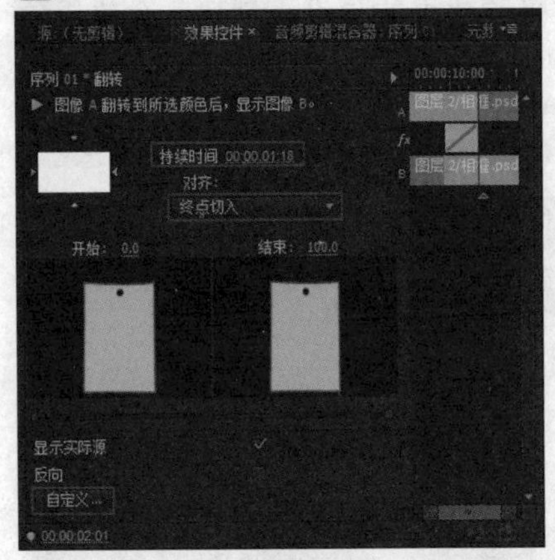

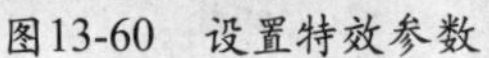

图13-60 设置特效参数

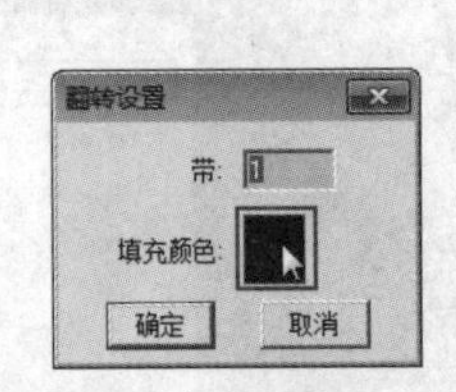

图13-61 “翻转设置”对话框

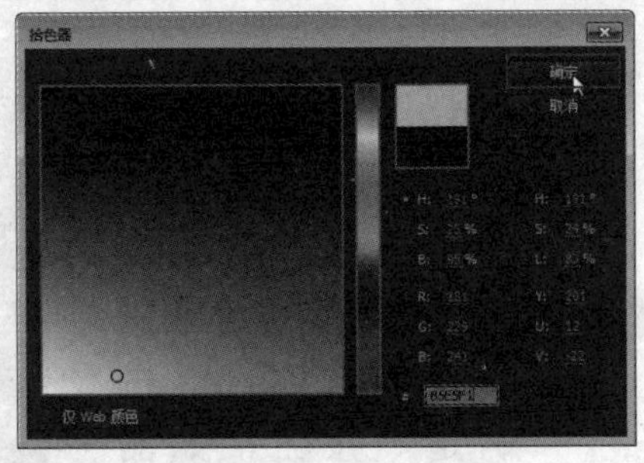

图13-62 设置填充颜色

10 在“项目”面板中选择素材，将其拖到视频轨4上，如图13-63所示。

11 将鼠标放置在素材的右边缘，当鼠标变成边缘图标时，向右拖动鼠标，到目标位置时释放鼠标，如图13-64所示。

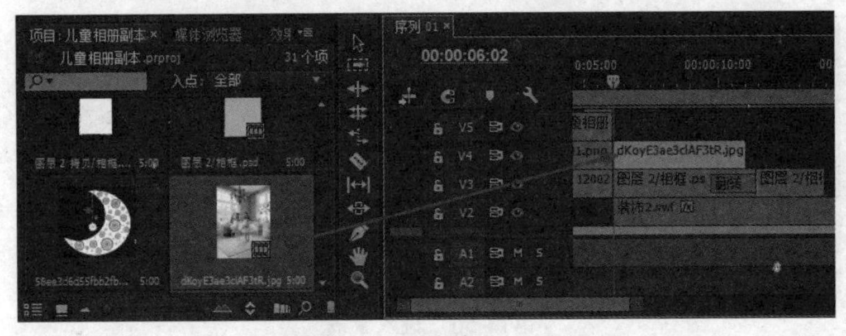

图13-63 拖入素材

图13-64 调整剪辑持续时间

12 打开“效果”面板，选择“预设”文件夹下的“运动2”特效，将其添加到素材上，如图13-65所示。

13 在“项目”面板中选择素材，将其拖到视频轨4上，如图13-66所示。

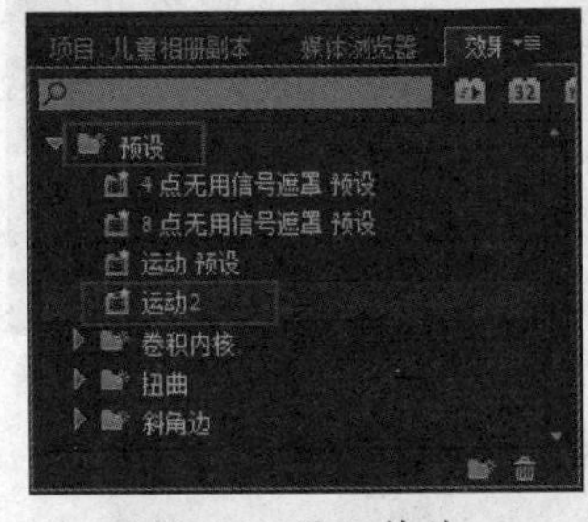

图13-65 添加特效

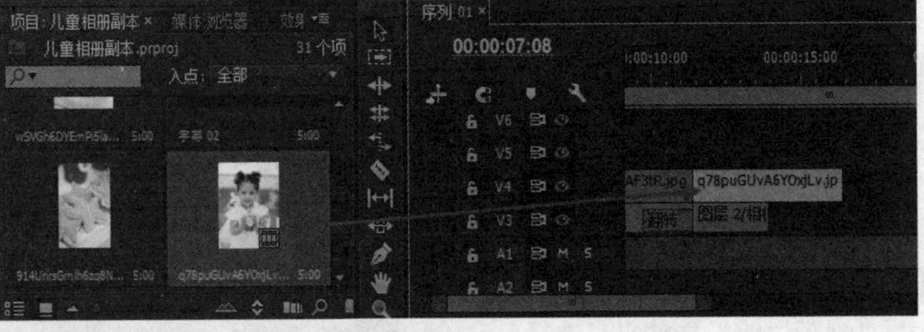

图13-66 拖入素材

14 将鼠标放置在素材的右边缘，当鼠标变成边缘图标时，向左拖动鼠标，到目标位置时释放鼠标，如图13-67所示。

15 打开“效果”面板，打开“视频过渡”文件夹，选择“3D运动”文件夹下的“翻转”特效，将其添加到素材上，如图13-68所示。

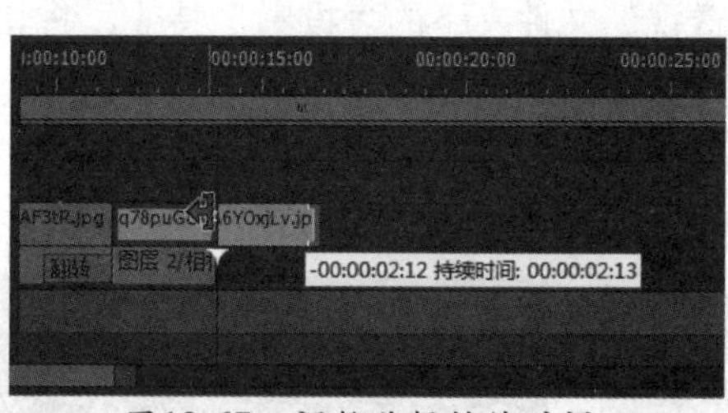

图13-67 调整剪辑持续时间

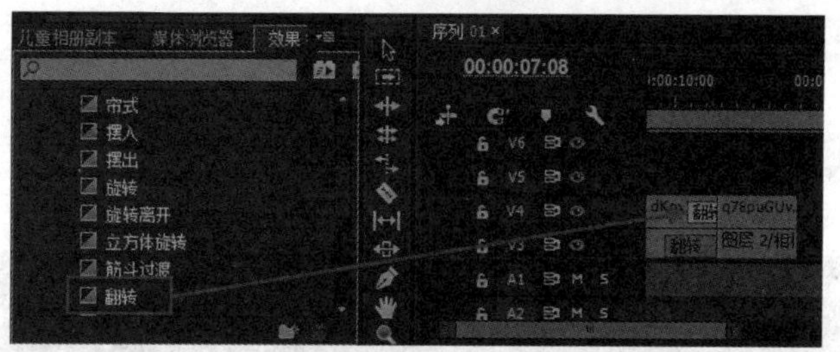

图13-68 添加“翻转”特效

16 选择添加的特效，进入“效果控件”面板，设置特效持续时间为00:00:01:18，单击“对齐”后的倒三角按钮，在下拉列表中选择“终点切入”选项，如图13-69所示。

17 选择视频轨上的素材，进入“效果控件”面板，设置“位置”参数为359、241.4，“缩放”参数为83，如图13-70所示。

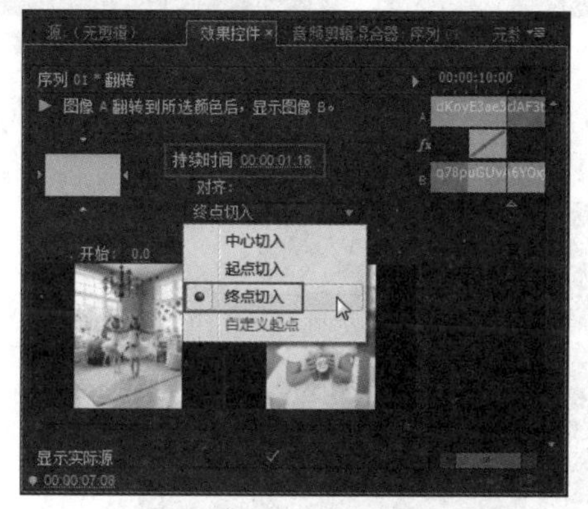

图13-69 设置特效参数

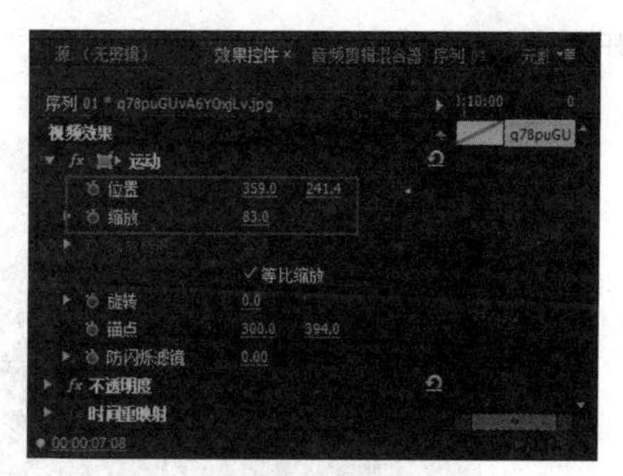

图13-70 设置“位置”及“缩放”参数

18 在“项目”面板中选择素材，将其拖到视频轨5上，如图13-71所示。

19 将鼠标放置在素材的右边缘，当鼠标变成边缘图标时，向右拖动鼠标，到目标位置时释放鼠标，如图13-72所示。

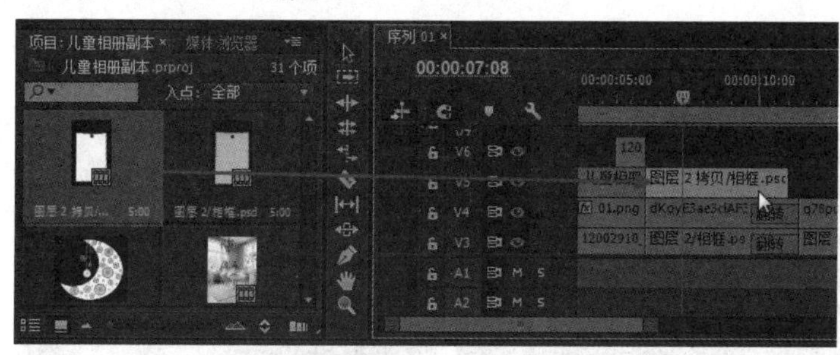

图13-71 拖入素材

图13-72 调整剪辑持续时间

20 打开“效果”面板，打开“视频效果”文件夹，选择“键控”文件夹下的“轨道遮罩键”特效，将其添加到素材上，如图13-73所示。

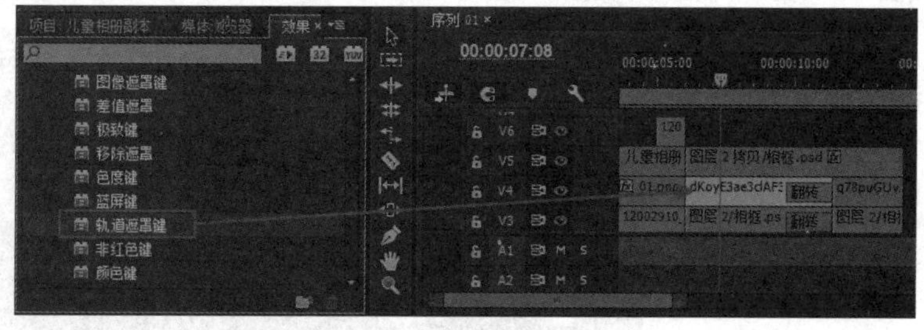

图13-73 添加“轨道遮罩键”特效

21 打开“效果”面板，打开“视频效果”文件夹，选择“透视”文件夹下的“投影”特效，将其添加到素材上，如图13-74所示。

22 选择素材，进入“效果控件”面板，单击“遮罩”后的倒三角按钮，在下拉列表中选择“视频5”选项。在“投影”选项组中，设置“不透明度”参数为100，“距离”参数为0，如图13-75所示。

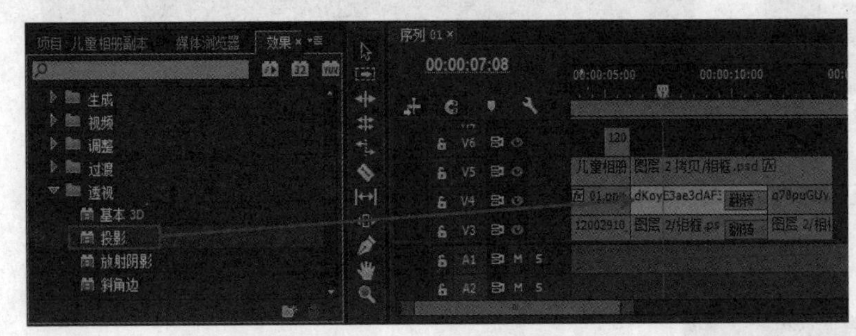

图13-74 添加“投影”特效

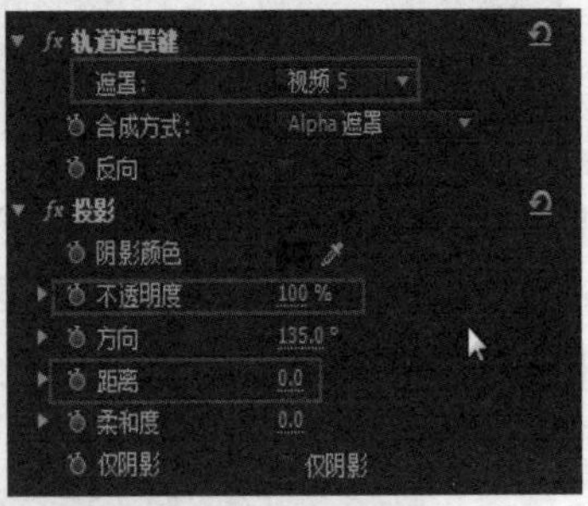

图13-75 设置特效参数

23 打开“效果”面板，打开“视频效果”文件夹，选择“键控”文件夹下的“轨道遮罩键”特效，将其添加到素材上，如图13-76所示。

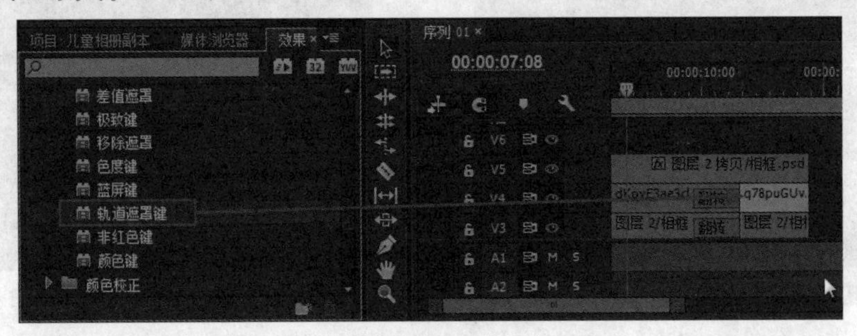

图13-76 添加“轨道遮罩键”特效

24 打开“效果”面板，打开“视频效果”文件夹，选择“透视”文件夹下的“投影”特效，将其添加到素材上，如图13-77所示。

25 选择素材，进入“效果控件”面板，单击“遮罩”后的倒三角按钮，在下拉列表中选择“视频5”选项。在“投影”效果中，设置“不透明度”参数为100，“距离”参数为0，如图13-78所示。

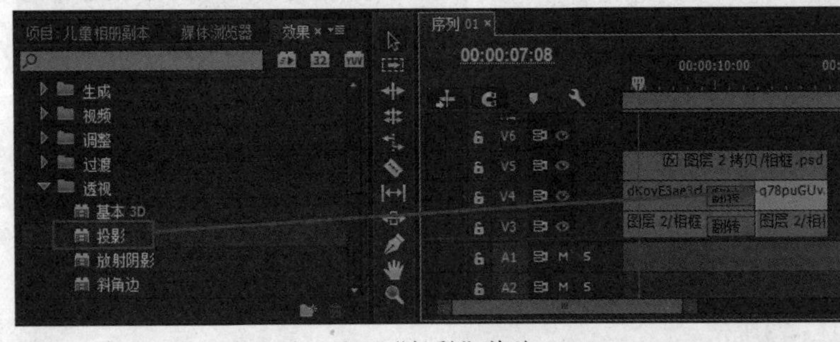

图13-77 添加“投影”特效

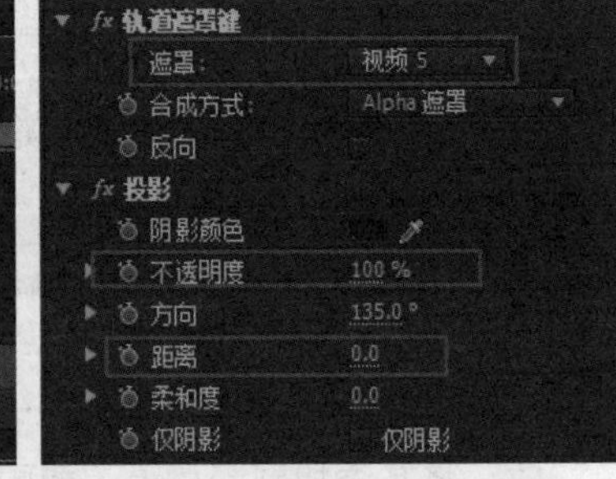

图13-78 设置特效参数

26 在“项目”面板中选择素材，将其拖到视频轨6上，如图13-79所示。

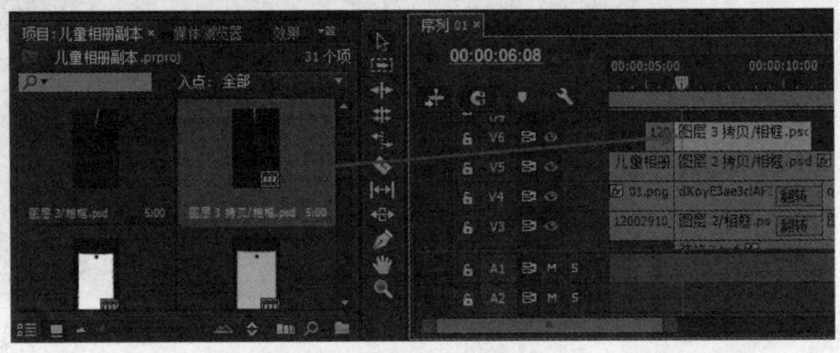

图13-79 拖入素材

27 将鼠标放置在素材的右边缘，当鼠标变成边缘图标时，向右拖动鼠标，到目标位置时释放鼠标，如图13-80所示。

28 打开“效果”面板，选择“预设”文件夹下的“运动2”特效，将其添加到素材上，如图13-81所示。

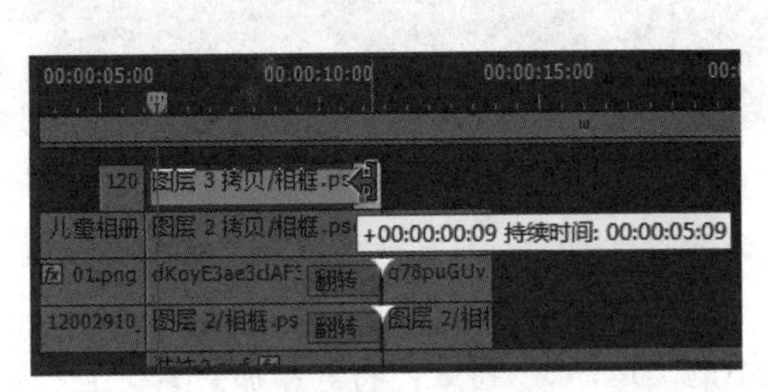

图13-80 调整剪辑持续时间

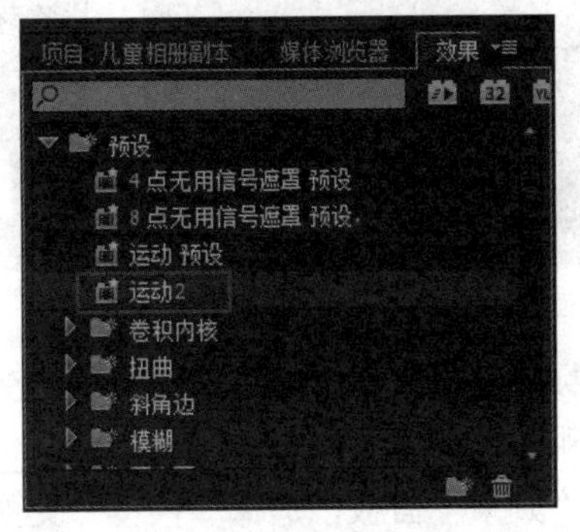

图13-81 添加特效

29 在“项目”面板中选择素材，将其拖到视频轨6上，如图13-82所示。

30 将鼠标放置在素材的右边缘，当鼠标变成边缘图标时，向左拖动鼠标，到目标位置时释放鼠标，如图13-83所示。

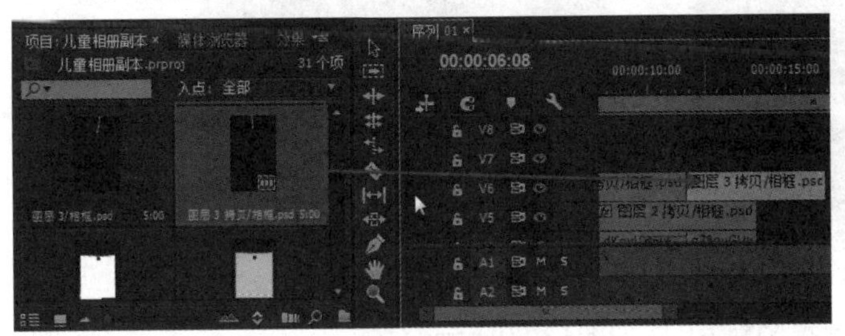

图13-82 拖入素材

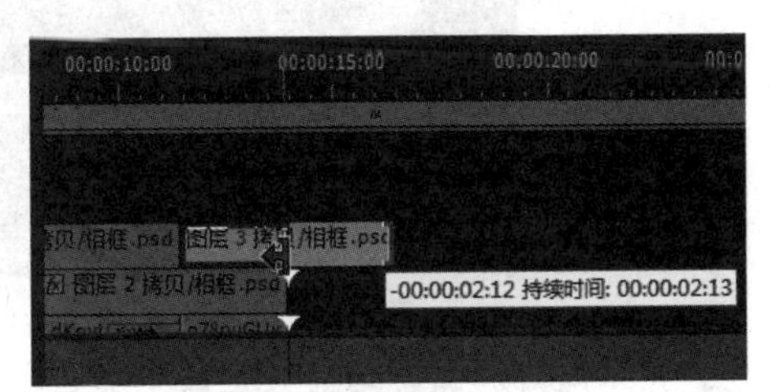

图13-83 调整剪辑持续时间

31 打开“效果”面板，打开“视频过渡”文件夹，选择“3D运动”文件夹下的“翻转”特效，将其添加到素材上，如图13-84所示。

32 选择添加的转场特效，进入“效果控件”面板，设置过渡持续时间为00:00:01:18，单击“对齐”后的倒三角按钮，在下拉列表中选择“终点切入”选项，如图13-85所示。

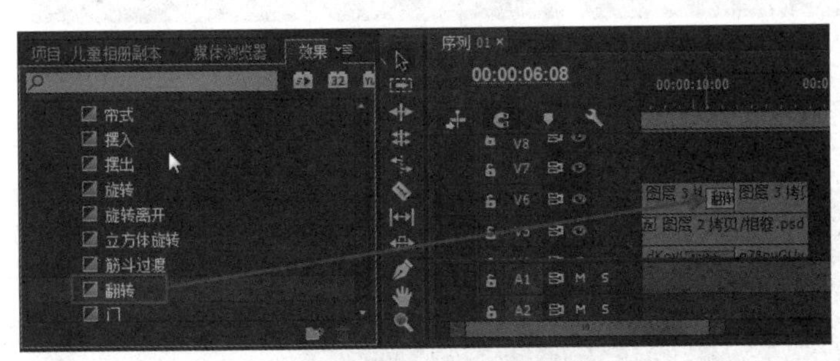

图13-84 添加“翻转”特效

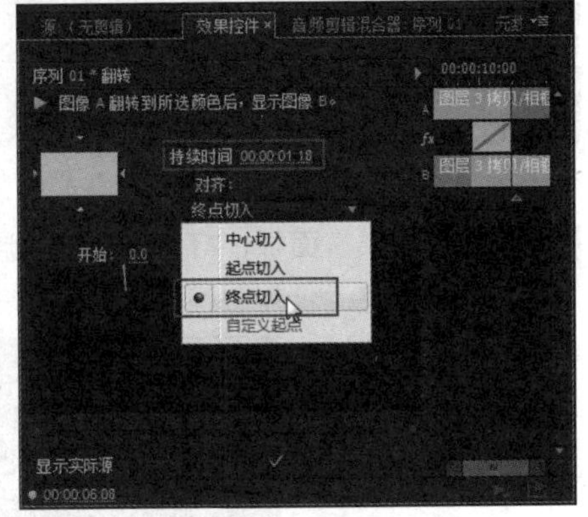

图13-85 设置转场参数

33 选择视频轨上的素材，进入“效果控件”面板，设置“位置”参数为359、240.5，“缩放”参数为83，如图13-86所示。

34 在“项目”面板中选择素材，将其拖到视频轨7上，如图13-87所示。

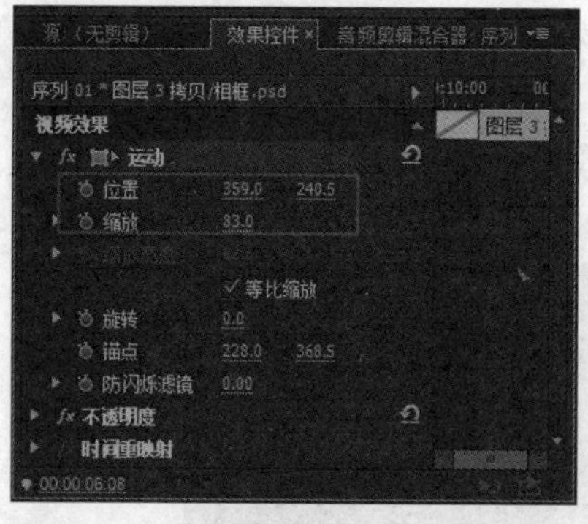

图13-86 设置"位置"及"缩放"参数

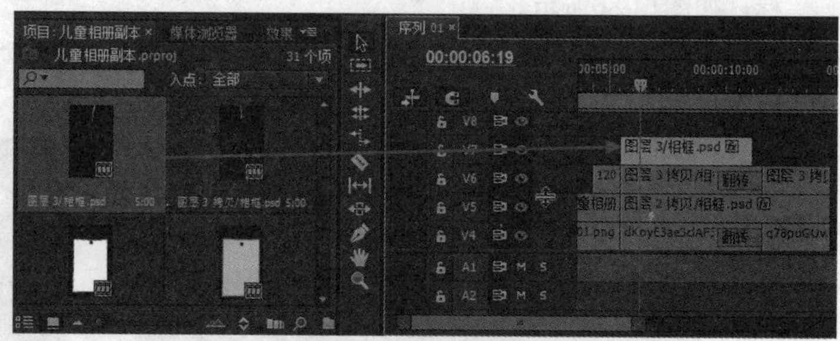

图13-87 拖入素材

35 将鼠标放置在素材的右边缘，当鼠标变成边缘图标时，向右拖动鼠标，到目标位置时释放鼠标，如图13-88所示。

36 打开"效果"面板，选择"预设"文件夹下的"运动2"特效，将其添加到素材上，如图13-89所示。

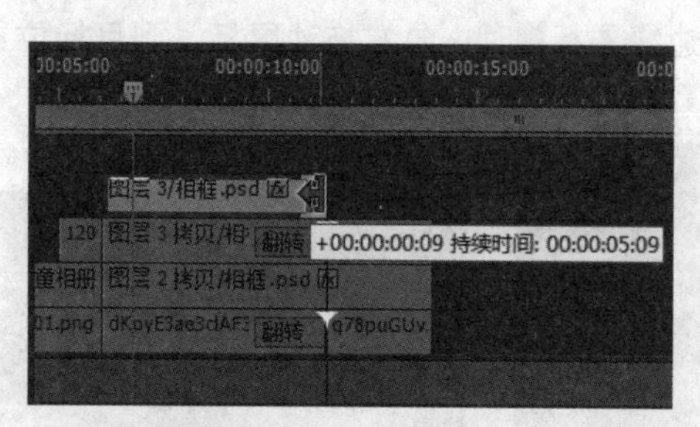

图13-88 设置剪辑持续时间

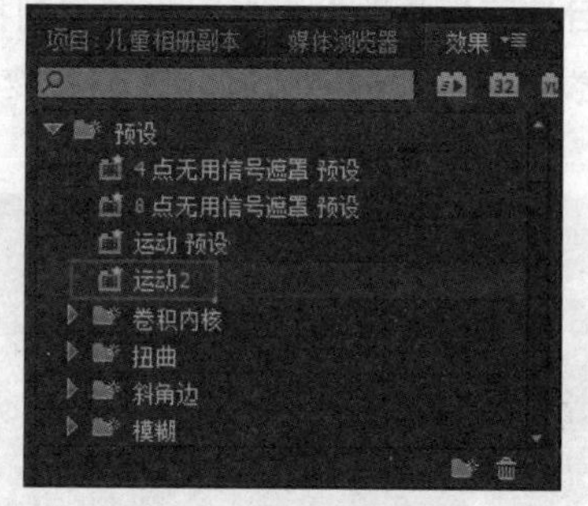

图13-89 添加预设特效

37 在"项目"面板中选择素材，将其拖到视频轨7上，如图13-90所示。

38 将鼠标放置在素材的右边缘，当鼠标变成边缘图标时，向左拖动鼠标，到目标位置时释放鼠标，如图13-91所示。

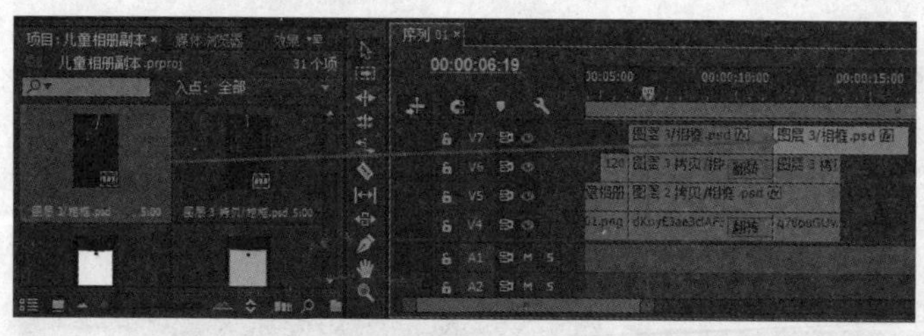

图13-90 拖入素材

图13-91 调整剪辑持续时间

39 打开"效果"面板，打开"视频过渡"文件夹，选择"3D运动"文件夹下的"翻转"特效，将其添加到素材上，如图13-92所示。

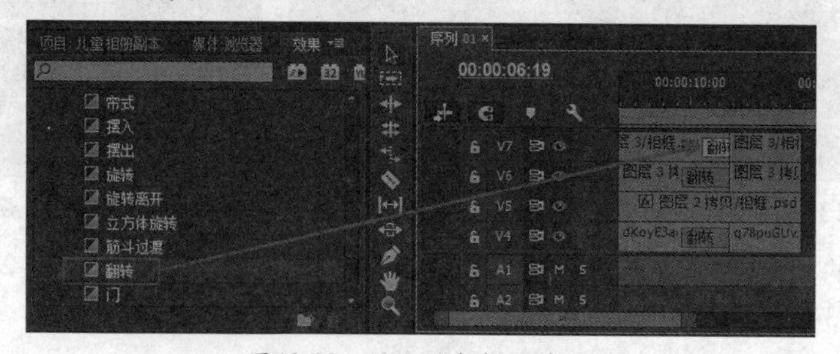

图13-92 添加"翻转"特效

40 选择添加的转场特效，进入“效果控件”面板，设置过渡持续时间为00:00:01:18，单击“对齐”后的倒三角按钮，在下拉列表中选择“终点切入”选项，如图13-93所示。

41 选择视频轨上的素材，进入“效果控件”面板，设置“位置”参数为359、240.5，“缩放”参数为83，如图13-94所示。

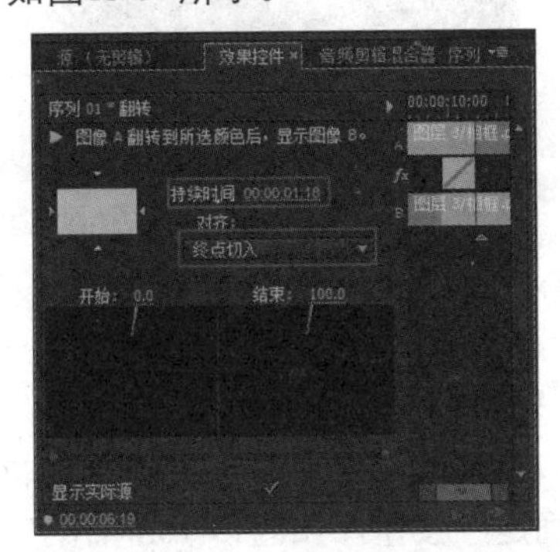

图13-93 设置转场参数

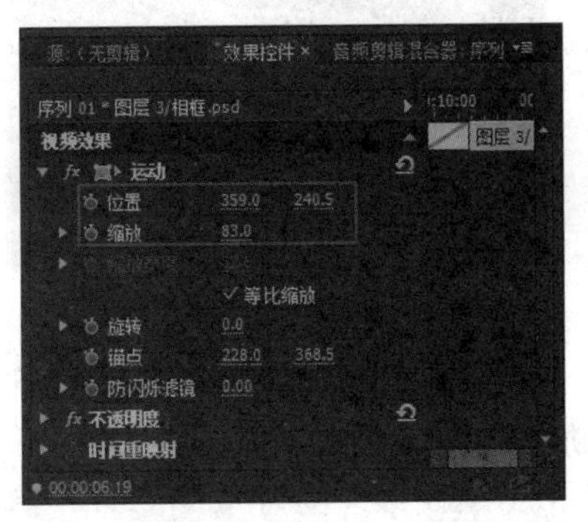

图13-94 设置“位置”及“缩放”参数

42 在“项目”面板中选择素材，将其拖到视频轨8上，如图13-95所示。

43 将鼠标放置在素材的右边缘，当鼠标变成边缘图标时，向右拖动鼠标，到目标位置时释放鼠标，如图13-96所示。

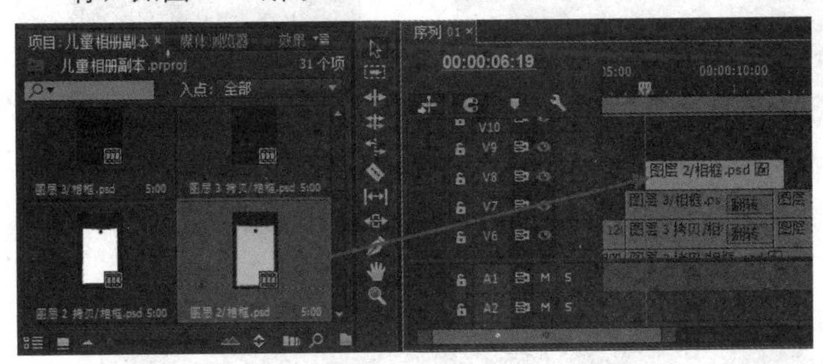

图13-95 拖入素材

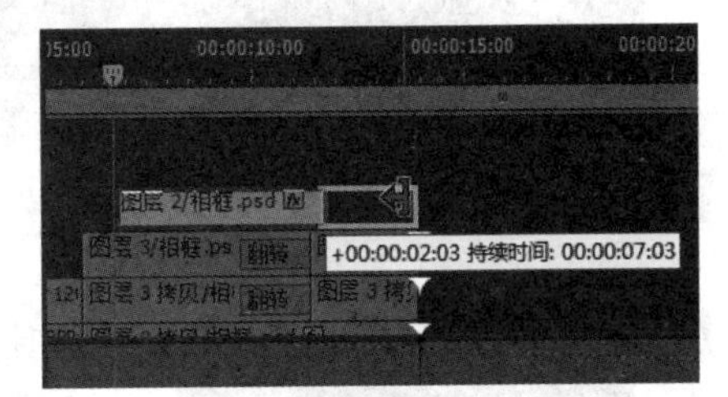

图13-96 设置剪辑持续时间

44 选择素材，进入“效果控件”面板，设置“位置”参数为150、-308，“缩放”参数为57。设置时间为00:00:07:06，单击“位置”前的“切换动画”按钮，如图13-97所示。

45 设置时间为00:00:08:03，设置“位置”参数为150、160，如图13-98所示。

46 设置时间为00:00:08:15，设置“位置”参数为150、140，如图13-99所示。

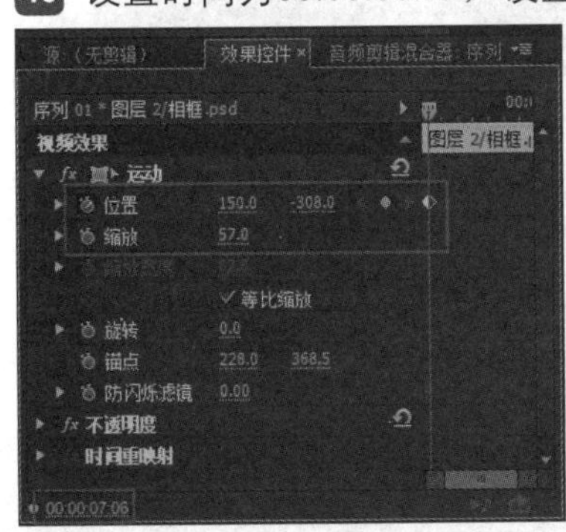

图13-97 添加第一处关键帧

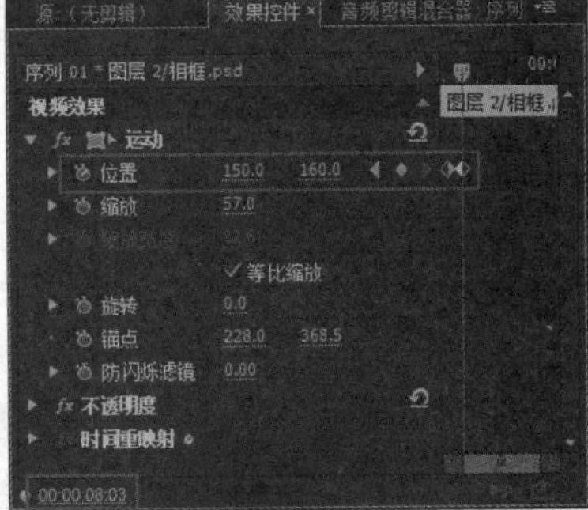

图13-98 添加第二处关键帧

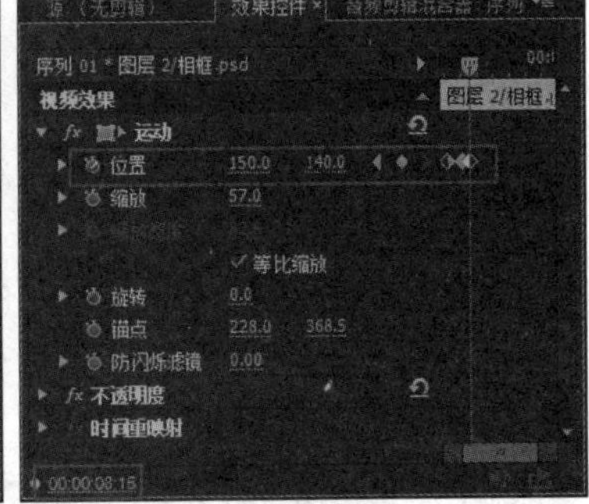

图13-99 添加第三处关键帧

47 设置时间为00:00:09:02，设置“位置”参数为150、160，如图13-100所示。

48 在“效果控件”面板中选择“运动”效果，单击鼠标右键并执行“保存预设”命令，弹出“保存预设”对话框，设置名称，单击“确定”按钮，如图13-101所示。

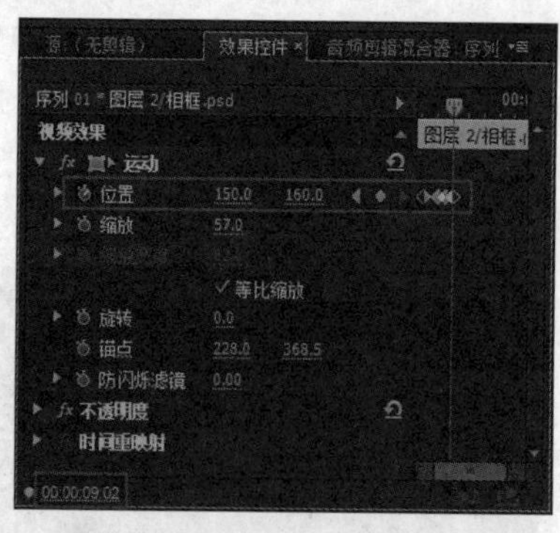

图13-100　添加第四处关键帧

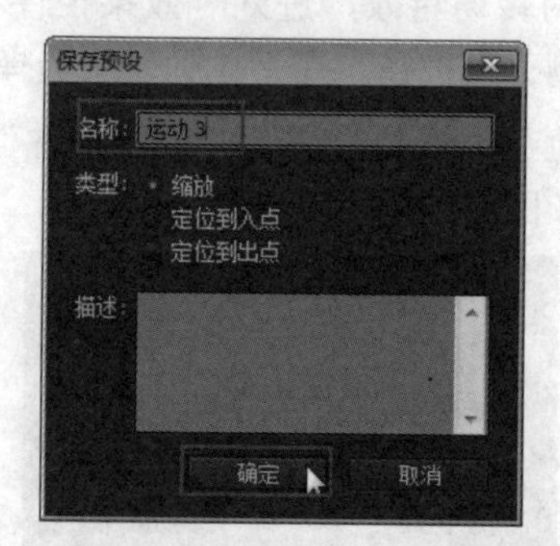

图13-101　“保存预设”对话框

49 在“项目”面板中选择素材，将其拖到视频轨9上，如图13-102所示。

50 选择视频轨上的素材，单击鼠标右键并执行“速度/持续时间”命令，弹出“剪辑速度/持续时间”对话框，设置持续时间为00:00:05:12，单击“确定”按钮，如图13-103所示。

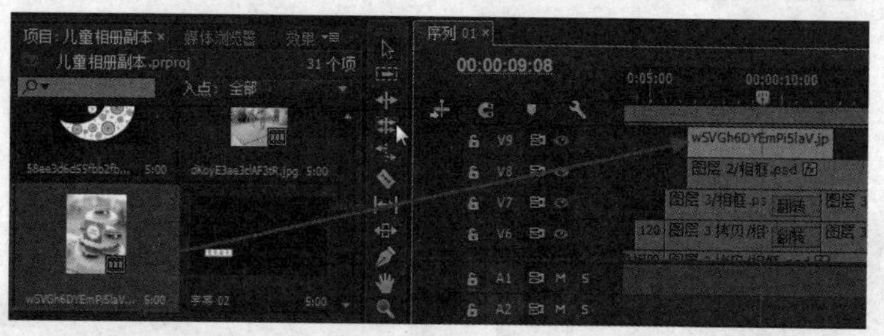

图13-102　拖入素材

图13-103　设置剪辑持续时间

51 打开“效果”面板，选择“预设”文件夹下的“运动3”特效，将其添加到素材上，如图13-104所示。

52 在“项目”面板中选择素材，将其拖到视频轨9上，如图13-105所示。

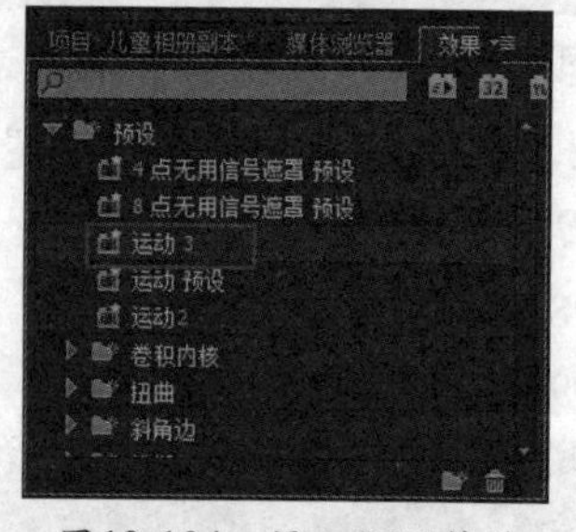

图13-104　添加预设特效

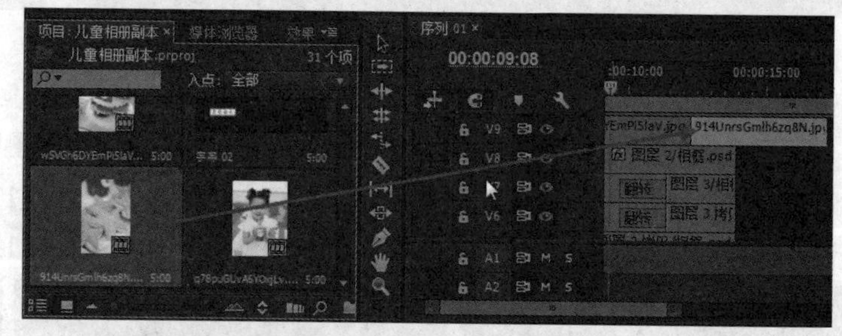

图13-105　拖入素材

53 将鼠标放置在素材的右边缘，当鼠标变成边缘图标时，向左拖动鼠标，到目标位置时释放鼠标，如图13-106所示。

54 打开“效果”面板，打开“视频过渡”文件夹，选择“划像”文件夹下的“点划像”特效，将其添加到素材上，如图13-107所示。

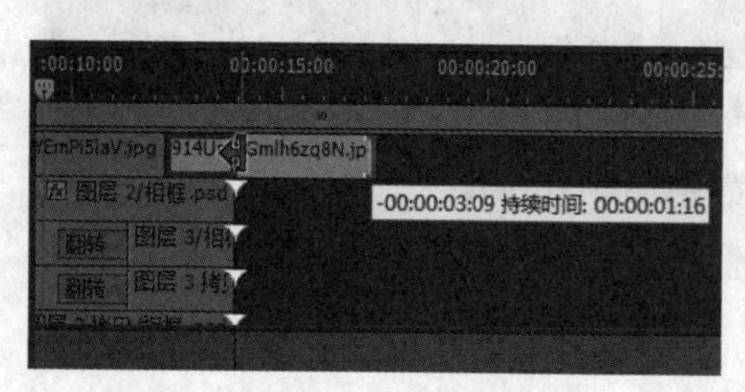

图13-106　调整剪辑持续时间

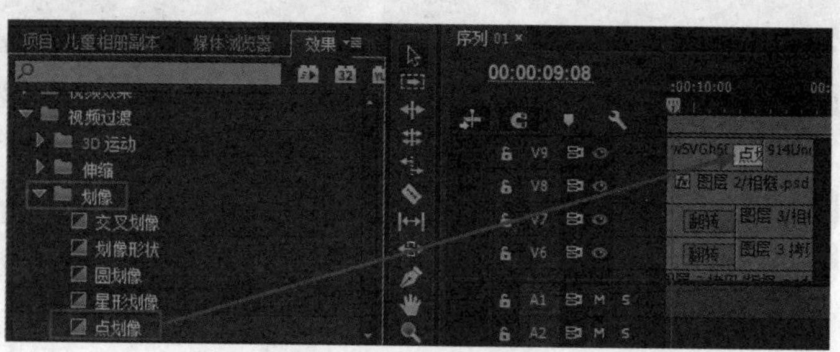

图13-107　添加“点划像”特效

55 选择添加的转场特效，进入“效果控件”面板，单击“对齐”后的倒三角按钮，在下拉列表中选择“终点切入”选项，如图13-108所示。

56 选择视频轨上的素材，进入“效果控件”面板，设置“位置”参数为150、160，“缩放”参数为57，如图13-109所示。

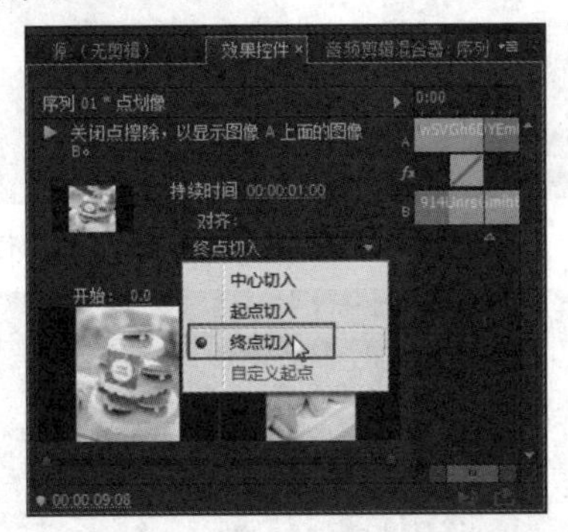

图13-108 设置转场对齐方式

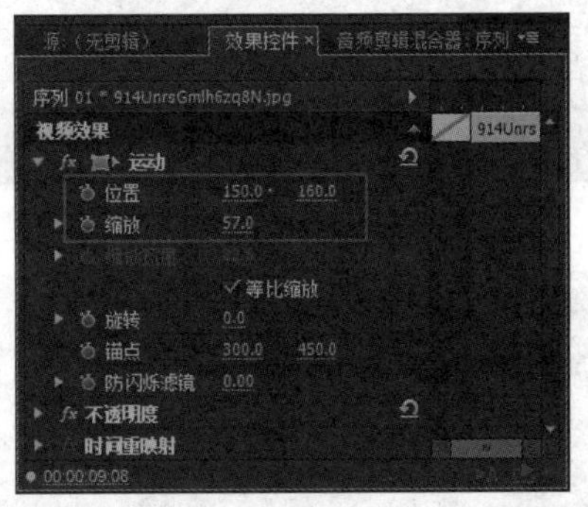

图13-109 设置“位置”及“缩放”参数

57 在“项目”面板中选择素材，将其拖到视频轨10上，如图13-110所示。

58 将鼠标放置在素材的右边缘，当鼠标变成边缘图标时，向右拖动鼠标，到目标位置时释放鼠标，如图13-111所示。

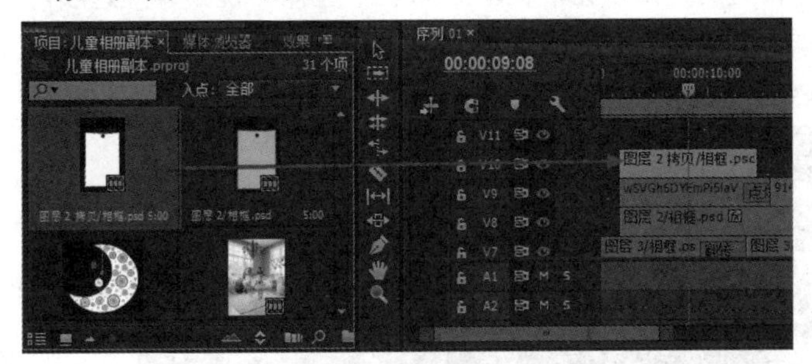

图13-110 拖入素材

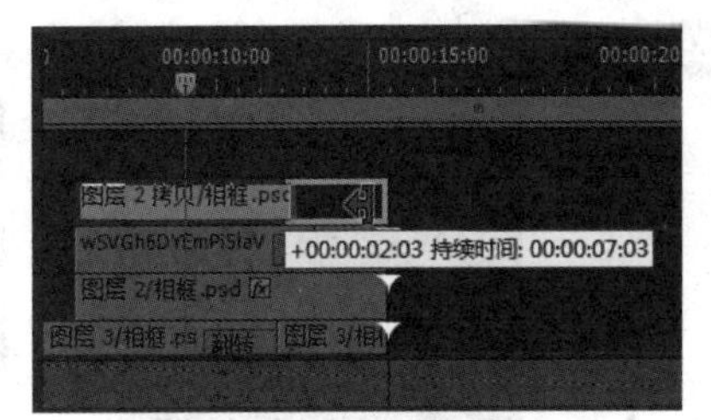

图13-111 调整剪辑持续时间

59 打开“效果”面板，打开“视频效果”文件夹，选择“键控”文件夹下的“轨道遮罩键”特效，将其添加到素材上，如图13-112所示。

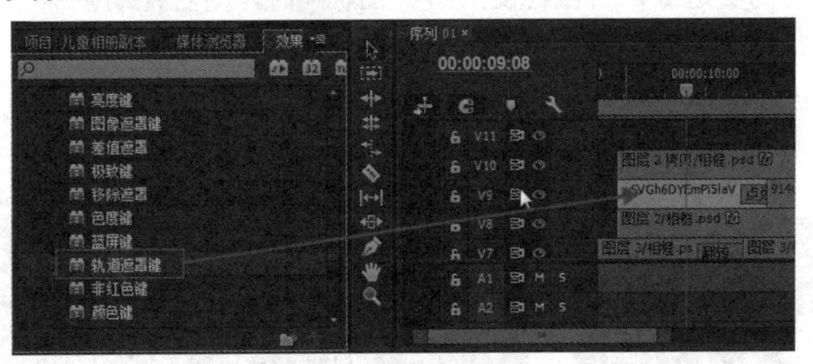

图13-112 添加“轨道遮罩键”特效

60 打开“效果”面板，打开“视频效果”文件夹，选择“透视”文件夹下的“投影”特效，将其添加到素材上，如图13-113所示。

61 选择视频轨上的素材，单击“遮罩”后的倒三角按钮，在下拉列表中选择“视频10”选项。在“投影”选项组中，设置“不透明度”参数为100，“距离”参数为0，如图13-114所示。

62 打开“效果”面板，打开“视频效果”文件夹，选择“键控”文件夹下的“轨道遮罩键”特效，将其添加到素材上，如图13-115所示。

63 打开“效果”面板，打开“视频效果”文件夹，选择“透视”文件夹下的“投影”特效，将其添加到素材上，如图13-116所示。

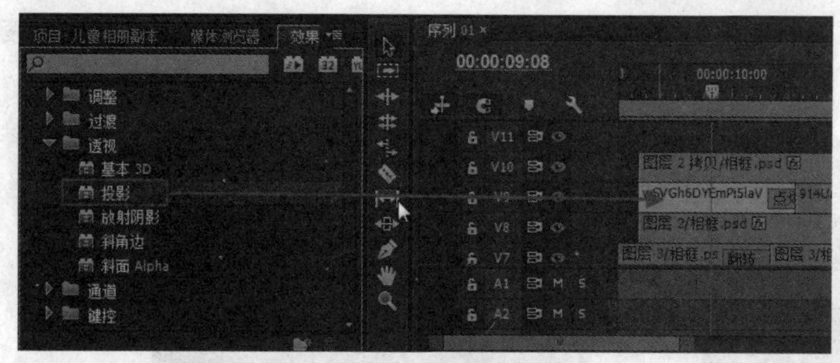

图13-113　添加“投影”特效

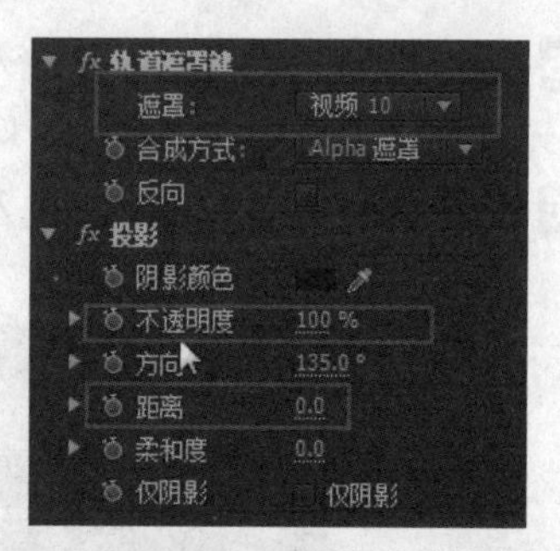

图13-114　设置特效参数

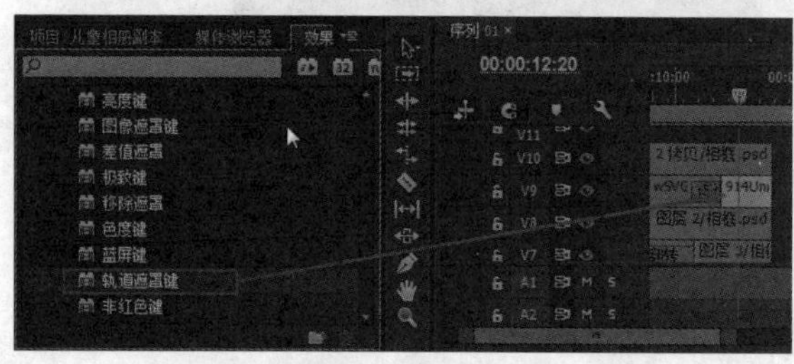

图13-115　添加“轨道遮罩键”特效

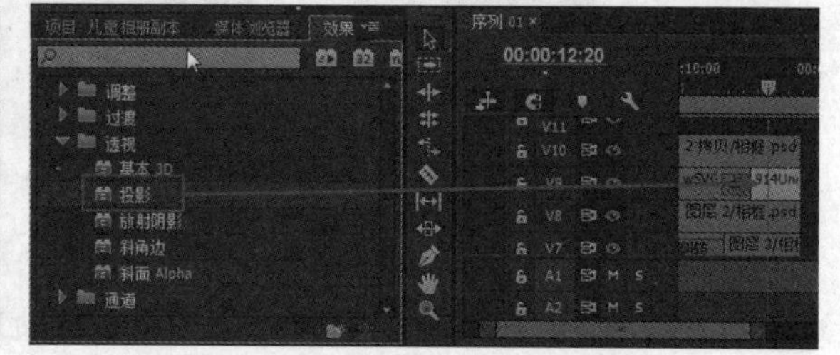

图13-116　添加“投影”特效

64 选择视频轨上的素材，单击“遮罩”后的倒三角按钮，在下拉列表中选择“视频10”选项。在“投影”效果下，设置“不透明度”参数为100，“距离”参数为0，如图13-117所示。

65 在“项目”面板中选择素材，将其拖到视频轨11上，如图13-118所示。

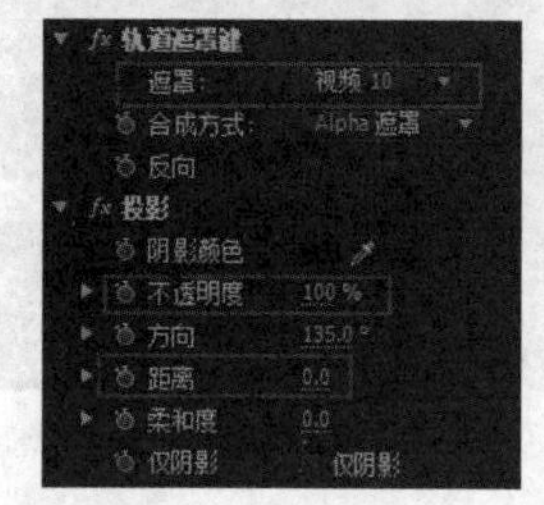

图13-117　设置特效参数

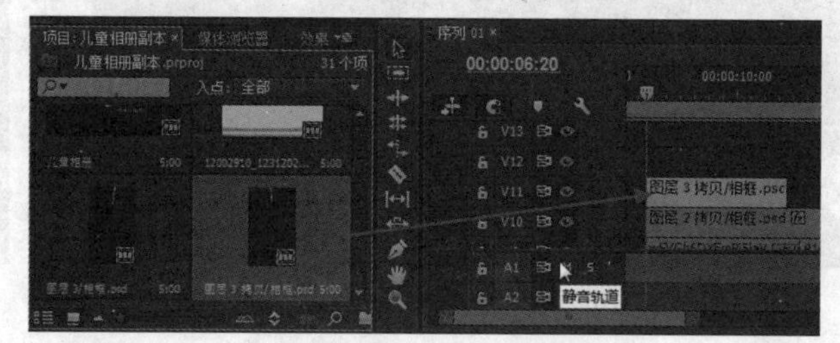

图13-118　拖入素材

66 将鼠标放置在素材的右边缘，当鼠标变成边缘图标时，向右拖动鼠标，到目标位置时释放鼠标，如图13-119所示。

67 打开“效果”面板，选择“预设”文件夹下的“运动3”特效，将其添加到素材上，如图13-120所示。

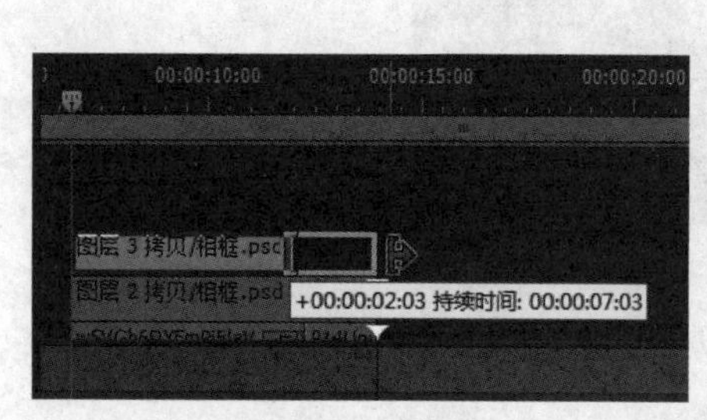

图13-119　调整剪辑持续时间

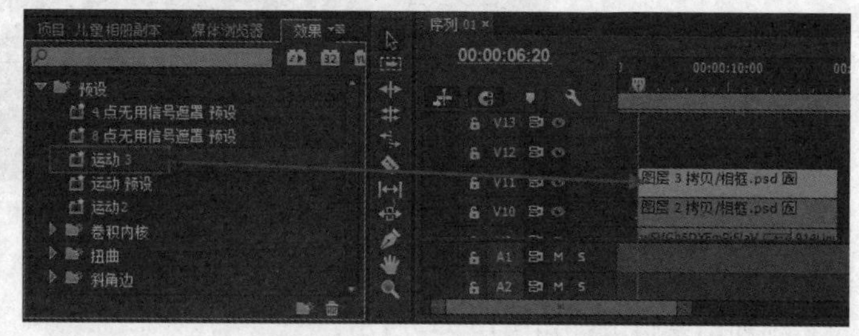

图13-120　添加预设特效

68 在“项目”面板中选择素材，将其拖到视频轨12上，如图13-121所示。

69 将鼠标放置在素材的右边缘，当鼠标变成边缘图标时，向右拖动鼠标，到目标位置时释放鼠标，如图13-122所示。

70 打开“效果”面板，选择“预设”文件夹下的“运动3”特效，将其添加到素材上，如图13-123所示。

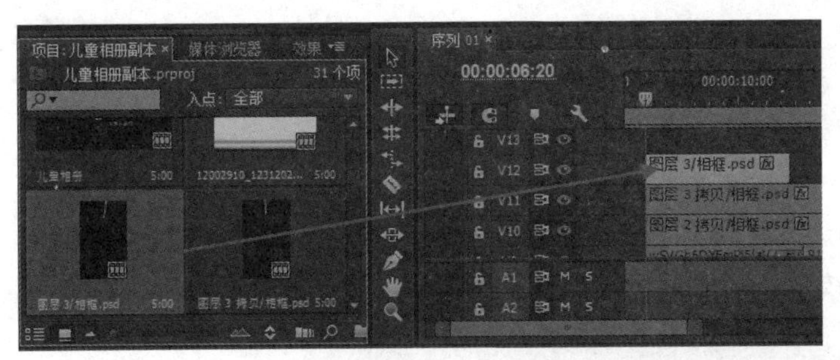

图13-121 拖入素材

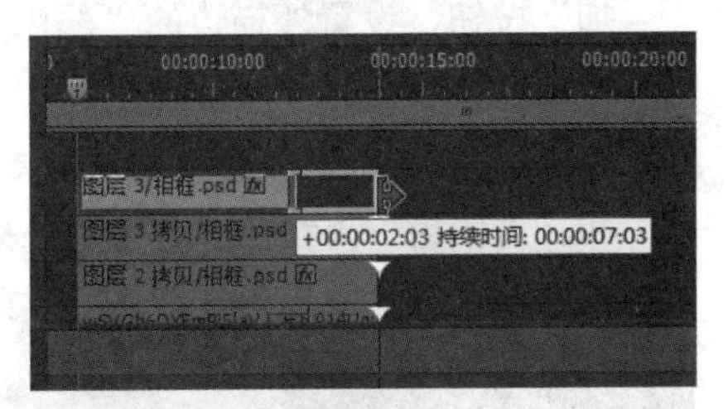

图13-122 调整剪辑持续时间

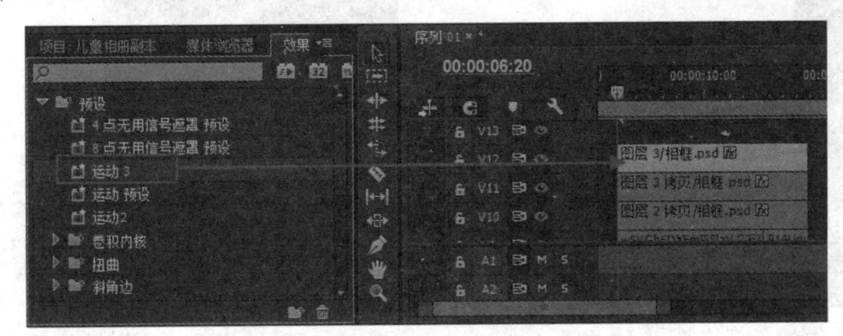

图13-123 添加预设特效

71 在“项目”面板中选择素材，将其拖到视频轨13上，如图13-124所示。

72 将鼠标放置在素材的右边缘，当鼠标变成边缘图标时，向右拖动鼠标，到目标位置时释放鼠标，如图13-125所示。

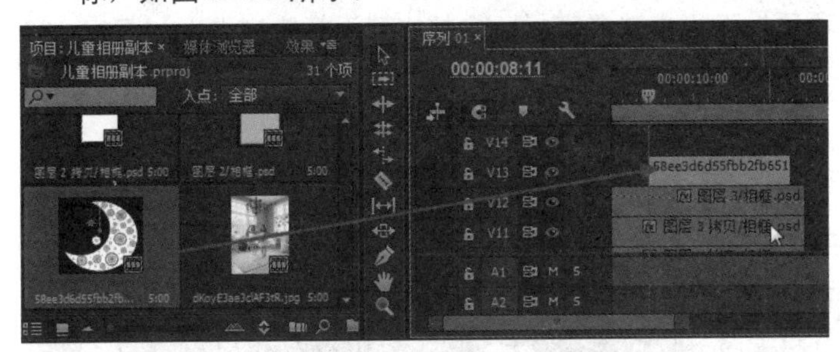

图13-124 拖入素材

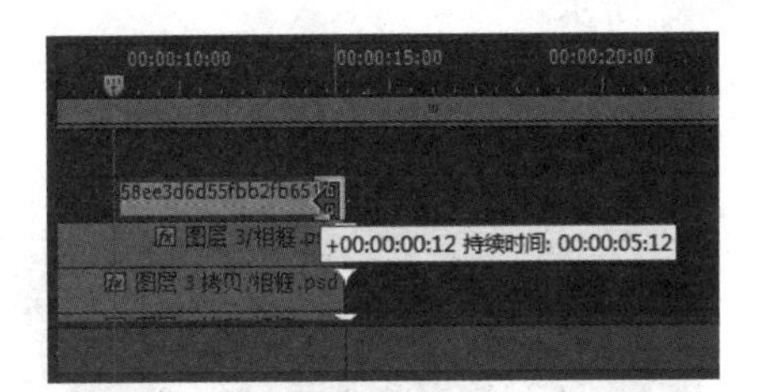

图13-125 调整剪辑持续时间

73 选择视频轨13上的素材，进入“效果控件”面板，设置“位置”参数为620.6、-138，“缩放”参数为69.1。设置时间为00:00:08:22，单击“位置”前的“切换动画”按钮，如图13-126所示。

74 设置时间为00:00:09:20，设置“位置”参数为616.5、132，如图13-127所示。

75 执行“字幕”|“新建字幕”|“默认静态字幕”命令，，弹出“新建字幕”对话框，单击“确定”按钮，如图13-128所示。

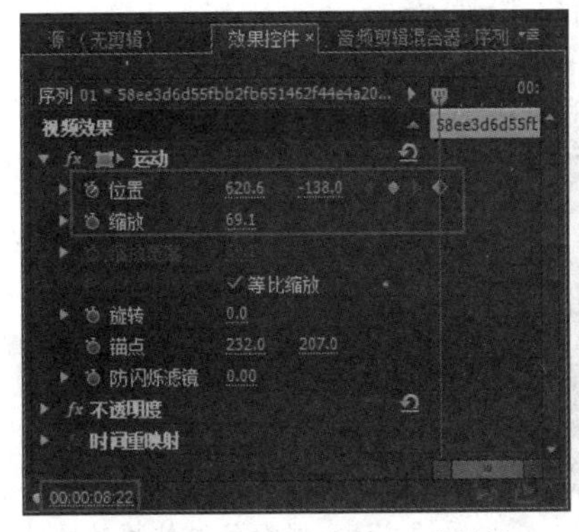

图13-126 添加第一处关键帧

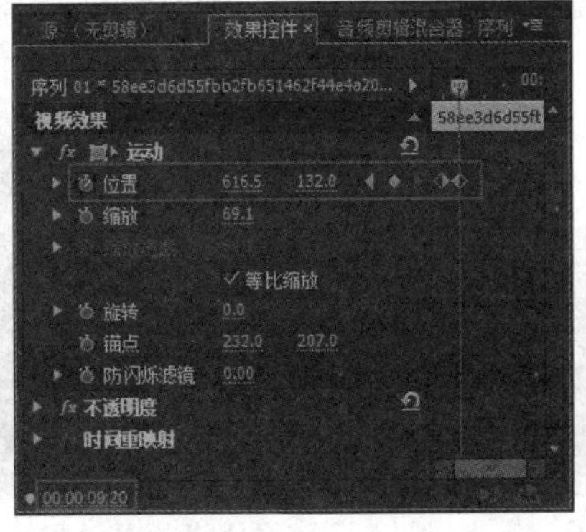

图13-127 添加第二处关键帧

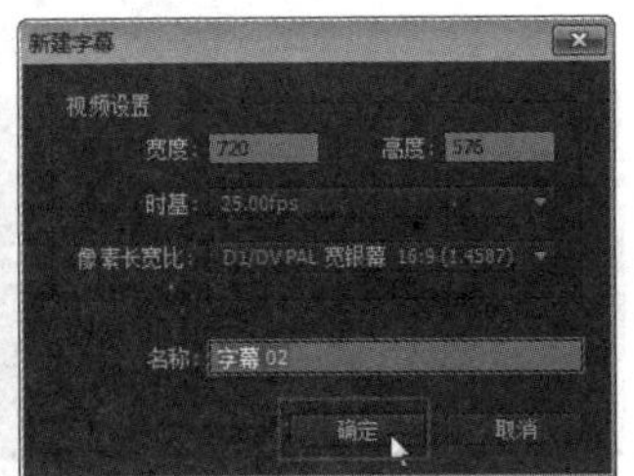

图13-128 新建字幕

76 弹出“字幕设计器”对话框，选择“矩形工具”，画出一个矩形，单击“外描边”后的“添加”按钮，设置外描边的“颜色”为白色，“不透明度”为51，具体的参数设置与最终的效果如图13-129所示。

77 选择“文字工具”，输入字幕“贝壳曲奇”，设置“字体”为方正启体简体，“大小”为40，“颜色”为红色，单击“外描边”后的“添加”按钮，设置外描边“大小”为1，“颜色”为红色，具体的设置与最终的效果如图13-130所示。

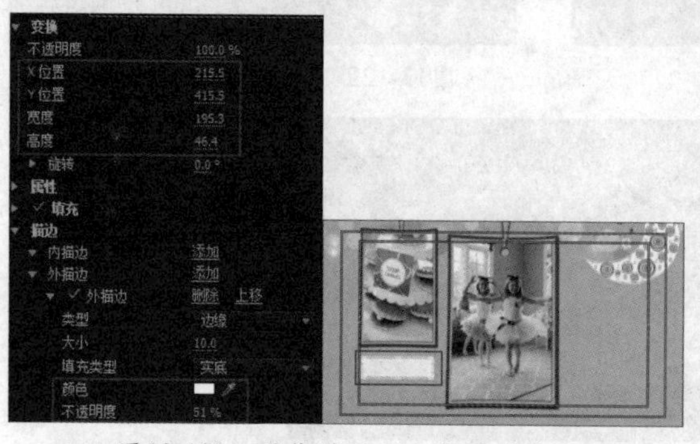

图13-129 具体的设置与最终的效果

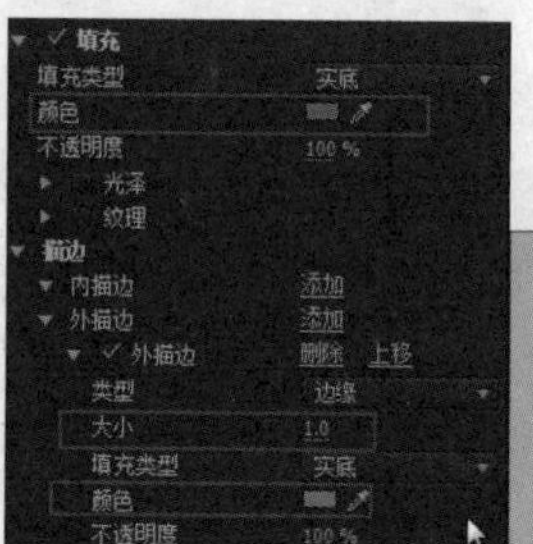

图13-130 具体的设置与最终的效果

78 选择“文字工具”，输入字幕“I love PINK”，设置“字体”为方正启体简体，“大小”为40，“颜色”为红色，单击“外描边”后的“添加”按钮，设置外描边“大小”为1，“颜色”为白色，“不透明度”为51，具体的设置与最终的效果如图13-131所示。

79 关闭“字幕设计器”对话框。在“项目”面板中选择素材，将其拖到视频轨14上，如图13-132所示。

图13-131 具体的设置与最终的效果

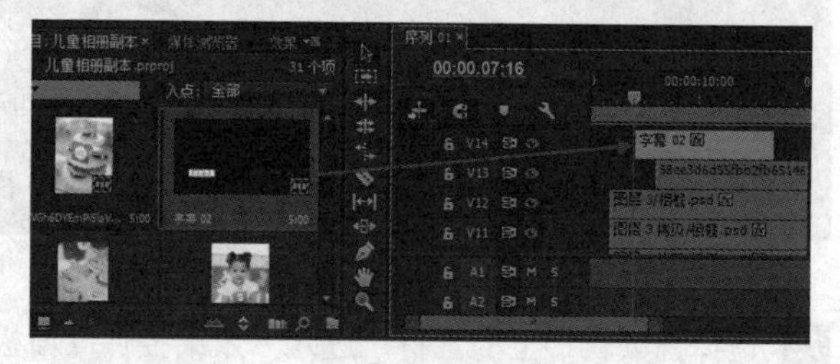

图13-132 拖入素材

80 将鼠标放置在素材的右边缘，当鼠标变成边缘图标时，向右拖动鼠标，到目标位置时释放鼠标，如图13-133所示。

81 选择视频轨14上的素材，进入“效果控件”面板，设置时间为00:00:08:23，单击“不透明度”前的“切换动画”按钮，设置“不透明度”参数为0，如图13-134所示。

82 设置时间为00:00:09:23，设置“不透明度”参数为100，如图13-135所示。

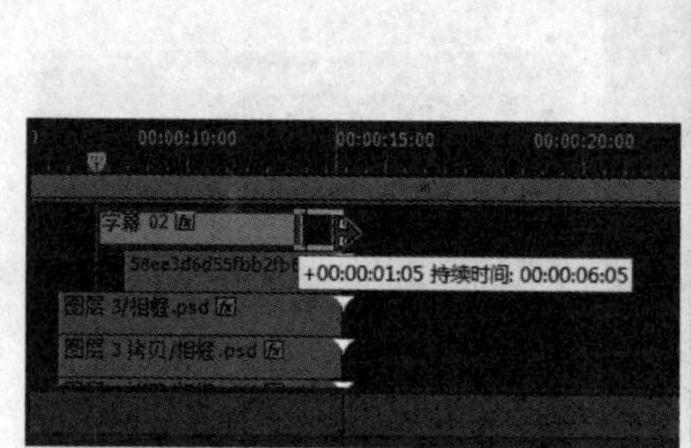

图13-133 调整剪辑持续时间

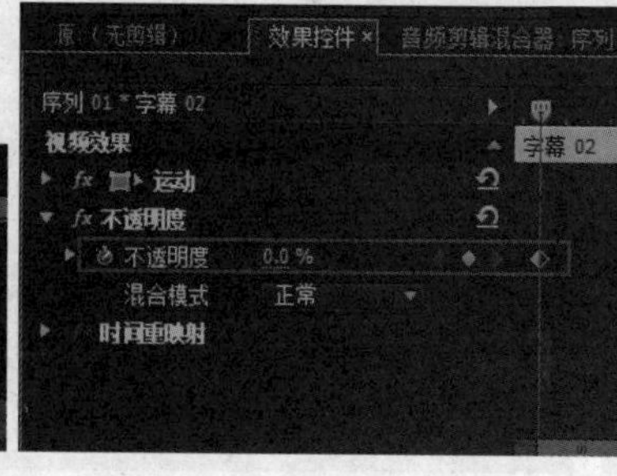

图13-134 添加第一处关键帧

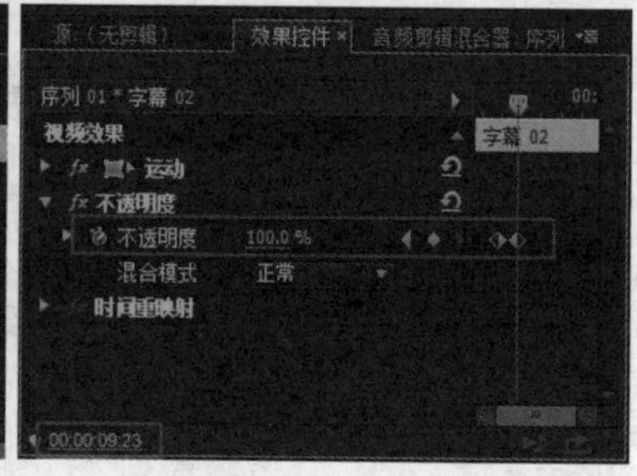

图13-135 添加第二处关键帧

83 在“项目”面板中选择素材，将其拖到视频轨15上，如图13-136所示。

84 将鼠标放置在素材的左边缘，当鼠标变成边缘图标时，向右拖动鼠标，到目标位置时释放鼠标，如图13-137所示。

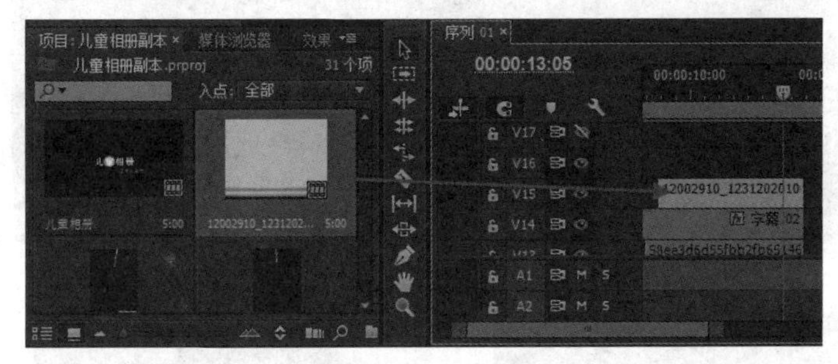

图13-136　拖入素材

图13-137　调整剪辑持续时间

85 选择视频轨15上的素材，进入“效果控件”面板，设置“位置”参数为360、-396.7，“缩放”参数为112。设置时间为00:00:13:05，单击“位置”前的“切换动画”按钮，如图13-138所示。

86 设置时间为00:00:13:22，设置“位置”参数为360、297.3，如图13-139所示。

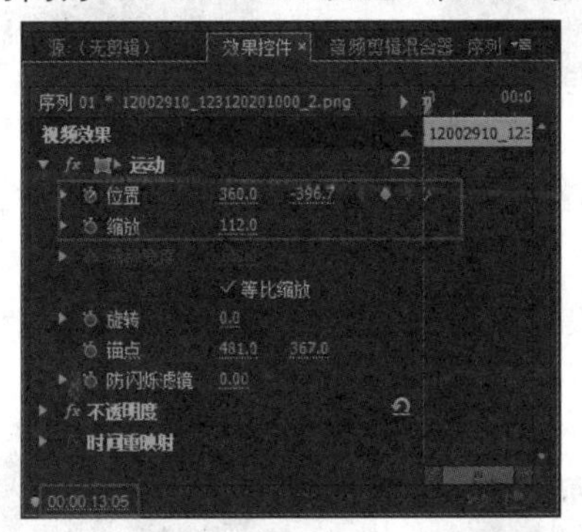

图13-138　添加第一处关键帧

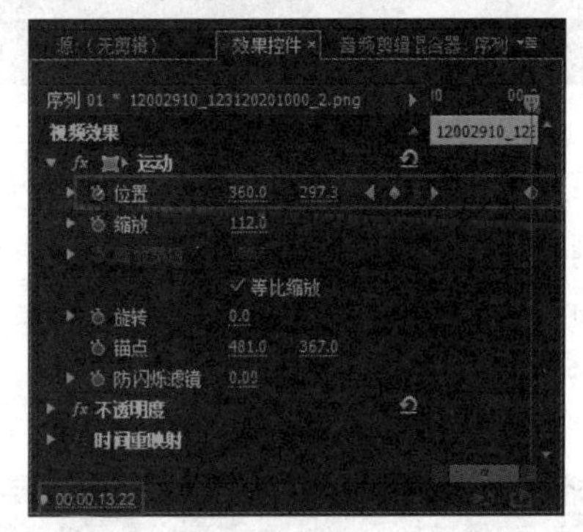

图13-139　添加第二处关键帧

87 在“项目”面板中选择素材，将其拖到视频轨9上，如图13-140所示。

88 选择素材，进入“效果控件”面板，设置“位置”参数为360、855，“缩放”参数为93。设置时间为00:00:13:23，单击“位置”前的“切换动画”按钮，如图13-141所示。

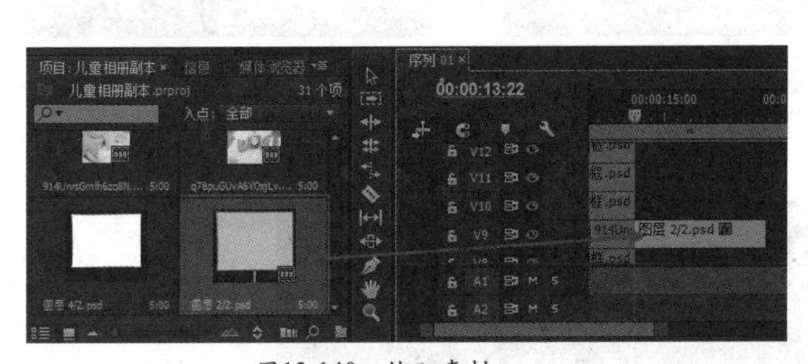

图13-140　拖入素材

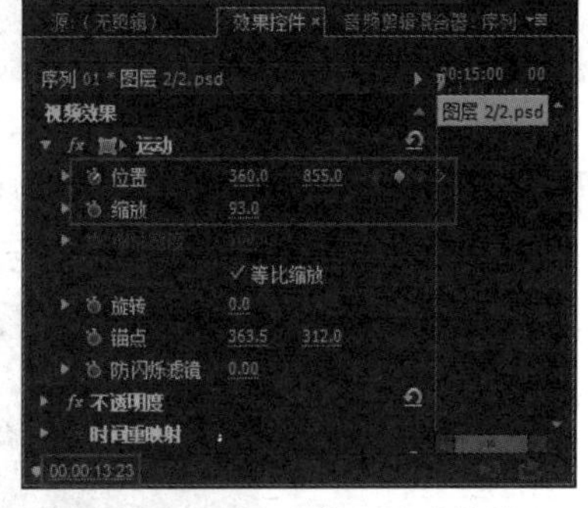

图13-141　添加第一处关键帧

89 设置时间为00:00:15:22，设置“位置”参数为360、288，如图13-142所示。

90 打开“效果”面板，打开“视频效果”文件夹，选择“透视”文件夹下的“投影”特效，将其添加到素材上，如图13-143所示。

91 在“项目”面板中选择素材，将其拖到视频轨9上，如图13-144所示。

92 选择视频轨9上的素材，单击鼠标右键并执行“速度/持续时间”命令，弹出“剪辑速度/持续时间”对话框，设置持续时间为00:00:01:24，单击“确定”按钮，如图13-145所示。

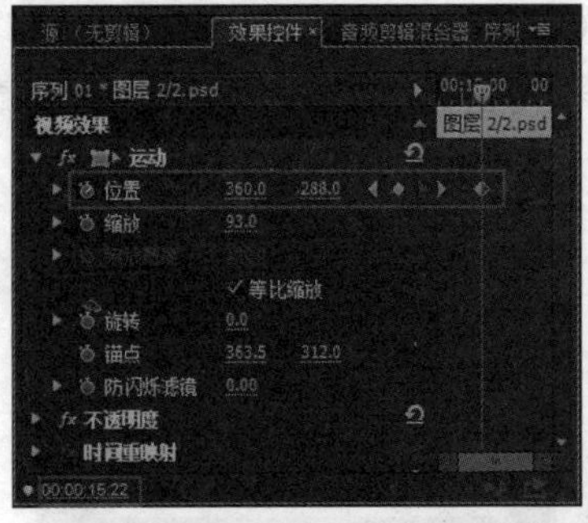

图13-142　添加第二处关键帧

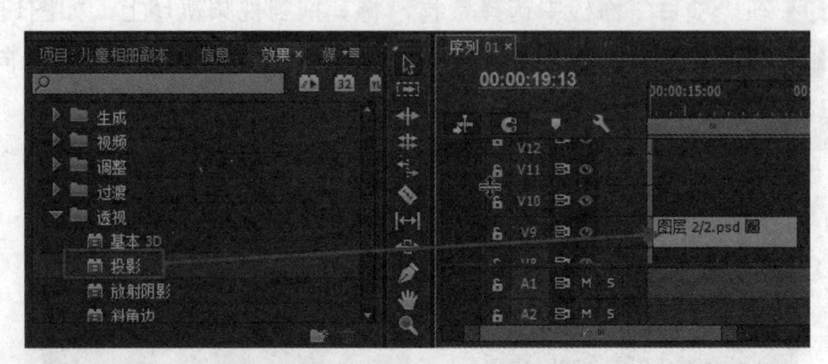

图13-143　添加“投影”特效

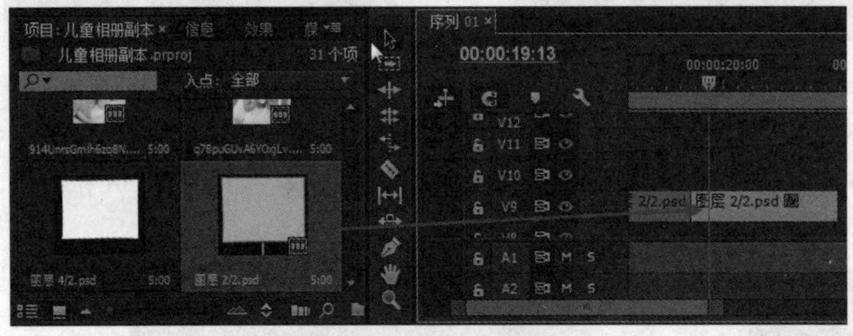

图13-144　拖入素材

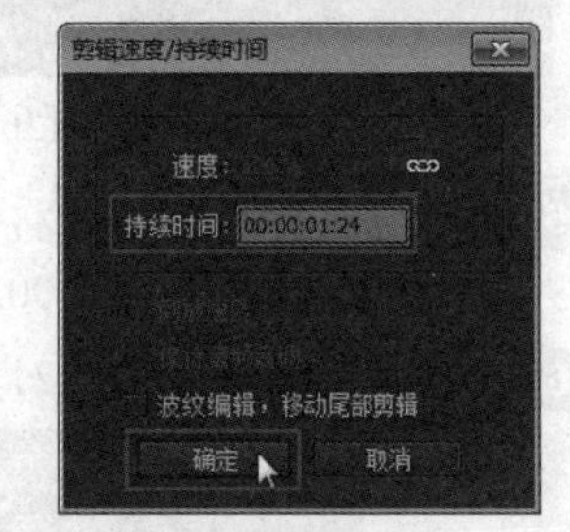

图13-145　设置剪辑持续时间

93 打开“效果”面板，打开“视频效果”文件夹，选择“透视”文件夹下的“投影”特效，将其添加到素材上，如图13-146所示。

94 选择视频轨9上的素材，进入“效果控件”面板，设置“位置”参数为360、299.6，“缩放”参数为93，如图13-147所示。

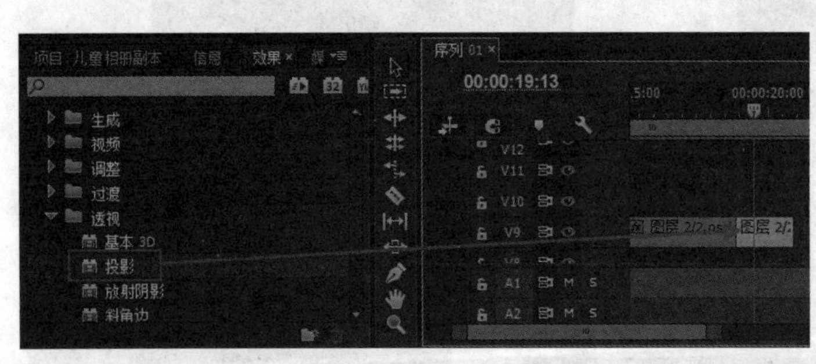

图13-146　添加“投影”特效

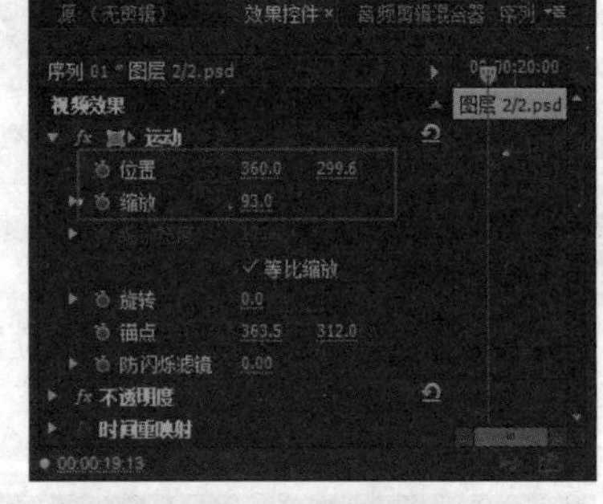

图13-147　设置“位置”及“缩放”参数

95 打开“效果”面板，打开“视频过渡”文件夹，选择“3D运动”文件夹下的“翻转”特效，将其添加到素材上，如图13-148所示。

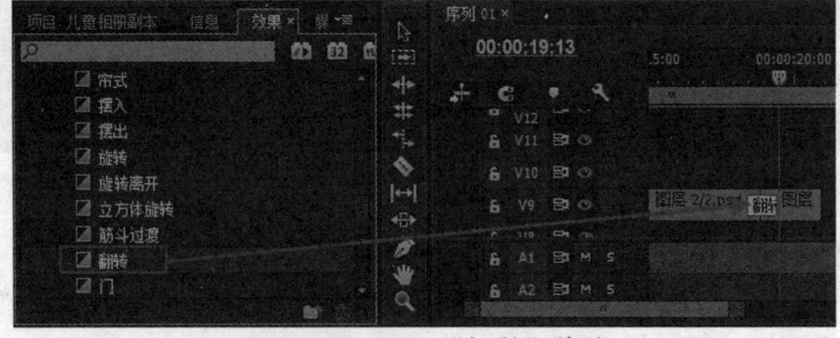

图13-148　添加“投影”特效

96 在“项目”面板中选择素材，将其拖到视频轨10上，如图13-149所示。

97 选择视频轨10上的素材，进入“效果控件”面板，设置时间为00:00:13:24，单击“位置”前的“切换动画”按钮，设置“位置”参数为360、800，如图13-150所示。

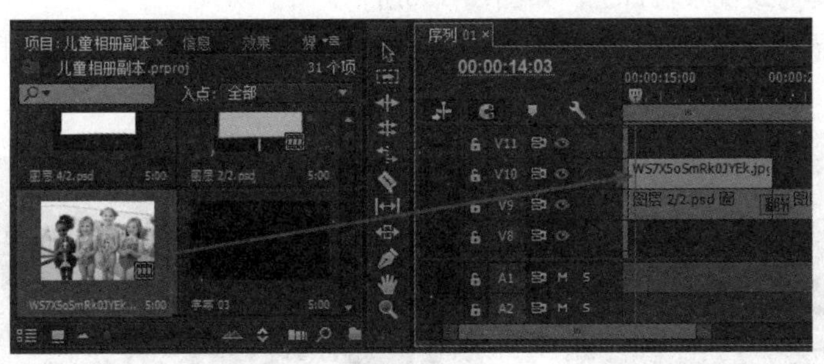

图13-149 拖入素材

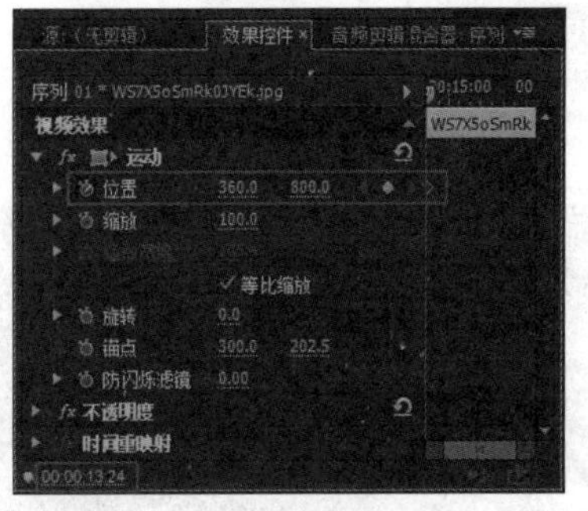

图13-150 添加第一处关键帧

98 设置时间为00:00:15:22，设置“位置”参数为360、250.2，如图13-151所示。

99 在“项目”面板中选择素材，将其拖到视频轨10上，如图13-152所示。

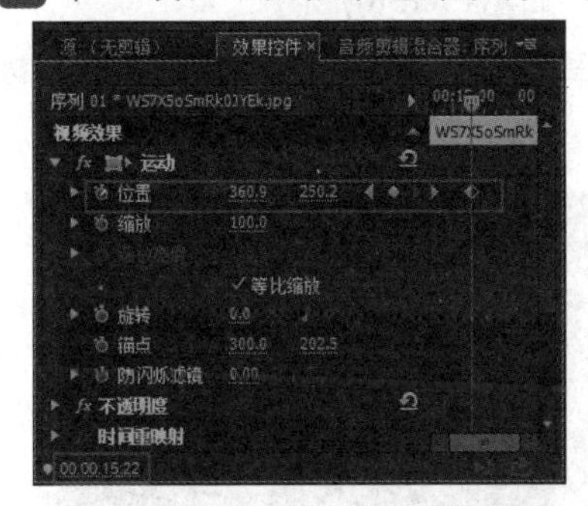

图13-151 添加第二处关键帧

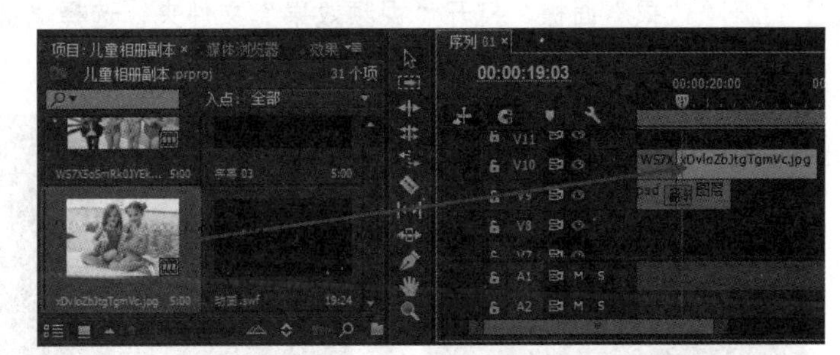

图13-152 拖入素材

100 将鼠标放置在素材的右边缘，当鼠标变成边缘图标时，向左拖动鼠标，到目标位置时释放鼠标，如图13-153所示。

101 选择视频轨上的素材，进入“效果控件”面板，设置“位置”参数为360.9、261.7，如图13-154所示。

图13-153 调整剪辑持续时间

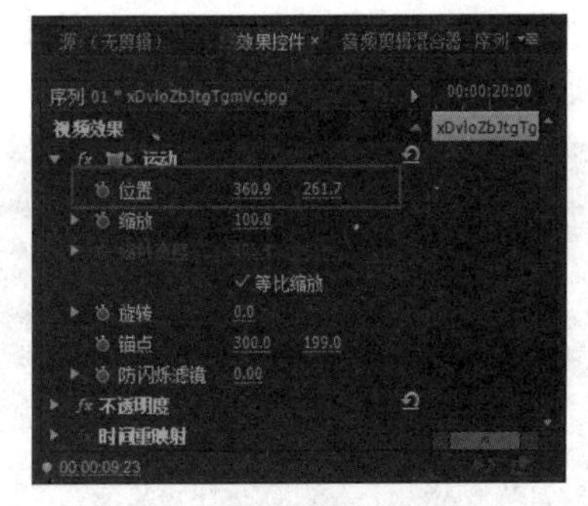

图13-154 设置“位置”参数

102 打开“效果”面板，打开“视频过渡”文件夹，选择“3D运动”文件夹下的“翻转”特效，将其添加到素材上，如图13-155所示。

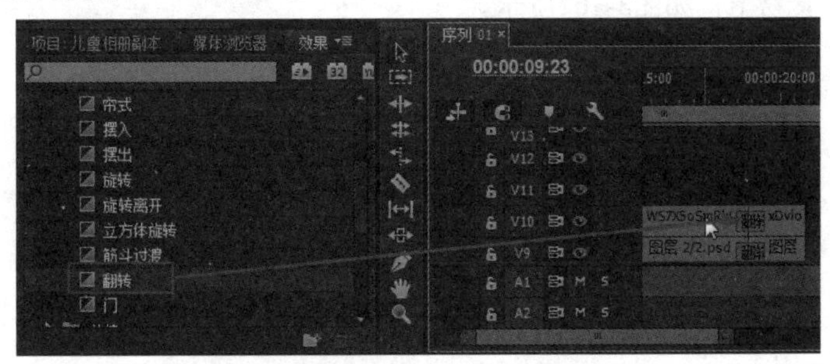

图13-155 添加“翻转”特效

103 在“项目”面板中选择素材，将其拖到视频轨11上，如图13-156所示。

104 将鼠标放置在素材的右边缘，当鼠标变成边缘图标时，向右拖动鼠标，到目标位置时释放鼠标，如图13-157所示。

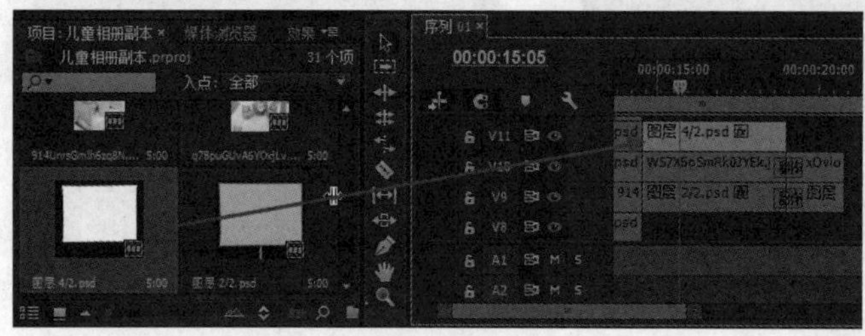

图13-156　拖入素材

图13-157　调整剪辑持续时间

105 选择素材，进入“效果控件”面板，设置“缩放”参数为93，如图13-158所示。

106 打开“效果”面板，打开“视频效果”文件夹，选择“键控”文件夹下的“轨道遮罩键”特效，将其添加到素材上，如图13-159所示。

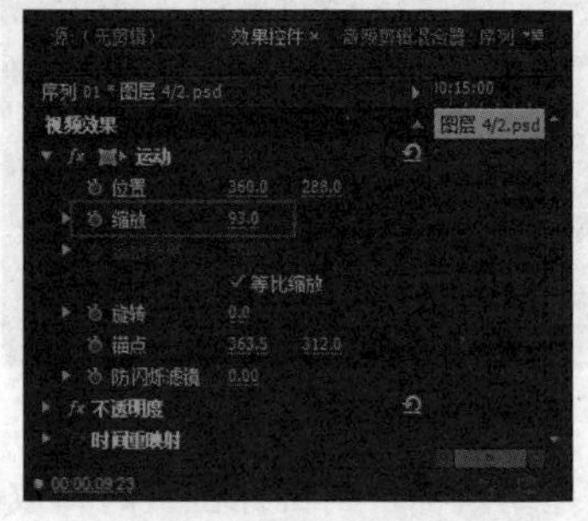

图13-158　设置“缩放”参数

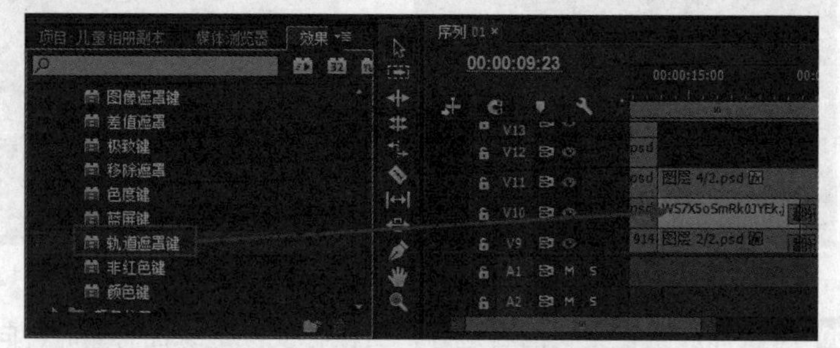

图13-159　添加“轨道遮罩键”特效

107 打开“效果”面板，打开“视频效果”文件夹，选择“透视”文件夹下的“投影”特效，将其添加到素材上，如图13-160所示。

108 选择素材，进入“效果控件”面板，单击“遮罩”后的倒三角按钮，在下拉列表中选择“视频11”选项，如图13-161所示。

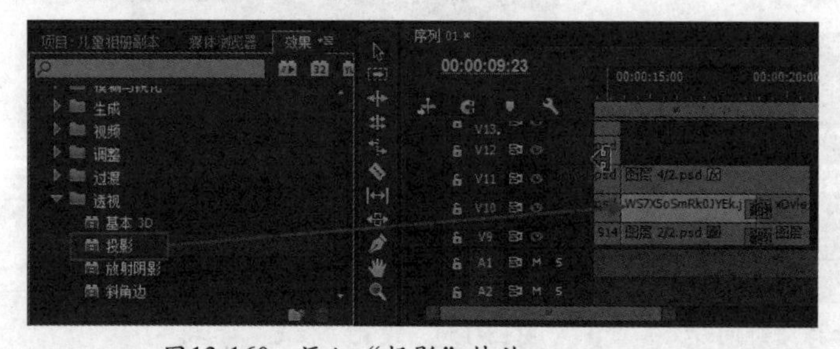

图13-160　添加“投影”特效

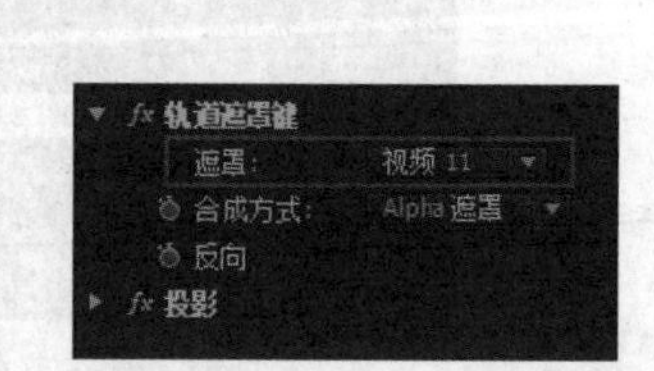

图13-161　设置特效参数

109 打开“效果”面板，打开“视频效果”文件夹，选择“键控”文件夹下的“轨道遮罩键”特效，将其添加到素材上，如图3-162所示。

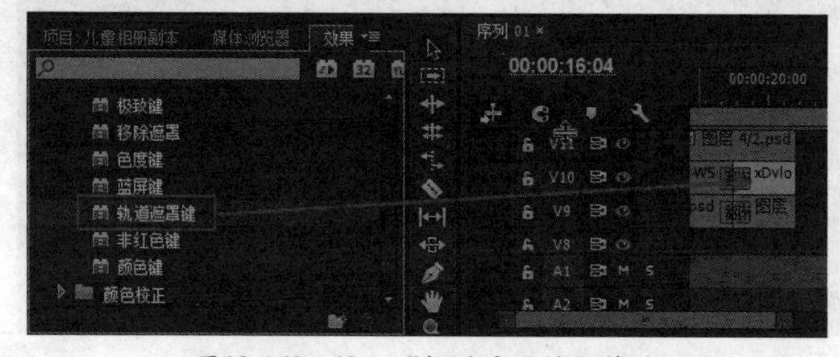

图13-162　添加“轨道遮罩键”特效

110 打开“效果”面板，打开“视频效果”文件夹，选择“透视”文件夹下的“投影”特效，将其添加到素材上，如图13-163所示。

111 选择素材，进入“效果控件”面板，单击“遮罩”后的倒三角按钮，在下拉列表中选择“视频11”选项，如图13-164所示。

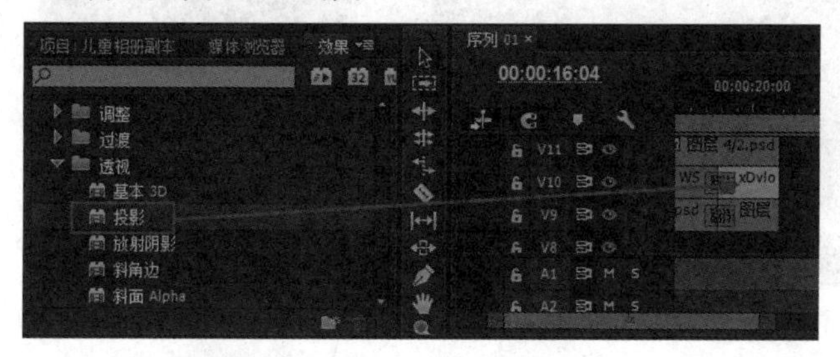

图13-163 添加“投影”特效

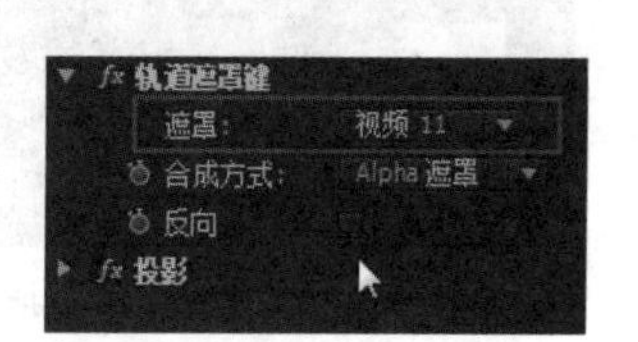

图13-164 设置特效参数

112 在“项目”面板中选择素材，将其拖到视频轨12上，如图13-165所示。

113 选择视频轨上的素材，单击鼠标右键并执行“速度/持续时间”命令，弹出“剪辑速度/持续时间”对话框，设置持续时间为00:00:05:08，单击“确定”按钮，如图13-166所示。

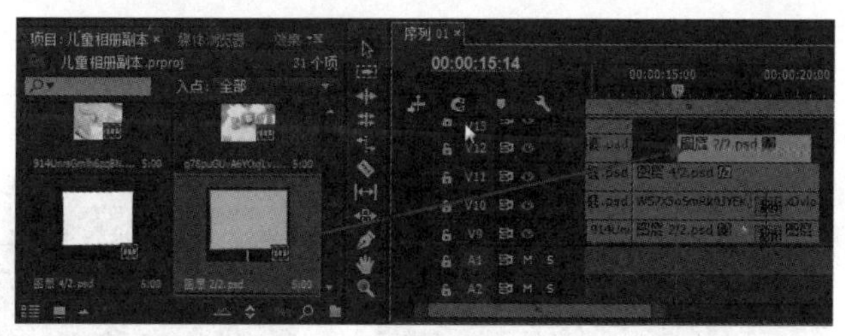

图13-165 拖入素材

图13-166 设置持续时间参数

114 打开“效果”面板，打开“视频效果”文件夹，选择“透视”文件夹下的“投影”特效，将其添加到素材上，如图13-167所示。

115 进入“效果控件”面板，设置时间为00:00:15:14，单击“位置”前的“切换动画”按钮，设置“位置”参数为586、710，“缩放”参数为42，如图13-168所示。

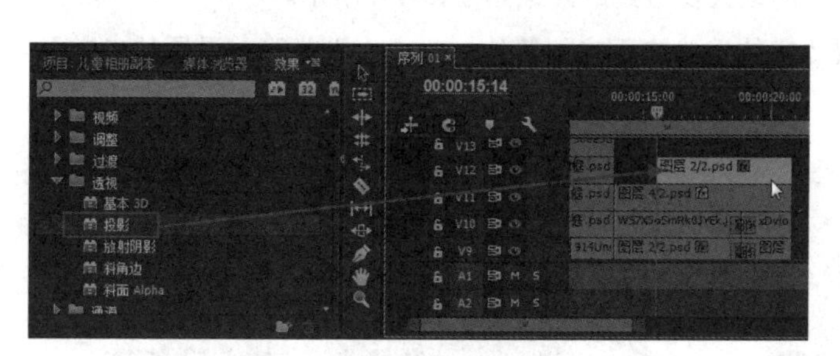

图13-167 添加“投影”特效

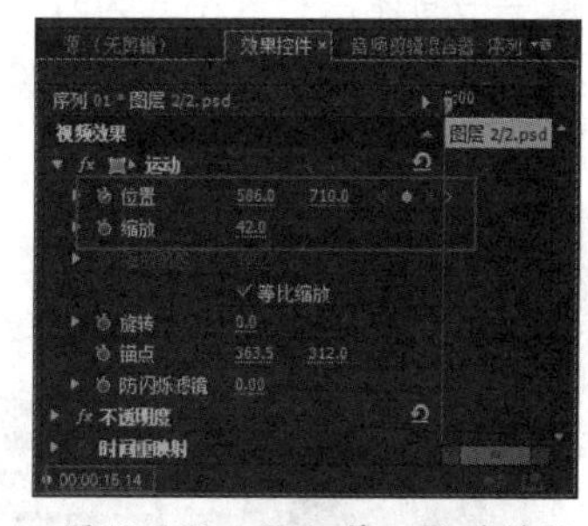

图13-168 添加第一处关键帧

116 设置时间为00:00:16:22，设置“位置”参数为586、458，如图13-169所示。

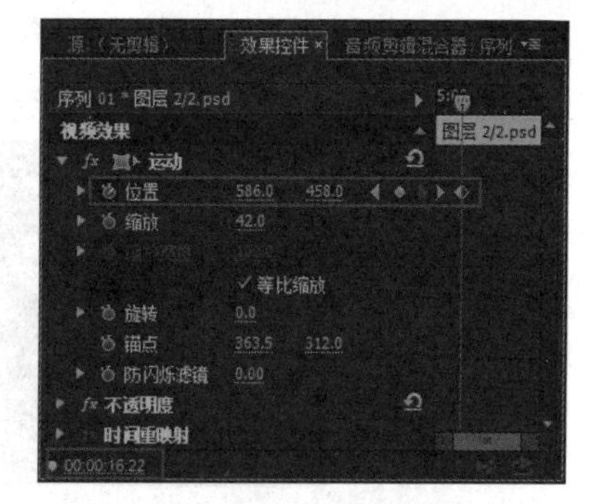

图13-169 添加第二处关键帧

117 在“项目”面板中选择素材，将其拖到视频轨13上，如图13-170所示。

118 选择素材，单击鼠标右键并执行“速度/持续时间”命令，弹出“剪辑速度/持续时间”对话框，设置持续时间为00:00:05:08，单击“确定”按钮，如图13-171所示。

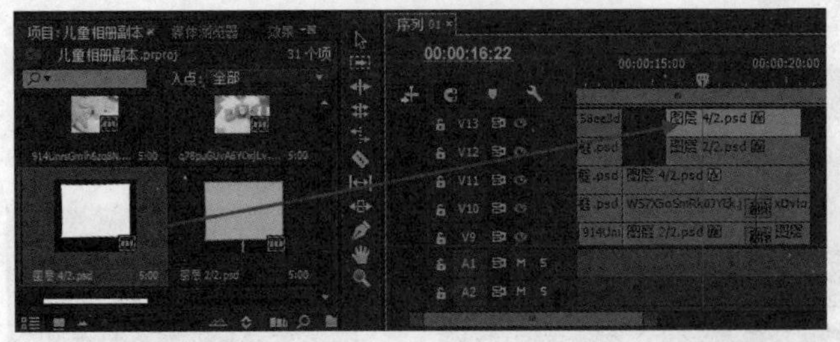
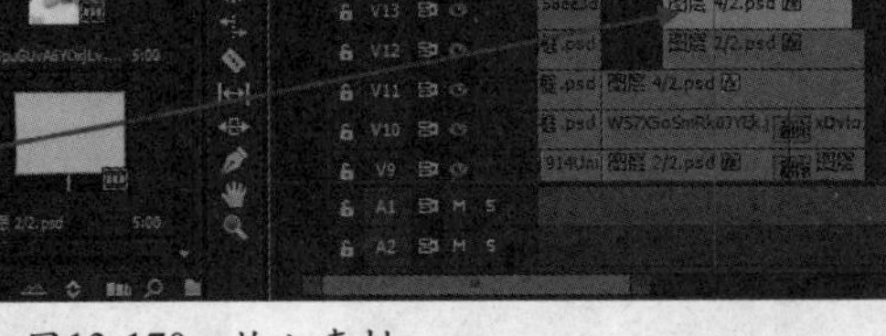

图13-170 拖入素材

图13-171 设置剪辑持续时间

119 进入“效果控件”面板，设置时间为00:00:15:14，单击“位置”前的“切换动画”按钮，设置“位置”参数为586、710，“缩放”参数为40，如图13-172所示。

120 设置时间为00:00:16:22，设置“位置”参数为586、458，如图13-173所示。

121 执行“字幕”|“新建字幕”|“默认静态字幕”命令，弹出“新建字幕”对话框，单击“确定”按钮，如图13-174所示。

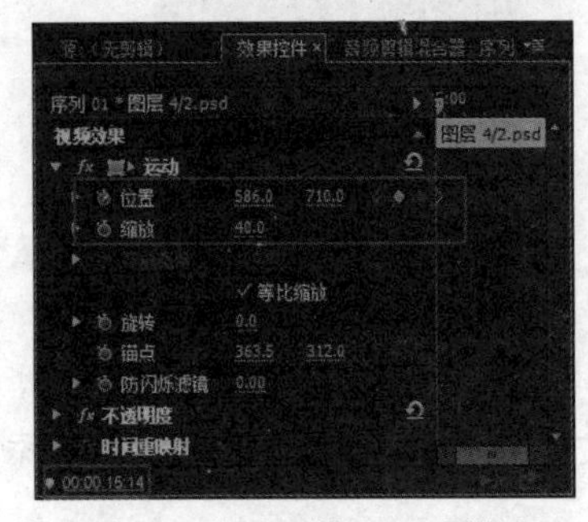

图13-172 添加第一处关键帧

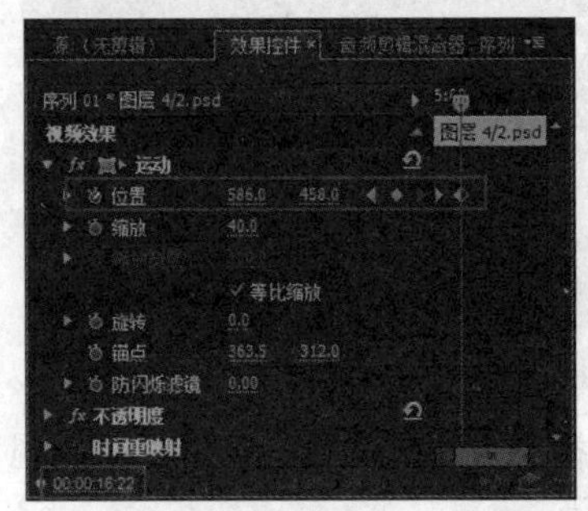

图13-173 添加第二处关键帧

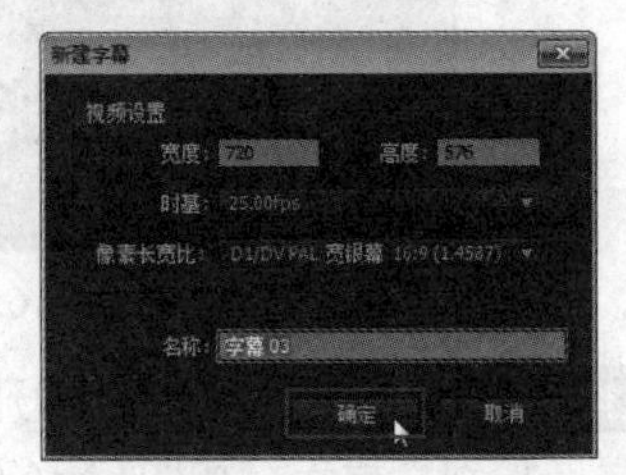

图13-174 新建字幕

122 弹出“字幕设计器”对话框，选择“文字工具”，输入字幕“·happy·”，设置“字体”为方正瘦金书简体，“大小”为51，具体的设置及最终的效果如图13-175所示。

123 输入字幕“最爱美人鱼”，设置“字体”为方正启体简体，“大小”为31，设置的参数及最终的效果如图13-176所示。

图13-175 设置的参数及最终的效果

图13-176 设置的参数及最终的效果

124 在“项目”面板中选择“字幕03”素材，将其拖到视频轨14上，如图13-177所示。

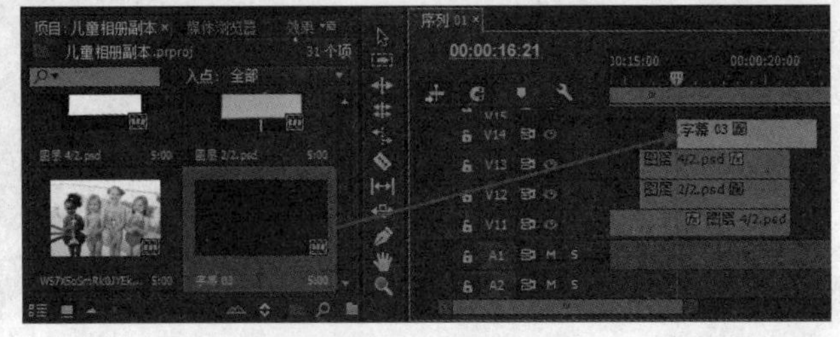

图13-177 拖入素材

125 打开“效果”面板，打开“视频过渡”文件夹，选择“3D运动”文件夹下的“向上折叠”特效，将其添加到素材上，如图13-178所示。

126 将鼠标放置在素材的右边缘，当鼠标变成边缘图标时，向左拖动鼠标，到目标位置时释放鼠标，如图13-179所示。

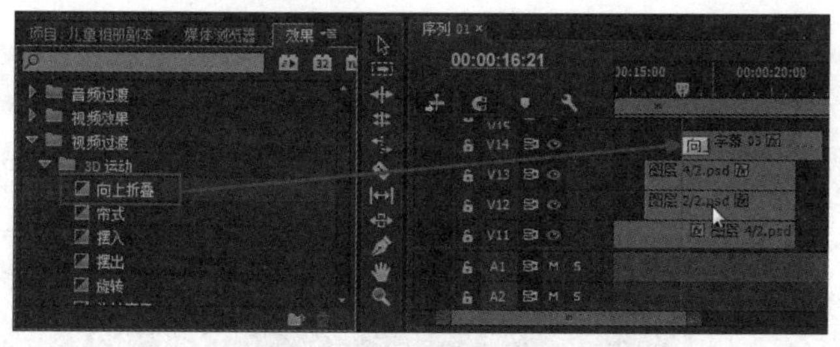

图13-178 添加“向上折叠”特效

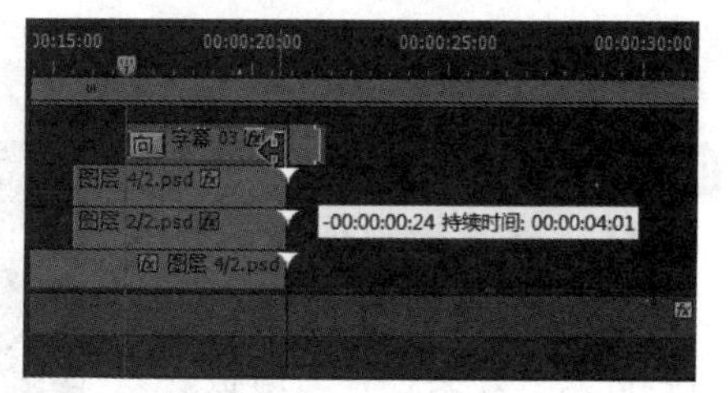

图13-179 调整剪辑持续时间

127 在“项目”面板中选择素材，将其拖到视频轨15上，如图13-180所示。

128 将鼠标放置在素材的右边缘，当鼠标变成边缘图标时，向左拖动鼠标，到目标位置时释放鼠标，如图13-181所示。

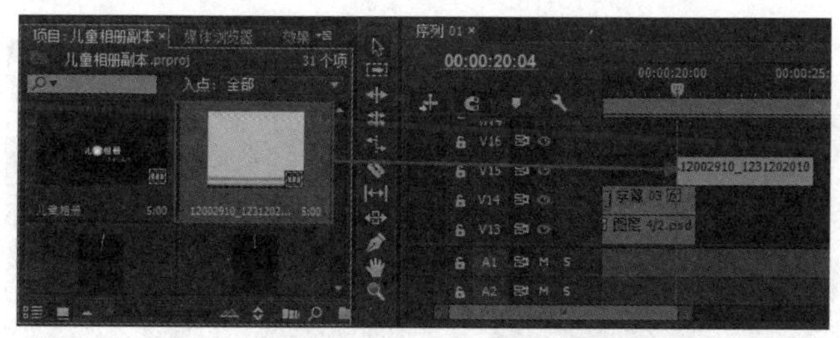

图13-180 拖入素材

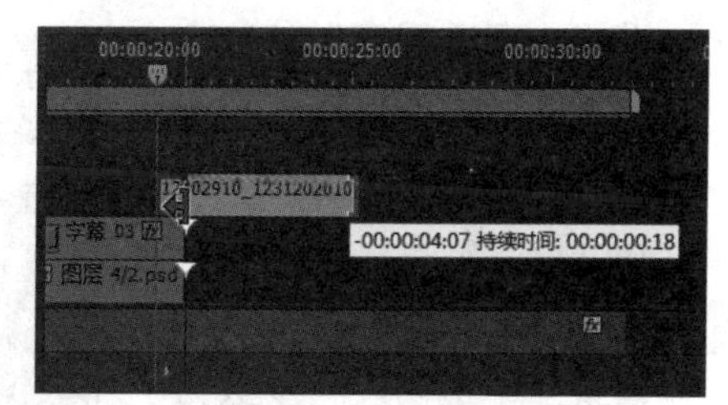

图13-181 调整剪辑持续时间

129 进入“效果控件”面板，设置时间为00:00:20:04，单击“位置”前的“切换动画”按钮，设置“位置”参数为360、-396.7，“缩放”参数为112，如图13-182所示。

130 设置时间为00:00:20:21，设置“位置”参数为360、297.3，如图13-183所示。

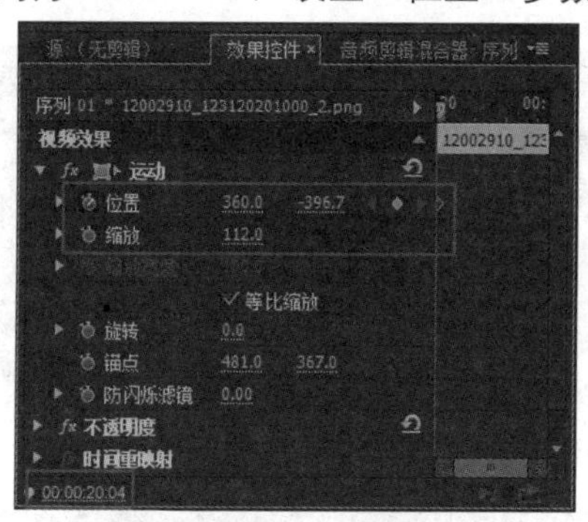

图13-182 添加第一处关键帧

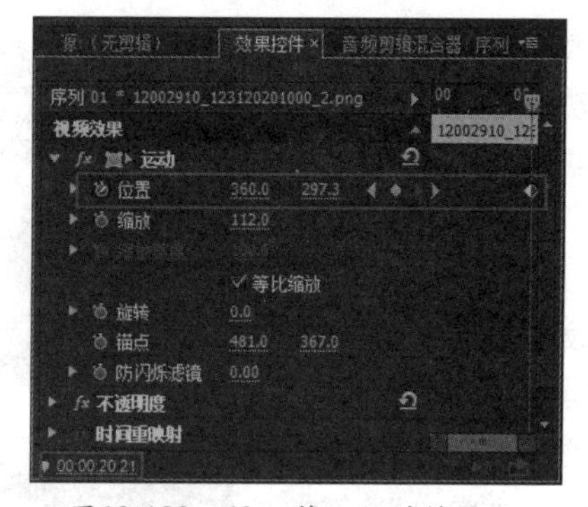

图13-183 添加第二处关键帧

131 在“项目”面板中选择素材，将其拖到视频轨16上，如图13-184所示。

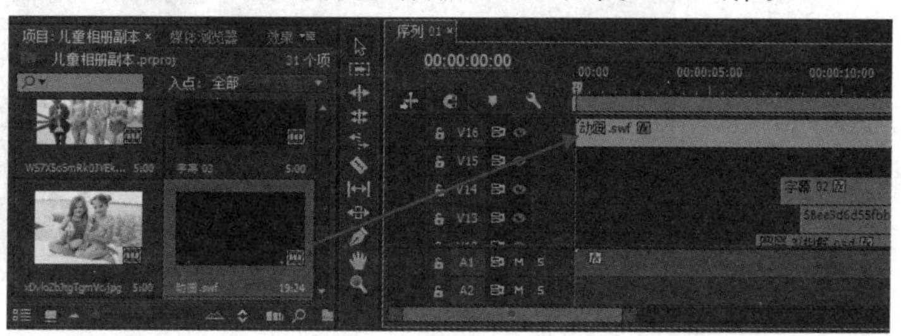

图13-184 拖入素材

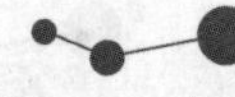

13.4 光照效果应用

利用“光照效果”中的点光源的关键帧运动，可以制作出光照跟随照片运动的效果。

视频位置:DVD\视频\第13章\13.4光照效果应用.mp4

01 在“项目”面板中选择素材，将其拖到视频轨14上，如图13-185所示。

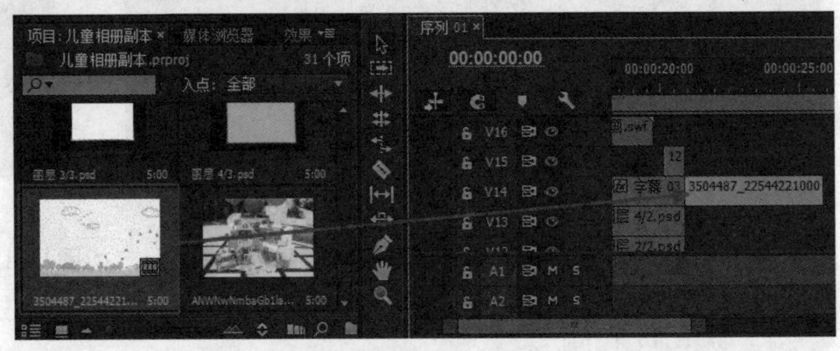

图13-185 拖入素材

02 进入“效果控件”面板，设置“缩放”参数为110。设置时间为00:00:20:22，单击“不透明度”前的“切换动画”按钮，设置“不透明度”参数为0，设置“混合模式”为“线性加深”，如图13-186所示。

03 设置时间为00:00:21:11，设置“不透明度”参数为100，如图13-187所示。

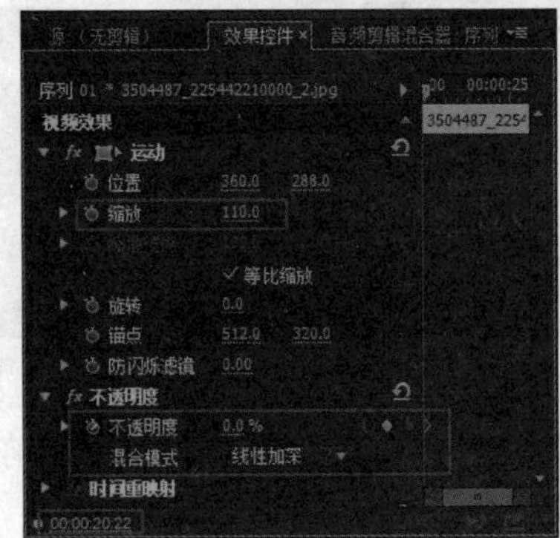

图13-186 添加第一处关键帧

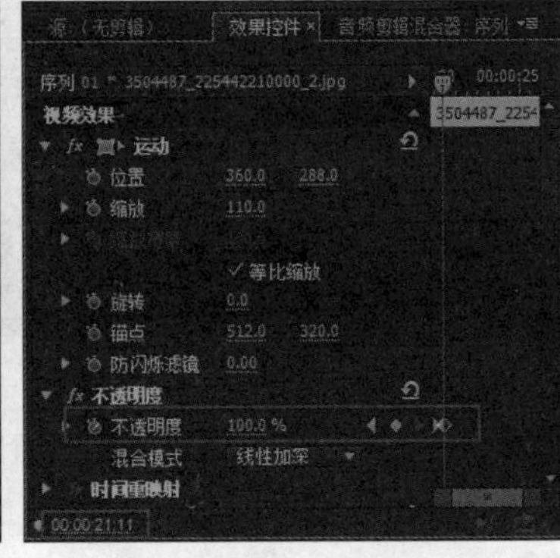

图13-187 添加第二处关键帧

04 打开“效果”面板，打开“视频效果”文件夹，选择“调整”文件夹下的“光照效果”特效，将其添加到素材上，如图13-188所示。

图13-188 添加“光照效果”特效

05 进入“效果控件”面板，设置时间为00:00:20:22，单击“光照1”前的三角按钮，单击“中央”前的“切换动画”按钮，设置“中央”参数为-357、320，如图13-189所示。

06 设置时间为00:00:23:07，设置“位置”参数为512、320，如图13-190所示。

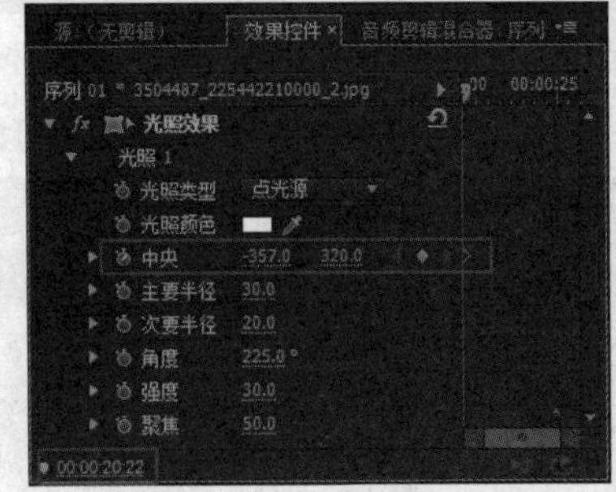

图13-189 添加第一处关键帧

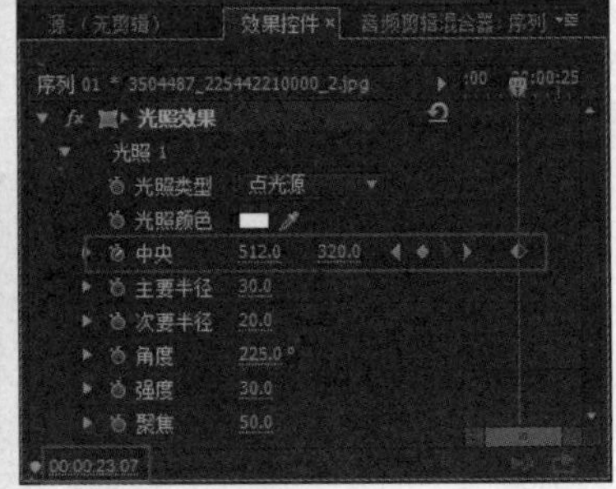

图13-190 添加第二处关键帧

07 设置时间为00:00:24:17，设置“位置”参数为514.4、320，如图13-191所示。

08 设置时间为00:00:25:21，设置“位置”参数为1384、320，如图13-192所示。

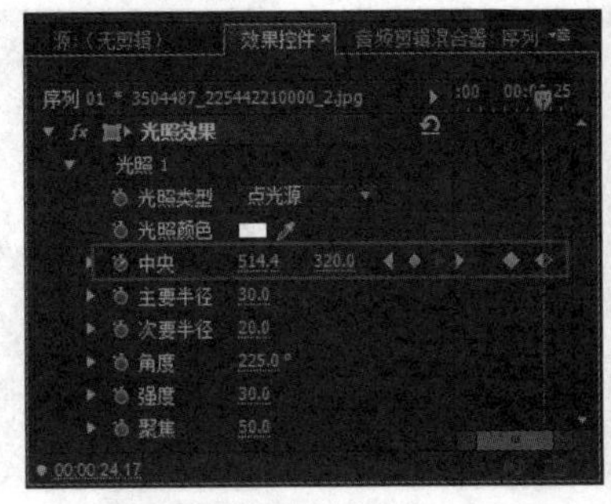
图13-191 添加第三处关键帧

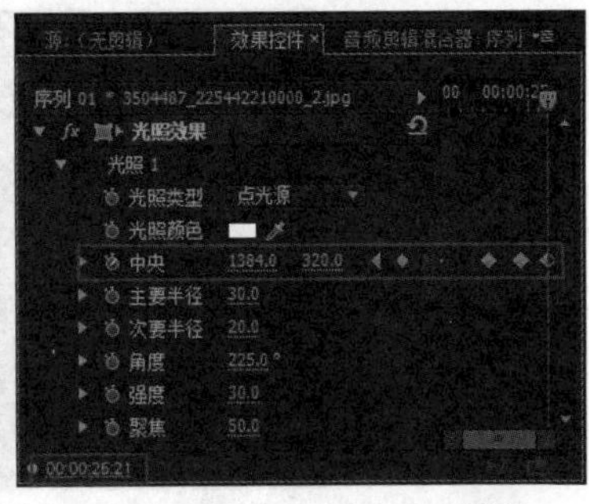
图13-192 添加第四处关键帧

09 在“项目”面板中选择素材，将其拖到视频轨14上，如图13-193所示。

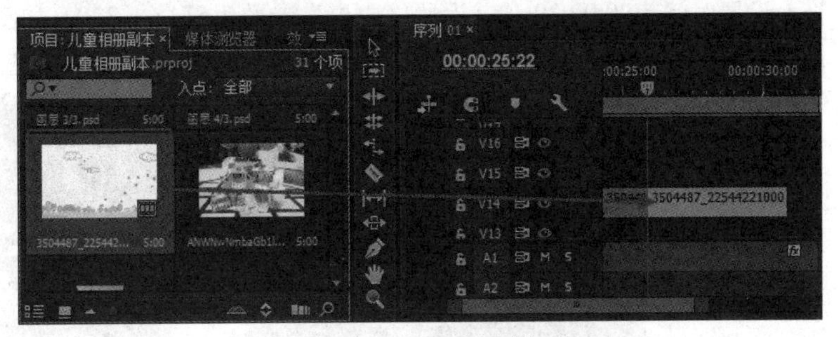
图13-193 拖入素材

10 将鼠标放置在素材的右边缘，当鼠标变成边缘图标时，向右拖动鼠标，到目标位置时释放鼠标，如图13-194所示。

11 进入“效果控件”面板，设置“缩放”参数为110，“混合模式”为“线性加深”，如图13-195所示。

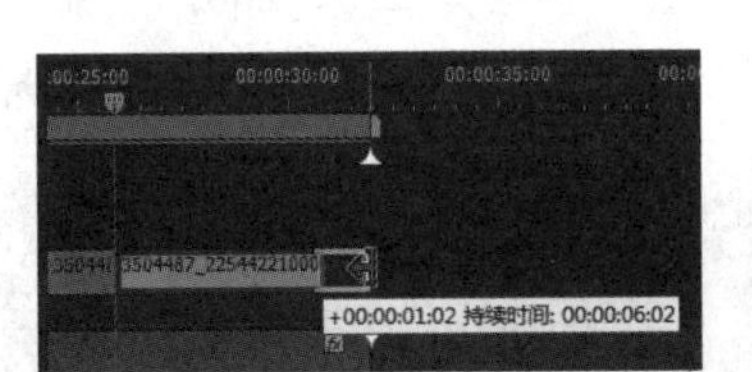
图13-194 调整剪辑持续时间

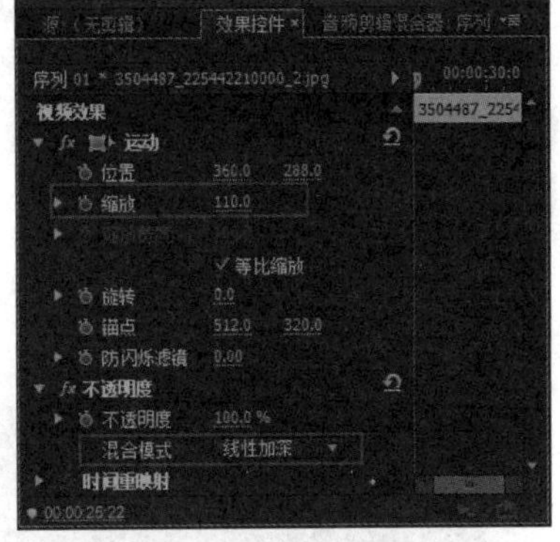
图13-195 设置“缩放”参数及“混合模式”

12 打开“效果”面板，打开“视频效果”文件夹，选择“调整”文件夹下的“光照效果”特效，将其添加到素材上，如图13-196所示。

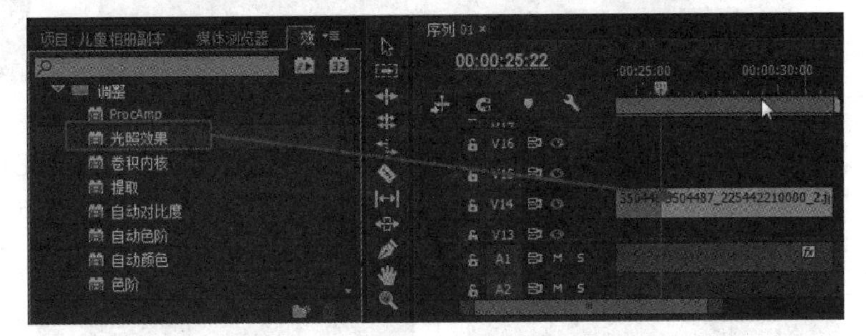
图13-196 添加“光照效果”特效

13 进入“效果控件”面板，设置时间为00:00:25:22，单击“光照1”前的三角按钮，单击“中央”前的“切换动画”按钮，设置“中央”参数为-357、320，如图13-197所示。

14 设置时间为00:00:28:06，设置“中央”参数为512、320，如图13-198所示。

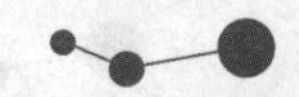

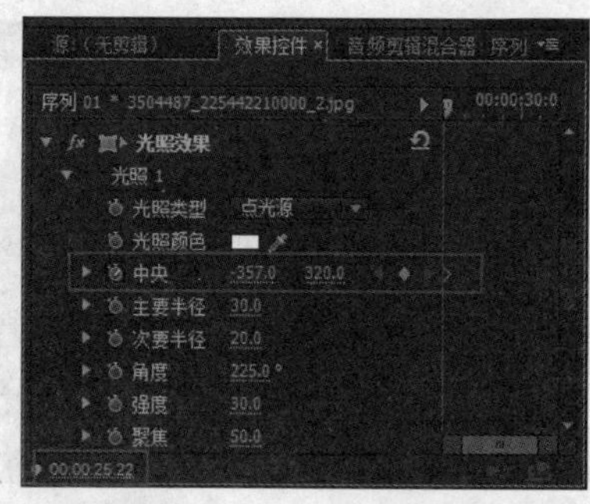

图13-197　添加第一处关键帧

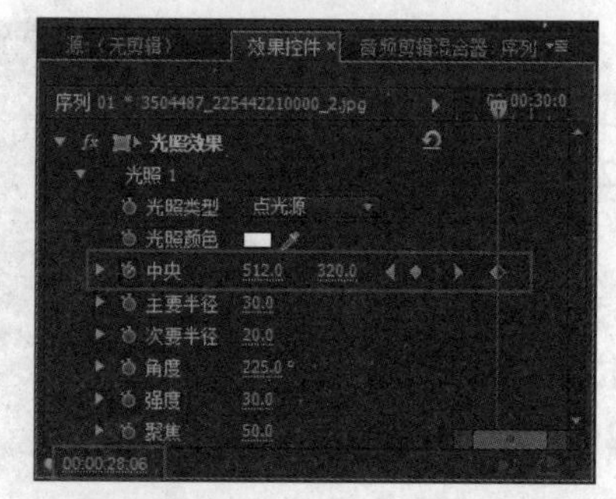

图13-198　添加第二处关键帧

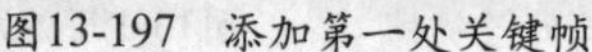

15 设置时间为00:00:29:17，设置“中央”参数为514.4、320，如图13-199所示。

16 设置时间为00:00:30:21，设置“中央”参数为1384、320，如图13-200所示。

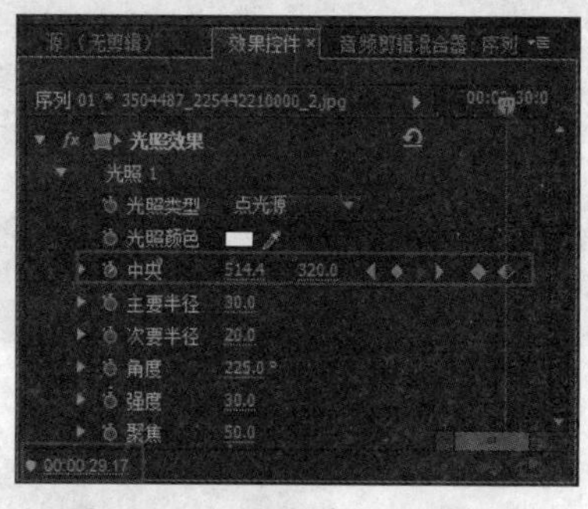

图13-199　添加第三处关键帧

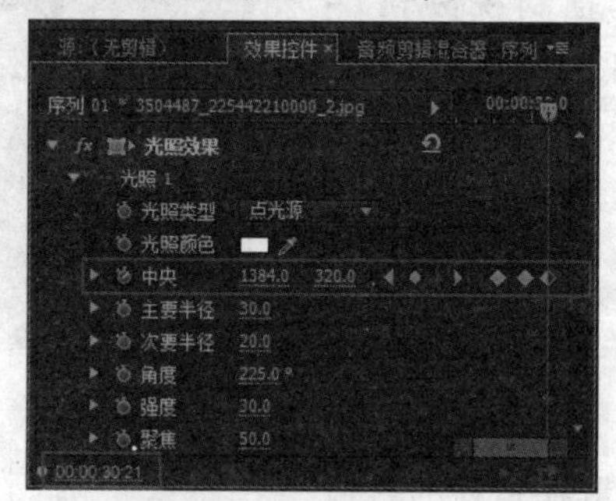

图13-200　添加第四处关键帧

17 在“项目”面板中选择素材，将其拖到视频轨15上，如图13-201所示。

18 选择视频轨上的素材，进入“效果控件”面板，设置时间为00:00:20:22，单击“位置”前的“切换动画”按钮，设置“位置”参数为-210、288，“缩放”参数为78，如图13-202所示。

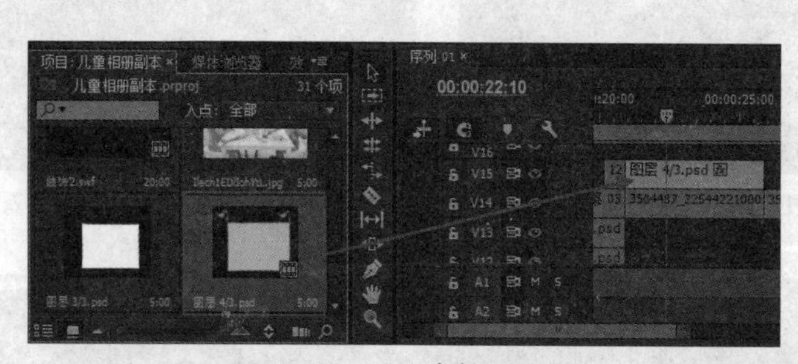

图13-201　拖入素材

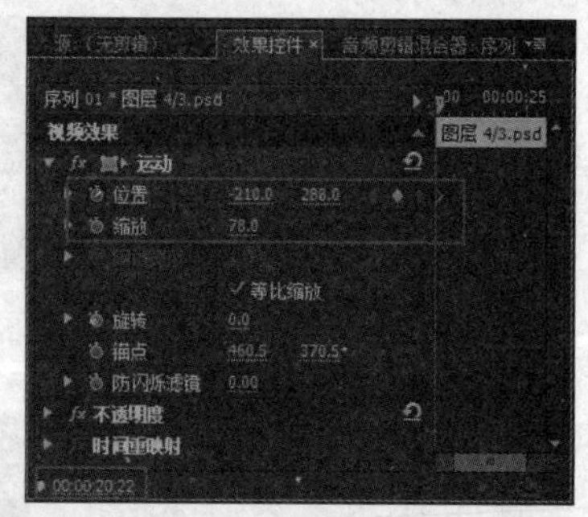

图13-202　添加第一处关键帧

19 设置时间为00:00:22:17，设置“位置”参数为412.3、288，如图13-203所示。

20 设置时间为00:00:24:13，单击“位置”后的“添加/移除关键帧”按钮，如图13-204所示。

21 设置时间为00:00:26:21，设置“位置”参数为964、288，如图13-205所示。

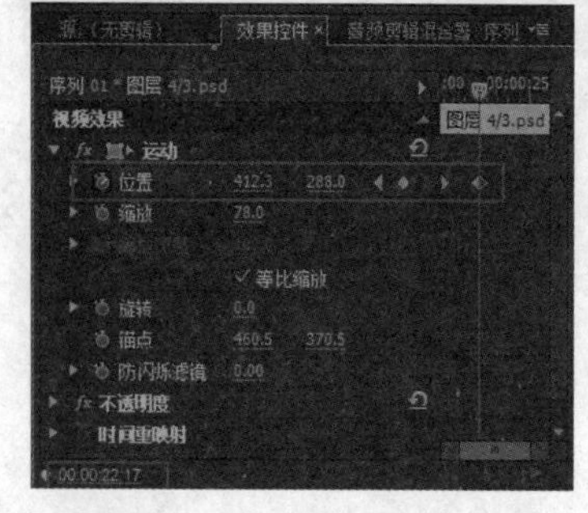

图13-203　添加第二处关键帧

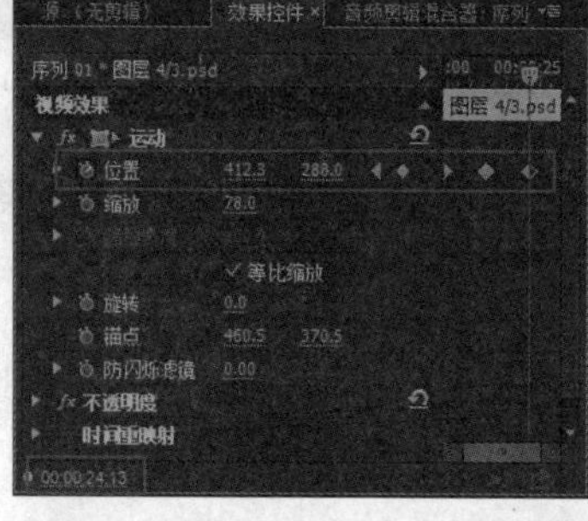

图13-204　添加第三处关键帧

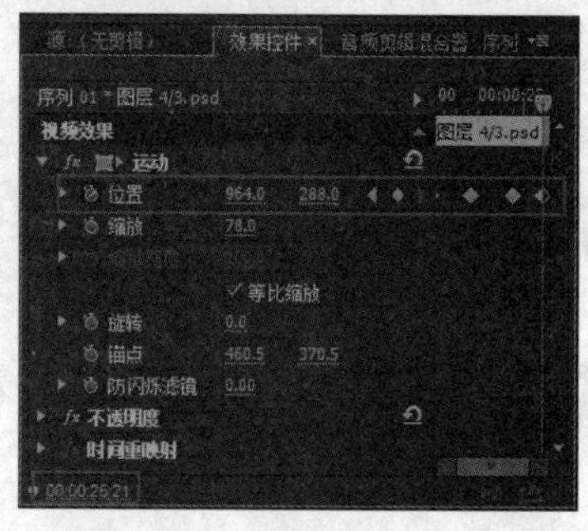

图13-205　添加第四处关键帧

22 将鼠标放置在“运动”特效上，单击鼠标右键并执行“保存预设”命令，如图13-206所示。

23 弹出“保存预设”对话框，设置预设名称，单击“确定”按钮，如图13-207所示。

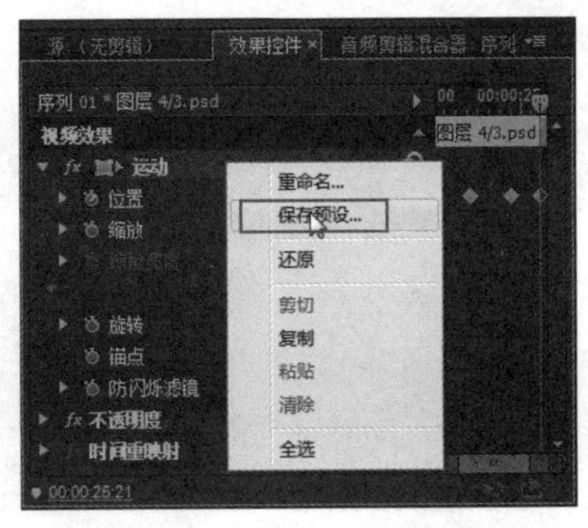

图13-206 执行“保存预设”命令

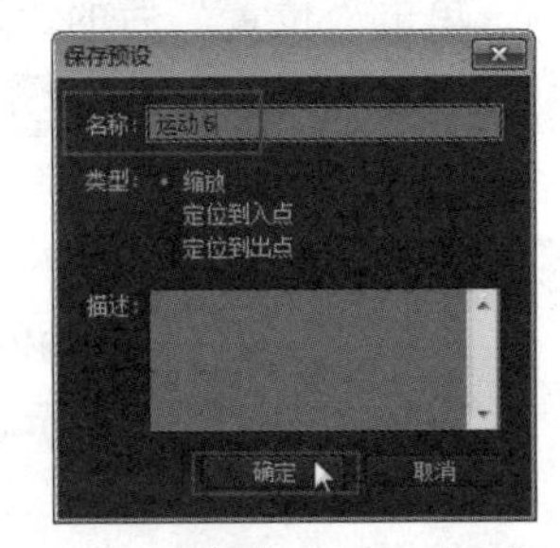

图13-207 “保存预设”对话框

24 在“项目”面板中选择素材，将其拖到视频轨15上，如图13-208所示。

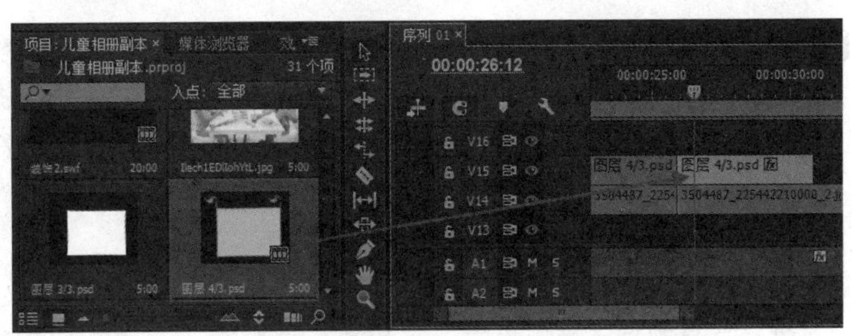

图13-208 拖入素材

25 打开“效果”面板，选择“预设”文件夹下的“运动6”特效，将其添加到素材上，如图13-209所示。

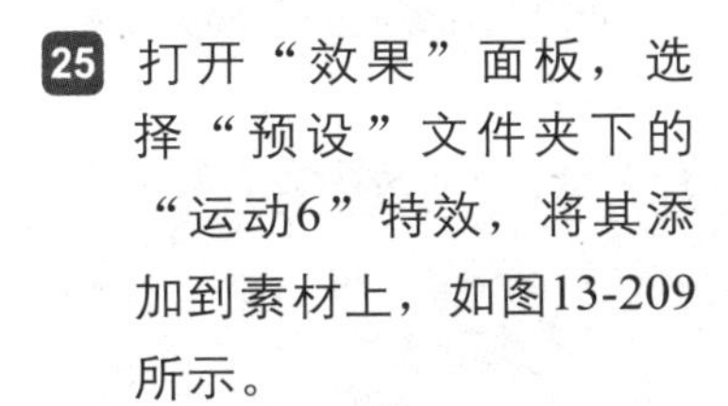

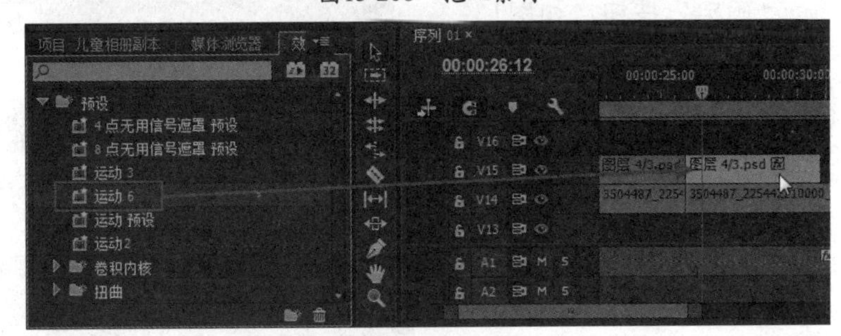

图13-209 添加预设特效

26 在“项目”面板中选择素材，将其拖到视频轨16上，如图13-210所示。

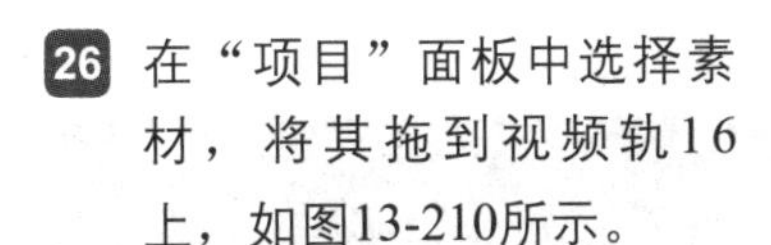

图13-210 拖入素材

27 选择素材，进入“效果控件”面板，设置时间为00:00:20:23，单击“位置”前的“切换动画”按钮，设置“位置”参数为-230、288，如图13-211所示。

28 设置时间为00:00:22:17，设置“位置”参数为384、288，如图13-212所示。

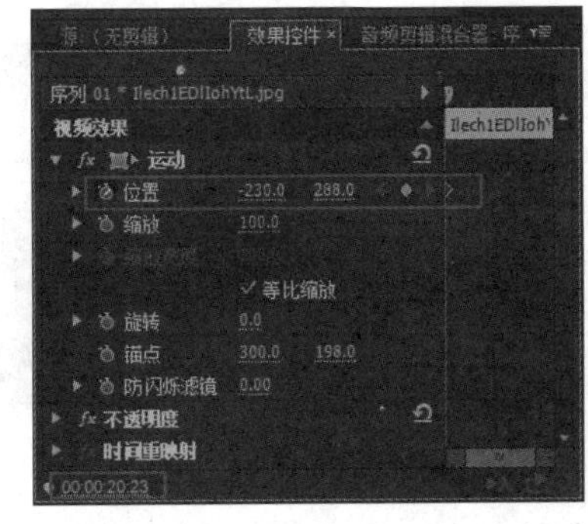

图13-211 添加第一处关键帧

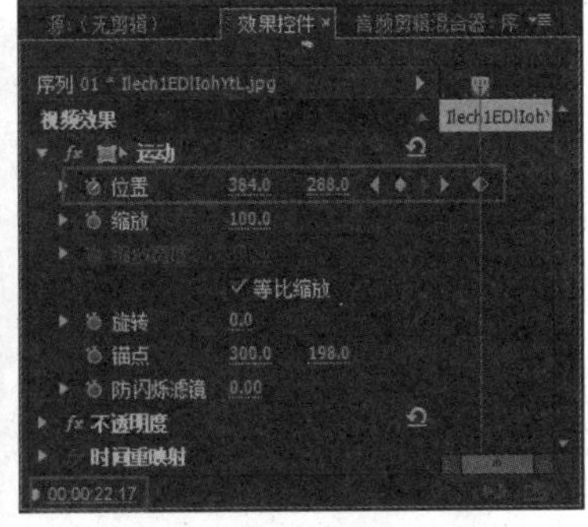

图13-212 添加第二处关键帧

29 设置时间为00:00:24:13，单击“位置”后的“添加/移除关键帧”按钮◇，如图13-213所示。

30 设置时间为00:00:26:21，设置“位置”参数为950、288，如图13-214所示。

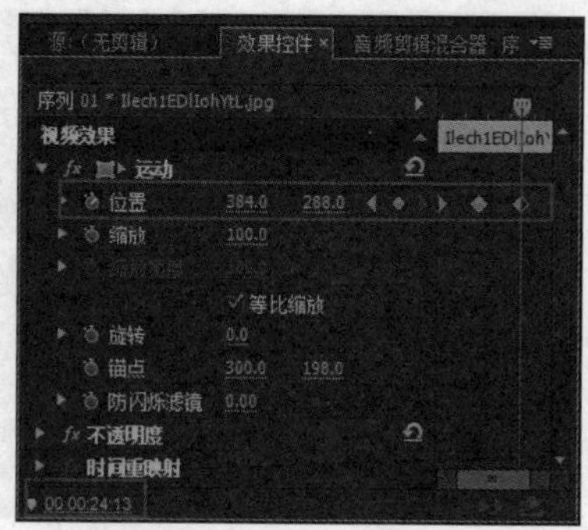

图13-213　添加第三处关键帧

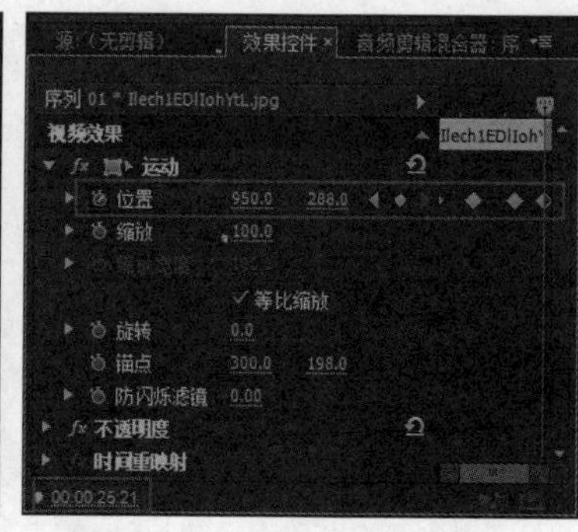

图13-214　添加第四处关键帧

31 将鼠标放置在“运动”特效上，单击鼠标右键并执行“保存预设”命令，如图13-215所示。

32 弹出“保存预设”对话框，设置预设名称，单击“确定”按钮，如图13-216所示。

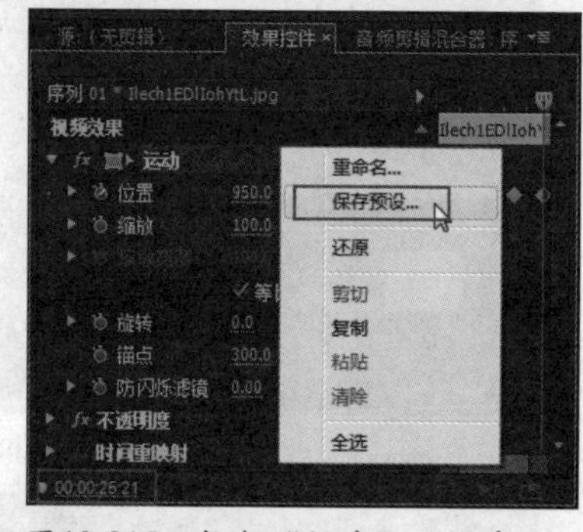

图13-215　执行“保存预设”命令

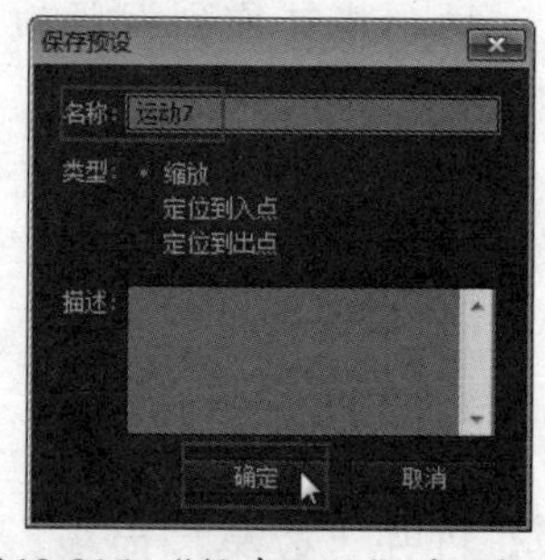

图13-216　“保存预设”对话框

33 在“项目”面板中选择素材，将其拖到视频轨16上，如图13-217所示。

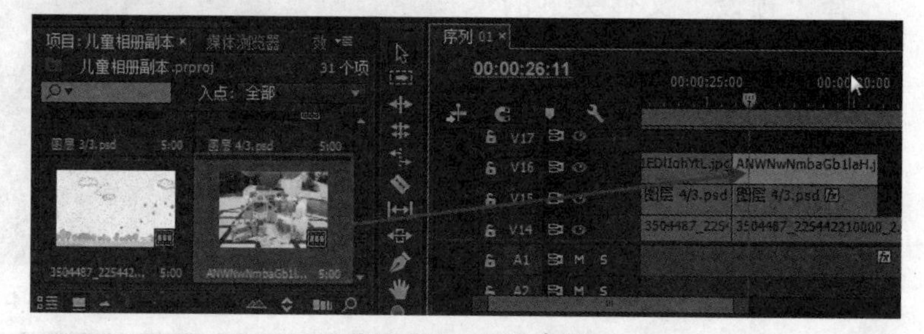

图13-217　拖入素材

34 打开“效果”面板，选择“预设”文件夹下的“运动7”特效，将其添加到素材上，如图13-218所示。

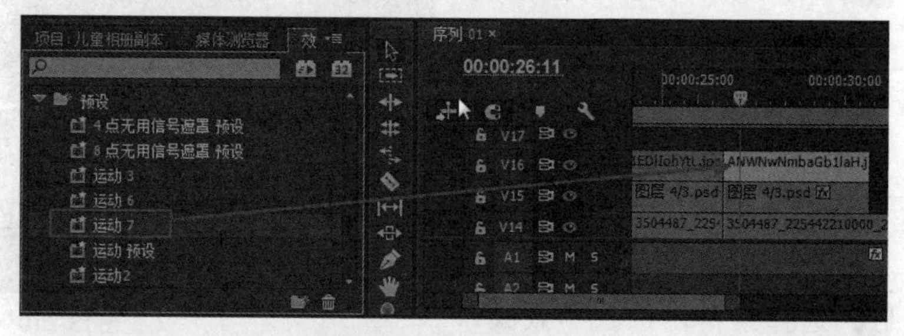

图13-218　添加预设特效

35 在“项目”面板中选择素材，将其拖到视频轨16上，然后重复拖动一次，如图13-219所示。

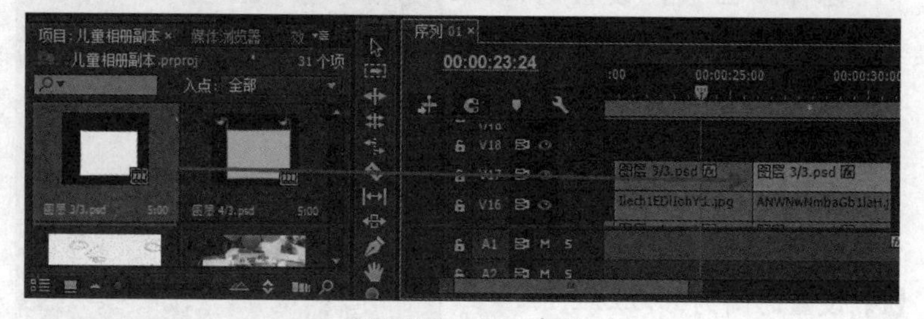

图13-219　拖入素材

36 打开“效果”面板，打开“视频效果”文件夹，选择“键控”文件夹下的“轨道遮罩键”特效，将其添加到两个素材上，如图13-220所示。

图13-220 添加“轨道遮罩键”特效

37 选择素材，设置“位置”参数为393.1、291.9，“缩放”参数为78，如图13-221所示。

38 将“轨道遮罩键”特效中的“遮罩”选择为视频17，如图13-222所示。用同样的方法设置另一个素材的特效参数。

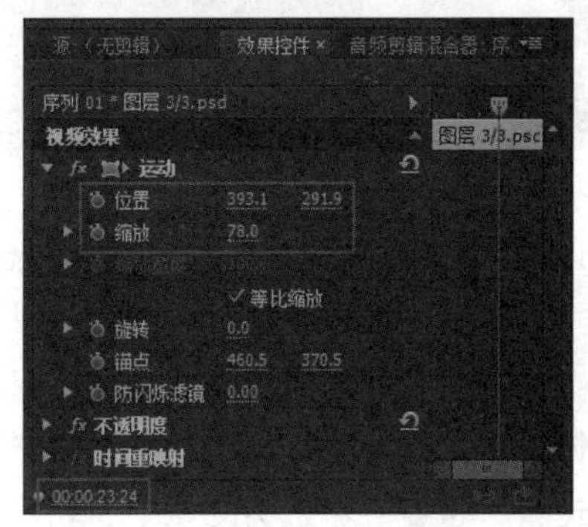

图13-221 设置“位置”及“缩放”参数

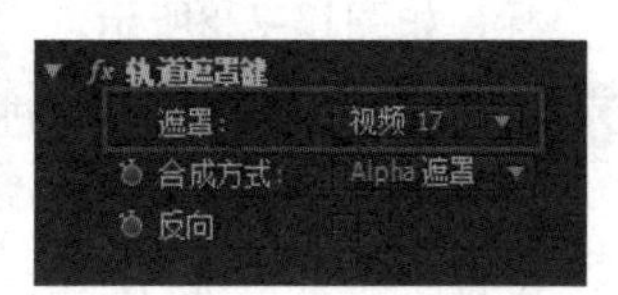

图13-222 设置特效参数

13.5 片尾制作

该电子相册将制作帘幕关上的片尾效果，与片头前后呼应形成一个整体风格。

视频位置:DVD\视频\第13章\13.5片尾制作.mp4

01 在“项目”面板中选择素材，将其拖到视频轨18上，如图13-223所示

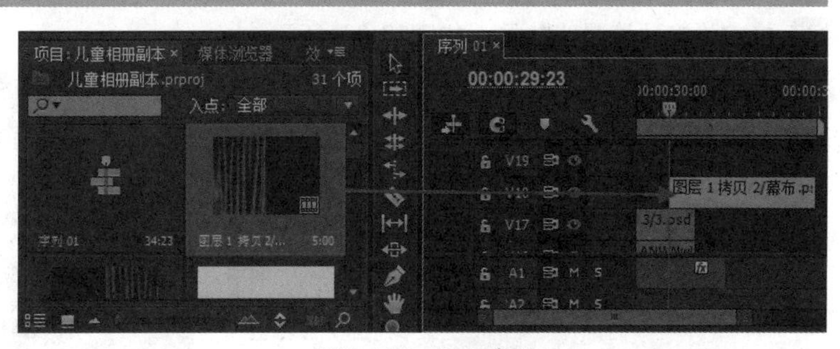

图13-223 拖入素材

02 将鼠标放置在素材的右边缘，当鼠标变成边缘图标时，向左拖动鼠标，到目标位置时释放鼠标，如图13-224所示。

03 选择视频轨上的素材，进入“效果控件”面板，设置时间为00:00:29:23，单击“位置”前的“切换动画”按钮，设置“位置”参数为0.3、307，“缩放”参数为119.7，如图13-225所示。

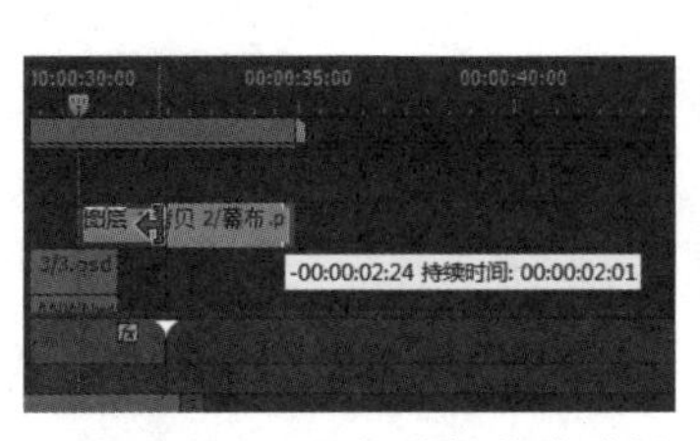

图13-224 调整剪辑持续时间

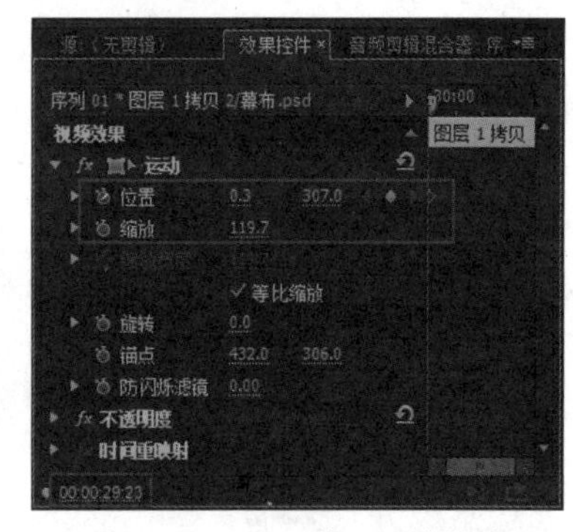

图13-225 添加第一处关键帧

04 设置时间为00:00:31:20，设置“位置”参数为351.3、307，如图13-226所示。

05 在“项目”面板中选择素材，将其拖到视频轨19上，如图13-227所示。

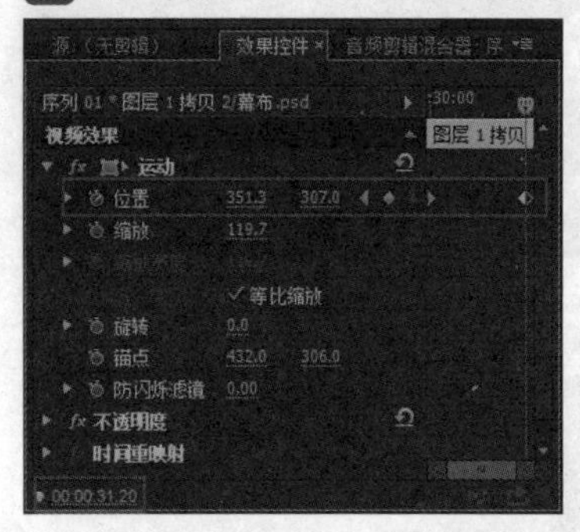

图13-226　添加第二处关键帧

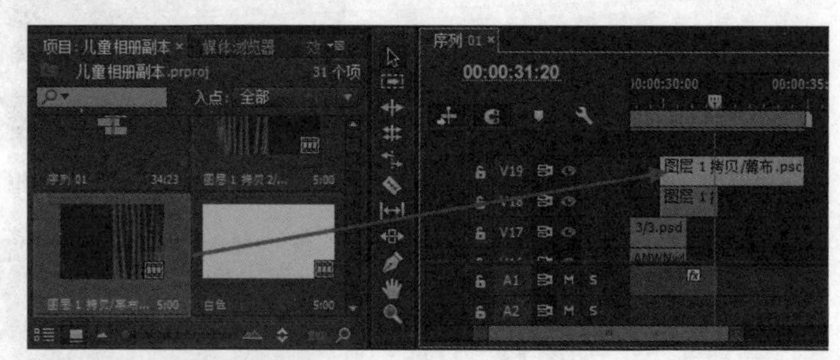

图13-227　拖入素材

06 将鼠标放置在素材的右边缘，当鼠标变成边缘图标时，向左拖动鼠标，到目标位置时释放鼠标，如图13-228所示。

07 选择视频轨上的素材，进入“效果控件”面板，设置时间为 00:00:29:23，单击“位置”前的“切换动画”按钮，设置“位置”参数为714.3、300.7，“缩放”参数为124.8，如图13-229所示。

08 设置时间为00:00:31:20，设置“位置”参数为351.3、300.7，如图13-230所示。

图13-228　调整剪辑持续时间

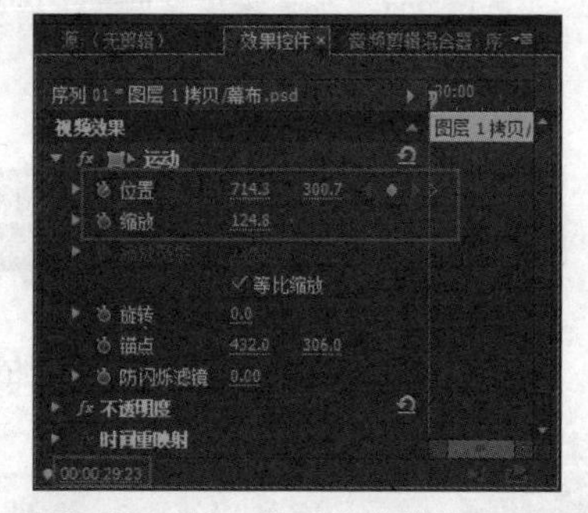

图13-229　添加第一处关键帧

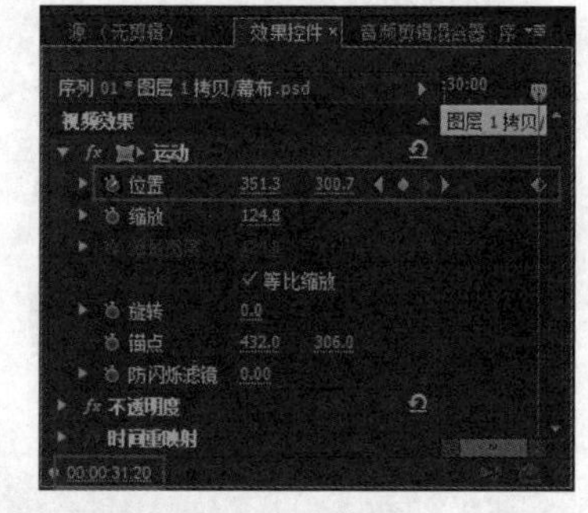

图13-230　添加第二处关键帧

09 按空格键预览最终效果，如图13-231所示。

图13-231　最终效果

第14章 综合实例——婚礼视频

在这个人们对物质文化与精神文化有着更高要求的今天，婚礼视频已经不仅仅是记录婚礼过程的影像资料，还是富有艺术美感与技术含量的个人影像收藏，是每一对新人留下珍贵记忆、与亲朋好友分享幸福的最好选择。

本婚礼视频主要由两部分组成，前半部分是婚礼跟拍视频，后半部分是婚纱相册。婚礼跟拍视频部分是将视频素材剪辑、组合，辅以说明性的文字和装饰效果的动态视频，展现出热闹、喜庆的氛围；婚纱相册部分是对婚纱照片的编辑处理，为图片素材编辑关键帧动画，添加视频特效以及煽情的文字，从而体现出幸福美满的场景。

本章重点

◎ 在字幕中插入图形

◎ 标记人点和标记出点

◎ 对序列进行嵌套

本实例的主体由“片头”、“婚礼跟拍视频”、“婚纱相册”以及“片尾”4个部分组成。效果如下所示。

片头效果

婚礼跟拍视频效果

婚纱相册效果

片尾效果

14.1 片头制作

本实例的片头由红玫瑰花瓣飘落的镜头组成，红玫瑰寓意美好的爱情。准备好需要的素材文件，然后在Premiere Pro CC中开始编辑操作，首先是创建项目文件和序列，然后导入素材，接下来就可以制作片头了。

视频位置:DVD\视频\第14章\14.1 片头制作.mp4

01 启动Premiere Pro CC，新建项目并设置名称为“婚礼视频”，将其保存在指定的文件夹，如图14-1所示。

02 执行“文件”|“新建”|“序列”命令，弹出“新建序列”对话框，选择合适的序列预设，单击“确定”按钮，如图14-2所示。

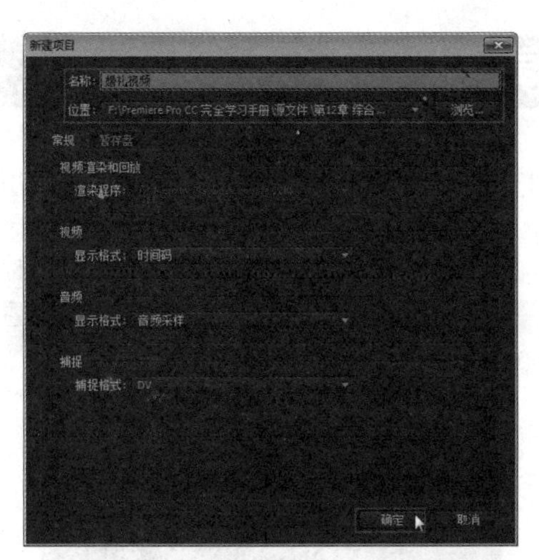

图14-1 “新建项目”对话框

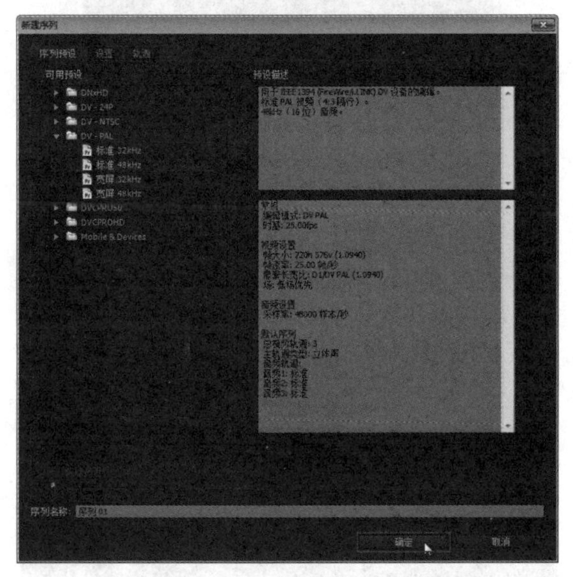

图14-2 “新建序列”对话框

03 执行“文件”|“导入”命令，弹出“导入”对话框，选择需要导入的素材，单击“打开”按钮，如图14-3所示。若导入PSD文件，则在弹出的对话框中选择“合并所有图层”选项。

图14-3 导入素材

04 在“项目”面板中单击“新建素材箱”按钮■，新建一个素材箱并设置名称为“婚礼照片”。双击该素材箱，按Ctrl+I快捷键导入照片素材，如图14-4所示。

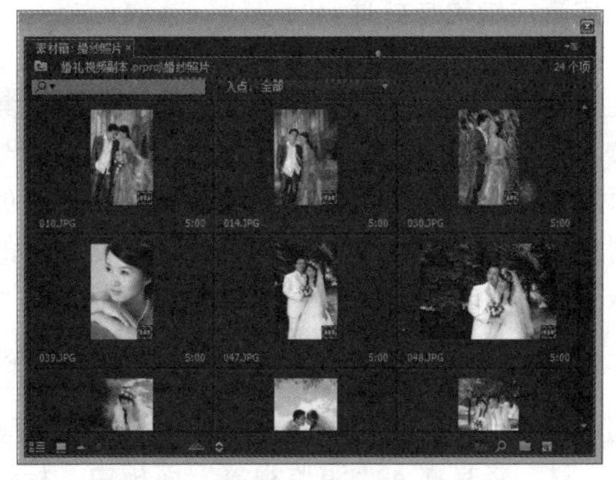

图14-4 素材箱

05 在“项目”面板中选择音频素材，将其拖到音频轨上，如图14-5所示。

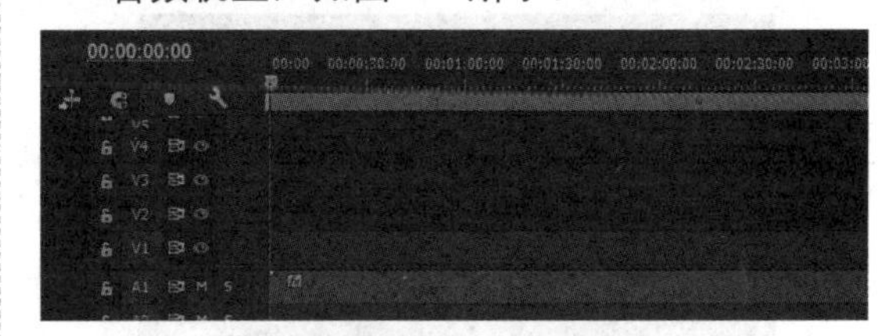

图14-5 拖入音频素材

06 在“项目”面板中选择“Rose Hesrt.mov”素材，将其拖到视频轨1上，如图14-6所示。

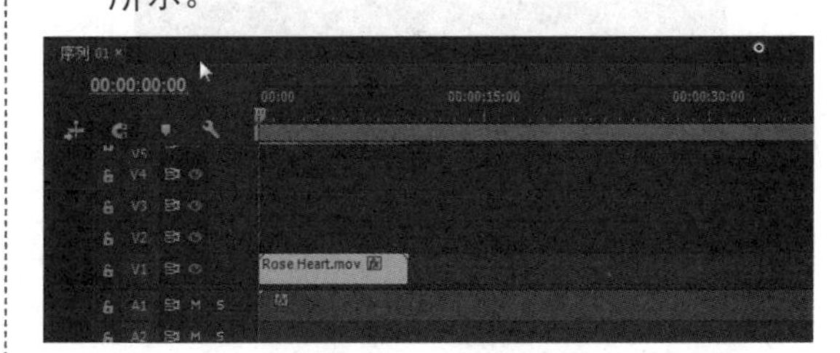

图14-6 拖入素材

07 选择素材，打开“效果控件”面板，设置“缩放”参数为53.3，如图14-7所示。

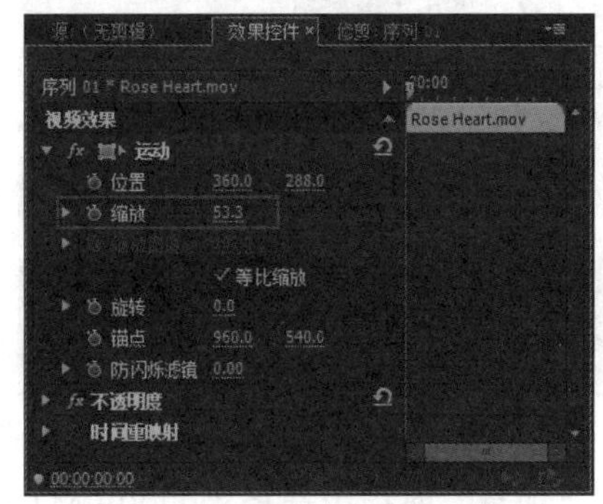

图14-7 设置“缩放”参数

14.2 编辑视频素材

视频素材的编辑包括素材的剪辑、组接、视频特效的运用以及字幕的编辑与处理。

片头制作完成后，下面开始制作本实例中主要内容之一的婚礼跟拍视频。本实例的视频素材是婚礼迎亲过程的跟拍视频，通过剪辑与添加转场特效的方式处理这些素材，在适当的时间和位置添加装饰效果的素材，丰富画面的表现力。

视频位置：DVD\视频\第14章\14.2 编辑视频素材.mp4

01 在“项目”面板中选择“00001.MTS”素材，将其拖入“源监视器”面板中。标记入点位置为00:00:37:17，标记出点位置为00:00:42:24，如148所示。

图14-8　标记入点和出点

02 在“项目”面板中选择“00008.MTS”素材，将其拖入“源监视器”面板中。标记入点位置为00:00:00:19，标记出点位置为00:00:03:03，如图14-9所示。

图14-9　标记入点和出点

03 在“项目”面板中选择“00009.MTS”素材，将其拖入“源监视器”面板中。标记入点位置为00:00:17:22，标记出点位置为00:00:28:04，如图14-10所示。

图14-10　标记入点和出点

04 在“项目”面板中，按住Shift键并选择“00001.MTS”、“00008.MTS”和“00009.MTS”素材，将其拖到视频轨1上，如图14-11所示。

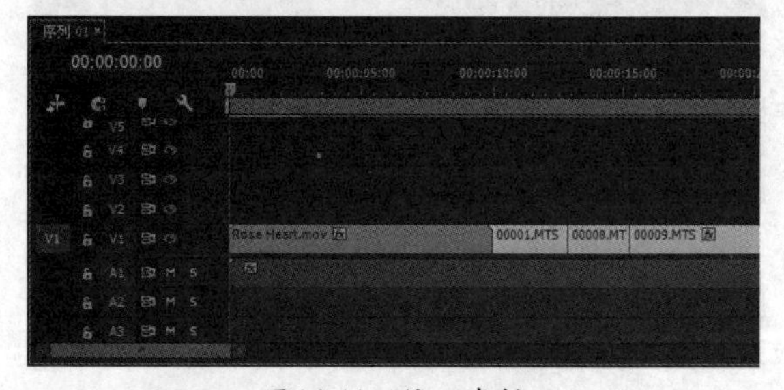

图14-11　拖入素材

05 在“效果”面板中，选择“颜色校正”文件夹中的“亮度与对比度”特效，并将其添加到“00001.MTS”素材上。选择“时间轴”中的“00001.MTS”素材，打开“效果控件”面板，设置“缩放”参数为53.3，“亮度”参数为10，“对比度”参数为40，如图14-12所示。

06 在“00001.MTS”素材上单击鼠标右键，执行“速度/持续时间”命令，弹出“剪辑速度/持续时间”对话框，设置“速度”为150，勾选“倒放速度”复选项，单击“确定”按钮，如图14-13所示。

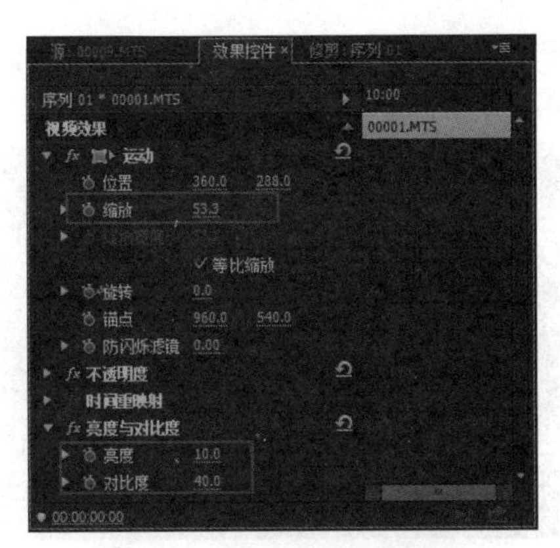

图14-12 设置视频效果参数

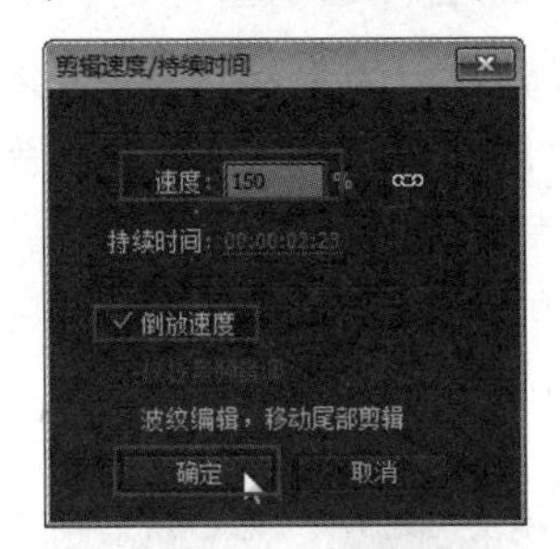

图14-13 设置剪辑速度

07 为“00008.MTS”素材添加“亮度与对比度”特效。选择“00008.MTS”素材，进入“效果控件”面板，设置“缩放”参数为53.3，“亮度”参数为41，“对比度”参数为35，如图14-14所示。

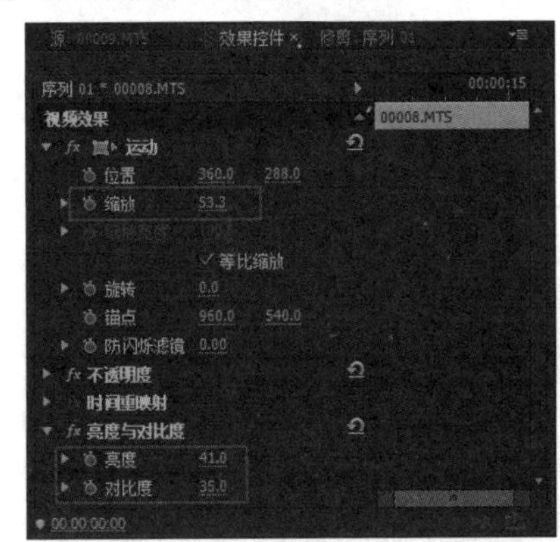

图14-14 设置视频效果参数

08 选择“00009.MTS”素材，进入“效果控件”面板，设置“缩放”参数为53.3，如图14-15所示。

09 在“00009.MTS”素材上单击鼠标右键，执行“速度/持续时间”命令，弹出“剪辑速度/持续时间”对话框，设置“速度”为200，单击“确定”按钮，如图14-16所示。

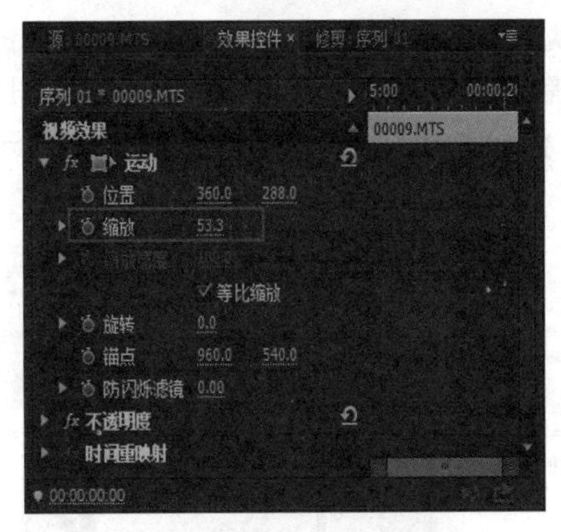

图14-15 设置“缩放”参数

图14-16 “剪辑速度/持续时间”对话框

10 执行“文件”|“新建”|“字幕”命令，弹出“新建字幕”对话框，单击“确定”按钮，如图14-17所示。

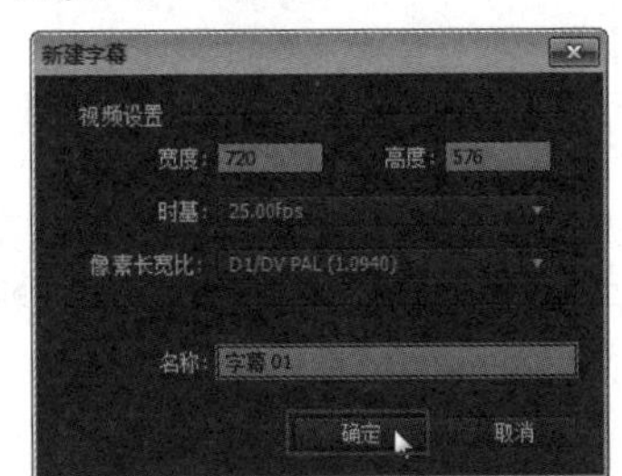

图14-17 新建字幕

11 新建字幕。弹出“字幕设计器”面板，选择“矩形工具”，在字幕编辑窗口中画一个白色矩形并将其铺满整个窗口，如图14-18所示。

图14-18 绘制矩形

12 执行“字幕”|“图形”|“插入图形”命令，弹出“导入图形”对话框，选择图像素材，单击“打开”按钮，如图14-19所示。

图14-19 “导入图形”对话框

13 调整导入后的图像到适合的位置，结果如图14-20所示。

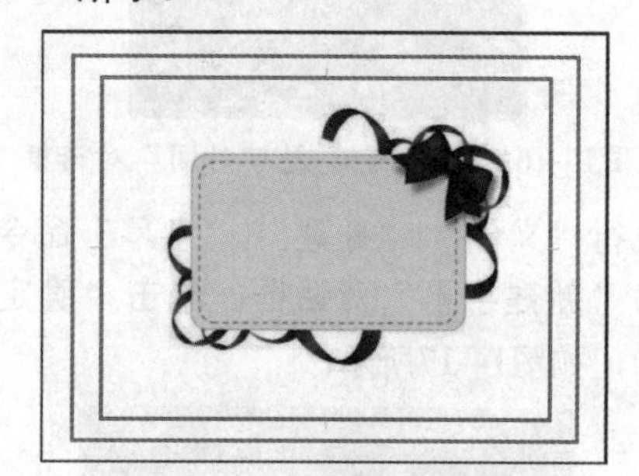

图14-20 调整图像位置

14 选择“文字工具”，输入字幕“迎亲”，设置“字体”为方正行楷简体，“颜色”为红色，具体的设置如图14-21所示。

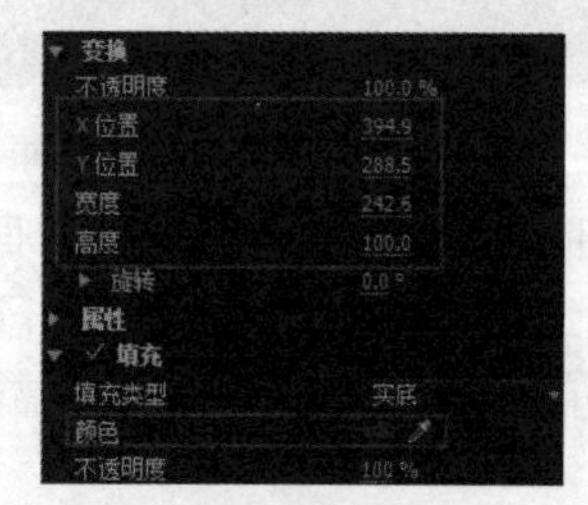

图14-21 字幕属性

15 字幕最终的效果如图14-22所示。

图14-22 字幕效果

16 在“项目”面板中选择“字幕01”素材，将其拖到视频轨1上，如图14-23所示。

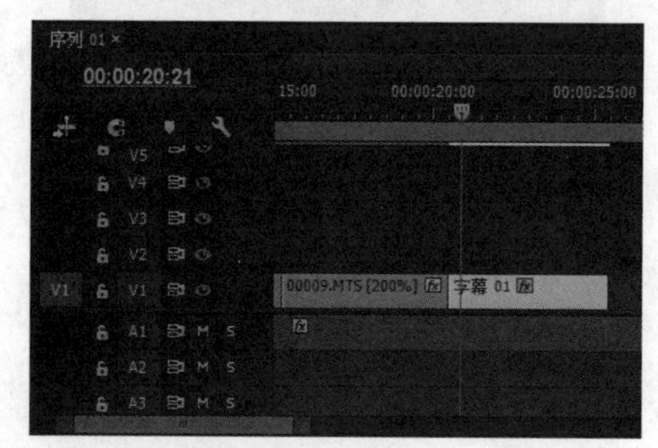

图14-23 拖入素材

17 选择视频轨上的素材，单击鼠标右键并执行“速度/持续时间”命令，弹出“剪辑速度/持续时间”对话框，设置持续时间为00:00:01:05，单击“确定”按钮，如图14-24所示。

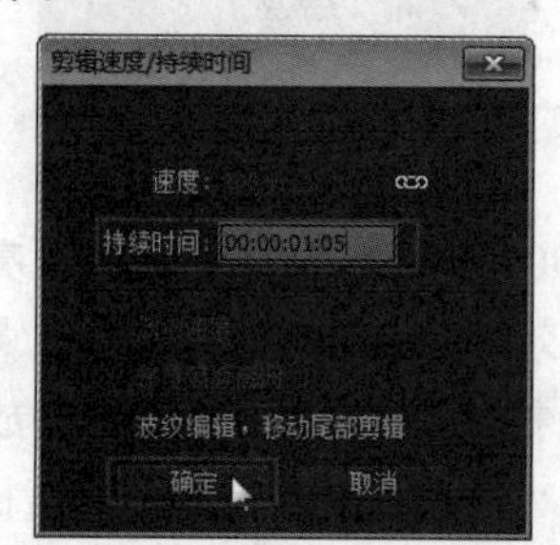

图14-24 设置剪辑持续时间

18 在“效果”面板中打开“视频过渡”文件夹，选择“溶解”文件夹下的“交叉溶解”特效，将其添加到素材之间，如图14-25所示。

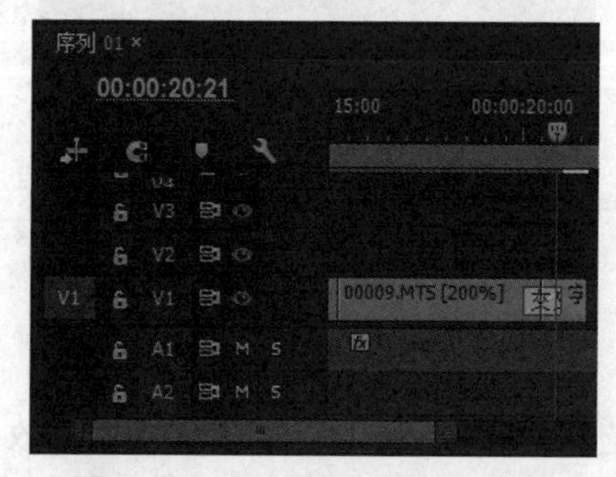

图14-25 添加“交叉溶解”特效

19 在“项目”面板中选择“00017.MTS”素材，将其拖入“源监视器”面板中。标记入点位置为00:00:00:00，标记出点位置为00:00:02:03，如图14-26所示。

20 在“项目”面板中选择“00021.MTS”素材，将其拖入“源监视器”面板中。标记入点位置为00:00:03:04，标记出点位置为00:00:06:03，如图14-27所示。

图14-26 标记入点和出点

图14-27 标记入点和出点

21 在“项目”面板中选择“00026.MTS”素材，将其拖入“源监视器”面板中。标记入点位置为00:00:14:10，标记出点位置为00:00:23:06，如图14-28所示。

图14-28 标记入点和出点

22 在“项目”面板中选择“00028.MTS”素材，将其拖入“源监视器”面板中。标记入点位置为00:00:00:00，标记出点位置为00:00:04:22，如图14 -29所示。

图14-29 标记入点和出点

23 在“项目”面板中，按住Shift键并选择“00017.MTS”、“00021.MTS”、“00026.MTS”和“00028.MTS”素材，将其拖入视频轨1中，如图14-30所示。

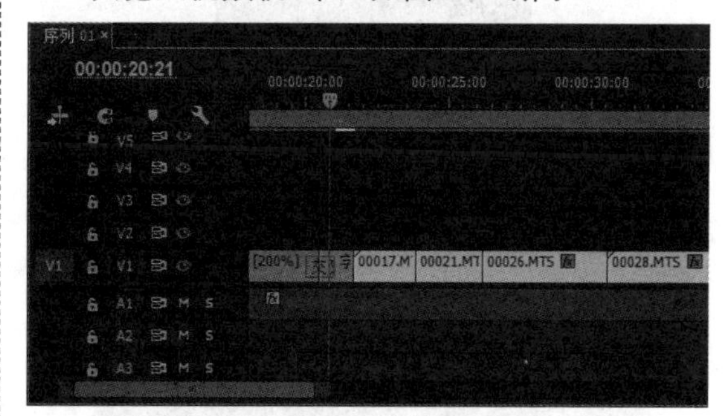

图14-30 拖入素材

24 在“字幕01”和“00017.MTS”素材之间添加“交叉溶解”特效，如图14-31所示。

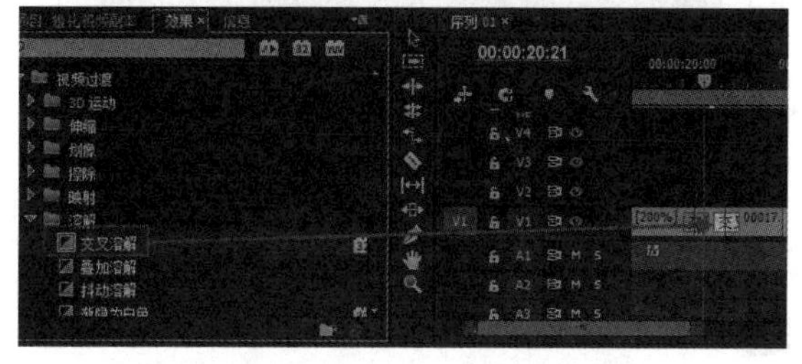

图14-31 添加“交叉溶解”特效

25 打开“效果”面板，打开“视频效果”文件夹，选择“模糊与锐化”文件夹下的“锐化”特效，将其添加到“00017.MTS”素材上，如图14-32所示。

26 打开“效果”面板，打开“视频效果”文件夹，选择“颜色校正”文件夹下的“亮度与对比度”特效，将其添加到“00017.MTS”素材上，如图14-33所示。

图14-32 “锐化”特效

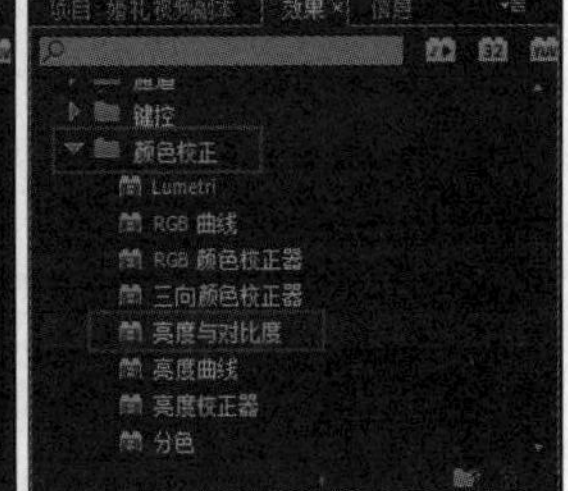

图14-33 “亮度与对比度”特效

27 进入“效果控件”面板，设置“锐化量”参数为50，“亮度”参数为14，“对比度”参数为30，如图14-34所示。

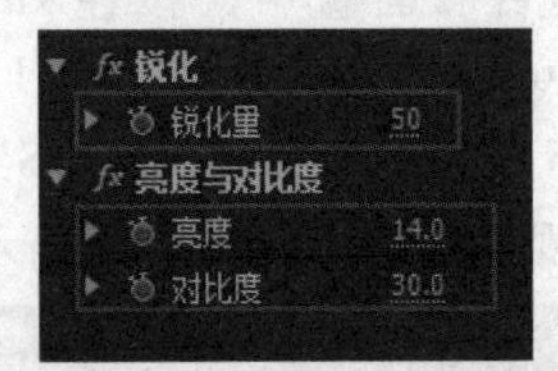

图14-34 设置视频效果参数

28 设置时间为00:00:21:17，单击“位置”前的“切换动画”按钮，设置“位置”参数为740、-2，“缩放”参数为110，如图14-35所示。

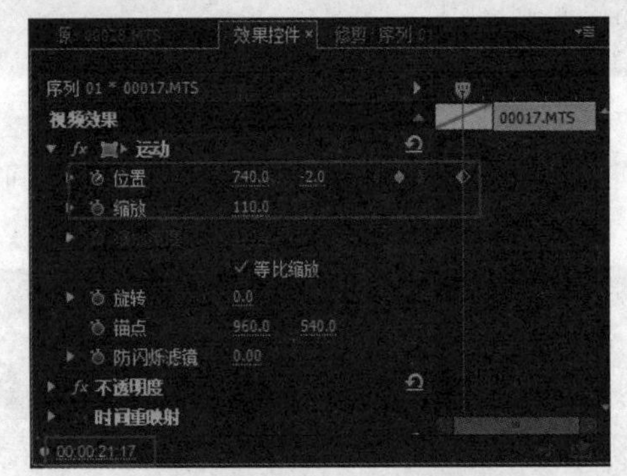

图14-35 添加第一处关键帧

29 设置时间为00:00:23:20，设置“位置”参数为333、56，如图14-36所示。

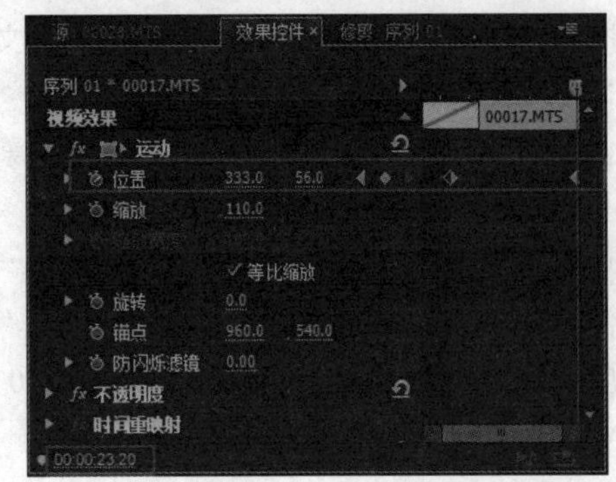

图14-36 添加第二处关键帧

30 为“00021.MTS”素材添加“锐化”和“亮度与对比度”特效。选择“00021.MTS”素材，进入“效果控件”面板，设置“位置”参数为387.2、132.7，“缩放”参数为110。设置“锐化量”参数为50，“亮度”参数为14，“对比度”参数为30，如图14-37所示。

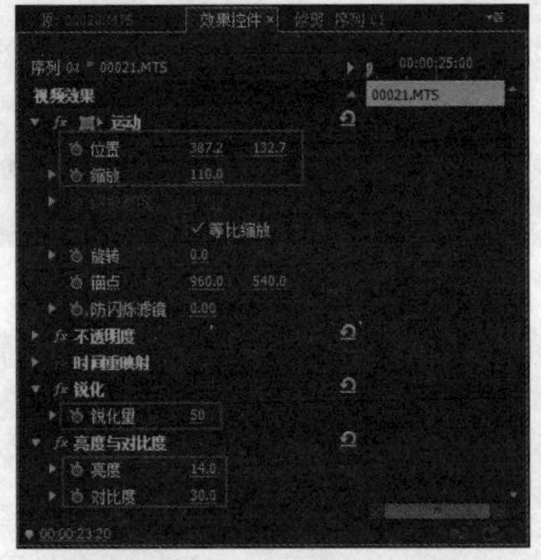

图14-37 设置视频效果参数

31 为“00026.MTS”素材添加“锐化”和“亮度与对比度”特效。选择“00026.MTS”素材，进入“效果控件”面板，设置“缩放”参数为53.3，“锐化量”参数为20，“亮度”参数为25，“对比度”参数为36，如图14-38所示。

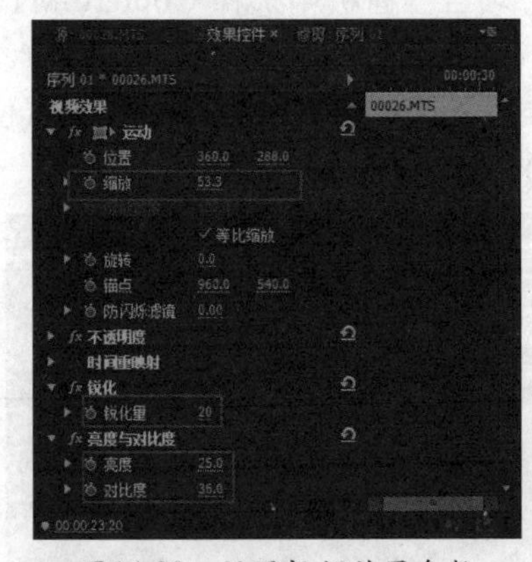

图14-38 设置视频效果参数

32 在“00026.MTS”素材上单击鼠标右键，执行“速度/持续时间”命令，弹出“剪辑速度/持续时间”对话框，设置“速度”参数为200，单击“确定”按钮，如图14-39所示。

33 为“00028.MTS”素材添加“锐化”和“亮度与对比度”特效。选择“00028.MTS”素材，进入“效果控件”面板，设置“缩放”参数为53.3。设置“锐化量”参数为

50，“亮度”参数为18，“对比度”参数为24，如图14-40所示。

图14-39　设置剪辑速度

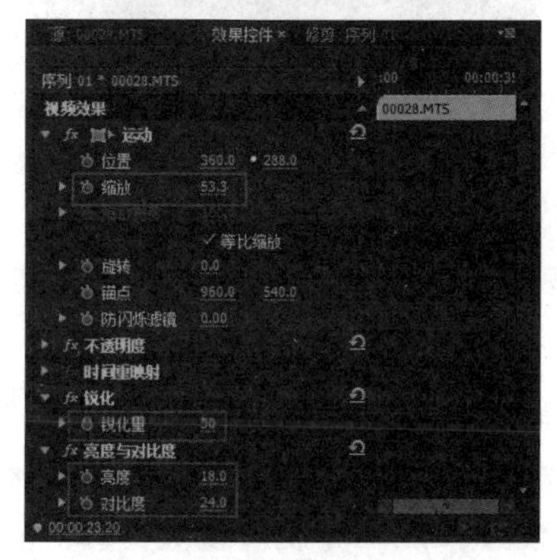

图14-40　设置视频效果参数

34 双击“字幕01”素材，单击“基于当前字幕新建字幕”按钮，新建一个字幕，更改文字为“到新娘家”，设置“字体”大小为80，如图14-41所示。

图14-41　编辑字幕

35 在“项目”面板中选择“字幕02”素材，将其拖到视频轨1上，如图14-42所示。

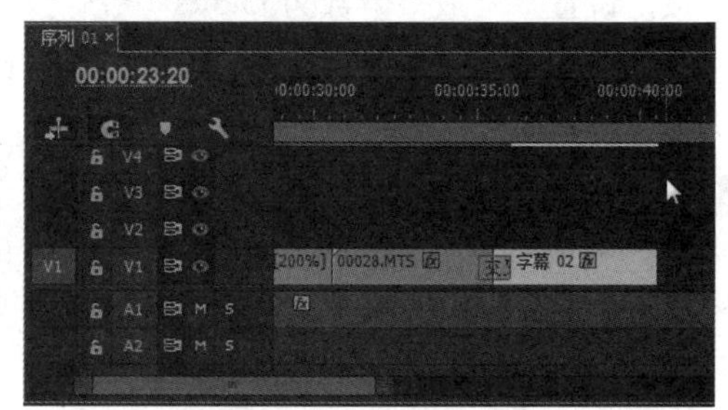

图14-42　拖入字幕素材

36 在“字幕02”素材上单击鼠标右键，执行“速度/持续时间”命令，弹出“剪辑速度/持续时间”对话框，设置持续时间为00:00:01:05，单击“确定”按钮，如图14-43所示。

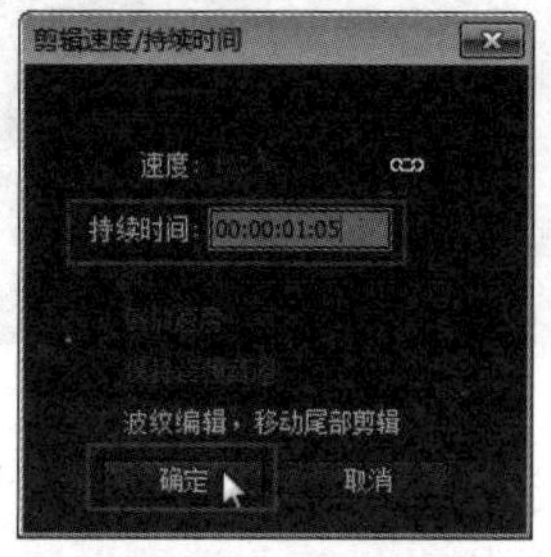

图14-43　设置剪辑持续时间

37 打开“效果”面板，打开“视频过渡”文件夹，选择“溶解”文件夹下的“交叉溶解”特效，将其添加到“00028MTS”和“字幕02”素材之间，如图14-44所示。

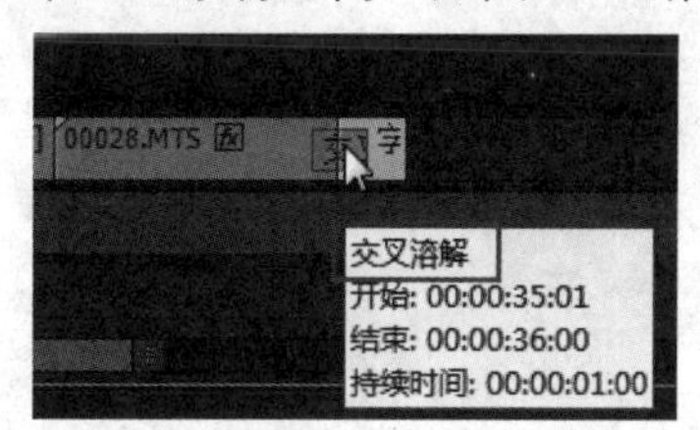

图14-44　添加“交叉溶解”特效

38 在“项目”面板中选择“00029.MTS”素材，将其拖入“源监视器”面板中。标记出点位置为00:00:02:22，如图14-45所示。

图14-45　标记出点

39 在“项目”面板中选择“00034.MTS”素材，将其拖入“源监视器”面板中。标记入点位置为00:00:01:17，标记出点位置为00:00:04:00，如图14-46所示。

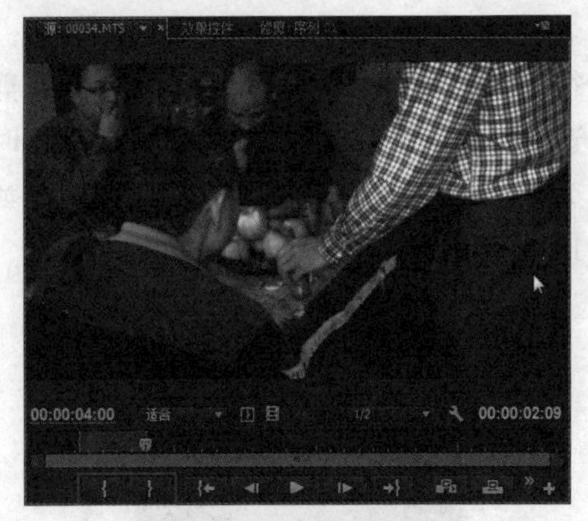

图14-46 标记入点和出点

40 在“项目”面板中选择“00035.MTS”素材，将其拖入“源监视器”面板中。标记入点位置为00:00:39:16，标记出点位置为00:00:45:11，如图14-47所示。

图14-47 标记入点和出点

41 在“项目”面板中，按住Shift键并选择“00029.MTS”、“00034.MTS”和“00035.MTS”素材，将其拖到视频轨1上。在“字幕02”和“00029.MTS”素材之间添加“交叉溶解”特效，如图14-48所示。

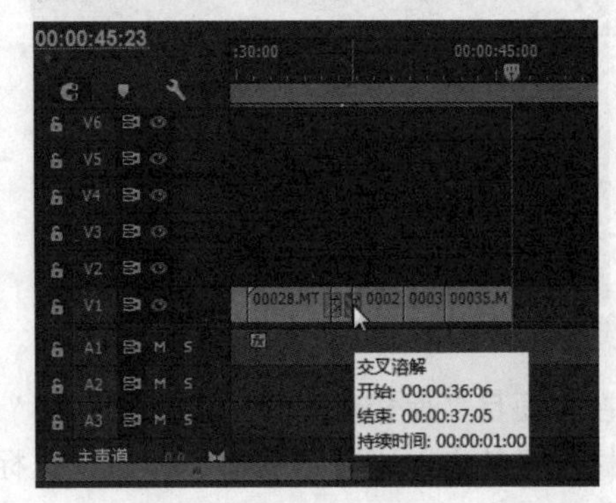

图14-48 添加“交叉溶解”特效

42 为“00029.MTS”素材添加“锐化”和“亮度与对比度”特效。进入“效果控件”面板，设置“缩放”参数为53.3，“锐化量”参数为50，“亮度”参数为19，“对比度”参数为31，如图14-49所示。

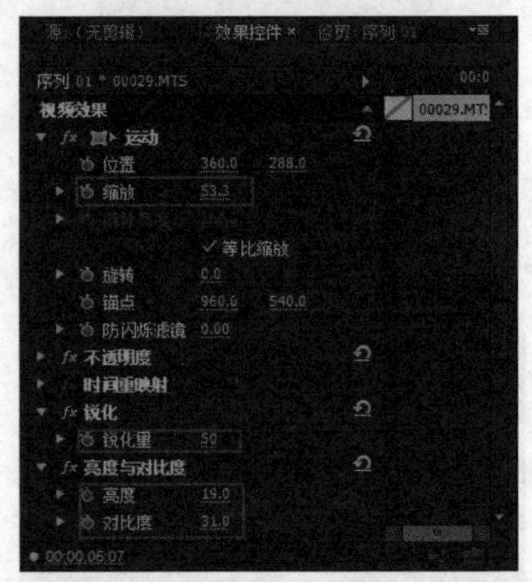

图14-49 设置视频效果参数

43 为“00034.MTS”素材添加“锐化”和“亮度与对比度”特效。进入“效果控件”面板，设置“缩放”参数为53.3，“锐化量”参数为80，“亮度”参数为22，“对比度”参数为34，如图14-50所示。

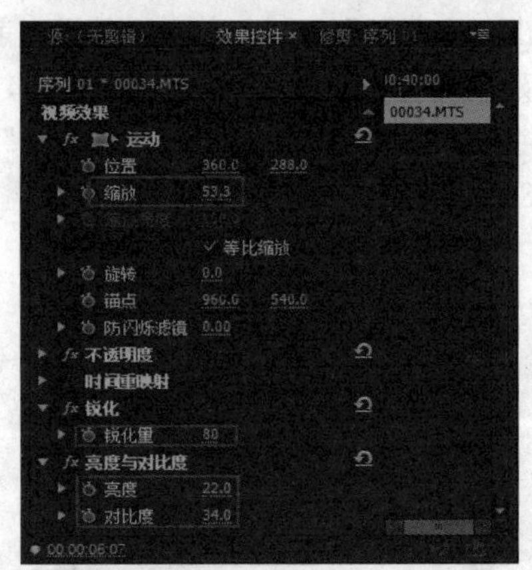

图14-50 设置视频效果参数

44 为“00035.MTS”素材添加“锐化”和“亮度与对比度”特效。进入“效果控件”面板，设置“缩放”参数为53.3，“锐化量”参数为50，“亮度”参数为10，“对比度”参数为22，如图14-51所示。

45 在“项目”面板中选择“00042.MTS”素材，将其拖入“源监视器”面板中。标记入点位置为00:00:00:00，标记出点位置为00:00:04:19，如图14-52所示。

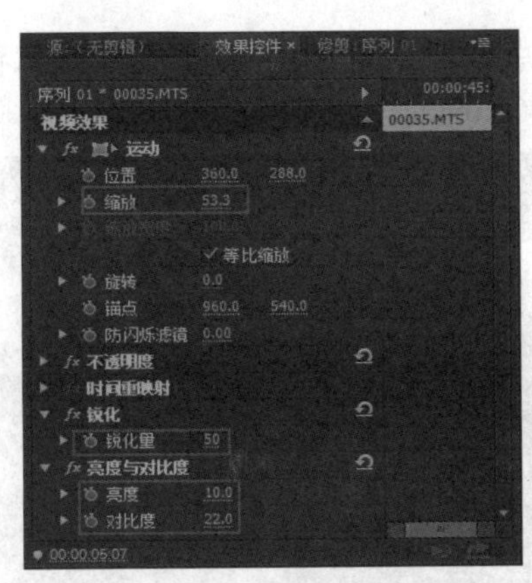

图14-51 设置视频效果参数

图14-52 标记出点

46 在“源监视器”中按住鼠标左键，将入点与出点之间的视频拖到视频轨1上，然后释放鼠标，如图14-53所示。

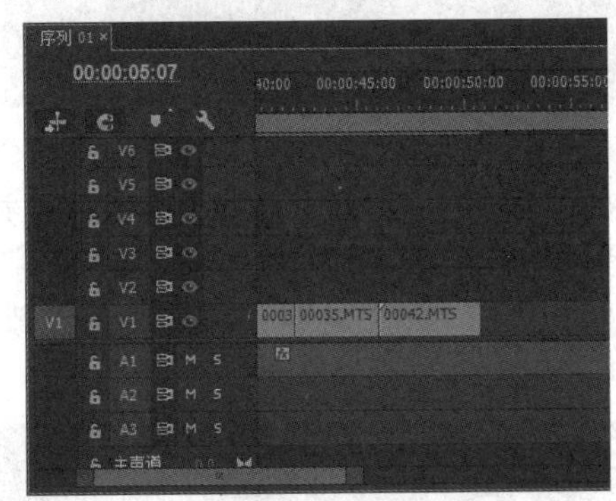

图14-53 拖入素材

47 回到“源监视器”面板，继续标记入点位置为00:00:07:12，标记出点位置为00:00:09:18，如图14-54所示，用同样的方法将其拖入视频轨1中。

48 在“源监视器”面板中标记入点位置为00:00:22:13，标记出点位置为00:00:25:05，如图14-55所示，将剪辑拖到视频轨1上。

图14-54 标记入点和出点

图14-55 标记入点和出点

49 为3段素材剪辑均添加“锐化”和“亮度与对比度”特效。选择第一段素材，进入“效果控件”面板，设置“缩放”参数为53.3，“锐化量”参数为50，“亮度”参数为15，“对比度”参数为28，如图14-56所示。

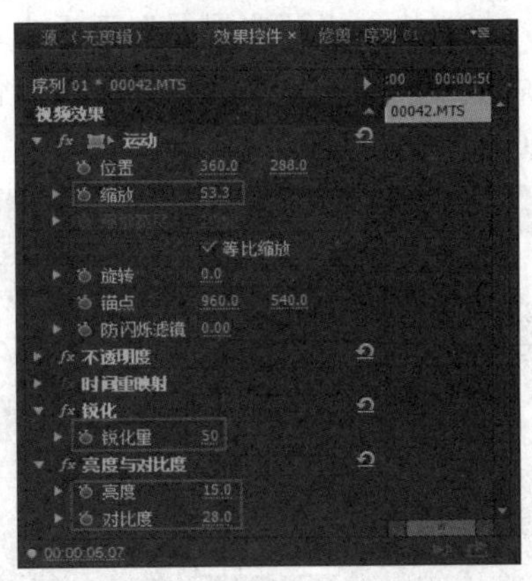

图14-56 设置视频效果参数

50 选择第二段素材，进入“效果控件”面板，设置“缩放”参数为53.3，“锐化量”参数为60，“亮度”参数为12，“对比度”参数为25，如图14-57所示。

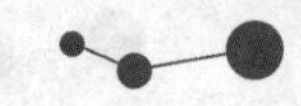

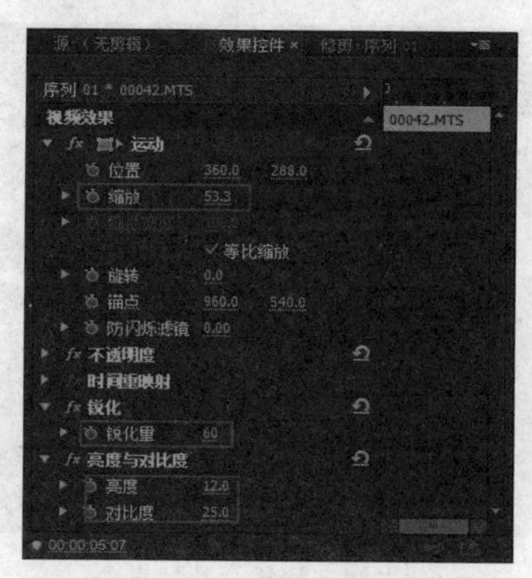

图14-57 设置视频效果参数

51 选择第三段素材，进入“效果控件”面板，设置“缩放”参数为53.3，“锐化量”参数为50，“亮度”参数为12，“对比度”参数为25，如图14-58所示。

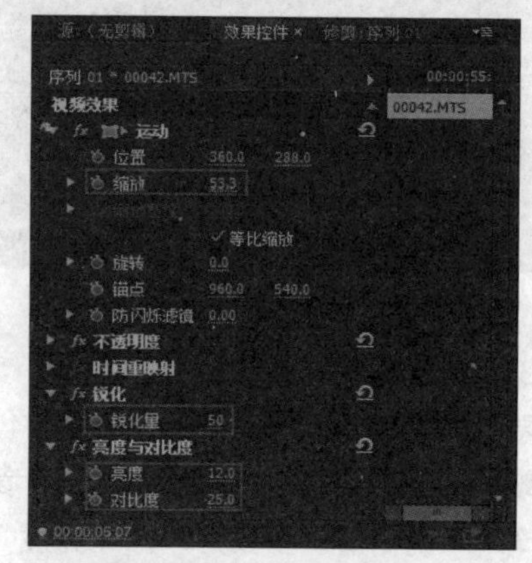

图14-58 设置视频效果参数

52 在“项目”面板中选择“00051.MTS”素材，将其拖入“源监视器”面板中。标记入点位置为00:00:08:05，标记出点位置为00:00:12:18，如图14-59所示。

图14-59 标记入点和出点

53 在“项目”面板中选择“00052.MTS”素材，将其拖入“源监视器”面板中。标记入点位置为00:01:05:23，标记出点位置为00:01:09:22，如图14-60所示。

图14-60 标记入点和出点

54 在“项目”面板中选择“00057.MTS”素材，将其拖入“源监视器”面板中。标记入点位置为00:00:20:24，标记出点位置为00:00:25:20，如图14-61所示。

图14-61 标记入点和出点

55 在“项目”面板中，按住Shift键并选择“00051.MTS”、“00052.MTS”和“00057.MTS”素材，将其拖入视频轨1中，如图14-62所示。

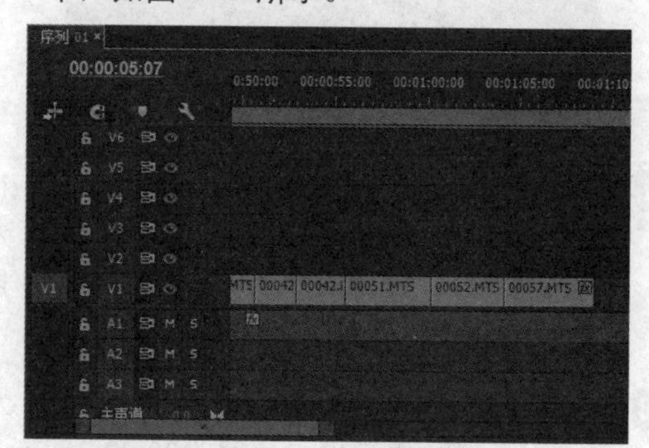

图14-62 拖入素材

56 为“00051.MTS”素材添加“锐化”和“亮度与对比度”特效。进入“效果控件”面板，设置“缩放”参数为53.3，“锐化量”参数为30，“亮度”参数为12，“对比度”参数为25，如图14-63所示。

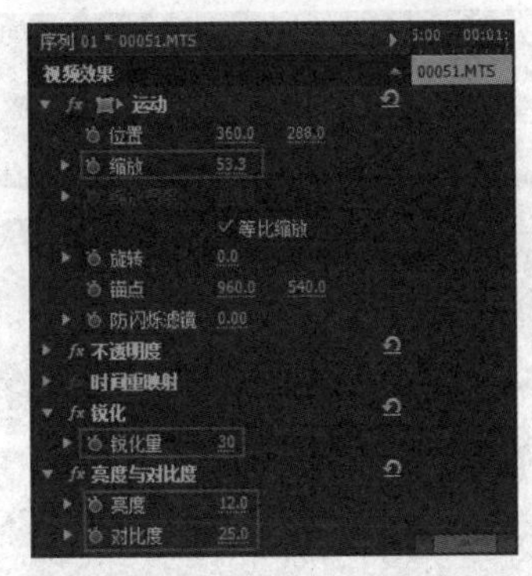

图14-63　设置视频效果参数

57 为“00052.MTS”素材添加“锐化”和“亮度与对比度”特效。进入“效果控件”面板，设置“缩放”参数为53.3，“锐化量”参数为70，“亮度”参数为10，“对比度”参数为26，如图14-64所示。

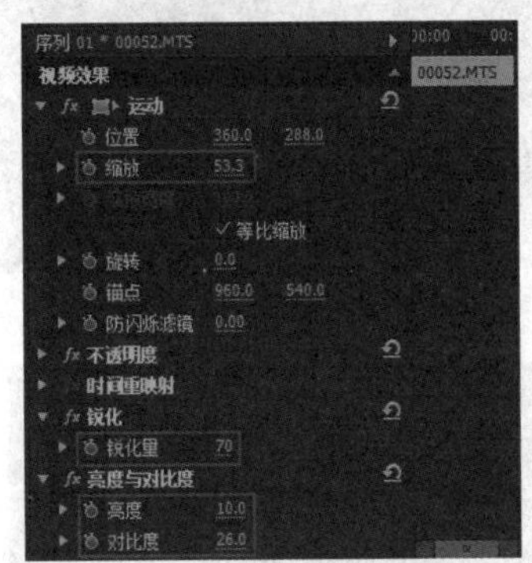

图14-64　设置视频效果参数

58 为“00057.MTS”素材添加“锐化”和“亮度与对比度”特效。进入“效果控件”面板，设置“缩放”参数为53.3，“锐化量”参数为30，“对比度”参数为20，如图14-65所示。

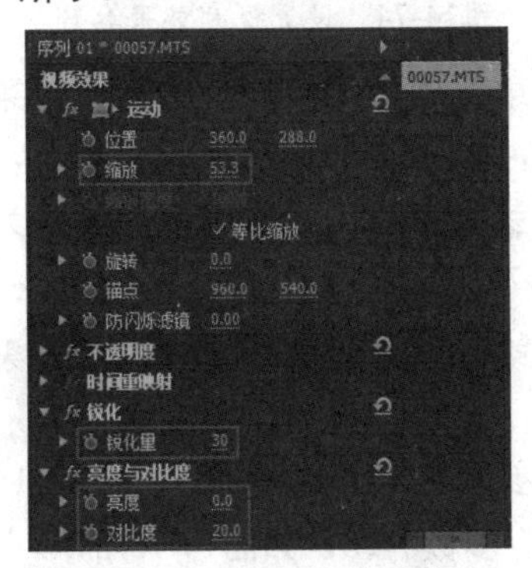

图14-65　设置视频效果参数

59 在“项目”面板中，选择“00008.MTS”素材，将其拖到视频轨1上，如图14-66所示。

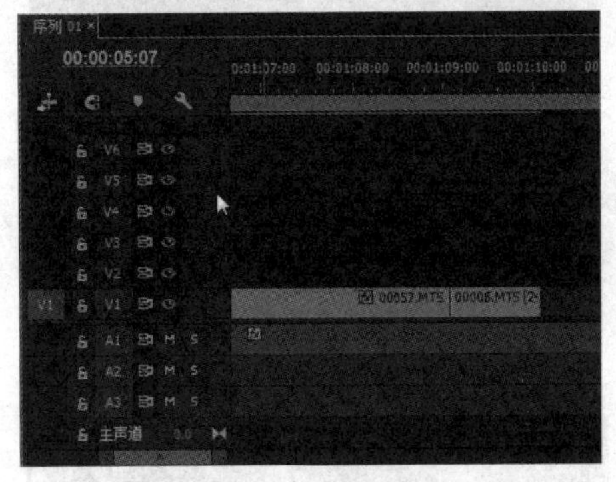

图14-66　拖入素材

60 为“00057.MTS”与“00008.MTS”素材之间添加“渐变为黑色”特效。双击该特效，弹出“设置过渡持续时间”对话框，设置持续时间为20帧，如图14-67所示。

图14-67　设置过渡持续时间

61 在“项目”面板中选择“00060.MTS”素材，将其拖入“源监视器”面板中。标记入点位置为00:00:03:18，标记出点位置为00:00:07:05，如图14-68所示。

图14-68　标记入点和出点

62 在“源监视器”中按住鼠标左键，将入点与出点之间的视频拖到视频轨1上，然后释放鼠标，如图14-69所示。

63 在“源监视器”面板中标记入点位置为00:00:10:02，标记出点位置为00:00:12:16，如图14-70所示。

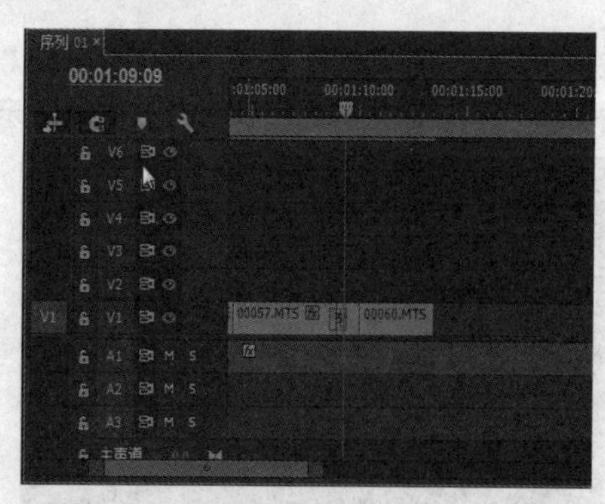

图14-69　拖入素材

图14-70　标记入点和出点

64 在“源监视器”中按住鼠标左键，将入点与出点之间的视频拖到视频轨1上，然后释放鼠标，如图14-71所示。

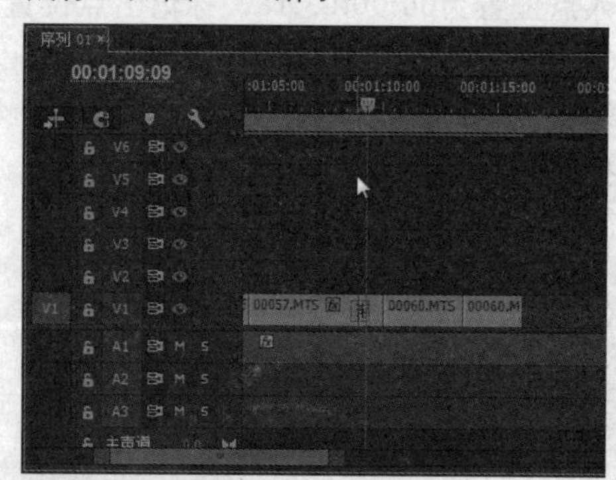

图14-71　拖入素材

65 在“源监视器”面板中标记入点位置为00:00:24:05，标记出点位置为00:00:26:17，如图14-72所示。

66 在“源监视器”中按住鼠标左键，将入点与出点之间的视频拖到视频轨1上，然后释放鼠标，如图14-73所示。

67 为3段素材添加“锐化”和“亮度与对比度”特效。选择第一段素材剪辑，进入“效果控件”面板，设置“缩放”参数为53.3，“锐化量”参数为60，“对比度”参数为40，如图14-74所示。

图14-72　标记入点和出点

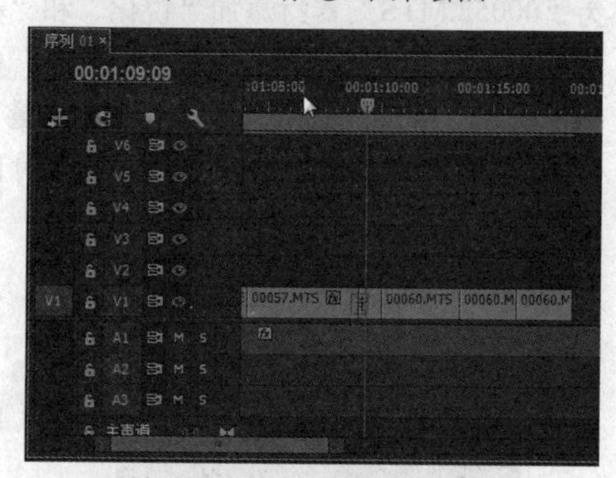

图14-73　拖入素材

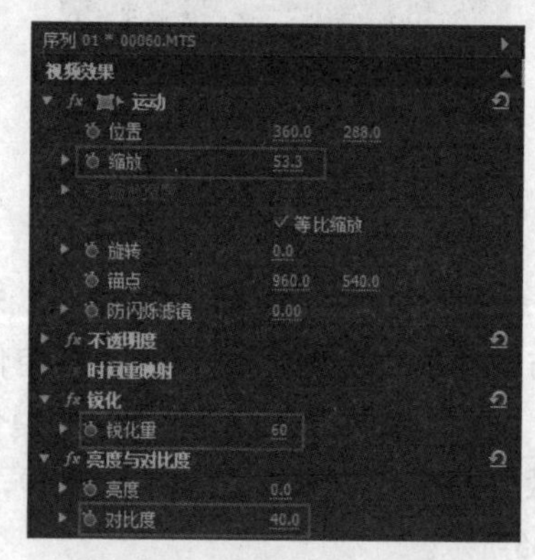

图14-74　设置视频效果参数

68 选择第二段素材剪辑，进入“效果控件”面板，设置“缩放”参数为53.3，“锐化量”参数为45，“对比度”参数为40，如图14-75所示。

69 选择第三段素材剪辑，进入“效果控件”面板，设置“缩放”参数为53.3，“锐化量”参数为50，“亮度”参数为10，“对比度”参数为28，如图14-76所示。

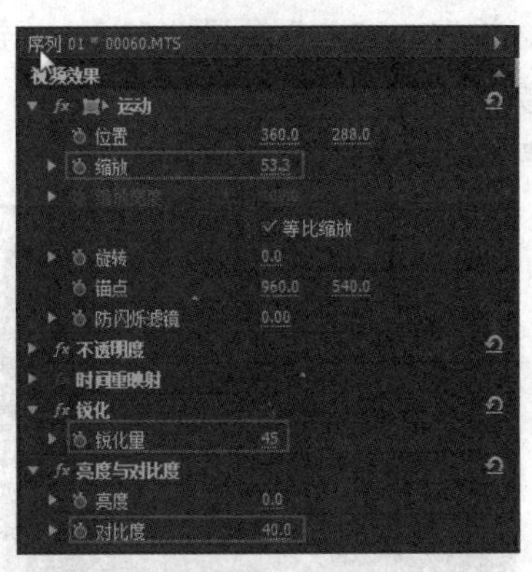

图14-75 设置视频效果参数

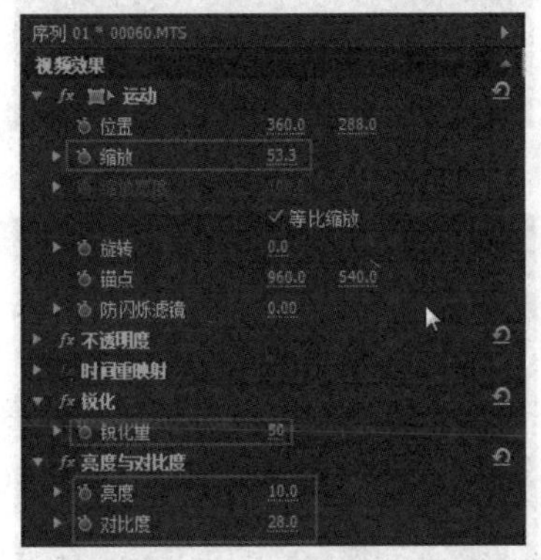

图14-76 设置视频效果参数

70 在“项目”面板中选择“00009.MTS”素材，将其拖入“源监视器”面板中。标记入点位置为00:00:06:18，标记出点位置为00:00:10:07，如图14-77所示。

图14-77 标记入点和出点

71 在“源监视器”中按住鼠标左键，将入点与出点之间的视频拖到视频轨1上，然后释放鼠标，如图14-78所示。

72 选择“00009.MTS”素材，进入“效果控件”面板，设置“缩放”参数为53.3，如图14-79所示。

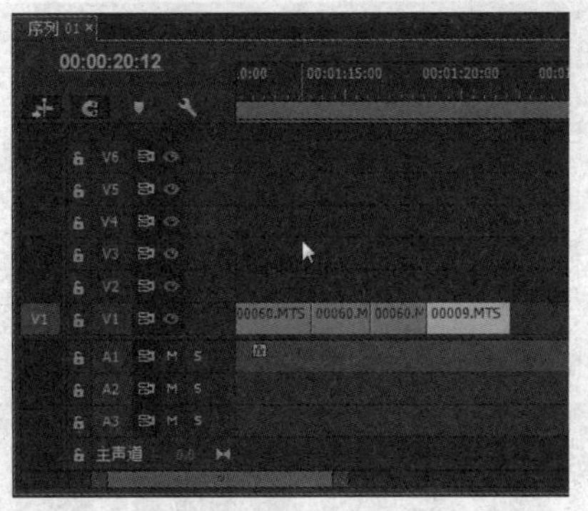

图14-78 拖入素材

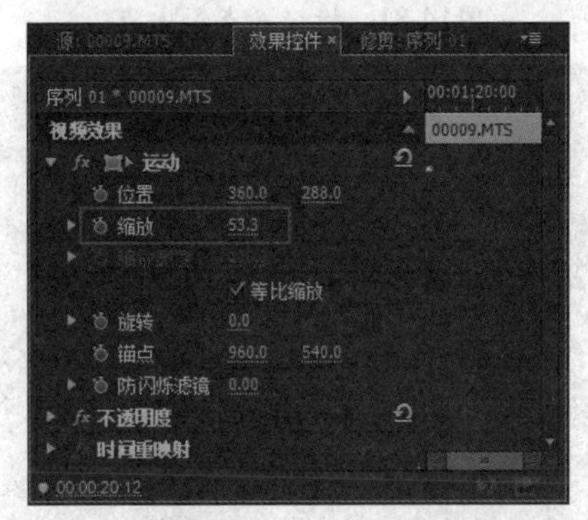

图14-79 设置缩放参数

73 在“项目”面板中选择“00064.MTS”素材，将其拖入“源监视器”面板中。标记入点位置为00:00:05:23，标记出点位置为00:00:12:22，如图14-80所示。

图14-80 标记入点和出点

74 在“项目”面板中选择“00073.MTS”素材，将其拖入“源监视器”面板中。标记入点位置为00:00:00:14，标记出点位置为00:00:03:10，如图14-81所示。

75 在“项目”面板中选择“00074.MTS”素材，将其拖入“源监视器”面板中。标记入点位置为00:00:03:13，标记出点位置为00:00:07:15，如图14-82所示。

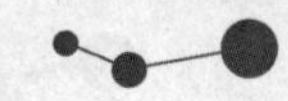

图14-81　标记入点和出点

图14-82　标记入点和出点

76 在“项目”面板中，按住Shift键并选择“00064.MTS”、“00073.MTS”和“00074.MTS”素材，将其拖入视频轨1中，如图14-83所示。

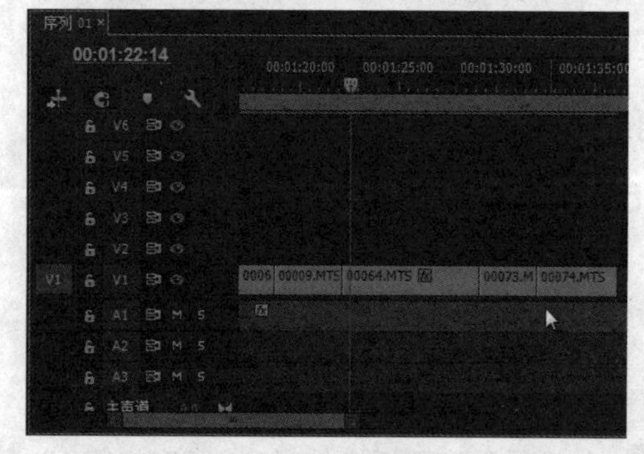

图14-83　拖入素材

77 为“00064.MTS”素材添加“锐化”和“亮度与对比度”特效。进入“效果控件”面板，设置“缩放”参数为53.3，“锐化量”参数为38，“亮度”参数为15，“对比度”参数为33，如图14-84所示。

78 为“00073.MTS”素材添加“锐化”和“亮度与对比度”特效。进入“效果控件”面板，设置“缩放”参数为53.3，“锐化量”参数为50，“亮度”参数为10，“对比度”参数为33，如图14-85所示。

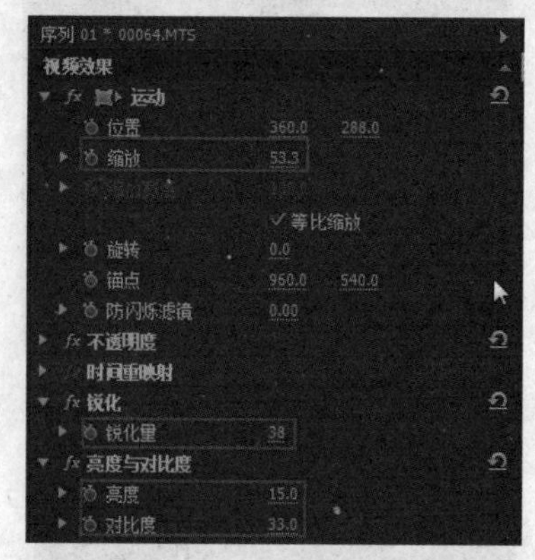

图14-84　设置视频效果参数

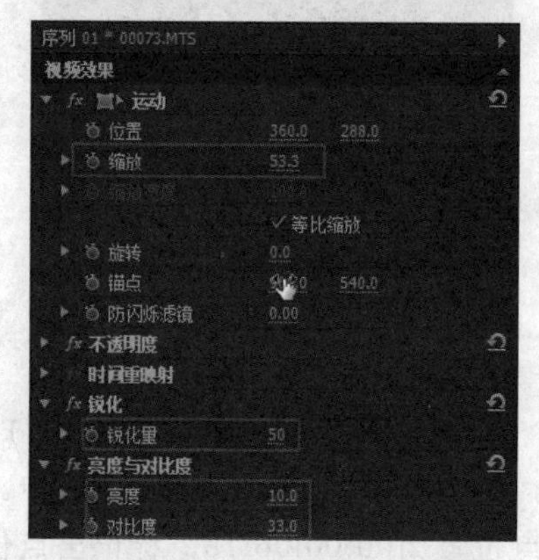

图14-85　设置视频效果参数

79 为“00074.MTS”素材添加“锐化”和“亮度与对比度”特效。进入“效果控件”面板，设置“缩放”参数为53.3，“锐化量”参数为50，“对比度”参数为35，如图14-86所示。

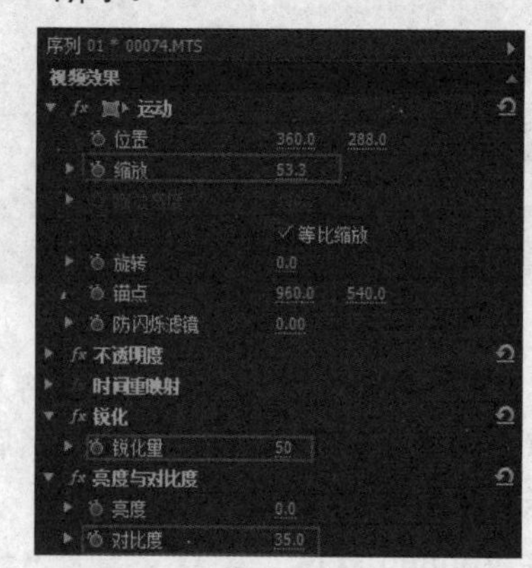

图14-86　设置视频效果参数

80 在“项目”面板中选择“00085.MTS”素材，将其拖入“源监视器”面板中。标记入点位置为00:00:38:24，标记出点位置为00:00:49:22，如图14-87所示。

图14-87 标记入点和出点

81 在“项目”面板中选择“00105.MTS”素材，将其拖入“源监视器”面板中。标记入点位置为00:00:00:00，标记出点位置为00:00:04:21，如图14-88所示。

图14-88 标记入点和出点

82 在“项目”面板中选择“00114.MTS”素材，将其拖入“源监视器”面板中。标记入点位置为00:00:15:06，标记出点位置为00:00:23:06，如图14-89所示。

图14-89 标记入点和出点

83 在“项目”面板中，按住Shift键并选择“00085.MTS”、“00105.MTS”和“00114.MTS”素材，将其拖入视频轨1中，如图14-90所示。

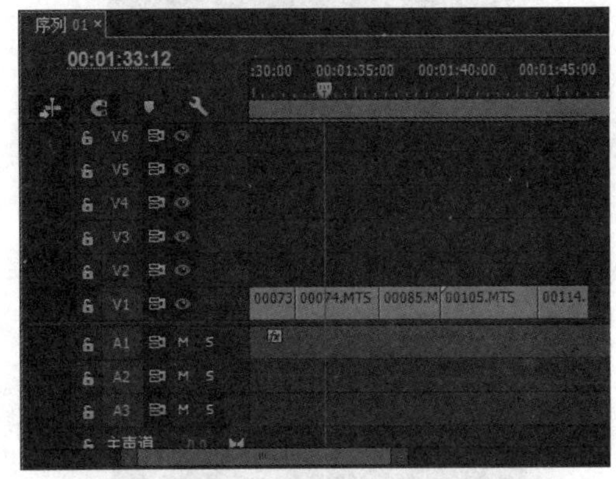

图14-90 拖入素材

84 为“00085.MTS”素材添加“锐化”和“亮度与对比度”特效。进入“效果控件”面板，设置“缩放”参数为53.3，“锐化量”参数为50，“对比度”参数为30，如图14-91所示。

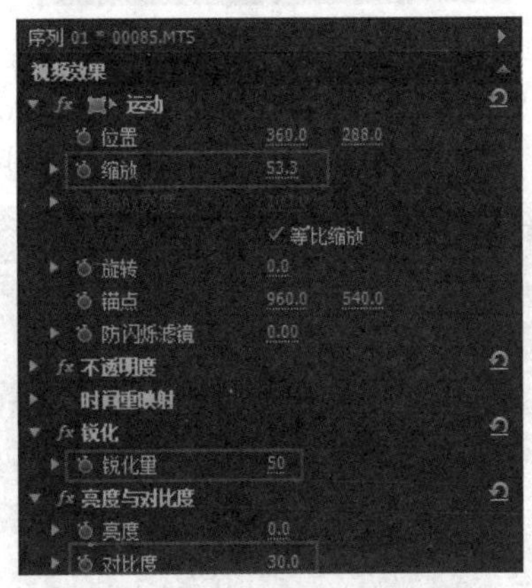

图14-91 设置视频效果参数

85 为“00105.MTS”素材添加“锐化”和“亮度与对比度”特效。进入“效果控件”面板，设置“缩放”参数为53.3，“锐化量”参数为50，“对比度”参数为15，如图14-92所示。

86 为“00114.MTS”素材添加“锐化”和“亮度与对比度”特效。进入“效果控件”面板，设置“缩放”参数为53.3，“锐化量”参数为50，“亮度”参数为40，“对比度”参数为20，如图14-93所示。

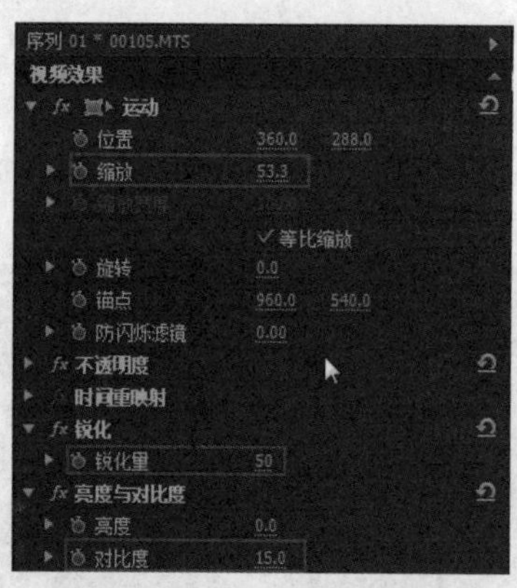

图14-92　设置视频效果参数

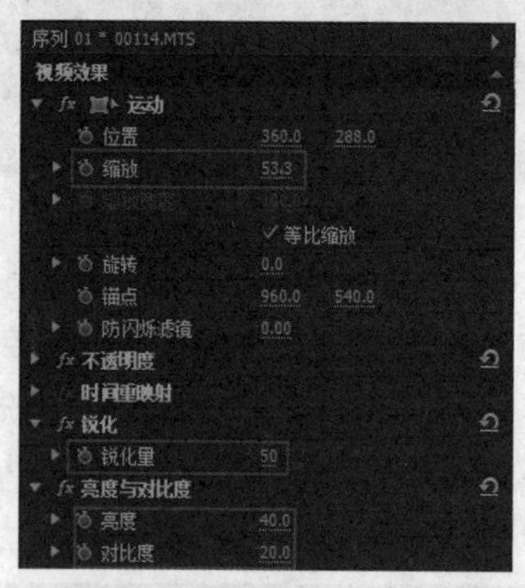

图14-93　设置视频效果参数

87 在“项目”面板中选择“wm530.mov”素材，将其拖到视频轨1上，如图14-94所示。

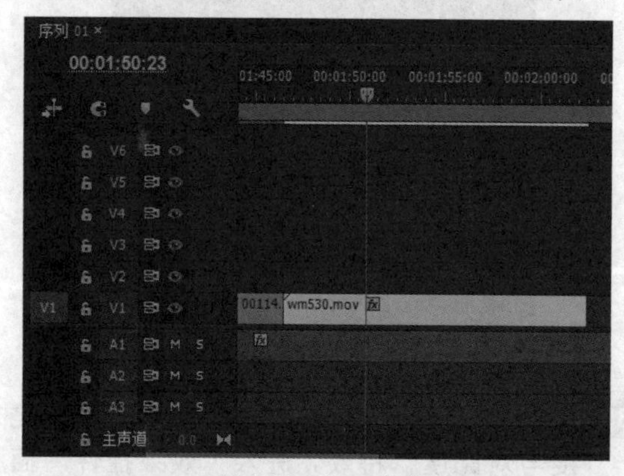

图14-94　拖入素材

88 选择视频轨上的素材，单击鼠标右键并执行“速度/持续时间”命令，弹出“剪辑速度/持续时间”对话框，设置“速度”参数为200，单击“确定”按钮，如图14-95所示。

89 在“00114.MTS”和“wm530.mov”素材之间添加“渐隐为黑色”特效，如图14-96所示。

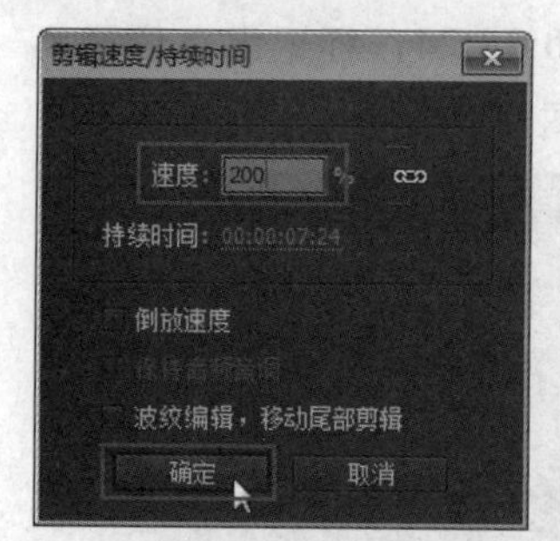

图14-95　设置剪辑速度

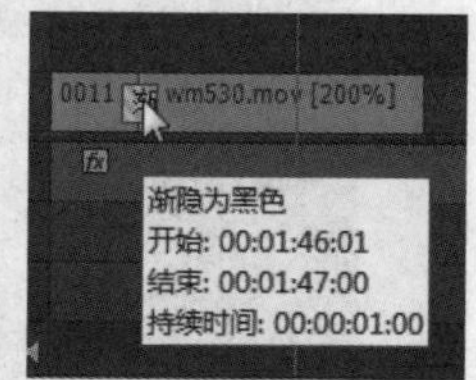

图14-96　添加“渐隐为黑色”特效

90 单击视频轨1和音频轨1前的“切换轨道锁定”按钮，锁定两轨道，如图14-97所示。

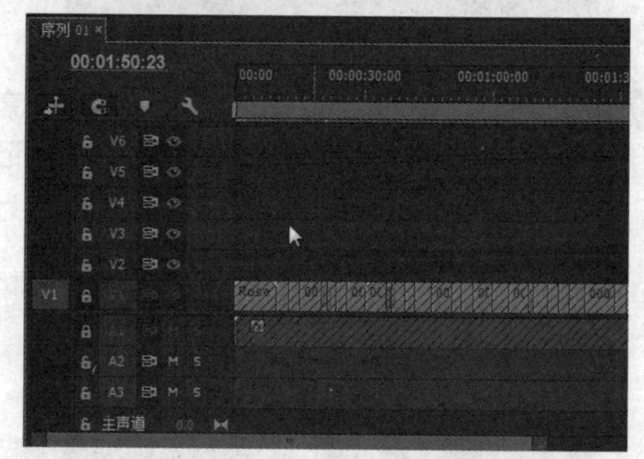

图14-97　锁定轨道

91 在“项目”面板中选择“红色爱心1.mov”素材，将其拖到视频轨3上，开始位置为00:00:10:00，如图14-98所示。

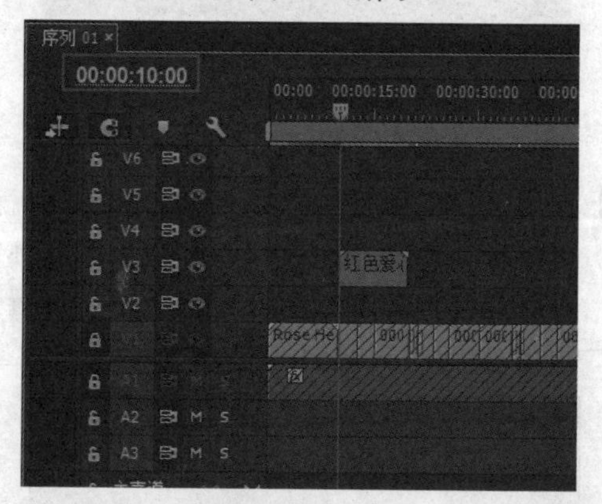

图14-98　拖入素材

92 选择素材，打开“效果控件”面板，设置“位置”参数为62、513，“缩放”参数为15，如图14-99所示。

93 按住Alt键，用鼠标拖动素材，直到对齐素材的结束位置，松开鼠标和Alt键，重复上述操作8次，如图14-100所示。

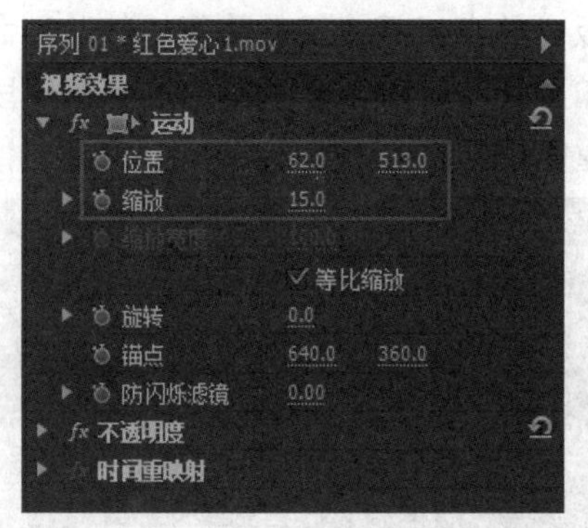

图14-99 设置“位置”及“缩放”参数

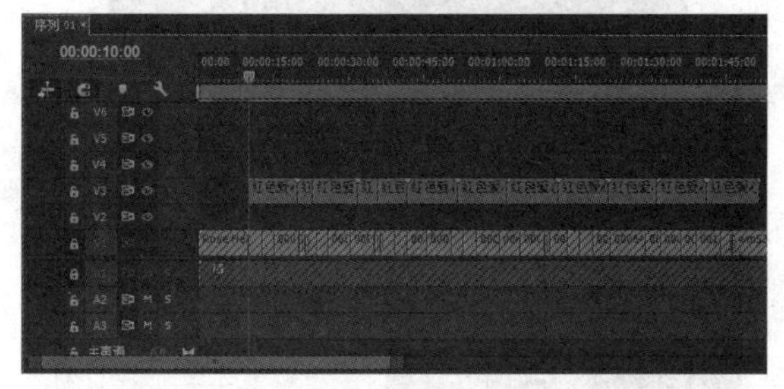

图14-100 复制素材

94 选择最后一个素材，单击鼠标右键并执行“速度/持续时间”命令，弹出“剪辑速度/持续时间”对话框，设置持续时间为00:00:04:18，单击“确定”按钮，如图14-101所示。

图14-101 设置持续时间

95 在“项目”面板中选择“爱-1.avi”素材，将其拖到视频轨2上，开始位置为00:00:21:08。按住Alt键并向右复制一次，结果如图14-102所示。

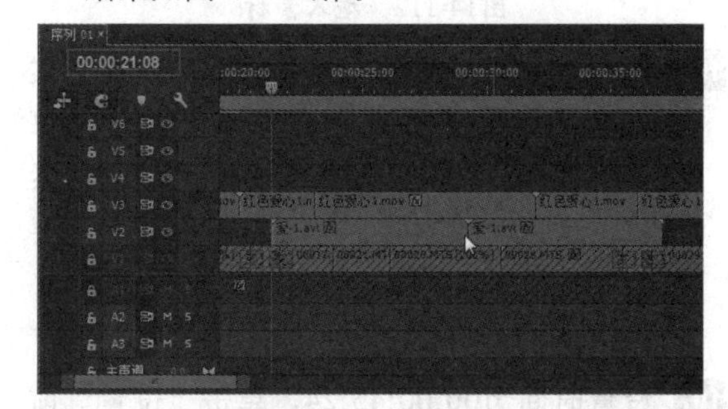

图14-102 拖入素材并复制

96 将鼠标放置在素材的右边缘，当鼠标变成边缘图标时，向左拖动鼠标，到目标位置时释放鼠标，如图14-103所示。

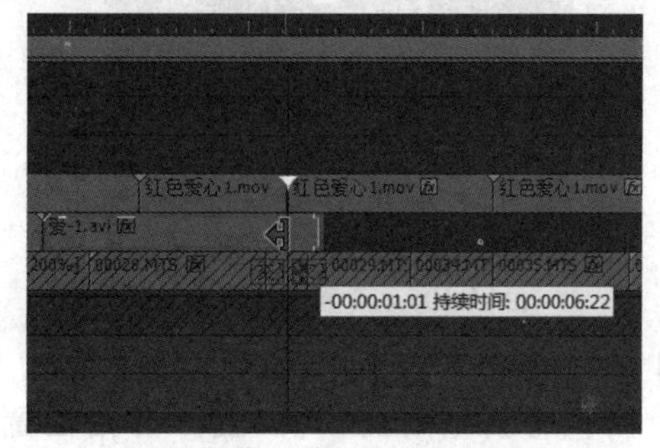

图14-103 调整剪辑持续时间

97 打开“效果”面板，打开“视频过渡”文件夹，选择“溶解”文件夹下的“交叉溶解”特效，将其添加到第一段剪辑的开始位置和第二段剪辑的结束位置，如图14-104所示。

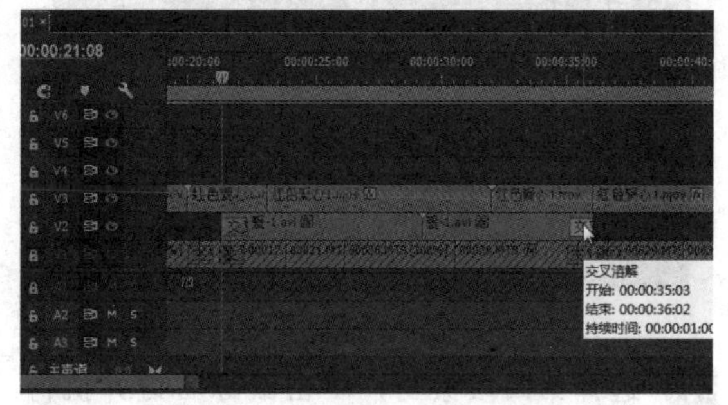

图14-104 添加“交叉溶解”特效

98 选择第一段剪辑，打开“效果控件”面板，取消对“等比缩放”复选项的勾选，设置“缩放”宽度参数为110，“不透明度”为81，如图14-105所示。

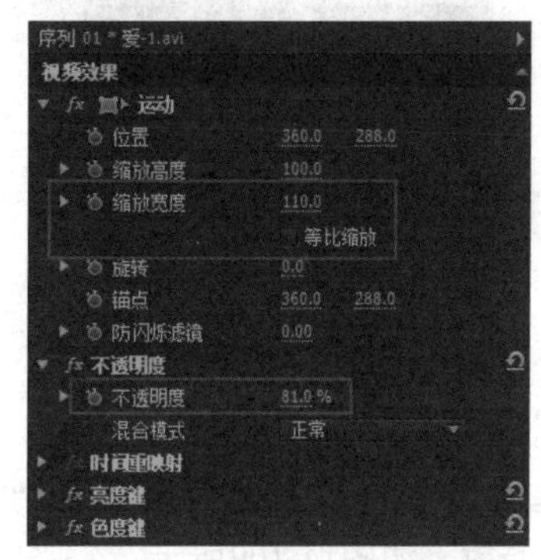

图14-105 设置“缩放”及“不透明度”参数

99 打开“效果”面板，打开“视频效果”文件夹，选择“键控”文件夹下的“色度键”特效，将其添加到第一段剪辑上。进入“效果控件”面板，设置“相似性”参数为32.1，“屏蔽度”为21，如图14-106所示。

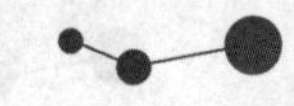

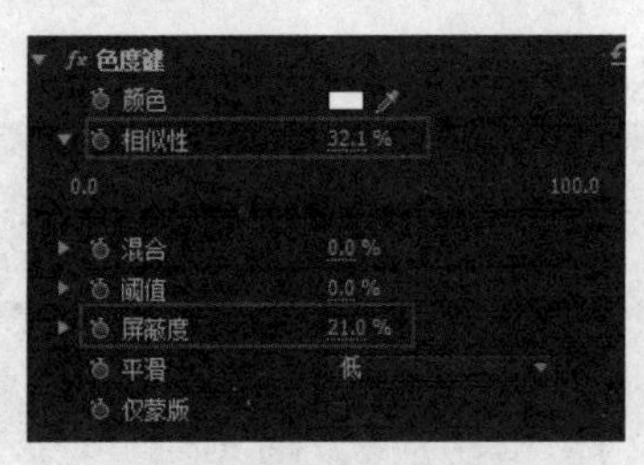

图14-106 设置色度键参数

100 在“项目”面板中选择“爱-1.avi”素材，将其拖到视频轨2上，开始位置为00:00:36:06，再次添加同一素材与原素材相邻，如图14-107所示。

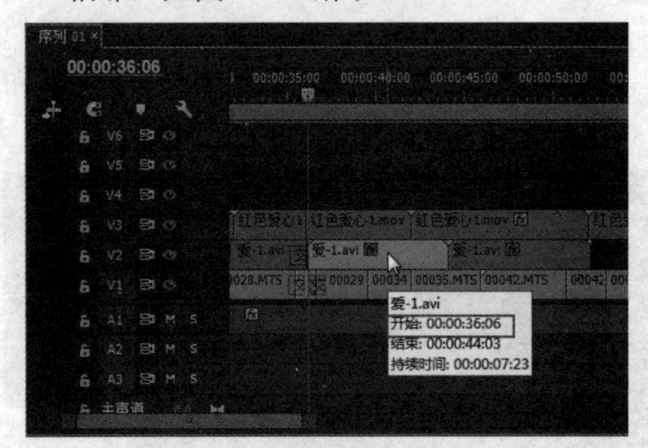

图14-107 拖入素材

101 选择第四段素材，单击鼠标右键并执行“速度/持续时间”命令，弹出“剪辑速度/持续时间”对话框，设置持续时间为00:00:01:20，单击“确定”按钮，如图14-108所示。

图14-108 设置剪辑持续时间

102 在第三段素材的开始位置添加“交叉溶解”特效，如图14-109所示。

103 选择第一段“爱-1.avi”素材，进入“效果控件”面板，按住Ctrl键，同时选择“运动”、“不透明度”和“色度键”特效，单击鼠标右键并执行“复制”命令，如图14-110所示。

104 选择第二段素材，进入“效果控件”面板，单击鼠标右键并执行“粘贴”命令，如图14-111所示，对第三段和第四段素材重复该操作。

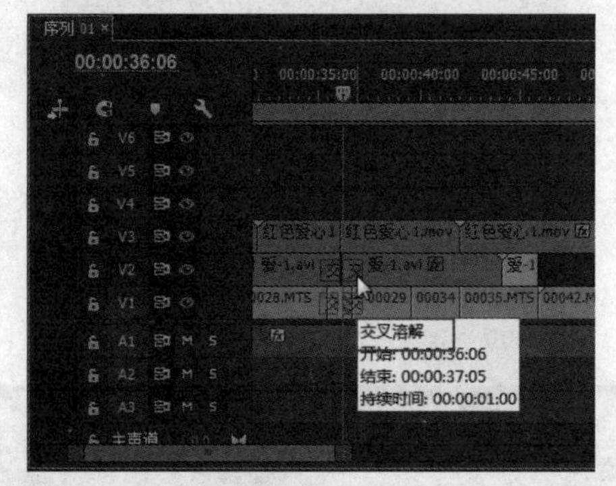

图14-109 添加“交叉溶解”特效

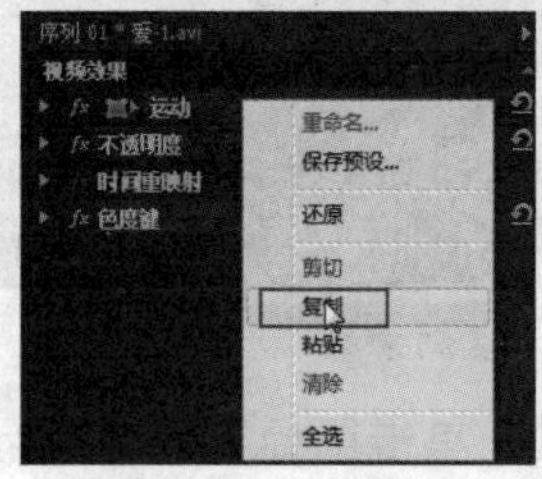

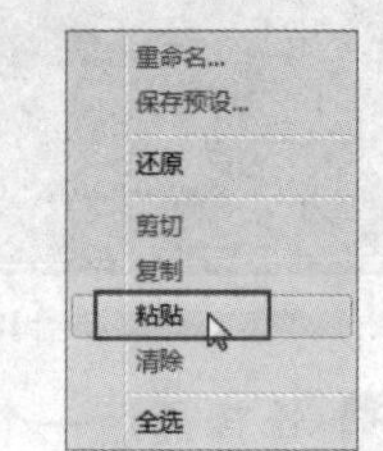

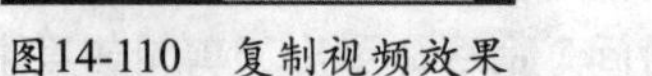

图14-110 复制视频效果　　图14-111 粘贴视频效果

105 在“项目”面板中选择“甜蜜.avi”素材，将其拖到视频轨4上，开始位置为00:00:45:24，如图14-112所示。

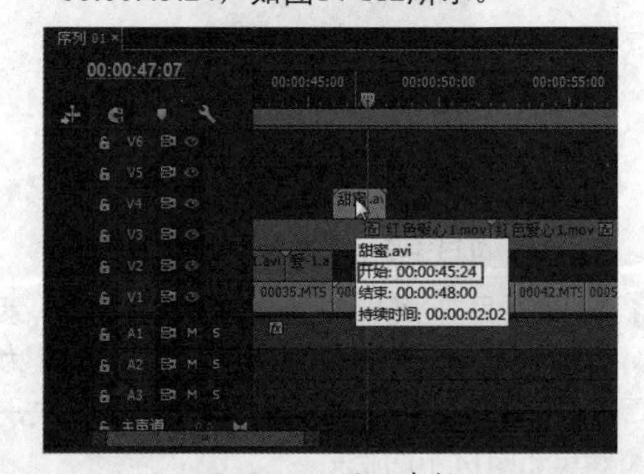

图14-112 拖入素材

106 打开“效果”面板，打开“视频效果”文件夹，选择“键控”文件夹下的“颜色键”特效，将其添加到素材上。选择素材，进入“效果控件”面板，设置“主要颜色”为黑色，“颜色容差”参数为255，如图14-113所示。

107 设置时间为00:00:45:24，单击“位置”前的“切换动画”按钮，设置“位置”参数为110、288，如图14-114所示。

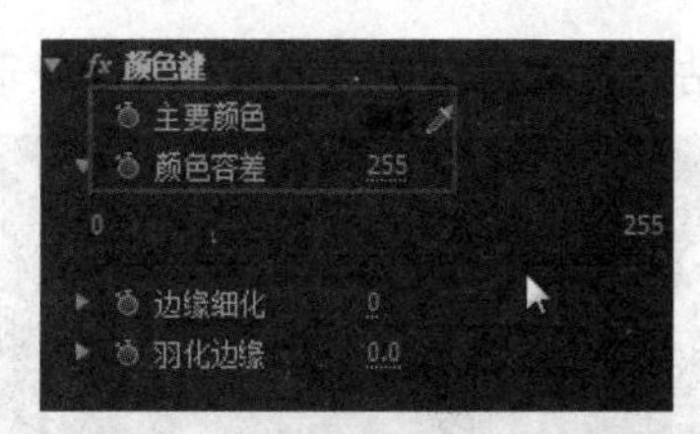

图14-113　添加特效并设置参数

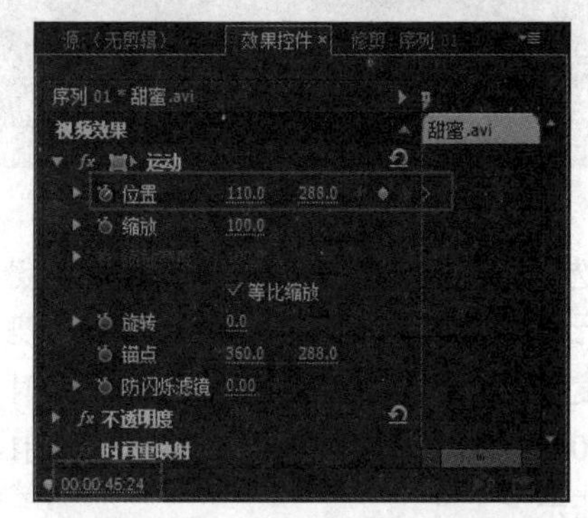

图14-114　添加第一处关键帧

108 设置时间为00:00:48:00，设置“位置”参数为800、288，如图14-115所示。

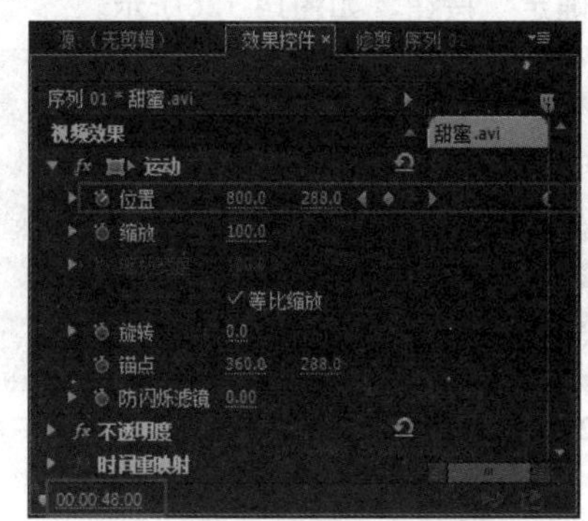

图14-115　添加第二处关键帧

109 在“项目”面板中选择“甜蜜.avi”素材，将其拖到视频轨4上并与前一个素材相邻，如图14-116所示。

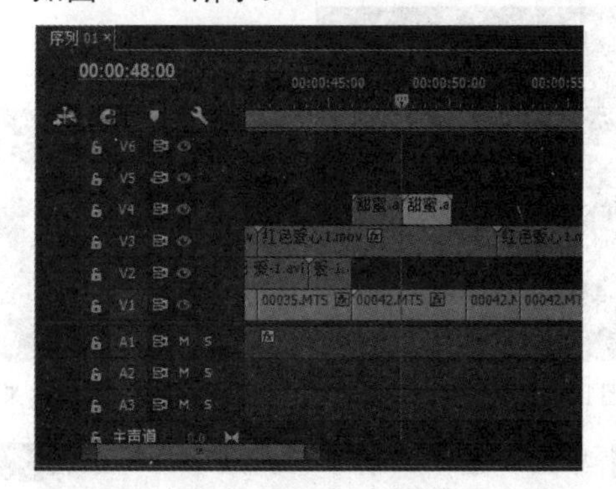

图14-116　拖入素材

110 打开“效果”面板，为素材添加“颜色键”特效。进入“效果控件”面板，设置“位置”参数为800、288，“主要颜色”为黑色，“颜色容差”参数为255，如图14-117所示。

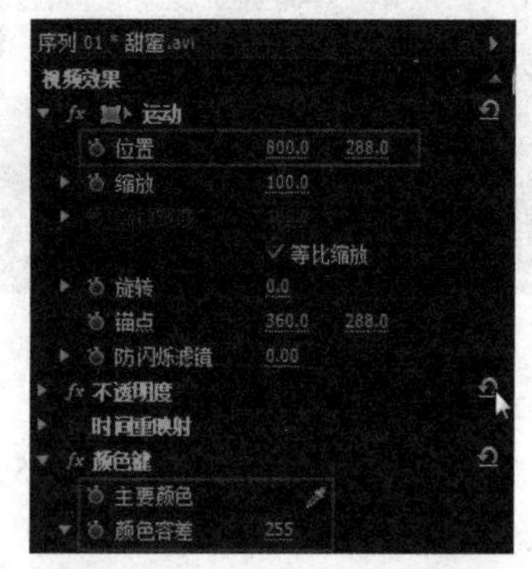

图14-117　设置视频效果参数

111 按住Alt键，复制第二个“甜蜜.avi”素材与原素材相邻，重复上述操作2次，结果如图14-118所示。

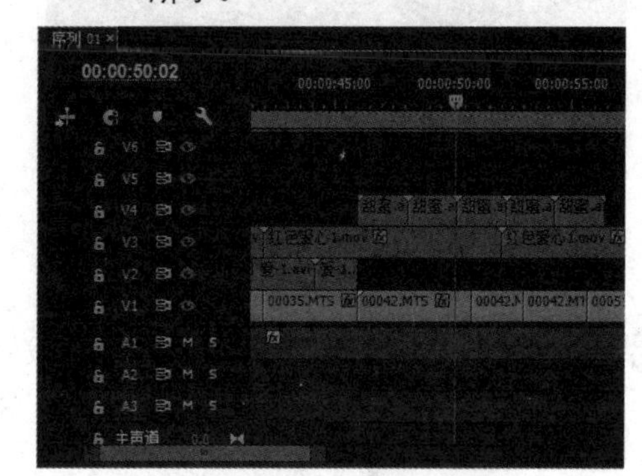

图14-118　复制素材剪辑

112 选择最后一个素材，单击鼠标右键并执行“速度/持续时间”命令，弹出“剪辑速度/持续时间”对话框，设置持续时间为00:00:01:09，单击“确定”按钮，如图14-119所示。

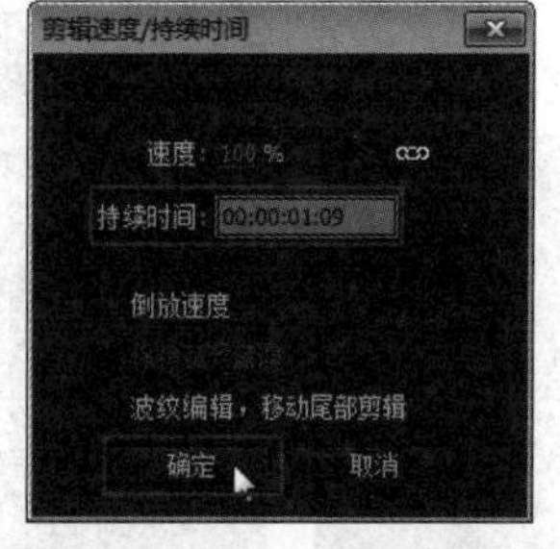

图14-119　设置剪辑持续时间

113 在“项目”面板中选择素材，将其拖到视频轨5上，开始位置为00:00:45:09，如图14-120所示。

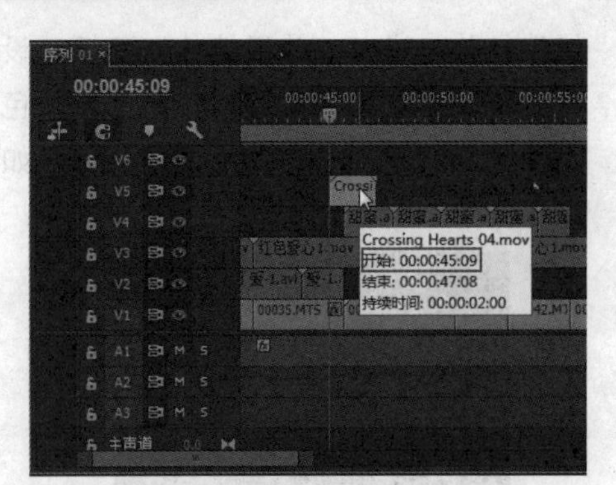

图14-120 拖入素材

114 在“项目”面板中选择荧光素材，将其拖到视频轨4上，开始位置为00:00:59:23，如图14-121所示。

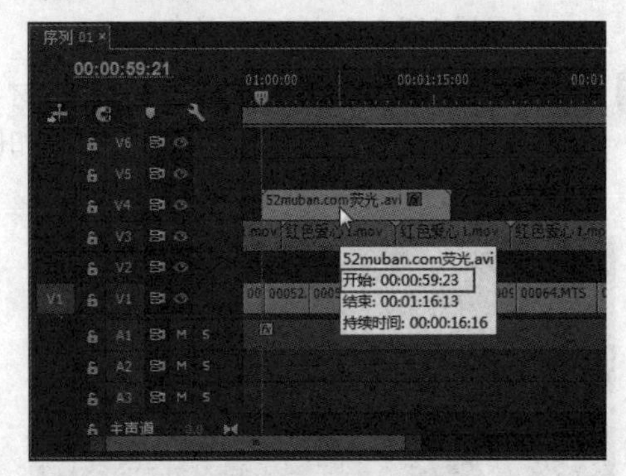

图14-121 拖入素材

115 选择素材，打开“效果控件”面板，设置“缩放”参数为150，“混合模式”为“滤色”，如图14-122所示。

116 打开“效果”面板，打开“视频效果”文件夹，选择“颜色校正”文件夹下的“RGB曲线”特效，将其添加到素材上。进入“效果控件”面板，设置RGB曲线，如图14-123所示。

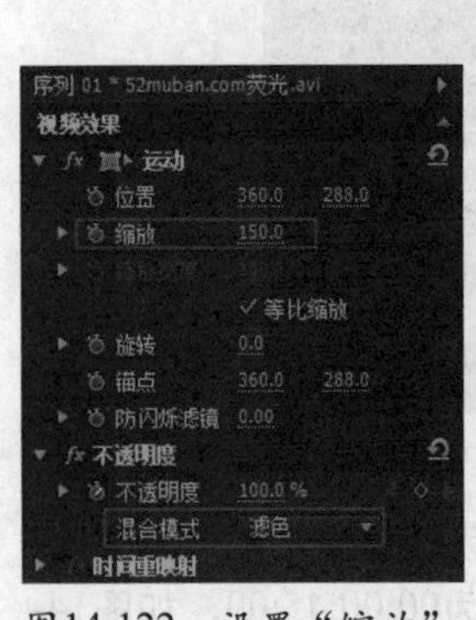

图14-122 设置“缩放”参数和“混合模式”

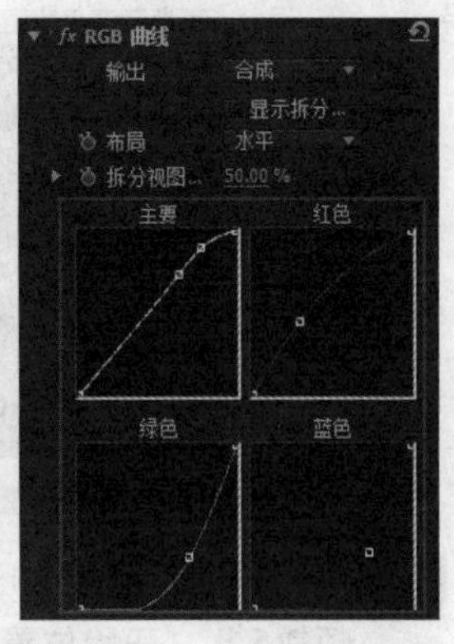

图14-123 设置RGB曲线

117 按住Alt键，复制两次荧光素材，然后将其粘贴在原素材之后，如图14-124所示。

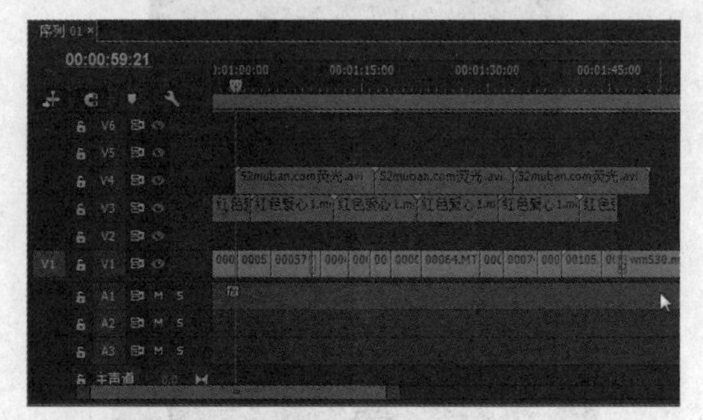

图14-124 复制素材

118 选择最后粘贴的素材，单击鼠标右键并执行“速度/持续时间”命令，弹出“剪辑速度/持续时间”对话框，设置持续时间为00:00:12:21，单击“确定”按钮，如图14-125所示。

119 执行“字幕”|“新建字幕”|“默认静态字幕”命令，弹出“新建字幕”命令，单击“确定”按钮，如图14-126所示。

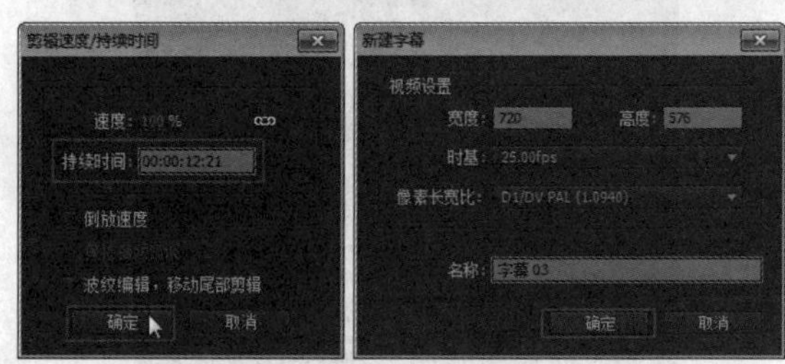

图14-125 设置剪辑持续时间　　图14-126 “新建字幕”对话框

120 弹出“字幕设计器”面板，选择“文字工具”，输入字幕“我们结婚了”，设置字体、大小、行距等参数，具体参数设置如图14-127所示，字幕效果如图14-128所示。

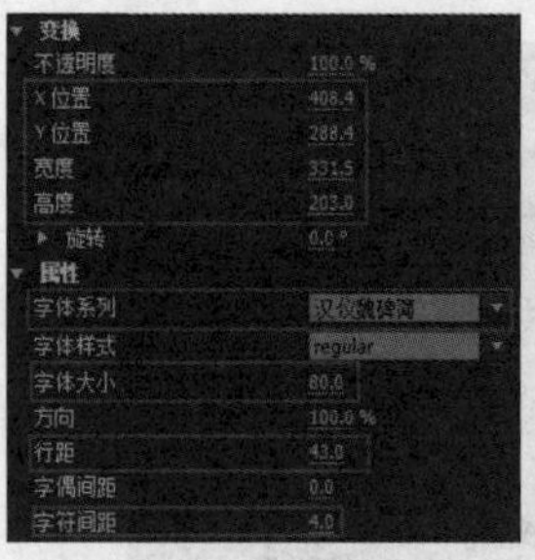

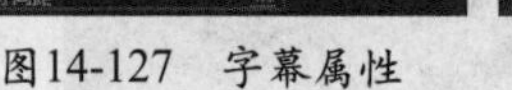

图14-127 字幕属性　　图14-128 字幕效果

121 单击“基于当前字幕新建字幕”按钮来新建字幕。修改字幕为“新郎”，调整文字的位置，具体的参数设置如图14-129所示，字幕效果如图14-130所示。

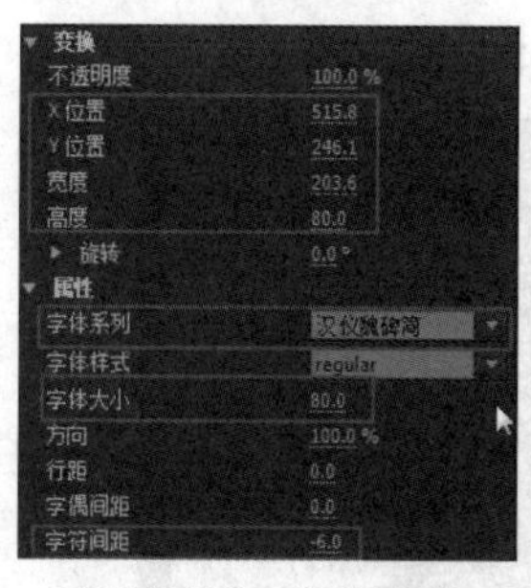

图14-129 字幕属性

图14-130 字幕效果

122 单击“基于当前字幕新建字幕”按钮来新建字幕。修改字幕为“新娘”，调整文字的位置，具体的参数设置如图14-131所示，字幕效果如图14-132所示。

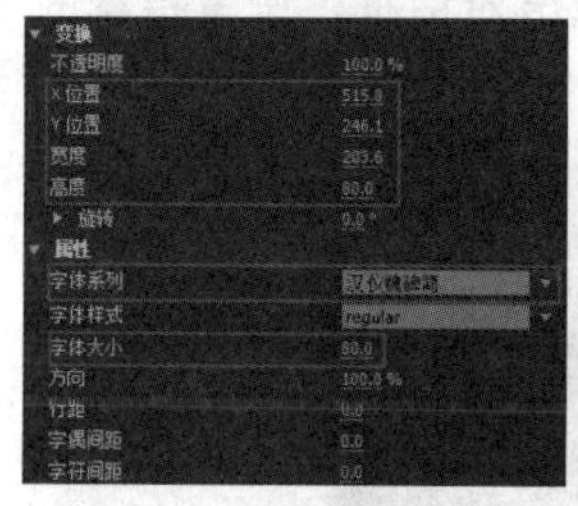

图14-131 字幕属性

图14-132 字幕效果

123 单击“基于当前字幕新建字幕”按钮来新建字幕，修改字幕为“出发”。选择文字，选择“字幕样式”面板中的一种样式，如图14-133所示，将样式应用到文字上。

图14-133 选择字幕样式

124 调整文字的位置，具体的参数设置如图14-134所示。

图14-134 字幕属性

125 字幕效果如图14-135所示。

126 单击“基于当前字幕新建字幕”按钮来新建字幕，修改字幕为“新郎和新娘”，调整文字的位置以使文字水平居中，如图14-136所示。

图14-135 字幕效果

图14-136 新建字幕

127 单击“基于当前字幕新建字幕”按钮来新建字幕，修改字幕为“新人敬酒”，调整文字的位置，使文字水平居中，如图14-137所示。

图14-137 新建字幕

128 单击“基于当前字幕新建字幕”按钮来新建字幕，修改字幕为“归途”，调整文字的位置，使文字水平居中，如图14-138所示。

图14-138 新建字幕

129 单击“基于当前字幕新建字幕”按钮来新建字幕，修改字幕为“婚”，调整文字的位置，使文字水平居中，如图14-139所示。

图14-139 新建字幕

130 单击“基于当前字幕新建字幕”按钮来新建字幕，修改字幕为“纱”，调整文字的位置，使文字水平居中，如图14-140所示。

图14-140 新建字幕

131 单击“基于当前字幕新建字幕”按钮来新建字幕，修改字幕为“相”，调整文字的位置，使文字水平居中，如图14-141所示。

图14-141 新建字幕

132 单击“基于当前字幕新建字幕”按钮来新建字幕，修改字幕为“册”，调整文字的位置，使文字水平居中，如图14-142所示。

图14-142 新建字幕

133 在“项目”面板中选择“我们结婚了”素材，将其拖到视频轨2上，开始位置为00:00:01:11，如图14-143所示。

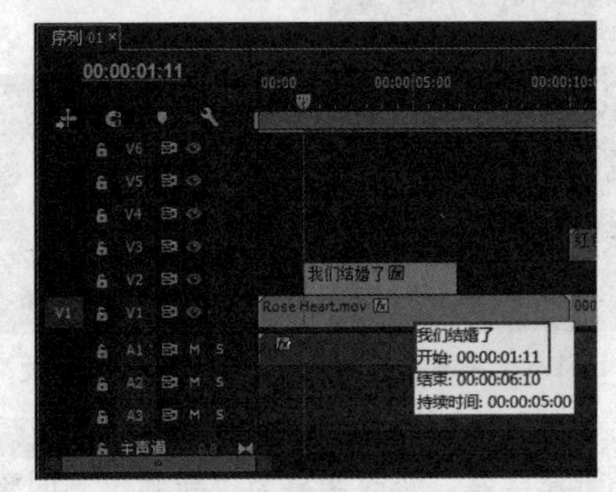

图14-143 拖入素材

134 选择素材，单击鼠标右键并执行“速度/持续时间”命令，弹出对话框，设置持续时间为00:00:04:13，单击“确定”按钮，如图14-144所示。

图14-144 设置剪辑持续时间

135 打开“效果”面板，打开“视频过渡”文件夹，选择“溶解”文件夹下的“胶片溶解”特效，将其添加到素材上，如图14-145所示。

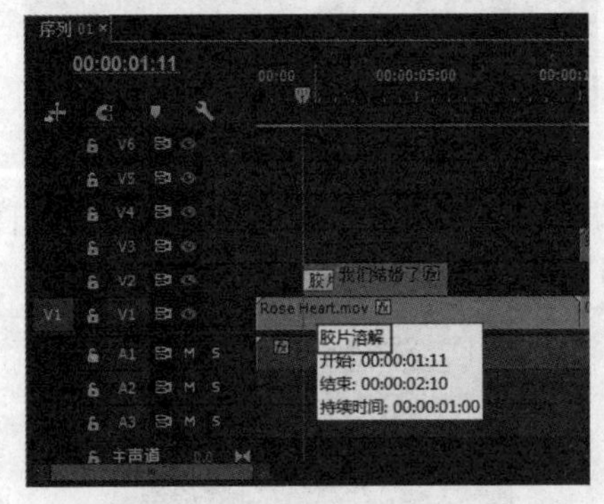

图14-145 添加“胶片溶解”特效

136 双击该特效，弹出“设置过渡持续时间”对话框，设置持续时间为2秒，如图14-146所示。

图14-146 设置过渡持续时间

137 在“项目”面板中选择“新郎”素材，将其拖到视频轨2上，如图14-147所示。

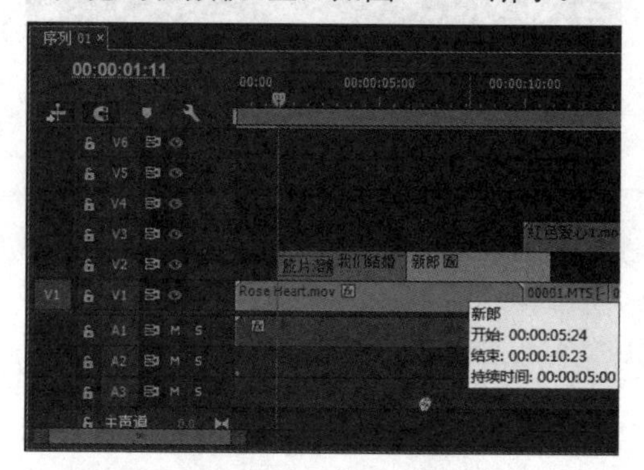

图14-147 拖入素材

138 将鼠标放置在素材的右边缘，当鼠标变成边缘图标时，向左拖动鼠标，到目标位置时释放鼠标，如图14-148所示。

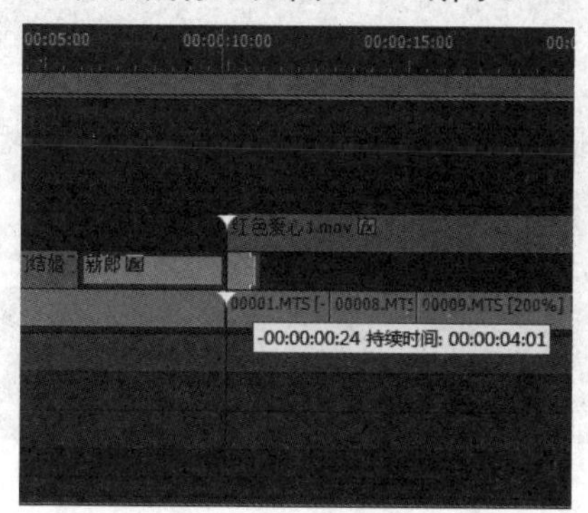

图14-148 调整剪辑持续时间

139 在两素材之间添加“交叉溶解”特效，如图14-149所示。

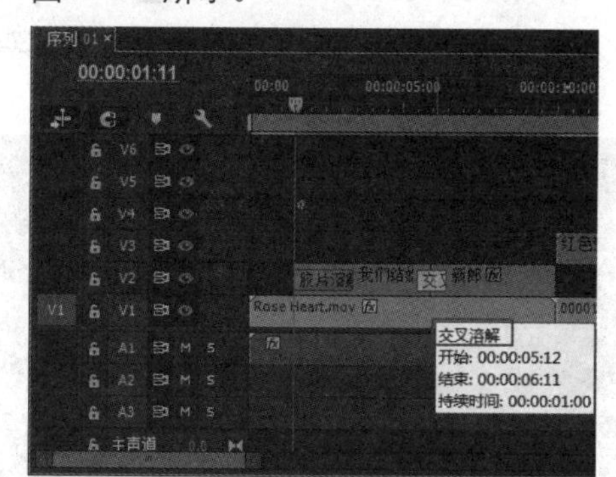

图14-149 添加“交叉溶解”特效

140 在“项目”面板中选择“新娘”素材，将其拖到视频轨3上，开始位置为00:00:05:00，如图14-150所示。

141 将鼠标放置在素材的左边缘，当鼠标变成边缘图标时，向右拖动鼠标，到目标位置时释放鼠标，如图14-151所示。

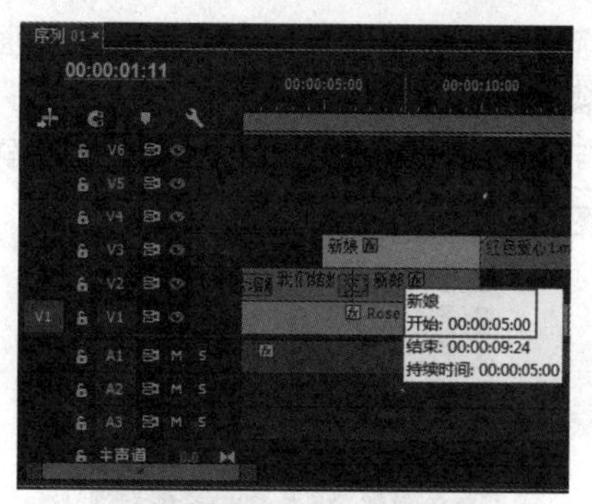

图14-150 拖入素材

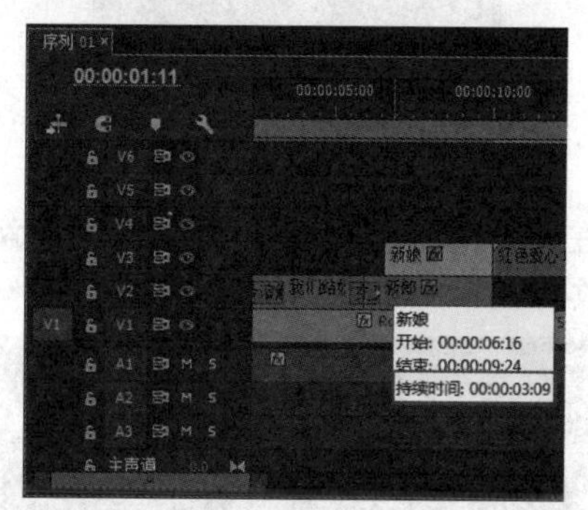

图14-151 设置剪辑持续时间

142 在素材的开始位置添加“交叉溶解”特效，如图14-152所示。

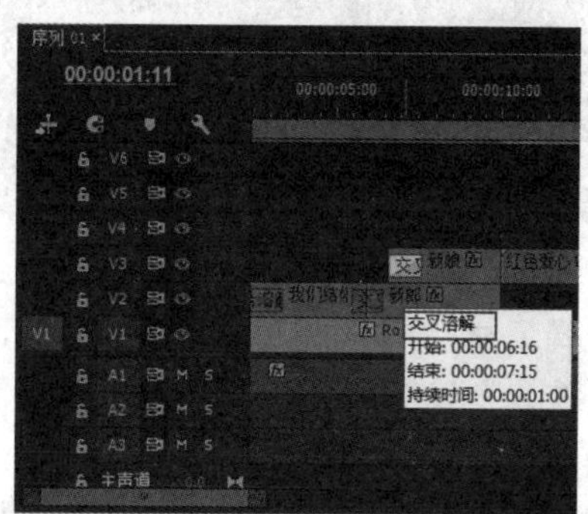

图14-152 添加“交叉溶解”特效

143 在“项目”面板中选择“出发”素材，将其拖到视频轨4上，开始位置为00:00:21:08，如图14-153所示。

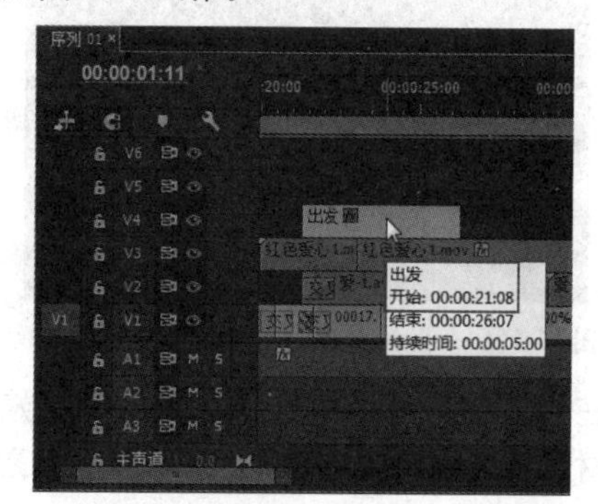

图14-153 拖入素材

144 选择素材，单击鼠标右键并执行“速度/持续时间”命令，弹出对话框，设置持续时间为00:00:14:05，单击“确定”按钮，如图14-154所示。

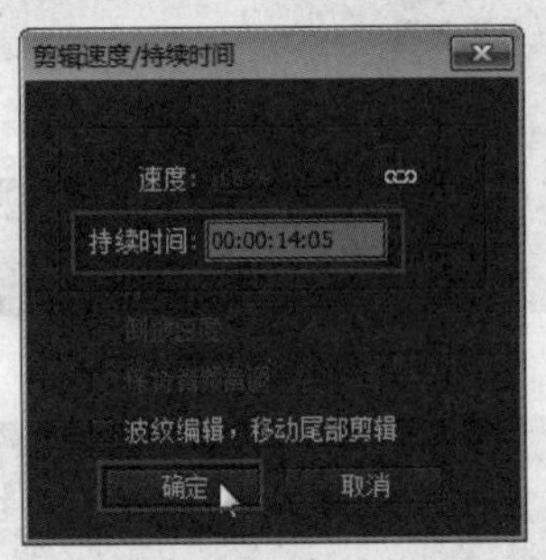

图14-154　设置剪辑持续时间

145 在素材的开始位置添加“交叉溶解”特效，如图14-155所示。

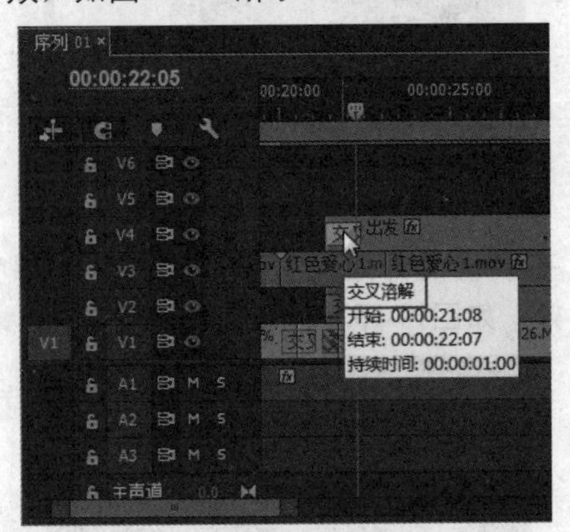

图14-155　添加“交叉溶解”特效

146 选择素材，打开“效果控件”面板，设置“位置”参数为160、536，“缩放”参数为50，如图14-156所示。

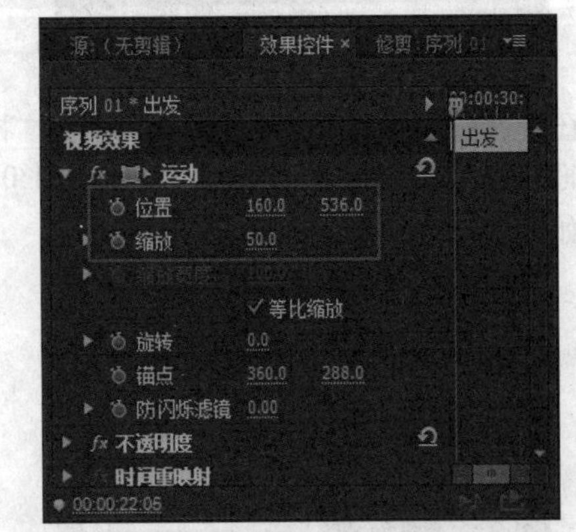

图14-156　设置“位置”及“缩放”参数

147 在“项目”面板中选择“新郎和新娘”素材，将其拖到视频轨2上并与前一个素材紧邻，如图14-157所示。

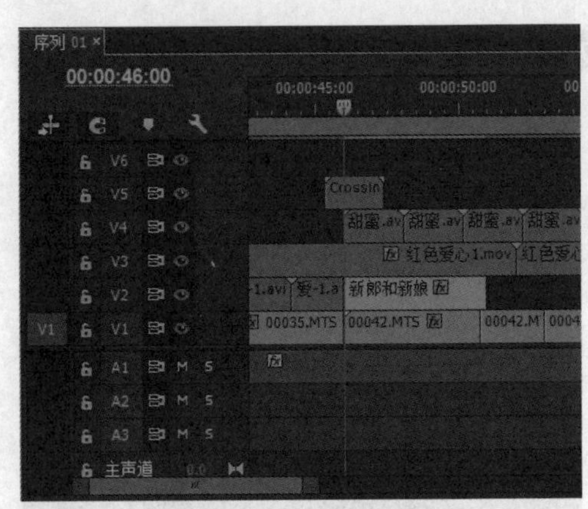

图14-157　拖入素材

148 将鼠标放置在素材的右边缘，当鼠标变成边缘图标时，向右拖动鼠标，到目标位置时释放鼠标，如图14-158所示。

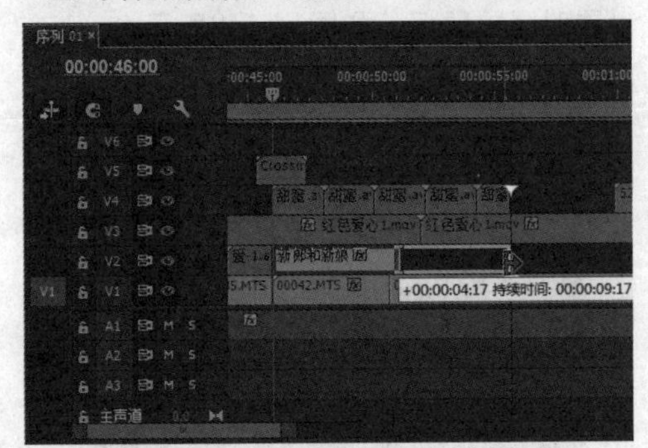

图14-158　设置剪辑持续时间

149 选择素材，进入“效果控件”面板，设置时间为00:00:45:24，单击“缩放”和“旋转”前的“切换动画”按钮，设置“缩放”参数为0，“旋转”参数为1x0，如图14-159所示。

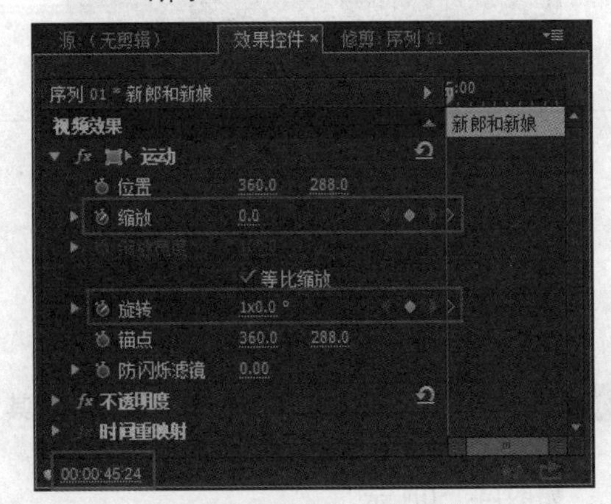

图14-159　添加第一处关键帧

150 设置时间为00:00:47:06，设置“缩放”参数为100，“旋转”参数为0，如图14-160所示。

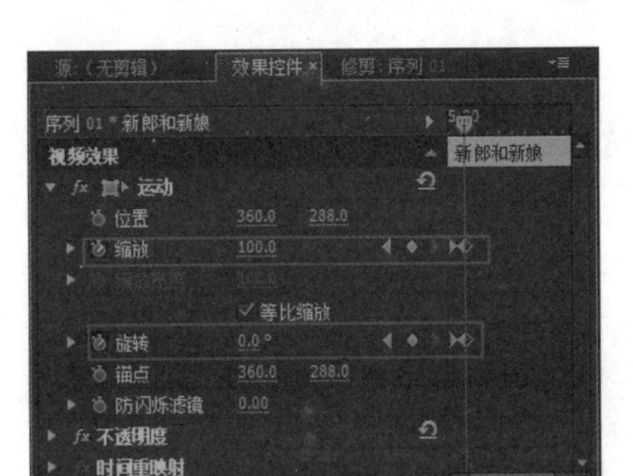

图14-160　添加第二处关键帧

151 设置时间为00:00:48:18，单击“位置”前的“切换动画”按钮，单击“位置”和“缩放”右边的“添加/移除关键帧”按钮，如图14-161所示。

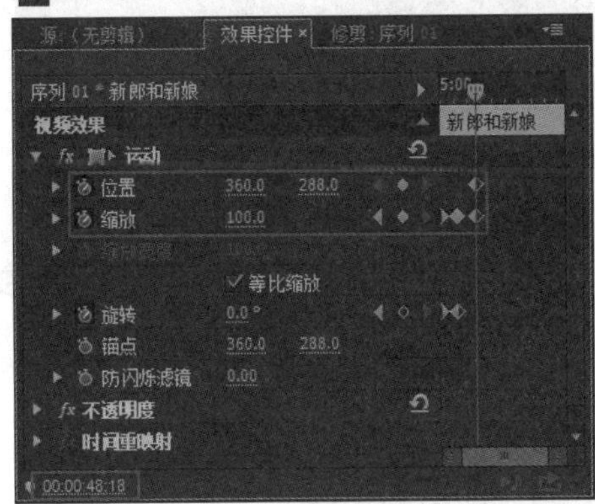

图14-161　添加第三处关键帧

152 设置时间为00:00:50:00，设置“位置”参数为251、536，“缩放”参数为50，如图14-162所示。

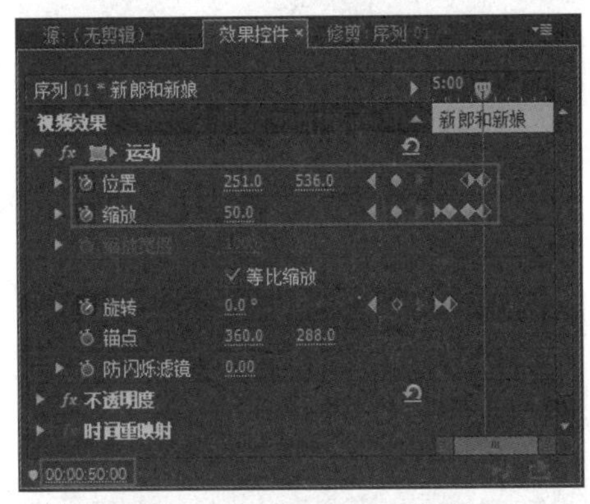

图14-162　添加第四处关键帧

153 在“项目”面板中选择“新人敬酒”素材，将其拖到视频轨2上，开始位置为00:00:55:16，如图14-163所示。

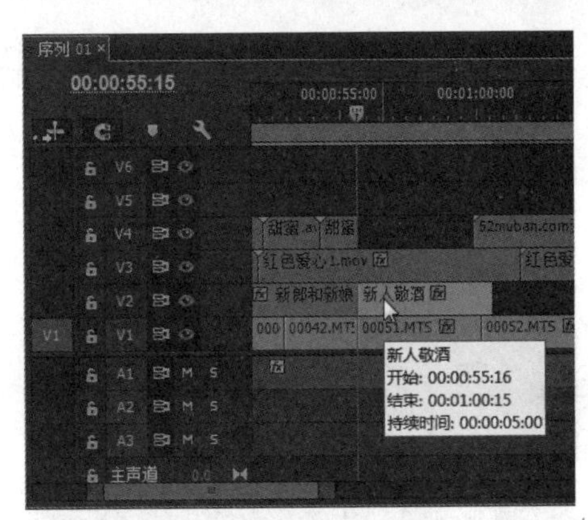

图14-163　拖入素材

154 将鼠标放置在素材的右边缘，当鼠标变成边缘图标时，向右拖动鼠标，到目标位置时释放鼠标，如图14-164所示。

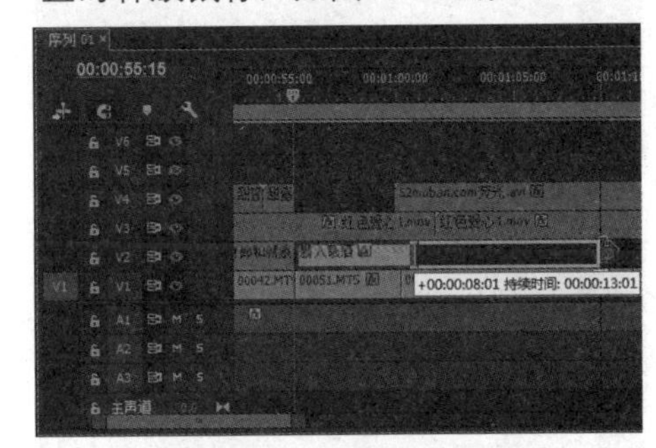

图14-164　设置剪辑持续时间

155 进入“效果控件”面板，设置时间为00:00:55:16，单击“缩放”和“旋转”前的“切换动画”按钮，设置“缩放”参数为0，“旋转”参数为1x0，如图14-165所示。

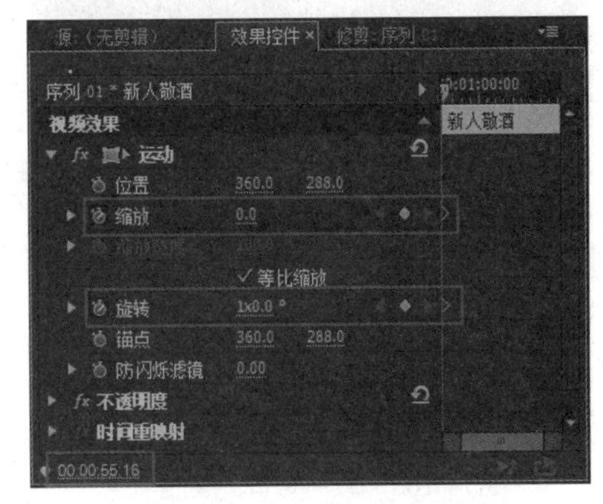

图14-165　添加第一处关键帧

156 设置时间为00:00:57:00，设置“缩放”参数为100，“旋转”参数为0，如图14-166所示。

157 设置时间为00:00:58:22，单击“位置”前的“切换动画”按钮，单击“位置”和

“缩放”右边的“添加/移除关键帧”按钮◈，如图14-167所示。

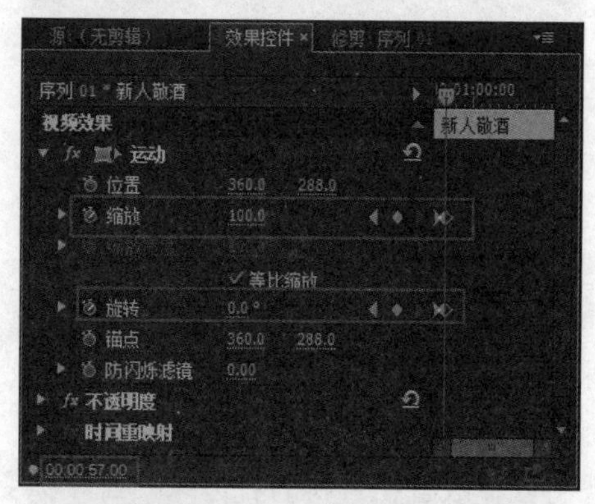

图14-166 添加第二处关键帧

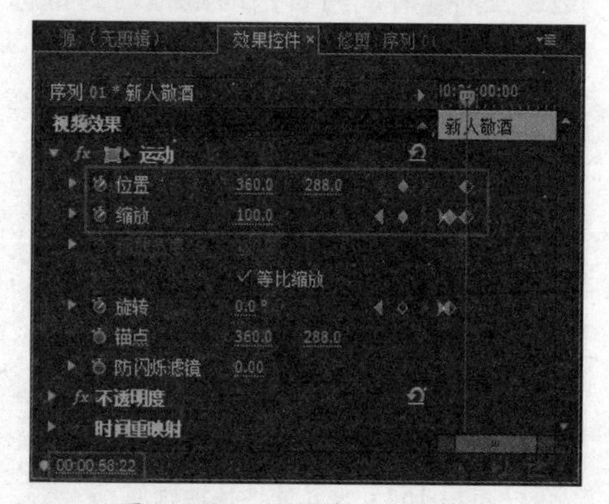

图14-167 添加第三处关键帧

158 设置时间为00:01:00:11，设置“位置”参数为220、536，“缩放”参数为50，如图14-168所示。

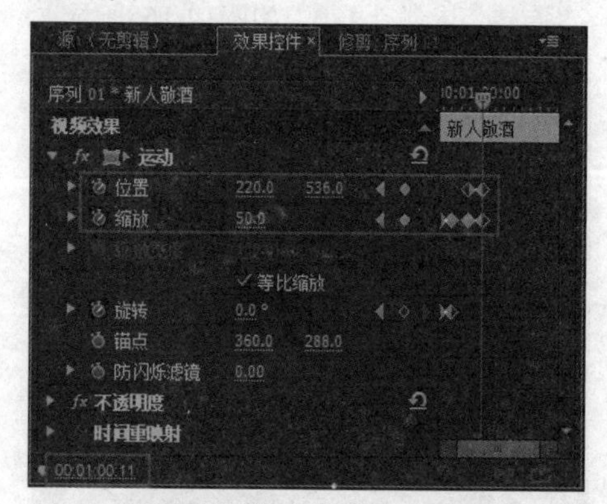

图14-168 添加第四处关键帧

159 在素材的结束位置添加“渐隐为黑色”特效，并设置过渡持续时间为12帧，如图14-169所示。

160 在“项目”面板中选择“归途”素材，将其拖到视频轨2上，开始位置为00:01:18:15，如图14-170所示。

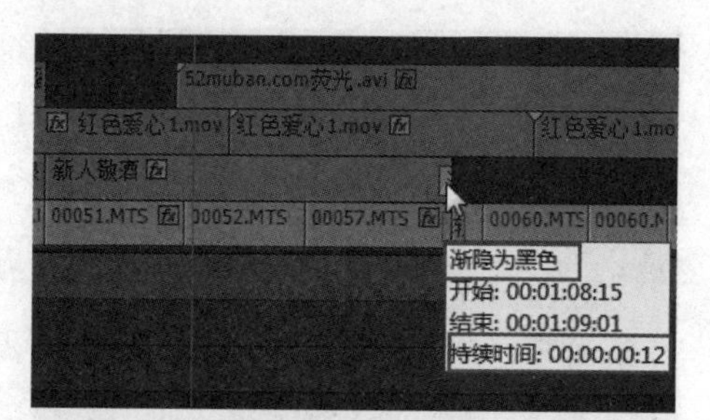

图14-169 添加特效并设置持续时间

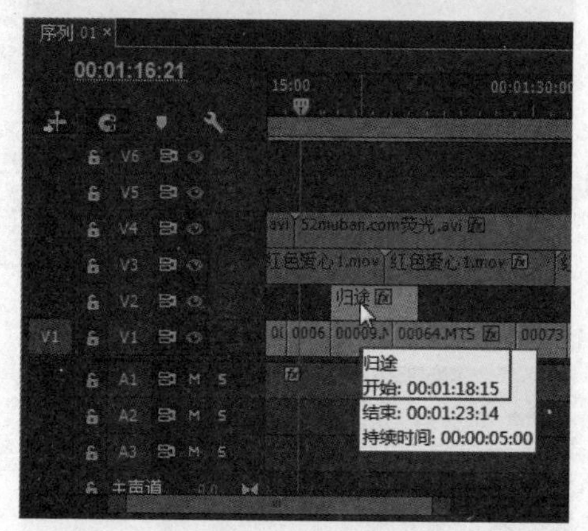

图14-170 拖入素材

161 将鼠标放置在素材的右边缘，当鼠标变成边缘图标时，向右拖动鼠标，到目标位置时释放鼠标，如图14-171所示。

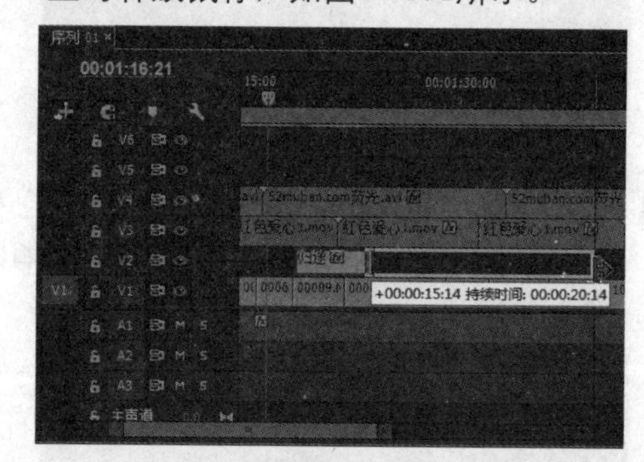

图14-171 设置剪辑持续时间

162 在素材的开始位置添加“滑动带”特效，如图14-172所示。

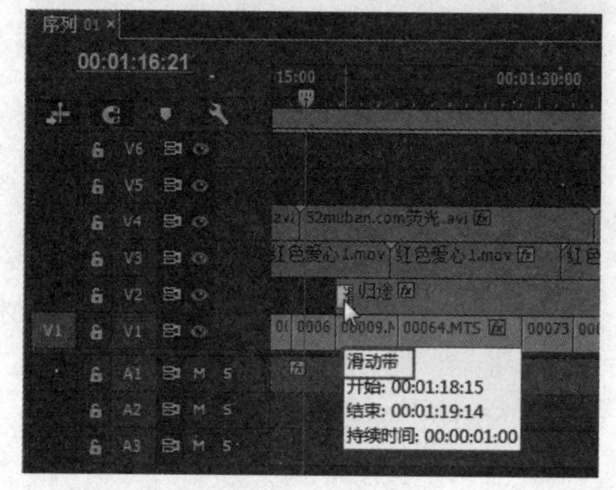

图14-172 添加“滑动带”特效

163 选择素材，进入“效果控件”面板，设置时间为00:01:21:10，单击“位置”和“缩放”前的“切换动画”按钮，设置“缩放”参数为100，如图14-173所示。

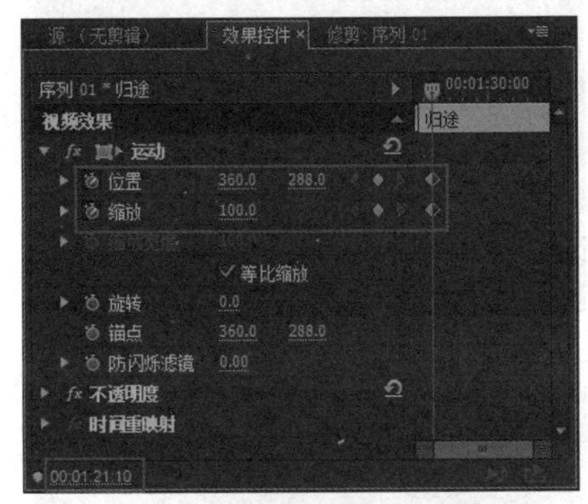

图14-173 添加第一处关键帧

164 设置时间为00:01:22:02，设置“位置”参数为170、536，“缩放”参数为100，如图14-174所示。

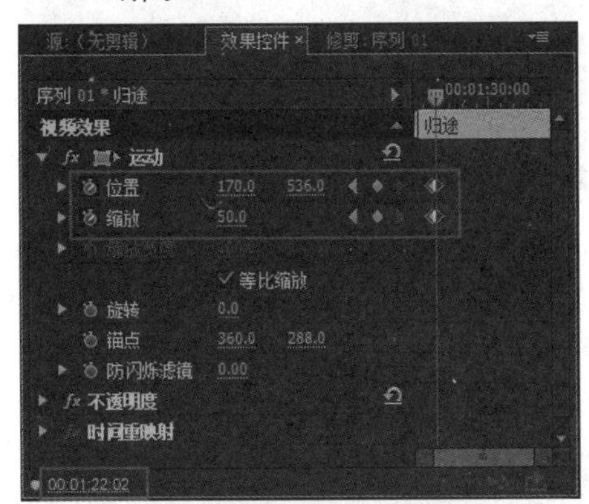

图14-174 添加第二处关键帧

165 在“项目”面板中选择“婚”素材，将其拖到视频轨2上，开始位置为00:01:48:19，如图14-175所示。

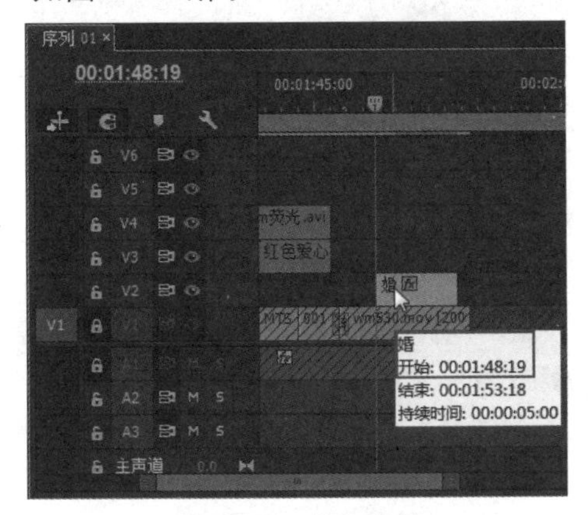

图14-175 拖入素材

166 进入“效果控件”面板，设置时间为00:01:48:19，单击“缩放”和“不透明度”前的“切换动画”按钮，设置“位置”参数为566.1、247.1，“缩放”参数为0，“旋转”参数为10，“不透明度”参数为0，如图14-176所示。

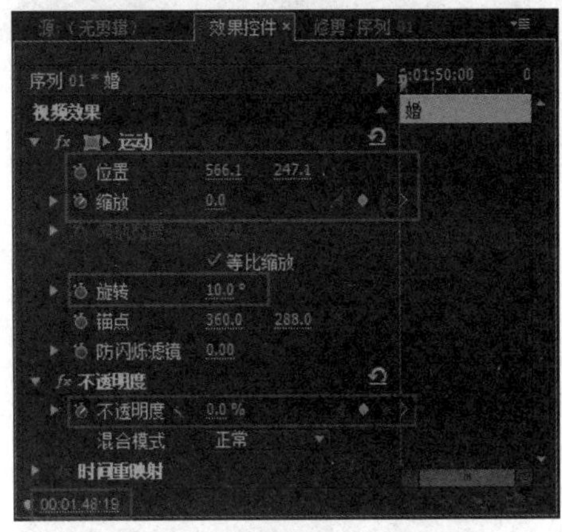

图14-176 添加第一处关键帧

167 设置时间为00:01:49:03，设置“缩放”参数为90，“不透明度”参数为80，如图14-177所示。

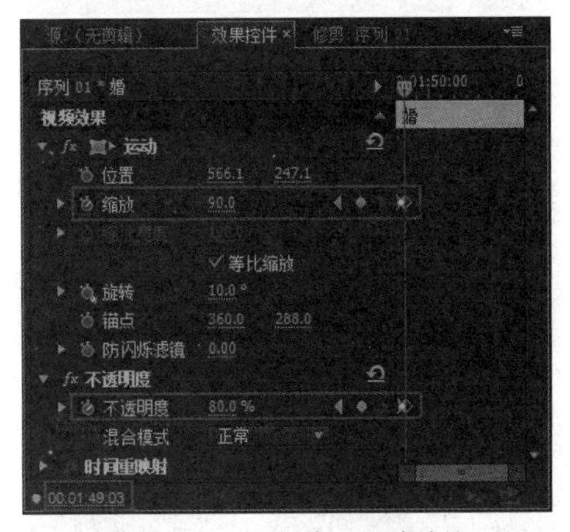

图14-177 添加第二处关键帧

168 设置时间为00:01:49:11，单击“不透明度”后的“添加/移除关键帧”按钮，如图14-178所示。

169 设置时间为00:01:49:23，设置“不透明度”参数为0，如图14-179所示。

170 在“项目”面板中选择“纱”素材，将其拖到视频轨3上，开始位置为00:01:49:24，如图14-180所示。

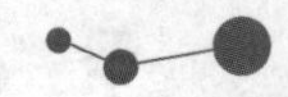

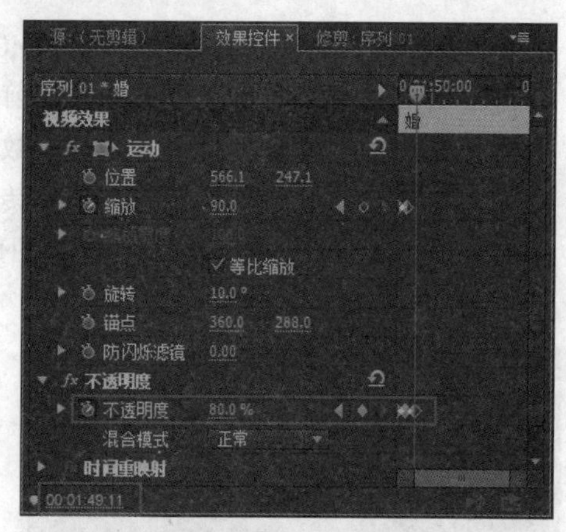

图14-178　添加第三处关键帧

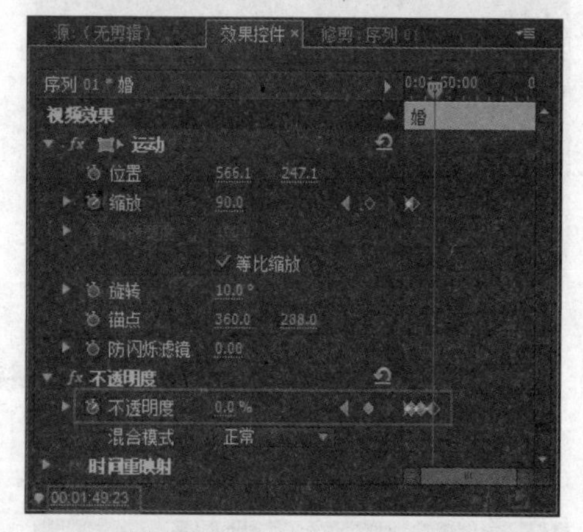

图14-179　添加第四处关键帧

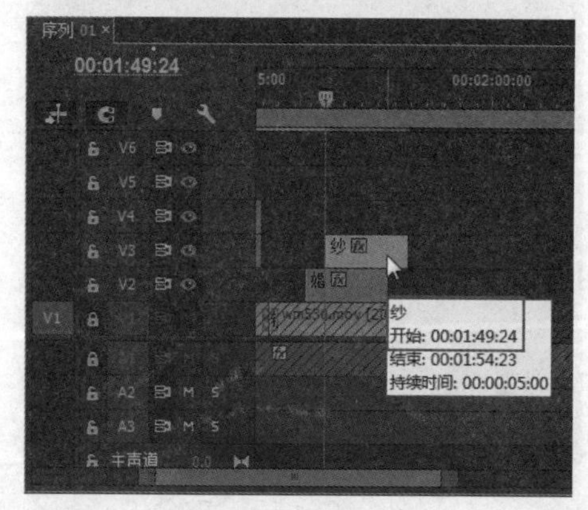

图14-180　拖入素材

171 进入“效果控件”面板，设置时间为00:01:49:24，单击“缩放”和“不透明度”前的“切换动画”按钮，设置“位置”参数为289.8、332.2，“缩放”参数为0，“旋转”参数为-10，“不透明度”参数为0，如图14-181所示。

172 设置时间为00:01:50:08，设置“缩放”参数为80，“不透明度”参数为80，如图14-182所示。

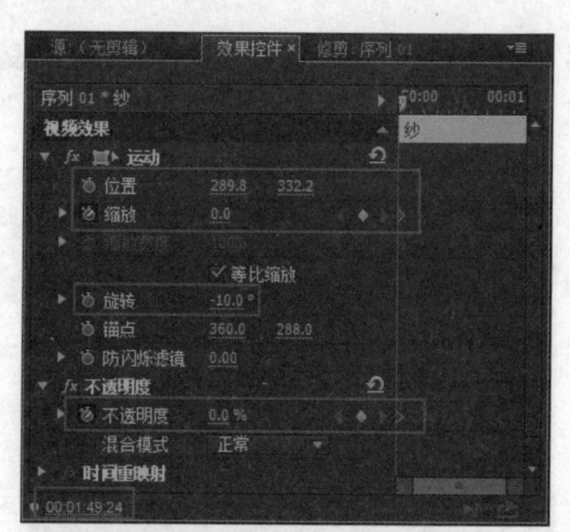

图14-181　添加第一处关键帧

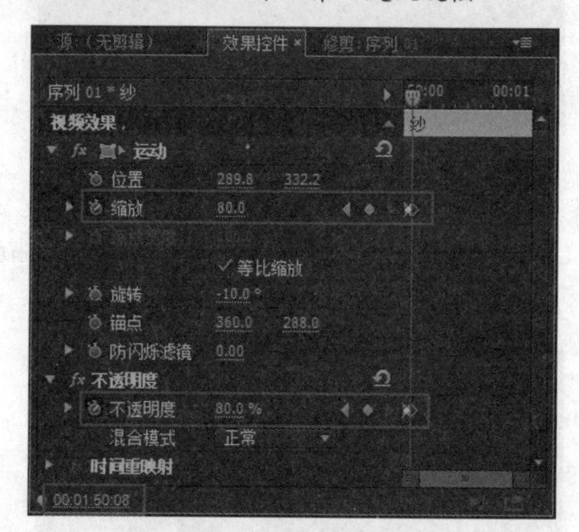

图14-182　添加第二处关键帧

173 设置时间为00:01:50:16，单击“不透明度”后的“添加/移除关键帧”按钮，如图14-183所示。

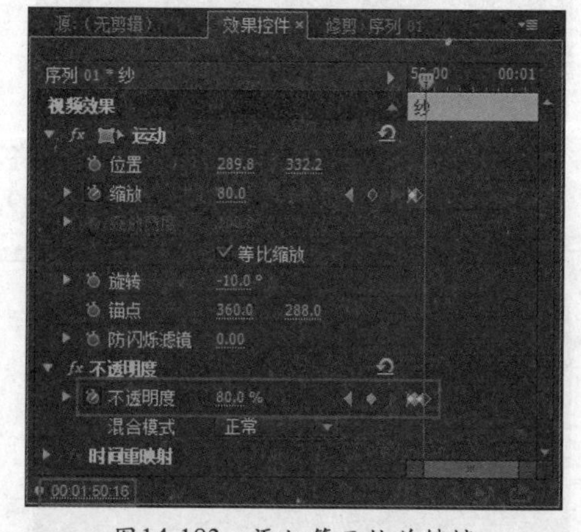

图14-183　添加第三处关键帧

174 设置时间为00:01:51:03，设置“不透明度”参数为0，如图14-184所示。

175 在“项目”面板中选择“相”素材，将其拖到视频轨4上，开始位置为00:01:50:20，如图14-185所示。

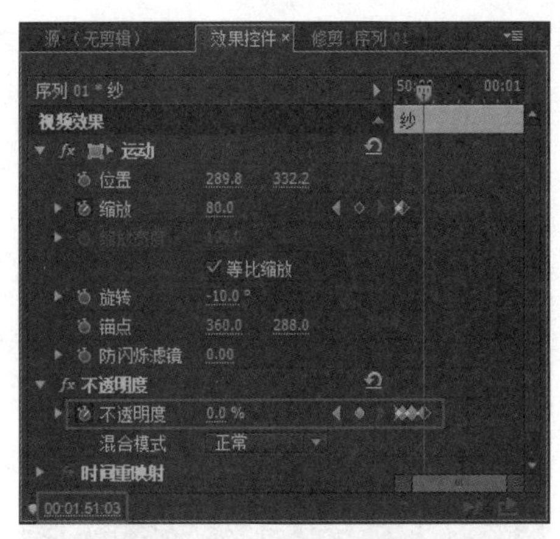

图14-184　添加第四处关键帧

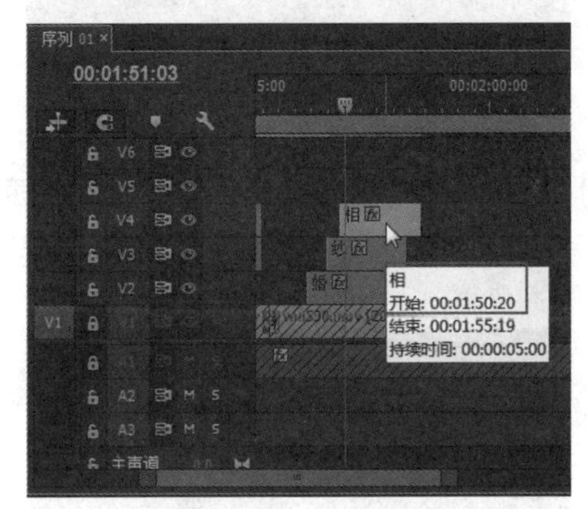

图14-185　拖入素材

176 进入“效果控件”面板，设置时间为00:01:50:20，单击“缩放”和“不透明度”前的“切换动画”按钮，设置“位置”参数为469、343.6，“缩放”参数为0，“旋转”参数为10，“不透明度”参数为0，如图14-186所示。

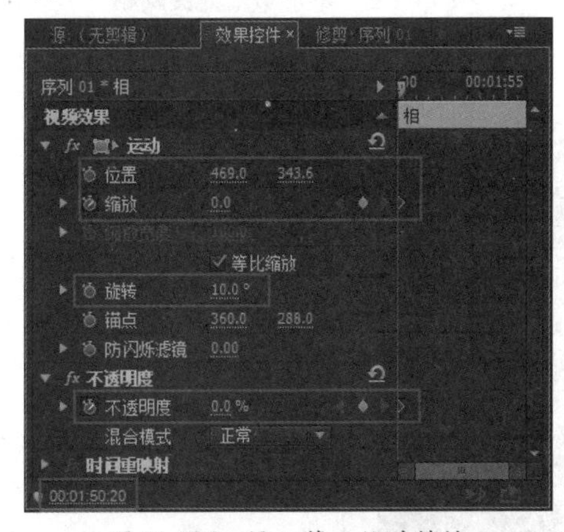

图14-186　添加第一处关键帧

177 设置时间为00:01:51:04，设置“缩放”参数为80，“不透明度”参数为80，如图14-187所示。

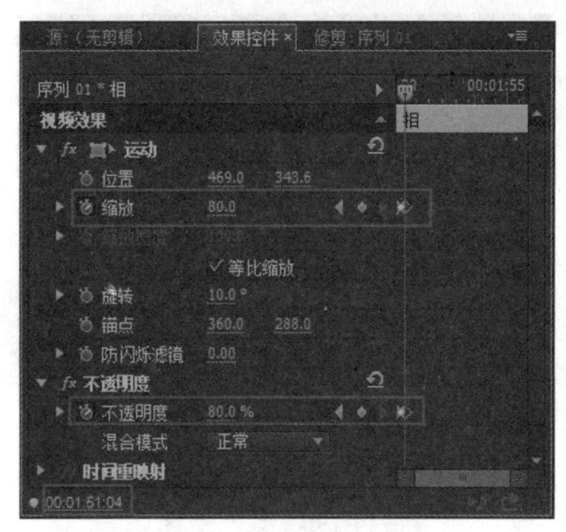

图14-187　添加第二处关键帧

178 设置时间为00:01:51:12，单击“不透明度”后的“添加/移除关键帧”按钮，如图14-188所示。

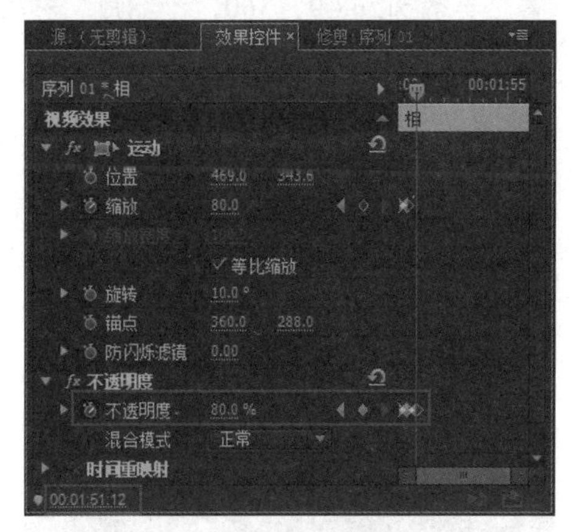

图14-188　添加第三处关键帧

179 设置时间为00:01:51:24，设置“不透明度”参数为0，如图14-189所示。

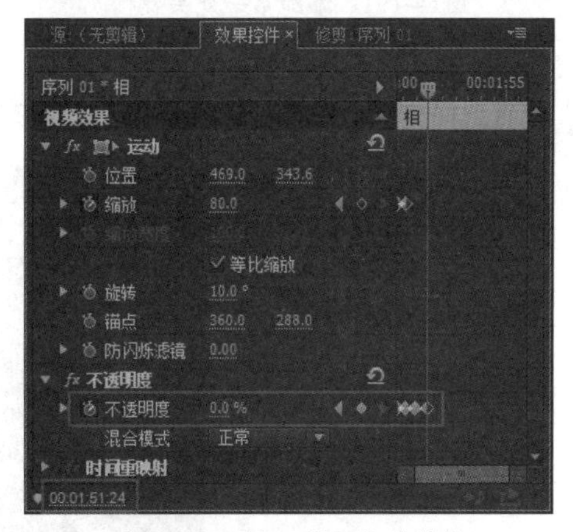

图14-189　添加第四处关键帧

180 在“项目”面板中选择“册”素材，将其拖到视频轨5上，开始位置为00:01:52:01，如图14-190所示。

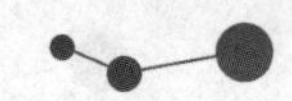

图14-190　拖入素材

181 进入“效果控件”面板，设置时间为00:01:52:01，单击“缩放”和“不透明度”前的“切换动画”按钮，设置“位置”参数为268.9、360，“缩放”参数为0，“旋转”参数为-10，“不透明度”参数为0，如图14-191所示。

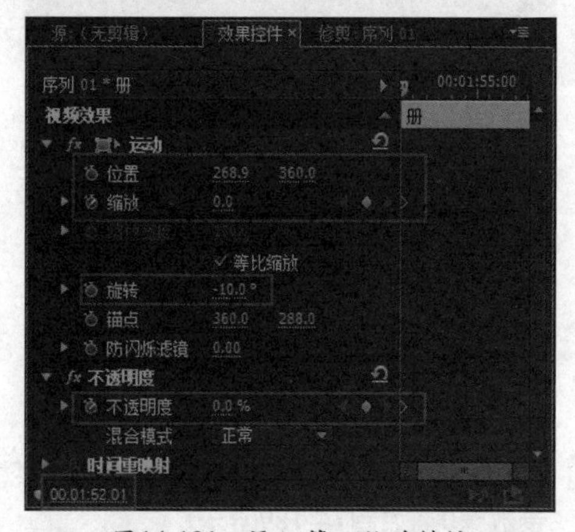

图14-191　添加第一处关键帧

182 设置时间为00:01:52:10，设置“缩放”参数为80，“不透明度”参数为80，如图14-192所示。

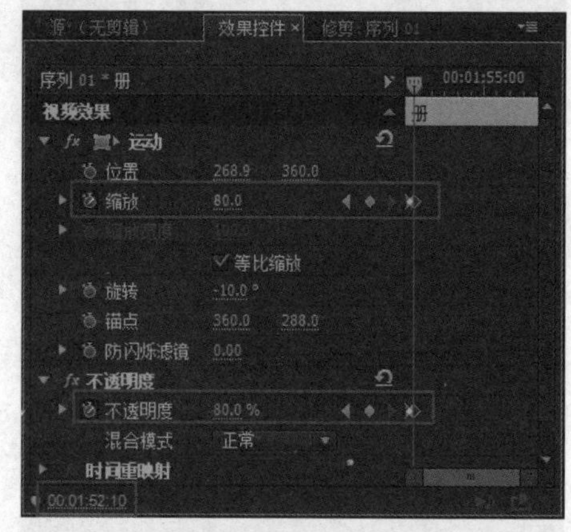

图14-192　添加第二处关键帧

183 设置时间为00:01:52:18，单击“不透明度”后的“添加/移除关键帧”按钮，如图14-193所示。

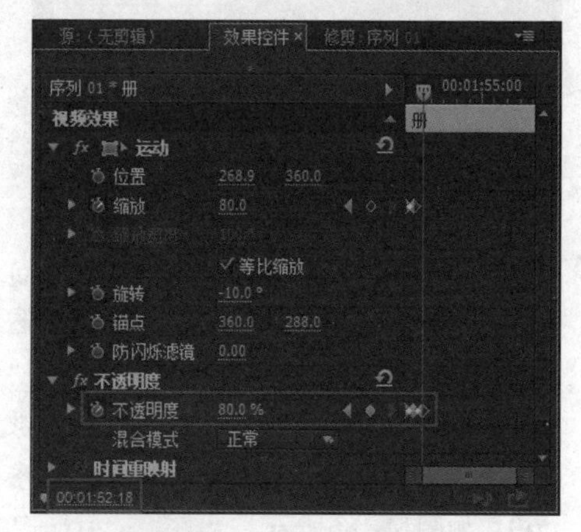

图14-193　添加第三处关键帧

184 设置时间为00:01:53:05，设置“不透明度”参数为0，如图14-194所示。

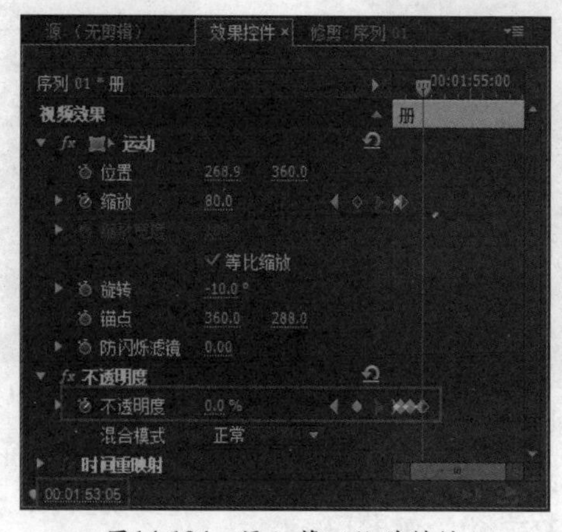

图14-194　添加第四处关键帧

14.3 编辑图片素材

拍摄婚纱照是结婚前必做的一件事。将婚纱照制作成电子相册，与传统有实物的相册相比，不仅方便亲友欣赏，也方便长久保存。

在婚礼视频和婚纱相册之间，先制作一段过渡效果的视频，使观众的注意力自然地转入下一段场景中。婚纱相册是将一张张的婚纱照片通过Premiere Pro CC软件编辑处理，为其添加视频特效和煽情字幕，最后制作出充满幸福感的视频。

视频位置：DVD\视频\第14章\14.3 编辑图片素材.mp4

01 执行“文件”|“新建”|“序列”命令，弹出“新建序列”对话框，单击“确定”按钮，如图14-195所示。

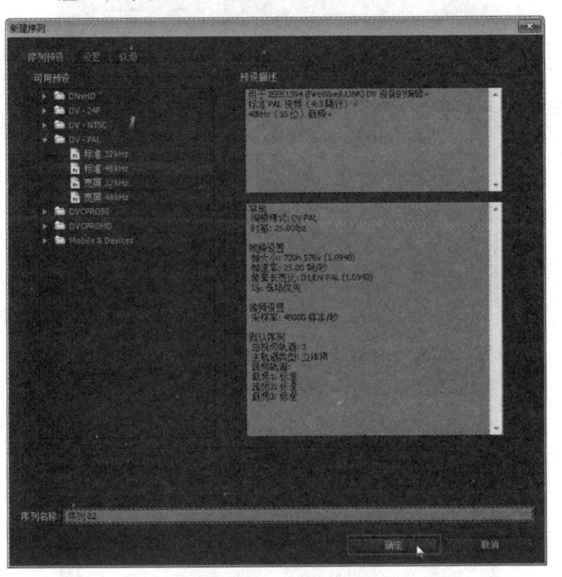

图14-195 新建序列

02 执行“序列”|“添加轨道”命令，在打开的对话框中设置添加7个视频轨道，单击“确定”按钮，如图14-196所示。

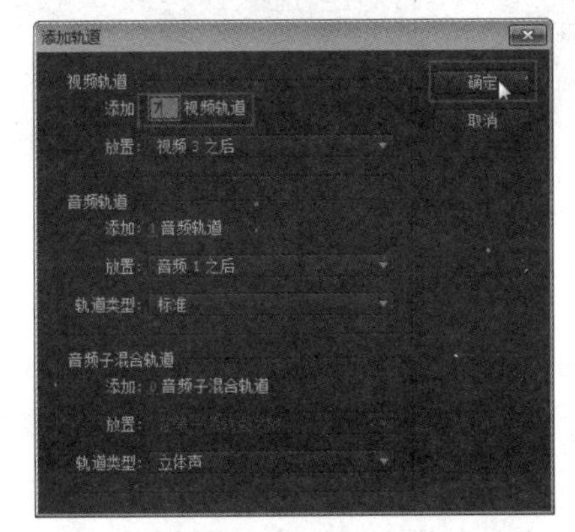

图14-196 添加轨道

03 在“项目”面板中选择“002.avi”素材，将其拖到视频轨2上，在结束位置添加“交叉溶解”特效，如图14-197所示。

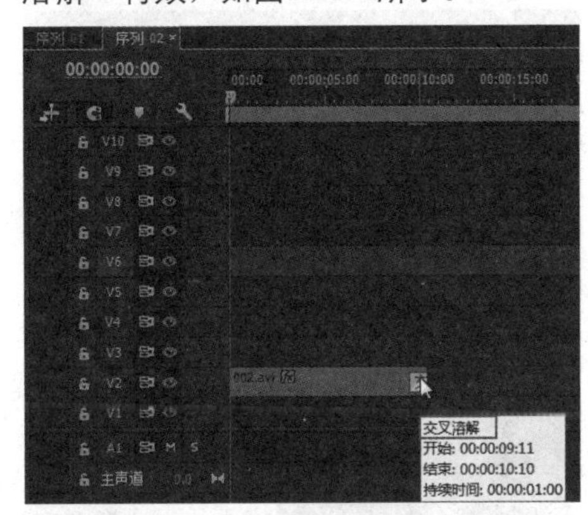

图14-197 拖入素材并添加特效

04 在“项目”面板中选择素材，将其拖到视频轨1上，开始位置为00:00:09:18，设置持续时间为00:00:14:04，如图14-198所示。

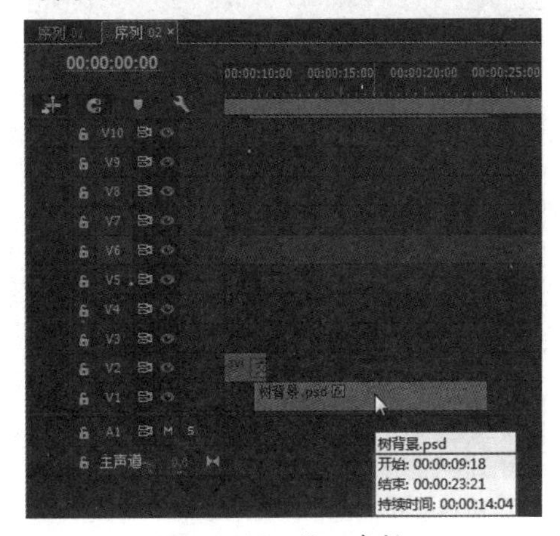

图14-198 拖入素材

05 选择素材，打开“效果控件”面板，设置“缩放”参数为110，如图14-199所示。

06 分别将“010.JPG”、“014.JPG”和“030.JPG”素材拖到视频轨2、4、6上，开始位置分别为00:00:10:11、00:00:14:01、00:00:17:14，持续时间均为00:00:05:14，如图14-200所示。

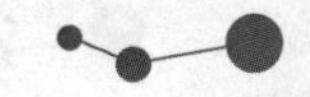

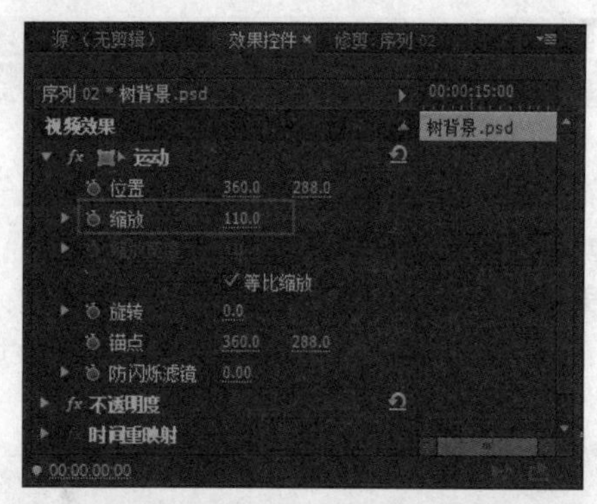

图14-199　设置缩放参数

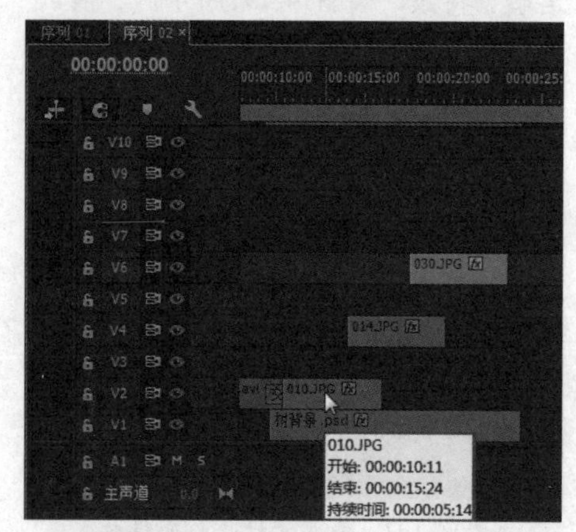

图14-200　拖入素材并设置持续时间

07 在3素材的结束位置分别添加“交叉溶解”特效，持续时间均为20帧，如图14-201所示。

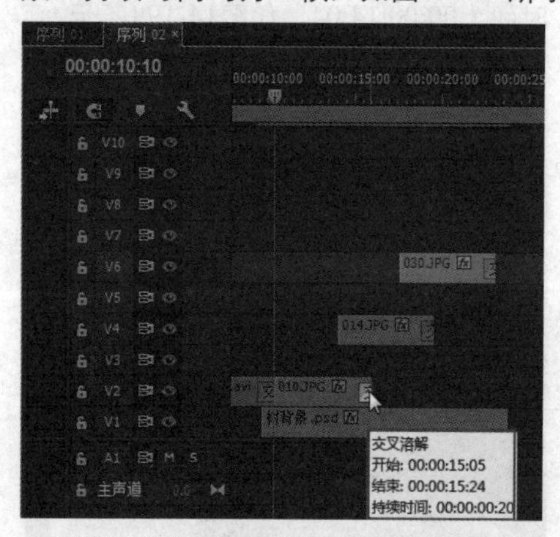

图14-201　添加“交叉溶解”特效

08 选择“010.JPG”素材，设置时间为00:00:10:11，单击“位置”前的“切换动画”按钮，设置“位置”参数为-145、288，如图14-202所示。

09 设置时间为00:00:11:05，单击“缩放”前的“切换动画”按钮，设置“位置”参数为360、288，“缩放”参数为10，如图14-203所示。

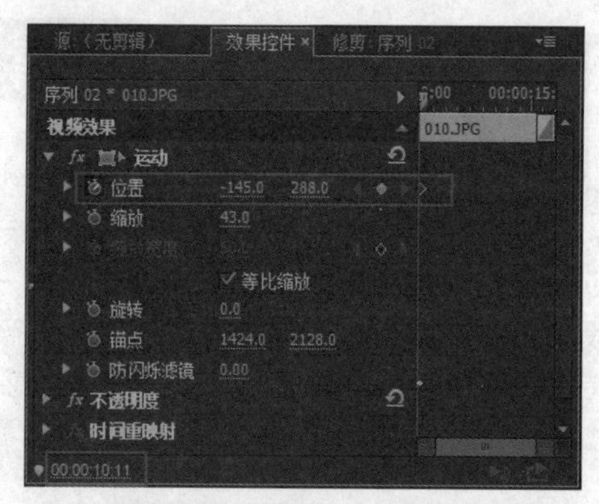

图14-202　添加第一处关键帧

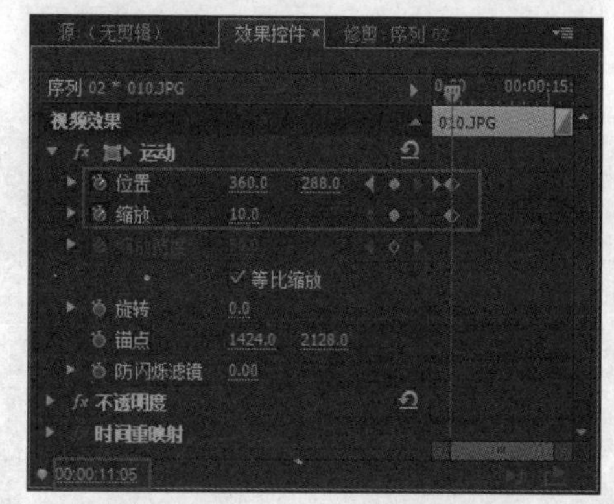

图14-203　添加第二处关键帧

10 设置时间为00:00:12:07，单击“位置”和“缩放”的“添加/移除关键帧”按钮，如图14-204所示。

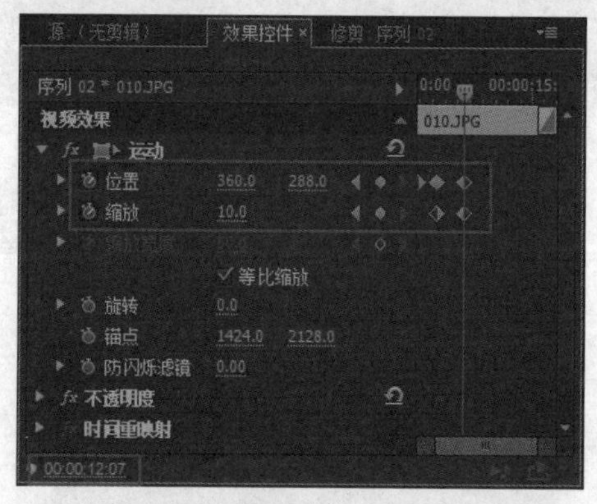

图14-204　添加第三处关键帧

11 设置时间为00:00:15:23，设置“位置”参数为541、342，“缩放”参数为3，如图14-205所示。

12 复制“010.JPG”素材的视频效果，将其粘贴到“014.JPG”和“030.JPG”素材上。

13 添加“白框.psd”素材到视频轨3、5、7上，与下面轨道的素材分别对齐，如图14-206所示。

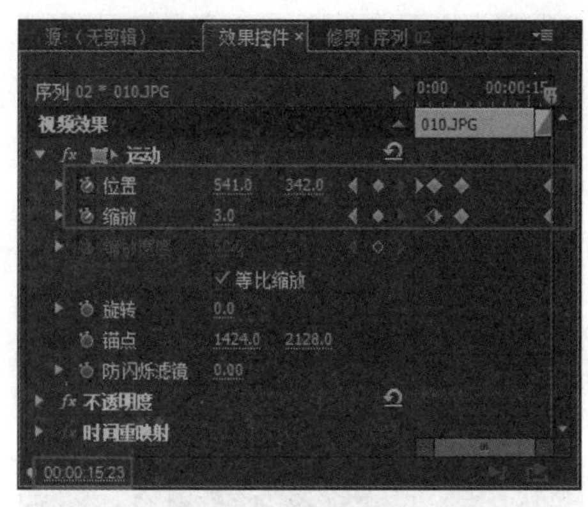

图14-205 添加第四处关键帧

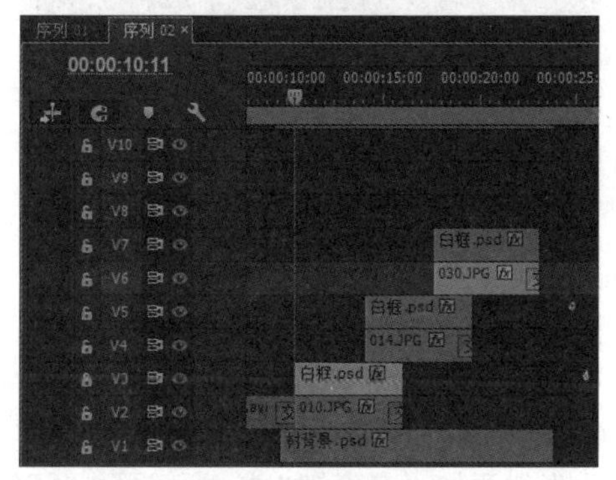

图14-206 拖入素材

14 选择一个素材，进入“效果控件”面板，设置时间为00:00:10:11，设置“位置”参数为-145、285，取消对“等比缩放”复选项的勾选，单击“位置”的“切换动画”按钮，如图14-207所示。

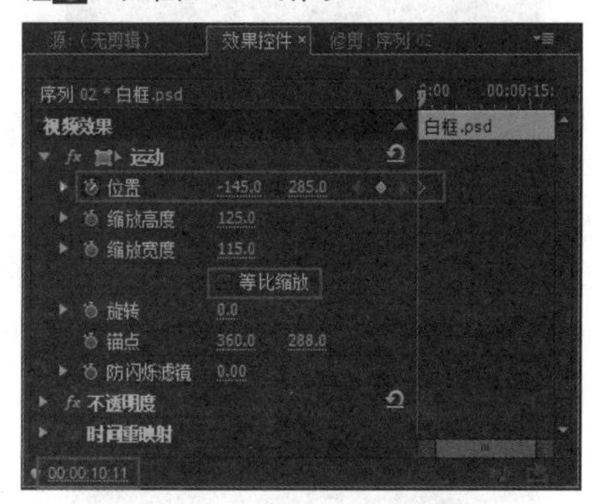

图14-207 添加第一处关键帧

15 设置时间为00:00:11:05，设置“位置”参数为363、285，如图14-208所示。

16 设置时间为00:00:12:07，添加“位置”关键帧。单击“缩放高度”和“缩放宽度”的“切换动画”按钮，设置“缩放高度”参数为123，“缩放宽度”参数为115，如图14-209所示。

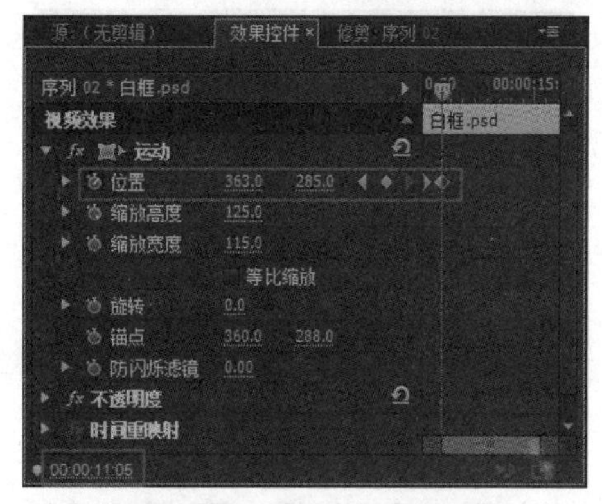

图14-208 添加第二处关键帧

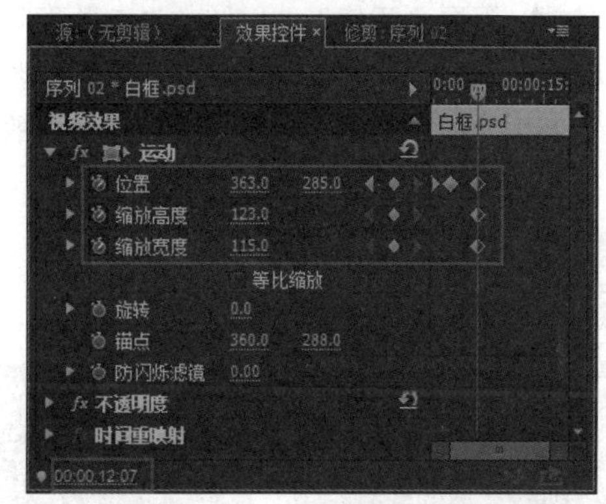

图14-209 添加第三处关键帧

17 设置时间为00:00:15:22，设置“位置”参数为541、342，“缩放高度”参数为35，“缩放宽度”参数为32，如图14-210所示。复制该特效，将其粘贴到其他的素材上。

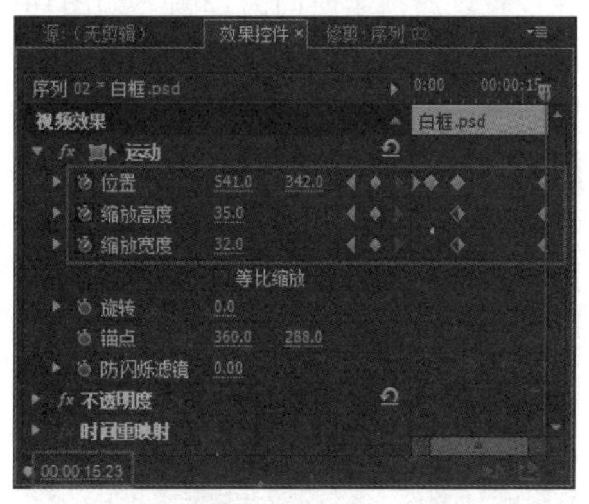

图14-210 添加第四处关键帧

18 在视频轨8上添加两次“光线.avi”素材，其开始位置为00:00:10:06。将第二个素材的持续时间设置为00:00:06:06，如图14-211所示。

19 选择素材，在“效果控件”面板中设置“位置”参数为383、299，“缩放”参数为108，如图14-212所示。

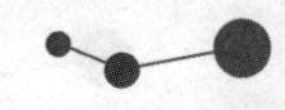

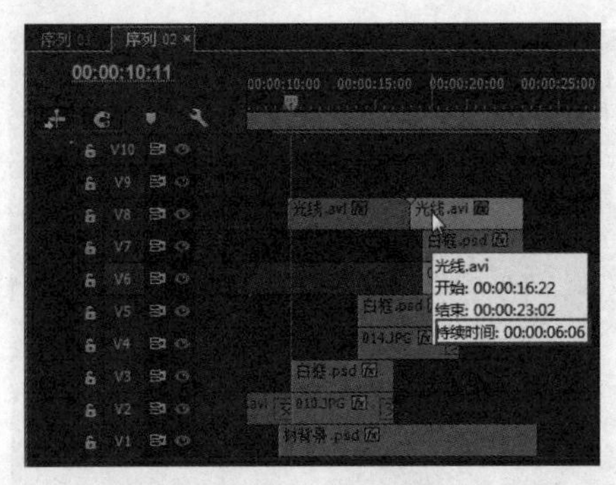

图14-211　拖入素材

20 为素材添加“亮度键”和“颜色平衡（RGB）”特效。设置“阈值”为94%，“屏蔽度”为6.4%，“红色”、“绿色”、“蓝色”参数均为200，如图14-213所示。复制该素材的所有视频效果，将其粘贴到其他素材上。

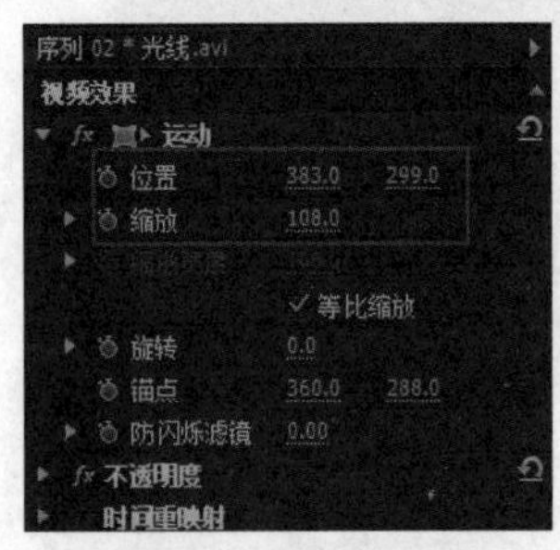

图14-212　设置“位置”及“缩放”参数

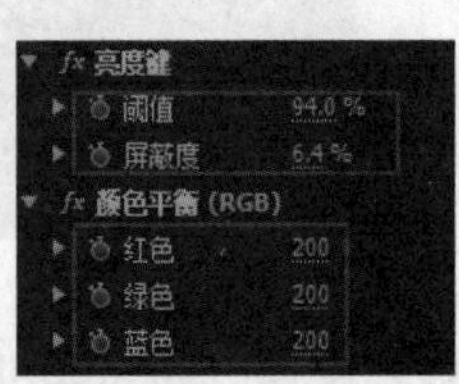

图14-213　设置特效参数

21 在素材开始位置添加“交叉溶解”特效，并设置过渡持续时间为12帧，如图14-214所示。

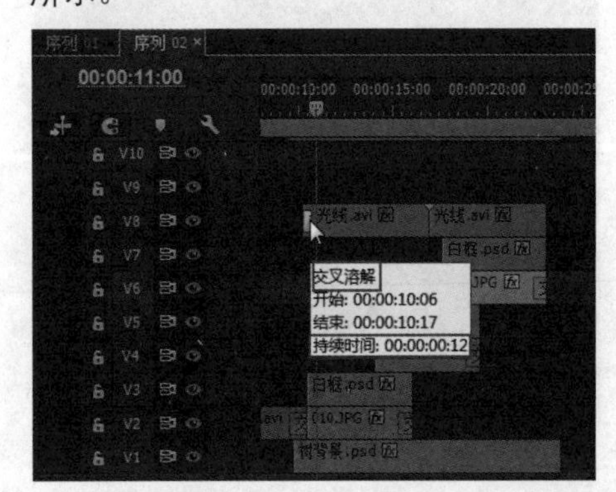

图14-214　添加“交叉溶解”特效

22 在素材的结束位置添加“交叉溶解”特效，设置过渡持续时间为22帧，如图14-215所示。

23 在视频轨9上添加“树叶.avi”素材，其开始位置为00:00:10:15，如图14-216所示。

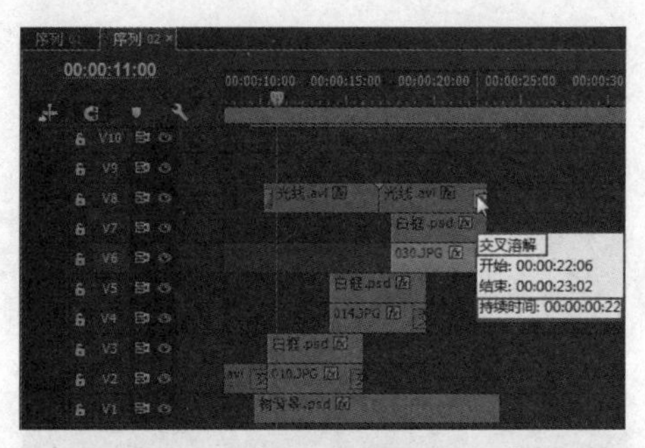

图14-215　添加“交叉溶解”特效

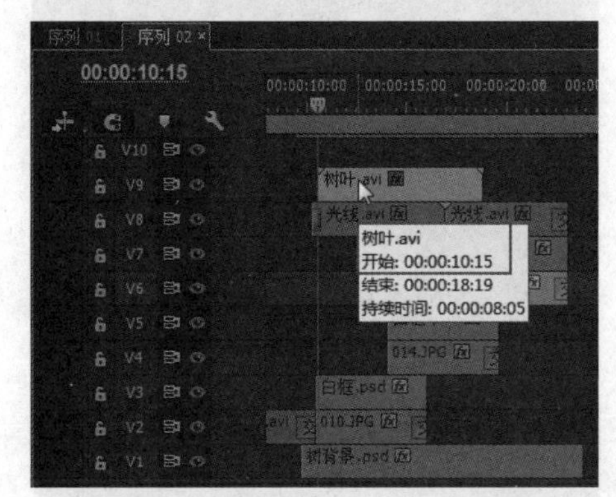

图14-216　拖入素材

24 为素材添加“亮度键”特效，设置“阈值”为100%，如图14-217所示。

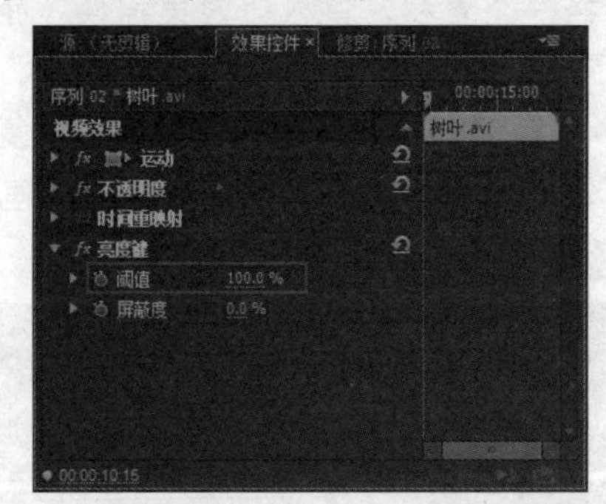

图14-217　设置特效参数

25 在视频轨2上添加“夜晚.jpg”素材，其开始位置为00:00:22:19，设置剪辑持续时间为00:00:11:20，如图14-218所示。

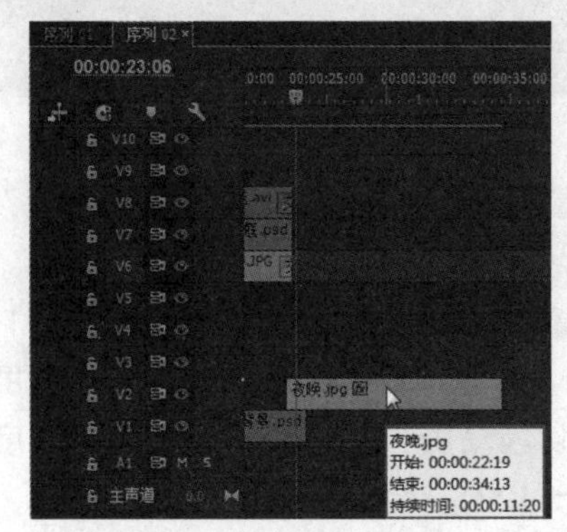

图14-218　拖入素材

26 在素材开始位置添加“交叉溶解”特效，设置持续时间为21帧，如图14-219所示。

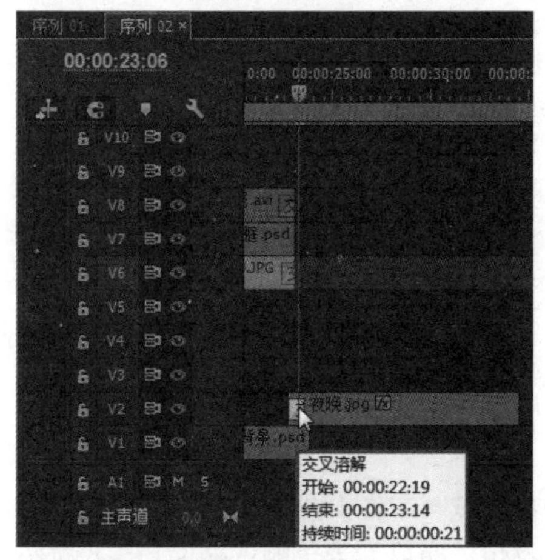

图14-219 添加“交叉溶解”特效

27 选择素材，进入“效果控件”面板，设置“缩放”参数为155，如图14-220所示。

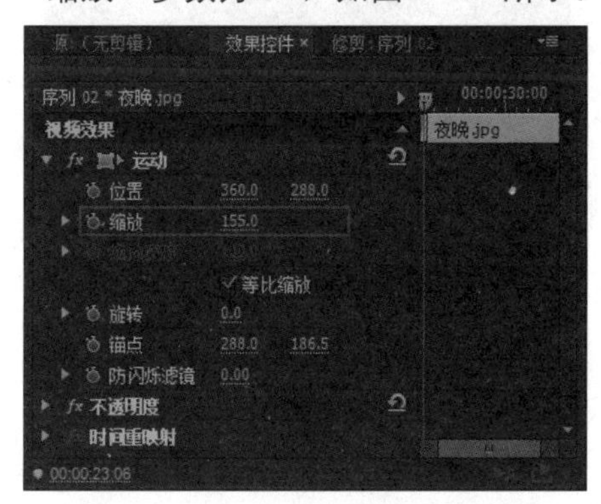

图14-220 设置“缩放”参数

28 在视频轨6上添加“草.avi”素材，其开始位置为00:00:23:15，如图14-221所示。

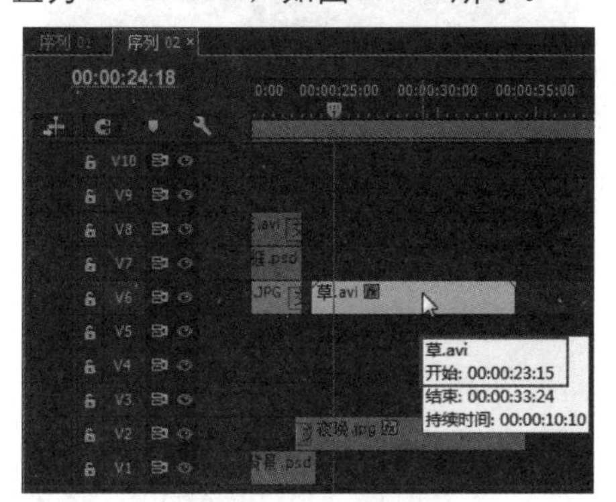

图14-221 拖入素材

29 选择素材，进入“效果控件”面板，设置“位置”参数为396、370，如图14-222所示。

30 为素材添加“亮度键”和“颜色平衡（RGB）”特效，设置“阈值”为26.6%，“屏蔽度”为13.3%，“红色”为163，“绿色”为147，“蓝色”为184，如图14-223所示。

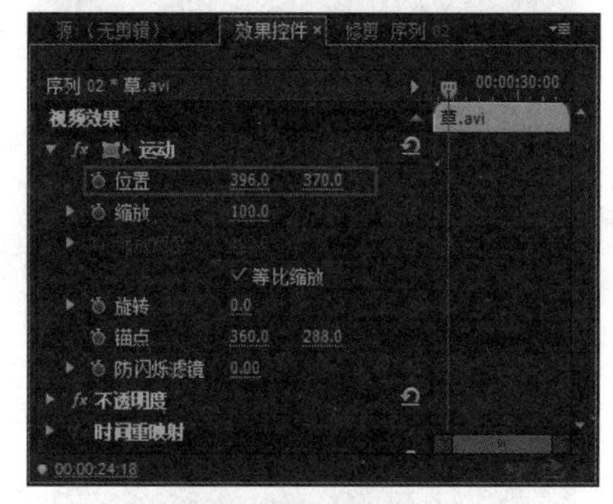

图14-222 设置“位置”参数

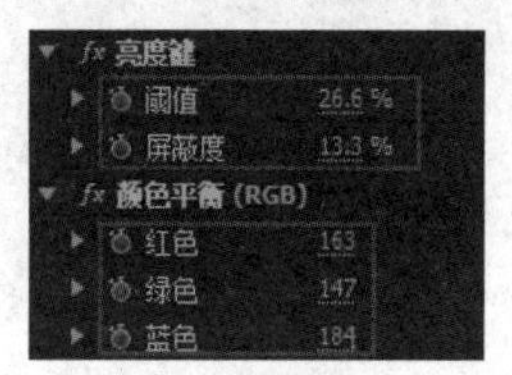

图14-223 设置特效参数

31 在素材的开始和结束位置均添加“交叉溶解”特效，设置过渡持续时间均为16帧，如图14-224所示。

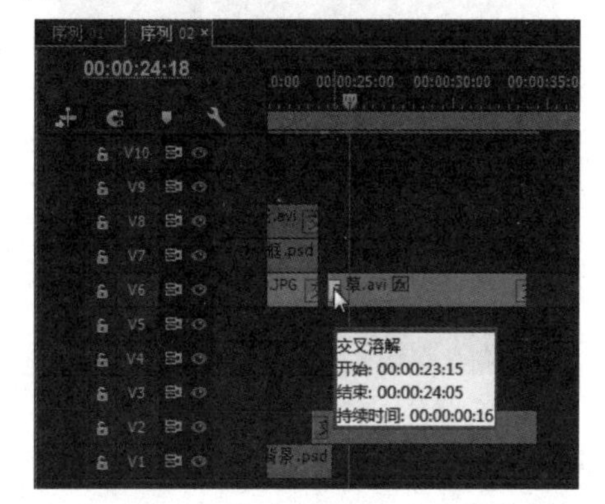

图14-224 添加“交叉溶解”特效

32 在视频轨3、4、5上分别拖入“048.JPG”、“079.JPG”和“168.jpg”素材，开始位置分别为00:00:24:10、00:00:27:05、00:00:29:21，设置剪辑持续时间均为00:00:04:04，如图14-225所示。

33 在“048.JPG”、“079.JPG”和“168.jpg”素材的结束位置分别添加“交叉溶解”特效，设置过渡持续时间均为16帧，如图14-226所示。

34 在“168.JPG”的开始位置添加“交叉缩放”特效，设置过渡持续时间为15帧，如图14-227所示。

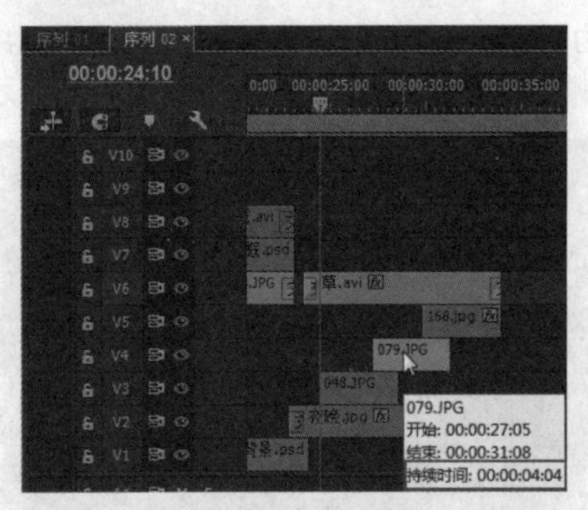

图14-225 拖入素材

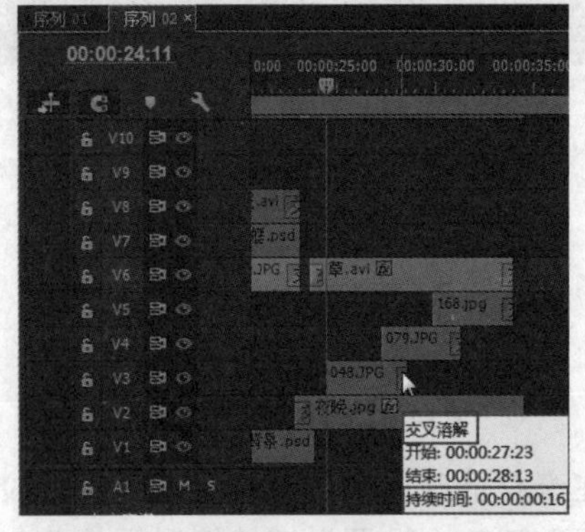

图14-226 添加“交叉溶解”特效

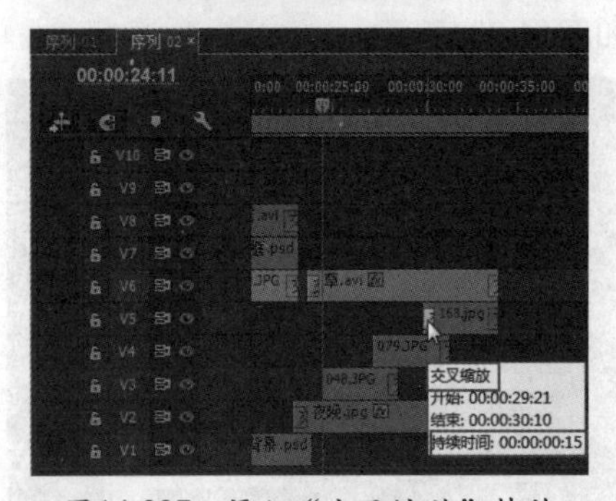

图14-227 添加“交叉缩放”特效

35 选择“048.JPG”素材，进入“效果控件”面板，设置时间为00:00:24:10，单击“位置”前的“切换动画”按钮，设置“位置”参数为-55、302，如图14-228所示。

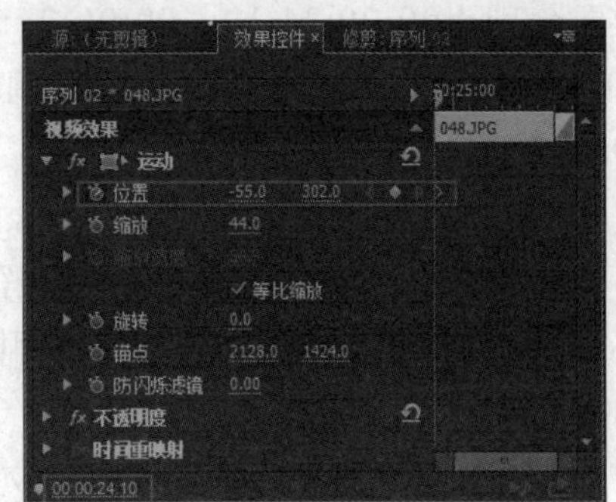

图14-228 添加第一处关键帧

36 设置时间为00:00:25:03，单击“缩放”前的“切换动画”按钮，设置“位置”参数为360、302，“缩放”参数为15，如图14-229所示。

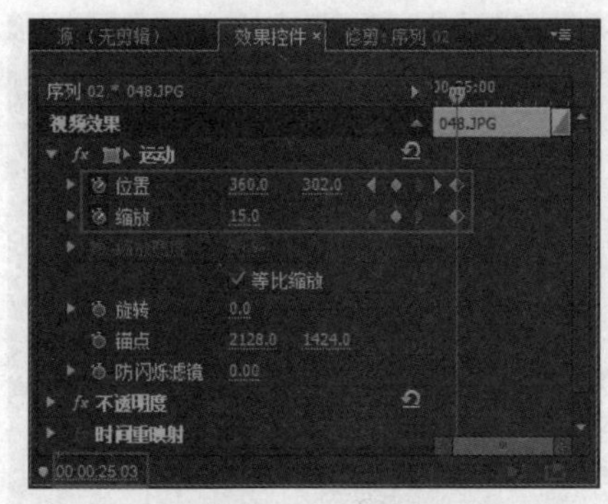

图14-229 添加第二处关键帧

37 设置时间为00:00:25:14，添加“位置”关键帧和“缩放”关键帧，如图14-230所示。

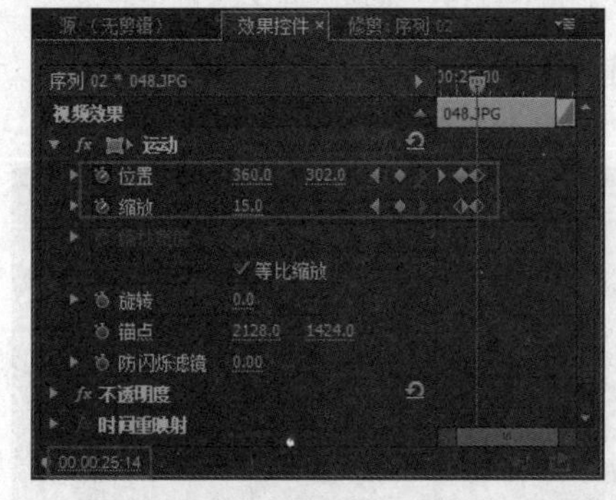

图14-230 添加第三处关键帧

38 设置时间为00:00:28:13，设置“位置”参数为172、277，“缩放”参数为5，如图14-231所示。

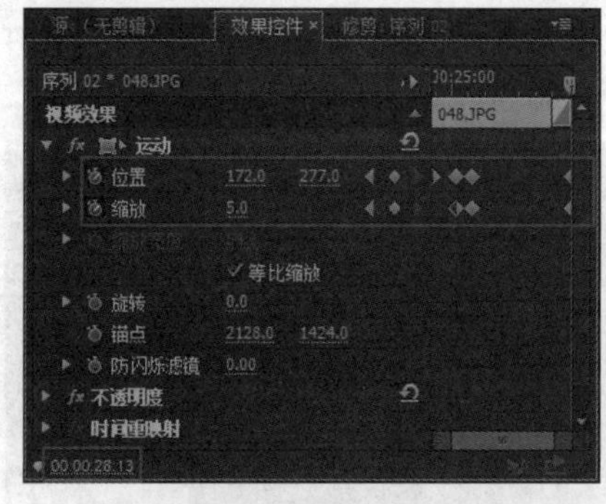

图14-231 添加第四处关键帧

39 选择“079.JPG”素材，进入“效果控件”面板，设置时间为00:00:27:06，单击“位置”前的“切换动画”按钮，设置“位置”参数为779、302，如图14-232所示。

40 设置时间为00:00:24:10，单击“缩放”前的“切换动画”按钮，设置“位置”参数为360、302，“缩放”参数为15，如图14-233所示。

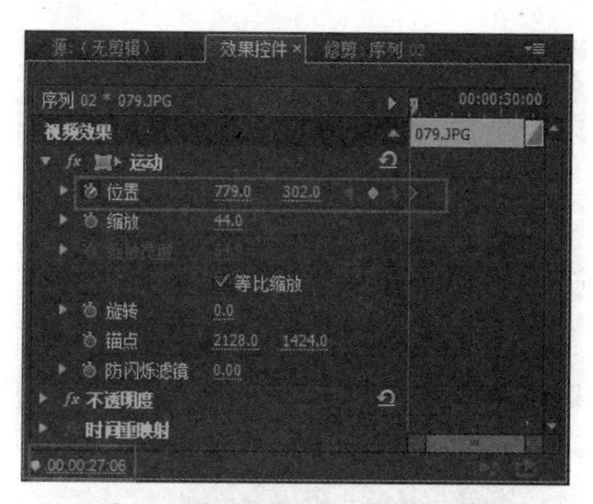

图14-232 添加第一处关键帧

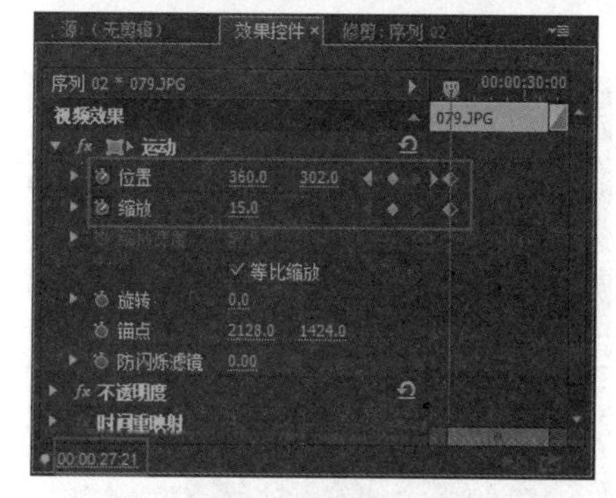

图14-233 添加第二处关键帧

41 设置时间为00:00:28:07，添加“位置”关键帧和“缩放”关键帧，如图14-234所示。

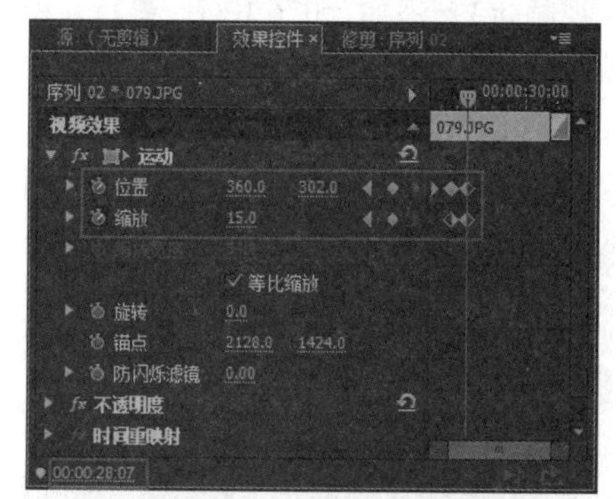

图14-234 添加第三处关键帧

42 设置时间为00:00:30:21，设置“位置”参数为447、276，“缩放”参数为5，如图14-235所示。

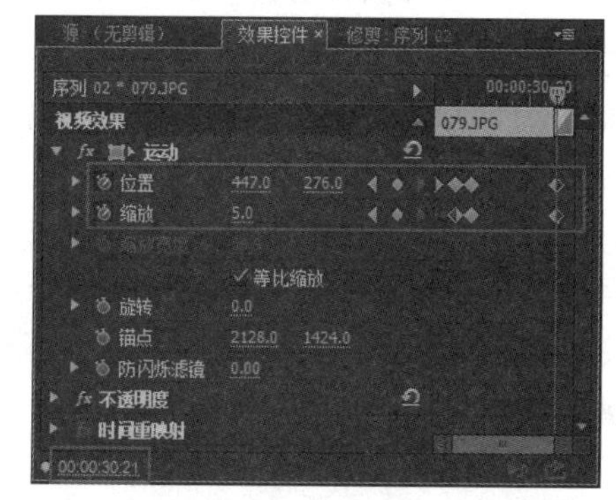

图14-235 添加第四处关键帧

43 选择“168.jpg”素材，进入“效果控件”面板，设置时间为00:00:29:21，单击“位置”前的“切换动画”按钮，设置“位置”参数为360、302，如图14-236所示。

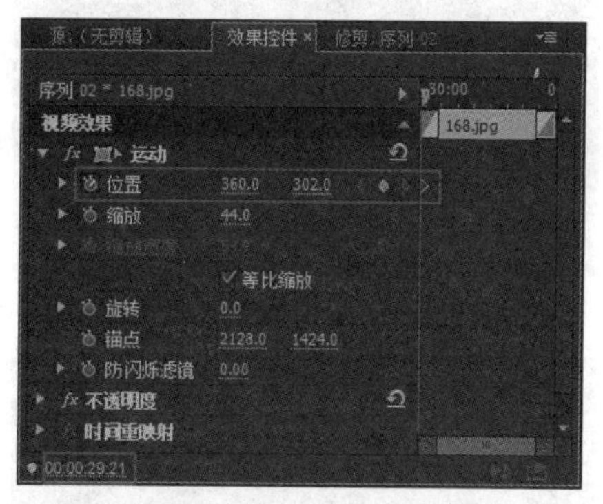

图14-236 添加第一处关键帧

44 设置时间为00:00:30:14，单击“缩放”前的“切换动画”按钮，设置“位置”参数为360、302，“缩放”参数为15，如图14-237所示。

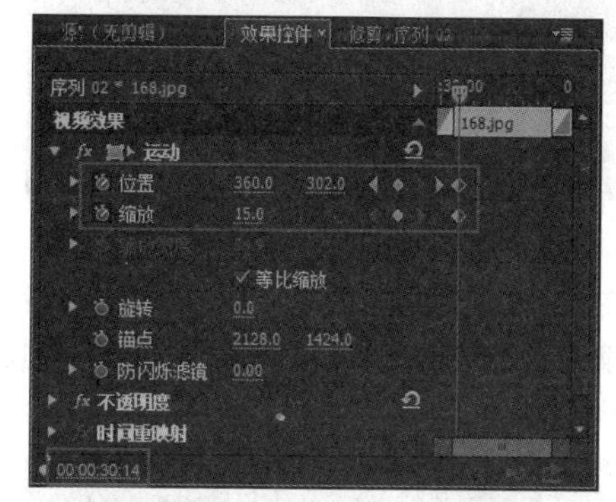

图14-237 添加第二处关键帧

45 设置时间为00:00:31:00，添加“位置”关键帧和“缩放”关键帧，如图14-238所示。

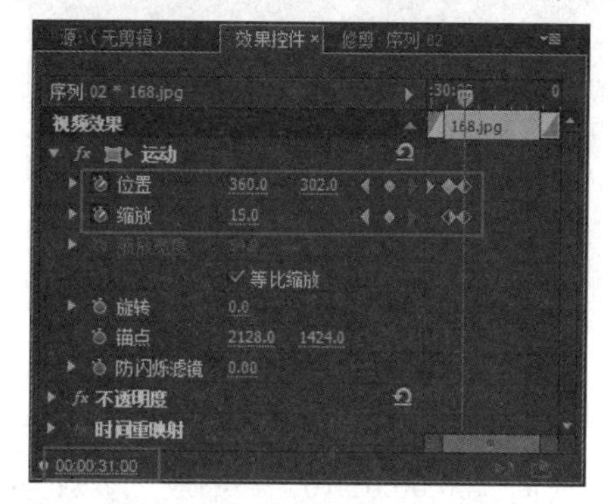

图14-238 添加第三处关键帧

46 设置时间为00:00:33:23，设置“位置”参数为253、226，“缩放”参数为0，如图14-239所示。

47 在视频轨3的00:00:34:00位置添加“047.JPG”素材，设置剪辑持续时间为00:00:01:20，“缩放”参数为28，如图14-240所示。

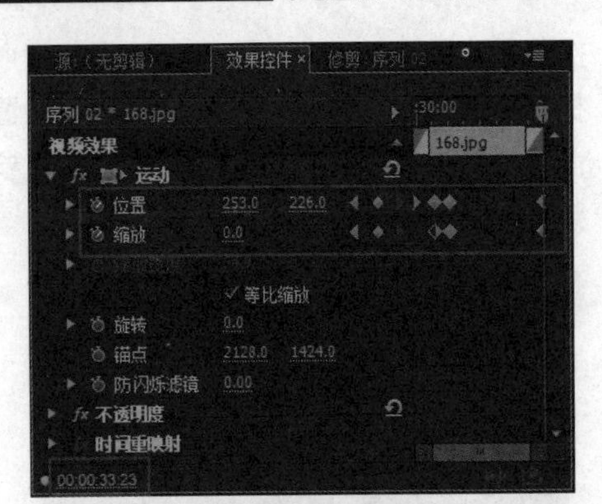

图14-239　添加第四处关键帧

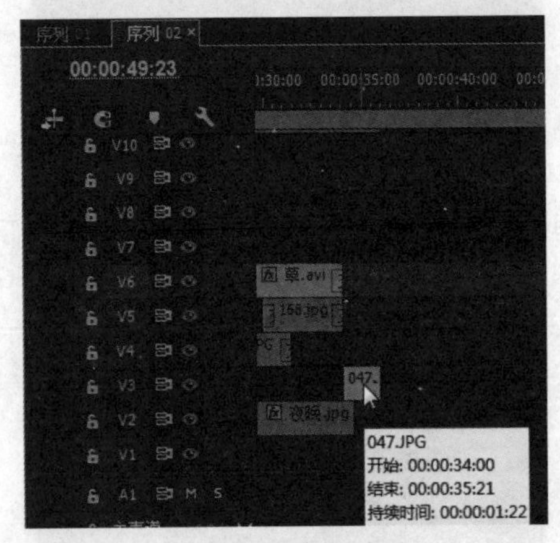

图14-240　拖入素材

48 在视频轨3上添加“071.JPG”素材，设置持续时间为2秒，“缩放”参数为28，如图14-241所示。

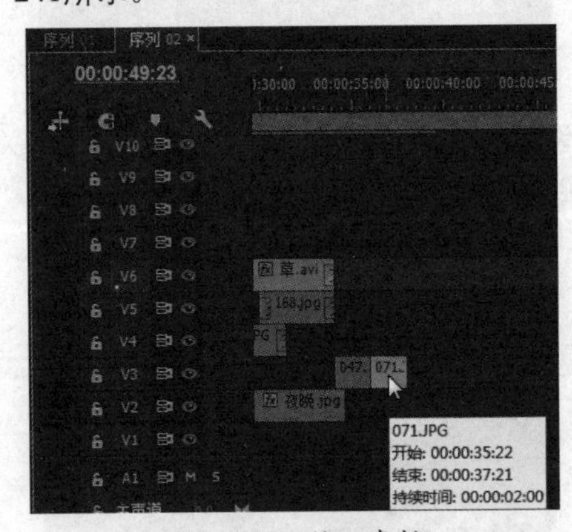

图14-241　拖入素材

49 在视频轨3上添加“050.JPG”素材，设置持续时间为00:00:01:16，“缩放”参数为28，如图14-242所示。

50 在视频轨3上添加“098.JPG”素材，设置持续时间为00:00:01:17，“缩放”参数为28，如图14-243所示。

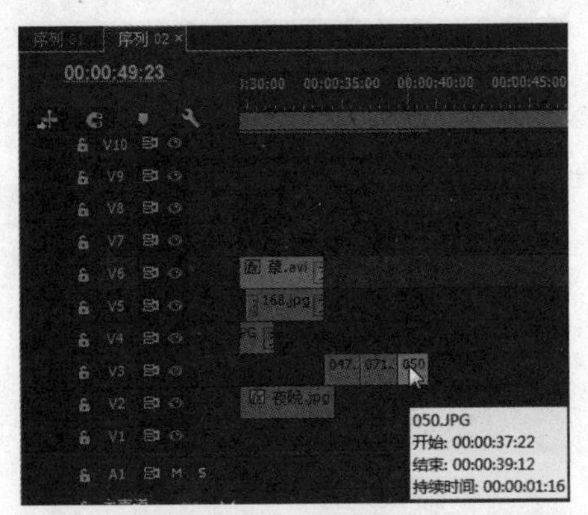

图14-242　拖入素材

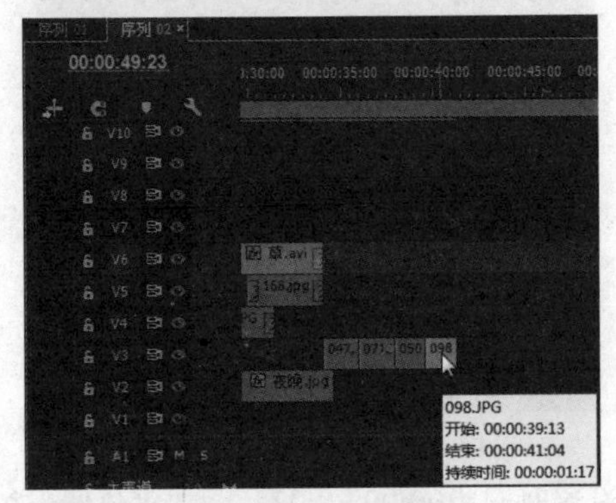

图14-243　拖入素材

51 在视频轨3上添加“076.JPG”素材，设置持续时间为00:00:04:23，“缩放”参数为28，如图14-244所示。

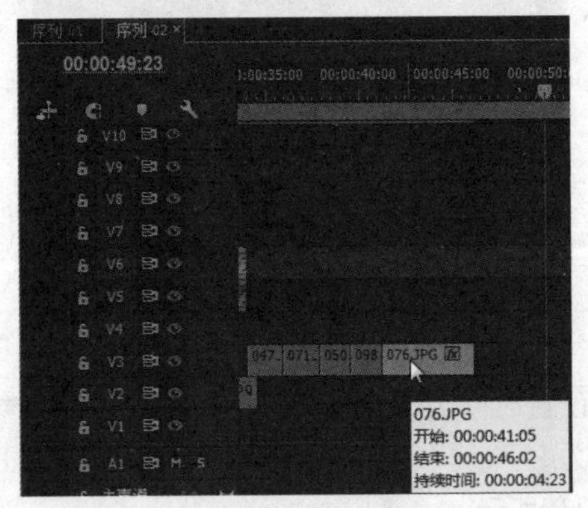

图14-244　拖入素材

52 在视频轨3上添加“123.JPG”素材，设置持续时间为4秒，“缩放”参数为28，如图14-245所示。

53 为“047.JPG”到“123.JPG”之间的素材添加“抖动溶解”或“交叉溶解”特效。设置“047.JPG”素材开始位置的“抖动溶解”特效的持续时间为14帧，设置“123.JPG”素材结束位置的“交叉溶解”特效的持续时间为20帧，如图14-246所示。

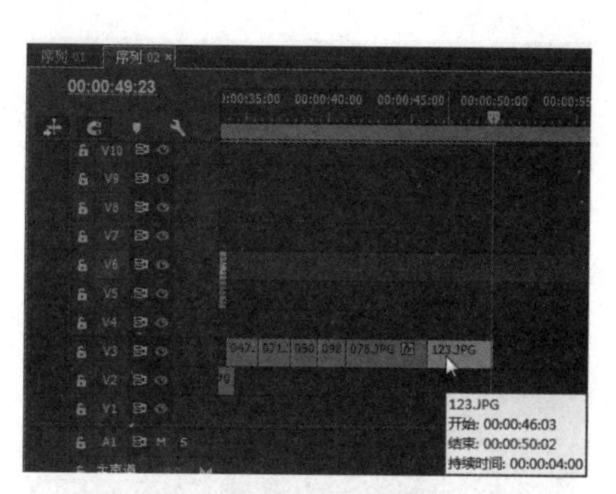

图14-245　拖入素材

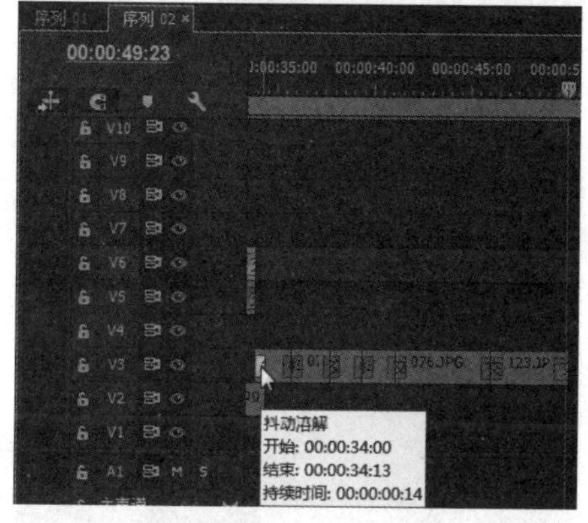

图14-246　添加特效

54 在视频轨5上添加3个“4.avi”素材，设置第三个素材的持续时间为24帧，如图14-247所示。

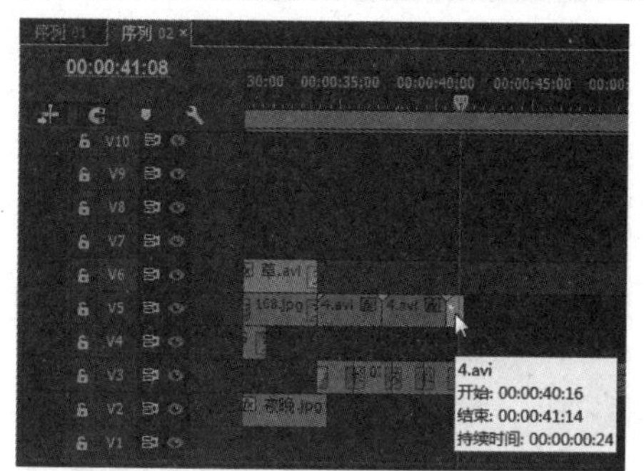

图14-247　拖入素材并设置持续时间

55 为3段素材分别添加“亮度键”特效，如图14-248所示。

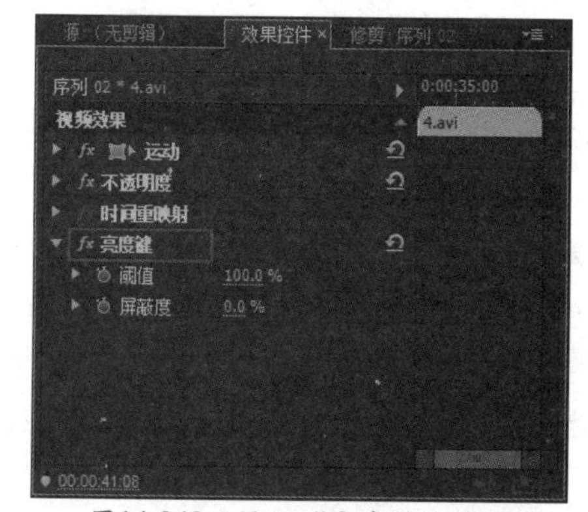

图14-248　添加“亮度键”特效

56 在3段素材的开始和结束位置均添加“交叉溶解”特效，设置过渡持续时间均为16帧，如图14-249所示。

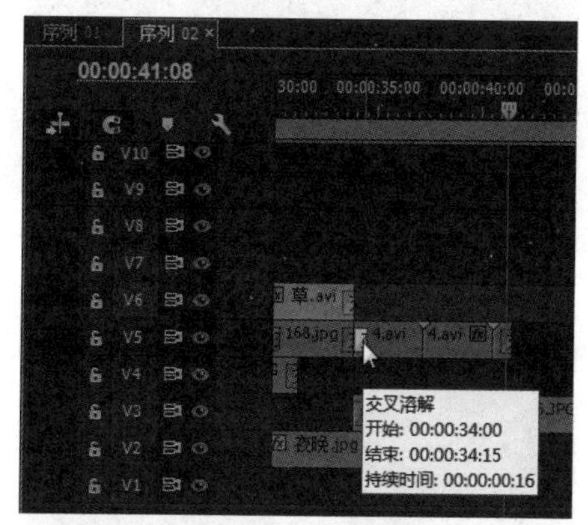

图14-249　添加“交叉溶解”特效

57 在视频轨4上添加“长条.avi”素材，开始位置为00:00:41:20，如图14-250所示。

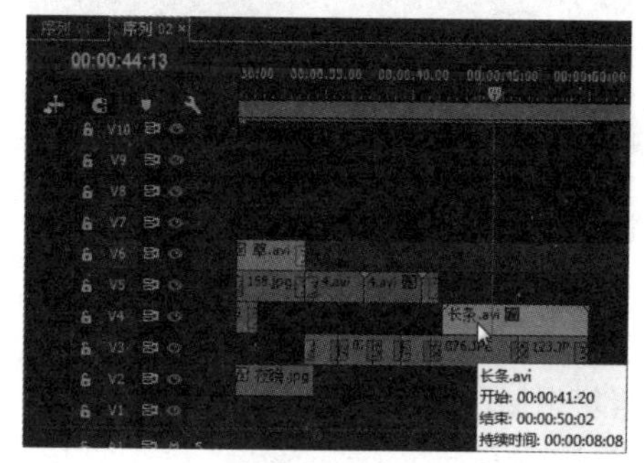

图14-250　拖入素材

58 为素材添加“亮度键”特效，如图14-251所示。

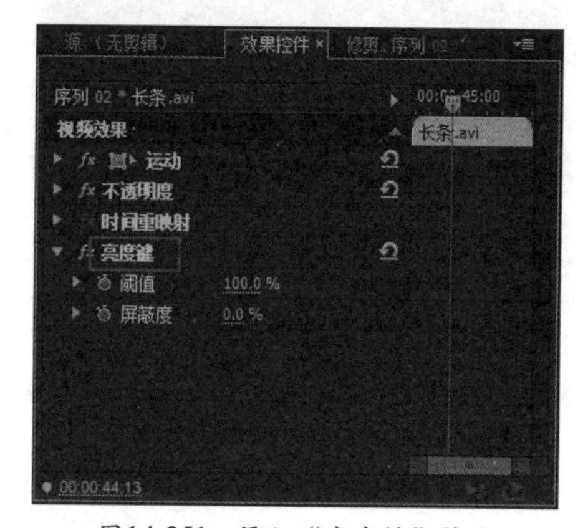

图14-251　添加“亮度键”特效

59 在素材结束位置添加“交叉溶解”特效，设置过渡持续时间为20帧，如图14-252所示。

60 在视频轨1上添加“钻戒.avi”素材，开始位置为00:00:45:16，如图14-253所示。

图14-252 添加“交叉溶解”特效

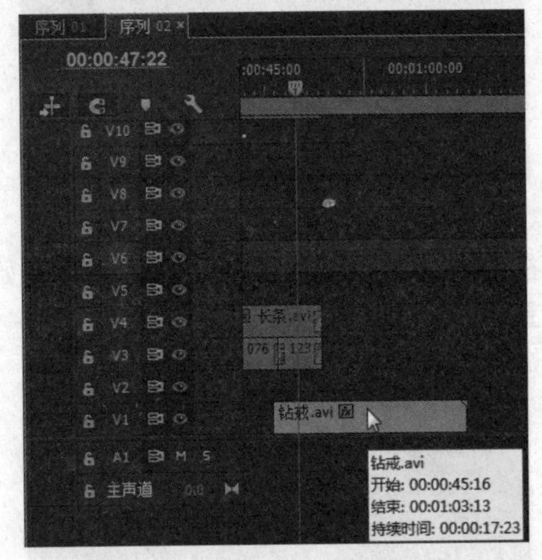

图14-253 拖入素材

61 在视频轨1上添加“2.avi”素材并与前一个素材相接，设置持续时间为00:00:15:08，如图14-254所示。

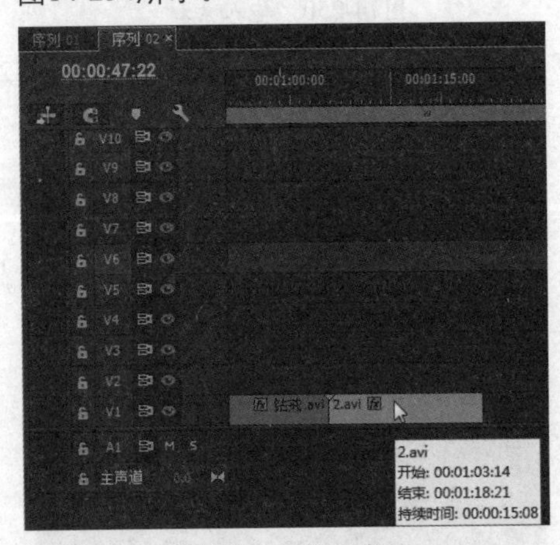

图14-254 拖入素材

62 在视频轨2上添加“01长方形遮罩.psd”素材，开始位置为00:00:50:03，如图14-255所示。

63 在素材的结束位置添加“交叉溶解”特效，设置过渡持续时间为17帧，如图14-256所示。

64 选择素材，进入“效果控件”面板，设置“缩放”参数为0，如图14-257所示。

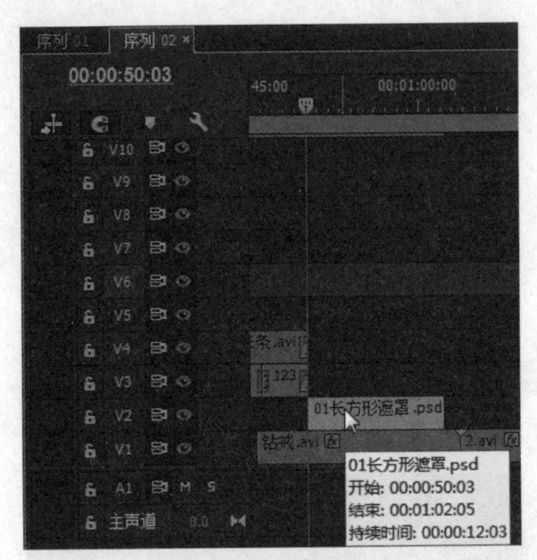

图14-255 拖入素材

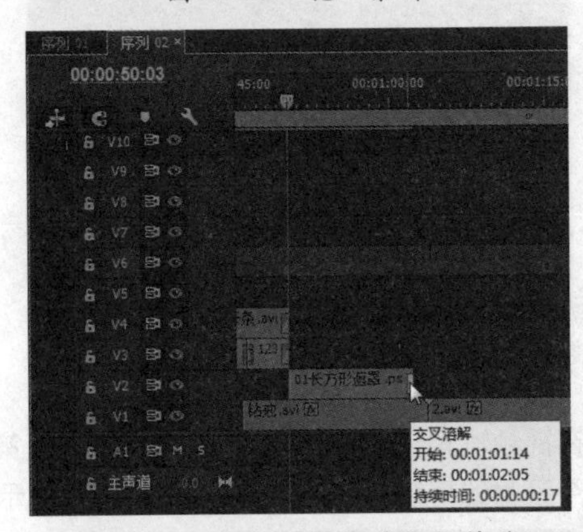

图14-256 添加“交叉溶解”特效

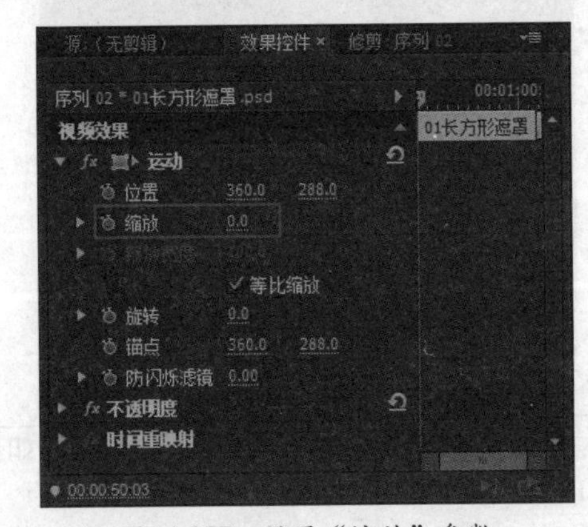

图14-257 设置“缩放”参数

65 在视频轨3上添加“126.JPG”、“047.JPG”、“014.JPG”和“165.JPG”素材并设置剪辑持续时间，如图14-258所示。

66 为4段素材添加“交叉溶解”特效。将第一个和最后一个特效的持续时间设置为16帧，如图14-259所示。

67 选择“126.JPG”素材，进入“效果控件”面板，设置“缩放”参数为28，“不透明度”参数为50，如图14-260所示。

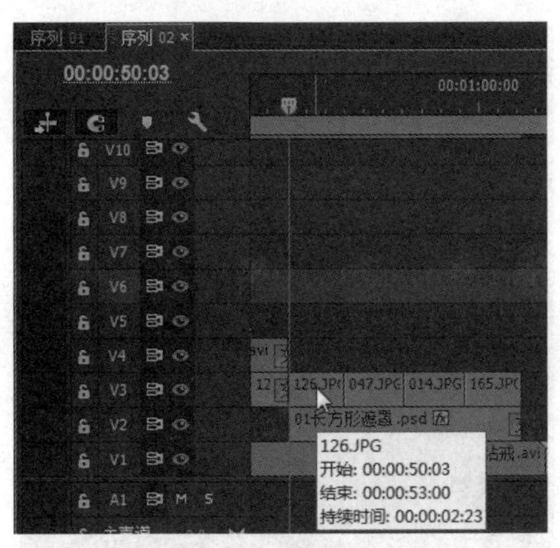

图14-258 添加素材

图14-259 添加“交叉溶解”特效

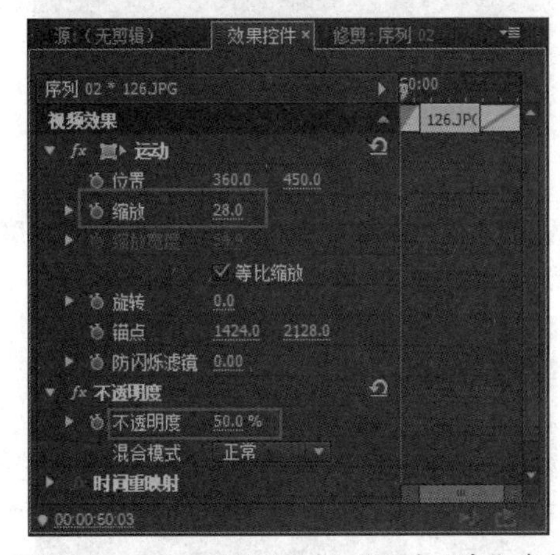

图14-260 设置“缩放”及“不透明度”参数

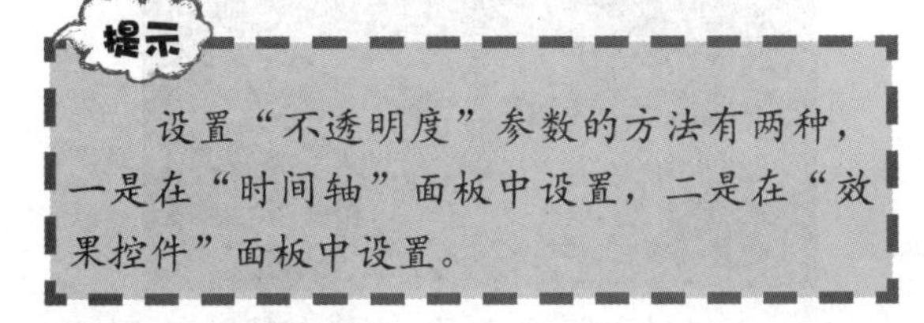
提示

设置“不透明度”参数的方法有两种，一是在“时间轴”面板中设置，二是在“效果控件”面板中设置。

68 选择“047.JPG”素材，进入“效果控件”面板，设置“缩放”参数为28，如图14-261所示。

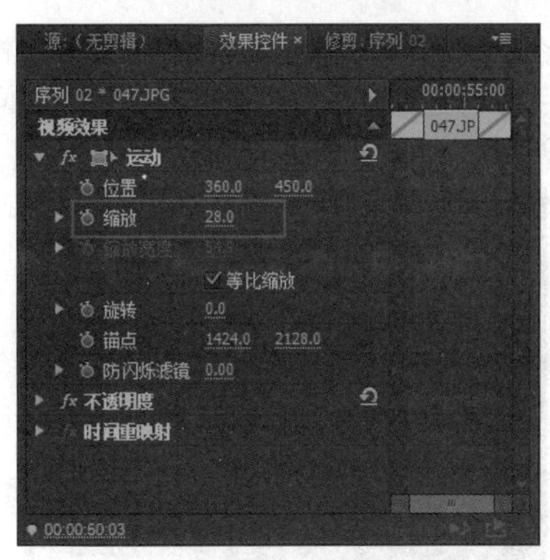

图14-261 设置“缩放”参数

69 选择“165.JPG”素材，进入“效果控件”面板，设置“缩放”参数为15.5，如图14-262所示。

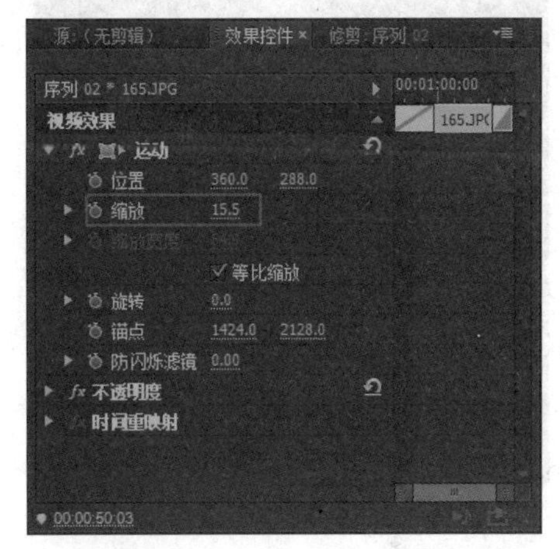

图14-262 设置“缩放”参数

70 选择“014.JPG”素材，进入“效果控件”面板，设置“缩放”参数为28，“不透明度”参数为50，如图14-263所示。

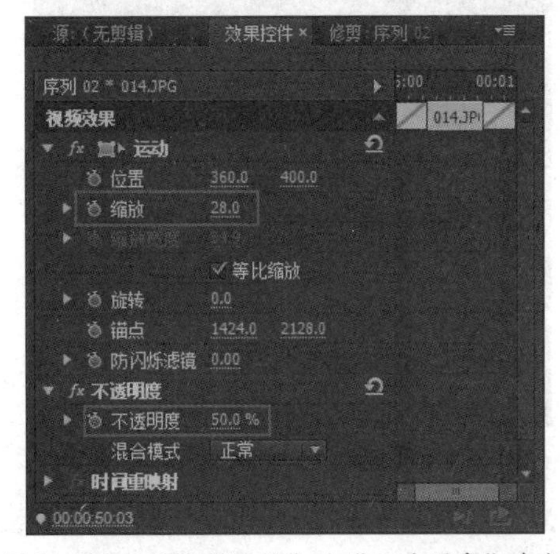

图14-263 设置“缩放”及“不透明度”参数

71 在视频轨4上添加“钻戒.avi”素材并将其与前一个素材相接，设置剪辑持续时间为00:00:11:11，如图14-264所示。

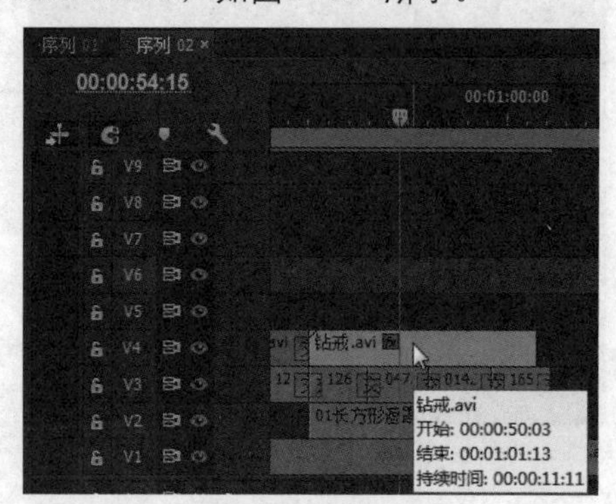

图14-264 拖入素材

72 为素材添加“亮度键”特效，如图14-265所示。

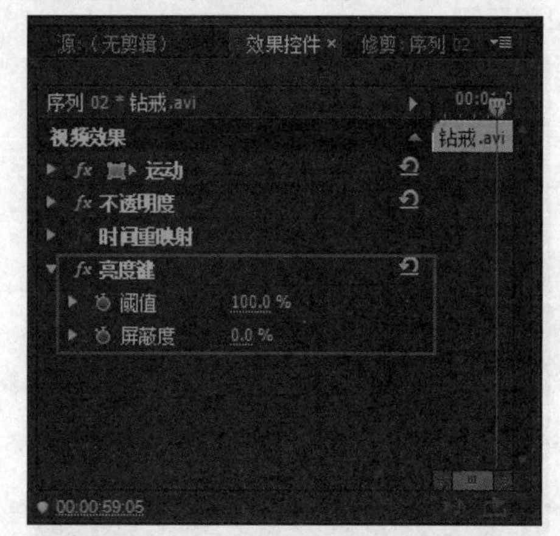

图14-265 添加“亮度键”特效

73 在视频轨4上添加“钻戒.avi”素材并将其与前一个素材相接，设置剪辑持续时间为17帧，如图14-266所示。

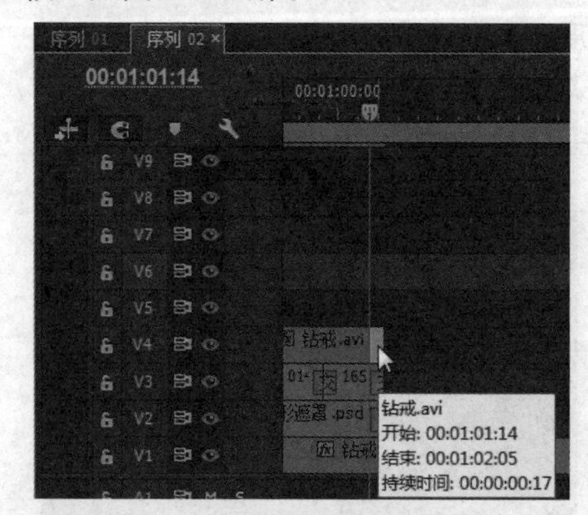

图14-266 拖入素材

74 为素材添加“轨道遮罩键”特效，并设置“合成方式”为“亮度遮罩”，勾选“反向”复选项，如图14-267所示。

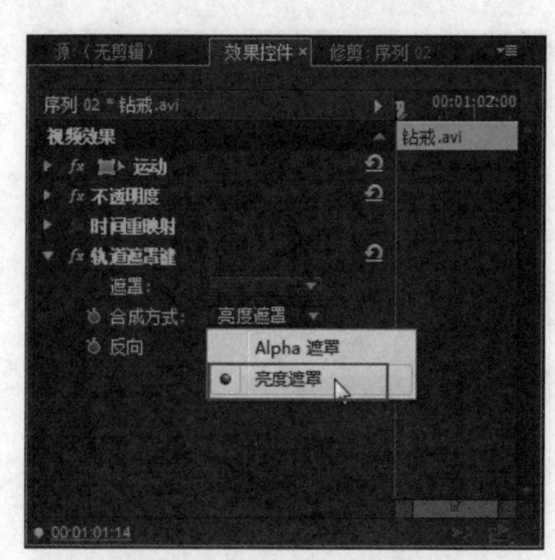

图14-267 “轨道遮罩键”特效

75 设置时间为00:01:01:14，单击“不透明度”前的“切换动画”按钮，设置“不透明度”参数为100，如图14-268所示。

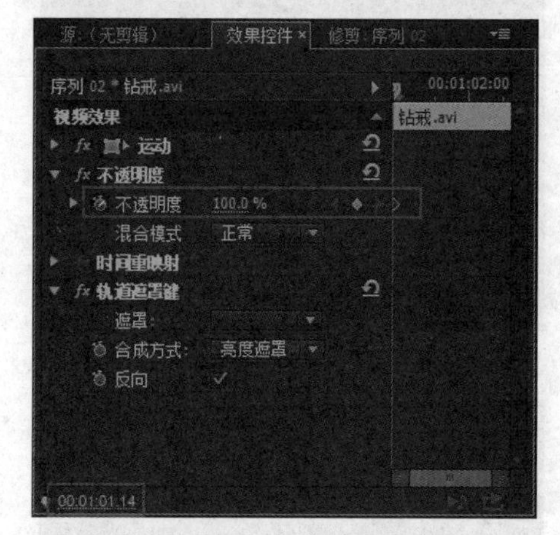

图14-268 添加第一处关键帧

76 设置时间为00:01:02:05，设置“不透明度”参数为0，如图14-269所示。

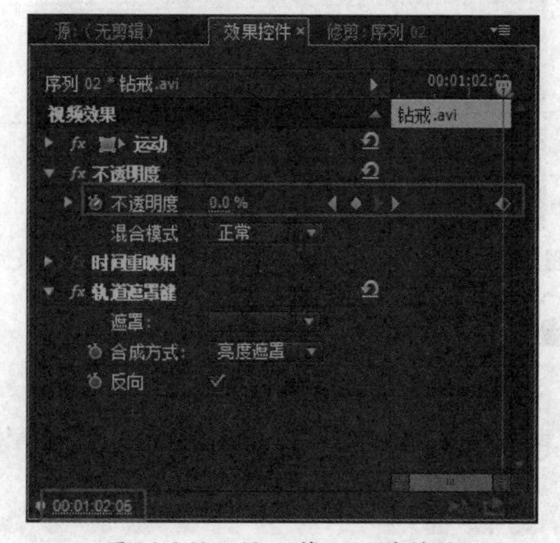

图14-269 添加第二处关键帧

77 在视频轨5～8上分别添加“090.JPG”、“098.JPG”、“175.JPG”和“136.JPG”

素材，并依次设置延迟18帧开始显示，设置持续时间均为00:00:03:12，如图14-270所示。

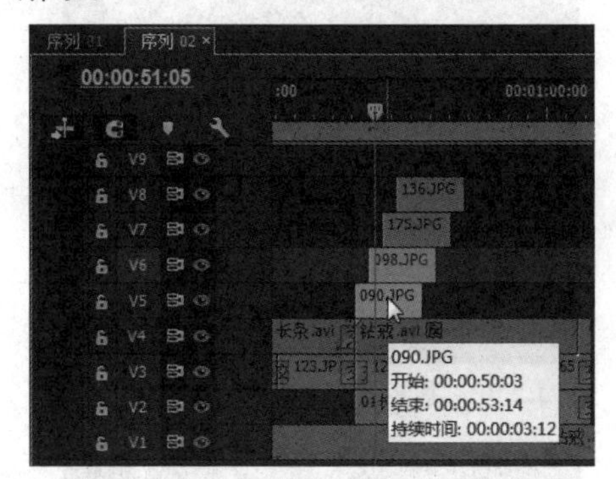

图14-270　拖入素材

78 分别在这4段素材的开始位置添加“交叉溶解”特效，设置持续时间为18帧，如图14-271所示。

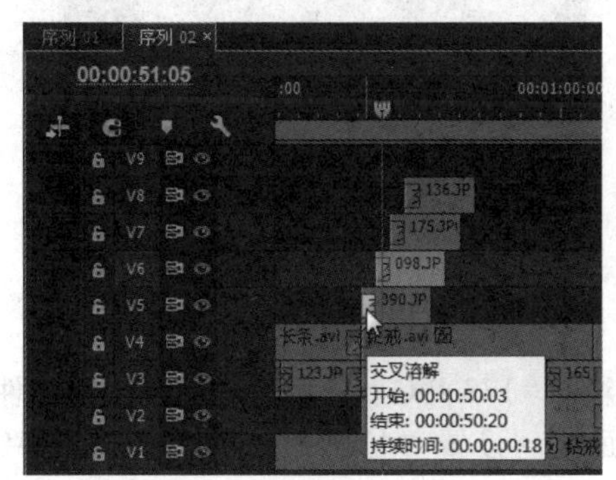

图14-271　添加“交叉溶解”特效

79 选择“090.JPG”素材，进入“效果控件”面板，设置“位置”参数为144、440，“缩放”参数为5.5，如图14-272所示。

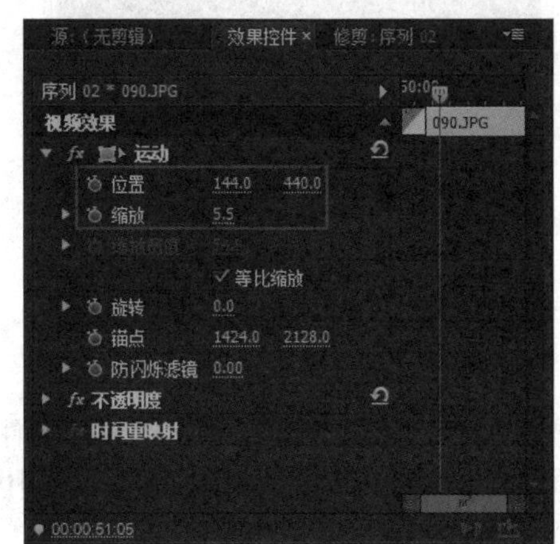

图14-272　设置“位置”及“缩放”参数

80 选择“098.JPG”素材，进入“效果控件”面板，设置“位置”参数为287、440，“缩放”参数为5.5，如图14-273所示。

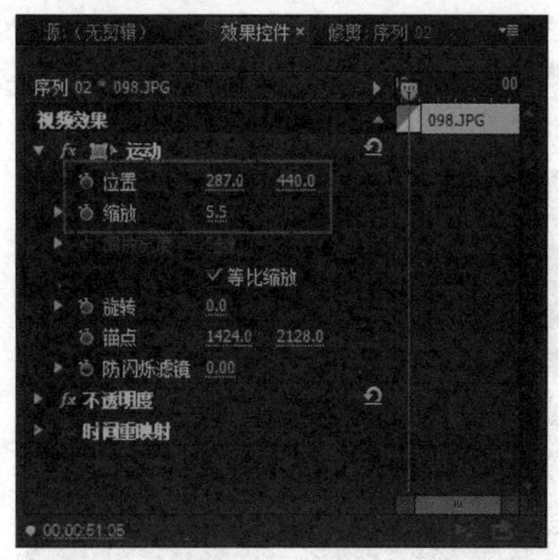

图14-273　设置“位置”及“缩放”参数

81 选择“175.JPG”素材，进入“效果控件”面板，设置“位置”参数为430、440，“缩放”参数为5.5，如图14-274所示。

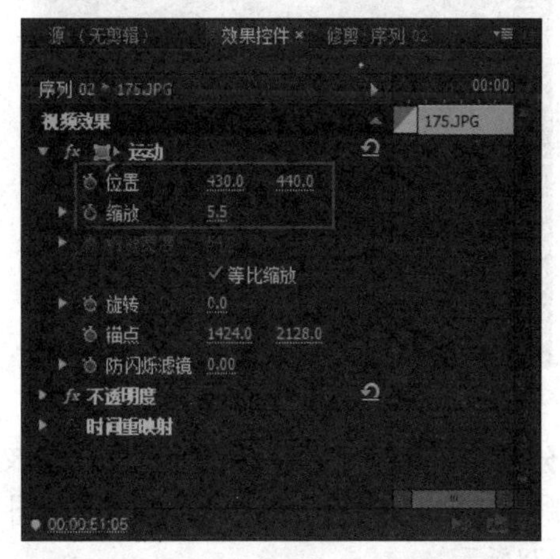

图14-274　设置“位置”及“缩放”参数

82 选择“136.JPG”素材，进入“效果控件”面板，设置“位置”参数为573、440，“缩放”参数为5.5，如图14-275所示。

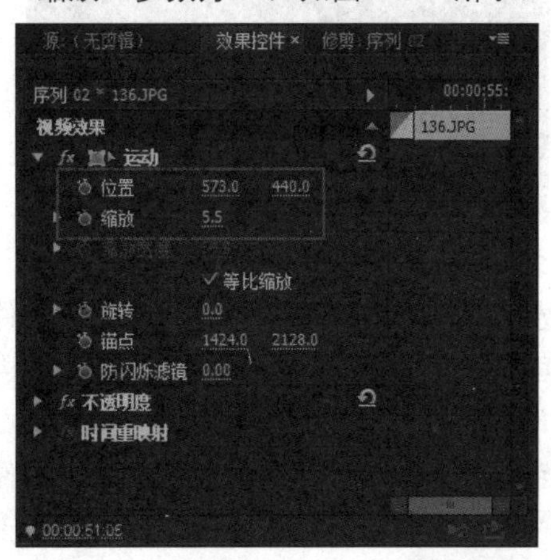

图14-275　设置“位置”及“缩放”参数

83 在视频轨5~8上依次添加“118.JPG”、“127.JPG”、“178.JPG”和“010.JPG”素材，设置持续时间均为3秒，如图14-276所示。

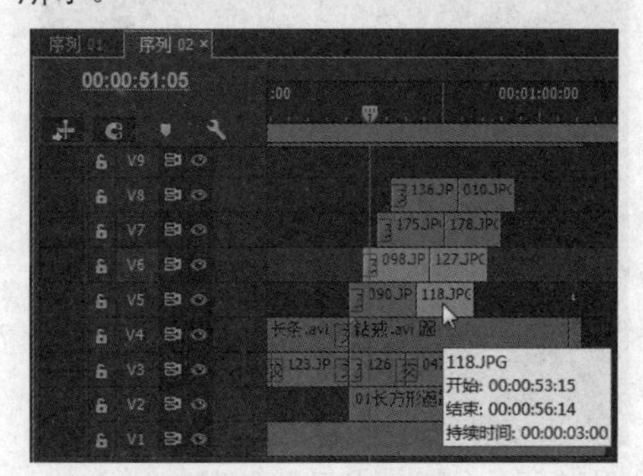

图14-276　拖入素材

84 在相邻素材之间添加“交叉溶解”特效，设置过渡持续时间均为20帧，如图14-277所示。

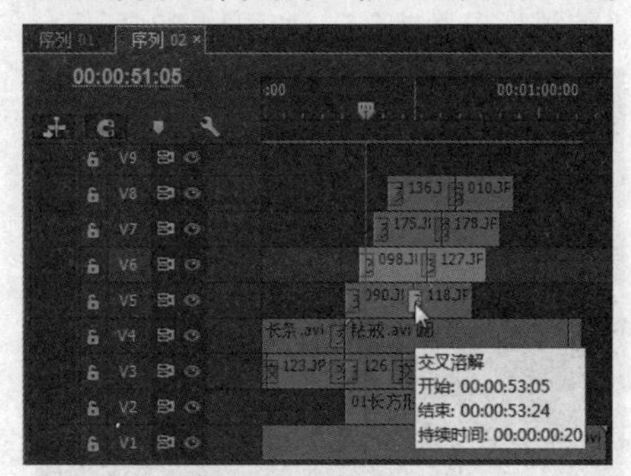

图14-277　拖入素材

85 分别在4段素材的结束位置添加“交叉溶解”特效，设置持续时间为15帧，如图14-278所示。

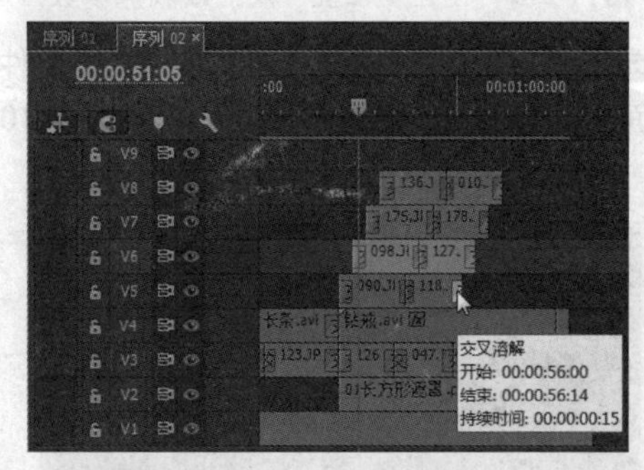

图14-278　设置“位置”参数

86 选择“118.JPG”素材，进入“效果控件”面板，设置“位置”参数为144、440，“缩放”参数为5.5，如图14-279所示。

87 选择“127.JPG”素材，进入“效果控件”面板，设置“位置”参数为287、440，“缩放”参数为5.5，如图14-280所示。

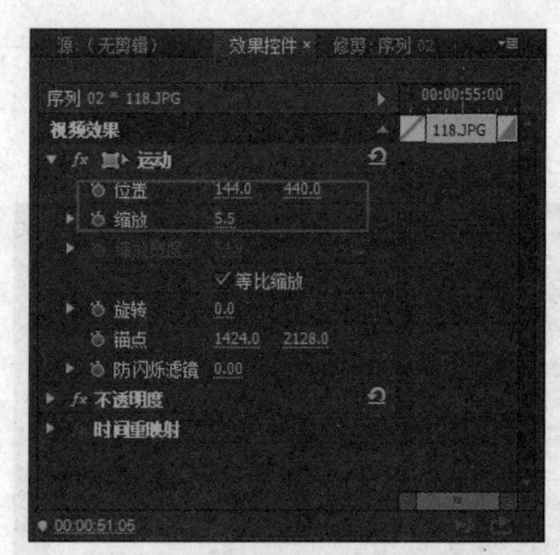

图14-279　设置“位置”及“缩放”参数

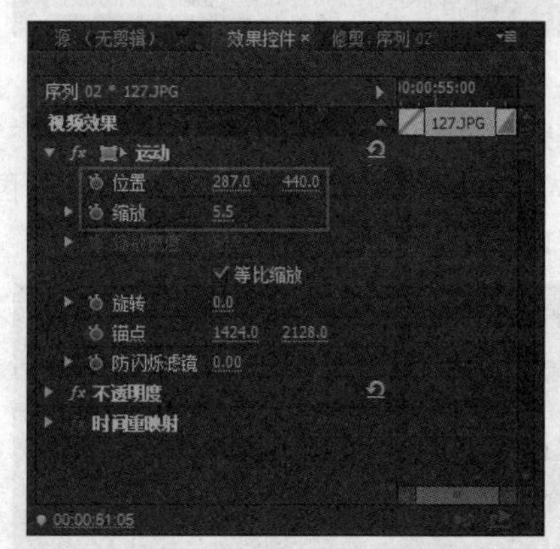

图14-280　设置“位置”及“缩放”参数

88 选择“178.JPG”素材，进入“效果控件”面板，设置“位置”参数为430、440，“缩放”参数为5.5，如图14-281所示。

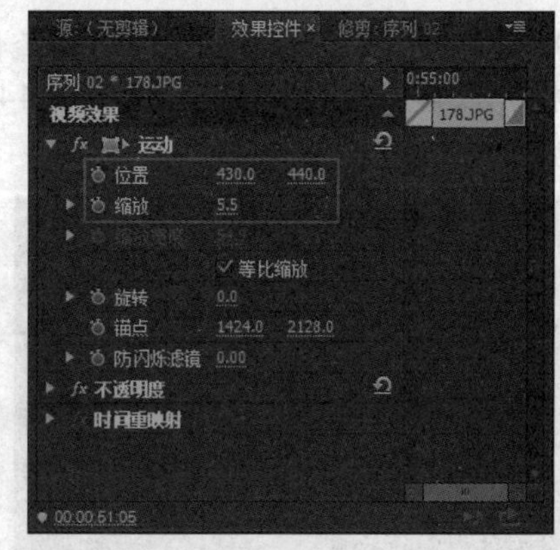

图14-281　设置“位置”及“缩放”参数

89 选择“010.JPG”素材，进入“效果控件”面板，设置“位置”参数为573、440，“缩放”参数为5.5，如图14-282所示。

90 在视频轨9的00:00:53:06位置，添加“长条.psd”素材并设置持续时间为6秒，如图14-283所示。

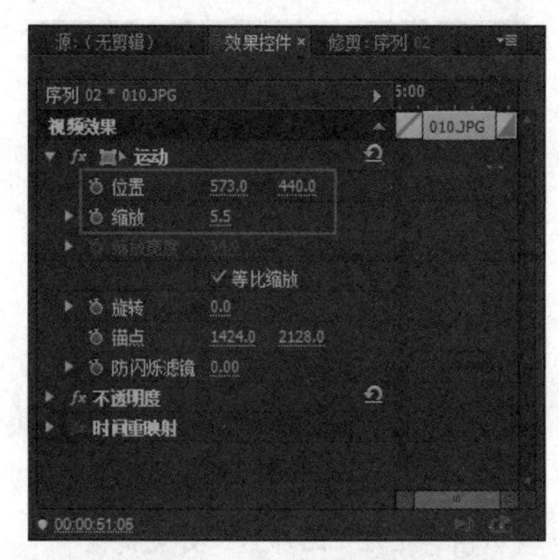

图14-282 设置“位置”及“缩放”参数

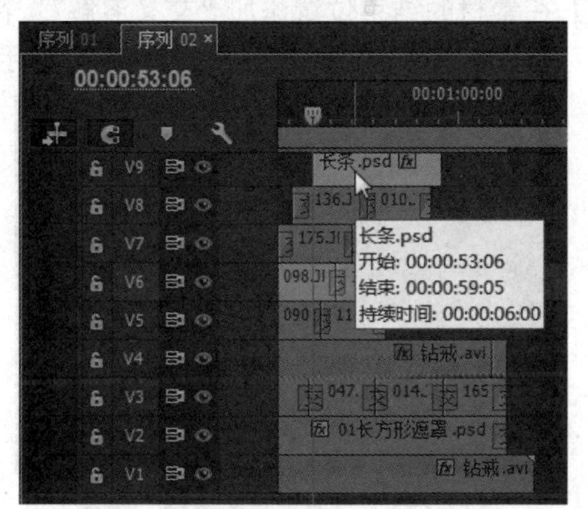

图14-283 拖入素材

91 选择素材，进入“效果控件”面板，设置时间为00:00:53:06，添加位置关键帧，设置“位置”参数为-336、355，如图14-284所示。

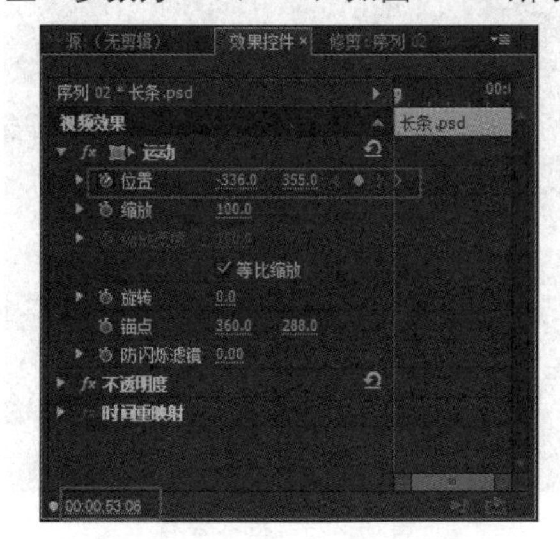

图14-284 添加第一处关键帧

92 设置时间为00:00:59:04，设置“位置”参数为1058、355，如图14-285所示。

93 在素材的结束位置添加“交叉溶解”特效，如图14-286所示。

94 在视频轨5上添加“长条.psd”素材并设置持续时间为6秒，如图14-287所示。

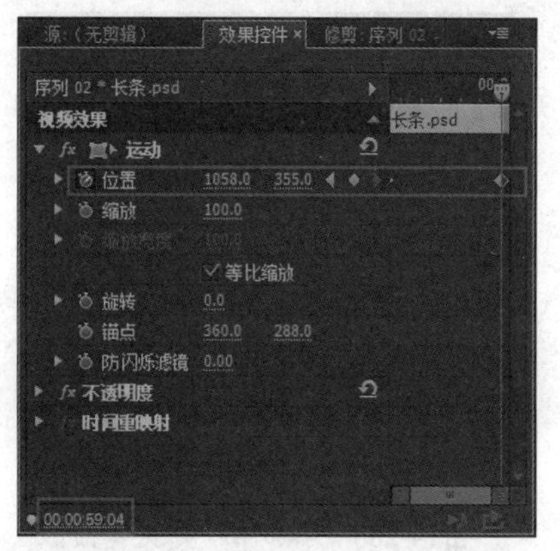

图14-285 添加第二处关键帧

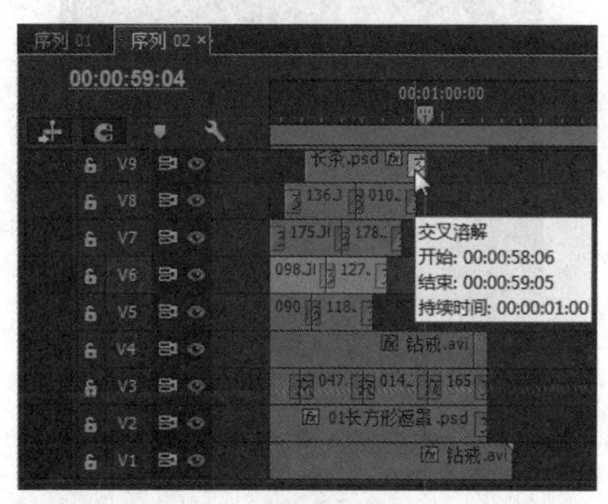

图14-286 添加“交叉溶解”特效

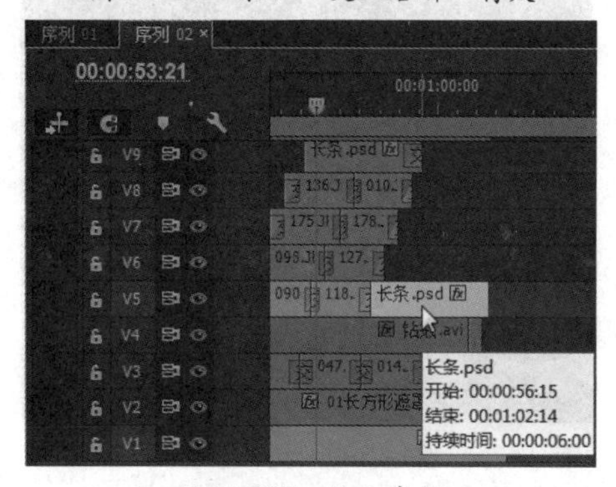

图14-287 拖入素材

95 选择素材，进入“效果控件”面板，设置时间为00:00:56:15，添加“位置”关键帧，设置“位置”参数为125、-357，“旋转”参数为90，如图14-288所示。

96 设置时间为00:01:02:13，设置“位置”参数为125、935，如图14-289所示。

97 在视频轨6上添加“长条.psd”素材并设置持续时间为6秒，如图14-290所示。

98 选择素材，进入“效果控件”面板，设置时间为00:00:57:08，添加“位置”关键帧，设置“位置”参数为533、932，“旋转”参数为90，如图14-291所示。

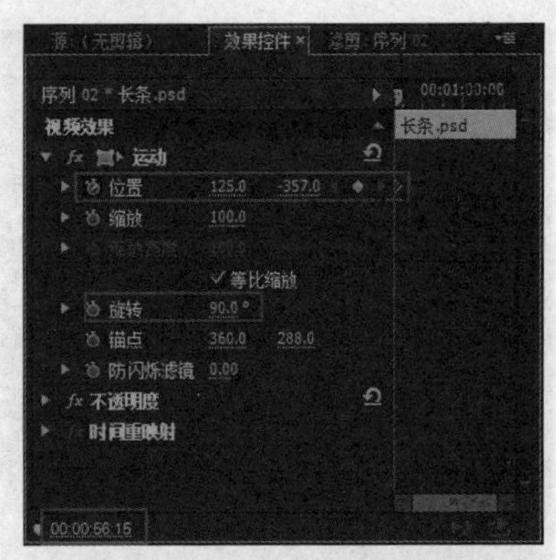

图14-288　添加第一处关键帧

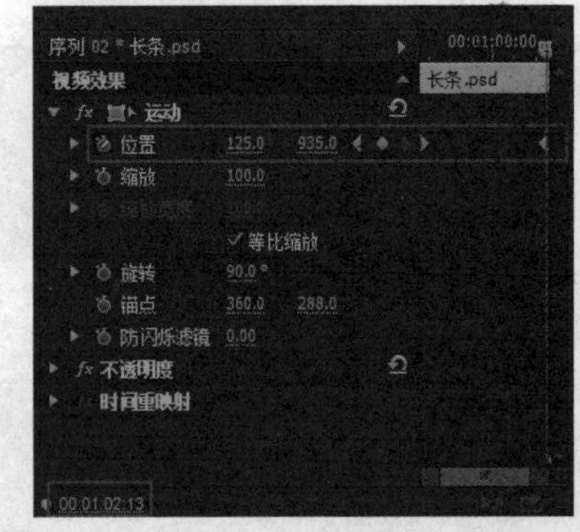

图14-289　添加第二处关键帧

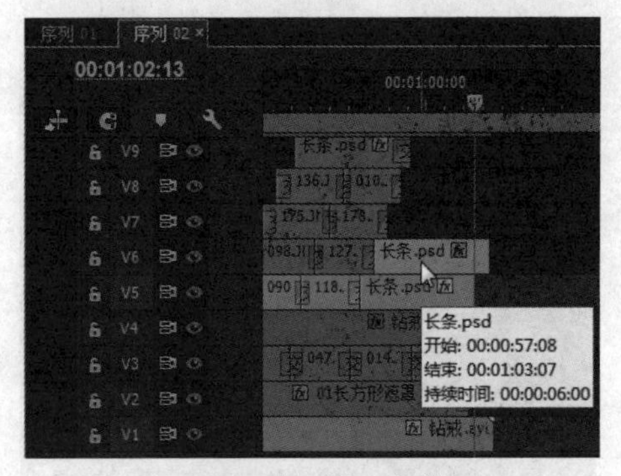

图14-290　拖入素材

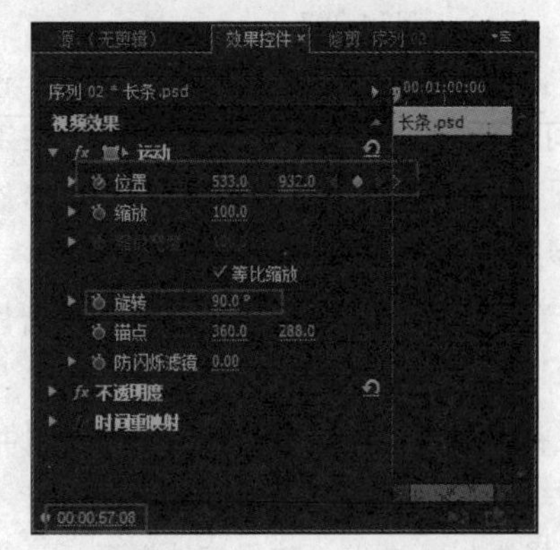

图14-291　添加第一处关键帧

99 设置时间为00:01:03:06，设置“位置”参数为533、-356，如图14-292所示。

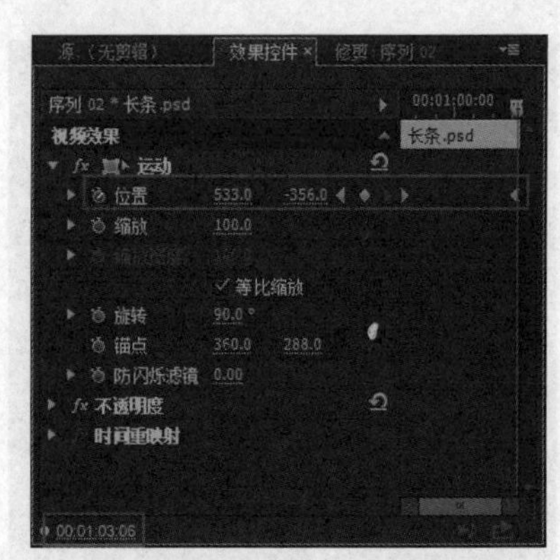

图14-292　添加第二处关键帧

100 在素材的结束位置添加“交叉溶解7”特效并设置持续时间为17帧，如图14-293所示。

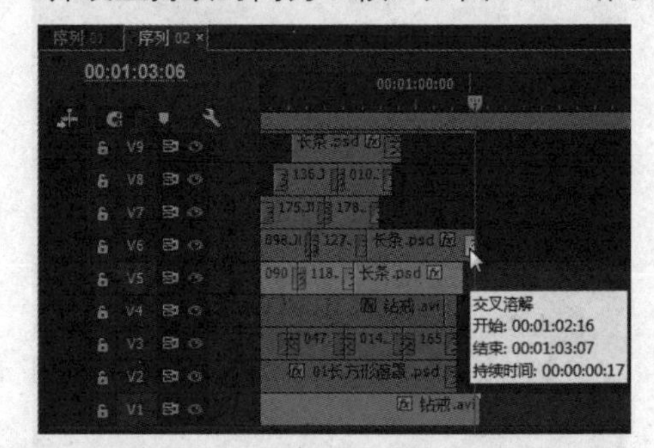

图14-293　添加“交叉溶解”特效

101 在视频轨2的00:01:03:00位置，添加“048.JPG”素材，设置持续时间为00:00:06:14，如图14-294所示。

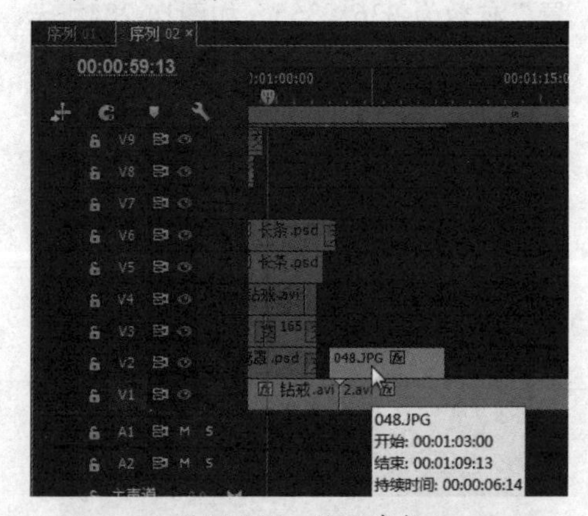

图14-294　拖入素材

102 在素材的开始位置添加“交叉溶解”特效并设置持续时间为14帧，如图14-295所示。

103 选择素材，进入“效果控件”面板，设置时间为00:01:03:17，添加“不透明度”关键帧，设置“缩放”参数为11.5，如图14-296所示。

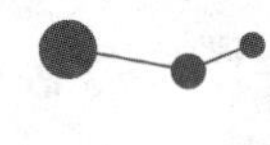

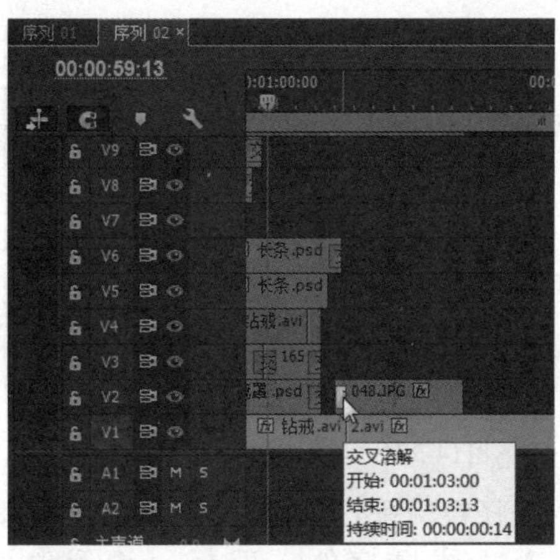

图14-295 添加“交叉溶解”特效

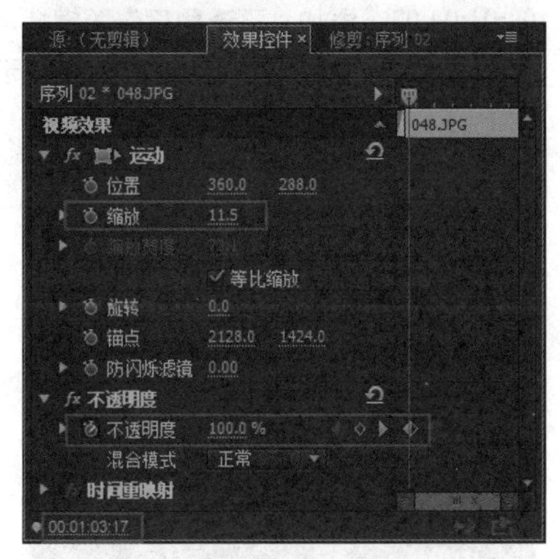

图14-296 添加第一处关键帧

104 设置时间为00:01:05:23，设置“不透明度”参数为25，如图14-297所示。

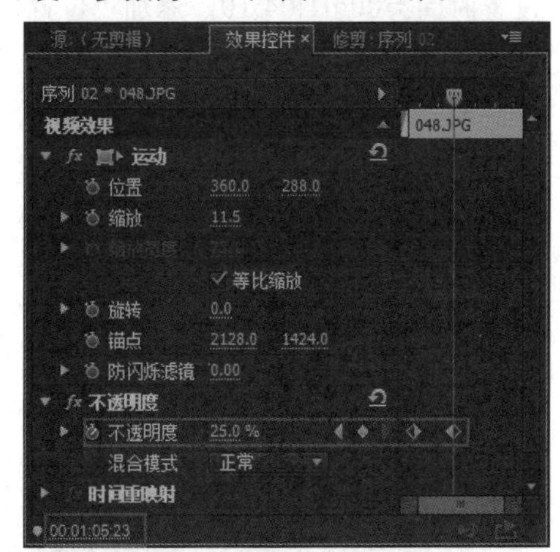

图14-297 添加第二处关键帧

105 在视频轨3的00:01:04:10位置，添加“048.JPG”素材，设置持续时间为00:00:05:04，如图14-298所示。

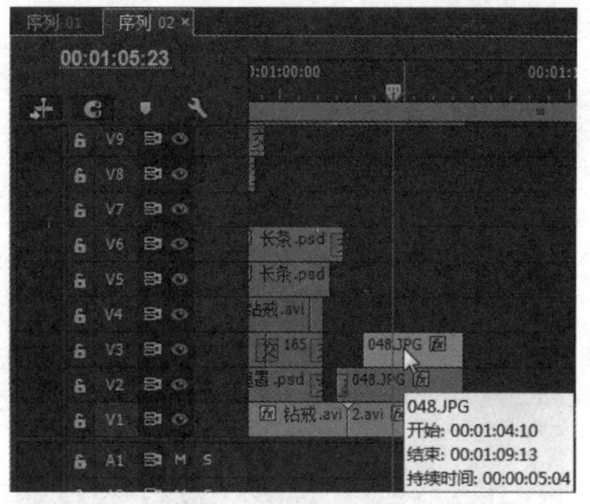

图14-298 拖入素材

106 在素材的结束位置添加“交叉溶解”特效，设置持续时间为13帧，如图14-299所示。

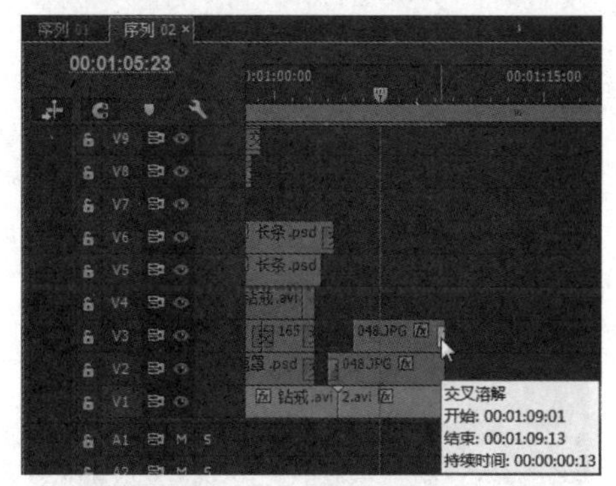

图14-299 添加“交叉溶解”特效

107 选择素材，进入“效果控件”面板，设置时间为00:01:04:10，添加“位置”关键帧和“缩放”关键帧，设置“位置”参数为206、166，“缩放”参数为0，如图14-300所示。

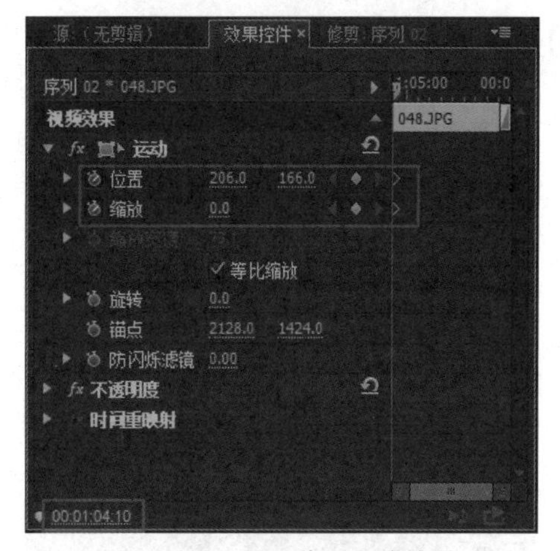

图14-300 添加第一处关键帧

108 设置时间为00:01:08:11，设置“位置”参数为360、288，“缩放”参数为11.5，如图14-301所示。

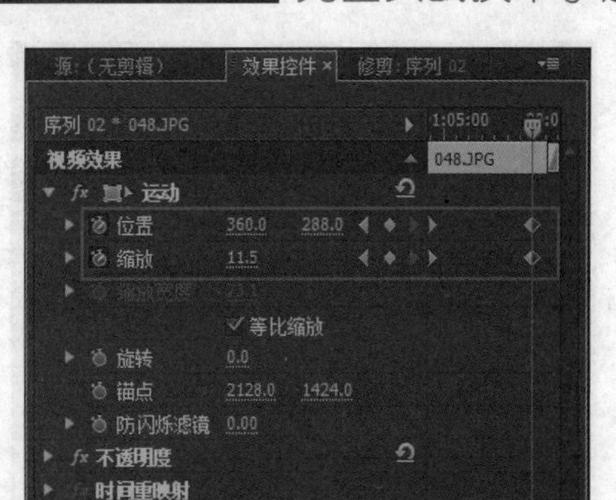

图14-301 添加第二处关键帧

109 设置时间为00:01:09:13，设置“位置”参数为206、166，“缩放”参数为0，如图14-302所示。

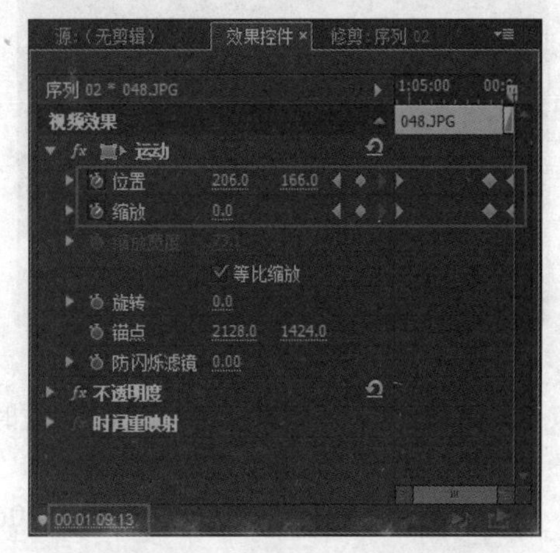

图14-302 添加第三处关键帧

110 将“长条.psd”素材分别添加到视频轨4～7上，开始位置均设置为00:01:03:14，持续时间均设置为6秒，如图14-303所示。

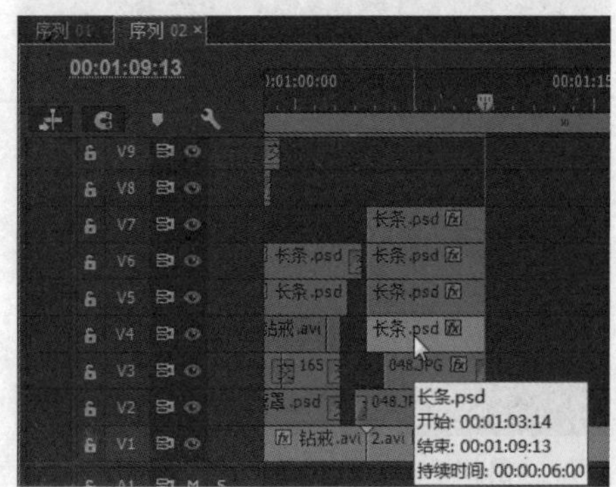

图14-303 拖入素材

111 分别在4段素材的结束位置添加“交叉溶解”特效，设置持续时间均为13帧，如图14-304所示。

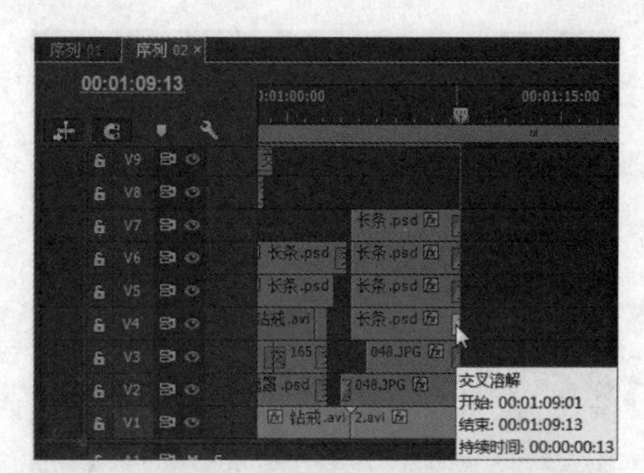

图14-304 添加“交叉溶解”特效

112 选择视频轨4上的“长条.psd”素材，进入“效果控件”面板，设置时间为00:01:04:03，添加“不透明度”关键帧，设置“不透明度”参数为0，如图14-305所示。

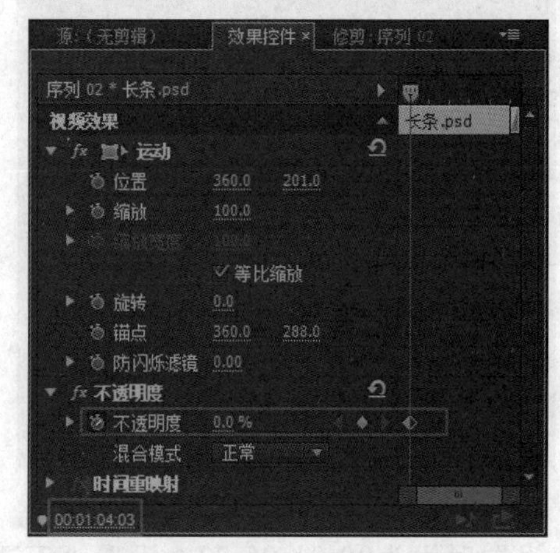

图14-305 添加第一处关键帧

113 设置时间为00:01:04:10，添加“位置”关键帧，设置“位置”参数为365、201，“不透明度”参数为100，如图14-306所示。

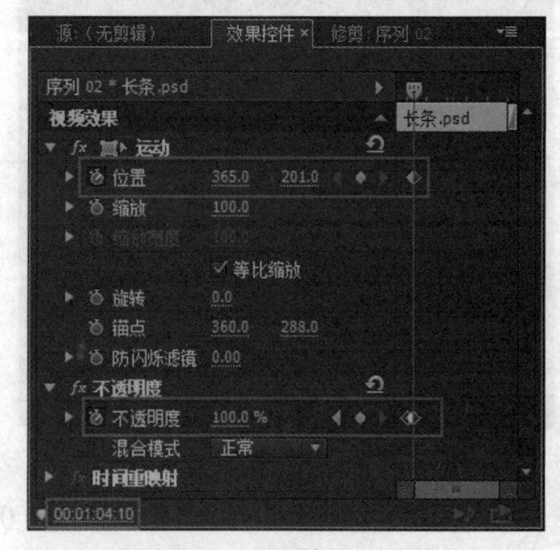

图14-306 添加第二处关键帧

114 设置时间为00:01:08:11，设置“位置”参数为365、153，如图14-307所示。

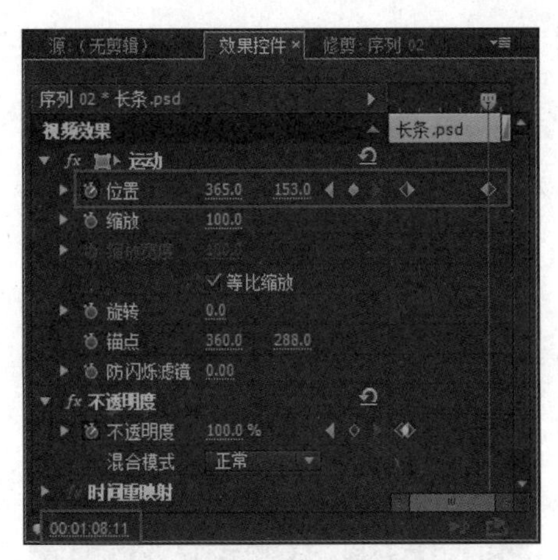

图14-307 添加第三处关键帧

115 设置时间为00:01:09:13，设置“位置”参数为365、201，如图14-308所示。

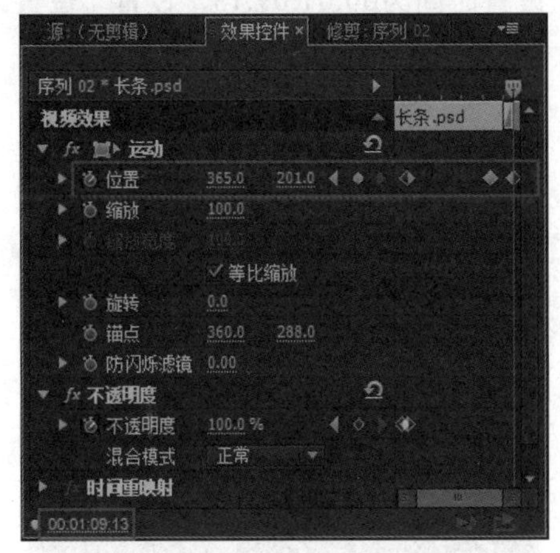

图14-308 添加第四处关键帧

116 选择视频轨5上的“长条.psd”素材，进入“效果控件”面板，设置时间为00:01:04:02，添加“不透明度”关键帧，设置“不透明度”参数为0，“旋转”参数为90，如图14-309所示。

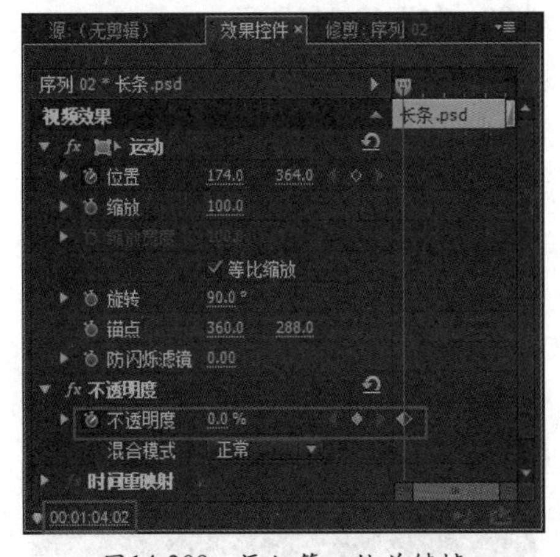

图14-309 添加第一处关键帧

117 设置时间为00:01:04:10，添加“位置”关键帧，设置“位置”参数为174、364，“不透明度”参数为100，如图14-310所示。

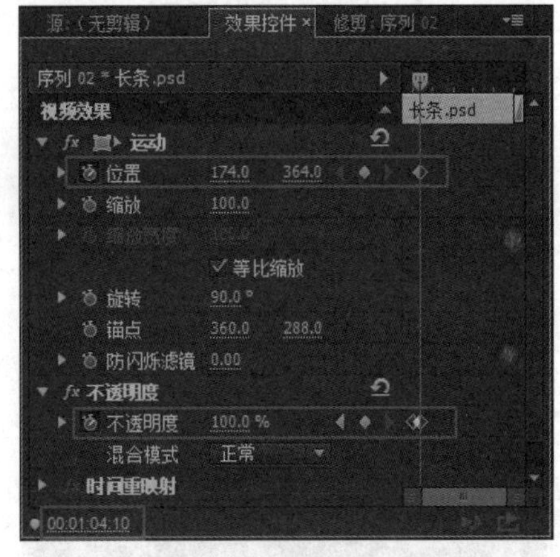

图14-310 添加第二处关键帧

118 设置时间为00:01:08:11，设置“位置”参数为105、364，如图14-311所示。

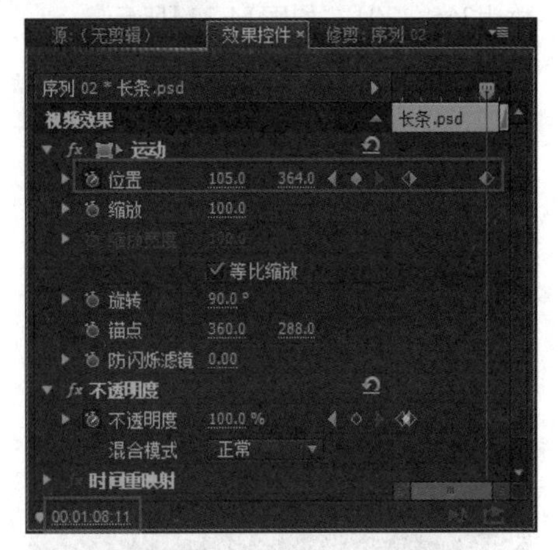

图14-311 添加第三处关键帧

119 设置时间为00:01:09:13，设置“位置”参数为174、364，如图14-312所示。

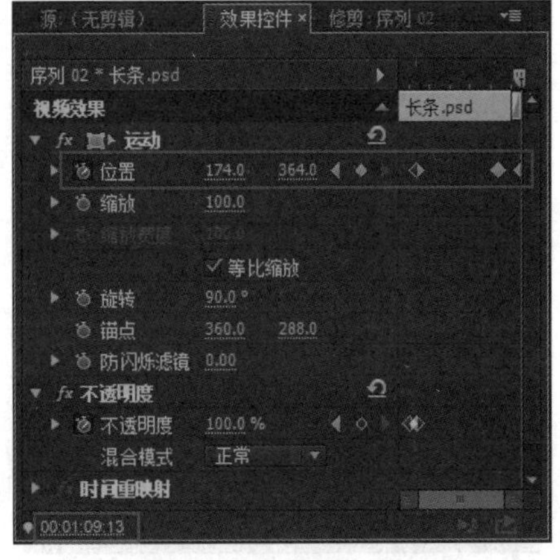

图14-312 添加第四处关键帧

120 选择视频轨6上的“长条.psd”素材，进入“效果控件”面板，设置时间为00:01:03:14，添加“位置”关键帧，设置“位置”参数为1157、201，如图14-313所示。

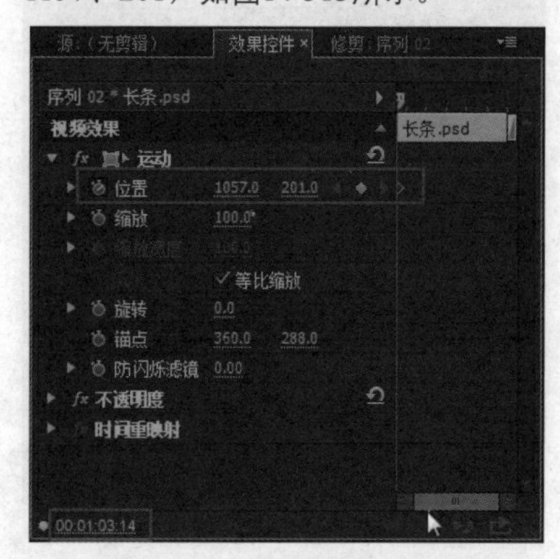

图14-313 添加第一处关键帧

121 设置时间为00:01:04:03，设置“位置”参数为365、201，如图14-314所示。

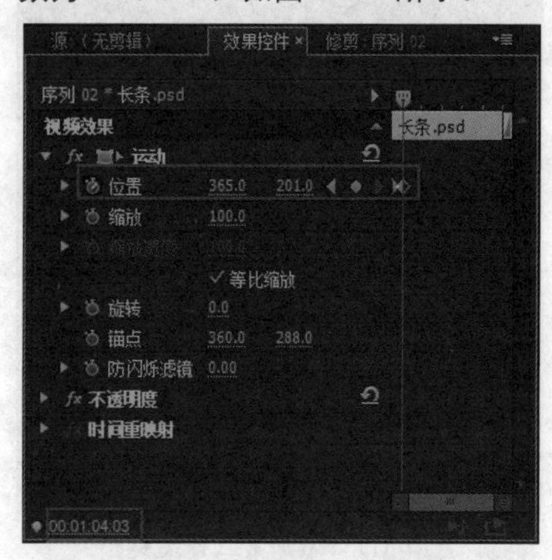

图14-314 添加第二处关键帧

122 设置时间为00:01:04:10，设置“位置”参数为365、201，如图14-315所示。

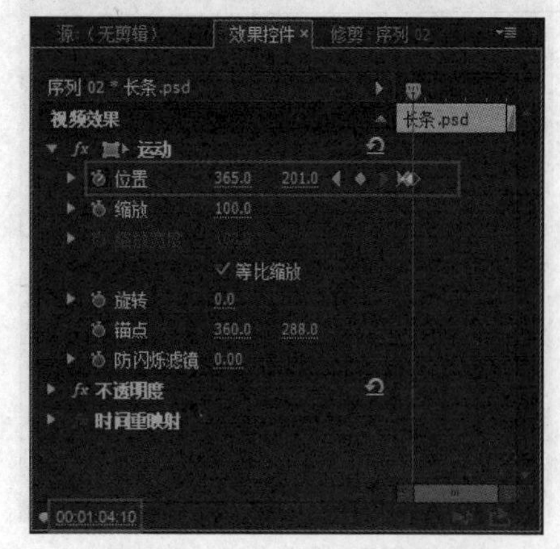

图14-315 添加第三处关键帧

123 设置时间为00:01:08:11，设置“位置”参数为365、488，如图14-316所示。

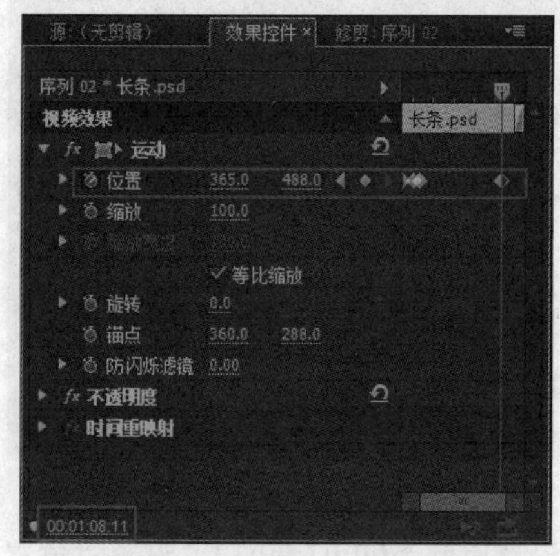

图14-316 添加第四处关键帧

124 设置时间为00:01:09:13，设置“位置”参数为365、201，如图14-317所示。

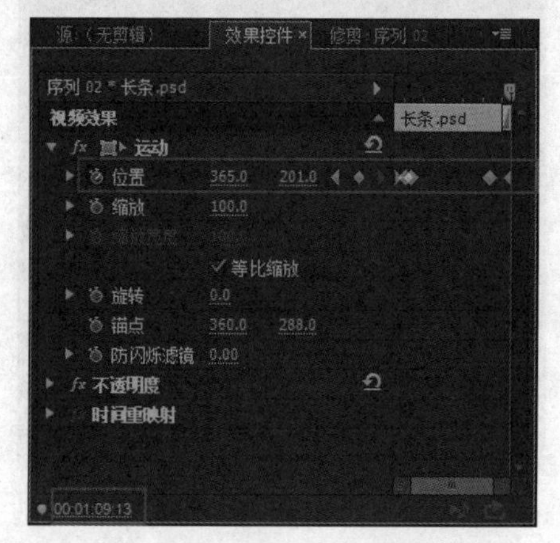

图14-317 添加第五处关键帧

125 选择视频轨7上的“长条.psd”素材，进入“效果控件”面板，设置时间为00:01:03:14，添加“位置”关键帧，设置“位置”参数为174、-357，“旋转”参数为90，如图14-318所示。

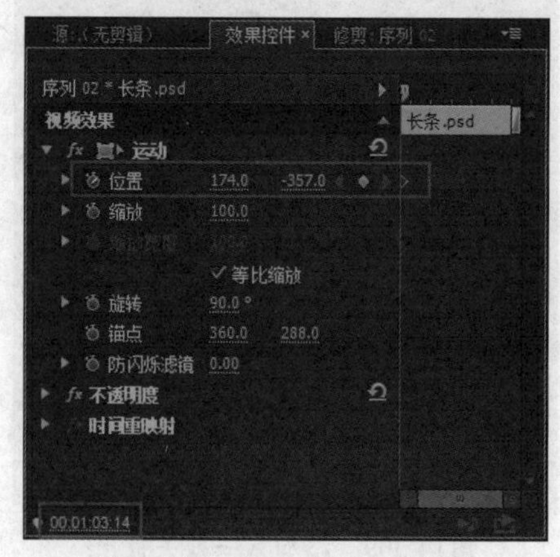

图14-318 添加第一处关键帧

126 设置时间为00:01:04:03，设置“位置”参数为174、364，如图14-319所示。

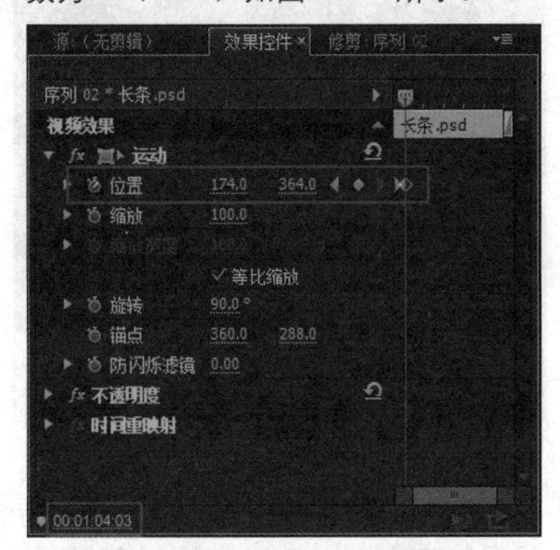

图14-319　添加第二处关键帧

127 设置时间为00:01:04:10，添加“位置”关键帧，如图14-320所示。

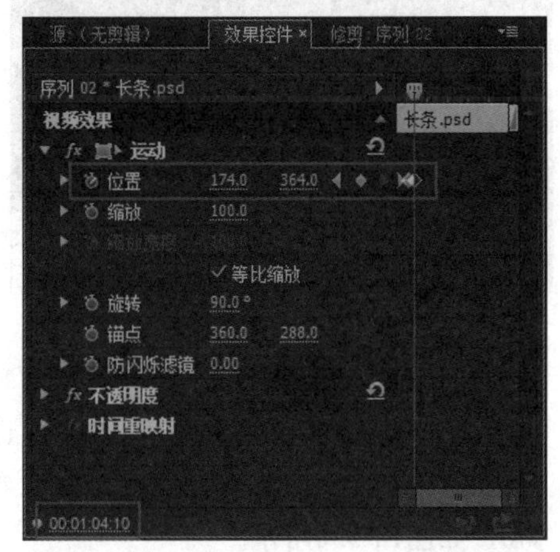

图14-320　添加第三处关键帧

128 设置时间为00:01:08:11，设置“位置”参数为553、364，如图14-321所示。

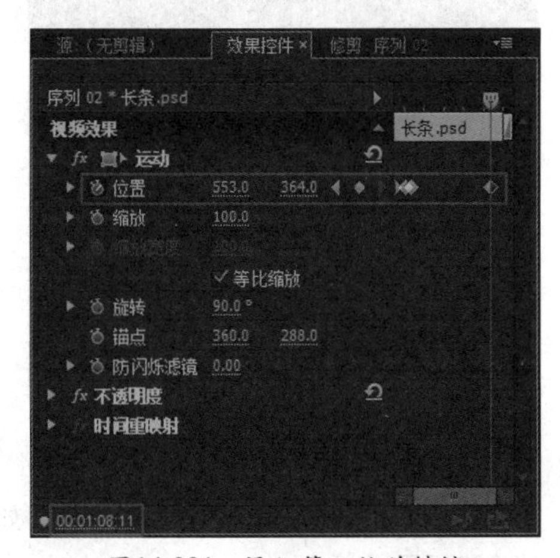

图14-321　添加第四处关键帧

129 设置时间为00:01:09:13，设置“位置”参数为174、364，如图14-322所示。

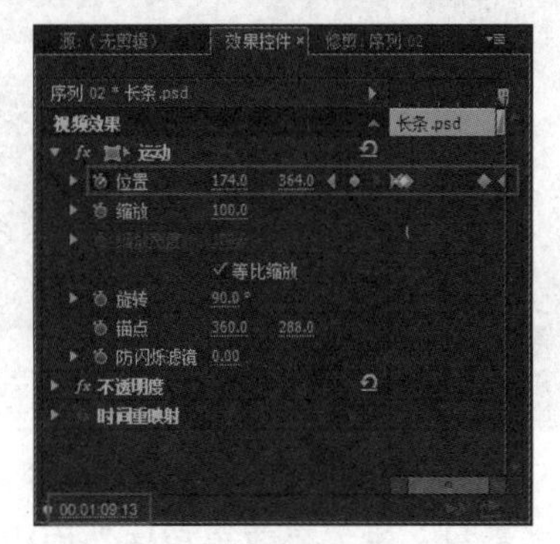

图14-322　添加第五处关键帧

130 在视频轨2上添加“079.JPG”素材并设置持续时间为00:00:07:07，如图14-323所示。

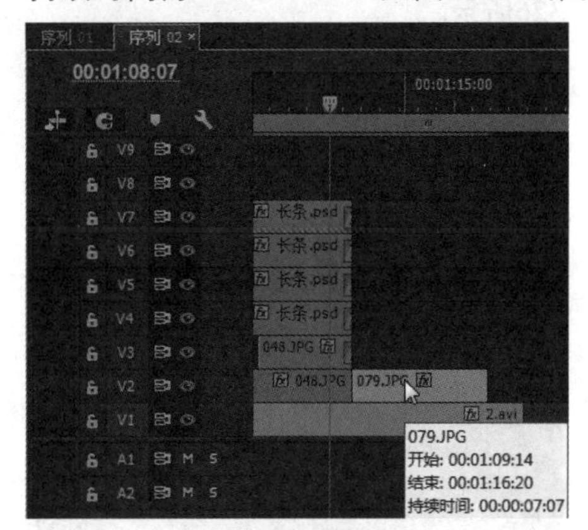

图14-323　拖入素材

131 在“048.JPG”和“079.JPG”素材之间添加“交叉溶解”特效，设置持续时间为18帧，如图14-324所示。

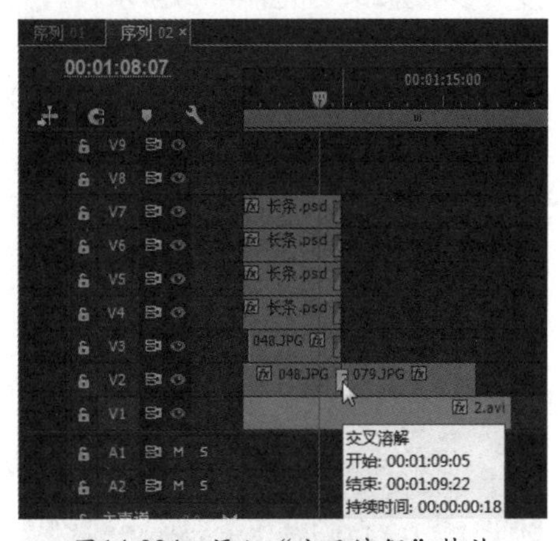

图14-324　添加“交叉溶解”特效

132 在“079.JPG”素材的结束位置添加“交叉溶解”特效，设置过渡持续时间为13帧，如图14-325所示。

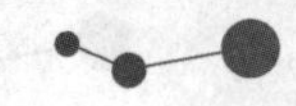

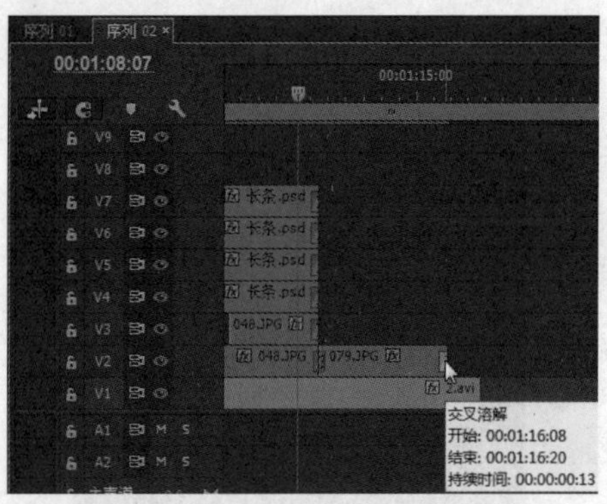

图14-325　添加“交叉溶解”特效

133 选择素材，进入“效果控件”面板，设置时间为00:01:10:08，添加“不透明度”关键帧，设置“缩放”参数为11.5，如图14-326所示。

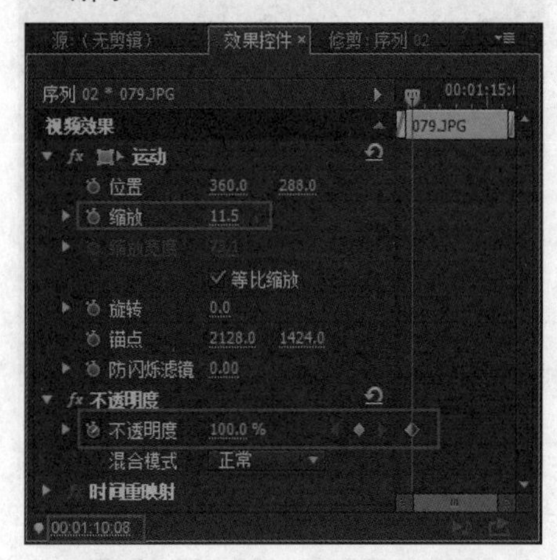

图14-326　添加第一处关键帧

134 设置时间为00:01:12:12，设置“不透明度”参数为25，如图14-327所示。

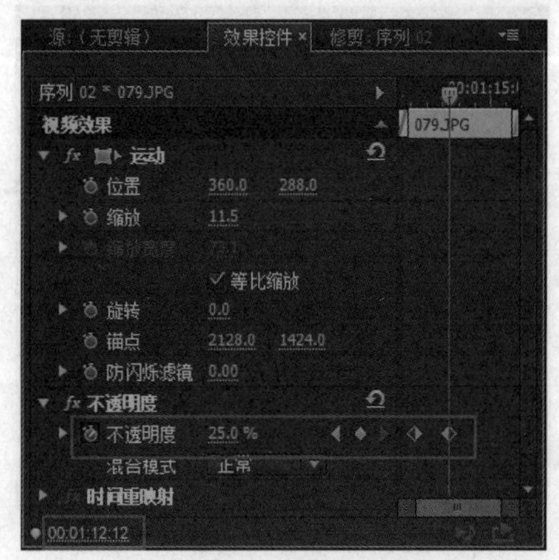

图14-327　添加第二处关键帧

135 在视频轨3的00:01:11:08位置，添加“079.JPG”素材，并设置持续时间为00:00:05:13，如图14-328所示。

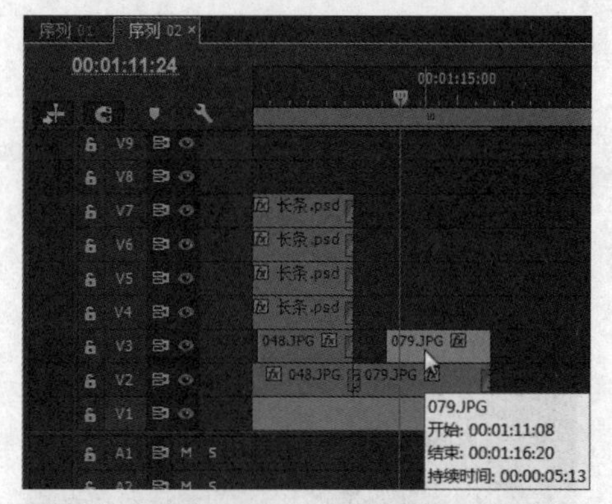

图14-328　拖入素材

136 在素材的结束位置添加“交叉溶解”特效，设置持续时间为13帧，如图14-329所示。

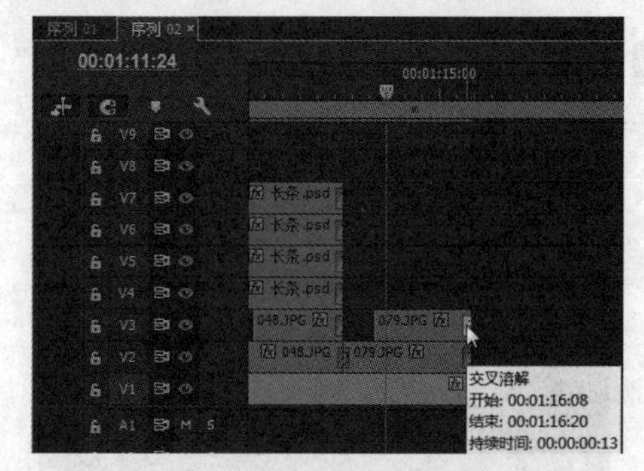

图14-329　添加“交叉溶解”特效

137 设置时间为00:01:11:23，单击“位置”和“缩放”前的“切换动画”按钮，设置“位置”参数为141、122，“缩放”参数为0，如图14-330所示。

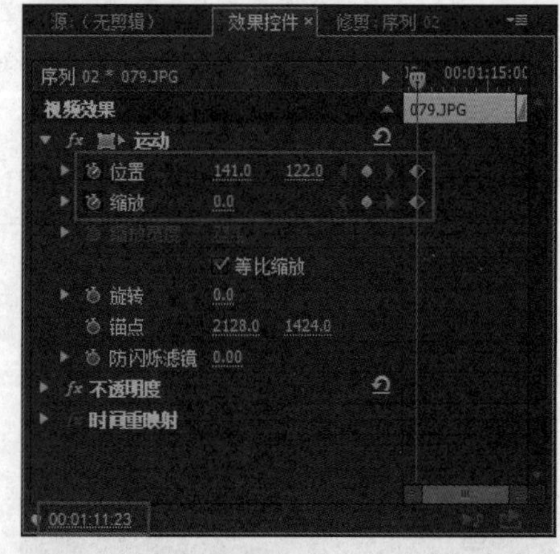

图14-330　添加第一处关键帧

138 设置时间为00:01:14:03，设置“位置”参数为360、288，“缩放”参数为11.5，如图14-331所示。

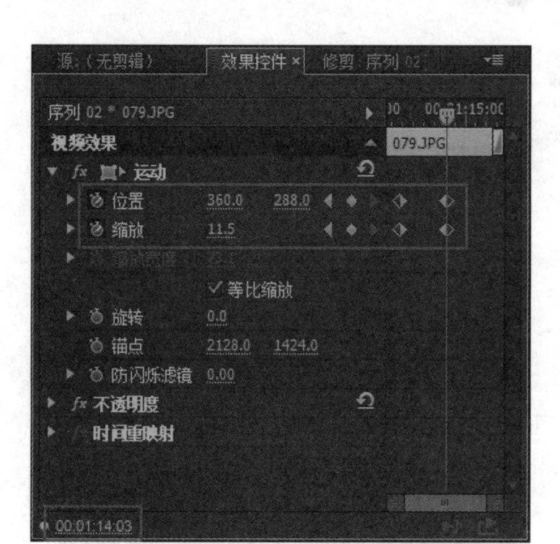

图14-331 添加第二处关键帧

139 将“长条.psd”素材分别添加到视频轨4和5上，开始时间均为00:01:10:12，并设置持续时间均为6秒，如图14-332所示。

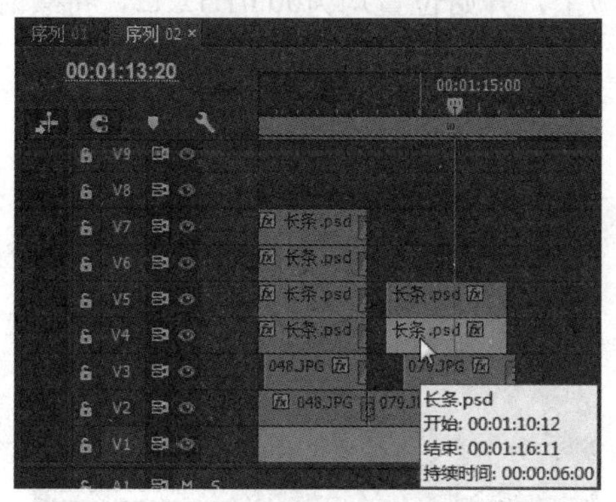

图14-332 拖入素材

140 选择视频轨4上的“长条.psd”素材，进入“效果控件”面板，设置时间为00:01:10:12，单击“位置”前的“切换动画”按钮，设置“位置”参数为1051、153，如图14-333所示。

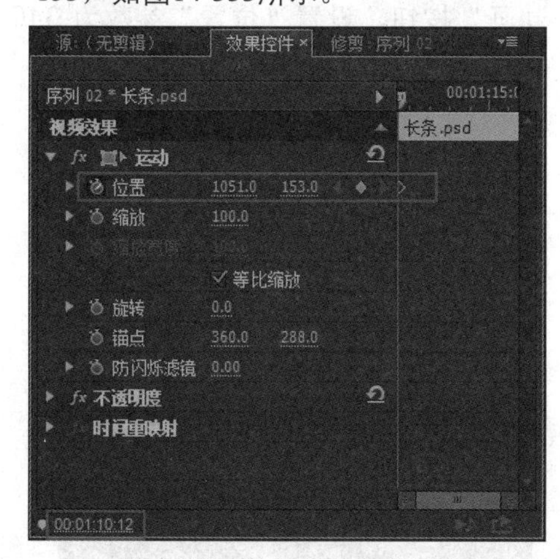

图14-333 添加第一处关键帧

141 设置时间为00:01:11:23，设置“位置”参数为365、153，如图14-334所示。

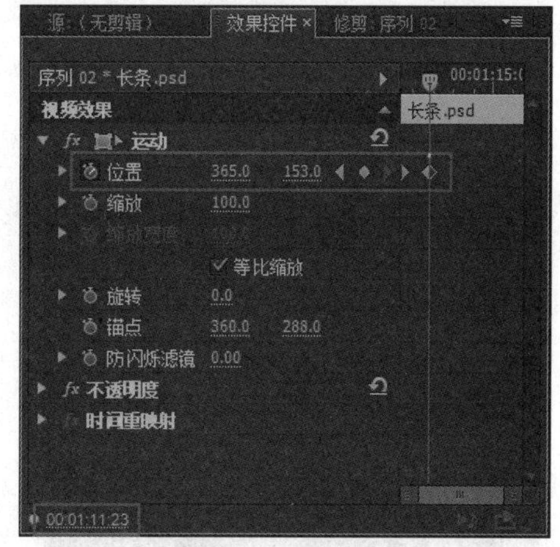

图14-334 添加第二处关键帧

142 设置时间为00:01:15:10，添加“位置”关键帧，如图14-335所示。

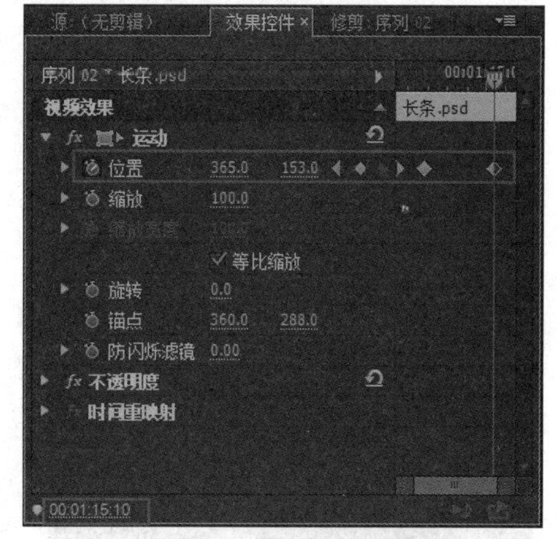

图14-335 添加第三处关键帧

143 设置时间为00:01:16:11，设置“位置”参数为-333、153，如图14-336所示。

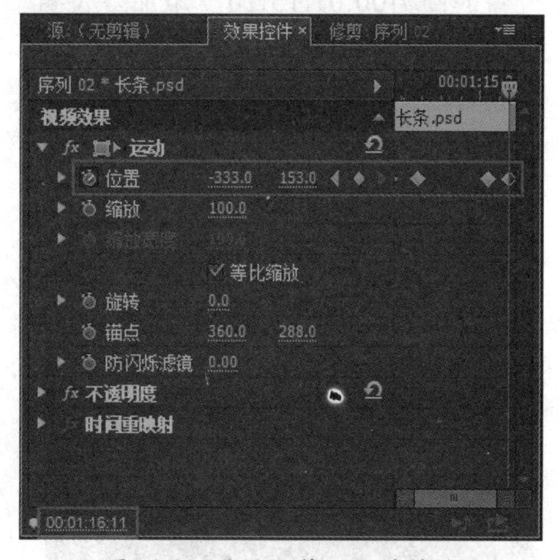

图14-336 添加第四处关键帧

144 选择视频轨5上的“长条.psd”素材，进入“效果控件”面板，设置时间为00:01:10:12，单击“位置”前的“切换动画”按钮，设置“位置”参数为105、-355，“旋转”参数为90，如图14-337所示。

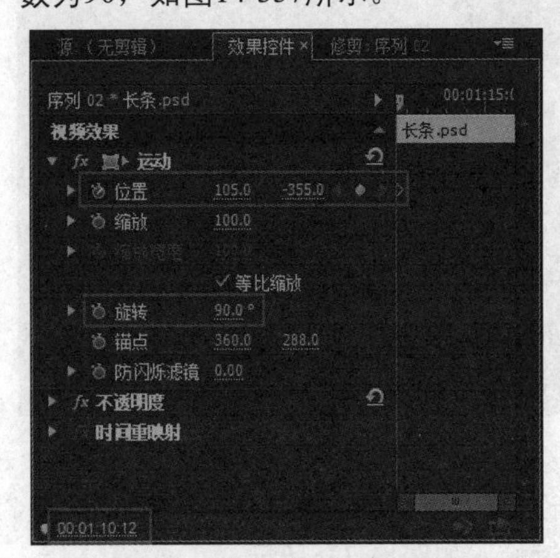

图14-337 添加第一处关键帧

145 设置时间为00:01:11:23，设置“位置”参数为105、364，如图14-338所示。

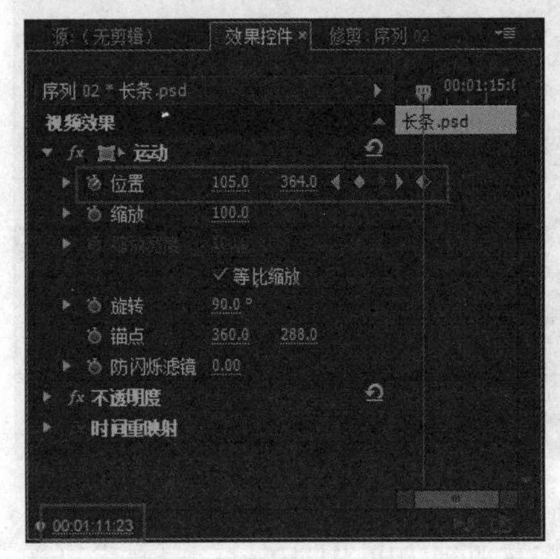

图14-338 添加第二处关键帧

146 设置时间为00:01:15:10，添加“位置”关键帧，如图14-339所示。

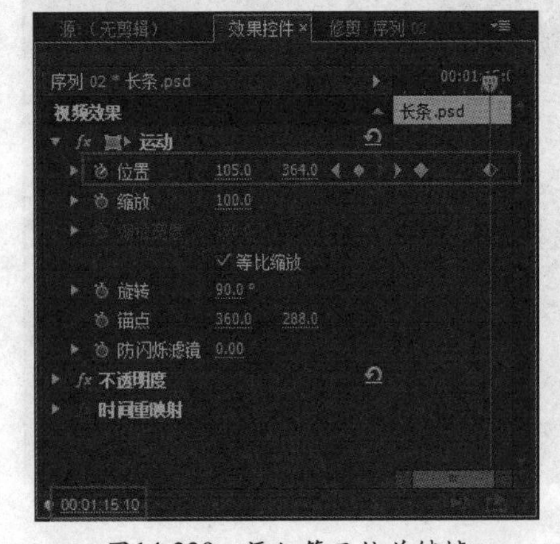

图14-339 添加第三处关键帧

147 设置时间为00:01:16:11，设置“位置”参数为105、932，如图14-340所示。

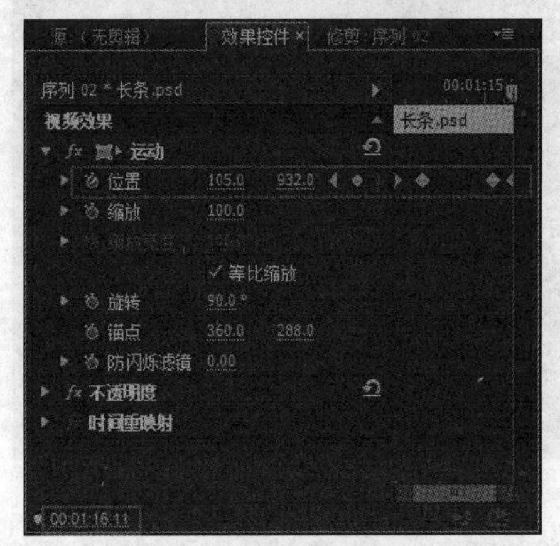

图14-340 添加第四处关键帧

148 将“长条.psd”素材分别添加到视频轨6和7上，开始位置均为00:01:12:12，持续时间均设置为00:00:05:03，如图14-341所示。

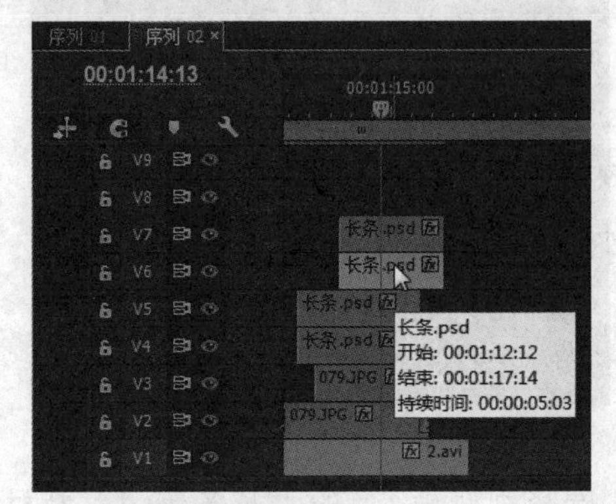

图14-341 拖入素材

149 选择视频轨6上的“长条.psd”素材，进入“效果控件”面板，设置时间为00:01:12:12，单击“位置”前的“切换动画”按钮，设置“位置”参数为-340、488，如图14-342所示。

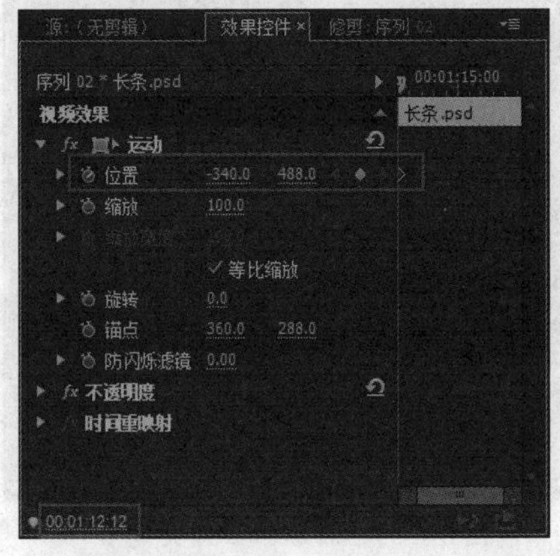

图14-342 添加第一处关键帧

150 设置时间为00:01:14:21，设置“位置”参数为365、488，如图14-343所示。

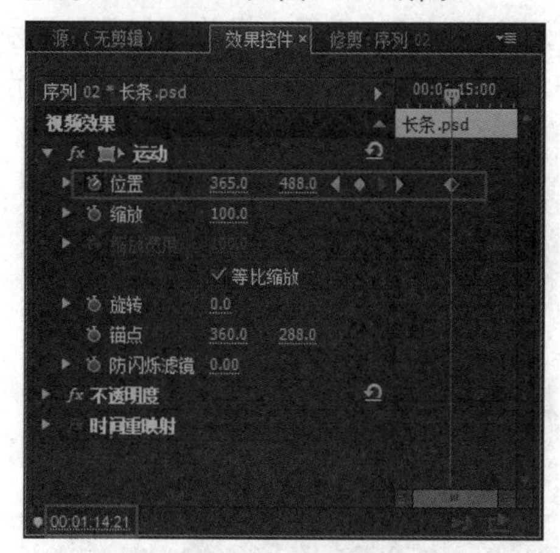

图14-343 添加第二处关键帧

151 设置时间为00:01:16:12，添加“位置”关键帧，如图14-344所示。

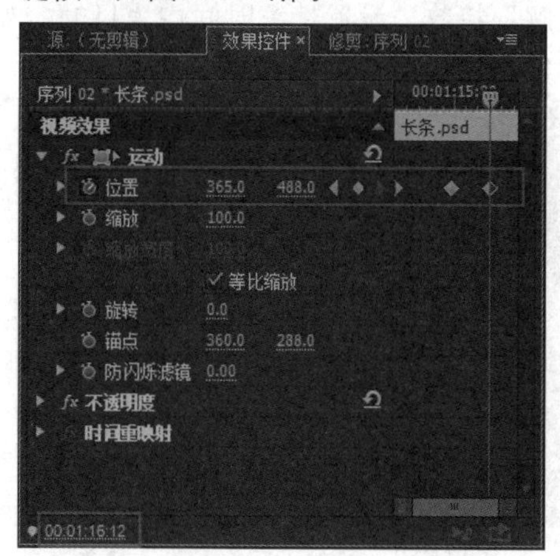

图14-344 添加第三处关键帧

152 设置时间为00:01:17:14，设置“位置”参数为1051、488，如图14-345所示。

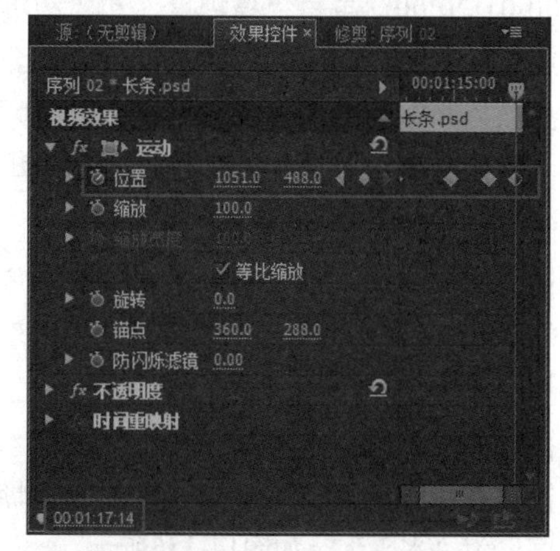

图14-345 添加第四处关键帧

153 选择视频轨7上的“长条.psd”素材，进入“效果控件”面板，设置时间为00:01:12:12，单击“位置”前的“切换动画”按钮，设置“位置”参数为553、931，“旋转”参数为90，如图14-346所示。

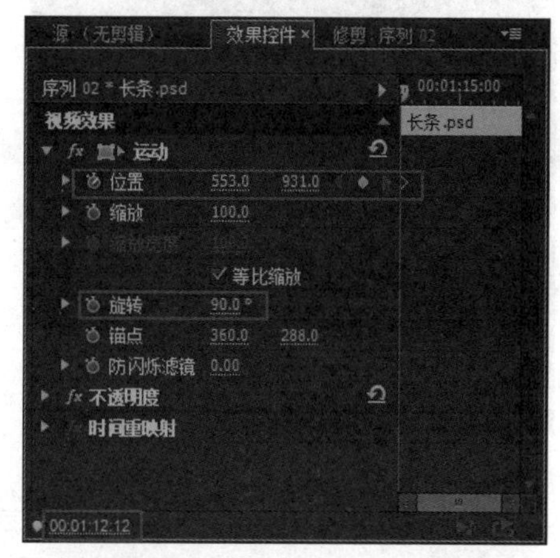

图14-346 添加第一处关键帧

154 设置时间为00:01:14:22，设置“位置”参数为553、364，如图14-347所示。

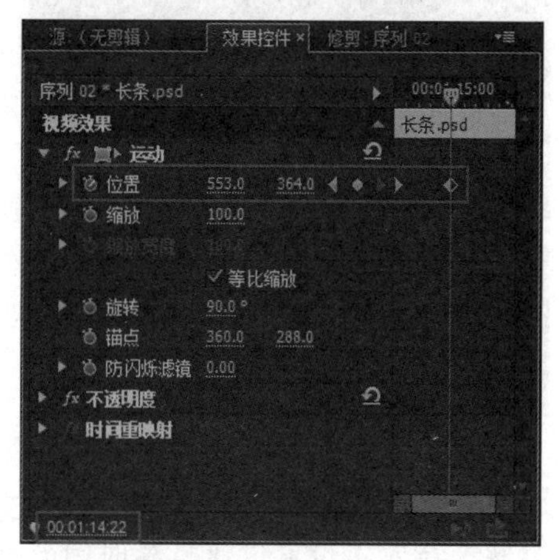

图14-347 添加第二处关键帧

154 设置时间为00:01:16:12，添加“位置”关键帧，如图14-348所示。

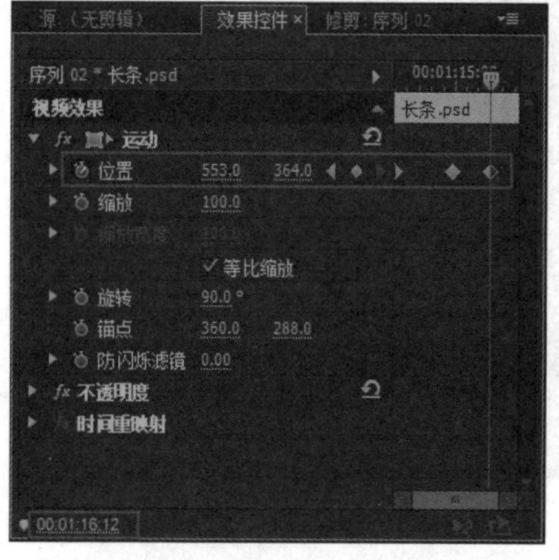

图14-348 添加第三处关键帧

156 设置时间为00:01:17:14，设置“位置”参数为553、-363，如图14-349所示。

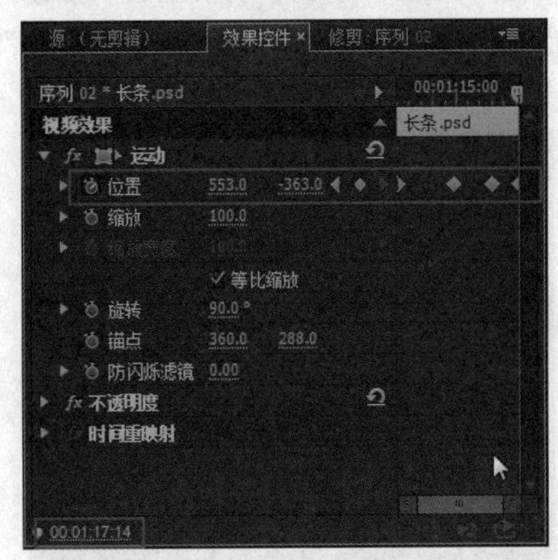

图14-349　添加第四处关键帧

157 在视频轨2的00:01:17:15位置添加“彩条.avi”素材，设置持续时间为00:00:09:15，如图14-350所示。

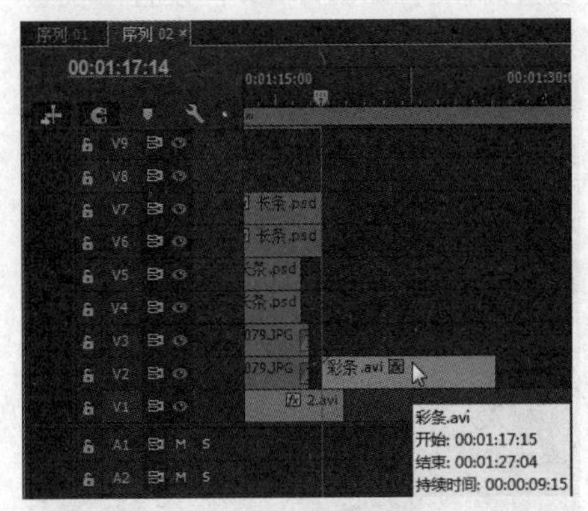

图14-350　拖入素材

158 在素材的开始和结束位置分别添加“交叉溶解”特效，设置过渡持续时间分别为00:00:01:05和17帧，如图14-351所示。

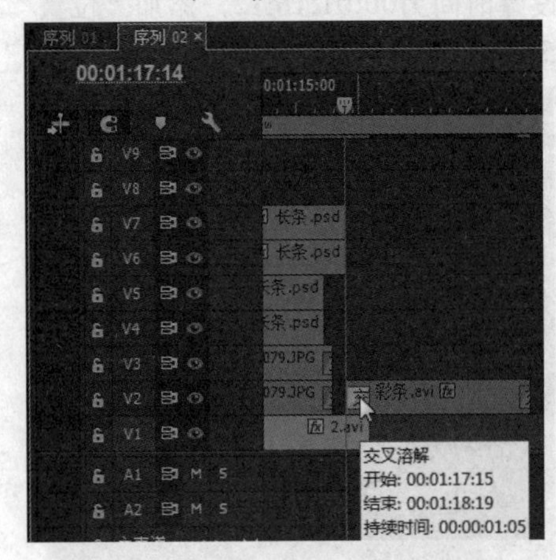

图14-351　添加“交叉溶解”特效

159 在视频轨3～5上分别添加“但愿.psd”、“love.psd”和“wishing.psd”素材，并对这些素材依次设置为提前30帧开始显示，设置持续时间均为6秒，如图14-352所示。

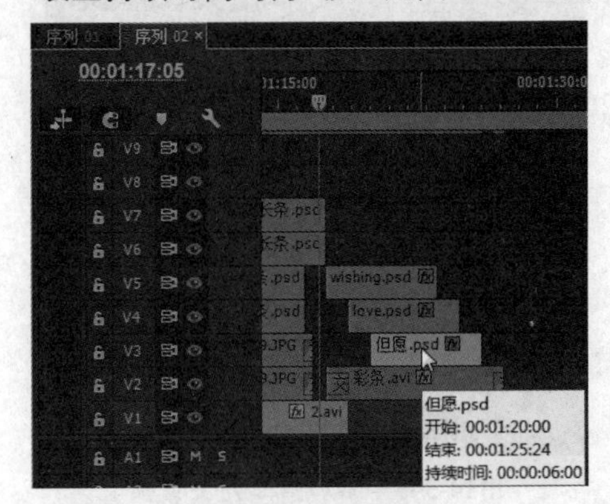

图14-352　拖入素材

160 分别在这3段素材的结束位置添加“交叉溶解”特效，设置持续时间均为11帧，如图14-353所示。

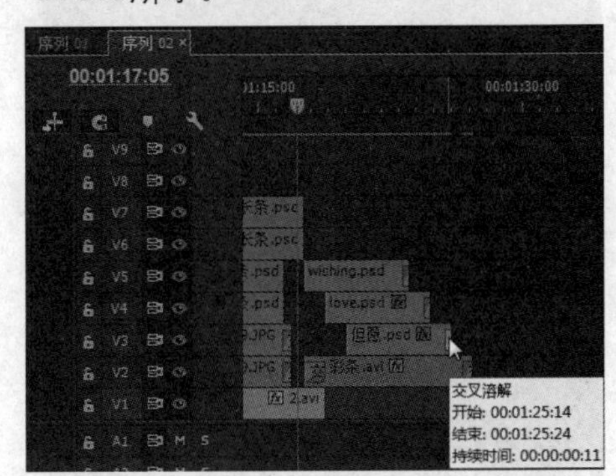

图14-353　添加“交叉溶解”特效

161 为“但愿.psd”素材添加“快速模糊”特效。进入“效果控件”面板，设置时间为00:01:20:00，单击“模糊度”和“模糊维度”的“切换动画”按钮，设置“位置”参数为360、367，“模糊度”参数为67，“模糊维度”为“水平和垂直”，如图14-354所示。

162 设置时间为00:01:21:01，设置“模糊度”参数为0，“模糊维度”为“垂直”，如图14-355所示。

163 设置时间为00:01:25:04，添加“缩放”关键帧和“模糊度”关键帧，设置“模糊维度”为“水平”，如图14-356所示。

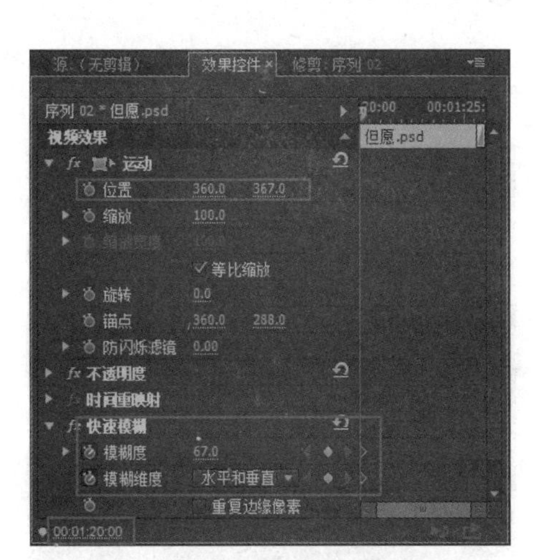

图14-354　添加第一处关键帧

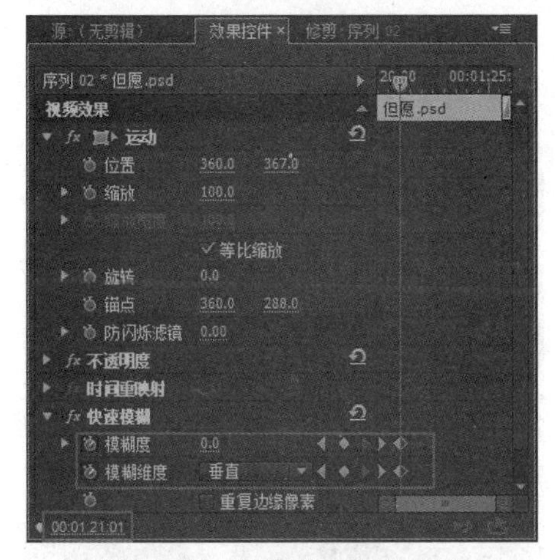

图14-355　添加第二处关键帧

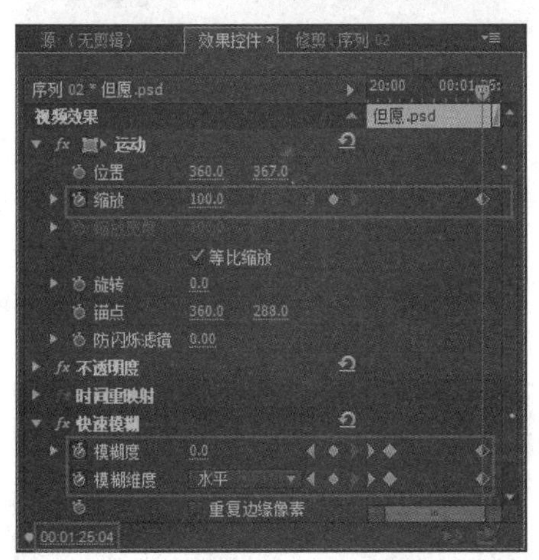

图14-356　添加第三处关键帧

164 设置时间为00:01:25:24，设置“缩放”参数为154，“模糊度”参数为487，添加“模糊维度”关键帧，如图14-357所示。

165 用同样的方法设置其他两个素材，编辑类似的关键帧动画，完成的效果如图14-358所示。

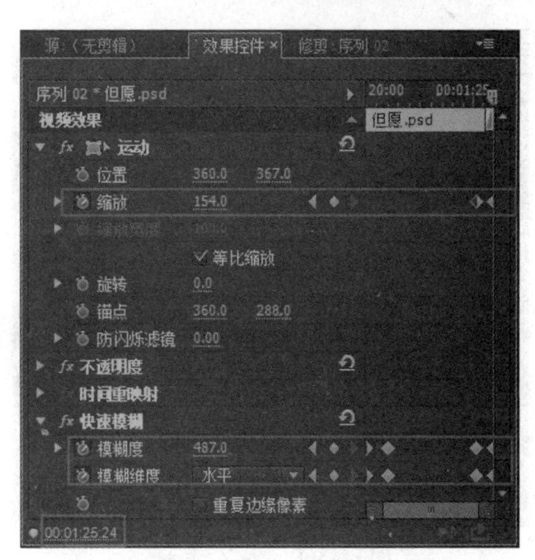

图14-357　添加第四处关键帧

图14-358　完成效果

166 在视频轨1的00:01:26:13位置添加“光碟.avi”素材，设置持续时间为00:00:12:07，如图14-359所示。

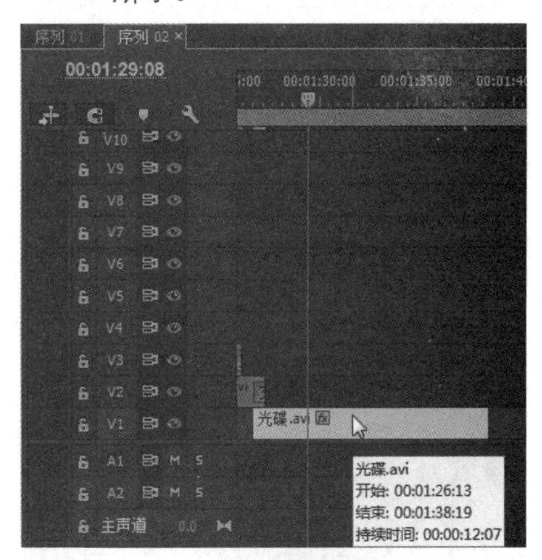

图14-359　拖入素材

167 在视频轨2上添加“框遮罩.psd”素材，设置持续时间为00:00:11:15，如图14-360所示。

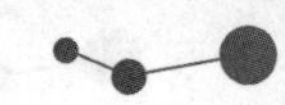

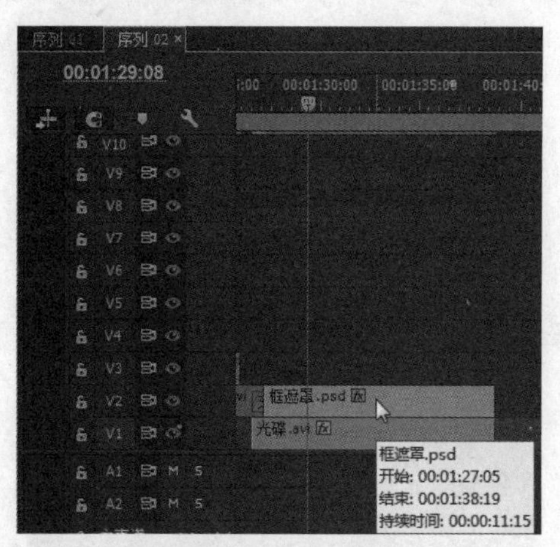

图14-360　拖入素材

168 选择素材，进入“效果控件”面板，设置“缩放”参数为0，如图14-361所示。

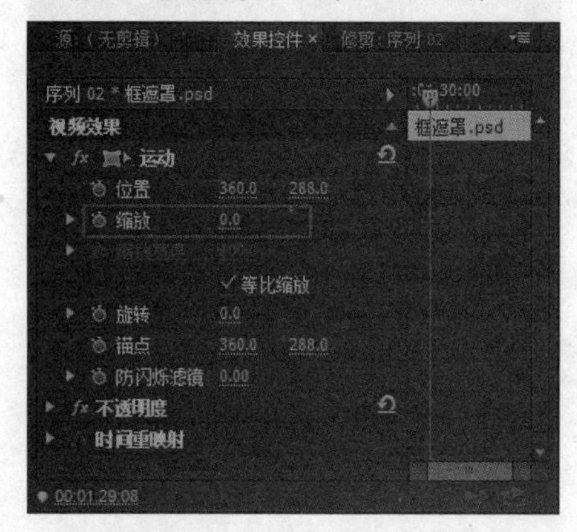

图14-361　设置“缩放”参数

169 将“128.JPG”和“118.JPG”素材添加到视频轨3上并设置持续时间均为00:00:03:20，如图14-362所示。

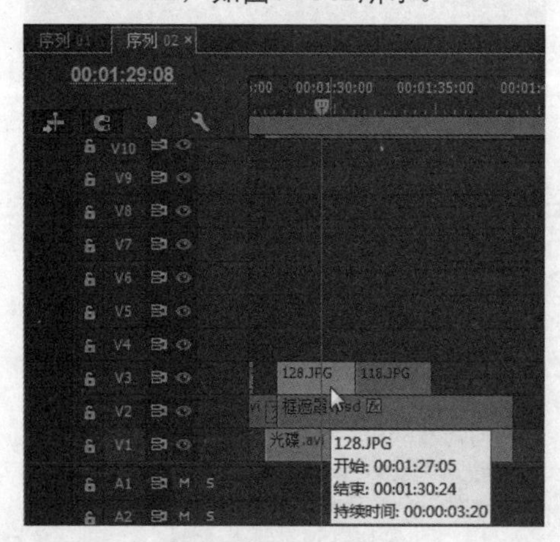

图14-362　拖入素材

170 选择“128.JPG”素材，进入“效果控件”面板，设置时间为00:01:27:05，单击“位置”前的“切换动画”按钮，设置“位置”参数为360、500，“缩放”参数为28，如图14-363所示。

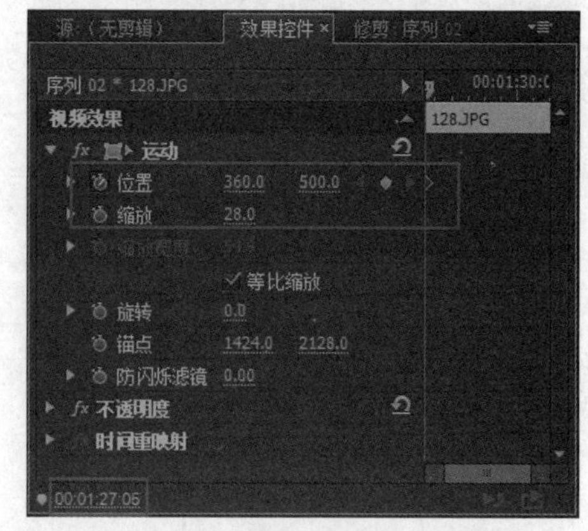

图14-363　添加第一处关键帧

171 设置时间为00:01:30:23，设置“位置”参数为360、320，如图14-364所示。

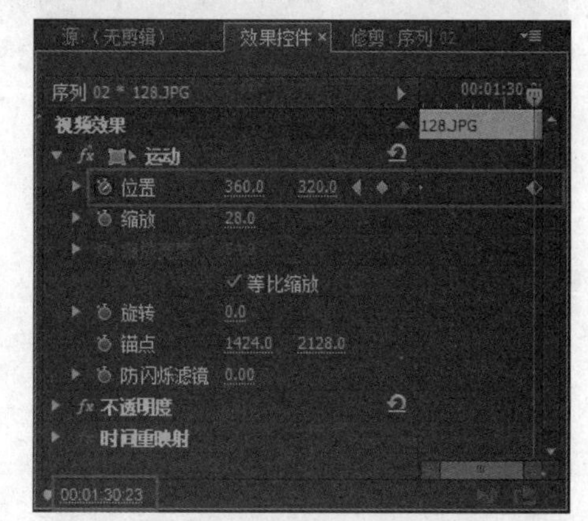

图14-364　添加第二处关键帧

172 选择“118.JPG”素材，进入“效果控件”面板，设置时间为00:01:31:00，单击“位置”前的“切换动画”按钮，设置“位置”参数为360、399.7，“缩放”参数为28，如图14-365所示。

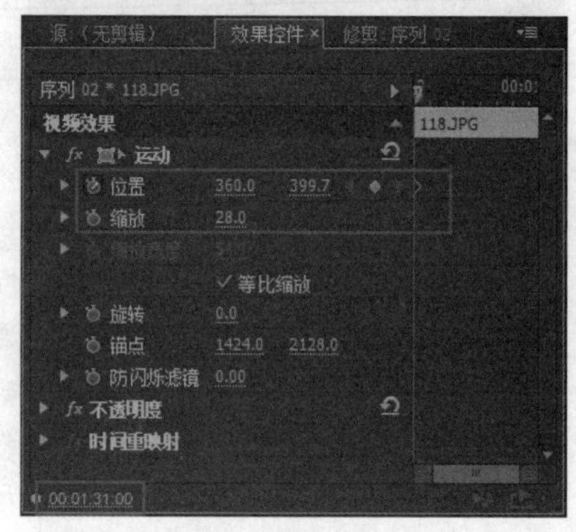

图14-365　添加第一处关键帧

173 设置时间为00:01:34:19，设置“位置”参数为360、500，如图14-366所示。

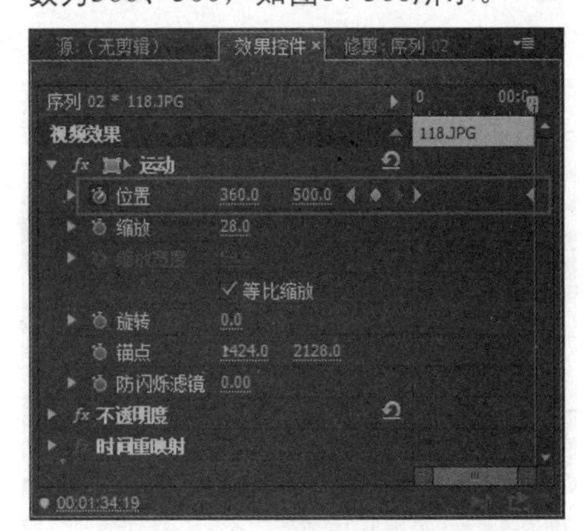

图14-366 添加第二处关键帧

174 在视频轨3上添加“047.JPG”素材，设置持续时间为4秒，如图14-367所示。

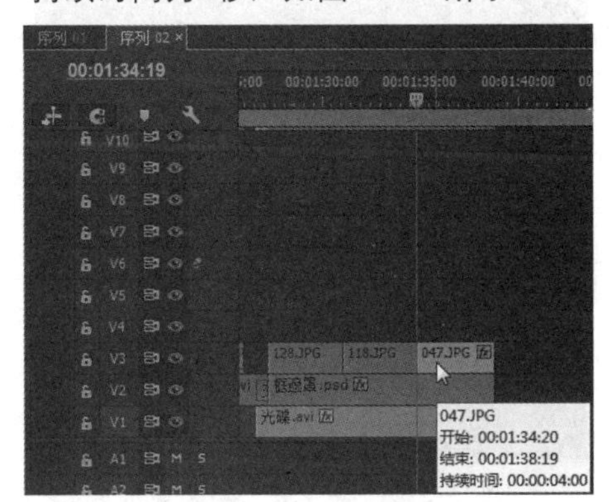

图14-367 拖入素材

175 在素材上添加“交叉溶解”特效。设置第一个特效的持续时间为20帧，如图14-368所示。

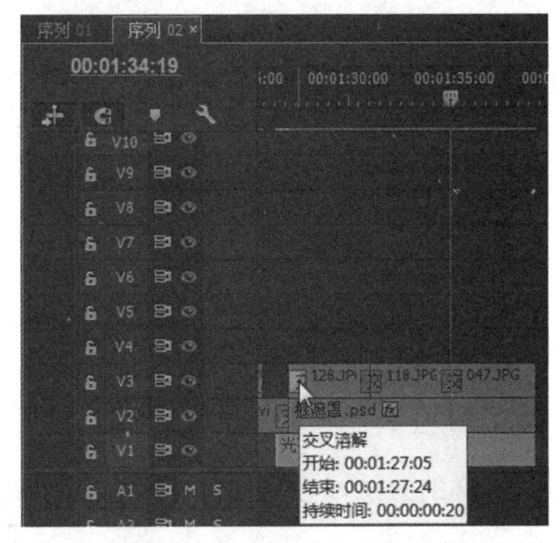

图14-368 添加“交叉溶解”特效

176 选择“047.JPG”素材，进入“效果控件”面板，设置时间为00:01:34:09，单击“位置”前的“切换动画”按钮，添加“位置”关键帧，设置“缩放”参数为28，如图14-369所示。

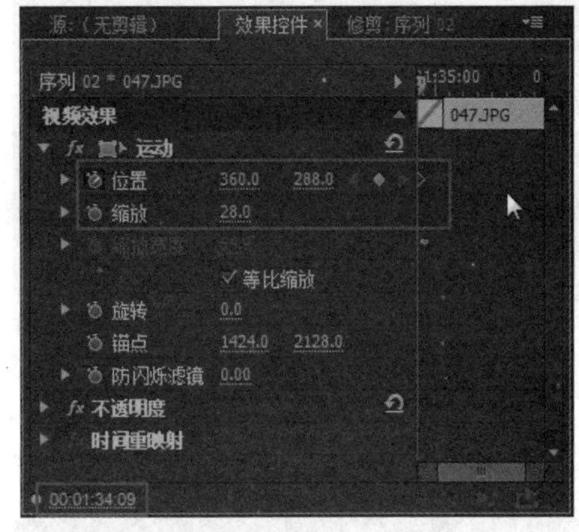

图14-369 添加第一处关键帧

177 设置时间为00:01:35:16，设置“位置”参数为360、400，如图14-370所示。

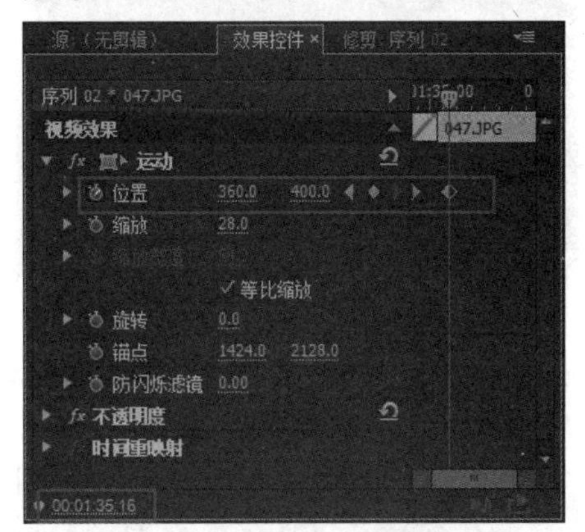

图14-370 添加第二处关键帧

178 设置时间为00:01:38:14，设置“位置”参数为360、480，如图14-371所示。

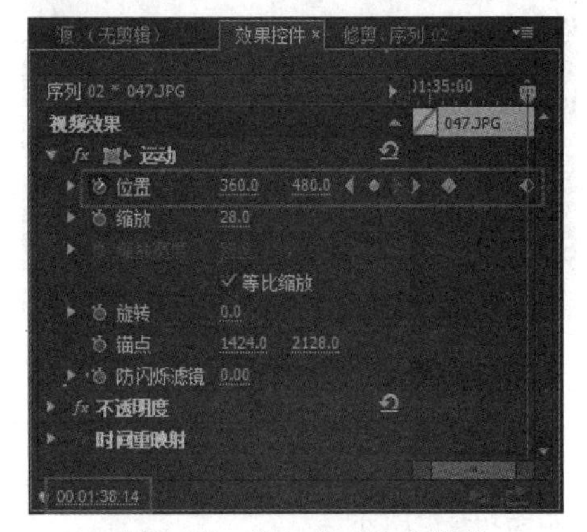

图14-371 添加第三处关键帧

179 在视频轨4的00:01:27:05位置添加“光碟.avi”素材，设置持续时间为00:00:11:15，如图14-372所示。

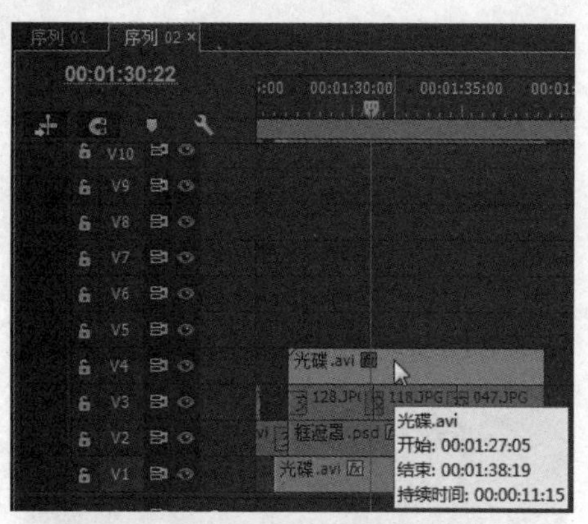

图14-372 拖入素材

180 在素材的结束位置添加“交叉溶解”特效，如图14-373所示。

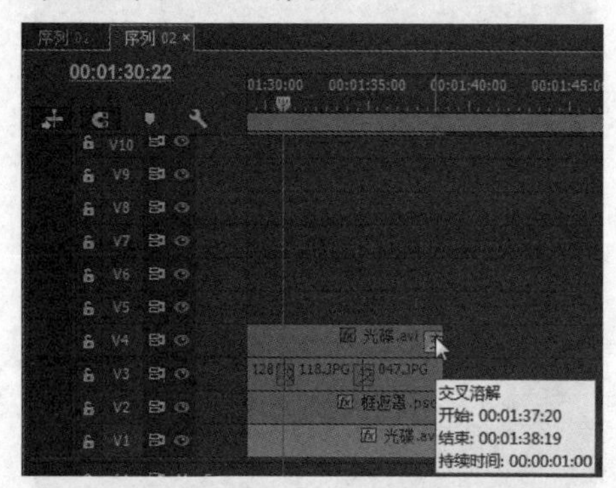

图14-373 添加“交叉溶解”特效

181 为素材添加“亮度键”特效并设置特效属性，如图14-374所示。

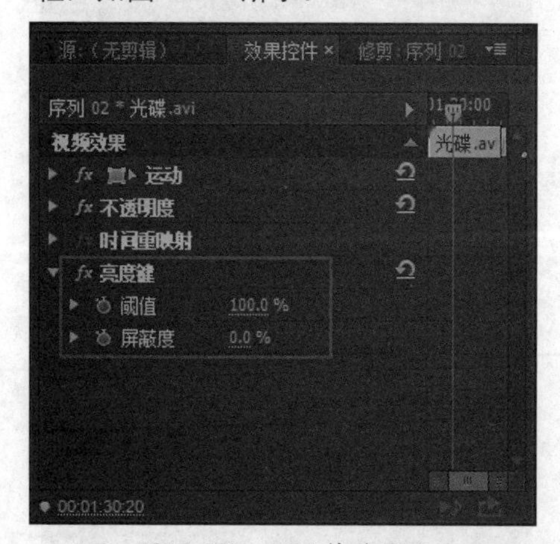

图14-374 设置特效属性

182 在视频轨5的00:01:27:05位置添加“128.JPG”素材，设置持续时间为00:00:03:20，如图14-375所示。

183 选择“128.JPG”素材，进入“效果控件”面板，设置时间为00:01:27:05，单击“位置”前的“切换动画”按钮，设置“位置”参数为186、-141，“缩放”参数为8，如图14-376所示。

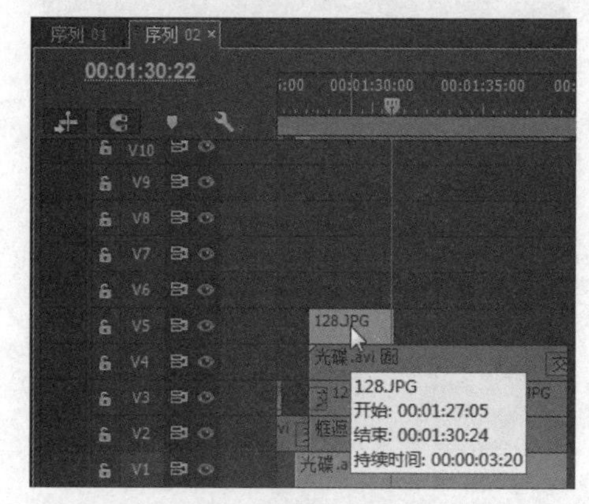

图14-375 拖入素材

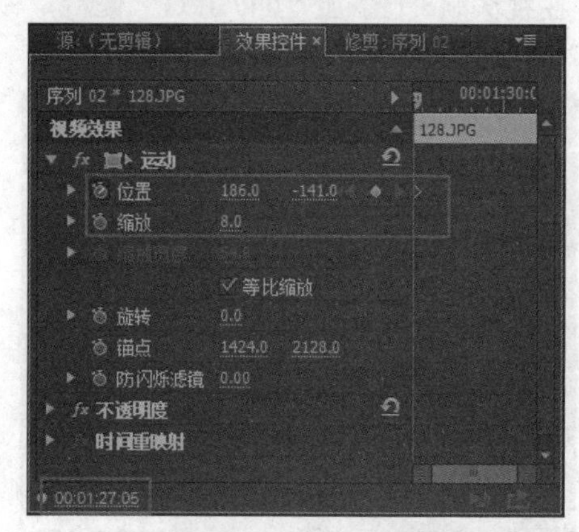

图14-376 添加第一处关键帧

184 设置时间为00:01:31:00，设置“位置”参数为186、718，如图14-377所示。

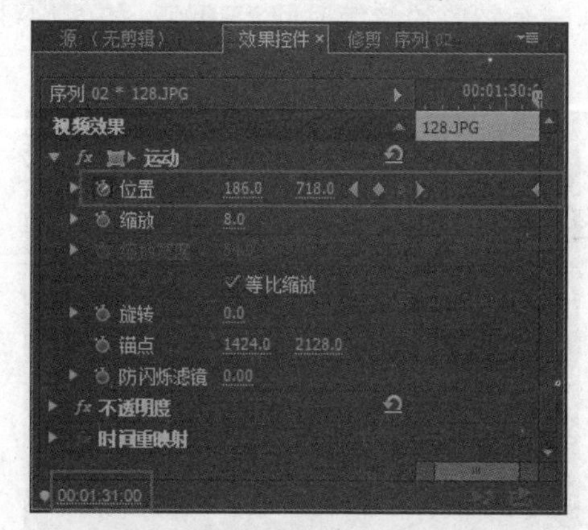

图14-377 添加第二处关键帧

185 用同样的方法，在视频轨上添加素材并添加关键帧动画。在素材上添加“交叉溶解”特效，设置过渡持续时间均为12帧，如图14-378所示。

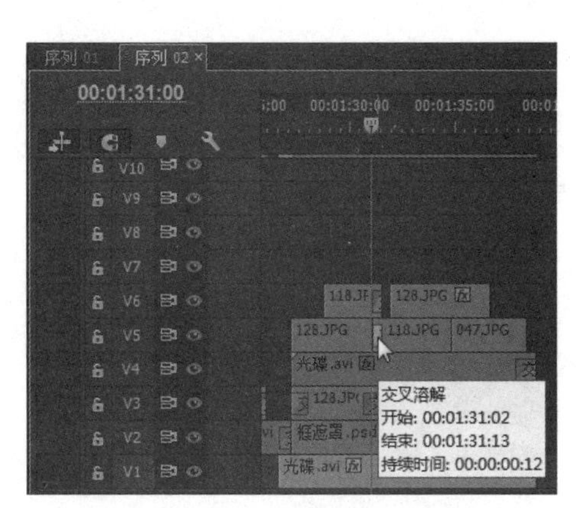

图14-378　拖入素材并设置特效

186 在视频轨7的00:01:28:08位置添加“a-1.avi”素材，设置“持续”时间为10秒，如图14-379所示。

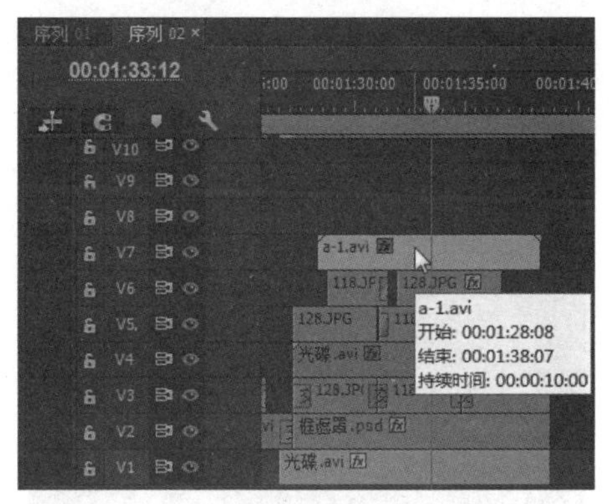

图14-379　拖入素材

187 为素材添加“亮度键”特效并设置特效参数，如图14-380所示。

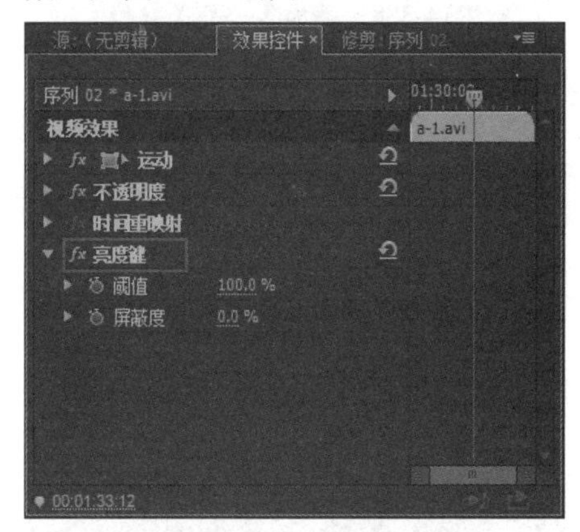

图14-380　添加“亮度键”特效

188 在视频轨1上添加“165.JPG”素材，设置持续时间为00:00:04:03，如图14-381所示。

189 选择“165.JPG”素材，进入“效果控件”面板，设置时间为00:01:38:20，单击“不透明度”前的“切换动画”按钮，设置“位置”参数为360、480，“缩放”参数为28，“不透明度”参数为0，如图14-382所示。

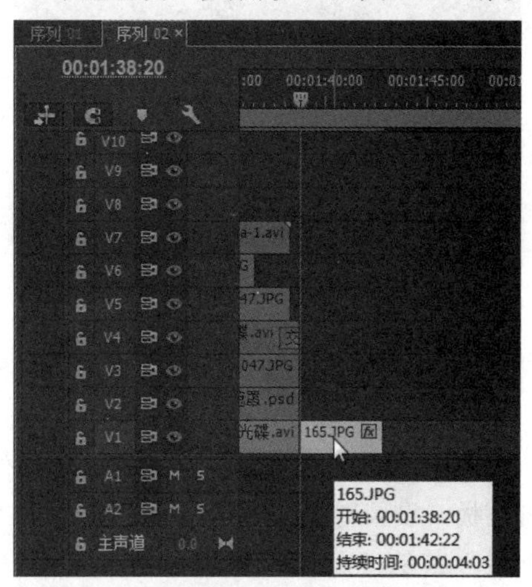

图14-381　拖入素材

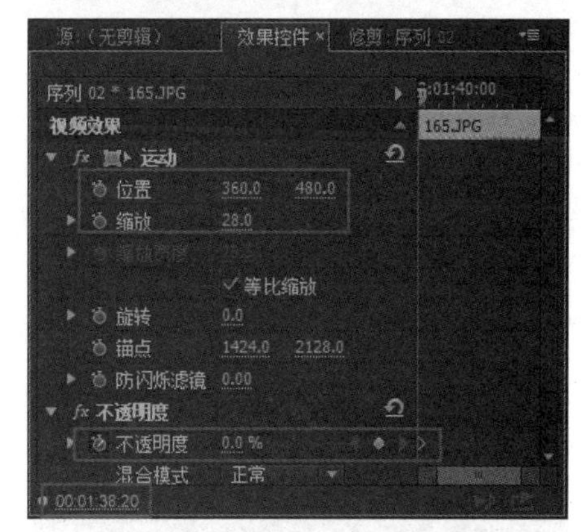

图14-382　添加第一处关键帧

190 设置时间为00:01:39:11，设置“不透明度”参数为100，如图14-383所示。

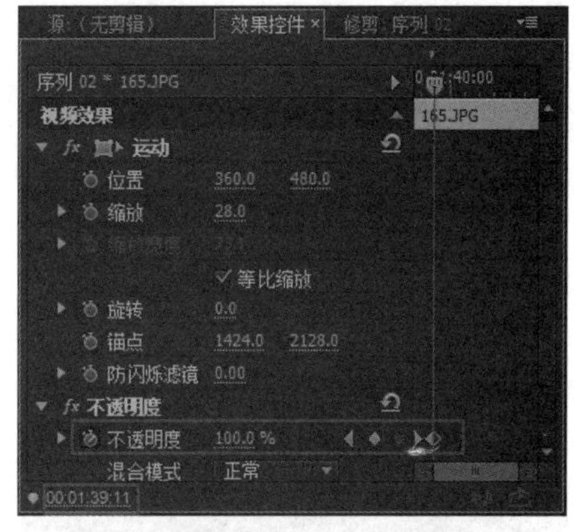

图14-383　添加第二处关键帧

191 在视频轨1的00:01:44:20位置添加“178.JPG”素材，设置持续时间为00:00:03:15，如图14-384所示。

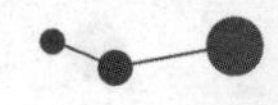

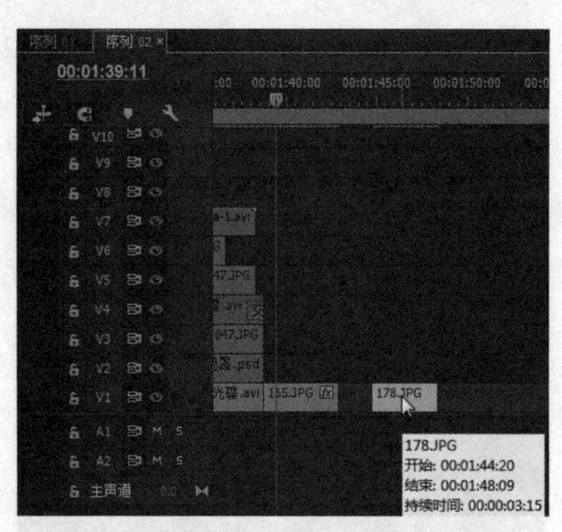

图14-384　拖入素材

192 选择“178.JPG”素材，进入“效果控件”面板，设置时间为00:01:44:20，单击“位置”前的“切换动画”按钮，设置“位置”参数为360、500，“缩放”参数为28，如图14-385所示。

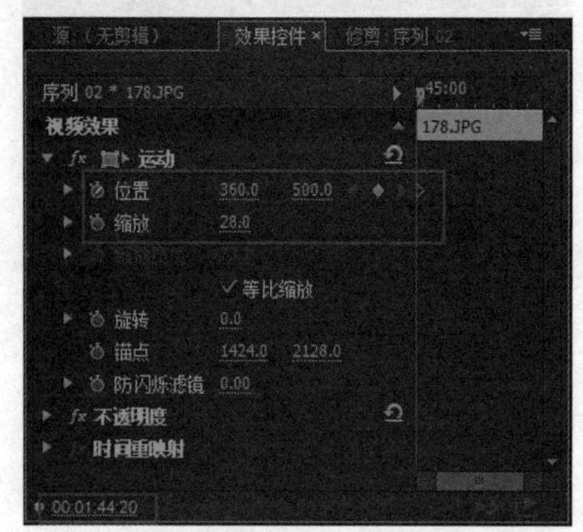

图14-385　添加第一处关键帧

193 设置时间为00:01:48:10，设置“位置”参数为360、288，如图14-386所示。

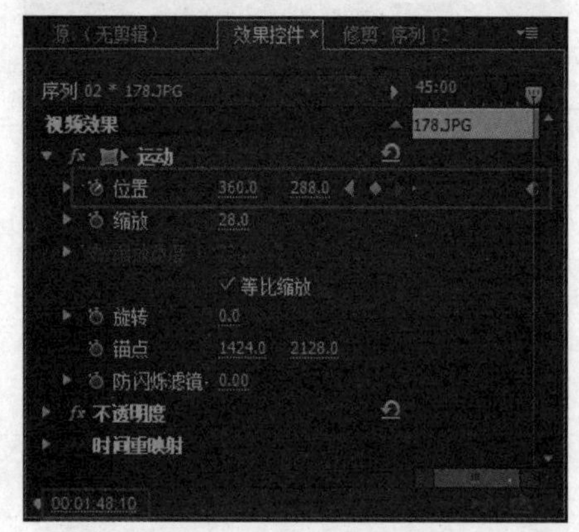

图14-386　添加第二处关键帧

194 在视频轨1的00:01:50:06位置添加“181.JPG”素材，设置持续时间为4秒，如图14-387所示。

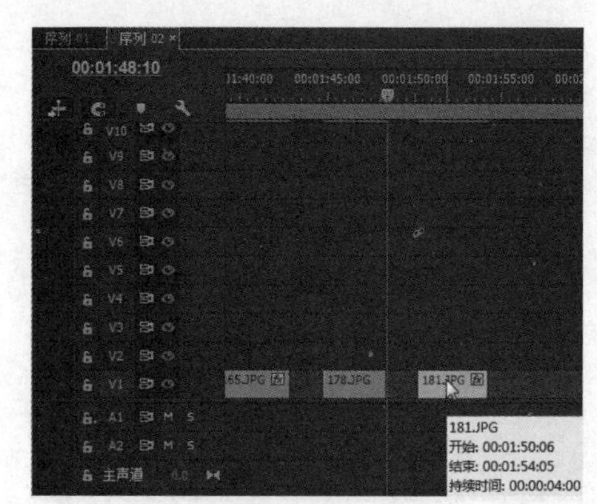

图14-387　拖入素材

195 选择“181.JPG”素材，进入“效果控件”面板，设置时间为00:01:50:06，单击“位置”前的“切换动画”按钮，设置“位置”参数为360、356，“缩放”参数为28，如图14-388所示。

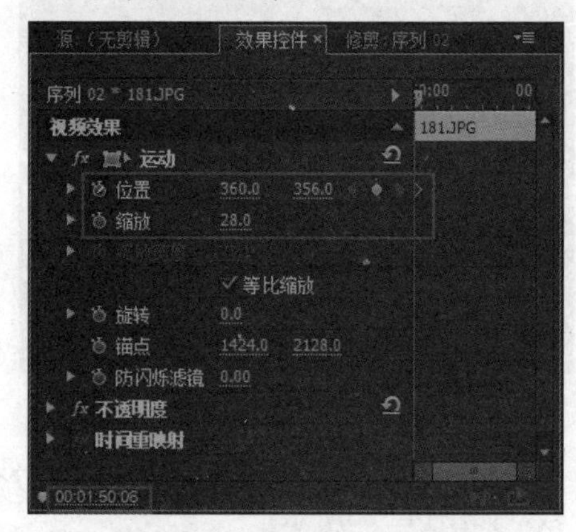

图14-388　添加第一处关键帧

196 设置时间为00:01:53:22，设置“位置”参数为360、220，如图14-389所示。

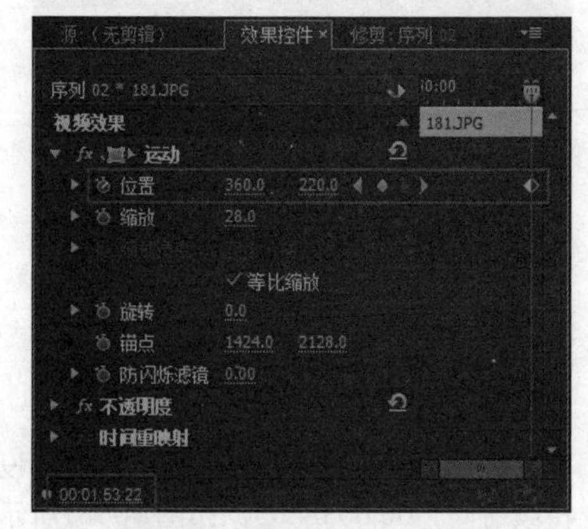

图14-389　添加第二处关键帧

197 用同样的方法，在视频轨2上添加“177.JPG”、“168.JPG”和“175.JPG”素材并编辑关键帧动画。在素材的开始和结束位置添加“交叉溶解”特效，如图14-390所示。

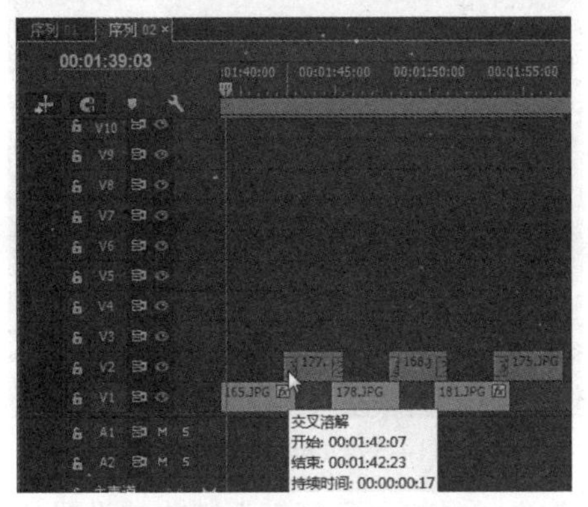

图14-390 拖入素材并设置

198 在视频轨3上添加“048_AniOverlay.avi”素材，在素材的开始和结束位置分别添加“交叉溶解”特效，如图14-391所示。

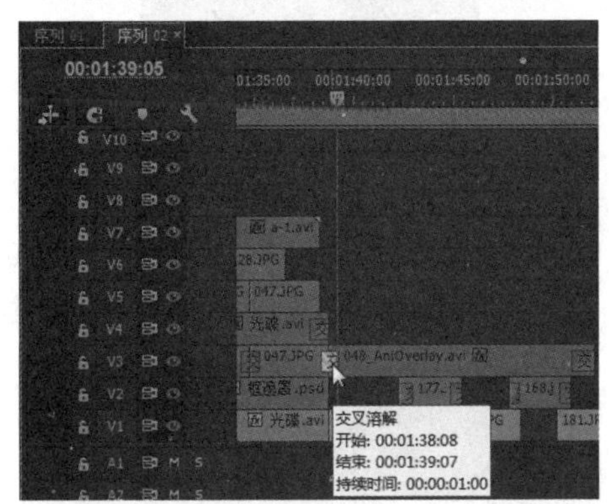

图14-391 拖入素材并添加特效

199 为素材添加“亮度键”特效。进入“效果控件”面板，设置时间为00:01:38:20，单击“不透明度”前的“切换动画”按钮，设置“不透明度”参数为0，“阈值”参数为16.5，“屏蔽度”参数为14.7，如图14-392所示。

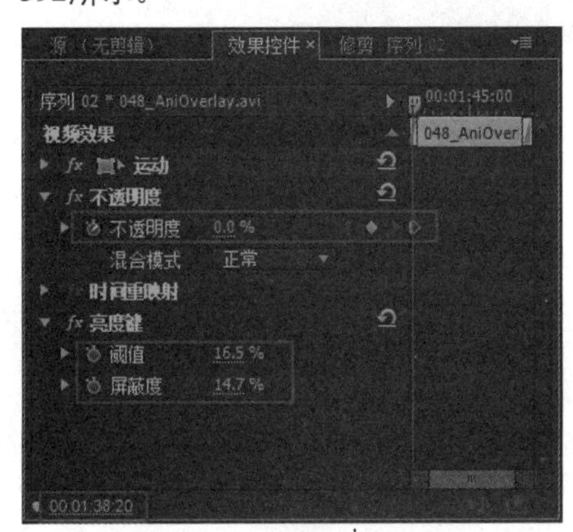

图14-392 添加第一处关键帧

200 设置时间为00:01:39:11，设置“不透明度”参数为15，如图14-393所示。

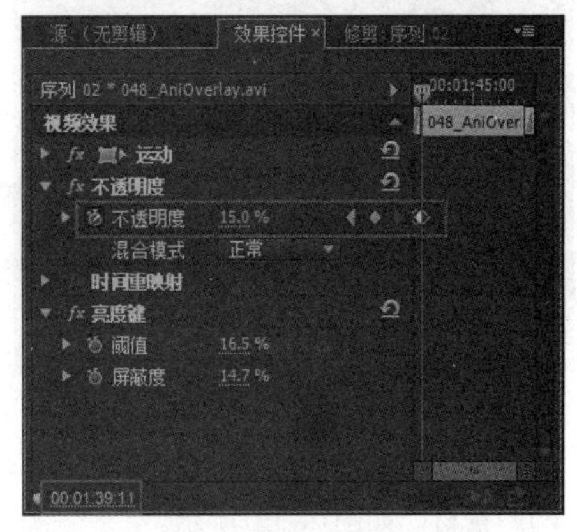

图14-393 添加第二处关键帧

201 将“我是船.psd”等7个素材分别添加到视频轨4～10上。开始位置为00:01:39:13，而后依次设置延迟18帧显示，持续时间均设置为00:00:09:24，如图14-394所示。

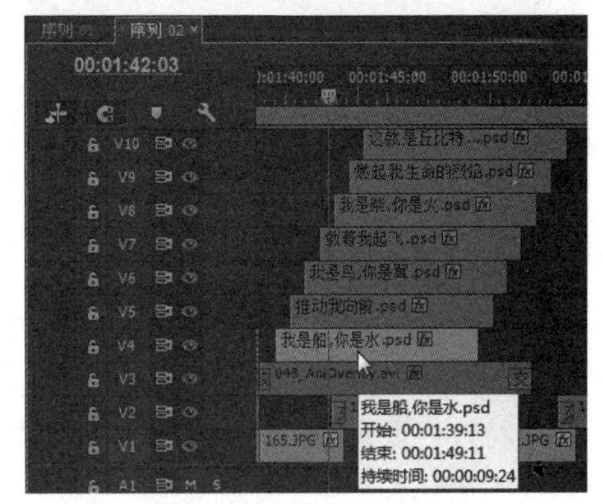

图14-394 拖入素材

202 完成的效果如图14-395所示。

图14-395 完成效果

203 在素材的前后分别添加“交叉溶解”特效，设置持续时间均为18帧，如图14-396所示。

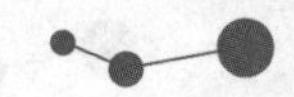

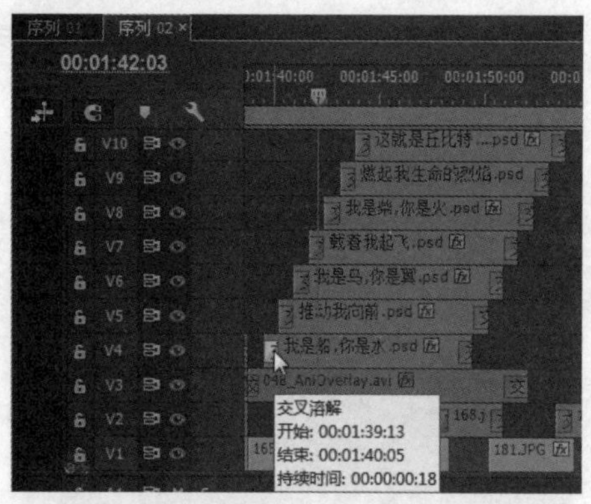

图14-396　添加“交叉溶解”特效

204 在视频轨5的00:01:53:18位置添加“箭头-1.avi”素材，如图14-397所示。

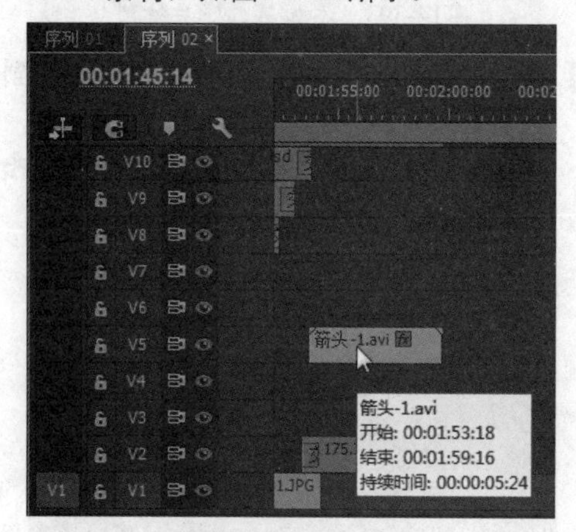

图14-397　拖入素材

205 在素材的开始和结束位置添加“交叉溶解”特效，设置持续时间均为19帧，如图14-398所示。

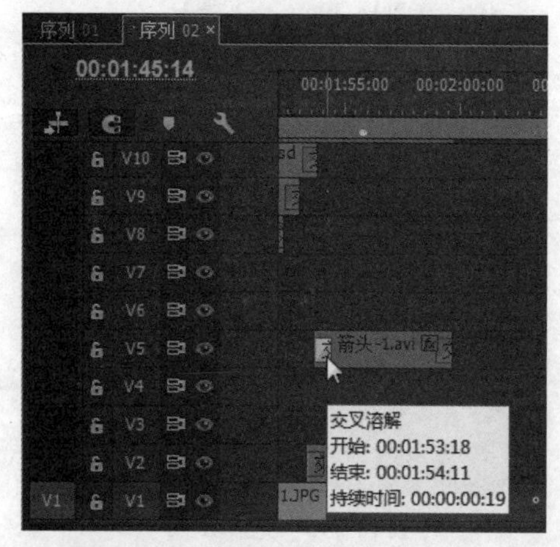

图14-398　添加“交叉溶解”特效

206 选择素材，进入“效果控件”面板，设置“位置”参数为360、358，“不透明度”参数为80，如图14-399所示。

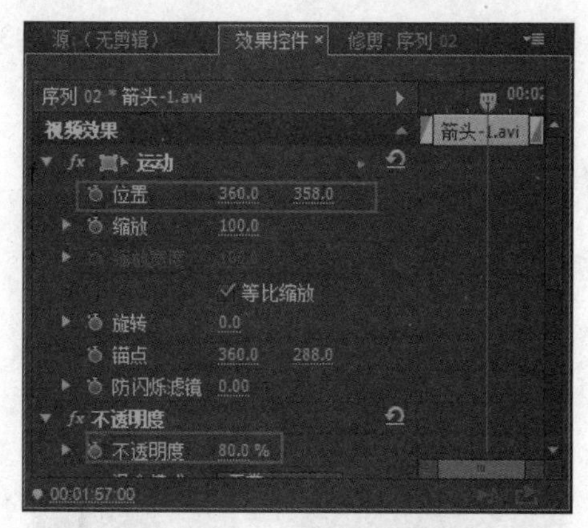

图14-399　设置视频效果

207 为素材添加“色度键”特效并设置其“相似性”参数为4，如图14-400所示。

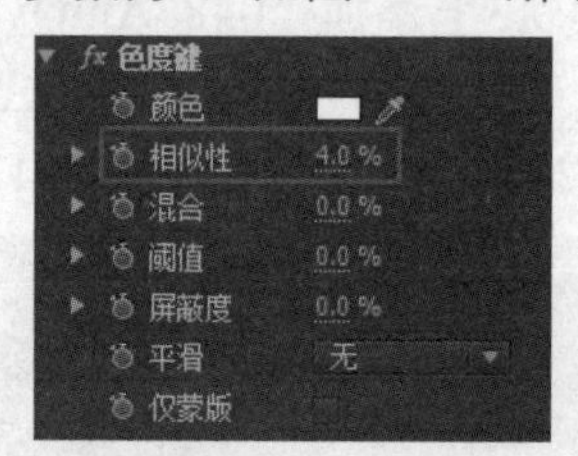

图14-400　设置“相似性”参数

208 在视频轨4的00:01:56:04位置添加“010.JPG”素材，设置持续时间为00:00:03:13，如图14-401所示。

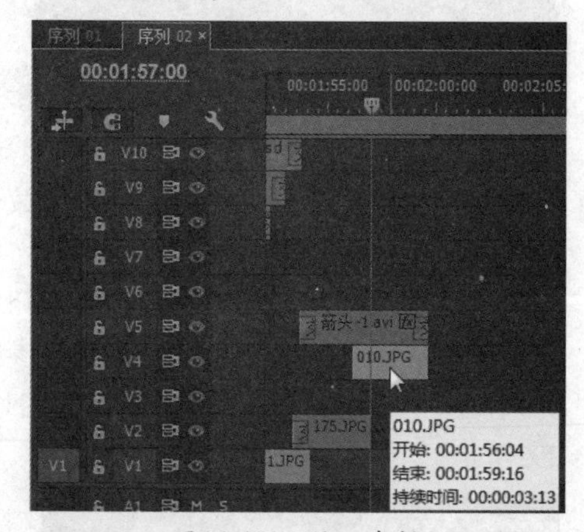

图14-401　拖入素材

209 选择素材，进入“效果控件”面板，设置“位置”参数为360、450，“缩放”参数为28，如图14-402所示。

210 在素材的开始位置添加“交叉溶解”特效并设置持续时间为23帧，如图14-403所示。

211 在素材的结束位置添加“交叉溶解”特效并设置持续时间为19帧，如图14-404所示。

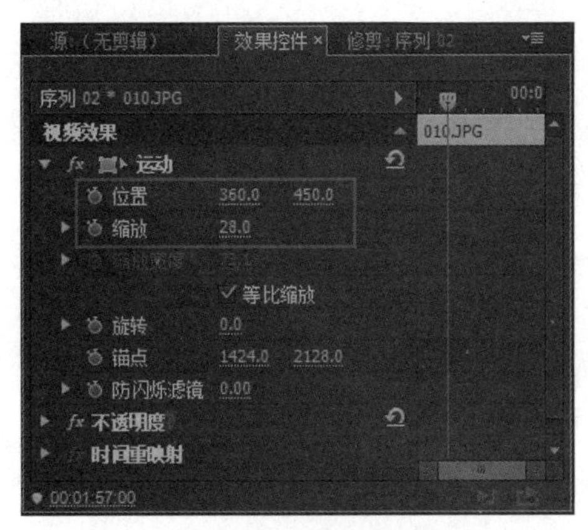

图14-402　设置视频效果

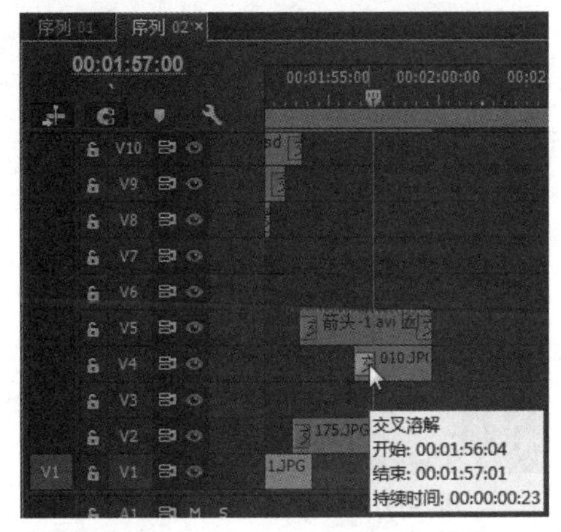

图14-403　添加“交叉溶解”特效

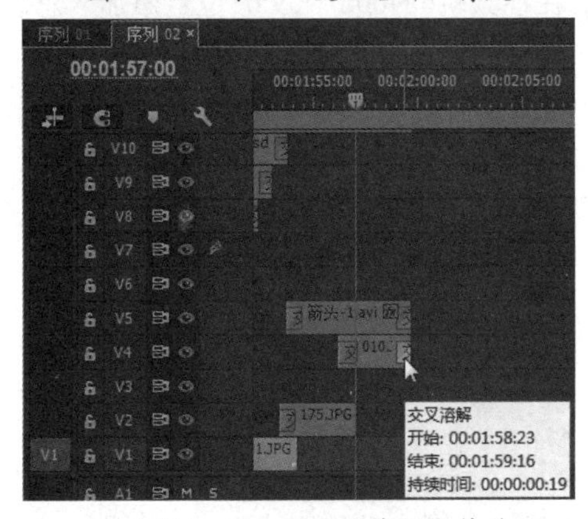

图14-404　添加“交叉溶解”特效

212 在视频轨3的00:01:59:00位置添加“039.JPG”素材，设置持续时间为00:00:05:07，如图14-405所示。

213 在素材的结束位置添加“交叉溶解”特效并设置持续时间为15帧，如图14-406所示。

214 选择“039.JPG”素材，进入“效果控件”面板，设置时间为00:01:59:00，单击“位置”前的“切换动画”按钮，设置“位置”参数为360、200，“缩放”参数为28，如图14-407所示。

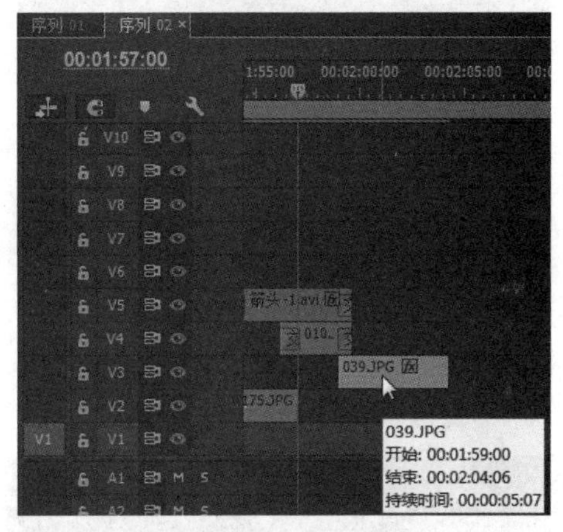

图14-405　拖入素材

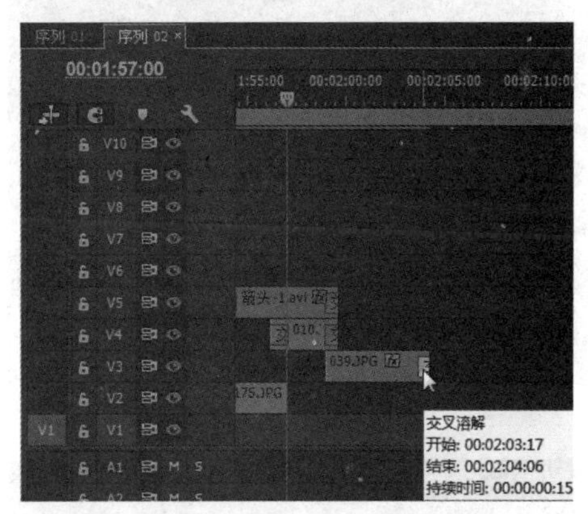

图14-406　添加“交叉溶解”特效

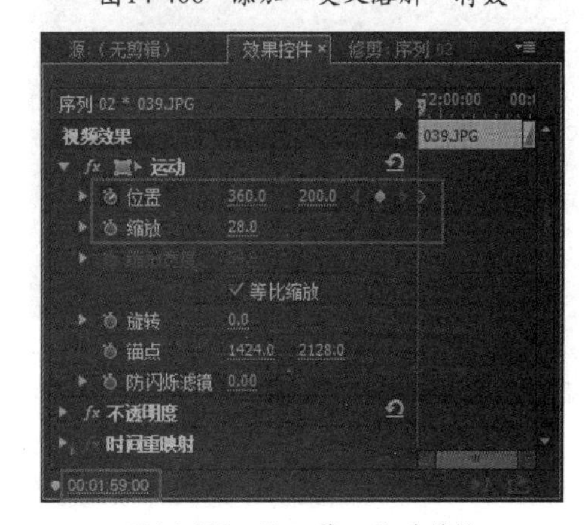

图14-407　添加第一处关键帧

215 设置时间为00:02:04:05，设置“位置”参数为360、500，如图14-408所示。

216 在视频轨2的00:02:03:18位置添加“071.JPG”素材，设置持续时间为00:00:05:02，如图14-409所示。

217 在素材的结束位置添加“交叉溶解”特效并设置持续时间为17帧，如图14-410所示。

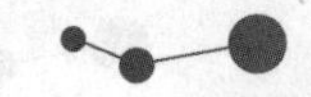

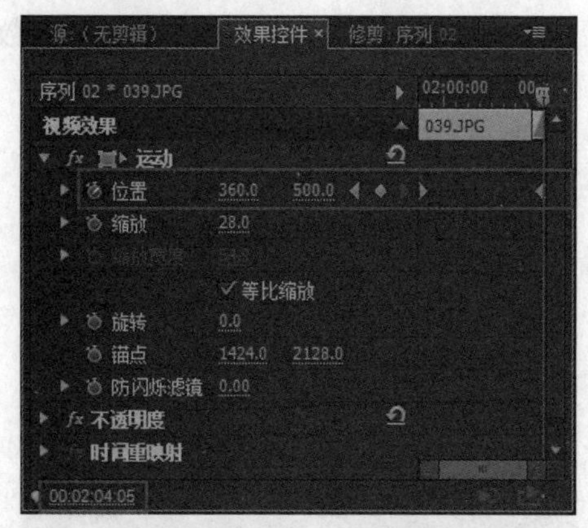

图14-408　添加第二处关键帧

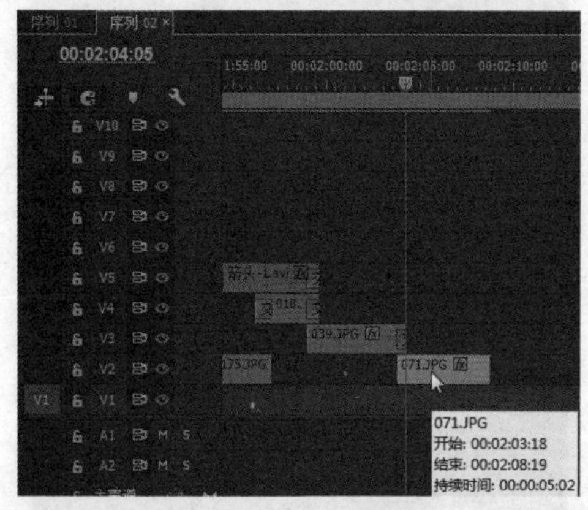

图14-409　拖入素材

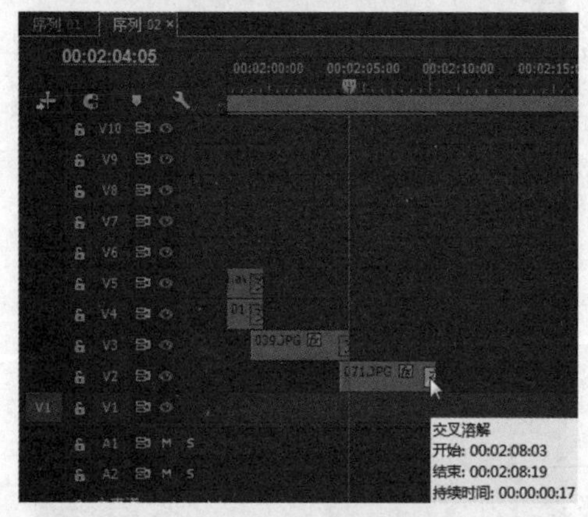

图14-410　添加“交叉溶解”特效

218 选择“071.JPG”素材，进入“效果控件”面板，设置时间为00:02:04:00，单击“位置”前的“切换动画”按钮，设置“位置”参数为360、500，“缩放”参数为28，如图14-411所示。

219 设置时间为00:02:08:19，设置“位置”参数为360、90，如图14-412所示。

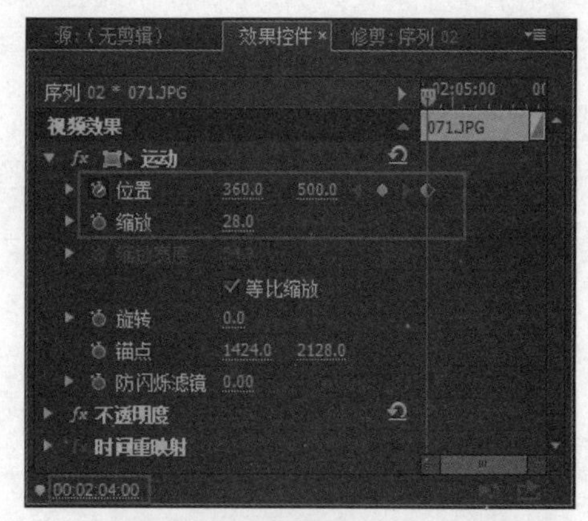

图14-411　添加第一处关键帧

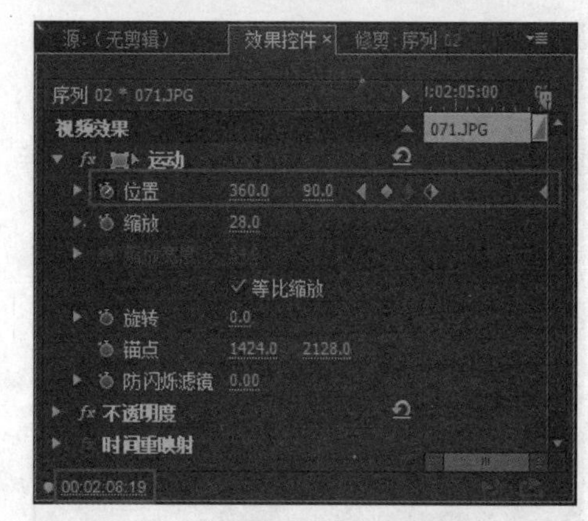

图14-412　添加第二处关键帧

220 在视频轨6的00:01:59:08位置添加“思念是别样的美丽.avi”素材，如图14-413所示。

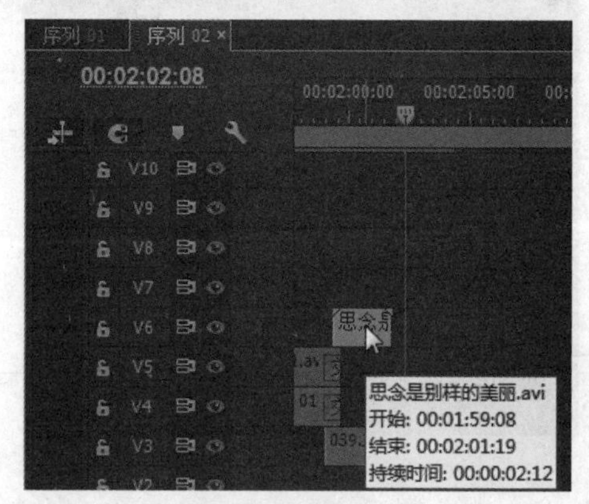

图14-413　拖入素材

221 为素材添加“亮度键”特效。进入“效果控件”面板，设置“位置”参数为412、652.4，“阈值”参数为32.6，“屏蔽度”参数为28，如图14-414所示。

222 按住Alt键并复制素材两次，然后将其分别粘贴到视频轨6和7上，如图14-415所示。

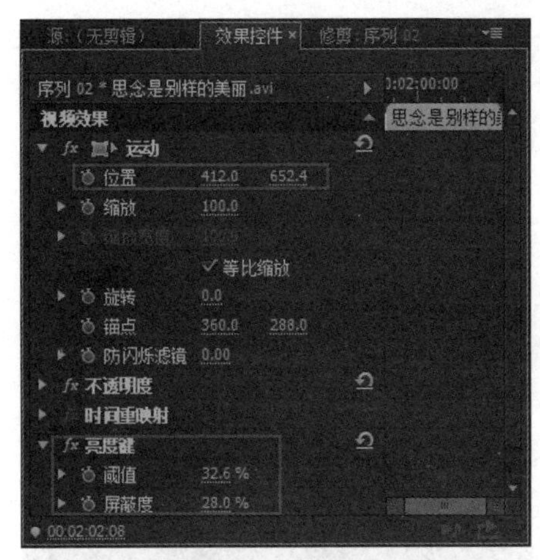

图14-414 设置视频效果参数

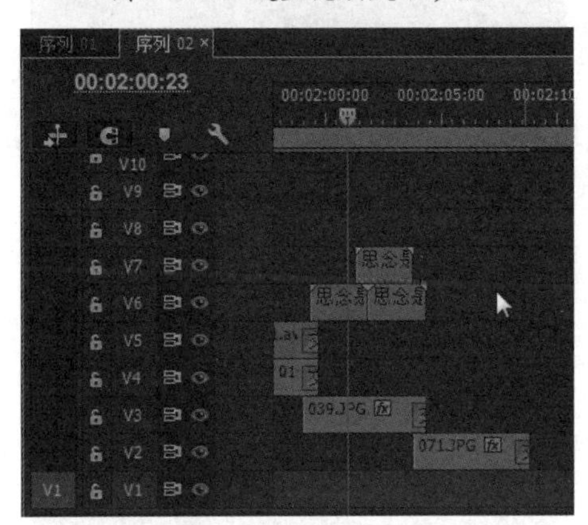

图14-415 复制素材

223 在素材的开始和结束位置分别添加“交叉溶解”特效并修改持续时间为10帧，如图14-416所示。

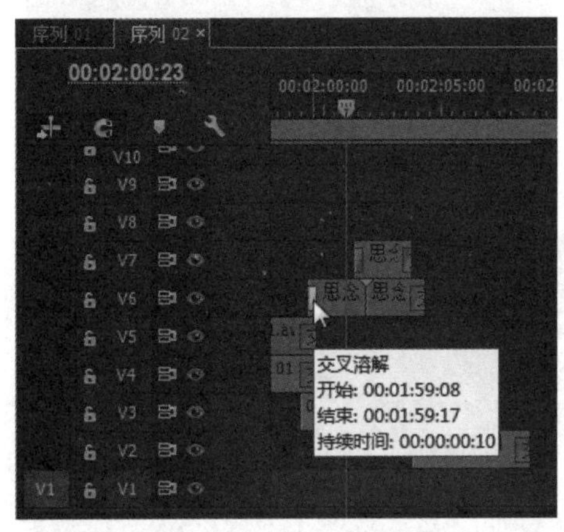

图14-416 添加“交叉溶解”特效

224 选择视频轨7上的“思念是别样的美丽.avi”素材，进入“效果控件”面板，设置时间为00:02:01:06，单击“位置”前的“切换动画”按钮，如图14-417所示。

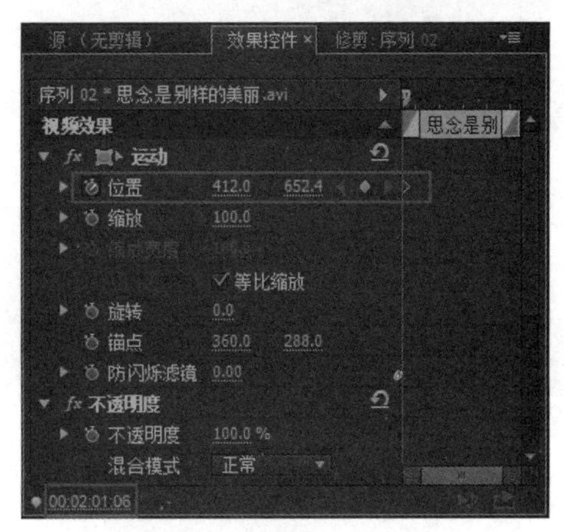

图14-417 添加第一处关键帧

225 设置时间为00:02:01:20，单击“不透明度”前的“切换动画”按钮，设置“不透明度”参数为65，如图14-418所示。

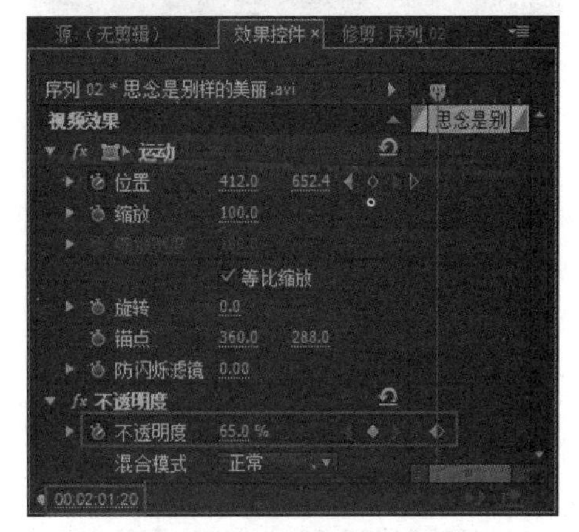

图14-418 添加第二处关键帧

226 设置时间为00:02:02:04，设置“不透明度”参数为0，如图14-419所示。

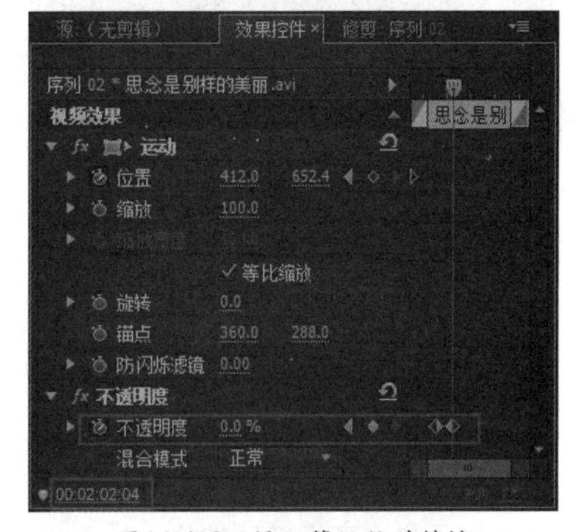

图14-419 添加第三处关键帧

227 设置时间为00:02:03:16，设置“位置”参数为805、652.4，如图14-420所示。

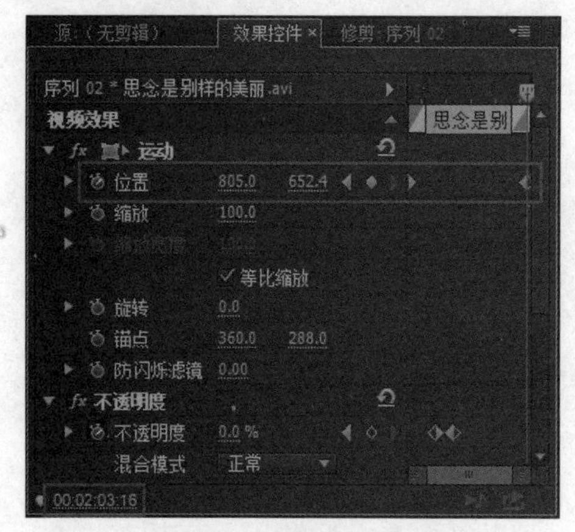

图14-420　添加第四处关键帧

228 按住Alt键并复制素材，然后将其分别粘贴到视频轨8和9上，如图14-421所示。

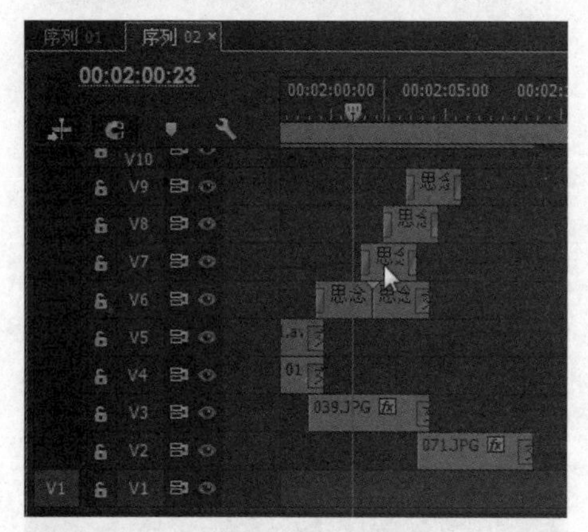

图14-421　复制素材

229 在视频轨5的00:02:04:07位置添加“love.avi”素材，如图14-422所示。

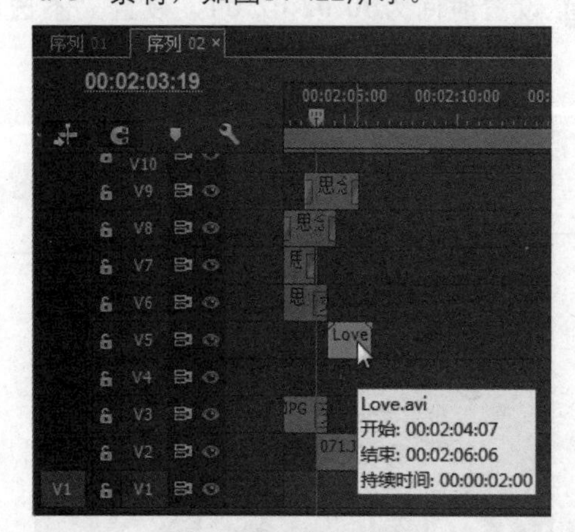

图14-422　拖入素材

230 为素材添加“亮度键”特效。进入“效果控件”面板，设置时间为00:02:04:07，单击“位置”前的“切换动画”按钮，设置“位置”参数为437.3、864.2，“阈值”参数为12.4，“屏蔽度”参数为8.3，如图14-423所示。

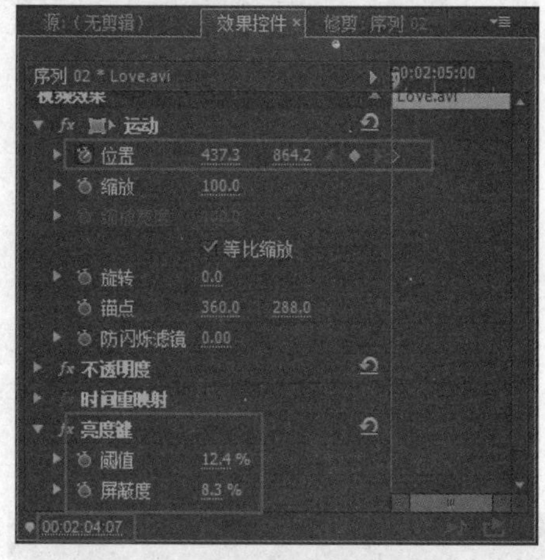

图14-423　添加第一处关键帧

231 设置时间为00:02:06:05，设置“位置”参数为460.3、36，如图14-424所示。

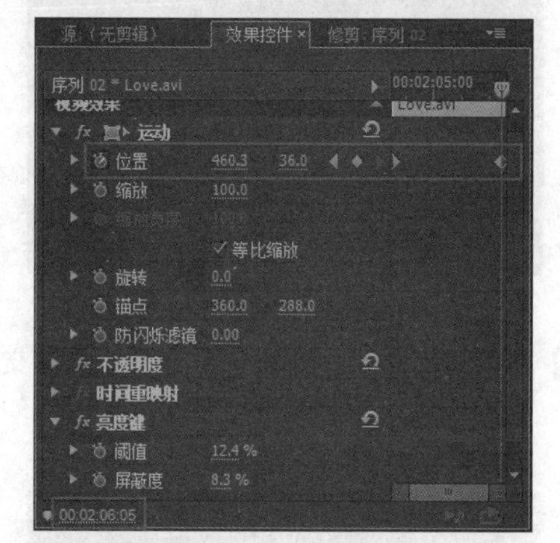

图14-424　添加第二处关键帧

232 在视频轨6的00:02:05:17位置，添加“甜蜜.avi”素材，如图14-425所示。

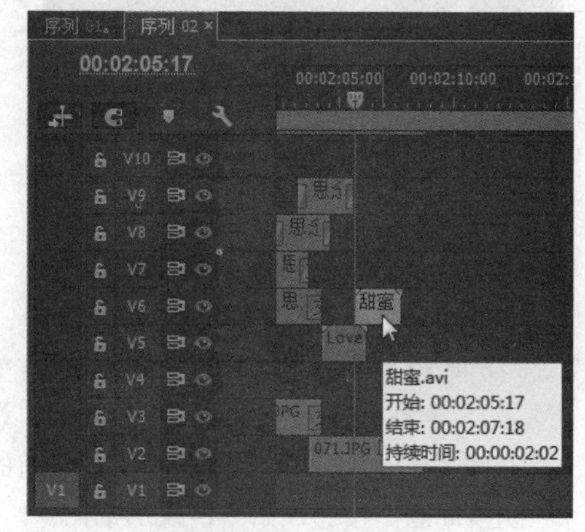

图14-425　拖入素材

233 选择素材，进入“效果控件”面板，设置时间为00:02:05:17，单击“位置”前的“切换动画”按钮，设置“位置”参数为900、668，如图14-426所示。

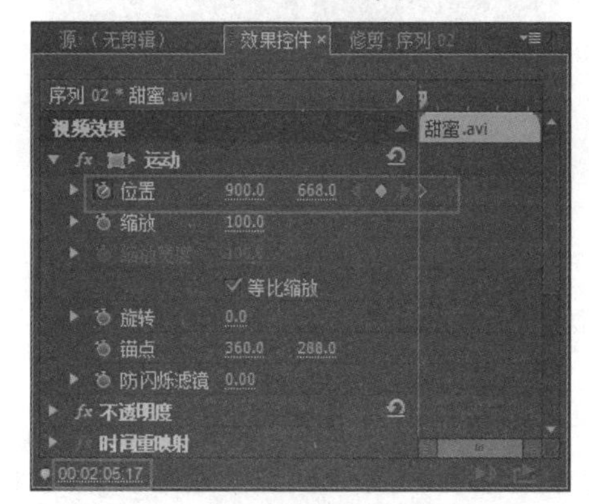

图14-426 添加第一处关键帧

234 设置时间为00:02:06:07，设置位置参数为714.2、601，如图14-427所示。

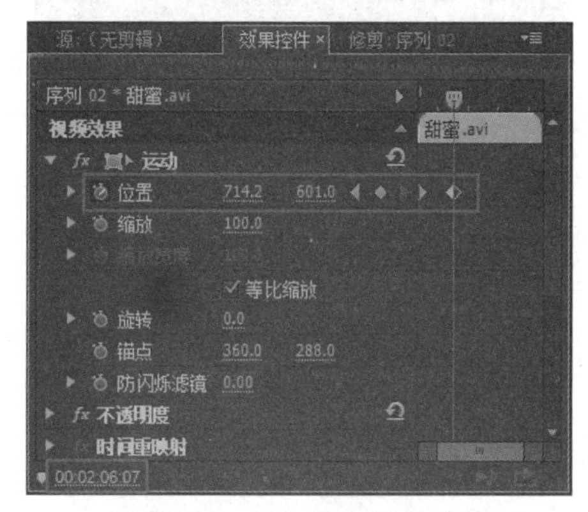

图14-427 添加第二处关键帧

235 设置时间为00:02:07:00，设置位置参数为492、590.9，如图14-428所示。

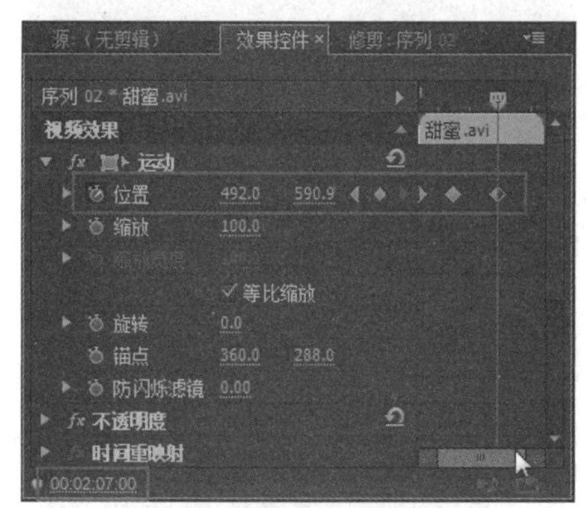

图14-428 添加第三处关键帧

236 设置时间为00:02:07:18，设置“位置”参数为277、668，如图14-429所示。

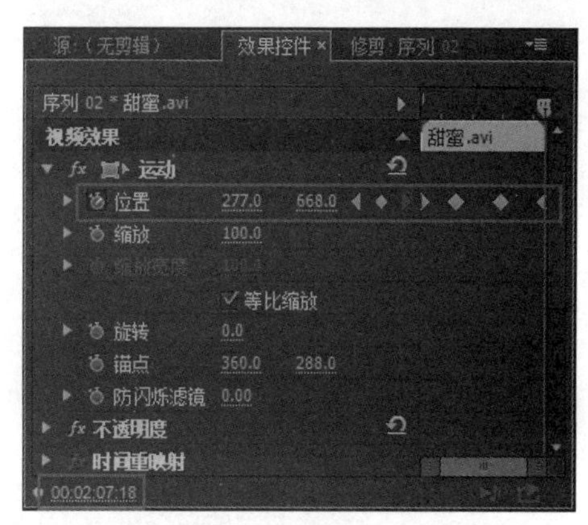

图14-429 添加第四处关键帧

237 为素材添加“亮度键”和“颜色平衡（RGB）”特效。在“效果控件”面板中设置效果参数，如图14-430所示。

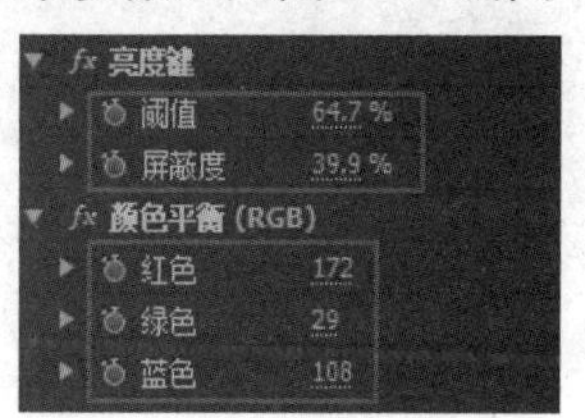

图14-430 设置特效参数

238 按住Alt键并复制素材，将其粘贴在视频轨7的00:02:06:18位置，如图14-431所示。

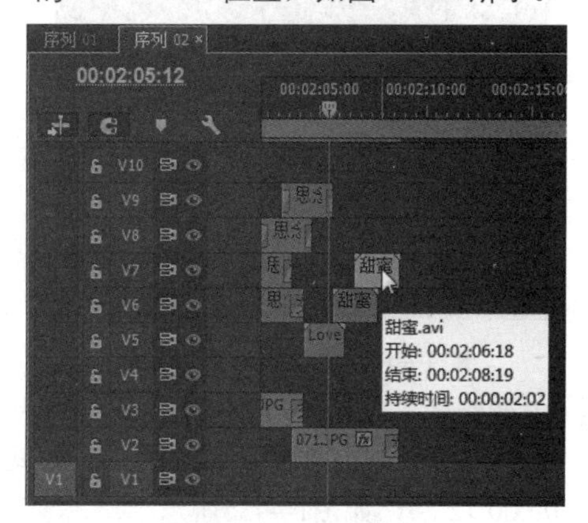

图14-431 拖入素材

239 选择视频轨7上的素材，进入“效果控件”面板，设置时间为00:02:06:18，单击“位置”前的“切换动画”按钮，设置“位置”参数为581.3、858.5，如图14-432所示。

240 设置时间为00:02:07:19，设置“位置”参数为673.8、481.3，如图14-433所示。

241 设置时间为00:02:08:18，设置“位置”参数为574.7、133，如图14-434所示。

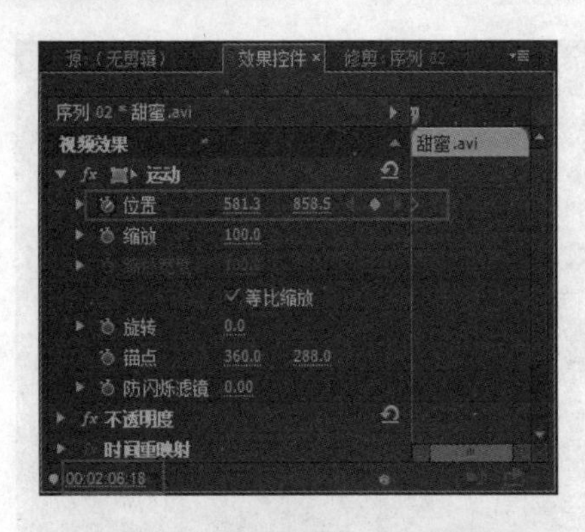

图14-432　添加第一处关键帧

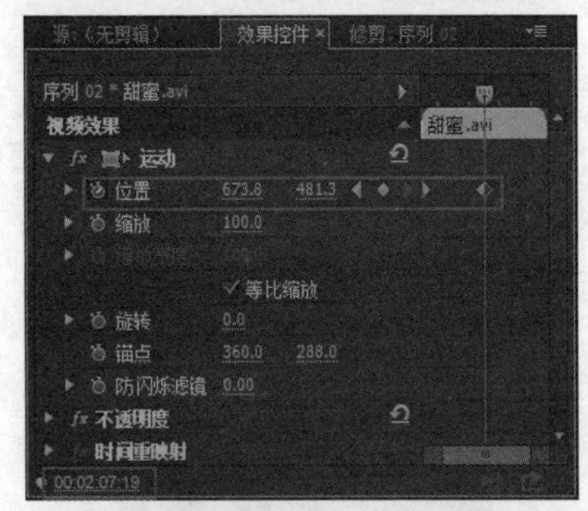

图14-433　添加第二处关键帧

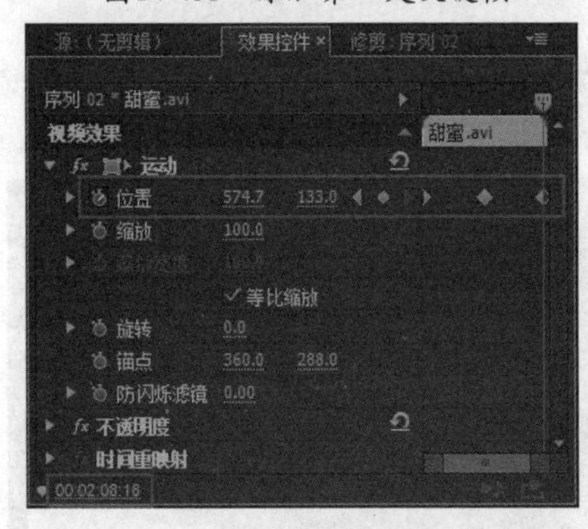

图14-434　添加第三处关键帧

242 在视频轨1的00:02:08:02位置添加“渐变背景.psd”素材，设置持续时间为00:00:12:24，如图14-435所示。

图14-435　拖入素材

243 选择素材，进入“效果控件”面板，设置“缩放”参数为110，如图14-436所示。

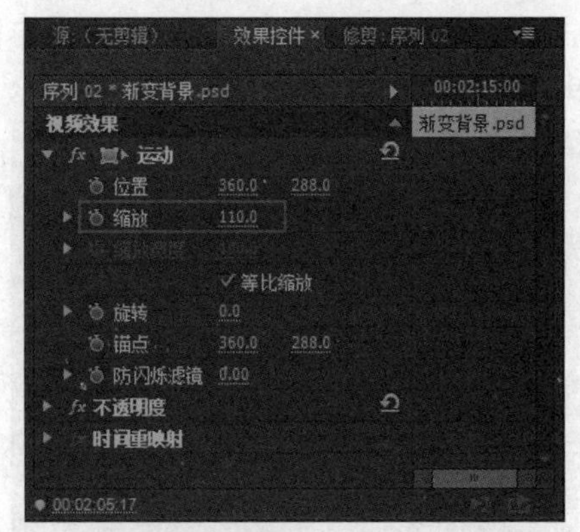

图14-436　设置“缩放”参数

244 在视频轨2上添加“竖条遮罩.avi”素材，如图14-437所示。

图14-437　拖入素材

245 选择素材，进入“效果控件”面板，设置“缩放”参数为0，如图14-438所示。

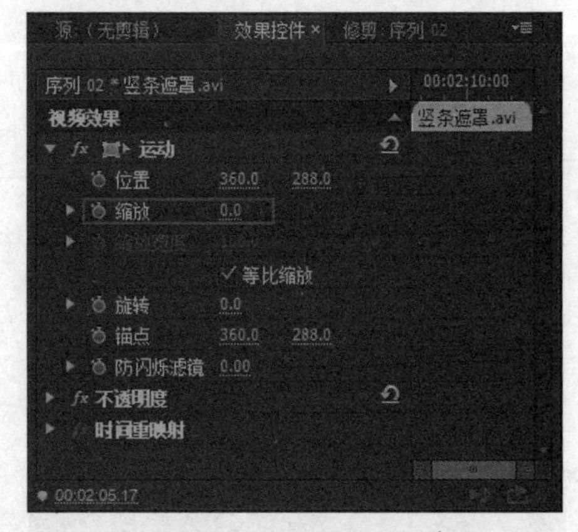

图14-438　设置“缩放”参数

246 在视频轨2上添加“渐变遮罩.psd”素材，设置持续时间为00:00:08:23，如图14-439所示。

247 选择素材，进入“效果控件”面板，设置“缩放”参数为0，如图14-440所示。

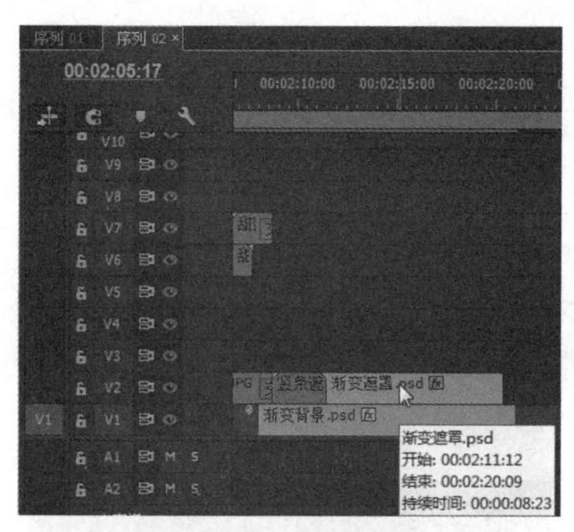

图14-439 拖入素材

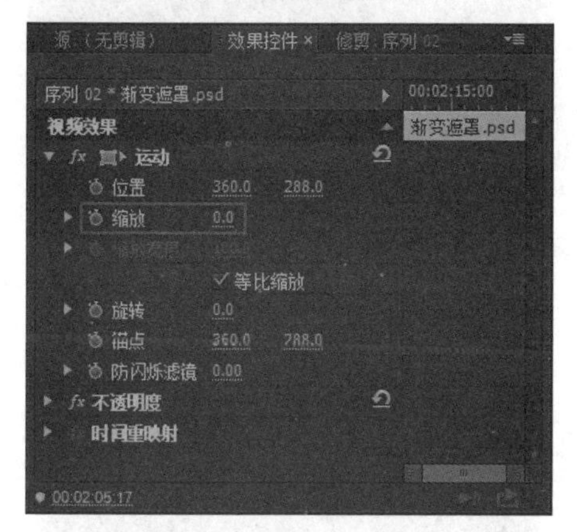

图14-440 设置“缩放”参数

248 在视频轨3的00:02:12:22位置添加“126.JPG”素材，设置持续时间为00:00:03:19，如图14-441所示。

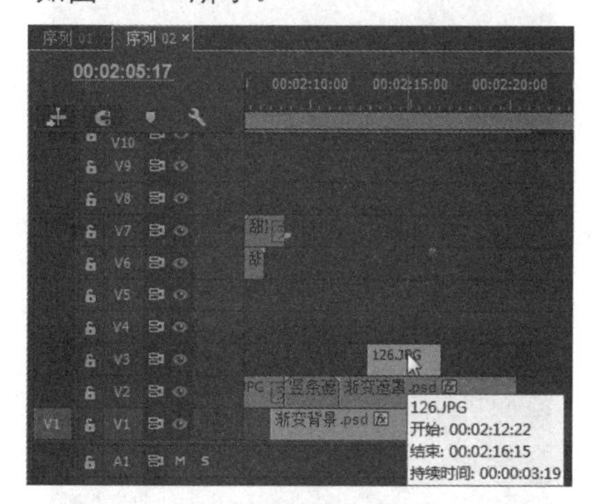

图14-441 拖入素材

249 选择“126.JPG”素材，进入“效果控件”面板，设置时间为00:02:12:22，单击“位置”前的“切换动画”按钮，设置“位置”参数为360、250，“缩放”参数为28，如图14-442所示。

250 设置时间为00:02:16:16，设置“位置”参数为360、541，如图14-443所示。

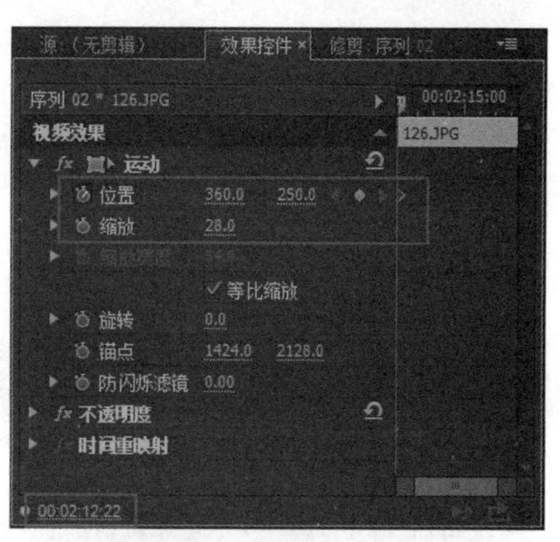

图14-442 添加第一处关键帧

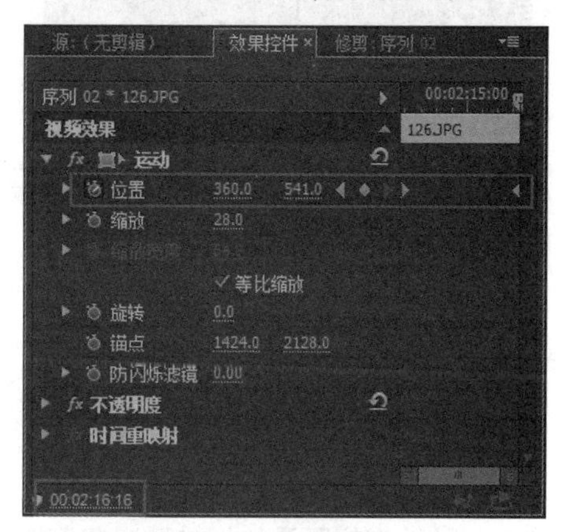

图14-443 添加第二处关键帧

251 在视频轨4的00:02:08:20位置添加“076.JPG”素材，设置持续时间为00:00:04:21，如图14-444所示。

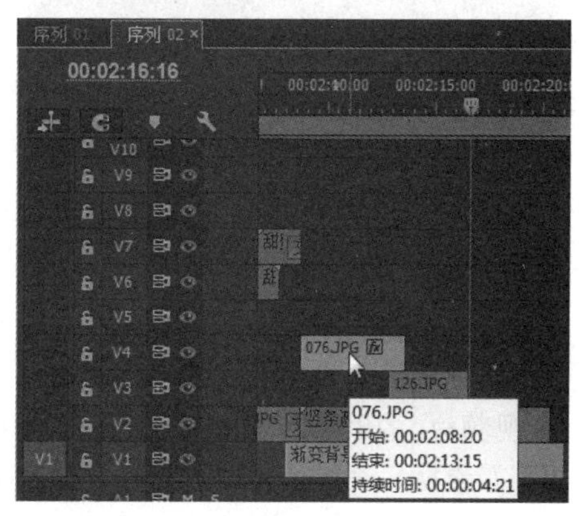

图14-444 拖入素材

252 选择“076.JPG”素材，进入“效果控件”面板，设置时间为00:02:08:20，单击“位置”前的“切换动画”按钮，设置“位置”参数为360、500，“缩放”参数为28，如图14-445所示。

253 设置时间为00:02:13:14，设置“位置”参数为360、330，如图14-446所示。

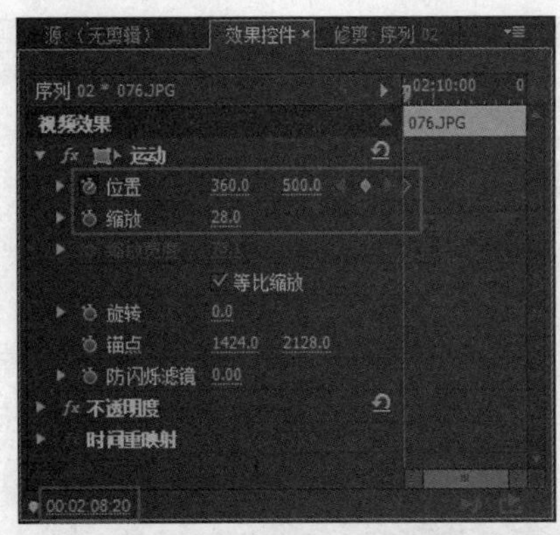

图14-445　添加第一处关键帧

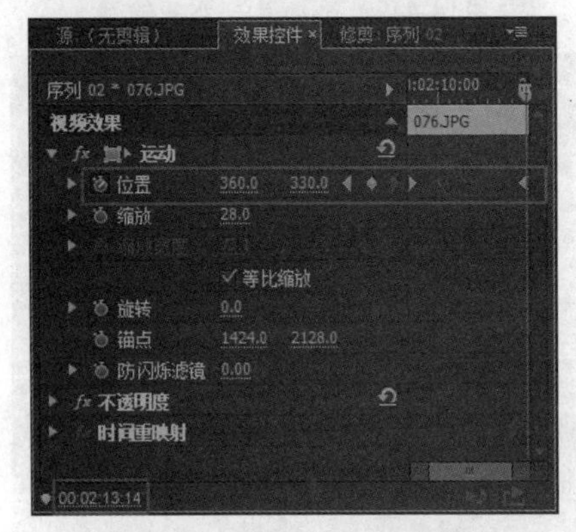

图14-446　添加第二处关键帧

254 在素材的结束位置添加“交叉溶解”特效并设置持续时间为18帧，如图14-447所示。

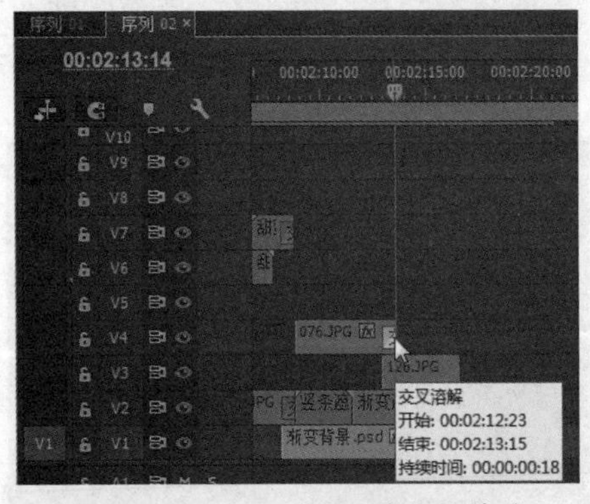

图14-447　添加“交叉溶解”特效

255 在视频轨4的00:02:16:00位置添加“050.JPG”素材，设置持续时间为00:00:04:10，如图14-448所示。

256 在素材的开始和结束位置分别添加“交叉溶解”特效，设置持续时间均为16帧，如图14-449所示。

257 选择素材，进入“效果控件”面板，设置时间为00:02:16:00，单击“位置”前的“切换动画”按钮，设置“位置”参数为286、500，“缩放”参数为40，如图14-450所示。

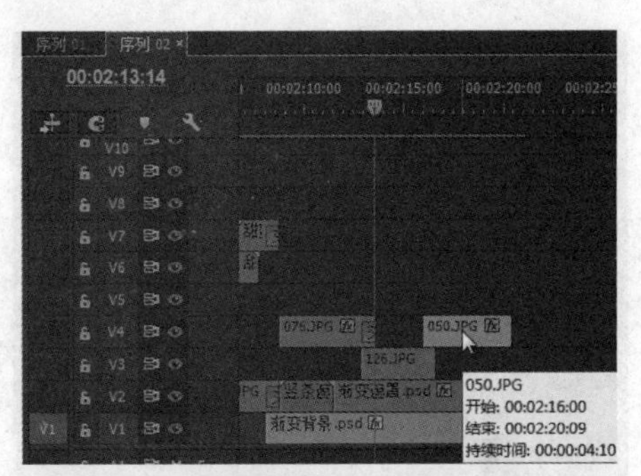

图14-448　拖入素材

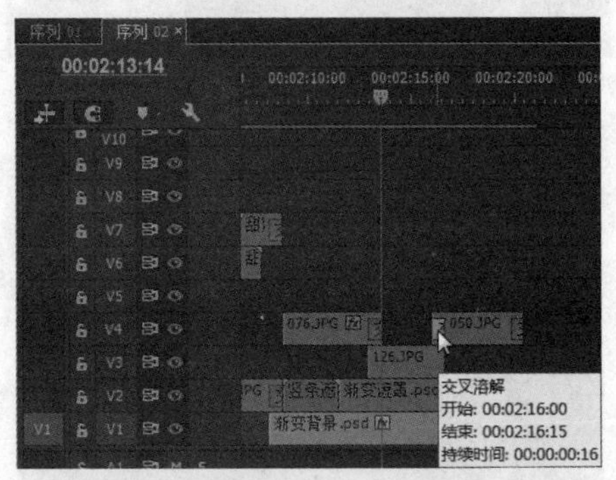

图14-449　添加“交叉溶解”特效

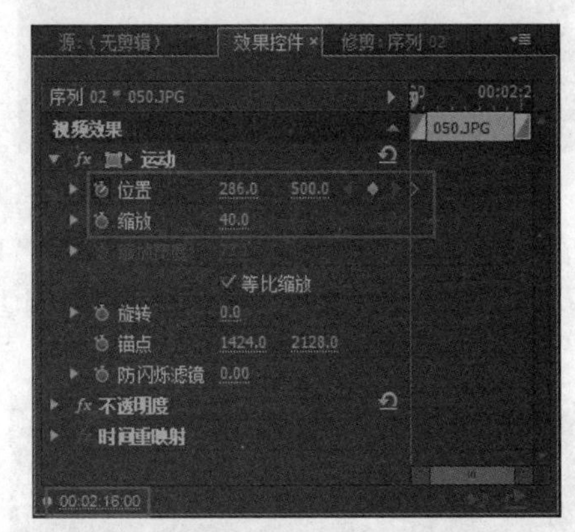

图14-450　添加第一处关键帧

258 设置时间为00:02:19:18，设置“位置”参数为371、600，如图14-451所示。

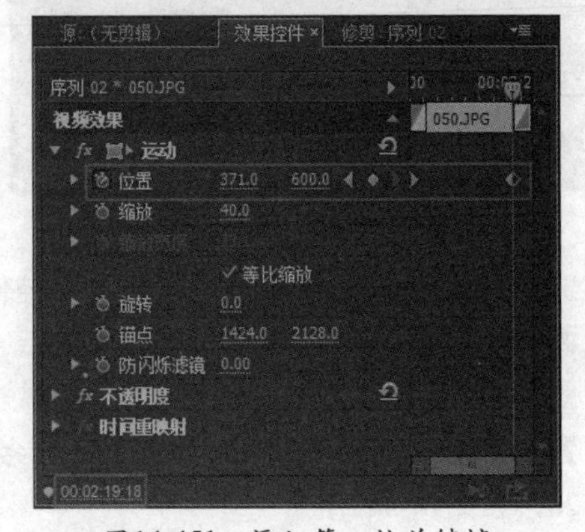

图14-451　添加第二处关键帧

259 在视频轨5的00:02:08:20位置添加“渐

变背景.psd”素材，设置持续时间为00:00:11:15，如图14-452所示。

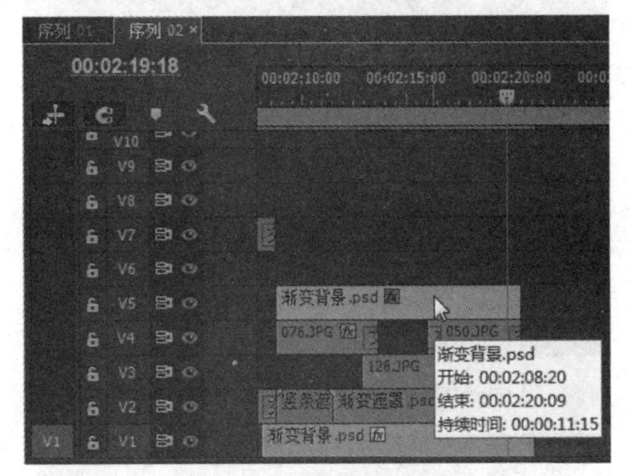

图14-452 拖入素材

260 在素材的结束位置添加“交叉溶解”特效并设置持续时间为20帧，如图14-453所示。

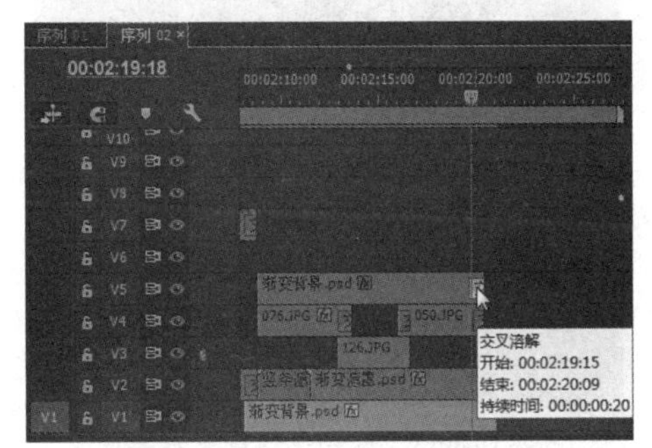

图14-453 添加“交叉溶解”特效

261 为素材添加“亮度键”特效。进入“效果控件”面板，设置“缩放”参数为110，如图14-454所示。

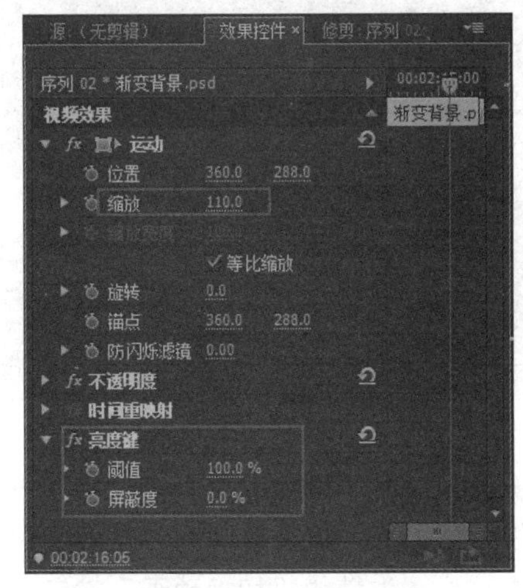

图14-454 设置视频效果

262 在视频轨6的00:02:08:20位置添加“give.psd”素材，设置持续时间为00:00:05:15，如图14-455所示。

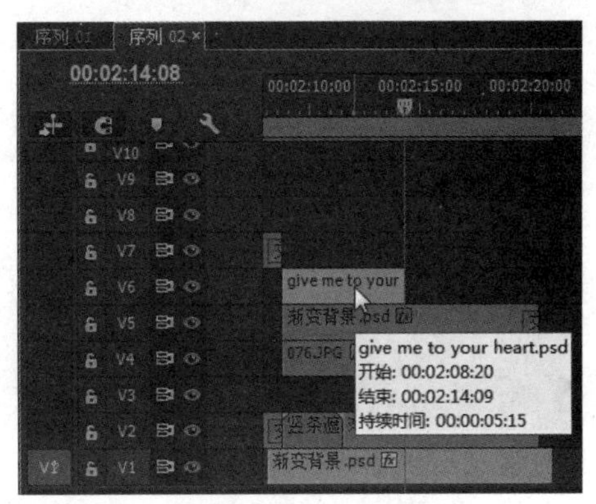

图14-455 拖入素材

263 选择素材，进入“效果控件”面板，设置时间为00:02:08:20，单击“位置”前的“切换动画”按钮，设置“位置”参数为948、215，如图14-456所示。

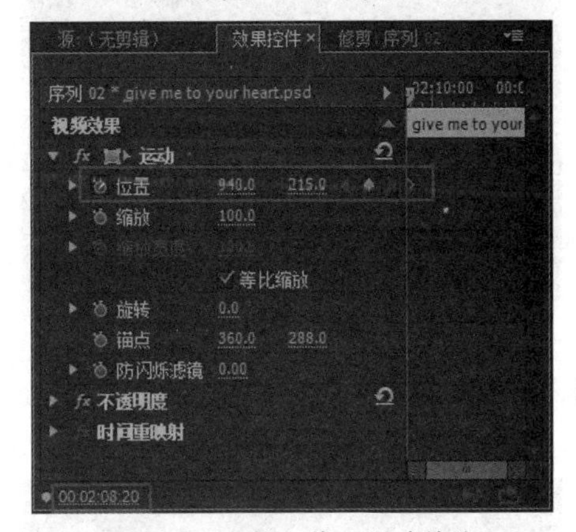

图14-456 添加第一处关键帧

264 设置时间为00:02:14:08，设置“位置”参数为-212、215，如图14-457所示。

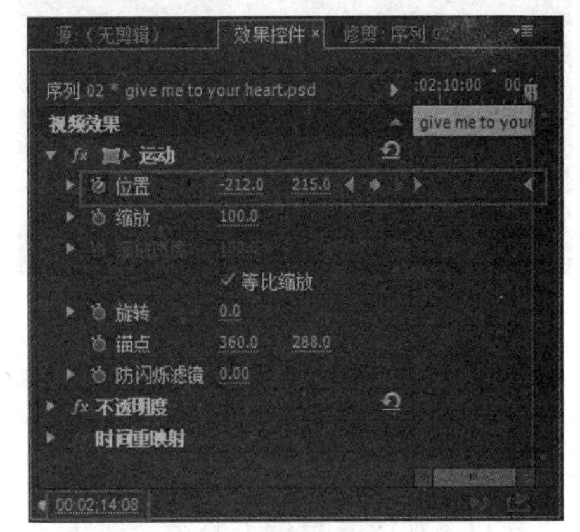

图14-457 添加第二处关键帧

265 按住Alt键并复制素材，然后将其粘贴在原素材后，将持续时间延长为6秒，如图14-458所示。

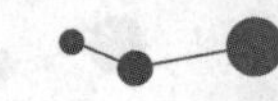

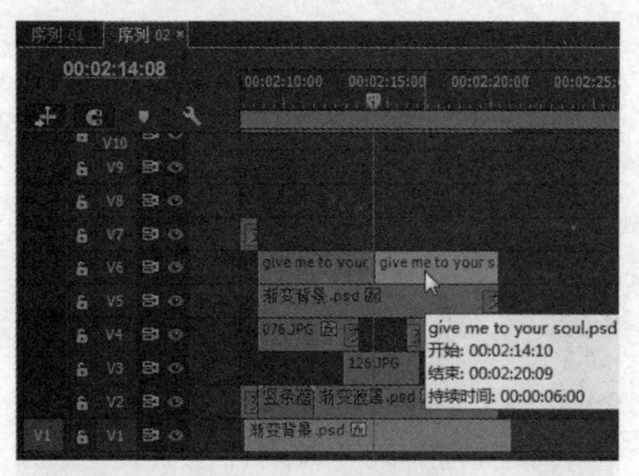

图14-458　复制素材

266 在素材的开始和相接位置添加“交叉溶解”特效，如图14-459所示。

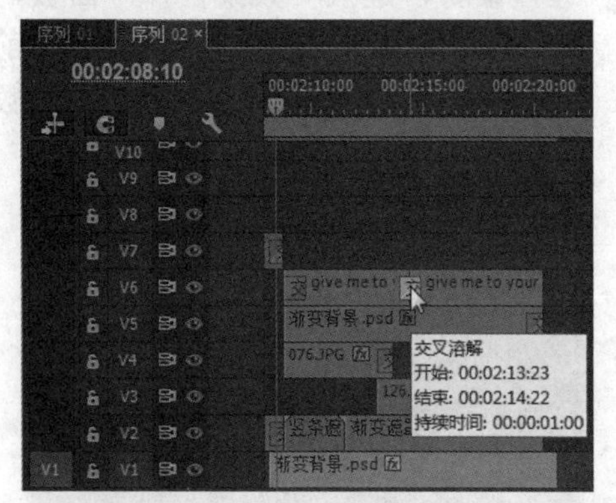

图14-459　添加“交叉溶解”特效

267 在视频轨7的00:02:10:00位置添加“音符.avi”素材，如图14-460所示。

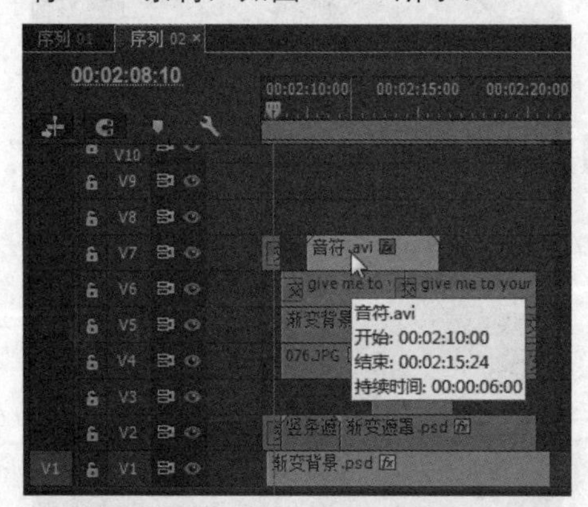

图14-460　拖入素材

268 在素材的开始和结束位置添加“交叉溶解”特效并设置持续时间为15帧，如图14-461所示。

269 为素材添加“亮度键”特效。进入“效果控件”面板，设置“位置”参数为507.5、364.6，“阈值”参数为36.2，“屏蔽度”参数为5，如图14-462所示。

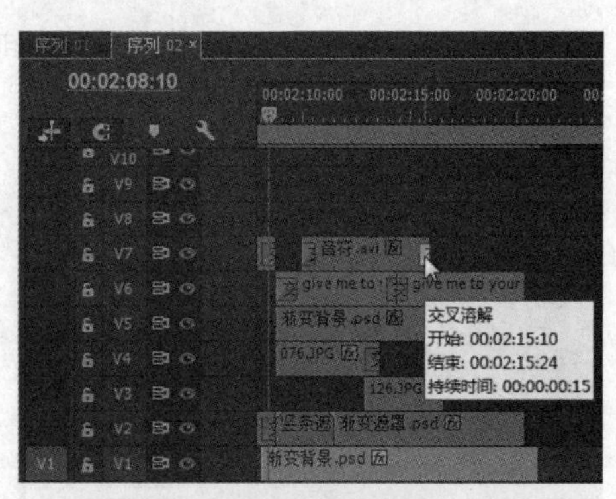

图14-461　添加“交叉溶解”特效

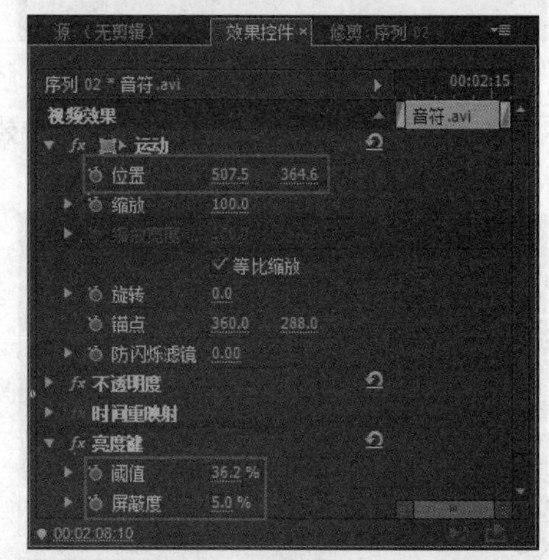

图14-462　设置视频效果参数

270 在视频轨8的00:02:15:14位置添加“love.avi”素材，如图14-463所示。

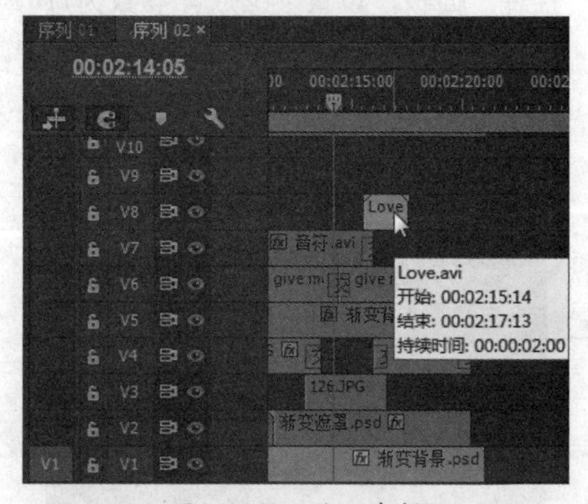

图14-463　拖入素材

271 为素材添加“亮度键”特效。进入“效果控件”面板，设置时间为00:02:15:14，单击“位置”前的“切换动画”按钮，设置“位置”参数为437.3、864.2，“缩放”参数为72，“阈值”参数为12.4，“屏蔽度”参数为8.3，如图14-464所示。

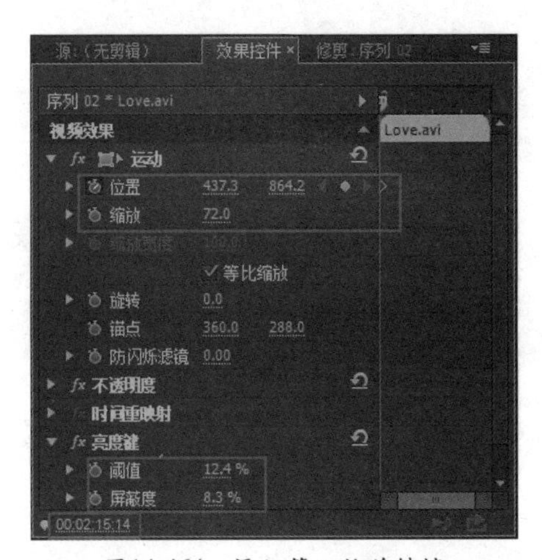

图14-464　添加第一处关键帧

272 设置时间为00:02:17:12，设置“位置”参数为460.3、36，如图14-465所示。

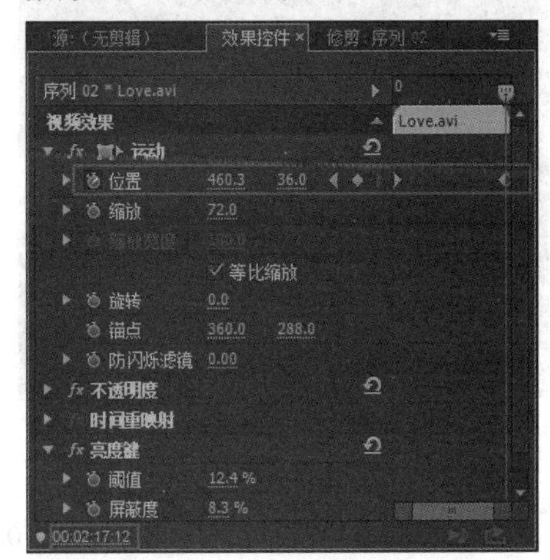

图14-465　添加第二处关键帧

273 在视频轨8的00:02:12:22位置添加“双心.avi”素材，如图14-466所示。

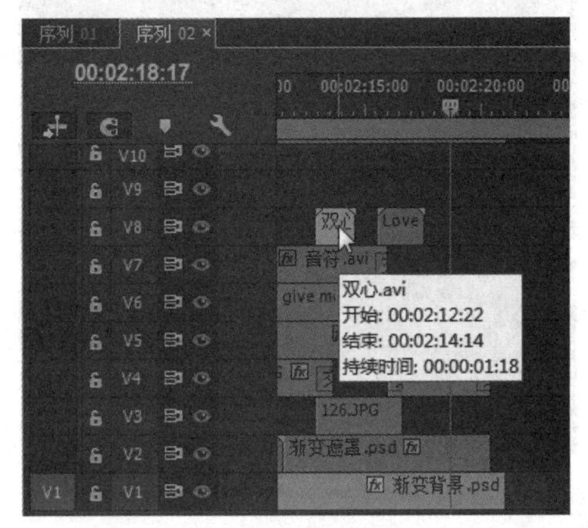

图14-466　拖入素材

274 为素材添加“亮度键”特效。进入“效果控件”面板，设置时间为00:02:12:22，单击“位置”前的“切换动画”按钮，设置“位置”参数为521.2、861.6，“阈值”参数为32，“屏蔽度”参数为25，如图14-467所示。

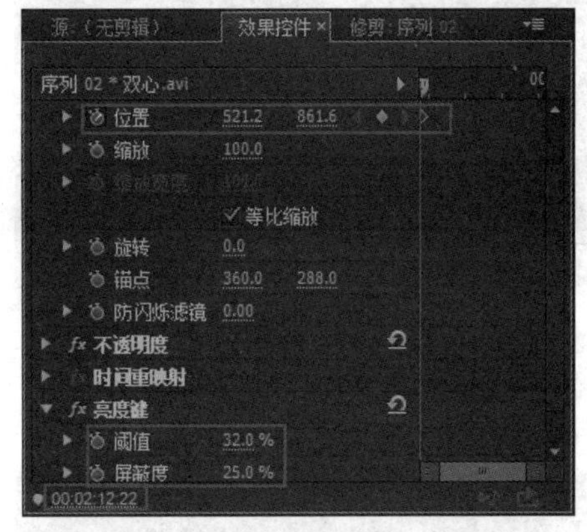

图14-467　添加第一处关键帧

275 设置时间为00:02:13:17，设置“位置”参数为600、533.5，如图14-468所示。

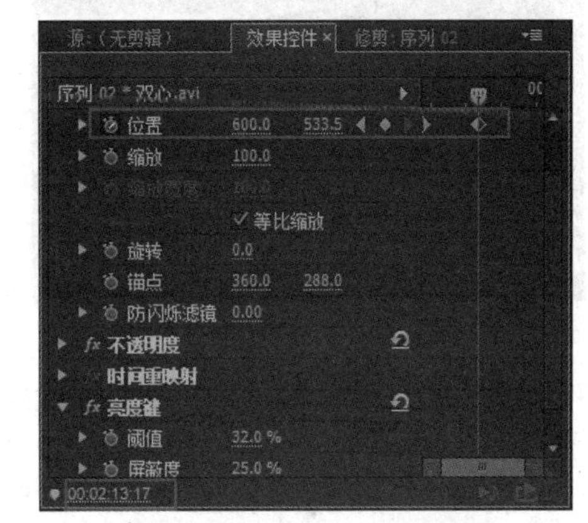

图14-468　添加第二处关键帧

276 设置时间为00:02:14:13，设置“位置”参数为519、189，如图14-469所示。

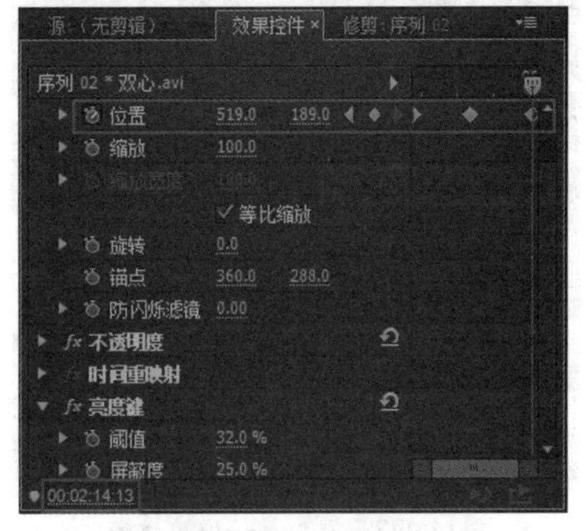

图14-469　添加第三处关键帧

277 按住Alt键并复制素材，然后将其粘贴在视频轨8的00:02:18:17位置，如图14-470所示。

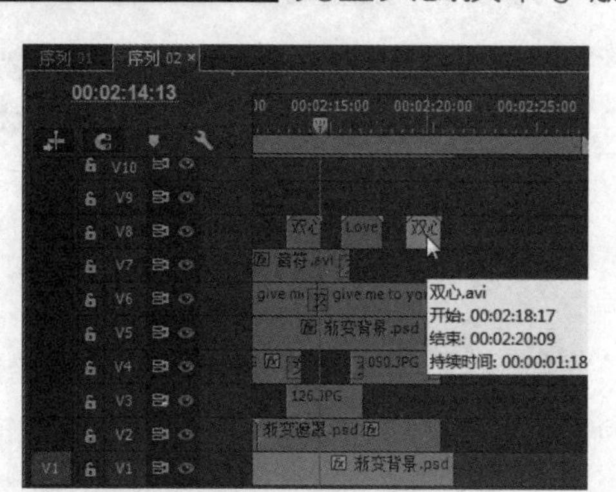

图14-470 复制素材

278 在视频轨9的00:02:14:06位置添加“双心.avi”素材，如图14-471所示。

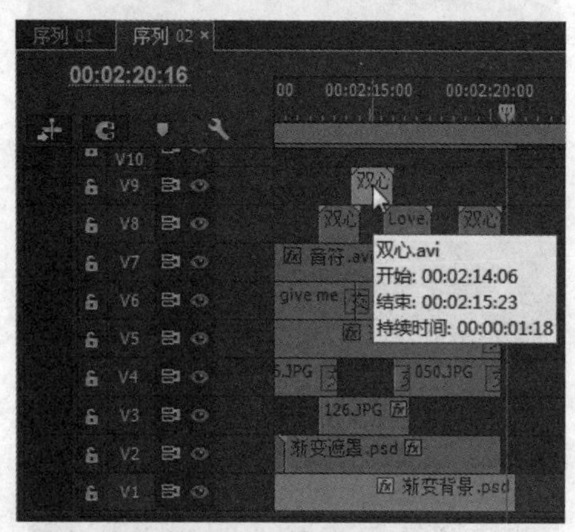

图14-471 拖入素材

279 为素材添加“亮度键”特效。进入“效果控件”面板，设置时间为00:02:14:06，单击“位置”前的“切换动画”按钮，设置“位置”参数为734.7、858，“阈值”参数为32，“屏蔽度”参数为25，如图14-472所示。

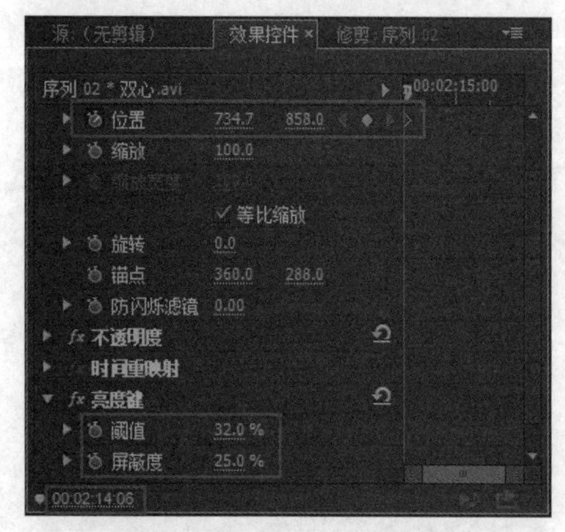

图14-472 添加第一处关键帧

280 设置时间为00:02:15:22，设置“位置”参数为734.7、184，如图14-473所示。

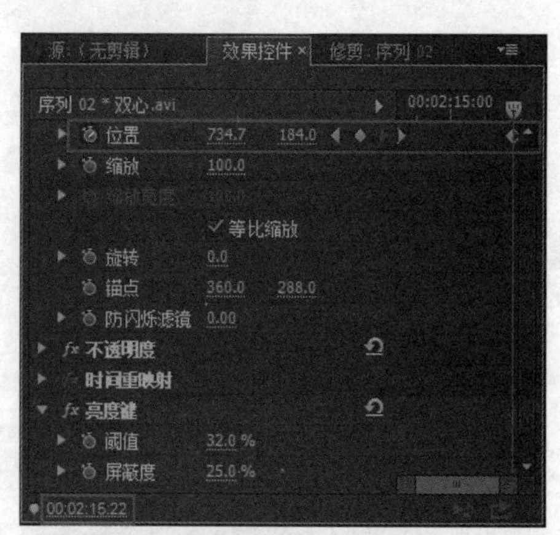

图14-473 添加第二处关键帧

281 按住Alt键并复制素材，然后将其粘贴在视频轨9的00:02:17:09位置，如图14-474所示。

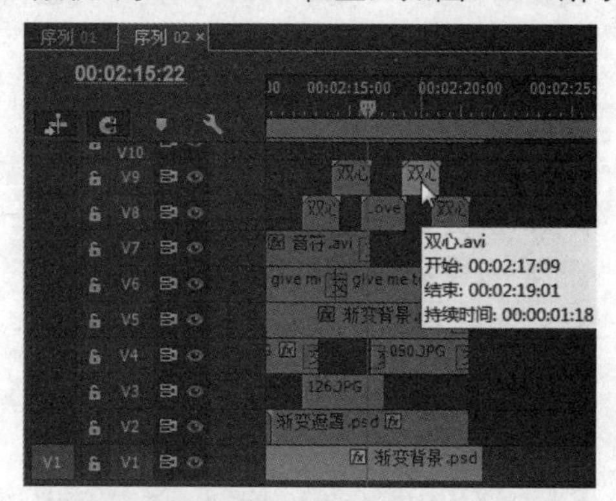

图14-474 复制素材

282 在视频轨1的00:02:21:04位置添加“047.JPG”素材，设置持续时间为00:00:01:03，如图14-475所示。

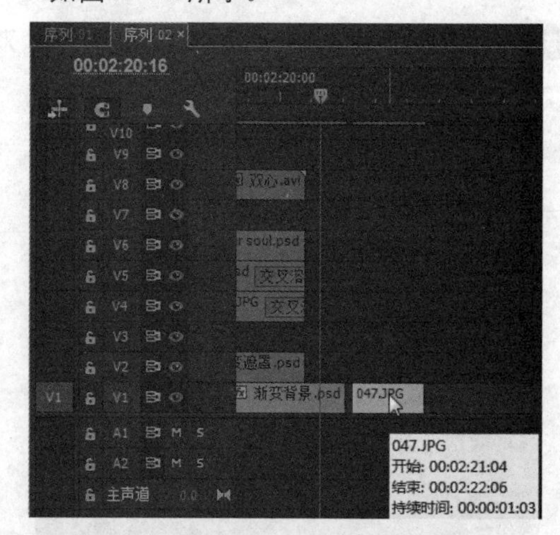

图14-475 拖入素材

283 选择素材，进入“效果控件”面板，设置“位置”参数为176、288，“缩放”参数为14，如图14-476所示。

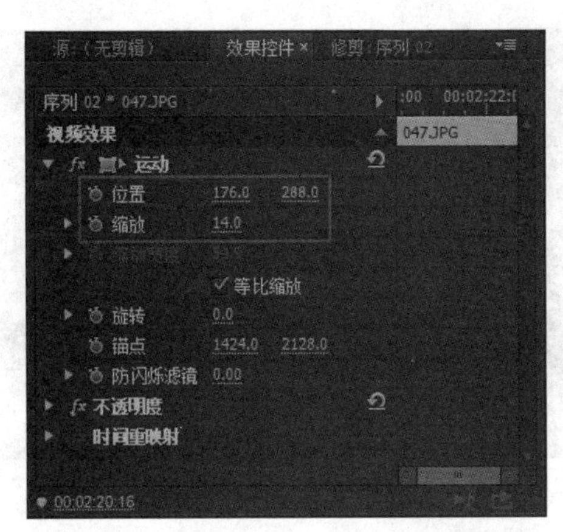

图14-476　设置“位置”及“缩放”参数

284 在视频轨1的00:02:22:16位置添加“168.jpg”素材，设置持续时间为00:00:01:01，如图14-477所示。

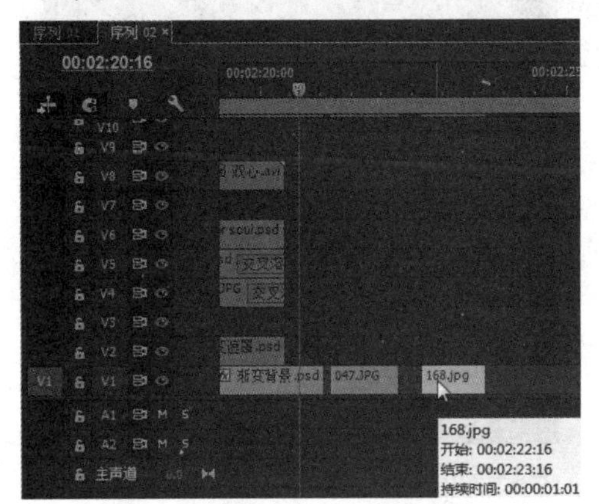

图14-477　拖入素材

285 选择“168.jpg”素材，进入“效果控件”面板，设置“缩放”参数为21，如图14-478所示。

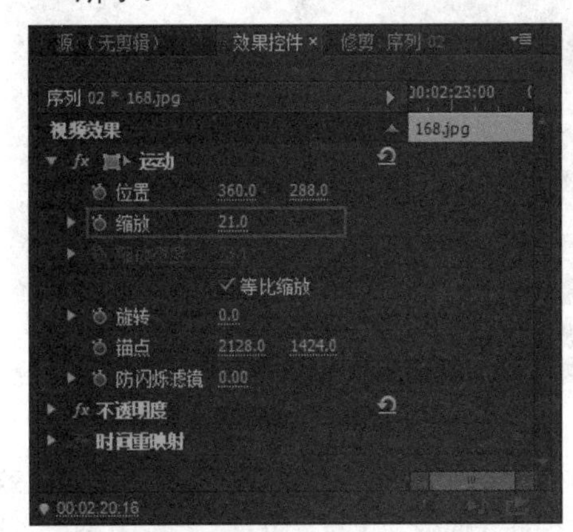

图14-478　设置“缩放”参数

286 在视频轨2的00:02:20:10位置添加“030.JPG”素材，设置持续时间为00:00:01:02，如图14-479所示。

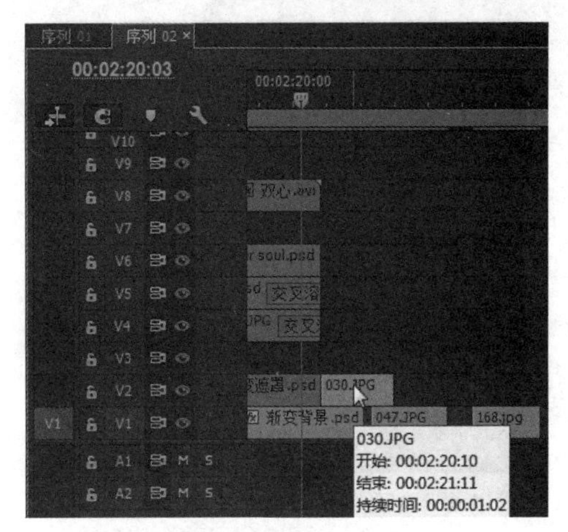

图14-479　拖入素材

287 选择素材，进入“效果控件”面板，设置“位置”参数为176、288，“缩放”参数为14，如图14-480所示。

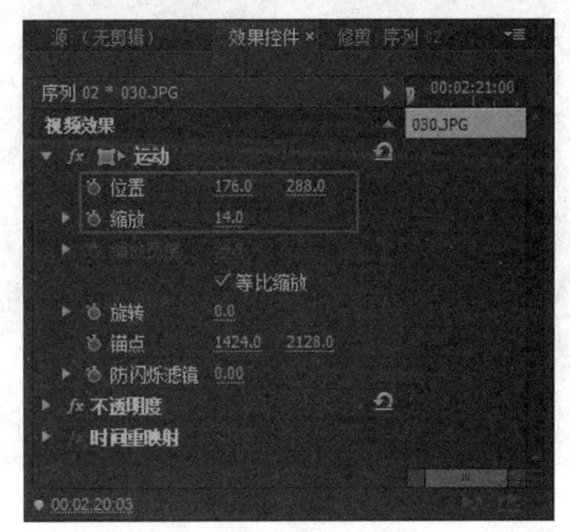

图14-480　设置“位置”及“缩放”参数

288 在视频轨2的00:02:21:24位置添加“123.JPG”素材，设置持续时间为1秒，如图14-481所示。

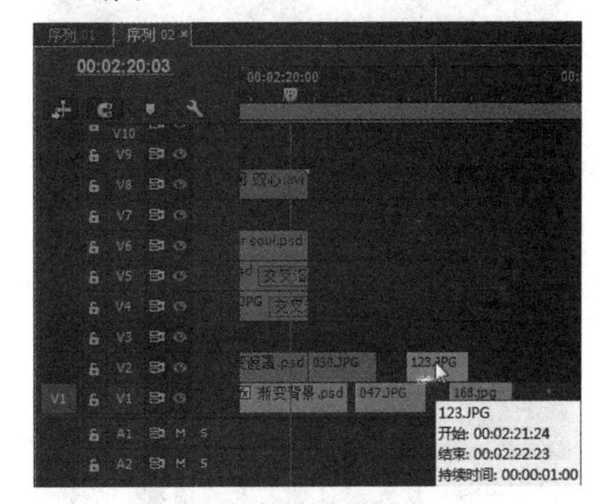

图14-481　拖入素材

289 选择素材，进入“效果控件”面板，设置“位置”参数为176、288，“缩放”参数为14，如图14-482所示。

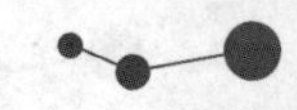

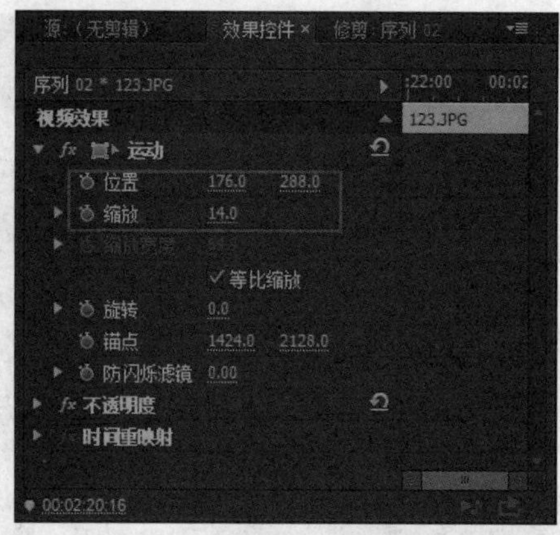

图14-482　设置“位置”及“缩放”参数

290 在视频轨3的00:02:21:04位置添加“071.JPG”素材，设置持续时间为00:00:01:03，如图14-483所示。

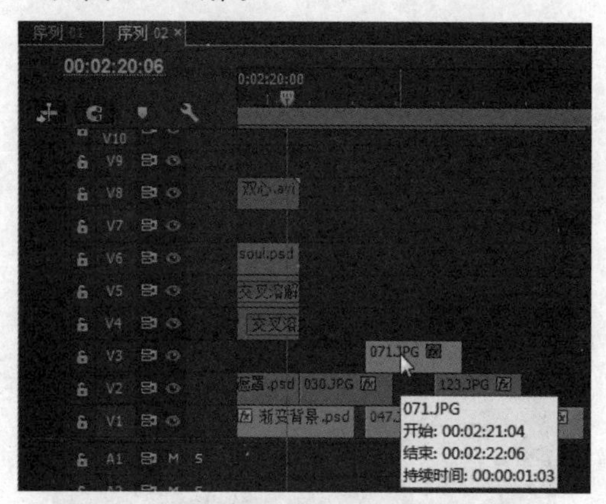

图14-483　拖入素材

291 选择素材，进入“效果控件”面板，设置“位置”参数为540、288，“缩放”参数为14，如图14-484所示。

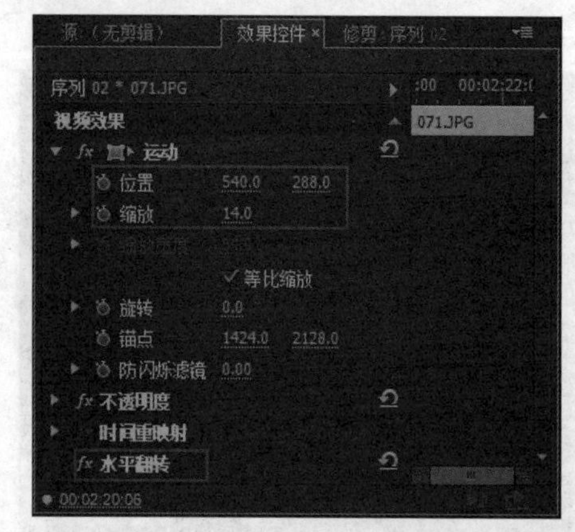

图14-484　设置“位置”及“缩放”参数

292 在视频轨4的00:02:20:10位置添加“014.JPG”素材，设置持续时间为00:00:01:02，如图14-485所示。

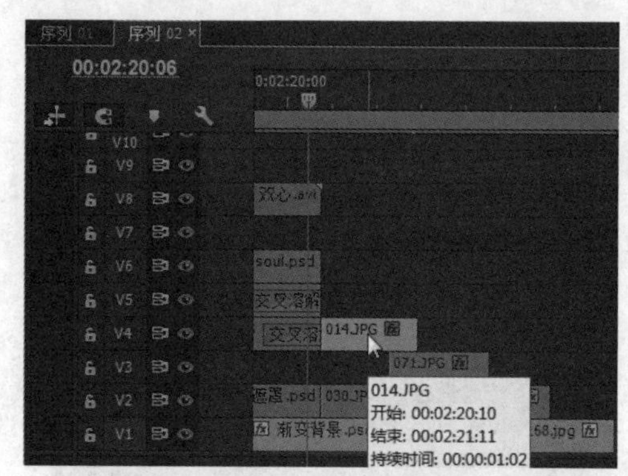

图14-485　拖入素材

293 为素材添加“水平翻转”特效。进入“效果控件”面板，设置“位置”参数为540、288，“缩放”参数为14，如图14-486所示。

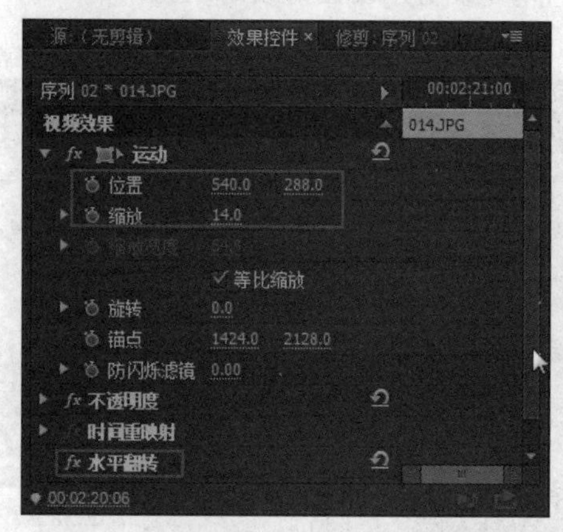

图14-486　设置“位置”及“缩放”参数

294 在视频轨4的00:02:21:24位置添加“127.JPG”素材，设置“持续时间”为1秒，如图14-487所示。

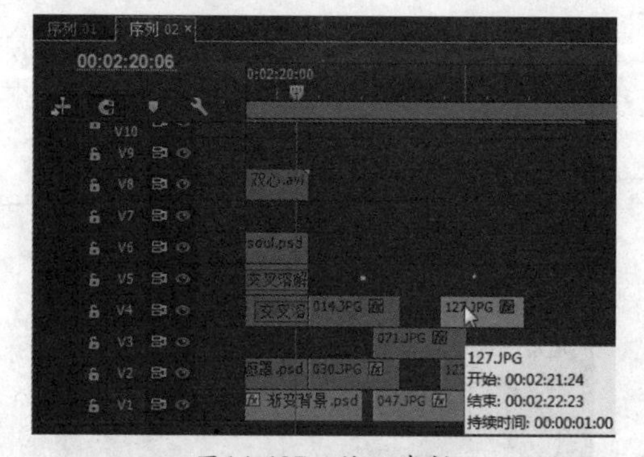

图14-487　拖入素材

295 为素材添加“水平翻转”特效。进入“效果控件”面板，设置“位置”参数为540、288，“缩放”参数为14，如图14-488所示。

296 在照片素材的开始和结束位置分别添加“交叉溶解”特效，设置持续时间均为8帧，如图14-489所示。

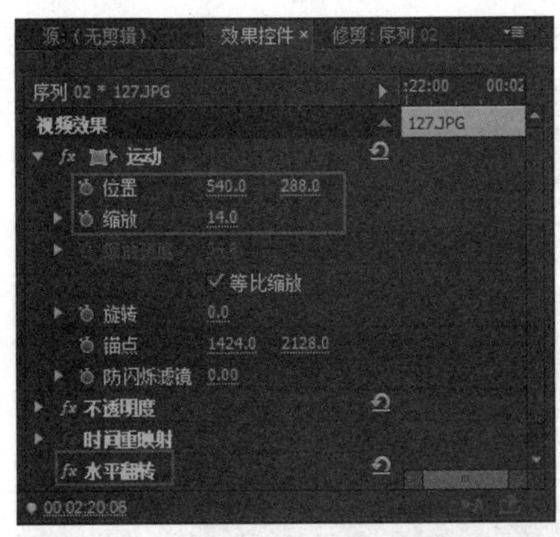

图14-488 设置“位置”及“缩放”参数

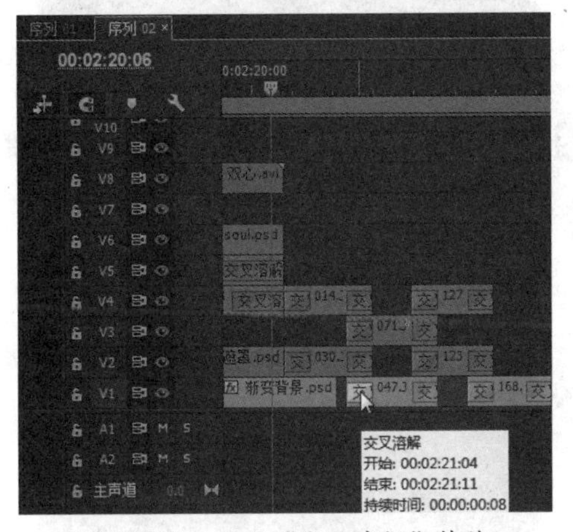

图14-489 添加“交叉溶解”特效

297 在视频轨2的00:02:23:08位置添加“178.JPG”素材，设置持续时间为00:00:01:19，如图14-490所示。

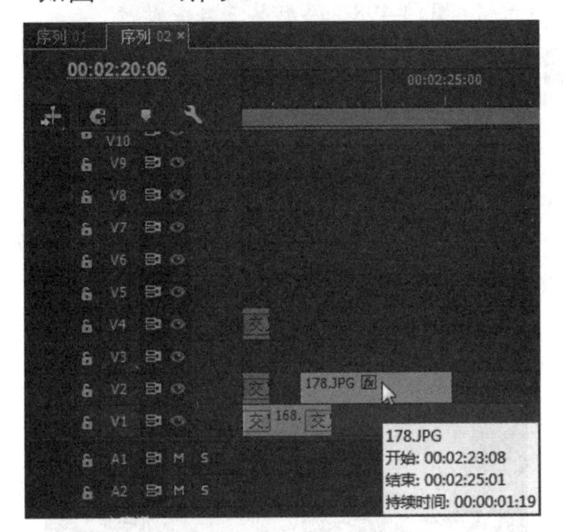

图14-490 拖入素材

298 选择“178.JPG”素材，进入“效果控件”面板，设置时间为00:02:23:08，单击“位置”前的“切换动画”按钮，设置“位置”参数为360、500，“缩放”参数为28，如图14-491所示。

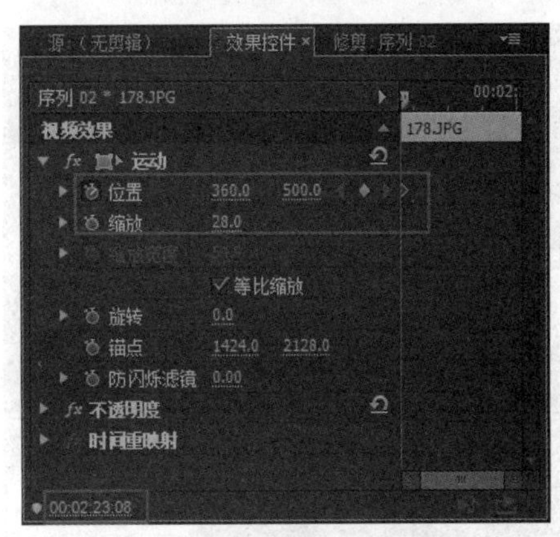

图14-491 添加第一处关键帧

299 设置时间为00:02:25:02，设置“位置”参数为360、150，如图14-492所示。

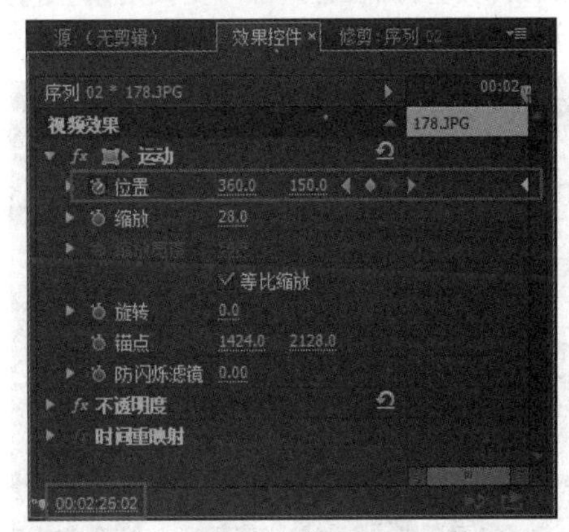

图14-492 添加第二处关键帧

300 在素材的开始位置添加“交叉溶解”特效并设置持续时间为10帧，如图14-493所示。

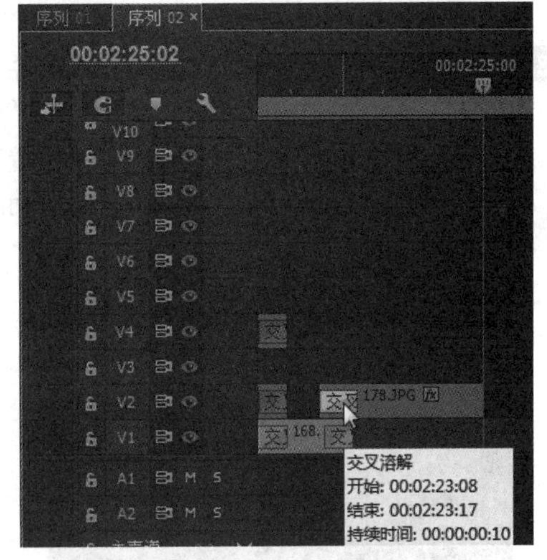

图14-493 添加“交叉溶解”特效

301 在视频轨3的00:02:24:17位置添加“177.JPG”素材，设置持续时间为00:00:02:07，如图14-494所示。

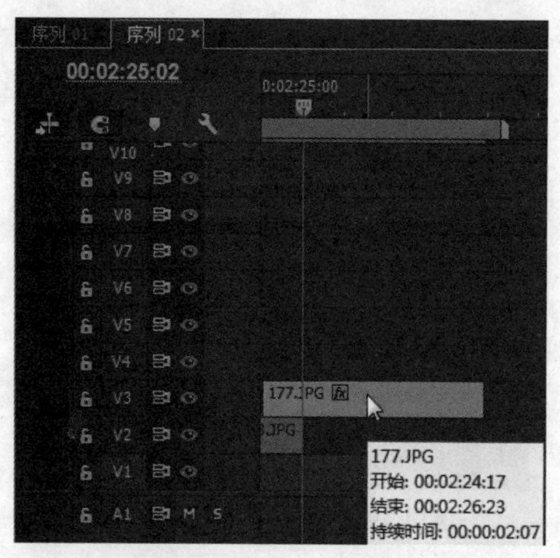

图14-494 拖入素材

302 在素材的开始位置添加“交叉溶解”特效并设置持续时间为10帧，如图14-495所示。

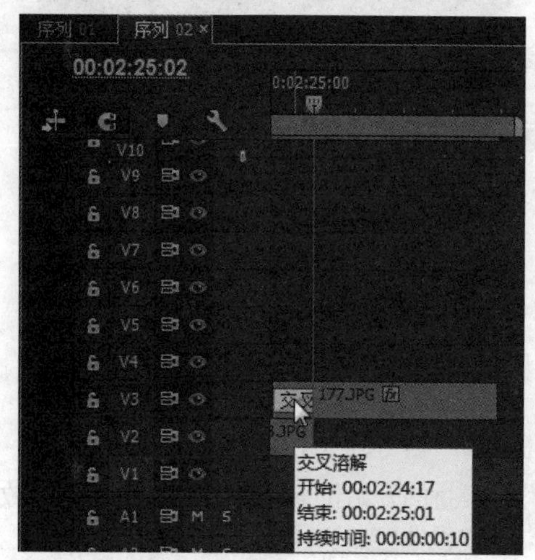

图14-495 添加“交叉溶解”特效

303 选择“177.JPG”素材，进入“效果控件”面板，设置时间为00:02:24:17，单击“位置”前的“切换动画”按钮，设置“位置”参数为360、300，“缩放”参数为28，如图14-496所示。

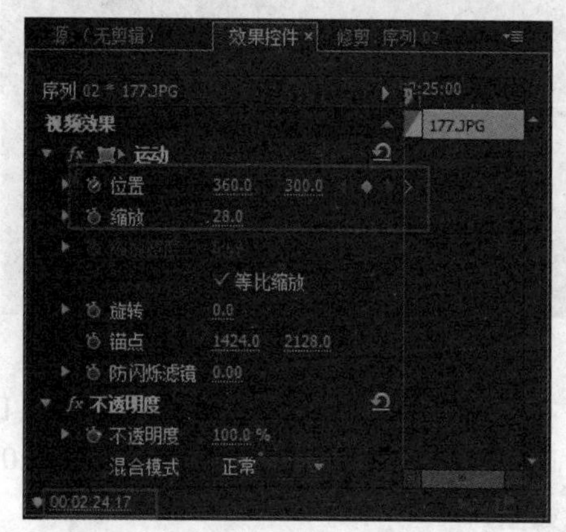

图14-496 添加第一处关键帧

304 设置时间为00:02:25:13，单击“不透明度”前的“切换动画”按钮，如图14-497所示。

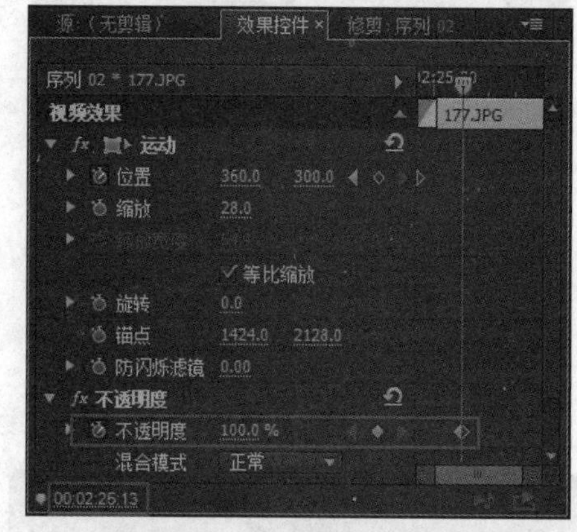

图14-497 添加第二处关键帧

305 设置时间为00:02:26:18，设置“不透明度”参数为0，如图14-498所示。

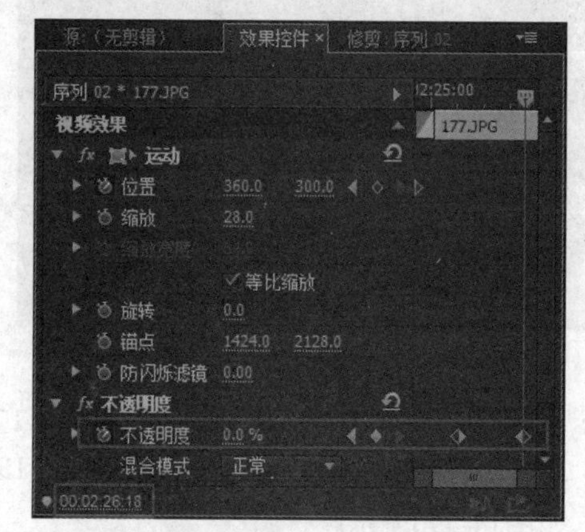

图14-498 添加第三处关键帧

306 设置时间为00:02:26:21，设置“位置”参数为360、600，如图14-499所示。

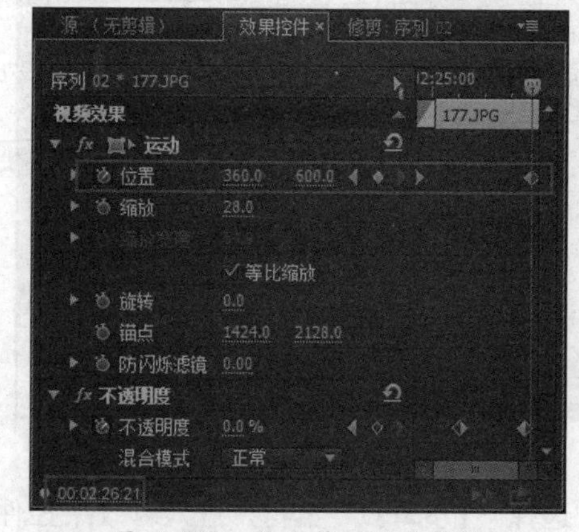

图14-499 添加第四处关键帧

14.4 对序列进行嵌套

嵌套意为镶嵌、套用。在Premiere Pro CC中进行编辑时，“序列”可以被多次或者多层嵌套。若在一个项目文件中建立了多个“序列”，一般情况下是为了嵌套序列使用的。本实例中建立了两个序列，其中将“序列02”素材嵌套进“序列01”中，这样能使项目内容完整。下面将介绍具体的操作。

视频位置：DVD\视频\第14章\14.4 对序列进行嵌套.mp4

01 将“序列02”添加到“序列01”的视频轨1上，如图14-500所示。

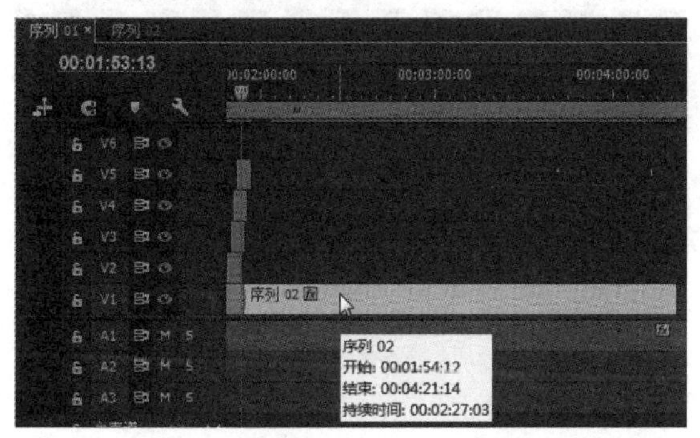

图14-500 拖入素材

> **提示**
>
> 如果嵌套的序列较多，为了避免素材混乱导致误操作可以将“项目”面板中的素材进行分类管理。

02 在“序列02”与前一个素材之间添加“交叉溶解”特效，如图14-501所示。

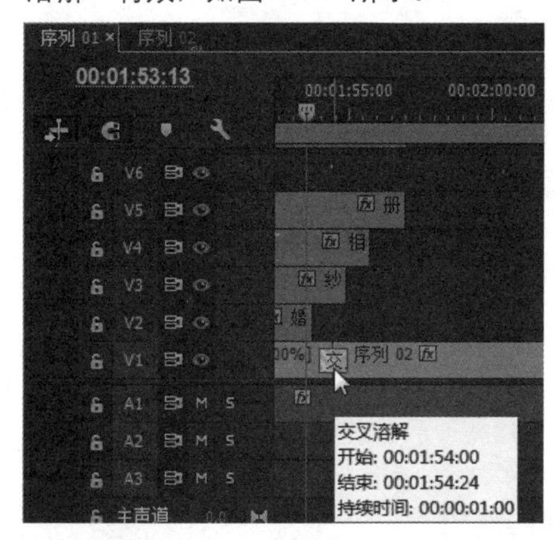

图14-501 添加“交叉溶解”特效

03 在视频轨1上添加“结束.jpg”素材，设置持续时间为00:00:03:18，如图14-502所示。

04 在“序列02”与“结束.jpg”素材之间添加“交叉溶解”特效，如图14-503所示。

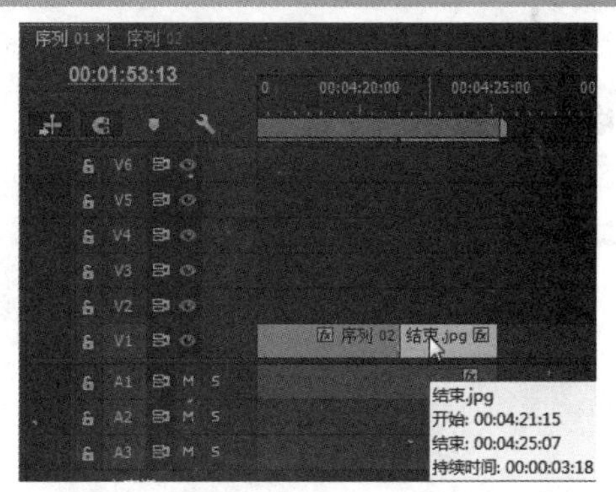

图14-502 拖入素材

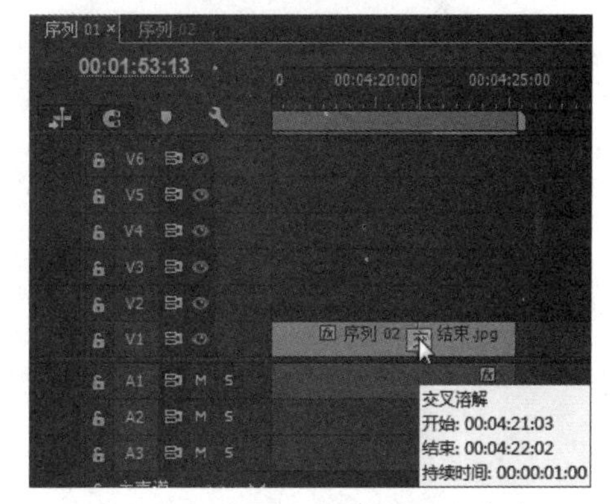

图14-503 添加“交叉溶解”特效

05 选择“结束.jpg”素材，进入“效果控件”面板，取消对“等比缩放”复选项的勾选。设置“缩放高度”参数为190，“缩放宽度”参数为222，如图14-504所示。

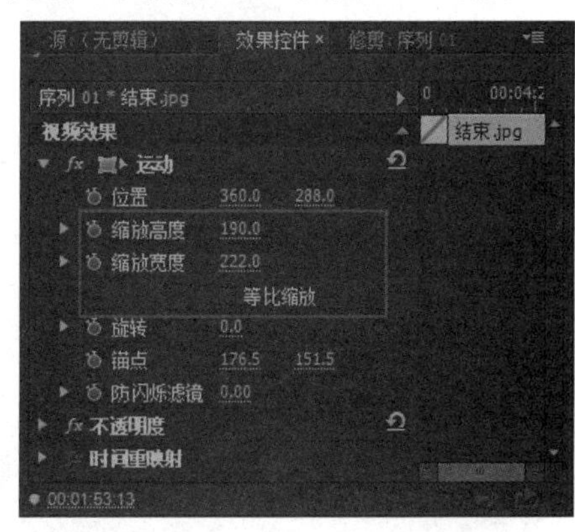

图14-504 设置视频效果参数

06 按空格键预览最终效果，如图14-505所示。

图14-505 最终效果

提示

使用与本实例相同的方法可以对多种类型的音视频素材进行嵌套编辑，即序列与序列相互嵌套。

第15章 综合实例——香港旅游

旅游是一种心境，不是盲目地随着大众在古迹前仓促的留影，也不是在各个景点走马观花。旅游是在一个新的地方走走停停，和陌生的人闲聊，然后从容地走向下一站。也许，很快就会忘记景点的名字、住过的旅店，但是你不会忘记那些旅途中的故事。回来的时候，可以整理一下相片，利用Premiere软件制作出旅游电子相册是很有纪念意义的。

本章重点

◎ 片头制作
◎ 制作转场动画
◎ “旋转”特效
◎ “滑动带”特效
◎ 编辑字幕

Premiere Pro CC 完全实战技术手册

本章实例是制作一个旅游相册，通过将图像、视频与字幕的和谐搭配，产生视频效果。本实例按照旅游地点的顺序来制作电子相册，主要内容分为5个部分，分别是“片头”、“场景1～3”以及“片尾”。“场景1～3”分别是香港迪士尼乐园、香港海洋公园和澳门的旅游照片。效果如下所示。

片头效果

场景1效果

场景2效果

场景3效果

片尾效果

15.1 片头制作

本实例的片头是由图层素材组成的关键帧动画。通过对每个图层素材的关键帧运动的编辑，最终形成风格一致的动画片头。

视频位置:DVD\视频\第15章\15.1 片头制作.mp4

01 打开Premiere Pro CC软件，在欢迎界面上单击“新建项目”按钮，如图15-1所示。

02 在弹出的“新建项目”对话框中，输入项目名称并设置项目存储位置，单击“确定”按钮，如图15-2所示。

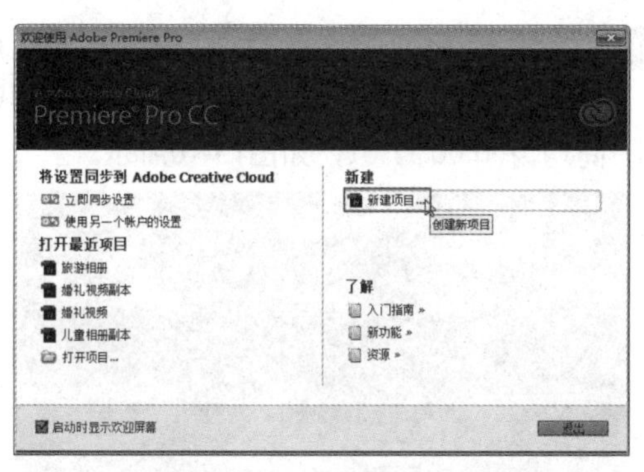

图15-1 单击“新建项目”按钮

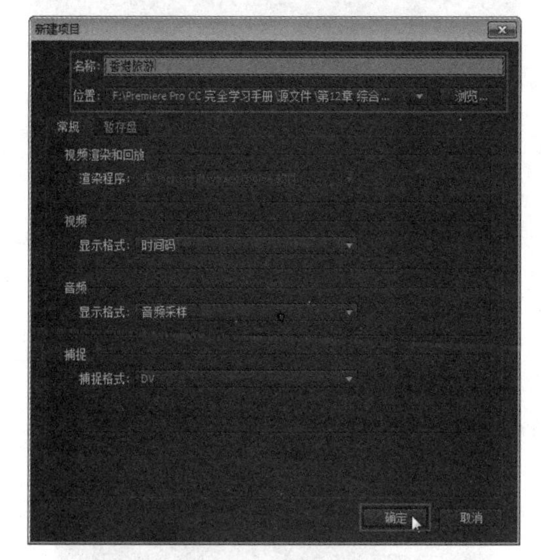

图15-2 新建项目

03 执行“文件”|“新建”|“序列”命令，弹出“新建序列”对话框，选择合适的序列预设，单击“确定”按钮，如图15-3所示。

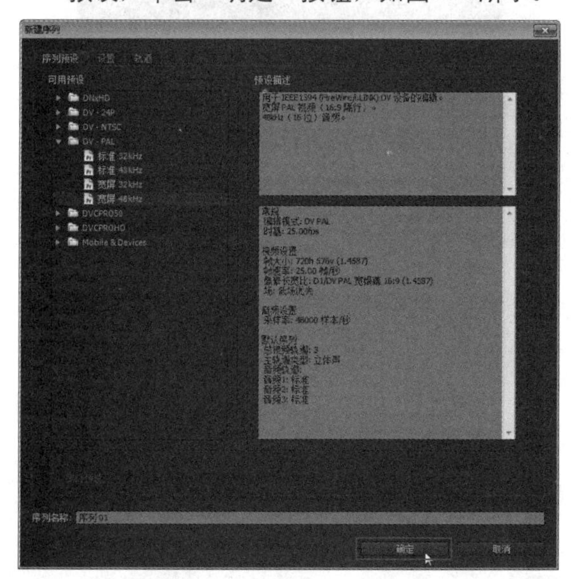

图15-3 “新建序列”对话框

04 在“项目”窗口中新建素材箱，将素材导入不同的素材箱中，如图15-4所示。当导入PSD文件时，在弹出的对话框中需要选择“各个图层”选项。

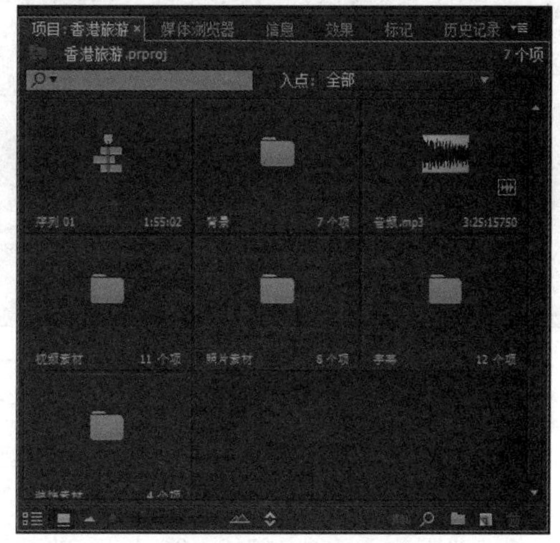

图15-4 导入素材

05 执行“序列”|“添加轨道”命令，添加12个视频轨道，单击“确定”按钮，如图15-5所示。

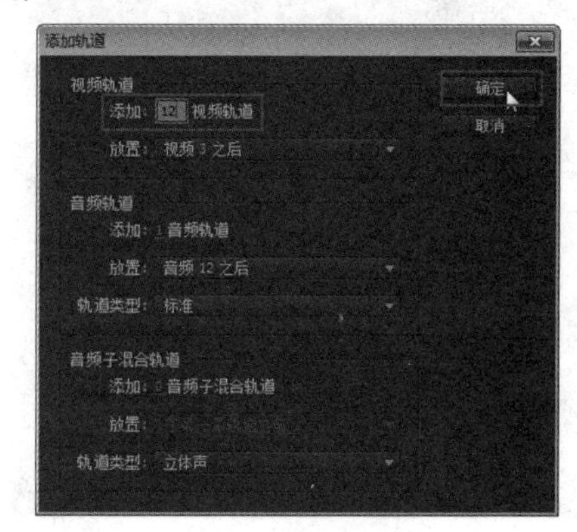

图15-5 添加轨道

06 在“时间轴”面板中有了15个视频轨道，如图15-6所示。

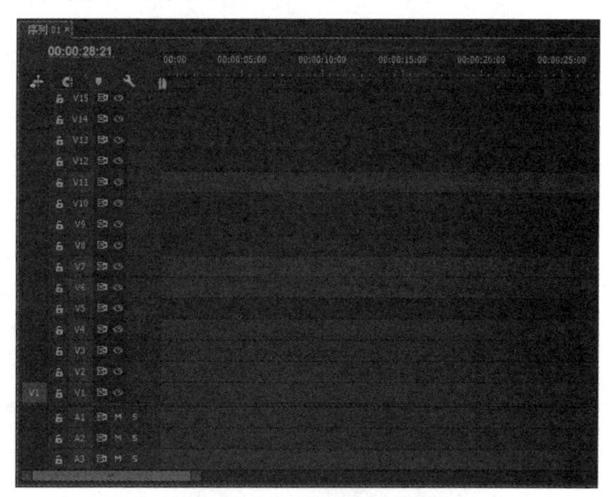

图15-6 “时间轴”面板

07 在视频轨1上拖入“背景.psd”素材，设置持续时间为00:00:11:01，如图15-7所示。

图15-7 拖入素材

08 为素材添加“镜头光晕”特效。进入“效果控件”面板，设置时间为00:00:00:00，单击“光晕中心”前的“切换动画”按钮，设置“光晕中心”为862.6、91.4，“光晕亮度”为114，“与原始图像混合”为4，“缩放”参数为102.2，如图15-8所示。

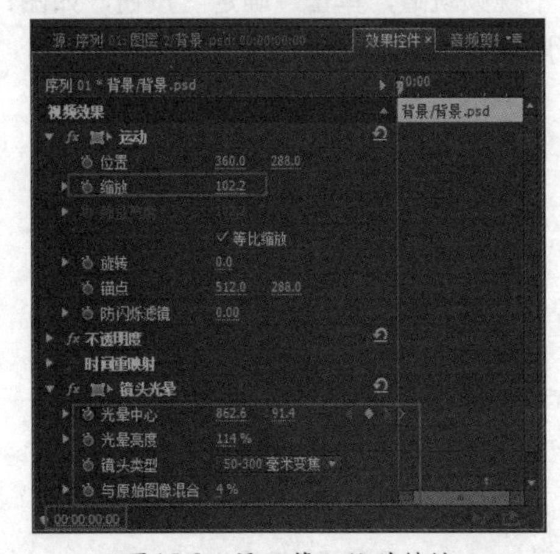

图15-8 添加第一处关键帧

09 设置时间为00:00:10:05，设置“光晕中心”为746.6、47.4，如图15-9所示。

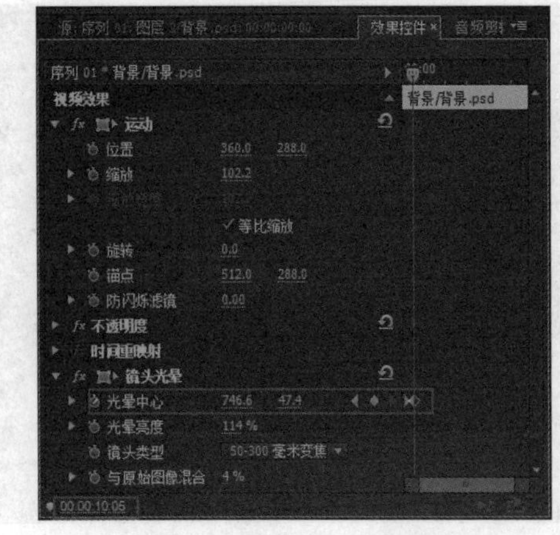

图15-9 添加第二处关键帧

10 在视频轨2～5上依次添加“图层1.psd”～“图层4.psd”素材，设置持续时间均为00:00:11:01，如图15-10所示。

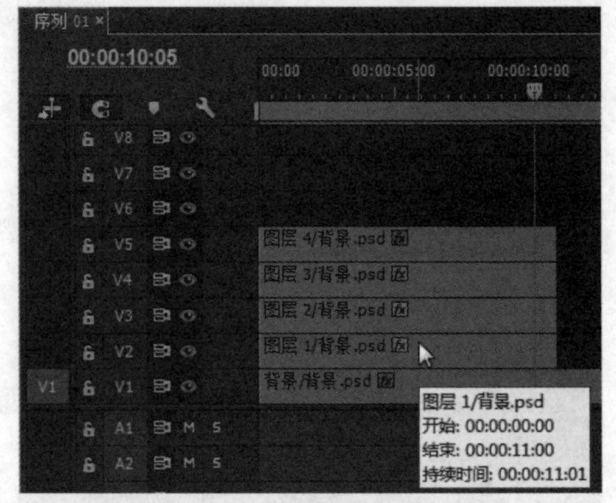

图15-10 拖入素材

11 选择“图层1.psd”素材，进入“效果控件”面板，设置时间为00:00:00:00，单击“位置”前的“切换动画”按钮，添加“位置”关键帧，如图15-11所示。

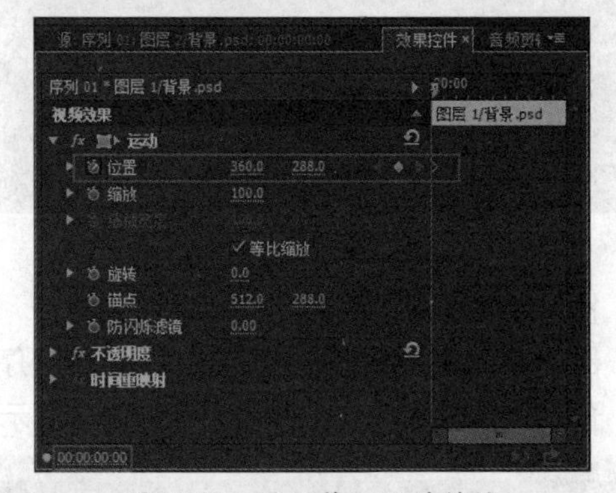

图15-11 添加第一处关键帧

12 设置时间为00:00:11:00，设置“位置”参数为267、288，如图15-12所示。

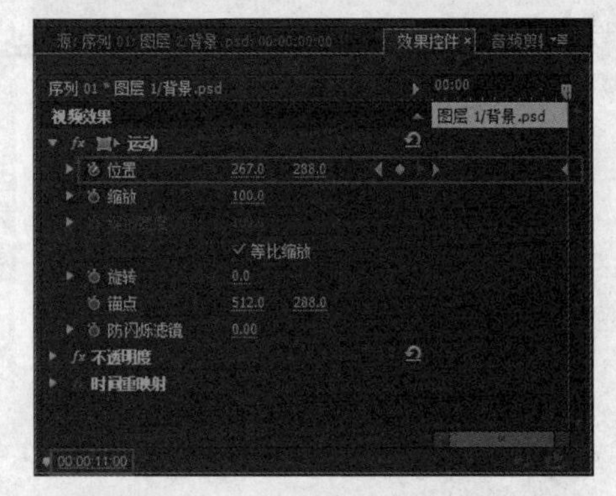

图15-12 添加第二处关键帧

13 选择“图层2.psd”素材，进入“效果控件”面板，设置时间为00:00:00:00，单击“位置”前的“切换动画”按钮，设置“位置”参数为316.6、295.4，如图15-13所示。

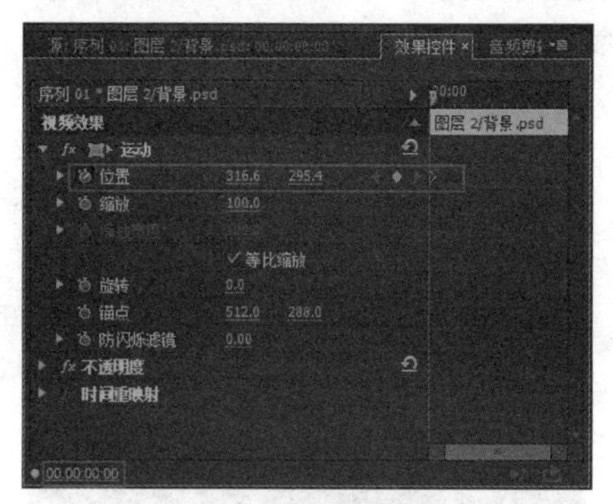

图15-13 添加第一处关键帧

14 设置时间为00:00:06:04，设置“位置”参数为180.2、295.4，如图15-14所示。

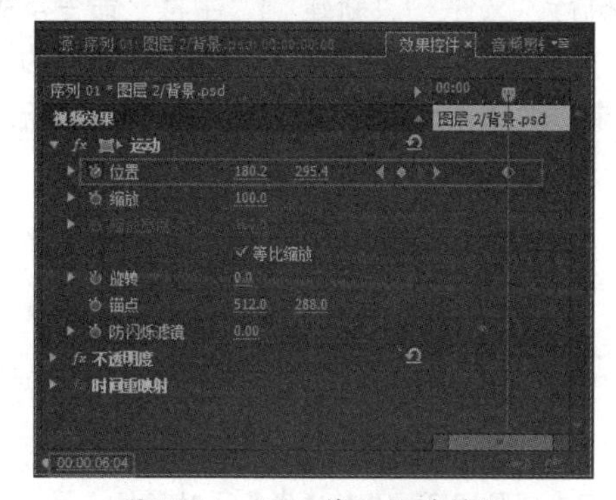

图15-14 添加第二处关键帧

15 设置时间为00:00:11:00，设置“位置”参数为187.8、295.4，如图15-15所示。

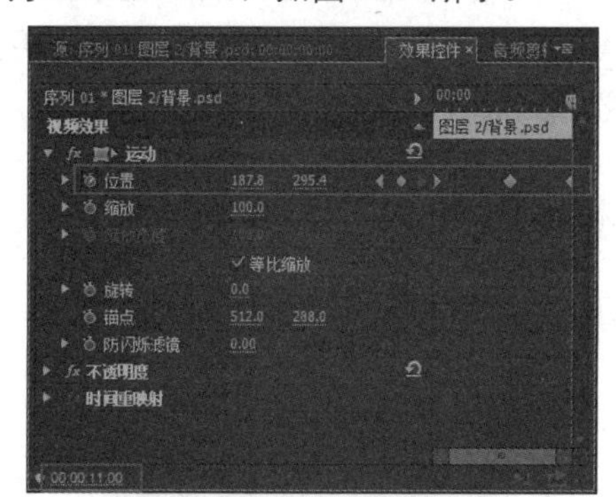

图15-15 添加第三处关键帧

16 为“图层4.psd”素材添加“画笔描边”特效并设置“描边角度”为46，“画笔大小”为1.3，“描边长度”为3，“描边浓度”为0.5，“描边浓度”（2）为0.6，如图15-16所示。

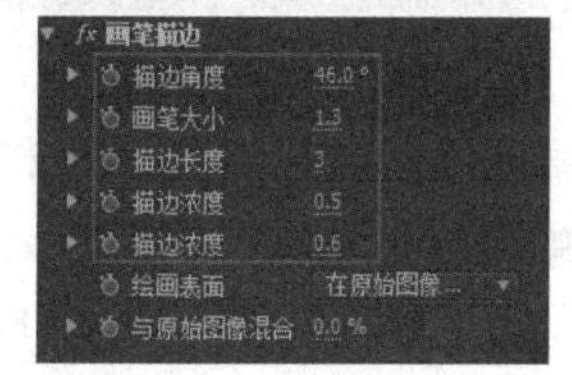

图15-16 设置视频效果参数

17 选择“图层4.psd”素材，进入“效果控件”面板，设置时间为00:00:00:00，单击“位置”前的“切换动画”按钮，设置“位置”参数为354、107，如图15-17所示。

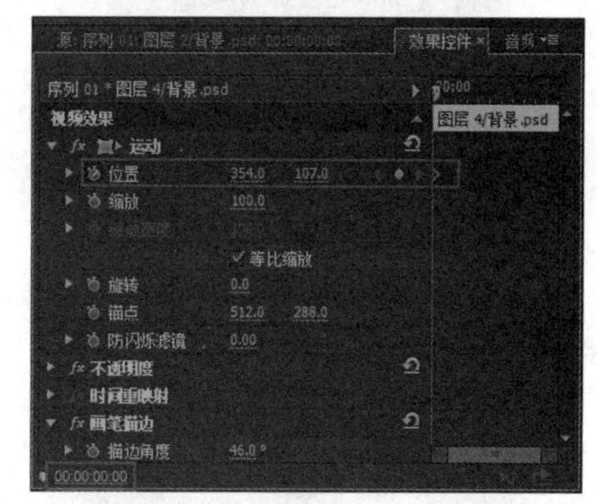

图15-17 添加第一处关键帧

18 设置时间为00:00:02:15，设置“位置”参数为354、288，如图15-18所示。

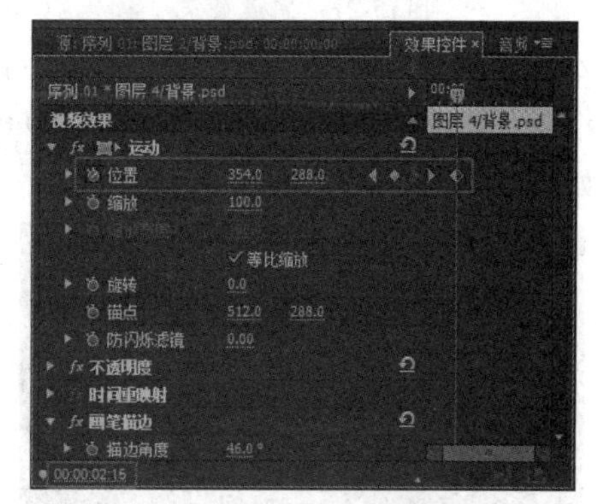

图15-18 添加第二处关键帧

19 执行“字幕”|“新建字幕”|“默认静态字幕”命令，弹出“新建字幕”对话框，设置字幕名称为“旅游相册”，单击“确定”按钮，如图15-19所示。

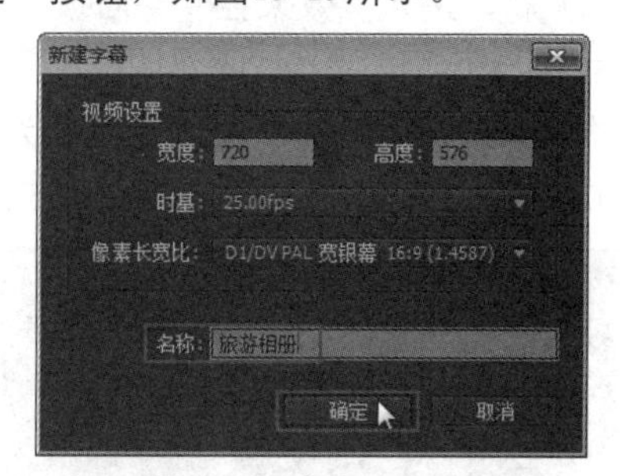

图15-19 “新建字幕”对话框

20 弹出“字幕设计器”面板，选择“路径文字工具”，先绘制一个弧形路径，再输入字幕“旅游相册”，设置字体、大小、方向等参数，如图15-20所示。

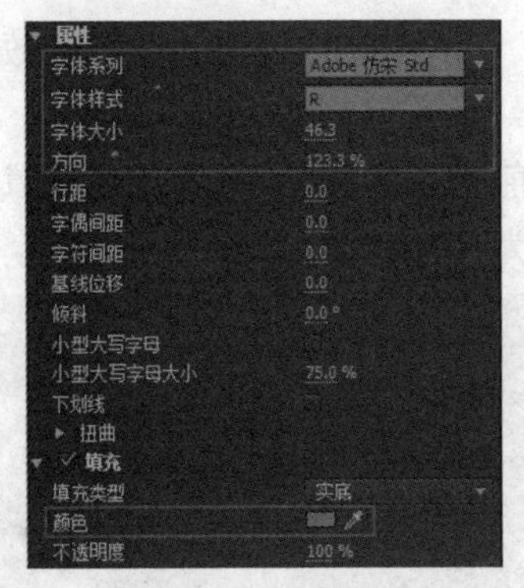

图15-20　字幕属性

21 完成的效果如图15-21所示。

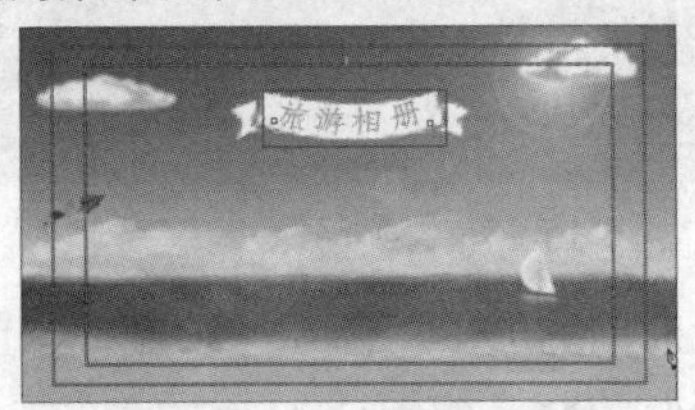

图15-21　完成效果

22 在视频轨6的00:00:01:17位置，添加“旅游相册”素材，设置持续时间为00:00:09:09，如图15-22所示。

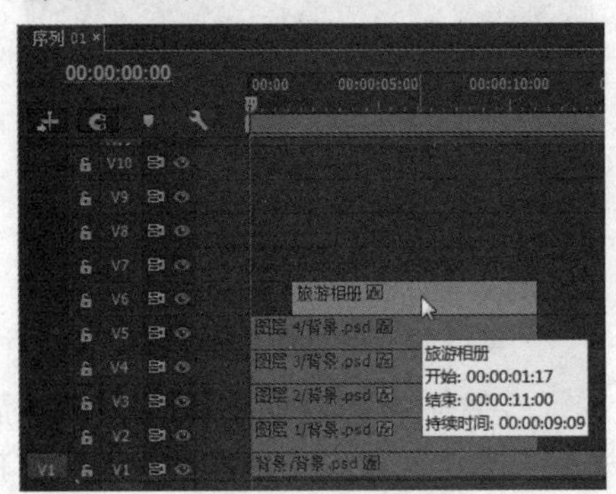

图15-22　拖入素材

23 选择素材，进入“效果控件”面板，设置时间为00:00:01:17，单击“不透明度”前的“切换动画”按钮，设置“缩放”参数为98.5，“不透明度”参数为0，如图15-23所示。

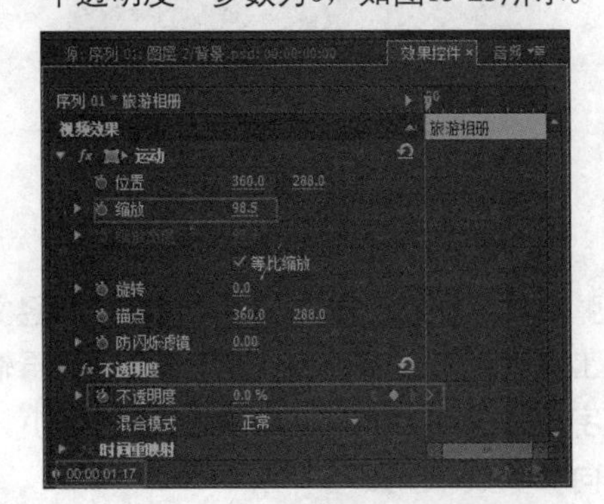

图15-23　添加第一处关键帧

24 设置时间为00:00:05:06，设置“不透明度”参数为72，如图15-24所示。

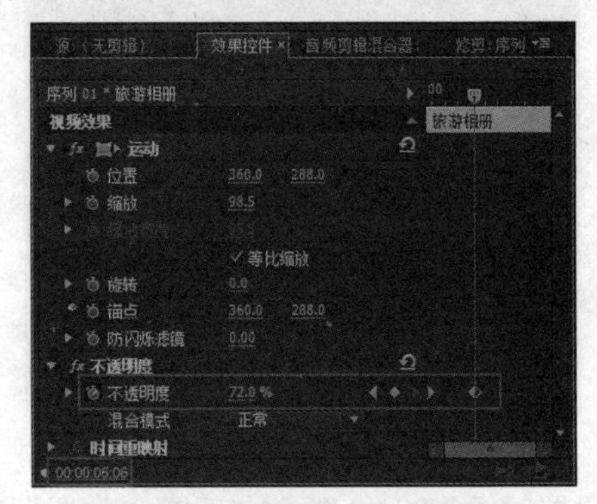

图15-24　添加第二处关键帧

25 执行“文件”|“新建”|“字幕”命令，弹出“新建字幕”对话框，设置字幕名称为“香港”，单击“确定”按钮，如图15-25所示。

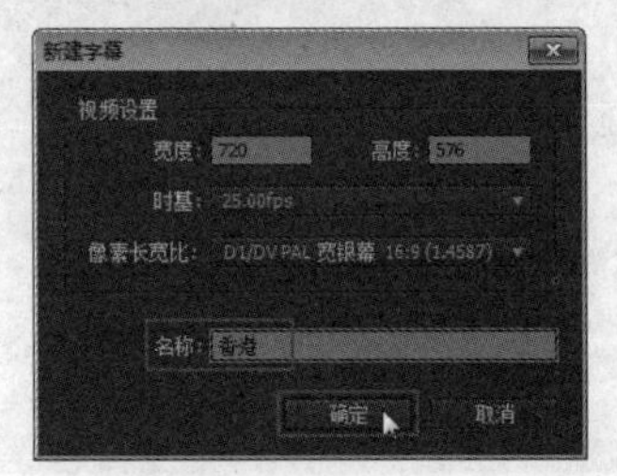

图15-25　“新建字幕”对话框

26 弹出“字幕设计器”面板，选择“文字工具”，输入字幕“香港&澳门·全家游”，设置字体、大小、行距等参数并添加“阴影”效果，具体的参数设置如图15-26所示。

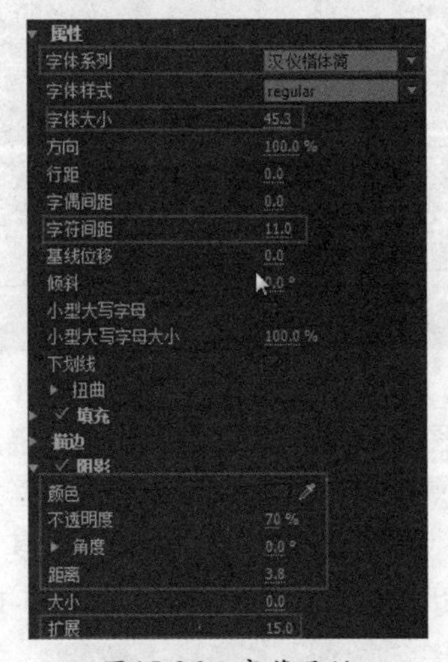

图15-26　字幕属性

27 编辑字幕完成后的效果如图15-27所示。

28 在视频轨7的00:00:03:10位置添加“香港”素材，设置持续时间为00:00:07:16，如图15-28所示。

图15-27 完成效果

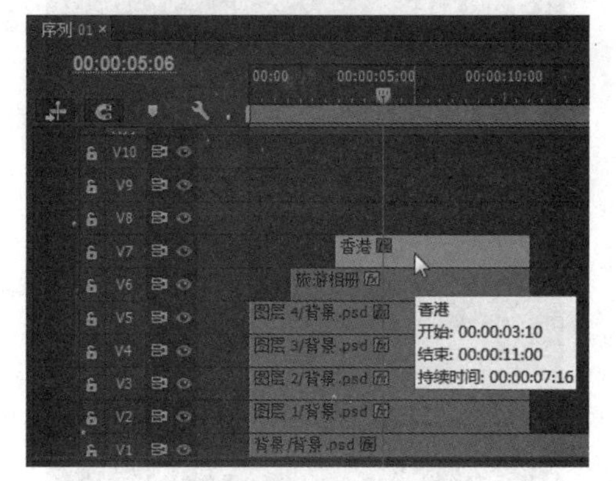

图15-28 拖入素材

29 为素材添加“基本3D”特效。进入“效果控件”面板，设置时间为00:00:03:10，单击“位置”和“倾斜”前的“切换动画”按钮，设置“位置”参数为360、303，“倾斜”参数为90，如图15-29所示。

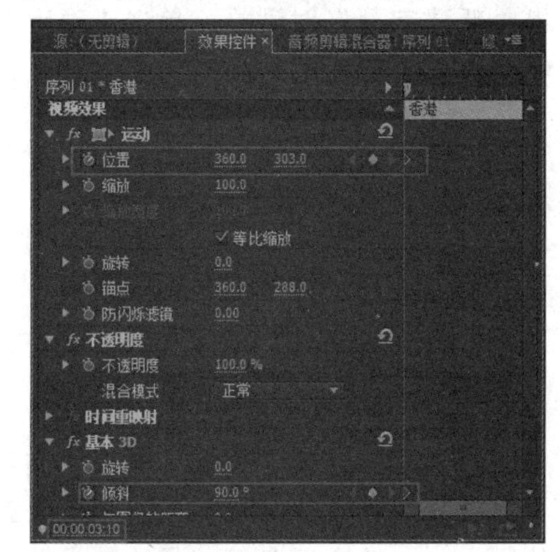

图15-29 添加第一处关键帧

30 设置时间为00:00:04:11，设置“位置”参数为360、288，如图15-30所示。

31 设置时间为00:00:04:23，设置“倾斜”参数为0，如图15-31所示。

32 在视频轨8的00:00:04:10位置添加“图层5.psd”素材，设置持续时间为00:00:06:16，如图15-32所示。

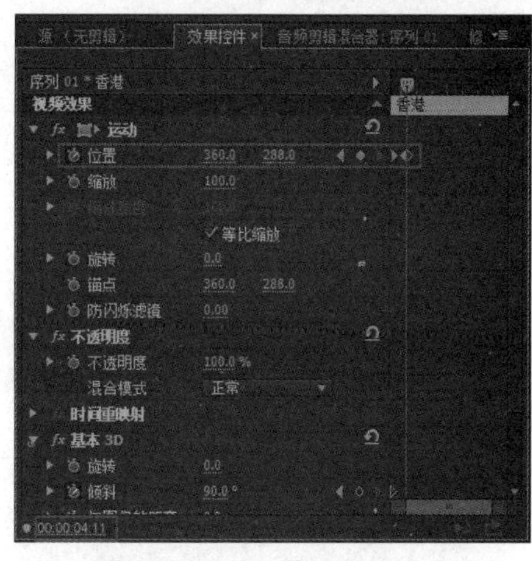

图15-30 添加第二处关键帧

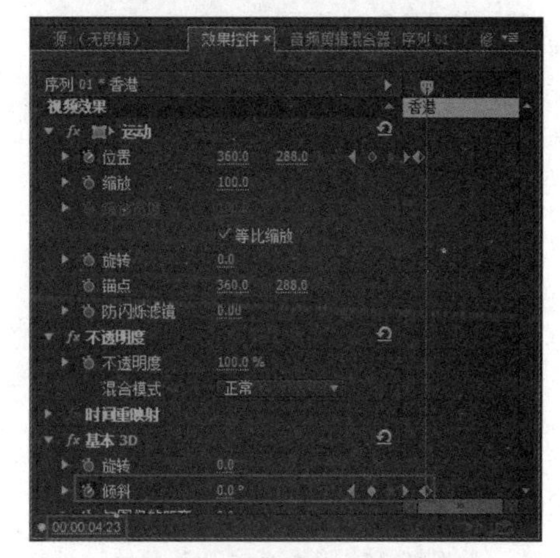

图15-31 添加第三处关键帧

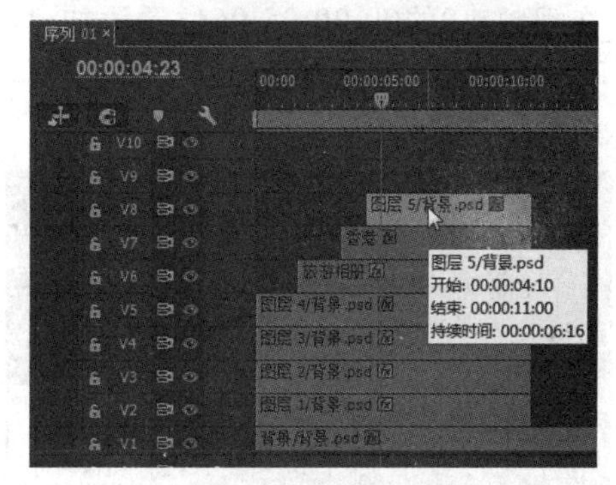

图15-32 拖入素材

33 为素材添加“线性擦除”特效。进入“效果控件”面板，设置“位置”参数为364、330，“缩放”参数为127。设置时间为00:00:04:10，单击“过渡完成”前的“切换动画”按钮，设置“过渡完成”为76%，“擦除角度”为90，“羽化”为40，如图15-33所示。

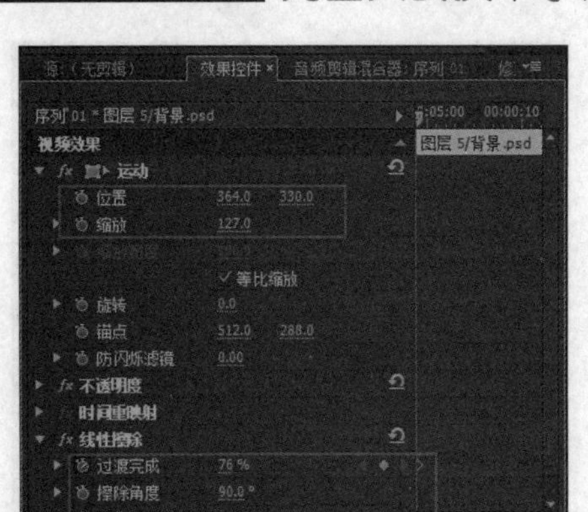

图15-33 添加第一处关键帧

34 设置时间为00:00:05:24，设置“过渡完成”为0，如图15-34所示。

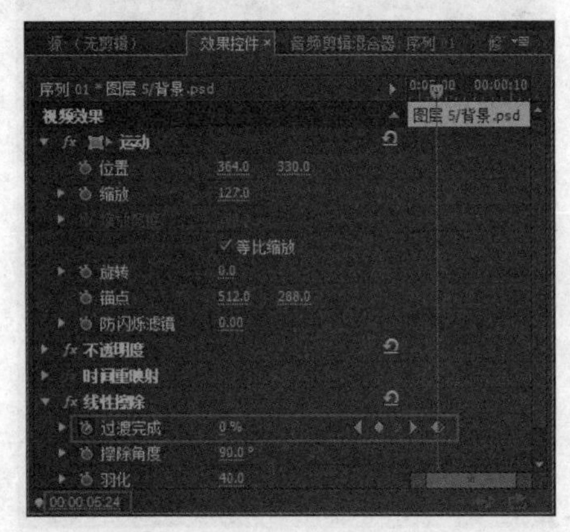

图15-34 添加第二处关键帧

35 在视频轨9的00:00:05:05位置添加“图层7.psd”素材，设置持续时间为00:00:05:21，如图15-35所示。

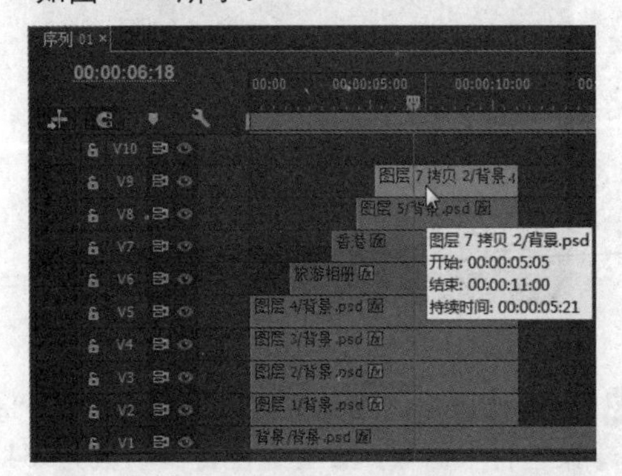

图15-35 拖入素材

36 选择素材，进入“效果控件”面板，设置时间为00:00:05:05，单击“位置”前的“切换动画”按钮，设置“位置”参数为370、490，如图15-36所示。

37 设置时间为00:00:05:24，设置“位置”参数为370、315，如图15-37所示。

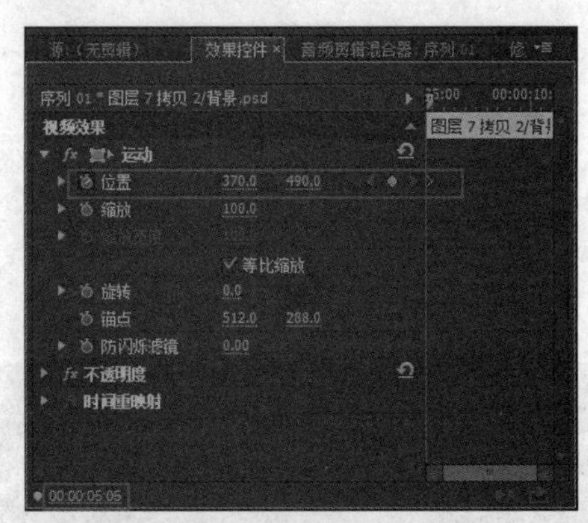

图15-36 添加第一处关键帧

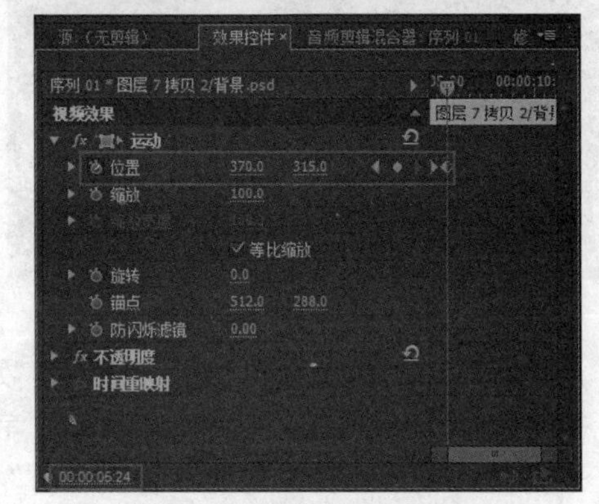

图15-37 添加第二处关键帧

38 执行“文件”|“新建”|“字幕”命令，弹出“新建字幕”对话框，单击“确定”按钮，如图15-38所示。

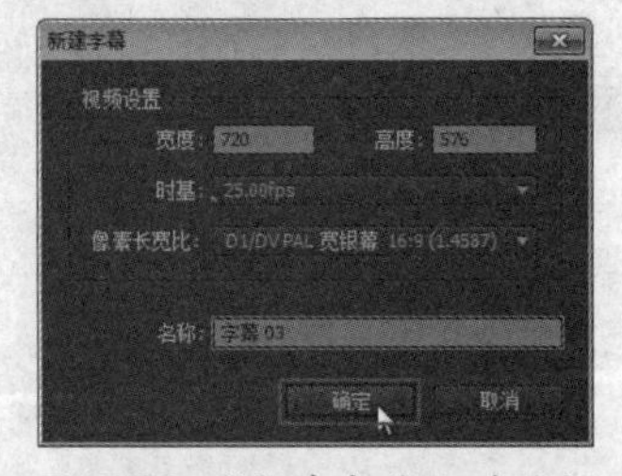

图15-38 “新建字幕”对话框

39 弹出“字幕设计器”面板，选择“文字工具”，输入字幕“2014.7.20”，设置字体、大小、填充颜色等，具体的设置如图15-39所示。

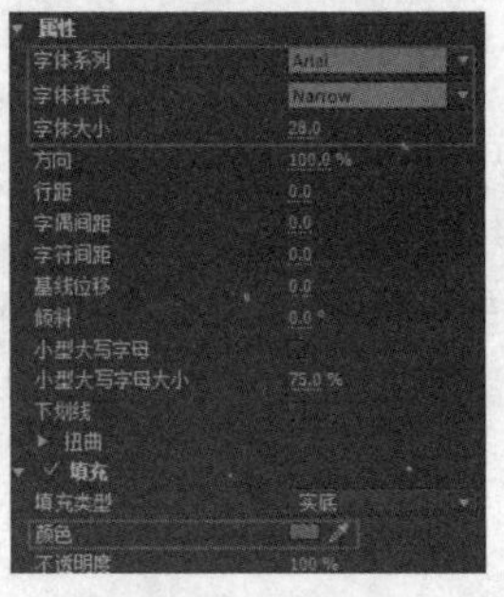

图15-39 字幕属性

40 完成设计后的效果如图15-40所示。

图15-40 完成效果

41 在视频轨10的00:00:06:23位置添加“字幕03”素材，设置持续时间为00:00:04:02，如图15-41所示。

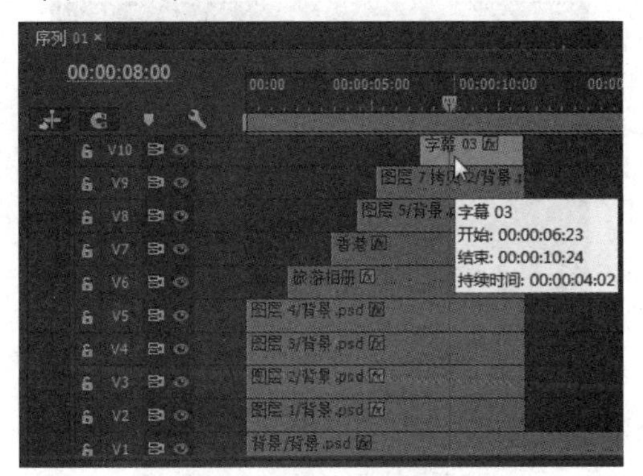

图15-41 拖入素材

42 选择素材，进入“效果控件”面板，设置时间为00:00:06:23，单击“不透明度”前的“切换动画”按钮，设置“不透明度”参数为0，如图15-42所示。

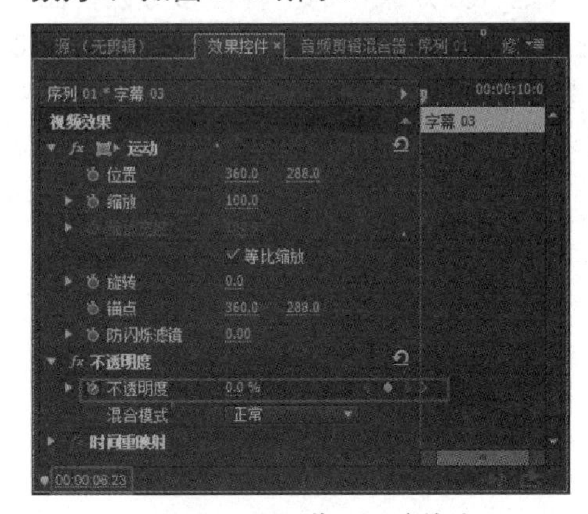

图15-42 添加第一处关键帧

43 设置时间为00:00:08:00，设置“不透明度”参数为100，如图15-43所示。

44 在“项目”面板中单击“新建项”按钮，选择“颜色遮罩”选项，弹出“新建颜色遮罩”对话框，单击“确定”按钮，如图15-44所示。

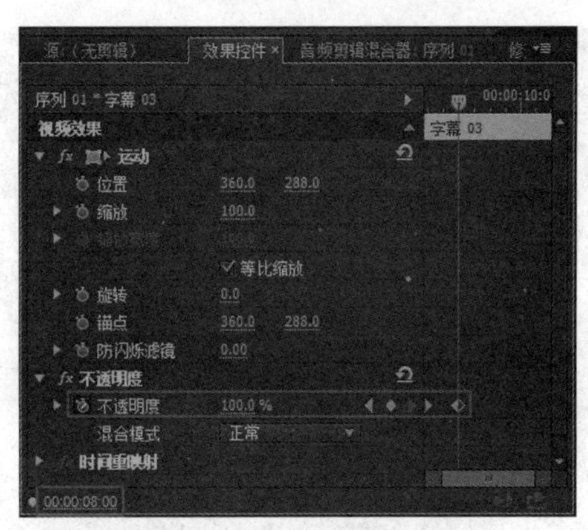

图15-43 添加第二处关键帧

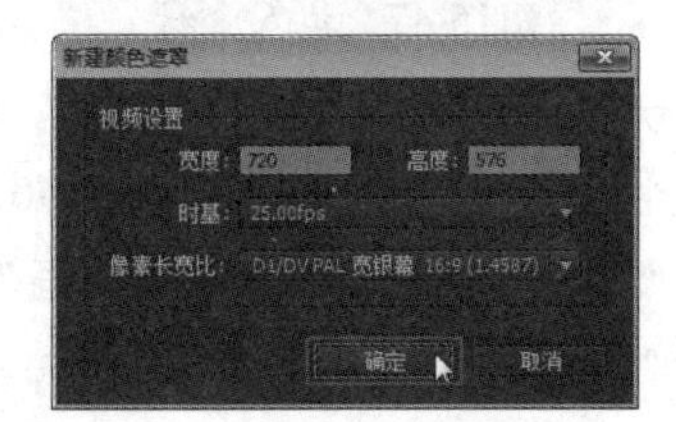

图15-44 “新建颜色遮罩”对话框

45 弹出“拾色器”对话框，选择白色，单击“确定”按钮，如图15-45所示。

图15-45 “拾色器”对话框

46 弹出“选择名称”对话框，设置名称为“白色”，单击“确定”按钮，如图15-46所示。

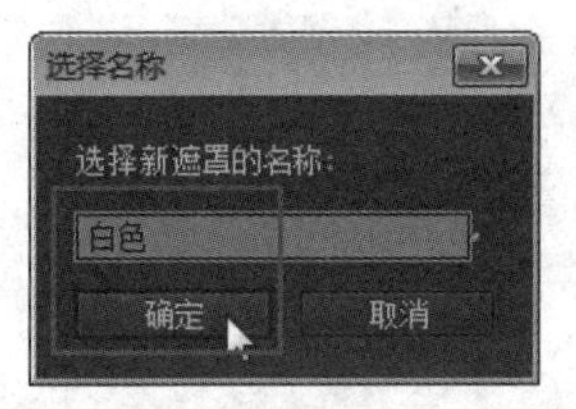

图15-46 “选择名称”对话框

47 在视频轨11的00:00:00:00位置添加“白色”素材，设置持续时间为00:00:01:17，如图15-47所示。

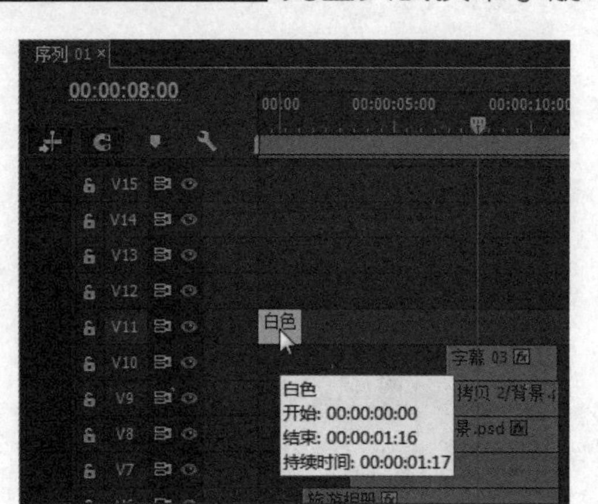

图15-47　拖入素材

48 为素材添加“线性擦除”特效。进入“效果控件”面板，设置时间为00:00:00:00，单击“过渡完成”的“切换动画”按钮，设置“过渡完成”参数为0，“擦除角度”参数为50，“羽化”参数为425，如图15-48所示。

49 设置时间为00:00:01:17，设置“过渡完成”参数为72，如图15-49所示。

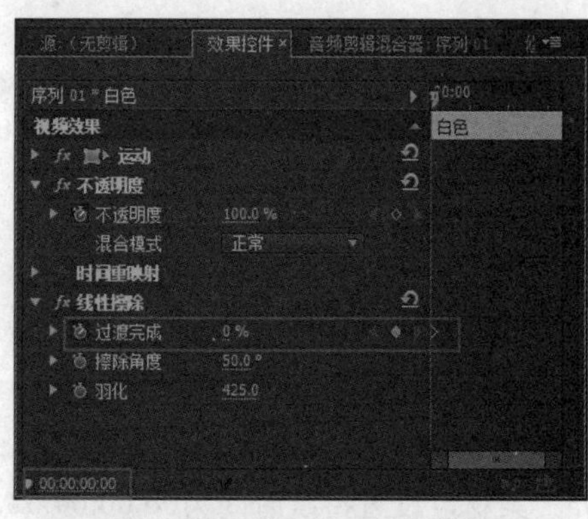

图15-48　添加第一处关键帧

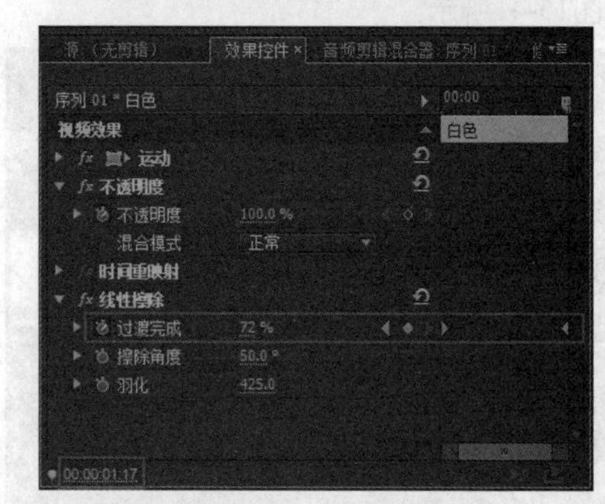

图15-49　添加第二处关键帧

15.2 旋转特效

这里的“旋转”特效是视频效果中的一种，它可以使图像产生沿中心轴旋转的效果。若添加关键帧，可以产生旋转动画。本实例通过添加“旋转”特效产生一种跨越时空的感觉。

视频位置:DVD\视频\第15章\15.2 “旋转”特效.mp4

01 新建一个颜色遮罩。弹出“拾色器”对话框，选择蓝色，单击“确定”按钮，如图15-50所示。

图15-50　“拾色器”对话框

02 弹出“选择名称”对话框，设置名称为“蓝色”，单击“确定”按钮，如图15-51所示。

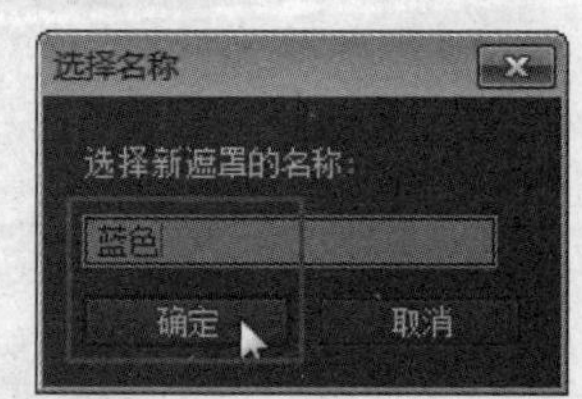

图15-51　“选择名称”对话框

03 在视频轨2上添加“蓝色”素材，设置持续时间为00:00:07:01，如图15-52所示。

04 为素材添加“旋转”特效。进入“效果控件”面板，设置时间为00:00:11:01，单击“角度”和“旋转扭曲半径”前的“切换动画”按钮，设置“角度”参数为4x0，“旋转扭曲半径”参数为50，如图15-53所示。

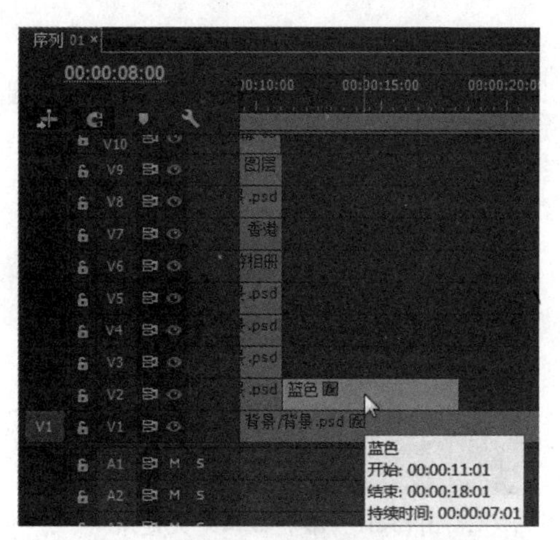
图15-52 拖入素材

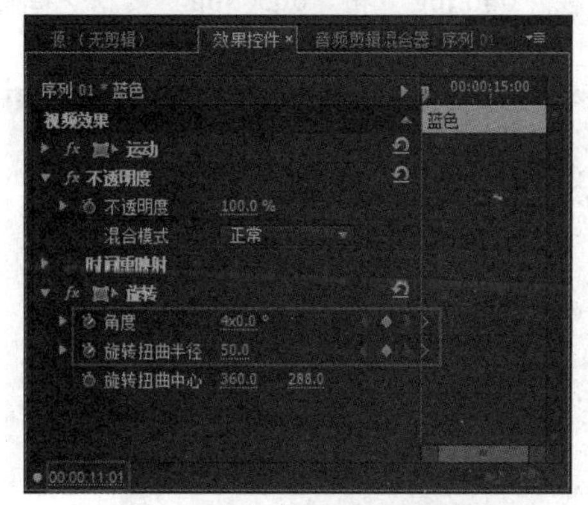
图15-53 添加第一处关键帧

05 设置时间为00:00:12:11，设置“角度”参数为0，“旋转扭曲半径”为75，如图15-54所示。

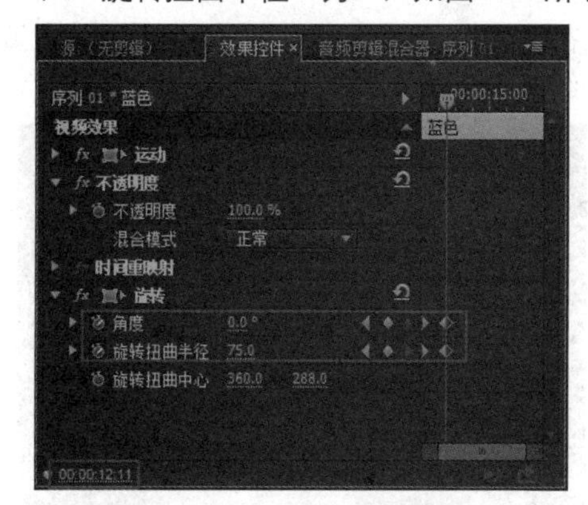
图15-54 添加第二处关键帧

06 在视频轨3的00:00:12:23位置添加“006.jpg”素材，设置持续时间为00:00:03:12，如图15-55所示。

07 选择素材，进入“效果控件”面板，设置时间为00:00:12:23，单击“不透明度”前的“切换动画”按钮，设置“缩放”参数为118.2，“不透明度”参数为0，如图15-56所示。

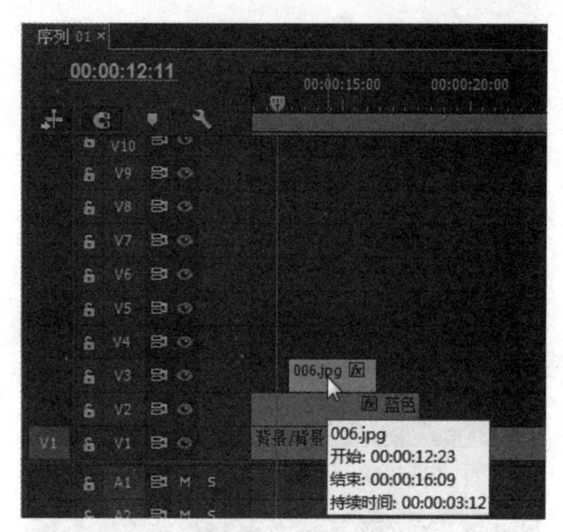
图15-55 拖入素材

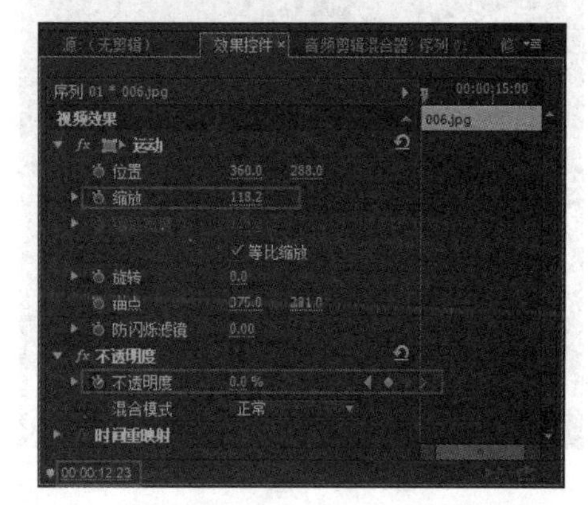
图15-56 添加第一处关键帧

08 设置时间为00:00:13:04，单击“位置”前的“切换动画”按钮，设置“位置”参数为302.9、258.1，“不透明度”参数为100，如图15-57所示。

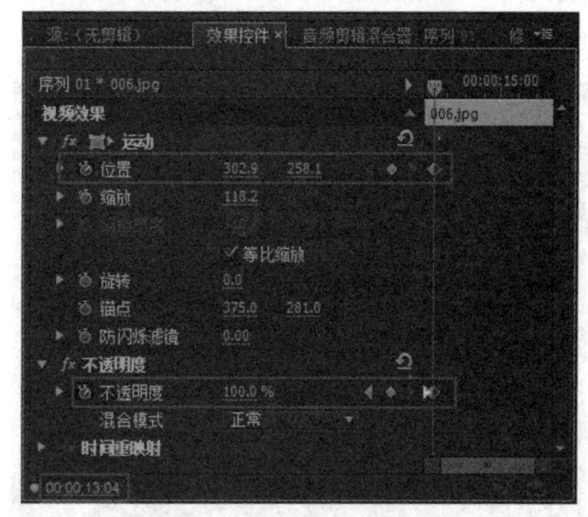
图15-57 添加第二处关键帧

09 设置时间为00:00:15:17，设置“位置”参数为256.1、256，如图15-58所示。

10 在视频轨3上添加“005.jpg”素材，设置持续时间为00:00:02:24，如图15-59所示。

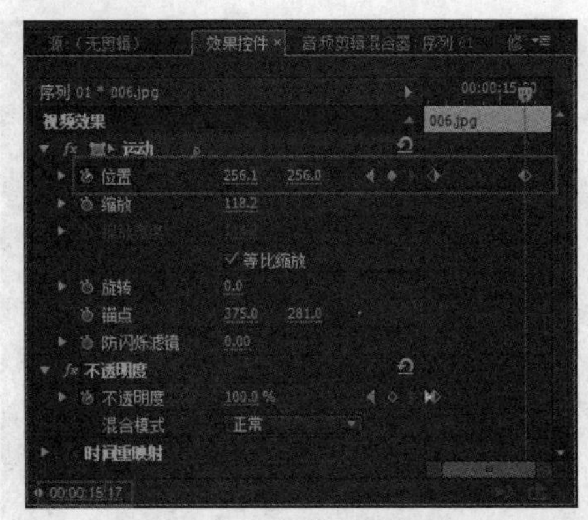

图15-58　添加第三处关键帧

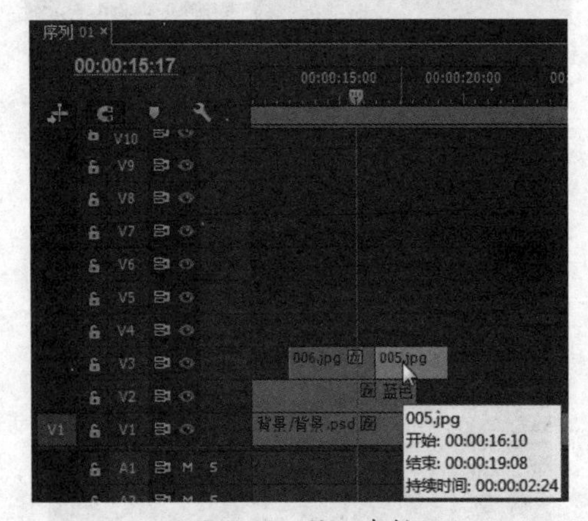

图15-59　拖入素材

11 为素材添加“镜头光晕”特效。进入“效果控件”面板，设置时间为00:00:16:23，单击“位置”前的“切换动画”按钮，设置“位置”参数为283.8、303.3，“缩放”参数为130，“光晕中心”参数为470、35，如图15-60所示。

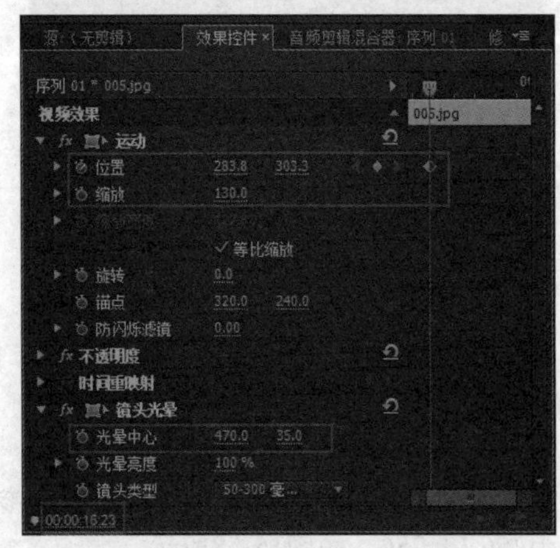

图15-60　添加第一处关键帧

12 设置时间为00:00:19:07，设置“位置”参数为225.8、303.3，如图15-61所示。

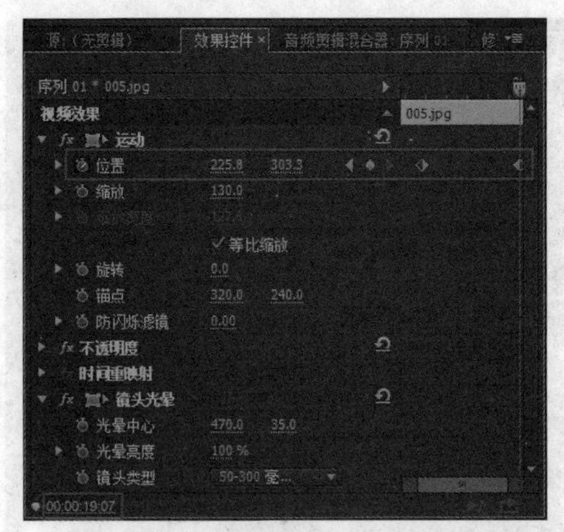

图15-61　添加第二处关键帧

13 在“006.jpg”和“005. jpg”素材之间添加“交叉溶解”特效，如图15-62所示。

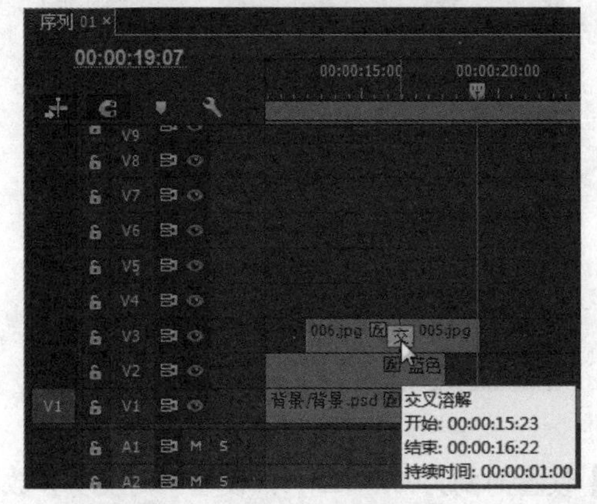

图15-62　添加“交叉溶解”特效

14 在视频轨3上添加“002. jpg”素材，设置持续时间为00:00:03:15，如图15-63所示。

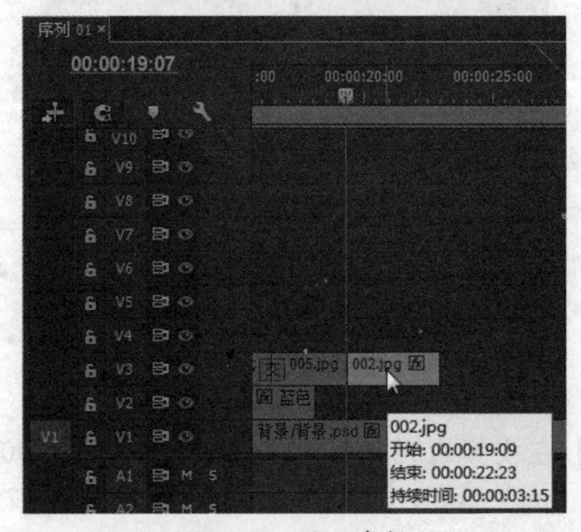

图15-63　拖入素材

15 选择素材，进入“效果控件”面板，设置时间为00:00:19:24，单击“位置”前的“切换动画”按钮，设置“位置”参数为36.7、306.5，如图15-64所示。

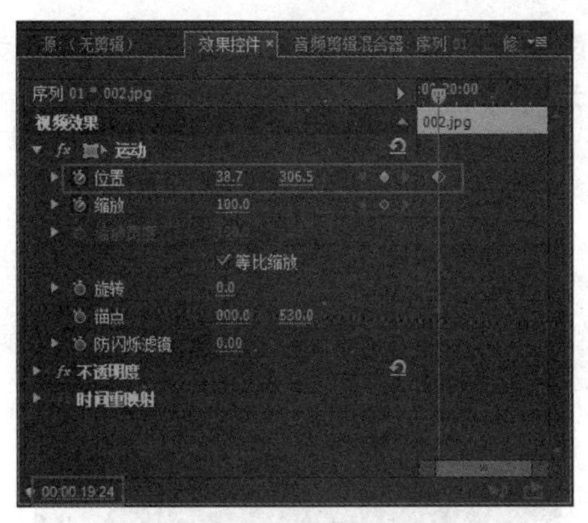

图15-64　添加第一处关键帧

16 设置时间为00:00:22:13，设置“位置”参数为145.2、519.5，如图15-65所示。

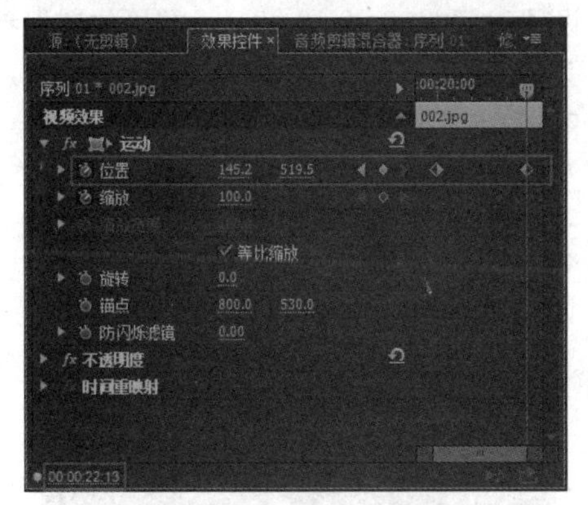

图15-65　添加第二处关键帧

17 在“005. jpg”和“002. jpg”素材之间添加“交叉溶解”特效，如图15-66所示。

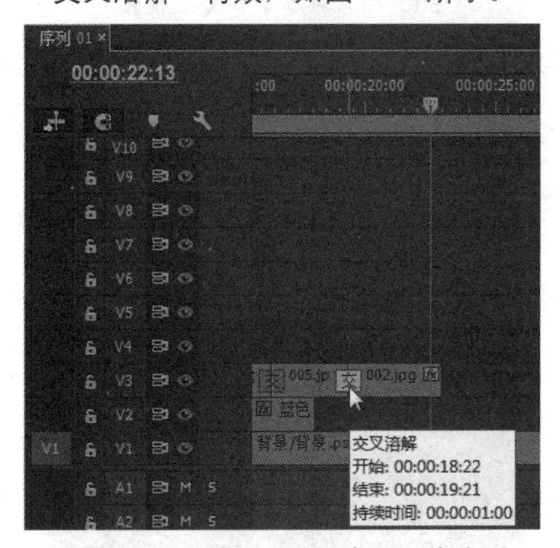

图15-66　添加“交叉溶解”特效

18 在视频轨3上添加“004. jpg”素材，设置持续时间为00:00:03:07，如图15-67所示。

19 选择素材，进入“效果控件”面板，设置时间为00:00:23:12，单击“位置”和“缩放”前的“切换动画”按钮，添加“位置”和“缩放”关键帧，如图15-68所示。

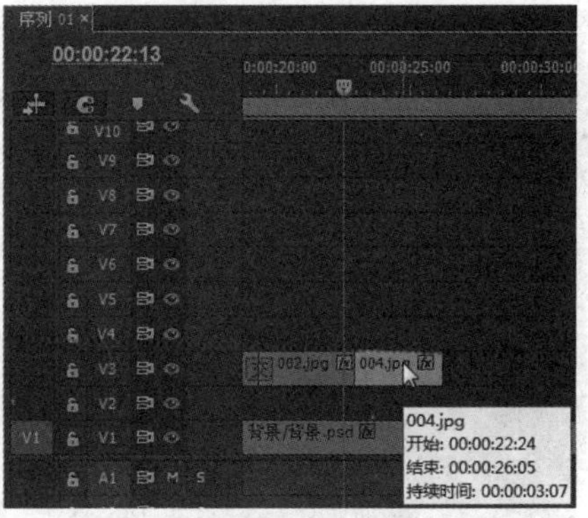

图15-67　拖入素材

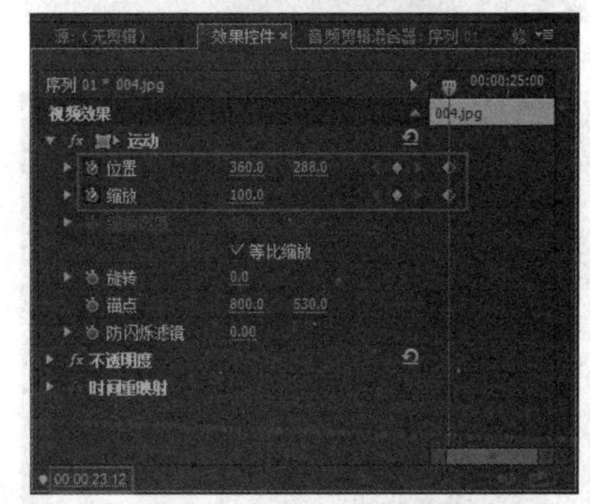

图15-68　添加第一处关键帧

20 设置时间为00:00:26:05，设置“位置”参数为137.9、278.1，如图15-69所示。

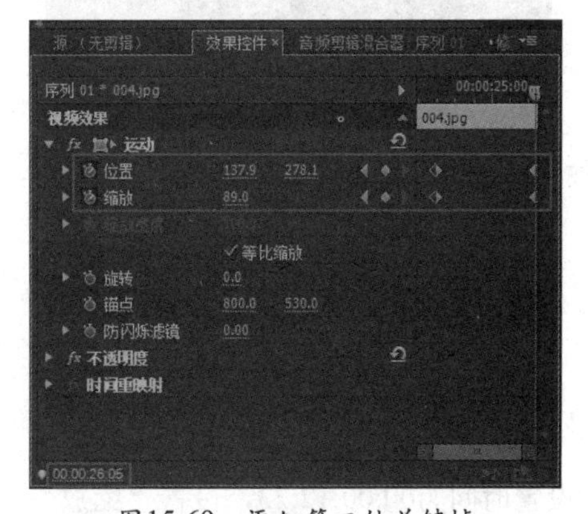

图15-69　添加第二处关键帧

21 在“002. jpg”和“004. jpg”素材之间添加“胶片溶解”特效，如图15-70所示。

22 在视频轨4的00:00:12:13位置添加“04. png”素材，设置持续时间为00:00:13:18，如图15-71所示。

23 选择素材，进入“效果控件”面板，设置时间为00:00:12:13，单击“位置”、“缩放”和“旋转”前的“切换动画”按钮，设置“位置”参数为193.2、347.7，“缩放”参数为166.4，如图15-72所示。

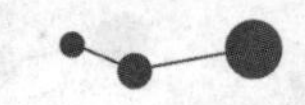

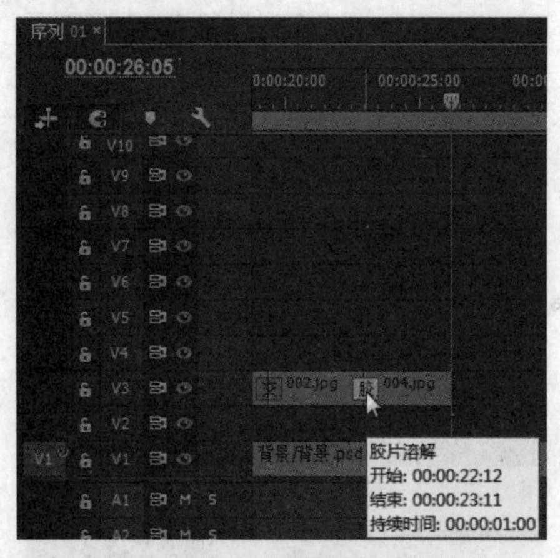

图15-70 添加“胶片溶解”特效

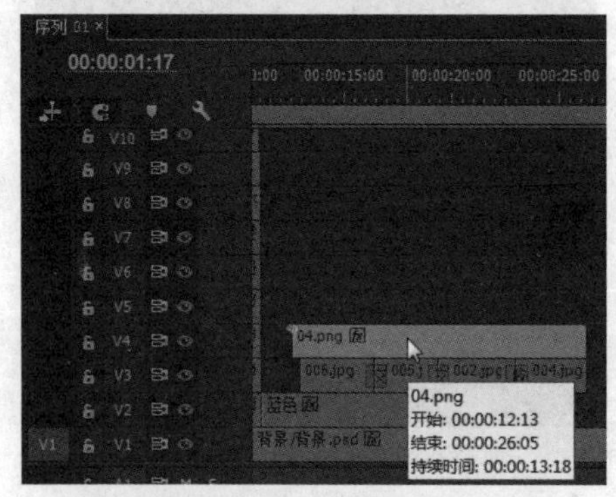

图15-71 拖入素材

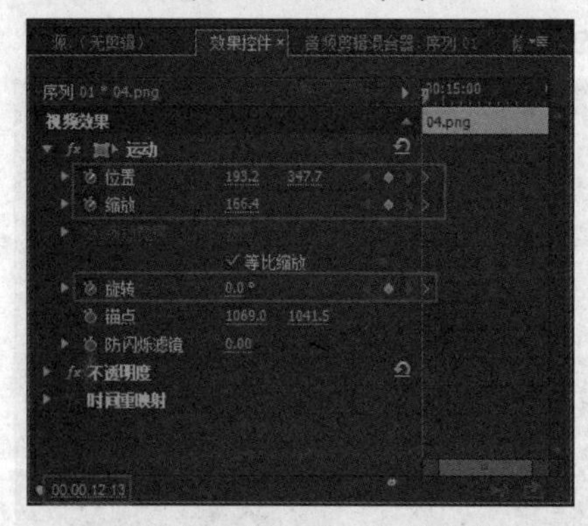

图15-72 添加第一处关键帧

24 设置时间为00:00:12:23，设置“缩放”参数为98.4，如图15-73所示。

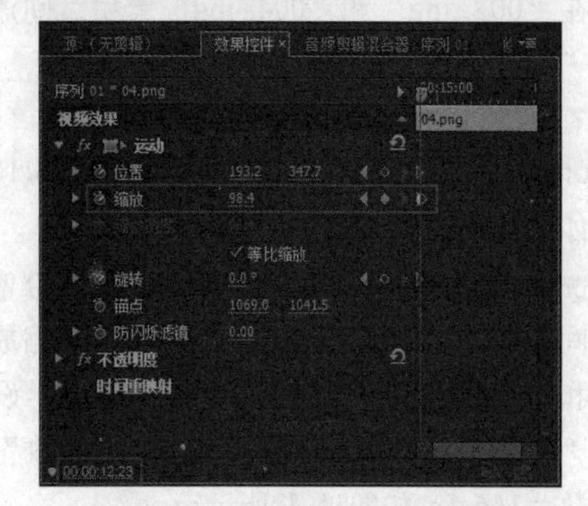

图15-73 添加第二处关键帧

25 设置时间为00:00:13:21，设置“位置”参数为193.2、347.7，如图15-74所示。

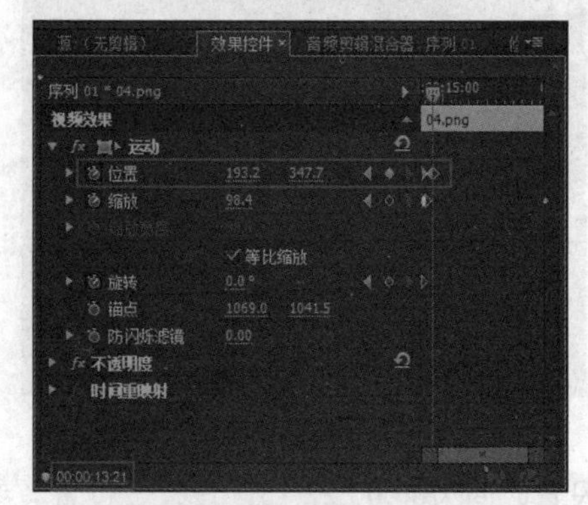

图15-74 添加第三处关键帧

26 设置时间为00:00:19:08，设置“位置”参数为171.2、298.7，“旋转”参数为120，如图15-75所示。

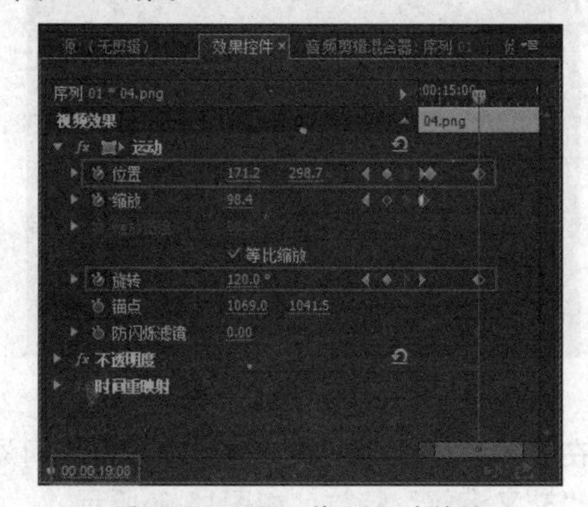

图15-75 添加第四处关键帧

27 设置时间为00:00:20:18，设置“位置”参数为208.2、58.7，如图15-76所示。

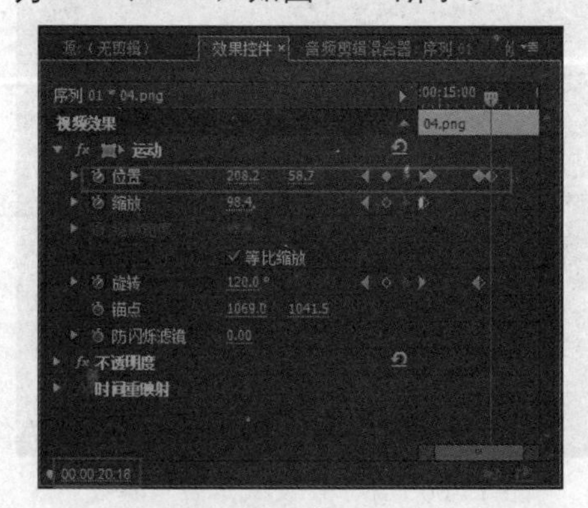

图15-76 添加第五处关键帧

28 设置时间为00:00:26:02，设置“旋转”参数为160，如图15-77所示。

29 执行“字幕”|“新建字幕”|“默认静态字幕”命令，弹出“新建字幕”对话框，单击“确定”按钮，如图15-78所示。

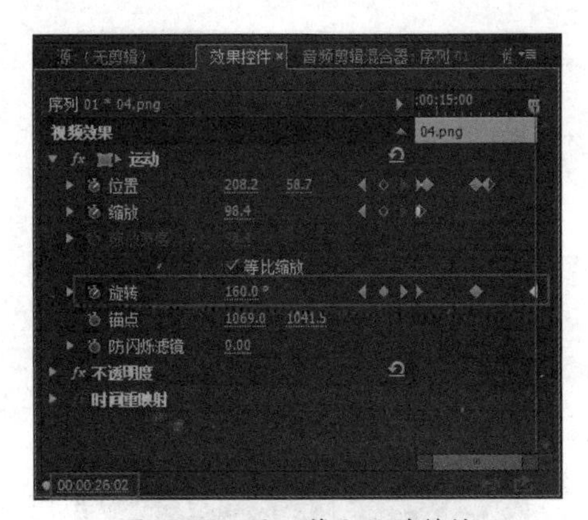

图15-77 添加第六处关键帧

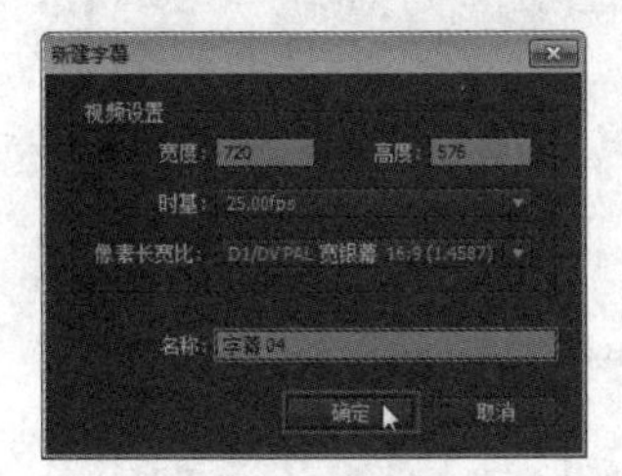

图15-78 “新建字幕”对话框

30 弹出“字幕设计器”面板，绘制一个矩形，设置“图形类型”为“填充贝赛尔曲线”，设置填充颜色，添加阴影效果，具体的设置及完成的效果如图15-79所示。

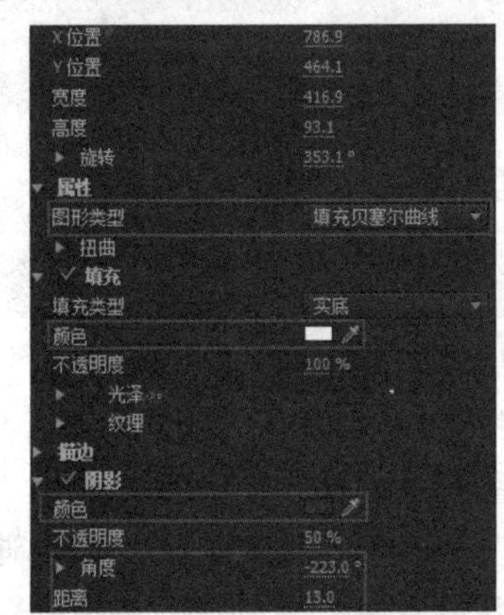

图15-79 字幕属性及完成效果

31 选择“文字工具”，输入字幕“香港街头·”，设置字体、大小、填充颜色等属性，具体的设置及完成的效果如图15-80所示。

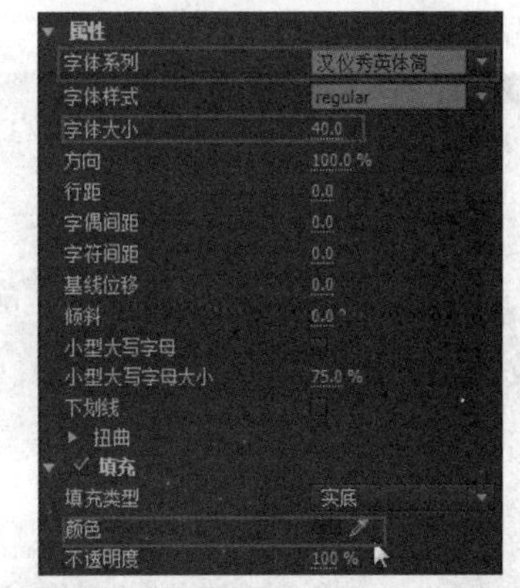

图15-80 字幕属性及完成效果

32 输入字幕“趣味小商店”，设置“字体大小”为27.4，如图15-81所示。

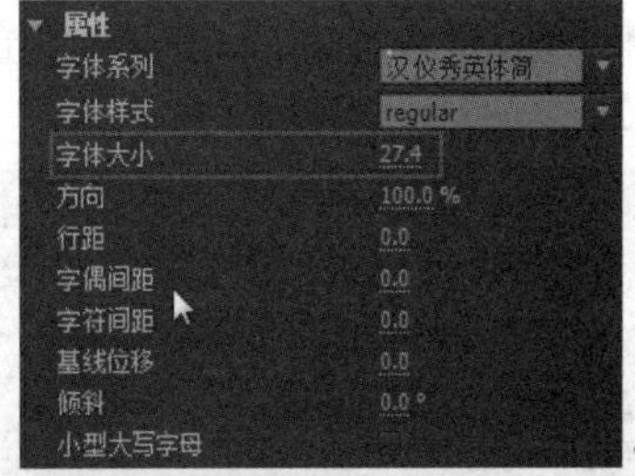

图15-81 设置字幕属性及完成效果

33 在视频轨5的00:00:14:20位置添加“字幕04”素材，设置持续时间为00:00:04:14，如图15-82所示。

34 选择素材，进入“效果控件”面板，设置时间为00:00:14:20，单击“位置”前的“切换动画”按钮，设置“位置”参数为405.5、443.8，如图15-83所示。

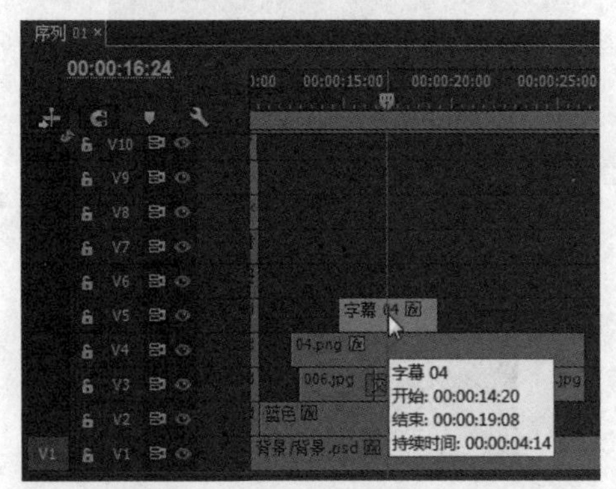

图15-82　拖入素材

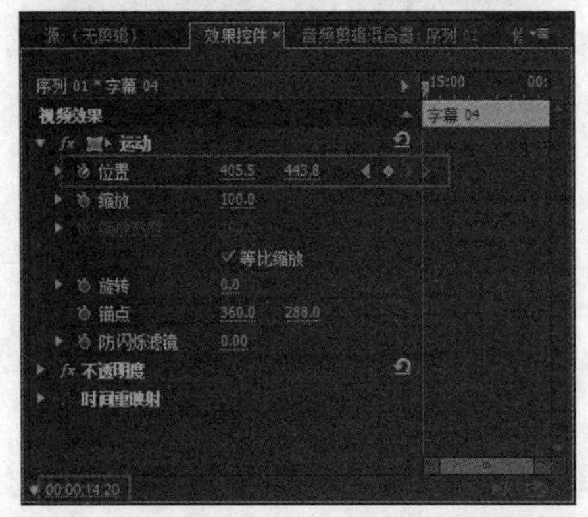

图15-83　添加第一处关键帧

35 设置时间为00:00:15:08，设置“位置”参数为362.5、289.8，如图15-84所示。

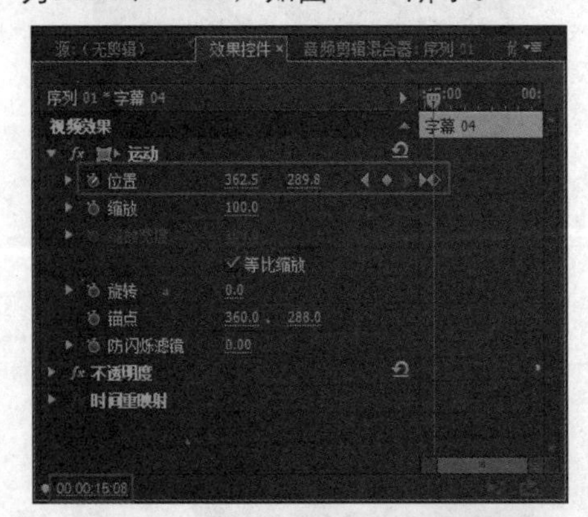

图15-84　添加第二处关键帧

36 执行“文件”|“新建”|“字幕”命令，弹出“新建字幕”对话框，单击“确定”按钮，如图15-85所示。

37 弹出“字幕设计器”面板，选择“椭圆工具”，按住Shift键来绘制一个圆形。设置“图形类型”为“闭合贝赛尔曲线”，具体的设置及完成的效果如图15-86所示。

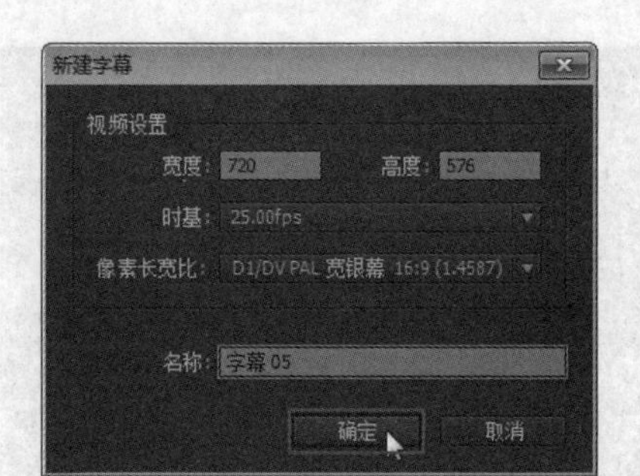

图15-85　“新建字幕”对话框

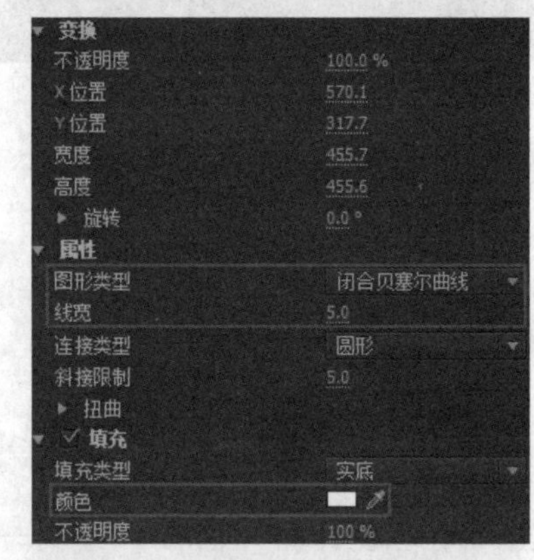

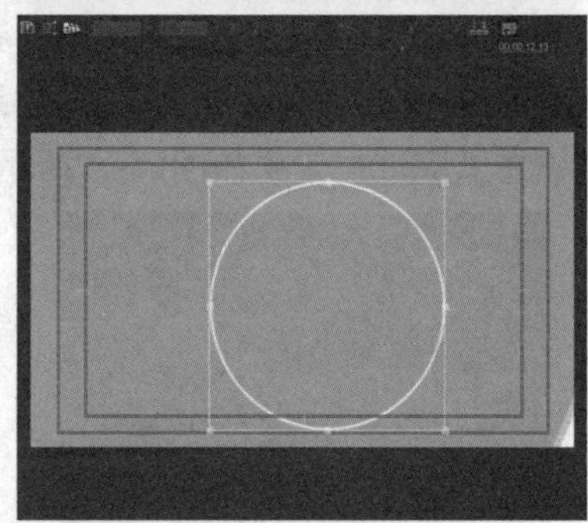

图15-86　具体的设置及完成的效果

38 双击打开“字幕04”素材，单击“基于当前字幕新建字幕”按钮，弹出“字幕设计器”面板，修改字幕为“香港·迪士尼乐园”并设置相应的位置和大小参数，如图15-87所示。

图15-87　新建字幕

39 在视频轨5上添加“字幕06”素材，设置持续时间为00:00:06:22，如图15-88所示。

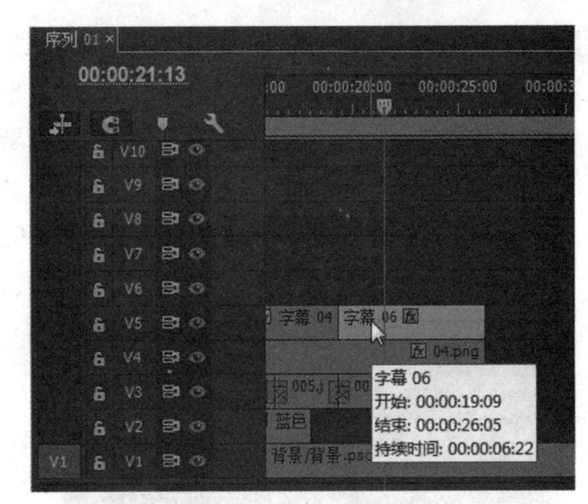

图15-88 拖入素材

15.3 制作转场动画

除了Premiere Pro CC软件自带的转场特效外，用户还可以根据影片需要，自己创作转场动画。本实例中就有一段自制转场视频，通过对素材的旋转与缩放编辑制作出具有动感的转场视频。下面介绍该转场动画的制作。

视频位置:DVD\视频\第15章\15.3 制作转场动画.mp4

01 在视频轨6的00:00:24:23位置添加“蓝色”素材，设置持续时间为00:00:06:14，如图15-89所示。

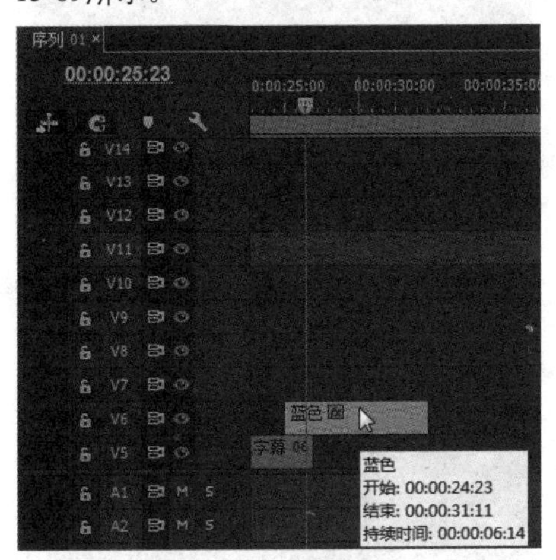

图15-89 拖入素材

02 在素材的开始位置添加“筋斗过渡”特效，如图15-90所示。

03 分别在视频轨7和8的00:00:25:23位置添加“6.png”素材，持续时间均设置为00:00:05:14，如图15-91所示。

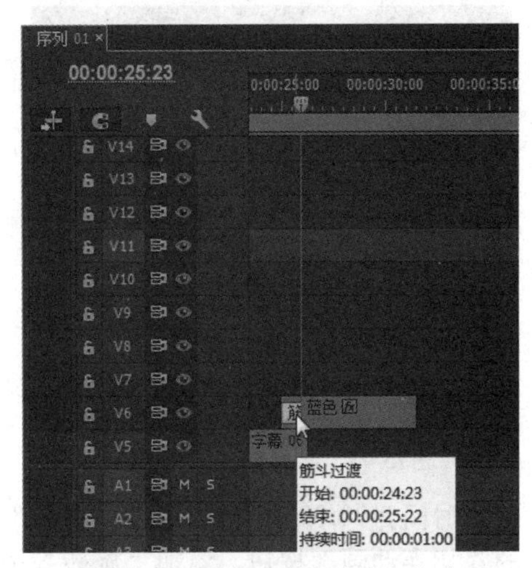

图15-90 添加“筋斗过渡”特效

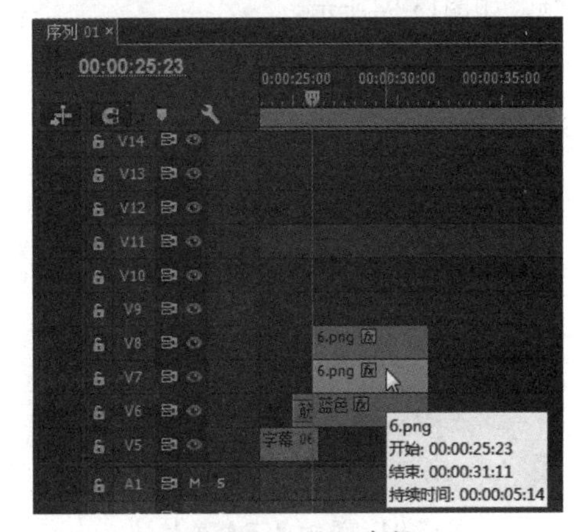

图15-91 拖入素材

04 选择视频轨7上的“6.png”素材，进入“效果控件”面板，设置时间为00:00:25:23，单击“缩放”前的“切换动画”按钮，设置“位置”参数为553.2、198.6，“缩放”参数为0，“不透明度”参数为66，如图15-92所示。

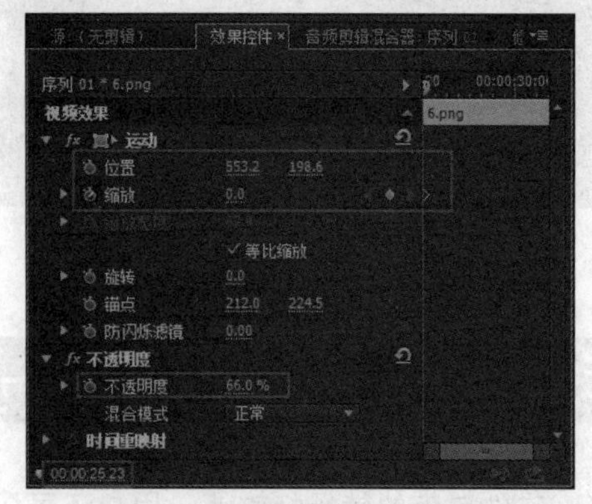

图15-92　添加第一处关键帧

05 设置时间为00:00:26:13，设置“缩放”参数为46，如图15-93所示。

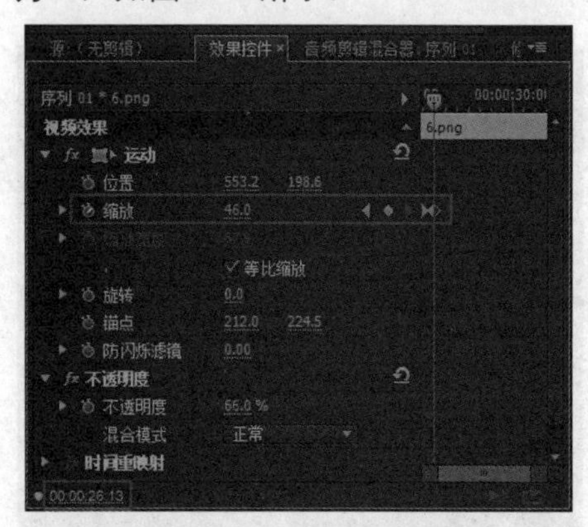

图15-93　添加第二处关键帧

06 设置时间为00:00:26:15，单击“旋转”前的“切换动画”按钮，添加“旋转”关键帧，如图15-94所示。

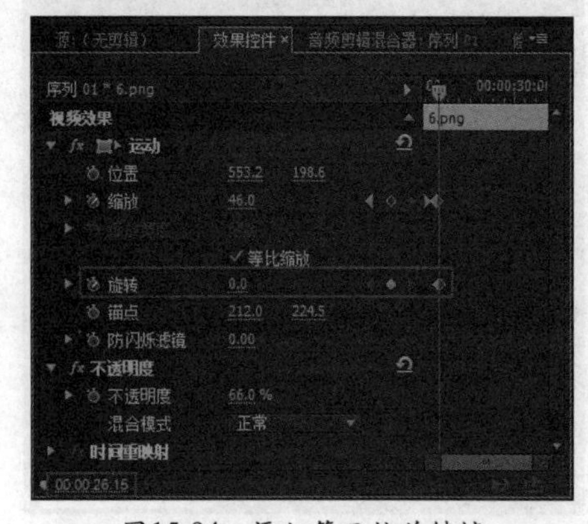

图15-94　添加第三处关键帧

07 设置时间为00:00:31:12，设置“旋转”参数为180，如图15-95所示。

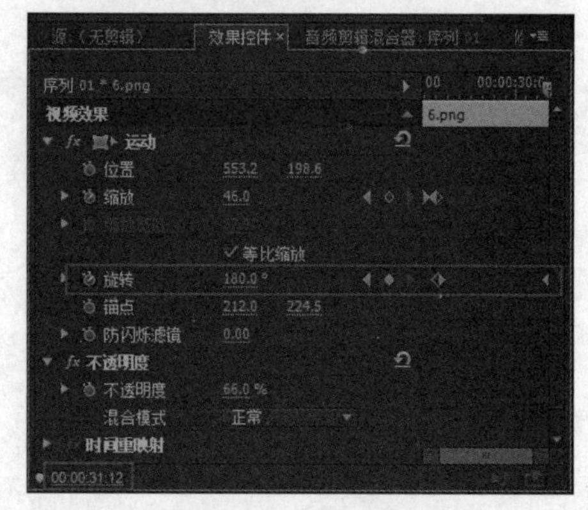

图15-95　添加第四处关键帧

08 选择视频轨8上的“6.png”素材，进入“效果控件”面板，设置时间为00:00:26:06，单击“缩放”前的“切换动画”按钮，设置“位置”参数为163.4、322.8，“缩放”参数为31.4，“不透明度”参数为52，如图15-96所示。

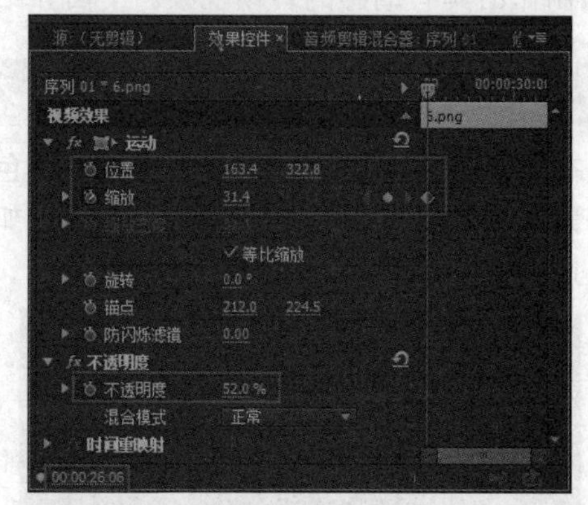

图15-96　添加第一处关键帧

09 设置时间为00:00:26:07，设置“缩放”参数为0，如图15-97所示。

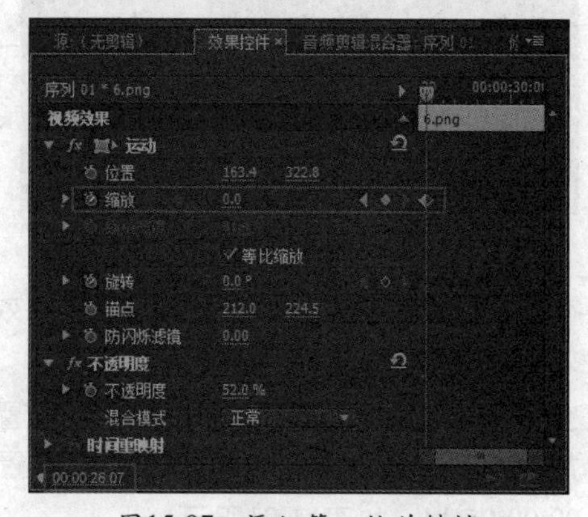

图15-97　添加第二处关键帧

10 设置时间为00:00:26:21，设置“缩放”参数为31.4。单击“旋转”前的“切换动画”按钮，添加“旋转”关键帧，如图15-98所示。

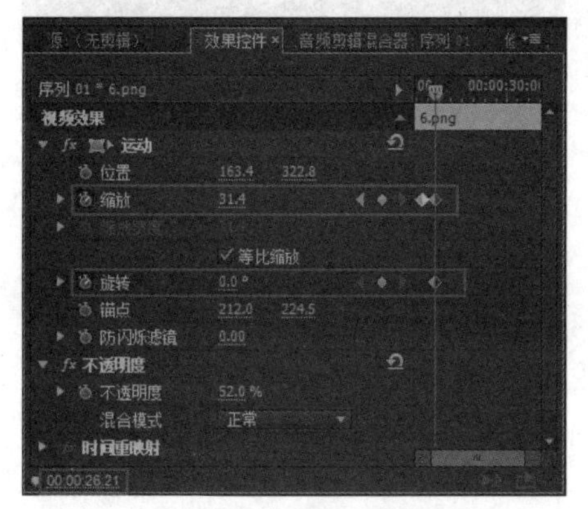

图15-98 添加第三处关键帧

11 设置时间为00:00:31:12，设置“旋转”参数为150，如图15-99所示。

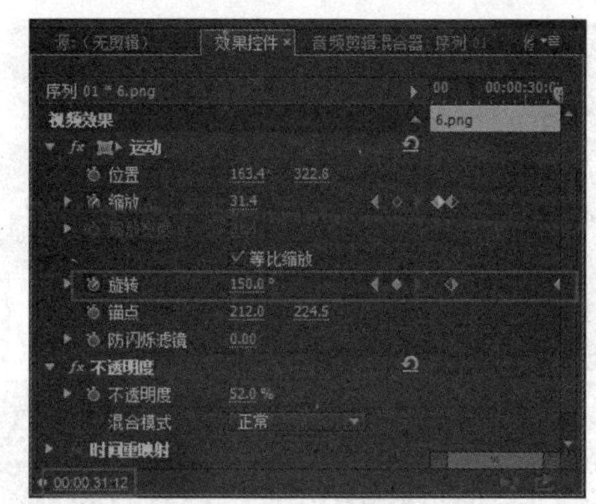

图15-99 添加第四处关键帧

12 分别在视频轨9～11上添加“字幕05”素材，持续时间均设置为00:00:05:14，如图15-100所示。

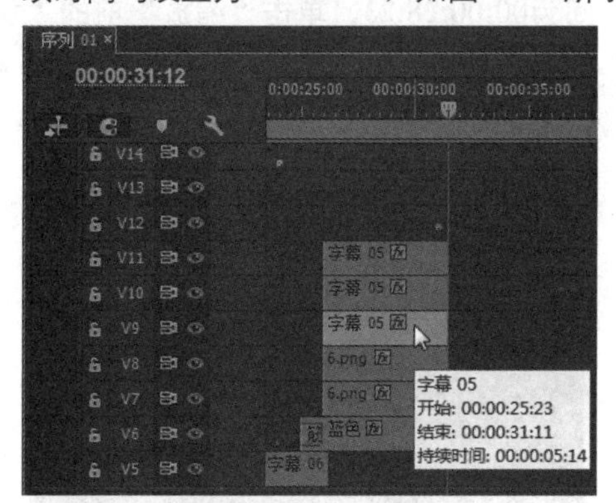

图15-100 拖入素材

13 选择视频轨9上的“字幕05”素材，进入“效果控件”面板，设置时间为00:00:25:23，单击“缩放”前的“切换动画”按钮，设置“位置”参数为255.3、156.4，“缩放”参数为0，“不透明度”参数为76，如图15-101所示。

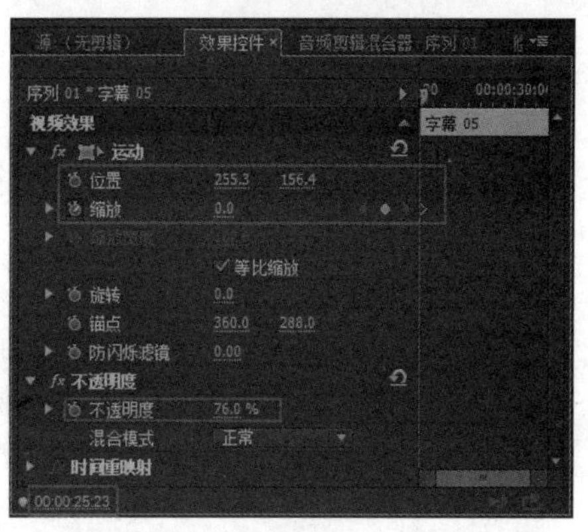

图15-101 添加第一处关键帧

14 设置时间为00:00:27:12，设置“缩放”参数为100，如图15-102所示。

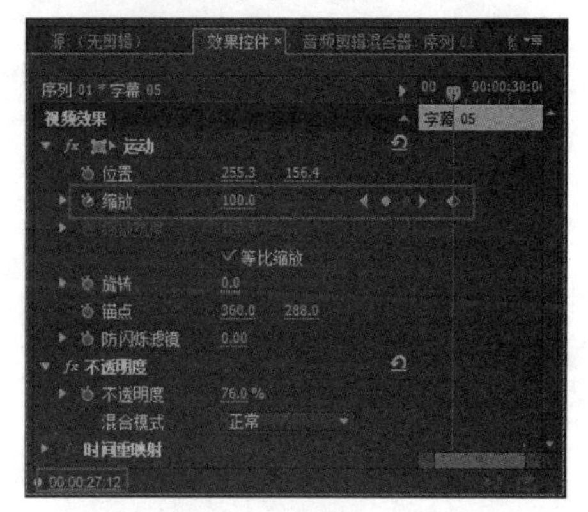

图15-102 添加第二处关键帧

15 设置时间为00:00:28:04，设置“缩放”参数为102.6，如图15-103所示。

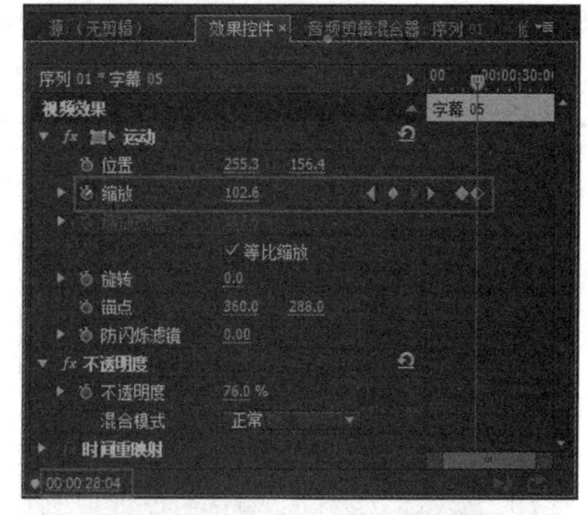

图15-103 添加第三处关键帧

16 选择视频轨10上的“字幕05”素材，进入“效果控件”面板，设置时间为00:00:27:08，单击“缩放”前的“切换动画”按钮，设置“位置”参数为416、379，“缩放”参数为0，“不透明度”参数为76，如图15-104所示。

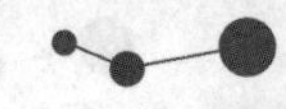

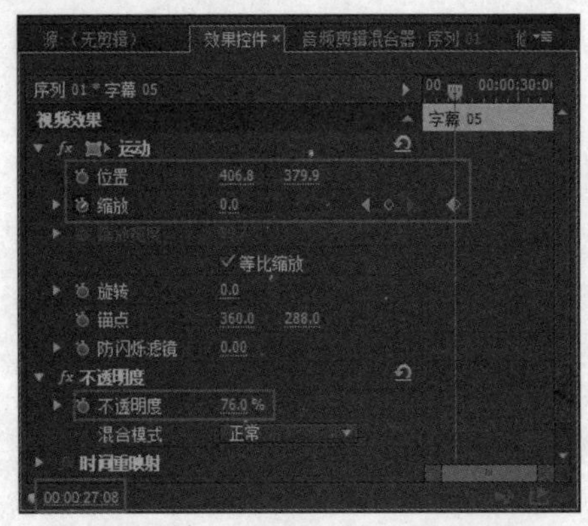

图15-104 添加第一处关键帧

17 设置时间为00:00:28:01，设置“缩放”参数为39.7，如图15-105所示。

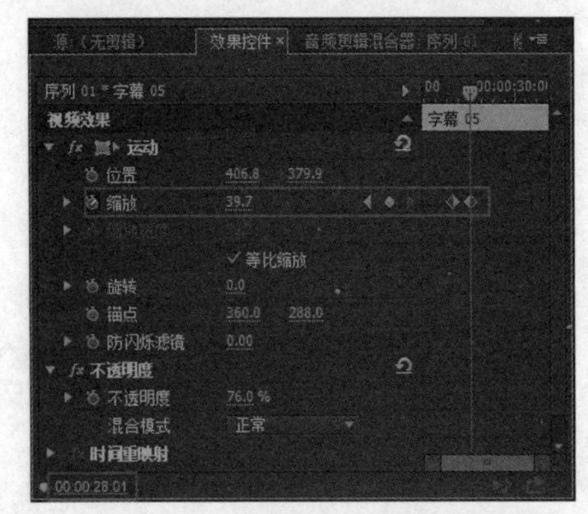

图15-105 添加第二处关键帧

18 选择视频轨11上的“字幕05”素材，进入“效果控件”面板，设置时间为00:00:27:07，单击“缩放”前的“切换动画”按钮，设置“位置”参数为697.9、352.6，“缩放”参数为0，“不透明度”参数为76，如图15-106所示。

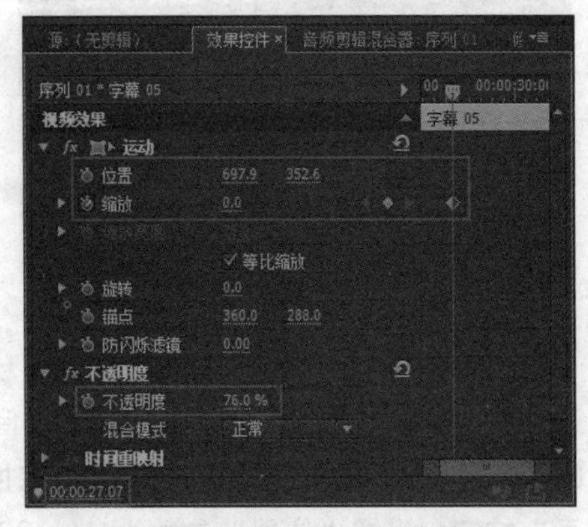

图15-106 添加第一处关键帧

19 设置时间为00:00:28:21，设置“缩放”参数为75，如图15-107所示。

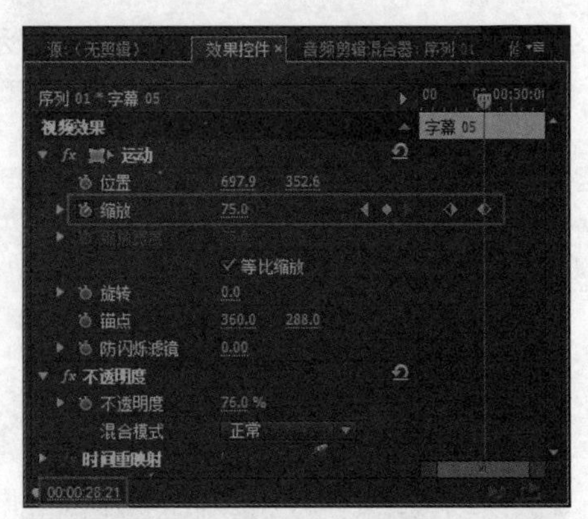

图15-107 添加第二处关键帧

20 在视频轨12的00:00:28:21位置，添加“01.png”素材，设置持续时间为00:00:02:16，如图15-108所示。

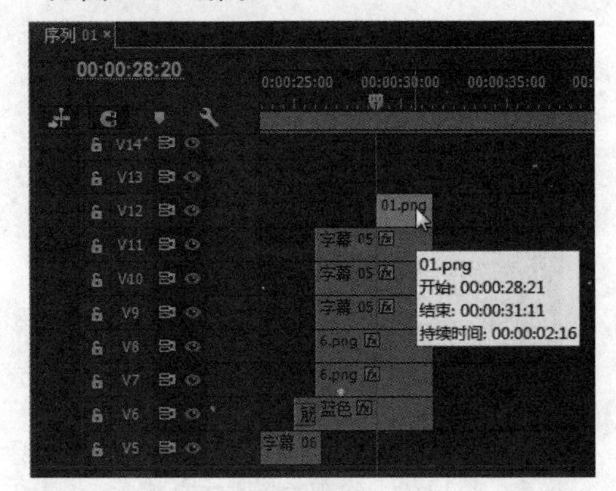

图15-108 拖入素材

21 选择素材，进入“效果控件”面板，设置时间为00:00:28:23，单击“缩放”前的“切换动画”按钮，设置“位置”参数为266.4、285.5，“缩放”参数为0，如图15-109所示。

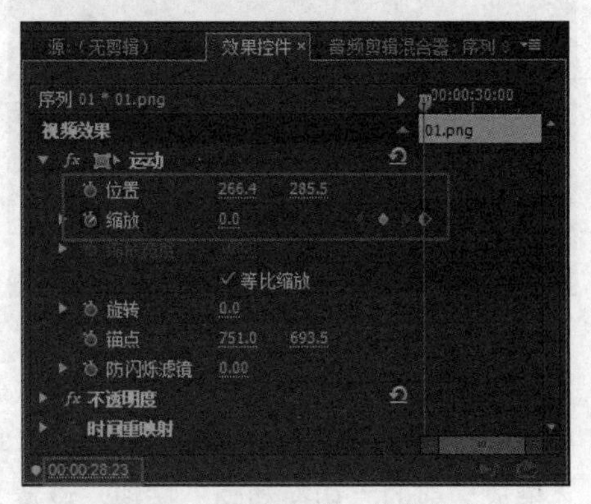

图15-109 添加第一处关键帧

22 设置时间为00:00:29:24，设置“缩放”参数为100，如图15-110所示。

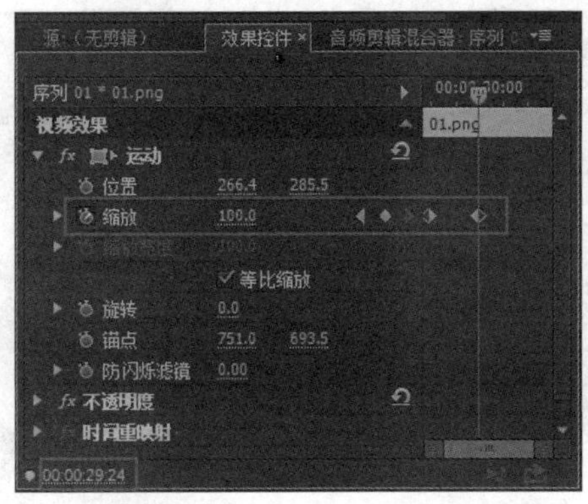

图15-110　添加第二处关键帧

15.4 滑动带特效

“滑动带”特效能够使图像产生在水平或垂直的线条中逐渐显示的效果。下面将介绍“滑动带”特效的应用。本实例中多次运用“滑动带”特效，使镜头之间的切换衔接得更自然。

视频位置:DVD\视频\第15章\15.4 “滑动带”特效.mp4

01 框选素材，单击鼠标右键并执行“编组”命令，将素材编组，如图15-111所示。

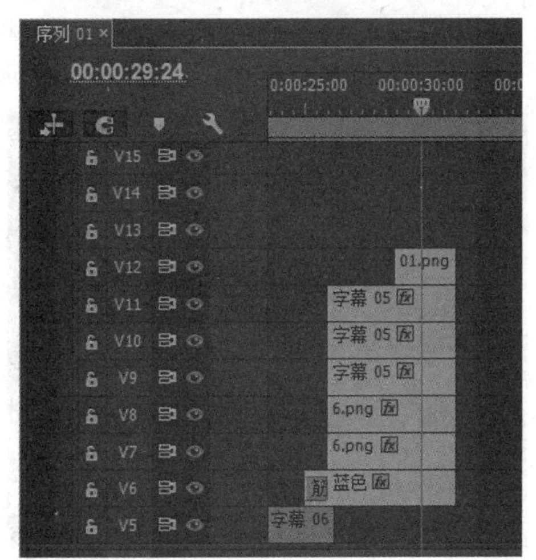

图15-111　编组

02 将“项目”面板中的“00284.MTS”素材拖到“源监视器”中，标记入点为00:00:03:19，标记出点为00:00:08:14，如图15-112所示。

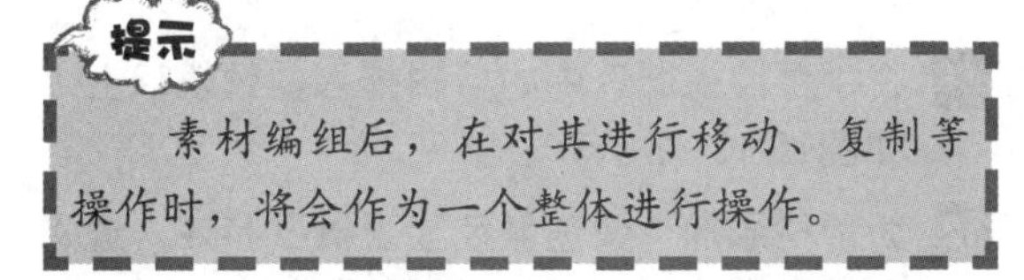
提示

素材编组后，在对其进行移动、复制等操作时，将会作为一个整体进行操作。

03 将“源监视器”中的剪辑拖入视频轨13上，开始时间为00:00:30:01，如图15-113所示。

图15-112　标记入点和出点

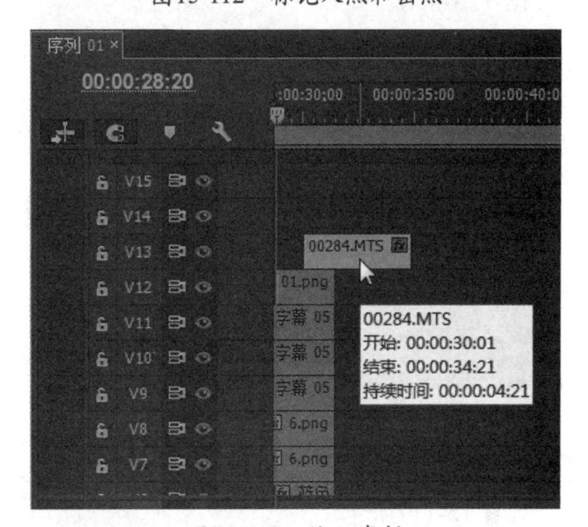

图15-113　拖入素材

04 为素材添加“快速颜色校正器”特效。进入“效果控件”面板，设置相关参数，如图15-114所示。

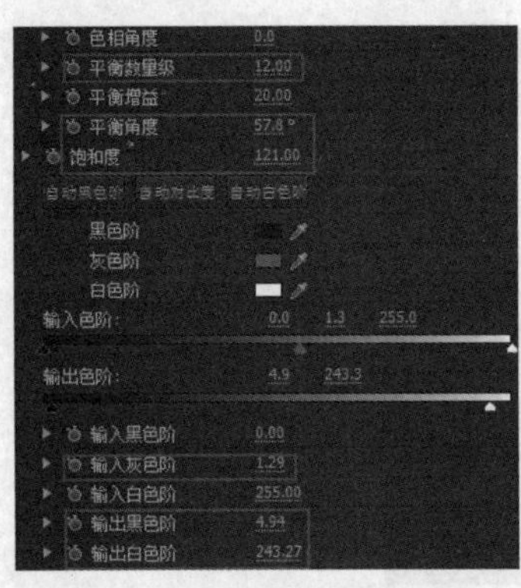

图15-114　设置特效参数

05 在素材的开始位置添加“渐变擦除”特效，如图15-115所示。

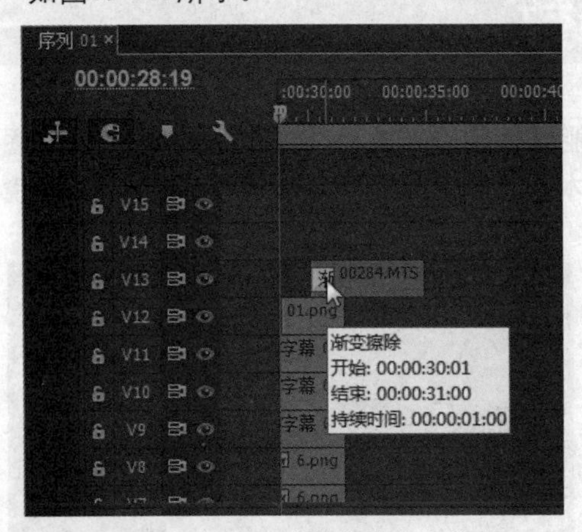

图15-115　添加“渐变擦除”特效

06 将“项目”面板中的“00293.MTS”素材拖到“源监视器”中，标记入点为00:00:00:00，标记出点为00:00:03:17，如图15-116所示。

图15-116　标记入点和出点

07 将“源监视器”中的剪辑拖入视频轨13上，如图15-117所示。

08 为素材添加“快速颜色校正器”特效，进入“效果控件”面板，设置具体的参数，如图15-118所示。

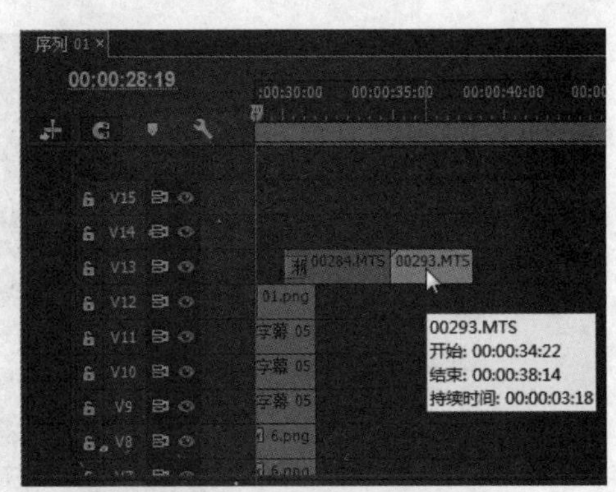

图15-117　拖入素材

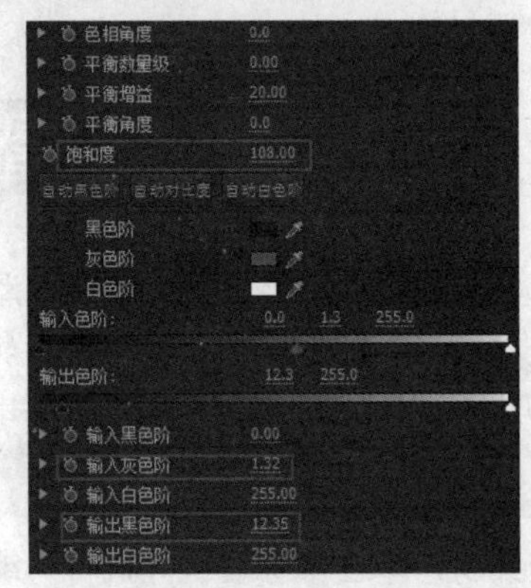

图15-118　设置特效参数

09 在“00284.MTS”和“00293.MTS”素材之间添加“滑动带”特效，如图15-119所示。

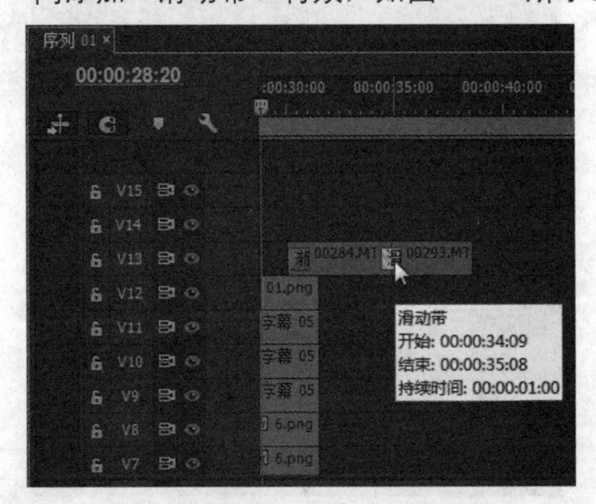

图15-119　添加“滑动带”特效

10 将“项目”面板中的“00314.MTS”素材拖到“源监视器”中，标记入点为00:00:01:00，标记出点为00:00:05:09，如图15-120所示。

11 将“源监视器”中的剪辑拖入视频轨13上，如图15-121所示。

12 为素材添加“快速颜色校正器”特效，进入“效果控件”面板，设置具体的参数，如图15-122所示。

图15-120 标记入点和出点

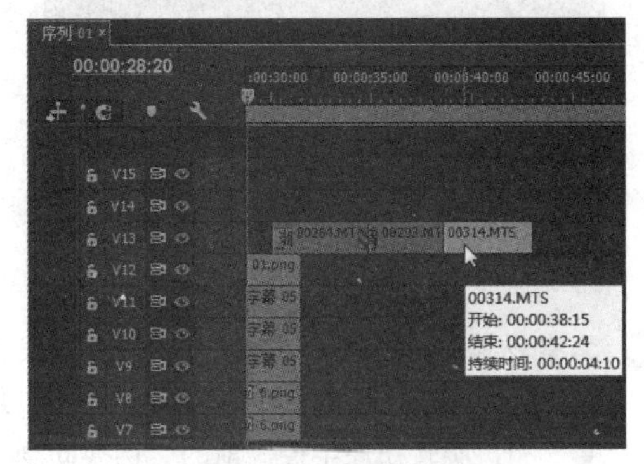

图15-121 拖入素材

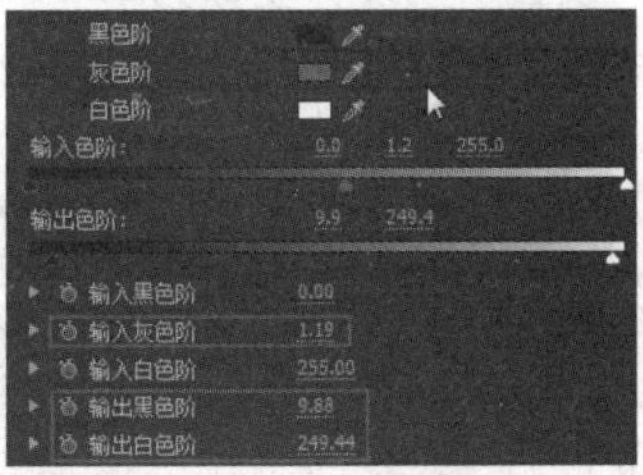

图15-122 设置特效参数

13 在“00293.MTS”和“00314.MTS”素材之间添加“滑动带”特效，如图15-123所示。

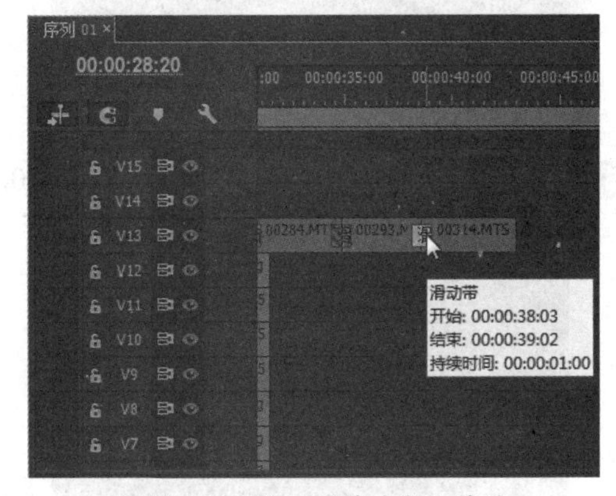

图15-123 添加“滑动带”特效

14 将“项目”面板中的“00289.MTS”素材拖到“源监视器”中，标记入点为00:00:00:00，标记出点为00:00:04:02，如图15-124所示。

图15-124 标记入点和出点

15 将“源监视器”中的剪辑拖入视频轨13上，如图15-125所示。

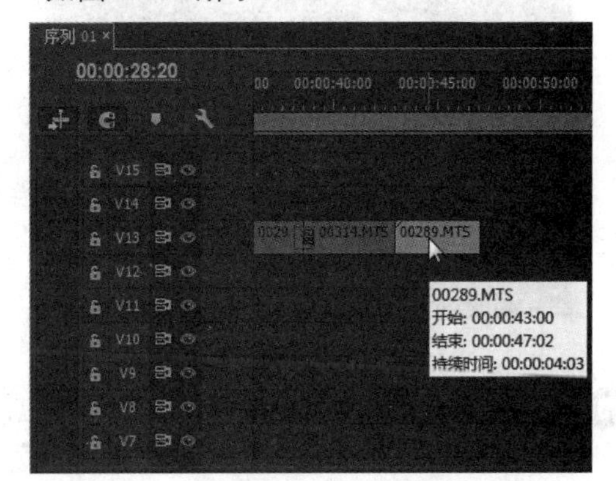

图15-125 拖入素材

16 在“00314.MTS”和“00289.MTS”素材之间添加“滑动带”特效，如图15-126所示。

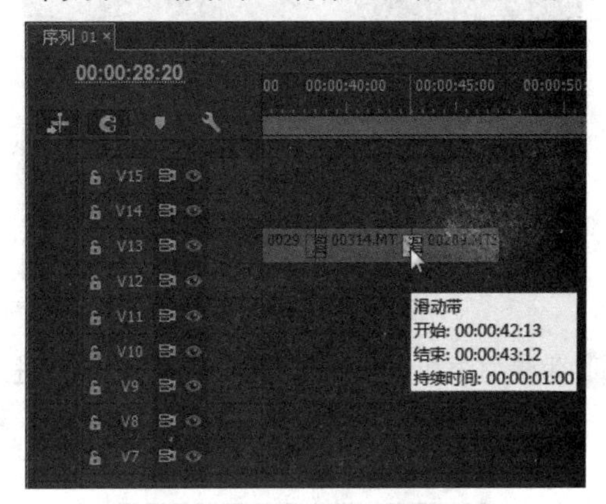

图15-126 添加“滑动带”特效

17 为素材添加“快速颜色校正器”特效，进入“效果控件”面板，设置具体的参数，如图15-127所示。

18 将“项目”面板中的“00296.MTS”素材拖到“源监视器”中，标记入点为00:00:01:01，标记出点为00:00:05:20，如图15-128所示。

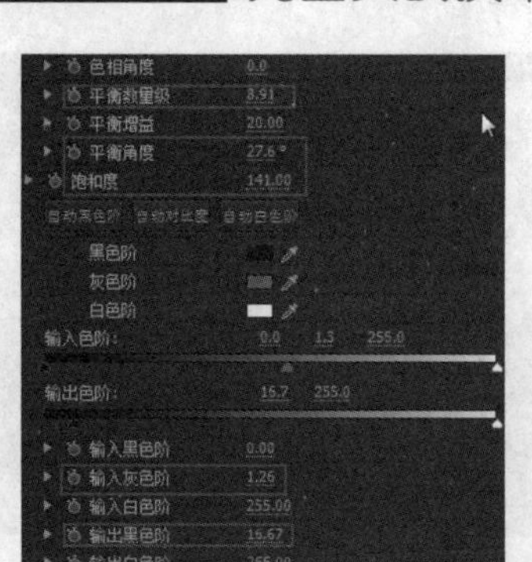

图15-127　设置特效参数

图15-128　标记入点和出点

19 将“源监视器”中的剪辑拖入视频轨13上，如图15-129所示。

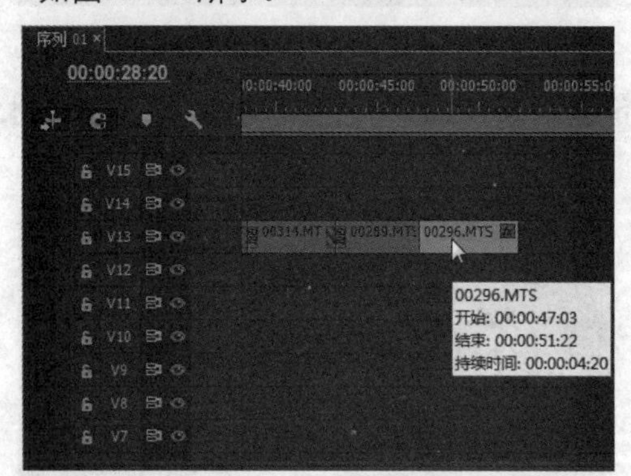

图15-129　拖入素材

20 为素材添加“快速颜色校正器”特效，进入“效果控件”面板，设置具体的参数，如图15-130所示。

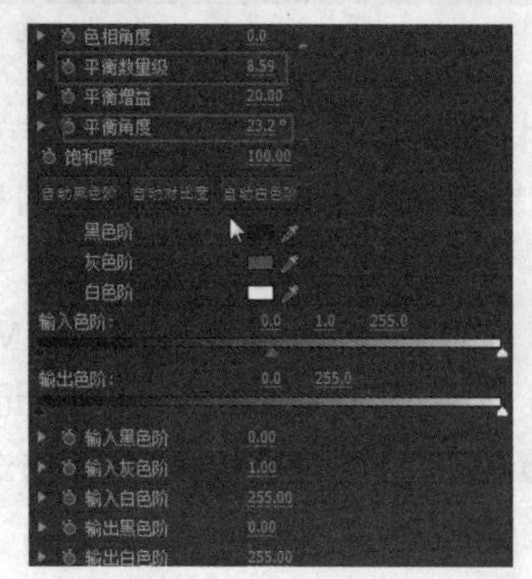

图15-130　设置特效参数

21 在视频轨2的00:00:51:23位置添加“蓝色”素材，设置持续时间为00:00:06:14，如图15-131所示。

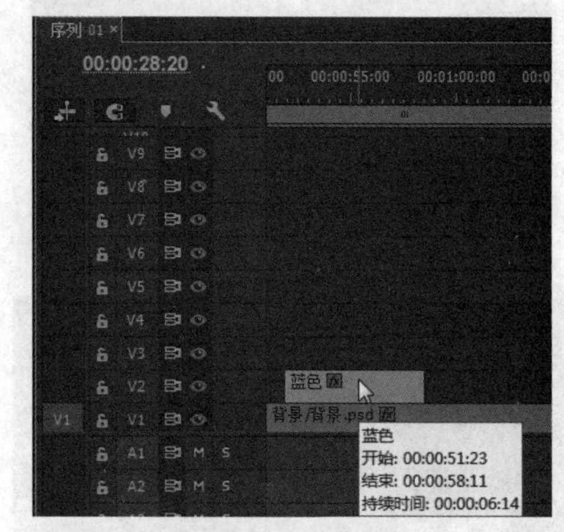

图15-131　拖入素材

22 为素材添加“旋转”特效，进入“效果控件”面板，设置时间为00:00:51:23，单击“角度”和“旋转扭曲半径”前的“切换动画”按钮，设置“角度”参数为2x235.2，“旋转扭曲半径”参数为58.4，如图15-132所示。

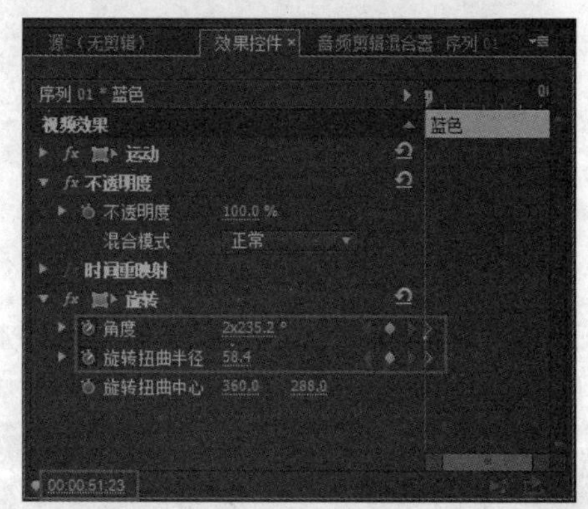

图15-132　添加第一处关键帧

23 设置时间为00:00:52:21，设置“角度”参数为0，“旋转扭曲半径”参数为75，如图15-133所示。

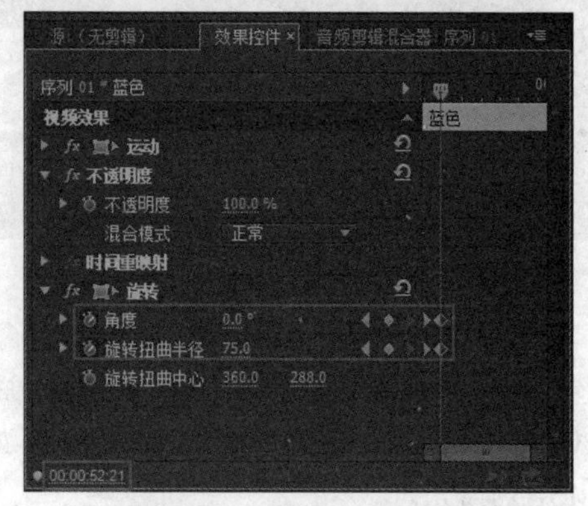

图15-133　添加第二处关键帧

24 在视频轨3的00:00:53:20位置添加“003.jpg”素材，设置持续时间为00:00:04:17，如图15-134所示。

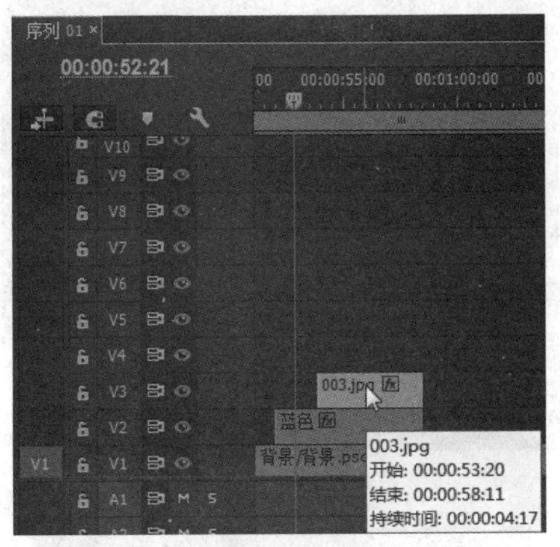

图15-134 拖入素材

25 选择素材，进入“效果控件”面板，设置时间为00:00:53:20，设置“不透明度”参数为0，如图15-135所示。

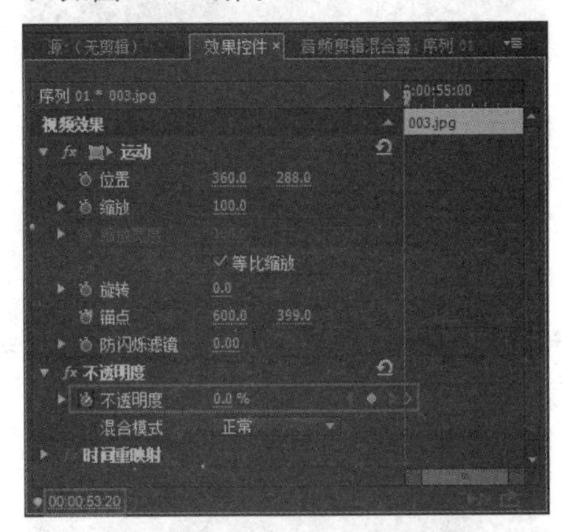

图15-135 添加第一处关键帧

26 设置时间为00:00:54:04，设置“不透明度”为100，如图15-136所示。

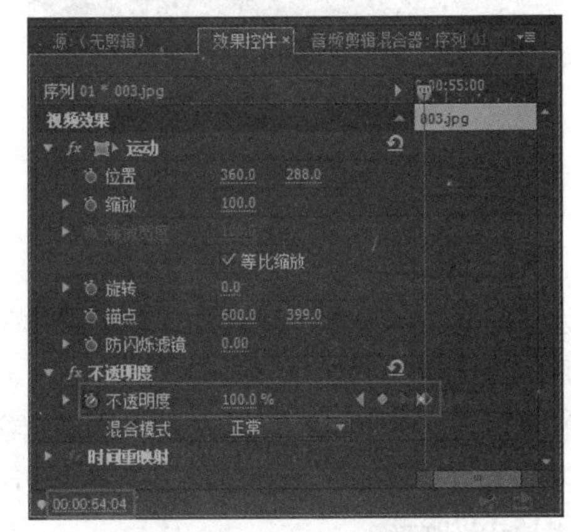

图15-136 添加第二处关键帧

27 设置时间为00:00:54:05，单击“位置”前的“切换动画”按钮，添加“位置”关键帧，如图15-137所示。

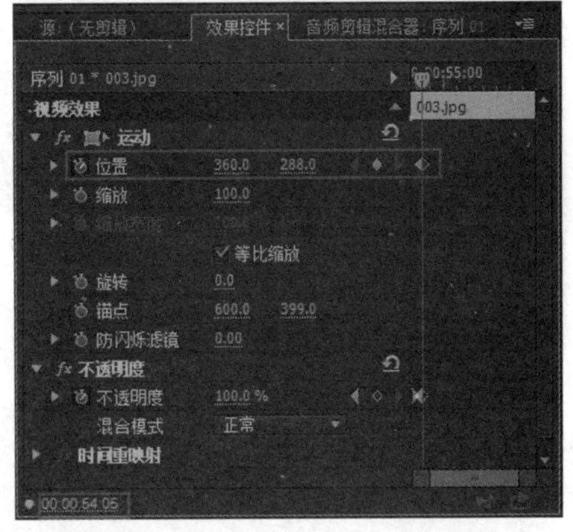

图15-137 添加第三处关键帧

28 设置时间为00:00:58:06，设置“位置”参数为255、288，如图15-138所示。

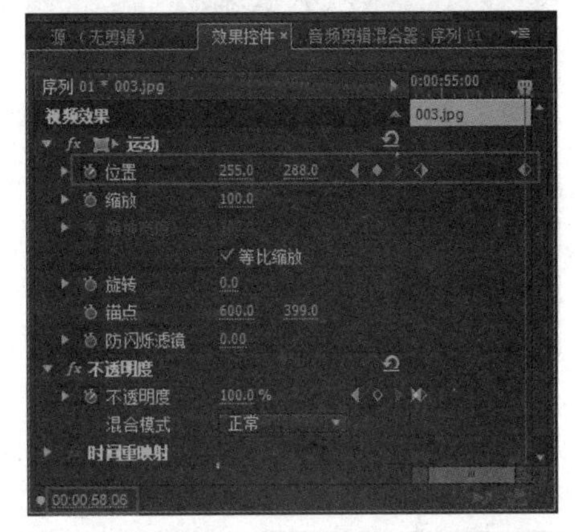

图15-138 添加第四处关键帧

29 在视频轨3上添加“001.jpg”素材，设置持续时间为00:00:04:23，如图15-139所示。

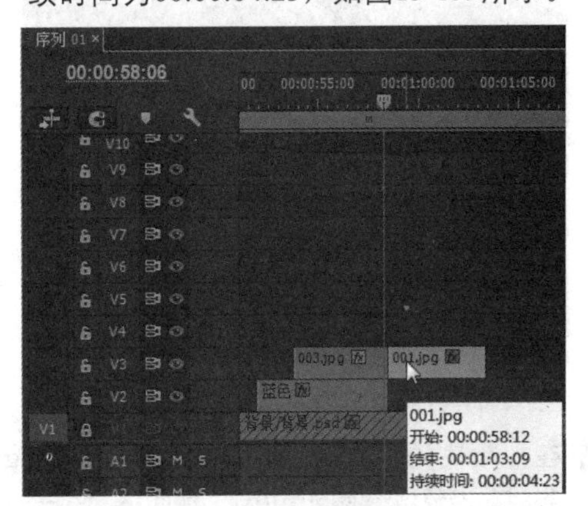

图15-139 拖入素材

30 选择素材，进入“效果控件”面板，设置时间为00:00:59:00，单击“位置”前的“切换动画”按钮，添加“位置”关键帧，如图15-140所示。

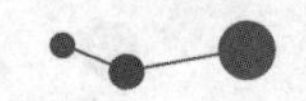

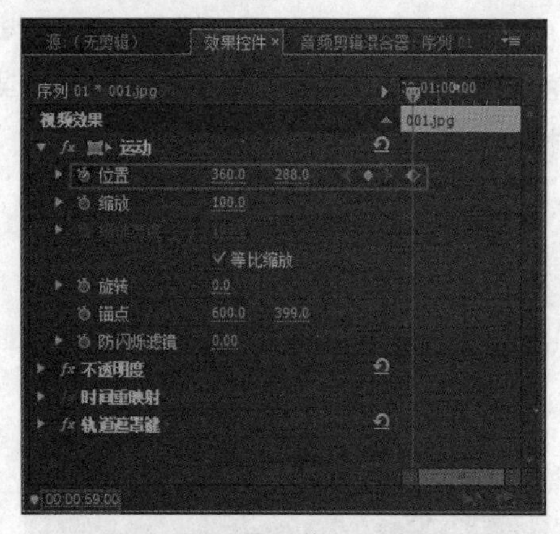

图15-140 添加第一处关键帧

31 设置时间为00:01:03:09，设置“位置”参数为224、284，如图15-141所示。

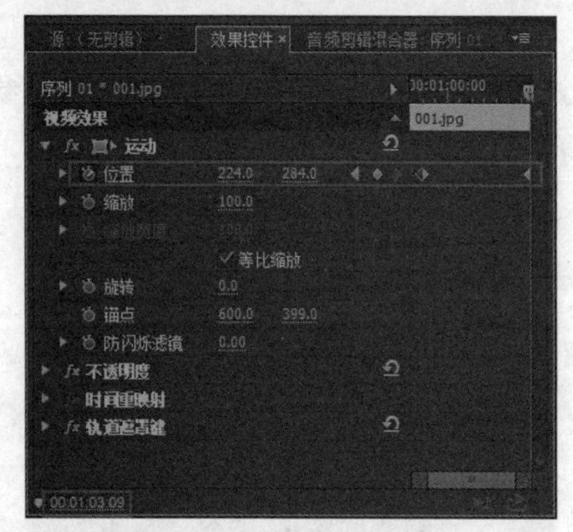

图15-141 添加第二处关键帧

32 在“003.jpg”和“001.jpg”素材之间添加“交叉溶解”特效，如图15-142所示。

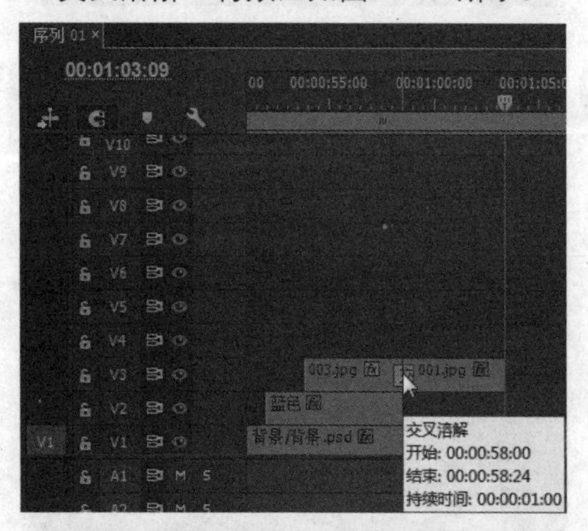

图15-142 添加“交叉溶解”特效

33 在视频轨4的00:00:53:10位置添加“04.png”素材，设置持续时间为10秒，如图15-143所示。

34 选择素材，进入“效果控件”面板，设置时间为00:00:53:10，单击“位置”、“缩放”和“旋转”前的“切换动画”按钮，设置“位置”参数为193.2、347.7，“缩放”参数为166.4，添加“旋转”关键帧，如图15-144所示。

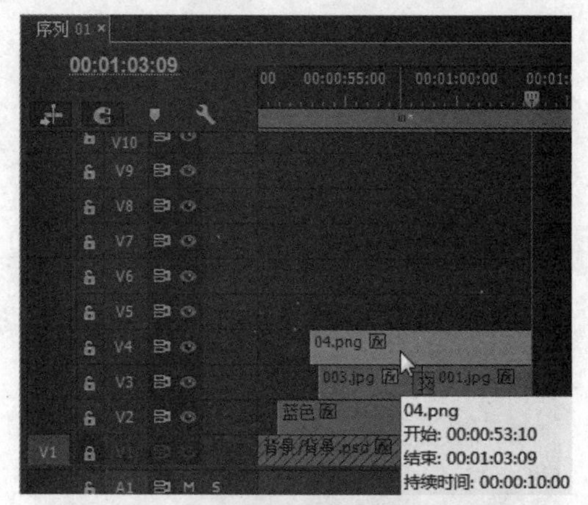

图15-143 拖入素材

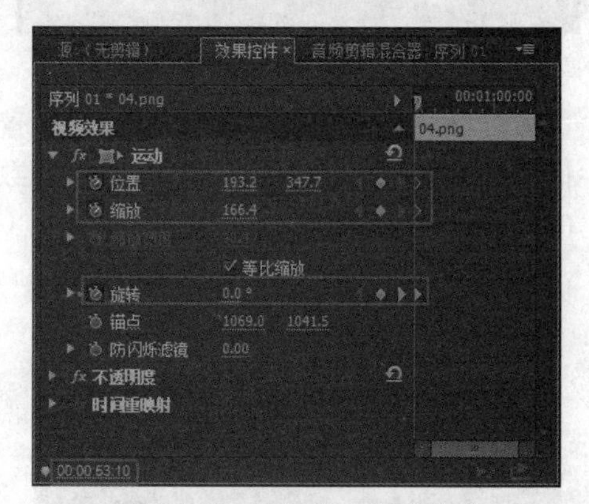

图15-144 添加第一处关键帧

35 设置时间为00:00:53:20，设置“缩放”参数为98.4，如图15-145所示。

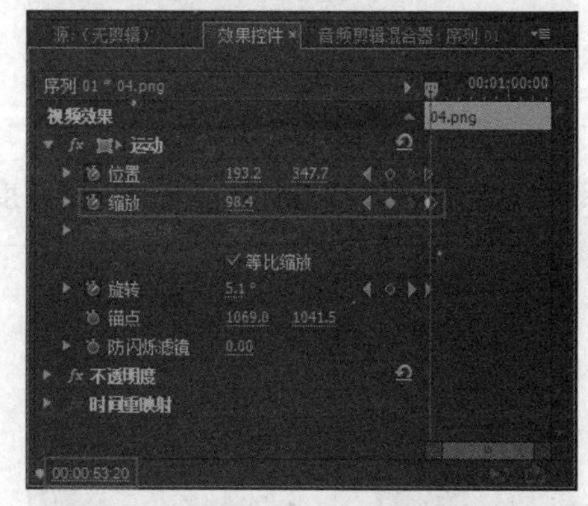

图15-145 添加第二处关键帧

36 设置时间为00:00:54:18，添加“位置”关键帧，如图15-146所示。

37 设置时间为00:01:00:05，设置“位置”参数为171.2、298.2，“旋转”参数为120，如图15-147所示。

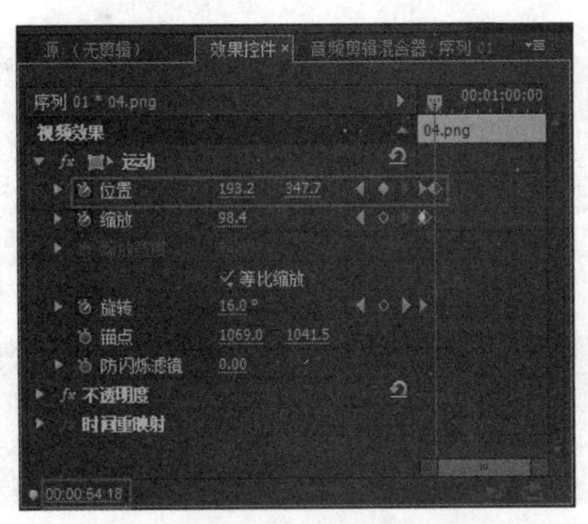

图15-146　添加第三处关键帧

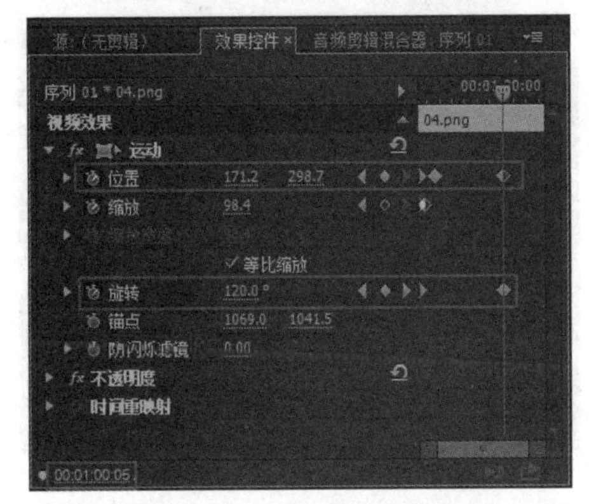

图15-147　添加第四处关键帧

38 设置时间为00:01:01:15，设置“位置”参数为208.2、58.7，如图15-148所示。

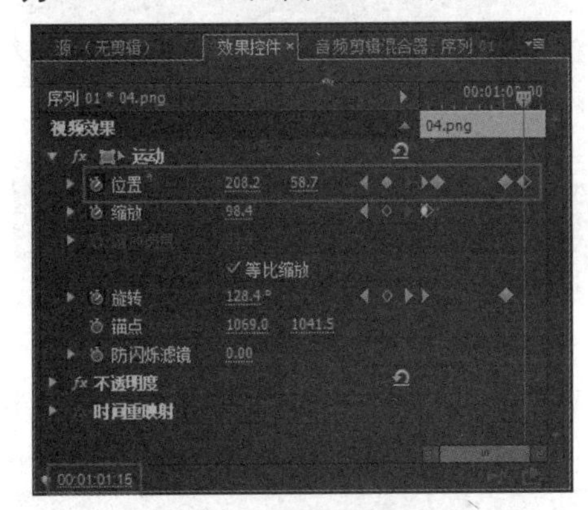

图15-148　添加第五处关键帧

39 选择已编组的素材，按住Alt键并拖动素材到00:01:02:13位置，释放鼠标，如图15-149所示，复制并粘贴素材。

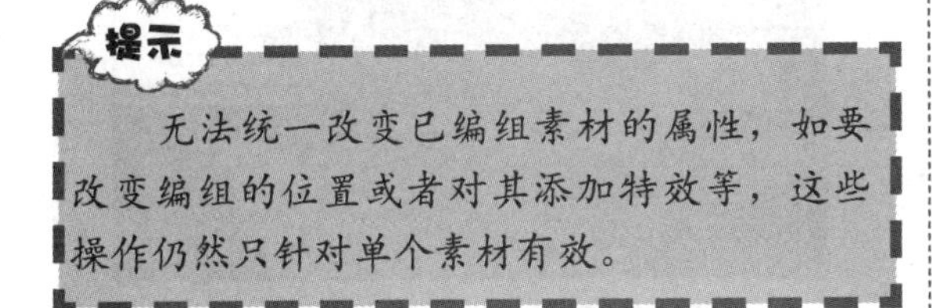

提示

无法统一改变已编组素材的属性，如要改变编组的位置或者对其添加特效等，这些操作仍然只针对单个素材有效。

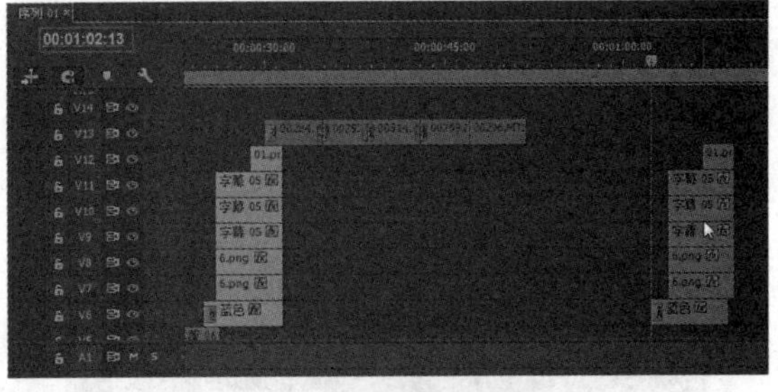

图15-149　复制素材

40 将“项目”面板中的“00216.MTS”素材拖到“源监视器”面板中，标记入点为00:00:00:00，标记出点为00:00:05:12，如图15-150所示。

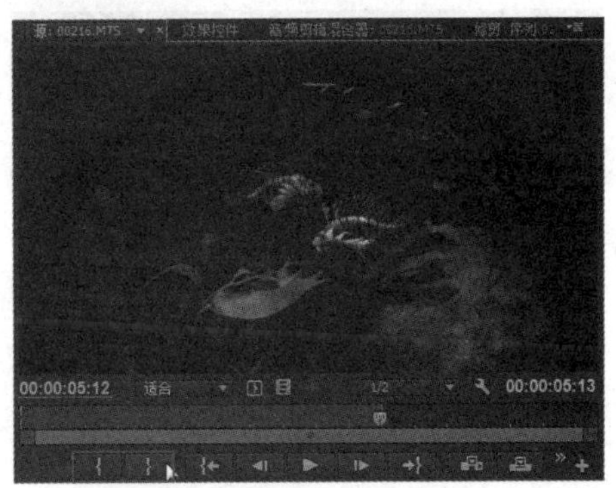

图15-150　标记入点和出点

41 将“源监视器”面板中的剪辑拖入视频轨13上，设置开始位置为00:01:08:09，如图15-151所示。

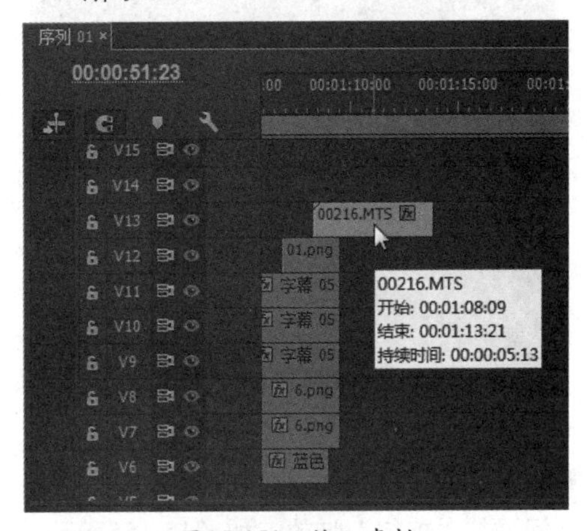

图15-151　拖入素材

42 在素材的开始位置添加“交叉溶解”特效，设置持续时间为00:00:01:07，如图15-152所示。

43 将“项目”面板中的“00213.MTS”素材拖到“源监视器”面板中，标记入点为00:00:01:13，标记出点为00:00:04:13，如图15-153所示。

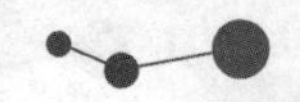

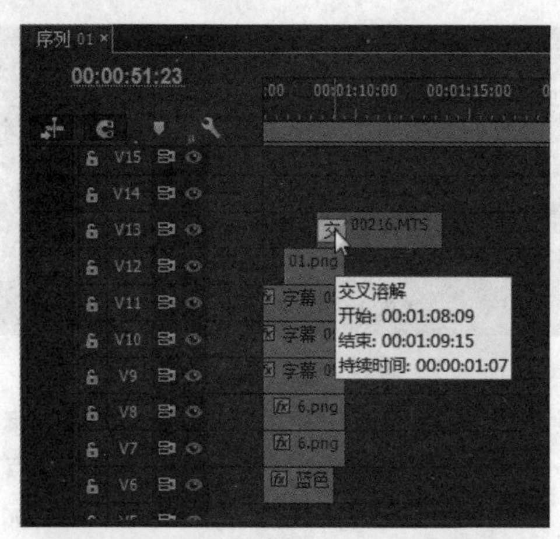

图15-152　添加第一处关键帧

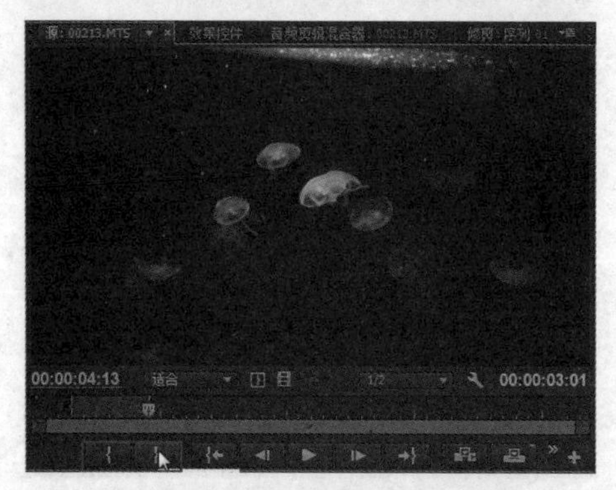

图15-153　添加第二处关键帧

44 将“源监视器”面板中的剪辑拖入视频轨13上，如图15-154所示。

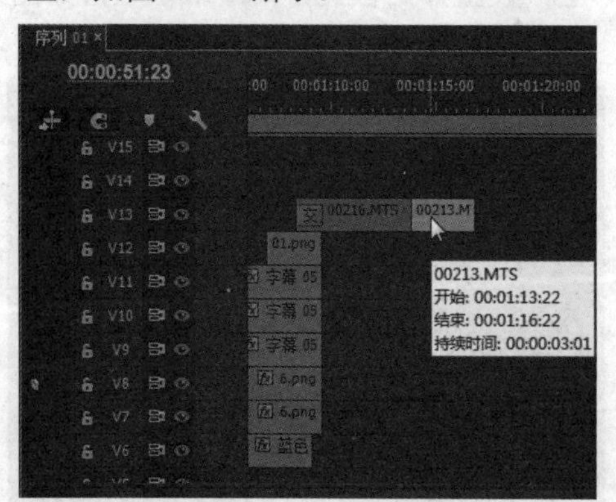

图15-154　拖入素材

45 在“00216.MTS”和“00213.MTS”素材之间添加“旋绕”特效，如图15-155所示。

46 将“项目”面板中的“00226.MTS”素材拖到“源监视器”面板中，标记入点为00:00:00:00，标记出点为00:00:03:18，如图15-156所示。

47 将“源监视器”面板中的剪辑拖入视频轨13上，如图15-157所示。

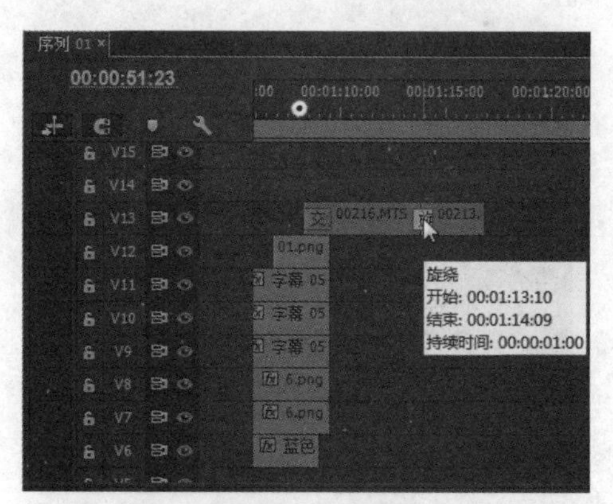

图15-155　添加“旋绕”特效

图15-156　标记入点和出点

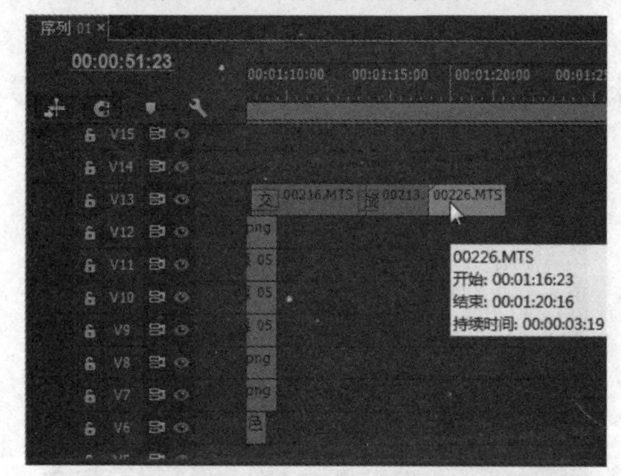

图15-157　拖入素材

48 在“00213.MTS”和“00226.MTS”素材之间添加“旋绕”特效，如图15-158所示。

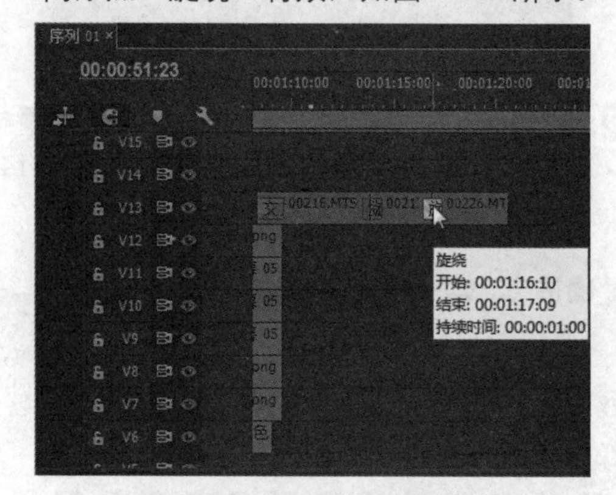

图15-158　添加“旋绕”特效

49 在视频轨2的00:01:20:18位置添加“蓝色”素材，设置持续时间为00:00:06:14，如图15-159所示。

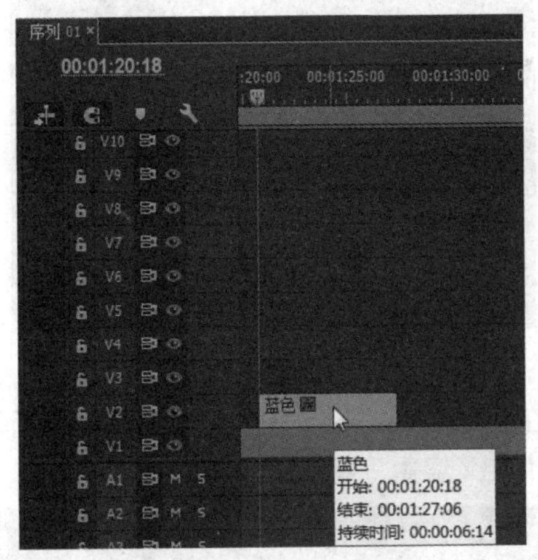

图15-159 拖入素材

50 为素材添加“旋转”特效。进入“效果控件”面板，设置时间为00:01:20:18，单击“角度”和“旋转扭曲半径”前的“切换动画”按钮，设置“角度”参数为2x235.2，“旋转扭曲半径”参数为58.4，如图15-160所示。

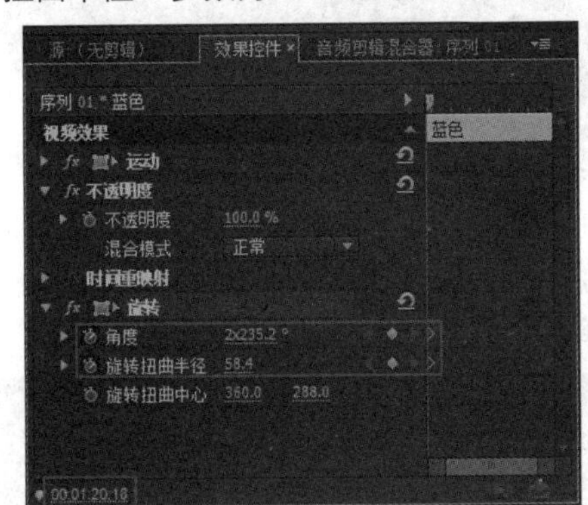

图15-160 添加第一处关键帧

51 设置时间为00:01:21:16，设置“角度”参数为0，“旋转扭曲半径”参数为75，如图15-161所示。

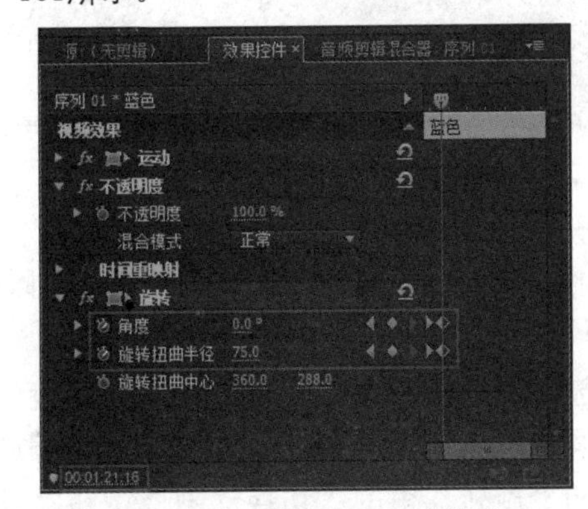

图15-161 添加第二处关键帧

52 在视频轨3的00:01:22:15位置添加“009.jpg”素材，设置持续时间为00:00:04:17，如图15-162所示。

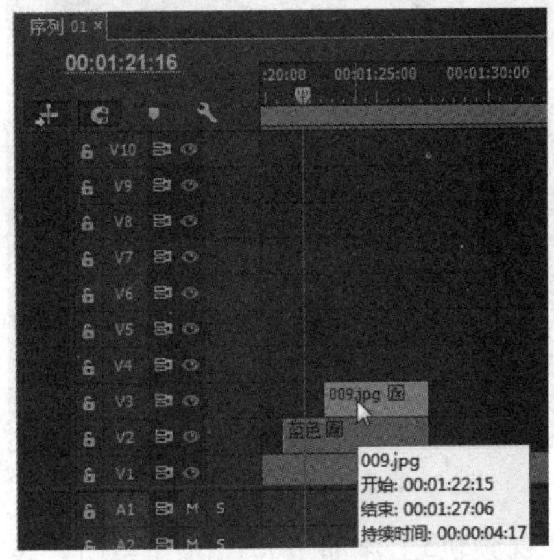

图15-162 拖入素材

53 选择素材，进入“效果控件”面板，设置时间为00:01:22:15，单击“不透明度”前的“切换动画”按钮，设置“位置”参数为295、288，“缩放”参数为20，“不透明度”参数为0，如图15-163所示。

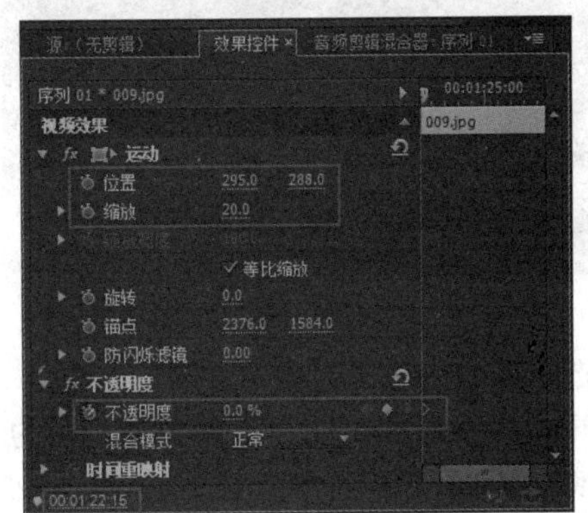

图15-163 添加第一处关键帧

54 设置时间为00:01:22:24，单击“位置”前的“切换动画”按钮，添加“位置”关键帧。设置“不透明度”参数为100，如图15-164所示。

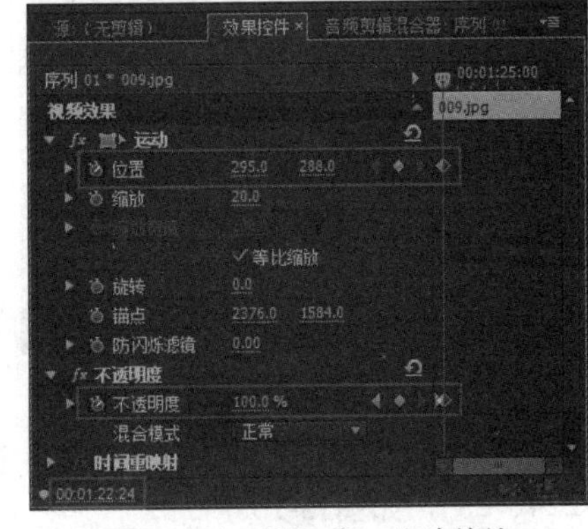

图15-164 添加第二处关键帧

55 设置时间为00:01:27:01，设置“位置”参数为255、288，如图15-165所示。

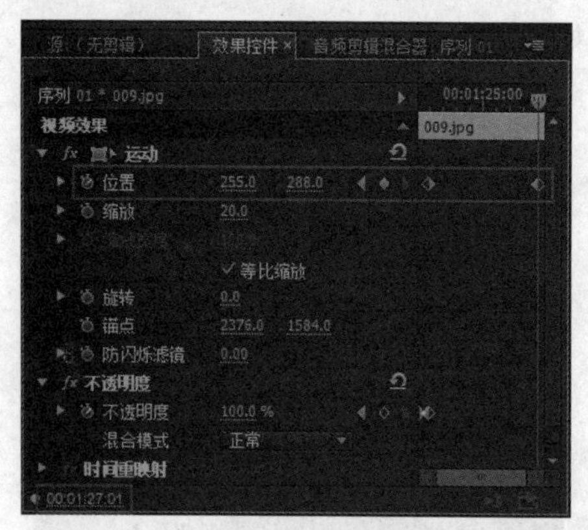

图15-165 添加第三处关键帧

56 在视频轨3上添加“007.jpg”素材，设置持续时间为00:00:04:23，如图15-166所示。

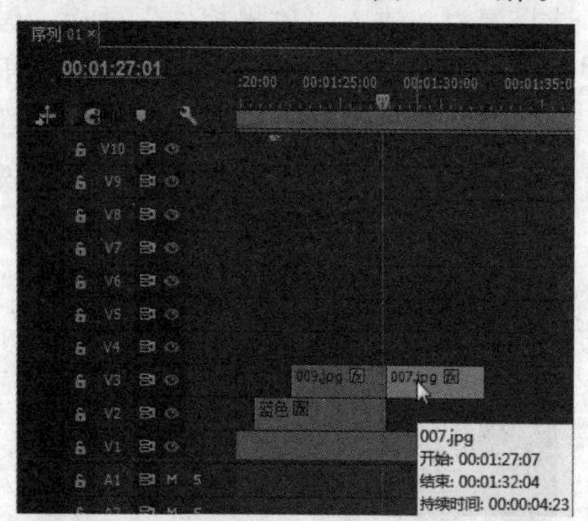

图15-166 拖入素材

57 选择素材，进入“效果控件”面板，设置时间为00:01:27:21，单击“位置”前的“切换动画”按钮，设置“位置”参数为323.8、288，“缩放”参数为20，如图15-167所示。

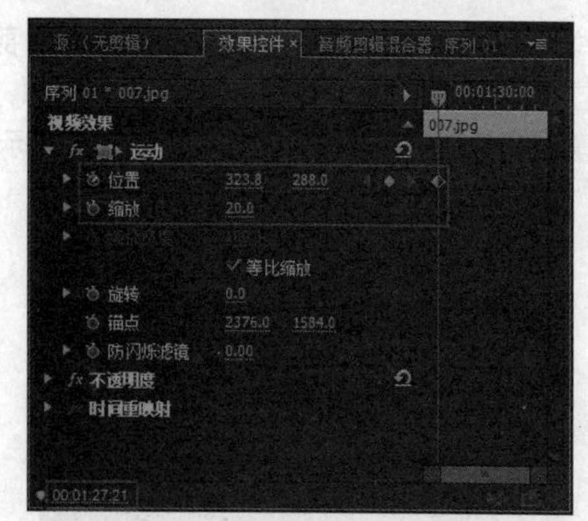

图15-167 添加第一处关键帧

58 设置时间为00:01:31:11，设置“位置”参数为224、284，如图15-168所示。

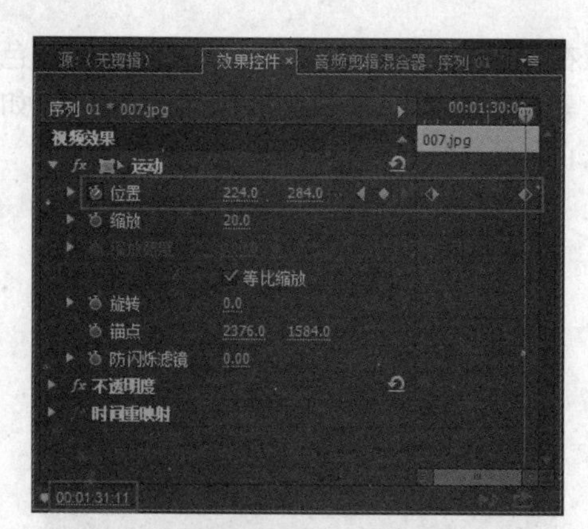

图15-168 添加第二处关键帧

59 在“009.jpg”和“007.jpg”素材之间添加“交叉溶解”特效，如图15-169所示。

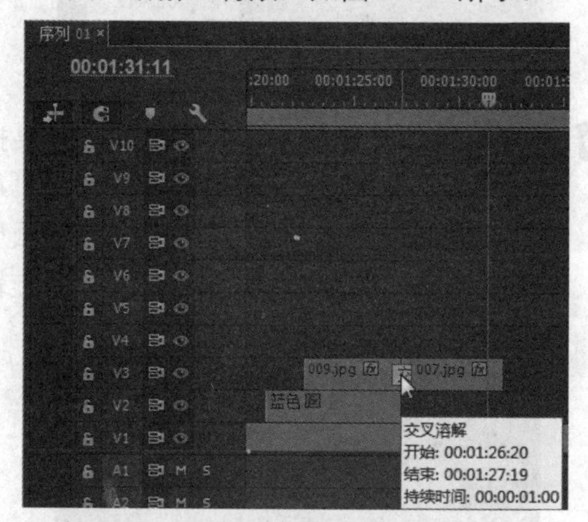

图15-169 添加“交叉溶解”特效

60 在“007.jpg”素材的结束位置添加“交叉溶解”特效，如图15-170所示。

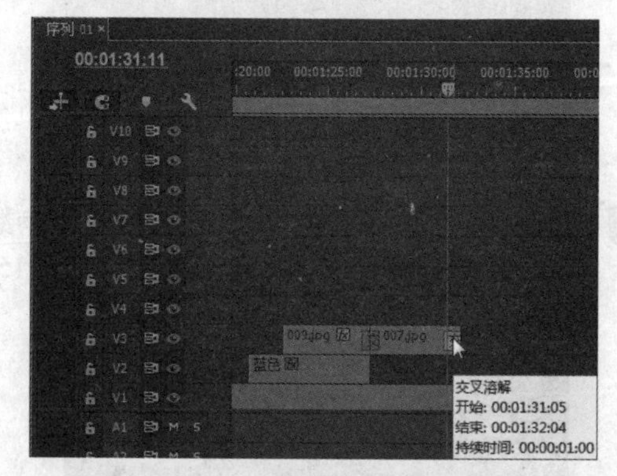

图15-170 添加“交叉溶解”特效

61 在视频轨4的00:00:22:05位置添加“04.png”素材，设置持续时间为10秒，如图15-171所示。

62 选择素材，进入“效果控件”面板，设置时间为00:01:22:05，单击“位置”、“缩放”和“旋转”前的“切换动画”按钮，设置

“位置”参数为193.2、347.7，“缩放”参数为166.4，添加“旋转”关键帧，如图15-172所示。

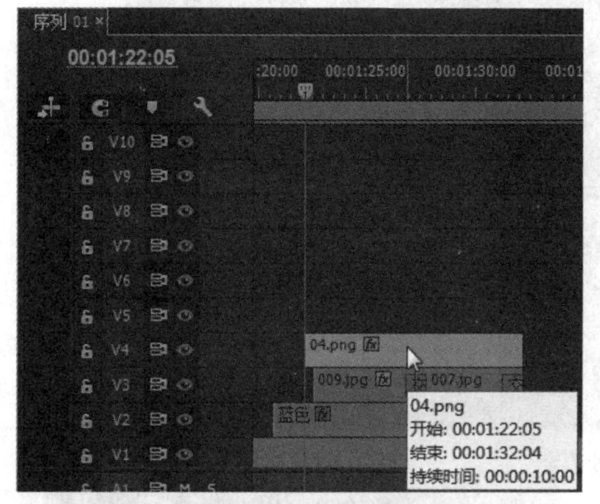

图15-171 拖入素材

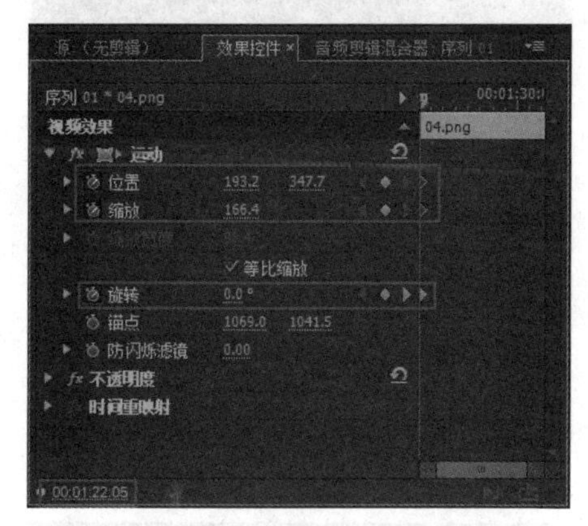

图15-172 添加第一处关键帧

63 设置时间为00:01:22:15，设置“缩放”参数为98.4，如图15-173所示。

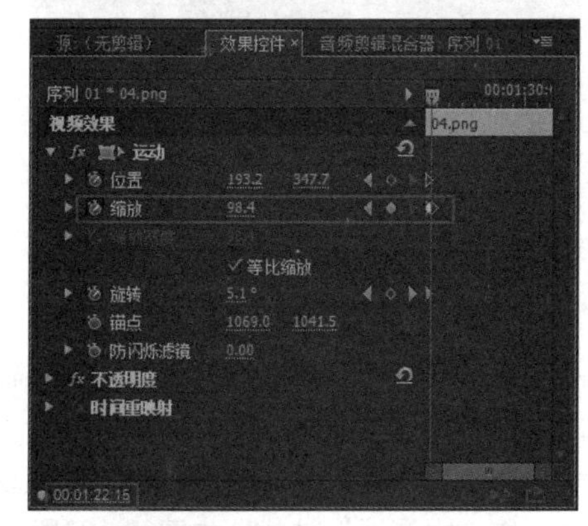

图15-173 添加第二处关键帧

64 设置时间为00:01:23:13，添加“位置”关键帧，如图15-174所示。

65 设置时间为00:01:29:00，设置“位置”参数为171.2、298.7，“旋转”参数为120，如图15-175所示。

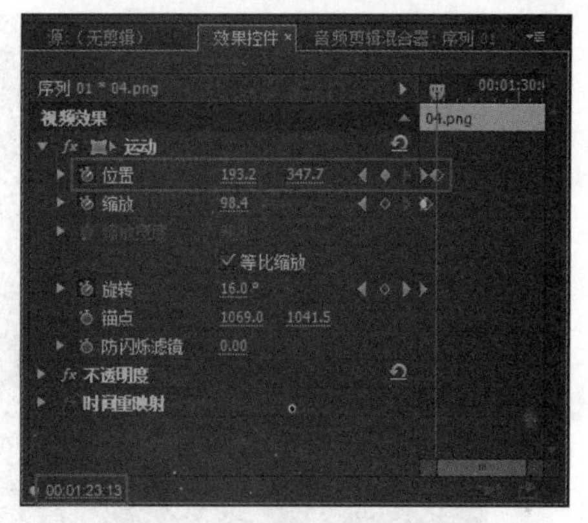

图15-174 添加第三处关键帧

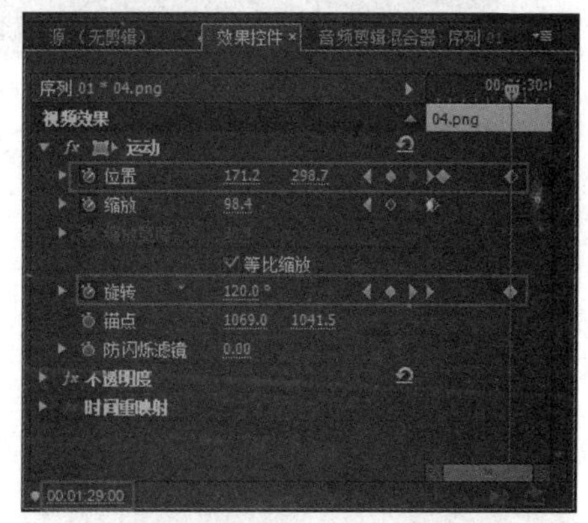

图15-175 添加第四处关键帧

66 设置时间为00:01:30:10，设置“位置”参数为208.2、58.7，如图15-176所示。

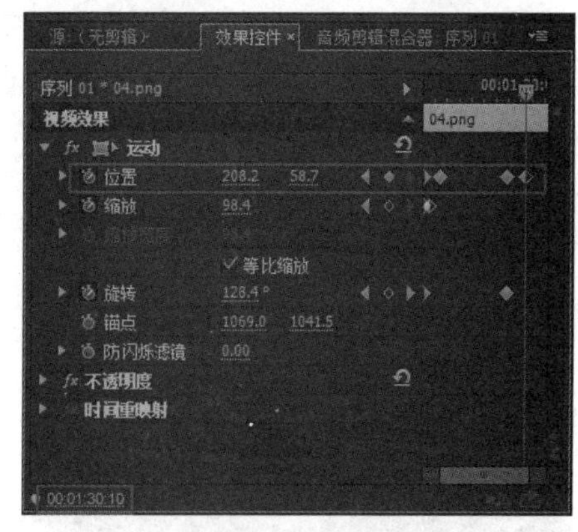

图15-176 添加第五处关键帧

67 选择已编组的素材，按住Alt键并拖动素材到00:01:30:21位置，释放鼠标，如图15-177所示，复制并粘贴素材。

68 将“项目”面板中的“00321.MTS”素材拖到“源监视器”面板中，标记入点为00:00:00:00，标记出点为00:00:04:23，如图15-178所示。

图15-177　复制素材

图15-178　标记入点和出点

69 将“源监视器”面板中的剪辑拖入视频轨13上，设置开始位置为00:01:36:18，如图15-179所示。

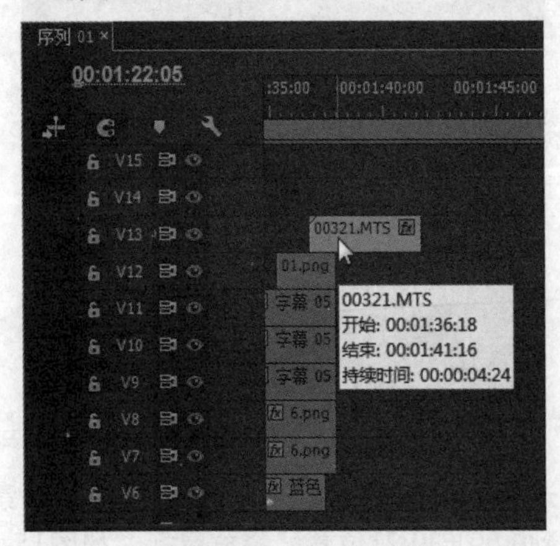

图15-179　拖入素材

70 在素材的开始位置添加“水波块”特效，如图15-180所示。

71 将“项目”面板中的“00325.MTS”素材拖到“源监视器”面板中，标记入点为00:00:00:00，标记出点为00:00:06:11，如图15-181所示。

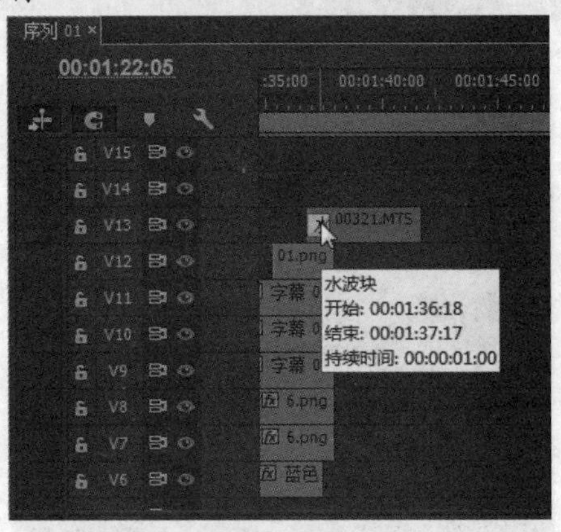

图15-180　添加“水波块”特效

图15-181　标记入点和出点

72 将“源监视器”面板中的剪辑拖入视频轨13上，如图15-182所示。

73 在“00321.MTS”和“00325.MTS”素材之间添加“水波块”特效，如图15-183所示。

74 为素材添加“旋转”特效。进入“效果控件”面板，设置时间为00:01:47:03，单击“角度”和“旋转扭曲半径”前的“切换动画”按钮，设置“角度”参数为0，“旋转扭曲半径”参数为75，如图15-184所示。

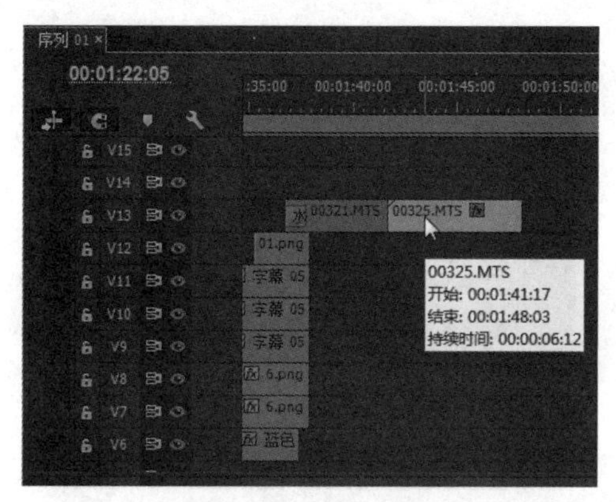

图15-182 拖入素材

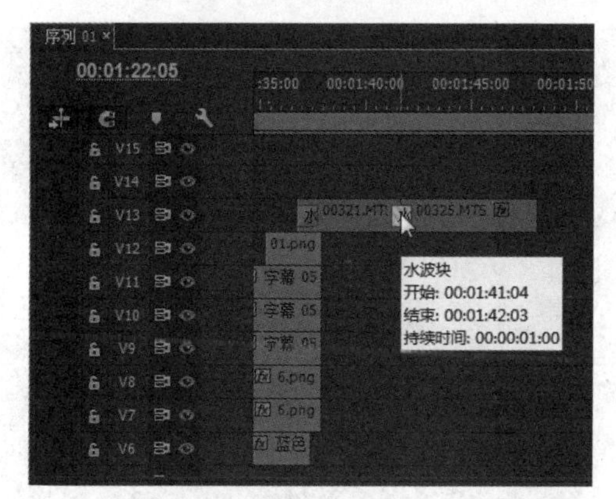

图15-183 添加“水波块”特效

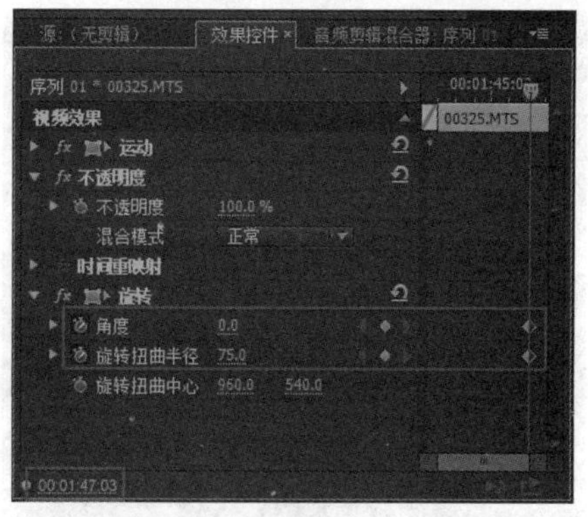

图15-184 添加第一处关键帧

75 设置时间为00:01:48:03，设置“角度”参数为4x0，“旋转扭曲半径”参数为50，如图15-185所示。

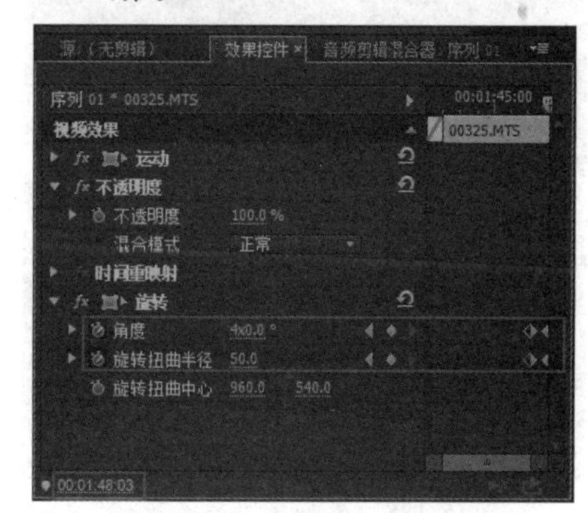

图15-185 添加第二处关键帧

15.5 片尾制作

片尾就是影片的结尾。本实例的片尾视频是由蓝色背景和彩色字幕组成的。下面介绍影片的片尾视频的制作。

视频位置:DVD\视频\第15章\15.5 片尾制作.mp4

01 在视频轨13的00:01:48:04位置添加“背景.psd”素材，设置持续时间为00:00:06:23，如图15-186所示。

02 为素材添加“旋转”和“镜头光晕”特效。进入“效果控件”面板，设置时间为00:01:48:04，单击“角度”、“旋转扭曲半径”和“光晕中心”前的“切换动画”按钮，设置“角度”参数为4x0，“旋转扭曲半径”参数为50，“光晕中心”参数为409.6、230.4，如图15-187所示。

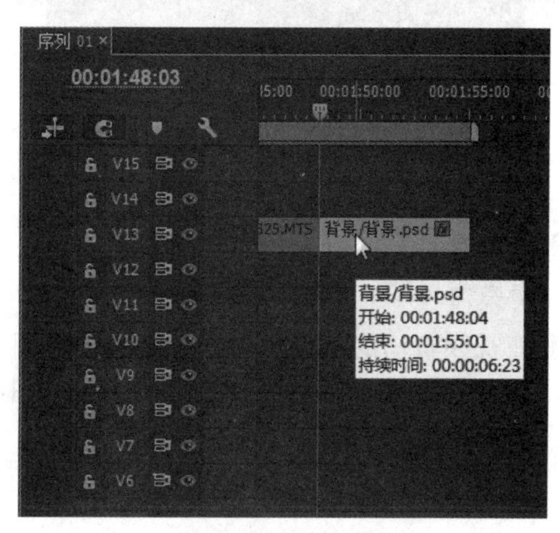

图15-186 拖入素材

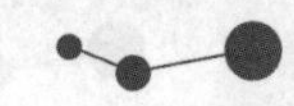

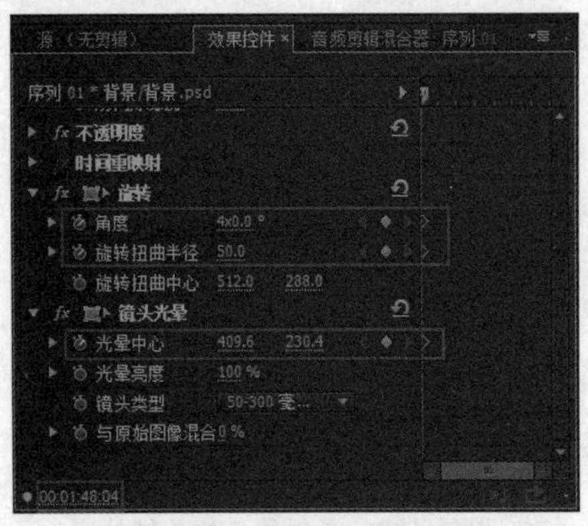

图15-187　添加第一处关键帧

03 设置时间为00:01:49:04，设置“旋转扭曲半径”参数为75，如图15-188所示。

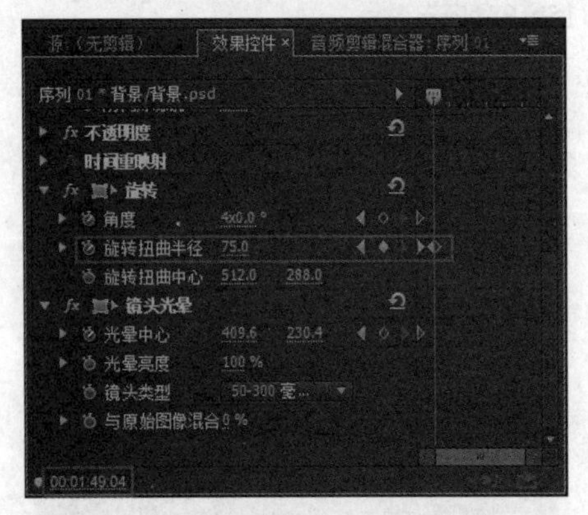

图15-188　添加第二处关键帧

04 设置时间为00:01:49:12，设置“角度”参数为0，如图15-189所示。

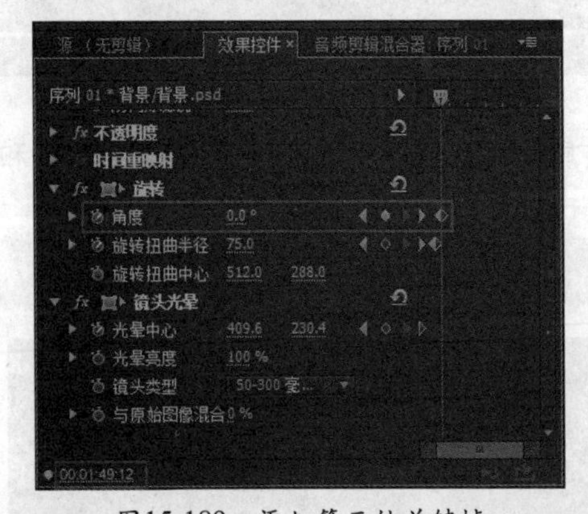

图15-189　添加第三处关键帧

05 设置时间为00:01:54:21，设置“光晕中心”参数为166.7、110.2，如图15-190所示。

06 在视频轨15的00:01:51:03位置添加“图层5.psd”素材，设置持续时间为00:00:03:24，如图15-191所示。

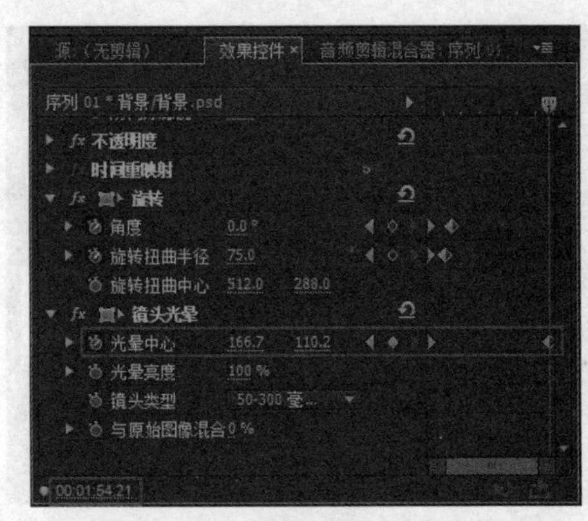

图15-190　添加第四处关键帧

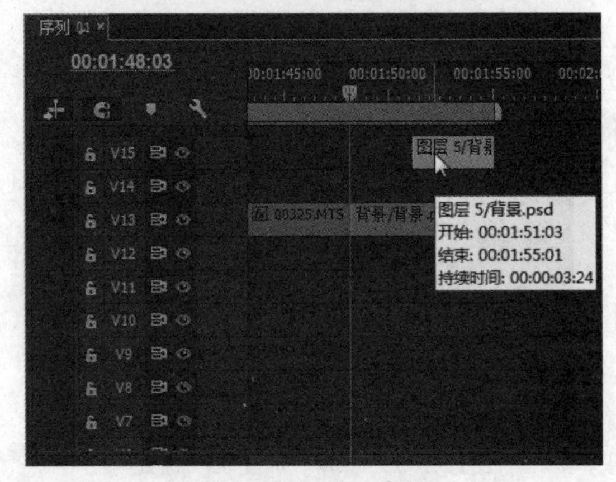

图15-191　拖入素材

07 为素材添加“线性擦除”特效。进入“效果控件”面板，设置时间为00:01:51:15，单击“过渡完成”前的“切换动画”按钮，设置“位置”参数为349、330，“缩放”参数为101，“过渡完成”参数为100，“擦除角度”参数为270，“羽化”参数为40，如图15-192所示。

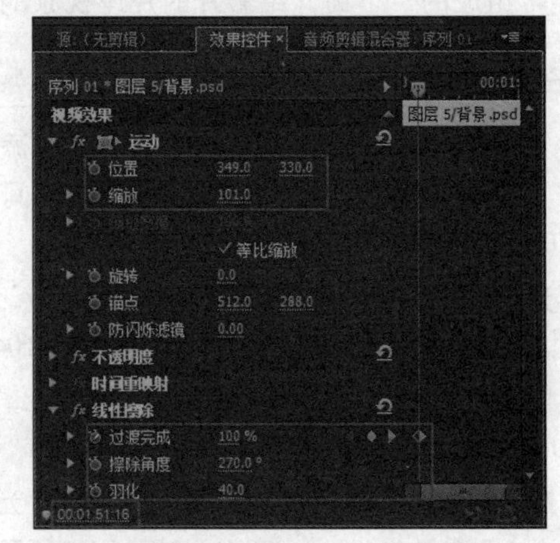

图15-192　添加第一处关键帧

08 设置时间为00:01:53:05，设置“过渡完成”参数为0，如图15-193所示。

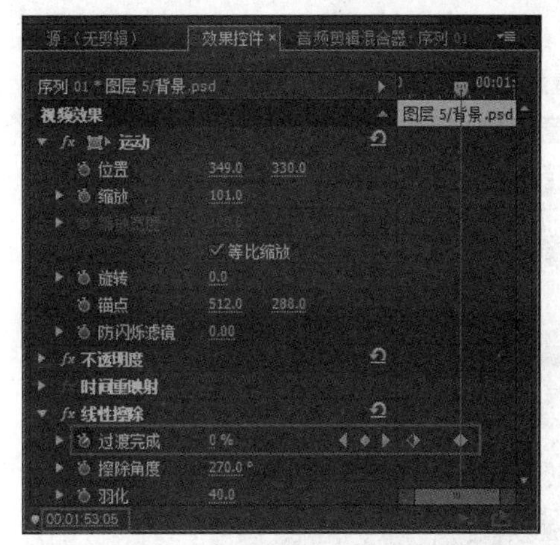

图15-193　添加第二处关键帧

15.6 编辑字幕

影片的素材都已编辑处理好，最后的工作是添加字幕并处理字幕。在旅游相册中，不同地点的图片用不同的字幕来标注，让观众一目了然，使影片的顺序更加清晰。下面将介绍字幕的编辑与处理操作。

视频位置:DVD\视频\第15章\15.6 编辑字幕.mp4

01 执行“字幕”|“新建字幕”|“默认静态字幕”命令，弹出“新建字幕”对话框，设置字幕名称，单击“确定”按钮，如图15-194所示。

02 弹出“字幕设计器”，绘制一个矩形，设置“图形类型”为“圆矩形”，“颜色”为白色等，具体的设置及完成的效果如图15-195所示。

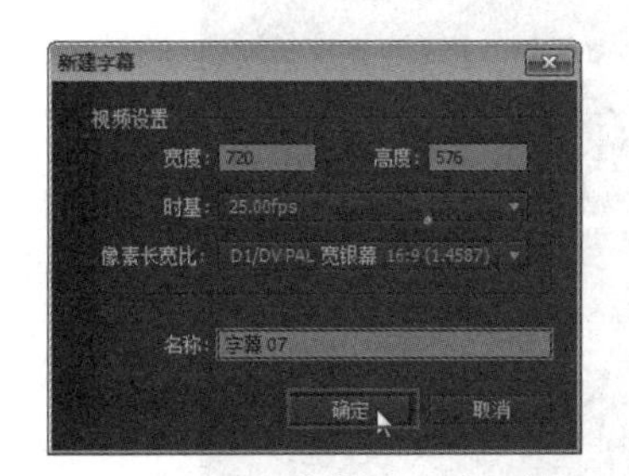

图15-194　“新建字幕”对话框

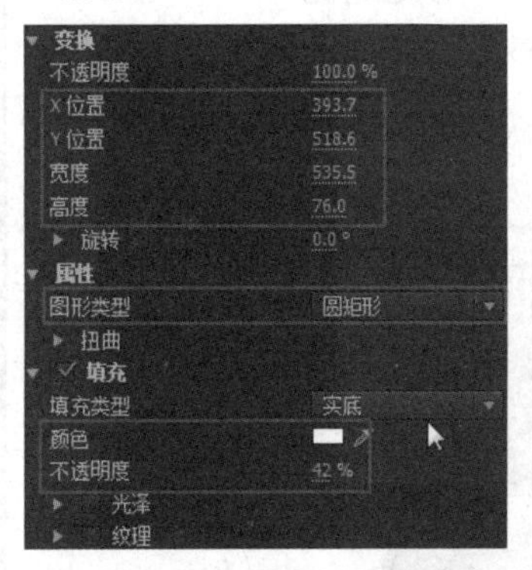

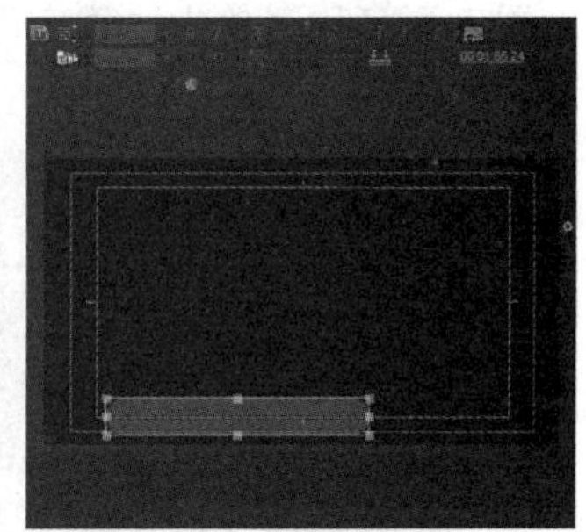

图15-195　具体的设置及完成的效果

03 再绘制一个矩形，设置“图形类型”为“圆矩形”，“颜色”为白色等，具体的设置及完成的效果如图15-196所示。

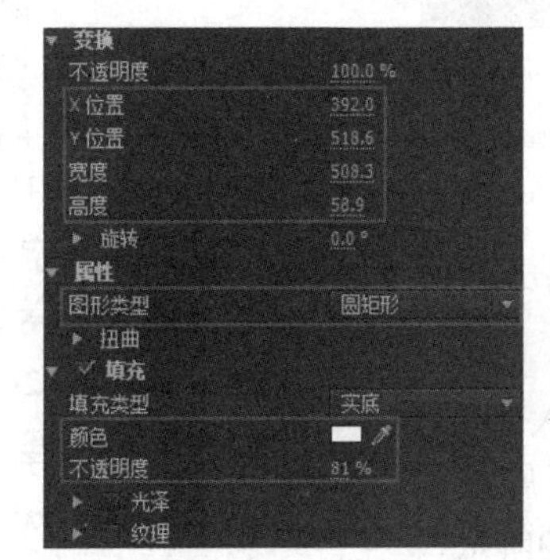

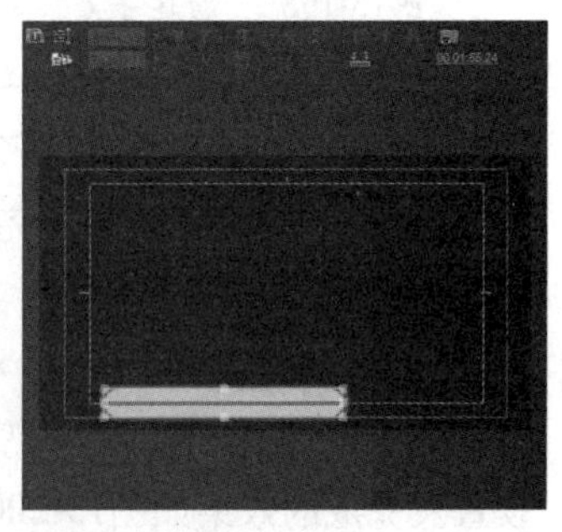

图15-196　具体的设置及完成的效果

04 选择“文字工具”，输入字幕“童话世界·小精灵”，设置字体、大小等属性，具体的设置及完成的效果如图15-197所示。

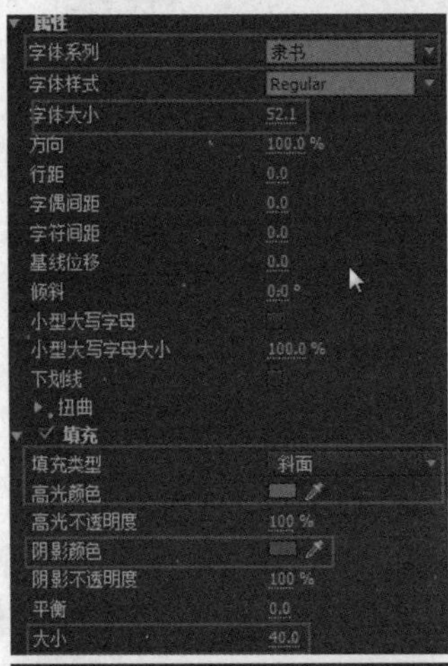

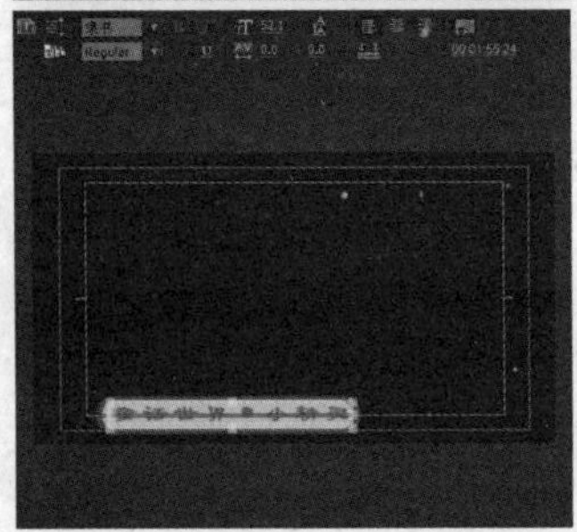

图15-197 具体的设置及完成的效果

05 执行“字幕”|“新建字幕”|“默认静态字幕”命令，弹出“新建字幕”对话框，设置字幕名称，单击“确定”按钮，如图15-198所示。

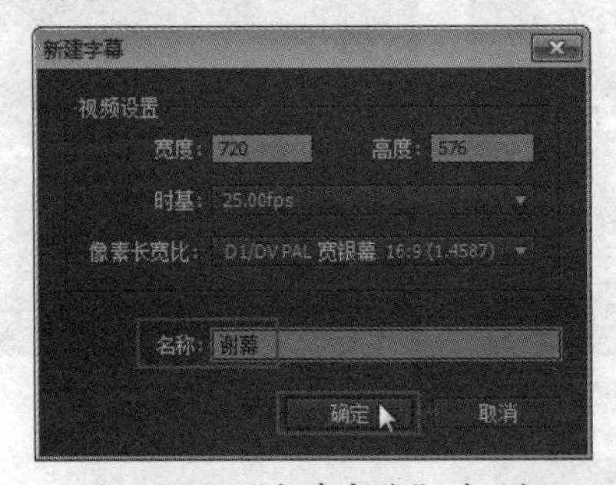

图15-198 “新建字幕”对话框

06 弹出“字幕设计器”，绘制一个矩形，设置“图形类型”为“圆角矩形”，“颜色”为白色等，具体的设置及完成的效果如图15-199所示。

07 选择“文字工具”，输入字幕“THE END”，设置字体、大小等属性，具体的设置及完成的效果如图15-200所示。

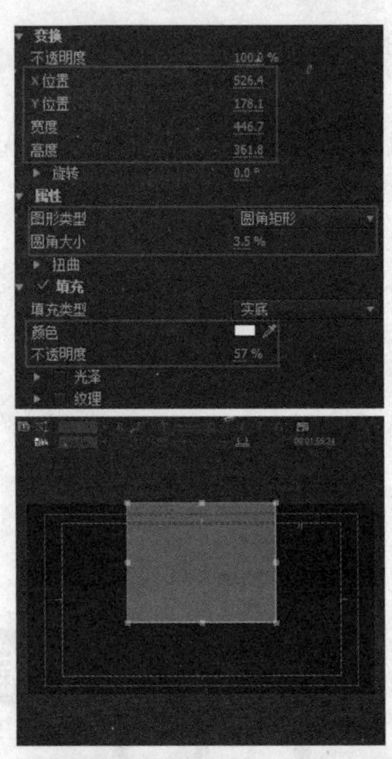

图15-199 具体的设置及完成的效果

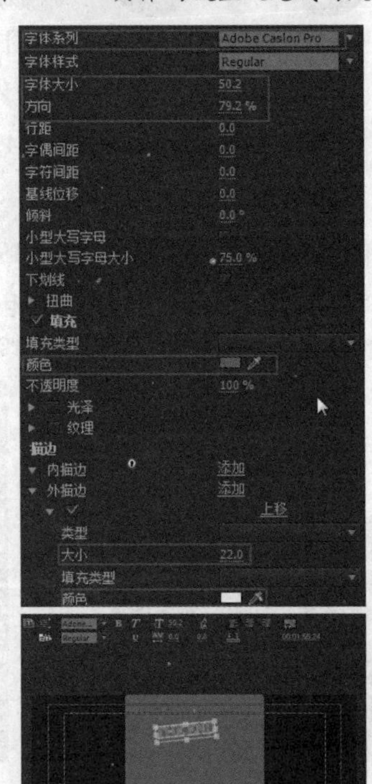

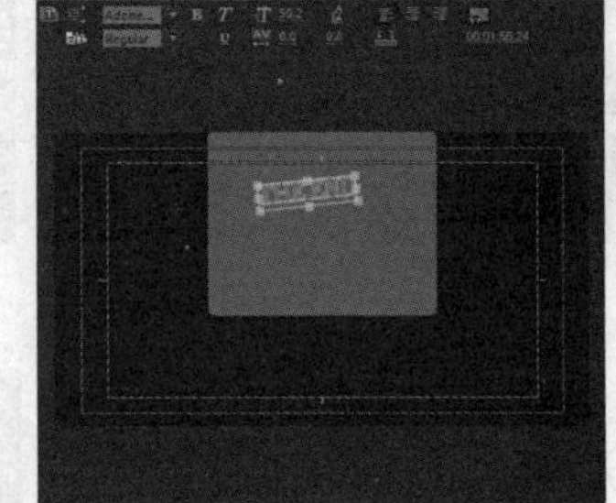

图15-200 具体的设置及完成的效果

08 输入字幕“See you next time”，设置字体、大小等属性，具体的设置及完成的效果如图15-201所示。

09 输入字幕“HongKong＆Macao”，设置字体、大小等属性，具体的设置及完成的效果如图15-202所示。

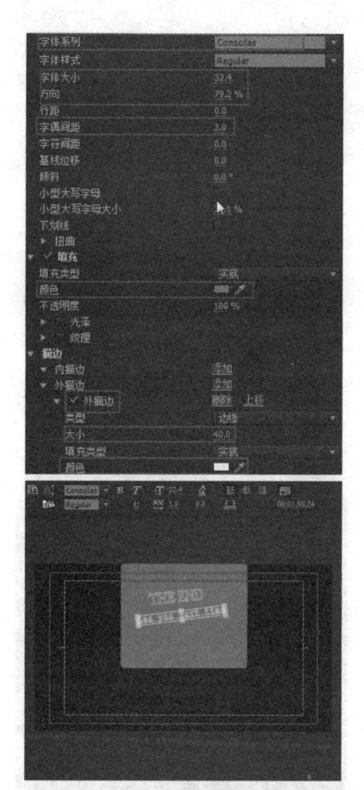

图15-201　具体的设置及完成的效果

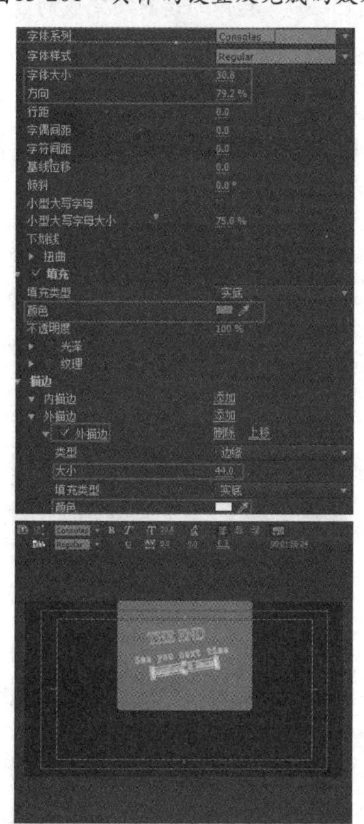

图15-202　具体的设置及完成的效果

10 输入字幕“2014.7.20”，设置字体、大小等属性，具体的设置及完成的效果如图15-203所示。

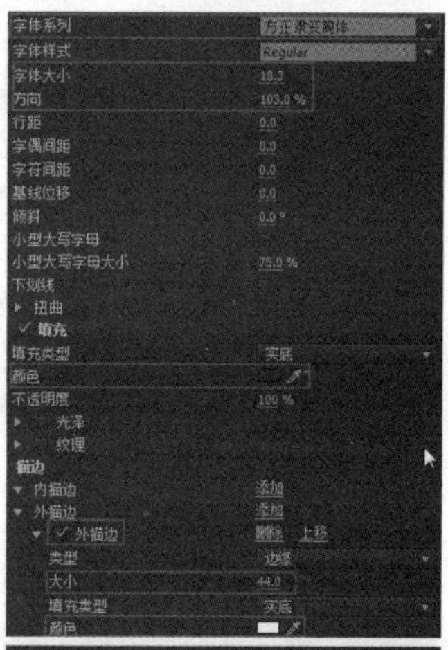

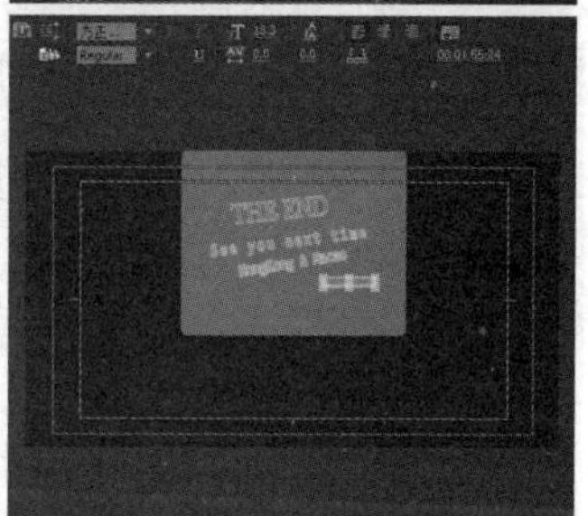

图15-203　具体的设置及完成的效果

11 新建字幕。弹出“字幕设计器”，绘制一个矩形，设置“图形类型”为“填充贝赛尔曲线”，“颜色”为白色等，具体的设置及完成的效果如图15-204所示。

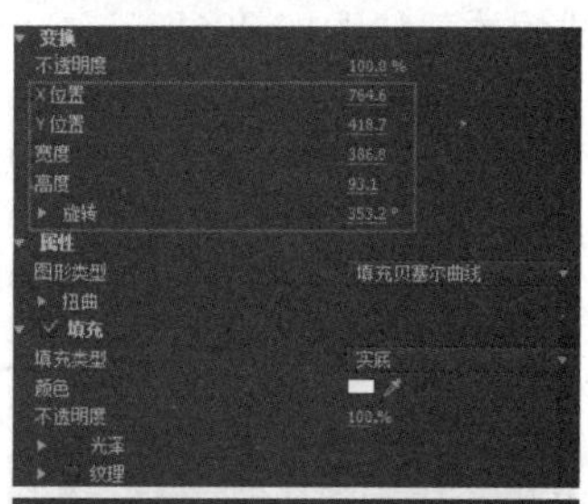

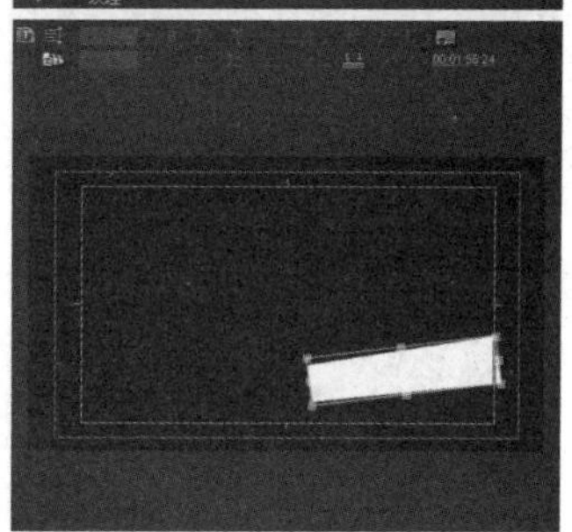

图15-204　具体的设置及完成的效果

12 选择“文字工具”，输入字幕为“香港海洋公园”，设置字体、大小等属性，具体的设置及完成的效果如图15-205所示。

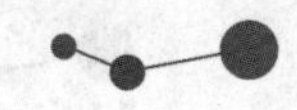

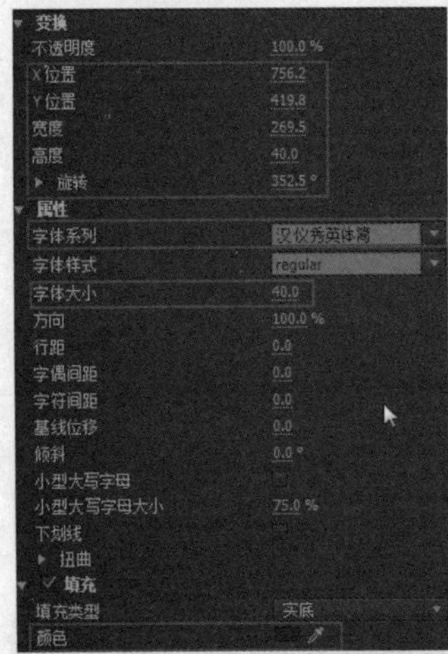

图15-205　具体的设置及完成的效果

13 新建字幕。弹出“字幕设计器”，绘制一个矩形，设置“图形类型”为“填充贝赛尔曲线”，“颜色”为白色等，具体的设置及完成的效果如图15-206所示。

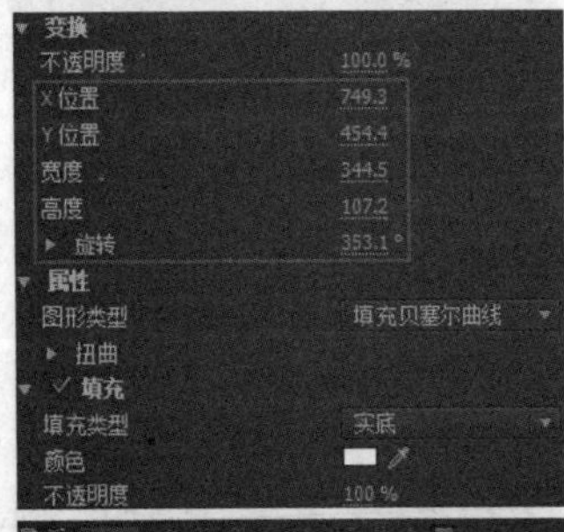

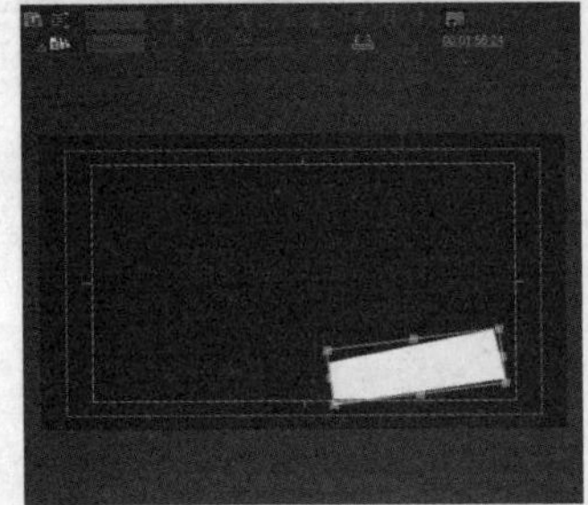

图15-206　具体的设置及完成的效果

14 选择“文字工具”，输入字幕“澳门·记忆”，设置字体、大小等属性，具体的设置及完成的效果如图15-207所示。

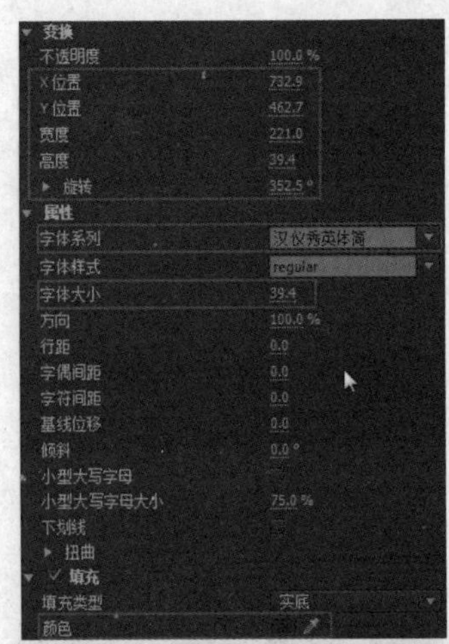

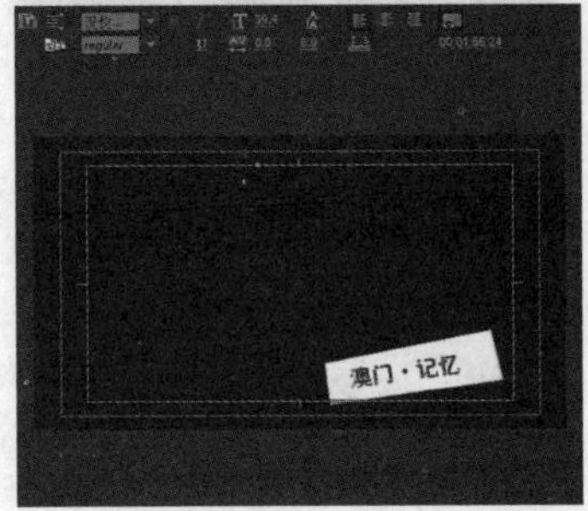

图15-207　具体的设置及完成的效果

15 新建字幕。弹出“字幕设计器”，绘制一个矩形，设置“图形类型”为“圆矩形”，“颜色”为白色等，具体的设置及完成的效果如图15-208所示。

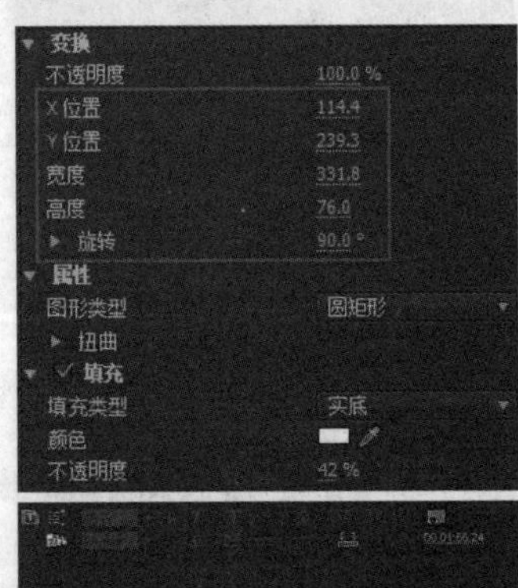

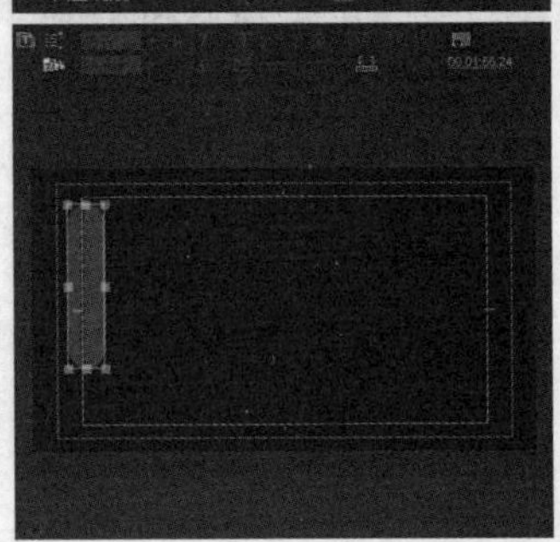

图15-208　具体的设置及完成的效果

16 再绘制一个矩形，设置“图形类型”为“圆矩形”，“颜色”为白色等，具体的设置及完成的效果如图15-209所示。

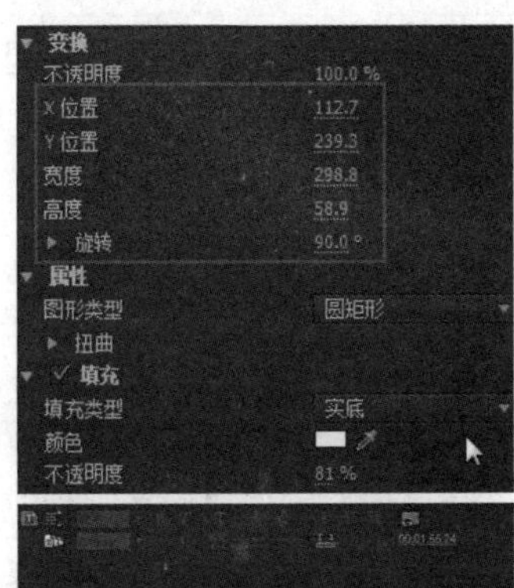

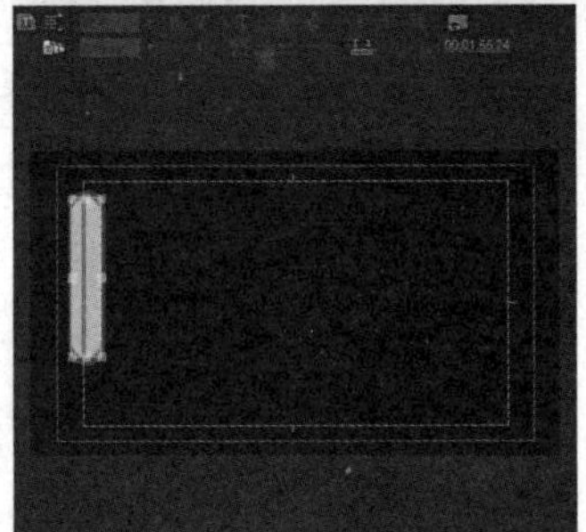

图15-209 具体的设置及完成的效果

17 选择“文字工具”，输入字幕“游乐天堂”，设置字体、大小等属性，具体的设置及完成的效果如图15-210所示。

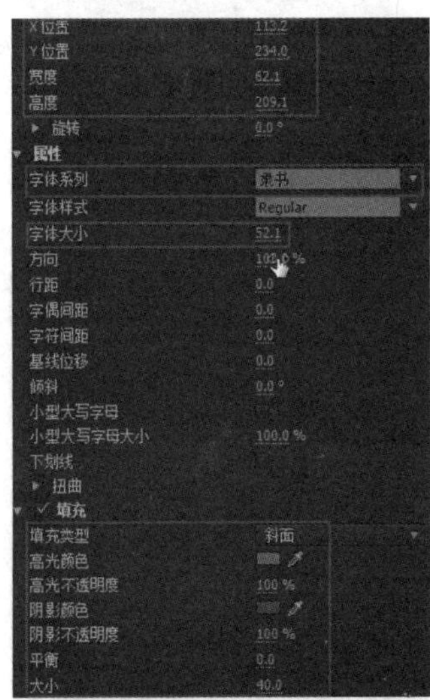

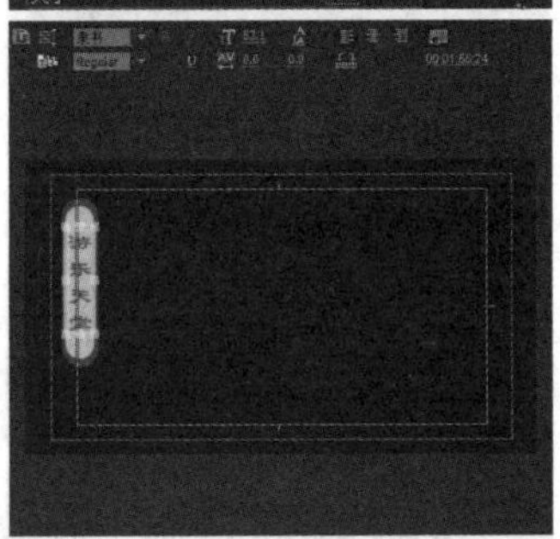

图15-210 具体的设置及完成的效果

18 新建字幕。弹出“字幕设计器”，绘制一个矩形，设置“图形类型”为“圆矩形”，“颜色”为白色等，具体的设置及完成的效果如图15-211所示。

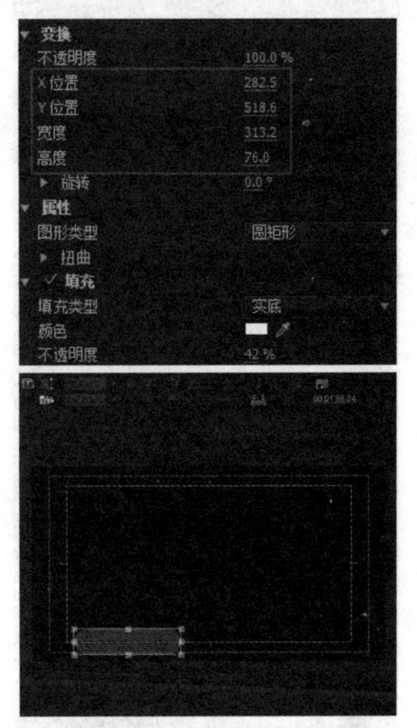

图15-211 具体的设置及完成的效果

19 再绘制一个矩形，设置“图形类型”为“圆矩形”，“颜色”为白色等，具体的设置及完成的效果如图15-212所示。

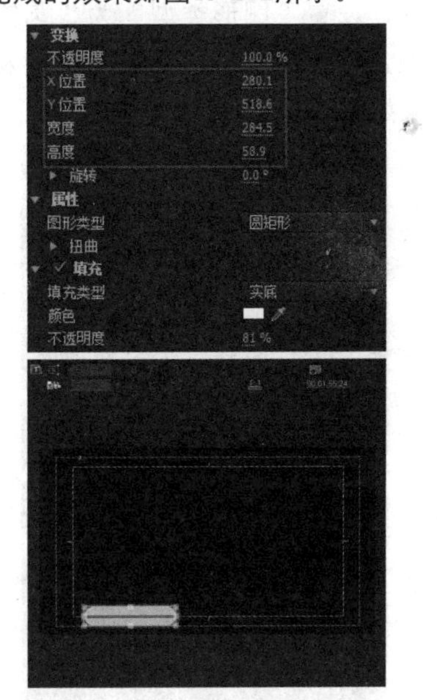

图15-212 具体的设置及完成的效果

20 选择“文字工具”，输入字幕“海洋世界”，设置字体、大小等属性，具体的设置及完成的效果如图15-213所示。

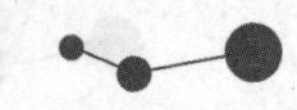

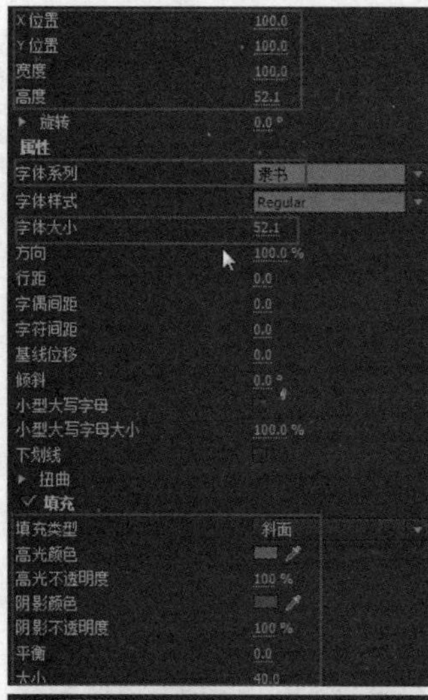

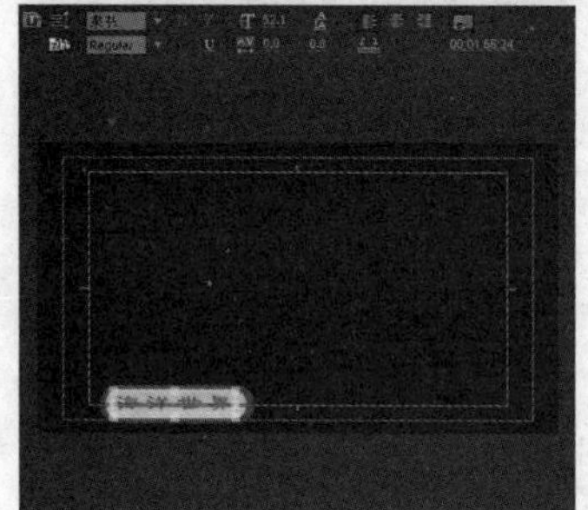

图15-213 具体的设置及完成的效果

21 新建字幕。弹出“字幕设计器”，绘制一个矩形，设置“图形类型”为“圆矩形”，“颜色”为白色等，具体的设置及完成的效果如图15-214所示。

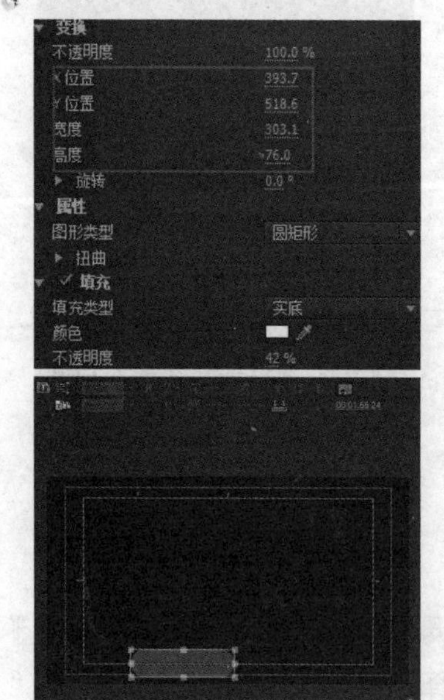

图15-214 具体的设置及完成的效果

22 再绘制一个矩形，设置“图形类型”为“圆矩形”，“颜色”为白色等，具体的设置及完成的效果如图15-215所示。

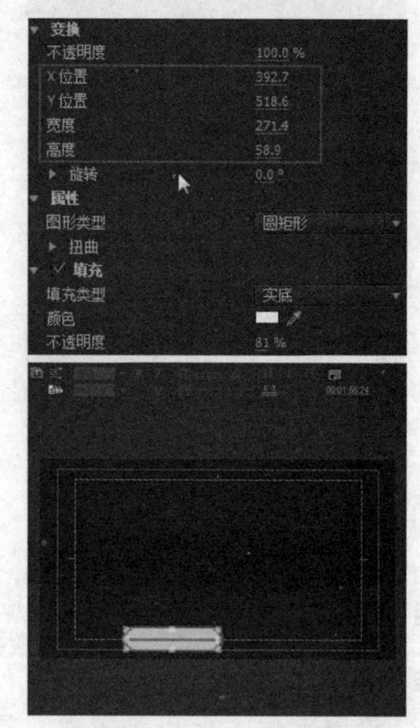

图15-215 具体的设置及完成的效果

23 选择“文字工具”，输入字幕“葡式建筑”，设置字体、大小等属性，具体的设置及完成的效果如图15-216所示。

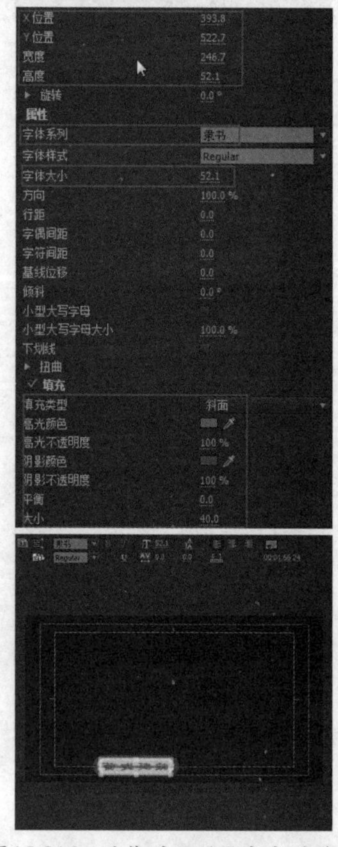

图15-216 具体的设置及完成的效果

24 在视频轨14的00:00:39:03位置添加“字幕07”素材，设置持续时间为00:00:03:22，如图15-217所示。

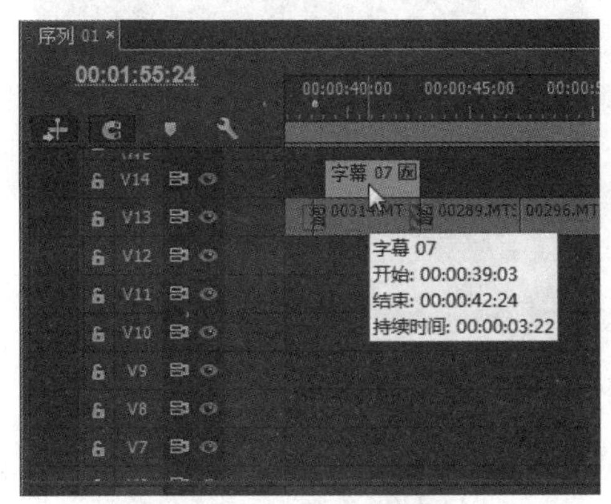

图15-217　拖入素材

25 在视频轨14的00:01:49:18位置添加“谢幕”素材，设置持续时间为00:00:05:09，如图15-218所示。

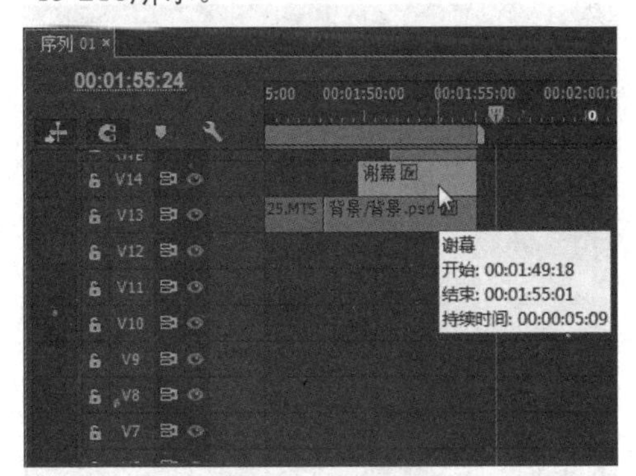

图15-218　拖入素材

26 选择素材，进入“效果控件”面板，设置时间为00:01:49:18，单击“位置”前的“切换动画”按钮，设置“位置”参数为360、-7，“缩放”参数为100.9，如图15-219所示。

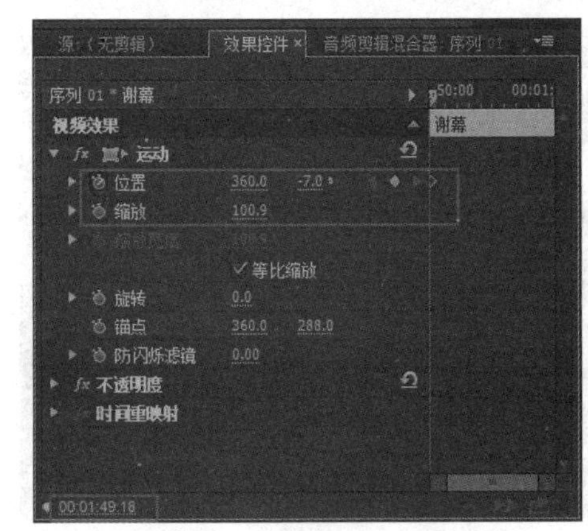

图15-219　添加第一处关键帧

27 设置时间为00:01:51:03，设置“位置”参数为360、288，如图15-220所示。

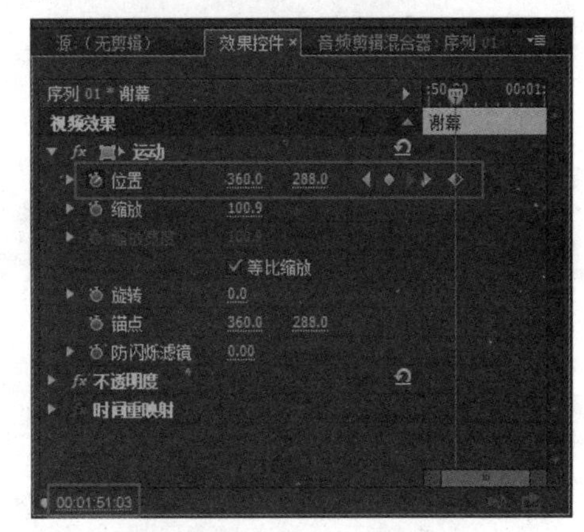

图15-220　添加第二处关键帧

28 在视频轨5的00:00:55:09位置添加“字幕09”素材，设置持续时间为00:00:08:01，如图15-221所示。

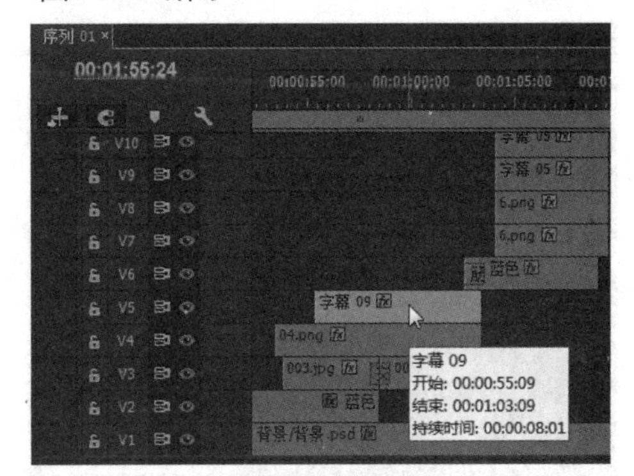

图15-221　拖入素材

29 选择素材，进入“效果控件”面板，设置时间为00:00:55:11，单击“位置”前的“切换动画”按钮，设置“位置”参数为395、473，如图15-222所示。

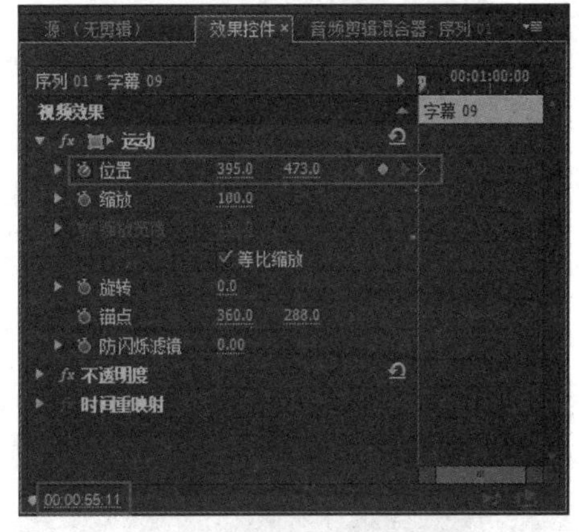

图15-222　添加第一处关键帧

30 设置时间为00:00:57:06，设置“位置”参数为395、296，如图15-223所示。

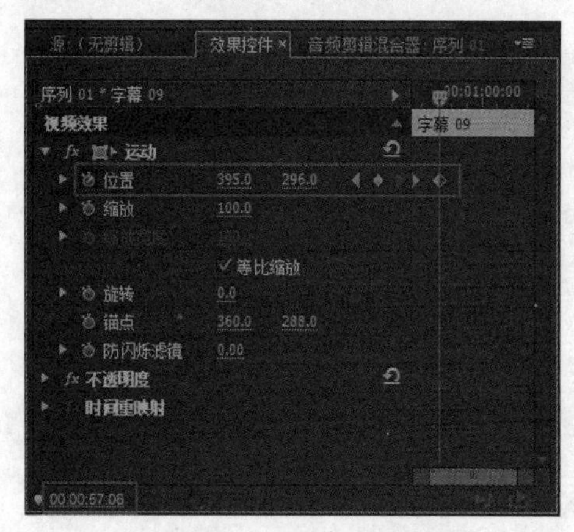

图15-223 添加第二处关键帧

31 在视频轨5的00:01:24:04位置添加“字幕10”素材，设置持续时间为00:00:08:01，如图15-224所示。

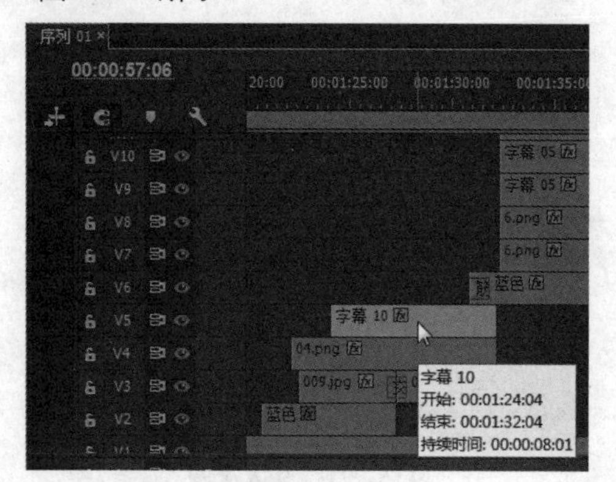

图15-224 拖入素材

32 选择素材，进入“效果控件”面板，设置时间为00:01:24:06，单击“位置”前的“切换动画”按钮，设置“位置”参数为395、473，如图15-225所示。

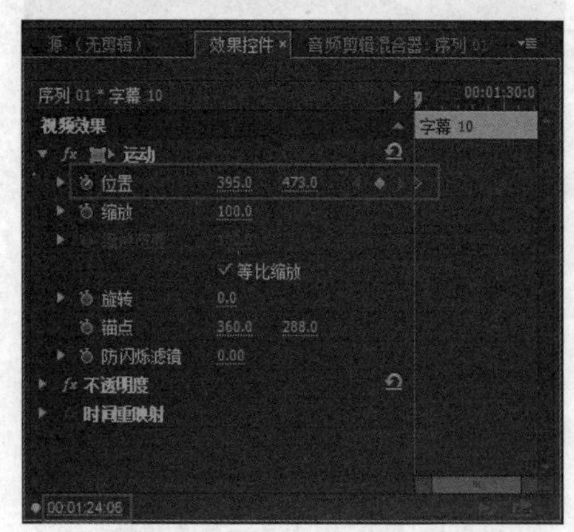

图15-225 添加第一处关键帧

33 设置时间为00:01:26:01，设置“位置”参数为395、296，如图15-226所示。

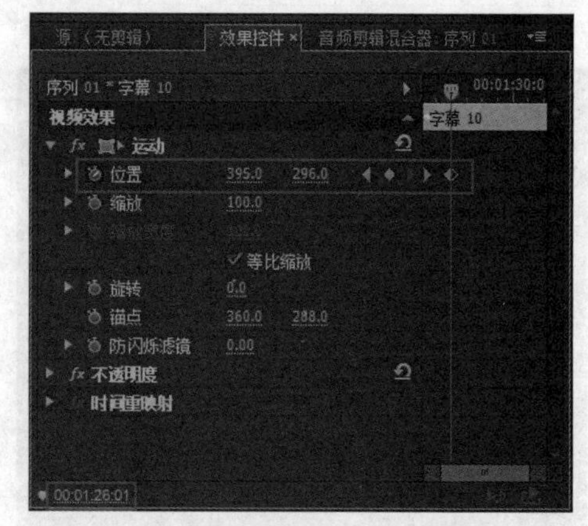

图15-226 添加第二处关键帧

34 在视频轨14的00:00:35:09位置添加“字幕11”素材，设置持续时间为00:00:03:04，如图15-227所示。

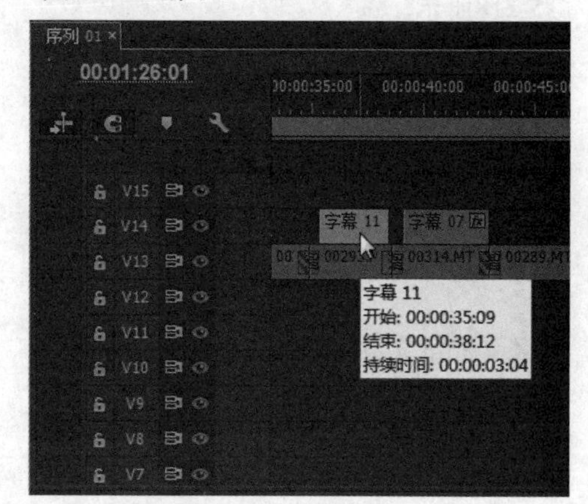

图15-227 拖入素材

35 在视频轨14的00:01:09:14位置添加“字幕12”素材，设置持续时间为00:00:03:17，如图15-228所示。

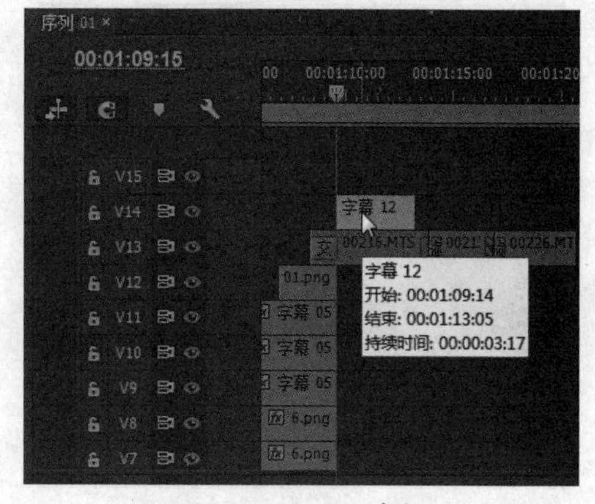

图15-228 拖入素材

36 在视频轨14的00:01:37:18位置添加“字幕13”素材，设置持续时间为00:00:09:14，如图15-229所示。

37 选择素材，进入“效果控件”面板，设置时间为00:01:37:18，单击“不透明度”前的“切换动画”按钮，设置“不透明度”参数为0，如图15-230所示。

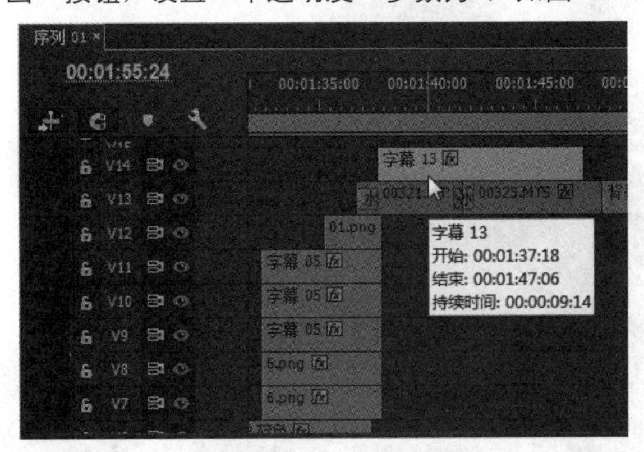

图15-229 拖入素材

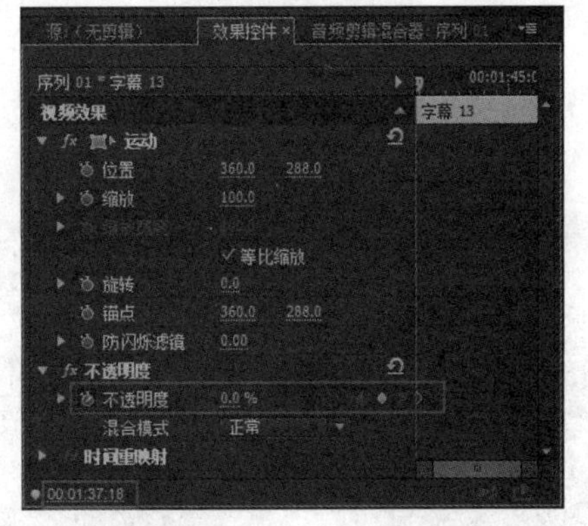

图15-230 添加第一处关键帧

38 设置时间为00:01:38:01，设置“不透明度”参数为100，如图15-231所示。

39 在音频轨1上添加音频素材。选择“剃刀工具”，在与视频轨对齐的位置切断音频素材，然后删除多余的部分，如图15-232所示。

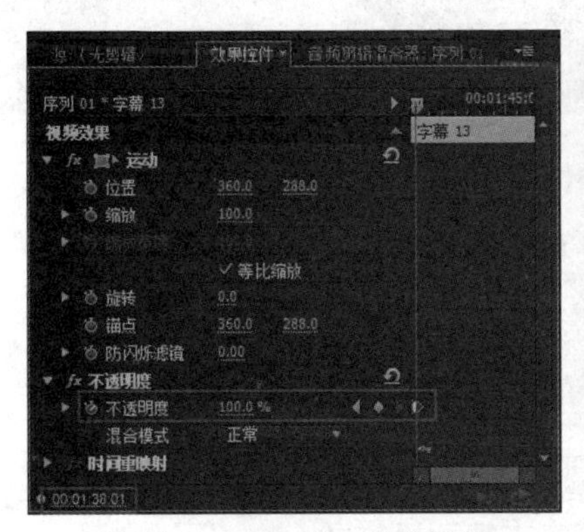

图15-231 添加第二处关键帧

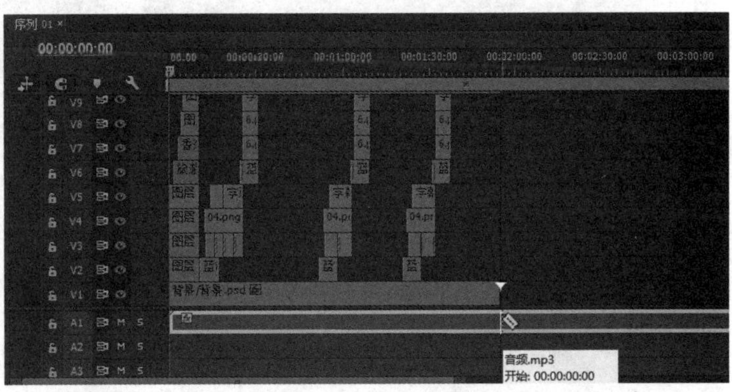

图15-232 添加音频素材并处理

40 按空格键预览最终效果，如图15-233所示。

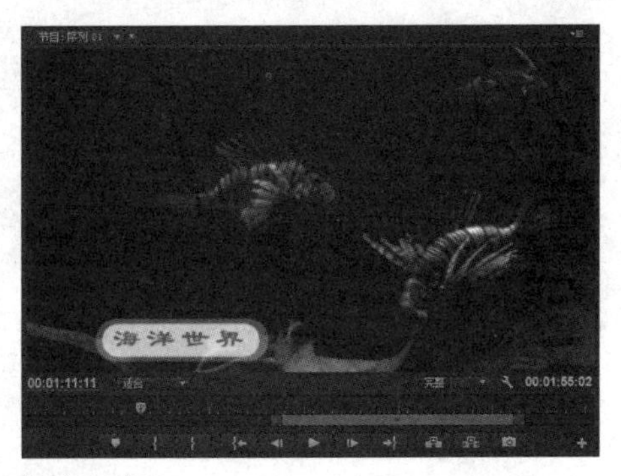

图15-233 预览最终效果

第16章 综合实例——影视预告片

影视预告片是将影片中的精华片段经过刻意安排剪辑制造出令人难忘的印象，从而达到吸引观众的效果的短片。它的目的是为了宣传。预告片不是简单地把电影的精彩片段凑在一起，它也有自己的流程、剪辑、合成、特效等，和一部电影的后期制作是一样的。

本实例是电影《女巫季节》预告片的制作，选用了电影中的精彩片段，配以原电影插曲，呈现出跌宕起伏的故事情节，吸引观众的眼球。本预告片制作的主要工作是选取合适的镜头片段，剪辑、合成以及添加特效，然后创建与编辑字幕来丰富画面效果。

本章重点

◎ 解除音频链接
◎ 制作转场特效
◎ 字幕的创建与应用
◎ 添加音频

本实例的主要内容分为5个部分，它们是“片头”、“场景1～3”以及“片尾”。“场景1”部分介绍了人类遭遇的灾难来源于女巫；“场景2”部分介绍了骑士押送女巫去修道院的途中所历经种种磨难；“场景3”部分介绍了一行人到修道院后，与恶魔斗争的过程。效果如下所示。

片头效果

场景1效果

场景2效果

场景3效果

片尾效果

16.1 新建序列和导入素材

想好创意，准备好素材，然后开始动手制作预告片。首先是新建项目文件和序列。下面将介绍新建项目、新建序列并将素材导入到项目中的具体操作。

视频位置:DVD\视频\第16章\16.1新建序列和导入素材.mp4

01 打开Premiere Pro CC软件，在欢迎界面上单击“新建项目”按钮，如图16-1所示。

02 在弹出的“新建项目”对话框中，输入项目名称并设置项目存储位置，单击“确定”按钮，如图16-2所示。

03 执行“文件”|“新建”|“序列”命令，弹出“新建序列”对话框，选择合适的序列预设，单击“确定”按钮，如图16-3所示。

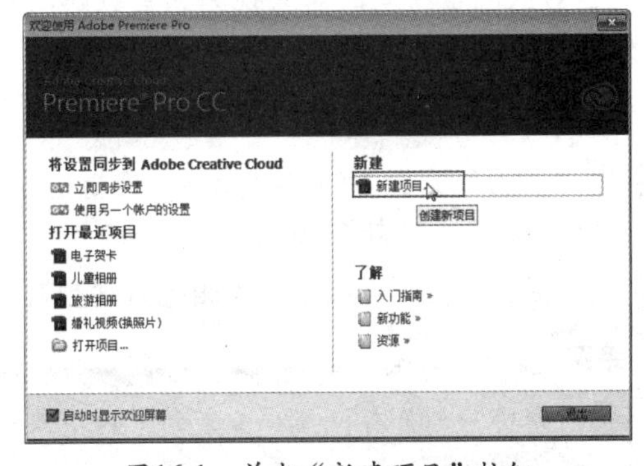

图16-1 单击“新建项目”按钮

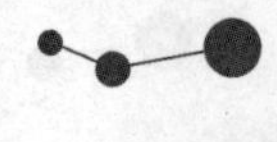

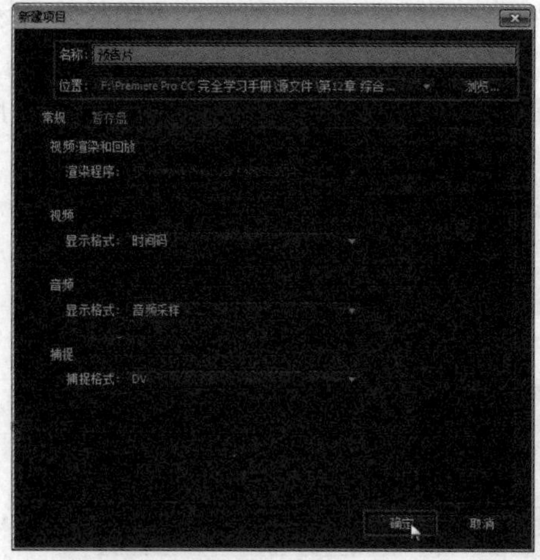

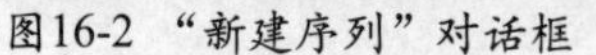

图16-2 “新建序列”对话框

图16-3 “新建序列”对话框

04 执行“文件”|“导入”命令，弹出“导入”对话框，选择需要的素材，单击“打开”命令，如图16-4所示。

图16-4 “导入”对话框

16.2 在源监视器中编辑素材

Premiere Pro CC的“源监视器”面板用于观看素材和完成的影片，还用于设置素材的入点和出点。本实例中需要反复多次运用同样的视频素材，并且剪辑的持续时间相对较短，利用“源监视器”面板来剪辑，能够更加准确、快捷地剪辑出需要的内容。

16.2.1 解除视音频链接

当导入的素材同时含有视频和音频时，若要删除音频，必须先解除视音频链接。本实例中的视频素材都带有音频素材，根据需要保留或者删除素材。下面将介绍解除视音频链接的具体操作。

视频位置:DVD\视频\第16章\16.2.1 解除视音频链接.mp4

01 将“项目”面板中的“01.mov”素材拖入“源监视器”中，标记入点为00:00:00:00，标记出点为00:00:12:06，如图16-5所示。

02 将“源监视器”面板中的剪辑拖入视频轨1中，如图16-6所示。

提示

用户将一个含有视频和音频的素材拖入“时间轴”面板时，该素材的音频和视频部分会被放到相应的轨道中。

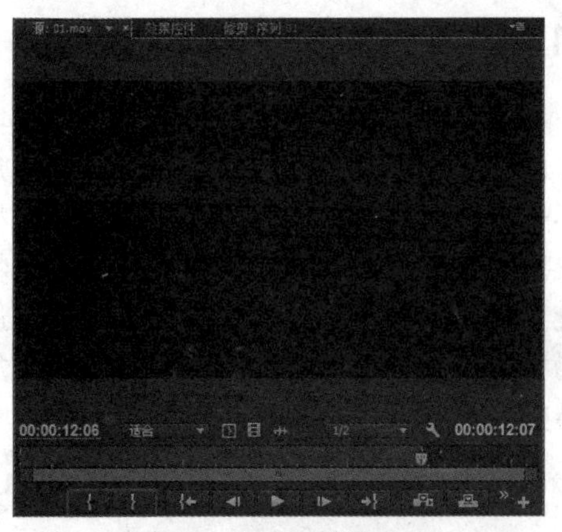

图16-5　标记入点和出点

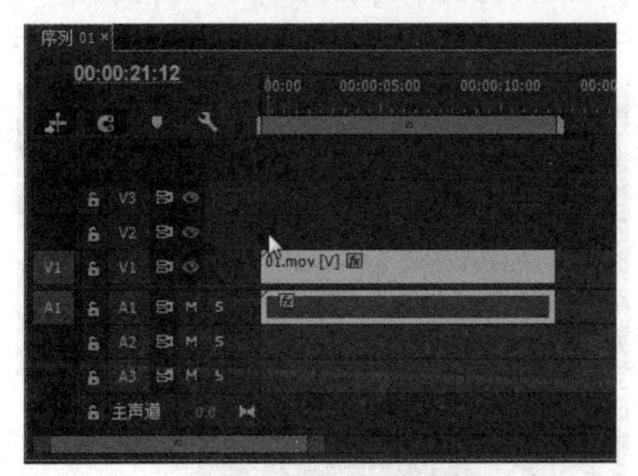

图16-6　拖入素材

03 选择视频素材，单击鼠标右键并执行“取消链接”命令，然后选择音频素材，按Delete键删除音频，如图16-7所示。

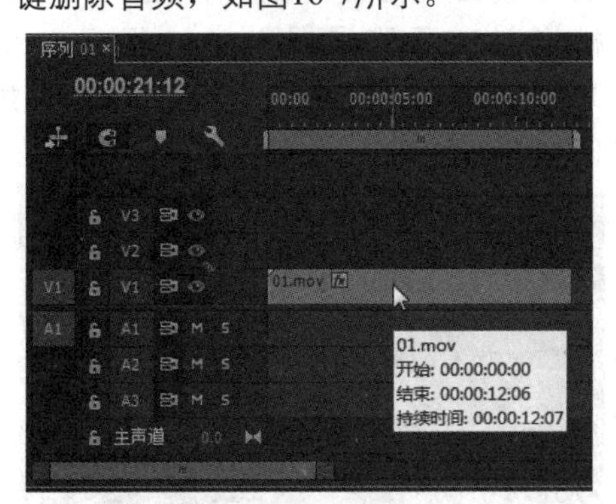

图16-7　删除音频素材

04 在“源监视器”面板中继续标记入点为00:00:13:12，标记出点为00:00:15:16，如图16-8所示。

05 将“源监视器”面板中的剪辑拖入视频轨1中，如图16-9所示。

06 将“项目”面板中的“片段05.avi”素材拖入“源监视器”面板中，标记入点为00:11:32:02，标记出点为00:11:34:09，如图16-10所示。

图16-8　标记入点和出点

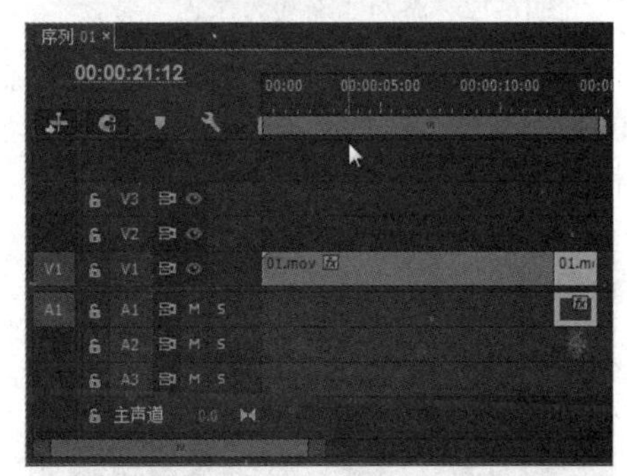

图16-9　拖入素材

图16-10　标记入点和出点

07 将“源监视器”面板中的剪辑拖到视频轨1上，如图16-11所示。

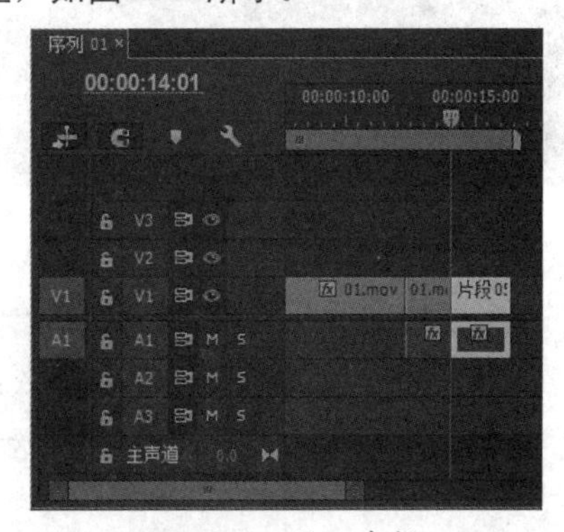

图16-11　拖入素材

08 在“01.mov”和“片段05.avi”素材之间添加“渐隐为黑色”特效，如图16-12所示。

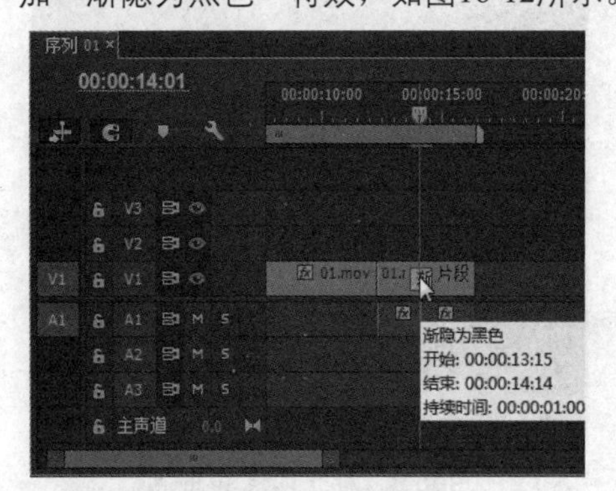

图16-12　添加“渐变为黑色”特效

09 打开“源监视器”面板，标记入点为00:00:43:21，标记出点为00:00:46:13，如图16-13所示。

图16-13　标记入点和出点

10 将“源监视器”面板中的剪辑拖到视频轨1上，如图16-14所示。

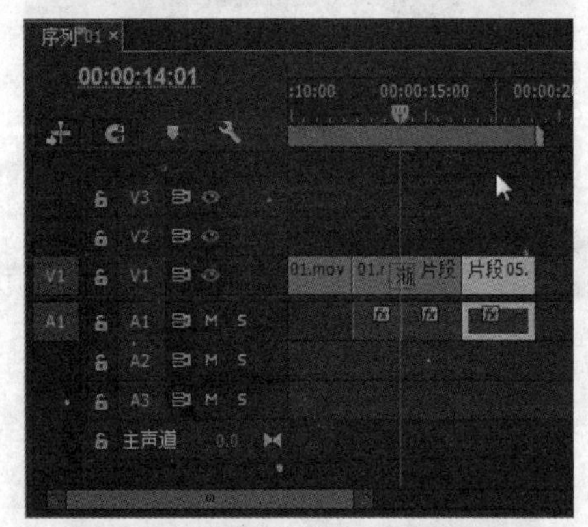

图16-14　拖入素材

提示

除了上面所介绍的方法外，还可以通过执行“素材”|“取消链接”命令将视频和音频进行分离。

16.2.2 添加转场特效

在镜头之间适当地添加转场特效，能增加影片的精彩程度。不同的转场特效会使影片具有不一样的观感效果。预告片中的主要素材是一段段的镜头视频，在镜头之间添加转场特效使镜头切换平和自然或者突出冲突效果，进一步增加画面的视觉感染力。下面将介绍添加转场特效的具体操作。

视频位置:DVD\视频\第16章\16.2.2 添加转场特效.mp4

01 在两素材剪辑之间添加“渐隐为黑色”特效并设置持续时间为16帧，如图16-15所示。

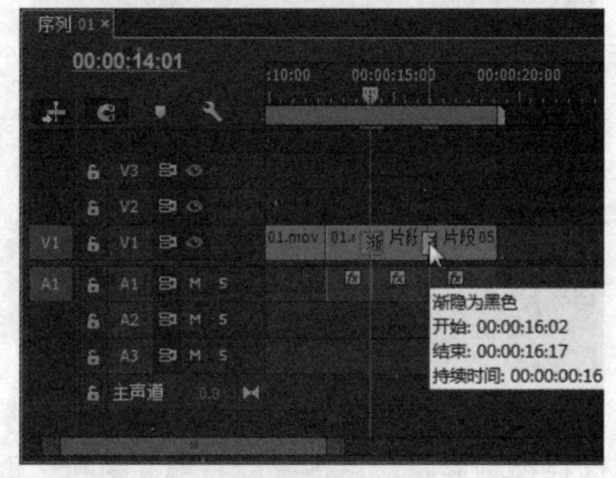

图16-15　添加“渐隐为黑色”特效

02 将“项目”面板中的“片段06.avi”素材拖入“源监视器”中，标记入点为00:12:53:10，标记出点为00:12:54:23，如图16-16所示。

图16-16　标记入点和出点

03 将“源监视器”面板中的剪辑拖到视频轨1上，如图16-17所示。

04 选择视频素材，单击鼠标右键并执行“解除链接”命令，然后选择音频素材，按Delete键删除音频，如图16-18所示。

图16-17 拖入素材

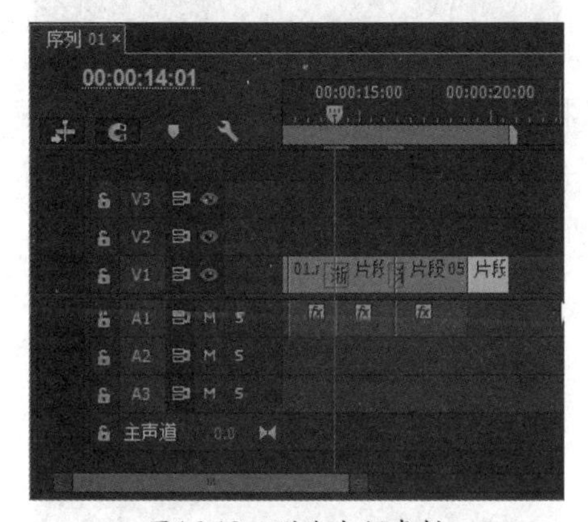

图16-18 删除音频素材

05 在两素材剪辑之间添加“渐变为黑色”特效并设置持续时间为16帧，如图16-19所示。

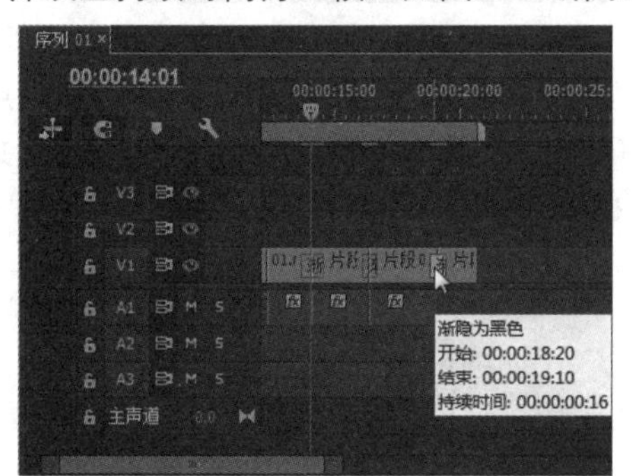

图16-19 添加“渐变为黑色”特效

06 将“项目”面板中的“片段05.avi”素材拖入“源监视器”面板中，标记入点为00:14:33:07，标记出点为00:14:34:02，如图16-20所示。

07 将“源监视器”面板中的剪辑拖到视频轨1上，如图16-21所示。

08 选择视频素材，单击鼠标右键并执行“解除链接”命令，然后选择音频素材，按Delete键删除音频，如图16-22所示。

图16-20 标记入点和出点

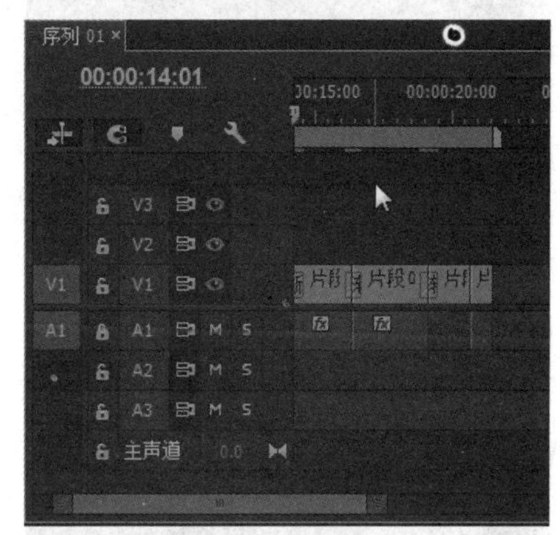

图16-21 拖入素材

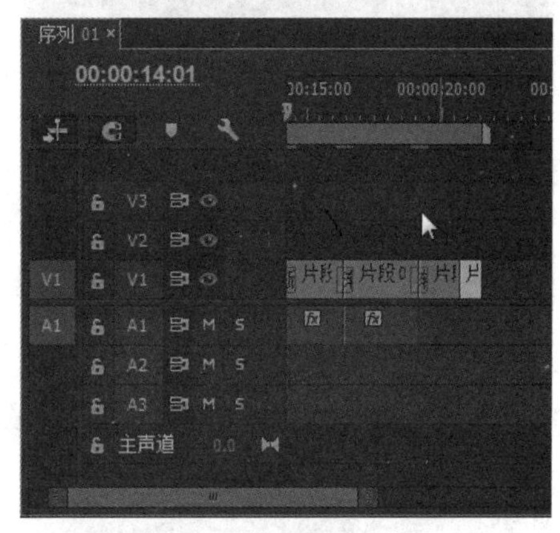

图16-22 删除音频素材

09 在两素材剪辑之间添加“渐变为黑色”特效并设置持续时间为16帧，如图16-23所示。

10 在“项目”面板中选择“02.mov”素材，将其拖到视频轨1上，如图16-24所示。

11 将“项目”面板中的“片段05.avi”素材拖入“源监视器”面板中，标记入点为00:04:37:13，标记出点为00:04:38:09，如图16-25所示。

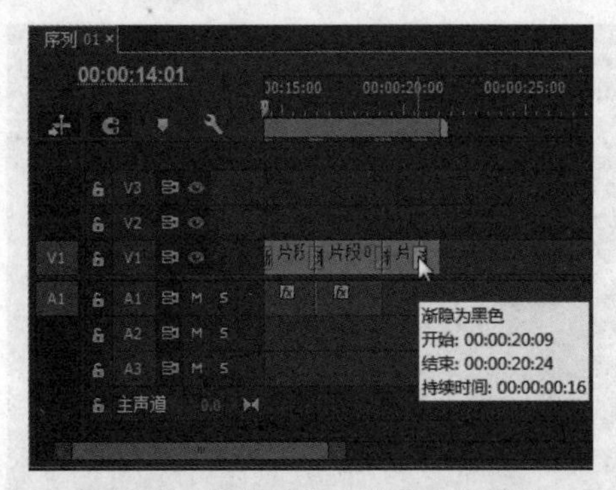

图16-23　添加“渐变为黑色”特效

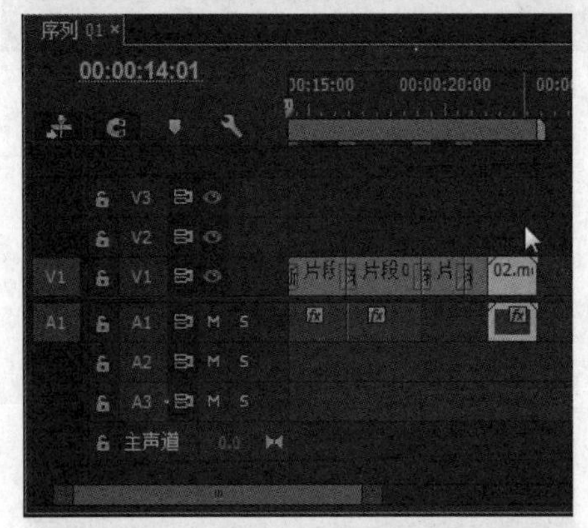

图16-24　拖入素材

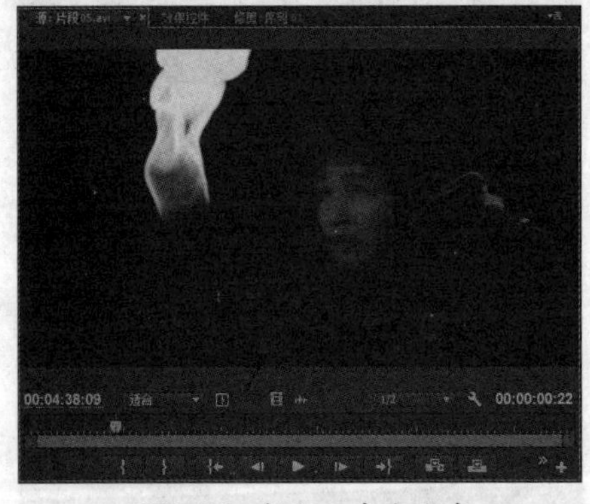

图16-25　标记入点和出点

12 将“源监视器”面板中的剪辑拖到视频轨1上，如图16-26所示。

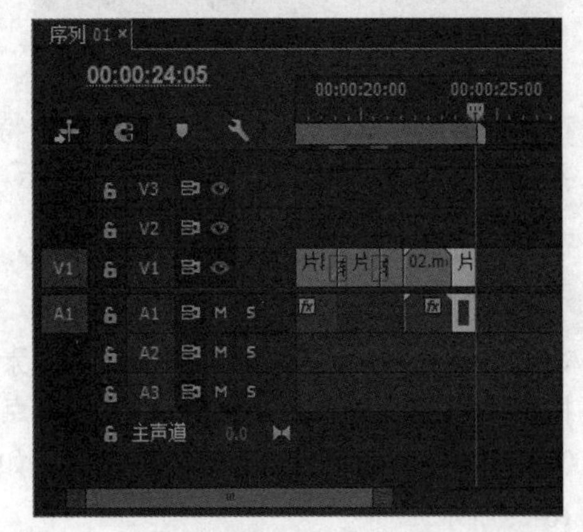

图16-26　拖入素材

13 进入“源监视器”面板中，标记入点为00:06:34:03，标记出点为00:06:37:08，如图16-27所示。

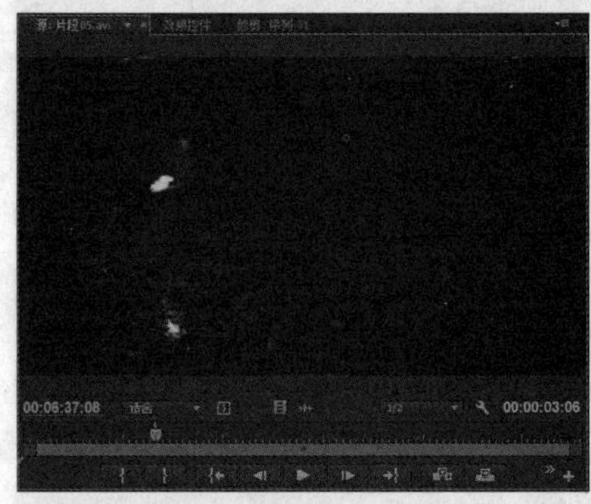

图16-27　标记入点和出点

14 将“源监视器”面板中的剪辑拖到视频轨1上，如图16-28所示。

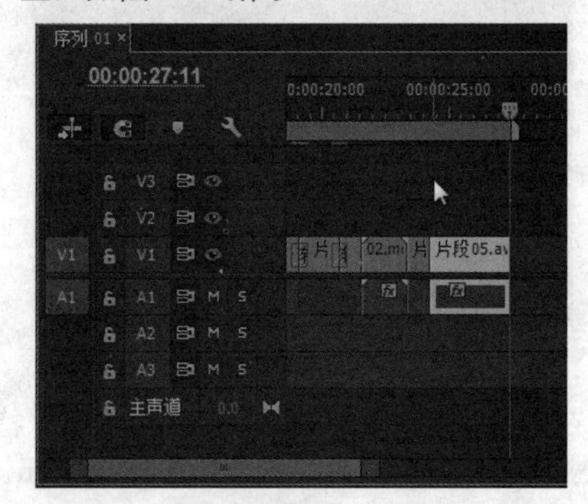

图16-28　拖入素材

15 进入“源监视器”面板中，标记入点为00:06:25:17，标记出点为00:06:26:18，如图16-29所示。

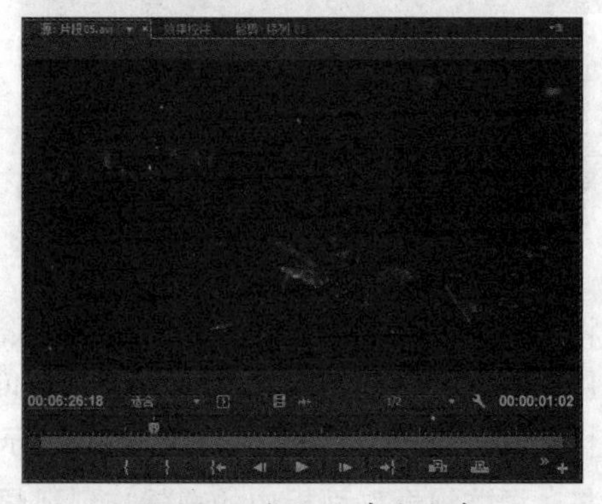

图16-29　标记入点和出点

16 将“源监视器”面板中的剪辑拖到视频轨1上，如图16-30所示。

17 将“项目”面板中的“片段06.avi”素材拖入“源监视器”面板中，标记入点为00:14:21:20，标记出点为00:14:22:04，如图16-31所示。

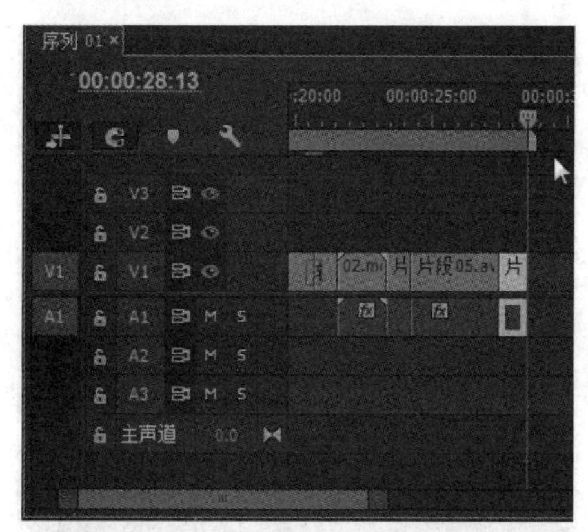

图16-30 拖入素材

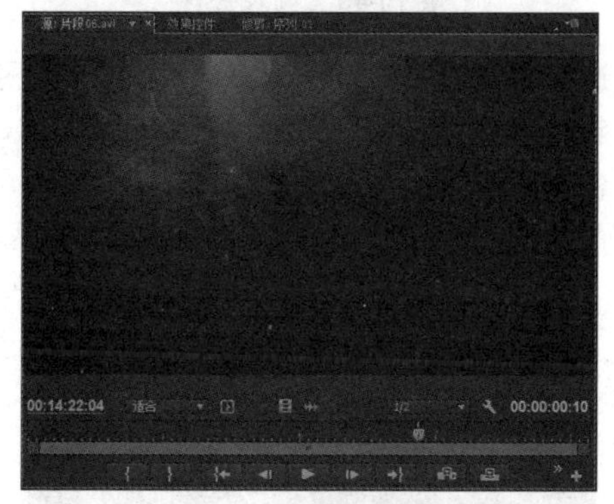

图16-31 标记入点和出点

18 将“源监视器”面板中的剪辑拖到视频轨1上，如图16-32所示。

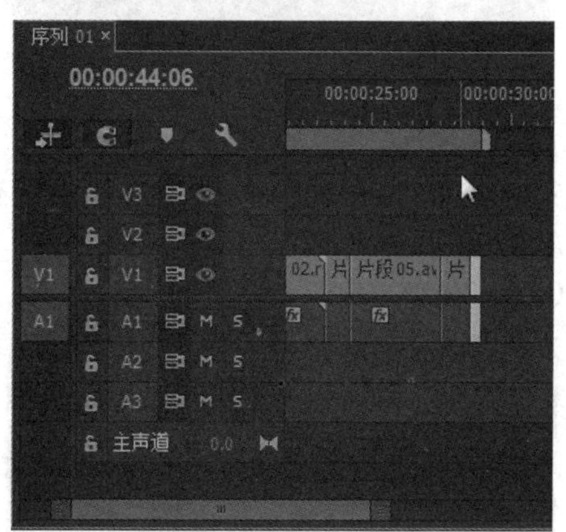

图16-32 拖入素材

19 选择视频素材，单击鼠标右键并执行“取消链接”命令，然后选择音频素材，按Delete键将其删除，如图16-33所示。

20 在两个素材之间添加“渐变为黑色”特效，如图16-34所示。

21 进入“源监视器”面板中，标记入点为00:14:59:13，标记出点为00:14:59:23，如图16-35所示。

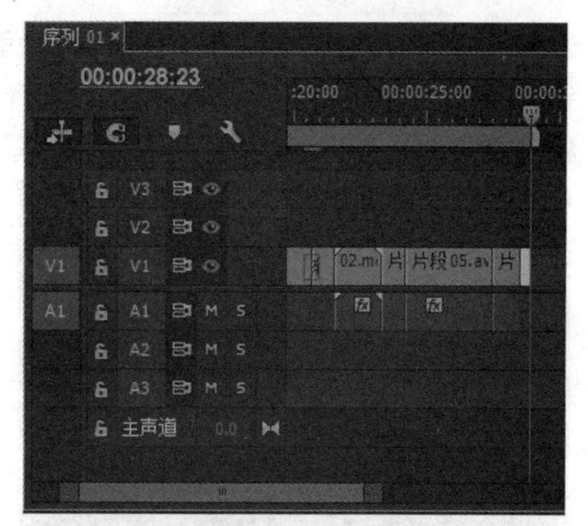

图16-33 删除音频素材

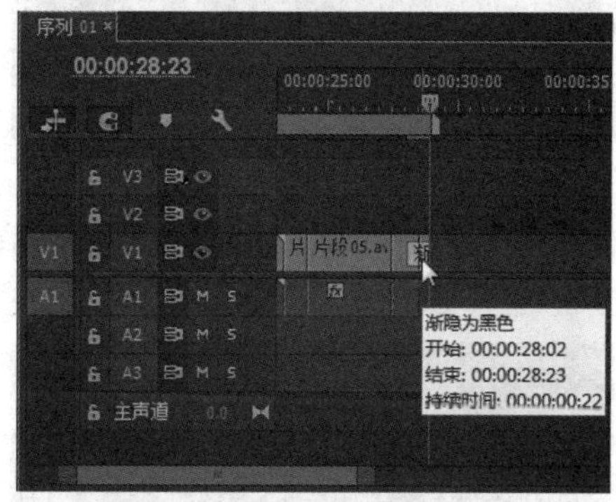

图16-34 添加“渐变为黑色”特效

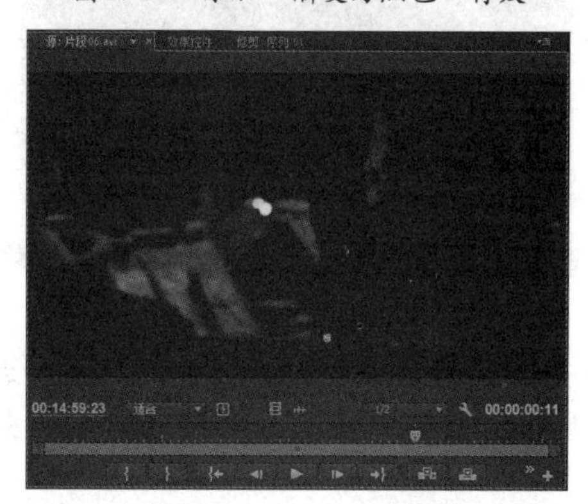

图16-35 标记入点和出点

22 将“源监视器”面板中的剪辑拖到视频轨1上，如图16-36所示。

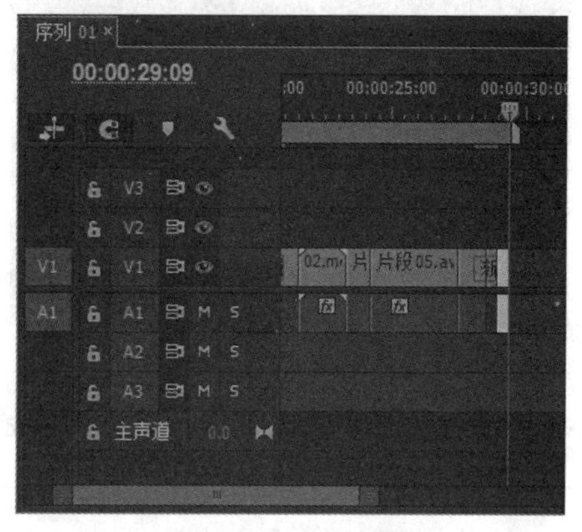

图16-36 拖入素材

23 选择视频素材，单击鼠标右键并执行“取消链接”命令，然后选择音频素材，按Delete键将其删除，如图16-37所示。

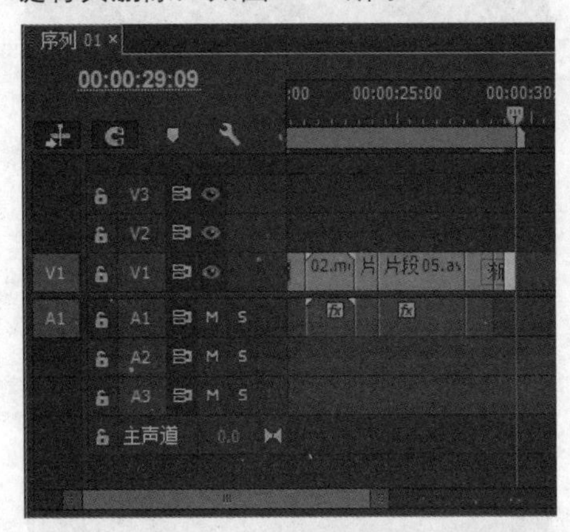

图16-37　删除音频素材

24 将“项目”面板中的“03.mov”素材拖到视频轨1上，如图16-38所示。

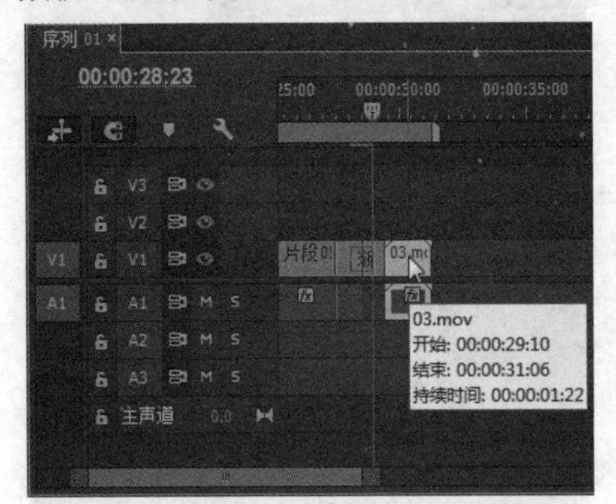

图16-38　拖入素材

25 进入“源监视器”面板中，标记入点为00:02:55:02，标记出点为00:02:56:04，如图16-39所示。

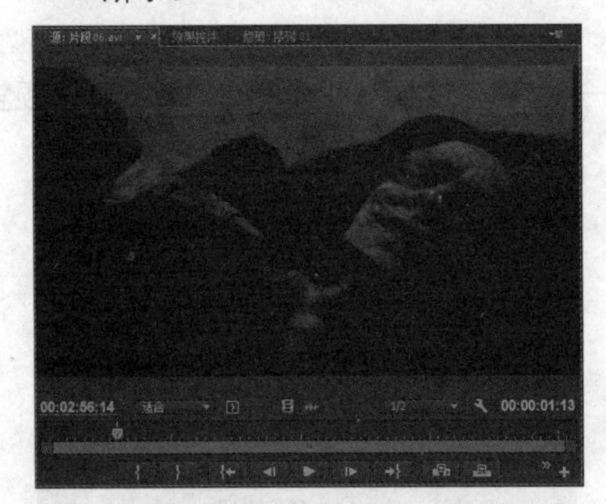

图16-39　标记入点和出点

26 将“源监视器”面板中的剪辑拖到视频轨1上，如图16-40所示。

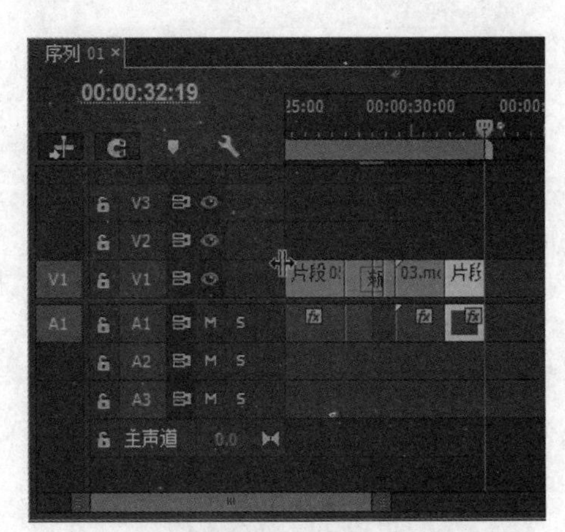

图16-40　拖入素材

27 选择视频素材，单击鼠标右键并执行“取消链接”命令，然后选择音频素材，按Delete键将其删除，如图16-41所示。

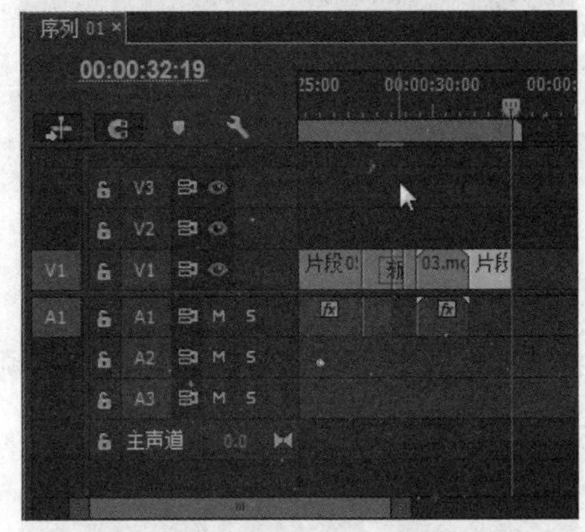

图16-41　删除音频素材

28 将“项目”面板中的“片段02”素材拖入“源监视器”面板中，标记入点为00:01:39:23，标记出点为00:01:41:13，如图16-42所示。

图16-42　标记入点和出点

29 将“源监视器”面板中的剪辑拖到视频轨1上，如图16-43所示。

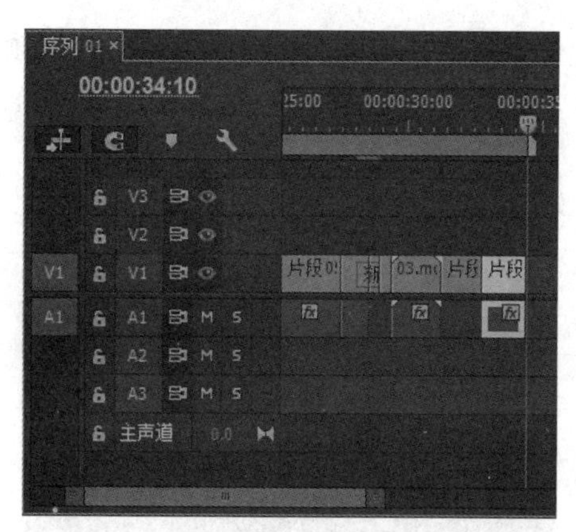

图16-43 拖入素材

30 选择视频素材，单击鼠标右键并执行“取消链接”命令，然后选择音频素材，按Delete键将其删除，如图16-44所示。

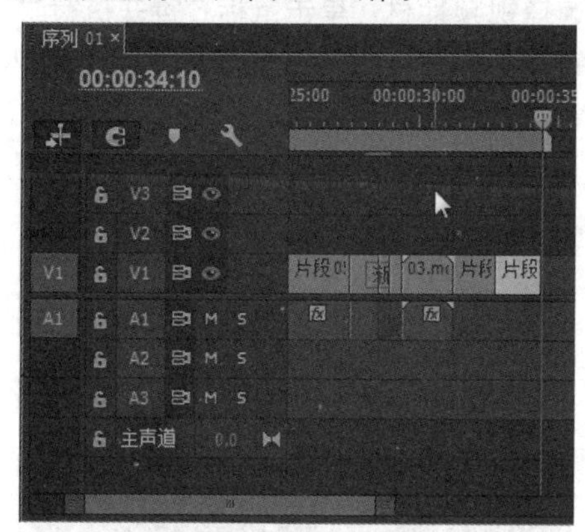

图16-44 删除音频素材

31 在两个素材之间添加“渐变为黑色”特效，如图16-45所示。

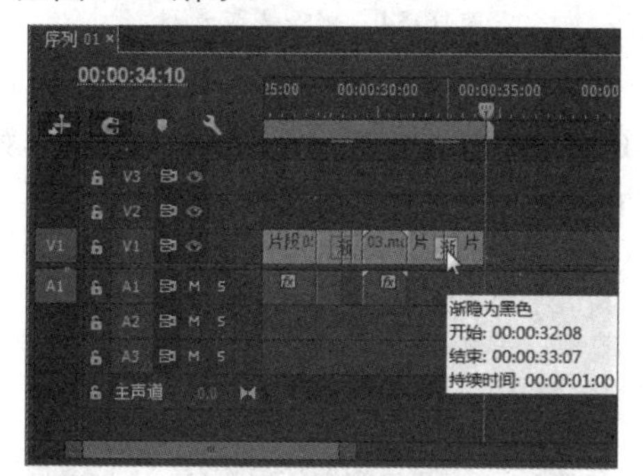

图16-45 添加“渐变为黑色”特效

32 将“项目”面板中的“片段05.avi”素材拖入“源监视器”面板中，标记入点为00:20:07:22，标记出点为00:20:17:17，如图16-46所示。

33 将“源监视器”面板中的剪辑拖到视频轨1上，如图16-47所示。

图16-46 标记入点和出点

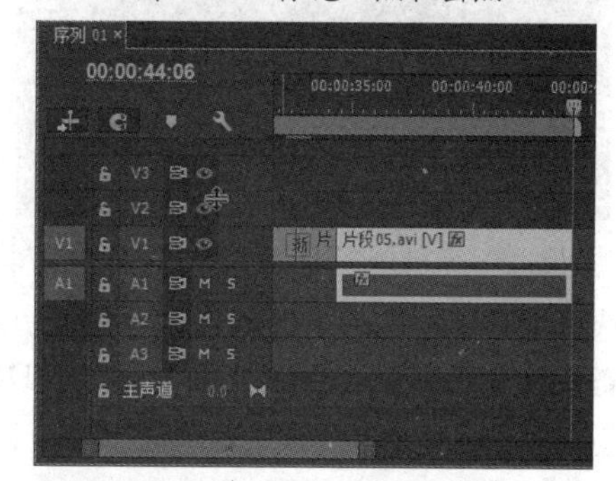

图16-47 标记入点和出点

34 在两个素材之间添加“渐变为黑色”特效，如图16-48所示。

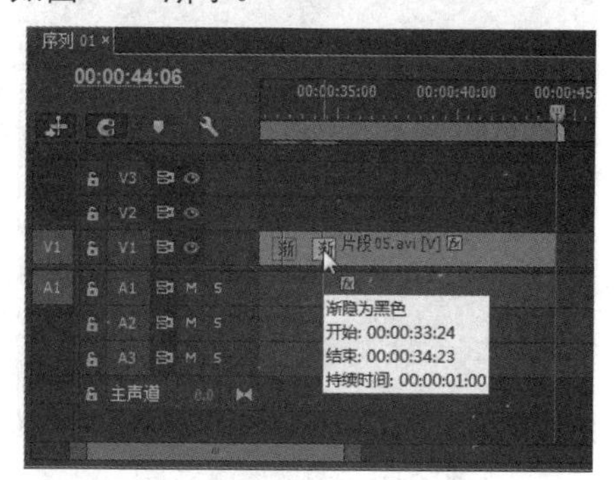

图16-48 添加“渐变为黑色”特效

35 将“项目”面板中的“片段03.avi”素材拖入“源监视器”面板中，标记入点为00:00:53:19，标记出点为00:00:56:10，如图16-49所示。

图16-49 标记入点和出点

36 将“源监视器”面板中的剪辑拖到视频轨1上，如图16-50所示。

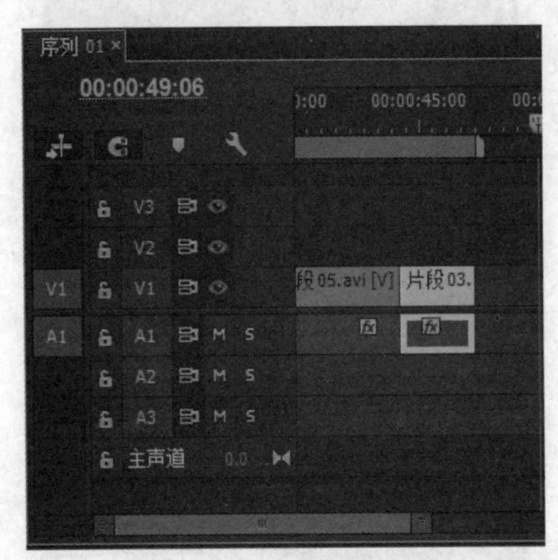

图16-50拖入素材

37 选择视频素材，单击鼠标右键并执行“取消链接”命令，然后选择音频素材，按Delete键将其删除，如图16-51所示。

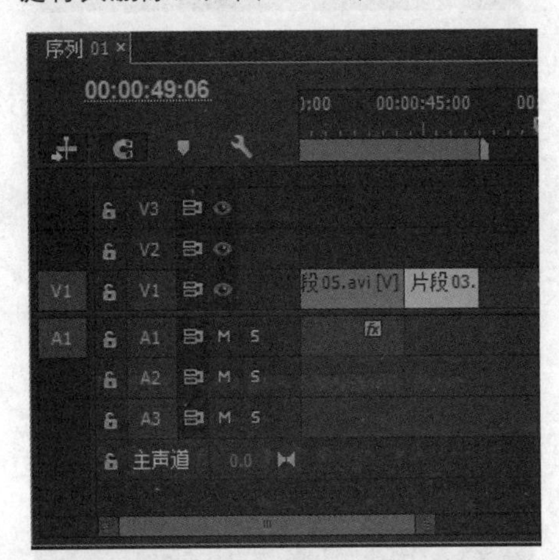

图16-51　删除音频素材

38 进入“源监视器”面板中，标记入点为00:01:18:19，标记出点为00:01:21:01，如图16-52所示。

图16-52　标记入点和出点

39 将“源监视器”面板中的剪辑拖到视频轨1上，如图16-53所示。

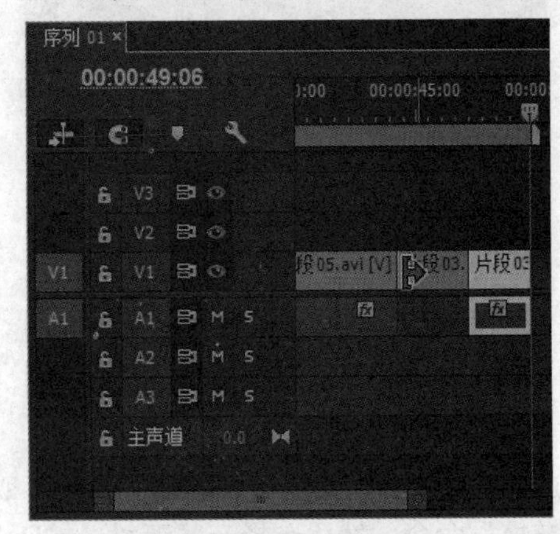

图16-53　拖入素材

40 选择视频素材，单击鼠标右键并执行“取消链接”命令，然后选择音频素材，按Delete键将其删除，如图16-54所示。

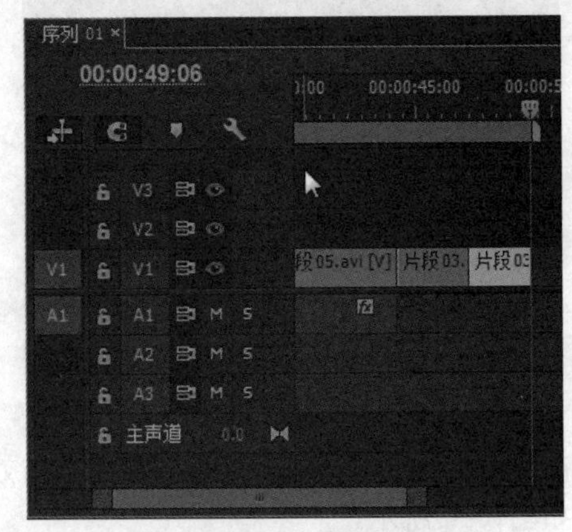

图16-54　删除音频素材

41 进入“源监视器”面板中，标记入点为00:01:07:16，标记出点为00:01:09:13，如图16-55所示。

图16-55　标记入点和出点

42 将“源监视器”面板中的剪辑拖到视频轨1上，如图16-56所示。

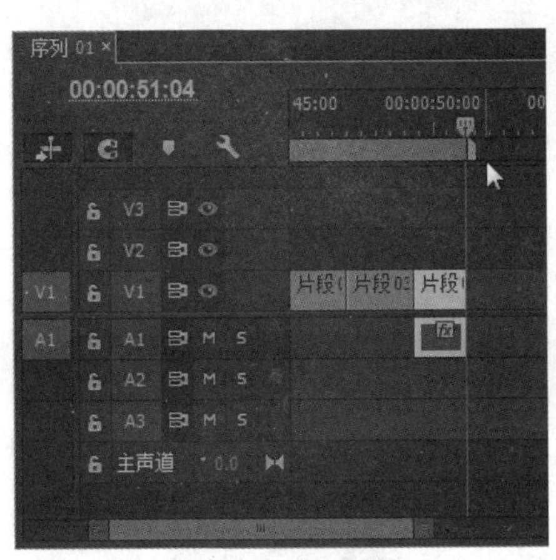

图16-56 拖入素材

43 选择视频素材，单击鼠标右键并执行“取消链接”命令，然后选择音频素材，按Delete键将其删除，如图16-57所示。

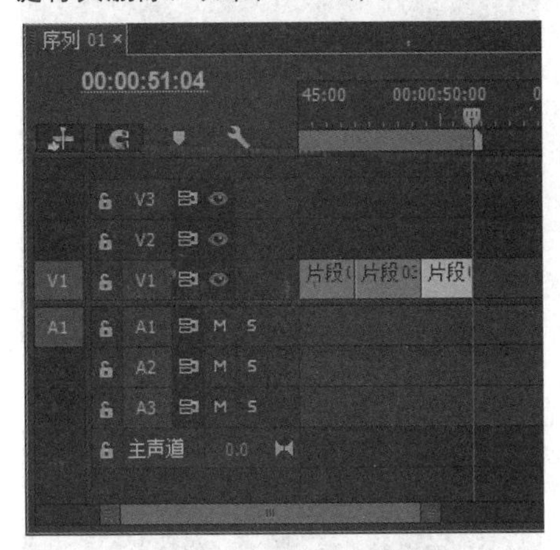

图16-57 删除音频素材

44 进入“源监视器”面板中，标记入点为00:04:37:17，标记出点为00:04:39:19，如图16-58所示。

图16-58 标记入点和出点

45 将“源监视器”面板中的剪辑拖到视频轨2上，如图16-59所示。

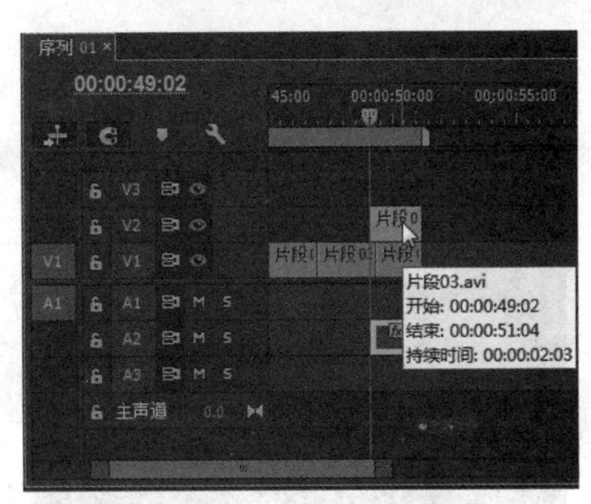

图16-59 拖入素材

46 选择视频素材，单击鼠标右键并执行“取消链接”命令，然后选择视频素材，按Delete键将其删除，如图16-60所示。

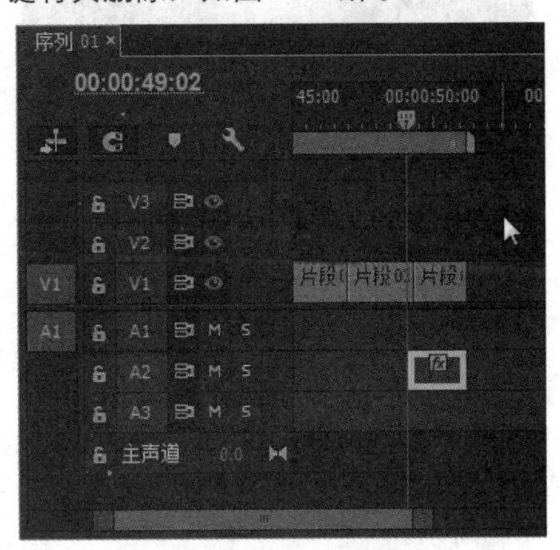

图16-60 删除视频素材

47 进入“源监视器”面板中，标记入点为00:04:39:24，标记出点为00:04:42:09，如图16-61所示。

图16-61 标记入点和出点

48 将“源监视器”面板中的剪辑拖到视频轨1上，如图16-62所示。

49 将“项目”面板中的“04.mov”素材拖到视频轨1上，如图16-63所示。

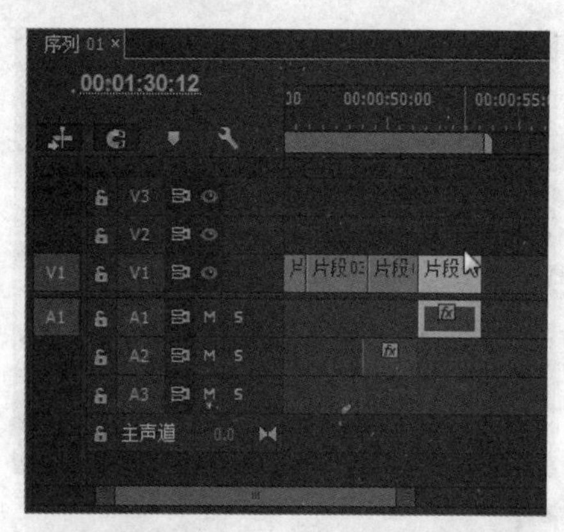

图16-62 拖入素材

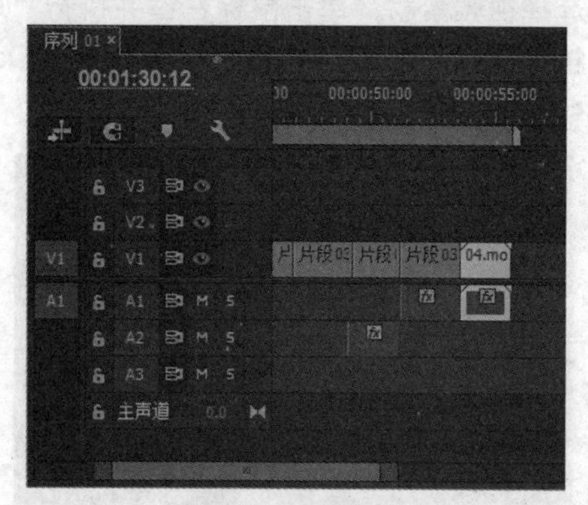

图16-63 拖入素材

50 进入“源监视器”面板中，标记入点为00:04:42:13，标记出点为00:04:44:06，如图16-64所示。

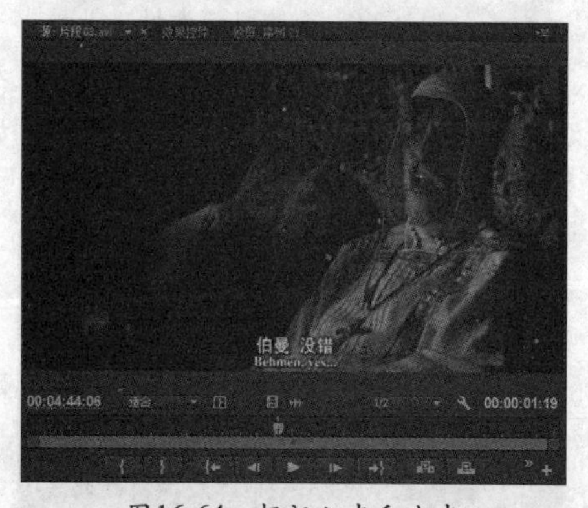

图16-64 标记入点和出点

51 将“源监视器”面板中的剪辑拖到视频轨1上，如图16-65所示。

52 选择视频素材，单击鼠标右键并执行“取消链接”命令，然后选择音频素材，按Delete键将其删除，如图16-66所示。

53 将“项目”面板中的“片段06.avi”素材拖入“源监视器”面板中，标记入点为00:08:54:11，标记出点为00:08:55:11，如图16-67所示。

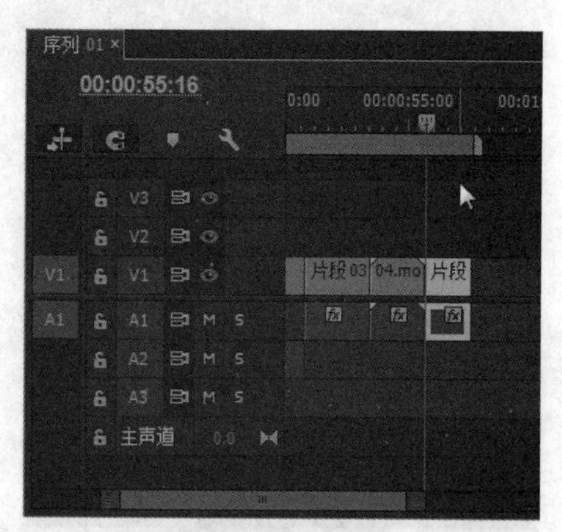

图16-65 拖入素材

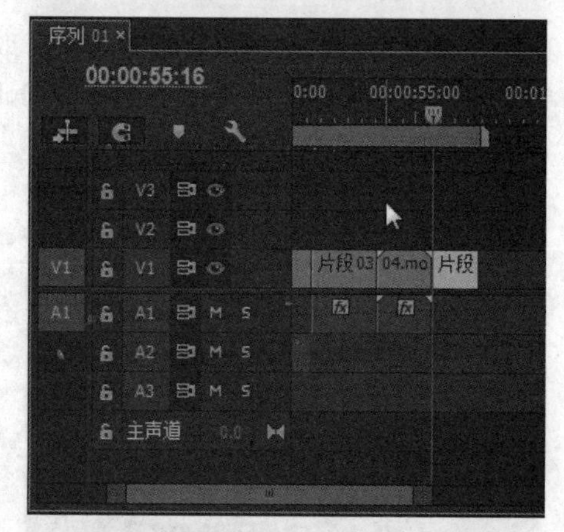

图16-66 删除音频素材

图16-67 标记入点和出点

54 将“源监视器”面板中的剪辑拖到视频轨1上，如图16-68所示。

55 选择视频素材，单击鼠标右键并执行“取消链接”命令，然后选择音频素材，按Delete键将其删除，如图16-69所示。

56 在两个素材之间添加“渐变为黑色”特效，如图16-70所示。

57 将“项目”面板中的“片段01.avi”素材拖入“源监视器”面板中，标记入点为00:04:22:19，标记出点为00:04:26:10，如图16-71所示。

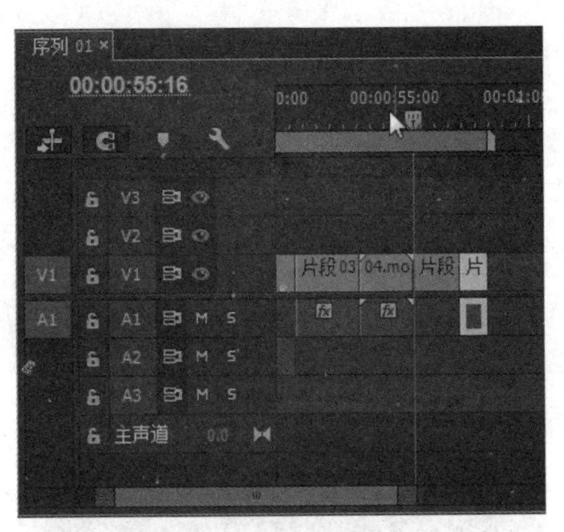

图16-68 拖入素材

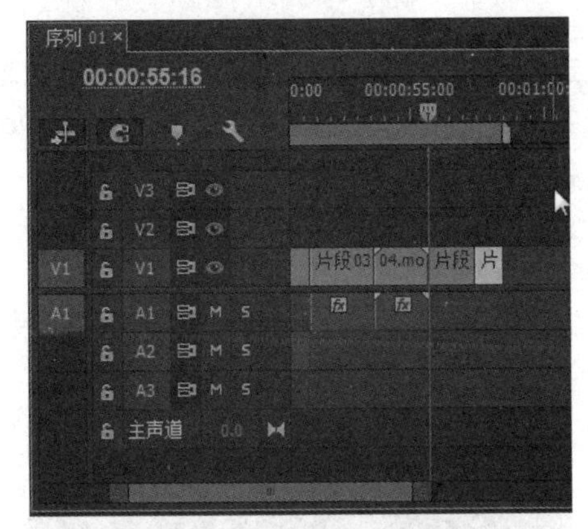

图16-69 删除音频素材

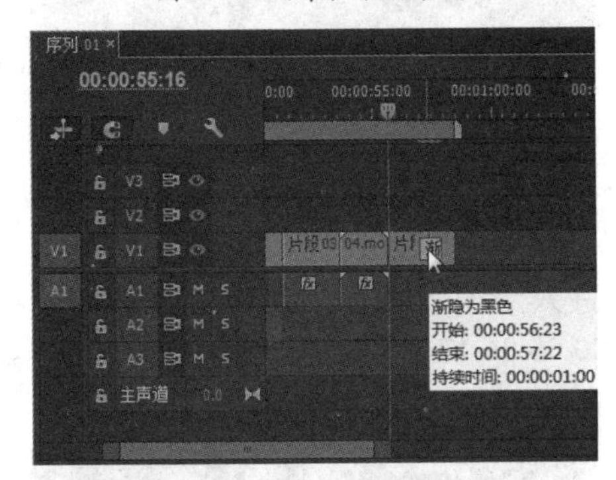

图16-70 添加“渐变为黑色”特效

图16-71 标记入点和出点

58 将“源监视器”面板中的剪辑拖到视频轨1上，如图16-72所示。

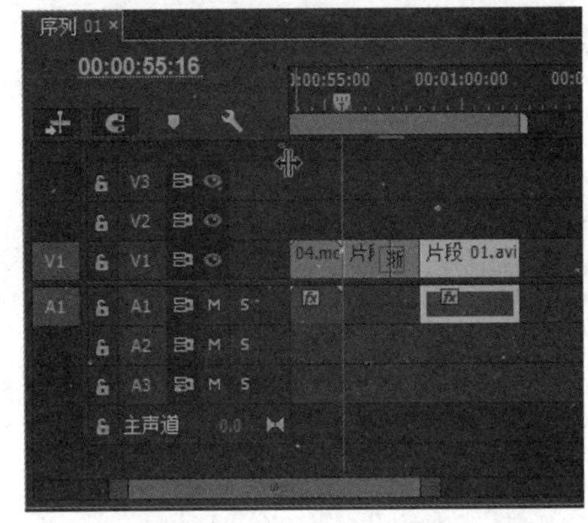

图16-72 拖入素材

59 选择视频素材，单击鼠标右键并执行“取消链接”命令，然后选择音频素材，按Delete键将其删除，如图16-73所示。

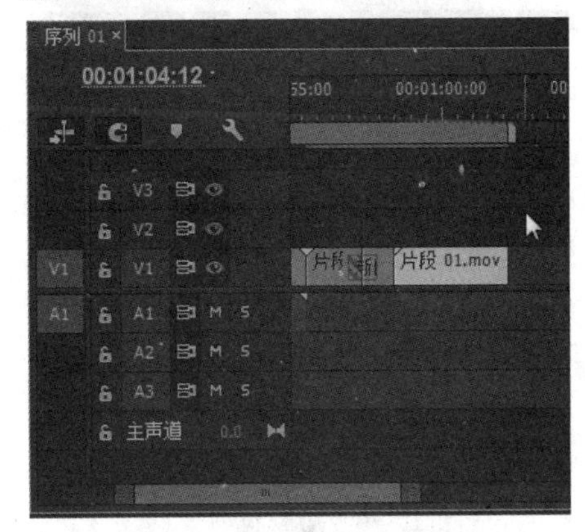

图16-73 删除音频素材

60 将“项目”面板中的“片段03.avi”素材拖入“源监视器”面板中，标记入点为00:04:42:13，标记出点为00:04:45:23，如图16-74所示。

图16-74 标记入点和出点

61 将“源监视器”面板中的剪辑拖到视频轨2上，如图16-75所示。

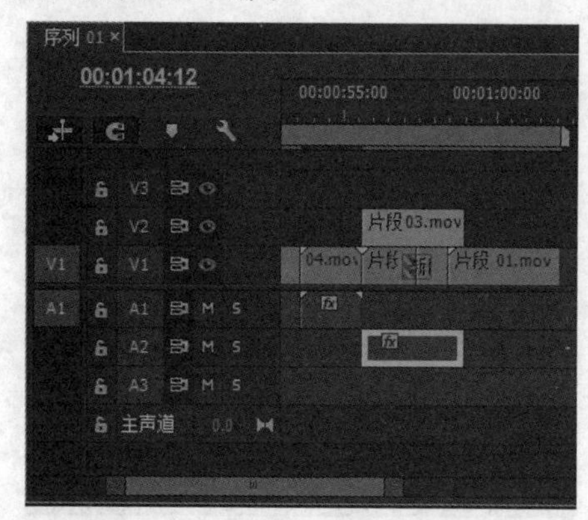

图16-75 拖入素材

62 选择视频素材，单击鼠标右键并执行“取消链接”命令，然后选择视频素材，按Delete键将其删除，如图16-76所示。

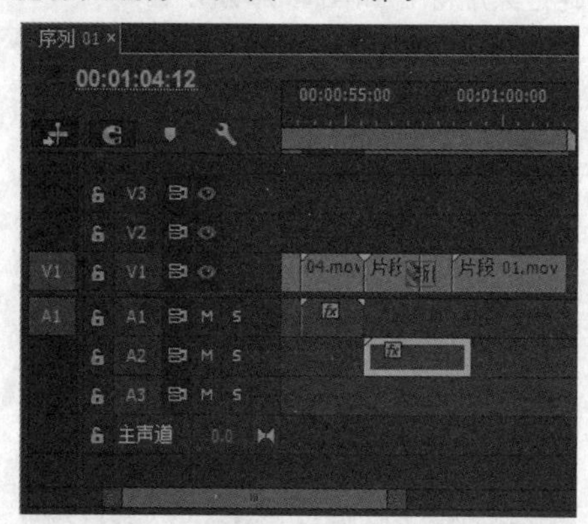

图16-76 删除视频素材

63 进入“源监视器”面板中，标记入点为00:04:52:09，标记出点为00:04:55:09，如图16-77所示。

图16-77 标记入点和出点

64 将“源监视器”面板中的剪辑拖到视频轨2上，如图16-78所示。

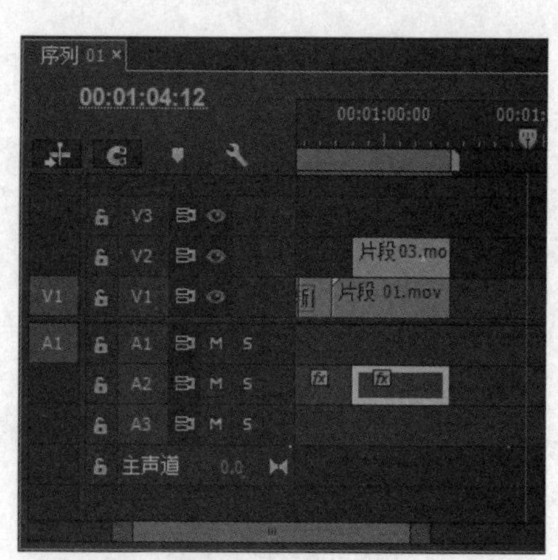

图16-78 拖入素材

65 选择视频素材，单击鼠标右键并执行“取消链接”命令，然后选择视频素材，按Delete键将其删除，如图16-79所示。

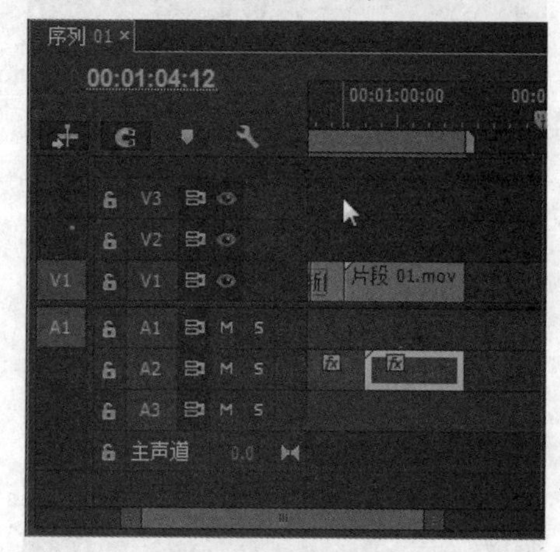

图16-79 删除视频素材

66 进入“源监视器”面板中，标记入点为00:03:36:17，标记出点为00:03:37:09，如图16-80所示。

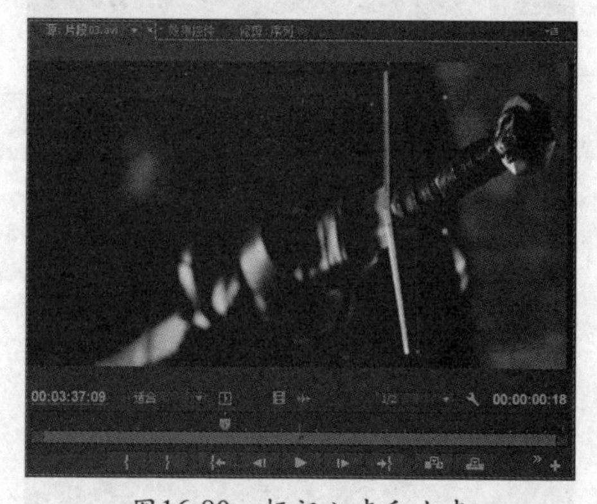

图16-80 标记入点和出点

67 将“源监视器”面板中的剪辑拖到视频轨1上，如图16-81所示。

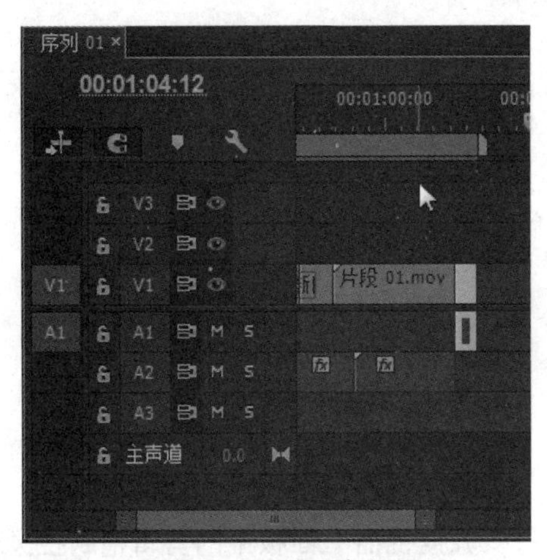

图16-81 拖入素材

68 选择视频素材，单击鼠标右键并执行“取消链接”命令，然后选择音频素材，按Delete键将其删除，如图16-82所示。

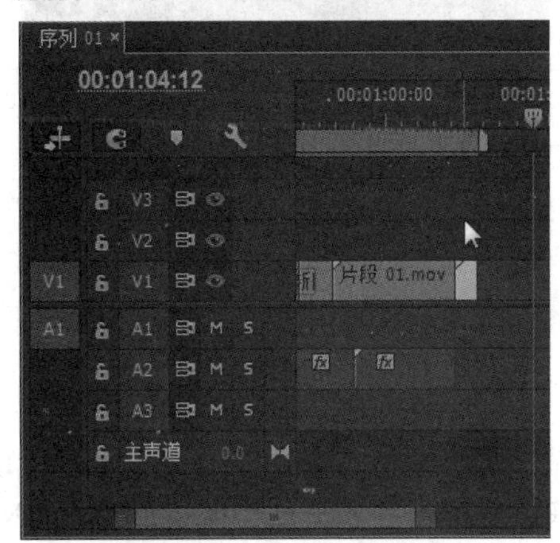

图16-82 删除音频素材

69 在两个素材之间添加“渐隐为黑色”特效，如图16-83所示。

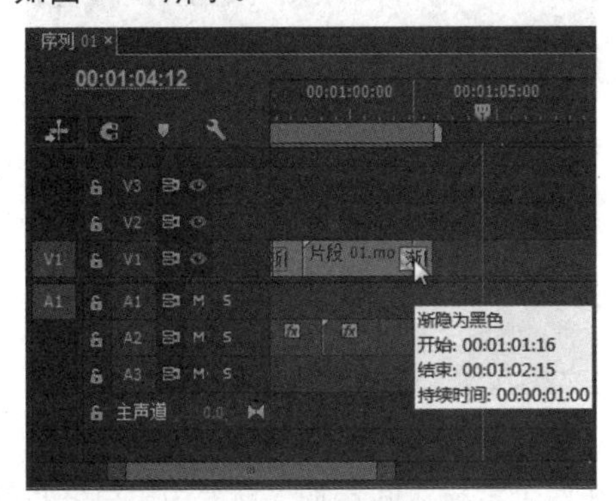

图16-83 添加“渐隐为黑色”特效

70 将“项目”面板中的“片段04.avi”素材拖入“源监视器”面板中，标记入点为00:00:20:20，标记出点为00:00:23:15，如图16-84所示。

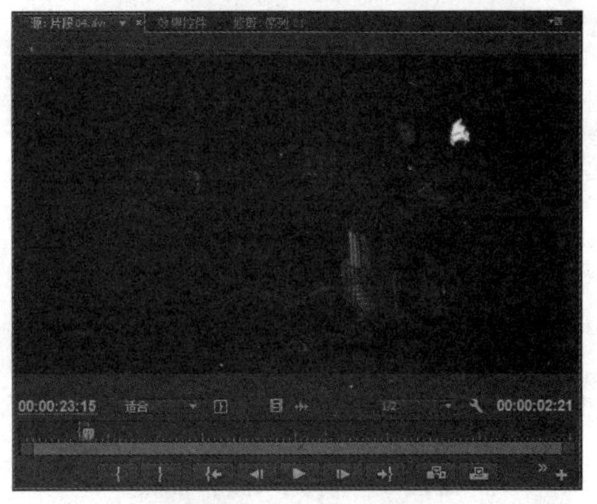

图16-84 标记入点和出点

71 将“源监视器”面板中的剪辑拖到视频轨1上，如图16-85所示。

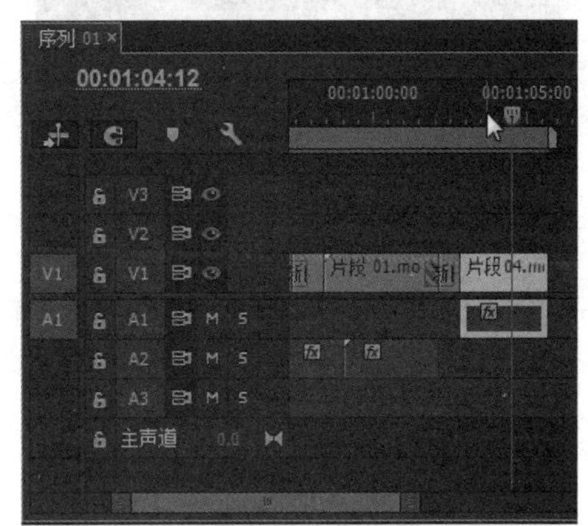

图16-85 拖入素材

72 选择视频素材，单击鼠标右键并执行“取消链接”命令，然后选择音频素材，按Delete键将其删除，如图16-86所示。

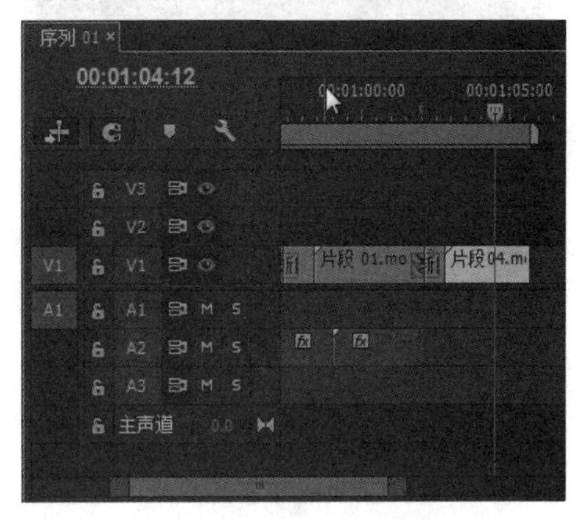

图16-86 删除音频素材

73 将“项目”面板中的“片段05.avi”素材拖入“源监视器”面板中，标记入点为00:08:12:13，标记出点为00:08:13:22，如图16-87所示。

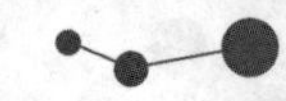

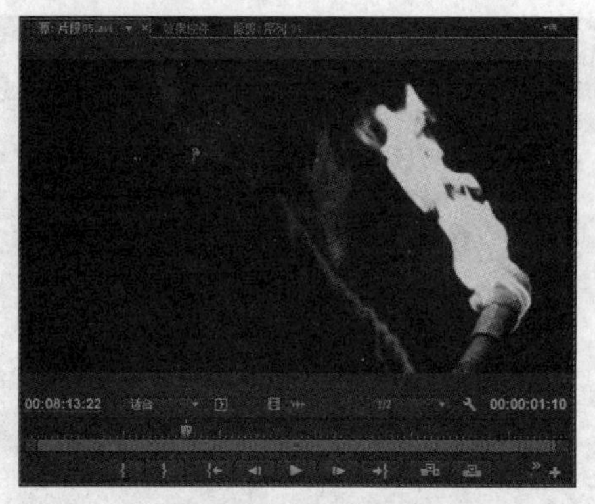

图16-87　标记入点和出点

74 将“源监视器”面板中的剪辑拖到视频轨1上，如图16-88所示。

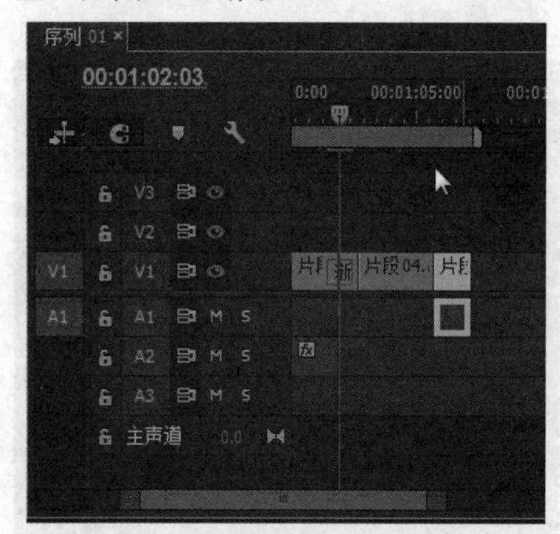

图16-88　拖入素材

75 选择视频素材，单击鼠标右键并执行“取消链接”命令，然后选择音频素材，按Delete键将其删除，如图16-89所示。

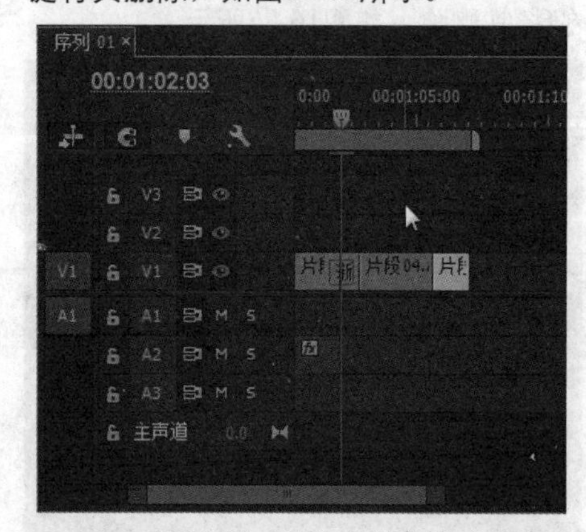

图16-89　删除音频素材

76 将“项目”面板中的“片段03.avi”素材拖入“源监视器”面板中，标记入点为00:04:19:14，标记出点为00:04:21:00，如图16-90所示。

图16-90　标记入点和出点

77 将“源监视器”面板中的剪辑拖到视频轨1上，如图16-91所示。

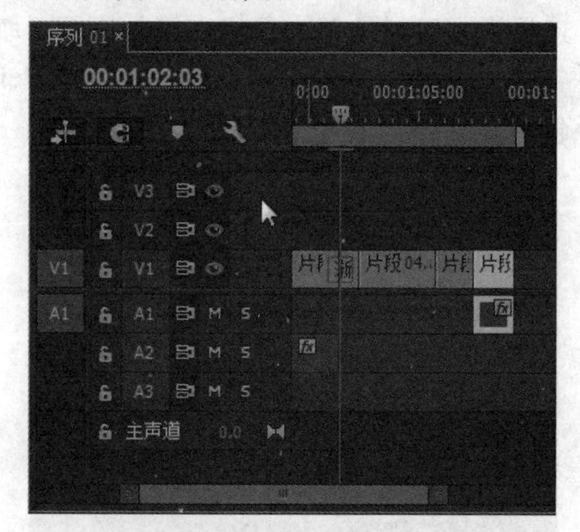

图16-91　拖入素材

78 选择视频素材，单击鼠标右键并执行“取消链接”命令，然后选择音频素材，按Delete键将其删除，如图16-92所示。

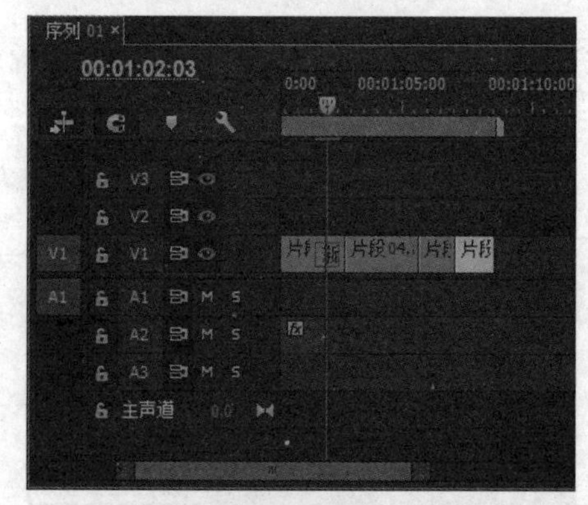

图16-92　删除音频素材

79 在两个素材之间添加“渐变为黑色”特效，如图16-93所示。

80 将“项目”面板中的“片段04.avi”素材拖入“源监视器”面板中，标记入点为00:00:38:12，标记出点为00:00:39:18，如图16-94所示。

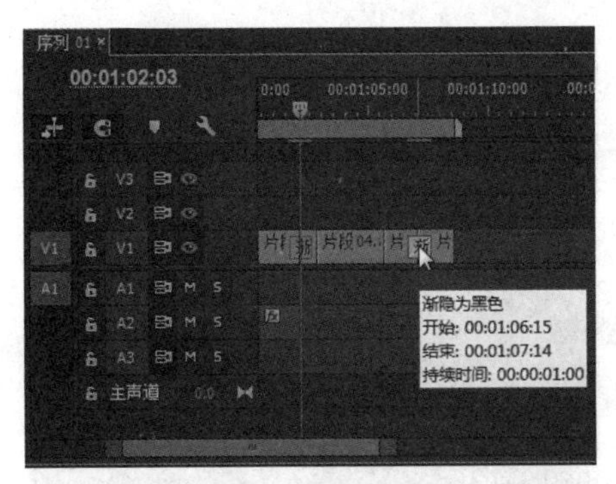

图16-93 添加“渐变为黑色”特效

图16-94 标记入点和出点

81 将“源监视器”面板中的剪辑拖到视频轨1上，如图16-95所示。

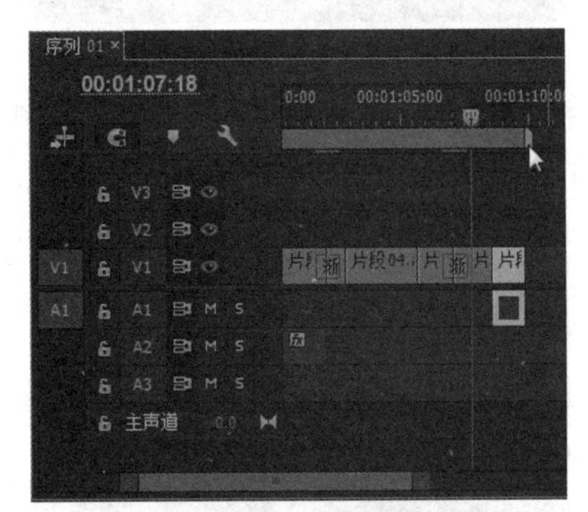

图16-95 拖入素材

82 选择视频素材，单击鼠标右键并执行“取消链接”命令，然后选择音频素材，按Delete键将其删除，如图16-96所示。

83 在两个素材之间添加“渐隐为黑色”特效，如图16-97所示。

84 将“项目”面板中的“片段05.avi”素材拖入“源监视器”面板中，标记入点为00:27:18:08，标记出点为00:27:19:20，如图16-98所示。

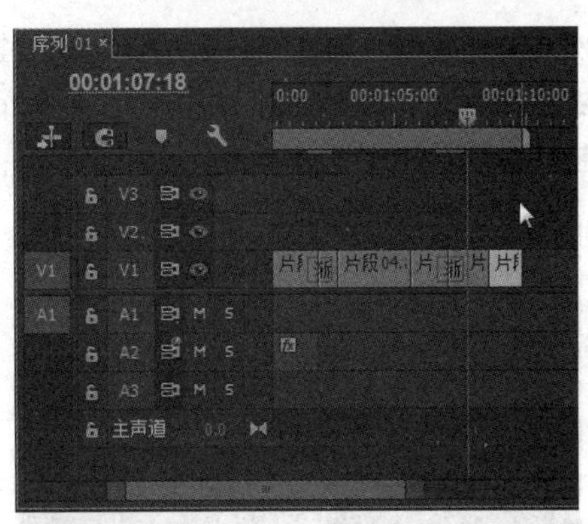

图16-96 删除音频素材

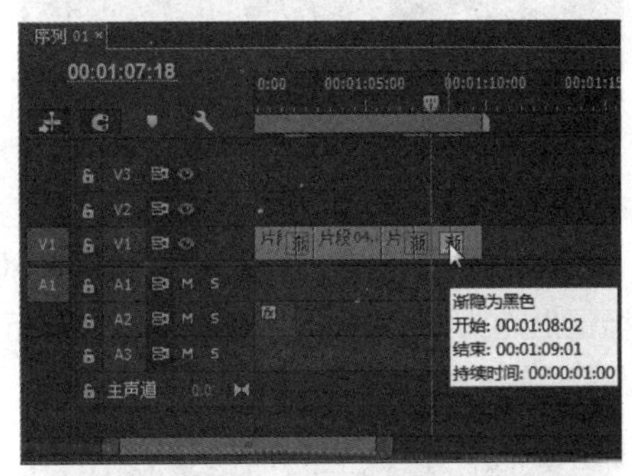

图16-97 添加“渐隐为黑色”特效

图16-98 标记入点和出点

85 将“源监视器”面板中的剪辑拖到视频轨1上，如图16-99所示。

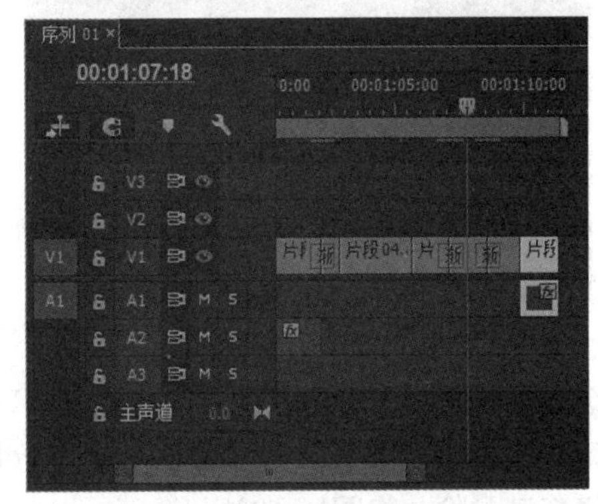

图16-99 拖入素材

86 选择视频素材，单击鼠标右键并执行“取消链接”命令，然后选择音频素材，按Delete键将其删除，如图16-100所示。

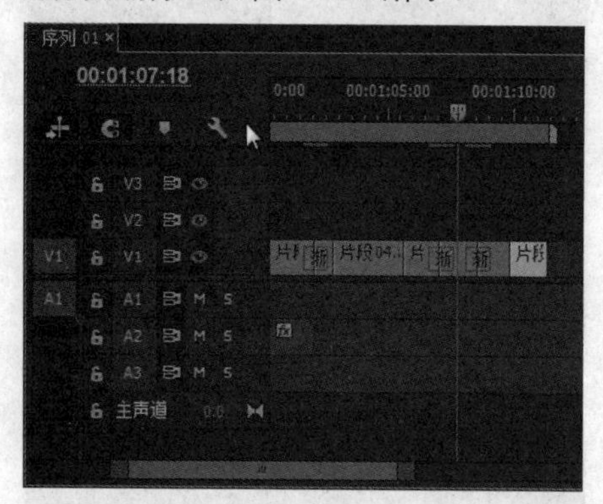

图16-100 删除音频素材

87 将“项目”面板中的“片段06.avi”素材拖入“源监视器”面板中，标记入点为00:04:16:01，标记出点为00:04:16:21，如图16-101所示。

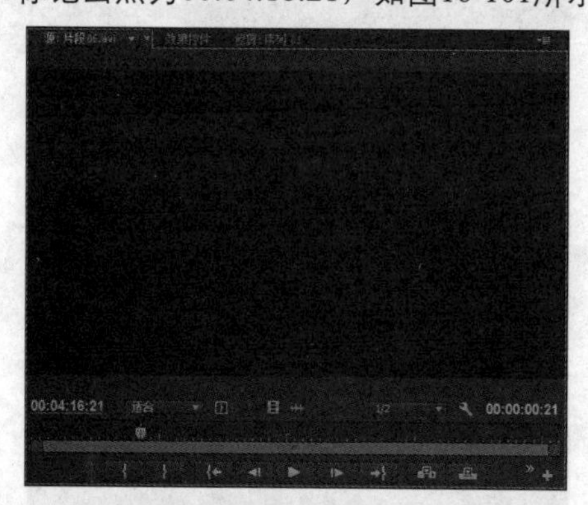

图16-101 标记入点和出点

88 将“源监视器”面板中的剪辑拖到视频轨1上，如图16-102所示。

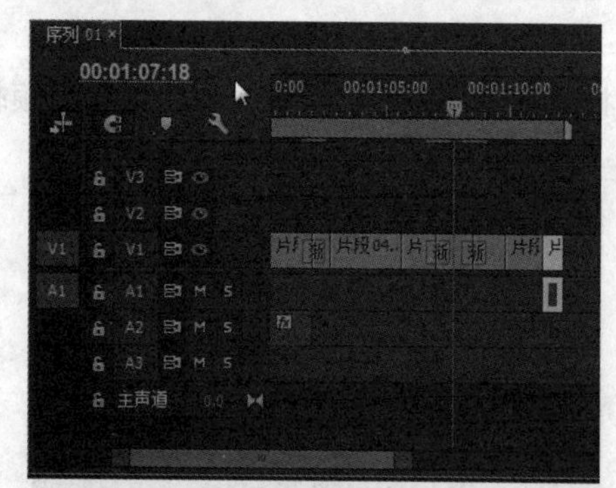

图16-102 拖入素材

89 选择视频素材，单击鼠标右键并执行“取消链接”命令，然后选择音频素材，按Delete键将其删除，如图16-103所示。

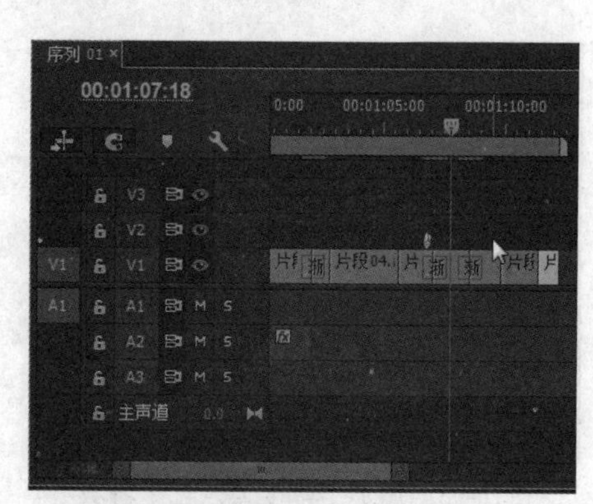

图16-103 删除音频素材

90 进入“源监视器”面板中，标记入点为00:05:19:12，标记出点为00:05:20:02，如图16-104所示。

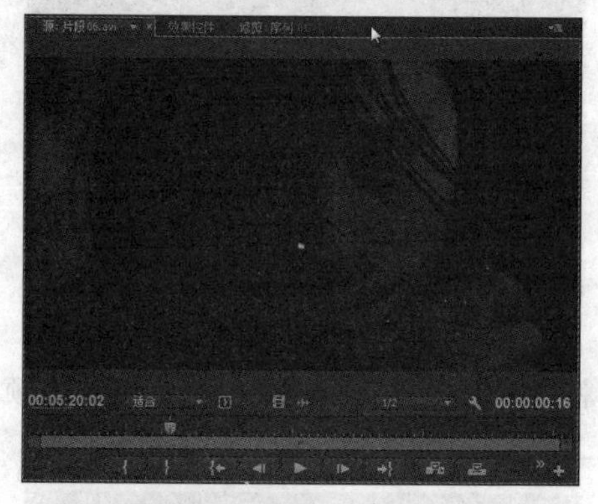

图16-104 标记入点和出点

91 将“源监视器”面板中的剪辑拖到视频轨1上，如图16-105所示。

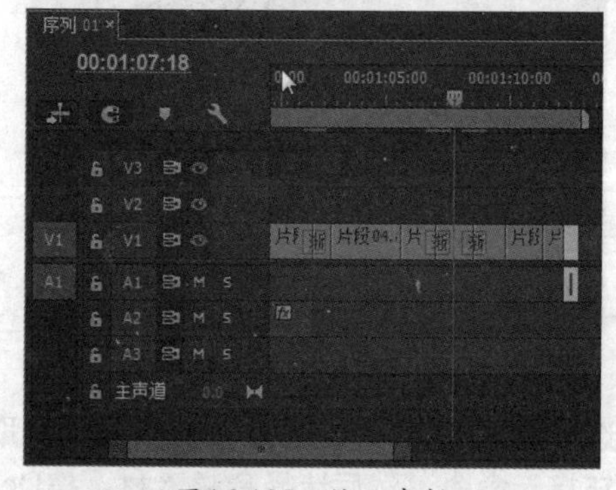

图16-105 拖入素材

92 选择视频素材，单击鼠标右键并执行“取消链接”命令，然后选择音频素材，按Delete键将其删除，如图16-106所示。

93 将“项目”面板中的“片段03.avi”素材拖入“源监视器”面板中，标记入点为00:05:21:11，标记出点为00:05:32:03，如图16-107所示。

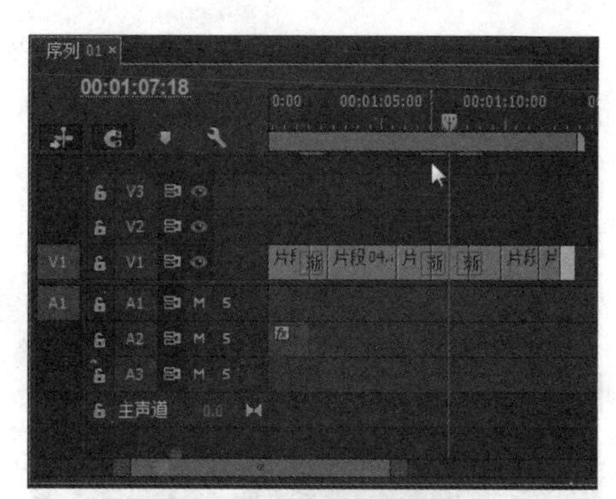

图16-106 删除音频素材

图16-107 标记入点和出点

94 将“源监视器”面板中的剪辑拖到视频轨1上，如图16-108所示。

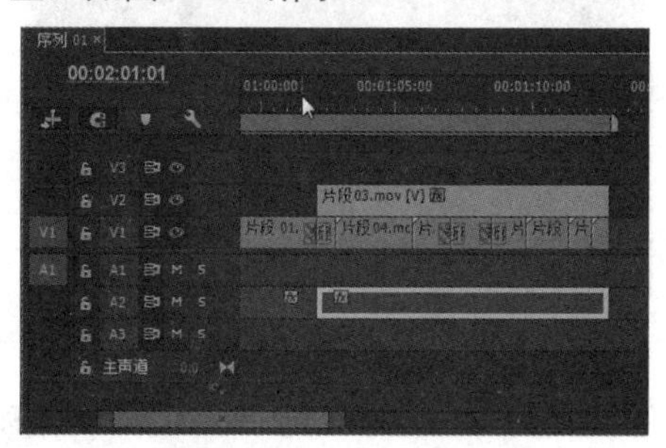

图16-108 拖入素材

95 选择视频素材，单击鼠标右键并执行“取消链接”命令，然后选择视频素材，按Delete键将其删除，如图16-109所示。

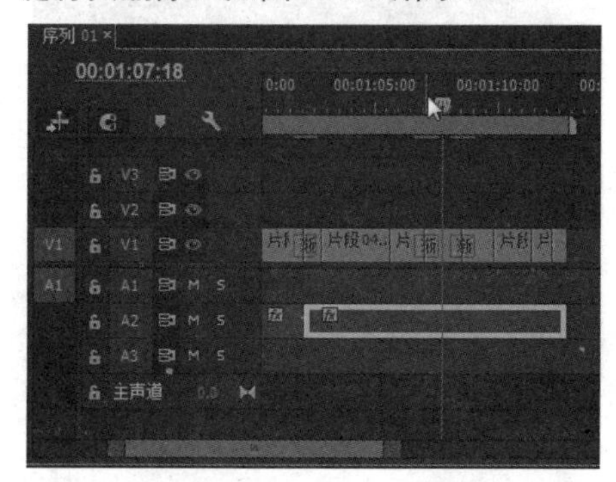

图16-109 删除视频素材

96 将“项目”面板中的“片段05.avi”素材拖入“源监视器”面板中，标记入点为00:27:30:07，标记出点为00:27:31:24，如图16-110所示。

图16-110 标记入点和出点

97 将“源监视器”面板中的剪辑拖到视频轨1上，如图16-111所示。

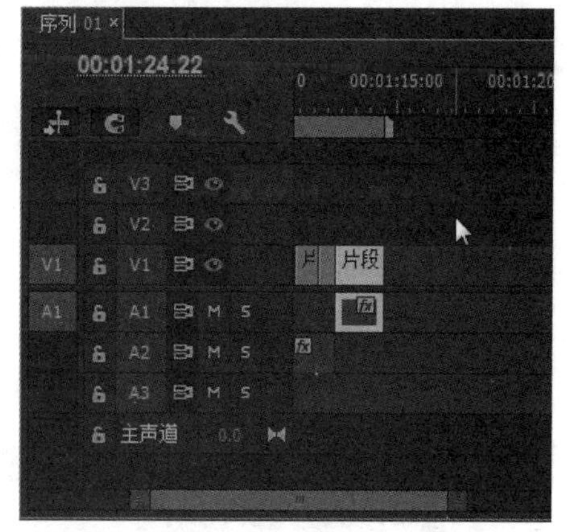

图16-111 拖入素材

98 选择视频素材，单击鼠标右键并执行“取消链接”命令，然后选择音频素材，按Delete键将其删除，如图16-112所示。

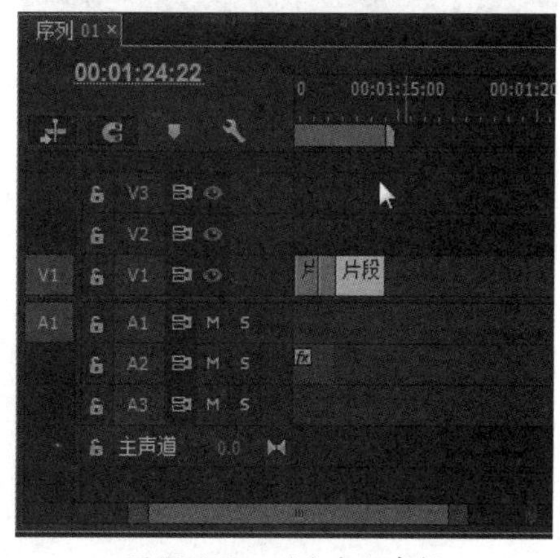

图16-112 删除音频素材

99 将“项目”面板中的“片段06.avi”素材拖入“源监视器”面板中，标记入点为00:11:04:19，标记出点为00:11:06:03，如图16-113所示。

图16-113　标记入点和出点

100 将“源监视器”面板中的剪辑拖到视频轨1上，如图16-114所示。

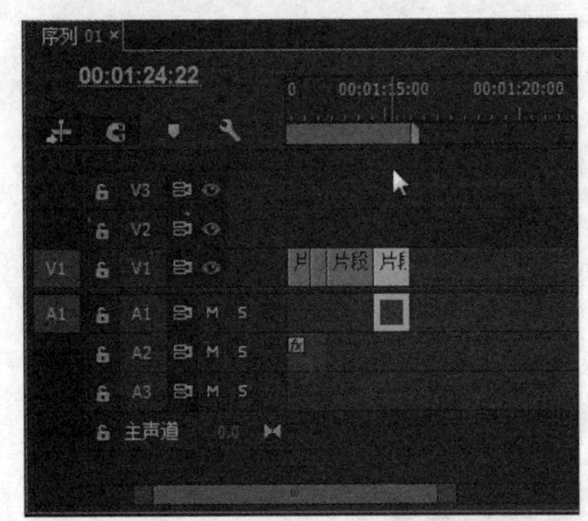

图16-114　拖入素材

101 选择视频素材，单击鼠标右键并执行“取消链接”命令，然后选择音频素材，按Delete键将其删除，如图16-115所示。

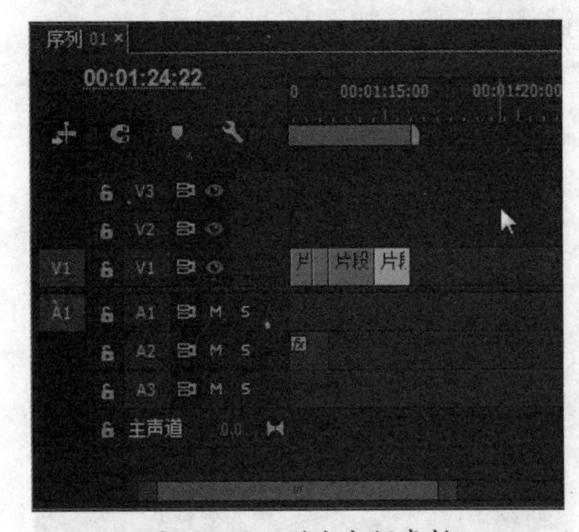

图16-115　删除音频素材

102 在两个素材之间添加“渐隐为黑色”特效，如图16-116所示。

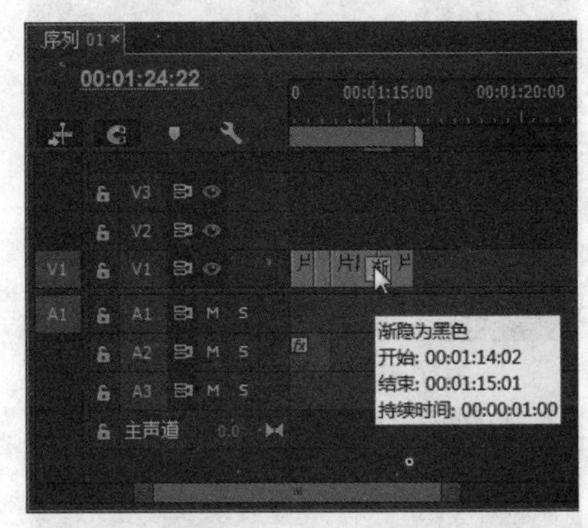

图16-116　添加“渐隐为黑色”特效

103 将“项目”面板中的“片段05.avi”素材拖入“源监视器”面板中，标记入点为00:03:05:04，标记出点为00:03:06:03，如图16-117所示。

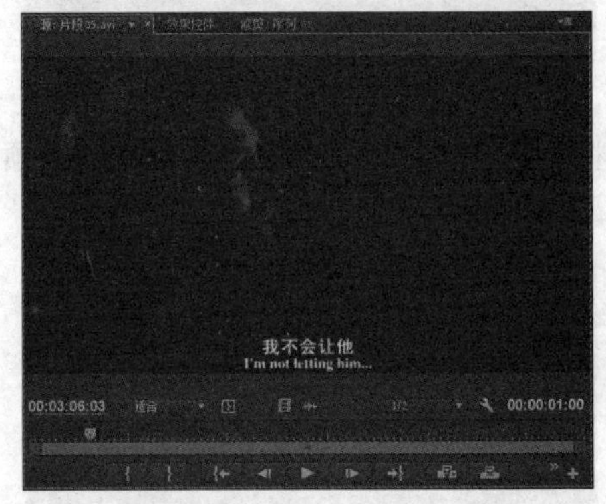

图16-117　标记入点和出点

104 将“源监视器”面板中的剪辑拖到视频轨1上，如图16-118所示。

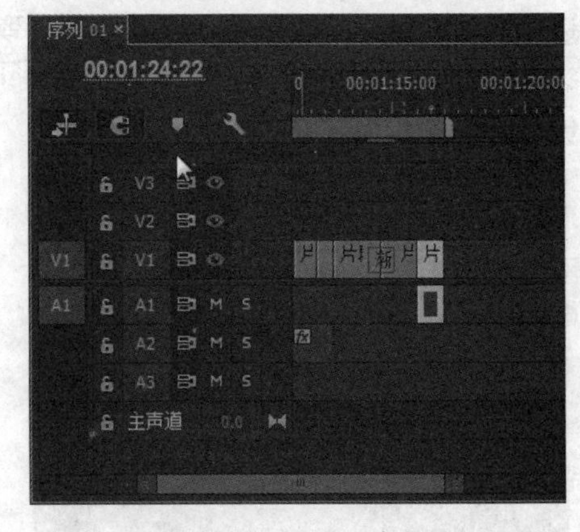

图16-118　拖入素材

105 选择视频素材，单击鼠标右键并执行“取消链接”命令，然后选择音频素材，按Delete键将其删除，如图16-119所示。

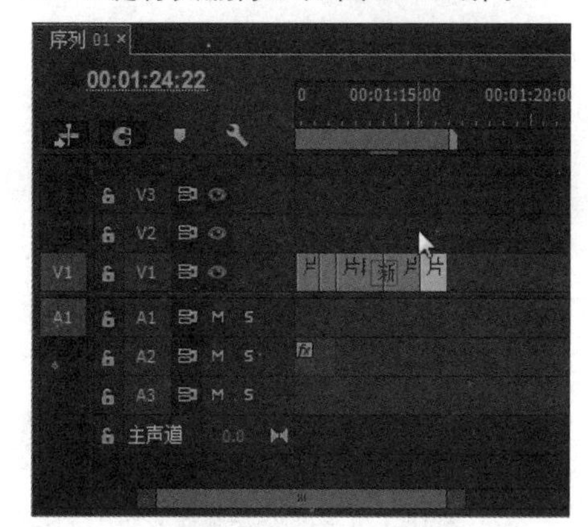

图16-119 删除音频素材

106 进入“源监视器”面板中，标记入点为00:04:25:03，标记出点为00:04:25:14，如图16-120所示。

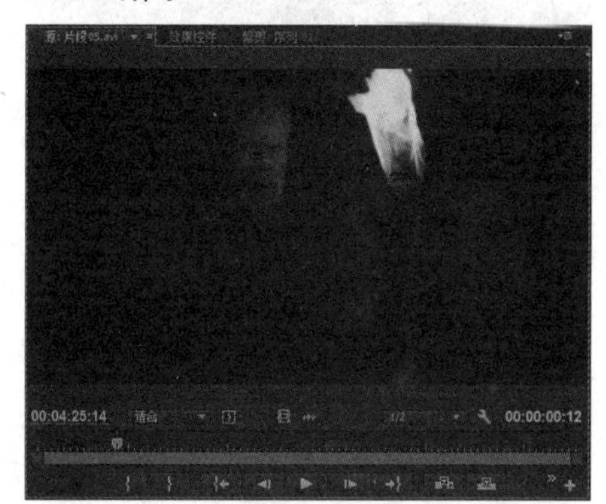

图16-120 标记入点和出点

107 将“源监视器”面板中的剪辑拖到视频轨1上，如图16-121所示。

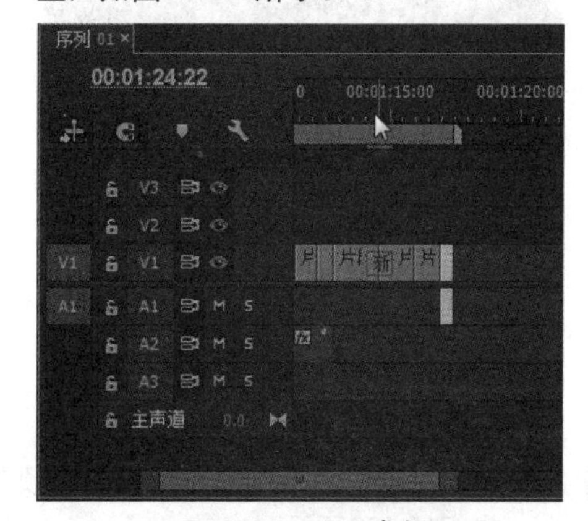

图16-121 拖入素材

108 选择视频素材，单击鼠标右键并执行“取消链接”命令，然后选择音频素材，按Delete键将其删除，如图16-122所示。

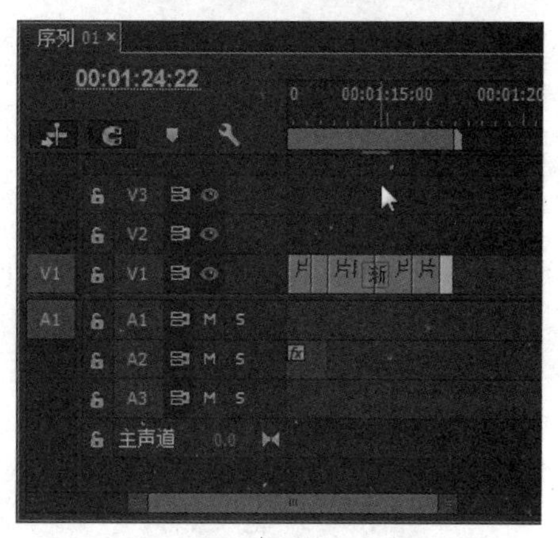

图16-122 删除音频素材

109 在两个素材之间添加“渐隐为黑色”特效，设置持续时间为10帧，如图16-123所示。

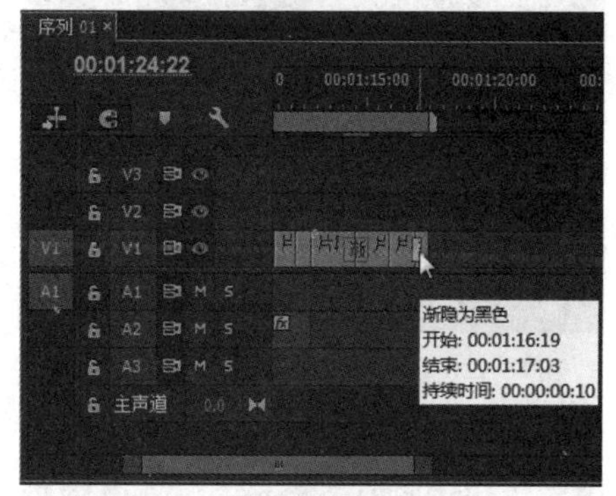

图16-123 添加“渐隐为黑色”特效

110 进入“源监视器”面板中，标记入点为00:18:34:17，标记出点为00:18:35:12，如图16-124所示。

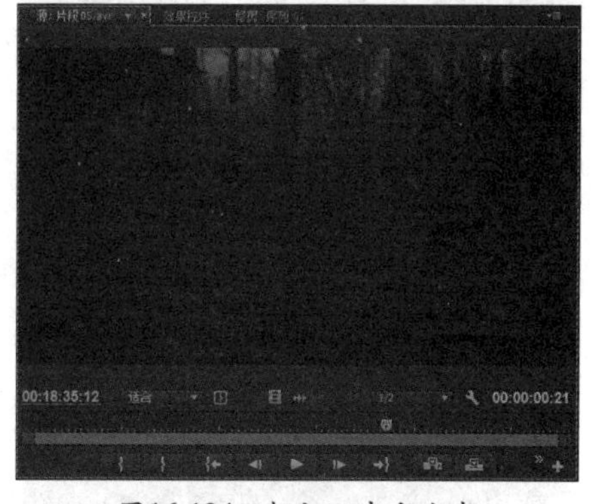

图16-124 标记入点和出点

111 将“源监视器”面板中的剪辑拖到视频轨1上，如图16-125所示。

112 在两个素材之间添加“渐隐为黑色”特效，设置持续时间为10帧，如图16-126所示。

113 进入“源监视器”面板中，标记入点为00:21:34:22，标记出点为00:21:35:11，如图16-127所示。

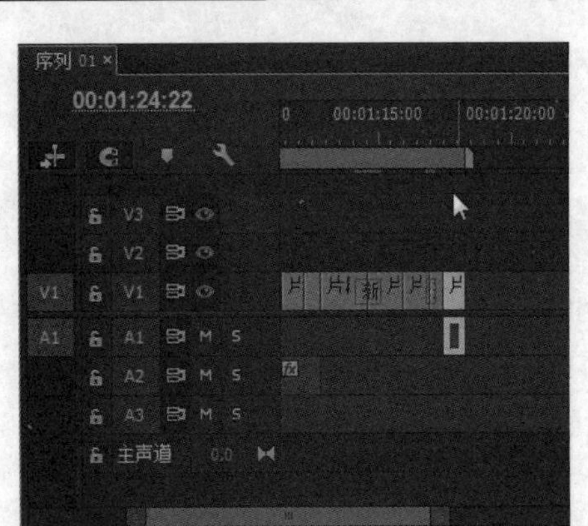

图16-125　拖入素材

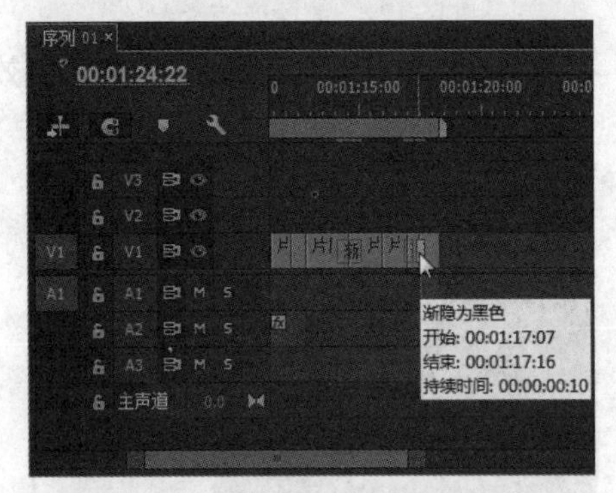

图16-126　添加“渐隐为黑色”特效

图16-127　标记入点和出点

114 将“源监视器”面板中的剪辑拖到视频轨1上，如图16-128所示。

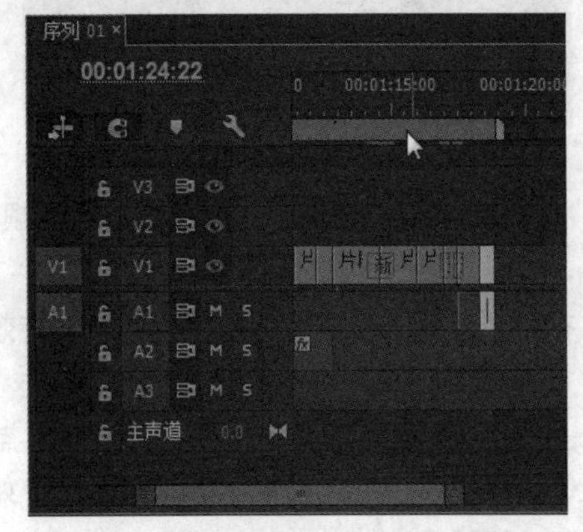

图16-128　拖入素材

115 选择视频素材，单击鼠标右键并执行“取消链接”命令，然后选择音频素材，按Delete键将其删除，如图16-129所示。

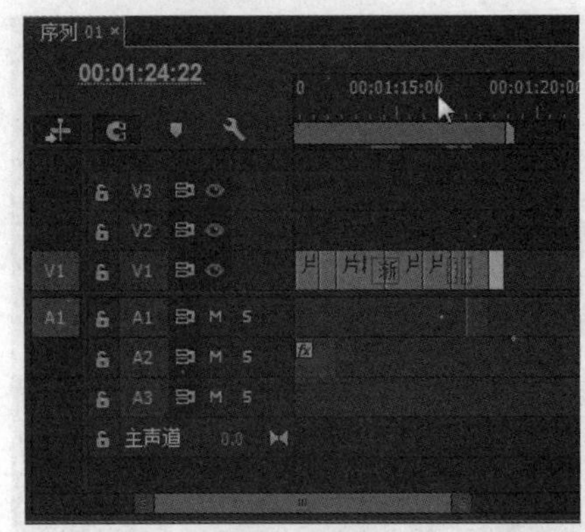

图16-129　删除音频素材

116 在两个素材之间添加“渐隐为黑色”特效，设置持续时间为10帧，如图16-130所示。

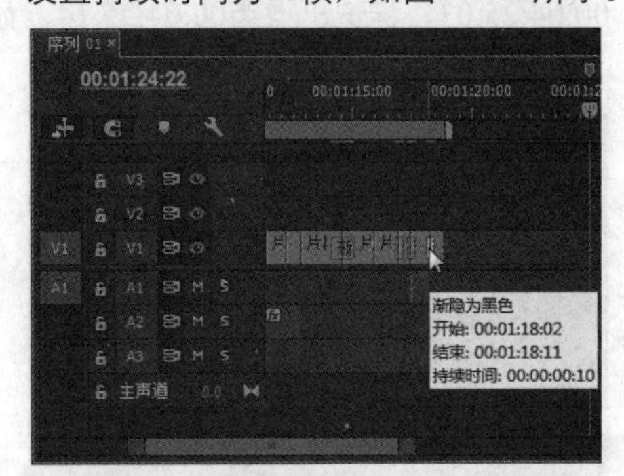

图16-130　添加“渐隐为黑色”特效

117 进入“源监视器”面板中，标记入点为00:22:09:23，标记出点为00:22:10:23，如图16-131所示。

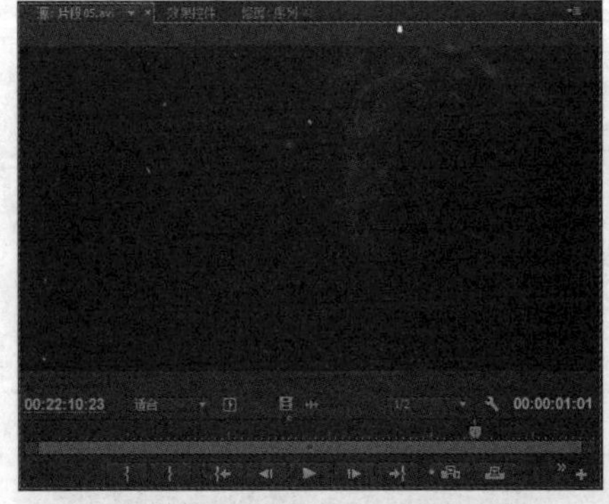

图16-131　标记入点和出点

118 将“源监视器”面板中的剪辑拖到视频轨1上，如图16-132所示。

119 选择视频素材，单击鼠标右键并执行“取消链接”命令，然后选择音频素材，按Delete键将其删除，如图16-133所示。

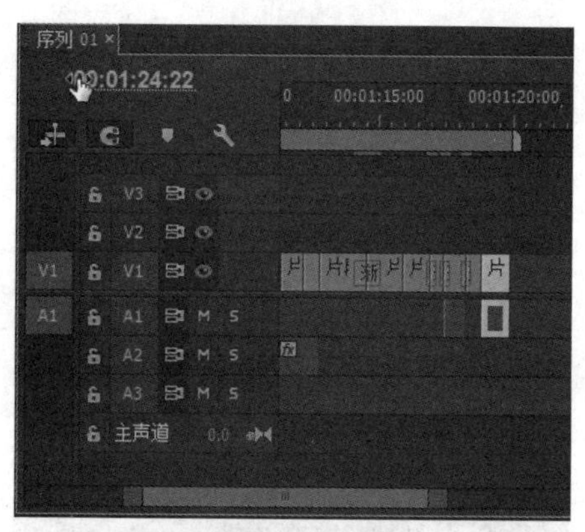

图16-132 拖入素材

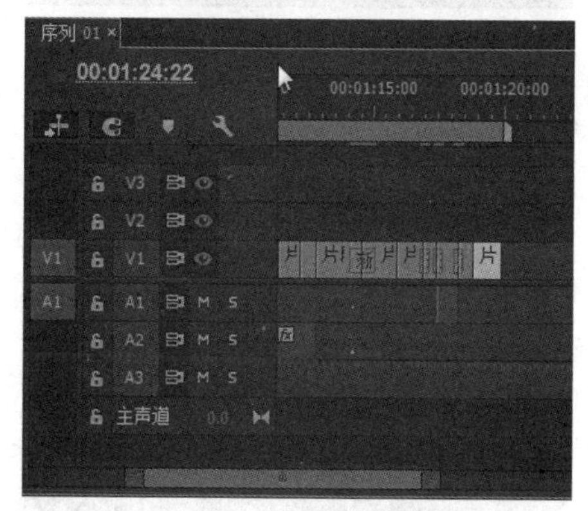

图16-133 删除音频素材

120 进入“源监视器”面板中，标记入点为00:24:33:19，标记出点为00:24:34:14，如图16-134所示。

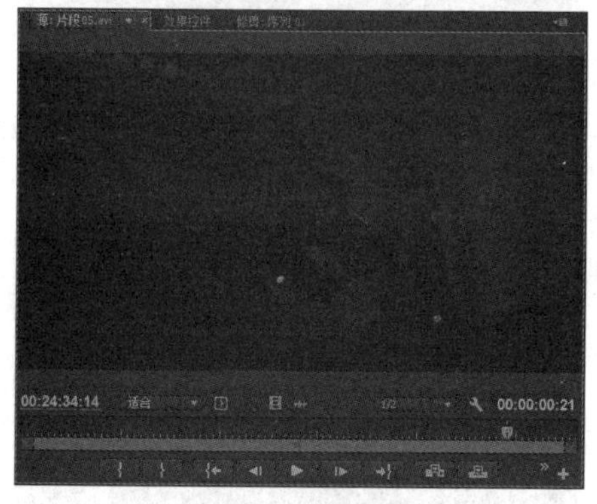

图16-134 标记入点和出点

121 将“源监视器”面板中的剪辑拖到视频轨1上，如图16-135所示。

122 进入“源监视器”面板中，标记入点为00:24:09:09，标记出点为00:24:10:06，如图16-136所示。

123 将“源监视器”面板中的剪辑拖到视频轨1上，如图16-137所示。

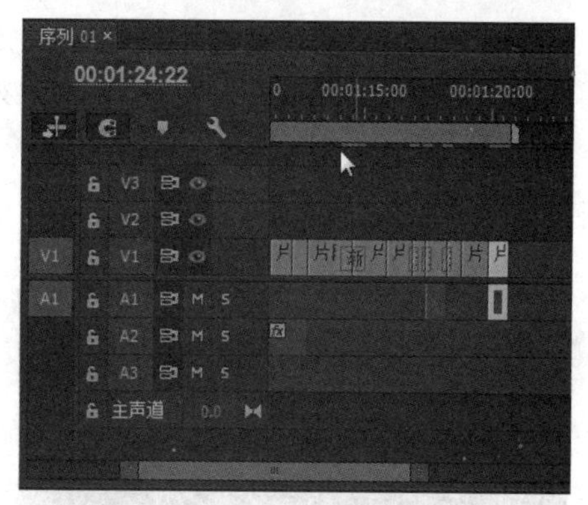

图16-135 拖入素材

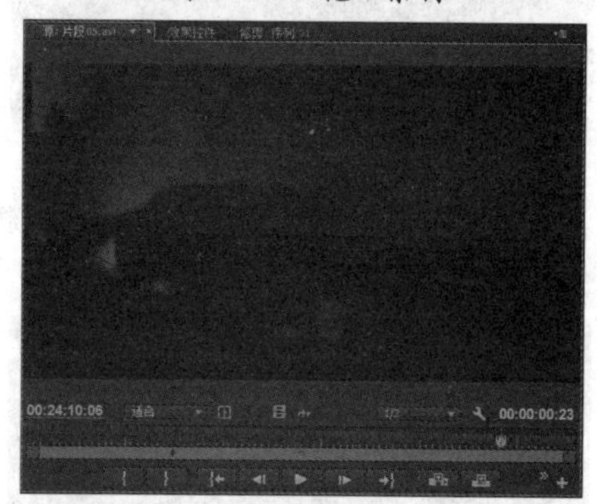

图16-136 标记入点和出点

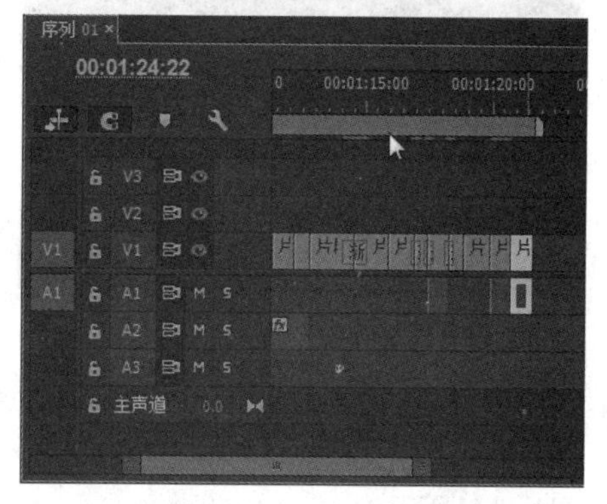

图16-137 拖入素材

124 选择视频素材，单击鼠标右键并执行“取消链接”命令，然后选择音频素材，按Delete键将其删除，如图16-138所示。

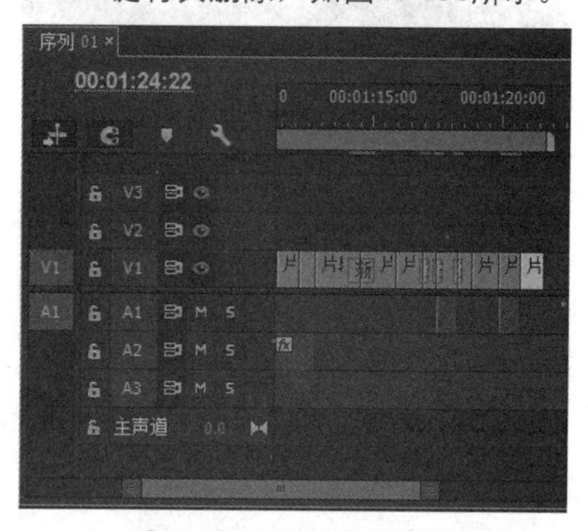

图16-138 删除音频素材

125 进入“源监视器”面板中，标记入点为00:22:25:20，标记出点为00:22:26:24，如图16-139所示。

图16-139 标记入点和出点

126 将“源监视器”面板中的剪辑拖到视频轨1上，如图16-140所示。

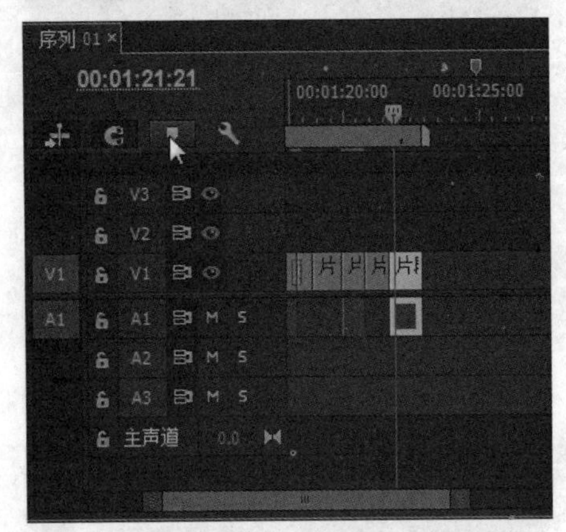

图16-140 拖入素材

127 进入“源监视器”面板中，标记入点为00:23:02:10，标记出点为00:23:03，19，如图16-141所示。

图16-141 标记入点和出点

128 将“源监视器”面板中的剪辑拖到视频轨1上，如图16-142所示。

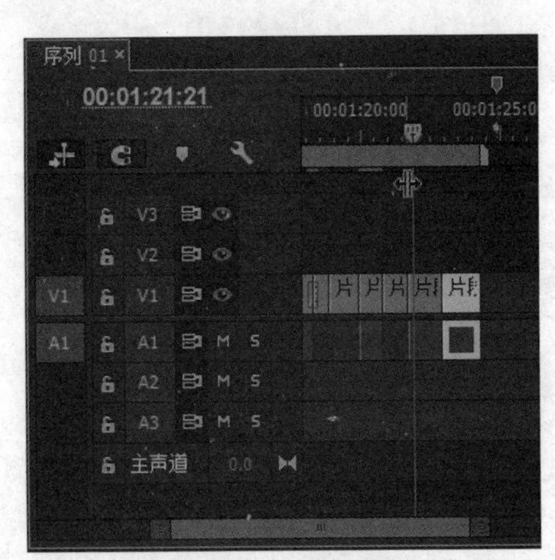

图16-142 拖入素材

129 选择视频素材，单击鼠标右键并执行“取消链接”命令，然后选择音频素材，按Delete键将其删除，如图16-143所示。

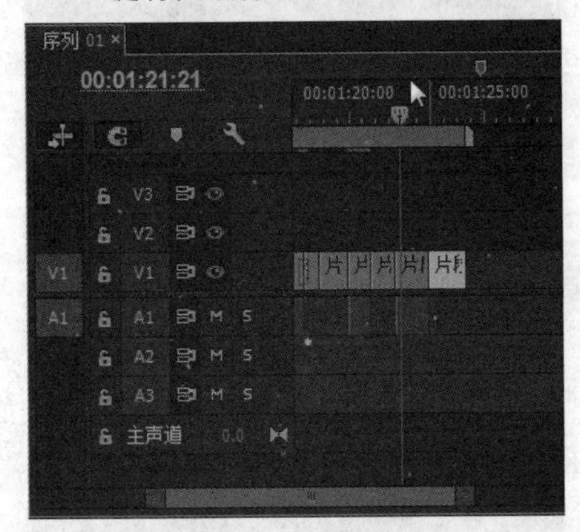

图16-143 删除音频素材

130 将“项目”面板中的“05.avi”素材拖到视频轨1上，如图16-144所示。

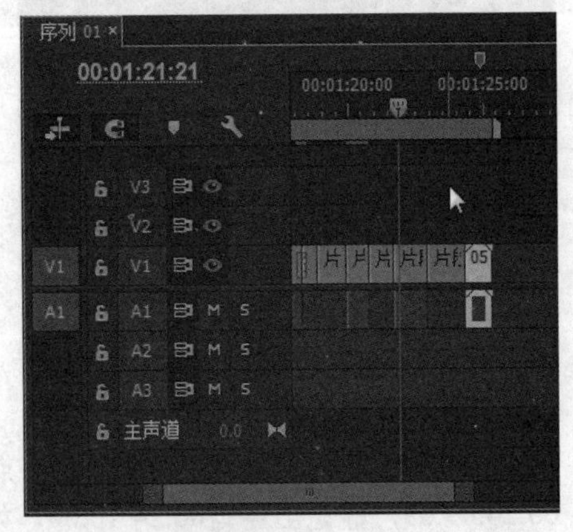

图16-144 拖入素材

131 进入“源监视器”面板中，标记入点为00:03:42:07，标记出点为00:03:43:17，如图16-145所示。

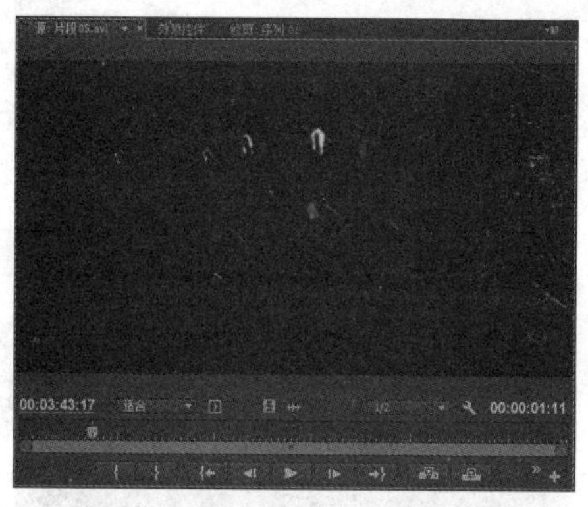

图16-145　标记入点和出点

132 将“源监视器”面板中的剪辑拖到视频轨1上，如图16-146所示。

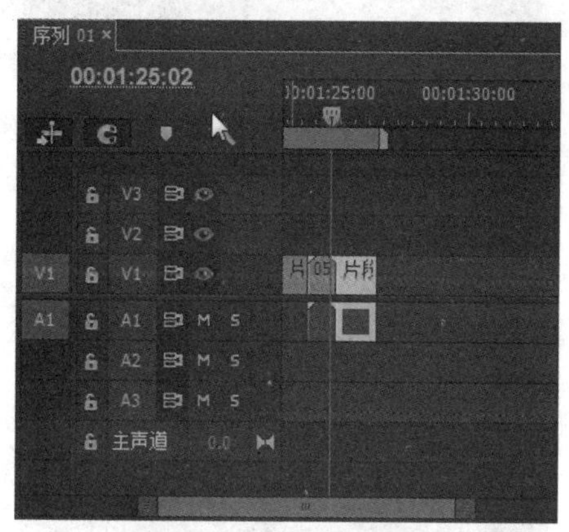

图16-146　拖入素材

133 选择视频素材，单击鼠标右键并执行“取消链接”命令，然后选择音频素材，按Delete键将其删除，如图16-147所示。

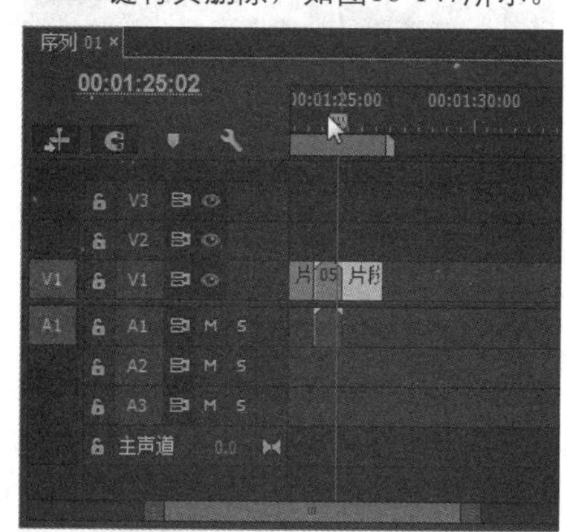

图16-147　删除音频素材

134 进入“源监视器”面板中，标记入点为00:21:21:07，标记出点为00:21:22:15，如图16-148所示。

135 将“源监视器”面板中的剪辑拖到视频轨1上，如图16-149所示。

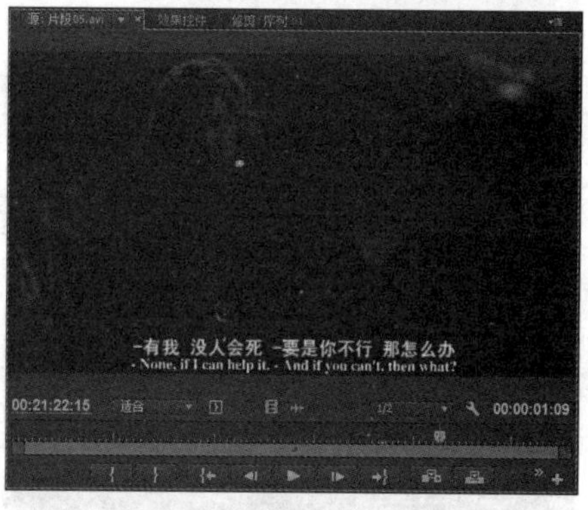

图16-148　标记入点和出点

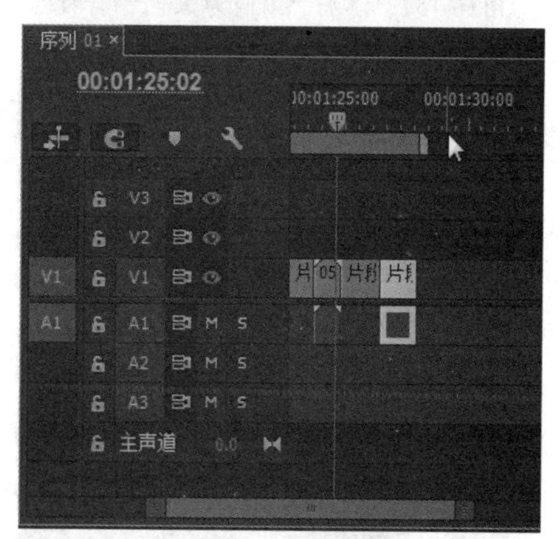

图16-149　拖入素材

136 选择视频素材，单击鼠标右键并执行“取消链接”命令，然后选择音频素材，按Delete键将其删除，如图16-150所示。

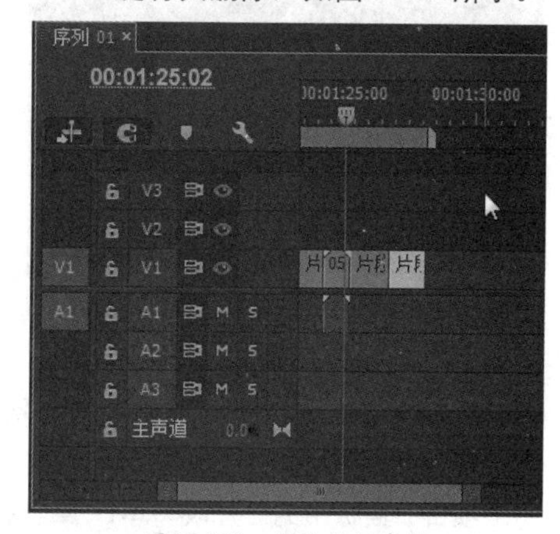

图16-150　删除音频素材

137 在两个素材之间添加“渐隐为黑色”特效，设置持续时间为20帧，如图16-151所示。

138 将“项目”面板中的“06.avi”素材拖入视频轨1中，如图16-152所示。

139 进入“源监视器”面板中，标记入点为00:26:01:18，标记出点为00:26:04:09，如图16-153所示。

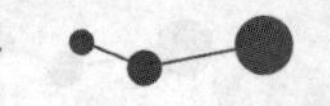

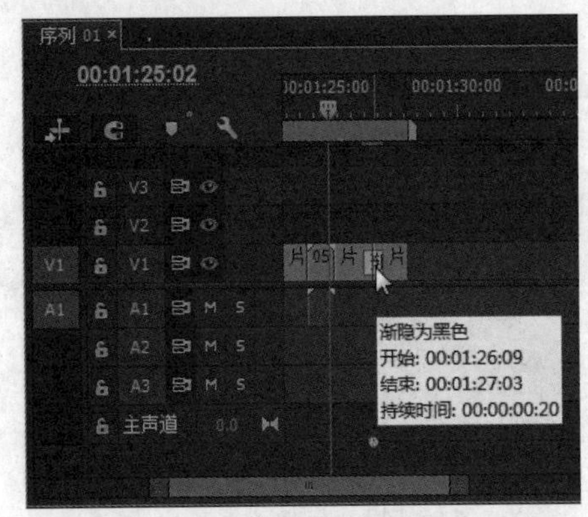

图16-151　添加“渐隐为黑色”特效

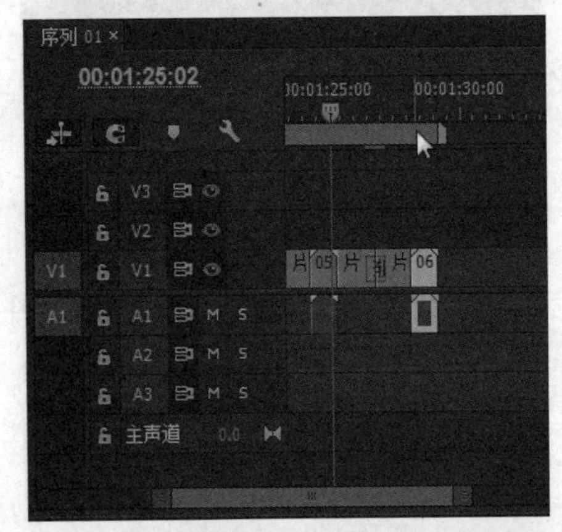

图16-152　拖入素材

图16-153　标记入点和出点

140 将“源监视器”面板中的剪辑拖到视频轨1上，如图16-154所示。

141 将“项目”面板中的“片段06.avi”素材拖入“源监视器”中，标记入点为00:07:16:20，标记出点为00:07:17:08，如图16-155所示。

142 将“源监视器”面板中的剪辑拖到视频轨1上，如图16-156所示。

143 选择视频素材，单击鼠标右键并执行“取消链接”命令，然后选择音频素材，按Delete键将其删除，如图16-157所示。

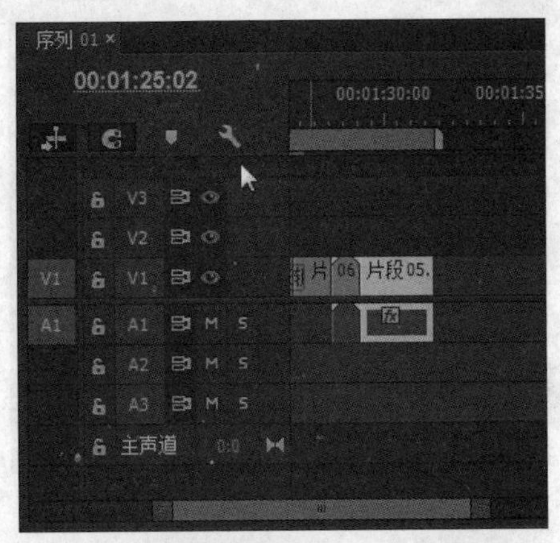

图16-154　拖入素材

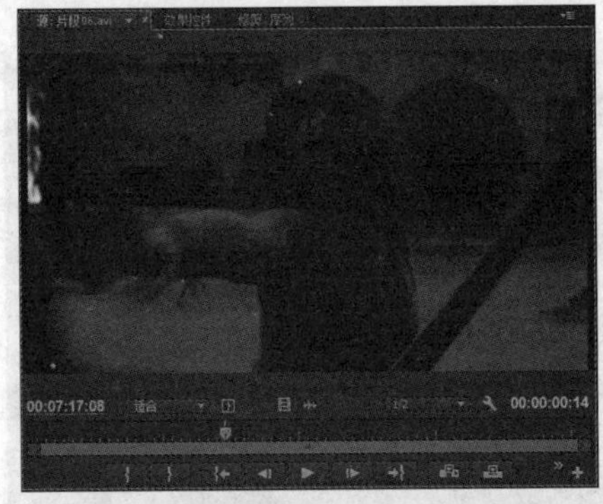

图16-155　标记入点和出点

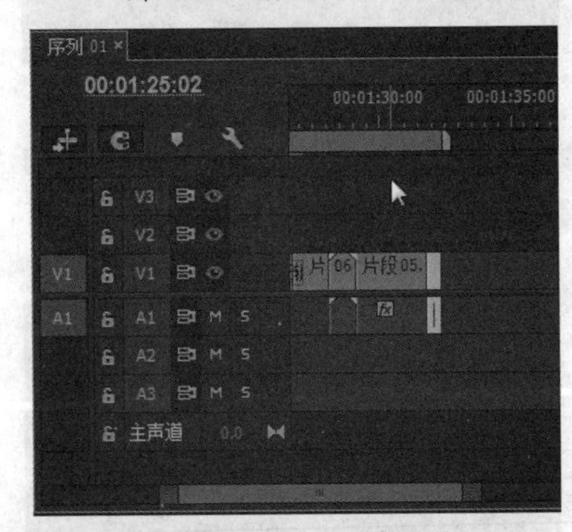

图16-156　拖入素材

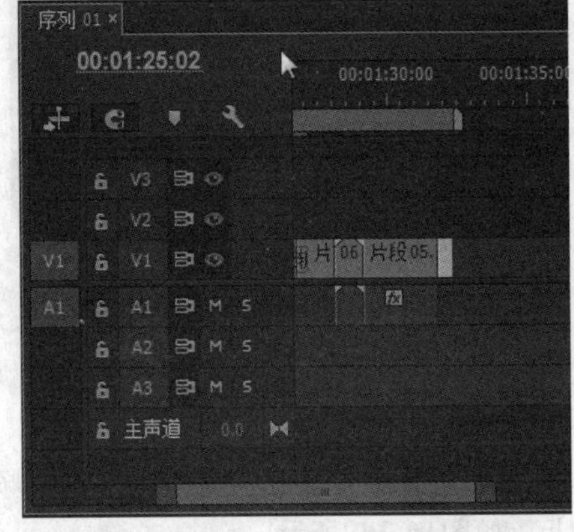

图16-157　删除音频素材

144 进入“源监视器”面板中，标记入点为00:07:19:17，标记出点为00:07:20:16，如图16-158所示。

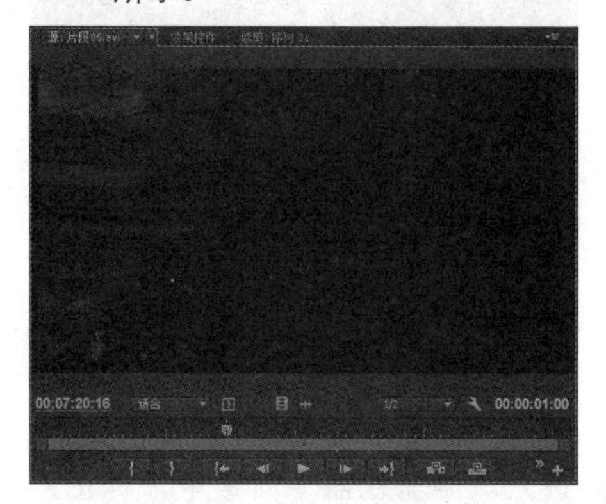

图16-158　标记入点和出点

145 将“源监视器”面板中的剪辑拖到视频轨1上，如图16-159所示。

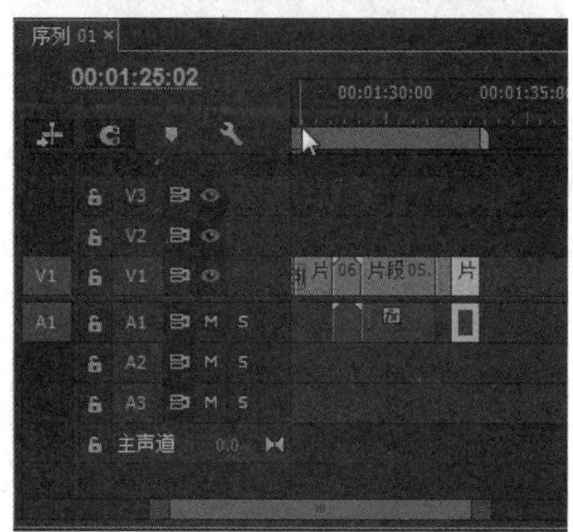

图16-159　拖入素材

146 选择视频素材，单击鼠标右键并执行“取消链接”命令，然后选择音频素材，按Delete键将其删除，如图16-160所示。

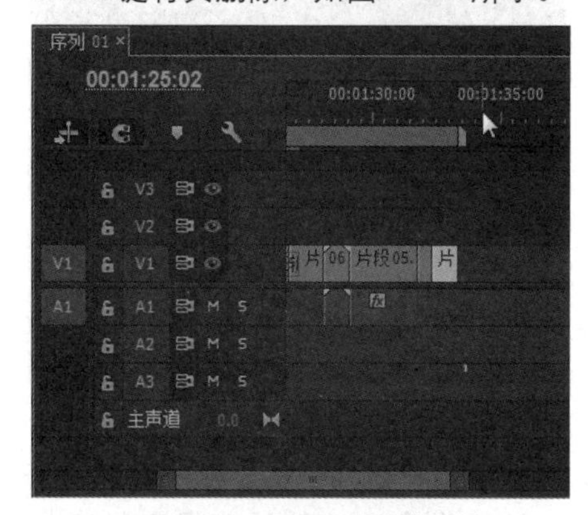

图16-160　删除音频素材

147 将“项目”面板中的“07.mov”素材拖入视频轨1中，如图16-161所示。

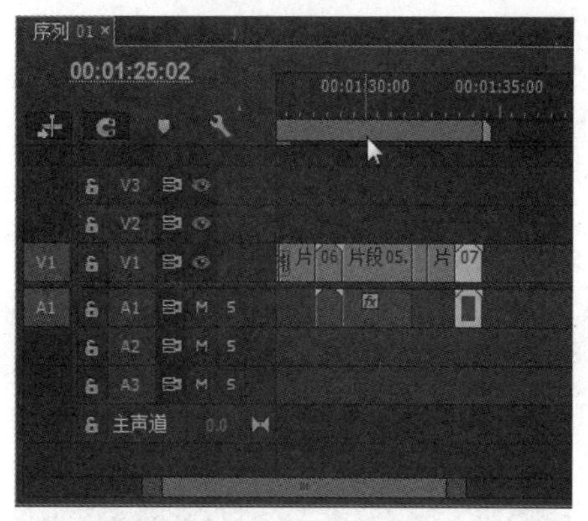

图16-161　拖入素材

148 将“项目”面板中的“片段 05. avi”素材拖入“源监视器”面板中，标记入点为00:24:04:19，标记出点为00:24:05:14，如图16-162所示。

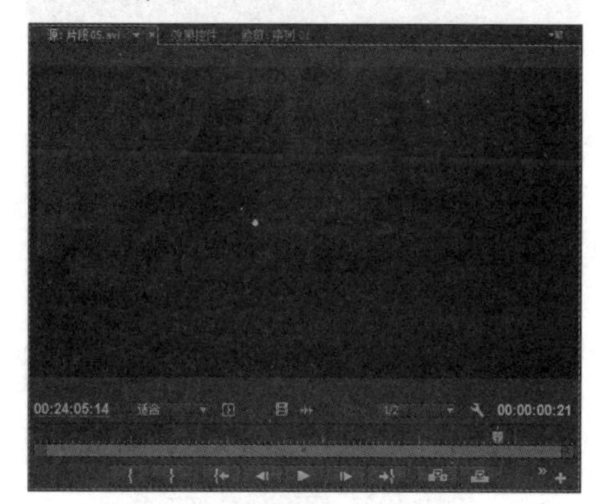

图16-162　标记入点和出点

149 将“源监视器”面板中的剪辑拖到视频轨1上，如图16-163所示。

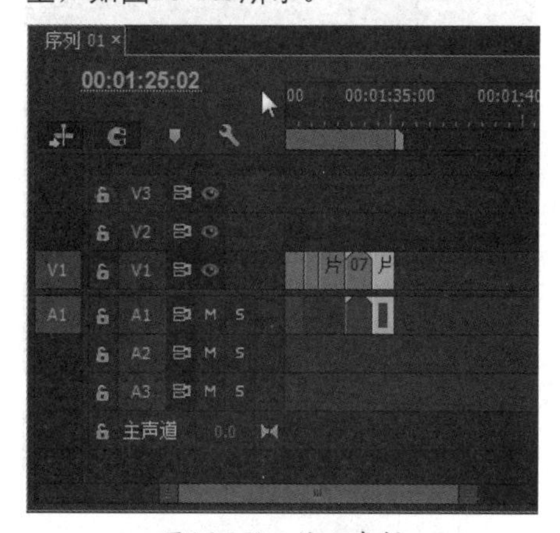

图16-163　拖入素材

150 选择视频素材，单击鼠标右键并执行“取消链接”命令，然后选择音频素材，按Delete键将其删除，如图16-164所示。

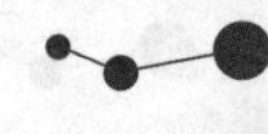

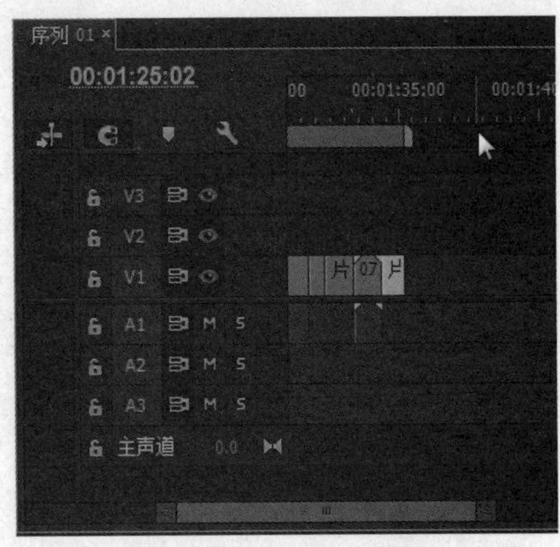

图16-164　删除音频素材

151 进入“源监视器”面板中，标记入点为00:24:06:12，标记出点为00:24:07:11，如图16-165所示。

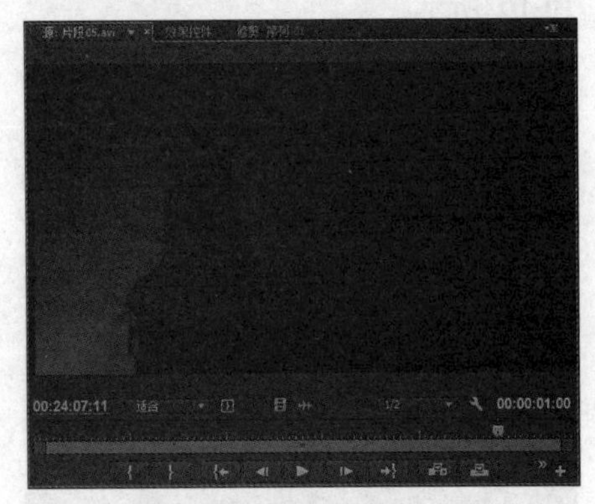

图16-165　标记入点和出点

152 将“源监视器”面板中的剪辑拖到视频轨1上，如图16-166所示。

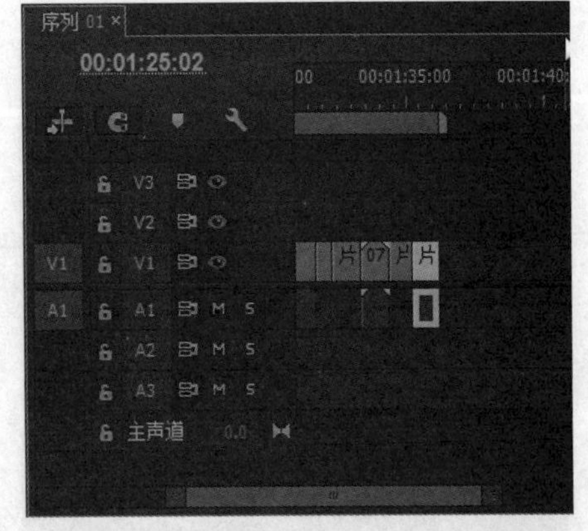

图16-166　拖入素材

153 选择视频素材，单击鼠标右键并执行“取消链接”命令，然后选择音频素材，按Delete键将其删除，如图16-167所示。

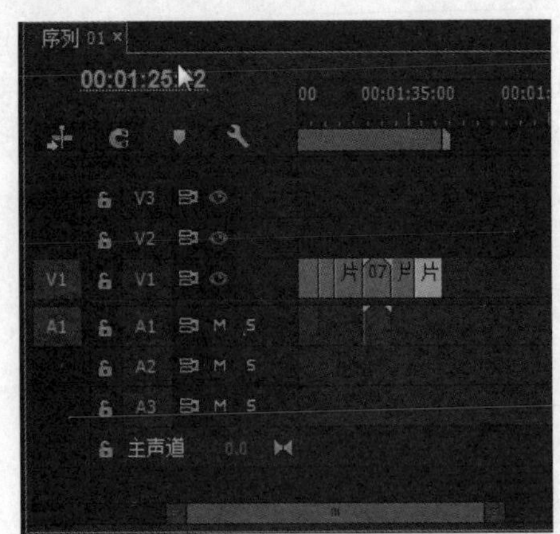

图16-167　删除音频素材

154 进入“源监视器”面板中，标记入点为00:15:23:19，标记出点为00:15:24:14，如图16-168所示。

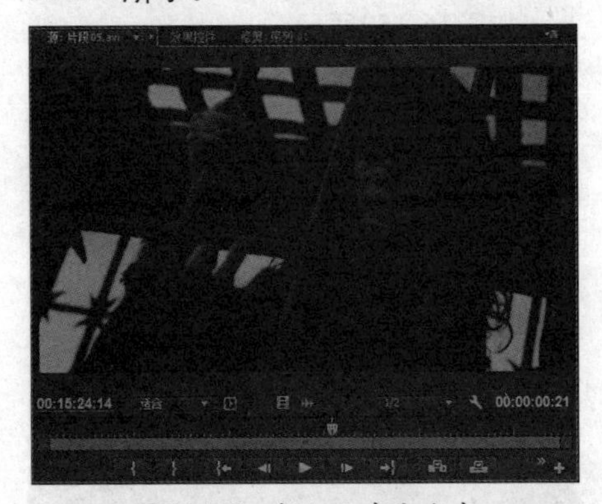

图16-168　标记入点和出点

155 将“源监视器”面板中的剪辑拖到视频轨1上，如图16-169所示。

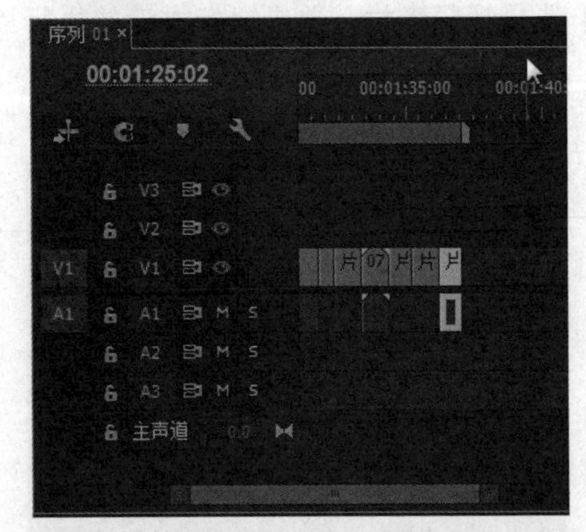

图16-169　拖入素材

156 选择视频素材，单击鼠标右键并执行“取消链接”命令，然后选择音频素材，按Delete键将其删除，如图16-170所示。

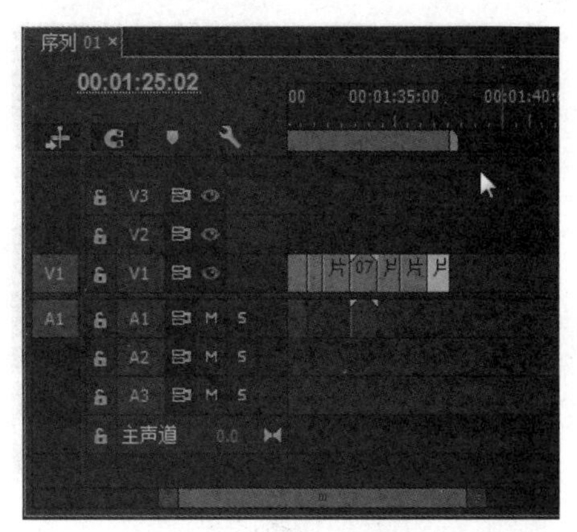

图16-170　删除音频素材

157 在两个素材之间添加“渐隐为黑色”特效，设置持续时间为10帧，如图16-171所示。

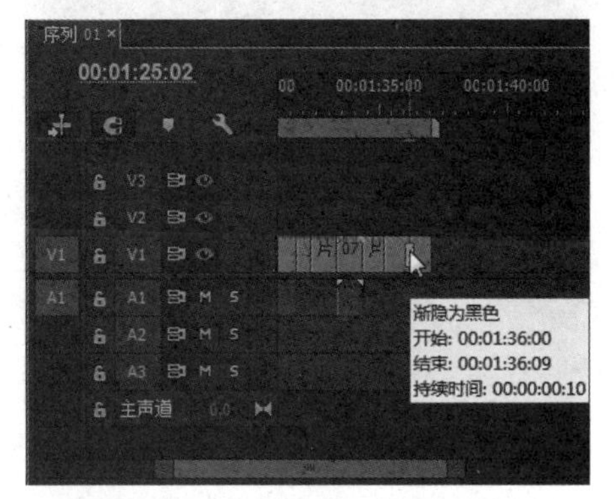

图16-171　添加“渐隐为黑色”特效

158 进入“源监视器”面板中，标记入点为00:15:19:19，标记出点为00:15:20:12，如图16-172所示。

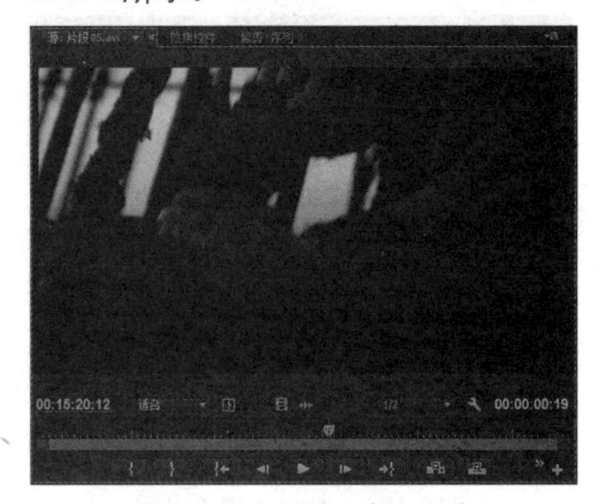

图16-172　标记入点和出点

159 将“源监视器”面板中的剪辑拖到视频轨1上，如图16-173所示。

160 选择视频素材，单击鼠标右键并执行“取消链接”命令，然后选择音频素材，按Delete键将其删除，如图16-174所示。

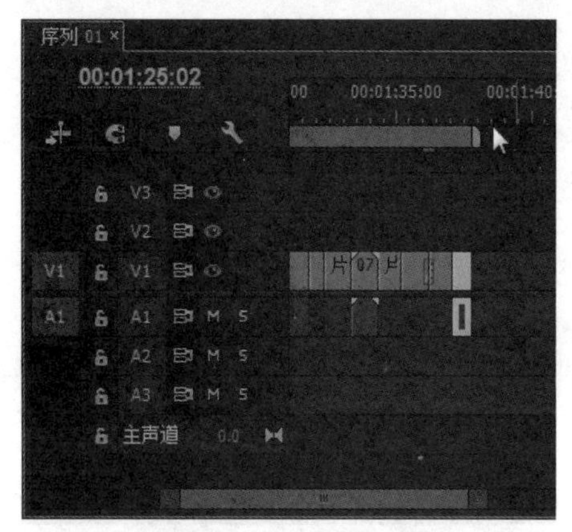

图16-173　拖入素材

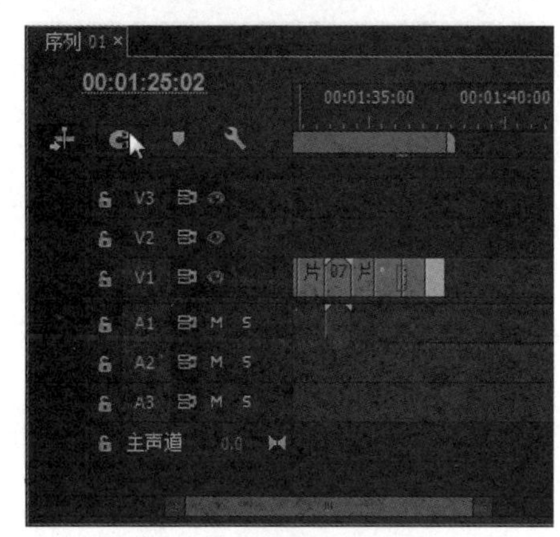

图16-174　删除音频素材

161 在两个素材之间添加“渐隐为黑色”特效，设置持续时间为10帧，如图16-175所示。

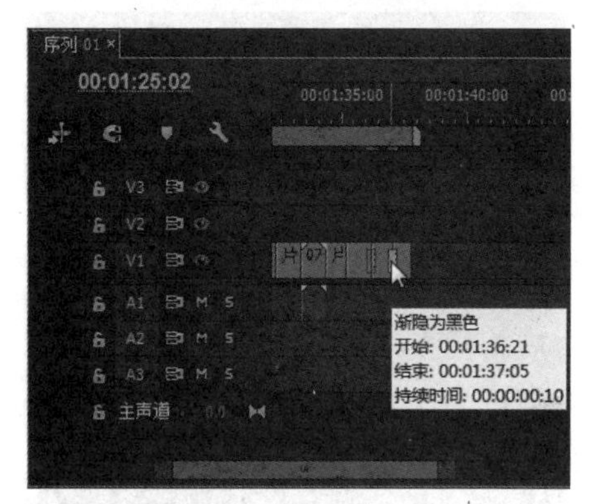

图16-175　添加“渐隐为黑色”特效

162 将“项目”面板中的“08.mov”素材拖到视频轨1上，如图16-176所示。

163 将“项目”面板中的“片段06.avi”素材拖入“源监视器”面板中，标记入点为00:13:24:16，标记出点为00:13:25:01，如图16-177所示。

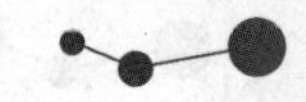

图16-176 拖入素材

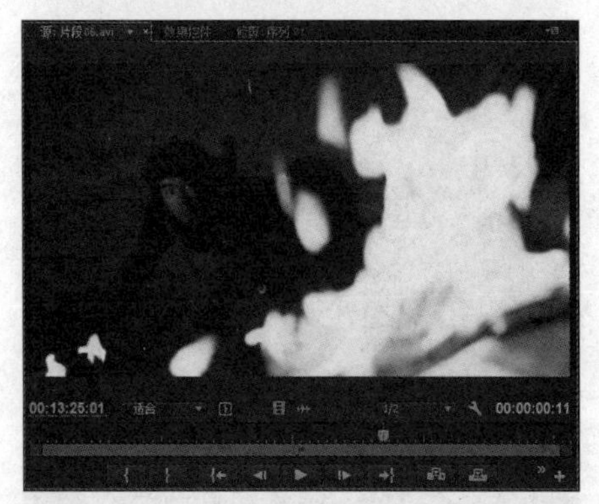

图16-177 标记入点和出点

164 将“源监视器”面板中的剪辑拖入视频轨1中，取消视音频链接，然后删除音频素材，如图16-178所示。

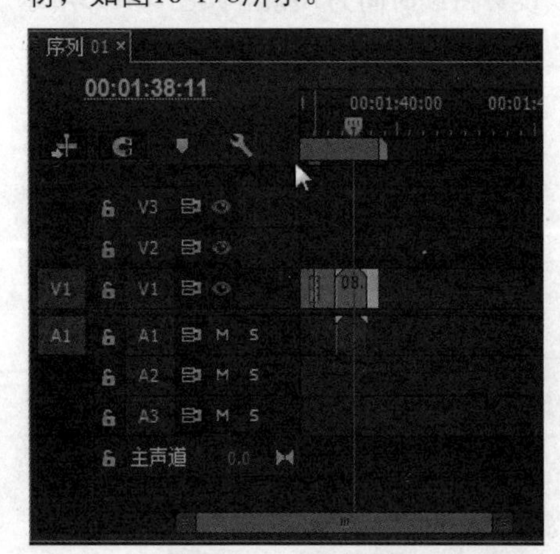

图16-178 拖入素材

165 进入“源监视器”面板，标记入点为00:13:25:11，标记出点为00:13:25:21，如图16-179所示。

166 将“源监视器”面板中的剪辑拖入视频轨1中，取消视音频链接，然后删除音频素材，如图16-180所示。

图16-179 标记入点和出点

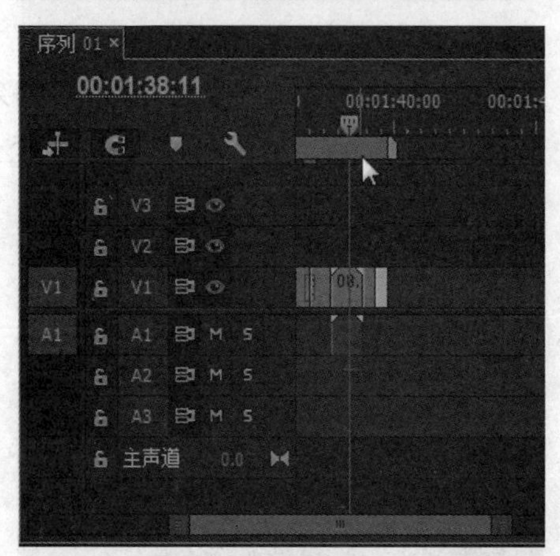

图16-180 拖入素材

167 将“项目”面板中的“片段01.avi”素材拖入“源监视器”面板中，标记入点为00:03:01:14，标记出点为00:03:02:24，如图16-181所示。

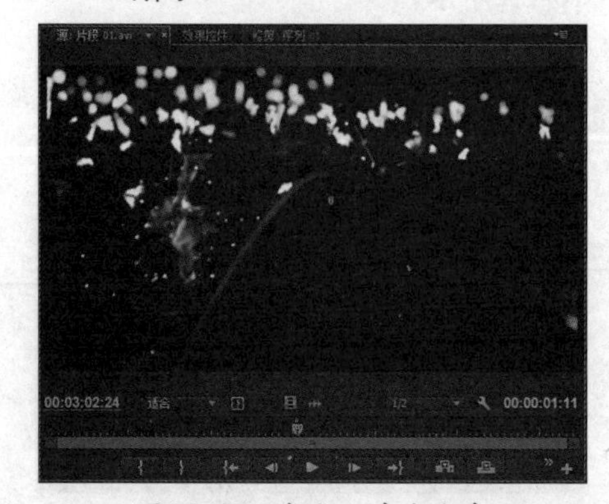

图16-181 标记入点和出点

168 将“源监视器”面板中的剪辑拖入视频轨1中，取消视音频链接，然后删除音频素材，如图16-182所示。

169 将“项目”面板中的“片段02.avi”素材拖入“源监视器”面板中，标记入点为00:00:12:05，标记出点为00:00:13:12，如图16-183所示。

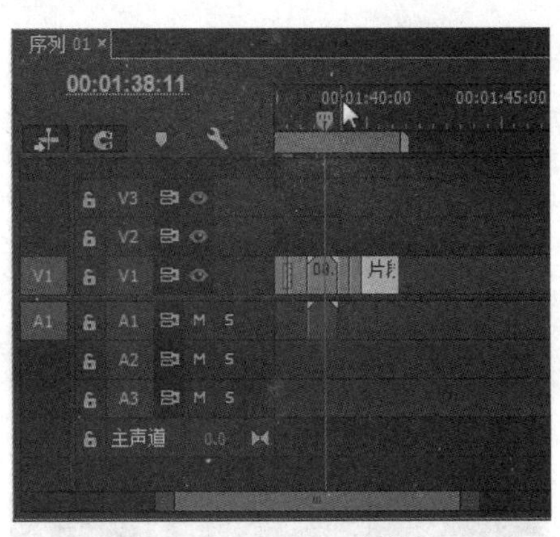

图16-182 拖入素材

图16-183 标记入点和出点

170 将“源监视器”面板中的剪辑拖入视频轨1中，取消视音频链接，然后删除音频素材，如图16-184所示。

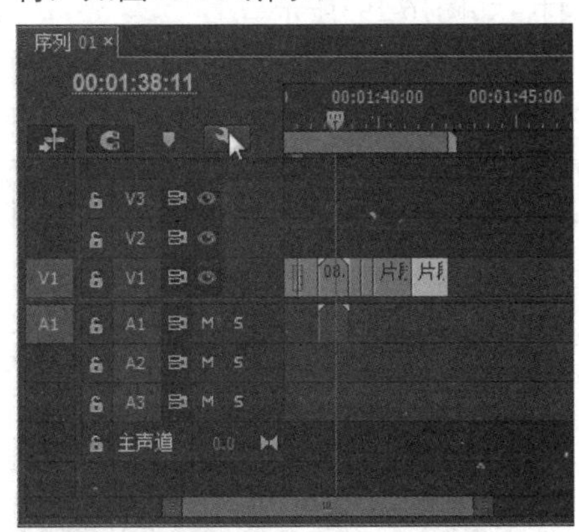

图16-184 拖入素材

171 在两个素材之间添加“渐隐为黑色”特效，如图16-185所示。

172 将“项目”面板中的“片段06.avi”素材拖入“源监视器”面板中，标记入点为00:13:30:24，标记出点为00:13:32:15，如图16-186所示。

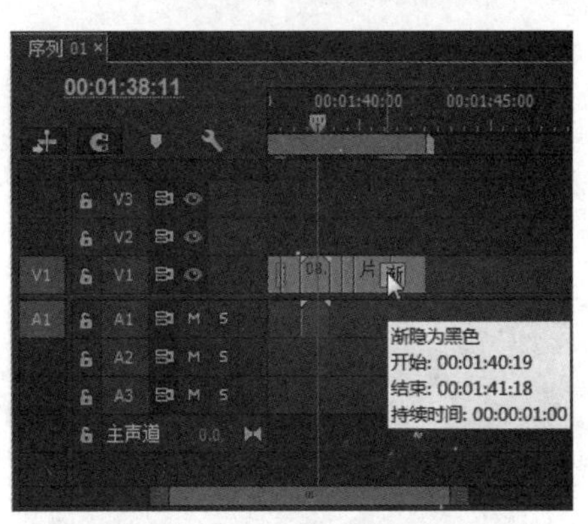

图16-185 添加“渐隐为黑色”特效

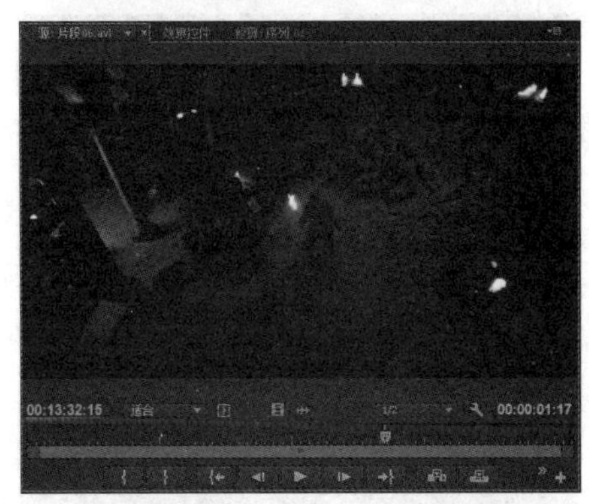

图16-186 标记入点和出点

173 将“源监视器”面板中的剪辑拖入视频轨1中，取消视音频链接，然后删除音频素材，如图16-187所示。

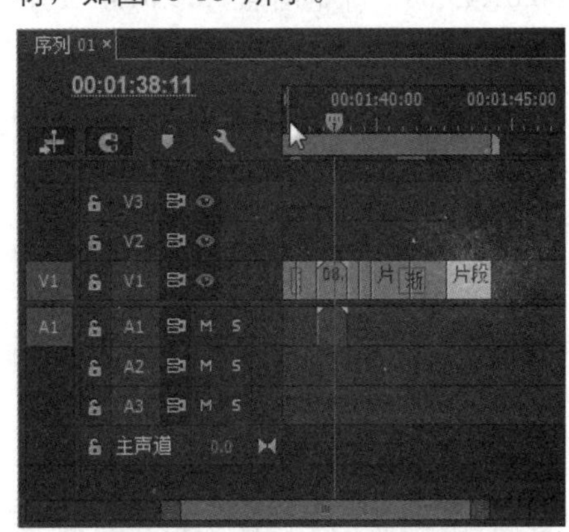

图16-187 拖入素材

174 进入“源监视器”面板，标记入点为00:13:42:14，标记出点为00:13:44:08，如图16-188所示。

175 将“源监视器”面板中的剪辑拖入视频轨1中，取消视音频链接，然后删除音频素材，如图16-189所示。

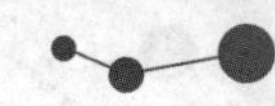

图16-188　标记入点和出点

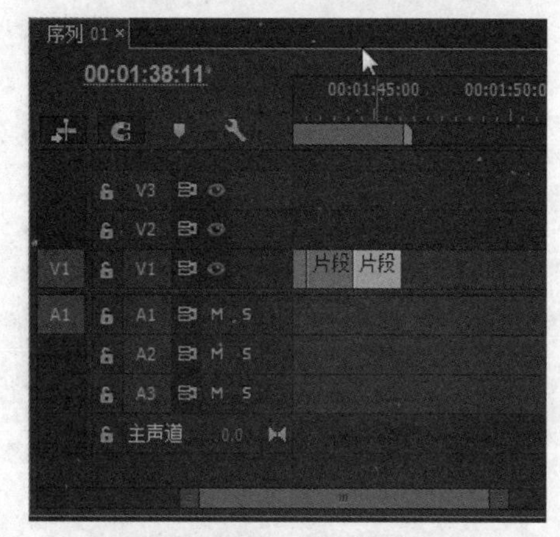

图16-189　拖入素材

176 进入“源监视器”面板，标记入点为00:01:45:08，标记出点为00:01:45:18，如图16-190所示。

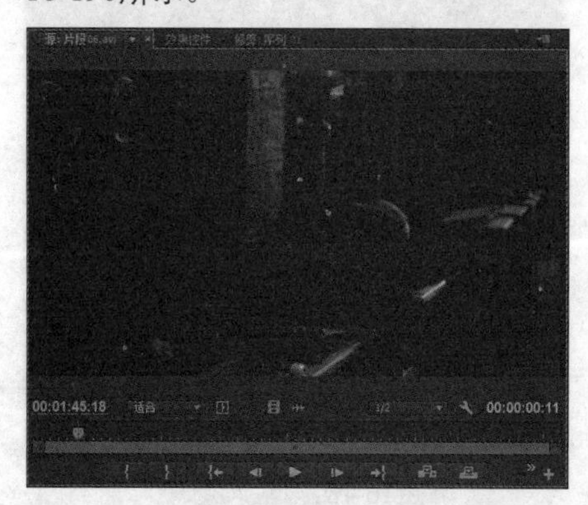

图16-190　标记入点和出点

177 将“源监视器”面板中的剪辑拖入视频轨1中，取消视音频链接，然后删除音频素材，如图16-191所示。

178 进入“源监视器”面板，标记入点为00:02:54:09，标记出点为00:02:54:18，如图16-192所示。

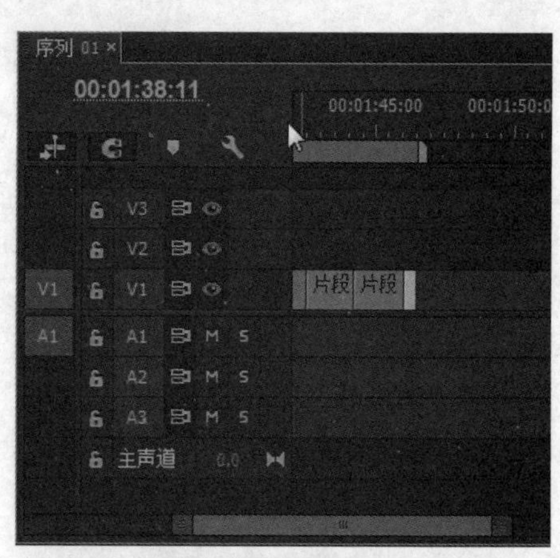

图16-191　拖入素材

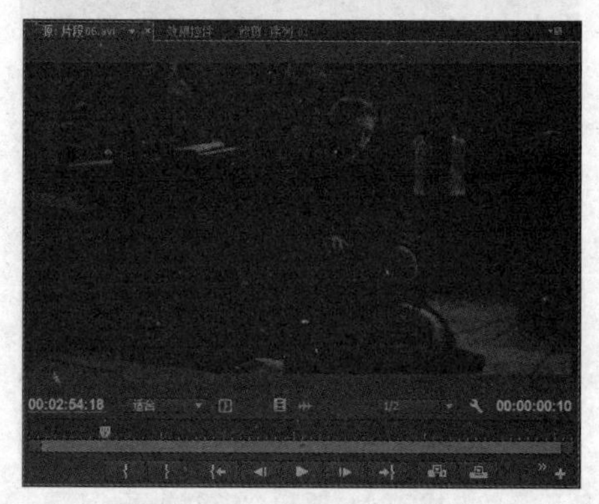

图16-192　标记入点和出点

179 将“源监视器”面板中的剪辑拖入视频轨1中，取消视音频链接，然后删除音频素材，如图16-193所示。

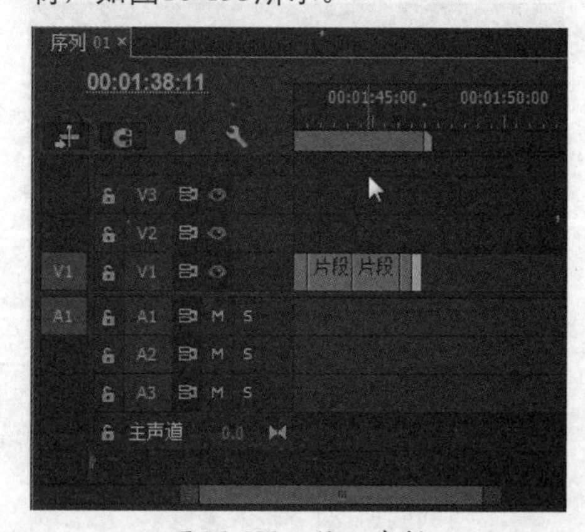

图16-193　拖入素材

180 在两个素材之间添加“渐隐为黑色”特效，设置持续时间为6帧，如图16-194所示。

181 进入“源监视器”面板，标记入点为00:01:56:17，标记出点为00:01:57:02，如图16-195所示。

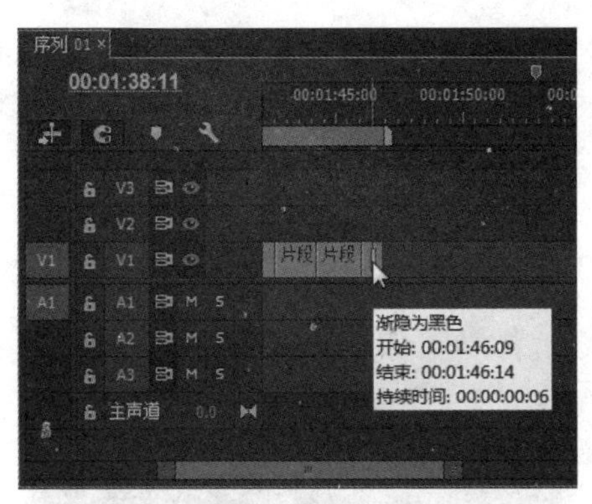

图16-194 添加“渐隐为黑色”特效

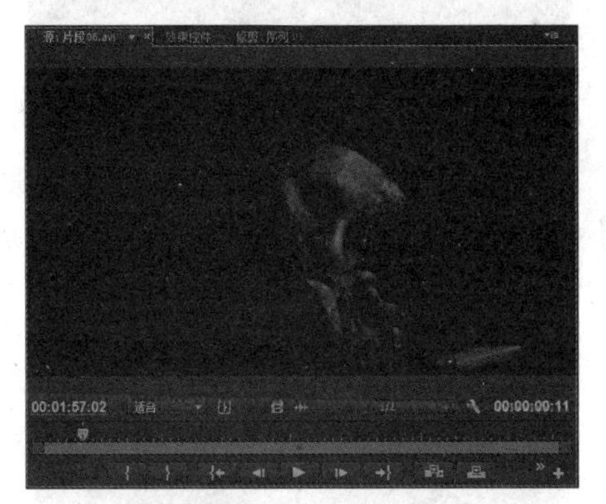

图16-195 标记入点和出点

182 将“源监视器”面板中的剪辑拖入视频轨1中，取消视音频链接，然后删除音频素材，如图16-196所示。

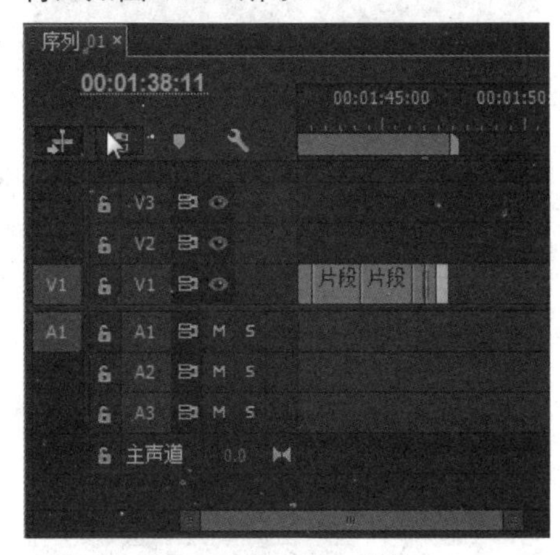

图16-196 拖入素材

183 在两个素材之间添加“渐隐为黑色”特效，设置持续时间为6帧，如图16-197所示。

184 进入“源监视器”面板，标记入点为00:05:57:06，标记出点为00:05:58:12，如图16-198所示。

185 将“源监视器”面板中的剪辑拖入视频轨1中，如图16-199所示。

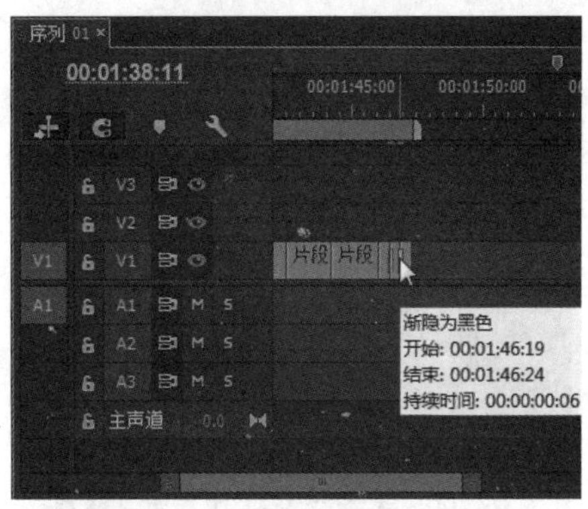

图16-197 添加“渐隐为黑色”特效

图16-198 标记入点和出点

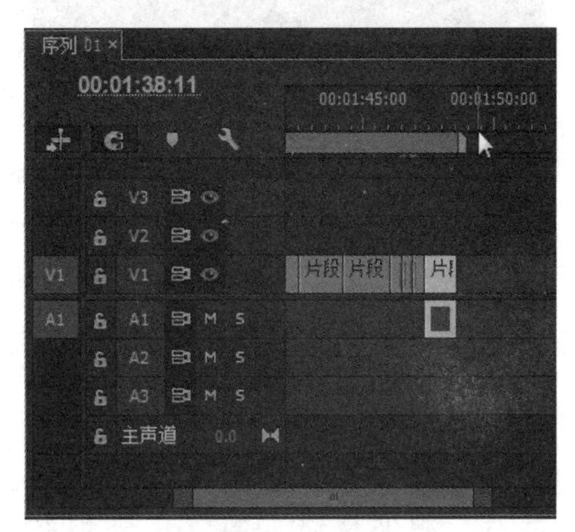

图16-199 拖入素材

186 在两个素材之间添加“渐隐为黑色”特效，设置持续时间为6帧，如图16-200所示。

187 进入“源监视器”面板，标记入点为00:07:23:18，标记出点为00:07:24:00，如图16-201所示。

188 将“源监视器”面板中的剪辑拖入视频轨1中，取消视音频链接，然后删除音频素材，如图16-202所示。

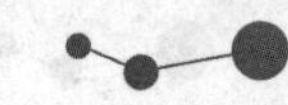

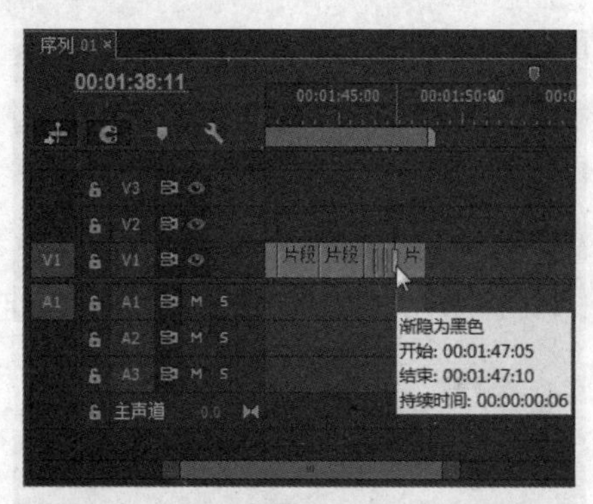

图16-200　添加“渐隐为黑色”特效

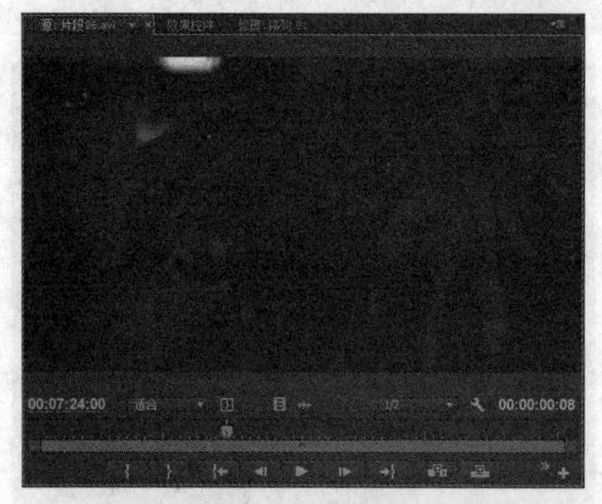

图16-201　标记入点和出点

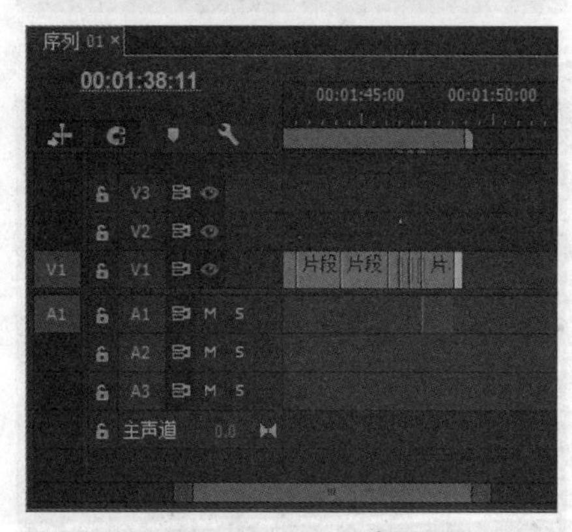

图16-202　拖入素材

189 进入“源监视器”面板，标记入点为00:15:41:24，标记出点为00:15:42:22，如图16-203所示。

图16-203　标记入点和出点

190 将“源监视器”面板中的剪辑拖入视频轨1中，取消视音频链接，然后删除音频素材，如图16-204所示。

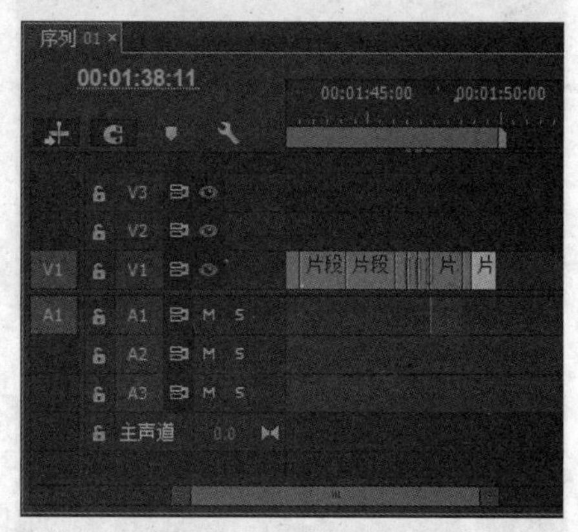

图16-204　拖入素材

191 进入“源监视器”面板，标记入点为00:15:58:09，标记出点为00:15:59:14，如图16-205所示。

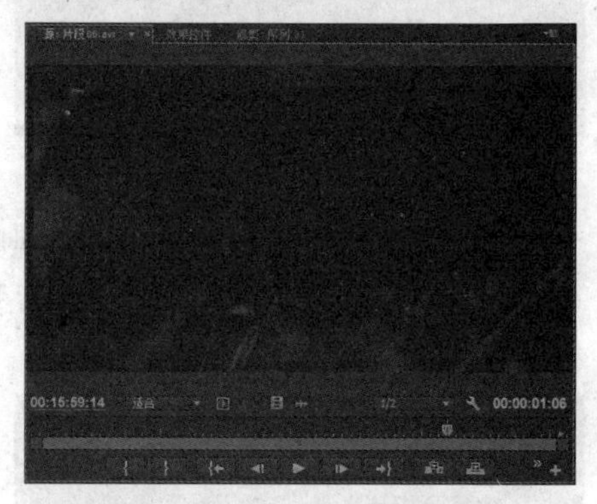

图16-205　标记入点和出点

192 将“源监视器”面板中的剪辑拖入视频轨1中，取消视音频链接，然后删除音频素材，如图16-206所示。

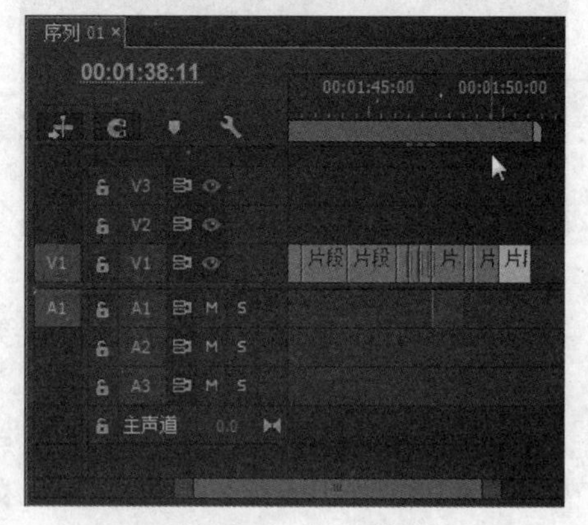

图16-206　拖入素材

193 进入“源监视器”面板，标记入点为00:16:09:08，标记出点为00:16:09:23，如图16-207所示。

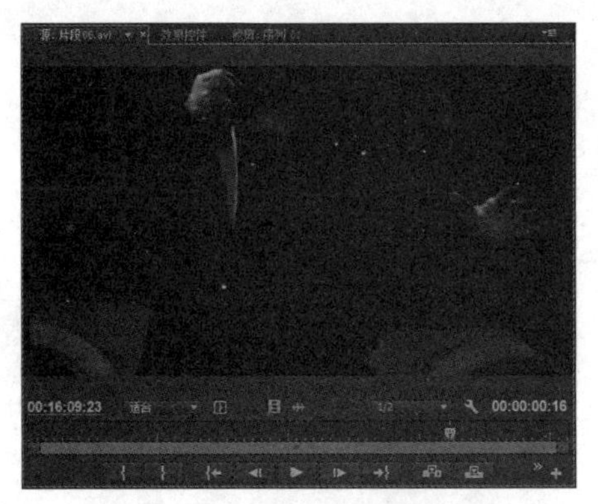

图16-207　标记入点和出点

194 将“源监视器”面板中的剪辑拖入视频轨1中，取消视音频链接，然后删除音频素材，如图16-208所示。

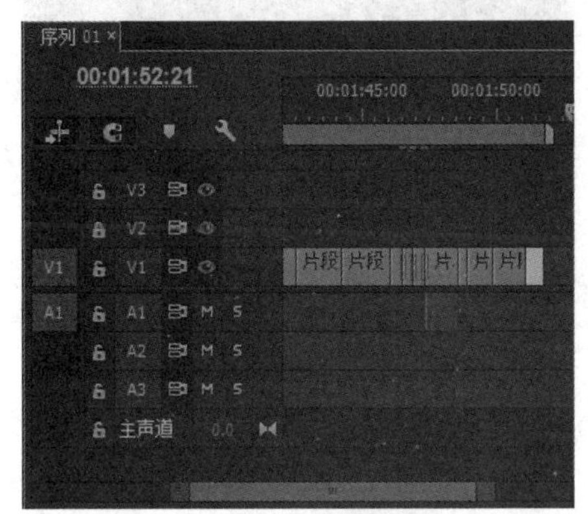

图16-208　拖入素材

195 在两个素材之间添加“渐隐为黑色”特效，设置持续时间为10帧，如图16-209所示。

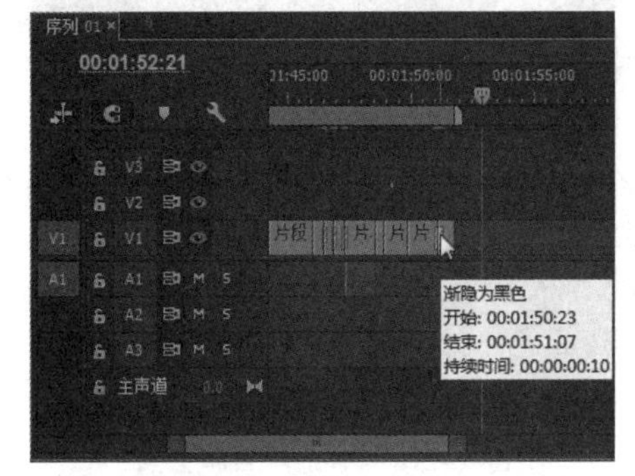

图16-209　添加“渐隐为黑色”特效

196 在“项目”面板中选择“09.mov”素材，将其拖到视频轨1上，如图16-210所示。

197 将“项目”面板中的“片段05.avi”素材拖入“源监视器”面板中，标记入点为00:23:23:06，标记出点为00:23:24:03，如图16-211所示。

图16-210　拖入素材

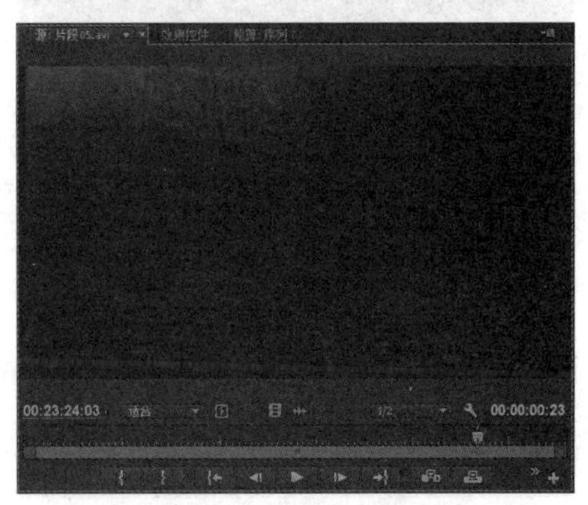

图16-211　标记入点和出点

198 将“源监视器”面板中的剪辑拖入视频轨1中，取消视音频链接，然后删除音频素材，如图16-212所示。

图16-212　拖入素材

199 进入“源监视器”面板，标记入点为00:23:26:05，标记出点为00:23:27:15，如图16-213所示。

200 将“源监视器”面板中的剪辑拖入视频轨1中，取消视音频链接，然后删除音频素材，如图16-214所示。

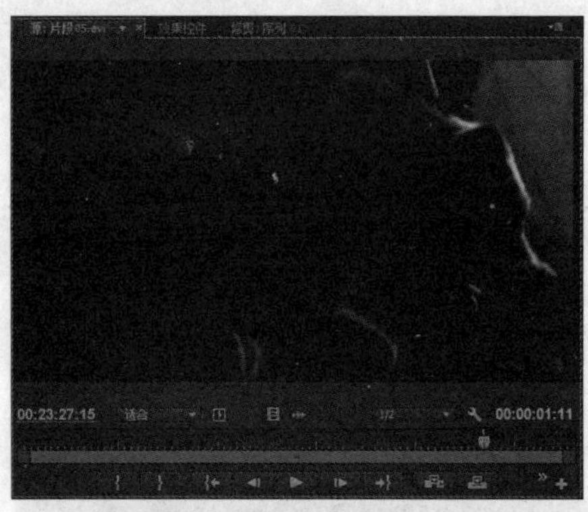

图16-213　标记入点和出点

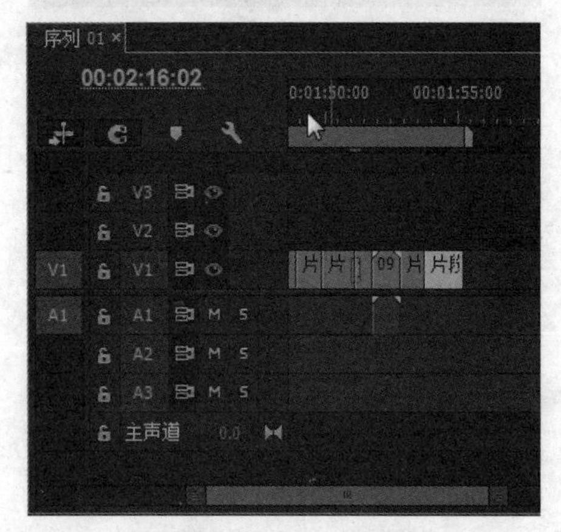

图16-214　拖入素材

201 将“项目”面板中的“10.mov”素材拖入视频轨1中，如图16-215所示。

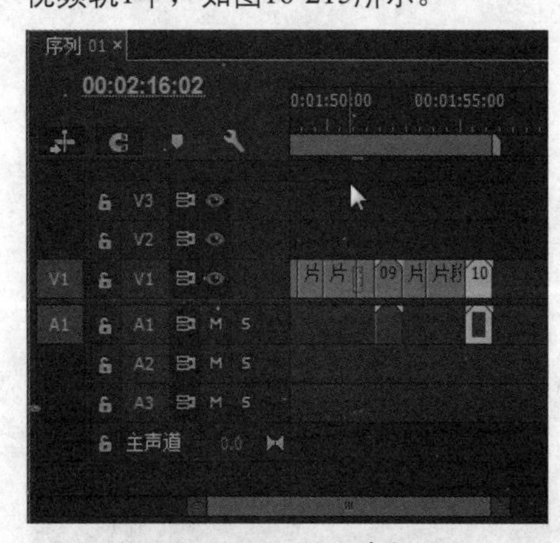

图16-215　拖入素材

202 将“项目”面板中的“片段06.avi”素材拖入“源监视器”面板中，标记入点为00:15:10:01，标记出点为00:15:10:15，如图16-216所示。

203 将“源监视器”面板中的剪辑拖入视频轨1中，取消视音频链接，然后删除音频素材，如图16-217所示。

图16-216　标记入点和出点

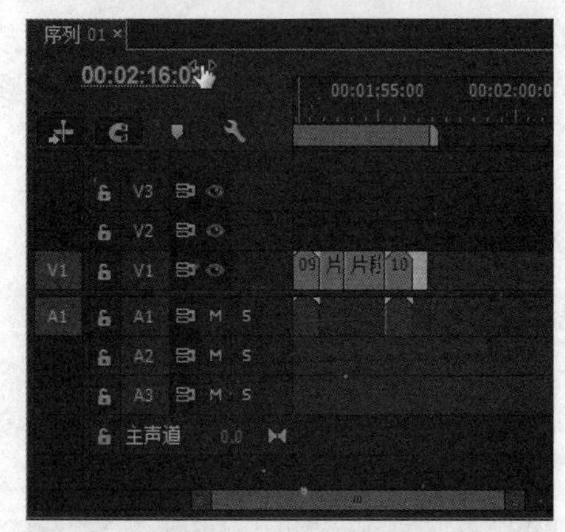

图16-217　拖入素材

204 进入“源监视器”面板，标记入点为00:06:48:07，标记出点为00:06:49:08，如图16-218所示。

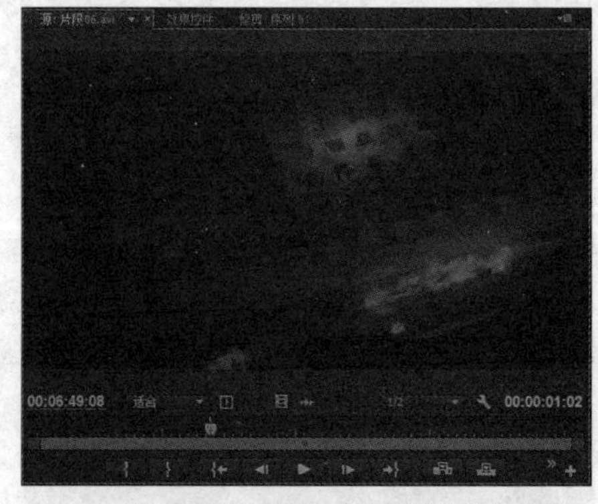

图16-218　标记入点和出点

205 将“源监视器”面板中的剪辑拖入视频轨1中，取消视音频链接，然后删除音频素材，如图16-219所示。

206 进入“源监视器”面板，标记入点为00:07:09:07，标记出点为00:07:12:07，如图16-220所示。

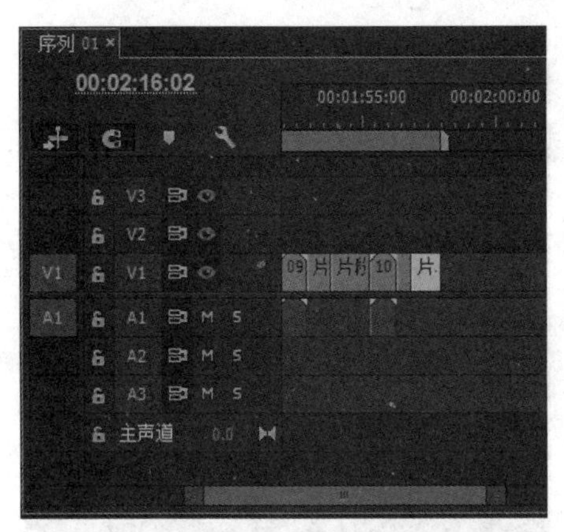

图16-219　拖入素材

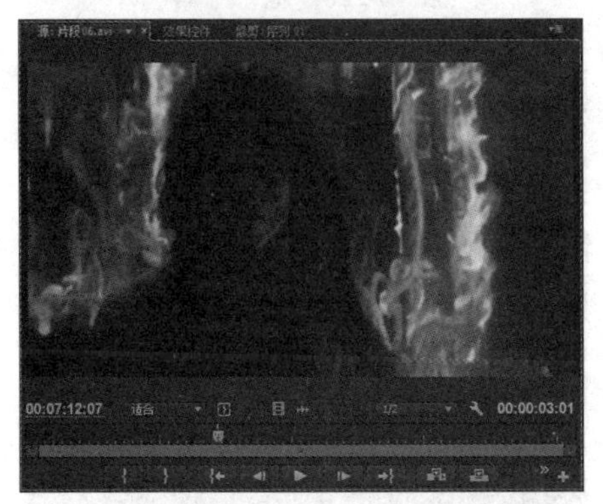

图16-220　标记入点和出点

207 将“源监视器”面板中的剪辑拖入视频轨1中，取消视音频链接，然后删除音频素材，如图16-221所示。

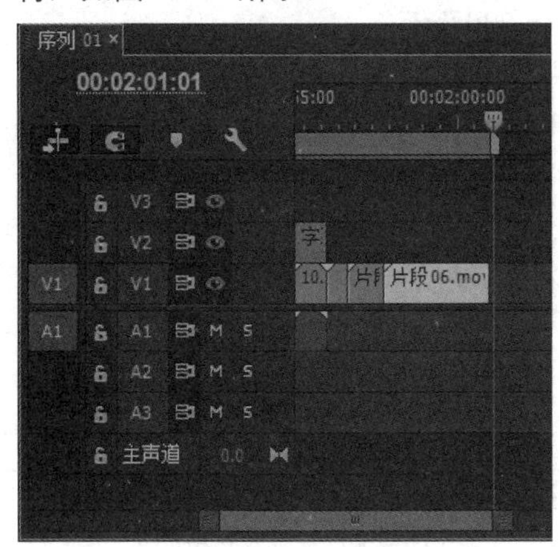

图16-221　拖入素材

208 进入“源监视器”面板，标记入点为00:14:41:04，标记出点为00:14:42:05，如图16-222所示。

209 将“源监视器”面板中的剪辑拖入视频轨1中，如图16-223所示。

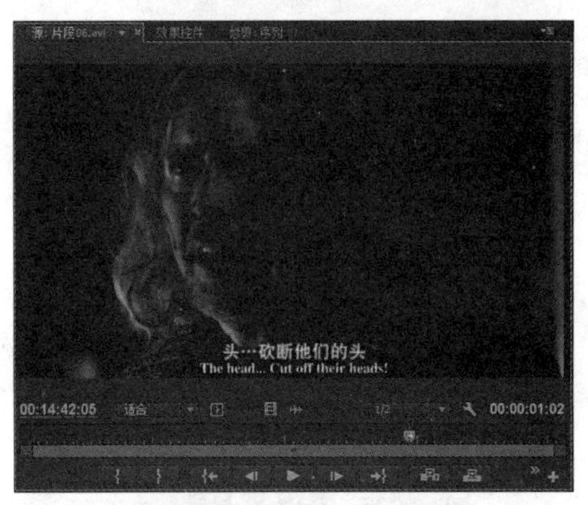

图16-222　标记入点和出点

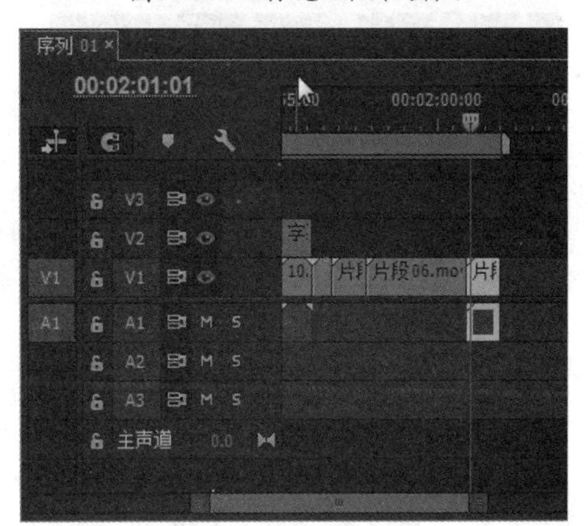

图16-223　拖入素材

210 在两个素材之间添加“渐隐为黑色”特效，设置持续时间为16帧，如图16-224所示。

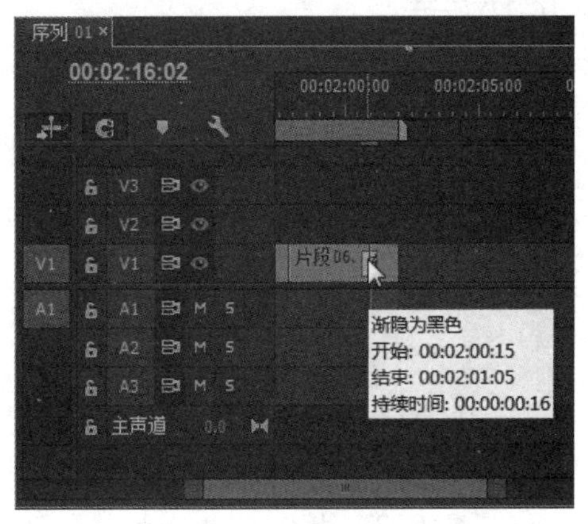

图16-224　添加“渐隐为黑色”特效

211 进入“源监视器”面板，标记入点为00:16:07:07，标记出点为00:16:07:23，如图16-225所示。

212 将“源监视器”面板中的剪辑拖入视频轨1中，取消视音频链接，然后删除音频素材，如图16-226所示。

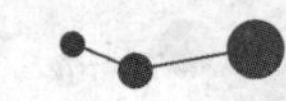

图16-225 标记入点和出点

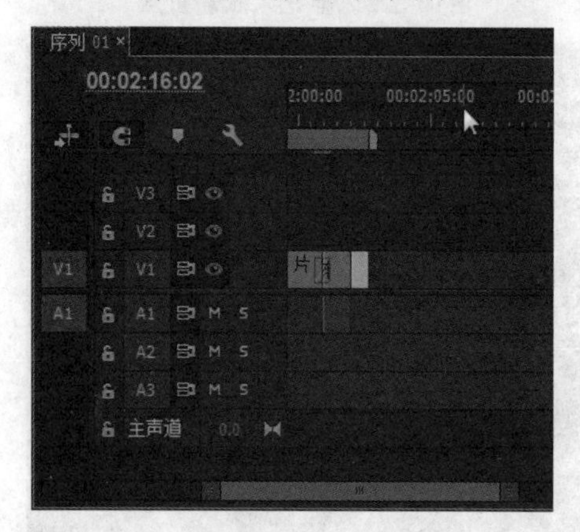

图16-226 拖入素材

213 进入“源监视器”面板，标记入点为00:07:29:19，标记出点为00:07:31:06，如图16-227所示。

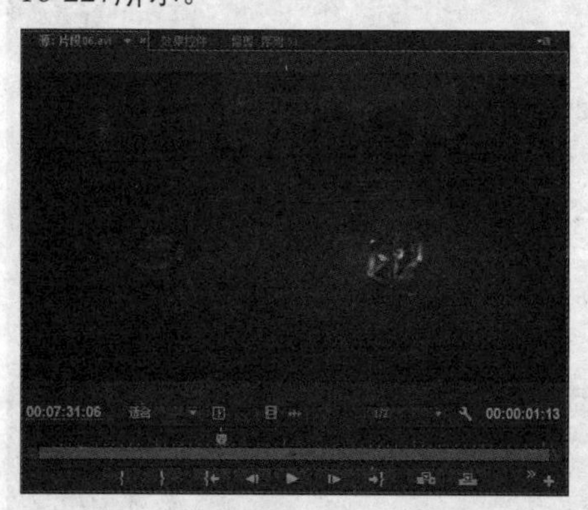

图16-227 标记入点和出点

214 将“源监视器”面板中的剪辑拖入视频轨1中，取消视音频链接，然后删除音频素材，如图16-228所示。

215 在两个素材之间添加“渐隐为黑色”特效，设置持续时间为16帧，如图16-229所示。

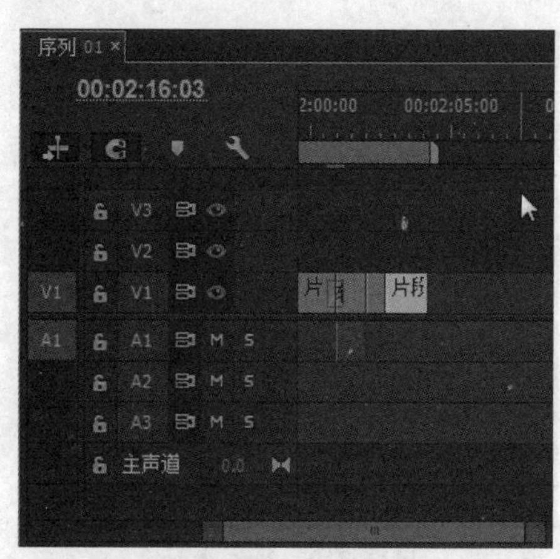

图16-228 拖入素材

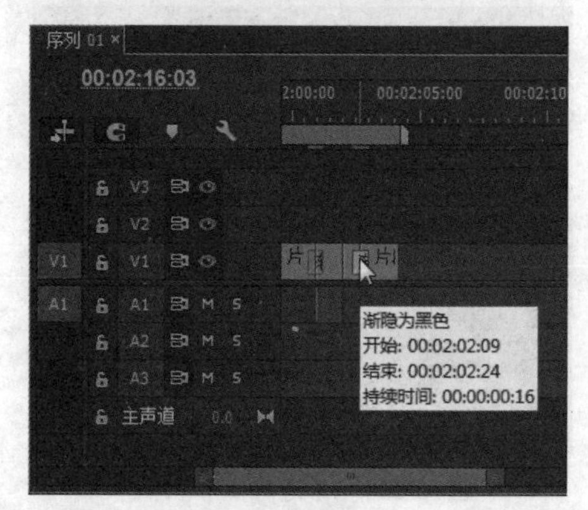

图16-229 添加“渐隐为黑色”特效

216 进入“源监视器”面板，标记入点为00:13:16:07，标记出点为00:13:16:24，如图16-230所示。

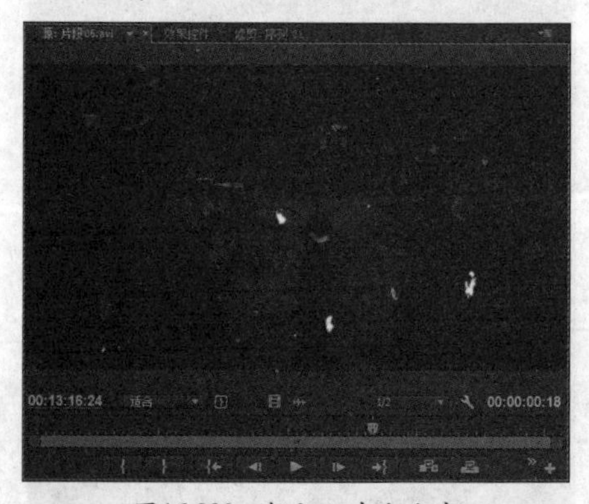

图16-230 标记入点和出点

217 将“源监视器”面板中的剪辑拖入视频轨1中，取消视音频链接，然后删除音频素材，如图16-231所示。

218 在两个素材之间添加“渐隐为黑色”特效，设置持续时间为16帧，如图16-232所示。

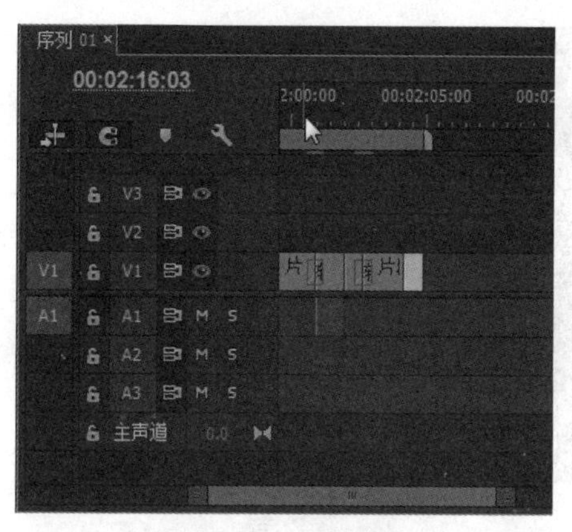

图16-231　拖入素材

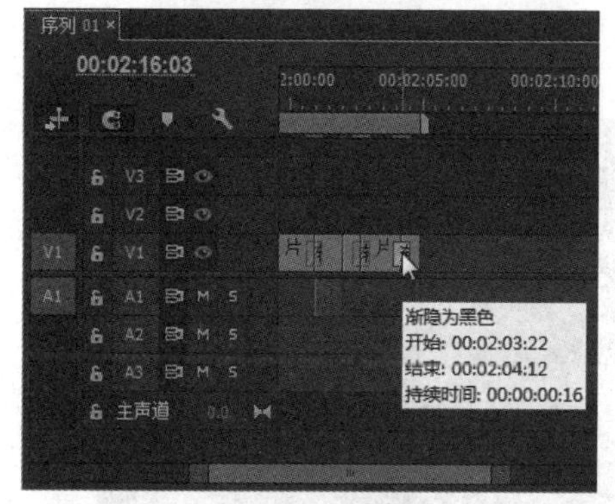

图16-232　添加“渐隐为黑色”特效

219 进入“源监视器”面板，标记入点为00:13:18:23，标记出点为00:13:19:13，如图16-233所示。

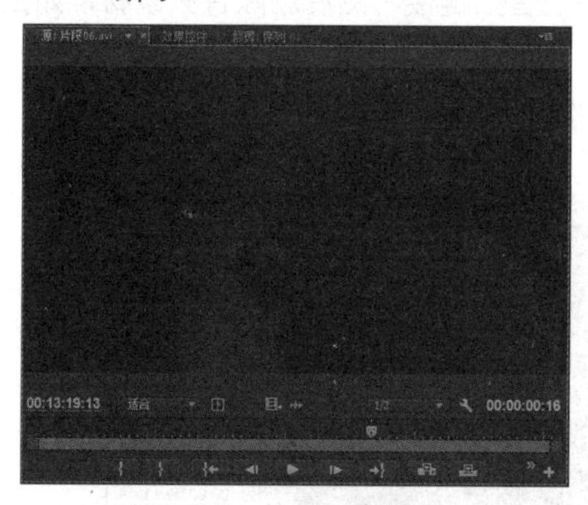

图16-233　标记入点和出点

220 将“源监视器”面板中的剪辑拖入视频轨1中，取消视音频链接，然后删除音频素材，如图16-234所示。

221 进入“源监视器”面板，标记入点为00:16:55:04，标记出点为00:16:55:21，如图16-235所示。

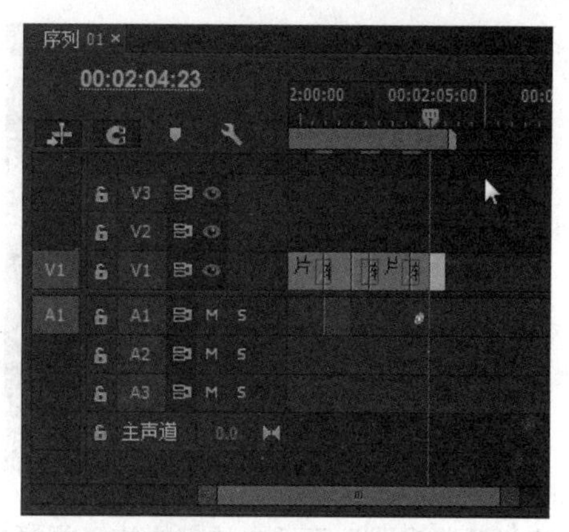

图16-234　拖入素材

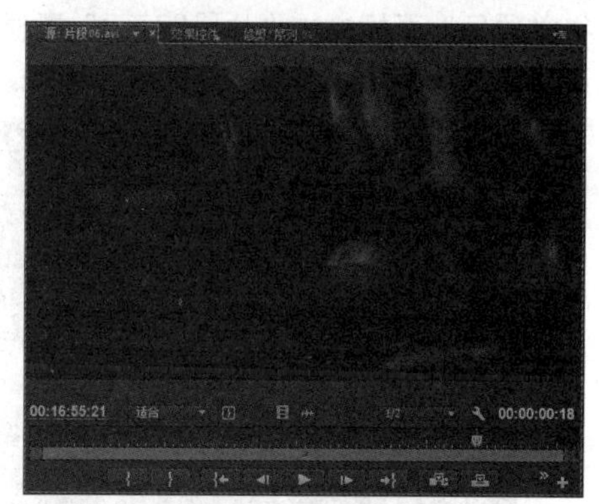

图16-235　标记入点和出点

222 将“源监视器”面板中的剪辑拖入视频轨1中，取消视音频链接，然后删除音频素材，如图16-236所示。

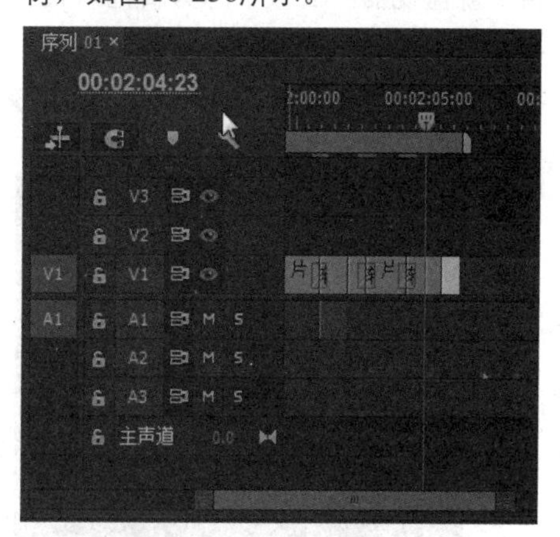

图16-236　拖入素材

223 将“项目”面板中的“11.mov”素材拖到视频轨1上，如图16-237所示。

224 进入“源监视器”面板，标记入点为00:18:18:06，标记出点为00:18:19:03，如图16-238所示。

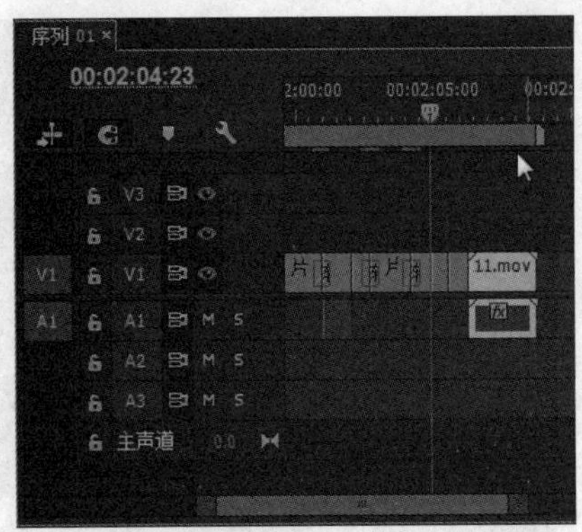

图16-237　拖入素材

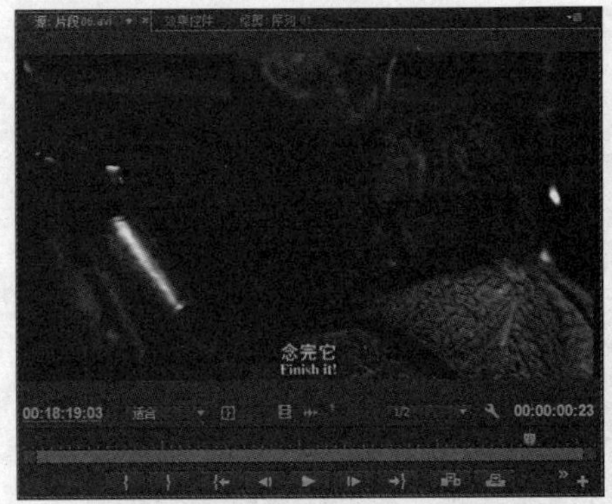

图16-238　标记入点和出点

225 将“源监视器”面板中的剪辑拖入视频轨1中，如图16-239所示。

226 将“项目”面板中的“片段02.avi”素材拖入“源监视器”面板中，标记入点为00:01:20:16，标记出点为00:01:21:06，如图16-240所示。

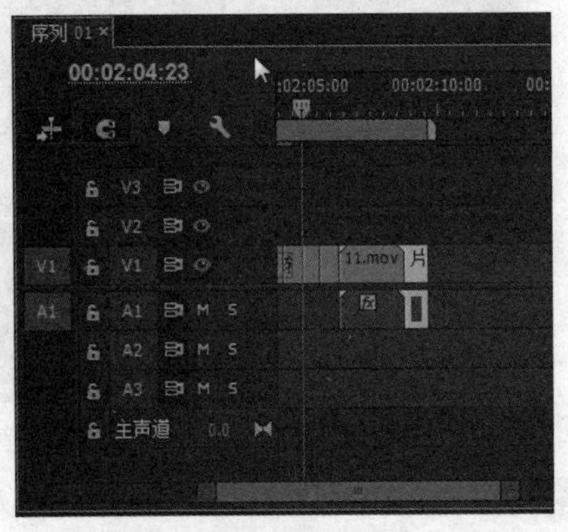

图16-239　拖入素材

图16-240　标记入点和出点

227 将“源监视器”面板中的剪辑拖入视频轨1中，取消视音频链接，然后删除音频素材，如图16-241所示。

228 在两个素材之间添加“渐隐为黑色”特效，设置持续时间为10帧，如图16-242所示。

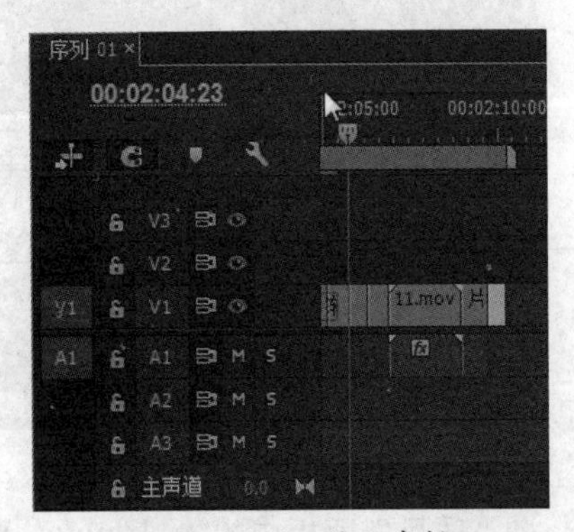

图16-241　拖入素材

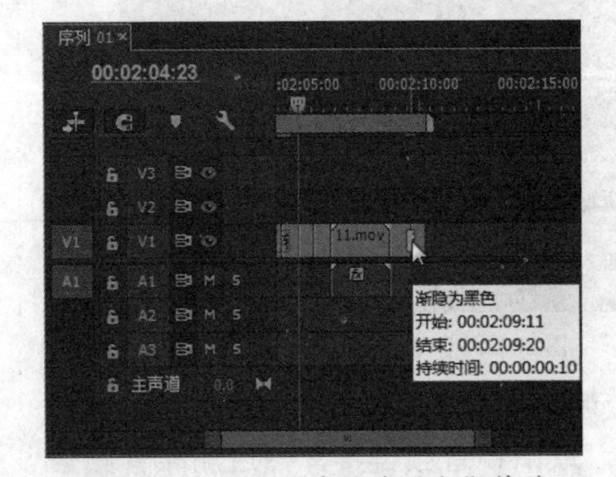

图16-242　添加“渐隐为黑色”特效

229 将“项目”面板中的“片段06.avi”素材拖入“源监视器”面板中，标记入点为00:14:56:12，标记出点为00:14:57:06，如图16-243所示。

230 将“源监视器”面板中的剪辑拖入视频轨1中，取消视音频链接，然后删除音频素材，如图16-244所示。

231 在两个素材之间添加“渐隐为黑色”特效，设置持续时间为10帧，如图16-245所示。

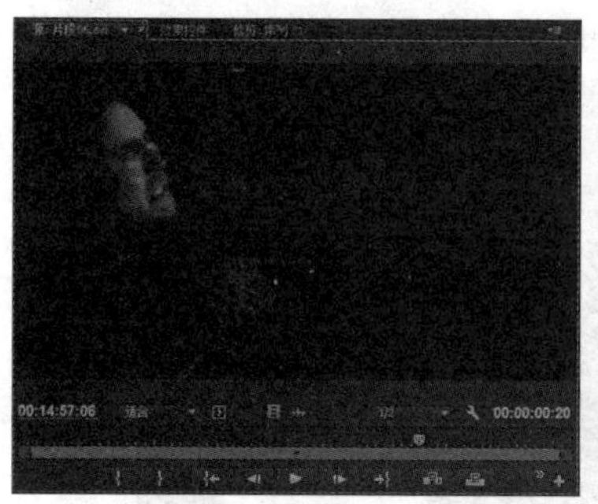

图16-243 标记入点和出点

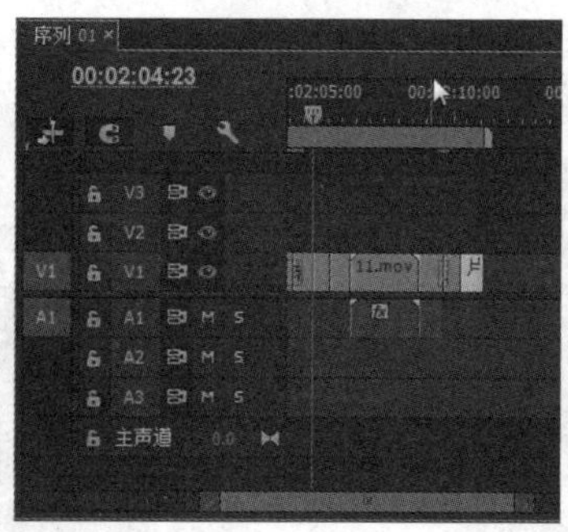

图16-244 拖入素材

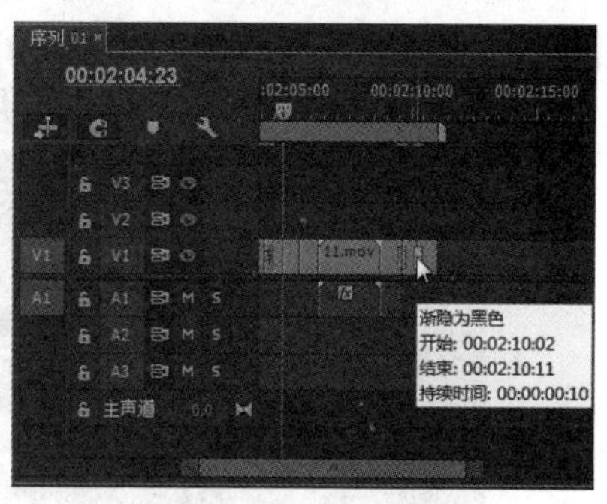

图16-245 添加“渐隐为黑色”特效

16.3 字幕的创建与应用

字幕能起到解释画面、补充内容等作用。在本实例中，字幕的作用是不可或缺的。英文字幕的出现，首先是解释了画面的内容，同时也划分了影片的内容块。外国电影预告片要在中国发行，中文翻译字幕是必不可少的，中文字幕起到解释英文字幕的作用。下面将介绍本预告片中字幕的创建与应用。

视频位置:DVD\视频\第16章\16.3 字幕的创建与应用.mp4

01 执行“文件”|“新建”|“字幕”命令，弹出“新建字幕”对话框，单击“确定”按钮。弹出“字幕设计器”，输入字幕，设置字体、大小、位置、颜色等属性，如图16-246所示。

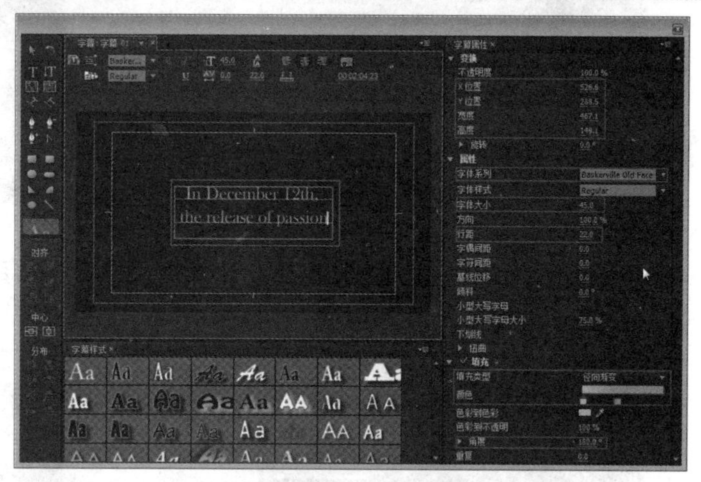

图16-246 编辑字幕

02 再次新建字幕，输入文字，设置字体、大小、颜色、描边等属性，如图16-247所示。用同样的方法新建“字幕03”～“字幕13”素材。

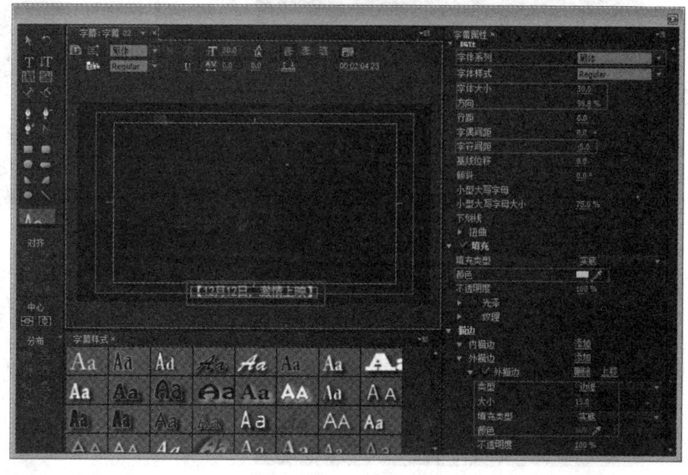

图16-247 编辑字幕

03 在“项目”面板中选择“字幕01”素材，将其拖到视频轨1上，如图16-248所示。

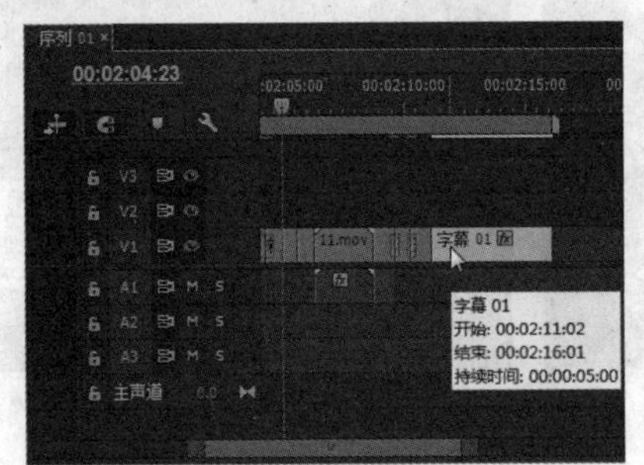

图16-248 拖入素材

04 在素材的开始和结束位置分别添加“渐隐为黑色”特效，如图16-249所示。

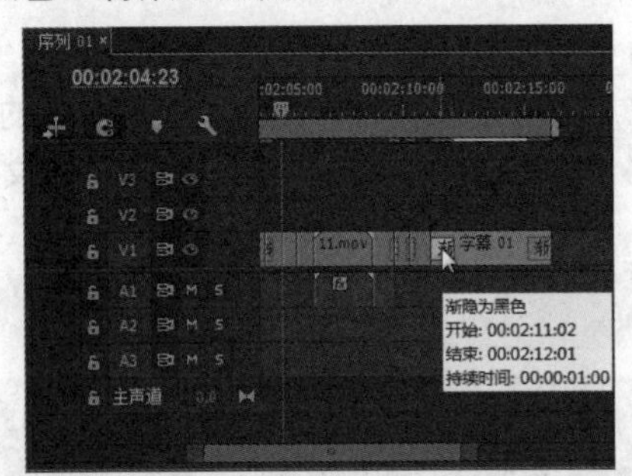

图16-249 添加“渐隐为黑色”特效

05 在“项目”面板中选择“字幕02”素材，将其拖到视频轨2上并与“字幕01”对齐，如图16-250所示。

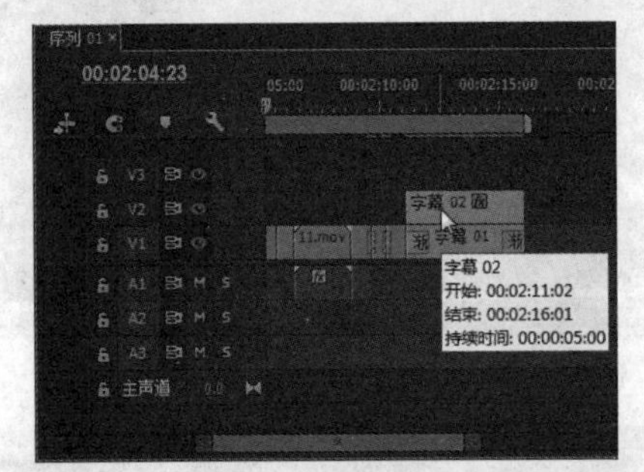

图16-250 拖入素材

06 在素材的开始和结束位置分别添加“渐隐为黑色”特效，如图16-251所示。

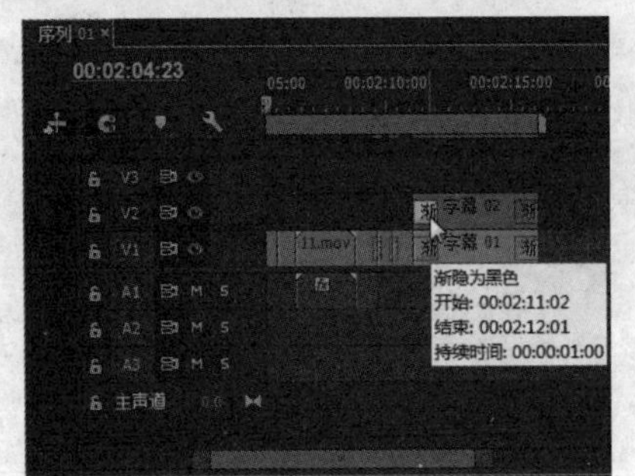

图16-251 添加“渐隐为黑色”特效

07 在“项目”面板中选择“字幕03”素材，将其拖到视频轨2的00:02:06:07位置，如图16-252所示。

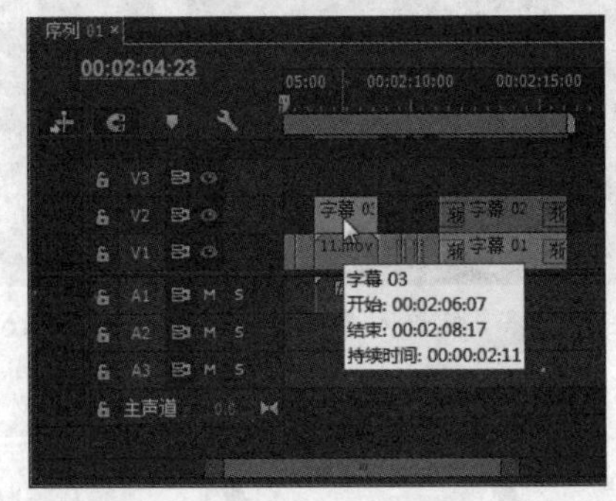

图16-252 拖入素材

08 在“项目”面板中选择“字幕04”素材，将其拖到视频轨2的00:01:55:05位置，如图16-253所示。

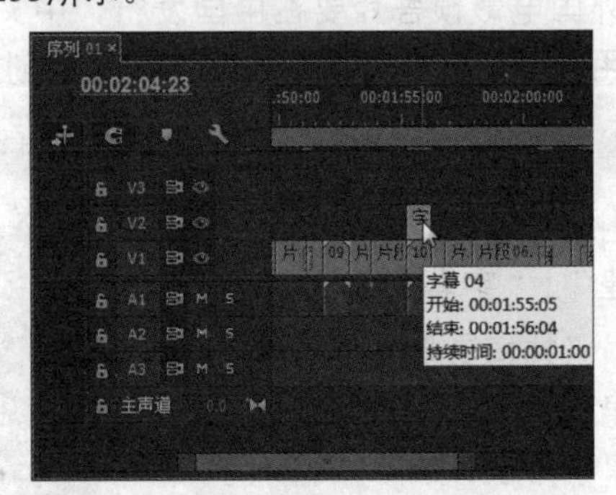

图16-253 拖入素材

09 在“项目”面板中选择“字幕05”素材并将其拖到视频轨2的00:01:51:19位置，如图16-254所示。

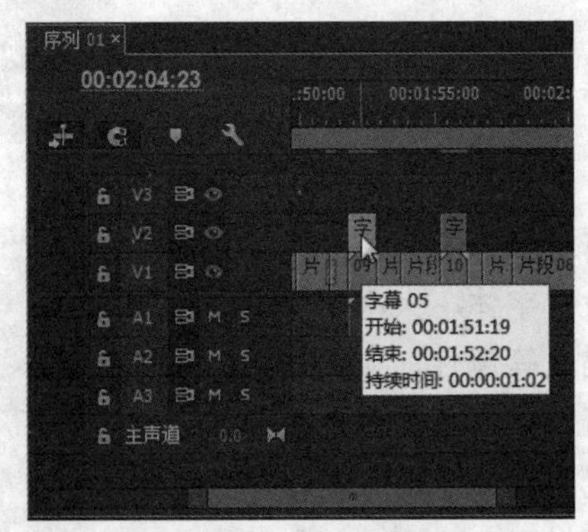

图16-254 拖入素材

10 在“项目”面板中选择“字幕06”素材并将其拖到视频轨2的00:01:37:20位置，如图16-255所示。

11 在“项目”面板中选择“字幕07”素材并将其拖到视频轨2的00:01:33:09位置，如图16-256所示。

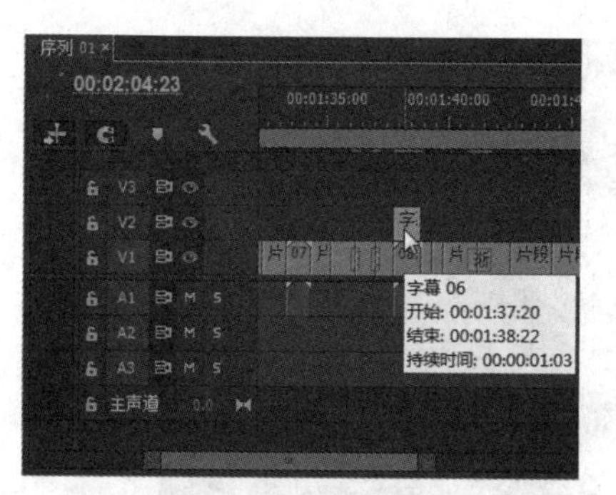

图16-255 拖入素材

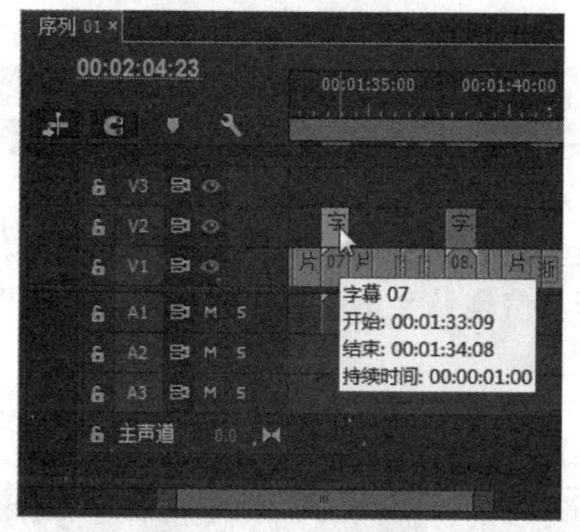

图16-256 拖入素材

12 在“项目”面板中选择“字幕08”素材并将其拖到视频轨2的00:01:28:03位置，如图16-257所示。

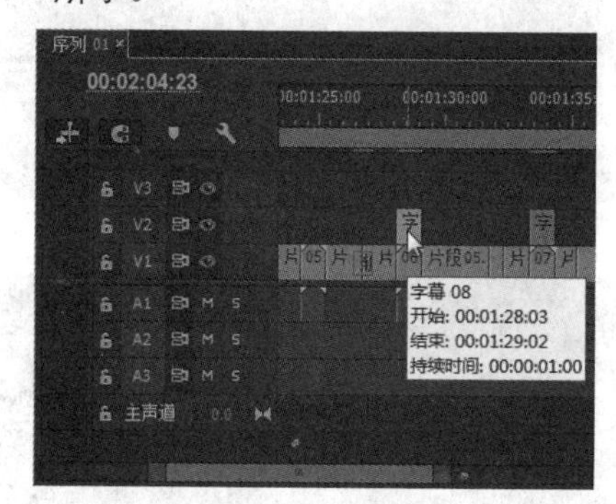

图16-257 拖入素材

13 在“项目”面板中选择“字幕09”素材并将其拖到视频轨2的00:01:24:07位置，如图16-258所示。

14 在“项目”面板中选择“字幕10”素材并将其拖到视频轨2的00:00:53:16位置，如图16-259所示。

15 在“项目”面板中选择“字幕11”素材并将其拖到视频轨2的00:00:29:10位置，如图16-260所示。

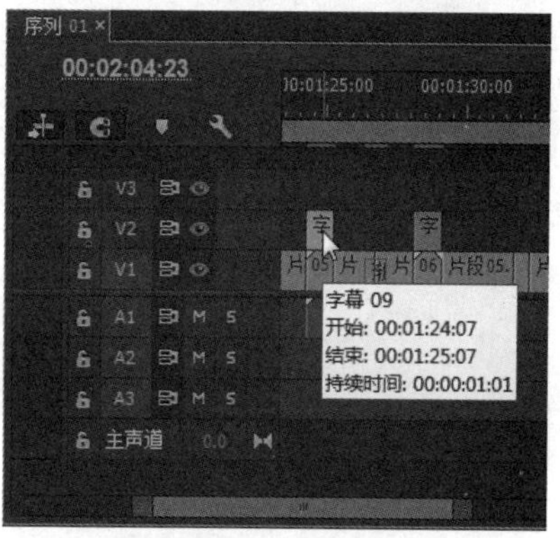

图16-258 拖入素材

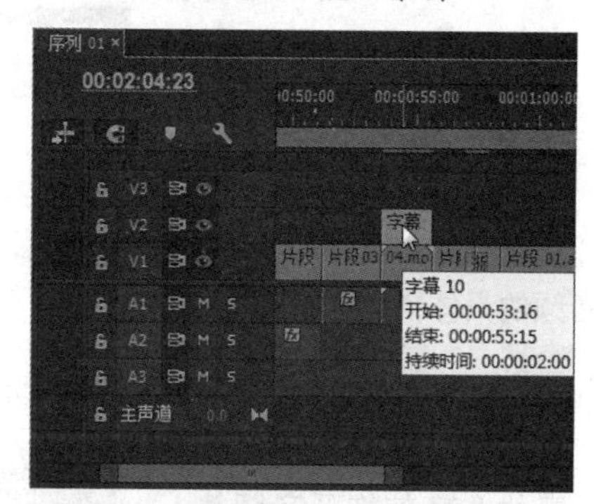

图16-259 拖入素材

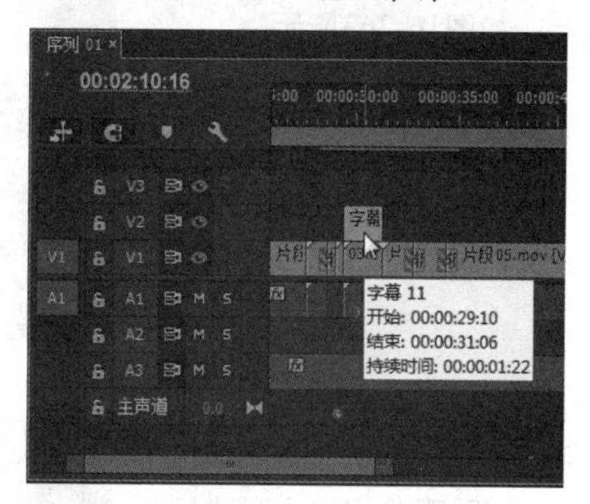

图16-260 拖入素材

16 在“项目”面板中选择“字幕12”素材并将其拖到视频轨2的00:00:21:13位置，如图16-261所示。

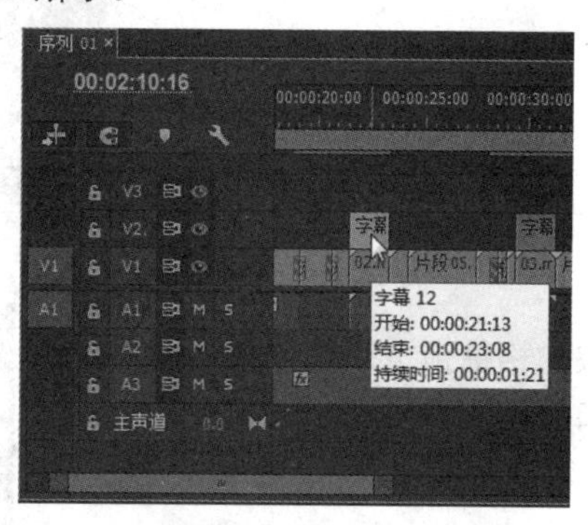

图16-261 拖入素材

17 在“项目”面板中选择“字幕13”素材并将其拖到视频轨2的00:00:12:07位置，如图16-262所示。

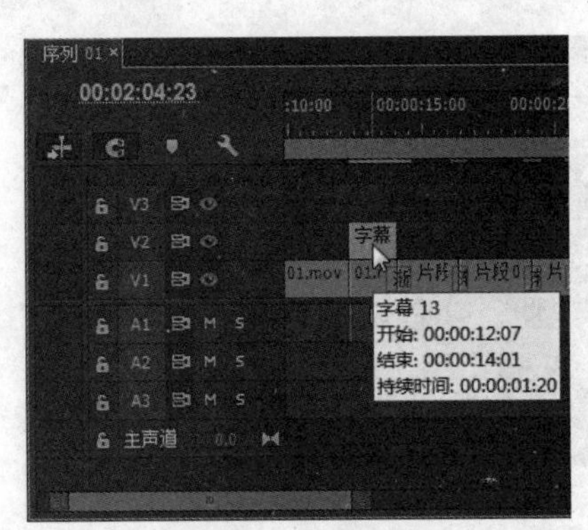

图16-262 拖入素材

16.4 添加音频

音乐具有烘托气氛的作用，好的影片离不开音乐的衬托。本实例选择的音频素材是原电影中的一段插曲，很符合原电影大气恢弘又不失哀伤的风格。下面将介绍添加音频的具体操作。

视频位置:DVD\视频\第16章\16.4 添加音频.mp4

01 在“项目”面板中选择音频素材并将其拖到音频轨1上，如图16-263所示。

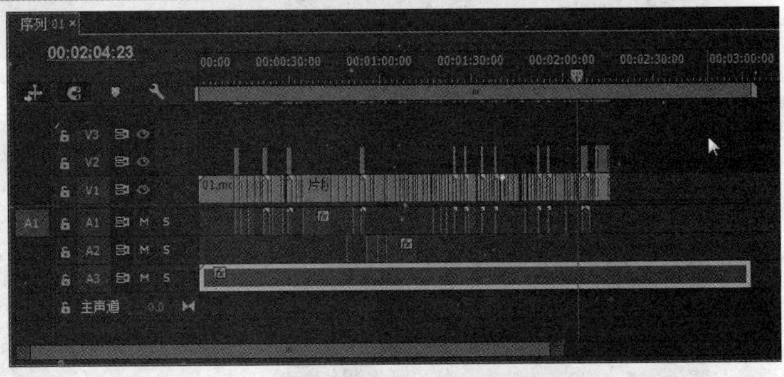

图16-263 拖入素材

02 用“剃刀工具”切割素材，然后删除多余部分以使音频素材与视频素材对齐，如图16-264所示。

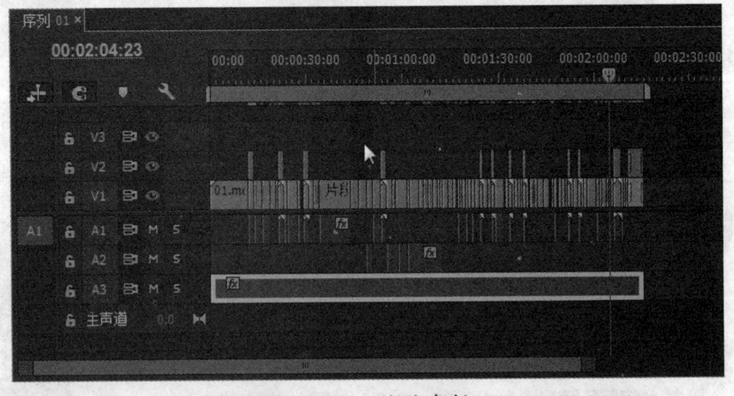

图16-264 修剪素材

03 按空格键预览最终效果，如图16-265所示。

图16-265 预览最终效果